HANDBUCH DER PRAKTISCHEN UND
EXPERIMENTELLEN SCHULBIOLOGIE

HANDBUCH DER PRAKTISCHEN UND EXPERIMENTELLEN SCHULBIOLOGIE

STUDIENAUSGABE IN 8 BÄNDEN

Herausgegeben von Oberstudiendirektor a. D.
Dr. *Hans-Helmut Falkenhan*, Würzburg

Unter Mitarbeit von
Oberstudiendirektor Prof. Dr. *Ernst W. Bauer*, Nellingen-Weiler Park; Universitätsprofessor Dr. *Franz Bukatsch*, München-Pasing; Studiendirektor Dr. *Helmut Carl*, Bad Godesberg; Studiendirektor Dr. *Karl Daumer*, München; *Hilde Falkenhan*, Würzburg; Studiendirektorin *Elisabeth Freifrau v. Falkenhausen*, Hannover; Dr. *Hans Feustel*, Hessisches Landesmuseum, Darmstadt; Studiendirektor Dr. *Kurt Freytag*, Treysa; Oberstudiendirektor a. D. *Helmuth Hackbarth*, Hamburg; Universitäts-Prof. Dr. *Udo Halbach*, Frankfurt; Studiendirektor *Detlef Hasselberg*, Frankfurt; Studiendirektor Dr. *Horst Kaudewitz*, München; Dr. *Rosl Kirchshofer*, Schulreferentin, Zoo Frankfurt; Studiendirektor *Hans-W. Kühn*, Mülheim-Ruhr; Studiendirektor Dr. *Franz Mattauch*, Solingen; Dr. *Joachim Müller*, Göttingen-Geismar; Professor Dr. *Dietland Müller-Schwarze*, z. Z. New York; Gymnasialprofessor *Hans-G. Oberseider*, München; Studiendirektor Dr. *Wolfgang Odzuck*, Glonn; Studiendirektor Dr. *Gerhard Peschutter*, Starnberg; Studiendirektor Dr. *Werner Ruppolt*, Hamburg; Professor Dr. *Winfried Sibbing*, Bonn; Studiendirektor Dr. *Ludwig Spanner*, München-Gröbenzell; Studiendirektor *Hubert Schmidt*, München; Universitätsprofessor Dr. *Werner Schmidt*, Hamburg; Oberstudienrätin Dr. *Maria Schuster*, Würzburg; Oberstudienrat Dr. *Erich Stengel*, Rodheim v. d. Höhe; Oberstudiendirektor Dr. *Hans-Heinrich Vogt*, Alzenau; Dr. med. *Walter Zilly*, Würzburg

AULIS VERLAG DEUBNER & CO KG · KÖLN · 1981

HANDBUCH DER PRAKTISCHEN UND EXPERIMENTELLEN SCHULBIOLOGIE

Band 4

Der Lehrstoff II:
Menschenkunde

AULIS VERLAG DEUBNER & CO KG · KÖLN · 1981

Der Text der achtbändigen Studienausgabe ist identisch
mit dem der in den Jahren 1970–1979 erschienenen Bände 1–5
des „HANDBUCHS DER PRAKTISCHEN UND
EXPERIMENTELLEN SCHULBIOLOGIE"

Best.-Nr. 9435
© AULIS VERLAG DEUBNER & CO KG KÖLN
Gesamtherstellung: Clausen & Bosse, Leck
ISBN 3-7614-0548-0
ISBN für das Gesamtwerk: 3-7614-0544-8

Inhaltsverzeichnis

Seite

VORWORT XV
ERSTER TEIL: Praktische Menschenkunde 3
  Einleitung 3
  I. Knochen und Muskeln 5
    1. Bild, Film und Präparat 5
    2. Modelle zu den Gelenken 5
    3. Zum Bau der Wirbelsäule 8
    4. Knochen und Gewölbe 12
    5. Bau und Funktion 14
    6. Chemische Untersuchung des Knochens 15
    7. Beuger- und Streckermuskeln 16
    8. Beobachtungen an Kopfmuskeln 19
    9. Muskelschreiber und Muskelleistung 20
    10. Berechnung von Arbeit und Leistung 21
    11. Zahlen zu Knochen und Muskeln 22
  II. Atmung und ihre Organe 24
    1. Bild, Film und Präparat 24
    2. Die ein- und ausgeatmete Luft 24
      A. Qualitative Versuche
      B. Quantitative Versuche
    3. Atemdruck und Atemsog 29
    4. Modelle zu den Atemorganen 31
    5. Versuche zur Zwerchfell- und Brustatmung 33
    6. Laut- und Stimmbildung 35
    7. Berechnungen zur ein- und ausgeatmeten Luft 39
    8. Zahlen zur Atmung und ihren Organen 39
  III. Blutbewegung und Kreislauforgane 42
    1. Bild, Film und Präparat 42
    2. Versuche zur Körperwärme 42
    3. Pulsfrequenz und Herzschlag 44
    4. Beobachtungen zum Blutkreislauf 45
    5. Modelle zu Segel- und Taschenventilen 45
    6. Blutgefäße und Kapillaren 48
    7. Einfache Kreislaufmodelle 50
    8. Das Herz als Saug- und Druckpumpe 53
    9. Zusammengesetzter Kreislauf 54
    10. Das Blutvolumen des Menschen 57
    11. Chemische Untersuchung des Blutes 58
    12. Mikroskopische Untersuchungen zum Blutkreislauf ... 61
    13. Berechnungen an Roten Blutkörperchen 62
    14. Blutgruppenuntersuchung 64
    15. Untersuchung des Kalbsherzens 67
    16. Zahlen zur Blutbewegung 70

	Seite

IV. Ernährung und Verdauungsorgane 74
  1. Bild, Film und Präparat 74
  2. Beobachtungen an der Mundhöhle 74
  3. Beobachtungen am Gebiß 76
  4. Untersuchung des Zahnes 79
  5. Die Verdauungsvorgänge in der Mundhöhle 80
  6. Die Verdauungsvorgänge im Magen 82
  7. Die Verdauungsvorgänge im Darm 84
  8. Beobachtungen zur Peristaltik 86
  9. Resorption und Osmose 87
 10. Von der Ausnutzung der Nahrung 90
 11. Rechnen mit Kalorien 91
 12. Von den Vitaminen (Zusatznährstoffen) 93
 13. Allgemeingültige Prinzipien im Verdauungsgeschehen ... 94
 14. Zahlen zur Ernährung und Verdauung 96

V. Haut und Ausscheidungsorgane 100
  1. Bild, Film und Präparat 100
  2. Die Haut als Sinnesorgan 100
  3. Versuche zum Temperatursinn 103
  4. Das Problem unserer Kleidung 104
  5. Untersuchung unserer Haare und Nägel 105
  6. Untersuchung des Harns 106
  7. Berechnungen zur Oberflächenvergrößerung 107
  8. Zahlen zu Haut und Ausscheidungsorganen 109

VI. Sinnesorgane 111
  A. Das Auge 111
    1. Bild, Film und Präparat 111
    2 Untersuchung mit dem Taschenspiegel 111
    3. Ein- und zweiäugiges Sehen 113
    4. Astigmatismus 115
    5. Simultankontraste 116
    6. Sukzessivkontraste und Nachbilder 117
    7. Optische Täuschungen 120
    8. Akkommodation 122
    9. Die Optik des Auges 124
   10. Netzhautbau 128
   11. Berechnungen am Auge 131
   12. Beobachtungen am Rindsauge 132

  B. Das Ohr 134
   13. Hörübungen 134
   14. Schalleitung 135
   15. Richtungshören 136
   16. Modelle und Modellversuche zum inneren Ohr 139

	Seite
C. Sonstiges	140
17. Beobachtungen zum Muskelsinn	140
18. Versuche zur Geschmacksempfindung	141
19. Versuche zur Geruchsempfindung	143
20. Bewegungssinnesorgane in Versuch und Modell	144
21. Zahlen zu den Sinnesorganen	147

VII. Nerven und ihre Zentralorgane ... 150
1. Bild, Film und Präparat ... 150
2. Reflexe ... 150
3. Die Leistungsgrenze der Signalübertragung ... 151
4. Das Eingeweidenervensystem ... 153
5. Gebärdenspiel der Hand ... 154
6. Das WEBER(-FECHNER)sche Gesetz ... 155
7. Modellversuche zur Nervenleitung ... 158
8. Vom Verhalten des Menschen ... 159
9. Zahlen zu den Nerven ... 161

VIII. Von Säugling und Kind ... 162
1. Bild, Film und Präparat ... 162
2. Von der Gesundheit des Säuglings ... 163
3. Zwillingsgeburten ... 166
4. Die Kuhmilch ... 168
5. Wachstum und Wachstumskurven ... 170
6. Körpergewicht und Körpergröße ... 171
7. Zahlen zu Säugling und Kind ... 174

IX. Gesundheitserziehung ... 175
1. Bild, Film und Auskunft ... 175
2. Von der Lebenserwartung ... 176
3. Die Altersgliederung einer Schule ... 178
4. Der Gesundheitszustand der Jugend ... 181
5. Die Gefahren der Umweltveränderung ... 183
6. Gesundheitsregeln ... 184
7. Versuche zum Kapitel Rauchen ... 187
8. Messen und Wiegen ... 188
9. Der rechtliche Schutz ... 190
10. Von der Ersten Hilfe ... 191
11. Zahlen zur Gesundheitserziehung ... 193

X. Anhang: Die Namen der Körperteile ... 198

XI. Literaturangaben ... 226

XII. Bezugsquellen ... 232

ANHANG I: Besonderheiten des weiblichen Organismus — Entwicklung, Pflege und Erziehung des Säuglings und Kleinkindes 237

A Der weibliche Organismus 237

   I. Pubertät 237

   II. Die geschlechtsreife Frau 239
- 1. Normaler Menstruationszyklus 239
- 2. Chemie der weiblichen Sexualhormone 244
  - a. Östrogene 245
  - b. Gestagene 245
  - c. Androgene 245
  - d. Gonadotropine 246
- 3. Empfängnisverhütung 247
  - a. „Antibabypille" 247
  - b. Rhythmusmethode (nach KNAUS-OGINO) 248
  - c. Messung der Aufwach-(Morgen-, Basal-)temperatur 249
  - d. Coitus interruptus („Früher-Weggehen") 249
  - e. Lokal anwendbare Verhütungsmittel 249
- 4. Intersexualität 250
- 5. Schwangerschaft 253
  - a. Allgemeines 253
  - b. Hormonhaushalt in der Schwangerschaft 256
  - c. Biologische und immunologische Schwangerschaftsreaktionen . . . 257
  - d. Sichere, wahrscheinliche, unsichere Schwangerschaftszeichen 258
  - e. Berechnung des Geburtstermins 258
  - f. Gewichtszunahme während der Schwangerschaft 259
  - g. Blutungen in der Schwangerschaft 260
  - h. Müttersterblichkeit 260
  - i. Mutterschutz 261
  - k. Pränatale Schäden der Frucht 262
- 6. Geburt
  - a. Eröffnungsperiode 263
  - b. Austreibungsperiode 263
  - c. Nachgeburtsperiode 263
- 7. Wochenbett 264
- 8. Krebserkrankungen 266
  - a. Unterleibskrebs 266
  - b. Brustkrebs 267

   III. Klimakterium - Menopause 268

   IV. Senium 269

B Der Säugling
   I. Das Neugeborene 270
- 1. Allgemeines 270
- 2. Krankheiten 272

		Seite

    3. Größe und Gewicht 275
    4. Organe und Sinne 276

  II. Körperliche und geistige Entwicklung des Säuglings 277

  III. Ernährung und Pflege 280
    1. Stillen 280
    2. Zwiemilchernährung und Flaschenernährung 282
    3. Beikost 282
    4. Pflege 282
    5. Bettung 283
    6. Erziehung 283
    7. Unfallgefahren 284
    8. Ernährungsstörungen 286
    9. Infektionskrankheiten 286
    10. Rachitis 287
    11. Phimose 288

C Das Kleinkind

  I. Körperliche Entwicklung 288

  II. Ernährung 289
    1. Nährstoffbedarf 289
    2. Vitaminbedarf 291
    3. Mineralsalzbedarf 291

  III. Geistige Entwicklung, Erziehung und Pflege 292

  IV. Gefahren 296

Mutterschutzgesetz 297

Literaturverzeichnis 300

Einige Beispiele für empfehlenswertes Spielzeug 301

ANHANG II: Erste Hilfe im Unterricht besonders der weiterführenden Schulen   301

  Erste Hilfe im Unterricht 301
    1. Ausbildung der Lehrer und Schüler in Erster Hilfe 305
    2. Gesetzliche Bindungen über Verhalten bei einem Unfall 305
    3. Erste Hilfe im Schulunterricht 306
      a) Durchführung von Erste-Hilfe-Kursen 306
      b) In welchem Fach soll die Ausbildung erfolgen 307
    4. Eingliederung in den Unterrichtsgang 307
      a) Unfallverhütungsbelehrungen 307
      b) Erste-Hilfe als Ergänzung des Lehrstoffes 307
      c) Stoffbegrenzungen bzw. Stofferweiterungen 308

	Seite
5. Wunde und Blutung	309
a) Bedeckung einer sichtbaren Wunde	309
b) Blutungen und Blutstromdrosselungen	310
c) Abbinden einer Schlagader	312
6. Unterrichtliche Behandlung der Verbandtechnik	313
a) Das Dreiecktuch	313
b) Bindenverbände	317
c) Schienen und deren Ersatz	319
7. Knochenbrüche und Verrenkungen	320
a) Ruhigstellung von Brüchen	320
b) Knochenbrüche	320
8. Ausrüstung von Verbandkästen	324
9. Atembeeinträchtigungen u. künstl. Atmung	325
a) Allgemeines	
b) Wiederbelebungsmaßnahmen	330
c) Herzmassage	333
d) Herzmassage und Atemspende	333
10. Begleitende Gefahrenzustände bei Unfällen	334
a) Allgemeines (Schock, Ohnmacht, Bewußtlosigkeit)	334
b) Andere Zustände, die von Schock und Bewußtlosigkeit begleitet sein können	335 bzw. 326
c) Schädigungen von Herz, Gefäßsystem. Wirbelsäule u. Muskulatur	335
11. Lagerung und Bergung	336
a) Seitenlage	336
b) Andere Lagerungsarten	337
c) ungünstige Wetterverhältnisse	338
d) Bergung	338
12. Richtiges Verhalten am Unfallort	342
a) Helfer und Verunglückter	343
b) Helfer und Polizei	343
c) Entkleiden	343
13. Sofortmaßnahmen bei einem Verkehrsunfall	344
a) Wie hat sich der Wagenführer zu verhalten	344
b) Welche Verletzungen sind zu erwarten	345
c) Unfallbegleiterscheinungen	345
d) Bergung aus dem Fahrzeug	345
14. Verhalten eines Lehrers bei einem Unfall	346
15. Realistische Unfalldarstellung	346
16. Wiederholung des Stoffes	347
a) Die Wiederholungsmethode	347
b) Beispiele für die Wiederholung d. Stoffes	347
17. Abschlußprüfung	351
18. Der erzieherische Wert der Ausbildung	352
19. Schriftenverzeichnis über Erste Hilfe	352

Seite

ZWEITER TEIL:

Der Mensch in der technisch-zivilisierten Umwelt und sein Lebensraum 353

Zur Einführung 355

I. *Die Bevölkerungsbewegung* 357
    1. Voraussetzung für die Gestaltung der Lebensräume
durch den Menschen 357
    2. Die Entwicklung der menschlichen Gesellschaft von der Urzeit
bis in die erste Techn. Evolution 358
    3. Die Übergangsperiode (Anfang des Industriezeitalters) 362
        a) Die Entwicklung der Technik 362
        b) Die Entwicklung der biologischen Wissenschaften 363
    4. Die Voraussetzungen für die ökonomische Entwicklung
unseres Volkes nach 1945 364
        a) Die Bevölkerungsentwicklung in Deutschland u. BRD. 366
        b) Die Bevölkerungsentwicklung von Berlin 366
        c) Die Entwicklung der landwirtschaftlichen Produktion 370
        d) Über die Verteilung der Erwerbspersonen 372
    5. Charakter der Entwicklungsländer 373
        a) Die Bevölkerungsentwicklung der E-Länder 373
        b) Ökonomische Probleme, die sich aus der Welt-
bevölkerungsentwicklung ergeben 375
    6. Übersichtliche Darstellung der Weltbevölkerungsentwicklung nach 1945 . 377
        a) Die Lage der industriell-hochentwickelten Bevölkerung 377
        Probleme einer industriell-hochentwickelten nordatlantischen
Bevölkerung 378
        Die Bevölkerungsprobleme der E-Länder 379

Schriftennachweis 380

Literatur zu Kapitel I 380

II. *Unser Lebensraum (Naturschutz-Landschaftspflege-Raumordnung)* 382
    1. Landschaften in einem Lande der technischen Zivilisation 382
    2. Voraussetzungen und Prinzipien des Naturschutzes 383
    3. Prinzipien der Landschaftspflege 385
    4. Der Einfluß der Technik und Industrie auf die Umgestaltung
der Landschaft 386
        a) Unland 386
        b) Wasserhaushalt der Landschaft 386
        c) Wasserbereitstellungsfrage 390
        d) Die Wasserverschmutzung 392
        e) Die Luftverunreinigung 398
        f) Die energiereichen Strahlen in unserem Lebensraum 401
    5. Das Problem der Kultursteppe 404
        a) Einflüsse der ertragsteigernden Maßnahmen auf die wirtschaftlich
genutzten Landschaften 404
        b) Schädlingsbekämpfung durch Biocide und die Folgen für die natür-
lichen Lebensgemeinschaften 405

	Seite
6. Maßnahmen zur Erhaltung der land- und forstwirtschaftlich genutzten Landschaften	407
a) Flurneuordnung in der Kultursteppe	407
b) Obst- und Gartenbau	408
c) Waldschützlerische Maßnahmen	409
d) Rekultivierungsmaßnahmen	410
7. Das Problem der Raumordnung	411
a) Gesetzliche Bindungen	411
b) Die Schaffung stadtrandnaher Erholungsgebiete	412
8. Naturschutz, Landschaftspflege und Raumplanung in den Schulen	413
Literaturverzeichnis zum Kapitel II	415
III. Gesundheitserziehung	**417**
1. Wege und Ziele der Gesundheitserziehung	417
a) Stoffbereiche der Gesundheitserziehung	417
b) Aufgaben des Schularztes	418
2. Die aktive und individuelle Gesundheitserziehung	420
a) Bewegung und Leistung im Tagesrhythmus	420
b) Ermüdung und Erschöpfung	423
c) Erholung im Jahresrhythmus	424
d) Kleidung und Wohnung	426
e) Bedeutung der aktiven Leibeserziehung	428
3. Theoretische Unterweisungen zur Gesundheitserziehung	431
a) Körperkunde	431
b) Unfallverhütung	431
c) Krankheitsvorbeugende Maßnahmen	434
Orthopädische Erkrankungen	434
Infektionskrankheiten	435
Verhalten bei Ablauf und nach Anlauf von Krankheiten	436
Sexualerziehung	437
Sexualerziehung und Sexualverbrechen: Das sexuelle Geleit	438
Sittlichkeitsdelikte bei Kindern	441
Sittlichkeitsdelikte bei Jugendlichen	442
Suchtgefahren	444
Alkoholische Getränke	444
Nikotin und Rauchdestillate	446
Wirkung des Coffeins	448
Medikamente und Medikamentenmißbrauch	449
Rauschgifte	450
Andere die Schüler unmittelbar betreffende Ermahnungen	451
d) Umwelteinflüsse auf unsere Gesundheit	452
Wärmestrahlung und Wettergeschehen	452
Andere Strahlenwirkungen	453
Die ionisierende Strahlung und ihre Einflüsse in unserem Lebensbereich	454
Erkenntnisse aus der Technischen Anwendung der ionisierenden Strahlung und Ergebnisse aus den Atombomentests	458
Verhaltensweisen gegenüber der ionisierenden Strahlung in der techn. Zivilisation	460
Über den radioaktiven Fallout	463

		Seite
	Über die Wirkungen inkorporierter Fremdstoffe	467
	Die gesundheitsschädigende Wirkung der Pestizide	468
	Lärm und Licht als funktionsbeeinflussende Faktoren	468
	Beeinträchtigungen unseres Gesamtverhaltens durch die technische Umwelt	470
	Beeinflussung der Jugend durch die veränderten Umweltfaktoren	470
	Belastungen der werktätigen Bevölkerung	474
4.	Die biologischen Voraussetzungen für die Erhaltung einer Population	476
	a) Allgemeine Voraussetzungen	476
	b) Aufgaben der sozialen Hygiene	477
	c) Auswertung der Erkenntnisse der Genetik für sozialhygienische Folgerungen	478
	Erbgänge in einer menschlichen Population	478
	Rezessive Erbgänge	479
	d) Mutationen in menschlichen Populationen	480
	Über den Wert der Mutationsratenbestimmung	480
	Syndromhafte Embryopathien	481
	Über Ausmaß bisher ungeklärter erblicher Defekte	482
	Embryopathien	483
	Über Verhütung lebensuntauglichen Nachwuchses	485

Literaturverzeichnis zum Kapitel III 486

IV. Das Leben des Menschen unter besonderen Umweltbedingungen 490

1.	Mensch und Raumfahrt	490
	a) Erkannte und mutmaßliche Umweltsänderungen bei der Raumfahrt	491
	Der Start	491
	Versorgungsfragen	491
	Die Atmosphäre im Raumschiff	492
	Bekleidung der Raumfahrer	493
	Raumfahrttraining	493
	Das Verhalten bei Schwerelosigkeit	493
	Das Aussteigen und Verhalten außerhalb der Raumkapsel	494
	b) Innere und äußere Gefahren	494
	Mögliche Verhaltensänderungen	494
	Kosmische Gefahren, Sonneneruptionen	494
	kosmische Strahlung, Van-Allengürtel	
	Meteoriten	495
	Wärmewirkung der Sonnenstrahlung	495
	c) Die Landung und Bergung	495
	d) Weltraumfahrt, Abenteuer oder verantwortungsbewußtes Handeln im Dienste der Wissenschaft	495
2.	Probleme der Exo-Biolgoie	496
	a) Die automatische Biosonde	496
	b) Einige weitere Probleme	497
	Toxizität des Sauerstoffes	497
	Trinkwassererneuerung	497
	Abhängigkeit von der Schwerkraft	497
	Anreicherung von Sauerstoff	497
	Antikörperbildung	498
	Auswertung der Ergebnisse des Biosatelliten II	498

		Seite
3.	Biologische Probleme, die durch das zu erwartende Leben der Menschen in den Schelfzonen unter dem Meere entstehen	498
	a) Verhalten des Menschen als Hydronaut bzw. im Sealab	499
4.	Die Aufgaben der hydronautischen Forschung in Deutschland	500

Literatur zu Kapitel IV 502

V. Der Mensch und seine nähere Zukunft 503

1. Mutmaßliche Entwicklung der Erdbevölkerung 503
   a) Ursachen des Wachstums der Weltbevölkerung 503
   b) Folgen der Geburtenzunahme 504
   c) Zahlenmäßige Angaben über die Weltbevölkerungsentwicklung ... 507
2. Entfaltung der Menschheit im technisch-industriellen Zeitalter . 509
   a) Die Produktivkräfte 509
   b) Die biologischen Voraussetzungen im technisch-industriellen Zeitalter 510
   c) Der Entwicklungsgang dreier Staaten 511
3. Nahrungsbereitstellung der Erdbevölkerung 515
   a) Die Lage der Welternährung 515
   b) Kulturtechnische Maßnahmen 516
      Hebung der landwirtschaftlichen Erträge durch Mineraldünger . 517
      Hebung der landwirtschaftlichen Produktion durch Strukturverbesserung 518
   c) Die Weltfischerei 518
   d) Schließung der Eiweißlücke durch andere Quellen 519
      Fischeiweißkonzentrate 519
      Pflanzen als Eiweißlieferanten 519
      Eiweiß aus Mikroorganismen 519
      Aufbesserung bzw. Schließung der Eiweißlücke durch synthetische Produkte 520
   e) Stimmen der Fachleute zum Welternährungsproblem 521
4. Ballungsgebiete der Erdbevölkerung, Geburtenregelung, Prosperität und Volksaufklärung 522
   a) Probleme der Geburtenregelung 524
      Geburtenregelung kann sozialpolitische Ursachen haben 525
      Eindämmung der menschl. Fruchtbarkeit 525
      Folgerungen für die Industrieländer 527
5. Die Bedeutung der Wissenschaft, Forschung und Lehre auf die Weiterentwicklung 528
   a) Die Energiebereitstellungsfrage 528
   b) Die Umorientierung der wirtschaftlichen und wissenschaftlichen Tätigkeiten 528
   c) Die Aufgaben der biologischen Forschung und Lehre in der Zukunft . 531
   d) Die Sorge um die Erhaltung des Erbgutes 532
   e) Die Bedeutung der wissenschaftlichen Forschung und die Stellung der Biologie in ihr 533

Literatur zum Kapitel V 535

Vorwort des Herausgebers

Nach den Handbüchern für Schulphysik und Schulchemie bringt der AULIS VERLAG das vorliegende HANDBUCH DER PRAKTISCHEN UND EXPERIMENTELLEN SCHULBIOLOGIE heraus. Zur Mitarbeit an diesem mehrbändigen Werk haben sich erfreulicherweise mehr als 25 Biologen von Schule und Hochschule bereit erklärt, die im Handbuch jeweils ihr Spezialgebiet bearbeiten und sich durch ihre bisherigen schulbiologischen Veröffentlichungen einen Namen gemacht haben. Real- und Volksschullehrer werden es besonders begrüßen, daß unter ihnen auch Professoren der Pädagogischen Hochschulen zu finden sind.

Keine Wissenschaft hat in den letzten Jahrzehnten eine so stürmische Entwicklung durchgemacht, wie die Biologie. Beschränkte sie sich um die Jahrhundertwende noch fast ausschließlich auf Morphologie und Systematik, so haben inzwischen andere Disziplinen, wie Genetik, Physiologie, Ökologie, Phylogenie, Ethologie, Molekularbiologie, Kybernetik und Biostatistik eine ständig wachsende Bedeutung erlangt. Wenn es vor 30 Jahren noch möglich war, das Fach Biologie allein zu studieren, so ist es heute für den Biologen unbedingt notwendig, neben gründlichen chemischen Kenntnissen auch ein Basiswissen in Physik und Mathematik zu besitzen.

Diese sich ständig ausweitende Stoffülle erschwert den modernen Biologieunterricht außerordentlich. An der Hochschule und im Seminar hat der junge Biologielehrer zwar die Methodik und Didaktik seines Faches gründlich kennen gelernt, aber der praktische Unterrichtsbetrieb mit seiner starken Belastung macht es ihm nicht leicht, das Erlernte auch anzuwenden. Will er nicht nur mit Kreide und Tafel seinen Unterricht gestalten, muß er sehr viel Zeit für die Vorbereitung aufwenden, denn die Beschaffung der lebenden oder präparierten Naturobjekte, die Bereitstellung der verschiedenen Anschauungsmittel und die Vorbereitung eindrucksvoller Unterrichtsversuche erfordern viel Arbeit. Von erfahrenen Pädagogen sind zwar irgendwo in der umfangreichen Literatur die Wege beschrieben worden, wie man diese Schwierigkeiten am besten überwinden kann, aber gerade das Zusammensuchen der verstreuten Literaturstellen erfordert wiederum Zeit und Mühe und der Anfänger weiß oft nicht, wo er suchen soll. Manche Buch- und Zeitschriftenveröffentlichungen sind außerdem für ihn oft kaum beschaffbar. Hier will das Handbuch helfen! Es soll dem in der Schulpraxis stehenden Biologen auf alle im Unterricht und bei der Vorbereitung auftauchenden Fragen eine möglichst klare und umfassende Antwort geben. Er soll hier nicht nur Ratschläge zur Beschaffung der Naturobjekte und Anschauungsmittel erhalten, sondern auch Vorschläge und genaue Anweisungen für Lehrer- und Schülerversuche finden, die sich besonders bewährt haben und ohne großen Aufwand durchführbar sind. Darüber hinaus bietet ihm das Handbuch statistisches Material, Tabellen, vergleichende Zahlenangaben und oft auch die Zusammenstellung wichtiger Tatsachen, die besonders unterrichtsbrauchbar sind. Auch die neuesten medizinischen Erkenntnisse, die für den Biologen interessant sind, wie etwa über Krebsvorsorge, Ovulationshemmer und die Belastungen bei der Raumfahrt, kann er im Handbuch finden.

Wenn auch bereits in der Aufführung der Tatsachen, die für einen modernen Biologieunterricht wichtig sind, eine gewisse methodische Anweisung steckt, so wird doch im Handbuch auf spezielle methodische und didaktische Hinweise verzichtet, denn zur Ergänzung der bereits vorhandenen Literatur wird im AULIS VERLAG demnächst ein besonderes methodisch-didaktisches Werk von Prof Dr. *Grupe* herauskommen. Außerdem soll der Fachlehrer hier die Freiheit haben, nach eigenem pädagogischem Ermessen zu unterrichten. Gerade aus diesem Grund wird das Handbuch von den Fachbiologen a l l e r Schultypen erfolgreich verwendet werden können.

Dagegen werden im Handbuch auch solche Probleme behandelt, die als V o r aussetzungen für einen modernen und erfolgreichen Biologieunterricht wichtig sind, wie etwa die Einrichtung von Unterrichts- und Übungsräumen und des Schulgartens. Auch die Beschreibung und Einsatzmöglichkeit der verschiedenen optischen und akustischen Hilfsmittel fehlt nicht. Trotz seines Umfanges kann das Handbuch, von dem ich hoffe, daß es eine in der Schulliteratur vorhandene Lücke ausfüllt, natürlich nicht vollständig sein. Desnalb steht am Ende jeden Kapitels ein ausführliches Literaturverzeichnis.

Neben dem Inhaltsverzeichnis wird ein Stichwortverzeichnis dem Leser das Suchen erleichtern. Es ist so angelegt, daß alle Seiten aufgeführt sind, auf denen das Stichwort zu finden ist. Wenn aber das Stichwort an einer Stelle im Handbuch besonders gründlich behandelt wird, so ist die entsprechende Seite durch Fettdruck hervorgehoben.

W ü r z b u r g , im Januar 1970

Dr. *Hans-Helmut Falkenhan*

ERSTER TEIL

PRAKTISCHE MENSCHENKUNDE

Von Oberstudienrat Dr. Helmut Carl
Bonn — Bad Godesberg

Einleitung zur Praktischen Menschenkunde

Der vorliegende Beitrag „Praktische Menschenkunde" setzt das fachliche Wissen um die Menschenkunde, soweit sie in die Schule gehört, voraus. Die bewährten Schulbücher (etwa von *Falkenhan, Garms, Linder-Hübler, Pfandzelter, Schmeil Stengel*) sollten nicht um ein weiteres vermehrt werden. Aber uns schien eine umfassende Anleitung für den Lehrer nötig, der den Unterricht über Menschenkunde praktisch vorbereitet. Wie kann er sich den Unterricht erleichtern? Wie kann er ihn anschaulich gestalten?

Der Beitrag wendet sich also vor allem an den jungen Lehrer aller Schulgattungen. Er will ein methodisches und didaktisches Hilfsmittel sein und dabei die Fragen beantworten, auf die der Lehrer beim Vorbereiten stößt, also etwa:

a) Welche Literatur zum Nachschlagen gibt es? Welche leicht erreichbaren Facharbeiten kann man nachlesen?

b) Wie steht es um Unterrichtsfilm, Wandkarten, Dias, Präparate, Modelle und alle sonstigen Anschauungsmittel?

c) Welche Versuche kann man ohne Hilfsmittel oder mit billigen und einfachen Mitteln anstellen?

d) Welche Verbindungen zur Physik und Chemie sollte man suchen? Bei welchen Gelegenheiten sind sie nötig?

e) Wo können Zahlen veranschaulichen und welche rechnerischen Aufgaben bieten sich an?

f) Wo kann man die Zoologie als Hilfswissenschaft bemühen? Welche Anschauungsmittel steuert sie bei?

g) Wie lassen sich bildliche und schematische Darstellungen für die unterrichtlichen Aufgaben verwenden?

h) An welchen Stellen kann die Fachsprache den Unterricht ergänzen und beleben?

Die „Praktische Menschenkunde" will in der Hauptsache ein Berater sein für den Lehrer, der im 10. Schuljahr (Untersekunda der Gymnasien) oder in den abschließenden Klassen der Mittel-, Real- oder Hauptschulen unterrichten muß.

Die Themen der ersten 7 Abschnitte folgen eng den Kapiteln, mit denen unsere Schulbücher ihren Auftrag „Bau und Lebensvorgänge des menschlichen Körpers" erfüllen. Es folgen daher Bewegungssystem (Knochen, Muskeln) — Stoffwechselsysteme (Atmung, Blutbewegung, Ernährung, Ausscheidung) — Reizverarbeitungssysteme (Sinnesorgane, Nerven, Zentralorgane) hintereinander.

Ein Abschnitt „Von Säugling und Kind" sollte nicht fehlen; er wird durch den Beitrag im Anhang des Buches (S. 235) erweitert und ergänzt. Besonders wichtig

schien uns auch ein Abschnitt „Gesundheitserziehung" zu sein, auch hier sollten Anregungen zu praktischen Untersuchungen gegeben werden.
Schließlich dürfte auch ein Abschnitt „Die Namen der Körperteile" (s. Anhang, S. 198) hierher gehören. Das Grenzgebiet Biologie-Germanistik sollte man nicht vernachlässigen. Denn zum Handwerkszeug des Biologielehrers gehört auch die Fachsprache.
Die Literaturliste am Ende berücksichtigt neben wichtigen Büchern auch Arbeiten, die man verstreut in Zeitschriften findet. Wir knüpfen an das ausgezeichnete Buch von *Paul Eichler* „Menschenkunde" an, das sehr ausführliche Literaturangaben enthält, aber leider schon 35 Jahre alt ist.
Die Versuche sind fast ohne Ausnahme so gewählt, daß sie mit einfachen Mitteln durchgeführt werden können. Schwierigere Versuchsanordnungen wurden fortgelassen, da ein Versuch umso eindringlicher ist, je einfacher die Mittel sind. Ferner werden in der Hauptsache Versuche vorgeschlagen, die unmittelbar oder doch in kurzer Zeit die Antwort auf die Frage erteilen. So will der Beitrag eine Auswahl der gängigsten und eindrucksvollsten Versuche bringen.
Da die Menschenkunde wohl in jeder Klasse 10 (Untersekunda) der höheren Schulen unserer Länder unterrichtet wird, wenden sich fast alle Versuche zunächst an das Verständnis eines durchschnittlich begabten Untersekundaners. Im Sekunda-Lehrgang kann aber aus den angebotenen Aufgaben nur ausgewählt werden, denn zu jedem Thema werden meist mehrere Versuchsvorschläge gegeben. Bei älteren Schülern, etwa im Wahlpflichtfach, ist eine anspruchsvollere Durchführung und Auswertung der Versuche am Platze (Reihenversuche, Abänderung der angegebenen Versuchsbedingungen, graphische Auswertung usf.). Wir hoffen aber ebenso, daß auch der Lehrer der Grund- und Hauptschule vielerorts aus dieser Sammlung von Schulversuchen Anregungen für seinen Unterricht gewinnt.
Ein Wort bleibt noch zu sagen über die Grenzgebiete Medizin und Chemie. Öfters werden Bedenken geäußert, die Menschenkunde könnte an der Schule zu stark „medizinisch" unterrichtet werden. Andere Einwände gelten allen chemischen Untersuchungen, die zu viel Kenntnisse der organischen Chemie voraussetzten.
Wir halten uns hier an das Niveau der Schulbücher, die an höheren Schulen verwendet werden. Der vorliegende Beitrag geht nicht über die dort dargebotenen Einzelkenntnisse hinaus. Bei vielen Gelegenheiten ist es gar nicht möglich, auf einfache, auch in der Medizin übliche Verfahren zu verzichten. Wir sind der Meinung, daß z. B. Harn- und Blutuntersuchungen an den höheren Schulen nur in einem einführenden Kurs gezeigt werden sollen; aber man kann sie nicht übergehen.
Wir freuen uns, daß das Grundwissen um die Gesundheit des Körpers und ihre Erhaltung von der Schule vermittelt werden muß. Hier hat der Methodiker den Weg zu zeigen, der Erfolg verspricht.

Bad Godesberg, im Juli 1969 *Helmut Carl*

I. Knochen und Muskeln

1. Bild, Film und Präparat

Ein vollständiges S k e l e t t ist für den Unterricht unerläßlich. Der Schädel ist abnehmbar. Die Gelenke sind beweglich, Vorder- und Hintergliedmaßen lassen sich abnehmen. — Heute wird auch statt des natürlichen ein künstliches Skelett angeboten, das aus Kunststoff besteht und unzerbrechlich ist. Seine Einzelteile wurden von echten Knochen abgegossen.

In der Sammlung sollten auch einige K n o c h e n d ü n n s c h n i t t e nicht fehlen. Sie zeigen die Feinstruktur des Knochenbaus. Längs- und Querschnitt von Röhrenknochen, Schnitt durch den Kopf des Schenkelknochens sind wichtig.

An einzelnen S k e l e t t - T e i l e n wären (auch aus Kunststoff erhältlich) zu nennen neben Wirbelknochen Schädel mit abnehmbarem Schädeldach.

Es gibt W a n d t a f e l n, die das Skelett in zwei Ansichten wiedergeben, sie sind ein Behelf, solange das Skelettpräparat fehlt. — Dagegen kann man auf die Wandtafel „Muskelmensch" (auch in zwei Ansichten) kaum verzichten, wenn man Lage und Gestalt der Skelettmuskeln zeigen will.

Die FWU (München) hat 3 R ö n t g e n f i l m e hergestellt:

F 177 Röntgenfilm III: Schultergürtel (10 Min.)
F 178 Röntgenfilm IV: Ellenbogengelenk und Gelenke der Hand (7 Min.)
F 179 Röntgenfilm V: Kniegelenk und Gelenke des Fußes (5 Min.)

Dazu sind einige B i l d r e i h e n vorhanden:

R 395 Stützorgane (Knochen und Gelenke) in Farbe (9 Bilder)
R 396 Die Bewegungsorgane (Muskeln und Nerven) in Farbe (10 Bilder)
R 1174 Bau und Leistung des Fußes (14 Bilder)

2. Modelle zu den Gelenken

Man wird zunächst die Wirkungsweise der Gelenke am menschlichen Skelett und am lebenden Körper zeigen. Leicht sind aber auch Gelenkmodelle herzustellen und Modellversuche durchzuführen.

a) *Kugelgelenke.* Bekannte Beispiele an Gebrauchsgegenständen des täglichen Lebens sind der Stativkopf eines Photoapparates oder optischen Gerätes; Kerzenhalter für den Weihnachtsbaum usw. Auf einfache Weise kann man mit einem Tischtennisball und einem neuen runden Bleistift einen kugelförmigen Gelenkkopf herstellen (man klebt beide mit UHU-hart dauerhaft zusammen), wie Abb. 1f angibt. Die zugehörige Gelenkpfanne wird durch einen kleinen Gummiball erhalten, dem eine Kalotte abgeschnitten wurde. Leicht lassen sich hiermit auch die Unterschiede von Hüft- und Schultergelenk veranschaulichen (s. Abb. 1 g und h).

b) *Scharniergelenke.* Beispiele aus dem täglichen Leben sind die Klinge des Taschenmessers; der Einschlagdeckel eines Buches; das Gelenk der Schranktür usw.

Als Modell ist das Ellenbogengelenk zu empfehlen. Unter- und Oberarmknochen werden dabei vereinfacht dargestellt. Man bedient sich dabei der Umrißmuster von Abb. 1a bis d. Man zeichnet sie auf dicke Pappe (1 bis 2 mm) oder besser auf ein Holzbrett (1 bis 2 cm) auf, schneidet sie aus und leimt nach Vorbild je zwei dieser Flächen zusammen. Werden nunmehr Unter- und Oberarmknochen mit einem Spreizhefter oder im anderen Fall mit einer Eisenschraube (5 mm Durchmesser, 2 Muttern, Unterlegscheiben) verbunden, erhält man ein Modell,

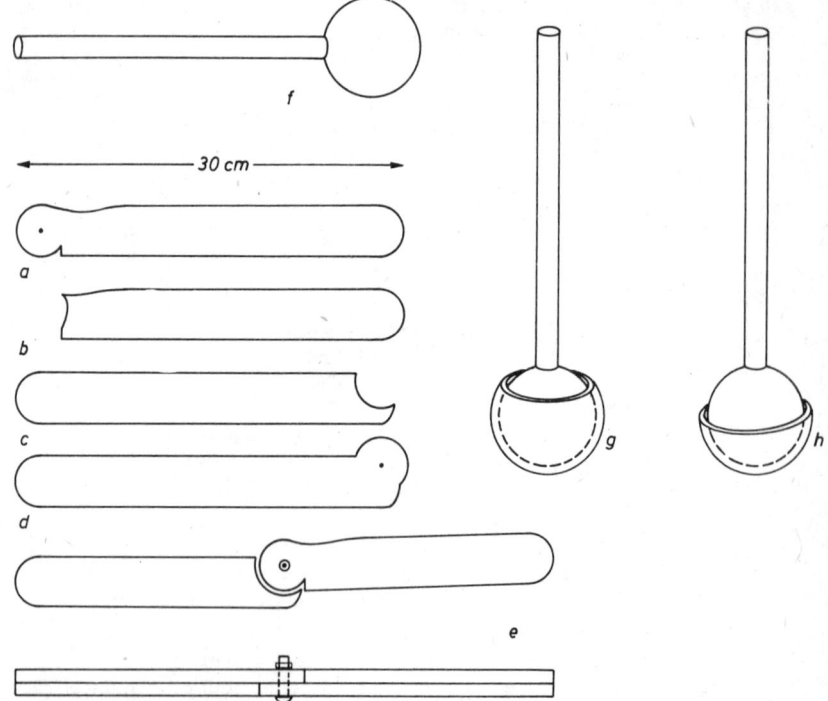

Abb. 1. Modelle zu den Gelenken.

a und b Oberarmknochen, c und d Unterarmknochen des Modells (vereinfacht als e i n Knochen), e das zusammengesetzte Armmodell in zwei Ansichten, f Modell für einen Gelenkkopf, g Modell für das Hüftgelenk, h Modell für das Schultergelenk.

mit dem noch weitere Modellversuche möglich sind (vgl. auch S. 17) und an dem die Wirkungsweise der Ellenbogensperre erkannt wird.

c) *Sattelgelenk* und *Drehgelenk*. Beispiel für das Sattelgelenk ist die Bewegung des Reiters auf dem Pferd (2 Bewegungsrichtungen sind möglich). Durch Ineinanderhaken der beiden Zeigefinger läßt sich die Wirkungsweise eines Sattelgelenkes leicht zeigen. Die Bewegung wird durch ein Gelenk dieser Art gewährleistet, das das große Vielecksbein mit dem Mittelhandknochen verbindet. — Beim Drehgelenk am Ellenbogen dreht sich der Kopf der Speiche um die Elle (Pronations- und Supinationsstellung des Unterarmes). Daneben hat der Ellenbogen Scharniergelenke. Alle Gelenke haben aber eine gemeinsame Gelenkkapsel.

d) *Gelenkkapsel*. Der Gelenkkopf wird durch den äußeren Luftdruck an die Gelenkpfanne gedrückt, er bewegt sich in einem luftverdünnten Raum. Die Pfanne kann in einem *Modellversuch* durch einen Glastrichter dargestellt werden, in dem sich als „Kopf" ein Gummiball befindet. Der luftverdünnte Raum kann auf verschiedene Weise erzeugt werden.

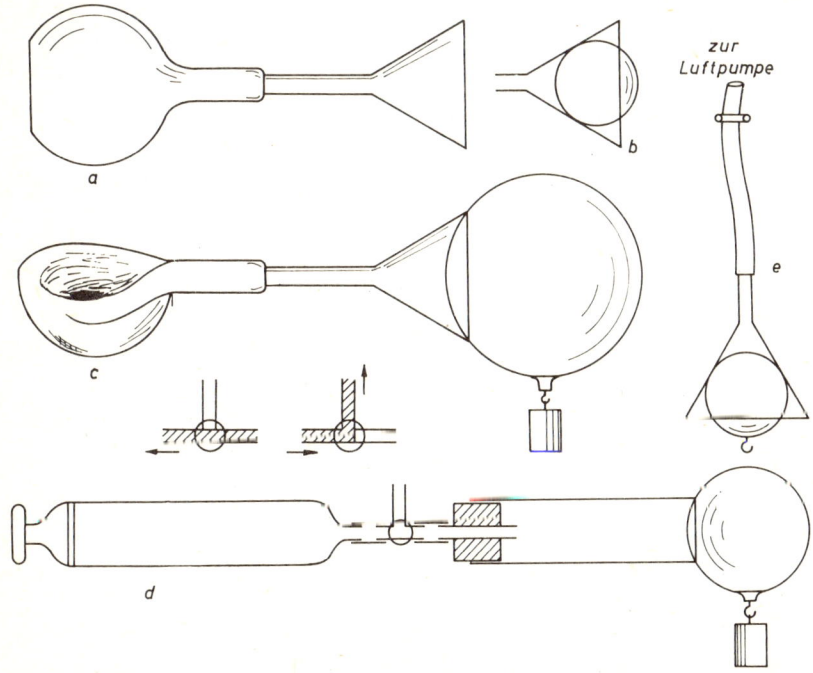

Abb. 2. Modelle für die Luftdruckwirkung am Kugelgelenk.
a Trichter mit Gummiball als Gelenkpfanne, b Modell des Hüftgelenks, c Modell zur Wirkungsweise eines Kugelgelenks, d dasselbe mit Kolbenprober und Dreiweghahn zur Erzeugung des luftverdünnten Raumes, e dasselbe mit Luftpumpe, Gummischlauch und Schlauchklemme.

α) Mit einer Gummiblase. Man drückt einen Gummiball gegen die Mündung eines Glastrichters, während man mit der anderen Hand aus der Gummiblase (wie sie für Spülgeräte und Irrigatoren angeboten wird) die Luft verdrängt. Da die Blase direkt mit dem Gelenkmodell verbunden ist, bleibt auch nach dem Loslassen der Gummiball zusammengedrückt. Der Luftdruck preßt den Ball fest gegen den Trichter. Ein kleiner Ball in einem großen Trichter kann das Hüftgelenk, ein großer Ball in kleinem Trichter das Schultergelenk andeuten. Der festgehaltene Ball läßt sich verschieben und drehen, ohne daß er sich löst (Bewegung der natürlichen Gelenkköpfe). Der Versuch läßt sich noch weiter variieren: Statt des Gummiballes wird ein Tischtennisbällchen oder eine Holzkugel gewählt (einfetten!). An dem Ball wird ein Kachelhaken (nach dem Saugnapfprinzip) befestigt. Ein Gewicht wird angehängt, der Ball löst sich nicht. Er trägt eine ziemliche Last. Die Lage des Trichters ist ohne Einfluß.

β) Mit einer Wasserstrahlpumpe. Das Vakuum wird durch eine Pumpe hergestellt. Im Trichter, der an einem Stativ senkrecht aufgehängt wird (s. Abb. 2e), befindet sich eine Holzkugel, in die ein Haken für das anzuhängende Gewicht eingedreht wurde. — Der Druckschlauch wird mit einem Quetschhahn versehen.

γ) Mit dem Kolbenprober. Der Trichter läßt sich auch durch ein weites Rohr ersetzen. Ein Gummiball am freien Rohrende soll den Gelenkkopf darstellen (s. Abb. 2d). Das andere Rohrende ist über einen Dreiweghahn mit dem Kolbenprober verbunden. Man preßt den Gummiball an das Rohr und verdünnt die Luft. Der Gummiball trägt sogar ein großes Gewicht. — Wenn man für die Gelenkfläche des Oberschenkelknochens rund 10 qcm rechnet, trägt sie etwa 10 kg (mehr als das Beingewicht ausmacht!), da die Luft auf jeden qcm mit rund 1 kg wirkt.

3. Zum Bau der Wirbelsäule

Zunächst wird die Wirbelsäule am Skelett studiert. Dabei wird erkannt, daß sie aus zahlreichen, einzelnen, teilweise verwachsenen Wirbeln gebildet wird, die Gestalt einer doppelt S-förmig gekrümmten Säule hat und zwischen den knöchernen Wirbeln nachgiebige Zwischenwirbelscheiben besitzt. Das Studium des einzelnen Wirbels — er läßt sich leicht aus Plastilin nachbilden — schließt sich an. Die beiden ersten Halswirbel, Dreher und Träger, verlangen eine gesonderte Untersuchung. Leicht sind Modelle zur Wirbelsäule zu gewinnen, einfache Modellversuche bieten sich an.

a) *Der Ort der Krümmung.* Die einfach gekrümmte Wirbelsäule der Säugetiere, die auf allen Vieren und nicht aufrecht gehen, ist mit der S-förmig gekrümmten der Menschenaffen, die sich halb aufrichten können, und der doppelt S-förmig gekrümmten des stets aufrecht gehenden Menschen zu vergleichen.

Aus 2 bis 5 mm dickem, verzinktem Eisendraht lassen sich Modelle, wie sie Abb. 3 zeigt, biegen. Die Drahtenden sind zugespitzt und tragen eine kleine Holzkugel, die sich senkrecht über dem Fußpunkt befinden muß. Wenn man die Modelle einige cm über die Tischplatte hebt und dann kurz nach unten auf den Tisch aufstößt, lassen sich die schwingenden Kugeln vergleichen. Die eine zeigt große Amplituden bei kleiner Schwingungsdauer, die andere schwingt länger, und die Schwingungen der Halbbögen heben sich teilweise auf. — Wenn man dem Modell einen seitlichen Stoß erteilt, so schwingt die Kugel am einfachen Drahtbügel viel weiter aus als die am S-Bügel; beide Schwingungsdauern sind hingegen wenig unterschieden. — Die Folgerungen für die menschliche Wirbelsäule sind leicht zu ziehen.

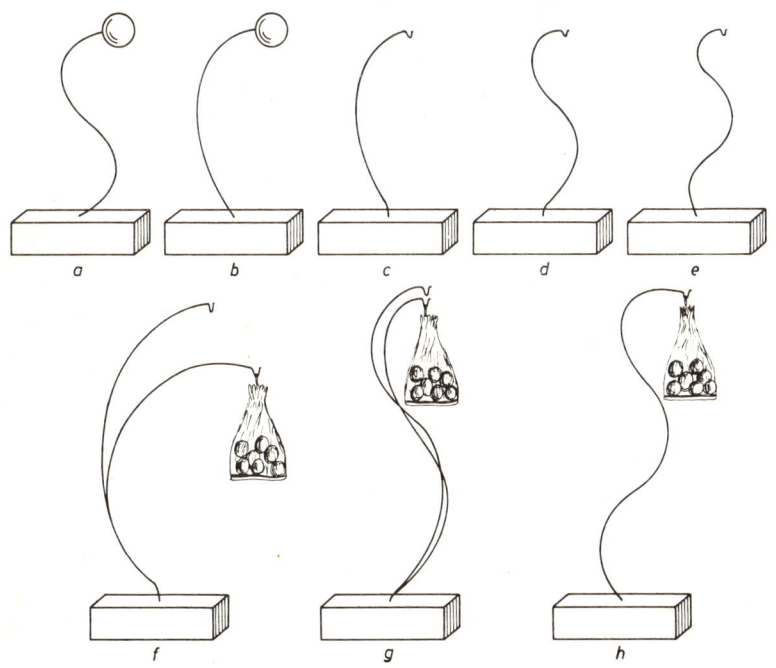

Abb. 3. Versuche zur Krümmung der Wirbelsäule mit Draht- und Blechstreifenmodellen.

a und b Drahtmodelle mit Kugelgewichten, c einfach gekrümmter Draht, d s-förmig gekrümmter Draht, e doppelt s-förmig gekrümmter Draht, f—h der Vergleich der 3 Drahtmodelle, ohne und mit Belastung.

b) Eindrucksvoller sind noch die *Versuche*, bei denen gemessen und gewogen wird. Man bereitet sich aus 1 cm breitem Stahlblech oder Eisendraht 3 Modelle, wie sie Abb. 3f bis h angibt. Die Aufhängehaken müssen an den unbelasteten Modellen gleichhoch stehen. — Nunmehr wird der Grad der Durchbiegung bei gleichen Gewichten verglichen. Als Gewichte kann man durchsichtige Zellophantüten benutzen, in die man Glas- oder Tonkugeln füllt. Eine Glaskugel wiegt etwa 25 g. Dabei kann man folgende Tabelle gewinnen:

Kugelanzahl	Hakenhöhe vom Brett		
	einfach gekr.	S-förmig gekr.	doppelt S-förm. gekr.
—	35 cm	35 cm	35 cm
1			
2			
usf.			

Man kann auch umgekehrt fragen, wie groß die Gewichte an den Modellen sein müssen, damit wir gleiche Abstände vom Grundbrett erhalten. Wir nehmen dabei Bleischrot, das wir nach dem Versuch auswiegen, und ordnen das Ergebnis wie folgt:

Hakenhöhe vom Brett in cm	Gewichte in g		
	einfach gekr.	S-förmig gekr.	doppelt S-förm. gekr.
35	—	—	—
34,5			
34			
usf.			

Man prüft schließlich auch hier, wie weit gleiche Gewichte durchschwingen, wenn man die Modelle senkrecht auf den Tisch stößt.
c) *Die Elastizität* Durch Krümmung und Zwischenwirbelscheiben wird die Elastizität der Wirbelsäule erreicht. Sie federt beim Sprung den Körper ab und bewahrt den empfindlichen Kopf vor zu starken Erschütterungen. Das zeigen folgende *Modellversuche:*
α) Man befestigt auf einem Holzbrett nebeneinander einen geraden und einen doppelt gekrümmten Draht in senkrechter Lage, wie Abb. 4b zeigt. Die freien Drahtenden werden nicht zugespitzt, sondern zu einer kleinen Öse umgebogen. Als Testobjekte dienen zwei kleine 20 ccm Rundkolben. Wird das Brett hart auf den Tisch gestoßen, so zerspringt der eine Kolben, während der andere auf dem vibrierenden Draht nur schaukelt und unversehrt bleibt.
β) Man erhält ein einfaches Testobjekt, das sich immer wieder benutzen läßt, indem man ein Stück Glasrohr von etwa 6 cm Länge verwendet, das auf einer Öffnung mit einem Stückchen Seidenpapier beklebt wurde. Man setzt nun auf jedes Drahtende ein solches Testobjekt, hebt das Modell ein wenig hoch und stellt es mit hartem Stoß auf den Tisch zurück: nur das Seidenpapier am gerade verlaufenden Draht zerreißt, und das Glasrohr fällt durch bis zum Brettchen. Mit wenig Übung gelingt der Versuch sicher.

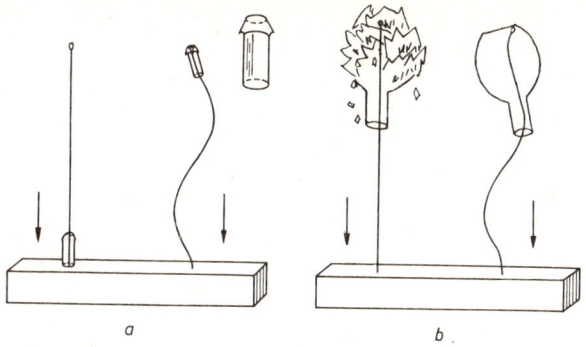

Abb. 4. Die Bedeutung der Elastizität der Wirbelsäule.

a Modellversuch für die Wirkung bei vertikalem Stoß, mit besonderen Testkörpern, daneben ein Testkörper vergrößert, b derselbe Versuch, als Testkörper dienen kleine gläserne Rundkolben.

γ) *Zwischenwirbelscheiben im Modellversuch.* Die senkrechte Elastizität und die Wirkungsweise der Zwischenwirbelscheiben zeigt eine „Wirbelsäule", die man modellmäßig aus unnachgiebigen Holzplatten und veränderlichen Schaumgummischeiben aufbaut. Man reiht dabei 6 aus einem 1 cm dickem Holzbrett geschnittene „Wirbel" (s. Abb. 5) und fünf gleichgroße und gleichdicke Kunst-

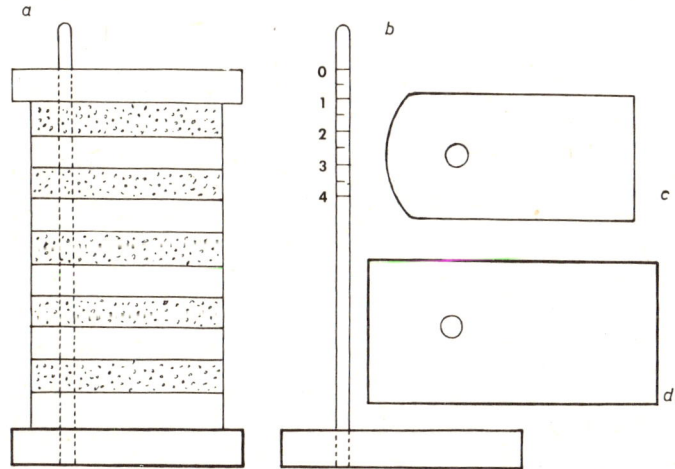

Abb. 5. Die Aufgabe der Zwischenwirbelscheiben.

a Modell zur Wirkungsweise der Zwischenwirbelplatten, b Grundbrett und Haltestab mit Maßeinteilung, c Umriß einer Wirbelplatte, d Umriß der Deckplatte.

stoffplatten auf einen Holzstab, der dem „Rückenmark" entspricht, abwechselnd auf. Der hölzerne Haltestab wird zugleich als Maßstab benutzt; auf ihn kann man Längenänderungen der beweglichen Säule sofort ablesen. (Der Schaumgummi läßt sich leicht mit der Schere zuschneiden, besser noch, indem man die gewünschte Umrißform aus Pappe anfertigt, diese auf den Schaumgummi aufpreßt und mit einer Rasierklinge an dem überstehenden Schaumgummirand entlangfährt. Das Loch wird aus dem Schaumgummi mit einem Korkenbohrer gestanzt.) Die Säule wird mit einer größeren Abschlußplatte abgedeckt. — Wird auf die Abschlußplatte ein Gewicht gelegt, so verringert sich die Säulenhöhe. Die Abhängigkeit von Gewicht und Säulenhöhe wäre festzustellen. — Wird das Modell senkrecht auf den Tisch gestoßen, fängt die elastische Säule den Stoß ab und verkürzt sich vorübergehend.

4. Knochen und Gewölbe

a) *Bauelemente im Skelett* Mit einfachen Zeichnungen und durch Modelle läßt sich veranschaulichen, wie sich Elemente des Steinbaus und Knochenbaus entsprechen. Man findet etwa:

Quader, Blöcke	⟶	quaderähnliche Knochen (Wirbelkörper, Hand- und Fußwurzelknochen)
Platten	⟶	plattenähnliche Knochen (Schulterblatt, Beckenschaufel, Platten des Schädeldachs)
Säulen, Stäbe	⟶	säulenartige Knochen (Schienbeinknochen, Oberarm- und Unterarmknochen)
Kuppeln, Gewölbe	⟶	gewölbeähnlicher Bau des Schädeldachs, rumpftragender Gewölbebogen des Beckens, Fußgewölbe

Der Kran findet ein Gegenstück in dem „Kranausleger" des Oberschenkels (Schenkelhals und seitlich angesetzter Gelenkkopf des Oberschenkelknochens).

b) *Das knöcherne Schwammgewebe.* Das spongiöse Gewebe (z. B. der knöchernen Rippen) vereinigt größte Zugfestigkeit und beste Tragkraft mit möglichst kleinem Gewicht. Dazu sind *Modellversuche* anzustellen:
Ein Stück trockener Schaumgummi von Quadergestalt wird gewogen. — Man mißt die drei Kanten dieses Quaders und berechnet seinen Rauminhalt. — Der Schaumgummi wird gewogen, nachdem er sich voll Wasser gesogen hat. — Man berechnet daraus das Volumen aller Hohlräume und vergleicht mit dem „Gerüst".

c) Man schneidet aus einem Stück Schaumgummi mit Hilfe eines Korkenbohrers ein Stäbchen von 1 cm Durchmesser und macht es genau 10 cm lang. — Man schneidet von einem Kunststoff-Strohhalm ein 10 cm langes Stück ab. — Man nimmt von einem Perlonbesen ein genau 10 cm langes Besenhaar.
Das Gewicht der 3 Säulen, von Rohr, Faden und Schaumgummistab wird mit ihrem Volumen verglichen. Man vergleicht und prüft auf Tragfähigkeit, Elastizität, auf Durchbiegen. Dabei werden die drei Objekte eingespannt und belastet, wie es Abb. 6 d bis h zeigt.

d) Man braucht ein 30 cm langes Stück eines dünnen Eisen- bzw. Kupferrohres (z. B. Haltestab für Fenstergardinen) und ein gleichlanges Stück eines Eisen- bzw. Kupferdrahtes, das etwa gleiches Gewicht hat. — Hohlstab und Vollstab

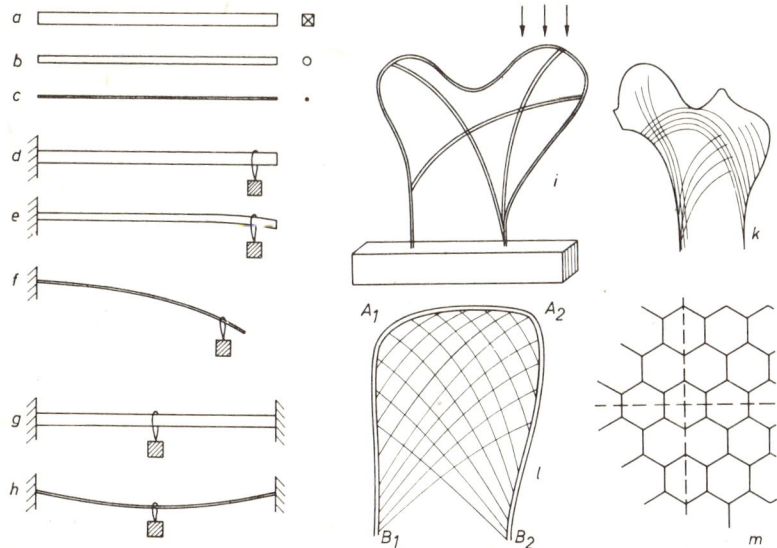

Abb. 6. Gewichtsersparnis und Festigkeit im Knochenbau.

a—c drei Stäbe von verschiedenem Aufbau und Gewicht, d—h Unterschiede dieser Stäbe bei einer Belastung, i Modell aus Blechstreifen, dem Bälkchenverlauf entsprechend, k der Verlauf der Bälkchen im Kopf des Oberschenkels, l Nachbildung des Bälkchenverlaufs durch gespanntes Tüllgewebe, m dieses Gewebe bei stärkerer Vergrößerung.

werden auf Elastizität und Belastbarkeit geprüft, wenn beide Enden aufliegen, wenn nur ein Ende festgeklemmt wird.

e) *Bälkchenstruktur am Ende der Röhrenknochen.* Man studiert den Verlauf der Knochenbälkchen an einem Dünnschliffpräparat, das vom Ende der Speiche oder des Oberschenkels angefertigt wurde. Mit einfachen Mitteln läßt sich diese Bälkchenstruktur nachahmen.

Man braucht dazu ein Stück weitmaschigen Tüll, der sich aus einem Netz von Sechsecken aufbaut, halbstarr und etwas dehnbar ist. Man zeichnet auf einen weißen Karton den Umriß vom Speichen- bzw. Femurende auf und klebt das Blatt auf ein Zigarrenschachtelbrett. Man schneidet nunmehr einen passenden Tüllstreifen zurecht und legt ihn (parallel zu einer Sechseckkante, wie in Abb. 6 l und m angegeben) auf die Umrisse der Längsschnittzeichnung. Man spannt den Stoff so, daß seine Maschen die Bälkchenstruktur nachahmen, indem man Stecknadeln zur Hilfe nimmt. In B_1 und B_2 heftet man fest, spannt den Stoff an und heftet ihn (außerhalb der Umrißzeichnung) bei A_1 und A_2 fest. Die doppelte Zugbeanspruchung prägt sich in dem Verlauf der Maschenzüge aus. — Ähnlich läßt sich ein Kunststoffgewebe (Perlon) verwenden, wie man es zu Beuteln verwendet, um darin Tomaten, Zwiebeln und Obst zu verpacken.

f) *Einen guten Modellversuch schlägt G a r m s vor:* Er braucht Blechstreifen von 0,5 mm Dicke und 1—2 cm Breite. Zwei Modelle sind möglich. Einmal wird mit einem Blechstreifen der Umriß des Kopfes vom Oberschenkelknochen, wie er im Längsschnitt erscheint, nachgebildet und auf einem Holzbrett verankert, wie Abb. 6 i zeigt. — Zum anderen bildet ein gleicher zweiter Blechstreifen den „Rahmen", in den 3 weitere Blechstreifen „eingebaut" werden. Dazu werden mit einem Metallbohrer Löcher in die Streifenenden gebohrt und die „Bälkchen" zusammengeschraubt. — *Versuche:* Man drückt mit dem Handballen auf die Blechmodelle. Das erste gibt leicht nach und verformt sich. Das andere Modell läßt sich selbst bei erheblichem Druck kaum in seiner Gestalt verändern.

5. Bau und Funktion

Das *Bewegungssystem* gibt mannigfache Gelegenheit, um über Bau und Funktion nachzudenken. Dazu sollen im folgenden Beispiele und Anregungen gegeben werden.

a) O b e r s c h e n k e l k n o c h e n bilden im Hüftgelenk winklig sich schneidende Bälkchen, die den Zug- und Druckspannungen angepaßt sind (Trajektorien). Der Vergleich mit dem Ausleger eines Krans ist möglich.

Das G e w ö l b e d e s F u ß e s mit dem federnden Mittelfuß ist einer in den Lagern schwingenden einbogigen Brücke nicht unähnlich. Die Struktur war zuerst. Denn sie mußte vorhanden sein, als sie gebraucht wurde; aber sie ändert sich.

Die F e r s e besteht aus einem besonderen Fettgewebe, das in eigenartiger Weise gekammert ist („Wasserkissen"). Schon der Embryo zeigt diese Struktur, obgleich noch keine Belastung des Fußes erfolgt.

Nach einem K n o c h e n b r u c h wird die Bälkchenstruktur den neuen Druck- und Zugverhältnissen untergeordnet und notfalls auch entsprechend geändert (funktionelle Anpassung). Gefahren eines schlecht geschienten Bruches!

Die M u s k e l s u b s t a n z d e s H e r z e n s (gewöhnlich 300 g) kann ein Gewicht von 400 bis 500 g erreichen, wenn das Herz stärker belastet wird (z. B. in intensivem sportlichen Training).

Jedes einseitige sportliche Training verändert die L e i s t u n g s k r a f t d e r g e ü b t e n M u s k e l n und damit auch ihre Größe. Der Körper behält aber eine harmonische Gesamtproportion trotz der einseitigen Muskelübung („Typ" des Leichtathleten, Schwerathleten, Läufers usf.).

Bei langer R u h i g s t e l l u n g (z. B. im Gipsverband) atrophieren die Muskeln. Nach dem Krankenlager lernt der Patient neu laufen. — Das Stützen des verstauchten Fußknöchels durch eine lange Binde bringt zunächst Hilfe, aber bei längerer Einwirkung Gefahren.

A r m l o s g e b o r e n e M e n s c h e n lernen mit den Füßen zu greifen, ja sogar Schreibmaschine zu schreiben.

Weitere Beispiele für *funktionelle Anpassungen.*

b) Wenn eine N i e r e entfernt wird, vergrößert sich die zurückgebliebene, die nun auch die Gesamtarbeit leistet (i. a. ist mit 30 %iger Vergrößerung eines stärker belasteten Organs das Maximum der Vergrößerung erreicht).

Bereits der erste **f e h l e n d e   D a u e r z a h n** bringt das ganze Gebiß „ins Gleiten". Die restlichen Zähne passen sich funktionell an die neuen Belastungsverhältnisse an. — Erfolgreiche Kieferkorrekturen bei Heranwachsenden!

Starke und dauernde **S o n n e n b e s t r a h l u n g** führt zur Vermehrung des schützenden Pigmentes (Bräunung der Haut), starke mechanische Oberflächenbelastung der Haut führt zur Schwielenbildung.

S a u e r s t o f f m a n g e l vergrößert die Zahl der roten Blutkörperchen (Hypererythrozytose bei Bergsteigern in extremen Höhen; Blutzusammensetzung des Neugeborenen).

Die **Z a h l   d e r   L e u k o z y t e n** (etwa 6000 in einem mm^3 Blut) kann wesentlich vermehrt werden. Bei Infektionskrankheiten und bei Schwangerschaften kann sie das Zehnfache der Normalmenge erreichen und noch mehr.

6. Chemische Untersuchung des Knochens

a) Ein *frischer Knochen* (Kalb, Huhn) wird untersucht. Er besteht aus dem Ossein, dem organischen Gerüsteiweiß und anorganischen Salzen.

α) Die frischen Knochen werden entfettet, indem man sie in einer Sodalösung auskocht.

β) Knochensplitter werden in die Bunsenbrennerflamme gehalten. Die organische Grundmasse verbrennt. Zuerst Schwarzfärbung durch den Kohlenstoff, am Ende weißgraue Asche.

γ) Einige dieser Knochen (Schenkelknochen eines Vogels, Rippen vom Kalb) legt man einige Tage in verdünnte Salzsäure. Kohlendioxid entweicht, was sich durch Kalkwasser nachweisen läßt. Die Knochen werden leichter und schwimmen sogar.

δ) Die Lösung wird abfiltriert und auf Calcium (mit Platindraht ziegelrote Flammenfärbung) und Phosphat (mit Salpetersäure und Ammoniummolybdat; Gelbfärbung nach Zusatz) geprüft.

ε) Die knorpeligen Knochenreste werden zerschnitten und mit wenig Wasser zu Knochenleim gekocht. Klebkraft prüfen!

b) *Käufliche Knochenasche* (oder ein ausgeglühter Knochen, der in einer Reibschale zerkleinert wird) wird untersucht. Sie besteht im wesentlichen aus 85 % Calciumphosphat $Ca_3(PO_4)_2$, 9 % Calciumkarbonat $CaCO_3$; Calciumfluorid CaF_2 und Magnesiumphosphat $Mg_3(PO_4)_2$ teilen sich in den Rest. Man macht folgende Proben:

α) Kohlensäure wird nachgewiesen, indem verdünnte Säure zugesetzt wird (Aufschäumen).

β) Phosphorsäure wird nachgewiesen durch Zusatz von Salpetersäure und Ammoniummolybdat (Gelbfärbung).

γ) Calcium wird nachgewiesen, indem man in Säure löst und mit dem Platindraht prüft (Ca ziegelrote, Na gelbe Flammenfärbung).

c) Durch wägende Versuche werden die *Anteile von organischer und anorganischer Substanz* verglichen. Außerdem wird gezeigt, daß mit zunehmendem Alter der Gehalt an anorganischen Salzen steigt.

α) Als Ausgang werden zwei frische Knochen gleicher Größe und Herkunft gewogen. — Der erste wird in verdünnte Salzsäure gelegt, einige Tage getrocknet und wieder gewogen (Gewichtsverlust!). Der andere wird ausgeglüht und gewogen (Gewichtsverlust!). Man berechnet die prozentualen Anteile!

β) Als Ausgang dienen zwei frische Knochen gleicher Größe (etwa Zehenknochen) von Kalb und Rind. — Man bestimmt das Ausgangsgewicht und macht Parallelversuche: man legt die Knochen getrennt in stark verdünnte Salzsäure, trocknet und stellt die Gewichtsabnahme fest. — Man legt sie getrennt in starke Salzsäure, trocknet und vergleicht nunmehr die Gewichte miteinander und mit dem vorherigen Versuch.

7. Beuger- und Streckermuskeln

Die meisten unserer *Skelettmuskeln* sind paarig vorhanden. Manche unterstützen sich in ihrer Wirkung, andere wirken entgegengesetzt; sie sind Gegenmuskeln (Antagonisten). — Bekannte Antagonistenpaare sind Beuger und Strecker (z. B. des Armes), Anzieher und Abzieher (z. B. der Finger), Heber und Senker (z. B. des Beines, der Lippe), Vor- und Rückwärtsdreher, Ein- und Auswärtsdreher, Öffner und Schließer, Runzler und Glätter usf.

Viele Vorgänge im Körper werden durch antagonistische Bewegungen hervorgerufen, etwa: die Peristaltik (Längs- und Ringmuskulatur des Verdauungstraktes), die Atmungsbewegungen (Zwerchfell- und Bauchmuskulatur), der Blutdruck (Muskulatur in der Wandung der Blutgefäße), Pupillenreaktion (strahliger und ringförmiger Anteil der Irismuskulatur) usw. — Als Vergleich sollten schließlich auch Beispiele aus dem Tierreich nicht fehlen. Also: Ring- und Längsmuskulatur bei Ringelwürmern, Beuger und Stecker in den Beinen von Gliederfüßlern, Schlauchherz der Gliederfüßler, Muskulatur für die Bewegung der Quallenglocke, Heb- und Senkmuskeln für den Insektenflügel, Stempelmuskeln in den Saugnäpfen der Tintenfische usw.

a) Einfache Beobachtungsaufgaben.

α) Der Schüler sucht die bekannten Antagonisten seiner Finger und Hand und stellt fest, wieweit sich Anzieher, Abzieher, Beuger, Strecker usw. unabhängig voneinander bewegen lassen.

β) Wenn er die Finger einer Hand kräftig bewegt, läßt sich feststellen, wie sich Sehnen auf dem Handrücken und am Unterarm bewegen.

γ) Er hebt beide Arme in Brusthöhe, spreizt die Finger und ballt sie dann zur Faust im Wechsel. Was geschieht nach etwa 1 Minute? — Er macht möglichst viele Klimmzüge am Reck und beobachtet sich dabei.

δ) Der Schüler beugt den rechten Oberarm und stellt mit der linken Hand fest, wie sich der Biceps vergrößert und hart wird (Kontrollversuch mit dem Maßband!). — Er streckt darauf den Arm und sucht dabei den Triceps.

ε) Er setzt sich so, daß die Beine frei hängen können. Wenn er den Fuß hebt und senkt, spürt er mit der Hand, daß sich die Wadenmuskeln kräftig zusammenziehen.

ζ) Er stellt fest, daß das Stehen nur durch die Tätigkeit bestimmter Muskeln ermöglicht wird. Er versucht, möglichst still zu stehen. Der Kopf der Versuchsperson macht bald feine Schwankungen. Das Stehen strengt an.

η) Wenn man die Fingerspitzen auf die Kaumuskeln legt, spürt man die Kontraktion, sobald man die Zähne fest aufeinanderbeißt.

ϑ) Bei der Körperschule in der Turnstunde werden die Skelettmuskeln planmäßig geübt. Es sind die üblichen Übungen daraufhin zu untersuchen, welche

Muskeln sie beanspruchen. — Welche Muskeln werden z. B. beansprucht: beim Radfahren, beim Kugelstoßen, beim Sprung usw.? — Ein Muskelkater zeigt an, welche Muskeln einseitig und zu stark betätigt wurden.

ι) Ein sitzender Schläfer läßt den Kopf vornüber sinken. Einem Schlafenden sind die Glieder entspannt. — Nach dem Erwachen recken und strecken wir uns, um Lymph- und Blutbewegung wieder anzuregen und den Körper gefügig zu machen.

b) *Armbeuger und Armstrecker.*

Der Antagonismus von Biceps und Triceps eignet sich für eine Untersuchung. Da hier ein- und zweiseitige Hebel nebeneinander vorliegen, werden wir an die Hebelgesetze der Physik geführt.

Also:

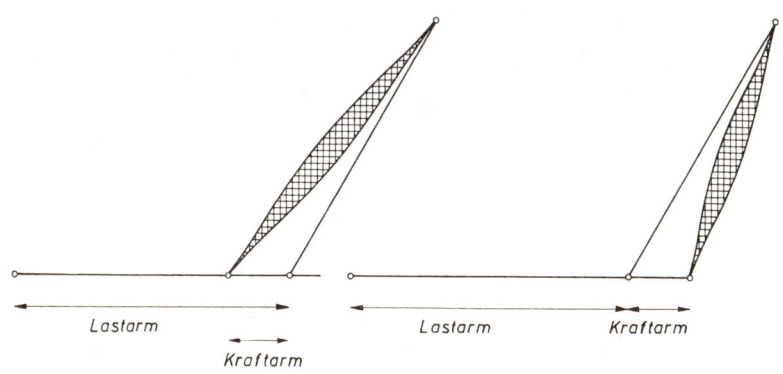

Abb. 7. *Armbeuger und Armstrecker.*
Links: einseitiger Hebel, Wirkungsweise des armbeugenden Muskels (Biceps). Rechts: zweiseitiger Hebel, Wirkungsweise des armstreckenden Muskels (Triceps).

Zur Tätigkeit der Muskeln läßt sich ein *Modellversuch* mit einfachen Mitteln durchführen. Man benötigt dazu das auf S. 6 geschilderte Modell eines Armes, das am besten aus 1,5 cm dicken Holzbrettern gefertigt wurde. Unter- und Oberarm sind um eine Eisenschraube drehbar. — Auf der Innenfläche des „Oberarms" wird eine kleine Wasserballblase befestigt (20 cm lang, 16 cm breit), die den Armbeugermuskel darstellen soll. Die Gummiblase steckt in dem Beinstück eines Strumpfes, der als Röhre den „Muskel" umgibt und als „Sehnenscheide" dient. Seine Enden werden zusammengebündelt und auf dem Oberarm und Unterarm befestigt. Die Wirkungsweise des arbeitenden Muskels läßt sich leicht zeigen (Abb. 8).

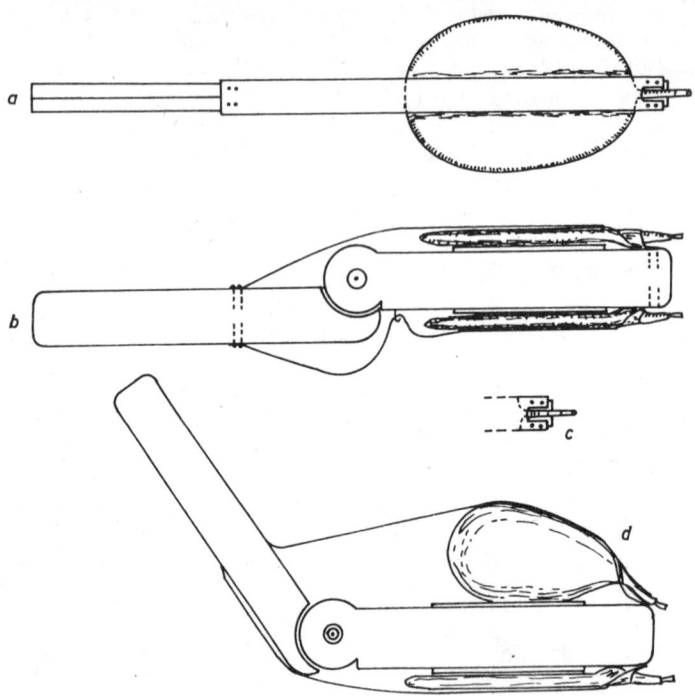

Abb. 8. Das Beuger- und Streckermodell.

a Armmodell von oben gesehen (mit Gummiblase und Gurtband), b Armmodell von der Seite gesehen, die Befestigung der beiden Gummiblasen zeigend, c Teilansicht von a, d Modellversuch, der Biceps ist kontrahiert und zieht den Unterarm hoch, der Triceps ist erschlafft.

α) Man stellt das Modell mit der äußeren Armkante auf die Tischplatte oder hält es am Oberarm frei in waagerechter Lage (Schraubenmutter gelöst). Wird in die Gummiblase Luft geblasen, zieht die schwellende Blase den Unterarm langsam nach oben.

β) Man zieht nunmehr die Schraubenmutter an und läßt die Luft aus der Blase. Man entspricht damit dem natürlichen Vorgang, denn der Unterarm bleibt auch bei entspanntem Biceps gebeugt. Man führt ihn in die Normallage zurück. — Man kann auch die Schraube lockern. Der Unterarm fällt sofort durch sein Gewicht in die gestreckte Ausgangslage zurück. — Muß hingegen der Unterarm gegen einen Widerstand gestreckt werden, so löst ein Gegenspieler des Beugers, ein Streckermuskel, die Tätigkeit des anderen ab. Dieser „Triceps" kann durch eine gleichgroße Gummiblase dargestellt werden. Er wird auf die gleiche Weise wie der „Biceps" nunmehr aber auf der äußeren Armfläche befestigt. Seine „Sehne" reicht über das Ellbogengelenk bis zum Unterarm (s. Abb. 8).

8. Beobachtungen an Kopfmuskeln

a) *Modellversuch.* Die mimische Muskulatur wird zu einem großen Teil durch die Muskeln bestimmt, die den Mund umgeben. Wir verwenden im Volksmund „Flunsch ziehen, Schippchen machen, schiefes Maul machen, verbissene Wut, breites Grinsen" usf. und meinen damit die Gesichtsveränderungen durch diese Muskeln. Dazu ist ein einfacher Anschauungsversuch möglich (vgl. Abb. 9). Den ringförmigen Mundschließmuskel stellt man durch einen Gummiring dar, wie man ihn für Einkochgläser verwendet. Mit 12 Gummibändchen wird der Ring umschlossen, und die Bändchen werden durch Stecknadeln fixiert. Als Unterlage dient eine mit weißem Papier überzogene Torfscheibe (für Insektenkästen) oder eine Schaumgummiplatte. Man deutet durch die Bändchen folgende Muskeln an: 1 Heber der Oberlippe, 2 Jochbeinmuskel, 3 Jochbeinmuskel, 4 Wangenmuskel, 5 Herabzieher der Mundwinkel und 6 Herabzieher der Unterlippe.

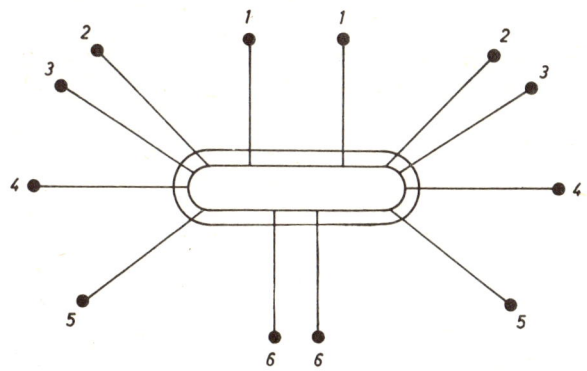

Abb. 9. Die Muskeln am Mund.

Gummiring als „Mundschließmuskel", Gummibändchen zeigen den Verlauf der Muskeln an, und zwar 1 Oberlippenheber, 2 und 3 Jochbeinmuskeln, 4 Wangenmuskel, 5 Mundwinkelsenker und 6 Unterlippensenker.

b) *Beobachtungen.* Jochbeinmuskeln und Wangenmuskeln sind beim Lachen beteiligt. Die Einwirkung der Muskeln kann man zeigen, indem man die benötigten Gummibändchen stärker spannt. Dadurch wird der Ringmuskel des Mundes verändert

Von den weiteren Muskeln lassen sich (mit Hilfe eines Handspiegels) leicht untersuchen:

Augenbrauenrunzler, er nähert die Brauen einander und bildet senkrechte Stirnhautfalten (Zorn, Unwillen!).

Augenlidschließer (Augenringmuskel), er schließt die Lidspalte und faltet die Haut um das Auge strahlig zusammen.

Stirnrunzler (großer Stirnmuskel), er ruft die parallelen Querfalten auf der Stirnwand hervor und hebt die Augenbrauen (Aufmerksamkeit, Staunen).

Trompetermuskel (Backenmuskel), er hat die Aufgabe, den Inhalt der Mundhöhle auszutreiben, wenn der Vorhof gefüllt ist.

Lippenmuskel (Mundringmuskel), er hält die Mundspalte eng und formt die Lippen, wenn wir pfeifen oder die Vokale o und u sprechen.

Die Kaumuskeln lassen sich leicht nachweisen: Wenn man die Zähne fest aufeinander beißt, verspürt man durch die aufgelegten Finger, daß sich in der Nähe des Kiefergelenkes die Kaumuskeln kontrahieren.

Wenn man die Zähne fest aufeinanderbeißt und die Ohren mit den Fingern verschließt, hört man ein Summen, den Muskelton (bei der Kontraktion treten Schwingungen auf).

Lachgrübchen erscheinen bei manchen Menschen, wenn sich beim Lachen der Lachmuskel verkürzt. — Das Kinngrübchen zeigt die Stelle an, von der der Kinnmuskel ausgeht.

9. Muskelschreiber und Muskelleistung

a) *Orientierende Versuche* und Beobachtungen gehen planmäßigen Experimenten voraus. In der Turnstunde werden am Gerät oder bei der Körperschule auch Kraftübungen verlangt. Der Schüler macht Klimmzüge am Reck oder beugt und streckt die Arme aus dem Liegestütz vorlings so oft wie irgend möglich. Er zählt die Anzahl der erfolgreichen Kontraktionen und beobachtet die Ermüdungserscheinungen (nachlassende Geschwindigkeit in der Kontraktion der Muskeln, am Ende Stoßerregung und schließlich Erschöpfung).

b) *Muskelschreiber:* Man kann die Muskelleistung experimentell prüfen. Man untersucht zweckmäßig die Muskelleistung der Finger, die man beugt und streckt, und verfolgt dabei das Verhalten der beteiligten Muskeln bei wechselnden Bedingungen.

Wenn man in der Schulsammlung eine Schreibtrommel und ein Uhrwerk zur Verfügung hat, sollte man auf den Ergographen (Ergometer) nicht verzichten. Dieser Versuch verlangt freilich einigen Aufwand. — Mit einfachen Mitteln läßt

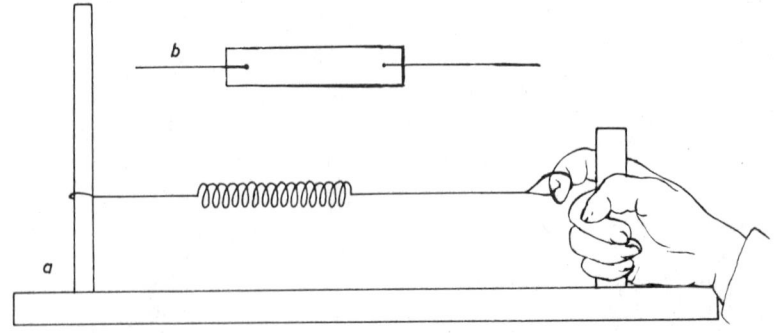

Abb. 10. Muskelschreiber und -leistung.

a Der Finger wird gegen den Widerstand einer kleinen Schraubenfeder gebeugt bis zur Ermüdung, b ein Gummiband ersetzt die Schraubenfeder (näheres im Text).

sich aber auch ein praktischer „Muskelschreiber" aufbauen: Der Ergograph besteht aus einer kleinen Schraubenfeder (oder einem 8 bis 10 cm langen Stück eines aufgeschnittenen Einkochrings), die im Versuch gedehnt werden muß. Man braucht weiter ein kräftiges Grundbrett, das 50 cm lang, 10 cm breit und 2 bis 3 cm stark ist. An einem Ende ist senkrecht ein etwa 12 cm langer Holzstab eingelassen, am anderen Ende befindet sich ebenfalls senkrecht eingelassen der „Handgriff", ein 10 cm langes Stück eines Besenstieles. An der Feder (oder dem Gummiband) werden zwei Bindfäden befestigt. Der eine ist eine feste Verbindung zu dem Haltestab, der andere endet in einer Fingerschlinge. Wenn man mit der ganzen Hand den Handgriff fest umspannt, muß der Zeigefinger abgespreizt werden, damit die Fingerschlinge um das erste Fingerglied gelegt werden kann (s. Abb. 10).

c) *Ermüdungserscheinungen.* Man krümmt den Zeigefinger gegen den Widerstand, bis er die Hand berührt und streckt ihn wieder. Man wiederholt diese Bewegungen ununterbrochen. Ein Metronom schlägt den Takt, damit man genau den Zeitabstand von einer Sekunde einhalten kann. Nach einiger Zeit ist der Finger erschöpft, er erreicht nicht mehr den „Anschlag" und läßt sich überhaupt nicht mehr krümmen. Man zählt die Anzahl der erfolgreichen Kontraktionen. (Auf der Schreibtrommel würden wir natürlich auch alle kürzeren Fingerausschläge registrieren, die nicht bis zum Anschlag führen.)

Auf die gleiche Art prüft man auch den Zeigefinger der anderen Hand, den Mittelfinger, den Goldfinger und den kleinen Finger. In jedem Fall erhalten wir eine wechselnde Zahl von Kontraktionen, die sich vergleichen lassen.

d) *Die Folgedichte der Kontraktionen.* Man verdoppelt die Anzahl der Kontraktionen in der Zeiteinheit und beugt den Finger in jeder Sekunde zweimal. Dabei ermüdet man früher. Werden die Kontraktionen verlangsamt, indem man alle zwei Sekunden (nach dem Takt eines Metronoms) nur einmal beugt, bleibt die Ermüdung länger aus. Man untersucht in einer Tabelle die Abhängigkeit der Anzahl der möglichen Kontraktionen von der Zeit; sie ist nicht einfach proportional. — Zwischen diesen einzelnen Versuchsreihen sind längere Ruhepausen nötig, wenn dieselbe Versuchsperson genommen wird.

e) *Die Erholungspause.* Man prüft die Rolle der Erholungspause, indem man dem Zeigefinger eine, bzw. zwei, bzw. fünf, schließlich zehn Minuten Ruhe gibt zwischen zwei Versuchen. Je länger die Ruhepause, umso besser „erholt" sich der Finger (die Ermüdungsstoffe werden „fortgeschafft"). Man stellt nämlich fest, daß die Anzahl der aufeinander folgenden Kontraktionen umso größer wird, je länger die Pause war.

10. Berechnung von Arbeit und Leistung

In der Physik wird die Arbeit als Kraft $\times$ Weg definiert. Die Leistung ist die in einer gewissen Zeit geleistete Arbeit. Die Einheit der Leistung ist dann gegeben, wenn in einer Sekunde die Arbeitseinheit von einem Kilopondmeter verrichtet wird, also kpm/sec.

$$\text{Arbeit } (A) = \text{Kraft} \times \text{Weg}$$

$$\text{Leistung } (N) = \frac{\text{Kraft} \times \text{Weg}}{\text{Zeit}}$$

Wir verwenden noch heute die Pferdestärke (PS) und setzen 1 Pferdestärke (PS) = 75 kpm/sec. Als mittlere Leistungen gelten für den Menschen:
Leistung im Jahresdurchschnitt ..... 0,01 PS
Durchschnittsleistung bei mehrstündiger Arbeit ..... 0,1 PS
Leistung bei kurzfristiger Anstrengung ..... 0,3 PS

Die „Menschenstärke" von 0,1 PS würde bedeuten, daß ein Mensch eine Sekundenarbeit von 6 bis 10 kpm viele Stunden aushält. Er kann danach in 8 Arbeitsstunden eine mittlere Leistung von 200 000 kpm vollbringen.

a) Aus dem Gebiet des *Sports* sind leicht Beispiele zu finden:

α) Welche Arbeit verrichtet der Weltrekordler im Stabhochsprung, wenn er 5,25 m überspringt und wenn sein Körpergewicht zu 70 kp angenommen wird? Der Schwerpunkt des Körpers werde beim Sprung 4,20 m gehoben. Also A = 70 kp · 4,2 m = 294 kpm.

β) Ein 75 kg schwerer Bergsteiger ersteigt in Rekordzeit das Matterhorn über den Hörnligrat. Er braucht für die Höhendifferenz von 1200 m genau drei Stunden. Wie groß ist seine Leistung? Also

$$N = \frac{1200 \text{ m} \cdot 75 \text{ kp}}{180 \cdot 60 \text{ sec}} = \frac{75 \text{ kpm}}{9 \text{ sec}} = \frac{75}{9 \cdot 75} \text{PS} = \frac{1}{9} \text{PS}$$

b) *Untersuchung des Herzmuskels.* Welche Arbeit und Leistung verrichtet der Herzmuskel bei Körperruhe?

α) **Arbeit**. Das Schlagvolumen beträgt für jede Herzkammer etwa 60 cm³ = 0,06 kg. Dabei wird ein mittlerer Aortendruck von etwa 100 mm Hg (10 cm Hg-Säule = 1,3 m Wassersäule) überwunden. Bei jeder Systole verrichtet die linke Kammer eine Arbeit von 0,06 m · 1,3 kp ≈ 0,08 kpm. Die Arbeit der rechten Kammer beträgt davon nur ein Fünftel.

β) **Leistung**. Beide Kammern leisten bei jeder Systole etwa 0,1 kpm oder je Tag (bei 70 Herzschlägen in der Sekunde) 10 000 kpm. Das Herz ist also ein sehr kleiner Motor. Denn 0,1 kpm/sec sind 1/750 PS.

11. Zahlen

a) *Knochen.* Bestandteile 21 % Wasser, 27 % organische Substanz, 52 % anorganische Salze (darunter 86 % Calciumphosphat und 10 % Calciumkarbonat).

b) *Wirbelanzahl.* 7 Halswirbel, 12 Brustwirbel, 5 Lendenwirbel, Kreuzbein (aus 5 Wirbeln gebildet), Steißbein (aus 3 bis 5 Wirbelresten).

c) *Rippen.* 7 Paar wahre (echte Rippen) ⟶ Brustbeinrippen
5 Paar „falsche" Rippen ⟶ Bogenrippen; darunter
2 Paar unverbundene Rippen ⟶ freie Rippen.

d) *Muskelfasern.* Glatte Muskelzellen, 50 bis 220 μ lang, 5 bis 10 μ dick, 1 Zellkern. Quergestreifte Muskelfasern, bis 13 cm lang, 40 bis 60 μ dick, viele Zellkerne.

e) *Schädel.* Er besteht aus 33 Knochen, davon gehören 15 zum Hirnschädel und 18 bilden den Gesichtsschädel. Hirnschädel besteht aus 5 einzelnen Knochen (Hinterhauptbein, Keilbein, Siebbein, Stirnbein und Pflugscharbein) und 5 paarigen Knochen (Schläfenbeine, untere Muscheln, Nasenbeine, Tränenbeine und

Scheitelbeine). Gesichtsschädel besteht aus 2 einzelnen Knochen (Unterkiefer und Zungenbeinkörper) und 8 paarigen Knochen (Oberkieferknochen, Jochbeine, Gaumenbeine, 2 Paar Zungenbeinhörner, 3 Paar Gehörknöchelchen).

f) *Untere Extremitäten.* Hüftbein, Oberschenkelbein, Kniescheibe, Schienbein, Wadenbein, 7 Fußwurzelknochen, 5 Mittelfußknochen und 14 Zehenknochen.

Obere: Schlüsselbein, Schulterblatt, Oberarmbein, Speiche, Elle, 8 Handwurzelknochen, 5 Mittelhandknochen und 14 Fingerknochen.

g) *Skelettmuskeln.* 25 paarige und 1 unpaarer für den Kopf
                    10 paarige für den Hals
                 112 paarige für Nacken und Rücken
                 52 paarige und 1 unpaarer für den Brustkorb
                   8 paarige für Bauch und Becken
                  52 paarige für obere Extremität
                  62 paarige für untere Extremität

II. Atmung und ihre Organe

1. Bild, Film und Präparat

Es gibt Bildreihen für „Atmungsorgane" und „Atmung"; auch Wandtafeln zu den Themen Atmungsorgane, Luftröhre und Lunge werden angeboten. — Reichhaltig ist auch das Angebot von Modellen und Präparaten. Man erhält z. B. ein Modell vom Kehlkopf (mit beweglichen Stellknorpeln) und von den Brusteingeweiden (auseinandernehmbar).

Das Kapitel gibt zu mannigfachen Versuchen Gelegenheit. Anregungen dazu liefern die Versuchskartei von *Müller-Thieme* („Biologische Arbeitsblätter") und die Vorschläge für „Biologische Versuche mit den BIOGA-Geräten". — Die Vitalkapazität, die unterschiedliche Zusammensetzung der ein- und ausgeatmeten Luft, der Atemdruck und Atemsog, die Zwerchfellatmung lassen sich mit einfachen Mitteln zeigen. Ferner bietet sich hier Gelegenheit, einige chemische Anfangsversuche (Sauerstoffnachweis, Kohlendioxidnachweis, Neutralisation) einzuführen. Auch einfache messende Versuche (Volumen von Gasen) sollten nicht fehlen.

Vernachlässigt wird gewöhnlich das Kapitel: Kehlkopf, Stimm- und Lautbildung, das die Brücke zum Musik- und Sprachunterricht schlagen könnte. Für Schallanalysen mit manometrischer Flamme und Oszillographen wird man jedoch im Biologieunterricht keine Gelegenheit haben. Oszillogrammstudien gehören nicht hierher. Dagegen wird ein Bandgerät (wie es viele Schulen für den Deutsch- und Musikunterricht verwenden) zum akustischen Studium der Sprache und Stimme anregen.

2. Die ein- und ausgeatmete Luft

A. Qualitative Versuche

a) Der Wasserdampf in der Atemluft

α) Sog. Hauchpapier rollt sich sofort ein, wenn man es anhaucht. — Man haucht auf eine Glasplatte oder Fensterscheibe und zeigt das Kondenswasser.

β) *Ein- und ausgeatmete Luft* werden verglichen, indem man über zwei vorgeschaltete Rohre getrennt ein- und ausatmet. Jedes Rohr (15 cm lang, 3 cm dick, s. Abb. 11 b) enthält ein Röllchen blaues, also getrocknetes Kobaltpapier*). Man

---

*) *Kobaltpapier:* Filtrierpapier wird mit einer 5%igen Kobaltchlorid-Lösung getränkt und danach über der Heizung oder im Trockenschrank getrocknet und in einem Exsikkator über konz. Schwefelsäure aufbewahrt. Das blaue Reagenzpapier rötet sich bei Feuchtigkeit. Kobaltchloridlösung ist sog. „sympathetische Tinte", deren blaue Schriftzeichen erst erscheinen, wenn das Papier getrocknet wird.

atmet 3 Minuten durch die Rohre getrennt ein und aus und vergleicht dann das Kobaltpapier. Das eine ist stärker gerötet als das andere. — Ein einfacher Wassernachweis ist auch mit weißem (wasserfreiem) Kupfersulfat möglich. Man atmet durch ein Rohr aus, in dem sich zwischen Watte etwas Salz befindet. Die weiße Substanz bildet nach wenigen Atemstößen die blaue wasserhaltige Verbindung.

γ) Wir geben auch mit der gesamten Körperoberfläche Wasserdampf ab. Man steckt eine Hand bis zum Gelenk in ein entsprechendes Becherglas und dichtet mit einem Handtuch an der Öffnung des Gefäßes gut ab. Man läßt die Hand etwa 5 Minuten in dem Gefäß. Nach dieser Zeit hat sich die Innenwand mit Wasser beschlagen.

b) Der Kohlendioxidgehalt der Luft

α) Man füllt ein großes Reagenzglas (18 cm lang) zu einem Drittel mit Kalkwasser und läßt durch einen Schüler mit einem schwach gewinkelten Glasrohr verbrauchte Atemluft einblasen. Das Wasser trübt sich durch Ausscheidung von $CaCO_3$. Nunmehr gibt man das getrübte Wasser in zwei Reagenzgläser. Die 1. Probe wird zum Vergleich aufbewahrt; in die 2. Probe wird weiter ausgeatmet, bis hier wieder Aufhellung auftritt. Beide Proben werden nunmehr verglichen. Calciumkarbonat ist in Wasser schwer, Calciumhydrogenkarbonat leicht löslich.

$$Ca(OH)_2 + CO_2 \longrightarrow CaCO_3 + H_2O$$
$$CaCO_3 + CO_2 + H_2O \longrightarrow Ca(HCO_3)_2$$

β) Wirkungsvoller läßt sich der Versuch so durchführen, daß zwei Erlenmeyer oder Gaswaschflaschen in der abgebildeten Weise (Abb. 11 a) zusammengeschaltet

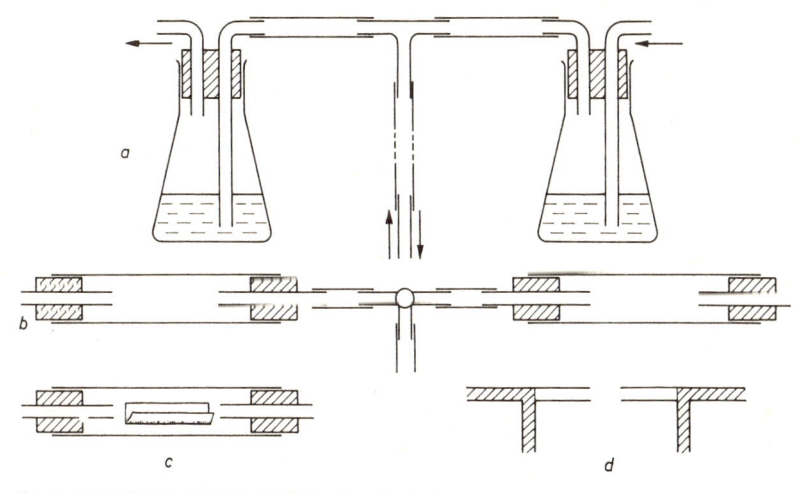

Abb. 11. Versuche zur Zusammensetzung der Atemluft.

a Gerät zum Vergleich des Kohlendioxids der ein- und ausgeatmeten Luft (Pfeile geben die Richtung der ein- und ausströmenden Luft an), b Gerät zum Nachweis des Wasserdampfes in der ein- und ausgeatmeten Luft, c Teilansicht: das Gefäß, das Kobaltpapier aufnimmt, d die Arbeitsweise des Dreiweghahns.

werden. Über das T-Stück wird ein- und ausgeatmet. Dabei wird nicht nur das auftretende Kohlendioxid nachgewiesen, sondern es wird auch mit dem Kohlendioxid der Luft verglichen (ca. 4 % gegenüber 0,03 %). Der Versuch läßt sich verschieden durchführen: Man legt entweder Kalkwasser vor und vergleicht den Zeitpunkt (die Anzahl der Atemzüge), bis Trübung im Glas 1 und Glas 2 erfolgt, oder man legt eine stark verdünnte Natronlauge vor, die man durch einige Tropfen Phenolphthalein kirschrot angefärbt hat (weißes Papier unterlegen!). Man vergleicht die Zeiten, bis in den Gefäßen die Laugen farblos, d. h. neutralisiert werden.

γ) *Versuche mit der Glasglocke.* Eine Reihe von Versuchen prüft den Sauerstoff- bzw. Kohlendioxidgehalt einer gewissen Luftmenge mit der brennenden Kerze. Man stellt dabei mit der Stoppuhr die Zeit fest, bis eine brennende Kerze erlischt. (Die Kerze erlischt freilich schon, ehe der Sauerstoff völlig verbraucht ist.) — Man bedient sich dabei einer Versuchsanordnung, wie sie auf Seite 28 beschrieben wird, und macht drei Vergleichsversuche (nach *Falkenhan*):

γ_1) Eine 5 l fassende Glasglocke, die oben mit Gummistopfen zu verschließen ist, taucht gerade eben in das Wasser eines Aquariums ein. Eine Kerze an einem entsprechenden Drahthalter (s. Abb. 12a) führt man rasch von oben her so weit in die Glocke ein, bis der Gummistopfen des Kerzenhalters die Glocke verschließt. Nach 1 bis 2 Minuten erlischt die Kerze. Die Luft enthält rund 20 % Sauerstoff.

γ_2) Mit derselben Kerze (Docht und Kerze müssen gleich bleiben, damit die Werte vergleichbar sind) prüft man denselben Raum, der mit Atemluft gefüllt wurde. Man füllt dabei die Glocke durch Absaugen mit Wasser und bläst anschließend von unten her Atemluft ein. (Der Halter der Glocke muß dabei sehr stabil sein, denn die mit Wasser gefüllte Glocke wiegt über 5 kg. Ein genormter Gerätesatz für alle Atmungsversuche mit der Glocke wurde von *Falkenhan* entwickelt. Er kann von der Phywe bezogen werden.) Die Zeit bis zum Erlöschen der Kerze ist wesentlich kürzer (etwa die Hälfte der Zeit). Die Atemluft enthält etwa 16 % Sauerstoff. Dieser Versuch zeigt deutlich den Wert der Mund-zu-Mund-Beatmung (s. 1. Hilfe, S. 330): Die normale Ausatmungsluft enthält genug Sauerstoff, um einem Erstickenden eventuell das Leben zu retten.

γ_3) Der Versuch γ_2 wird wiederholt. Die Glocke wird aber mit Atemluft gefüllt, die lange (etwa 20 sec) in der Lunge verweilte. Der Sauerstoffgehalt ist jetzt so weit abgesunken, daß die Kerze sofort erlischt.

δ) Mit derselben Versuchsanordnung läßt sich schließlich auch mit Kalkwasser zeigen, daß sich der CO_2-Gehalt ändert: Man füllt die Glocke wieder mit gewöhnlicher Luft über dem Wasserbecken. Man drückt die Luft aus der Glocke, indem man die Glocke möglichst tief in das Wasser eintaucht. Dabei wird der Glashahn geöffnet, und über ein Ableitungsrohr läßt man die verdrängte Luft in eine vorgelegte Kalkwasserlösung einperlen. — Derselbe Versuch wird dann mit Atemluft wiederholt. Das Kalkwasser trübt sich rascher als im vorhergehenden Versuch.

ε) *Die festen Teilchen in der Luft* Die in der Luft schwebenden festen Teilchen lassen sich leicht mikroskopisch nachweisen. Auf einen Objektträger gibt man einen Tropfen Glyzerin und läßt ihn einige Stunden offen liegen. Dann wird untersucht. Man findet mineralische Bestandteile, Sporen, Pollen usf. Man kann die Teilchenanzahl bestimmen. Das gelingt auch mit dem Blutzählapparat. —

Durch viele Versuche läßt sich die stark wechselnde Teilchenzahl an verschiedenen Orten feststellen (im Freien, im Schulzimmer, im Wald, an der Verkehrsstraße usw.).

ζ) *Die Bakterien in der Luft.* Durch einfache Kulturversuche lassen sich die Bakterien nachweisen. Man beschickt hierzu Petrischalen mit einem Nährboden von Agar-Agar (am besten Nähragar von Merck). Die steril zubereiteten Platten werden an der Luft exponiert. Bakterienkolonien zeigen später die Gegenwart von Bakterien an. Folgende Versuche können u. a. durchgeführt werden:

η_1) Man zeigt, daß eine lineare Abhängigkeit besteht zwischen der Anzahl der Bakterienkolonien und der Expositionsdauer (Bedingungen: Platten stehen nebeneinander und werden 1, 2 und 10 Minuten exponiert).

η_2) Man zeigt, daß die Zahl der Keime im Klassenzimmer viel größer ist als außerhalb (Bedingungen: Platten auf der inneren und äußeren Fensterbank werden gleiche Zeit exponiert).

ϑ) Ein Modellversuch zeigt die *Filterwirkung der Nasenhaare:* Man entzündet in einer Porzellanschale einige Tropfen Benzol. Man atmet durch ein langes weitlumiges Glasrohr ein, das in die Nähe der Rußwolke gehalten wird. Im Glasrohr befindet sich ein kleiner Bausch von weißer Watte. Nach kurzer Zeit färbt sich die Watte durch den aufgehaltenen Kohlenstoff grau.

B. Quantitative Versuche

a) *Schaumversuch.* Eine grobe Bestimmung der ausgeatmeten Luftmenge liefert der Schaumversuch. Man gibt dazu in eine 5 l-Flasche etwa 1 cm hoch eine starke Fewa- oder Reilösung und benetzt damit auch das Flascheninnere. Man bläst langsam durch ein Glasrohr, dessen Ausgang verengt wurde, in das schräg gehaltene Gefäß Luft ein, ohne abzusetzen. Der entstehende Schaum entspricht der Menge der ausgeatmeten Luft eines Atemzuges, da die mit Luft gefüllten Blasen längere Zeit haltbar sind. Auf die Flasche wurde ein Papierstreifen geklebt, der die Maßzahlen trägt.

b) *Spirometerversuche:* Genauer messen wir die ausgeatmete Luft durch Wasserverdrängung. Man braucht dazu eine wenigstens 5 l (am besten 6 l) fassende Glasglocke oder Kunststoffglocke (im Handel ist Polystorol), die einen Tubus trägt. Die Glocke wird durch ein Stativ gehalten (s. Abb. 12c) und taucht in eine wassergefüllte Glaswanne (Aquariumbecken) ein. Die Glocke ist mit einem durchbohrten Gummistopfen verschlossen; ein kurzes, gewinkeltes Glasrohr führt zu einem Glashahn. Die Glocke darf nicht auf dem Boden des Aquariums ruhen, sondern ein entsprechend gebogenes langes Glasrohr, das am unteren Ende eine halbrunde Biegung trägt, führt in die Glocke und erlaubt, diese mit Atemluft zu füllen.

c) *Versuche zum flachen Atmen.* Über den Glashahn kann jetzt die Glocke mit Wasser gefüllt werden, indem man entweder durch ein Handgebläse oder direkt den Rest der Luft aus der Glocke saugt und den Glashahn dann schließt. An der Glockenaußenwand befindet sich eine Meßskala. Man zählt von der Mündung in Richtung auf den Tubus jeweils halbe Liter. Für manche Versuche bringt man den Wasserstand in der Glocke leicht auf eine bestimmte Ausgangshöhe, da sich auch am Stativ die Höhe der Glocke einstellen läßt.

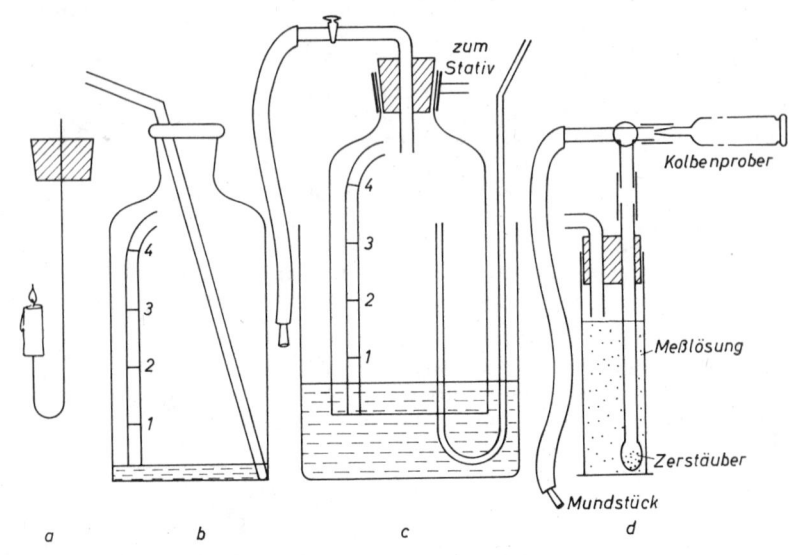

Abb. 12. *Quantitative Versuche zur ein- und ausgeatmeten Luft.*
a Kerzenhalter zum Nachweis des Sauerstoffs in der Glasglocke, b Nachweis der Vitalkapazität durch Rei-Schaum, c Bestimmung der Atemgrößen mit der Glasglocke (näheres im Text), d Versuchsanordnung zur quantitativen Bestimmung des Kohlendioxids mit Kolbenprober, Dreiweghahn und Absorptionsgefäß (näheres im Text).

Man hebt bei geöffnetem Hahn die Glocke so weit, daß das Wasserniveau auf dem 4 l-Strich steht. Man schließt den Hahn. Nun atmet man einige Male probeweise durch die Nase ein und den Mund aus. Dann atmet man über das Mundstück (ein Spirometerröhrchen) fünfmal hintereinander in die Glocke aus und liest den neuen Wasserstand ab. Wenn mit 5 Atemzügen etwa 2 l Luft unter die Glocke geblasen wurde, bewegt man also mit jedem Atemzug 400 ccm. — In einem weiteren Versuch füllt man die Glocke mit soviel Luft, daß das Wasserniveau auf 2,5 l steigt. Man atmet jetzt einige Male hintereinander in die Glocke ein und aus und beobachtet den Wasserstand, wie er um eine Mittellage hin und her schwankt.

d) *Versuche zur Vitalkapazität.* Zur Bestimmung der Vitalkapazität fülle man durch Absaugen über den Glashahn die Flasche völlig mit Wasser. Man blase so kräftig, wie man nur kann, die Luft eines einzigen Atemzuges aus der Lunge in die Glocke und prüfe damit die Atemmenge. Dieser Versuch ist mehrfach bei wechselnden Bedingungen zu wiederholen. Man kann dabei Unterschiede zwischen 2,5 und 6 Liter finden. Man prüfe dabei:

α) Körpergröße (der größte und kleinste Schüler der Klasse), β) Lebensalter (der jüngste und älteste Schüler der Klasse oder auch Schüler anderer Klassen),

γ) Geschlecht (gleichaltrige und gleichgroße Schüler und Schülerinnen),

δ) Sporttraining (der beste und ein wenig trainierter Läufer der Klasse).

e) *Der Kohlendioxidgehalt der Luft.*

$α_1$) *Eingeatmete Luft.* Man leite eine bekannte Luftmenge in fein verteilter Form (Zerstäuber) in eine mit Phenolphthalein gefärbte Natronlauge, deren Gehalt bekannt ist. Man messe die Luftmenge, die gerade die vorgelegte Lauge entfärbt: damit weist man das hinzugefügte Kohlendioxid nach. — Man gebe in einen Standzylinder (von 100 oder 200 ccm Inhalt) zu destilliertem Wasser 1 ccm einer $^1/_{100}$ normalen Natronlauge. Die Luft wird, wie Abb. 12d zeigt, mit Hilfe eines Kolbenprobers (100 ccm Inhalt) abgemessen und in die Lösung gedrückt. Man braucht zur Neutralisation etwa 700 ccm Luft.

$α_2$) *Berechnung.* Der CO_2-Anteil der Luft wird in Volumprozenten angegeben, aber über das Gewicht berechnet. 1000 ccm einer n-NaOH enthalten 40 g NaOH, 1000 ccm einer $\frac{n}{100}$-NaOH enthalten 0,4 g NaOH, 1 ccm einer $\frac{n}{100}$-NaOH enthalten 0,0004 g NaOH. Da $NaOH + CO_2 \longrightarrow NaHCO_3$ ist und demnach 40 g NaOH und 44 g CO_2 84 g Natriumhydrogenkarbonat bilden, braucht man also 40 g Natronlauge, um 44 g Kohlendioxid zu neutralisieren oder 0,44 mg CO_2 für 0,4 mg NaOH. Da aber 22 400 ccm CO_2 44 g wiegen, wiegt 1 ccm $\frac{44\,000}{22\,400}$ mg, also rund 2 mg, und 0,22 ccm wiegen 0,44 mg. — Wenn aber 0,22 ccm in 700 ccm Atemluft vorkommen, ist das rund 0,03 %.

$β_1$) *Ausgeatmete Luft.* Man benutzt die Apparatur von eben. Jedoch fülle man den Kolbenprober mit ausgeatmeter Luft und lege eine Natronlauge vor, die nur $^1/_{10}$ normal ist. Schon bei 50 ccm Luft tritt Entfärbung ein.

$β_2$) *Berechnung.* 1000 ccm einer n-NaOH enthalten 40 g NaOH, 1000 ccm einer $\frac{n}{10}$-NaOH enthalten 4 g NaOH, 1 ccm einer $\frac{n}{10}$-NaOH enthalten 0,004 g NaOH. Da man 40 g Natronlauge braucht, um 44 g Kohlendioxid zu neutralisieren, braucht man 4,4 mg CO_2 für 4 mg NaOH. — Wenn 1 ccm CO_2 rund 2 mg wiegt, so wiegen 2,2 ccm 4,4 mg. — Wenn aber in 55 ccm ausgeatmeter Luft 2,2 ccm Kohlendioxid vorhanden sind, wäre das genau 4 %, d. h. der zu fordernde Wert.

3. Atemdruck und Atemsog

a) *Wasser als Anzeigeflüssigkeit.* Man mißt mit einem sog. „Lungenprüfer". Er besteht aus einem Vorratsgefäß, das mit Methylenblau gefärbtes Wasser enthält und mit einem doppelt durchbohrten Gummistopfen abgeschlossen wird (Abb. 13). Durch die eine Bohrung ist ein gewinkeltes Glasrohr geführt mit Plastikschlauch und Spirometerröhrchen. Durch die andere führt das Steigrohr, das wenigstens 2 m lang sein sollte; es führt bis zum Grund des Gefäßes. Hinter dem Steigrohr wird eine Skala angebracht.

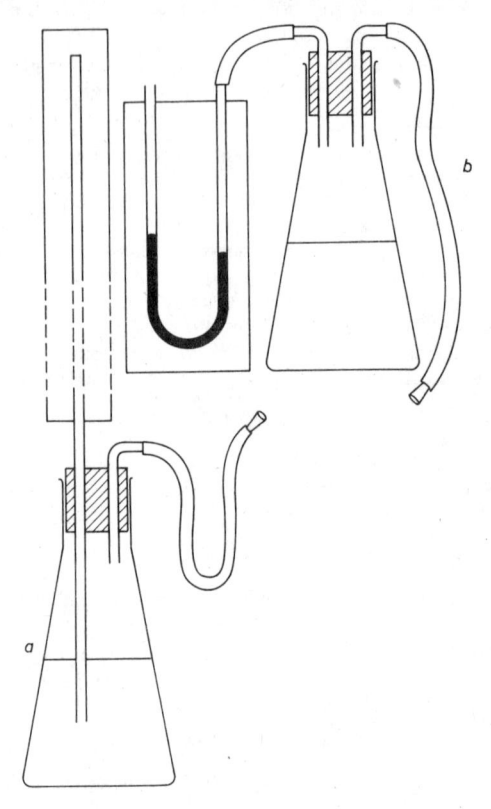

Abb. 13. Versuche zum Messen des Atemdrucks.

a Wasser wird verdrängt, das 2 m lange Steigrohr wird dabei nur angedeutet, b statt des Steigrohres wird ein Hg-Manometer benutzt, an den Schlauchenden sind Spirometerröhrchen.

α) *Atemdruckmessung.* Man atmet maximal durch die Nase ein und in den Lungenprüfer aus. Man beobachtet, wie hoch dabei die Wassersäule steigt. Mit einem Quetschhahn oder Glashahn vor dem Winkelrohr kann man abschließen, um dann genau abzulesen. — Der Atemdruck liegt im Mittel bei etwa 150 cm Wassersäule. M a x i m a l e r A t e m d r u c k : Ausatmung beim Mann 80 bis 130 mm Hg, bei der Frau 70 bis 110 mm Hg; Einatmung beim Mann 80 bis 100 mm Hg, bei der Frau 60 bis 80 mm Hg; bei ruhiger Atmung (im Mittel) 0,73 mm Hg.

β) *Atemsogmessung.* Das Gefäß wird auf den Fußboden gestellt. Der Schlauch mit Spirometerröhrchen wird vom Winkelrohr entfernt und auf das Ende des Steigrohrs gesetzt. Man atmet durch das Steigrohr maximal ein und stellt dabei fest, wie hoch das Wasser steigt.

b) *Quecksilber als Anzeigeflüssigkeit.* Handlicher wird die Versuchsanordnung, wenn man statt des langen Steigrohrs ein Quecksilbermanometer benutzt. Es ist im Handel erhältlich, kann aber auch leicht hergestellt werden (Abb. 13b). Man braucht dazu ein U-förmig gebogenes Glasrohr, das zweckmäßig am Ende eines Rohrschenkels einen Glashahn trägt. Der Schenkel sollte 20 bis 30 cm lang sein. Besser ist, wenn sich zwischen Manometer und Mundstück eine wassergefüllte „Vorlage" mit 2 Winkelrohren befindet (s. Abb. 13b).

α) *Normale Ein- und Ausatmung.* Beim ruhigen Atmen pendelt das Quecksilber (im Versuch 13a das Wasser) hin und her. Hierbei wird der Atemdruck (Lungendruck) anzeigt. Auch beim Spirometerversuch (s. S. 28) wandert das Wasserniveau auf und ab; hier wird aber die wandernde Luftmenge angezeigt.

4. Modelle zu den Atemorganen

Zu den Atemorganen rechnen wir Luftröhre und Kehlkopf, Bronchien und Lungen. Am Torso wird man sie in ihrer Lage zueinander kennenlernen. Durch einfache Modelle läßt sich ihr Bau noch näher veranschaulichen.

a) *Knorpelspangen der Luftröhre.* Ein Glasrohr wird so ausgewählt, daß es in einen etwa 20 cm langen Plastikschlauch (Durchmesser etwa 25 mm) leicht eingeschoben werden kann. Das Glasrohr wird mit dickem Kupfer- oder Messingdraht in engen Windungen umwickelt. Die so erhaltene Drahtschraube wird in den Plastikschlauch eingeführt. Der ausgesteifte Schlauch wird mit einem Stück gleichlangen gewöhnlichen Schlauches verglichen (Widerstand beim Zusammendrücken, Verwendung an einer Saugpumpe).

b) *Kehlkopfmodelle.* Schwingende „Stimmbänder" erhält man, wenn man ein Stück dünnwandigen Gummischlauch (etwa unteres Ende eines Kinderluftballons) über ein Stück Glasrohr so schiebt, daß 2 bis 3 cm über das Rohrende frei

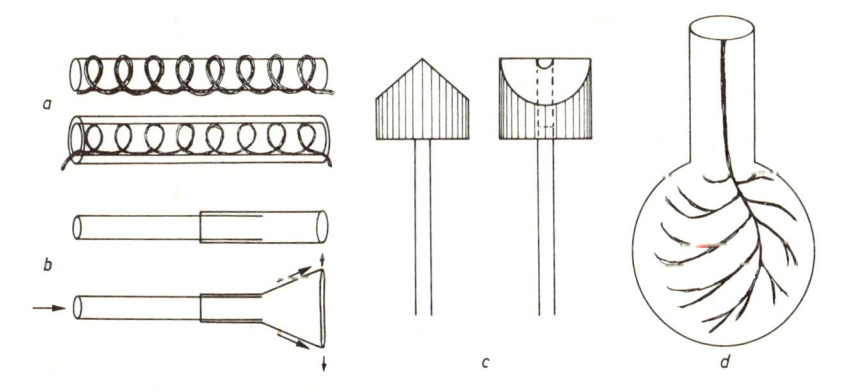

Abb. 14. Modelle zu den Atemorganen.

a Modell für die Luftröhre (Drahtschraube im Plastikrohr), b Wirkungsweise der Stimmlippen (am dünnen Gummischlauch gezeigt), c Stopfenmodell eines Kehlkopfs (s. Text), d Rundkolben als Lungenbläschen mit dem angedeuteten Verlauf der Kapillaren (Plastilin oder Fettstift), nur die Arterie ist nachgebildet.

hinausragen. Zieht man nun das Schlauchende so auseinander, daß ein langer, feiner Schlitz entsteht, und bläst durch das Glasrohr, schwingen die Gummiränder und ein Ton tritt auf, der sich je nach Länge der „Stimmlippe" verändert. — Besser ist folgendes Modell: Man benutzt als „Luftröhre" ein Glasrohr von 20 cm Länge und 1 cm Durchmesser. Es wird in den „Kehlkopf" eingesetzt. Dazu dient ein zylindrischer Gummistopfen von 2,5 cm Durchmesser, wie ihn Abb. 14 zeigt. Das obere Ende des durchbohrten Stopfens wird dachähnlich zugeschnitten. Auf die Dachflächen klebt man mit Uhu zwei dünne Gummihäutchen (Kinderballon), so daß auf dem First ein feiner Spalt entsteht. Wenn durch das Glasrohr geblasen wird, schwingen die freien Ränder der Gummimembran. Der auftretende Ton ist (je nach dem Anblasen) veränderlich.

c) *Stellknorpelmodell.* Auf einfache Weise kann man mit einem Modell zeigen, wie die Stellknorpel des Kehlkopfes wirken. Man braucht dazu nur Pappe und

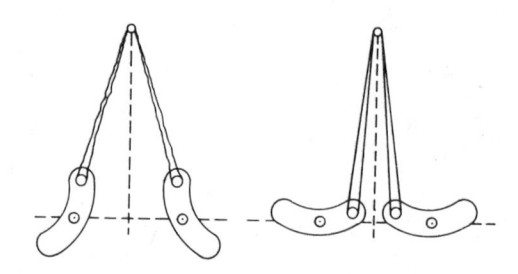

Abb. 15. Modell zur Wirkungsweise der Stellknorpel.
Zwischen den beweglichen „Stellknorpeln" ist ein Gummiband ausgespannt, das seine Stellung und Spannung ändern kann (Material: Spreizhefter und Pappe). Links „Stimmbänder" erschlafft, rechts gespannt.

5 Spreizhefter (näheres Abb. 15). Aus Pappe bildet man die Umrisse der beiden Stellknorpel nach; sie sind um ihre Mitte mit Hilfe eines Spreizhefters drehbar und auf einer rechteckigen Pappscheibe befestigt. Als „Stimmlippen" dient ein Gummibändchen, das man zwischen 3 Spreizhefter ausspannt. Das Gummiband wird an die Enden der beiden „Stellknorpel" geknüpft; man legt es dabei einfach unter die platten Köpfe der Spreizhefter. Das doppelt gelegte Bändchen bildet in der Ruhelage einen spitzen Winkel und ist erschlafft. Dreht man aber die „Stellknorpel", indem man sie mit dem Zeigefinger an ihren Außenenden ein wenig anhebt, so zeigt das Modell die Stellung der Stimmbänder, wenn sie schwingen. Sie sind dann weit genähert, und das Gummibändchen ist straff gezogen.

d) *Modell des Lungenbläschens.* Ein Rundkolben von der in Abb. 14d angegebenen Gestalt stellt das Lungenbläschen dar, das auf seiner Oberfläche das feine Netzwerk der Arterie und Vene trägt. Man erzeugt es nach einem Vorschlag von *Garms*, indem man feine Schnüre aus rotem und weißem Plastilin auflegt. — Einfacher noch läßt sich das Kapillarnetz mit rotem und blauem Glasfarbstift aufzeichnen.

e) *Besondere Modellversuche* müssen die Wirkungsweise der Lunge zeigen (Näheres s. S. 34).

5. Versuche zur Zwerchfell- und Brustatmung

Wir unterscheiden Zwerchfellatmung, Brustatmung und Bauchatmung. Im einzelnen ergibt sich:

Einatmung. Das Zwerchfell wird kontrahiert und damit abgeflacht. — Die äußeren Zwischenrippenmuskeln werden kontrahiert und damit die Rippen gehoben. — Der Brusthohlraum wird erweitert. — Die Bauchdecke wird nach vorn gedrückt.

Ausatmung. Das Zwerchfell wölbt sich auf und und kehrt in Ruhelage zurück. — Der Brustkorb sinkt durch sein Gewicht herab. — Der Brusthohlraum wird verkleinert. Die Bauchdecke kehrt in Normallage zurück.

Diese Vorgänge gilt es im Versuch nachzuweisen. Die Veränderung der Bauchdecke erkennt man durch Auflegen der flachen Hand. Der wechselnde Brustumfang wird mit dem Maßband nachgemessen. Für die Bewegung des Zwerchfells und der Rippen gibt es einfache Modellversuche.

a) *Modelle zur Zwerchfellatmung.* Man muß zeigen, daß sich ein dehnbarer Hohlkörper, der der Lunge entsprechen soll, im luftverdünnten Raum ausdehnt, wenn er die Verbindung zur Außenwelt behält. So wird erkannt, daß sich der Brustraum durch Heben der Rippen und Abflachen des Zwerchfells erweitert. Dann kann Luft von außen nachgesaugt werden.

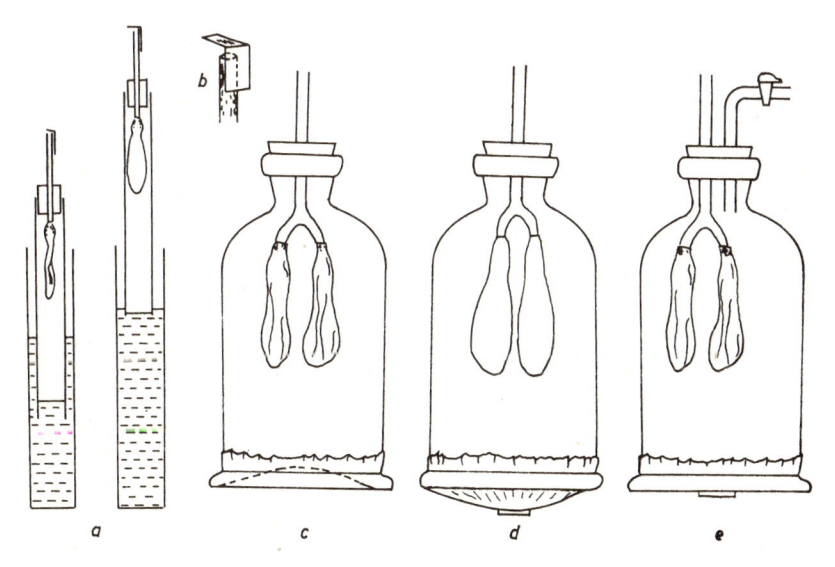

Abb. 16. Modell zur Zwerchfellatmung.

a Die Sperrflüssigkeit verändert den Druck der eingeschlossenen Luft (s. Text), b Papierklappe zeigt die ein- und ausströmende Luft der „Lunge" an, c und d eine bewegliche Membran („Zwerchfell") verändert den Druck der eingeschlossenen Luft, e Versuch zur Darstellung des Pneumothorax (Stopfen doppelt durchbohrt, Glashahn).

α) *Versuch mit Glaszylinder.* Ein unten offenes, weites Glasrohr (s. Abb. 16a) wird in einem Glaszylinder, der halb mit Wasser gefüllt ist, auf und ab bewegt. Das andere Rohrende trägt dabei das „Lungenmodell", einen Gummiballon auf einem luftdicht eingeführten engeren Glasrohr. Der Ballon wird straff bzw. schlaff, je nachdem die Luft des umgebenden Raumes verdünnt oder verdichtet. Daß dabei Luft durch das Glasrohr entweicht bzw. angesaugt wird, kann man mit einem rechteckigen Stück Papier nachweisen, das man rechtwinklig faltet und wie abgebildet am Glasrohrende festklebt. Der vorbeistreichende Luftstrom setzt es in eine vibrierende Bewegung.

β) *Versuche mit Glasglocke und Gummihaut.* Besser läßt sich die Tätigkeit des Zwerchfells mit dem Modell nach *Donders* zeigen. Die Mündung einer Glasglocke (vgl. Abb. 16c bis e), die oben durchbohrt ist und unten einen umgewulsteten Rand besitzt, wird mit einer Gummihaut (oder -folie) bespannt. Man kann die Haut auf dem Schliffrand einer solchen, etwa 5 l fassenden Exsikatorglocke festkleben, oder man befestigt sie mit Schnur oder Spannrahmen. Ein Handgriff in der Membranmitte wird dadurch erzeugt, daß man ein rundes Holzbrettchen (0,5 cm dick und 4 cm im Durchmesser) auf die Gummihaut festklebt. Die zwei „Lungenflügel" werden durch zwei Luftballonhüllen gebildet, die über ein unten verzweigtes Glasrohr mit der Außenwelt Verbindung haben. Das Glasrohr ist luftdicht mit einem doppelt durchbohrten Stopfen in den Glockenkopf eingefügt. Das Glasrohr mit den zwei Ansätzen am Rohrende entspricht der Luftröhre und den beiden Bronchien. Durch die zweite Bohrung des Abschlußstopfens führt ein kurzes Glasrohr mit Glashahn. Das in allen Teilen dicht schließende Modell wird in Gang gesetzt. Man saugt dazu an dem Hahnrohr etwas Luft aus der Glasglocke. Der Hahn wird geschlossen; die Gummihaut („Zwerchfell") wölbt sich nach oben und die Gummiblasen („Lungenflügel") füllen sich teilweise mit Luft. — Man zieht die Gummihaut nach unten („atmet ein"), und die Gummiblasen füllen sich noch stärker mit Luft. Wenn sich die Gummihaut, indem man locker läßt, durch ihre Elastizität wieder verkleinert („ausatmen"), entweicht Luft aus den zusammenfallenden Gummiblasen. Der Versuch kann beliebig oft wiederholt werden. Die ausströmende Luft gilt es für die Klasse nachzuweisen.

Man nimmt dazu wieder ein „Klappventil" aus dünnem Papier, das man am Rohrende befestigt. Wenn es die Luft hin- und herbewegt, entsteht ein schnarrendes, weithin hörbares Geräusch. — An der Rohrmündung kann man auch ein Büschelchen von Seidenpapierstreifen befestigen oder eine Kinderpfeife.

γ) *Weitere Versuche.* Man wiederholt den Versuch β), öffnet aber dabei den Glashahn. Trotz der Bewegung der Gummimembran bleiben die Gummiblasen unverändert. — Man bewegt die Membran nach unten. Dann wird der Hahn geöffnet. Sofort fallen die „Lungen" zusammen. Es dringt also Luft in den luftverdünnten Raum zwischen „Thorax" und „Lunge". Die Lunge kann bei erneuten Atembewegungen nicht normal arbeiten („Pneumothorax"). — An dem Modell kann die gleichzeitig ablaufende Brustatmung nicht gezeigt werden.

b) *Modelle zur Brustatmung.* Das Modell zur Brustatmung soll die Tätigkeit der Zwischenrippenmuskeln zeigen, die den Raum zwischen den Rippen ausfüllen. Man soll daran erkennen, daß durch die äußeren Zwischenrippenmuskeln, die sich mit den inneren kreuzen, die Rippen angehoben werden. Das Modell soll zeigen, daß sich die eine Muskellage verkürzt, wenn die andere erschlafft und umgekehrt.

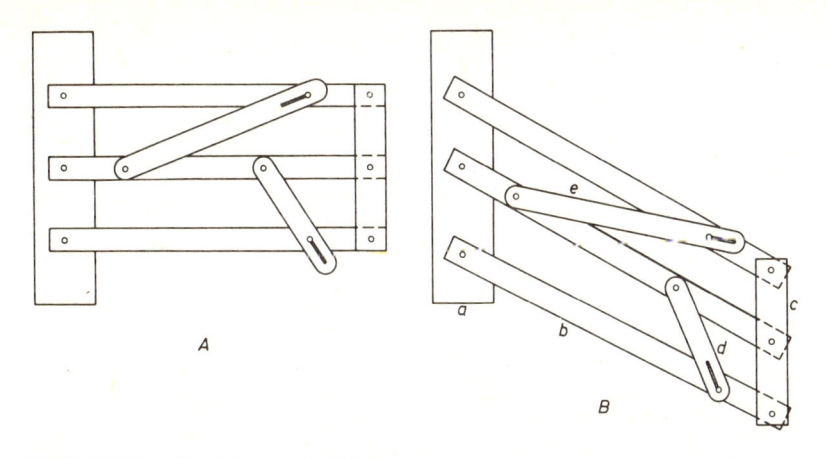

Abb. 17. Modell zur Brustatmung und Wirkungsweise der Zwischenrippenmuskeln.

B zeigt die Stellung des Brustkorbs beim Ausatmen, Rippen sind gesenkt; A zeigt die Veränderung beim Einatmen. — a Wirbelsäule, b Rippen, c Brustbein, d Rippenheber, e Rippensenker.

(Es ist aber nicht sicher, daß die inneren Zwischenrippenmuskeln die Rippen senken. Sicher erhalten sie aber mit den äußeren zusammen die Spannung der Brustwand, wenn der Unterdruck im Brustraum während des Atmens wechselt.)
Das Modell wird am einfachsten aus Pappe hergestellt, wobei man alle beweglichen Teile durch Spreizhefter verbindet. Man deute, wie Abb. 17 näher erläutert, Wirbelsäule, Brustbein und drei verbindende Rippen an und mache die Rippen durch 6 Spreizhefter beweglich. Durch 2 schräge Verbindungsschienen verbindet man Rippe 1 mit 2 und Rippe 2 mit 3. Diese Schienen („Zwischenrippenmuskeln") verändern sich in ihrer Größe. Sie tragen daher an einem Ende einen Schlitz, und die Pappe gleitet unter den Kopf des Spreizhefters. Bei Lageänderung der „Rippen" erkennt man, wie die Verkürzung („Kontraktion") und Verlängerung („Erschlaffung") zustande kommen. — Beim Beginn des Versuches (Abb. 17 B) sind die Rippen etwas nach unten gesenkt. Dann werden sie bis in die Waagrechte gehoben (einatmen!). Dabei ist auf die „Muskeln" zu achten. Anschließend werden die Rippen wieder gesenkt (ausatmen!) usf.

6. Laut- und Stimmbildung

a) *Rolle der Mundhöhle.* Unsere hörbaren Sprachzeichen (Vokale, Konsonanten) sind nicht durch den Kehlkopf entstanden, sondern in der Mundhöhle. Durch die verschiedene Spannung der Stimmfalten, die der Stellknorpel bewirkt, werden nur die verschiedenen Töne erzeugt. (Modellversuche zum Kehlkopf werden auf S. 31 beschrieben.) Der in der Mundhöhle eingeschlossene Luftraum ist für Eigentöne verantwortlich, die dem im Kehlkopf erzeugten Ton aufgeprägt werden.

Versuche. Man gibt dem Mundraum möglichst genau die Stellung, die man braucht, um a, e, i, o, u zu sprechen. Nach jeder neuen Einstellung klopft man mit einem Holzstäbchen (etwa dünner Bleistift) von außen auf die Wangenwandung. Man hört dabei die „Formanten" jedes einzelnen Vokales. — In einem Modellversuch bedient man sich eines langhalsigen Rundkolbens (200 ccm). Man halte den Kolben waagrecht zwischen zwei Fingern und klopfe mit dem Zeigefinger der anderen Hand immerfort auf die Kolbenwand. Wir hören einen Ton. Eine andere Versuchsperson senkt jetzt ein großes Reagenzglas (oder auch nur einen Finger) in den Kolbenhals: der Ton verändert sich und wird tiefer, da sich der schwingende Luftraum verändert. — Während man eine Tonleiter pfeift, beobachte man genau, wie sich Zunge und Mundöffnung verhalten, wenn die Tonhöhe zunimmt. — Man spreche ein lautes a und halte dabei die Hand vor den Mund, indem man sie zur Röhre formt: die Klangfarbe verändert sich.
Beim Sprechen unterbreche man den Luftstrom, mit dem die Luft entweichen muß, indem Hindernisse dazwischengeschaltet werden. Dadurch wird der Luftstrom z. B. explosionsartig oder andauernd (intermittierend) unterbrochen oder in bestimmte Bahnen gezwungen. So entstehen die Konsonanten.

b) *Prüfung der Laute.* Man untersuche, welche Teile der Mundhöhle (Zähne, Gaumen, Zunge, Lippen) bei der Erzeugung der Laute (Artikulation) beteiligt sind und welche Gestalt die beweglichen Teile (Zunge, Lippen) dabei einnehmen. Man prüfe der Reihe nach alle Buchstaben in alphabetischer Reihenfolge (sprich b statt be usw.). — Man untersuche die Selbstlaute (Kardinalvokale) in der Reihenfolge a — e — i -- o — u — und verfolge die gleitenden Veränderungen in der Mundhöhle. — Man prüfe dabei in jedem Falle die Zungenhaltung und ihre Berührung mit Teilen der Mundhöhle.

c) Bei den *Konsonanten* werden mehrere Gruppen unterschieden. Man überprüfe, was die Bezeichnungen ausdrücken wollen, indem man die Laute spricht und dabei genau alle Vorgänge in der Mundhöhle registriert. Man unterscheidet:
α) nach der Stelle, wo der Laut erzeugt wird:
        Lippenlaute (Labiale): b, p
        Zahnlaute (Dentale): d, t
        Gaumen- oder Kehllaute (Gutturale): g, k;

β) nach der Art, wie der Laut erzeugt wird:
        Öffnungslaute: Vokale, h
        Engenlaute: f, j
        Verschlußlaute (Momentanlaute): p, g
        Dauerlaute: sch;

γ) nach der Art, wie das Hindernis überwunden wird:
        Reibelaute (Frikative, Spiranten): s, sch
        Sprenglaute (Explosive): b, p
        Zitterlaute (Vibrante): r, l
        Nasenlaute (Nasale): m, n, ng.

d) *Stimmumfang und Stimmlage.* Bei einer näheren Analyse der Abb. 18 ergibt sich folgendes:
α) Für Mann und Frau sind die Stimmlagen verschieden, ebenso für die Stimmbereiche Baß und Tenor, bzw. Alt und Sopran, wie die Notensprache zeigt.

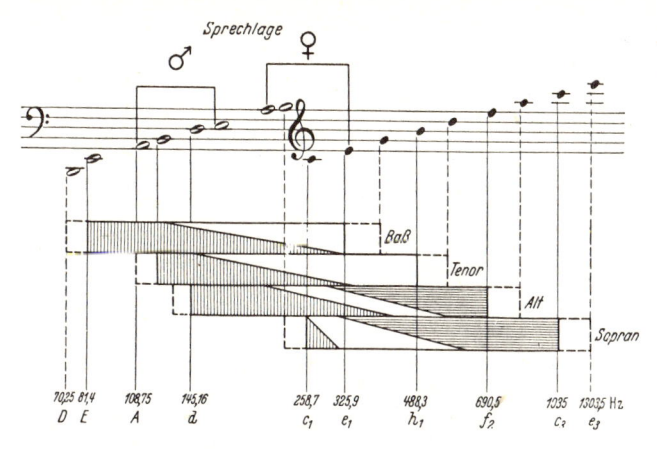

Abb. 18. Der Stimmumfang des Menschen.
Zeigt Stimmlagen, Register und Sprechlagen für Mann und Frau (näheres s. Text). Aus Rein-Schneider, Einführung in die Physiologie des Menschen, Springer 1960, S. 687.

β) Der Stimmumfang reicht für jede Stimmlage über 2 Oktaven; nur die normale Altstimme reicht oft noch darüber hinaus. Die menschliche Stimme überstreicht genau 4 Oktaven mit den Schwingungszahlen:

$$81{,}4 - 162{,}8 - 325{,}9 - 651{,}8 - 1303{,}5 \text{ Hertz}$$
$$E - e - e_1 - e_2 - e_3$$

γ) Darüber hinaus gibt es, etwa bei Sängern, besondere Fähigkeiten in der Tongebung (in der Abb. gestrichelt wiedergegeben), durch die der Tonumfang nach unten um einen, nach oben um zwei Töne gewöhnlich noch vergrößert wird.

δ) Bei gewöhnlichem Sprechen brauchen Mann und Frau die mittleren Lagen ihres Tonbereiches. Die tiefste Sprache des Mannes liegt noch unter der des Tenortonbereiches, die tiefste der Frau unter dem Bereich des Soprans. — Der Tonumfang beim Sprechen ist für Mann und Frau gleich groß (eine Sexte), die Töne sind jedoch um eine Oktave verschoben (von A bis c; von a bis e_1).

ε) Innerhalb der Tonskala jeder Stimme geht die Bruststimme (schraffiert wiedergegeben) über die Mittelstimme in die Kopfstimme über.

Eine Analyse dieser Art läßt sich am besten in einer gemischten Oberstufenklasse durchführen. Mit Hilfe des Klaviers werden die Tonbereiche der tiefsten und höchsten Singstimme gesucht; die Höhe der Sprechlage kann man ermitteln, indem man beim Klavier mit dem rechten Pedal die Dämpfung aufhebt und Resonanztöne sucht.

e) *Sprachstudien.* An den sprachlichen Erscheinungen darf der Unterricht nicht vorbeigehen. Mit den folgenden Zeitwörtern werden Geräusche und Klangeindrücke gekennzeichnet, die der Mensch beim Sprechen oder Atmen erzeugt. Man soll erkennen, wie eng die Stimme einmal von den biologischen Voraussetzungen, zum anderen von dem geistig-seelischen Gehalt des akustisch Hörbaren abhängt.

a) Die Veränderlichkeit der menschlichen Stimme. Vielgestaltig sind die Begleitgeräusche und Begleitgesten, die das gesprochene Wort begleiten. Die Sprache schuf eine große Zahl von sog. Geräuschverben. Man kann dabei fragen, in welcher Weise wir Stimme und Sprache modifizieren müssen, wenn wir diese Bezeichnungen wählen. Wir können hierbei etwa Stimmstärke, Stimmhöhe, Klangfarbe, Bruststimme (auch der Brustkorb macht die Erschütterungen mit), Kopfstimme, Fistelstimme (Falsett = die Stimmbänder schwingen ungespannt nur an ihren Rändern) usf. unterscheiden. Bekannte Geräuschverben sind:
Ächzen, belfern, berichten, brummeln, flehen, flüstern, frohlocken, grienen, gröhlen, heulen, jammern, jauchzen, jodeln, jubeln, juchzen, kaudern, keifen, klagen, kichern, klatschen, knerbeln (nörgeln), knirschen, knören, kollern, lachen, lächeln, lallen, lärmen, lispeln, maulen, mauscheln, mummeln, munkeln, murmeln, murren, näseln, nörgeln, nuscheln, quackeln, quäken, quatschen, quängeln, quasseln, pappeln, plärren, plappern, plauschen, plaudern, poltern, reden, radebrechen, raunen, räuspern, rufen, schimpfen, schnalzen, schluchzen, schnaufen, schnauzen, schwafeln, schwatzen, seufzen, sprechen, stammeln, stottern, stöhnen, trällern, trillern, tuscheln, weinen, wettern, wimmern, wispern, wispeln, zetern, zanken und zischeln.

β) Atemgeräusche. Man kann die Luft recht verschieden einziehen oder abgeben. Wir unterscheiden auch hier im Sprachgebrauch viele Verben. Es ließe sich untersuchen, welchen biologischen Tatbestand wir damit zum Ausdruck bringen.
Atmen, gähnen, hauchen, hecheln, husten, hüsteln, jappen, mümmeln, niesen, prusten, pusten, räuspern, röcheln, schnauben, schnarchen, schnaufen, schneuzen, sich schneuzen, schnobern, schnupfen, schnüffeln, schnuppern, schuppern, ziehen (Asthma).

7. Berechnungen zur ein- und ausgeatmeten Luft

a) *Eingeatmete Luftmenge.* Wenn ein Erwachsener in einer Minute 5—8 l Luft einatmet und ein mittlerer Atemzug 0,5 l beträgt, so sind 10—16 Atemzüge in der Minute nötig. Bei großen Anstrengungen werden viel größere Werte erreicht. Mit 180 Atemzügen werden demnach pro Minute 90 l Luft aufgenommen.

b) *Aufgenommene Sauerstoffmenge.* Wenn wir annehmen, daß in der Minute 16 Atemzüge zu je 500 ccm nötig sind, so werden also 8 l Luft aufgenommen. Die eingeatmete Luft enthält 21 % Sauerstoff, die ausgeatmete aber nur 17 %.
Die in einer Minute aufgenommene Luft enthält also $\frac{8000 \cdot 4}{100} = 320$ ccm Sauerstoff.

c) *Abgegebene Wärmemenge.* Wir nehmen die Luft etwa zimmerwarm (also bei 18°) auf; sie ist bei der Abgabe auf etwa 32° erwärmt worden. Die spezifische Wärme der Luft beträgt 0,24 in kcal/Grad und kg. Die in einer Minute aufgenommene Luftmenge beträgt 8 l. Sie wiegt also $8 \cdot 1,25 = 10$ g (1 l Luft wiegt 1,25 g bei 18°). Wir geben also mit der Luft pro Minute $10 \cdot 0,24 \cdot 14 = 33,6$ cal ab.

d) *Lufterneuerung.* Nach dem Ausatmen bleiben 1600 ccm Reserveluft und 1200 ccm Restluft in der Lunge. Wir atmen mit einem Zug durchschnittlich 500 ccm ein; hiervon bleiben 120 ccm im „schädlichen Raum".
Daraus läßt sich das Mischungsverhältnis der Luft bestimmen, die der Lunge zugeführt wird und dort verblieben ist (Ventilationskoeffizient).

(500 — 120) : (1600 + 1200) = 380 : 2800 = 0,135

Da sich also 380 ccm unverbrauchte Luft mit 2800 ccm alter Luft mischen, beträgt der Grund der Lufterneuerung nur $\frac{380 \cdot 100}{2800} = 13,5\,\%$.

e) *Luftsauerstoff.* Man fand in einem Versuch, daß in einer Minute 300 cm³ Sauerstoff vom Blut aufgenommen wurde, und daß das venöse Blut 14 %, das arterielle Blut 20 % Sauerstoff enthielt. Hieraus läßt sich berechnen, wieviel Blut in einer Minute die Lunge passiert. Denn: von 100 cm³ Blut wurden (20—14) cm³ = 6 cm³ Sauerstoff aufgenommen. Also passieren $\frac{100 \cdot 300}{6}$ cm³ = 5000 cm³ Blut in einer Minute die Lunge.

8. Zahlen zur Atmung und ihren Organen

a) *Lungenbau.*

Alveolen beider Lungen (nur ungenau anzugeben) 150 bis 1000 Millionen. Alveolen beider Lungen haben 30 bis 200 m² Oberfläche. Die einzelne Alveole hat eine lichte Weite von 0,25 mm und eine Wanddicke von 0,001 mm.

b) *Elastizität des Brustkorbes.*

Differenz im Brustumfang beim Ein- und Ausatmen

Alter	6 Jahre	2 cm
Alter	10 Jahre	3 bis 4 cm
Alter	10 bis 15 Jahre	4 bis 6 cm
Alter	15 bis 18 Jahre	6 bis 7 cm
Alter	über 20 Jahre	6 bis 12 cm

c) *Ein- und ausgeatmete Luft:*

	Inspirationsluft	Exspirationsluft
Stickstoff	78 %	79 %
Sauerstoff	21 %	16 %
Edelgase	1 %	1 %
Kohlendioxid	0,03 %	4 %
Temperatur	etwa 18°	etwa 32°
Wasserdampfgehalt	60 %	100 %

d) *Atemfrequenz pro Minute:*

Neugeborener	40 bis 50
Fünfjähriger	20 bis 30
Zehnjähriger	bis 25
Fünfzehnjähriger	bis 20
Erwachsener	16 bis 18

e) *Atemvolumen (gewöhnliche Atmung):*

    pro Atemzug (Erwachsener) 0,5 l

    Minutenvolumen (Ruhe) 7 l

    Minutenvolumen (beim Gehen) $7 \cdot 2 = 14\ l$

    Minutenvolumen (beim Marschieren) $7 \cdot 4 = 28\ l$

    Minutenvolumen (beim Radfahren) $7 \cdot 6 = 42\ l$

    Minutenvolumen (beim Bergsteigen) $7 \cdot 8 = 56\ l$

    Minutenvolumen (beim Rudern) $7 \cdot 20 = 140\ l$

    Der Erwachsene atmet in 24 Stunden 10 bis 15 m³ Luft ein und aus.

    Der Erwachsene gewinnt in 24 Stunden 500 bis 750 l Sauerstoff.

    Der Erwachsene gibt in 24 Stunden 400 bis 600 l Kohlendioxid ab.

f) *Luftmengen beim Atmen:*

Tiefste Einatmung ⟶	Ergänzungsluft (Inspiratorisches Reservevolumen) 1800 ccm
Vitalkapazität 3600 ccm	Atemluft 600 ccm
	Vorratsluft (Exspiratorisches Reservevolumen) 1200 ccm
Tiefste Ausatmung ⟶	Restluft (Residualvolumen) 1000 ccm

Man rechnet Ergänzungsluft 35 bis 45 % der Vitalkapazität
Atemvolumen 10 bis 15 % der Vitalkapazität
Vorratsluft 20 bis 25 % der Vitalkapazität

g) *Vitalkapazität (in Mittelwerten):*

Nichtsportler (männlich)	3400 ccm
Nichtsportler (weiblich)	2800 ccm
Schwerathlet	3800 ccm
Geräteturner	4300 ccm
Boxer	4700 ccm
Leichtathlet	4800 ccm
Schwimmer	4900 ccm
Skiläufer	5000 ccm
Ruderer	5400 ccm

Alter (Jahre)	Vitalkapazität (in ccm)	
	männlich	weiblich
12	1850	1600
13	2000	1800
14	2200	2000
15	2500	2200
16	2700	2250
17	3150	2300
18	3200	2350

h) *Energiefragen.*
Energiebedarf wird in Kalorien ausgedrückt (1 kcal ist die Wärmemenge, die die Temperatur von 1 kg Wasser von 14,5° auf 15,5° erhöht).
Grundumsatz = Energieumsatz des ruhenden und nüchternen Menschen
Grundumsatz für den Mann (in 24 Stunden) 1400 bis 1800 kcal
Grundumsatz für die Frau (in 24 Stunden) 1200 bis 1500 kcal
Grundumsatz + Arbeitsumsatz = Gesamtumsatz
Gesamtumsatz des Büromenschen 600 (bis 800) + 1600 = 2200 (bis 2400) kcal
Gesamtumsatz des Bergmannes 3000 + 1600 = 4600 kcal

III. Blutbewegung und Kreislauforgane

1. Bild, Film und Präparat

Mikroskopische Fertigpräparate zeigen Arterien und Venen im Schnitt, den Herzmuskel, Blutausstrich usw. DIA-Reihen zum Thema „Kreislauf" sind zu haben; besonders genannt werden soll R 398, Der Blutkreislauf (Farbe, 9) von FWU (München). Von derselben Stelle werden auch Filme zum Thema Herz und Blut angeboten. Wir führen an:

    F   162 Weiße Blutkörperchen im Abwehrkampf (8 Minuten)
    Tb 201 Aktionsströme im menschlichen Körper (8 Minuten)
    F   128 Röntgenfilm II: Herztätigkeit und Atmung beim Menschen (6 Minuten)
    FT 850 Das Herz des Menschen (12 Minuten; Farbtonfilm).

Es werden auch Wandtafeln über dasselbe Thema angeboten. Bei den Modellen beschränkte man sich fast nur auf Herzmodelle. Sie sind zerlegbar und zeigen die großen Gefäße, Kammern und Segelventile. — Es gibt auch Blutkreislaufreliefs (mit Skelettmarkierung) oder auch einen Brustsitus (Lungen und Herz), der ebenfalls zerlegt werden kann. — Wertvoll wäre auch ein brauchbares Modell, das zeigt, wie sich das Blut im großen und kleinen Kreislauf bewegt. Da hier immer Teile aus Gummi (z. B. Ventile) ausgeführt werden müssen, sind sie meist nur begrenzt verwendbar. Ohne zu große Mühe kann man aber derartige Modelle selbst bauen (s. unten).

Auch die chemische Untersuchung des tierischen Blutes (man kann es leicht vom Schlachthof oder Metzger erhalten) gehört zum Biologieunterricht. — Für Blutgruppenuntersuchung am Menschen fehlt meist die Zeit, wenn man nicht die praktischen *Eldon*-Karten verwendet. Eine genauere mikroskopische Blutuntersuchung gehört nicht in die Schule. — Es gibt übrigens Länder (z. B. Nordrhein-Westfalen), in denen die Blutentnahme bei Schülern verboten ist.

2. Versuche zur Körperwärme

a) Man mißt mit dem Fieberthermometer die eigene Körpertemperatur einen Tag lang von Stunde zu Stunde und zeichnet die Temperaturkurve auf (Abszisse Zeit, Ordinate gemessene Temperatur).

b) Man messe nacheinander die Körpertemperatur im Mund, in der Achselhöhle und in der Hohlhand und erkläre die Abweichungen. — Die Zunge erscheint warm, wenn sie den Handrücken berührt.

c) Man nähere beide Handflächen einander, ohne daß sie sich berühren, bis man die abgestrahlte Wärme wahrnimmt. — Zuerst lege man das Thermometer auf die Hand, dann umschließt man es mit der Hand; man vergleiche und erkläre beide Temperaturen. — Ein Bad von 37° erscheint uns heiß, während es nur unserer Körpertemperatur entspricht.

d) Man hauche und blase abwechselnd auf den Handrücken und erkläre die unterschiedliche Temperatur. — Man untersuche, ob man durch Hauchen oder Blasen die Hg-Säule eines Thermometers beeinflussen kann.

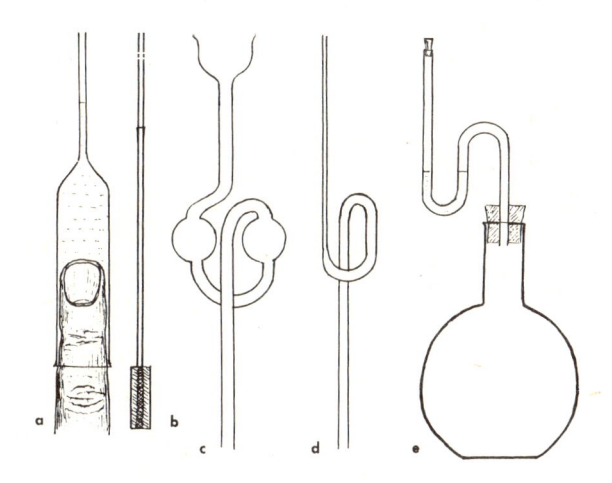

Abb. 19. Versuche zur Blutbewegung und Körperwärme des Menschen.
a Pulsmessung am Zeigefinger, b Pulsnachweis durch Strohhalmversuch (näheres Text), c—e Manometer zum Nachweis der Körperwärme durch Luftausdehnung.

e) Man kann durch mancherlei Versuche zeigen, daß sich Luft ausdehnt, wenn unsere Hände ein luftgekühltes Gefäß erwärmen. Zu diesem Zweck benutze man einen 1 *l*-Rundkolben, der mit einem durchbohrten Gummistopfen abgeschlossen wird. Durch die Bohrung werden die Manometer geführt und verwendet, die in Abb. 19 angegeben werden. Bereits ein einfaches Glasröhrchen mit Wasser als Absperrflüssigkeit läßt sich verwenden (man kann die aufperlenden Luftblasen zählen). — Für quantitative Messungen wird man ein Manometer benutzen, das gefärbtes Wasser enthält.

f) Beim Verdunsten einer Flüssigkeit entsteht Verdunstungskälte. — Die Kugeln von zwei Thermometern werden mit Mull umwickelt, der mit Wasser, bzw. mit einigen Tropfen Äther angefeuchtet wurde. Man stelle den Temperaturabfall fest (man verwende noch ein Kontrollthermometer ohne Mull). — Man tropfe auf die Hand geringe Mengen von leicht siedenden Flüssigkeiten (Äther, Kölnisch Wasser o. dergl.) und beobachte, daß der Hand Wärme entzogen wird, wenn Verdunstung eintritt.

g) Wir erkälten uns leicht, wenn wir mit schweißbedecktem Körper oder in regennasser Kleidung im Luftzug stehen. Sobald wir uns bewegen, erzeugen wir Wärme und schützen uns damit gegen diese Gefahr. — Wie bestimmt man die Windrichtung mit einem feuchten Finger? — Wie wird mit Hilfe von Äthylchlorid (Siedepunkt 12,5° C) eine örtliche Gefühllosigkeit bei uns erzeugt?

h) Bei einem Brandungsbad bereitet uns eine Wassertemperatur von 16° oder 17° keine Beschwerden. Durch unsere Bewegung und die Bewegung des Wassers werden wir so warm, daß wir selbst im frischen Seewind anschließend kaum frieren. — Dasselbe Wasser empfinden wir als reichlich kühl, wenn Windstille herrscht.

3. Pulsfrequenz und Herzschlag

a) Man sucht an seinem Körper alle Stellen auf, an denen man den *Pulsschlag* fühlen kann. Dazu legt man drei Fingerspitzen der linken Hand leicht über das rechte Handgelenk in die Nähe der Daumenwurzel. Dann legt man die mittleren Fingerspitzen jeder Hand an die Schläfen und sucht die Lage der Schlagader zu ermitteln. Dann entblößt man den Ellenbogen und tastet die Ellenbogenbeuge ab. — Auch an der Halsschlagader läßt sich der Pulsschlag fühlen. — Man sucht schließlich die Stellen des Körpers, an denen Arterien abgebunden werden können (s. Erste-Hilfe-Tafel S. 311).

b) *Objektive Beobachtung.* Man setzt sich so, daß ein Bein bequem über das andere geschlagen wird; das Knie liegt dabei in der Kniekehle des anderen Beines. Die Fußspitze des übergeschlagenen Beines wippt im Takt des Pulses. Wenn man auf den Fuß einen kleinen Spiegel legt, kann man das reflektierte Licht einer Taschenlampe als wandernden Lichtfleck sichtbar machen. Es ist der Pulsschlag der Beinarterie; sie liegt in der Kniehöhle.

c) Man kann zwei Strohhalme (oder Kunststoff-Trinkhalme) ineinander stecken und auf das eine Ende einen ausgebohrten Kork streifen. Nimmt man nun den Doppelhalm zwischen die Vorderzähne, so schlägt das Halmende im Takte des Pulses auf und ab (s. Abb. 19b).

d) Der eindrucksvollste Versuch wird sicher mit einem etwa 2 cm dicken Glasrohr durchgeführt, das man zur Kapillare ausgezogen hat. Das Rohr wird mit gefärbtem Wasser (Methylenblau, Eosin) gefüllt und auf den nach unten weisenden Zeigefinger luftdicht aufgestülpt. Dann wird der Finger aufgerichtet. In der Kapillare schwankt der Wasserfaden im Pulstakt auf und ab (Abb. 19a). Ein verbindender Gummiring erweist sich meist als überflüssig. — Wenn man das Wasser auf 45° C anwärmt, gelingt der Versuch noch besser, und die Ausschläge werden größer.

e) Die *Pulsfrequenz* an den Schülern einer ganzen Klasse ist festzustellen und statistisch auszuwerten. Man läßt dabei eine halbe Minute zählen und die festgestellte Zahl verdoppeln. Man zähle bei ruhigem Sitzen und suche das Klassenmittel (man vergleiche auch den jüngsten und ältesten, den kleinsten und den größten Schüler der Klasse). — Man zähle nach 20 Kniebeugen oder einer anderen Bewegungsübung. — Man zähle erneut 10 Minuten nach dieser Übung.

f) Man fühle mit den Fingerspitzen der linken Hand den Pulsschlag an der rechten Hand, deren Fingerspitzen zur gleichen Zeit auf der Halsschlagader liegen. Es läßt sich feststellen, daß die zweite Pulswelle der ersten etwas vorauseilt. — An einer Versuchsperson taste man gleichzeitig den Puls auf dem Fußrücken und der Halsschlagader. Wiederum tritt eine geringe zeitliche Verschiebung auf.

4. Beobachtungen zum Blutkreislauf

a) Man hebt einen Arm eine Minute lang hoch, während der andere ebenso lange herunterhängt. Danach ist die eine Hand gerötet, die andere blaß.

b) Man macht mit einem Arm einige Freiübungen (Beugen, Strecken, Kreisen); der andere Arm bleibt in Ruhe. Das Blut tritt in den bewegten Arm vermehrt ein, und die Venen des Handrückens werden sichtbar (schräge Beleuchtung).

c) Wenn man den Rumpf beugt, steigt uns das Blut zum Kopf, und die Gesichtsadern schwellen an.

d) Nach einem langen Bade legen sich die Fingerbeeren in Längsfalten; sie werden blutarm. Das Blut wird von der Peripherie des Körpers rumpfwärts verlagert.

e) Nach dem Essen sollen wir ruhen, da die Verdauungsorgane das Blut beanspruchen. Jede weitere Beanspruchung (geistige und körperliche Arbeit) würde eine erhebliche Belastung des Kreislaufs darstellen und kann sogar gefährlich werden.

f) Jeder, der friert, sucht sich durch Bewegung Wärme zu verschaffen. Denn durch Bewegung wird die Durchblutung verstärkt und die Kälte überwunden. Daher schreit und strampelt der frierende Säugling; daher klappern uns die Zähne oder bekommen wir einen Schüttelfrost; deshalb suchen wir uns bei großer Kälte durch Bewegung zu erwärmen („Holzhacken", Treten auf der Stelle, kräftiges Reiben der Hände usw.).

g) *Blutdruck.* Vielleicht ist ein Apparat im Besitz der Schule, wie ihn der Arzt zum Messen des Blutdrucks verwendet (Staubinde, Manometer). Notfalls kann man sich mit einer Fußballblase behelfen, die man um den Oberarm bindet und mit einer Luftpumpe aufbläst. Schaltet man ein Manometer dazwischen, kann man messen, bei welchem Druck am Handgelenk der Versuchsperson der Puls verschwindet. Wir stellen bei jungen Menschen ungefähr einen Druck von 100 mm Hg fest. — Läßt man langsam die Luft entweichen, kann man fühlen, wie der Pulsschlag zurückkehrt.

5. Modelle zu Segel- und Taschenventilen

Wer in Modellversuchen die *Arbeit des Herzens* zeigen will, braucht geeignete V e n t i l e . Er muß nach dem natürlichen Vorbild funktionierende Segelventile (Herzklappenventile) und Taschenventile nachzubilden versuchen. Sie müssen den gerichteten Durchgang für Luft und Wasser zeigen und sollen sich auch bei Kreislaufmodellen verwenden lassen.

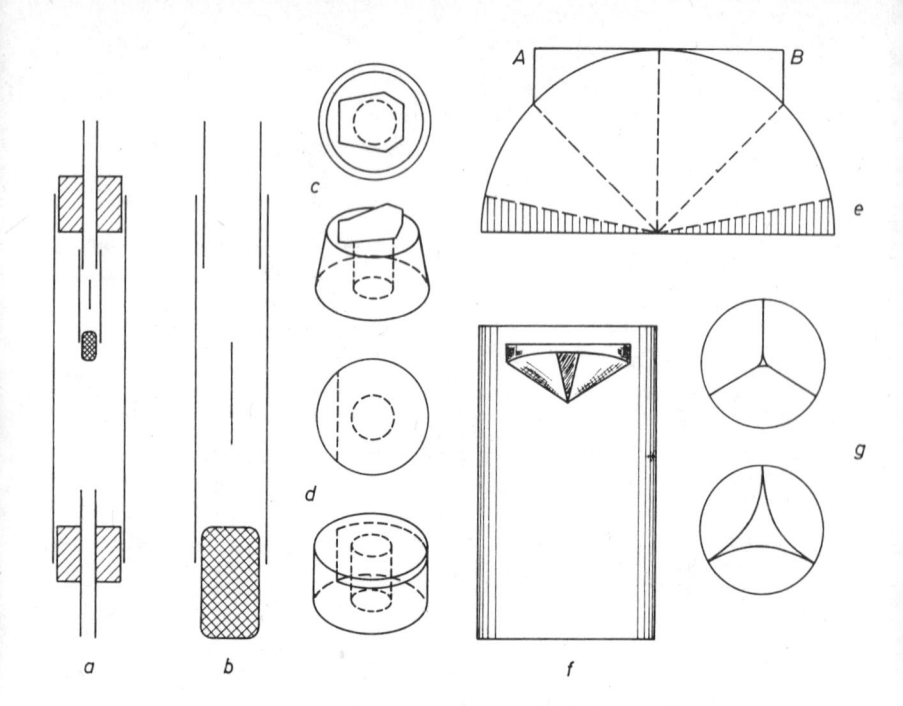

Abb. 20. Modelle zu Segel- und Taschenventilen.

a Bunsenventil in einer „Ventilkammer", b Bunsenventil aus Glasrohr, Gummischlauch und Glasstab bestehend (näheres im Text), c Ventil mit Kartonzunge in zwei Ansichten, d das verbesserte Gummistopfenventil in zwei Ansichten, e Schnittmuster für eine Ventiltasche (die Strecke AB muß ein Drittel des beklebten Kreisumfangs werden), f Konservendose, längs durchgeschnitten, zeigt, wie die Taschen zusammengeklebt und befestigt werden, g Blick auf die Dosenmündung während des Versuches.

a) *Modelle von Segelventilen.* Alle Ventiltypen, bei denen eine schwingende Zunge aus Karton, Blech oder Leder gebraucht wird, erweisen sich als wenig brauchbar. Durch solche Modelle läßt sich aber wenigstens der gerichtete Weg von Luft zeigen.

b) *Zungenventile.* Auf das verjüngte Ende eines durchbohrten Korkes wird ein Stück Karton so mit Uhu befestigt, daß es frei schwingen kann (s. Abb. 20c). Der Kork mit dem „Segelventil" verschließt das Ende eines Glasrohres. Durch das andere Rohrende wird ein- und ausgeatmet. Das Ventil schwingt im Takt mit. Bei geeigneter Ventilstellung kann erreicht werden, daß beim Ausatmen der Karton mit knackendem Geräusch den Ausgang verschließt. So wird der Versuch auch für größere Entfernungen hörbar.

c) *Verbesserte Zungenventile.* Wesentlich besser sind dagegen Zungenventile, die aus einem einzigen Stück gefertigt werden. Sie sind auch für alle Kreislaufversuche (s. unten) vortrefflich geeignet. Man gewinnt sie auf folgende Art:

Am verjüngten Ende eines Gummistopfens (noch günstiger ist ein Gummistopfen von Walzenform) wird parallel zur Fläche und in einer Entfernung von 1 bis 2 mm ein Schnitt geführt. Das entstehende spätere Ventilscheibchen bleibt aber am Rand mit dem Stopfen in Verbindung. Es wird jetzt zur Seite gebogen, und der Stopfen wird nunmehr durchbohrt. Nach dem Bohren schnellt das Scheibchen in die Ausgangslage zurück und verdeckt das Bohrloch (s. Abb. 20d). Wenn man das so gewonnene Ventil in ein Rohrende steckt, kann man zeigen, daß man am anderen Ende wohl Luft ausatmen, aber nicht über das Ventil einziehen kann.

d) *Bunsenventile.* Sehr gut läßt sich auch das Bunsenventil für gleiche Zwecke verwenden. Man kann es im Handel erhalten, aber es läßt sich auch mit einfachen Mitteln leicht herstellen. Man braucht dazu ein etwa 4 bis 5 cm langes Stück eines weichen Gummischlauches, in den man mit einer scharfen Rasierklinge einen etwa 1,5 cm langen Längsschlitz einschneidet. An dem einen Ende wird der Schlauch durch einen kurzen Glasstab abgeschlossen, das andere Ende dagegen schiebt man über ein kurzes Stück Glasrohr. Eine Flüssigkeit kann nun durch das Rohr und den Schlitz im Schlauch nach außen gelangen. Drückt dagegen eine Flüssigkeit von außen auf den Schlauch, wird der Schlitz zusammengedrückt und läßt nichts durch (s. Abb. 21).

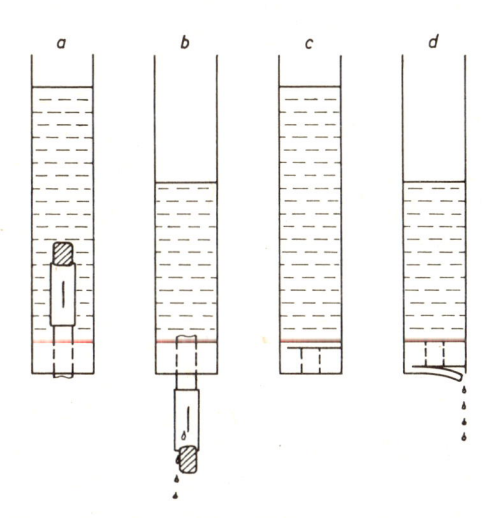

Abb. 21. Wasserversuche zur Wirkungsweise der Segelventile.

a Bunsenventil sperrt das Wasser ab, b Bunsenventil läßt das Wasser durch, c Gummistopfenventil sperrt das Wasser ab, d Gummistopfenventil läßt das Wasser in anderer Richtung durch.

e) *Wasserversuch mit Segelventilen.* Die Wirkungsweise beider Ventile zeigt ein einfacher Versuch. Der Druck, den ein arbeitender Muskel ausübt oder der im Versuch durch einen Gummiball („Herzpumpenball") ausgeübt wird (s. unten), wird dabei durch eine Wassersäule von 30 cm Höhe erzeugt (s. Abb. 21). Man führt dabei jeweils zwei Versuche durch und zeigt, daß je nach der Stellung des Ventils einmal das Wasser leicht durchläuft, und im anderen Fall durch das Ventil gesperrt wird.

f) *Ventilkammern.* Für weitere Versuche hält man sich mehrere Modellventile, die aus Gummistopfen gefertigt wurden, bereit. — Für die Bunsenventile empfehlen sich „Ventilkammern". Hierzu wird das Ventil in ein kurzes Glasrohr von 1,5 cm lichter Weite eingeführt (s. Abb. 20a), das beiderseits mit durchbohrten Gummistopfen abzuschließen ist. Derartige „Ventilkammern" sind für Kreislaufversuche mannigfach zu verwenden (s. unten).

g) *Modelle von Taschenventilen.* Auch Taschenventile lassen sich im Modell nachbilden. Die gerichtete Bewegung von Flüssigkeiten läßt sich aber nicht zeigen, da man die Ventilklappen aus weichem Papier herstellt. Dagegen kann man zeigen, wie sie sich beim Durchtritt von Luft (Blasen und Saugen) verhalten. Die drei Klappen der Ventile verschließen fast kreisrund kleinere, in der Form unveränderliche Öffnungen. Die „halbmondförmigen" Taschen liegen mit ihren freien Rändern dicht aneinander, wenn sie verschließen, so daß dann kein Blut aus der Aorta in die Herzkammer fließen kann. Sie trennen also die Kammern von den großen Gefäßstämmen ab.

α) Für das Modell braucht man eine 1 l-Konservendose (am besten die langgestreckte sog. „Würstchendose"). Sie entspricht dem stark vergrößerten Blutgefäß, in das nunmehr die drei häutigen „Semilunarklappen" eingebaut werden.
Man schneidet den Deckel der Dose sauber aus und bohrt in die Mitte des Dosenbodens ein Loch. Anstatt des Deckels klebt man das „Ventil" ein. Man bedient sich dabei des beigegebenen Schnittmusters (Abb. 20e). Das Muster wird dreimal auf weiches Papier gezeichnet, ausgeschnitten, und die schraffierten Teile werden aufeinandergeklebt. Dadurch entsteht ein Hohlkegel. Drei dieser Kegel werden mit den Hälften ihrer Mantelflächen nebeneinander in die Blechdose geklebt. Die Größe der Schnittfiguren ist übrigens leicht zu bestimmen: der Radius der Sektoren muß so groß werden, daß drei der bezeichneten Strecken AB gleich dem inneren Umfang (bei einer Normaldose rund 30 cm) der Dose werden.

β) Man macht mit dem Modell einige Versuche. — Durch das Loch des Dosenbodens führt man einen langen Bleistift und zeigt, wie die drei Klappenzipfel auseinander weichen, wenn der Stift durchdringt. — Man verschließt das Loch mit einem durchbohrten Gummistopfen, durch den ein kurzes Glasrohr geführt wurde. Man kann nun am Rohr abwechselnd blasen und saugen und hört dabei den „Klappenton". Man wiederholt den Versuch vor einem Spiegel und betrachtet dabei die Bewegung der drei Ventiltaschen.

6. *Blutgefäße und Kapillaren*

Das Blut verläßt stoßweise das Herz. Der Pulsstoß wird umso schwächer, je enger die Gefäße sind. Während aber das Aortenblut schubweise fließt, bewegt sich das Blut in den Kapillaren im gleichmäßigen Fluß. Die Blutgefäße sind Leitungsröhren mit elastischen Wänden. Sie erweitern sich, wenn sich der Druck in ihrem Innern erhöht; läßt der Druck nach, verengen sie sich wieder. So kann Energie gespeichert werden. Drückt der Herzmuskel das Blut in die Aorta, dehnt sich ihre Wand (kinetische Energie wird dabei zu potentieller). Die Kraft der gespannten Wände drückt dann das Blut in die Richtung des geringsten Widerstandes vorwärts. In einem starren Rohrsystem würden Bewegung und völliger Stillstand miteinander abwechseln. Das gilt es, in Modellversuchen zu zeigen.

a) *Versuche mit einem Gummischlauch.* Man braucht einen 20 bis 30 cm langen Gummischlauch (2 cm äußere Weite, 3 mm Wandstärke). 2 cm von seinen Enden entfernt befinden sich die Ventile, wie sie oben beschrieben wurden. Eines wirkt als Saug-, eines als Druckventil. Die Schlauchenden werden von zwei durchbohrten Gummistopfen abgeschlossen, die nach Bedarf einfache oder gewinkelte Glasrohre aufnehmen können (s. Abb. 22a). Über das Saugventil kann an einem

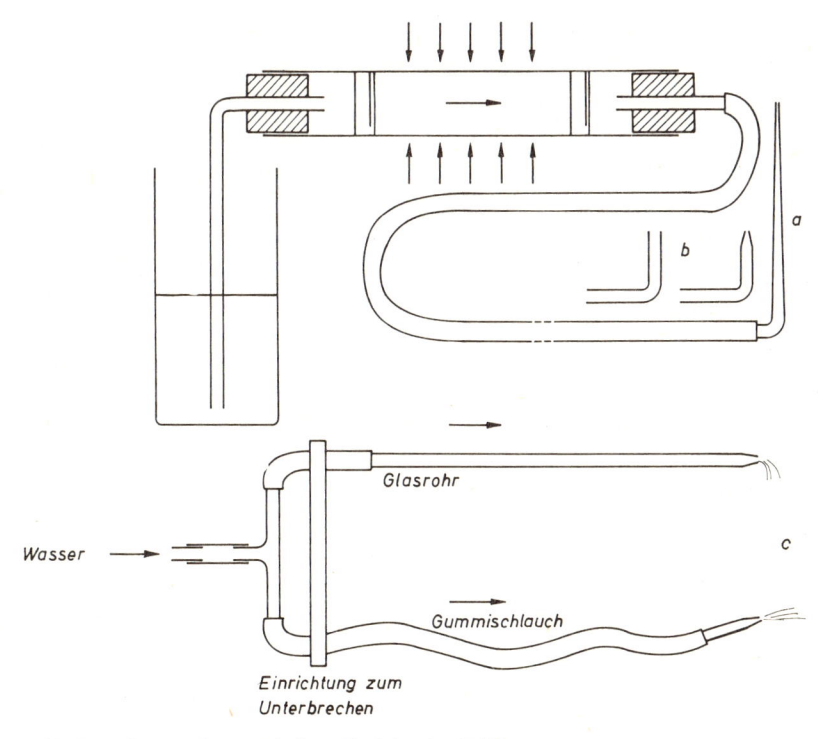

Abb. 22. Modellversuche zur Windkesselfunktion der Gefäße.

a Modellversuch für die gleichmäßige Blutbewegung in den Kapillaren, b Endstücke, mit denen das Verhalten der Gefäßweite gezeigt wird, c Vergleichsversuch für die Elastizität durch eine Wegegabel (näheres im Text).

Schlauchende Wasser aus einem Vorratsgefäß entnommen werden, das am anderen Schlauchende herausgepreßt wird.

α) Zunächst bringt man an das Schlauchende des Druckventils ein kurzes, gewinkeltes Glasrohr. Man umspannt mit der Hand den Gummischlauch und drückt ihn rhythmisch zusammen. Das angesaugte Wasser strömt in den Schlauch und wird in das Rohr gedrückt, das es stoßweise verläßt.

β) An das Schlauchende wird ein kurzes gerades Glasrohr gebracht, an das man einen etwa 2 m langen Gummischlauch und das gewinkelte Glasrohr von eben anschließt. Das Wasser spritzt jetzt noch in getrennten Pulswellen aus der „Aorta".

γ) Das gewinkelte Rohr wird nunmehr durch ein anderes ersetzt, dessen Rohrausgang etwas verengt ist. Die einzelnen Stöße werden bereits besser ausgeglichen. — Wird schließlich ein Glasrohr verwendet, dessen Ausgang zur Kapillare ausgezogen wurde, so verschwindet die „Pulswelle" völlig. Eine hohe Dauerfontäne tritt aus, auch wenn nur ganz langsam „gepumpt" wird. — Ist es nötig, daß der 2 m lange Schlauch dazwischen geschaltet wird?

b) *Versuche am Wasserhahn.* Ähnliche Versuche lassen sich auch am Wasserhahn durchführen. Man befestigt dazu an einem normalen Hahn (am besten mit Gewinde am Ende) einen Gummischlauch von etwa 2 m Länge. Man füllt den gewundenen Schlauch mit Wasser und ahmt den Herzschlag dadurch nach, daß man im Rhythmus des Pulses den Hahn öffnet und schließt. In das Schlauchende passen verschiedene Einsätze, ein gerades Glasrohr, ein Glasrohr mit wenig verengter Mündung, ein Glasrohr mit stark verengter Mündung. — Man erhält ähnliche Ergebnisse wie eben unter a) beschrieben. — Man bindet an das Ende des Schlauches ein knotenfreies Stück von spanischem Rohr oder ein astfreies kurzes Stück der Waldrebe (Clematis) fest ein. Das Wasser fließt in einem dünnen Strahl unaufhörlich hindurch, wenn man den Wasserhahn langsam öffnet und schließt.

α) Stark vereinfacht kann der Versuch auch so ausgeführt werden: Man hält unter einen Wasserhahn einen großen Badeschwamm oder ein großes Stück Schaumgummi. Das Wasser fließt in annähernd gleichem Strom unten heraus, während es oben nur stoßweise zufließt.

c) *Vergleichsversuch zur Elastizität.* Schließlich ist auch ein vergleichender Versuch möglich. Er wird so aufgebaut, wie es Abb. 22c angibt. Das dauernd zufließende Wasser bewegt sich über ein T-Stück einmal durch eine starre Verbindung (Glasrohr), einmal durch einen elastischen Gummischlauch und tritt beide Male durch ein verengtes Glasrohr nach außen. Mit einem Lineal kann man in beiden Leitungen den Wasserfluß rhythmisch unterbrechen, indem man mit seiner Hilfe den Querschnitt der beiden Zuleitungen stark verengt. Dabei ist durch Vergleich zu erkennen, daß das elastische Rohr die Einzelstöße umso besser ausgleicht, je länger dieses Rohr ist. Es zeigt die „Windkesselfunktion" der Gefäße. Es sinkt der Aortendruck nur wenig ab, obwohl der Kammerdruck im Ruhetakt des Herzens fast auf Null absinkt.

7. *Einfache Kreislaufmodelle*

Dem Methodiker ist die Aufgabe gestellt, eine Flüssigkeit in einem Ring kreisen zu lassen, der aus einem Plastikschlauch oder einem ringförmig verlaufenden Glasrohr gebildet wird. Ein durchsichtiges Leitungsrohr ist deshalb vorteilhaft, weil auf diese Weise eine gefärbte, bewegte Flüssigkeit oder die wandernden Luftblasen gesehen werden. — Man braucht dazu außerdem einen Bewegungsantrieb und richtende Ventile. Der Antrieb der Flüssigkeit wird am besten durch ein kontraktiles Gefäß (Gummischlauch oder Gummiball) erreicht, das sich mit den Fingern einer Hand zusammenpressen läßt. — Als Ventile können die auf Seite 47 beschriebenen Ventile oder Ventilkammern dienen. — Drei verschiedene Kreislaufmodelle kann man empfehlen.

a) *Modell mit Gummischlauch.* Das einfachste Modell zeigt Abb. 23c. Als „Herzmuskel" wird ein elastischer dicker Gummischlauch benutzt, wie er auch in Aufg. 6a) verwendet wurde. Er enthält an seinen Enden zwei aus Gummistopfen gefertigte Ventile. Damit verbindet sich noch der methodische Vorteil, daß die Ableitung der Herzgestalt aus dem röhrenförmigen Fischherz keine Schwierigkeiten macht.

Die Enden des Schlauches werden mit durchbohrten Gummistopfen abgeschlossen, durch die kurze rechtwinklig gebogene Glasrohre führen. Beide Glasrohre werden durch die kreisförmige Schlinge des Plastikschlauches verbunden.

Ehe der Ring geschlossen wird, muß soviel eosingefärbtes Wasser eingefüllt werden, wie Plastikschlauch und Rohrenden fassen können. Das luftdicht geschlossene System ist dann teils mit Wasser, teils mit Luft gefüllt. Wir übersehen dabei nicht, daß wir hiermit Verhältnisse schaffen, die natürlich am lebenden Körper unmöglich sind. Aber selbst auf weitere Entfernungen, also im Klassenverband, kann das Wandern der Luftblasen beobachtet werden, wenn man am dicken Schlauchstück „pumpt".

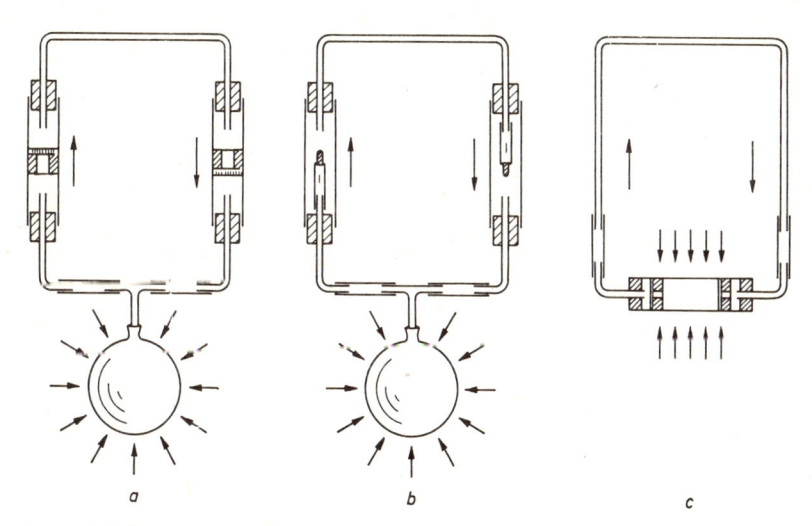

Abb. 23. Einfache Kreislaufmodelle.

a mit Gummiball und Gummistopfenventilen, b mit Gummiball und Bunsenventilen, c mit kontraktilem Gefäß, das den Gummiball ersetzt.

b) *Modelle mit Gummiball.* Eine Abwandlung des eben geschilderten Modells zeigen die Abb. 23a und b. Das Herz wird durch einen Gummiball mit elastischen Wänden dargestellt; er wirkt wie das natürliche Herz auch als Saug- und Druckpumpe. Der auch hier im System verbleibende Luftrest gleicht den Überdruck federnd aus, der bei der Betätigung des Balles entsteht.

Wieder kann man durch regelmäßiges Pumpen erreichen, daß die rote Flüssigkeit im Kreise herumströmt. — Den Aufbau dieses Modells kann man sich dadurch erleichtern, daß man die Einzelteile des BIOGA-Gerätesatzes benutzt. — Beide Ventiltypen lassen sich verwenden. Die Stopfenventile haben einen walzenförmigen Zuschnitt und werden durch einen dicken Glasstab in die Rohrmitte gebracht.

c) *Weitere Kreislaufversuche.* Leicht lassen sich diese Kreislaufmodelle zu weiteren Versuchen verwenden und abändern.

Man schaltet nach Abb. 24 ein Wasservorratsgefäß in den Schlauchring ein. Man benutzt dazu ein zur Hälfte mit Wasser gefülltes Marmeladeglas, dessen Blechdeckel zwei kreisförmige Löcher besitzt (oder schließt es mit einem großen, doppelt durchbohrten Korken ab). — Das System ist zunächst noch ohne Wasser und wird mit dem gefüllten Glasgefäß verbunden. Wird jetzt der Gummischlauch gedrückt, so steigt das Wasser schubweise in das rechte Steigrohr, füllt es und fließt schließlich in den Gummischlauch, vom Saugventil angezogen. Sogleich erscheint es am linken Rohrknie und fließt stoßweise wieder in das Vorratsgefäß ein. Man sieht und hört also direkt das mit jedem Pumpstoß geförderte Wasser in das Glas tropfen. Der Kreislauf ist damit geschlossen.

α) Es läßt sich zeigen, daß die S t o ß w e l l e d e s P u l s e s den Bereich der Kapillaren leicht überwindet: Man ersetzt dazu das Glasgefäß von eben durch ein Rohr von 3 cm Dicke und mindestens 10 cm Länge, in das als „Kapillargeflecht" ein entsprechend zugeschnittenes Stück Schaumgummi eingepreßt wurde. Als

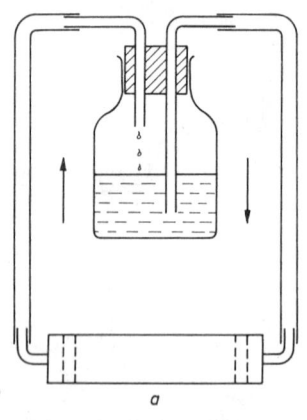

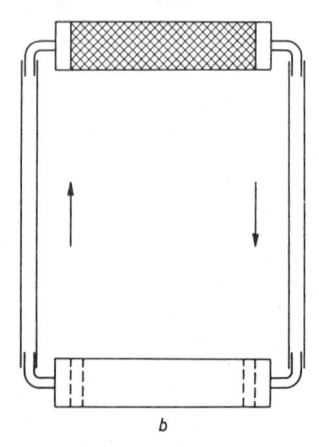

Abb. 24. Weitere Kreislaufversuche.

a mit eingeschaltetem Gefäß, um den Flüssigkeitstransport weithin sichtbar zu machen, b mit eingeschaltetem Kapillarsystem (Schaumgummi).

Schaumgummi läßt sich das im Handel befindliche Material für Vorleger, Reinigungsschwämme u. dgl. verwenden.

β) Man kann über ein vorübergehend eingeschaltetes Wassergefäß erreichen, daß sich das ganze Ringsystem nur mit Wasser füllt und die Luft völlig entweicht. Damit sind die V e r h ä l t n i s s e a m m e n s c h l i c h e n K ö r p e r veranschaulicht. Wenn man nun vorsichtig pumpt (Stopfen gut sichern), beschreibt das Wasser auch jetzt einen Kreislauf. Man kann die Bewegung dadurch sichtbar machen, daß man eine geringe Menge Aluminiumbronze im Wasser aufschwemmt.

8. *Das Herz als Saug- und Druckpumpe*

Im Unterricht über den Blutkreislauf muß folgendes Ergebnis gewonnen werden: Unser Herz ist eine Saug- und Druckpumpe zugleich. Es besteht aus zwei getrennten Doppelräumen (Haupt- und Nebenkammern genannt); der durchfließende Blutstrom wird durch ein Ventil (Segelventil) gerichtet. — Im Körperkreislauf wird das arterielle Blut aus der linken Herzkammer in die große Körperschlagader (Aorta) gedrückt. Seitenäste zweigen ab, und die Gefäße verengen sich schließlich zum Netzwerk der Kapillaren, das den ganzen Körper erfüllt. Das mit Kohlendioxid beladene Blut kehrt über die untere Hohlvene in die rechte Vorkammer des Herzens zurück. Aus der rechten Herzkammer wird venöses Blut durch die Lungenarterie in die Lunge gepumpt (Lungenkreislauf). Von dort kehrt es gereinigt über die Lungenvene zur linken Vorkammer des Herzens zurück. Die linke Herzhälfte enthält also nur arterielles, die rechte nur venöses Blut. — Das gilt es im Modell zu zeigen.

a) *Anforderungen an ein Modell.* Wir brauchen für ein Modell wenigstens vier Einzelteile, die es in geeigneter Weise mit Rohrleitungen zu verbinden gilt: die rechte Herzhälfte, die linke Herzhälfte, das Körperkapillarsystem und das Lungenkapillarsystem. Ferner muß erarbeitet werden, daß wir drei Takte am arbeitenden Herzen unterscheiden:

α) Die gefüllten Vorkammern kontrahieren sich und drücken das Blut in die Herzkammern.

β) Die gefüllten Herzkammern kontrahieren sich und drücken das Blut in die Arterien.

γ) Der Herzmuskel ruht aus; die Vorkammern füllen sich mit Blut.

Wie wir im entwickelnden Unterricht zu diesen Zielen gelangen, will Abb. 25 zeigen. Bei a ist der verschränkte Doppelkreis dargestellt, wie er gewöhnlich abgebildet wird. Das Herz ist aber dabei als eine kurze Doppelröhre gezeichnet worden. Die Ein- und Ausgänge der Gefäße befinden sich am oberen Ende des „Herzens".

Die Abb. 25b entfernt sich bereits weiter vom Ausgangspunkt. Das Herz ist wieder als Doppelröhre gezeichnet; aber ihre Eintrittspforten rücken auseinander. Dadurch ergibt sich für die linke Hälfte der Zeichnung eine Überkreuzung der gezeichneten Hauptgefäße.

b) *Erster Modellvorschlag.* Die Abb. 25c zeigt, wie in einem Modell (näheres s. unten) die vier genannten Einzelteile geschaltet werden müssen. Das Herz ist in zwei Einzelröhren aufgelöst, durch die mit Hilfe von je zwei Gummistopfenventilen die Flüssigkeit gerichtet wird. Sie sind so geschaltet, daß sie (in der

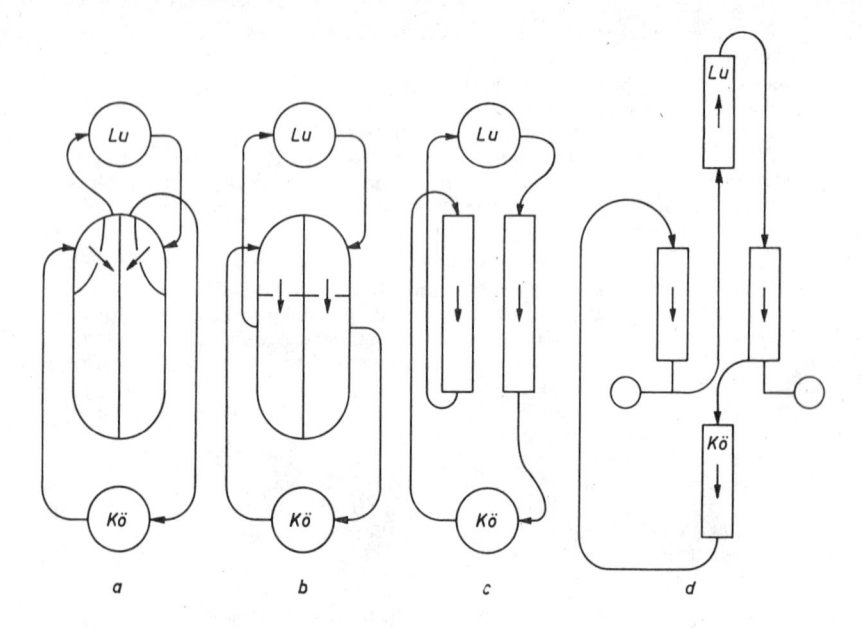

Abb. 25. Das Herz als Saug- und Druckpumpe.

Die Herleitung des zusammengesetzten Kreislaufs im Modell a halbschematische Darstellung des Blutkreislaufs, b schematische Darstellung des Blutkreislaufs, c Kreislaufmodell mit 2 kontraktilen Gefäßen und 4 Gummistopfenventilen (s. Abb. 27), d Kreislaufmodell mit 2 Gummibällen und 4 Bunsenventilkammern (s. Abb. 26).

Zeichnung durch Pfeile angegeben) nur von oben nach unten durchflossen werden können. Körper und Lunge sind durch zwei Glasgefäße dargestellt. Gleichzeitig werden diese Gefäße mit Wasser gefüllt und geleert; an ihrem Inhalt ändert sich also äußerlich nichts. Auf diese Weise wird modellmäßig gezeigt, daß im arbeitenden menschlichen Körper der Antransport und Abtransport von Roh- und Abfallstoffen zu gleicher Zeit erfolgt.

c) *Zweiter Modellvorschlag.* Wie man dieselbe Aufgabe mit zwei Gummibällen (den Herzkammern entsprechend) und vier Ventilkammern für Bunsenventile (s. Aufg. 5d) lösen kann, will endlich Abb. 25d zeigen. Die Vorkammern werden durch Bunsenventile dargestellt, die Herzkammern durch Gummibälle. Die gerichtete Blutbewegung durch Lunge und Körper wird durch zwei weitere große Ventilkammern angedeutet.

Weitere Einzelheiten zu den Modellen folgen unten.

9. Zusammengesetzter Kreislauf

Für den zusammengesetzten Kreislauf, mit dem wir im Modell den menschlichen Blutkreislauf darstellen wollen, braucht man zwei der eben (Aufg. S. 51) beschriebenen vollständigen Einzelsysteme, die in geeigneter Weise verbunden werden müssen. — Herz- und Kreislaufmodelle sind im Handel in mancherlei Ausführung zu haben. Sie sind meist auf eine Papp- oder Brettunterlage gebrauchsfertig und fest montiert, sie sind leider oft empfindlich, und die Gummiverbindungen (soweit nicht durch Plastikmaterial ersetzt) sind nicht haltbar.

Im Folgenden sollen zwei verschiedene Kreislaufmodelle beschrieben werden, die verläßlich und vorteilhaft sind. Da man sie in kurzer Zeit aus Einzelteilen zusammenbaut, lassen sie sich zudem leicht abwandeln und zu manchem weiteren Experiment verwenden.

a) *Kreislaufmodell nach Garms.* Der an anderer Stelle gewürdigte „BIOGA-Gerätesatz" gestattet auch den Aufbau eines Kreislaufmodells. Die Abb. 26, die der Versuchskartei entstammt, soll gleichzeitig ein Beispiel geben für die Verwendungsfähigkeit solcher Einzelteile: Auf eine Grundplatte wird senkrecht eine Frontplatte geschraubt, die nunmehr für die gesamte Versuchsanordnung als Stativ dient. Rechte und linke Herzkammer und Vorkammer werden getrennt aufgebaut. Als Vorkammern dienen „Ventilkammern" mit Bunsenventilen, als Hauptkammern Gummibälle. Das Kapillarsystem des Körpers und der Lungen wird dargestellt durch je eine Ventilkammer gleicher Art, die wiederum mit Bunsenventilen arbeiten.

Herz, Körper und Lunge werden in geeigneter Weise (s. Abb. 26) durch Glasrohre verbunden. Da diese Rohre starr sind (und nicht wie die Gefäße des Körpers elastisch), kann die Apparatur nur zu etwa drei Viertel mit Wasser gefüllt werden. Die Luftblasen lassen den Weg der Flüssigkeit zudem besser erkennen. Das „Blut" wird dadurch in Bewegung versetzt, daß man mit beiden Händen die Gummibälle zugleich betätigt. — Zusätzlich kann sogar gezeigt werden, wo

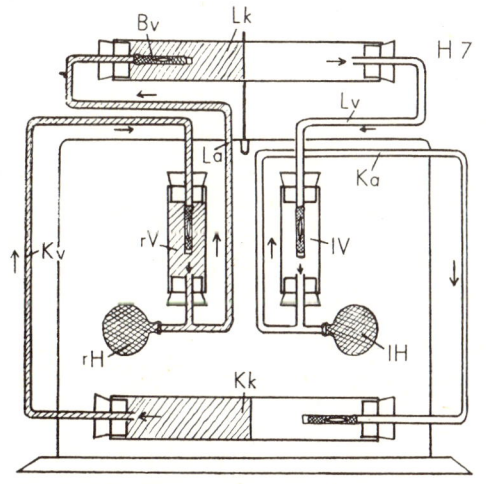

H 7 Wie das Blut im menschlichen Körper strömt und wie es bewegt wird (Modellversuch zum Blutkreislauf)

rV rechte Vorkammer
lV linke Vorkammer
rH rechte Herzkammer
lH linke Herzkammer
Lk Lungenkapillaren
Kk Körperkapillaren
Kv Körpervene
La Lungenarterie
Lv Lungenvene
Ka Körperarterie
Bv Bunsenventile
   die Pfeile geben die Richtung an, in welcher das „Blut" fließt

Abb. 26. Modellversuch zum Blutkreislauf (nach GARMS).
Gebrauchsanweisung zur Benutzung der „Bioga"-Geräte nach Dr. H. GARMS.

arterielles und venöses Blut fließt. Man färbt das Wasser rot an und umschließt die in der Zeichnung schraffierten linken Teile der Versuchsanordnung mit blauem Zellophanpapier. Der Versuch hat den Vorteil, daß er in wenigen Minuten abläuft. Er hat den Nachteil, daß die Rohrverbindungen mit einer vergleichenden Betrachtung, die über Abb. 25 geführt werden kann, zunächst verständlich gemacht werden müssen. Auch daß Vor- und Hauptkammern jeder Herzhälfte räumlich getrennt werden, müssen wir in Kauf nehmen. Dagegen sind die Bunsenventile gut, wenn auch nicht lange haltbar. Sie lassen sich aber leicht ersetzen.

b) *Kreislaufmodell nach C a r l (1959).* In ähnlicher Weise lassen sich auch zwei einfache Kreisläufe, wie sie in Aufg. 7c verwendet werden, zu einem Doppelkreislauf (Blutkreislaufmodell) verknüpfen. Dieses Mal werden aber vier Gummistopfenventile verwendet und zwei kontraktile Gefäße („Herzmuskel"), die aus einem 20 bis 25 cm langen weichen Gummischlauch (Plastikmaterial ist ungeeignet) von 2 cm äußerer Weite und 3 mm Wanddicke bestehen. Wir erhalten dabei eine Versuchsanordnung, die in Abb. 27 halbschematisch wiedergegeben wird. Jedes kontraktile Gefäß entspricht einer Herzhälfte. Die Blutflüssigkeit tritt dabei in die Vorkammer (Schlauchanfang) ein und tritt aus der Hauptkammer (Schlauchende) wieder aus. Das Herz „pumpt", indem man mit beiden Händen die Schläuche faßt, rhythmisch gleichzeitig zusammendrückt und anschließend losläßt. Dabei wird das „Blut" einmal angesaugt und dann in den Kreislauf gedrückt. Hier kommt sinnfällig zum Ausdruck, daß das Herz im Doppelmuskel ist mit 2 Ein- und 2 Ausgängen und mit einer vollständigen Trennwand, und daß es nur durch die Schaltung der „Verbraucher" zu einem einheitlichen Gebilde verschmilzt.

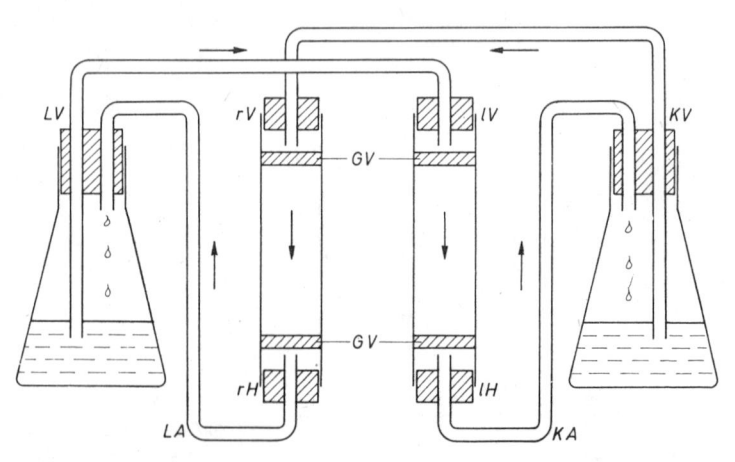

Abb. 27. Modellversuch zum Blutkreislauf (nach CARL).

Erklärungen: rV rechte Vorkammer, lV linke Vorkammer, rH rechte Herzkammer, lH linke Herzkammer, LA Lungenarterie, LV Lungenvene, KA Körperarterie, KV Körpervene, GV Gummiventile; die Pfeile geben die Strömungsrichtung des Blutes an.

Das Kapillarsystem des Körpers und der Lunge wird dargestellt durch zwei Gefäße (Marmeladegläser, Erlenmeyer), die man durch einen doppelt durchbohrten Korken abschließt. Man sieht dort das Wasser eintropfen, das vom Herzmuskel in den Körper bzw. in die Lunge gedrückt wird; man sieht, wie durch ein anderes Rohr das Wasser aus dem Gefäß abgesaugt wird. Arbeiten beide Pumpsysteme zugleich, bleibt das Wasser im Gefäß gleichhoch stehen, obwohl dauernd Wasser zufließt. — Der Vergleich der Herzmaschine mit den wahren Verhältnissen im Körper ist leicht durchzuführen.

Der Versuch beginnt damit, daß man die zwei Schläuche zusammendrückt. Man beginnt die vergleichende Betrachtung, indem man die Vorgänge untersucht, sobald der Griff um die zusammengedrückten Schläuche gelockert wird. Was jetzt vor sich geht, entspricht dem gewöhnlich als 1. Takt bezeichneten Vorgang in unserem Herzen. Es läßt sich also gegenüberstellen:

M o d e l l.
1. *Takt:* Schlauch locker lassen, Druckventil geschlossen, Saugventil geöffnet.
2. *Takt:* Schlauch zusammendrücken, Druckventil geöffnet, Saugventil geschlossen.

H e r z.
1. Takt: Vorkammern ziehen sich zusammen, Kammer ist erschlafft, Taschenventil geschlossen, Segelventil geöffnet.
2. Takt: Vorkammern sind erschlafft, Kammern ziehen sich zusammen, Taschenventil geöffnet, Segelventil geschlossen.

c) *Herzklappenfehler im Versuch.* Man schaltet zuerst das halbe System, indem man nur eine Kammer mit den Wasservorratsgefäßen verbindet (Modell wie eben). Die andere Kammer wird dabei durch ein Glasrohr „kurz" geschlossen. Man zeigt damit, daß sich das eine Glasgefäß entleert, während sich das andere füllt, wenn man pumpt. Dasselbe Ergebnis wird erhalten, indem man die Kammern vertauscht.

Man schaltet nunmehr das ganze Doppelsystem zusammen und zeigt, daß das Wasser von einem Gefäß in das andere wandert, wenn man einseitig „pumpt". — Man pumpt jetzt mit beiden Schläuchen, jedoch mit einem Schlauch weniger kräftig als mit dem anderen (oder auch halb so oft) und erkennt, daß sich die Gefäße verschieden hoch mit Wasser füllen.

10. *Das Blutvolumen des Menschen*

Man sagt, daß der Körper des Erwachsenen 5 bis 6 l Blut enthalte. Man gibt auch an, daß das Gewicht des Blutes etwa $1/12$ des Körpergewichtes ausmache. Der Schüler soll erfahren, daß man in der Praxis Testsubstanzen (Farblösungen wie Evans-Blau), deren Konzentration bekannt ist, in die Blutbahn einspritzt und dann aus dem Grad der Verdünnung die Plasmamenge berechnet. (Eleganter noch ist die Methode, bei der frisch entnommenes Blut mit radioaktivem Phosphor ^{32}P markiert wird. Wenn eine abgemessene Blutmenge wieder eingespritzt wird, kann man aus der Aktivitätsverdünnung das Erythrozytenvolumen berechnen.)

a) *Modellversuch.* Das Prinzip dieser Bestimmungsmethoden läßt sich durch einen Modellversuch leicht auf folgende Art zeigen: Ein Hohlgefäß von möglichst unregelmäßiger Gestalt (z. B. Blumenvase) soll den menschlichen Körper mit seinen Blutgefäßen darstellen; in ihm befindet sich eine unbekannte Menge Wasser. Sie soll bestimmt werden.
Man gibt zu ihr 5 ccm einer Farblösung von geeigneter Konzentration (Kongorot oder Methylenblau). Man pipettiert von dem gefärbten Wasser eine Probe in ein Reagenzglas ab. Man stellt nunmehr in einem großen Meßzylinder eine gleich stark gefärbte Lösung her, indem man zu 5 ccm derselben Farblösung soviel Wasser hinzufügt, bis eine Reagenzglasprobe denselben Farbton auch hier aufweist. — Man vergleicht den Inhalt beider Reagenzgläser gegen einen weißen Hintergrund. Ist der Farbton gleich, so ist es auch der Verdünnungsgrad. Am Meßzylinder wird die unbekannte Wassermenge abgelesen. Es sind immer mehrere Versuche anzustellen, um den Mittelwert zu bestimmen. Nach dem Versuch wird zur Kontrolle das Wasservolumen aus der Vase gemessen und der Grad der Genauigkeit des Farbversuchs bestimmt.

b) Dieser Versuch kann verschieden modifiziert werden:
α) Hängt die Genauigkeit der Bestimmung von dem Grad der Anfärbung ab?
β) Welche Farbe ergibt die besten Werte?

11. Chemische Untersuchung des Blutes

Blutuntersuchungen werden nur an tierischem Blut durchgeführt, wie wir es leicht auf dem Schlachthof oder vom Metzgermeister erhalten können. Die Unterschiede von Rinds- und Schweineblut sind hier unwesentlich.
Bei den Versuchen mit dem Blut muß man zwei Reihen unterscheiden: Einmal wird das unveränderte Blut verwendet, so wie man es dem geschlachteten Tier entnimmt. Für andere Versuche empfiehlt sich das besser haltbare sog. defibrinierte Blut. Man erhält es, indem man das frische Blut mit einem Quirl oder Holzlöffel schlägt. Dadurch wird es vom Fibrin befreit. — Ausgeströmtes Blut erstarrt, es gerinnt in etwa 5 bis 7 Minuten unter Luftzutritt. Dabei wird das Fibrinogen im Eiweiß des Blutplasmas zu unlöslichem Fibrin, das mit den Blutkörperchen den Blutkuchen bildet; bei Wunden tritt dabei Verschluß durch Schorfbildung ein.

a) *Untersuchung des Blutkuchens.* Wenn man frisches Tierblut am kühlen Ort einen Tag lang stehen läßt, so erstarrt es. Dabei hat sich der rote schwerere Blutkuchen von dem gelblichen Serum geschieden. — Man wird zunächst beide voneinander trennen (etwa durch einen Leinenlappen), um die Bestandteile getrennt anschließend zu untersuchen.
Man stellt fest, daß der Blutkuchen oben (wo er mit dem Luftsauerstoff in Berührung kam) heller gefärbt ist. Wenn man ihn auseinander schneidet, verändert sich die Schnittfläche durch frisch hinzutretende Luft (es bildet sich Oxyhämoglobin).

b) *Nachweis der Elemente.* Etwas Blutkuchen wird im Reagenzglas erhitzt. Neben Wasserdampf entweichen die Gase Ammoniak und Schwefelwasserstoff. Man bringt zum Nachweis an die Mündung des waagrecht gehaltenen Rohres einen Streifen feuchtes rotes Lackmuspapier. Das Papier färbt sich blau. —

Wenn man mit einem Silberblech (oder silberhaltigem Geldstück) die Rohrmündung bedeckt, so bildet sich schwarzes Silbersulfid, da der Schwefelwasserstoff auf das Metall einwirkt.

Man kann in einem Porzellantiegel Blutkuchen so lange erhitzen, bis man B l u t k o h l e erhält. Wenn man Blutkohle verascht, bleiben anorganische Stoffe zurück. In beiden Substanzen kann das Eisen nachgewiesen werden. Zu diesem Zwecke wird Kohle oder Asche mit Salzsäure versetzt und tropfenweise eine Lösung von Kaliumferrozyanid, $K_4Fe(CN)_6$, hinzugesetzt. An der Entstehung der blauen Farbe (Berliner Blau) wird das Eisen erkannt. Es ist der entscheidende Bestandteil des Blutfarbstoffs.

c) *Gewinnung des Fibrins.* Man kann den Blutkuchen in einem Leinenbeutel unter fließendem Wasser auswaschen. Dabei bleibt schließlich eine faserige helle Masse zurück, die aus Fibrin besteht. — Besser wird man natürlich Fibrin aus frischem Blut gewinnen. Es läßt sich übrigens in Glyzerin unbegrenzt aufheben und kann dann z. B. für Verdauungsversuche (mit Pepsin und Salzsäure) verwendet werden.

d) *Untersuchung des Serums.*

α) *Nachweis von Eiweiß.* Man erhitze etwas Serum im Reagenzglas. Das Serum trübt sich und Flöckchen von Eiweiß fallen aus. — Mit Serum wird die Xanthoproteinprobe durchgeführt, indem man etwas konzentrierte Salpetersäure zusetzt. — Für die Biuretprobe setze man etwas Kalilauge und verdünntes Kupfersulfat hinzu. — Zu etwas Serum wird *Millonsches* Reagenz gegeben. — Der positive Ausfall aller Proben zeigt das Vorhandensein von Eiweiß an.

Auch Eisenchlorid fällt aus dem Serum Eiweiß aus. So erklären wir die Verwendung der gelben blutstillenden Watte. Das läßt sich durch bestätigende Versuche mit dem Chlorid und der Watte zeigen: Serum trübt sich. — Auch Formalin flockt Eiweiß aus (Versuch!). Der Versuch zeigt also, warum man biologische Objekte mit Formol härtet und fixiert.

β) *Anorganische Bestandteile.* Das Serum ist eine gelbliche, zu 90 % aus Wasser bestehende Flüssigkeit. Es enthält neben anorganischen Stoffen, wie vor allem Natrium und Chlor, auch Kalium, Calcium, Bikarbonat und Phosphat, in der Hauptsache aber organische Bestandteile, bei denen das Eiweiß (vor allem Globuline und Albumine) mit 6 bis 8 % überwiegt. — Man prüft das Serum (oder den Blutkuchen) mit einem Platindraht oder Magnesiumstäbchen auf Natrium, auch Kalium läßt sich daneben mit dem Kobaltgas nachweisen. — Man säure das Serum mit verdünnter Salpetersäure an und füge etwas Silbernitratlösung hinzu; der weiße Niederschlag zeigt die Chlorionen an. — Das Serum hat übrigens auch reduzierende Eigenschaften. Die Probe mit *Fehling* ist positiv. Freilich ist hiermit kein einwandfreier Nachweis des B l u t z u c k e r s möglich.

e) *Defibriniertes Blut und Gase.*

α) *Versuche mit Sauerstoff.* Von einer größeren Menge Blut bleibt für den späteren Vergleich eine kleine Menge zurück. In den Hauptanteil leiten wir langsam (am besten in einer Gaswaschflasche) Sauerstoff. Man entnimmt ihn einer Stahlflasche oder bläst notfalls Luft mit einer Fahrradpumpe in das Blut. Dabei verändert sich die Farbe des Blutes, und es entsteht hellrotes Oxyhämoglobin. Man läßt davon eine Probe zum Vergleich zurück. Den Rest verwendet man für weitere Versuche.

β) *Versuche mit Kohlendioxid.* Man leitet in das hellrote Blut Kohlendioxid etwa aus einer Stahlflasche ein oder atmet einige Zeit durch das Blut aus. Das Blut färbt sich jetzt dunkelrot durch Aufnahme von Kohlendioxid. — Leitet man anschließend wieder Sauerstoff ein, kehrt die helle Farbe des Oxyhämoglobins wieder.

γ) *Versuche mit Kohlenmonoxid.* Man leitet in hellrotes Blut 10 bis 20 Minuten Leuchtgas (unter dem Abzug oder am offenen Fenster) ein. Leuchtgas enthält 10 bis 20 % Kohlenmonoxid. Die Blutfarbe wird kirschrot, da das Hämoglobin eine beständige kohlenmonoxidhaltige Verbindung bildet. Wenn man anschließend wieder Sauerstoff oder Kohlendioxid einleitet, ändert sich die Farbe nicht mehr. Eine empfindliche Probe (nach *Bäcker*) auf das Kohlenmonoxid im Blut verwendet wenig Blut in hundertfacher Verdünnung mit Wasser. Setzt man nämlich zu 10 ccm dieser Blutlösung 10 Tropfen einer konzentrierten Lösung von Kupfersulfat, so tritt bei CO-haltigem Blut purpurrote Färbung, bei CO-freiem Blut Grünfärbung ein.

Ergebnis. Das Blut verhält sich also zu Gasen recht verschieden.

Wir unterscheiden:

Gasart	Blutfarbe	Produkt	Veränderlichkeit
Sauerstoff	Blut wird hellrot	helles Oxyhämoglobin	Blut gibt CO_2 im Körper wieder ab
Kohlendioxid	Blut wird dunkelrot	dunkles Hämoglobin	Blut gibt CO_2 in der Lunge wieder ab
Kohlenmonoxid	Blut wird kirschrot	kirschrotes Kohlenmonoxid-Hämoglobin	Blut ist unveränderlich

Der Fachmann bedient sich zur einwandfreien Prüfung der spektroskopischen Methode und untersucht dabei die Absorptionsspektren. Diese Methoden gehören nicht in die Schule.

f) Gasentwicklung aus dem Blut. Das Blut schäumt stark, wenn man Gas einleitet. Bei allen Versuchen sollte man also die zylindrischen Gefäße nur bis zu einem Drittel ihrer Höhe füllen. — Wenn man ein Becherglas mit Blut, das Sauerstoff oder Kohlendioxid aufnahm, unter den Rezipienten einer Luftpumpe stellt, entweicht im luftverdünnten Raum Gas unter Schaumbildung. Man kann auch Blut in eine kleine Druckflasche füllen, die man an eine Wasserstrahlpumpe anschließt. — Die Wirkung der Katalase zeigt man, indem man zu frischem Blut Wasserstoffsuperoxid hinzufügt: das Blut schäumt stark, und Sauerstoff wird frei.

12. Mikroskopische Untersuchungen zum Blutkreislauf

a) Gewinnung von Blut. Man sticht mit einer gewöhnlichen, keimfrei gemachten Nadel in das mit Alkohol abgeriebene Ohrläppchen oder auch in die Fingerbeere. (Kein Schülerversuch! In einigen Bundesländern ist die Blutentnahme bei Schülern verboten.) Man gibt einen kleinen Tropfen Blut auf ein Deckglas, das man sofort mit einer raschen Wendung auf einen Objektträger legt, und vergrößert stark. — Man kann auch die gereinigte Fingerkuppe oder das Ohrläppchen mit einem Schnepper (*Franke*'sche Nadel) verletzen. Wird anschließend abgedrückt, fördert man den Blutaustritt.

b) Rote Blutkörperchen. Das Gesichtsfeld erfüllen die gelblichen Erythrozyten in Seitenansicht (Geldrollenform) oder Flächenansicht. Zwischen ihnen sind, besonders bei stärkerem Abblenden, wenige, weit größere Leukozyten zu sehen (Abb. 28). — Wenn man einem Präparat am Rande des Deckgläschens einen Tropfen Wasser zufügt und am anderen Deckglasrand mit Filtrierpapier das Wasser absaugt, kann man beobachten, wie sich beide Flüssigkeiten mischen. Der Farbstoff tritt aus, die Blutkörperchen verschwinden; das Blut wird „lackfarben". — Wenn man einem anderen Präparat eine hypertonische Lösung, d. h. eine Lösung mit höherem, osmotischem Druck zusetzt, etwa eine 10 %ige Kochsalzlösung, schrumpfen die Erythrozyten. Sie nehmen dabei Stechapfelform an. — Wird schließlich eine physiologische Kochsalzlösung (0,9 g NaCl in 100 ml dest. Wasser) zugesetzt, so erfolgt nichts, da beide Lösungen isotonisch sind.

c) Weiße Blutkörperchen. Die Weißen Blutkörperchen erkennt man in dem Präparat von eben, indem man stark abblendet, besser freilich, wenn man sie anfärbt. Dazu setzt man dem Blut eine Methylviolettlösung zu. Man gibt 10 Tropfen einer wäßrigen 2%igen Lösung in 10 bis 15 ml einer physiologischen Kochsalzlösung. Die Blutkörperchen färben sich dabei blau an. Man wird weiter feststellen, daß die Leukozyten membranlose Zellen mit körnigem Protoplasma und einem Kern sind (oder auch mehreren) und daß ihre Größe sowie die Kernformen verschieden sind.

d) Herstellung eines Dauerpräparates. Für genauere Beobachtungen muß ein Trockenpräparat gefärbt werden. Man gewinnt es auf folgende Weise: Zuerst werden Objektträger und Deckglas peinlich gereinigt und entfettet (am besten mit Alkohol-Äther 1:1). Der Blutstropfen wird gleichmäßig und dünn auf einem Objektträger verteilt (Auseinanderschieben mit dem Schliffrand eines zweiten Objektträgers). Man läßt an der Luft trocknen, fixiert und färbt drei Minuten mit *May-Grünwald*scher Lösung (Methylalkohol mit zwei löslichen Farbstoffen). Man verdünnt mit etwas destilliertem Wasser und läßt die Farblösung nach einer Minute abfließen. Endlich wird mit Canadabalsam oder Caedax eingeschlossen. — Man sucht unter dem Mikroskop die verschiedenen Formen der Weißen Blutkörperchen; dazu hilft ein Vergleich mit den Abbildungen im *Rein* oder *Müller-Seifert*.

e) Kapillaren am Nagelbett. Ein „Fingerhalter" wird vorbereitet, ein Holzbrettchen mit einer Rinne zur Ruhigstellung für einen Finger. Man untersucht den Nagelfalz des Zeigefingers eines Kindes. Dazu bringt man auf den Falz etwas Immersionsöl, beleuchtet den Nagel schräg von oben und betrachtet ihn bei starker Vergrößerung durch das Mikroskop. Dabei werden die letzten Verästelungen des Kapillarsystems, die Kapillarschleifen, sichtbar (Abb. 28). — Man beobachtet zugleich, daß nicht alle Kapillaren gleichzeitig sichtbar sind: die einen verschwinden, die anderen erscheinen. Außerdem ist ein Unterschied zwischen beiden Ästen festzustellen. In den Arterien bewegt sich das Blut rascher als in den Venen.

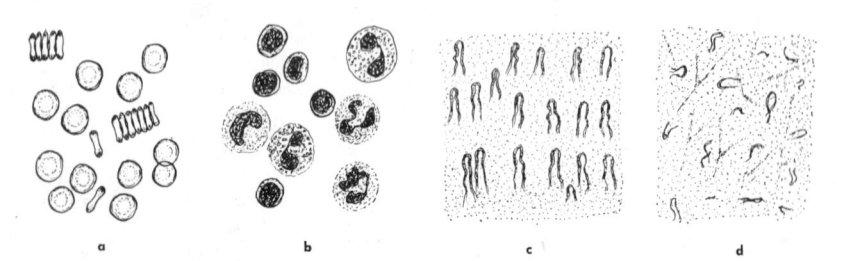

Abb. 28. *Mikroskopische Untersuchungen zum Blutkreislauf.*
a Rote Blutkörperchen in zwei Ansichten, b Weiße Blutkörperchen, c Kapillaren am Fingerfalz, d Kapillarschlingen in der Haut des Unterarms.

f) Kapillaren am Unterarm. Ähnlich lassen sich die Kapillaren auf der Oberseite des Unterarmes untersuchen (wir brauchen Hautstellen mit möglichst dünner Oberhautschicht). Die Kapillaren sind hier freilich nicht ausgerichtet und in Reihen geordnet, sondern weisen nach allen Seiten (Abb. 28). Durch eine leichte Abänderung des Versuches kann man zeigen, daß in Geweben, die gut vom Blut durchströmt sind, auch mehr Kapillaren sichtbar sind als in schlecht ernährten.

α) Der Fingernagel wird während des Versuches mit einer Stecknadelspitze berührt, die vorher erwärmt wurde.

β) Der Unterarm wurde vor der Beobachtung mit einer Bürste geschlagen oder mit einem wollenen Lappen „warm" gerieben.

Die Öffnungsweite der Kapillaren ist veränderlich; ihre Wandelastizität wird auf nervös-reflektorischem Wege gesteuert. Die feinsten Haargefäße bilden eine riesige Kapillarfläche, die jedoch nur gelegentlich in vollem Umfang gebraucht wird, z. B. wenn ein Muskel arbeitet.

13. Berechnung an Roten Blutkörperchen

a) Anzahl. Die Zählung der Blutkörperchen kann in einfachen Küvetten (Zählküvette nach *Bürker* oder *Thoma-Zeiss*) erfolgen. Sie werden mit 1/100 verdünntem Blut gefüllt. Das Netz der Kammern ist in Quadrate von je $1/400$ mm^2 geteilt; Die Schichtdicke des Blutes beträgt $1/10$ mm. Über jedem Quadrat befinden sich demnach $1/4000$ mm^3 Blut. Man zählt die Blutkörperchen, die durchschnittlich in jedem Quadrat liegen (vgl. dazu Abb. 29). In der Abb. zählt man im Durchschnitt 13 Blutkörperchen in $1/4000$ mm^3 des verdünnten Blutes.

In 1 mm^3 des verdünnten Blutes sind $4000 \cdot 13 = 52\,000$ Erythrozyten; in 1 mm^3 des unverdünnten Blutes sind $100 \cdot 52\,000 = 5{,}2$ Millionen Erythrozyten.

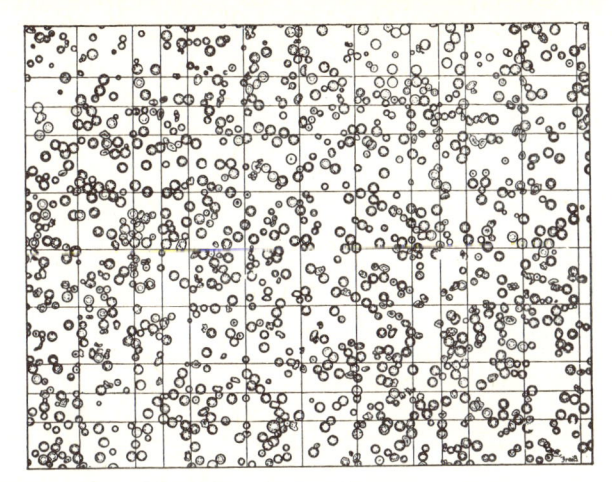

Abb. 29. Bestimmung der Zahl der Roten Blutkörperchen.
Mikroskopisches Bild einer Zählkammer. Die Kammer ist mit Blut in einer Verdünnung von 1:100 gefüllt. Im Mittel zählt man pro Feld 13 Erythrozyten. Aus REIN-SCHNEIDER, Einführung in die Physiologie des Menschen, Springer 1960, S. 21.

Diese Zählung kann sogar im Klassenverband erfolgen, wenn man die gefüllte Zählkammer oder die Abb. 29 an die Wand projiziert und die Schüler eine Anzahl von Quadraten auszählen läßt.

b) *Größe*. Wenn man die gefüllte Zählkammer projiziert und die tatsächliche Länge jeder Quadratseite kennt, kann man durch alle Schüler zugleich leicht den Durchmesser eines Blutkörperchens bestimmen lassen. Wir messen dazu die Länge der projizierten Quadratseite und den durchschnittlichen Durchmesser eines projizierten Blutkörperchens. — *Beispiel:* Eine Quadratseite von 0,05 mm Länge erscheint in der Vergrößerung mit 12 cm. Der Durchmesser eines Blutkörperchens wird zu 2 cm bestimmt. Also ist $12 : 0,05 = 2 : x$, woraus wir für x 0,0083 mm bestimmen. Ein Blutkörperchen ist also etwa $8\,\mu$ im Durchmesser.

c) *Oberfläche*. Ein Blutkörperchen hat, wenn man es als einen Zylinder von $8\,\mu$ Durchmesser und $2\,\mu$ Höhe annimmt, die Oberfläche von $2 \cdot r \cdot \pi\,(r + h) = 2 \cdot 4 \cdot \pi\,(4 + 2)\,\mu^2 = 48\,\pi\mu^2$.

Die Gesamtoberfläche aller Blutkörperchen eines 60 kg schweren Menschen ($^1/_{12}$ seines Gewichtes wird durchschnittlich als Blutmenge gerechnet) bestimmen wir also in folgender Weise:

    Die Oberfläche der Blutkörperchen in 1 mm³ Blut beträgt
    $48 \cdot 5 \cdot 10^6\,\pi\mu^2 = 2,4\,\pi\ \text{cm}^2$.
    Die Oberfläche der Blutkörperchen in 1 l Blut beträgt
    $2,4 \cdot 10^6\,\pi\ \text{cm}^2$.
    Die Oberfläche der Blutkörperchen in 5 l Blut beträgt
    $12 \cdot 10^6 \cdot \pi\ \text{cm}^2 = 3750\ \text{m}^2$.

(In der Literatur wird 3000 m² angegeben; die Oberfläche eines Blutkörperchens dürfte etwas weniger als 48 $\pi\mu^2$ betragen.)

d) Neubildung. Mit der Isotopenmethode wurde das Alter *der Roten Blutkörperchen* zu 4 Monaten bestimmt. Daraus läßt sich errechnen, wie rasch die Blutkörperchen nachgebildet werden. Wenn wir in $5\,l$ Blut $5 \cdot 5 \cdot 10^6 \cdot 10^6 = 25 \cdot 10^{12}$ Blutkörperchen annehmen, so entstehen:

in 120 Tagen 25 Billionen Blutkörperchen.
in 1 Monat 6,25 Billionen Blutkörperchen,
in 1 Tag 200 Milliarden Blutkörperchen,
in 1 Sekunde 2,3 Millionen Blutkörperchen.

e) Weiße Blutkörperchen. Entsprechende Berechnungen sind auch an Weißen Blutkörperchen möglich. Wir nehmen einen Durchschnittswert von 6000 Leukozyten im mm³ an. Das Knochenmark ist im Bedarfsfalle imstande, den gesamten Bestand von Leukozyten 30mal, sogar 70mal in 24 Stunden nachzubilden (Aufgabe: wieviel Leukozyten können sekundlich gebildet werden?).

14. Blutgruppenuntersuchung

Man kann geteilter Meinung sein, ob praktische Blutgruppenbestimmung in die Schule (wenigstens in die Arbeitsgemeinschaft) gehört oder nicht. Manche halten sie für ein ausgezeichnetes methodisches Mittel, andere für eine schulfremde und medizinische Aufgabe. Nicht in allen Bundesländern sind solche Untersuchungen uneingeschränkt an den Schülern erlaubt. Auf jeden Fall kann natürlich der Lehrer seinen Schülern zeigen, wie er seine eigene Blutgruppe bestimmt.

a) Klassische Methode. Wir kaufen in der Apotheke die Testseren A, B und 0 und halten uns an die meist beigegebene ausführliche Gebrauchsvorschrift. Zunächst werden 3 Objektträger für jede Untersuchung peinlich mit Leitungswasser, dann mit destilliertem Wasser und zuletzt mit Alkohol gereinigt und beschriftet, damit Verwechslungen ausgeschlossen sind. Das Blut wird entnommen und nach Vorschrift mit physiologischer Kochsalzlösung etwas verdünnt. Man bringt von jedem Testserum je einen Tropfen auf einen Objektträger und gibt zu jedem Tropfen die Blutsuspension hinzu. Nach spätestens 10 Minuten lassen sich die Verballungen feststellen. Wir unterscheiden dabei folgende vier Fälle:

Blutgruppe	Testserum		
	A	B	0
0	—	—	—
A	—	+	+
B	+	—	+
AB	+	+	+

Dabei bedeutet — keine Wirkung und + Verballung.

b) *E l d o n - Verfahren.* Besonders für schulische Zwecke sollte man sich des einfachen Verfahrens nach *Eldon* bedienen. — Man verfährt dabei folgendermaßen: Man beginnt die Untersuchung damit, daß man die Karte mit den Angaben der Versuchsperson ausfüllt (Zeitpunkt, Anschrift). Mit der Karte (s. Abb. 30) werden auch ein Stäbchen aus Kunststoff und eine Tropfpipette geliefert. Man bringt aus der senkrecht gehaltenen Pipette einen Tropfen Wasser auf jede der Reagentien der Karte. Die Pipette faßt 50 mm$l$ Wasser. Mit dem Kunststoffstäbchen (das anschließend sorgfältig gereinigt wird) werden die Reagentien verrieben.

Mit dem Stäbchen wird leicht eine ganz bestimmte Menge des Kapillarblutes abgemessen; es trägt nämlich ein flaches Kopfende mit 3,4 mm Durchmesser. Wenn sich aber auf diesem Ende ein genau halbkugeliger Blutstropfen befindet, hat man damit 10 mm$l$ Blut abgemessen.

Dieses Blut wird mit dem Anti-A-Reagens, das sich auf dem ersten Feld befindet, verrührt und über das Feld ausgebreitet. Danach wird das Stäbchen wieder peinlich gesäubert. Anschließend wird genauso das Feld beschickt, das Anti-B-Reagens gelöst enthält, usw. Jetzt wird etwa 3 Minuten lang die Karte nach allen Seiten gekippt, damit sich die Flüssigkeiten gut vermischen können. Das Ergebnis wird sofort ermittelt und auf der Karte vermerkt. Dann kann man die Karte

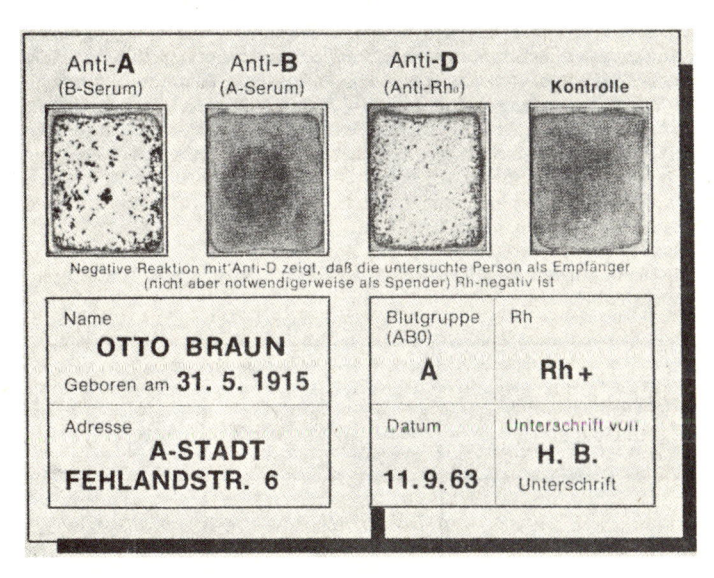

Abb. 30. Dokumentation bei Blutgruppenbestimmung.

Eldonkarte. Mit freundlicher Genehmigung der Aquila GmbH, Pinneberg, Generalvertretung des Nordisk Insulinlaboratoriums Gentofte Dänemark. (Näheres im Text).
Die Dokutestkarte liefert die Dr. Molter GmbH, Seruminstitut, Heidelberg, Postfach 1210. (Näheres im Text).

trocknen. Man kann sie sogar haltbar fixieren. (Ist die Untersuchungsperson nicht zugegen, kann man natürlich mit *Eldon*-Karten die Proben des Venenblutes ebenso prüfen. Dieses Verfahren gehört natürlich nicht in die Schule.)

Die Vorteile des *Eldon*-Verfahrens liegen auf der Hand. Da sich auf den Pappkarten die angetrockneten Sera befinden, ist eine Verwechslung von vornherein ausgeschlossen. Mit den Daten über die Untersuchungsperson hat man gleichzeitig ein schriftliches Protokoll abgefaßt. Die Untersuchung kann von Schülern selbständig durchgeführt werden, die Überprüfung durch den Lehrer kann jederzeit, aber auch viel später geschehen. — Übrigens soll die Aufbewahrungstemperatur der neuen *Eldon*-Karten nicht 22 °C übersteigen; sie haben eine Garantie von 2 Jahren.

c) *M o l t e r -Verfahren*. Auch dieses Verfahren besitzt eine ähnliche „Dokumentation". Auch auf den „Dokutest-Karten" wird die Untersuchung durchgeführt und das Ergebnis haltbar aufgezeichnet. Die Karten sind äußerlich einander ähnlich angelegt. Der wichtige Unterschied besteht aber darin, daß sich auf der *Eldon*-Karte bereits eingetrocknete Sera befinden (begrenzt haltbar), für die vorgesehenen Felder der *Molter*karte werden staatlich geprüfte Testsera zusätzlich benötigt (Möglichkeit der Verwechslung).

In beiden Fällen wird die alte Objektträger-Methode überflüssig. — Alle näheren Angaben (Technik und Anwendung) sind den Prospekten der beiden Firmen zu entnehmen.

d) *Modellversuche zur Blutgruppenuntersuchung*. In manchen Bundesländern dürfen Blutgruppenbestimmungen bei Schülern nicht durchgeführt werden. Hier bieten Modellversuche, wie sie *Eichhorn* vorschlägt, einen willkommenen Ersatz. Die Versuche verlangen nur billige Zutaten und sind leicht durchzuführen, auch von einer größeren Arbeitsgruppe. Dabei wird eine anschauliche Vorstellung vermittelt und nebenbei auch der Schulchemie ein Dienst erwiesen.

α) *Prinzipielles*. Man bedient sich dabei bekannter chemischer Fällungsreaktionen, die auf der Unlöslichkeit von Silberchlorid und Bariumsulfat beruhen. Man braucht vier Reagentien, Kaliumchlorid, Silbernitrat, Bariumnitrat und verd. Schwefelsäure, sowie roten und gelben Farbstoff (etwa Karmalaun und Auramin). Die 16 möglichen Resultate jeder einfachen Blutgruppenbestimmung gibt die bekannte Tabelle an:

Rote Blutkörperchen der Gruppe	Serum der Gruppe			
	0 Anti-A, Anti-B	A Anti-B	B Anti-A	AB
0	—	—	—	—
B	+	—	+	—
A	+	+	—	—
AB	+	+	+	—

Wir haben also bei den Seren 4 Fälle zu unterscheiden: e i n Agglutinin (Anti-A o d e r Anti-B), z w e i Agglutinine (Anti-A u n d Anti-B) oder k e i n Agglutinin. Im Modell bedeutet das: e i n Agglutinin (gelbe wäßrige Lösung von verd. Schwefelsäure o d e r Silbernitrat), z w e i Agglutinine (gelbe wäßrige Lösung von verd. Schwefelsäure u n d Silbernitrat) und k e i n Agglutinin (gelb gefärbtes dest. Wasser).

Folgende Tabelle entspricht dieser Modelluntersuchung:

Reagentien der Gruppe	Reagentien der Gruppe			
	Silbernitrat Schwefelsäure	Schwefelsäure	Silbernitrat	gelb gefärbtes Wasser
rot gefärbtes Wasser	—	—	—	—
Kaliumchlorid	+	—	+	—
Bariumnitrat	+	+	—	—
Kaliumchlorid und Bariumnitrat	+	+	+	—

Wir unterscheiden also 4 Arten von Rezeptoren: Rote Blutkörperchen der Blutgruppe A o d e r B, Blutkörperchen A u n d B (AB genannt) und solche der Blutgruppe 0. Ihnen entsprechen im Modell: e i n Rezeptor (rote wäßrige Lösung von Kaliumchlorid o d e r Bariumnitrat), z w e i Rezeptoren (rote wäßrige Lösung von Kaliumchlorid u n d Bariumnitrat) und k e i n Rezeptor (rot gefärbtes dest. Wasser).

β) Durchführung. Man macht „Tropfenversuche". Man gibt mit einem Glasstab einen Tropfen der roten Lösung („Blut") auf einen Objektträger, fügt mit einem reinen Glasstab einen gelben Tropfen („Serum") hinzu und vermischt. Der weiße Niederschlag zeigt eine positive Reaktion an (mit + bezeichnet). Wenn der Niederschlag ausbleibt, so fehlen entweder die Rezeptoren oder sie entsprechen nicht einander.

So wird im Versuch das Schema der Blutgruppenbestimmung erarbeitet. *Eichhorn* erweitert noch das Verfahren und gibt an, wie man ähnlich den R h e s u s f a k t o r bestimmt und aktive und passive Immunisierung zeigt.

15. Untersuchung des Kalbsherzens

Der Schlachthof liefert ein unverletztes Kalbsherz, an dem die Gefäßstümpfe wenigstens etwa 6 bis 8 cm lang belassen wurden. Es wird für die Versuche hergerichtet: Die Reste vom Herzbeutel werden mit dem Skalpell vorsichtig abgetrennt; die bindegewebig verbundenen Gefäße werden voneinander isoliert. Man hebt das Herz in gewöhnlichem Wasser auf und gibt weder Formol noch andere fixierende Flüssigkeiten hinzu. Es ist nämlich erstaunlich, daß auch nach dem Tod noch tagelang die Ventile, besonders die Segelventile, mechanisch einwandfrei arbeiten, obwohl ihre Innervation und Ernährung völlig ausfallen.

a) Voruntersuchung. Man suche am Herzen die stark entwickelte linke und die schwächere rechte Kammer; man studiere den Verlauf der Coronargefäße, die weichhäutigen Vorkammern, die derberen Arterien- und die weicheren Venenstümpfe.

b) Versuche am Herzen. Man zeigt bei den Versuchen, daß das Herz aus zwei völlig getrennten Hohlräumen besteht. Alle angegebenen Versuche können daher zweimal durchgeführt werden, mit der linken oder rechten Herzhälfte. Wir zeigen dabei, daß durch den Herzhohlraum (Kammer) eine Verbindung besteht, die von einer Vorkammer über das Segelventil zu einem Gefäßstumpf führt (der seinerseits am Anfang ein Klappenventil trägt).

Man kann die Arbeit der Klappenventile beobachten, indem man Wasser in die entsprechende Vorkammer einführt, oder der Segelventile, indem man durch die entsprechenden Klappenventile Wasser in den Hohlraum laufen läßt. Mit Hilfe von Gummischlauch und Glastrichter lassen sich dabei leicht Druckunterschiede herstellen.

c) Arbeit der Segelventile. Um die Arbeit der Segelventile zu prüfen, öffnet man die linke Vorkammer mit einer Schere und trägt die zarte Wandung („Herzohren") ab, so daß das linke Segelventil von außen sichtbar wird. Näheres zeigt die Abb. 31b. Die Aorta verzweigt sich gleich hinter dem Herzen. Daher werden alle Gefäßstümpfe weit zurückgeschnitten, damit nur der das Herz verlassende Aortastumpf bleibt. In die Aorta, deren Mündung ein durchbohrter Kork abschließt, führt man ein 1 cm dickes kurzes Glasrohr so weit als möglich ein. (Dabei wird wahrscheinlich das Klappenventil verletzt. Für andere Versuche, für die man es braucht, wird man sich dann der anderen Herzhälfte bedienen.)

An das Glasrohr schließt man einen Gummischlauch von etwa 30 cm Länge an, sein Ende trägt einen größeren Glastrichter. Der Trichter wird nun mit Wasser gefüllt. Das sichtbare Segelventil wird beobachtet, wenn der Trichter gehoben und gesenkt wird. Das Ventil schließt und öffnet sich nämlich im gleichen Takt. Man überzeugt sich noch von der Güte des Ventils, indem man den mit Wasser gefüllten Trichter hebt und mit einem Stativ in dieser Stellung festhält. Es dauert wenigstens eine Stunde, bis das Segelventil undicht wird und Wasser durchläßt.

d) Wirkungsweise der Klappenventile. Man steckt in das Segelventil ein 1 cm dickes Glasrohr und schließt über einen kurzen Schlauch einen kleinen Trichter an (s. Abb. 31c). In das zugehörige Blutgefäß steckt man ebenfalls ein kurzes Glasrohr, jedoch nur so weit, daß die Klappenventile nicht verletzt werden. Das Wasser, das in den Trichter läuft, durchfließt ungehindert die Herzkammer und tritt an dem Stumpf wieder heraus. Man kann zeigen, daß das Wasser in beiden Rohren niveaugleich steht (kommunizierende Röhren). — Dasselbe läßt sich auch an der anderen Herzhälfte zeigen.

Will man direkt das arbeitende Klappenventil sehen, muß man die Wand der Herzkammer so weit abpräparieren, daß man das Ventil von unten sehen kann (Abb. 31 a). Auf das Glasrohr, das den Gefäßstumpf abschließt, wird nunmehr

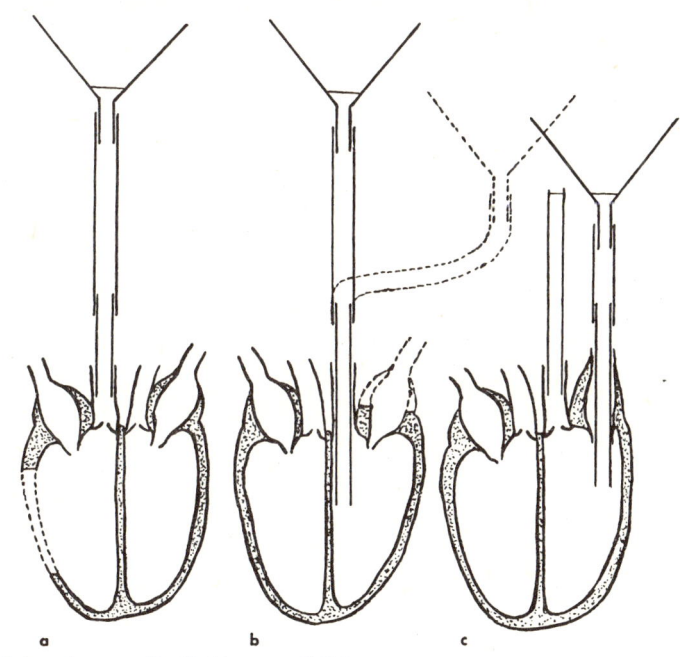

Abb. 31. Untersuchung der Ventilwirkung am Kalbsherzen.

a Wirkungsweise des rechten Klappenventils, rechte Herzkammer teilweise freigelegt, b Wirkungsweise des linken Segelventils, linke Vorkammer freigelegt, c Wirkungsweise des linken Klappenventils.

über eine Gummischlauchverbindung ein Glastrichter gesetzt. Wird Wasser in den Trichter eingefüllt, schließen sich die Ventile. Wird aber der Trichter gesenkt, öffnen sie sich.

e) Der feinere Bau des Herzens. Wenn die Wasserversuche abgeschlossen sind, kann auch der feinere Bau der Ventile studiert werden, indem man die restlichen Gefäßstümpfe aufschneidet und auch den Herzmuskel zertrennt. Dabei ist u. a. festzustellen:

α) Die Atrioventrikularklappen (Segelventile) sind rechts dreizipflig, links zweizipflig. — Die Semilunarklappen (Klappenventile) an der Aorta und Lungenarterie sind auf Lage und Anordnung der Einzelflügel zu untersuchen.

β) Der Bau der weißen sehnigen Fäden (Chordae tendineae) an den Segelventilen ist zu studieren, ebenso der Ort ihrer Anheftung (kegelförmige Vorsprünge der Ventrikelwand).

γ) Die Klappenventile werden seitlich aufgetrennt; es ist zu versuchen, nach der Natur einen Zuschnittplan für ein Modell aus Karton zu entwerfen (vgl. S. 46).

δ) Die Wandstärke der Vorkammern und Kammern ist zu vergleichen. Die linke Herzhälfte ist kräftiger entwickelt. Die Arterienstümpfe sind derber als die weichhäutigen Venenstümpfe.

16. Zahlen zur Blutbewegung

a) *Eigenschaften des Blutes:*
    Spezifisches Gewicht des Blutes 1,056—1,066 g/cm^3
    Spezifisches Gewicht des Serums 1,028—1,031 g/cm^3

b) *Blutmenge:*
    Bei Männern 80 ccm pro kg Körpergewicht
    Bei Frauen 68 ccm pro kg Körpergewicht
    Etwa $^1/_{13}$ des Gesamtgewichtes
    Das Blut enthält:
    44 % geformte Bestandteile
    56 % flüssige Bestandteile (Blutplasma)

c) *Blutplasma* enthält:
    90 % Wasser und
    10 % darin gelöste Stoffe, und zwar
    Eiweiße 6 — 8 %
    Fette und Lipoide 0,5 — 0,8 %
    Kohlenhydrate 0,1 %
    Mineralische Stoffe 1 % (darunter 0,6 % Kochsalz)

d) *Rote Blutkörperchen (Erythrozyten):*
    Durchmesser 7 — 8 μ und 2 μ Dicke, kernlos.
    In 1 mm^3 befinden sich 5 Millionen (beim Mann),
    In 1 mm^3 befinden sich 4,5 Millionen (bei der Frau)
    Gesamtzahl 25 Billionen
    Gesamtoberfläche 3000 — 3500 m^2
    Lebensdauer 120 Tage
    Es bilden sich
    208 Milliarden am Tag,
      8 Milliarden in der Stunde,
    144 Millionen in der Minute,
    2,4 Millionen in der Sekunde,
    täglich also etwa 1 % der Gesamtmenge.
    Zahl ist abhängig von der Meereshöhe:

In Meereshöhe	5 Millionen/mm^3
auf 700 m	6 Millionen/mm^3
auf 1800 m	7 Millionen/mm^3
auf 4400 m	8 Millionen/mm^3

e) *Hämoglobin:*
    Es beträgt 34 % der Roten Blutkörperchen, also
    16 g in 100 ccm Blut (Gesamtmenge 750 g)
    Eisengehalt im Blut etwa 2,5 — 3 g
    1 g Hämoglobin bindet 1,34 ccm Sauerstoff, also
    enthält das Blut etwa 1 l Sauerstoff.

f) Weiße Blutkörperchen (Leukozyten):

    Die Leukozyten bestehen aus: 60 % Granulozyten
                                               4 % Monozyten und
                                               36 % Lymphozyten
    Zwischen 4 μ und 15 μ groß, mit Kern
    In 1 mm^3 befinden sich etwa 6000
    Verhältnis von Leukozyten und Erythrozyten 1:600 (bis 800)
    Gesamtzahl 35 Milliarden.

g) Blutplättchen (Thrombozyten):

    Zwischen 0,5 μ und 2,5 μ groß
    In 1 mm^3 befinden sich 200 000 bis 500 000.

h) Blutkörpersenkungsgeschwindigkeit:

    (Rohr 2,5 mm weit und 200 mm lang)
    in der ersten Stunde: 3 — 7 mm (Mann)
                                   7 — 11 mm (Frau)
                                   1 — 2 mm (Neugeborenes)

i) Häufigkeit der Blutgruppen (Bundesrepublik):

	0	A	B	AB	
Rhesuspositiv	36,6	36,1	8,1	3,1	84 %
Rhesusnegativ	7	6,9	1,6	0,6	16 %
	43,6	43	9,7	3,7	100 %

k) Gefährlichkeit des Kohlenmonoxids:

wenn 0,025 % CO in der Luft, wird 27 % des Hämoglobins unbrauchbar
wenn 0,05 % CO in der Luft, wird 42 % des Hämoglobins unbrauchbar
wenn 0,1   % CO in der Luft, wird 59 % des Hämoglobins unbrauchbar
wenn 0,2   % CO in der Luft, wird 74 % des Hämoglobins unbrauchbar
wenn 0,3   % CO in der Luft, wird 81 % des Hämoglobins unbrauchbar
wenn 0,4   % CO in der Luft, wird 85 % des Hämoglobins unbrauchbar

l) Blutbild:

Das **normale Blutbild** eines gesunden Erwachsenen sieht folgendermaßen aus (die in Klammern beigefügten Zahlen geben die Grenzen an, die noch im Bereich des Normalen liegen):

    Blutfarbstoff: 100 % (80 %)
    Rote Blutkörperchen: 5,0 (4,5) Millionen im mm^3
    Färbeindex: 1,0 (1,12)
    Weiße Blutkörperchen: 6000 (8000) im mm^3

Differentialblutbild:

Feingekörnte (Neutrophile)	68 %	(65 — 70 %)
Eosinophile	3 %	(2 — 4 %)
Basophile	0,5 %	(0 — 1 %)
Lymphozyten	22 %	(20 — 25 %)
Monozyten	6,5 %	(4 — 8 %)

Die Kernform der Neutrophilen erlaubt außerdem ein Urteil über die Reife und das Alter dieser Zellen.

m) Agglutination:

Blutgruppe		Agglutinine im Serum der Gruppe:	Das Serum der Gruppe agglutiniert Erythrozyten der Gruppe:	Die Erythrozyten der Gruppe werden agglutiniert vom Serum der Gruppe
Erscheinungsbild	Erbbild			
0	0/0	α und β	A, B und AB	—
A	A/A, A/0	α	B und AB	B und 0
B	B/B, B/0	β	A und AB	A und 0
AB	A/B	—	—	A, B und 0

n) Blutbewegung:

α) Schlagfrequenz (Herz)

Neugeborener	130 — 140 pro Minute
im ersten Jahr	120 — 125 pro Minute
im 4. Lebensjahr	100 pro Minute
im 10. Lebensjahr	90 pro Minute
Erwachsener	70 — 80 pro Minute

β) Schlagvolumen (Blutmenge pro Herzschlag) 70 ccm
Minutenvolumen (Schlagvolumen x Frequenz) $70 \cdot 70 = 4900$ ccm
Bewegtes Blutvolumen pro Minute (60—70 Systolen) 4,5 l
Bewegtes Blutvolumen (obere Grenze) (150 Pulse) 25 l

γ) Blutdruck (in mm Hg):
(Ruhe, obere Werte)

Im 3. Lebensjahr	60
im 6. Lebensjahr	85
im 15. Lebensjahr	100 — 110
bis zum 30. Lebensjahr	120
bis zum 50. Lebensjahr	125 — 140
bis zum 60. Lebensjahr	bis 155

In der linken Herzkammer   150 mm Hg   (oder 2,16 m Blutsäule)
in der rechten Herzkammer   50 mm Hg
in der Oberarmschlagader   120 mm Hg
in den Kapillaren   30 — 50 mm Hg

δ) *Bluttemperatur:*
normal   37 °C
leichtes Fieber   38,5° C
mäßiges Fieber bis   39,5° C
hohes Fieber über   39,5° C
tödlich über   42 °C
bedrohlich unter   36 °C

ε) *Herzleistung:*
Für eine Systole: Linke Kammer 0,096 mkg/Systole
                   Rechte Kammer 0,015 mkg/Systole
Gesamtarbeit des Herzens: 0,112 mkg/Systole,
bei einer Schlagfrequenz von 70/Minute 7,8 mkg/Minute

IV. Ernährung und Verdauungsorgane

1. Bild, Film und Präparat

Nur für Wahlpflichtfach und Arbeitsgemeinschaft bleibt die Zeit für mikroskopische Studien. Mikropräparate von menschlichen Verdauungsorganen werden angeboten für Magenwand, Darmwand, Leber, Bauchspeicheldrüse, Zahnentwicklung, umwallte Papille usf. Dagegen wird man auf eine Bildreihe zum Thema „Verdauungsorgane" nicht verzichten. — Vielerlei Wandtafeln sind im Handel (Die menschliche Ernährung, Verdauungsorgane, Zähne, Brust- und Bauchorgane von vorn, bzw. hinten usw.).

Filme für „Ernährung und Verdauung" bietet auch FWU (München) an:

F 420 Ausscheidungsvorgänge (10 Minuten),

Tb 57 Lebende Werkzeuge (Zahngesundheit und Zahnpflege) (40 Minuten),

F 127 Röntgenfilm: Das Verdauungssystem (11 Minuten).

Der Anschauung muß auf jeden Fall auch durch Modelle und plastische Nachbildungen geholfen werden. Es gibt in natürlicher Größe Reliefmodelle der Verdauungsorgane getrennt, der Leber, des Blinddarms mit Wurmfortsatz usw. Auf jeden Fall aber muß, auch für andere Themen oft zu verwenden, in der Sammlung ein Torso Rumpfmodell (ohne Kopf) vorhanden sein; er ist unersetzlich. Die Lehrmittelfirmen bieten z. T. hervorragende Modelle, sogar aus unzerbrechlichem Kunststoff an; man kann sie zerlegen, und alle Einzelteile sind herausnehmbar.

Im Unterricht sind viele Versuche zum Thema „Verdauung" möglich. Speichel, Magensaft und Bauchspeichel können im Modellversuch geprüft werden (die Versuche brauchen i. a. etwas Zeit, bis die Ergebnisse vorliegen). Auch eine genauere Untersuchung der Zähne kann leicht durchgeführt werden an Zähnen vom Schwein. Im übrigen werden für das Thema „Zahnpflege" auch anschauliche Wandtafeln von Zahnpastafirmen gern vermittelt. — Schließlich sollen noch die Tafeln zur „Menschlichen Ernährung" besonders genannt werden, die vom Max-Planck-Institut für Arbeitsphysiologie in Dortmund bearbeitet wurden.

2. Beobachtungen an der Mundhöhle

Die Beobachtungen kann jeder Schüler mit einem Handspiegel an sich selbst durchführen. Ebenso können sich zwei Schüler gegenseitig untersuchen.

a) Die *Umgrenzung der Mundhöhle* ist zunächst festzulegen (harter Gaumen, weicher Gaumen, Gaumenbögen, Gaumensegel, Mandeln, Zäpfchen, Zunge, Wangen, Zahnreihen, Vorhof).

b) *Zunge.* Die Zunge wird näher geprüft. An ihr werden folgende Teile unterschieden: Körper, Spitze, Rücken, Grund, Ränder. — Wenn man Spitze und Rücken mit der Lupe untersucht, lassen sich die Zungenwärzchen erkennen; auch über Form und Verteilung sind Aussagen möglich. An den Rändern ist zu erkennen, wo die Wärzchen aufhören. Am Zungengrund sind die umwallten Papillen zu unterscheiden (Anordnung, Anzahl).

α) Man kann die Beweglichkeit der Zunge prüfen, indem man alle Zähne von außen und innen und den Gaumen mit der Zunge betastet. (Versuche zum Geschmackssinn, S. 141.) Für den Tastsinn lassen sich leicht Beispiele finden (feinste Gräten von Fischen, das „Haar in der Suppe" usw.) oder Versuche anstellen.

β) Die Unterseite der Zunge ist zu untersuchen. An beiden Seiten neben dem Zungenbändchen befinden sich die zwei bläulich schimmernden Wülste, in denen sich die Unterzungendrüsen befinden.

c) *Die Lippen* werden untersucht, die Begrenzung des Lippenrots, der Übergang von trockener Oberhaut zu feuchter Schleimhaut, die zwei median gelegenen Lippenbändchen am Übergang von Lippe zum Zahnfleisch, die Mundwinkel.

d) *Schluckvorgang.* Zum Schluckvorgang lassen sich Beobachtungen anstellen. Dabei sind zugleich Versuche zum Atmen nötig. Es muß erkannt werden, daß wir beim Schlucken den weichen Gaumen heben, den Nasenhohlraum verschließen und den Luftröhreneingang mit dem Kehlkopfdeckel versperren. Beim Atmen dagegen gelangt die Luft durch die Choanen über die Rachenhöhle am aufgerichteten Kehldeckel vorbei in die Luftröhre.

α) Man kann nicht bei geöffnetem Mund schlucken. Man kann nicht gleichzeitig atmen und schlucken. — Man umfaßt den Kehlkopf, während man etwas Speichel verschluckt, und stellt seine Lageänderung fest. Man prüft aber auch, wenn man ruhig atmet oder sich räuspert bzw. hustet. (Der Kehlkopfdeckel bleibt offen, d. h. er verändert seine Lage nicht.) — Wir können nicht sprechen oder singen, wenn wir den Atem anhalten. Aber wir geraten in Gefahr, wenn wir beim Sprechen oder Singen essen oder trinken wollten.

β) Geraten Nahrungsteile in die Luftröhre, wird ein starker Hustenreflex ausgelöst. Wir sagen im Volksmund „es gerät mir in den falschen Hals" oder „in die falsche Kehle" und „ich habe mich verschluckt". — Gerät zuviel Luft oder Gas (z. B. Kohlendioxid) in den Magen, stößt es uns auf. Kleinstkinder müssen „Bäuerlein machen", d. h. die mitverschluckte Luft wird wieder abgegeben.

γ) Wenn man das Ende eines Holzstäbchens mit ein wenig Watte umwickelt und mit der Watte den weichen Gaumen berührt, reagiert die Rachenmuskulatur, und der Würgreflex wird ausgelöst. Beim Niesreflex sollen Fremdkörper aus dem Nasenhohlraum, beim Hustenreflex aus dem Kehlkopfbereich entfernt werden. Gelegentliche Beobachtungen zeigen, wie Niesen und Husten eingeleitet werden und ablaufen (Rücklage des Rumpfes, tiefes Luftholen, Erschütterung des Körpers beim Ausstoßen der Luft usw.).

e) *Zäpfchen.* Wenn man das Zäpfchen näher untersuchen will, kann man mit einem Löffelstiel den Zungenrücken etwas nach unten drücken. Oder man benutzt ein kleines Holzbrettchen (wie es im Handel für die Laryngologen angeboten wird). Man untersucht die Form des Zäpfchens, indem man durch Nase bzw.

Mund stoßweise ein- und ausatmet und feststellt, wie sich Zäpfchen und Segel bewegen.

f) Leicht können auch einige *mikroskopische Untersuchungen* angeschlossen werden. — Man streicht mit dem scharfen Rand eines kleinen Löffels (oder nur mit dem Daumennagel) über den Gaumen oder über den Zungenrücken. Der schleimige Belag enthält neben Bakterien losgetrennte Epithelzellen. Man kann diese bei verkleinerter Blende ohne alle Färbung auf dem Objektträger beobachten. Man findet einzelne und auch zusammenhängende Zellen des Plattenepithels, daneben auch Leukozyten und Bakterien. — Besser noch kann man nach Anfärbung beobachten; als Farblösung ist die auch für Blutuntersuchungen gebrauchte Methylenblau-Eosin-Mischung zu empfehlen.

Gesondert wird man auch die M u n d b a k t e r i e n untersuchen. Auch ohne Färbung kann man in dem mit etwas Wasser verdünnten Zahnschleim kugelige Kokken, schraubige Spirillen und kurze neben langen Stäbchen entdecken. Es genügt, wenn man das Präparat mit etwas Jodlösung anfärbt. Besondere Bakterienfärbemethoden sind hier nicht nötig.

g) Sehr eindrucksvoll ist folgender Versuch zur Bedeutung der Körperpflege: Ein Schüler, der regelmäßig zweimal täglich seine Zähne putzt, und ein anderer, der damit zwei volle Tage aussetzt, vergleichen mit gleichartigen Präparaten die *Bakterienflora ihres Zahnschleimes.*

3. Beobachtungen am Gebiß

Der Schüler braucht einen, noch besser zwei Taschenspiegel (wenigstens für die Zähne des Oberkiefers). Die Beobachtungen können auch zwei Schüler gegenseitig anstellen.

a) Zunächst sind alle *Zähne* einzeln zu prüfen; jeder Zahn ist protokollarisch zu erfassen. Dabei gilt es zu klären: Welche Zähne gehören noch dem Milchgebiß, welche dem Dauergebiß an? — Wieviel Zähne sind vorhanden? — Wieviel Zähne sind im Durchbruch? — Welche Dauerzähne sind noch nicht durchgebrochen? Wurden Dauerzähne bereits eingebüßt? — Welche Zähne wurden vom Arzt behandelt? — Was wurde an ihnen gemacht (Plombenmaterial, Nervbehandlung)? — Welche Form haben die Kronen der Schneide-, Eck- und Backenzähne (Betasten!)? — Was fällt bei der Überprüfung der ganzen Zahnreihe auf (Folgedichte, Zahnhöhe, Wuchsrichtung, Zahnfleischansatz)? — An welchen Stellen hat sich Zahnstein gebildet? — Vielleicht entdecken wir sogar kariöse Zähne mit Löchern oder kleinen schwarzen Flecken.

b) *Der Kauvorgang* ist zu untersuchen. Ein Stück trockenes Brot wird abgebissen und dann beobachtet, in welcher Weise und Reihenfolge die Zähne ihre Arbeit verrichten, wie der Bissen eingespeichelt wird, wie die Zunge den Bissen wendet und immer wieder unter die Kaufläche schiebt. — Man untersucht, wie ein Haselnußkern zerkleinert wird. Wird dabei eine Kieferhälfte bevorzugt benutzt? Wie wird der Kern bewegt? Wie ißt man einen Apfel? Welche Aufgabe wird dabei den Schneide- und Eckzähnen übertragen?

c) *Gebiß.* In welcher Reihenfolge erscheinen die Zähne und welche Altersabhängigkeiten bestehen? (Als langfristige selbständige Schüleraufgabe geeignet!)

Dazu brauchen wir Beobachtungen an Geschwistern (bzw. Verwandten). Besonders eindrucksvoll ist es, wenn wir bei einem Kleinkind die Zahnentwicklung während der ersten zwei Lebensjahre regelmäßig verfolgen können. Wir gewinnen dann etwa folgendes Protokoll:

Schneidezähne

Alter	Veränderungen	
1. — 5. Monat	keine Zähne vorhanden	
6. — 7. Monat	innere untere Schneidezähne	0 0
7. — 8. Monat	innere obere Schneidezähne	0 0 / 0 0
8. — 9. Monat	äußere obere Schneidezähne	00 00 / 0 0
10. — 12. Monat	alle acht Schneidezähne	00 00 / 00 00

Backen- und Eckzähne

Alter	Veränderungen	
12. — 15. Monat	vier vordere Backenzähne	0 00 00 0 / 0 00 00 0
18. — 20. Monat	vier Eckzähne	00 00 00 00 / 00 00 00 00
20. — 24. Monat	vier hintere Backenzähne	000 00 00 000 / 000 00 00 000
nach 2 Jahren	Milchgebiß aus 20 Zähnen vollständig!	

Entsprechend könnte die Entwicklung des Folgegebisses registriert werden.

d) Sind Geschwister oder nahe Verwandte (im Alter von 2 bis 10 Jahren) vorhanden, bieten sich folgende Fragen an: Welche Zahnlücken bestehen? Welche Zähne vom Milchgebiß sind noch vorhanden? Unter welchen Umständen werden die Milchzähne verloren (Blutungen, Schmerzen)? Wie sehen die Wurzeln der Milchzähne aus? Wie bricht der neue Zahn durch (Form der jungen Krone, Dauer des Durchbruchs)? Beispiel eines Protokolls: „Meine Schwester Maria ist 8 Jahre alt.

Sie hat erst 4 Milchzähne verloren. Sie hat vorn eine auffällige Zahnlücke. Dort sind die neuen mittleren oberen Schneidezähne gerade sichtbar geworden. Im vorigen Jahr hat sie schon die beiden unteren Schneidezähne ersetzt. Sie besitzt aber 24 Zähne im ganzen. Denn zu ihren 8 Backenzähnen des 1. Gebisses hat sie bereits die 4 vorderen Mahlzähne des Dauergebisses bekommen."

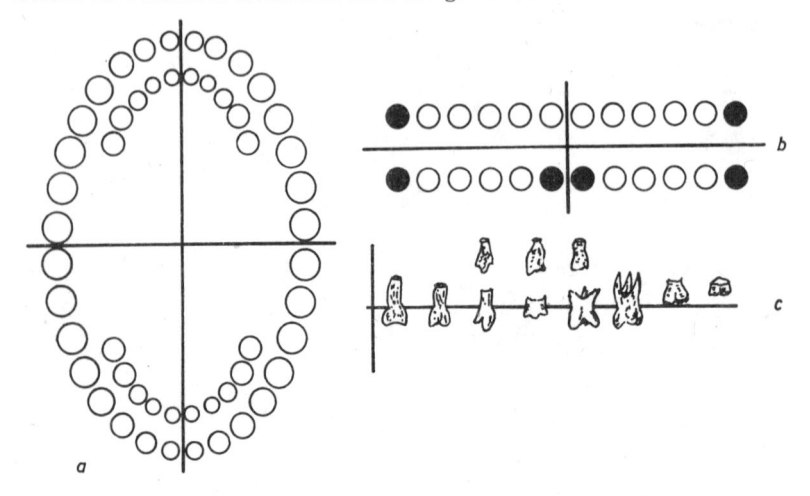

Abb. 32. Zur Darstellung des Gebisses.
a Milch- und Dauergebiß als Übersichtsbild, b Gebißformel eines Siebenjährigen (hohle Kreise = Milchzähne), c Zahnwechsel im Oberkiefer eines Neunjährigen.

e) *Der Heranwachsende* (vom 14. Jahr ab) sollte folgende Veränderungen des Gebisses verfolgen: Wann treten zu dem sonst vollständigen Gebiß die Weisheitszähne? Unter welchen Umständen brechen sie durch? An welchen Zähnen treten die ersten Schäden auf? An welchen Stellen dieser Zähne?

f) Es sind Darstellungsformen zu suchen, aus denen die zeitabhängigen *Veränderungen des Gebisses* sofort zu ersehen sind. — Man kann sich der vollschematischen Darstellung bedienen (Gebißformeln mit Hohlkreisen für Milchzähne und Vollkreisen für Dauerzähne). Die Abb. 32b zeigt die Gebißformel eines 7jährigen Kindes. Man erkennt, daß 24 Zähne vorhanden sind, daß die unteren mittleren Schneidezähne und die letzten Backenzähne dem Folgegebiß, alle anderen Zähne dem Milchgebiß angehören. — Mit zwei Kurven kann man den Wechsel des Gebisses näher klarmachen; in der Abszisse wird das Alter, in der Ordinate die Zahlenanzahl angegeben. Noch einfacher ist eine Zahlenleiste wie folgt:

Jahr	1	2	3	4	5	6	7	8	9	10	11	12	13	14
Milchzähne	8	20	20	20	20	20	18	16	12	8	4	—	—	—
Dauerzähne	—	—	—	—	4	4	6	8	12	16	20	24	28	28

g) Man kann auch *in halbschematischer Darstellung* den vorgebildeten Folgezahn, die Verdrängung des Milchzahnes und den Durchbruch des Dauerzahnes angeben. Als Beispiel könnte die Darstellung für die rechte obere Gebißhälfte eines Neunjährigen dargestellt werden, wie Abb. 32c angibt. — Aus dem Bild wäre zu entnehmen, daß 24 Zähne vorhanden sind, von denen 12 dem Milch- und 12 dem Dauergebiß angehören. Die 12 ablösenden Dauerzähne sind schon weitgehend vorgebildet. Die letzten 4 Mahlzähne und die 4 Weisheitszähne haben dagegen keine Vorgänger, sie sind aber längst in der Anlage vorhanden.

h) Auf *Anomalien* in der Zahnentwicklung wäre hinzuweisen. Vielleicht berichten Schüler der Klasse freiwillig über durchgeführte Kieferkorrekturen (etwa bei zu engem Kieferbogen). Auf die Prognathie und ihre Folgen (Kieferanomalien, Vorstehen des Oberkiefers, Vorstehen der oberen Frontzähne) könnte hingewiesen werden. Die Karies, ihre Gefahren und Behandlung, ist längst ein Thema der Biologiestunde.

4. Untersuchung des Zahnes

a) *Menschliche Zähne.* Zähne vom Menschen werden untersucht (sie können vielleicht vom Zahnarzt zur Verfügung gestellt werden). — Bei den Zähnen ist die Eintrittsstelle der Blutgefäße und des Nerves zu suchen. Dauerzähne sind von Milchzähnen zu trennen (Wurzel!). Dauerzähne sind näher zu bestimmen (dreiwurzlig z. B. sind die Mahlzähne). Die Kauflächen sind zu überprüfen. — Vielleicht werden Zähne gefunden, die Plomben tragen. — Ein menschlicher oder tierischer Schneidezahn wird der Länge nach aufgespalten. Man benutzt ein stumpfes Messer und einen Hammer. Die Form der Zahnhöhle wird dabei untersucht.

b) *Tierische Zähne.* Vom Metzgermeister oder aus dem Schlachthof kann man sich leicht die Unterkiefer des Rindes und die Unter- bzw. Oberkiefer des Schweines verschaffen. An den Kieferknochen kann man folgende Aufgaben lösen:
Man versucht das Alter der Tiere zu bestimmen. Wurden alle Zähne benutzt? Sind alle Zähne entwickelt? Welche Zähne sind noch nicht durchgebrochen? Steht das Tier in der Dentition? (Schlachtschweine sind meist Jährlinge und haben noch kein vollständiges Folgegebiß.) Man vergleicht die Kauflächen und Kundenmuster der Rinderzähne.

α) Man bricht aus dem Unterkiefer eines erwachsenen Tieres alle Zähne heraus (bei ausgekochten älteren Knochen meist ohne Mühe) und ordnet sie in ihrer natürlichen Reihenfolge.

Man findet beim Rind die Zahnformel $\dfrac{3\ 3\ 0\ 0\quad 0\ 0\ 3\ 3}{3\ 3\ 1\ 3\quad 3\ 1\ 3\ 3}$

und beim Schwein die Zahnformel $\dfrac{3\ 4\ 1\ 3\quad 3\ 1\ 4\ 3}{3\ 4\ 1\ 3\quad 3\ 1\ 4\ 3}$

und kann mit dem Gebiß der jugendlichen Tiere vergleichen.

β) Einige große Rinderzähne legt man etwa 1 bis 2 Wochen in starke Salzsäure. Die Zähne werden jetzt so weich, daß sie sich mit der Laubsäge leicht schneiden lassen. Die Säure hat einen Teil der anorganischen Bestandteile, also vor allem die Calciumsalze, aufgelöst. Ein einwurzliger Zahn wird quer, ein Backenzahn längs durchgeschnitten. Der Verlauf der Zahnhöhle kann nunmehr genau geprüft werden.

γ) Von einem Zahn wird ein Dünnschliff angefertigt. Man schneide den Zahn mit der Säge quer, indem man ihn in den Schraubstock einspannt, und säge ein 1 mm dickes Zahnscheibchen ab. Man kitte den Ring mit Canadabalsam auf einen Objektträger fest und schleife mit Sandpapier den Schnitt ab; man verwende grobes, mittleres und feines Sandpapier nacheinander. Jetzt wird der Schnitt abgelöst und mit der abgeschliffenen Seite erneut aufgeklebt. Man schleife auch diese Seite ab, bis die Scheibe möglichst dünn geworden ist. Endlich wird das Präparat in Caedax gelegt und mit einem Deckgläschen abgeschlossen. Bei der mikroskopischen Untersuchung wird man den streifig-radialen Aufbau von Schmelz und Zahnbein erkennen, das von Kanälchen durchzogen wird. — Auch sind dgl. Dünnschliffe im Handel zu haben.

δ) Ein Schweineober- oder -unterkiefer, der sich im Zahnwechsel befindet, sollte genauer untersucht werden, da er für die menschlichen Verhältnisse gute Anschauung liefert. Der Knochen wird zunächst entfettet, indem man ihn einige Stunden in Sodalösung kocht. — Man trägt dann die dünnen Knochenlagen ab, die seitlich die Zahnwurzeln bedecken. Man öffnet dazu die Alveolarfächer und bricht mit der Flachzange die Knochenschicht in kleinen Stücken heraus. Dabei kommen die vorgebildeten, noch nicht durchgebrochenen Zähne des Dauergebisses zum Vorschein.

5. Die Verdauungsvorgänge in der Mundhöhle

Zum Kapitel „Verdauung" sind mancherlei *chemische Grundversuche* durchzuführen. Die benötigten Lösungen sind meist im Handel, lassen sich aber oft mit einfachen Mitteln selbst herstellen.*)

---

*) *Eiweißlösung.* Frisches Hühnereiweiß wird nach und nach mit 100 ml Wasser verrührt und längere Zeit kräftig gequirlt. Dann wird durch ein Leinentuch filtriert.

Fehlingsche Lösung: Lösung I ist gelöstes Kupfersulfat. 7 g Kupfersulfat wird in 100 ml dest. Wasser unter Erwärmen aufgelöst. — Lösung II ist alkalische Seignettesalzlösung. 35 g Kalium-Natriumtartrat wird mit 20 g Natriumhydroxid in 100 ml dest. Wasser unter Erwärmen aufgelöst. Vor dem Gebrauch werden beide Lösungen zu gleichen Teilen gemischt.

Jodlösung: Man löst 1 g Kaliumjodid und 1 g elementares Jod in 100 ml dest. Wasser und verdünnt später, wenn nötig.

Kalkwasser: Wenn man keinen gebrannten Kalk zur Hand hat, gibt man etwas Calciumcarbit in Wasser. Azetylen entweicht (V o r s i c h t, brennbar!), Calciumhydroxid bleibt zurück. Man füllt das Gefäß mit dest. Wasser auf.

Lablösung: 1 g käufliches Labpulver wird in 100 ml dest. Wasser gelöst. Er gibt auch Labessenz.

Millonsche Lösung: Das Reagenz ist nicht haltbar. Ein Tropfen Quecksilber wird in ein wenig rauchender Salpetersäure aufgelöst (Abzug, Kühlung!). Die Lösung wird vor Gebrauch mit dest. Wasser verdünnt.

Pankreatinlösung: 1 g käufliches Pankreatin wird in 100 ml dest. Wasser gelöst. Wenn nötig, wird noch filtriert.

Pepsinlösung: 1 g Pepsinlösung des Handels wird in 100 ml dest. Wasser gelöst.

Phenolphthaleinlösung: 1 g Phenolphthalein wird in 100 ml von 96 %igem Alkohol aufgelöst.

Stärkelösung: 1 g Kartoffelstärke wird mit 10 ml dest. Wasser verrieben und unter Umrühren in 100 ml kochendes dest. Wasser langsam gegeben. Nach dem Abkühlen ist die Lösung gebrauchsfertig.

a) *Eigenschaften des Speichels.* Man prüft etwas Speichel mit Lackmuspapier. Er reagiert neutral. — Man macht mit Speichel die Eiweißproben nach *Biuret* und *Millon* und die Xanthoproteinprobe (näheres s. S. 59) und wird feststellen, daß sie meist positiv ausfallen. — Man säuert Mundspeichel mit verdünnter Salzsäure an. Werden jetzt einige Tropfen von Eisenchloridlösung hinzugesetzt, verfärbt sich das Gemisch braunrot. Damit wird Rhodan nachgewiesen, denn es bildet sich rotes Eisenrhodanid.

$$FeCl_3 + 3\ KSCN \rightarrow Fe(SCN)_3 + 3\ KCl.$$

Wenn man Mundspeichel auf dem Platinblech oder auf einer Porzellanscheibe eindampft, so tritt ein charakteristischer, brenzlicher Geruch auf. Der auftretende Rückstand enthält mineralische Bestandteile (kohlensauren und phosphorsauren Kalk). — Der Zahnstein, der sich häufig — besonders auf der Innenseite der unteren Zähne — ausbildet, besteht aus kohlensaurem Kalk; unter der Zunge steht dauernd etwas Speichel.

b) *Vorversuche zur verdauenden Wirkung.* Man stellt eine dünne Stärkelösung her. Man rühre 1 g Kartoffelstärke mit etwas Wasser an und gebe in dünnem Strahl die Aufschlämmung in 150 ccm kochendes Wasser. Die Lösung läßt man abkühlen.

α) Prüfung der Jodstärke. Eine Probe der Lösung versetzt man mit etwas Jodjodkaliumlösung. Es tritt Blaufärbung ein. Diese Färbung verschwindet beim Erhitzen und kehrt beim Abkühlen wieder. Die Blaufärbung zeigt der eine Stärkebestandteil (Amylose zu 20 %), während der andere Bestandteil (Amylopektin zu 80 %) sich violett färbt. Amylose („lösliche Stärke") bildet mit Wasser eine kollodiale Lösung, Amylopektin quillt in Wasser nur auf und ist auch in heißem Wasser nur schwer löslich. Die Blaufärbung der „Jodstärke" kommt dadurch zustande, daß Jodatome mit dem Amylosemolekül eine lockere Einschlußverbindung bilden.

β) Prüfung auf *Fehling*. Man bereitet sich die zwei Lösungen *Fehling* I und II (näheres s. S. 80) oder bezieht sie einfacher fertig. Man gibt gleiche Mengen der zwei Lösungen in ein Reagenzglas und erhält eine kornblumenblaue Lösung. In sie füllt man etwas von der Stärkelösung und erwärmt. Es tritt keine Reaktion auf.

γ) Prüfung von Maltose (Malzzucker): 1 g Malzzucker wird in 100 ccm Wasser gelöst. Man prüft die Lösung mit Jodjodkaliumlösung; es tritt keine Farbreaktion ein. — Dagegen gibt die Probe mit *Fehling* I und II einen gelbroten Niederschlag: *Fehling* wird reduziert.

c) *Verdauungsversuche.* Wird längere Zeit ein Stück entrindetes trockenes Weißbrot gekaut, so stellt man fest, daß sich der Geschmack ändert. Unser Speichel verwandelt die Stärke in süßschmeckenden Malzzucker. Alle weiteren Versuche zielen darauf zu zeigen, wie die Verwandlung der Stärke in Zukker abläuft.

α) Man stellt einen dünnen Stärkekleister her, indem man 1 g Stärke in 100 ml Wasser verrührt und unter Umrühren aufkocht. Man läßt auf Zimmertemperatur abkühlen und verteilt die Stärkelösung auf zwei Gefäße. — Zu dem Inhalt des einen Glases setzt man etwas Speichel und läßt einige Zeit stehen. Dann gießt man die Inhalte der Probiergläser in Glastrichter mit trockenem Filter. Die hydrolysierte Stärkelösung läuft durch, die andere nicht. — Man zeigt ebenso leicht, daß sich bei der Hydrolyse die Viskosität ändert. Man füllt dazu gleiche Mengen der zwei Lösungen in kleine Büretten und vergleicht mit der Stoppuhr die Zeiten, in denen der Inhalt der Büretten ausläuft.

β) Eine Kartoffel wird durchgeschnitten. Über die ebene Schnittfläche wird eine Längsrinne gezogen. In eine Hälfte gibt man etwas Mundspeichel, in die andere Rinnenhälfte zur Kontrolle ein paar Tropfen Wasser. Man läßt das Ptyalin auf die Stärke etwa eine halbe Stunde einwirken. Dann gibt man vorsichtig eine verdünnte Jodjodkaliumlösung in die ganze Rinne. Man wird feststellen, daß die Blaufärbung links und rechts verschieden stark ausfällt. Ein Teil der Stärke wurde zu Maltose abgebaut.

γ) Man prüft ein Stück entrindetes Weißbrot mit *Fehling* I und II, die Reaktion ist negativ. — Man kaut ein Stück Weißbrot längere Zeit. Dann verdünnt man den gekauten Brotbrei mit Wasser und prüft wieder mit *Fehling*. Jetzt ist die Probe positiv, da Malzzucker gebildet wurde.

δ) In einem Erlenmeyer gibt man verdünnte Stärkelösung mit entsprechender Menge von Speichel zusammen und hält das Gefäß in einem warmen Wasserbad oder einem Thermostaten auf 35 °C bis 40 °C. Es wird geprüft, wie sich der Inhalt des Kolbens ändert. Mit 10 Minuten Zeitabstand pipettiert man einige ccm ab und prüft diese Probe mit Jodjodkaliumlösung und *Fehling*. — Die Farbe der Jodstärke ändert sich von blau über violett nach gelbrot. Umgekehrt läßt sich feststellen, daß die Reduktion von *Fehling* immer leichter gelingt.

Man kann auch eine mit Jodjodkalium blaugefärbte Stärkelösung mit Speichel versetzen (daneben ein Kontrollversuch ohne Speichel!) und sieht, wie sich die Lösung allmählich entfärbt.

d) *Fallversuche.* Man füllt eine dicke Stärkelösung in einen möglichst hohen Standzylinder (Meßzylinder, unten abgeschlossenes Glasrohr). Man wirft eine kleine Glaskugel (Siedeperlen oder gefärbte Glasperlen sind geeignet) in die Flüssigkeit und stoppt mit der Stoppuhr die Zeit, bis die Kugel den Boden des Gefäßes berührt. — Man macht einen Kontrollversuch mit reinem Wasser. Die Kugeln sollten so bemessen sein, daß man 2 bis 3 sec Fallzeit mißt.

Nunmehr wird der Stärkelösung Amylase hinzugefügt, so daß Hydrolyse erfolgt. In regelmäßigen Abständen wird die Sinkgeschwindigkeit der Glaskügelchen überprüft. Sie nimmt mit der Zeit zu. Eine graphische Darstellung kann die Abhängigkeit von Fallzeit und Versuchsdauer zum Ausdruck bringen. — Die Temperatur sollte während des Versuches konstant sein.

e) *Zerstörung des Ptyalins.* Man taucht ein Reagenzglas, in dem sich Speichel befindet, einige Zeit in ein Becherglas mit kochendem Wasser. Nach dem Erkalten gibt man den Speichel zu einer blauen Jodjodkaliumlösung; es tritt keine Veränderung ein. Das Ptyalin wurde zerstört. — Man versetzt Speichel mit ein wenig Salzsäure und fügt blaue Jodstärke-Lösung hinzu. Wieder erfolgt keine Farbänderung.

6. Die Verdauungsvorgänge im Magen

a) Der *Magensaft* ist eine saure Flüssigkeit (pH optimal etwa 4 — 5), die 0,5 % Salzsäure enthält. Das Pepsin ist das eiweißverdauende Ferment, das nur in dieser sauren Lösung wirkt. Es macht das unlösliche Eiweiß zu löslichen Peptonen und baut es zu höheren Polypeptiden ab. Zu Pepton verändert wird das Eiweiß über den Pförtner in den Dünndarm befördert. — Das Labferment spielt besonders beim Kleinkind eine Rolle, da es Milcheiweiß ausflockt und so (wie übrigens die Magensäure auch) zum Verweilen im Magen zwingt. — Die Salzsäure wirkt auch antibakteriell. Die Versuche zur Magenverdauung prüfen den Einfluß von Salzsäure und Pepsin auf die Eiweißverdauung und ihre gegenseitige Abhängigkeit. Die Magenwanddrüsen produzieren täglich etwa 1500 ml Magensaft.

b) *Versuche mit Lab:* Man beschickt zwei Probiergläser mit einigen ml roher Milch. Das erste Glas wird mit etwas Lablösung versetzt, das zweite Glas mit Lablösung, die man vorher kurze Zeit gekocht hat. Beide Gläser werden nach 10 Minuten geprüft, nachdem sie im Thermostaten bei 35 °C gestanden hatten. Im ersten Glas ist die Milch geronnen, und das Kasein wurde ausgeflockt. Da das Ferment bei Siedehitze zerstört wird, tritt im zweiten Glas keine Fällung von Kasein ein.

c) *Eiweißverdauung.* Die Verdauungsversuche lassen sich stark vereinfachen: Man führt Reagenzglasversuche durch. Man füllt 5 Gläser zur Hälfte mit Wasser und fügt etwas Eiklar hinzu. Nach dem Schütteln führt man die Gläser kurz durch die Flamme des Bunsenbrenners, so daß keine größeren Eiweißflokken entstehen, sondern das Gemisch nur trüb wird. Nunmehr setzt man die Verdauungsversuche an, indem man

    1. etwas lösliches Pepsin,
    2. Pepsin und wenig Salzsäure,
    3. Pepsin und viel Salzsäure,
    4. reine Salzsäure

hinzugibt. Die 5 Gläser (das 5. Glas dient zur Kontrolle) stellt man in ein Wasserbad von etwa 40° C. Bereits nach wenigen Minuten bemerkt man, daß der Inhalt im Versuch 2 wieder klar wird. Das Pepsin bildet in 0,5 %iger Salzsäure aus dem Hühnereiweiß lösliches Pepton.

d) Wir prüfen die *Einzelfaktoren.*

α) Einfluß des Säuregrades. Man beschickt vier Reagenzgläser mit einer Fibrinfaser und einer Messerspitze Pepsin (oder 2 ccm einer Pepsinlösung) und fügt mit Hilfe einer Meßpipette hinzu

    1. 0,1 %ige Salzsäure,   3. 1 %ige Salzsäure,
    2. 0,5 %ige Salzsäure,   4. 5 %ige Salzsäure

und setzt die vier Gläser in einen Thermostaten bei 40 °C. Wir vergleichen die Ergebnisse nach gleicher Zeit der Einwirkung. — Man hebt die Reagenzgläser noch einige Tage auf. Die Lösung von 0,1 % Salzsäure verdirbt als einzige; am Geruch sind Fäulniserreger nachweisbar.

β) Einfluß der Temperatur. Man beschicke vier Reagenzgläser mit Fibrinfasern, einer 0,5 %igen Salzsäure und einer Messerspitze Pepsin. Man mache vier Parallelversuche.

    1. Man bringe das 1. Glas in eine Kältemischung (oder in den Kühlschrank)
    2. Das 2. Glas bleibt bei Zimmertemperatur stehen.
    3. Das 3. Glas wird im Thermostaten auf 40 °C erwärmt.
    4. Das 4. Glas wird im Wasserbad auf 60 °C gebracht.

Das Ergebnis wird nach gleichen Zeiten der Einwirkung verglichen.

γ) **Einfluß der Eiweißart.** Die Eiweißarten brauchen verschiedene Zeit zur Verdauung. Zur näheren Prüfung setze man wieder vier Versuche mit 0,5 %iger Salzsäure und Pepsin an, indem hinzugefügt wird:
1. dem 1. Glas kleine Stücke von gekochtem Hühnereiweiß,
2. dem 2. Glas einige Fasern von rohem Fischfleisch,
3. dem 3. Glas etwas Schabefleisch vom Rind,
4. dem 4. Glas etwas Kasein (man erhält es, indem man Magermilch mit einem Tropfen Labessenz versetzt).

Man vergleiche wieder die Ergebnisse nach gleichen Zeiten der Einwirkung. (Das Hühnereiweiß wird nur langsam aufgeschlossen.)

δ) **Einfluß von Fremdstoffen.** Man beschicke vier Reagenzgläser wie eben. Aber es wird hinzugefügt:
1. dem 1. Glas einige ccm Wein,
2. dem 2. Glas einige ccm Spiritus,
3. dem 3. Glas eine halbe Spalt-(oder Aspirin-)tablette.

Das 4. Glas dient zur Kontrolle. Man bringe die 4 Gläser in den Thermostaten (bei 40 °C) und untersuche, nach welcher Zeit eine Einwirkung beobachtet wird (in verd. alkohol. Lösungen arbeiten die Enzyme schneller!).

e) *Fermentzerstörung.* Die Fermente sind organischer Natur. Etwas Amylase oder Pepsin wird im Reagenzglas erhitzt. Es wird schließlich schwarz und hinterläßt Kohlenstoff als Rückstand. — Mit Pepsin oder Lipase hat die *Biuret*probe (näheres s. S. 107) ein positives Ergebnis. — Fermente gehören zur Gruppe der Proteine. Die Vergleiche mit dem erhitzten Mundspeichel (s. S. 81) und Lab (s. S. 83) zeigen, daß sie temperaturempfindlich sind.

7. *Die Verdauungsvorgänge im Darm*

a) *Vorversuche zur Fettverdauung.* Etwas Salatöl oder Olivenöl oder wenige Tropfen Lebertran werden mit Wasser geschüttelt. — Man schüttele Öl mit Wasser, dem etwas Sodalösung beigefügt wurde. — Man vergleiche die Zeiten, bis sich die zwei Flüssigkeiten getrennt haben. Im zweiten Fall tritt die Trennung erst nach längerer Zeit ein.

Man bereite eine haltbare Emulsion von Olivenöl, indem man miteinander 20 ml Wasser mit 1 ml Öl mischt und etwas Pril hinzugibt. — Statt Pril wird als Emulgator Fewa verwendet. Wieder erhält man wie mit Gallenflüssigkeit eine beständige Emulsion. — Man prüfe andere Wasch- und Reinigungsmittel (Detergentien) auf ihre Emulgierfähigkeit.

b) *Versuche mit Ochsengalle.* Vielleicht kann man vom Metzger eine Gallenblase besorgen. Man kann auch „Ochsengalle" in einem Fachgeschäft für Mal- und Zeichenzubehör kaufen. Mit der Galle macht man folgende Versuche:

α) Man weise die **alkalische Reaktion** der Galle nach (pH etwa 7,5). — Man schüttele etwas Salatöl mit Wasser und setze der Mischung ein wenig Ochsengalle zu. Man erhält eine Emulsion, die unter dem Mikroskop untersucht wird. Die emulgierten Fettkugeln sind nachzuweisen. — Man verdünne ungekochte Milch mit destilliertem Wasser und untersuche einen Tropfen der Mischung mit dem Mikroskop. Man sieht bei starker Vergrößerung die Fettkugeln in *Brown'* scher Molekularbewegung.

β) Man lege Papierfilter in zwei kleine Glastrichter. Man befeuchte einmal mit Wasser, ein anderes Mal mit Ochsengalle. Dann gieße man etwas Öl in den Trichter und verfolge, ob das Öl durchläuft.

γ) Man bringe ein Gemisch von Ochsengalle und Öl in einen Thermostaten von 40 °C. Es bildet sich eine feine Emulsion. Auch nach längerer Zeit tritt keine Lösung ein: Galle emulgiert, aber verdaut nicht. — Nimmt man statt des Öls einige Stückchen Stearin (z. B. von einer Kerze), also eine höhere Fettsäure, so wird es nach längerer Zeit völlig aufgelöst.

c) *Wirkung der Lipase.* Man bereite in einem Reagenzglas eine Ölemulsion, versetze sie mit ein wenig Natronlauge und einigen Tropfen Phenolphthalein und setze sie in ein Wasserbad von 35 °C. Es tritt keine Veränderung ein. Denn es fehlt das Ferment Lipase, das die Hydrolyse bewirkt. — Man wiederhole jetzt den Versuch, indem man ein Stück frischen Schweinedünndarm hinzusetzt. In 20 bis 30 Minuten wird die Lösung farblos. Die Lipase, die in Spuren in Freiheit gesetzt wurde, spaltete fermentativ das Fett.

α) Man verdünnt einige ml frische Trinkmilch oder aufgeschwemmtes Vollmilchpulver mit der fünffachen Wassermenge. Man versetzt die Flüssigkeit mit wenigen Tropfen Kalilauge und gibt einige Tropfen Phenolphthaleinlösung hinzu. Die Flüssigkeit färbt sich rot an. Sie wird nunmehr geteilt. Die Hälfte bleibt zur Kontrolle zurück. Die andere Hälfte gibt man in ein Reagenzglas zu einer Messerspitze voll Lipasepulver. — Die alkalische Lösung wird nach kurzer Zeit neutral, denn die Rotfärbung verschwindet. Durch die Lipase wurde das emulgierte Milchfett hydrolysiert und in Glyzerin und Fettsäure gespalten. Die Entfärbung ist also ein Nachweis für die Fettsäuren.

d) *Versuche mit Bauchspeichelferment.* Das Bauchspeichelferment kann auf verschiedene Weise dargestellt werden. Hat man Verbindung zu einem Metzger, so kann man sich das Pankreas des Rindes besorgen. Man zerkleinert das Drüsengewebe und extrahiert mit Glyzerin (oder man verwendet käufliches Pankreas-Glyzerin). Es gibt auch Pankreatinlösung oder festes Pankreatin (oder Trypsin), das man nach der beigegebenen Vorschrift in eine wäßrige Lösung bringen kann.

α) Man fülle in zwei Reagenzgläser 10 ml Wasser, ein wenig Sodalösung und gibt einige Tropfen Phenolphthaleinlösung sowie eine Messerspitze Butter hinzu. Die beiden Probiergläser werden erhitzt, daß eben die Butter geschmolzen ist, und der Inhalt wird gut durchgeschüttelt; er ist kirschrot gefärbt. Zu einem der Gläser füge man 1 ml Pankreatinlösung, schüttele erneut und gebe das Glas in einen Thermostaten oder ein Wasserbad von etwa 40 °C. Das andere Glas dient zur Kontrolle. Bereits nach 10 Minuten wird die Rotfärbung im ersten Glas schwächer und verschwindet schließlich. Im anderen Glas bleibt sie erhalten. — Pankreatin hat das Butterfett gespalten.

β) Man versetze 100 ml einer Sodalösung von 0,3 % mit wenig Olivenöl und füge einige Tropfen Phenolphthalein hinzu. Die durch Schütteln gewonnene basische Emulsion färbt sich kirschrot. Jetzt wird eine Pankreatinlösung hinzugegeben und einige Zeit in einem Wasserbad auf 40 °C erwärmt. Wiederum verschwindet die Rotfärbung.

γ) Mit Pankreatin läßt sich auch die Stärkeverdauung zeigen. Zu einer Stärkelösung wird etwas Pankreatin gegeben und geschüttelt. Nachdem die Mischung 10 bis 15 Minuten im Thermostaten auf 40 °C erwärmt wurde, ist die Hydrolyse im Gange. — Man prüfe einen Teil des Reagenzglasinhaltes mit *Fehling*; die Probe fällt positiv aus. — Eine mit Jodjodkalium versetzte Probe zeigt den Grad der Hydrolyse an. Tritt Rot-(statt Blau-)färbung ein, ist der Abbau erst bis zum Dextrin erfolgt.

8. Beobachtungen zur Peristaltik

a) Eine *Versuchsperson* hängt mit dem Kopf nach unten im Kniehang *an einer Reckstange*. Wir reichen ihr eine Flasche Trinkmilch. Sie trinkt mit einem Strohhalm die Milch, die gegen die Schwerkraft in den Magen gelangt. Ein sinnreiches Wechselspiel der Ring- und Längsmuskeln in der Wandung der Speiseröhre, Peristaltik genannt, befördert die geschluckte Flüssigkeit magenwärts.

b) Ein *Modellversuch* ist leicht möglich. Man schiebt eine Erbse oder eine kleine Marbel durch einen Gummischlauch. Wenn man die Kugel hindurchdrückt, wird die Gummiwandung gedehnt. Hinter der Kugel zieht sich der Gummi wieder zusammen, und so wird die Kugel, unterstützt durch unsere Finger, ein kleines Stück weitergedrückt. — Eine ähnliche Bewegung ist nötig, wenn ein Gummiband etwa in den Bund einer Turnhose eingefädelt wird. Am Ende des Bandes wird eine Sicherheitsnadel befestigt. Dann wird die Stoffröhre hinter der Nadel eng zusammengeschoben. Wenn sie wieder glatt gestrichen wird, wird die Sicherheitsnadel mit dem Gummiband ein Stück weiterbewegt. — Beide Vergleichsversuche treffen die wahre Peristaltik nur zum Teil (wo liegen die Unterschiede?).

c) Mit Vorteil wird man an dieser Stelle auch die *Fortbewegungsweise eines Regenwurmes* studieren und vergleichen. Der Wurm verkürzt sich bei der Kontraktion der Längsmuskeln (wobei die Ringmuskeln erschlaffen) und verlängert

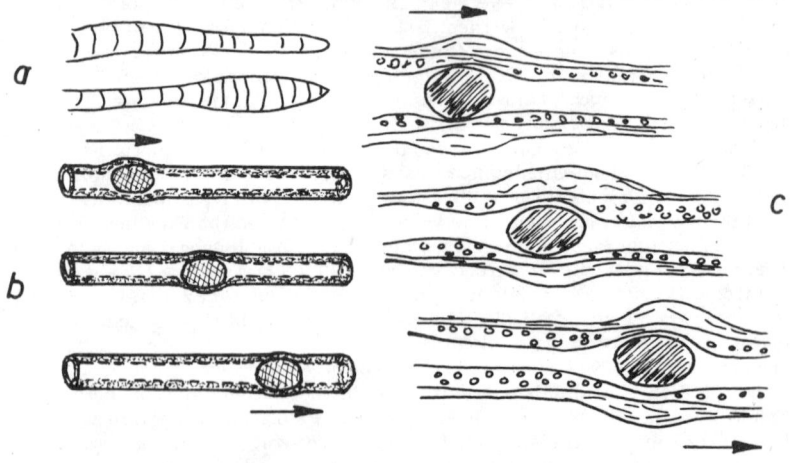

Abb. 33. Vorstellungshilfen für den Vorgang der Peristaltik.

a Fortbewegung des Regenwurms, wechselseitige Kontraktion und Erschlaffung von Ring-, bzw. Längsmuskulatur, b Bewegung eines Testkörpers im Gummischlauch, c ein Bissen gleitet durch die Speiseröhre (schematisch).

sich, wenn die Längsmuskulatur erschlafft, wobei sich die Ringmuskeln zusammenziehen. Hier wie dort wandern Kontraktionswellen über den Muskelschlauch. Der Wurmschlauch bewegt sich dabei gegen die feststehende Unterlage und kriecht voran, der Eingeweideschlauch bewegt dagegen den Nahrungsbrei in seinem Innern (Abb. 33).

d) Man wird daran erinnern, wie die *wandernde Kontraktionswelle* uns fühlbar zum Bewußtsein kommt, wenn wir einen größeren Gegenstand (z. B. ein großes Bonbon) verschlucken. Es bleibt mitunter in der Speiseröhre stecken und wird nur langsam weiter vorangedrückt. — Wenn „jemandem der Bissen im Halse steckenbleibt", sagt die Redensart aus, daß psychische Eindrücke die Peristaltik beeinflussen. — Wir sagen auch, „uns schmecke das Essen nicht", und „etwas liege uns wie Blei im Magen". Bekannt ist, daß Examensangst auf die Darmtätigkeit einwirken kann.

9. Resorption und Osmose

An vielen Stellen werden im Körper über halbdurchlässige und selektiv durchlässige Membranen Wasser und Bestandteile von Flüssigkeiten bewegt oder getauscht. Z. B. werden durch die langen Harnkanälchen Wasser, Traubenzucker und andere Stoffe resorbiert und wieder ins Blut zurückgegeben. — Im Dickdarm werden große Wassermengen resorbiert, etwa 5 bis 6 l täglich. Dadurch wird der Kot eingedickt. Resorptionsfähig sind nur Aminosäuren (keine Eiweißmoleküle), Fette als emulgierte Fettsäuren und Glycerin, Kohlenhydrate (fast nur) als Traubenzucker. — Durch die Wände der Lungenbläschen wandern Sauerstoff und Kohlendioxid in bestimmten Richtungen usf.

Die Erscheinungen der Resorption setzen die Kenntnis der Osmose voraus. Dazu sind klärende Versuche nötig. Osmose nennen wir die Diffusion eines Lösungsmittels durch eine halbdurchlässige Wand.

a) *Wanderung von Gasen.* Man füllt in eine dünnwandige Polyäthylenflasche etwas Chloroform, schließt gut ab und läßt sie einige Tage stehen. Die Menge des Chloroforms nimmt ab, und die Wände der Flasche beulen sich ein. Chloroform verdunstete durch die Flaschenwandung nach außen. Umgekehrt konnten die Moleküle der Gase unserer Luft die Wand nicht durchdringen.

Man bläst kleine Seifenblasen mit Luft als Füllgas und bringt sie in ein Gefäß, in dem sich bis zur Hälfte gasförmiges Kohlendioxid befindet. Die Blasen schwimmen zunächst auf dem schweren Gas, werden aber bald größer, sinken tiefer und zerplatzen schließlich. — Seifenlösung löst Kohlendioxid auf, und die Seifenhaut ist permeabel für dieses Gas, aber läßt umgekehrt Luft nicht durch.

b) *Osmoseversuche.* (Abb. 34). Die handelsüblichen fingerförmigen Dialysierhülsen sind bestens geeignet. Das Steigrohr für die eintretende Flüssigkeit muß sorgfältig und dicht befestigt werden. Das geschieht auf folgende Weise: Zunächst werden die starren Hülsen aufgeweicht. Dann schiebt man sie gleitend über ein kurzes, etwa 6 cm langes Glasrohr (Abb. 34f) von entsprechendem Durchmesser. Mit einem Stück Gummischlauch dichtet man die Verbindungsstelle ab. Im freien Rohrende befindet sich der durchbohrte Stopfen mit dem Steigrohr.

Man füllt die Dialysierhülse mit der Lösung (Rohrzucker, Kochsalz, Harnstoff) und taucht sie in destilliertes Wasser ein. Die Flüssigkeit im Steigrohr steigt, da sie Wasser aufnimmt.

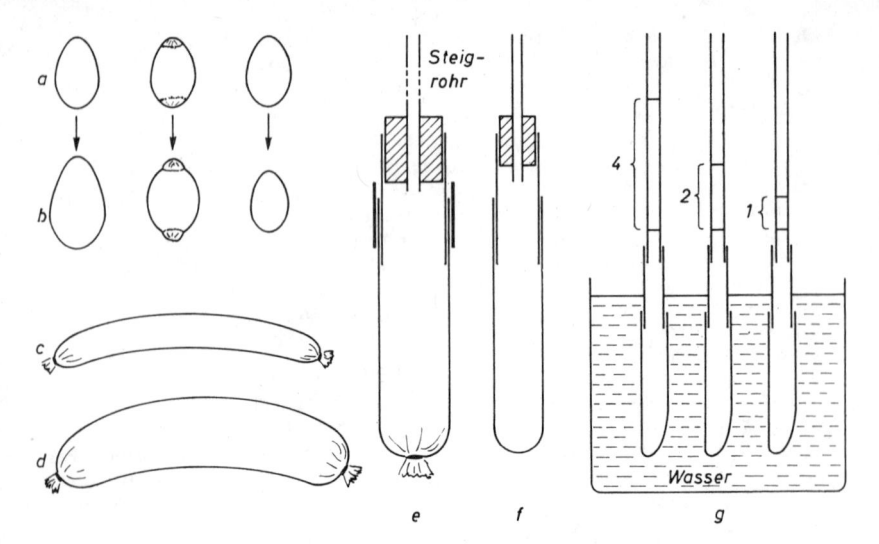

Abb. 34. Resorption und Osmose.

a und b Versuche mit rohen Eiern, bei a ganz oder teilweise von der Kalkschale befreit, bei b in hypertonischen oder hypotonischen Lösungen, c Kunstdarm mit Salzlösung gefüllt, d derselbe, in Wasser gelegt, e und f Osmometerversuche, mit Kunstdarmgefäß oder Dialysierhülse aufgebaut, g Osmometerversuch mit 3 Zuckerlösungen verschiedener Konzentration (s. Text).

c) Wenn man sich nicht der im Handel angebotenen Dialysierhülsen bedienen will, kann man auch mit farblosem, dünnwandigem Kunstdarm (in Metzgerbedarfsläden käuflich) *Dialysiergefäße* leicht herstellen. Der Kunstdarm wird in mehreren Breiten geliefert (man nimmt möglichst engen); er ist semipermeabel. — Man schließt das 10 bis 15 cm lange Schlauchstück auf der einen Seite dicht ab (Drahtschlinge, mit der Zange zusammendrehen), wie die Abb. 34 e angibt und streift das offene Ende über ein kurzes Kunststoff- oder Glasrohr und befestigt es hier mit einem Streifen Leukoplast- oder Isolierband. Ein durchbohrter Stopfen nimmt das Steigrohr auf und schließt das dicke Rohr ab.

d) Man füllt einen einseitig zugebundenen *Kunstdarm* (15 cm lang) *mit einer Zuckerlösung* und verschließt dann auch das andere Ende der nicht völlig mit Lösung gefüllten „Wurst". Man legt die Wurst in reines Wasser. Nach einiger Zeit ist sie prall mit Flüssigkeit gefüllt.

e) Es ist zu zeigen, daß der *osmotische Druck* in Lösungen der Konzentration an gelösten Stoffen proportional ist. Man bereitet sich drei Dialysierhülsen (wie oben) vor, die man mit Rohrzuckerlösungen verschiedener Konzentrationen füllt. Als Steigrohre sollte man 100 cm lange Kapillarrohre verwenden (s. Abb. 34 g).

Man füllt
1. in die Hülse I eine starke Zuckerlösung (100 g Zucker in 100 g Wasser),
2. in die Hülse II dieselbe Lösung, 1:1 mit Wasser verdünnt,
3. in die Hülse III dieselbe Lösung, 1:4 mit Wasser verdünnt.

und färbt die Lösungen mit Methylenblau an. Die 3 Hülsen, bei denen die Ausgangsstellung der Zuckerlösung markiert wurde, taucht man in destilliertes Wasser. Man mißt in regelmäßigen Zeitabständen die Steighöhen und trägt sie in eine Tabelle ein:

Hülse	Steighöhe in cm			
	nach 15 Min.	nach 30 Min.	nach 45 Min.	nach 60 Min.
I				
II				
III				

Man wiederholt diese Versuche mit Kochsalz-, mit Harnstofflösung.

Genaue Messungen erbrachten folgende Ergebnisse:

Mole in 1000 g Wasser	Rohrzucker Osmotischer Druck bei 10 °C in Atm	Traubenzucker Osmotischer Druck bei 10 °C in Atm
0,1	2,50	2,39
0,5	12,30	11,55
1,0	25,70	23,80

Osmotischer Druck ist der Druck, den die Lösung im Steigrohr auf ein Manometer maximal ausübt.

f) *Semipermeabilität der Eihaut.* Wenn man keine künstliche, sondern eine natürliche semipermeable Membran verwenden will, empfehlen sich Osmoseversuche an rohen Hühnereiern. Die Eihaut ist eine halbdurchlässige Membran, durch die Wasser in das Ei diffundieren kann. Dabei entwickelt sich im Eiinnern ein Überdruck. — Liegt dagegen das Ei in einer hypertonischen Lösung, gibt es Wasser ab. Die Länge und Breite von drei gleichgroßen Hühnereiern wird mit der Schublehre gemessen. Zwei Eier werden ganz in verdünnte Salzsäure gelegt und mehrfach gewendet. Die Kalkschale löst sich unter Schaumbildung auf. Beide Eier werden mit Wasser gut abgespült.

g) Das eine nur von der Eihaut umschlossene Ei wird *in destilliertes Wasser* gelegt. Nach zwei Tagen ist es wesentlich größer geworden. Man bestimmt die Größenzunahme, die es durch Wasseraufnahme erfahren hat. — Man sticht mit einer Nadel in das Ei. In einem „Springbrunnen", dessen Strahl bis 20 cm hoch ist, gibt es soviel Flüssigkeit ab, wie dem aufgenommenen Wasser entspricht. — Das andere Ei legt man *in eine starke Kochsalzlösung*. Nach einigen Tagen ist es geschrumpft und hat Falten bekommen.

h) Ein Ei befreit man nur teilweise von der Schale. Es wird in ein flaches Gefäß gelegt (am besten so, daß es mit seinen Enden gerade auf dem Rand des Gefäßes aufliegt), in dem sich 1 cm hoch verdünnte Salzsäure befindet, und regelmäßig gedreht. Am Ei bleiben die beiden Polkappen mit Schale bedeckt. — Wenn man es anschließend in Wasser legt, bläht es sich so auf, wie die Abb. 34b zeigt.

10. Von der Ausnutzung der Nahrung

a) *Der Wärmewert* (Brennwert, Nutzungswert) unserer Lebensmittel kann auf zwei Wegen bestimmt werden:

α) mit der **physikalischen Methode** der Kalorimetrie. Die Zahl gibt den Wärmeinhalt an, d. h. wieviel Wärme, in (großen) Kalorien gemessen, bei einer Oxidation frei werden kann;

β) mit der **biologischen Methode** des Ernährungsversuches. Die Zahl gibt an, wieviel (große) Kalorien vom Körper tatsächlich genutzt werden. Diese Zahl liegt immer unter der ersten; man nimmt im Schnitt eine Minderung von 10% an.

b) *Der Ausnutzungsgrad* unserer Lebensmittel ist verschieden gut. Das hat mehrere Ursachen:

α) Die **Nahrung** wird, vom Zucker abgesehen, nie in chemisch reinem Zustand dem Körper verabreicht, sondern gemischt und ist von verschiedener Herkunft; pflanzliche und tierische Zellwände und -verbände sind häufig.

β) Die **Verdauung von Kohlenhydraten** (von Zellulose abgesehen) verläuft leicht und rasch, und sie werden auch am besten genutzt (Traubenzucker, Honig).

γ) Die **Verdauung der Zellwände** der pflanzlichen Nahrung (Zellulose) gelingt nicht. Sie wird durch die Bakterienflora im Dickdarm teilweise eingeleitet.

δ) Die Zellwände umschließen **Nahrungsbestandteile** (Kohlenhydrate, Fette und Eiweißstoffe), die eingeschlossen bleiben und daher nicht verwertet werden können.

ε) Besonders die **Eiweißnutzung** ist schlecht. Dabei wird pflanzliches Eiweiß schlechter aufgeschlossen als tierisches. Manche tierische Eiweißstoffe (Elastin, Keratin u. a.) sind völlig unverdaulich.

c) Wir versuchen den *Ausnutzungsgrad zu erhöhen*, indem wir die verschiedensten Maßnahmen ergreifen:

α) Wir **kochen**, rösten, backen und dünsten die Nahrung. Dadurch werden die semipermeablen Zellwände zerstört und leicht durchlässig.
Nachteil: Denaturierung des Eiweißes, Zerstörung von Vitaminen.

β) Wir fordern ein sehr gründliches K a u e n ; dadurch werden auch die Zellwände der rohen Pflanzennahrung zerrissen, und der Zellinhalt wird für die Verdauung frei.

γ) Wir z e r k l e i n e r n die rohe Nahrung, ehe wir sie verwenden, indem wir sie schroten (Gerste), zerquetschen (Hafer) oder zu Mehl pulverisieren (Soja, Erbse, Weizen, Roggen, Mais).

Zerkleinerungsmaschinen im Haushalt sind Fleischwolf, Mixgerät, Entsafter, Gurkenhobel, Reibeisen usw.

δ) Wir schließen durch c h e m i s c h e M e t h o d e n auf (fermentativer Abbau durch Mikroben), indem wir durch gelenkte Fäulnis oder Gärung die Zellwände weitgehend zerstören. Dabei wird jedoch aber auch meist der Zellinhalt verändert (Milchsäuregärungen bei Gurke und Kraut, Hautgout des Wildes).

ε) Wir stellen „P u f f r e i s" (-mais, -erdnüsse usf.) her. Die Samen werden aufgebläht, indem wir sie unter Druck dämpfen.

d) *Ballaststoffe:* Beim Aufschluß der Nahrung treten Schwierigkeiten auf. Damit sind aber auch Vorteile für den Körper verbunden.

α) Die u n v e r d a u l i c h e , aber quellfähige pflanzliche Rohfaser und Zellulose (auch Hemizellulosen) stellen die für die Verdauung erforderlichen Ballaststoffe dar.

β) Durch die Ballaststoffe wird die V e r w e i l d a u e r der schwerer verdaulichen Nahrung im Verdauungsweg verlängert.

γ) Durch die Ballaststoffe wird die P e r i s t a l t i k a n g e r e g t und damit günstig beeinflußt (Verhinderung von Stuhlträgheit). Zugleich wird die Nahrung besser genutzt.

δ) Das S ä t t i g u n g s g e f ü h l hält länger an und wird auch vorgetäuscht (gewisse Abmagerungskuren benutzen solche quellfähigen Stoffe, die schwer aufschließbar sind).

11. Rechnen mit Kalorien

a) *Vertretbarkeit der Nährstoffe.* Die Nutzungswerte im Körper betragen für Fett 9,3 kcal pro g und für Kohlenhydrate 4,1 kcal pro g. Durch wieviel g Kohlenhydrate könnte also 100 g Fett vertreten werden? Umgekehrt: wieviel g Fett könnten 100 g Kohlenhydrate ersetzen? 9,3 kcal werden von $\frac{9,3}{4,1}$ g = 2,27 g Kohlenhydrate gebildet. 100 g Fett sind also durch $100 \cdot 2,27$ g = 227 g Kohlenhydrate vertretbar. — 4,1 kcal werden von $\frac{4,1}{9,3}$ g = 0,44 g Fett erzeugt. 100 g Kohlenhydrate können also durch $100 \cdot 0,44$ g = 44 g Fett vertreten werden.

b) *Kilopondmeter.* Jemand genießt eine Mahlzeit mit einem Gehalt von 500 kcal, von der er 90 % ausnutzt. Er setzt 20 % der zugeführten Energie in mechanische Arbeit um. Wieviel ist das?

20 % von 450 kcal sind 90 kcal. Wärme und mechanische Arbeit sind Energieformen, die man umwandeln kann. 1 kcal ist in 427 kpm umzuwandeln (mechanisches Wärmeäquivalent).

$$\text{Arbeit} = 90 \text{ kcal} \cdot 427 \frac{\text{kpm}}{\text{kcal}} = 3\,843 \text{ kpm}$$

c) *Kilowatt und Pferdekraft.* Wir nehmen an, daß ein Erwachsener täglich eine Energie von 2000 kcal braucht, um ohne eine zusätzliche Muskelarbeit gerade seine Lebensfunktion aufrecht zu erhalten. Diese 2000 kcal müssen durch Nahrung gedeckt werden (deren Wärmewert freilich nie zu 100 % verwertbar ist). Wie ließe sich diese Leistung physikalisch ausdrücken?

$$\text{Kilowatt:} \quad \frac{2000 \text{ kcal}}{24 \text{ h}} \approx 83{,}3 \, \frac{\text{kcal}}{\text{h}} \cdot 427 \, \frac{\text{kpm}}{\text{kcal}} \approx 10 \, \frac{\text{kpm}}{\text{sec}}$$

Da aber $1 \text{ kcal} = 1{,}16 \cdot 10^{-3} \, \frac{\text{kWh}}{\text{kcal}}$ ist, so gilt:

$$83{,}3 \, \frac{\text{kcal}}{\text{h}} \cdot 1{,}16 \cdot 10^{-3} \, \frac{\text{kWh}}{\text{kcal}} \approx 0{,}097 \text{ kW}$$

Pferdestärke: Da $1 \text{ PS} = 75 \, \frac{\text{kpm}}{\text{sec}}$ ist, so gilt:

$$10 \, \frac{\text{kpm}}{\text{sec}} = \frac{10}{75} \text{ PS} \approx 0{,}13 \text{ PS}$$

d) *Kalorienbedarf eines Arbeiters.* (Hierzu vgl. die Formel auf S. 98.) Wie groß ist der tägliche Kalorienbedarf für einen Mann (Frau), der im Sitzen 8 Stunden lang eine leichte Handarbeit verrichtet? Man addiert:

Grundwert = 2100 kcal/Tag
Stundenwert A = 8 · 20 = 160 kcal/Tag
Stundenwert B = 8 · 25 = 200 kcal/Tag

Der Tagesbedarf beträgt 2460 kcal für den Mann und 0,85 · 2460 kcal = 2090 kcal für die Frau.

e) *Roggen- und Weizenbrot.* (Hierzu und für g) die Zahlenangaben auf S. 97.) Die Zusammensetzung der beiden Brotarten sollen miteinander verglichen und erklärt werden; sie ist graphisch darzustellen. Zu folgenden Behauptungen soll Stellung bezogen werden: Ballaststoffe seien für die normale Verdauung nötig; nur ein Teil des aufgenommenen Eiweißes würde verdaut; zwischen dem kalorischen und genutzten Wärmewert einer Nahrung bestehe ein Unterschied. — Vorteile und Nachteile der beiden Brotarten sind zu untersuchen.

f) Der Schüler berechnet die *Gesamtkalorienmenge* seiner an einem Tage aufgenommenen Nahrung. Tabellen über die Zusammensetzung der Nahrungsmittel sind leicht zugänglich. Der Schüler soll versuchen, aus den Zahlen der Tabellen die Eigenart einer rein vegetarischen Ernährung zu erkennen, indem er Pflanzen- und Fleischnahrung miteinander vergleicht.

g) *Zwei Mahlzeiten* sind miteinander zu vergleichen.

1. Mahlzeit: 100 g fettes Schweinefleisch
200 g Kartoffeln
100 g grüne Bohnen (+ 20 g Butter)
1 Käsebrot (50 g Brot, 25 g Butter, 50 g Käse)

2. Mahlzeit: 2 Eier (rund 100 g)
200 g Kartoffeln
200 g Spinat (+ 20 g Butter)
1 Apfel (100 g)

Man vergleiche die Gesamtkalorienzahlen und die Kalorienzahlen für Eiweiß, Fett und Kohlenhydrate getrennt, man berechne die einzelnen Wärmewerte. — Man vergleiche Verdaulichkeit, Ballaststoffe, Bekömmlichkeit, Vitamingehalt usf.

12. Von den Vitaminen (Zusatznährstoffen)

Wenn von der Ernährung gesprochen wird, wenn man den Kalorienbedarf berechnen läßt, ist der Hinweis nötig, daß wir neben Eiweiß, Fett und Kohlenhydraten auch Wasser, Salze und vor allem Vitamine dem Körper zuführen müssen. Die Vitamine sind gesondert zu behandeln. Das Ergebnis dieser Bemühungen wird etwa zu folgender Tabelle führen:

Vitamin	Name	löslich in	Mangelkrankheit	Vorkommen	Handelspräparat
A	Axerophthol Vorstufe: Carotin	Fett	Hornhauterkrankung, Nachtblindheit	Ei, Butter, Spinat, Möhren	AROVIT, VOGAN
B_1	Aneurin	Wasser	Beriberi	Kleie, Vollkorn, Hefe	BENERVA, BETABION, BETAXIN
B_2	Lactoflavin	Wasser	Hauterkrankung, Blutarmut	Milch, Ei, Hefe, Leber	BEFLAVIN, LACTOFLAVIN
C	Ascorbinsäure	Wasser	Skorbut	Citrusfrüchte, Frischgemüse, Frischobst	CEBION, REDOXON
D	Calciferol Vorstufe: Ergosterin	Fett	Rachitis	Lebertran, Pflanzenöle	VIGANTOL, DEKRISTOL

Weitere Vitamine als die angeführten zu behandeln, geht über die Schulbiologie i. a. hinaus. Sind Versuche möglich? *Vitamin C (Ascorbinsäure)*, das seit 1928 rein dargestellt wird, kommt in bestimmten Lebensmitteln in solchen Mengen vor, daß es sich leicht nachweisen läßt. Die Vitamine A, B und D dagegen sind für Schulversuche nur schwer zugänglich. Es folgen einige leicht durchzuführende *Versuche mit dem Vitamin C*.

a) Eine fein gepulverte CEBION-Tablette wird in 100 ml Wasser aufgelöst. Blaues Lackmuspapier wird gerötet. Damit ist der Säurecharakter nachgewiesen.

b) Eine CEBION-Tablette wird in wenig Wasser gelöst. Wird Silbernitratlösung hinzugefügt, so entsteht ein schwarzer Niederschlag von feinverteiltem Silber. Vitamin zeigt also reduzierende Wirkung.

c) Zu einer Silbernitratlösung gibt man je 1 cm³ von Apfelsaft, Orangensaft, Tomatensaft, Johannisbeersaft und Zitronensaft. Nach einiger Zeit bildet sich in allen Fällen ein schwarzer Niederschlag.
Man mache Kontrollversuche mit reiner Traubenzuckerlösung und Zitronensäure. Die Reduktion bleibt aus; sie wurde also nur durch das Vitamin C bewirkt.

d) Silbernitrat ist kein spezifisches Nachweismittel. Für den einwandfreien Vitaminnachweis braucht man 2,6 Dichlorphenolindolphenol. Dieser in Wasser blau lösliche Farbstoff wird durch Vitamin C entfärbt. Auf diese Weise wäre sogar eine quantitative Bestimmung durch Titrieren möglich (näheres s. Fachliteratur).

e) Man gibt zu einer in Wasser gelösten CEBION-Tablette, zu etwas Zitronen- oder Orangensaft einen Tropfen einer starken FeCl₃-Lösung. Sofort tritt eine Verfärbung nach grün auf. Es hat sich dabei Eisen(II)-ascorbinat gebildet.

13. *Allgemeingültige Prinzipien im Verdauungsgeschehen*

a) *Prinzip des Gegenstroms.* Unsere Nahrung besteht vor allem aus den drei Bestandteilen Eiweiß, Fett und Kohlenhydrat. Sie werden zunächst getrennt verdaut. Der Speichel beginnt mit den Kohlenhydraten, der Magensaft mit den Eiweißstoffen. Erst im Darm wirken Verdauungssäfte auf alle drei zugleich ein, sie führen die begonnene Verdauung zu Ende.

α) W e i t e r e B e i s p i e l e . Bei der Destillation einer Flüssigkeit wird der *Liebig*sche Kühler verwendet. In einem Rohr, das von einem Mantel von Kühlwasser umgeben ist, kondensiert sich der abgeleitete Dampf. Das warme Kühlwasser wirkt auf den heißesten Dampf und leitet die Kondensation ein, das frisch einströmende kalte Kühlwasser beendet die Abkühlung des Dampfes. — In der Zuckerfabrik werden die rohen Zuckerschnitzel ausgelaugt, d. h. von ihrem Zuckergehalt befreit. Dabei kommen die frischen Schnitzel mit der warmen Zuckerlösung in Berührung, die also schon teilweise mit Zucker beladen ist. Je weiter sie ausgelaugt sind, umso weniger Zucker enthält das Wasser, das sie umspült. — Die Schafe müssen sich tagsüber das Futter auf kargen Böden selbst suchen. Erst gegen Abend, wenn sie fast gesättigt sind, treibt sie der Schäfer in das gute Futter, etwa in die Luzerne. Sie würden erkranken, geschähe es umgekehrt.

b) *Prinzip des Minimums.* Die 3 Hauptbestandteile unserer Nahrung sind nicht unbegrenzt durcheinander ersetzbar. Der Körper kann niemals auf das Eiweiß in der Nahrung verzichten (der Erwachsene braucht etwa 1 g täglich pro kg Körpergewicht). Dagegen können sich Kohlenhydrate und Fette wenigstens teilweise vertreten. — Von den erforderlichen Vitaminen darf nicht eines fehlen; es kann selbst durch den Überfluß aller anderen nicht aufgewogen werden.

α) **Weitere Beispiele**. Die Analyse des pflanzlichen Körpers ergibt folgende 10 Grundstoffe: C, O, H, N, K, Ca, S, P, Fe und Mg. Fehlt eines von ihnen, so kann auch ein Überschuß aller oder einiger anderer das fehlende Element nicht ersetzen. Das Prinzip, das *Liebig* als erster für die Bestandteile des Kunstdüngers postulierte, kann treffend mit einem Faß verglichen werden. Das Faß habe soviel Dauben wie erforderliche Elemente; die Daubenlänge mag ein Maß für die vorhandenen Anteile jedes einzelnen Elementes sein. Die kleinste Daube bestimmt also das Fassungsvermögen des ganzen Fasses. — Immer bestimmt das langsamste Schiff die Geschwindigkeit des gesamten Geleitzuges, auch wenn er sonst nur aus Schnelldampfern bestünde. — Ein Zaun ist soviel wert, wie seine schwächste Stelle (z. B. die ungesicherte Tür).

c) *Prinzip der Oberflächenvergrößerung*. „Gut gekaut, ist halb verdaut" will sagen, daß die Oberfläche der Nahrung möglichst groß gemacht werden muß, damit die Verdauungssäfte (zunächst der Mundspeichel, der den Bissen gleichzeitig gleitfähig macht) wirksam angreifen können. — Das schwerverdauliche und in Wasser unlösliche Fett muß mit Hilfe der Galle zu feinsten Kugeln emulgiert werden. Dann erst wird es chemisch zerlegt. — Das Milchfett wird dadurch leichter verdaulich, daß es in kleinsten Kugeln in der wäßrigen Flüssigkeit schwimmt. — Die Dünndarmwandung ist nicht glatt, sondern auf der Innenfläche dicht mit Zapfen (Zotten) bedeckt, so daß ihre Oberfläche etwa um das Sechsfache vergrößert wird.

α) **Weitere Beispiele**. Bei Durchfall wird u. a. medizinische Kohle (z. B. ADSORGAN) verordnet. Aktivkohle hat eine große Oberfläche (1 g A-Kohle hat eine Oberfläche von 650 qm) und kann daher auch in geringen Mengen viel Giftstoffe im Darm adsorptiv binden. Im Atemschutzfilter der Gasmaske hält sie giftige Gase aus der Atemluft zurück.

d) *Prinzip der Oberflächenverkleinerung:* Das Milcheiweiß (Kasein) wird durch das Lab des Magensaftes ausgefällt. Dadurch wird seine Oberfläche kleiner. Es wird im Magen zu einer Zwangspause veranlaßt; nur flüssige oder verflüssigte Stoffe wandern vom Magen in den Dünndarm. Im Magen aber verändert das Pepsin (zusammen mit der Salzsäure) die ausgeflockten Eiweiße zu löslichen Peptonen.

α) **Weitere Beispiele**: Die Kugel hat bei größtem Inhalt die kleinste Oberfläche. Wenn Tiere die reizbare Oberfläche verkleinern wollen, z. B. die Assel, streben sie Kugelgestalt an. Schlafende Säugetiere rollen sich ein, damit sie nicht frieren; dabei wird auch die Wasserabgabe eingeschränkt und die Atmung verlangsamt usw. — Das Bienenvolk bildet im kalten Winter eine zusammenhängende Traube.

14. Zahlen zur Ernährung und Verdauung

a) *Verdauungssäfte:*

Mundspeichel:	täglich 1 — 2 l
	Trockensubstanz 0,5 %
Magensaft:	täglich 1,5 — 2 l (p$_H$ = 1 — 2)

                           Spezifisches Gewicht   1,006 — 1,009 g/cm³
                           Gesamter Stickstoff   0,051 — 0,075 %
                           Chloride (NaCl und KCl) 0,50 — 0,58 %
                           Freie Salzsäure   0,40 — 0,50 %

Bauchspeichel:	täglich 0,75 — 1 l (p$_H$ = 8 — 9)
Darmsaft:	täglich 3 l (p$_H$ = 8,3)
Galle:	täglich 0,5 — 0,75 l

b) *Brennwert der Nährstoffe:*

    1 g Eiweiß   liefert 4,1 Wärmeeinheiten (Kalorien)
    1 g Fett   liefert 9,3 Wärmeeinheiten (Kalorien)
    1 g Kohlenhydrat liefert 4,1 Wärmeeinheiten (Kalorien)
    1 g Fett ist durch 2,27 g Kohlenhydrate vertretbar (isodynam)

c) *Eiweißbedarf:*

     1. — 5. Lebensjahr 3,0 g pro kg Körpergewicht täglich
     5. — 15. Lebensjahr 2,5 g pro kg Körpergewicht täglich
    15. — 21. Lebensjahr 2,0 g pro kg Körpergewicht täglich
    ab 21. Lebensjahr 1,0 g pro kg Körpergewicht täglich

d) *Darmzotten:*

    bis zu 30 Zotten auf den qmm
    im ganzen 4 — 6 Millionen
    gesamte Darmoberfläche 40 — 50 qm

e) *Kot:*

    Tägliche Menge 100—200 g
    Bestandteile: etwa 70 % Wasser
                        10 % abgeschilfertes Darmepithel
                        15 % Bakterien
                        5 % Abfallprodukte der Nahrung

f) *Zusammensetzung wichtiger Nahrungsmittel:*

Untersuchter Stoff	In 100 g Eiweiß sind enthalten an			Wärmewert in kcal
	Eiweiß	Fett	Kohlenhydrate	
fettes Gänsefleisch	14	44	—	466
fettes Hühnerfleisch	19	9	—	162
mageres Kalbfleisch	22	3	—	118
fettes Rindfleisch	19	25	—	310
mageres Rindfleisch	21	4	—	123
fettes Schweinefleisch	16	34	—	382
mageres Schweinefleisch	21	7	—	151
Salamiwurst	28	48	—	560
Ei (ohne Schale)	14	11	0,6	162
Kuhmilch (fettreich)	3,4	3,4	4,7	65
Butter	0,8	84,5	0,5	791
fetter Käse	26	30	2,1	394
magerer Käse	38	2	3,0	186
Roggenbrot	6,0	0,8	54	253
Haferflocken	14	6,7	65	386
Zwieback	7,5	2,0	73	350
Apfel	0,4	—	14	59
Erdbeeren	1	—	9	41
Haselnußkerne	17	63	7	684
grüne Bohnen	3	—	6	37
Gurke	0,6	—	1	7
Kartoffel	2,1	0,1	21	96
Spinat	2	—	2	16
Tomaten	1	—	4	20
gelbe Erbsen	23	2	52	326
Honig	0,3	—	80	300

g) *Vergleich von Roggenvollkorn- und Weizenbrot:*

R o g g e n v o l l k o r n b r o t : 100 g Brot enthält 1,6 g Rohfaser; 7,8 g Eiweiß; 1,1 g Fett; 46 g Kohlenhydrate; 1,5 g Asche; 42 g Wasser. Der Wärmewert beträgt 231 kcal. Für uns sind etwa 3 g Eiweiß verwertbar und ein Wärmewert von etwa 200 kcal.

W e i z e n b r o t : 100 g Brot enthält 0,3 g Rohfaser; 8,1 g Eiweiß; 0,6 g Fett; 57 g Kohlenhydrate; 1,2 g Asche; 33 g Wasser. Der Wärmewert beträgt 273 kcal. Für uns sind etwa 8,0 g Eiweiß verwertbar und ein Wärmewert von etwa 250 kcal.

h) *Ausnutzung der Nahrungsmittel:*

Untersuchter Stoff	In 100 g sind enthalten		Wir verwerten	
	Eiweiß (in g)	Wärmewert (kcal)	Eiweiß (in g)	Wärmewert (kcal)
Hühnerfleisch	19	162	18	152
Schweinefleisch	16	382	15	362
Käse	38	186	35	167
Apfel	0,4	59	—	40
Blumenkohl	2,5	27	2	15
Karotten	1,0	41	0,5	25
Honig	0,3	300	—	300

i) *Vitaminbedarf:*

Verbraucher	Vitamin A Intern. Einh.	Vitamin B_1 in mg	Vitamin B_2 in mg	Vitamin C in mg	Vitamin D Intern. Einh.
Mann (70 kg)	5000	1,5	1,8	75	
Frau (56 kg)	5000	1,2	1,5	70	
Kind unter 1 Jahr	1500	0,4	0,6	30	400
von 1—3 Jahren	2000	0,6	0,9	35	400
von 4—6 Jahren	2500	0,8	1,2	50	400
von 7—9 Jahren	3500	1,0	1,5	60	400
von 10—12 Jahren	4500	1,2	1,8	75	400
Mädchen 13—15 Jahre	5000	1,3	2	80	400
Mädchen 16—20 Jahre	5000	1,2	1,8	80	400
Jungen 13—15 Jahre	5000	1,5	2	80	400
Jungen 16—20 Jahre	6000	1,7	2,5	100	400

k) *Der tägliche Kalorienbedarf des Berufstätigen:*
Er berechnet sich nach
  $1 \cdot (2100 + A + B)$ für den Mann und
  $0,85 \cdot (2100 + A + B)$ für die Frau.

Hierbei sind im einzelnen:

2100 kcal gleich täglicher Grundwert
  A kcal gleich Stundenwert für Körpereinsatz,
  B kcal gleich Stundenwert für Arbeitsanforderung.

Man bestimmt A und B nach folgender Übereinkunft:

- A (Körpereinsatz):
  - Sitzen pro Stunde 20 kcal
  - Stehen pro Stunde 40 kcal
  - Gehen pro Stunde 120 kcal
  - Steigen pro Stunde 250 kcal

- B (Art der Arbeit):
  - Handarbeit pro Stunde 25 — 50 kcal
  - Armarbeit pro Stunde 75 — 125 kcal
  - leichte Körperarbeit pro Stunde 200 kcal
  - mittlere Korperarbeit pro Stunde 300 kcal
  - schwere Körperarbeit pro Stunde 400 kcal

1) *Der tägliche Kalorienbedarf des Heranwachsenden:*

Alter in Jahren	Gewicht in kg	Kalorien je kg Körpergewicht	Gesamtkalorien in kcal
1 — 3	10 — 14	80	800 — 1100
4 — 6	16 — 20	75	1200 — 1500
7 — 9	22 — 28	65	1500 — 1800
10 — 14 (♂)	30 — 45	60	1800 — 2700
(♀)	29 — 47		1700 — 2300
15 — 16 (♂)	50 — 62	50	2800
(♀)	50 — 55		2400

V. Haut und Ausscheidungsorgane

1. Bild, Film und Präparat

Groß ist die Zahl der Mikropräparate (Nierenrinde, Hautquerschnitt, Haarquerschnitt, Nagelanlage, Haarentwicklung usw.). Die Diareihe R 696 von FWU umfaßt 16 Farbbilder zum Thema „Menschliche Haut". Bildreihen zum Thema „Ausscheidungsorgane" sind erhältlich, so bietet z. B. FWU (München)
R 400 Ausscheidungsorgane (Farbe, 8) und
R 403 Verdauungs-, Ausscheidungsorgane, Drüsen (Farbe, 11)
und einen Film über Bau und Funktion der Niere an. Auch entsprechende Wandtafeln sind im Handel.

Unerläßlich für den Unterricht ist ein Hautmodell (Blockmodell oder Flachrelief), an dem man den Schichtenbau, die Schweißdrüsen, die Haarentwicklung und die Talgdrüsen in etwa 75-facher Vergrößerung studieren kann. Darunter sind auch Modelle, die unter der Mitwirkung des Deutschen Gesundheitsmuseums entwickelt wurden. — Genauso vorteilhaft sind zehnmal vergrößernde zerlegbare Modelle vom Fingernagel und seinen Teilen oder Modelle, die den mikroskopischen Bau des Haares darstellen. — Ein Nierenmodell (Niere im Längsschnitt) sollte wenigstens dreimal vergrößern; das Nierenkörperchen gibt es als brauchbares Modell in 700-facher Vergrößerung. Ein Modell der menschlichen Niere in natürlicher Größe dagegen läßt sich besser ersetzen durch die recht ähnliche Schweine- oder Kalbsniere, die man sich leicht verschaffen kann.

Die Teile des Harnapparates (Nieren, Harnleiter und Blase) kann man am zerlegbaren menschlichen Torso zeigen; es gibt auch dazu besondere zerlegbare Modelle. — Die Untersuchungen gelten vor allem den Sinnesorganen der Haut und — freilich nur in Arbeitsgemeinschaften — dem Harn.

2. Die Haut als Sinnesorgan

a) *Tastsinnesversuche.* Man gibt der Versuchsperson, der die Augen verbunden wurden, verschiedene Gegenstände zur Bestimmung in die Hände. Durch ein- und beidhändiges Abtasten sind Reagenzgläser, Pinzette, Tiegelzange, Schere usf. zu ermitteln. Angaben über Form und Material werden verlangt. — Man gibt Glasgefäße mit Reliefs zur Bestimmung (z. B. Flaschen mit erhabener Aufschrift; Trinkgläser; Bowlengläser mit eingeschliffenen Bildern).

b) Man beschafft sich ein hölzernes Stopfei, ein Porzellanei, ein gekochtes Hühnerei, ein ausgeblasenes Hühnerei, ein Seifenei, ein mit Erbsen gefülltes Blechei. Die Versuchsperson soll diese 6 Gegenstände miteinander vergleichen und möglichst viele Aussagen über sie machen. Zu beobachten ist, welche Sinne eingesetzt werden und in welcher Reihenfolge es geschieht. Zu vergleichen sind Gestalt, Gewicht, Oberfläche, Festigkeit, Wärmeleitfähigkeit, Geruch usw. — Es lassen sich auch andere Versuchsreihen von gestaltähnlichen Gegenständen finden, etwa gleichdicke Stäbchen aus Holz, Glas, Metall, Pappe, Kunststoff oder gleichgroße Knöpfe aus Stoff, Leder, Holz, Horn, Perlmutt, Kunststoff usw.

c) Man gibt der Versuchsperson, der die Augen verbunden wurden, etwas Plastilin in die Hand und läßt aus ihm bekannte Gegenstände formen (etwa Würfel, Kugel, Ring oder auch ein einfaches Tier usw.). — Man läßt mit einem Bleistift auf ein weißes Blatt Papier zeichnen: zwei parallele Striche in waagrechter und senkrechter Lage (Unterschied?), eine Kreislinie, ein Quadrat mit den Diagonalen usw. — Anschließend Überprüfung ohne Augenbinde. Kann hier gelernt werden?

d) *Die Tastempfindlichkeit* wird mit einem Tasthaar geprüft (s. Abb. 35c). Dazu wird in ein Holzstäbchen (Wurstspeiler), das am Ende ein wenig aufgespalten wurde, ein 2 bis 3 cm langes menschliches Haar eingeklemmt. Festzustellen ist, wo der schwache Reiz wahrgenommen werden kann (an der Lippe und Fingerbeere leichter als an der Hand- oder Armfläche, an behaarten Stellen besser als an unbehaarten).

e) *Die Verteilung der Druckpunkte* ist mit einem Stechzirkel oder einer Schublehre zu überprüfen, bei denen die Schenkelabstände laufend verändert werden. Die Versuchsperson muß bei verbundenen Augen entscheiden, ob sie eine oder zwei Spitzen fühlt.
Die Schenkelabstände beginnt man mit 2 cm und kommt über 1 cm zu 0,5 cm. Hier werden Fingerbeere, Handfläche und Unterlippe einwandfrei zwei Eindrücke unterscheiden, während wir auf dem Handrücken bereits 1 cm nicht mehr sicher erkennen. Unterlippe und Handfläche werden auch 0,25 cm sicher nachweisen, die Zungenspitze noch weniger (0,125 cm). Dagegen ist Nacken und Oberarm viel weniger empfindlich als die Hand (6 cm und mehr). — Dergleichen Ergebnisse lassen sich auch gut in einem Versuchsprotokoll übersichtlich zusammenstellen.

Körperteil	2 cm	1,5 cm	1 cm	0,5 cm	0,25 cm	0,12 cm
Fingerbeere	2	2	2	2	1	1
Handrücken	2	2	1	1	1	1
Handfläche	2	2	2	2	2	1
Unterarm	2	1	1	1	1	1
Unterlippe	2	2	2	2	2	2

f) Eindrucksvoll sind Versuche, bei denen man durch gleitende Verschiebung der 2 Zirkelspitzen *die Empfindungsgrenze* verändert. Wenn man z. B. den Abstand so wählt, daß beide Spitzen je eine Lippe des geschlossenen Mundes berühren, und dann den Zirkel in Richtung auf den Mundwinkel hin bis zur Wange bewegt, wird die Doppelbahn zu einem Einfachstrich. Genau so, wenn man über zwei benachbarte Finger mit den Fingerbeeren beginnend bis zur Handunterseite wandert.

g) *Versuch des Aristoteles*. Der Tastsinn kann auch merkwürdigen Täuschungen unterliegen. Man bringt dazu den Mittelfinger möglichst weit seitlich über den Zeigefinger und steckt zwischen beide Finger einen dünnen Holzstab (Wurstspeiler). Wird das Stäbchen hin- und hergerollt, glaubt man zwei sich bewegende Gegenstände zu fühlen. — Auch eine Erbse, die man zwischen beiden Fingern rollt, erfüllt denselben Zweck. Wenn man mit beiden gekreuzten Fingern seine Nasenspitze berührt, glaubt man, zwei Nasen zu fühlen.

h) Der Versuch des Aristoteles läßt sich auch umkehren. Man läßt zwei kleine Kugeln die gekreuzten Finger zugleich berühren, aber nicht in der Mitte der Fingerbeeren, sondern die eine mit der Daumenseite des überschlagenen Mittelfingers und die andere mit der zum Kleinfinger gewandten Seite des Zeigefingers. Man wird jetzt statt zwei Kugeln nur noch eine empfinden. (Die Empfindung ist also die gleiche, als wenn wir zwischen Zeige- und Mittelfinger in Normallage eine kleine Kugel klemmen.)

i) *Schmerzpunkte*. Man befestigt am Ende eines Holzstäbchens eine Borste aus dem Fruchtstand der Weberkarde (Dipsacus), indem man sie einklemmt und mit UHU festklebt (Abb. 35 f). Auch eine feine Insektennadel, die einen Korken als Handgriff hat, kann dieselben Dienste leisten. — Man untersucht mit dieser Tastborste die Schmerzpunkte des Unterarms. Beim Abtasten wird entdeckt, daß auch Druckpunkte neben den Schmerzpunkten empfunden werden.

k) Die Spitze eines Fingers wird in etwas Äther getaucht, so daß sie sich stark abkühlt. Wenn man anschließend eine Nadel gegen die Fingerspitze drückt, nimmt man den Tasteindruck wahr, aber verspürt keinen Schmerz. Die Schmerzpunkte sind unempfindlich geworden. — Mit dem Nachbarfinger macht man einen Kontrollversuch.

l) *Temperaturpunkte*. Die Temperaturpunkte lassen sich mit abgekühlten oder angewärmten Stricknadeln nachweisen. Unsere Kühlschränke kühlen bis —18° C ab; man begnügt sich mit 5° bis 10° C. Man erwärmt die Nadeln in Wasser oder einem Sandbad auf etwa 40° C. Zum Anfassen der Nadeln dienen zwei hintereinander gesteckte Flaschenkorke. — Die Kältepunkte lassen sich auch gut mit einem großen Eisennagel feststellen; wieder werden Korke als Griff benutzt. Man streicht mit dem Nagel vorsichtig und ohne zusätzlichen Druck über den Handrücken. Dabei „blitzen" die Kältepunkte auf, während sonst nur der Druck der Spitze wahrgenommen wird. — Statt des Nagels läßt sich auch ein angespitzter Bleistift benutzen. — Man prüft neben dem Handrücken auch Ober- und Unterarm und die geschlossenen Augenlider.

m) *Punktverteilung*. Man kann die ermittelten Schmerz-, Kälte- und Wärmepunkte auch örtlich festlegen und etwa zeigen, daß es zehnmal mehr Kälte- als Wärmepunkte gibt.
Man braucht dazu einen Stempel mit einem Millimeterfeld. Er sollte eine Fläche von 1 cm x 3 cm oder 2 cm x 3 cm umfassen. Er wird mit Hilfe von Stempelfarbe auf die zu untersuchende Hautfläche und in das Protokollheft abgedruckt. Die ermittelten Punkte werden dann ortsgetreu in das Heft eingetragen. Ein anderer

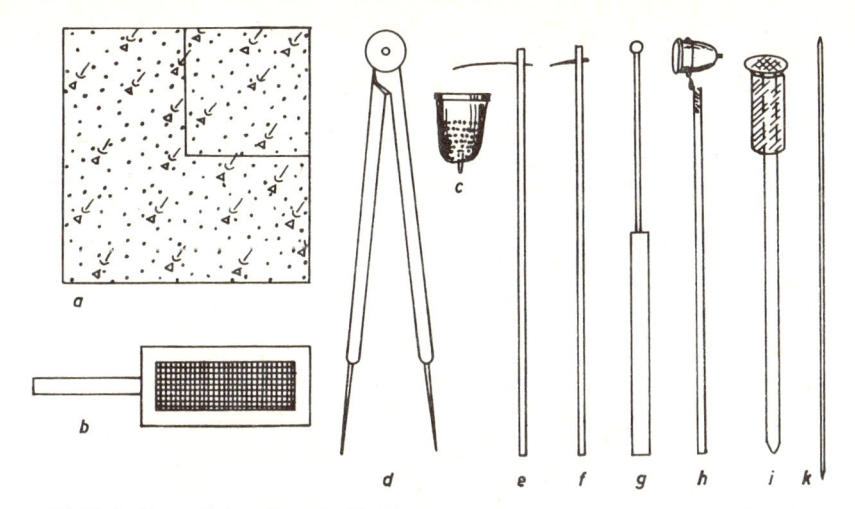

Abb. 35. Geräte zur Untersuchung der Hautsinnesorgane.

a Verteilung der Druck- und Schmerzpunkte auf 1 cm² des Unterarms, die Druckpunkte sind als Dreiecke dargestellt (aus REIN-SCHNEIDER, Einführung in die Physiologie des Menschen, Springer 1960, S. 641), b Stempel für ein Untersuchungsfeld, c Hohlgefäß zum Aufnehmen von kaltem oder warmem Wasser, d Tastzirkel, e Tasthaar, f Tastborste, g—k Geräte zum Nachweis der Temperaturpunkte (Kupferkugel, Hohlgefäß, Eisennagel, Stricknadel).

Methodiker schlägt vor, mit einem Hautstift ein bestimmtes kleines Flächenstück, etwa auf dem Handrücken, abzugrenzen. Mit einer Lupe werden die umschlossenen Haare nach Zahl und Anordnung bestimmt. Sie ermöglichen auch, das Testfeld in das Protokoll zu übertragen. — Man kann schließlich auch mit einfachen Mitteln (Papprähmchen, Stramin) einen Stempel selbst herstellen (Abb. 35b).

3. Versuche zum Temperatursinn

a) *Dreischalenversuch.* Man füllt drei Schalen mit Wasser von 20°, 30° und 40° C. Man taucht die Hände einzeln in das Wasser von 20° C und 40° C etwa eine halbe Minute und anschließend beide Hände in das Wasser von 30° C. Das Wasser erscheint uns für jede Hand verschieden warm.

b) In zwei kleine Bechergläser gibt man Wasser von etwa 30° C und prüft mit beiden Zeigefingern gleichzeitig. Man verdünnt den Inhalt des einen Glases mit wenig Leitungswasser und vergleicht wieder. (Noch besser gelingt der Versuch, wenn man das Wasser beider Gefäße rasch hintereinander mit demselben Zeigefinger prüft.) Man stellt dann mit dem Thermometer die Temperaturdifferenz fest, die gerade noch wahrgenommen wird.

c) In zwei großen Reagenzgläsern befindet sich Wasser von 30° C und 25° C. Man prüft hintereinander die Temperatur durch Berühren der Gläser mit den Fingerspitzen, mit den Wangen, mit den geschlossenen Augenlidern und mit dem Ellenbogen. Die Wärmeempfindung ist nicht überall die gleiche. — Die Milch eines Säuglings soll körperwarm sein. Wie prüft die Mutter die Milchflasche ohne Thermometer?

d) Von zwei Bechergläsern enthält das eine Wasser von 28° C, das andere Wasser von 31° C. Das kältere Wasser prüft man mit der ganzen Hand, das wärmere mit nur einem Finger. Welcher Eindruck wird vermittelt?

e) Man taucht die ganze Hand in ein Gefäß, das Eiswasser (wenig über 0° C) enthält. Die Kälteempfindung tritt dabei nicht überall gleichzeitig auf, sondern zuerst an den Fingern und erst dann an der gesamten gereizten Oberfläche.

f) Hierher gehört auch eine Beobachtung, die man bei einem Wannenbad machen kann. Verweilt man längere Zeit in warmem Wasser, wird die Wärmeempfindung abgeschwächt. Wird dann etwa mit dem Fuß Wasser geprüft, das aus dem Hahn tropft, so wird das Wasser, auch wenn es heiß ist, als kalt empfunden. Erst kurz darauf korrigiert unser Schmerzsinn die irrige Kälteempfindung.

4. Das Problem unserer Kleidung

Unsere Kleidung hilft dem Körper den Wärmehaushalt zu regeln. Die Bekleidungsstoffe als isolierende Trennschichten zeigen große Unterschiede, die sich durch Reagenzglasversuche objektiv nachweisen lassen.

a) *Modellversuche.* Große Reagenzgläser (18 cm lang) werden durch Überzüge von Perlon, Trikot, Baumwolle, Tierwolle, Tierfell usf. umschlossen. Stoff wird dabei zu Röhren zusammengenäht, Garn zu „Fingern" von Reagenzglasform gestrickt oder gehäkelt. — Die Gläser werden zur Hälfte mit Wasser von 50° C gefüllt, und mit dem Thermometer wird der Temperaturabfall des Wassers von 4 zu 4 Minuten über eine Stunde hinweg verfolgt. Bei einem Versuch mit einer Hülle aus Tierfell wurden z. B. folgende Werte gemessen: Nach

4 Min.	8 Min.	12 Min.	16 Min.	20 Min.	24 Min.	28 Min.	32 Min.	36 Min.	40 Min.
46,5° C	43,9° C	42,1° C	40,4° C	38,8° C	37,3° C	36,0° C	34,8° C	33,8° C	32,9° C

Ein Kontrollversuch mit einem ungeschützten Glas ergab hingegen:

42,5° C | 37,9° C | 34,4° C | 32,0° C | 29,8° C | 27,8° C | 26,1° C | 24,6° C | 23,6° C | 22,7° C

Diese Ergebnisse eignen sich gut für eine graphische Darstellung. Versuche solcher Art lassen sich vielfältig abwandeln. Dazu einige Vorschläge.

b) *Veränderte Versuchsbedingungen:*

α) D i e F r a g e d e s M a t e r i a l s . Man untersucht verschiedene Garne und Stoffe und beantwortet folgende Fragen:
Verhält sich Tierfell verschieden, je nachdem die Röhrchen die Fellhaare außen oder innen tragen?
Verhalten sich Perlon und Nylon gleich (Röhrchen aus dem Gewebe von Damenstrümpfen)?
Wie verhalten sich eine Zellophanhülle, ein wasserdichter Kunststoff, eine Hülle aus Zigarettenpapier (Blattaluminium)?

β) **Die Wirkung des Windes.** Man wiederholt die Versuche, stellt vor die Versuchsröhrchen einen Fönapparat und richtet einen kalten Luftstrom gegen die Gläser.

γ) **Die Wirkung der feuchten Kleidung (bei Windstille).** Man taucht die mit Stoff-Fingern bedeckten Gläser einmal kurz in Wasser von Lufttemperatur und vergleicht die Abkühlungskurven mit denen von trockenen Gefäßen. Wie wirkt sich die Verdunstungskälte aus?

δ) **Die Wirkung der feuchten Kleidung (im Luftzug).** Man wiederholt den Versuch von eben und richtet mit dem Fön einen kalten Luftstrom auf die feuchten Reagenzgläser.

ε) **Die Wirkung der Umgebungstemperatur.** Man vergleicht 3 Abkühlungskurven. Man nimmt 3 Röhrchen gleicher Art; eines wird mit kalter Luft, eines mit warmer Luft, eines überhaupt nicht angeblasen.

5. *Untersuchung unserer Haare und Nägel*

Histologische Dauerpräparate (Nagelbett, Haarquerschnitt, Haarzwiebel) können mikroskopisch untersucht werden. Daneben aber sind manche Untersuchungen möglich, die sich jederzeit am lebenden Körper durchführen lassen.

a) *Untersuchung der Haare.*

α) Man untersucht (in Luft) ein ausgekämmtes Haar bei mittlerer mikroskopischer Vergrößerung. Haarzwiebel, Hals, Haarschaft und Wurzel kann man unterscheiden. An den Haarzwiebeln unterscheiden sich ausgekämmte und ausgerissene Haupthaare. Auch die Dicke der Lederhaut ist aus ihnen zu ersehen.

β) Aus der Schnittfläche des Haupthaares ist auf seine Querschnittsform zu schließen. Wie unterscheiden sich die Querschnitte von gekräuseltem, gelocktem und schlichtem Haupthaar? Untersuche auch Haar mit aufgespaltenen Enden. — An der Schnittfläche lassen sich Oberhäutchen, Rindensubstanz und Markschicht erkennen.

γ) Ein ausgerissenes oder abgeworfenes Borstenhaar (Brauen- oder Wimperhaar) läuft spitz aus. Seine Länge läßt sich bestimmen und seine Dicke, die mit dem Haupthaar verglichen werden kann. Dazu benutzt man ein geeichtes Okularmikrometer. Wir bestimmen auch die Dicke eines Barthaares.

δ) Beobachtungen über die Wachstumsgeschwindigkeiten von Bart- und Haupthaar sind leicht anzustellen (Häufigkeit des Haarschnitts). Kopfhaare wachsen im Mittel in 5 Tagen um 2 mm.

ε) Die Tragkraft eines langen Frauenhaares ist zu ermitteln. Man klemmt jedes Ende zwischen zwei Korkscheiben und spannt es waagrecht zwischen zwei Stativklammern ein. In der Haarmitte ist ein kleiner S-Haken aus dünnem Draht. Als Gewichte dienen Kartonstücke, die am Rande ein Loch tragen und auf den Haken gehängt werden. Ihr Gewicht wird erst nach dem Versuch auf einer Waage bestimmt.

ζ) Bei dem Versuch ε) ist festzustellen, daß sich das Haar durchbiegt, d. h. verlängert. — Die Haarlänge hängt aber auch von Luftfeuchtigkeit ab, wie weitere Versuche zeigen können. Auf welche Weise kann man Haare in Hygrometern verwenden?

b) *Untersuchung der Nägel.*

α) Die Hornsubstanz eines Fingernagels ist chemisch zu prüfen. Man tropft etwas Salpetersäure auf die Nagelfläche auf und erkennt an der Gelbfärbung (Xanthoproteinreaktion), daß das Keratin ein dem Eiweiß verwandter Stoff ist.

β) Die Teile des Fingernagels sind zu suchen und zu benennen: Nagelwurzel, Seitenrand, Nagelwall, Nagelfalz, Nagelbett, Nagelkörper, Nagelrand, Möndchen.

γ) Das Möndchen setzt sich dadurch ab, daß die Unterlage verschieden stark durchblutet ist. Prüfe die Möndchen: Sind sie an allen Fingern vorhanden? Sind sie (wie behauptet wird) beim weiblichen Geschlecht häufiger als beim männlichen? Sind sie vom Alter abhängig? Sind sie stets am Daumennagel?

δ) Die Wachstumsgeschwindigkeit des Daumennagels läßt sich leicht prüfen. Man zieht mit rotem Nagellack am Nagel einen 1 mm breiten Streifen, indem man dem Rand des Möndchen folgt. Nach einigen Tagen steht der Strich neben dem Möndchen.

ε) Der Fingernagel ist tastempfindlich und elastisch, er ist ein Schutzorgan, Werkzeug und Widerlager. Man versucht, eine Nähnadel oder Rasierklinge, die auf einer waagrechten Glasplatte liegen, zu ergreifen und beobachtet dabei, wie wir uns helfen, wenn es mit den Nägeln allein nicht gelingt.

ζ) Die Seitenränder des Nagels überwölbt eine Hautfalte, der Nagelfalz. Die Nagelfalzkapillaren dieses feinen Häutchens (Nagelhäutchens) kann man mikroskopisch sichtbar machen (für diagnostische Zwecke). Näheres s. S. 61.

6. Untersuchung des Harns

Die Bestandteile des Harns verlangen vor allem eine chemische Untersuchung. Unter den anorganischen Bestandteilen sind Natrium und Chlor am reichlichsten vorhanden (täglich werden etwa 10 bis 15 g Natriumchlorid ausgeschieden), von den Metallen außerdem Kalium, Calcium und Magnesium, daneben die Säurereste von Salzsäure, Phosphorsäure und Schwefelsäure. — Täglich werden auch Kohlendioxid und Ammoniak gebildet. Die Hauptbestandteile aus dem organischen Reich sind der Harnstoff, von dem täglich etwa 30 g entstehen, und in kleineren Mengen noch andere stickstoffhaltige Körper wie Kreatinin, Harnsäure und Hippursäure.

a) Man beobachtet Farbe, Dichte, Menge, Geruch, Sedimente des tagsüber ausgeschiedenen Harns. Spezialaräometer (Urometer) prüfen zwischen 1,002 und 1,040; das normale spezifische Gewicht liegt bei 1,02. — Die normale Reaktion ist sauer.

b) *Nachweis von Säuren.* Der Harn wird wenn nötig filtriert und dann ohne weiteres auf die Ionen geprüft. Man setzt verdünnte Salpetersäure und Silbernitratlösung zu. Dadurch wird Silberchlorid ausgefällt, das in Ammoniak löslich ist. — Setzt man Salzsäure und Bariumchlorid hinzu, entsteht ein weißer Niederschlag von Sulfat. — Nach dem Zusatz von Salpetersäure und frisch bereiteter Ammoniummolybdatlösung bildet sich nach Erwärmen gelbes Phosphat.

c) *Nachweis von Ammoniak.* Man rührt 30 ml Harn in einem Becherglas mit Kalkmilch an und bedeckt das Gefäß mit einer Glasplatte, an dessen Oberfläche ein Streifen von feuchtem rotem Lackmuspapier geklebt wurde. Lackmus färbt sich blau, da Ammoniak frei wird. Dasselbe erfolgt, wenn man Harn mit einer verdünnten Sodalösung vorsichtig erhitzt. Bei Zusatz von Natronlauge würde jedoch Ammoniak aus dem Harnstoff in Freiheit gesetzt.

d) *Nachweis der Kationen.* Natrium weist man mit der Flammenfärbung nach. — Wenn man Essigsäure und Ammoniumoxalat hinzufügt, entsteht (mitunter erst beim Reiben mit einem Glasstab an der Glaswandung) ein weißer Niederschlag von Calciumoxalat.

e) *Eiweiß und Zucker im Harn.* Normaler Harn ist eiweiß- und zuckerfrei. Man wird also in der Schule höchstens zeigen, daß Eiweiß- und Zuckernachweis negativ verlaufen. Denn die Untersuchung kranken Harns gehört nicht in die Schule. — Aber es ließen sich Modellversuche durchführen, bei denen man dem Harn eines Gesunden Eiweiß- bzw. Zuckerlösung zusetzt, um hinterher diese fremden Bestandteile im Harn nachzuweisen. Man kann dann mit *Fehling* auf Zucker prüfen, freilich muß das Eiweiß vorher entfernt werden.

f) *Reaktionen des Harnstoffs.* Bei dieser Gelegenheit sollte man nicht darauf verzichten, den Harnstoff näher zu zeigen. Da die Gewinnung aus dem Harn umständlich ist, wird man käuflichen Harnstoff verwenden.
Harnstoff wird in Wasser und in Äthylalkohol aufgelöst und mit Lackmus geprüft. — Man befeuchtet etwas Harnstoff mit konzentrierter Natronlauge und erwärmt. Ammoniak entweicht, wie der Geruch anzeigt. Man prüft auch mit einem Streifen von feuchtem Lackmuspapier. Man dampft ein und prüft die feste weiße Masse mit Salzsäure:

$$2\ NaOH + CO(NH_2)_2 \rightarrow Na_2CO_3 + 2\ NH_3$$

g) *Biuretbildung.* Man erhitzt Harnstoff vorsichtig in einem Porzellanschälchen auf 150° bis 160° C, bis der Geruch nach Ammoniak auftritt und prüft auch mit Lackmus und mit einem Glasstab, an dem ein Tropfen von konzentrierter Salzsäure hängt (Salmiakgeruch!). — Zwei Harnstoffmoleküle haben Biuret gebildet nach:

$$H_2N \cdot CO \cdot NH \boxed{H + NH_2} \cdot CO \cdot NH_2 \longrightarrow NH_3 + H_2N \cdot CO \cdot NH \cdot CONH_2$$

Man nimmt den Rückstand mit Wasser auf und versetzt ihn mit Kalilauge und einigen Tropfen einer verdünnten Kupfersulfatlösung. Es tritt dabei Violettfärbung ein. Mit der Biuretprobe weisen wir Eiweiß nach.

h) *Mikroskopische Untersuchung.* Sedimente (Trübungen, Niederschläge) sind im Harn nicht selten und recht verschiedenen Ursprungs. Der Fachmann kann harnsaure Salze, oxalsauren Kalk, organische Stoffe, Bakterien, Blutzellen, Epithelzellen usf. entdecken. Nähere Angaben findet man z. B. im *Müller-Seifert*. Solche Untersuchungen sind nur von medizinischem Interesse.

7. Berechnungen zur Oberflächenvergrößerung

Oft muß im menschlichen Körper eine große wirksame Oberfläche erzeugt werden, obwohl nur wenig Raum zur Verfügung steht. So gilt es, auf eine beschränkte Oberfläche möglichst viel Sinneskörperchen oder Nervenzellen unterzubringen, eine möglichst große osmotisch wirksame Trennschicht und semipermeable Haut zu erzeugen, möglichst lange Rohrleitungen in engen Knäueln zu bündeln usf. Da man hier auch messen kann, lassen sich solche ungeahnten Vergrößerungen in kleinstem Raum auch rechnerisch erfassen. Das ist zugleich ein reizvolles Kapitel der Schulbiologie, wie Beispiele zeigen sollen.

a) *Vergrößerung einer Fläche durch Zapfenbildung.*

Zotten des Dünndarms: In der Wandung des Dünndarms stehen dicht beieinander zapfenförmige Vorstülpungen, Zotten genannt. Auf 1 mm² gibt man 22 bis 40 Zotten an; sie sind zwischen 0,2 und 1,2 mm lang. Wie groß ist die wirksame Oberfläche von 1 cm² Darmwandfläche?

Wir rechnen: Eine Zotte ist 0,1 mm dick und 0,5 mm lang; 36 Zotten stehen auf einem mm². Eine Zotte hat die Gestalt einer Säule mit aufgesetzter Halbkugel.

Also:

$$x = (2\,r\pi h + 2\,r^2\pi) \cdot 36 = (0{,}05\,\pi\,\text{mm}^2 + 0{,}005\,\pi\,\text{mm}^2) \cdot 36$$
$$0{,}1727 \cdot 36\,\text{mm}^2 = 6{,}217\,\text{mm}^2$$

Die Zottenfläche beträgt also etwa das Sechsfache der Fläche der Darmwand.

Papillarkörper der Lederhaut: Unsere Lederhaut bildet in der Grenzschicht gegen die Keimschicht der Oberhaut den sog. Papillarkörper aus, kleine Erhebungen, die in die Oberhaut vorspringen und beide Hautschichten innig verbinden. Da jede Papille durchschnittlich 100 μ lang und 50 μ breit ist, kommen 4 Papillen auf 0,1 mm² und 400 Papillen auf 1 mm² Hautfläche. Nehmen wir die Körperoberfläche mit 2 m² an, kämen wir auf insgesamt 800 Millionen Papillen. Die Oberfläche des Körpers läßt sich genauer nach der Formel von *Du Bois* bestimmen, indem man das Körpergewicht (kg) und die Körpergröße (cm) bestimmt und nach der Formel rechnet:

$$\text{Oberfläche} = 167{,}2 \cdot \sqrt{\text{Gewicht} \cdot \text{Größe}}$$

b) *Vergrößerung einer Fläche durch Bläschenbildung.* Unsere Lunge besteht aus einer ungeheuren Zahl von Lungenbläschen, die 0,25 mm im Durchmesser haben. Da man 400 Millionen schätzt, kann man eine Oberfläche von 80 m² errechnen. Denn die Oberfläche eines Bläschens ist: $O = 4\,\pi \cdot 0{,}125^2\,\text{mm}^2 \approx 0{,}2\,\text{mm}^2$, mithin die Gesamtoberfläche 400 Millionen $\cdot$ 0,2 mm² = 80 Millionen mm² = 80 m² (das Bläschen wird dabei als Kugel angenommen).

c) *Verlängerung einer Rohrleitung* durch geringen Rohrdurchmesser.

Blutkapillaren. Unsere Blutkapillaren sind Röhrchen von 0,007 bis 0,01 mm Durchmesser; die Aorta besitzt am Beginn 3 cm Durchmesser. Wieviel Quadrate mit der Kantenlänge von 0,01 mm passen in ein Quadrat mit 30 mm Kantenlänge? Da sich die Quadratflächen wie 900 mm² : 0,0001 mm² verhalten, haben 9 Millionen Kapillaren auf der Fläche der Aorta Platz. — Ein Hohlzylinder von 10 cm Länge und 2 cm lichter Weite könnte 1000 π mm³ = 31 400 mm³ Flüssigkeit fassen. Ein Rohr von 0,02 mm Lumen müßte $\dfrac{10\,000\,\pi}{0{,}0001\,\pi}$ mm = 100 km lang sein, wenn es dieselbe Menge fassen sollte.

Samenkanälchen. Jede männliche Keimdrüse enthält etwa 1000 Samenkanälchen, die so dick wie ein Haar und meterlang sind. In vielfachen Windungen sind also Kanälchen von 1 km Länge im engen Raum des Hodens untergebracht. Nierenkörperchen. In jeder Niere sind eine Million Nierenkapseln vorhanden, an jede schließt sich ein Harnkanälchen von gewundenem Bau an. Es führt über viele Windungen zum Sammelröhrchen. Wir schätzen seine Länge auf 5 cm. Für die Kanälchen einer Niere wird also eine Rohrleitung von 50 km Länge gebraucht. — Jede Nierenkapsel hat einen Durchmesser von $1/_6$ mm; alle Nierenkapseln entsprechen ausgebreitet einer Fläche von 2 m².

d) *Vergrößerung einer Oberfläche durch winzige Einzelteilchen.*

Die Gallenflüssigkeit emulgiert das Fett, d. h. zerlegt es in winzige Kugeln. Wieviel Emulsionskugeln von 10^{-4} cm Durchmesser entstehen, wenn wir eine Fettkugel von 1 cm Durchmesser verdauen? Die große Kugel hat $\frac{4 \cdot 0{,}125 \cdot \pi}{3}$ cm³ und die kleine Kugel $\frac{4 \cdot 10^{-12} \cdot \pi}{3 \cdot 8}$ cm³ Inhalt. Der Quotient beträgt 10^{12}; es sind also 1 Billion Kügelchen. — Die Oberfläche einer Emulsionskugel ist 10^{-8} mal so groß wie die der Ausgangskugel. Alle kleinen Kugeln haben also $10^{12} \cdot 10^{-8} \cdot \pi$ cm² $= 10\,000\,\pi$ cm² Oberfläche; es sind rund 3,14 m².

e) *Weitere Beispiele.* Berechnungen ähnlicher Art lassen sich durchführen für
die Länge der Drüsenschläuche der Schweißdrüsen,
die Oberfläche der lamellenartigen Muscheln im Nasenhohlraum,
die in Windungen und Furchen gegliederte Oberfläche des Gehirns,
die Oberfläche der Papillen auf der Zungenoberseite,
die Oberfläche der Roten Blutkörperchen.

8. Zahlen zu Haut und Ausscheidungsorganen

a) *Harnbildung:*
In 24 Stunden strömen 1500 *l* Blut durch die Nieren,
in 24 Stunden bilden sich 150 bis 180 *l* Primärharn,
in 24 Stunden gelangen 1,5 *l* Harn in die Blase.

b) *Zusammensetzung des Harns:*
Tägliche Menge 1,5 *l*, darin 50 bis 60 g feste Stoffe,
20 bis 30 g Harnstoff und 6 bis 12 g Kochsalz.

In 100 ml Harn sind enthalten:

0 — 20 mg	Glukose	6 mg	Magnesium
50 mg	Harnsäure	150 mg	Kalium
2 g	Harnstoff	40 mg	Ammonium
75 mg	Kreatinin	600 mg	Chloride
350 mg	Natrium	150 mg	Phosphate
15 mg	Calcium	180 mg	Sulfate

c) *Wasserhaushalt des Erwachsenen:*

Wasseraufnahme:		Wasserabgabe:	
in Getränken	1,3 l	im Harn	1,5 l
in Speisen	1,0 l	beim Ausatmen	0,55 l
beim Stoffwechsel		im Schweiß	0,45 l
entstehen	0,35 l	im Kot	0,15 l
Zusammen:	2,65 l	Zusammen:	2,65 l

d) *Schweißdrüsen der Haut:*

    Anzahl 2,5 Millionen, bis 2000 je cm^2
    Gesamtlänge der Drüsenschläuche 10 bis 12 km
    Schweiß enthält
    30 bis 700 mg % Kochsalz und
    50 bis 100 mg % Gesamtstickstoff

e) *Anzahl der Hautsinnesorgane:*

    3 bis 4 Millionen Schmerzpunkte (freie Nervenendigungen)
    250 000 Kältepunkte *(Krause*sche Endkolben)
    30 000 Wärmepunkte *(Ruffini*sche Körperchen)
    600 000 Druckpunkte *(Meissner*sche und *Vater*sche Körperchen)

Verteilung und Anzahl pro cm^2:

	Druck	Schmerz	Wärme	Kälte
Gesicht	50	184	0,6	8
Nasenspitze	100	44	1	13
Handrücken	14	188	0,5	7
Oberkörper	29	196	0,3	9

VI. Sinnesorgane

A. DAS AUGE

1. Bild, Film und Präparat

Für diesen Abschnitt sind ausreichende Anschauungsmittel unerläßlich. Das Angebot ist groß. Zunächst gibt es Wandtafeln für die Themen Auge, Ohr, Sehvorgang, Hörvorgang. Gesonderte Bildreihen über Auge, Ohr, Geruchs- und Geschmacksorgan oder Sammelreihen über Sinnesorgane (darunter auch eine Bildreihe von FWU: R 397 Sinnesorgane) bieten mehrere Hersteller an. — Mikropräparate zeigen Netzhaut, Hornhaut, Cortisches Organ, Schnecke im Schnitt und Riechschleimhaut. — Von FWU (München) gibt es den Film FT 544 „Wie wir hören" (8 Min.).

Jede Schule braucht die vergrößernden Modelle von Auge und Ohr. Die Kunststoffmodelle sind auseinander zu nehmen und zeigen die wichtigsten Einzelheiten. Das Gehörorgan mit seinem komplizierten Aufbau ist kaum ohne ein solches Modell zu besprechen. Die Wirkungsweise der Gehörknöchelchen (20 x) oder ein Schnitt durch das Cortische Organ (2000 x) werden durch entsprechende Modelle veranschaulicht. Schließlich kann man mit einfachen Mitteln Modelle zum inneren Ohr und Lagesinnesorgan selbst bauen (s. unten). Die Untersuchung des Rindsauges kann bei der Besprechung des Sehorgans weiterhelfen.

Nasen- und Zungenmodelle sind dagegen nicht unbedingt wichtig, wenn man den Kopfmedianschnitt besitzt. Versuche zum Schmecken und Riechen lassen sich mit einfachsten Mitteln durchführen. Gehör und Gesicht sind vor allem mit vielerlei Experimenten leicht zu untersuchen. Die benötigten Hilfsmittel sind einfach zu beschaffen und sollten in der Sammlung sein. So sollte man z. B. Versuche zum simultanen und sukzessiven Farbkontrast, zu positiven und negativen Nachbildern, zu Astigmatismus und zum Thema Linsengesetze vorbereiten und einsatzbereit haben. Gelegentlich wird auch der Schulphysiker die Modelle für Auge und Ohr verwenden, während umgekehrt der Biologe Stimmgabeln, optische Bank und Linsen aus der Physik entleihen wird.

2. Untersuchungen mit dem Taschenspiegel

Es gilt, das Äußere des Auges und alle seine Schutzeinrichtungen zu beobachten. Das kann jeder Schüler mit einem Taschenspiegel an sich selbst durchführen. Ebenso können je zwei Schüler die Aufgaben gegenseitig lösen.

a) *Auge.* Der Schüler beobachtet das Auge und seine Umgebung und zeichnet es (geöffnet und geschlossen). Dabei findet er: Weiße Haut, Hornhaut, Bindehaut, Regenbogenhaut, Pupille, Ober- und Unterlid, Lidränder mit Wimpern, Lidspalte, Lidfurchen, innerer und äußerer Augenwinkel, Nickhaut, Tränenwärzchen, Tränenpunkte usf. — Er beobachtet das geradeaus blickende Auge des nebenan sitzenden Kameraden von der Seite und bemerkt die Hornhaut, die glasklar ist und sich uhrglasähnlich vorwölbt. —

b) Er betastet die *Umgebung des Auges* und fühlt mit den Fingerspitzen die kugelförmige Gestalt. Er schließt auch ein Auge und betastet das geschlossene Lid („Augapfel").

c) Er betrachtet das Auge seines Partners, während dieser die Augen rollt und sieht jetzt mehr von der weißen Haut und rote Blutgefäße, die die Haut durchziehen. Er stellt auch fest, daß die Augenbewegungen gekoppelt sind. — Man zieht vorsichtig vor dem Spiegel das untere Lid abwärts und untersucht, wie die Adern im Auge verlaufen. Ebenso zieht man das obere Lid nach oben, blickt dabei nach unten und bewegt gleichzeitig den Kopf hin und her. Man prüft damit die weiße Haut der oberen Augenhälfte und vergleicht sie mit der unteren.

d) *Brauen.* Die Schüler untersuchen die Brauenhaare; sie sind kurz, steif und verlaufen in der Richtung nach den Schläfen. — Sie untersuchen den Verlauf der Wimperhaare und vergleichen sie am Ober- und Unterlid (Richtungsverlauf, Größe, Anzahl).

e) *Wimpern.* Wenn man die Wimpern des oberen Augenlides berührt, so legen sich beide Lider sofort schützend über das Auge. Berührt man hingegen nur die Augenbrauen oder die Liddeckel, wird nicht mit einer Lidbewegung geantwortet. Berührt man vorsichtig die Hornhaut, tritt sofort Lidschluß ein.

f) *Lid.* Bei geöffnetem Auge ist am oberen Lid eine quer verlaufende tiefe Hautfalte zu sehen (bei geschlossenem Auge nur eine seichte Furche). — Am inneren Lidrand befinden sich Fettdrüsen. Sie fetten den Lidrand ein und verhindern ein Überfließen der Tränen. M o d e l l v e r s u c h : Man zieht auf einer waagrechten Glasplatte aus Fett einen kleinen Ring von 1 cm Durchmesser. Man tropft Wasser in den Kreis, das sich hoch aufwölbt, ehe es über den Rand fließt.

g) *Im inneren Augenwinkel* ist eine kleine, quergestellte Schleimhautfalte sichtbar; sie ist die Andeutung eines dritten Augenlides (das bei vielen Tieren entwickelt ist und dann die bewegliche Nickhaut darstellt).

Das T r ä n e n w ä r z c h e n wird näher untersucht. Dazu muß das untere Augenlid etwas abwärts gebogen werden. Der Schüler entdeckt zwei feine Öffnungen, den unteren und oberen Tränenpunkt. Sie liegen da, wo die Augenlider auf das Tränenwärzchen stoßen.

h) Er untersucht (am besten im Hohlspiegel) die *Regenbogenhaut* und erkennt ihre radial-faserige Struktur. Er stellt das Verhältnis von Pupillengröße zur Irisgröße fest. Er untersucht dabei einmal am hellen Fenster, einmal vom Licht abgewandt (Pupillenreflex, s. S. 151).

i) Merkwürdig ist, daß wir im Sprachgebrauch die Teile des Auges ungern oder ungenau benennen. — Wir schließen das „Auge" und meinen die Lidspalte. Wir bekommen etwas ins „Auge" und meinen damit eine Schleimhautfalte, den Konjunktivalsack. Wir haben „schlechte Augen", damit ist das unscharfe Netzhautbild gemeint. Wenn wir mit einem „blauen Auge" davongekommen sind, dann meinen wir den Bluterguß in der näheren Umgebung des Auges.

3. Ein- und zweiäugiges Sehen

a) Man hält einen *Bleistift* in senkrechter Lage etwa 40 cm vor die Augen einer Versuchsperson. Die Versuchsperson schließt ein Auge und soll mit dem Zeigefinger von der Seite kommend auf die Bleistiftspitze stoßen. Dann wird der Versuch wiederholt, wenn beide Augen geöffnet sind. — Man soll einäugig eine Nähnadel einfädeln, einen Nagel mit einem kleinen Hammer einschlagen, den Platindraht in die nichtleuchtende Flamme eines Bunsenbrenners halten. — Alle Aufgaben werden ohne Mühe nur beidäugig erfüllt.

b) Man zeigt den *„Daumensprung"*. Dazu hält man den senkrecht gestellten Daumen in etwa 40 cm Entfernung vor sich hin und schließt abwechselnd das eine und das andere Auge, während man beobachtet, wie der Finger gegen den Hintergrund hin und her springt. — Man hält beide Zeigefinger genau hintereinander vor sich hin, den einen auf volle, den anderen auf halbe Armeslänge. Man fixiert den benachbarten Finger, der weiter entfernte erscheint doppelt. Man fixiert den weiter entfernten, man sieht den näheren zweimal nebeneinander. Man vergleicht die Abb. mit diesem Versuch. Wenn Gegenstände auf Netzhautstellen abgebildet werden, die nicht identisch sind, erscheinen sie uns doppelt.

c) Man macht den *Gegenversuch* von eben, indem man nicht zweiäugig, sondern einäugig beobachtet, und fixiert also den entfernten Finger mit dem rechten Auge. Sofort verschwindet das rechte Doppelbild des näheren Fingers (die Doppelbilder überkreuzen sich, s. Abb. 36). — Man fixiert den näher liegenden Finger mit demselben Auge und bemerkt, daß jetzt das linke Doppelbild des anderen Fingers verschwindet (die Doppelbilder überkreuzen sich hier nicht).

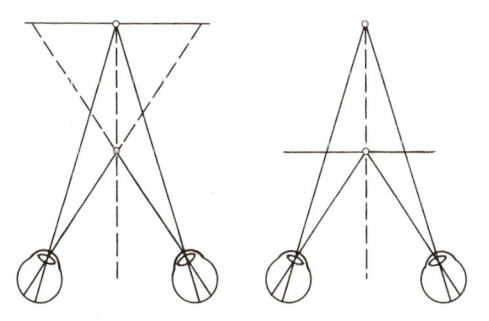

Abb. 36. Identische und nichtidentische Netzhautstellen.

Links: der entfernte Punkt wird fixiert, der nähere erscheint doppelt, rechts: der nähere Punkt wird fixiert, der entfernte erscheint doppelt.

d) Man zeichnet auf ein Papier einen schwarzen Fleck und betrachtet ihn mit beiden Augen. Jetzt drückt man, indem man weiter betrachtet, vorsichtig mit der Fingerspitze einen Augapfel etwas zur Seite. Sofort erscheint das *Doppelbild* des fixierten Fleckes. Das Bild kann nämlich nicht auf die identische Netzhautstelle fallen, weil die natürliche Augeneinstellung durch den Eingriff geändert wird.

e) Man stellt ein dickes *Buch in Augenhöhe* und in einer Entfernung von 50 cm auf, daß es dem Beschauer genau den Rücken zukehrt. Man betrachtet es anschließend mit jedem Auge einzeln. Einmal wird der rechte, einmal der linke Einbanddeckel gesehen. Beidäugig sieht man also drei Flächen.

f) Die *stereoskopischen Figuren* der Abb. 37 werden näher untersucht. Wenn sie zur Deckung gebracht werden, wird der körperliche Eindruck erreicht. Wir errichten in der Symmetrielinie der beiden Bildpaare eine 12 cm hohe Trennwand aus Karton und fixieren mit jedem Auge das gegenüberliegende Teilbild, bis ein plastisches Gesamtbild entsteht. Die zwei zusammengehörigen Teilbilder sind am besten von Mitte zu Mitte 6 cm entfernt voneinander (mittlerer Pupillenabstand des Erwachsenen beträgt 62,6 mm). Der Gegenstand bei Abb. 37a erscheint uns vor der Zeichenebene und macht den Eindruck eines Pyramidenstumpfes, der Gegenstand bei Abb. 37b dagegen hinter der Zeichenebene und erscheint als Pyramidentrichter. — Im ersten Fall sind die Teilbilder seitlich „über Kreuz" verschoben, für das rechte Auge nach links, für das linke nach rechts. Im zweiten Fall sind sie gleichsinnig verschoben, für das rechte Auge nach rechts, für das linke nach links. (Man spricht vom pseudoskopischen Bild, wenn durch Vertauschung der zwei Teilbilder der erhabene Gegenstand zu einem entsprechend hohlen Gebilde wird und umgekehrt.)

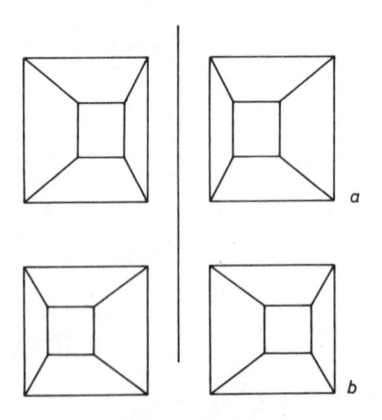

Abb. 37. Versuche zum stereoskopischen Sehen.

a Die beiden oberen Figuren erscheinen als Pyramidenstumpf, b die beiden unteren als Pyramidentrichter (s. Text).

g) Man läßt, wenn möglich, *Stereobilder* am Stereoskop betrachten. — Im Mathematikunterricht werden mit Vorteil als Anschauungshilfe Bilder nach dem Anaglyphenverfahren verwendet. (Man versteht darunter das Raumbildverfahren, bei dem zwei Teilbilder in verschiedenen Farben, gelbrot und blaugrün, übereinander gedruckt werden. Mit einer Lichtfilterbrille der gleichen Farben sieht jedes Auge nur ein Bild, das ihm stereoskopisch zugeordnete Teilbild.) — Ohne Brille werden die Parallaxenpanoramagramme betrachtet. Es sind streifenweise ineinander geschachtelte Stereoaufnahmen, vor die ein Strichraster gesetzt wird. Für jedes Auge wird dadurch das „falsche" Bild zugedeckt und das „richtige" freigegeben.

4. Astigmatismus

Die Hornhaut des Auges hat eine Brechkraft von 43 D (s. S. 131). Aber ihre Krümmung bildet nicht die Oberfläche einer Kugel, sondern sie ist in vertikaler Richtung stärker gekrümmt als in horizontaler (sie ist mit einem Zylinder kombiniert). Daher kann man waagrechte und senkrechte Linien u. U. nicht gleichzeitig scharf sehen.

a) Man zeichnet die Abb. 38a auf weiße Pappe auf. Bewegt man die *Parallelenschar* waagrecht vor einem Auge (das andere wird geschlossen) rasch hin und her, so werden die Streifen unverändert scharf gesehen. Bewegt man aber die Pappe quer zur Strichrichtung, so verschwimmen die Linien und werden unscharf.

b) Man macht den gleichen Versuch mit einer Pappe, die die Abb. 38b trägt. Die *konzentrischen schwarzen Ringe* werden dann nicht gleichmäßig scharf gesehen. Es treten unscharfe Sektoren auf. Sie liegen immer um 90° von der Bewegungs-

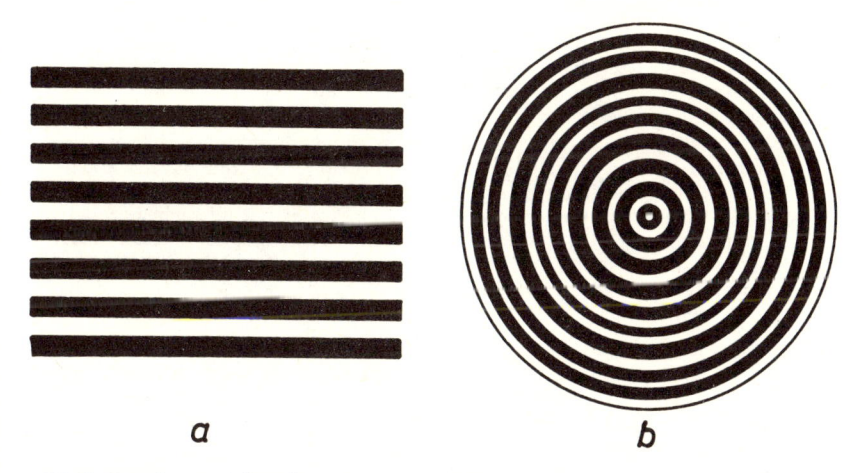

Abb. 38. Versuche zum Astigmatismus.

a Die Streifen werden einmal waagrecht, dann senkrecht hin und her geschoben, b Die konzentrischen Ringe werden beim hin- und herbewegen nicht gleichmäßig scharf gesehen.

richtung verschieden. (Man bewegt also einmal von oben nach unten, einmal von rechts nach links.)

c) Beschreibt man mit derselben Abbildung *kleine Kreise* (etwa 1 bis 2 cm Durchmesser), so wandern die scharfen und verschwommenen Kreisausschnitte über die Fläche dahin, ähnlich wie die Speichen eines sich bewegenden Rades.

d) Man kann sich leicht ein „Keratoskop" bauen. Man zeichnet Abb. 38b auf eine Pappe, deren Rückseite mit schwarzem, mattem Papier beklebt wurde. Im Mittelpunkt der konzentrischen Kreise befindet sich ein Loch von 3 mm Durchmesser. Eine Versuchsperson hält sich den Karton dicht vor das Auge und blickt durch die Öffnung auf das Auge einer anderen Versuchsperson, die den Rücken gegen das Fenster wendet. Dabei fällt also das Licht auf den Karton des Beobachters. Im Auge spiegelt sich die Zeichnung, aber die Kreise sind verzerrt und bilden Ellipsen. Die kleinen Achsen dieser Ellipsen geben den Verlauf des Meridians der stärksten Brechung an.

5. Simultankontraste

Wir nennen alle Kontrasterscheinungen Simultankontraste, wenn sie dadurch entstehen, daß zwei verschiedene Lichtreize gleichzeitig einwirken. Man unterscheidet auch (ungenau) farblose und farbige Simultankontraste. Unser Augenmerk gilt dem Grenzverlauf zweier nebeneinander liegender verschiedener Flächen und unserem subjektiven Eindruck.

a) Man schneide aus *grauer Pappe* zwei gleichgroße Kreisflächen aus. Man klebe die eine von ihnen auf einen weißen, die andere auf einen schwarzen Hintergrund und vergleiche beide Grautöne. Sie scheinen uns verschieden zu sein (der auf dem weißen Feld ist dunkler).

b) Wenn man aus dem völlig dunklen Zimmer gegen den hellen Nachthimmel blickt, so erscheint uns der Fensterrahmen dunkel gegen den hellen Himmel. Im erleuchteten Zimmer — man beleuchtet den Raum mit einer Taschenlampe — erscheint uns dagegen der Himmel dunkel gegen den erleuchteten Rahmen.

c) *Florkontrast.* Hält man auf eine blaue Papptafel ein kreisrundes graues Farbfeld (Kartonscheibe am Stiel), so erscheint die Scheibe schwach gelblich. Bei einer roten Papptafel würde sie grünlich erscheinen. — Man kann auch etwas grünes Farbpapier mit grauem Papier in regelmäßigen Abständen (etwa in parallelen Streifen) überkleben. Wird das Ganze mit dünnem Seidenpapier bedeckt, so tritt scheinbar Rotfärbung auf (Florkontrast). — Ein roter Kreis wird auf grünem Feld und auf grauem Feld untersucht. Das Rot scheint sich zu ändern, auf dem grünen Feld leuchtet es viel stärker.

d) *Irradiation.* Man schneidet sich aus schwarzem und weißem Papier Rechtecke zurecht, wie sie Abb. 39a angibt. Man macht dabei die beiden schmalen mittleren Rechtecke gleichbreit. Das schmale weiße Rechteck scheint deutlich breiter zu sein als das benachbarte schwarze. — Die weißen Flächen werden überstrahlt, weil die Objekte durch die Augenlinse unscharf abgebildet werden (Zerstreuungskreise statt Punkte, da nicht nur die Netzhautteile, auf die das Bild fällt, gereizt werden, sondern auch deren Nachbarn; unwillkürliche geringe Augenbewegungen werden angenommen).

e) Man klebe auf ein weißes Papier ein Quadrat, das aus schwarzem Papier gefertigt wurde und klebe ebenso ein gleichgroßes weißes Quadrat auf einen schwarzen Hintergrund. Beide Quadrate werden unmittelbar nebeneinander betrachtet.
— Man vergleicht an der Abb. 39b die Größe der beiden mittleren Sektoren. Der linke schwarze Kreisausschnitt scheint kleiner zu sein als der weiße rechts daneben.

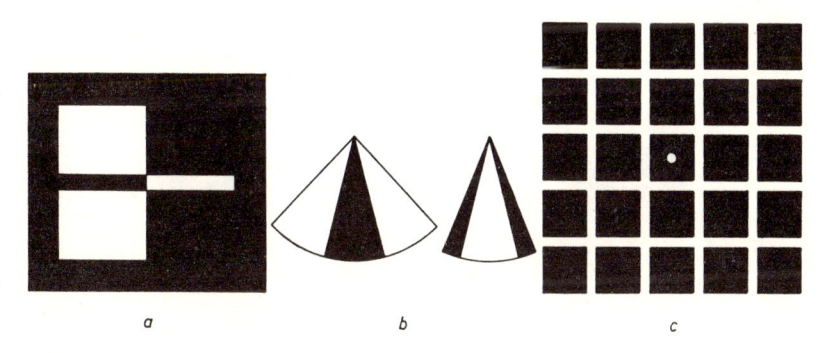

Abb. 39. Versuche zur Irradiation.

a Die beiden schmalen mittleren Rechtecke sind zu vergleichen, b Die zwei mittleren Sektoren sind zu vergleichen, c Das weiße Gitter hat in den Kreuzungsstellen graue Flecken (der weiße Mittelpunkt ist dabei zu fixieren).

f) Auf graue Pappe klebt man ein Stück weißes Papier von der Gestalt eines Kreises. Mit einem gleichgroßen kreisförmigen braunen Papier beklebt man wiederum den weißen Kreis, jedoch so, daß man eine schmale weiße Sichel erhält. „Die erste Mondsichel scheint einer größeren Scheibe anzugehören als der an sie grenzenden dunklen, die man zur Zeit des Neulichtes manchmal unterscheiden kann" (*Goethe:* Zur Farbenlehre).

g) Man zeichne auf weißen Karton das Bild des Kreuzgitters, das Abb. 39c zeigt. Da, wo sich weiße Streifen kreuzen, treten graue Flecken auf. Man muß dazu den weißen Kreis im Mittelpunkt der Abb. fixieren. Die grauen Flecke verschwinden einzeln, wenn man sie fixiert. Mit dem *Simultankontrast* kann erklärt werden, daß die weißen Straßen heller erscheinen als die Ecken. — Wir prüfen bei Gelegenheit, daß dunkelfarbige Kleider den Träger schlanker machen als helle, daß langgestreifte Stoffe schlanker machen als quergestreifte.

6. *Sukzessivkontraste und Nachbilder*

Bei Sukzessivkontrasten wird ein zeitlicher Ablauf untersucht. Ein Lichtreiz, der vorausgeht, steht zu einem neuen, der nachfolgt, in einer Beziehung: Kontrasterscheinungen und Nachbilder treten auf. Sie zeigen einmal, daß die Netzhaut ermüdet (z. B. bei der Entstehung des Nachbildes), zum anderen, daß Zeit vergeht, damit Reize verarbeitet werden können (z. B. bei der Anwendung im Kinoeffekt).

a) *Schwarz-Weiß-Nachbilder.* Die Ursachen von Schwarz-Weiß-Nachbildern sind Ermüdungserscheinungen. Man muß z. B. einige Minuten den bezeichneten Mittelpunkt einer rechteckigen, hell beleuchteten weißen Pappe fixieren. Ein Viertel der Pappe ist durch einen aufgelegten Karton verdeckt. Wenn man diesen plötzlich rechts zur Seite wegzieht, ist das Weiß des aufgedeckten Viertels viel heller als das restliche, weil hier noch keine Ermüdungserscheinungen auftraten (Abb. Nr. 40a).

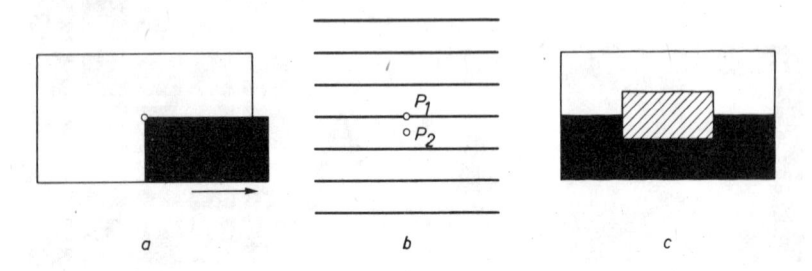

Abb. 40. Ermüdungserscheinungen und Nachbilder.
a Versuch wird im Text beschrieben, b zuerst wird P_1, dann P_2 fixiert, c Versuch wird im Text beschrieben.

b) Man fixiert einige Zeit Punkt P_1 eines Linienblattes (Abb. 40b), der auf der Linie selbst liegt. Dann verschiebt man das fixierende Auge und richtet es auf P_2. In diesem Augenblick treten zu den schwarzen Linien hellere Mittelparallelen. Das sind Netzhautstellen, die vorher weniger ermüdeten und jetzt stärker gereizt werden.

c) Ein rechteckiger Karton ist zur Hälfte weiß, zur Hälfte schwarz (s. Abb. 40c). Mit einem Stück grauer Pappe deckt man, wie angegeben, das Mittelfeld symmetrisch ab. Man bemerkt, daß das graue Papier, soweit es über dem schwarzen Papier liegt, heller ist als über dem weißen. — Man fixiert ein Stück grauer Pappe, das auf einem schwarzen Feld liegt und schiebt dann rasch eine weiße Pappe zwischen Unterlage und grauem Papier. Dabei scheint der Grauton dunkler zu werden.

d) Ein fixierter heller Kreis erscheint auf weißer Fläche als dunkles Nachbild. Ein kurzer Blick in die untergehende Sonne läßt diese als schwarze störende Scheibe im Gesichtsfeld erscheinen. Wenn man einige Zeit den Glühfaden einer elektrischen Lampe fixiert und dann gegen eine helle Fläche blickt, erscheint das negative Nachbild. — Nach Blitzlichtaufnahmen bleibt im Auge mitunter die Form des glühenden Drahtes als schwarzes Band lange erhalten.

e) *Farbige Nachbilder.* Man wiederhole den Versuch, der soeben bei a) beschrieben wurde, aber bedecke jetzt das rechte untere Viertel mit einem farbigen (matt, nicht glänzend) Papier. Die Netzhaut ermüdet. Wenn plötzlich die farbige Fläche entfernt wird, erblickt man auf dem weißen Feld die Komplementärfarben. —

Noch schöner ist der Versuch, wenn man eine mit buntem, z. B. rotem Papier beklebte Kreisscheibe an einem Griff vor die hell bestrahlte Klassenwand hält, fixieren läßt und dann rasch wegnimmt. Man sieht noch lange Zeit die Komplementärfarbe, in unserem Beispiel grün, auf der Wand. — Die Netzhaut ist für Rot ermüdet. Wenn dann Weiß gesehen wird, ist das Rot weniger wirksam; die Summe aller übrig bleibenden Spektralfarben ohne Rot ergibt dann das gesehene Grün.

f) *Kreiselversuche.* Ein einfacher Kreisel läßt sich auf folgende Art bauen: Auf das Ende eines Holzstäbchens von etwa 20 cm Länge streife man die Hälfte eines parallel zur Kreisfläche zerschnittenen Flaschenkorkes (Abb. 41a). In einem Abstand von einigen mm (für die Pappscheiben bestimmt) folgen 1 bis 2 eiserne Unterlegscheiben und die andere Korkhälfte. Gesondert wird eine Anzahl von Kreisscheiben angefertigt und bereitgestellt. Werden zwei Pappscheiben zugleich gebraucht, etwa für Farbmischversuche, muß jede Scheibe einen radialen Schlitz (Abb. 41c) tragen. Mit seiner Hilfe kann man zwei Scheiben fächerartig verschränken und auf diese Weise die nach oben sichtbaren Sektoren in jedes Verhältnis zueinander bringen. Natürlich lassen sich bequem alle folgenden Versuche mit der Schwungmaschine durchführen. Auch ein Tischventilator, dessen Windflügel man ersetzt, oder eine Handbohrmaschine lassen sich dazu verwenden. — Vorteil-

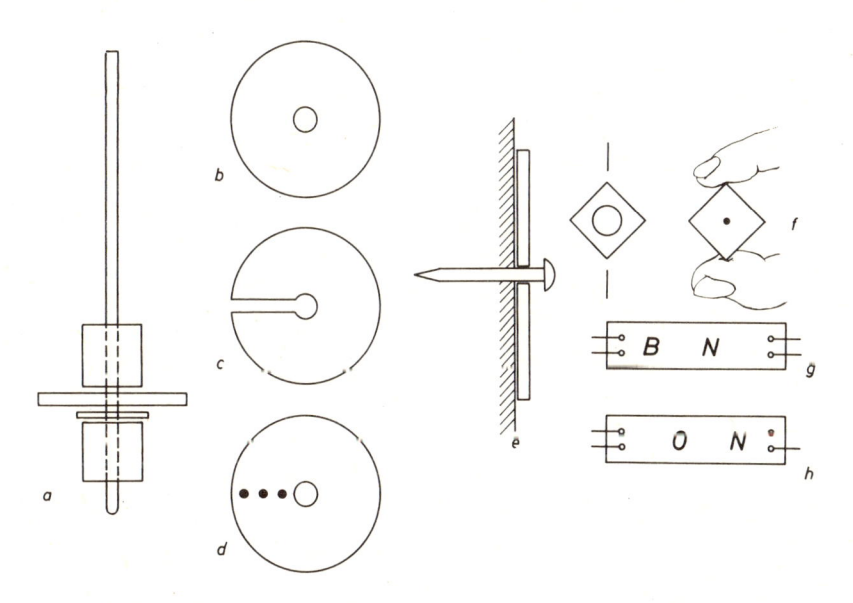

Abb. 41. Kreiselversuche und Kinoeffekt.

a Kreisel wird aus Wurstspeiler, Korken, Papp- und Unterlegscheiben gebildet, b—d auswechselbare Pappscheiben, e Versuche mit einer rotierenden Holzscheibe, f rotierende Karten zum Anblasen durch den Mund, g und h Karton, der zwischen zwei verdrillten Schnüren rotiert.

haft ist es endlich, eine rotierende Holzscheibe zu benutzen, deren Vorderseite beklebt bzw. mit Hilfe von Tesa-Film mit den erforderlichen Papiersektoren bedeckt wird. Die kreisförmige Scheibe (Radius 10 cm, Dicke 1 cm) dreht sich auf einem waagrechten Nagel ohne viel Reibung und wird mit der Hand angestoßen (Abb. 41e).

α) *Versuche mit einer Scheibe.* Die weiße Pappscheibe trägt auf der Fläche drei gleichgroße kleine schwarze Kreise hintereinander im Verlauf eines Halbmessers (Abb. 41d). Man erhält bei rascher Rotation drei konzentrische graue Kreise. Sie sind umso dunkler, je kleiner sie sind (Scheibenversuch nach *Masson*).

Die Kreisfläche ist in sieben Sektoren geteilt (jeder Zentriwinkel beträgt etwa 51°), jeder Sektor trägt eine Spektralfarbe; er ist also rot, orange, gelb, grün, blau, indigo oder violett. Bei rascher Rotation ist die Mischfarbe grau bis weiß.

β) *Versuche mit zwei Scheiben.* Man mische Schwarz und Weiß miteinander in verschiedenen Verhältnissen. Bei rascher Drehung tritt eine Graufärbung auf. — Man verwende Buntpapier (matt), das man im Handel sortiert und sogar gummiert erhalten kann. Man untersuche die Addition zweier Komplementärfarben, man wähle also unter folgenden Farbpaaren aus: rot-blaugrün, orange-eisblau, gelb-ultramarinblau, grün-purpur, violett-grüngelb. — Man prüfe für die ausgewählten Farbpaare das Mischungsverhältnis 1:1; 1:4; 1:2. Man wird grauweiße Farbtöne erhalten. Da keine reinen Komplementärfarben verwendet werden, dürfte bei dem hellsten Grau das Mischungsverhältnis nicht genau 1:1 betragen.

g) *Kinoeffekt.* Man stelle ein Fahrrad auf den Sattel und versetze das Hinterrad in Drehung. Man wird die Speichen bei hinreichender Drehgeschwindigkeit nicht mehr sehen können. Werden aber die Speichen bestrahlt, leuchten sie auf und verschmelzen scheinbar zu einem breiten hellen Band. — Man schwinge eine Wunderkerze oder einen glimmenden Span rasch im Kreis. Man hat den Eindruck eines glühenden Kreises oder wandernden Kreisbogens (je nach der Geschwindigkeit).

h) Mannigfach sind die Versuche, bei denen *Halb- und Teilbilder,* die sich auf den beiden Seiten einer Pappe befinden, zur Vereinigung gebracht werden. (Beim Normalfilm verschmelzen 24 aufeinanderfolgende Bilder, beim Schmalfilm 16 in der Sekunde zu einem zusammenhängenden Bild, bzw. Handlungsablauf.) — Im einfachsten Fall kann man eine quadratische Pappe (5 cm x 5 cm) längs einer Diagonale zwischen zwei Fingerspitzen rotieren lassen, indem man seitlich anbläst. — Ähnlich hängt man ein Quadrat (10 cm x 10 cm) aus Pappe oder ein Holzbrett an einer durchbohrten Ecke mit einem dünnen Faden auf. Man verdrillt den Faden, dann wird die Scheibe längere Zeit rotieren. An den Enden eines Pappstreifens (30 cm x 10 cm) befestigt man zwei Schnüre (s. Abb. 41g und h). Man hält zwischen beiden Händen die Schlingen fest und verdrillt sie, indem man mit den Händen lotrechte Kreise beschreibt. Werden anschließend die Schnüre gespannt, so rotiert die Pappe um ihre Längsachse.

7. Optische Täuschungen

Hier sollen nur einige Beispiele gegeben werden. Wer Näheres sucht, findet es in *Gentil:* Optische Täuschungen, Praxis-Schriftenreihe, Aulis Verlag, Köln, 1962. Dort wird auch weitere Literatur angegeben. — Neben sinnesphysiologischen Problemen treten auch psychologische Fragen auf.

a) Am bekanntesten sind die *geometrisch-optischen Täuschungen*. Damit sind Täuschungen gemeint, die auftreten, wenn wir Winkelgrößen, Einteilungen, Parallelenverlauf, Kreisbögen, Lageanordnungen usf. beurteilen müssen.

Man halbiere eine Strecke und unterteile e i n e Hälfte durch kleine Querstriche. Die unterteilte Strecke scheint größer zu sein. — Man zeichne eine Strecke und errichte in ihrem Halbierungspunkt eine Senkrechte, die gleich der ersten Strecke ist. Sie wird im Vergleich mit der ersten Strecke immer länger geschätzt. — Man zeichne zwei Quadrate von 10 cm Kantenlänge nebeneinander. Das eine ist mit waagrechten, das andere mit senkrechten, engen Parallelen gefüllt. (Die zwei begrenzenden Quadratseiten, die senkrecht zu den Parallelen stehen, werden dabei nicht gezeichnet.) Das Quadrat mit den waagrechten Parallelen scheint breiter, das andere höher zu sein. — Man vergleiche zwei gleichgroße Quadrate, von denen das eine auf der Grundkante, das andere auf der Spitze steht.

Man vergleiche zwei gleichlange Strecken, deren Enden jeweils zwei Striche angeben (Abb. 42c). Durch sie scheint die eine Strecke länger, die andere kürzer zu sein (Optisches Paradoxon).

b) Man zeichnet die *Täuschungsfigur von S a n d e r*. Man braucht dazu zwei gleichschenklige Dreiecke (vgl. dazu Abb. 42d). Das eine dient zum Vergleich. Das andere vervollständigt man zum Parallelogramm. Hier liegen jetzt zwei kleinere Parallelogramme nebeneinander. Ihre eingezeichneten Diagonalen scheinen verschieden groß.

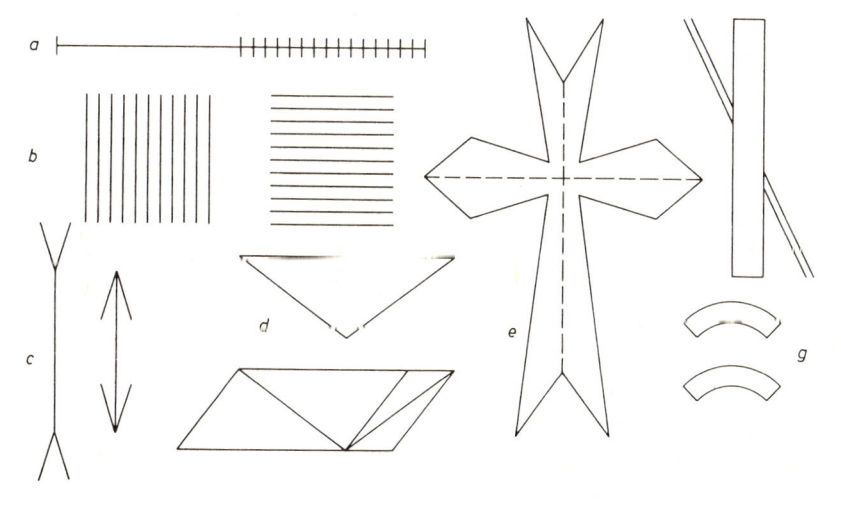

Abb. 42. Optische Täuschungen.
Nähere Erklärungen im Text, d Täuschungsfigur von SANDER, e das Malteserkreuz hat zwei gleichlange, gestrichelte Achsen, g die Ringsektoren erscheinen verschieden groß.

Viele Täuschungen zeigen uns, daß wir einen Gegenstand nicht allein auffassen, sondern auch in eine Umgebung stellen wollen. Dabei gibt es Inversionstäuschungen (Erhabenes wird als Vertieftes gesehen und umgekehrt), umschlagende Muster (z. B. Mäanderbänder, die Becher nach *Rubin*), Schwierigkeiten in der Raumvorstellung (wie sie der Mathematikunterricht oft überwinden muß).

8. Akkommodation

a) *Die Brechkraft des Auges* muß beträchtlich vergrößert werden, wenn wir in der Nähe scharf sehen müssen. Man verändert die Brechkraft dadurch, daß man die Linsenverkrümmung vergrößert, d. h. auf die Nähe akkommodiert.

Man erkennt die Leistungsfähigkeit des akkommodierenden Auges an der sog. Akkommodationsbreite. Wir meinen damit die Zunahme der Brechkraft, wenn man mit der Ferneinstellung des Auges beginnt und auf maximale Naheinstellung anpaßt. Man braucht dazu den Nahpunkt. Er gibt an, wieviel cm ein Gegenstand vom Auge entfernt sein muß, damit man gerade noch bei maximaler Akkommodation scharf sehen kann. Es gibt verschiedene Bestimmungsverfahren.

b) *Bestimmung des Nahpunktes.* Am einfachsten nähert man einem Auge langsam einen Schriftsatz. Wenn die Schrift gerade eben zu verschwimmen beginnt und unscharf wird, mißt man den Abstand von Schrift und Hornhautscheitel. Diese Zahl ist vom Alter abhängig, wie folgende Tabelle zeigt:

Alter in Jahren	10	20	30	40	50	60	70
Nahpunkt in cm	8	10	12	17	50	70	100
Akkommodationsbreite in Dioptrien	12	10	8	6	2	1,4	1

Genauer ist folgender Versuch: Man spannt einen weißen Zwirnsfaden auf einen schwarzen, etwa 75 cm langen Kartonstreifen oder auf eine Holzleiste gleicher Länge. (Oder man befestigt das Ende eines weißen Fadens an einer dunklen Wand und halte das Fadenende eng vor das Auge, indem man den Faden straff zieht.) Man bringe neben dem Faden ein Maßband an. Man visiere längs des Fadens, indem man das Fadenende unter das Auge an den Jochbogen hält und bestimme den Nahpunkt. Es ist der Abstand, bei dem das anfänglich unscharfe keilförmige Bild scharf und damit der Faden deutlich sichtbar wird (s. Abb. 43 d). Man lese ab.

c) *Überprüfung von Sehfehlern.* Man verfährt wie eben, aber untersucht die Augen eines Kurzsichtigen. Der Nahpunkt liegt diesmal näher als gewöhnlich. Dafür liegt der Fernpunkt nicht mehr im Unendlichen, sondern wird dadurch nachgewiesen, daß das Ende des Fadens wieder unscharf erscheint (Abb. 43c). Man liest ab und bestimmt beide Punkte. — Entsprechend prüft man den Alters- und Weitsichtigen und stellt fest, daß sein Nahpunkt weiter entfernt liegt.

d) *Grundversuch nach Scheiner.* Auf den Seitenrand einer Leiste oder eines Kartonstreifens von etwa 75 cm Länge befestigt man eine cm-Skala. In die

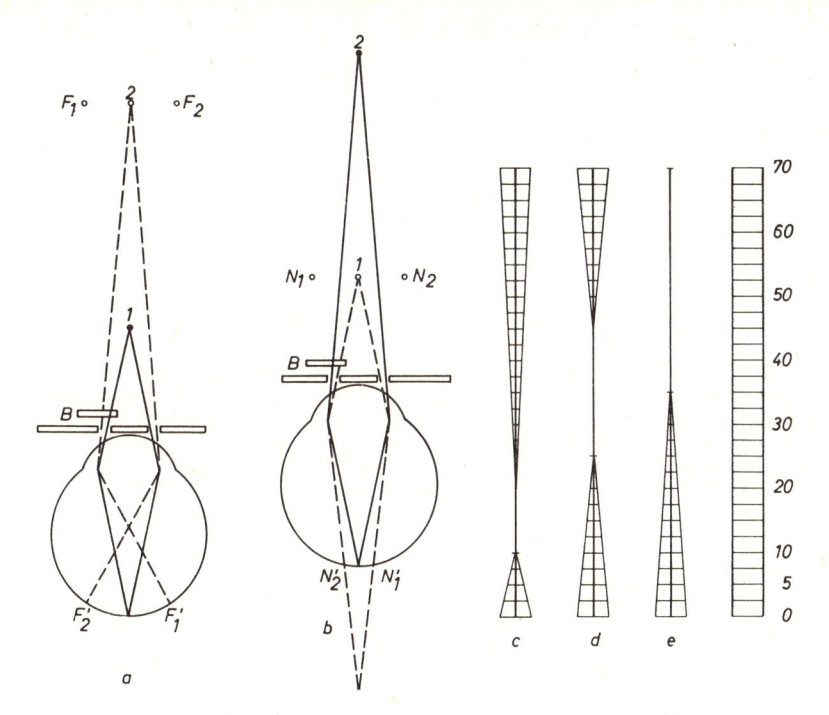

Abb. 43. Bestimmung von Nah- und Fernpunkt.

a und b Versuch nach SCHEINER, 1 Nahpunkt, 2 Fernpunkt, F_1, F_2, N_1, N_2 sind die Doppelbilder, B Verdunkelungsblende; F_1', F_2', N_1' und N_2' sind die Netzhautbilder, c zeigt den Schnurversuch des Kurzsichtigen, d des Normalsichtigen und e des Weitsichtigen und die Verschiebung der Fixpunkte (schematisiert).

Entfernung von 10 cm und 70 cm sticht man zwei lange Nadeln senkrecht in das Holz, so daß sie genau hintereinander stehen. Man beobachtet beide Nadeln einäugig durch ein Kartonblatt, in das man zwei kleine Löcher gestochen hat; sie müssen weniger als die Pupillenbreite voneinander entfernt sein (s. Abb. 43a und b). Man macht damit vier Versuche:

Nadel 1 wird fixiert ⟶ Nadel 2 erscheint doppelt.
Nadel 2 wird fixiert ⟶ Nadel 1 erscheint doppelt.
Das linke Loch L wird zugedeckt (durch vorgeschobenes Kartonblatt) und
Nadel 1 wird fixiert ⟶ bei Nadel 2 verschwindet das linke Doppelbild.
Das linke Loch L wird zugedeckt (wie eben) und
Nadel 2 wird fixiert ⟶ bei Nadel 1 verschwindet das rechte Doppelbild.

e) *Bestimmung des Nahpunktes.* Man benutzt dasselbe Kartonblatt mit den 2 Löchern. Man blickt mit dem zu prüfenden Auge durch beide Löcher gegen eine hellerleuchtete Nadel. (Man benutzt wieder Leiste oder Kartonstreifen.) Außerhalb des Nahpunktes wird man die Nadel scharf und einfach sehen, innerhalb des Nahpunktes dagegen unscharf und doppelt. Die Grenze gibt den Nahpunkt an. Wird der Kurzsichtige geprüft, so wird er die Nadel auch in einer größeren Entfernung doppelt sehen. Das ist dann sein Fernpunkt. — Beim Weitsichtigen dagegen liegt der Nahpunkt weiter als normal entfernt, während sein Fernpunkt im Unendlichen liegt.

9. Die Optik des Auges

a) *Bestimmung einer unbekannten Linse.* Bei den Versuchen über die Optik des Auges wird man die Linsen verwenden, die normalerweise zur Ausrüstung einer optischen Bank gehören (und aus der physikalischen Sammlung entliehen werden können). Ebenso aber lassen sich auch Augengläser benutzen, die nicht mehr gebraucht werden. Dazu muß man aber erst ihre Linsenform bestimmen. — Andererseits wird uns öfters auch die Aufgabe gestellt, zu entscheiden, welche Linsenform wir in einer Brille vor uns haben. Dazu gibt es einfache Prüfungen, von denen wir nur die sog. Bifokallinsen (Linsen mit 2 Schliffen, z. B. für Fern- und Nahsehen) ausnehmen.

Man blickt mit einem normalen Auge durch das unbekannte Glas und dreht es dabei um die Achse der Blickrichtung.

Das Bild ist unverändert ⟶ Planglas oder sphärisches Glas,

Das Bild ist verzerrt oder bewegt sich ⟶ Zylinderglas oder prismatisches Glas.

Man blickt durch das Glas auf das entfernte Fensterkreuz und bewegt das Glas von rechts nach links.

Das Bild ist unverändert und verschiebt sich nicht: Planglas.

Das Bild verschiebt sich ⟶ sphärisches Glas.

Bewegt es sich von rechts nach links (gleichsinnig) ⟶ Konkavlinse.

Bewegt es sich von links nach rechts (in Gegensinn) ⟶ Konvexlinse.

Zylindergläser werden untersucht, indem man senkrecht zur Zylinderachse oder in Richtung der Zylinderachse prüft.

b) *Die Gesetze der Sammellinse.* Wir pflegen die optischen Verhältnisse des Auges mit einer Sammellinse zu veranschaulichen. Tatsächlich sind die Vorgänge viel komplizierter (mehrere Flächen verschiedener Krümmung, verschiedene brechende Medien). — Wir verwenden die Einrichtung einer optischen Bank. Wir können uns auch behelfen mit einer Kerze, einem Pergamentschirm und einer im Stativ gehaltenen Sammellinse. Man verschiebt Schirm und Kerze vor einer auf dem Tisch liegenden Meßlatte und untersucht der Reihe nach folgende Fälle:

Der Gegenstand ist weiter entfernt als die doppelte Brennweite der Linse ⟶ zwischen der einfachen und doppelten Brennweite der anderen Linsenseite entsteht ein verkleinertes und umgekehrtes Bild.

Der Gegenstand ist genau die doppelte Brennweite von der Linse entfernt ⟶ in der doppelten Brennweite entsteht auf der anderen Linsenseite ein umgekehrtes und gleichgroßes Bild.

Der Gegenstand liegt zwischen der einfachen und doppelten Brennweite ⟶ außerhalb der doppelten Brennweite entsteht auf der anderen Linsenseite ein umgekehrtes und vergrößertes Bild.

Dabei ist zu zeigen, daß $x \cdot y = f^2$, wobei x = Abstand des Gegenstandes von dem einen Brennpunkt und y = Abstand des Bildes von dem anderen Brennpunkt.

Daraus ergibt sich die L i n s e n f o r m e l $\frac{1}{g} + \frac{1}{b} = \frac{1}{f}$, wobei b = Bildweite, g = Gegenstandsweite und f = Brennweite bedeuten. — Ebenso können die Bilder konstruiert werden. Denn:

Achsenparallele Strahlen gehen hinter der Linse durch den Brennpunkt.
Die Brennpunktstrahlen gehen durch den Brennpunkt und verlaufen hinter der Linse achsenparallel.

Der Mittelpunktsstrahl geht ungebrochen durch den optischen Mittelpunkt der Linse (die als dünne, planparallele Platte aufgefaßt wird).

Im übrigen verweisen wir auf die Physik-Lehrbücher.

c) *Das Auge als Sammellinse.* Man arbeitet mit einer optischen Bank und verwendet als Gegenstand eine Experimentierlampe mit Blendeinsatz; eine Sammellinse von 10 bis 12,5 cm Brennweite, die der Augenlinse entsprechen soll (ihre tatsächliche Gesamtbrennweite ist zwischen 18,7 mm und 20,7 mm veränderlich); einen Schirm (der die Netzhaut darstellen soll).

Versuch zur Akkommodation. Die Lampe steht weit entfernt. Man verschiebt die Linse so lange, bis der Gegenstand auf dem feststehenden Schirm scharf erscheint. Man mißt die Entfernung Lampe → Linse und Linse → Schirm.

Die Lampe wird näher gerückt. Das Bild wird unscharf. Um ein scharfes Bild zu erhalten, können wir drei Wege einschlagen:

1. Man bewegt die Linse zum Schirm (der Fisch akkommodiert durch die Lageveränderung der Augenlinse).

2. Man entfernt den Schirm von der Linse (der Lurch akkommodiert durch Veränderung der Augapfelgestalt).

3. Man tauscht die Linse durch eine andere aus (wir akkommodieren durch Veränderung der Linsengestalt, was sich im Modellversuch nicht darstellen läßt).

Lichtstrahlen, die parallel zur Augenachse in das Auge fallen, werden so gebrochen, daß sie sich im Gelben Fleck vereinigen. Wenn wir also das Auge mit einer Sammellinse vergleichen, so liegt der Brennpunkt dieses natürlichen Linsensystems auf der Netzhaut.

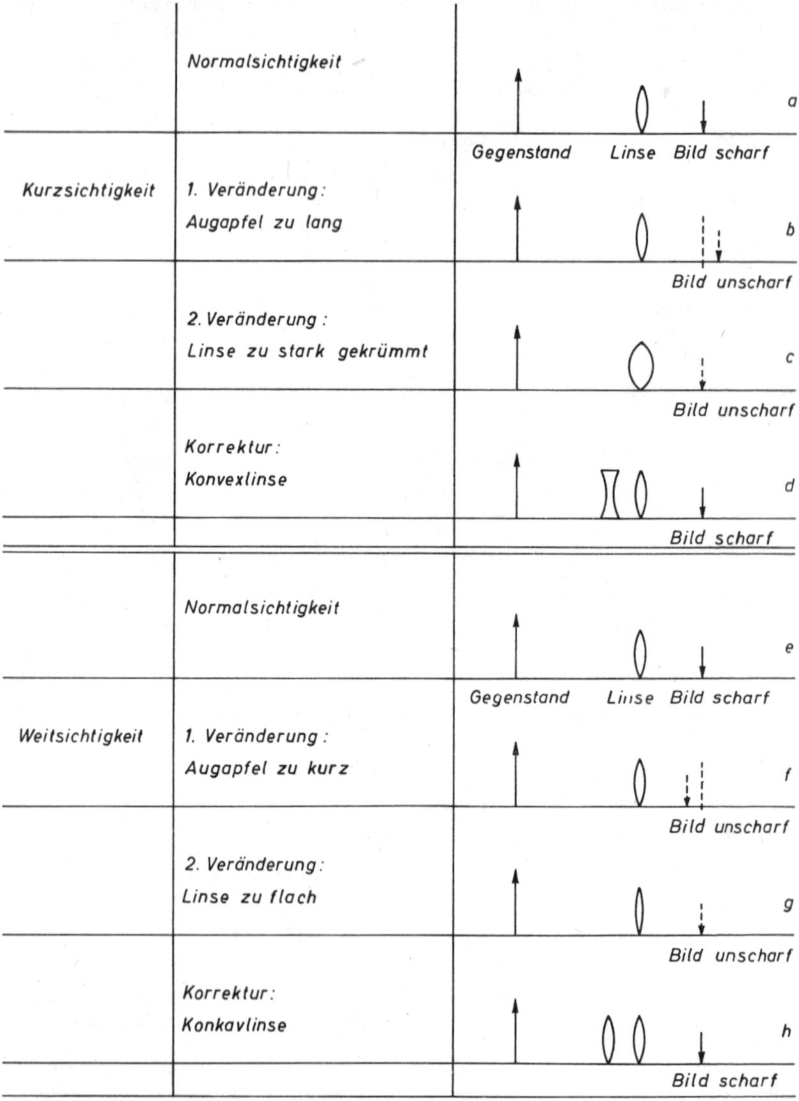

	Normalsichtigkeit	↑ ◯ ↓	a
		Gegenstand Linse Bild scharf	
Kurzsichtigkeit	1. Veränderung: Augapfel zu lang	↑ ◯ ⇣⇣	b
		Bild unscharf	
	2. Veränderung: Linse zu stark gekrümmt	↑ ◯ ⇣	c
		Bild unscharf	
	Korrektur: Konvexlinse	↑)(◯ ↓	d
		Bild scharf	
	Normalsichtigkeit	↑ ◯ ↓	e
		Gegenstand Linse Bild scharf	
Weitsichtigkeit	1. Veränderung: Augapfel zu kurz	↑ ◯ ⇣⇣	f
		Bild unscharf	
	2. Veränderung: Linse zu flach	↑ ◯ ⇣	g
		Bild unscharf	
	Korrektur: Konkavlinse	↑ ◯◯ ↓	h
		Bild scharf	

Abb. 44. Versuche zur Kurzsichtigkeit und Weitsichtigkeit.
Schematisiert. Erklärungen im Text.

d) *Augenfehler und Sehstörungen.* Wir unterscheiden Kurzsichtigkeit, Weitsichtigkeit und Alterssichtigkeit. Auch dazu gibt es Modellversuche, und die Wirkungsweise der benutzten Brillengläser ist im Experiment zu zeigen.

	Kurzsichtigkeit	Weitsichtigkeit	Alterssichtigkeit
Voraussetzungen	Linse ist normal, aber Augapfel ist zu lang	Linse ist normal, aber Augapfel ist zu kurz	Linse ist zu flach, dagegen ist der Augapfel normal
Korrektur	Mit Hilfe von Konkavlinsen entstehen scharfe Bilder von fernen Gegenständen auf der Netzhaut	Mit Hilfe von Konvexlinsen entstehen scharfe Bilder von nahen Gegenständen auf der Netzhaut	Mit Hilfe von Konvexlinsen entstehen scharfe Bilder von nahen Gegenständen auf der Netzhaut

e) *Versuche zur Kurzsichtigkeit.* Man braucht wieder Lampe, Sammellinse und Schirm.

Man ermittelt für einen weit entfernten Gegenstand das scharfe Bild auf dem Schirm (Abb. 44b) und rückt den Schirm noch etwas weiter von der Linse weg, so daß das Bild unscharf wird → Augapfel ist zu lang, unser „künstliches" Auge ist kurzsichtig geworden.

Man ermittelt (wie eben) für einen weit entfernten Gegenstand das scharfe Bild auf dem Schirm (Abb. 44c) und tauscht die Linse gegen eine etwas stärkere aus, ohne die Stellung von Lampe und Schirm zu verändern; das Bild wird unscharf → Linse ist zu stark gewölbt, das „künstliche" Auge ist kurzsichtig geworden.

Man setzt in beiden Fällen vor die Linse eine zweite, jedoch eine Zerstreuungslinse. Sie ist so zu wählen, daß das Bild scharf wird, ohne daß man die Stellung des Schirmes verändert (Abb. 44d).

f) *Versuche zur Weitsichtigkeit.* Man ermittelt für einen nahen Gegenstand das scharfe Bild auf dem Schirm (Abb. 44e) und rückt den Schirm noch etwas weiter zur Linse hin, so daß das Bild unscharf wird → Augapfel ist zu kurz, unser „künstliches" Auge ist weitsichtig geworden.

Man ermittelt (wie eben) für einen nahen Gegenstand das scharfe Bild auf dem Schirm (Abb. 44g) und tauscht die Linse gegen eine etwas schwächere aus, ohne die Stellung von Gegenstand und Schirm zu verändern; das Bild wird unscharf → Linse ist zu stark abgeflacht, das „künstliche" Auge ist weitsichtig geworden.

Man setzt in beiden Fällen vor die Linse eine zweite Sammel-Linse. Sie ist so zu wählen, daß das Bild scharf wird, ohne daß man die Stellung des Schirmes verändert (Abb. 44h).

10. Netzhaut
A. Stäbchen und Zäpfchen

a) Ein lichtschwacher Stern verschwindet, sobald man ihn fixiert, d. h. wenn sein Bild im Gelben Fleck entsteht. Er taucht dagegen auf, wenn man „vorbeischaut", d. h. wenn er nicht in der zäpfchenreichen Zone, sondern daneben abgebildet wird. Als Feststern eignet sich besonders gut das „Reiterlein" am großen Bären. Man sieht an der oberen Biegung der Wagendeichsel zunächst nur den hellen Stern. Wenn man ein wenig daneben schaut, taucht das dunkle Reiterlein (Alkor über dem Stern Mizar) auf. — Ähnlich kann man die Sterne des Siebengestirns (Plejaden) nur zählen, wenn man das Sternbild nicht fixiert.

b) *Mit dunkeladaptierten Augen* läßt sich ein schöner Versuch an den Leuchtziffern der Armbanduhr zeigen. Man bereitet eine Blende aus Pappe vor, durch die man alle Ziffern bis auf eine verdecken kann. Im Dunkeln sieht man jetzt auf die Leuchtziffer und anschließend daran vorbei in mehrfachem Wechsel. Die Ziffer erscheint dabei einmal heller, einmal dunkler. (Wenn man jetzt das Zifferblatt nur wenige cm entfernt vor das Auge hält, sieht man das Aufblitzen der Teilchen der radioaktiven Leuchtmasse.)

c) *Die Farbtüchtigkeit* ist auf der Netzhaut verschieden verteilt. Die Randbezirke tragen vorwiegend die hell-dunkel-empfindlichen S t ä b c h e n, sie sind daher farbenblind; mit dem Gelben Fleck erkennen wir die Farben am deutlichsten, dort sind die Z ä p f c h e n gehäuft. Wir prüfen diese Verteilung. Ein Auge blickt geradeaus auf einen Gegenstand, etwa einen Markierungspunkt (M) auf der Wandtafel, der dann auf den Gelben Fleck fällt. Man führt nun von der rechten Seite her und von hinten kommend eine weiße Pappe allmählich in die Nähe des Gesichtsfeldes und beobachtet genau die Art und die Reihenfolge der neuen Wahrnehmungen. Man bewegt dabei die Scheibe, die vorn drei Farbkreise (rot, blau, gelb) trägt, in einem fort einige cm nach oben und unten. — Man erkennt zuerst den weißen Karton und seine Gestalt, dann den gelben, dann den blauen, zuletzt den roten Farbklecks, indem hier der Reihe nach die anfänglich graue Farbe weicht. — Die Reklametechnik zieht daraus ihren Nutzen. Plakate mit auffälligen Hell-Dunkel-Unterschieden sind ein besserer Blickfang als bunte Bilder; diese wirken erst bei näherer Betrachtung.

d) Man heftet einige *Farbpapierblätter* (rot, blau; matte Oberfläche) mit Tesa-streifen an die Wandtafel hinter dem Experimentiertisch. Oder man stellt auf den Tisch eine Vase mit möglichst bunten Blumen. Oder man legt Stoffreste aus verschiedenen Farben bereit. Dann wird der Raum gut verdunkelt und einige Minuten gewartet, bis sich die Augen der Beobachter an die Dunkelheit gewöhnt haben.

Mit dem Schiebewiderstand, wenn vorhanden, wird die Deckenbeleuchtung ganz allmählich eingeschaltet (andernfalls benutzt man eine zusätzliche Lampe mit veränderlicher Lichtstärke und stellt sie an das andere Tischende). Alle beobachten, wie zuerst die Form der Gegenstände erscheint und viel später die Farben, wenn nach und nach das Grau weicht. — Besser wäre noch der Versuch, wenn man nur eine kleine Glühlampe benutzt, die man vom äußersten Tischende her langsam auf die Gegenstände am anderen Tischende zu bewegt. Mit der

Temperatur des Glühfadens ändert sich nämlich auch die Zusammensetzung des auffallenden Lichtes.

e) *Der Gesichtswinkel* des starr geradeaus blickenden Auges ist gut 180°. Mit Drehung des Auges kann er sogar einen Raum von 220° umfassen, ohne daß eine Kopfdrehung erfolgt. Zur Überprüfung zeichne man an die Wandtafel ein Kreuz und fixiere es mit dem linken Auge, das rechte ist dabei geschlossen. Man strecke beide Arme seitlich bis in die waagrechte Lage und nähere sie einander gleichzeitig, bis die Hände im Blickfeld auftreten. Man messe den Winkel zwischen beiden Armen. Man wiederhole denselben Versuch mit dem anderen Auge.

f) *Individuelle Farbempfindung:* Schüler bringen Rotstifte mit; etwa 10 mit schwachen Abweichungen im Farbton werden ausgewählt. Der Lehrer macht mit einem von ihnen einen Strich auf ein weißes Blatt. Die Schüler sollen der Reihe nach, ohne daß einer den anderen beobachten kann, den Stift aussuchen, der die gleiche Farbe gibt, und einen Strich ziehen. Man wird erhebliche Abweichungen feststellen (verschiedene Farbtüchtigkeit, aber auch psychische Ursachen).

B. Blinder und Gelber Fleck

Der Gegenstand wird in umgekehrter Lage auf der Netzhaut abgebildet. Die richtige Vorstellung ist das Ergebnis einer Erfahrung, einer Koordination von dem, was wir sehen und was wir ertasten. — Wenn wir fixieren, stellen wir das Auge so, daß das Bild im *Gelben Fleck* entsteht. Der *Blinde Fleck* kann kein Licht wahrnehmen (Austritt des Sehnervs). Er ist nur beim einäugigen Sehen nachzuweisen. Er stört nicht beim beidäugigen Sehen, weil stets kleine Augenbewegungen erfolgen und in seiner Nähe eine Zone geringerer Sehschärfe angrenzt.

g) Auf der *Retina* entsteht ein umgekehrtes Bild der Wirklichkeit, wie folgender Selbstversuch zeigt: Man sticht in einen Karton ein kleines Loch, durch das man im Abstand von 4 bis 5 cm mit einem Auge gegen den hellen Himmel sieht. Man erblickt ein kreisrundes helles Scheibchen. Nunmehr führt man einen dünnen Draht zwischen Pappe und Auge hindurch. Bewegen wir ihn in waagrechter Lage von oben nach unten, so wandert im Scheibchen der vergrößerte Schatten als schwarzer, unscharf begrenzter Balken von unten nach oben. Bewegen wir den Draht von unten nach oben, wandert der Schatten von oben nach unten. Der senkrechte, von rechts nach links bewegte Draht erzeugt ein Schattenbild, das von links nach rechts wandert, und umgekehrt. Man bringt einen Stecknadelkopf zwischen Pappe und Auge. Sein vergrößertes Schattenbild steht umgekehrt in der Mitte des hellen Kreises (s. Abb. 45a). Das Bild erscheint also oben-unten und rechts-links verkehrt. — Man beobachtet ein Präparat bei mittlerer Vergrößerung durch ein Mikroskop und durchmustert es, indem man es verschiebt. Mit ein wenig Übung gelingt es uns, rasch „umzudenken" und in der gewünschten Richtung zu bewegen.

h) Man kann den *Gelben Fleck* und die angrenzenden Netzhautkapillaren auf folgende Weise sichtbar machen: Man durchsticht einen schwarzen Karton von Postkartengröße mit einer Nadel, so daß ein kreisrundes Loch von 0,5 mm Durchmesser entsteht. Man hält den Karton dicht vor ein Auge und schaut durch das Loch gegen einen hellen Hintergrund (gegen den Himmel oder eine weiße Wand). Nunmehr bewegt man die Pappe rasch in kleinen Kreisen von 2 mm Durchmesser und beobachtet. Man sieht jetzt in der Mitte einen gleichmäßig hellen Fleck, von dem dunkle verästelte Linien, die Kapillaren, ausgehen. — Durch Wiederholung des Versuches stellt man fest, daß der Gefäßverlauf immer der gleiche bleibt und an beiden Augen verschieden ist.

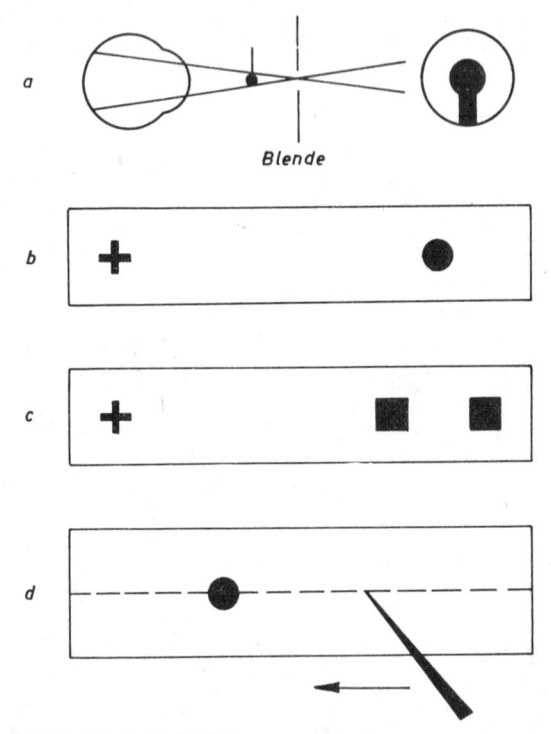

Abb. 45. Versuche zum Aufbau der Netzhaut.

a das auf der Netzhaut erzeugte Bild entsteht durch „Schattenwurf", es erscheint seitenverkehrt und vertauscht oben und unten, b Versuch zum blinden Fleck (Versuch von MARIOTTE), c abgeänderter Versuch von eben, d wie der Versuch einer Klasse sichtbar gemacht wird (Beschreibung im Text).

i) *Blinder Fleck.* Man betrachte Abb. 45b, indem man das linke Auge schließt und mit dem rechten das Kreuz fixiert. Man nähere langsam das Bild dem Auge. Der Kreis, der zuerst noch gesehen wird, verschwindet etwa in einer Entfernung von 25 cm. Sein Bild fällt dann dahin, wo sich der Blinde Fleck befindet. Wenn man nun noch weiter nähert, so tritt der Kreis wieder auf. — Man prüfe jetzt auch entsprechend das linke Auge. Dazu drehe man die Abb. um 180°, denn beide Blinde Flecke liegen spiegelbildlich zueinander.

k) Man kann zeigen, daß das Bild des Kreises über den Blinden Fleck hinwegwandert. Dazu wählt man besser ein Bild, wie es Abb. 45c angibt. Wenn man das Auge der Abbildung nähert, verschwindet zuerst das Quadrat, das weiter entfernt ist. Es erscheint dann wieder, aber nunmehr wird das benachbarte Quadrat unsichtbar. Wenn man noch weiter nähert, sind wieder beide Quadrate zu sehen.

l) Will man den Versuch von vielen Schülern am gleichen Bild durchführen lassen, so kann man wie folgt verfahren: Man zeichnet auf die Mitte der Tafel, die sich genau vor der Klasse befindet, einen Kreis von 5 cm Durchmesser. Die in der linken Hälfte des Raumes Sitzenden müssen das linke Auge schließen und mit dem rechten beobachten (die in der rechten Raumhälfte später umgekehrt!). Nun bewegt man einen Zeigestock längs der waagrechten Tafelmitte, am Kreis beginnend, und läßt das Ende des Stockes fixieren. Bei einer bestimmten Entfernung verschwindet der Kreis für die nächsten Beobachter. Je weiter sich der Stock nach links bewegt, umso weiter sitzen die Beobachter von der Tafel entfernt, bei denen das Gleiche eintritt. (Entsprechend wird der Versuch auf der rechten Raumhälfte durchgeführt.) (Vgl. Abb. 45d)

11. Berechnungen am Auge

a) *Dioptrie.* Die Brechkraft einer Linse von 100 cm Brennweite nennen wir eine Dioptrie (1 D). Die Brechkraft der Augenlinse schwankt zwischen 19 D (Ferneinstellung) und 33 D (Naheinstellung), die des ganzen Auges zwischen 58 D (Ferneinstellung) und 72 D (Naheinstellung). — Eine Linse mit 58 D hat also eine Brennweite von $f = 1{,}7$ cm. Eine Brennweite von $f = 2{,}5$ cm entspricht also 40 D. Wird $f = 50$ cm, so ist $D = 2$.

b) *Linsenformel.* Wenn die Gegenstandsweite $= g$, die Bildweite $= b$ und die Brennweite $= f$ sind, so gilt $\dfrac{1}{g} + \dfrac{1}{b} = \dfrac{1}{f}$

Aus zwei bekannten Größen ist also die dritte zu bestimmen. Bei Versuchen mit der optischen Bank ist die rechnerische Kontrolle mitunter nötig.

c) *Abblendung.* Der Grad der Abblendung wird durch das Verhältnis von Blendenweite (2r) und Brennweite (f) bestimmt. Wird z. B. bei einem Photoapparat auf 8 abgeblendet, muß das Verhältnis $2r : f = 1 : 8$ werden. Wenn unser Pupillendurchmesser zwischen 2 mm und 8 mm schwanken kann (Brennweite beträgt 1,7 mm), so ändert das menschliche Auge seine Blende zwischen 2,1 und 8,5. Denn: $2r_1 : f = 8 : 17 = 1 : 2{,}1$ und $2r_2 : f = 2 : 17 = 1 : 8{,}5$.

Die Fläche der Pupillenöffnungen ergeben ein Maß für die Regulierfähigkeit. Es würde gelten:

$$\frac{0_1}{0_2} = \frac{r_1^2 \pi}{r_2^2 \pi} = \frac{4^2}{1^2} = \frac{16}{1}$$

Die Grenzen sind also sehr eng; jede weitere Anpassung muß die Retina leisten. Wir haben z. B. bei hellem Sonnenschein 100 000 Lux und in der Zimmermitte 300 Lux, also bereits hier etwa ein Helligkeitsverhältnis von 300 : 1.

d) *Gegenstandsgröße*. Werden Gegenstandsgröße (G) und Bildgröße (B) verglichen, so besteht das einfache Verhältnis G : B = g : b, wobei g die Gegenstandsweite und b die Bildweite (= 2,2 cm) sind. — Wie groß ist also ein Gegenstand, der auf der Netzhaut 6,6 mm groß und vom Auge 60 cm entfernt ist?

Lösung: 2,2 : 60 = 0,66 : x. Der Gegenstand ist also   2,2   cm = 18 cm lang.

e) *Berechnung von Brillen*. Wenn man die normale Sehweite (25 cm) und die deutliche Sehweite eines korrekturbedürftigen Auges kennt, kann man die Anzahl der Dioptrien bestimmen, die für das korrigierende Glas nötig ist. Für Linsensysteme und Augengläser gilt: $\frac{1}{f_1} + \frac{1}{f_2} = \frac{1}{f}$ oder $D_1 + D_2 = D_x$ und

entsprechend: $\frac{1}{f_1} - \frac{1}{f_2} = \frac{1}{f}$ oder $D_1 - D_2 = D_x$, wobei f die Brennweite der Linse angibt.

α) *Kurzsichtigkeit*. Ein Kurzsichtiger habe die deutliche Sehweite von 12,5 cm. Also ist:

$$\frac{1}{12,5 \text{ cm}} + \frac{1}{b} = \frac{1}{f_1} \quad \text{und} \quad \frac{1}{25 \text{ cm}} + \frac{1}{b} = \frac{1}{f_2}, \text{ demnach}$$

$$\frac{1}{25 \text{ cm}} - \frac{1}{12,5 \text{ cm}} = \frac{1}{f} \; ; \; f = -25 \text{ cm} = -4D.$$

β) *Weitsichtigkeit*. Ein Weitsichtiger habe die deutliche Sehweite von 50 cm. Also ist:

$$\frac{1}{50 \text{ cm}} + \frac{1}{b} = \frac{1}{f_1} \quad \text{und} \quad \frac{1}{25 \text{ cm}} + \frac{1}{b} = \frac{1}{f_2}, \text{ demnach}$$

$$\frac{1}{25 \text{ cm}} - \frac{1}{50 \text{ cm}} = \frac{1}{f} \; ; f = +50 \text{ cm} = +2D.$$

12. Beobachtungen am Rindsauge

Der Aufbau des menschlichen Auges wird zweckmäßig am Rindsauge untersucht, das man sich leicht vom Metzger oder vom Schlachthof besorgen kann.

a) *Das frische Rindsauge* wird von außen untersucht. Man prüfe dabei Größe, Gestalt, Pupille, Hornhaut, Regenbogenhaut, Sehnerv, anhaftendes Fett- und Muskelgewebe an der Hinterseite usf. Dann wird das Auge in einer Kältemischung hart gefroren. Man kann es nunmehr mit einem Sägemesser oder einer Laubsäge zertrennen. Man schneide dabei Hornhaut und Linse quer durch und untersuche den Schnitt mit der Lupe. Man kann ihn auch für die Sammlung aufbewahren, wenn man ihn in geeigneter Lage befestigt und in 5%igem Formol auftaut.

b) Man schneidet ein frisches Rindsauge quer durch; man zertrennt dazu die weiße Haut in etwa 1 bis 2 mm Entfernung vom äußeren Irisrand. Für den ersten

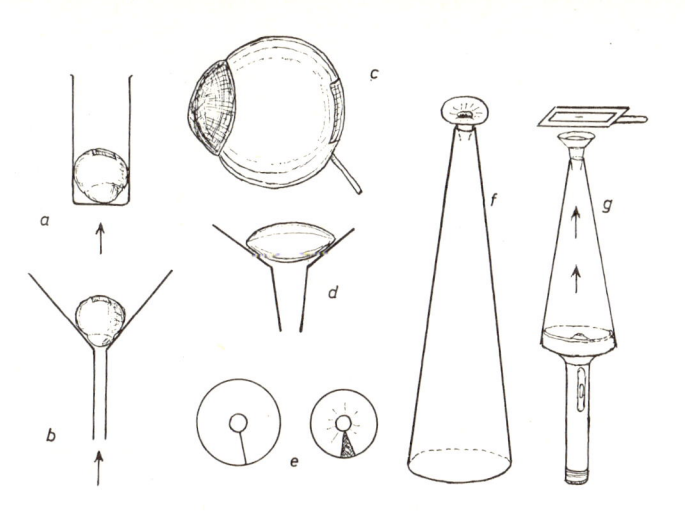

Abb. 46. Untersuchung des Rindsauges.

a und b Sichtbarmachung des Netzhautbildes, c Rindsauge mit dem Papierfenster, d der verwendete Linsenhalter mit der herauspräparierten Linse, e wie der Teller des Halters entsteht, f und g Versuchsanordnung zur Bestimmung der Linsenbrennweite.

Schnitt empfiehlt sich eine Rasierklinge, dann wird das Auge mit einer kleinen spitzen Schere zertrennt. Wie in einer kleinen Schüssel liegt in der vorderen Augenhälfte vom Strahlenkörper umgeben die durchsichtige Linse. Die Linse ist etwa 1,5 cm breit, kaum 1 cm hoch und glasklar durchsichtig. Sie dient für weitere Versuche.

c) Man faßt die *isolierte Linse* vorsichtig zwischen Daumen und Zeigefinger und bemerkt, daß sie Druckbuchstaben vergrößert, am Linsenrand sind die Buchstaben stark verzerrt.

Man bestimmt die Brennweite dieser Linse. — Als Lichtquelle dient eine Stab-Taschenlampe, die senkrecht in ein Stativ gespannt wird. Über ihre Öffnung wird eine Pappröhre gestülpt, wie Abb. 46g angibt. Die sich verjüngende Röhre trägt am oberen Ende einen kleinen durchbohrten Papierteller, auf dem die Linse liegt. (Die Linse ist weich und elastisch). Ein Pergamentpapierschirm wird jetzt so lange verschoben, bis auf ihm das scharfe Bildchen erscheint. Man kann den Abstand von Linse und Schirm (in mm) messen und Brennweite und Dioptrienzahl der Augenlinse bestimmen. — An dieser Stelle können mit Vorteil Versuche mit bikonvexen Glaslinsen angeschlossen werden, an denen man die physikalischen Gesetze ableitet (Gegenstand befindet sich vor, in und hinter dem Brennpunkt der Linse).

d) Ein anderes frisches Auge wird sorgfältig von dem anhaftenden Fett- und Muskelgewebe befreit. Dann schneidet man, während das Auge mit der Vorderseite nach unten in einem kleinen Glastrichter liegt, in die hintere Wand neben dem Sehnerv ein etwa 15 x 15 mm großes Fenster, ohne den Glaskörper zu beschädigen. Man klebt dann das Fenster mit einem Stück Pergamentpapier wieder zu. (Man kann auch auf die Öffnung ein Deckgläschen legen, durch das man in das Augeninnere schaut.)

e) Man zeigt, wie die Rindsauge einen Gegenstand in dem Netzhautfenster abbildet. Man bringt dazu im verdunkelten Raum etwa 1 m vor das präparierte Auge eine brennende Kerze und sieht das umgekehrte verkleinerte Bild im Fenster. — Man schätzt die Größe des Bildchens und vergleicht mit dem Gegenstand.

B. DAS OHR

13. Hörübungen

a) *Schallquellen.* Man braucht eine gleichbleibende Schallquelle. Dazu läßt man auf dem Tisch einen Wecker ticken oder einen Schüler mit gleichbleibender Stimme vorlesen, oder man hört im Rundfunkgerät oder mit dem Bandgerät einen Vortragsredner. — Einen reinen Dauerton erzeugen Gong oder Stimmgabel. Ein elektrischer Schwingkreis kann durch geeignete Wahl von Spule und Kondensator zu einem in Tonhöhe und -stärke beliebig veränderlichen Tonerzeuger werden. — Für empfindliche Versuche läßt sich das Geräusch verwenden, das zwei aufeinander schlagende Fingerkuppen erzeugen (man kann es bis 1 m vom Ohr entfernt hören). — Kontinuierliche Klangreize werden immer schlechter gehört als diskontinuierliche.

b) *Ohrmuschel.* Mit beiden Zeigefingern drücke man beide Ohrmuscheln nach hinten gegen den Kopf und lasse dann los. Man wiederhole den Versuch mehrfach und stelle dabei vorübergehende Verminderung der Lautstärke fest. — Man drücke die Ohrmuschel nach vorn, bis sie die hintere Wangengegend berühren, und lasse darauf los; man wiederhole mehrfach. Die Lautstärke ändert sich. — Mit beiden Zeigefingern biege man beide Ohrmuscheln ein wenig nach vorn, so daß sie rechtwinklig abstehen. Wieder wird die Lautstärke größer. — Man vergrößere die Fläche der Ohrmuscheln durch die dahinter gehaltenen hohlen Hände. Die Lautstärke wird größer.

c) Man verstopft ein Ohr mit Watte oder OHROPAX. In den *Gehörgang* des anderen Ohres wird ein 25 cm langer Gummischlauch von entsprechender Dicke gesteckt. Wenn man sein Ohr auf die Schallquelle zuwendet, verändert sich die Lautstärke nicht. Wir setzen auf das Ende des Schlauches einen mittleren Glastrichter. Sofort steigt die Lautstärke erheblich an. — Man kann den Trichter auch ohne Verbindungsstück auf das Ohr setzen mit demselben Ergebnis.

d) *Eustachische Röhre.* Man schlage eine Stimmgabel an und halte sie vor die Nasenlöcher, und man schlucke mehrfach bei geschlossenem Mund. Die Lautstärke verändert sich. Man schließe fest Mund und Nase und versuche auszuatmen. Man hört in beiden Ohren ein knackendes Geräusch. Wenn sich die Eustachische Röhre öffnet, empfindet man die Druckerhöhung in der Paukenhöhle. — Man mache wiederholt Schluckbewegungen und achte darauf, ob im Ohr ein leises Knacken wahrzunehmen ist. Während der Druckerhöhung klingen äußere Geräusche jetzt leiser als vorher. Bei offenem Mund entweicht der Luftüberschuß aus der Paukenhöhle: man hört wieder normal.

e) Gelegentlich machen wir Beobachtungen beim Fahrstuhl-, Lift- oder Seilbahnfahren, wenn größere Höhenunterschiede rasch überwunden werden. Das *Trommelfell* wird bei abnehmendem äußeren Luftdruck (also beim Aufstieg) durch den inneren Druck nach außen, bei zunehmendem äußeren Luftdruck (also beim Abstieg) nach innen durchgebogen. Das Ohrensausen, das sich mitunter einstellt, verschwindet sofort, wenn wir einige Male schlucken. Dadurch wird über die Eustachische Röhre der Druckausgleich hergestellt.

f) *Hörvermögen*. Man prüft, in welchem Abstand man gerade noch mit beiden Ohren das Ticken einer Taschenuhr vernimmt. — Ein Ohr wird zugehalten. Mit dem anderen Ohr allein wird geprüft, ob sich der Abstand ändert. — Dieser Versuch wird von verschiedenen Schülern durchgeführt.

g) Mit zunehmendem Alter wird das Hörvermögen für höher frequente Töne geringer. Das läßt sich mit Hilfe einer Schallplatte zeigen, die einen sich kontinuierlich erhöhenden Dauerton abgibt. Bei bestimmten Tonhöhen wird jeweils die betreffende Schwingungszahl durch eingeblendete Zahlangabe mitgeteilt. — Die Platte ist im Handel zu erhalten.

14. Schalleitung

a) Ein Schüler singt mit möglichst tiefem Ton, während ihm ein anderer die flache Hand auf den Rücken legt. Man kann dabei denselben Ton hören und seine Schwingungen fühlen. — Man berührt mit einer angeschlagenen Stimmgabel vorsichtig die Lippen. — Man schlägt eine Stimmgabel an, die von einer an einem Faden hängenden leichten Kugel berührt wird. Die Kugel wird immer wieder von der Stimmgabel abgestoßen und macht regelmäßige Bewegungen.

b) *Schalleitung in verschiedenen Medien*. Man läßt einen Ofenhaken zwischen zwei Stühlen pendeln und anschlagen. Der Haken hängt dabei an einem Finger, der im Gehörgang eines Ohres steckt. Man vermeint Glockengeläut zu hören. — Man berührt eine Taschen- oder Armbanduhr, die auf einem Tisch liegt, mit einer Holzleiste von etwa 50 cm Länge oder einem langen Lineal und hält das andere Ende an sein Ohr. Man hört die Uhr ticken. Dann entfernt man die Leiste. Da die Luft den Schall schlechter leitet als das Holz, verschwindet das Ticken. — Man versucht bei Gelegenheit festzustellen, ob wir unter Wasser hören können (Voraussetzung intakte Trommelfelle).

c) *Knochenleitung*. Man hört mit dem schalleitenden Apparat, wenn der Ton den Weg zurücklegt, der über Ohrmuschel, Gehörgang, Trommelfell, Gehörknöchelchen zum inneren Ohr führt. Aber es gibt auch ein Hören mit Knochenleitung. Eine Taschenuhr wird fest gegen die Stirn oder an den Hinterkopf gedrückt oder zwischen die Zähne genommen; dabei ist die Schalleitung über die Knochen festzustellen. — Man setzt eine angeschlagene kleine Stimmgabel auf die Stirn, auf das Schienbein, auf die Kniescheibe usw.

d) *Versuche nach* R i n n e. Wenn beim Knochenhören der Ton einer Stimmgabel verschwindet (dabei setzt man die Stimmgabel etwa auf den Warzenfortsatz des Felsenbeins), muß er wieder auftauchen, wenn man die weiter schwingende Stimmgabel sofort vor die Ohrmuschel bringt. Dabei fällt der „Versuch von *Rinne*" positiv aus. — Man kann auch eine angeschlagene kleine Stimmgabel mit den Zähnen festhalten, bis man nichts mehr hört. Dann bringt man sie rasch vor eine Ohröffnung (zwei Versuche: rechts und links). Wir erkennen damit, daß der schalleitende Apparat ungestört arbeitet. Man macht den Versuch in umgekehrter Reihenfolge. Dabei wird, wenn die Schalleitung über das Ohr intakt ist, der Ton nicht mehr gehört, wenn man die Stimmgabel zuerst bis zur Hörgrenze vor die Ohrmuschel hält, um sie dann erst zwischen die Zähne zu nehmen. (Das Gegenteil freilich würde zeigen, daß man eine Störung des Mittelohres annehmen muß; die Probe heißt der „negative *Rinne*".)

15. Richtungshören

a) Mitten in der Klasse steht ein Schüler mit verbundenen Augen. Er soll die *Richtung von Geräuschen* angeben, die die Schüler auf die stumme Weisung des Lehrers hin erzeugen. Mit einem Bleistift wird auf die Tischplatte geschlagen, es wird gesummt, geklatscht, geschnalzt, geflüstert usw. Der Schüler bedient sich zuerst beider Ohren. Er macht kaum eine falsche Angabe. — Man erzeugt auch ein Geräusch genau vor und hinter ihm. Jetzt wird die Richtungsangabe unsicher.

b) Man wiederholt dieselben Versuche, aber ein Ohr des Schülers wird dabei dicht verstopft. Jetzt werden die Angaben oft recht ungenau sein. Man untersucht, ob kurz andauernde Geräusche (Knall, Schlag) besser als langandauernde Töne (Gong, Stimmgabel) geortet werden. — Man läßt dieselben Versuche noch andere Schüler durchführen und fertigt ein Protokoll mit folgender Tabelle an:

Geräuschart	falsche Angaben		richtige Angaben	
	ein Ohr	zwei Ohren	ein Ohr	zwei Ohren
Knall				
Dauerton				
Flüstern				
Pfiff				

c) Man prüfe, soweit noch nicht geschehen, durch geeignete Versuche folgende Angaben:
Unsicher wird, auch wenn man mit beiden Ohren hört, die Richtungsangabe bei Dauertönen (z. B. Luftschutzsirene); dagegen sind kurze Geräusche (Glockenschlag, Turmuhr) leicht räumlich festzulegen. — Es ist ein Unterschied, ob man einen Gong mit einem Schlag kurz anschlägt, oder ob man mit zartem Schlag einen Dauerton erzeugt. — Wenn man längs einer geraden Straße blickt und

Motorlärm hört, belehrt uns nur das Auge, ob sich das Fahrzeug von vorn oder hinten nähert. — Mit einem Ohr gibt man die Richtung tiefer Töne schwerer an als hoher. Schrille Töne sind dagegen schwer auszumachen (man suche eine zirpende Grille im Gras!).

d) *Das Richtungshören* kommt dadurch zustande, daß derselbe Reiz beide Ohren nacheinander erreicht. Die Zeitdifferenz, die gerade noch empfunden wird, kann aber leicht bestimmt werden. Die Versuchsperson, die mit dem Rücken gegen den Tisch sitzt, steckt die beiden Enden eines 2 m langen Schlauches in die äußeren Gehörgänge. Die Schlauchschleife liegt hinter ihr auf dem Tisch und kann von ihr nicht gesehen werden. Die Mitte des Schlauches ist markiert, neben dem mittleren Stück liegt ein Maßstab (Abb. 47a). Wird mit einem Bleistift auf die Mitte des Schlauches geschlagen, so wird der Schall gleichmäßig rechts und links empfunden. Er erreicht nach 1/330 sec = 0,003 sec beide Ohren. Wird 1 cm, 2 cm, 3 cm usf. rechts oder links von der Schlauchmitte geschlagen, so läßt sich, je weiter von der Nullstelle entfernt, umso sicherer der voreilende Schall hören. — Wir tragen in eine Wertetabelle nach folgendem Muster die Ergebnisse ein (wir bezeichnen mit + die richtigen und mit — die falschen Angaben) und führen den Versuch an drei Versuchspersonen durch.

Entfernung von der Schlauchmitte in cm																	
links									rechts							
8	7	6	5	4	3	2	1	0	1	2	3	4	5	6	7	8

Man stellt dabei fest, daß gerade noch 1 cm richtig verzeichnet werden kann. *Berechnung:* Der verwendete Schlauch ist 2 m lang, d. h. der akustische Reiz erreicht, wenn er in der Schlauchmitte entstand, nach 0,003 sec jedes Ohr. Da aber auch eine nur 1 cm von der Mitte verschobene Erschütterung als vorlaufend empfunden wird, können wir also noch ein Hundertstel von 0,003 sec, also 0,00003 sec Zeitdifferenz aufnehmen.

e) Man ändert den Versuch von eben ab: Man läßt den Bleistift 10 cm links und rechts von der Schlauchmitte hin- und hergleiten. Dabei nimmt die Versuchsperson eine rauschende Schallquelle wahr, die sich von einer Seite zur anderen zu bewegen scheint. — Man klopft mehrfach auf dieselbe Stelle; die Angabe wird genauer. — Man setzt den Kopf einer tönenden Stimmgabel auf; sofort (aber nur beim Aufsetzen) ist die Angabe einwandfrei. Beim Forttönen ist keine Angabe mehr möglich.

f) *Mathematische Herleitung.* Die Angabe der Schallrichtung setzt verschiedene Ankunftszeiten des Schalles voraus. Liegt aber die Schallquelle genau vor oder hinter dem Kopf, auf der Mittelebene zwischen den Ohren, kommt der Schall für beide Ohren zur gleichen Zeit an. Nur durch Kopfschwenken klären wir die Unsicherheit in der Richtungsangabe.

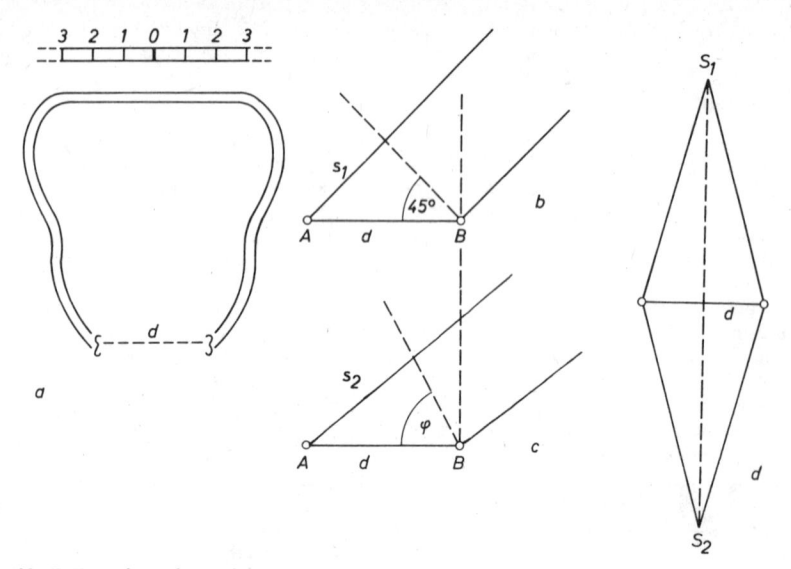

Abb. 47. *Versuche und Berechnungen zum Richtungshören.*

a Versuch zum Richtungshören, d ist der Ohrenabstand = 18 cm (näheres im Text), b Berechnung des Weges s_1, wenn Schallquelle um α = 45 Grad seitlich liegt, c Berechnung des Winkels (s. Text), wenn $s_2 - s_1$ = 1 cm beträgt, d das ideale Hören, wenn der Schallerzeuger (S_1 oder S_2) auf der Mittelsenkrechten von d liegt.

Wenn aber die Schallquelle seitlich von der Mittellinie (dazu Abb. 47) liegt, kommt der Schall an die Ohren zu verschiedenen Zeiten. Aus dieser Differenz erkennen wir die Schallrichtung, dazu ist aber noch die „Zeitmarkierung" nötig: der Schall muß einsetzen oder aufhören.

Der Schall kommt (dazu Abb. 47b und c) um soviel früher an das rechte Ohr, wie Zeit nötig ist, um s zurückzulegen. Wir nehmen an, daß die Schallquelle 45° seitlich der Mittellinie liegt. Also α = 45° und d (Ohrenabstand) = 18 cm. Dann gilt $\sin \alpha = s : d$ und $s = c \cdot t$.

Daraus läßt sich die Zeit berechnen

$$t = \frac{d \cdot \sin \alpha}{c} = \frac{18 \text{ cm} \cdot 0{,}707 \text{ sec}}{33\,300 \text{ cm}} = \frac{1}{2620} \text{ sec}$$

$$s = c \cdot t = \frac{33\,300 \text{ cm}}{2620} = 12{,}7 \text{ cm (Wegunterschied)}$$

Wir können freilich den Winkel von 45° nicht genau angeben. Denn wir geben selbst die Richtung der Mittellinie nur mit einem Spielraum von 3° richtig an. Dabei ist das die größte Genauigkeit des Richtungshörens überhaupt. Diese 3° entsprechen einem Wegunterschied von 1 cm, wie er in Versuch d) gefunden wurde. Je weiter aber die seitliche Schallrichtung von der Mittellinie abweicht, umso ungenauer wird die Richtungsangabe. Für einen seitlichen Winkel von 45° kann man einen Spielraum von 11° errechnen. Mithin kann die Schallquelle auch um 56° seitlich liegen. Es ist:

$\sin 45° = s_1 : d; \sin \varphi = s_2 : d$
und $s_2 - s_1 = 1$ cm. Also ist auch:
$d \cdot \sin \varphi - d \cdot \sin 45° = 1$ cm und: $\sin \varphi = 0,8275; \varphi = 56°$.

16. Modelle und Modellversuche zum inneren Ohr

a) Es gilt, den Verlauf der *Schnecke* und ihrer zwei parallel verlaufenden „Treppen" verständlich zu machen. Man zeigt leicht, wie man sich solche Schneckenwindungen entstanden denken kann, wenn man ein kleines U-förmig gekrümmtes Glasrohr und einen leicht biegsamen etwa 1 m langen Gummischlauch benutzt, wie es die Abb. 48a angibt. Man krümmt die zwei nebeneinander liegenden Schlauchhälften so lange, bis zwei Doppelschleifen entstehen, Vorhof- und Paukentreppe, mit der Umkehrstelle, dem sog. Schneckenloch.

b) Man kann auch umgekehrt verfahren, indem man modellmäßig das *Labyrinth* vereinfacht. Man stellt sich die zweieinhalb Windungen der Schnecke aufgebogen und zu einem Rohr gestreckt vor. An diesem „Rohr" können aber ovales und rundes Fenster sowie *Vorhof- und Paukentreppe* wiedergegeben werden. — Ein kurzes, dickes Probierrohr von 3 oder 4 cm lichter Weite nimmt die aus Zeichenkarton geformte „häutige Schnecke" auf. Sie hat trapezförmigen Querschnitt, ist hinten verschlossen und wird gleitend in das Rohr eingeführt. Auf die Rohröffnung wird eine runde Pappscheibe geklebt, in der sich zwei Zellophanfenster

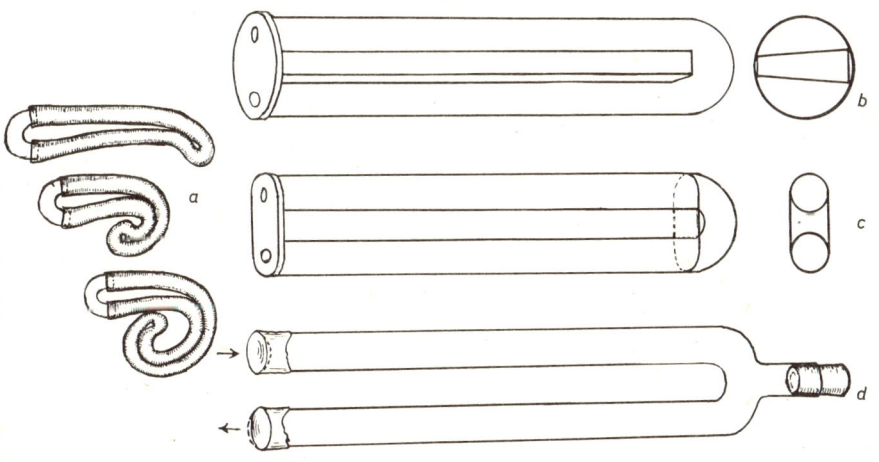

Abb. 48. Modelle und Modellversuche zum inneren Ohr.

a Modellversuch mit einem Gummischlauch, b und c vereinfachte Modelle, die Treppen und Fenster der Schnecke zeigen, d Modellversuch zur Wirkungsweise von ovalem und rundem Fenster (näheres s. Text).

von runder bzw. ovaler Form befinden (vgl. Abb. 48b). — Eine Modellvorstellung liefert auch ein gewöhnliches U-Rohr. Der eine Schenkel stellt die Vorhoftreppe, der andere die Paukentreppe dar. Die zwei Rohrmündungen tragen Pappscheiben mit einem runden bzw. ovalen Zellophanfenster. Eine Manschette aus farblosem Zellophan, die um die zwei Rohrschenkel gelegt wird, soll den Raum der häutigen Schnecke begrenzen.

c) Im Modellversuch kann man auch das Wechselspiel der zwei Fenster zeigen. Man braucht dazu ein gewöhnliches U-Rohr. Seine Öffnungen werden durch die abgeschnittenen Enden der Gummihülle eines Luftballons verschlossen. Wenn man auf das eine ausgespannte Gummihäutchen (gleich ovales Fenster) mit der Fingerbeere drückt, schwingt dabei das andere im gleichen Takt aus (das runde Fenster). Die Luft ist dabei Druckübertrager. Die Ausschläge lassen sich auch mit einer Experimentierlampe für alle Schüler leicht sichtbar machen.

d) Man kann auch Wasser als Druckübertrager benutzen. Man nimmt dazu ein U-Rohr, das an der Krümmung einen seitlichen Stutzen trägt (s. Abb. 48d). Durch den Stutzen wird das U-Rohr mit Wasser gefüllt (Luftblasen vermeiden!). Dann wird er durch einen kleinen Gummistopfen verschlossen (ein Kork würde Luft nachziehen). Wird nunmehr auf ein Gummihäutchen gedrückt, wölbt sich fast um den gleichen Betrag das andere Gummihäutchen vor.

C. SONSTIGES

17. *Beobachtungen zum Muskelsinn*

Wir können selbst mit geschlossenen Augen Aussagen darüber machen, wie groß etwa der von den Muskeln geforderte Kraftaufwand ist. Wir wissen auch, welche Lage unsere Gliedmaßen im Raum einnehmen. Dieser *Muskelsinn* hat seinen Sitz in den Muskeln, Bändern und Sehnen. Er wird soweit möglich vom Gesichtssinn unterstützt, aber unterliegt trotzdem mannigfachen Täuschungen.

a) Jemand muß mit verbundenen Augen folgende Befehle ausführen: mit dem linken Zeigefinger die Höhe der Nasenspitze, des rechten Ohrläppchens, der linken Braue andeuten; beide Zeigefinger so gegeneinander stellen, daß sie sich fast berühren und eine Gerade bilden usf.

b) Man bringt den rechten Arm nebst Hand einer Versuchsperson, der die Augen verbunden wurden, langsam in eine möglichst ungewohnte Lage (z. B. Heben des Armes über die Schulter, Drehen der Hand um 180°, Abspreizen des Zeigefingers). Die Versuchsperson hat dieselbe Stellung mit dem linken Arm spiegelbildlich nachzuahmen.

c) Zwei gleichlange dünne Bindfäden werden an einen Gewichtsstein (100 oder 200 p) gebunden, und am Fadenende werden Fingerschlingen angebracht. Das Gewicht ist mit dem rechten, dem linken Zeigefinger, mit beiden Zeigefingern zugleich zu heben.

d) Gestaltsgleiche, aber verschieden große Druckdeckeldosen oder Pappschachteln werden mit Sand, Bleischrot o. dergl. gefüllt, so daß sie gewichtsgleich werden. Man hebt die Gewichte und vergleicht sie. Wir wissen aus Erfahrung, daß größere Gewichte schwerer zu sein pflegen als kleinere.

e) An einen Gewichtsstein von 250 p bindet man einen Faden mit langer Schlinge. Man hängt das Gewicht an den Daumen, den Zeigefinger, das Armgelenk, die Ellenbeuge, über die Zehen und vergleicht (dasselbe auch mit verbundenen Augen).

f) Man hält ein schweres Gewicht (1 kp) an einem Faden fest und läßt es langsam auf den Boden gleiten. Auch wenn wir das Gewicht auf ein Stück Schaumgummi oder ein weiches Kissen setzen, unterliegen wir der gleichen Täuschung.

g) Eindrucksvoll sind endlich zwei Reihen von Versuchen mit gestaltgleichen, aber gewichtsverschiedenen Gegenständen. Man besorgt sich ein Stück Bleirohr (15 cm), eine gleichlange Walze aus Holz (Besenstiel) und aus Pappe. — Man läßt die 3 Gegenstände hochheben und beobachtet, wie das geschieht. — Man verkleidet die 3 Gegenstände, indem man sie mit Papier gleicher Art beklebt. Man achtet auf die Versuchsperson, wenn sie die Gegenstände der Reihe nach hochhebt.

18. Versuche zur Geschmacksempfindung

a) *Die 4 Geschmacksqualitäten.* Wir unterscheiden die Geschmacksqualitäten sauer, süß, bitter und salzig. Ihre Lokalisation auf der Zunge ist durch Versuche festzustellen. Man braucht dazu:

eine 5 %ige Lösung von Bittersalz (MgSO$_4$),
eine 2 %ige Lösung von Rohrzucker (C$_{12}$H$_{22}$O$_{11}$),
eine 2 %ige Lösung von Kochsalz (NaCl) und
etwas Speiseessig (mit Wasser auf die Hälfte verdünnt).

In jeder Lösung befindet sich ein dicker Glasstab. — Die Zunge der Versuchsperson wird mit Fließpapier sorgfältig abgetrocknet. Man prüfe in der Weise, daß man mit dem Ende des Glasstabes, an dem sich ein Tropfen der zu untersuchenden Flüssigkeit befindet, die Zunge betupft. Dabei sind verschiedene Teile der Zungenoberfläche zu prüfen: Spitze, Mitte, Grund und Ränder. Man schmeckt mitunter erst, wenn die Zunge gegen den Gaumen gedrückt wird. — Nach jedem Versuch muß der Mund mit Wasser ausgespült werden. Man mache eine Umrißskizze von der Zunge (von oben gesehen) und trage mit kleinen Kreisen in vier Farben das Ergebnis ein. — Wir empfinden „süß" am besten an der Zungenspitze, „sauer" an den Rändern, „salzig" an Spitze und Rändern, „bitter" hauptsächlich am Zungengrund. Statt des Glasstabes kann man auch eine Mikropipette nehmen, aus der man jeweils einen Tropfen auf die Zunge fallen läßt.

b) *Reizschwellenversuch.* Man bereite sich Lösungen von Kochsalz mit den Konzentrationen 0,1 %, 0,2 %, 0,3 %, 0,4 % und 0,5 % und gibt sie in gekennzeichnete Trinkgläser. — Man läßt die Versuchsperson jeweils einen Schluck einer Flüssigkeit trinken; das Urteil soll „salzig", „unbestimmt" und „nicht salzig" lauten. Nach jedem Versuch wird der Mund mit Wasser ausgespült. — Man muß dieselben Lösungen wiederholt prüfen und nimmt aus den Einzelergebnissen das Mittel. Das Ergebnis läßt sich auch graphisch darstellen. Als Reizschwelle wird eine Konzentration angegeben, die zwischen 0,2 % und 0,3 % liegt.

c) Es wird festgestellt, ob Unterschiede bestehen, nach welcher Zeit man schmeckt und wie rasch die Geschmacksempfindung abklingt. — Man gebe zu gleicher Zeit zwei Versuchspersonen Mandeln zu essen, die eine erhält eine süße, die andere eine bittere. Die süße Mandel wird zuerst erkannt; der Geschmack der bitteren Mandel bleibt lange bestehen. Der Volksmund spricht von einem „bitteren Nachgeschmack". (Nur die umwallten Papillen am Zungengrunde nehmen bitter wahr.) — Man läßt zwei Personen klaren Zucker bzw. Kochsalz mit der Zungenspitze prüfen. Die Empfindung für süß und salzig stellt sich gleichzeitig ein.

d) Die vier Geschmacksqualitäten vereinigen sich verschieden leicht, süß und sauer besonders gut. — Wir lieben den Mischgeschmack. An den süßen Pudding gehört auch etwas Salz; der saure Zitronensaft wird gesüßt. Süß und sauer können sich im richtigen Mischungsverhältnis gegenseitig aufheben (Kompensation). Dagegen vereinigen sich bitter und sauer kaum. — Merkwürdig ist der Geschmacksumschlag bei den Früchten des „bittersüßen" Nachtschattens (Solanum dulcamare); auch mit Bittersalz läßt sich dieser Umschlag erreichen. — Man versuche in einer Mischung von süß mit sauer eine Geschmackskompensation zu erreichen. Manche Stoffe ändern ihren Geschmack mit der Konzentration. So ist z. B. das in starker Verdünnung süß schmeckende Saccharin in stärkerer Konzentration bitter.

e) *Die „elektrische" Geschmacksempfindung.* Der elektrische Strom vermag Geschmacksempfindungen zu vermitteln. Man berühre die Zunge gleichzeitig mit den beiden Polen einer 2-Volt-Taschenlampenbatterie. Ein Pol schmeckt sauer; es ist der Pluspol. Am Minuspol tritt ein metallischer Geschmack auf. Wir haben dabei mit dem Speichel als Elektrolyten eine Elektrolyse durchgeführt. Dabei sind auch Spuren des Metalles in Lösung gegangen.

f) Man prüfe den „elektrischen" Geschmack, indem man die Zunge als Leiter benutzt und zwei verschiedene Metalle verwendet. Wir bauen ein chemisches Element auf. Wir berühren die Oberseite der Zunge mit einem dicken Eisennagel (oder einem kleinen Streifen von Eisenblech o. dergl.), die Unterseite mit dem Stiel eines silbernen Löffels. Man schließt den Kreis, indem man außerhalb des Mundes mit dem Eisen an den Löffel stößt: sofort tritt am Eisen ein säuerlicher Geschmack auf. Man vertauscht die Metalle, der Geschmack erscheint jetzt an der Zungenunterseite.

g) *Individuelle Verschiedenheit der Geschmacksempfindung.* Phenylthioharnstoff (PTH) wird von 63 % der deutschen Bevölkerung als bitter schmeckend empfunden, während 37 % ihn überhaupt nicht schmecken. 0,4 g PTH werden in 200 ml Äthanol gelöst. Mit dieser Lösung werden 2 große Bogen Filtrierpapier getränkt (in Stücke schneiden, so daß sie in die Glasschale mit Lösung passen). Nach dem Trocknen in kleine Stücke von etwa 1 cm² schneiden. Die Schüler erhalten je ein Testplättchen und legen es hinten auf die Zunge. Die „Schmecker" sind erstaunt über die „Nichtschmecker" — und umgekehrt!

h) *Schmeckversuche für genetische Untersuchungen.* In einem originellen Vorschlag zeigt *Daumer,* wie man Schmeckversuche verwenden kann, um in die klassische Genetik einzuführen. Er benutzt PTH Phenylthioharnstoff (Phenylthiocarbamid). Da die Anlage für Schmecker dominant ist und da das Merkmal mendelt, kann man durch Schmeckteste in der Klasse soviel Material sammeln, daß die Grundgesetze der Vererbung abgeleitet werden können.

Man mache folgende Versuche:

In der Klasse wird die Zahl der Schmecker und Nichtschmecker festgestellt. Die Schüler erhalten den Auftrag, ebenfalls ihre Eltern und Geschwister auf die Schmeckfähigkeit der PTH zu prüfen.

Bei diesen Untersuchungen sind 4 Fälle möglich und zu diskutieren:

Beide Eltern und alle Kinder sind Nichtschmecker.
Beide Eltern und alle Kinder sind Schmecker.
Ein Elternteil ist Schmecker, der andere nicht. Alle Kinder sind Schmecker.
Ein Elternteil ist Schmecker, der andere nicht. Die Kinder sind teils Schmecker, teils nicht.

Wenn man die dominante Anlage A und die rezessive a benennt, kann man die Ergebnisse leicht in den bekannten Kombinationsquadraten darstellen.

Damit aber sind Begriffe wie monohybrider Erbgang, dominante Vererbung, 1. *Mendel*sches Gesetz und Rückkreuzung eingeführt und können an weiteren Beispielen, etwa aus der Botanik, bestätigt und erweitert werden. — Alles Nähere in der zitierten Arbeit.

19. Versuche zur Geruchsempfindung

Geschmacks- und Geruchssinn galten früher als „chemischer Sinn". Tatsächlich bestehen zwischen der Funktionsweise beider Sinnesorgane große Unterschiede. Der Geschmack wird nicht im Riechhirn, sondern im Parietalhirn verarbeitet, wo auch Druck- und Wärmeempfindungen der Zunge gleichzeitig registriert werden. Man nimmt u. a. an, daß das Riechen von der Molekülstruktur der in den Schleimhäuten gelösten Stoffe abhängt. Das Schmecken dagegen ist eine Sammelempfindung, bei der Geschmacks-, Tast-, Wärme- und Geruchseindrücke wirksam sind.

a) *Prüfung der Nasenhälften*. In Reagenzgläser werden wenige ml von Benzin, Benzol, Kölnisch Wasser und Bittermandelöl gegeben. — Ein Nasenloch wird zugehalten, und mit der freien Nasenhälfte wird vorsichtig eingeatmet. Bestehen Unterschiede im Geruchsvermögen der Nasenhälften? Bestehen Unterschiede in der Zeit, bis der Geruch bewußt wird? Beeinträchtigen dabei vorangegangene andere Gerüche das Geruchsvermögen?

b) *Abhängigkeit von der Atemtätigkeit*. Geringe Mengen der Geruchsstoffe werden einzeln geprüft, und die Geruchsempfindung wird verglichen. — Die Nase wird zugehalten, und man atme mit dem Mund. Dabei tritt keine Geruchsempfindung auf. — Das offene Prüfglas wird unter die Nase gehalten; es wird nicht geatmet (auch keine Geruchsempfindung). — Man atme durch die Nase ein; man nimmt den Geruch wahr. — Es wird stoßweise eingeatmet (schnüffeln, schnuppern); damit wird die beste Geruchsempfindung vermittelt.

c) Man zeigt, wie der Chemiker einen Geruch vorsichtig prüft. Man läßt an konz. Ammoniak oder konz. Salzsäure riechen. Man halte oder stelle die Flasche in einige Entfernung von der Nase, öffne und fächele das austretende Gas mit Zeige- und Mittelfinger auf die Nase zu, während langsam eingeatmet wird. — Man zeigt, wie wir den Wohlgeruch einer Blume mit Genuß aufnehmen (schnüffeln). Man legt dabei den Kopf abwechselnd schräg nach rechts und links, damit der Geruch mit Sicherheit die Riechfelder erreicht. — Man prüfe die Abwehrreflexe, indem man den Geruch eines scharf oder unangenehm riechenden Stoffes ohne Vorbereitung aufnehmen läßt (Zurückweichen, Handbewegung).

d) Man prüft die *Feinheit des Geruchsvermögens* mit der sehr stark riechenden Buttersäure. Man öffnet auf dem Tisch die Flasche wenige Sekunden und stellt fest, wie weit der charakteristische Geruch wahrgenommen werden kann, indem sich die Versuchsperson auf den Tisch zu bewegt. Nach einiger Zeit nimmt man im Raum keine Buttersäure mehr wahr (Gewöhnung, Abstumpfung des Geruchsvermögens). Der Fremde, der den Raum betritt, zeigt uns aber, daß der Geruch noch im Raum vorhanden ist.

Als Indikator wird mitunter das sehr durchdringend und unangenehm riechende Äthylmerkaptan ($C_2H_5 \cdot SH$) vorgeschlagen. Man soll davon im Liter Luft noch $4,5 \cdot 10^{-14}$ p durch die menschliche Nase wahrnehmen. Aber auch gegen den Geruch von Moschus (Grenzkonzentration $1,0 \cdot 10^{-12}$ p im Liter Luft) und selbst gegen Naphthalin (mit $4,0 \cdot 10^{-9}$ p im Liter) sind wir sehr empfindlich. Man rieche an Terpentinöl, Backaroma, Ölfarbe u. dergl. längere Zeit und stelle fest, daß nach und nach die spezifische Geruchsempfindung verblaßt.

e) *Wechselwirkung mit dem Geschmack.* Man hält Tee, Kaffee, Wasser, Apfelsaft und Zitronenwasser in kleinen Gefäßen bereit, die im Wasserbad auf 25 °C erwärmt werden. — Die Versuchsperson prüft mit verbundenen Augen. Wir machen zwei Reihen von Versuchen. Zunächst wird die Nase zugehalten. Mit einer Pipette werden die Flüssigkeiten in den Mund geträufelt. Werden sie an ihrem Geschmack sicher erkannt? — In einer zweiten Versuchsreihe bleibt die Nase offen. Die Versuche werden wiederholt. Die Flüssigkeiten werden mit Sicherheit richtig angesprochen.

f) Man gibt einer Versuchsperson, die sich die Nase zuhalten muß und der die Augen verbunden wurden, hintereinander Apfel, Kartoffel, Möhre und rohe Zwiebel in zerkleinerter Form auf die Zunge. Die Versuchsperson soll angeben, was ihr gereicht wurde. — Man wiederhole den Versuch, indem man nur die Augen verbindet. Man schmeckt also auch mit dem Geruchssinn.

20. Bewegungssinnesorgane in Versuch und Modell

a) *Versuche.* Die Versuchsperson dreht sich mehrmals auf dem Absatz schnell um ihre Körperachse und versucht dann plötzlich stillzustehen. Sie wird sich noch etwas in derselben Richtung weiterdrehen und den „Drehschwindel" verspüren. (Objektiv sind noch typische reflektorische Augenbewegungen, Nystagmus genannt, nachzuweisen.)

Beim Versuch zur passiven Rotation wird der Körper auf einer Drehscheibe um seine Längsachse rasch einige Male gedreht. Die Versuchsperson muß einmal dabei die Augen offenhalten, einmal die Augen schließen. Dann wird die Drehscheibe plötzlich angehalten. Dabei hat die Versuchsperson subjektiv das Gefühl, als drehe sie sich in einer Richtung weiter, die entgegengesetzt ist der eben vorangegangenen. — Hier bringen offene und geschlossene Augen keinen Unterschied. — Der Nystagmus bewirkt, daß sich die Umwelt nach dem Ende der Rotation in entgegengesetzter Richtung zu bewegen scheint. Solange er besteht, könnten wir weder mit offenen noch geschlossenen Augen geradeaus gehen oder auf einen vorgehaltenen Gegenstand zeigen, ohne vorbei zu zielen. (Versuche zum kalorischen und galvanischen Nystagmus wird man an der Schule nicht anstellen.)

b) Ein richtiges Arbeiten der Bewegungssinnesorgane läßt sich wie folgt prüfen: Die Versuchsperson stellt die Füße in „Seiltänzerstellung" (einen hinter den anderen) und setzt bei geschlossenen Augen langsam den jeweils hinteren Fuß vor den vorderen, und das einige Male hintereinander. Es darf dabei keinen Unterschied im Schwanken des Körpers geben, welcher Fuß auch vorgesetzt wird. — Man übe Rückwärtshüpfen auf einem Bein mit geschlossenen Augen, ein Gesunder wird dabei nicht ins Schwanken geraten. — Die Versuchsperson muß mit geschlossenen Augen aufrecht stehen, ohne zu schwanken; beide Füße sind geschlossen. Sie steht dabei auf einem Kissen, um die Berührungsreize zu vermeiden (sog. Phänomen von *Romberg*).

c) *Modellversuche.* Die Bogengänge im Labyrinth sprechen nicht auf gleichmäßige Drehbewegungen an, sondern nur auf Drehbeschleunigungen. Die Endolymphe bleibt mit ihrer Massenträgheit zurück gegenüber dem Bogengang. Der Mensch kann also nicht erkennen, ob er sich in Ruhe befindet oder gleichförmig dreht. Die drei Drehsinnesorgane sind mit Lymphe gefüllte halbkreisförmige, in den drei Richtungen des Raumes angeordnete Bogengänge. Die Erweiterung an der Basis jedes Bogengangs (Ampulle) nimmt ein schwingendes Bündel von Sinneshaaren auf, das sich bei den Bewegungen des Körpers mitbewegt. Dazu müssen die drei Ampullen zusammenwirken, damit wir Bewegungsrichtung und -veränderung erkennen. Dazu gibt es manche Modellversuche.

d) In eine große Glasschale (Kristallisierschale) wird eine gleichhohe kleinere gestellt, die mit einem Gewicht von 500 p beschwert wird. Der ringförmige Raum zwischen den Schalen wird mit gefärbtem Wasser gefüllt (vergl. Abb. 49 h). Auf dem Wasser schwimmen einige Korke. Die Schalen stehen auf einer *Drehscheibe* (oder auch Drehschemel) und werden langsam gedreht.
Zunächst bleibt das Wasser in seiner Lage, die Glaswände der Schalen drehen sich an ihm vorbei.
Dann bewegen sich beide Systeme gleichzeitig.
Die Korke zeigen, daß sich nach dem plötzlichen Anhalten das Wasser noch weiter dreht.

e) Ein *Bogengang mit seiner Ampulle* läßt sich im Modellversuch noch besser nachbilden. Man braucht dazu ein Kugelrohr mit kleinen seitlichen Endstücken (s. Abb. 49 e und f). Die auf einem Sockel befindliche „Flamme" wird leicht erhalten. Man schneidet aus einem Flaschenkork ein kleines würfelförmiges Stück heraus. Man führt durch diesen Kork mit einer Nähnadel ein Büschelchen von Fäden aus Nähseide. Es ragt auf einer Korkseite einige cm weit heraus. Der Kork wird mit Hilfe einer Pinzette in die Kugel des Rohres gebracht und dort mit UHU festgeklebt. Die Enden des Kugelrohres werden durch einen Gummischlauch miteinander verbunden, wobei man gleichzeitig das ganze System mit Wasser füllt (es soll die Lymphe darstellen). Luftblasen sind zu vermeiden: man fügt

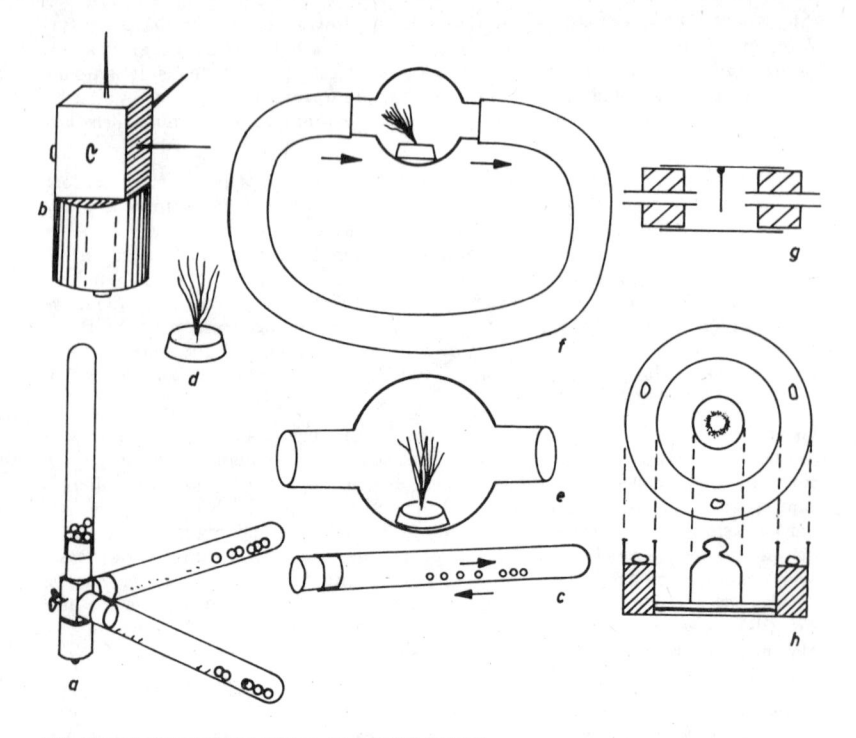

Abb. 49. Bewegungssinnesorgane im Modell und Versuch.

a Modellversuch zur Wirkungsweise der bogenförmigen Gänge, b der verwendete Haltekork mit den drei Nadeln, c ein einzelnes Reagenzglas dieses Versuches, f Modellversuch zur Wirkungsweise der Ampulle, e das dabei verwendete Kugelrohr mit der „Flamme", d Korksockel mit Fadenbüschel als „Flamme", g als Ampulle dient ein kurzes Glasrohr mit schwingender Lamelle, h Strömung der Endolymphe, auf dem Wasserring zwischen zwei Glasschalen schwimmen Korkstücke (s. Text).

die zwei Teile, Schlauch und Rohr, unter Wasser zusammen. — Wird das System in der Richtung des Rohres hin und her bewegt, so pendelt das Fadenbündel in entgegengesetzter Richtung.

Statt des Kugelrohres kann man auch ein kurzes Glasrohr benutzen (s. Abb. 49 g). Es sollte wenigstens 2 cm im Durchmesser haben und wenigstens 5 cm lang sein. In seinem Innern befestigt man, am besten wieder mit UHU, eine bewegliche Zunge aus Gummifolie. Seine Enden werden mit durchbohrtem Kork abgeschlossen, durch die kurze Glasrohre von geringerem Durchmesser führen. Mit einem langen Plastikschlauch verbindet man schließlich beide Rohre miteinander, nachdem das System restlos mit Wasser gefüllt wurde. Werden Schlauchring und „Ampulle" hin und her bewegt, macht die Gummizunge die erwarteten Bewegungen.

f) *Die drei Bogengänge.* Es gilt das Zusammenwirken der drei Bogengänge mit ihren Ampullen zu demonstrieren. Jeder Gang wird durch ein Reagenzglas dargestellt. Zunächst ist das Beharrungsvermögen zu zeigen. Das Probierrohr enthält einige trockene Erbsen. Wird es in der Längsrichtung ruckartig bewegt, wandern die Erbsen in entgegengesetzter Richtung: das Glas wird gleichsam unter ihnen weggezogen. Auf gleiche Art wandern Körper in einem mit Wasser gefüllten Reagenzglas hin und her. Dieser Grundversuch führt zu folgendem einfachen Modell (s. Abb. 49):
Man schneidet das eine Ende eines gewöhnlichen Flaschenkorkes würfelförmig zu. Durch den Kork werden nun 3 lange Stopf- oder Polsternadeln geführt, eine Nadel in der Längsrichtung des Korkes, zwei durch die neu entstandenen Schnittflächen. Drei durch Korke verschlossene Reagenzgläser liegen bereit.
Wir zeigen zunächst das Zusammenwirken von zwei zueinander senkrecht stehenden Reagenzgläsern. Sie werden durch zwei Nadeln des Flaschenkorkes zusammengehalten, indem man ihre Korke durchbohrt. In der Ebene der zwei Röhren sind drei Bewegungsrichtungen möglich.
Wird das System in der Richtung des ersten Rohres bewegt, wandern die Kugeln dieses Rohres hin und her. Die Kugeln des zweiten Rohres sind dagegen in Ruhe. Wird die Richtung des anderen Rohres gewählt, so kehrt sich das Verhalten um. Die Kugeln des ersten Rohres bleiben in Ruhe, die des anderen bewegen sich hin und her.
Wird das System auf der Winkelhalbierenden des durch die Röhren gebildeten rechten Winkels bewegt, pendeln die Kugeln beider Röhren hin und her.
Man zeigt nunmehr das Zusammenwirken von drei zueinander senkrecht stehenden Probiergläsern, indem man das dritte Rohr hinzufügt (s. Abb. 49a). Wieder kann man drei Bewegungsrichtungen untersuchen. Man erreicht nämlich, daß sich die Kugeln in einem, in zwei oder gar in drei Röhren zugleich bewegen. — Die Parallele zur Wirkungsweise der Bogengänge ist leicht zu finden.

21. Zahlen zu den Sinnesorganen

A. DAS AUGE

a) *Sehzellen:*

auf 1 mm^2 Retina sind 400 000 Sehzellen;
auf der ganzen Netzhaut etwa 130 Millionen;
in der Zentralgrube sind 140 000 Zapfen auf 1 mm^2;
auf 1 Zapfen kommen 18 Stäbchen

b) *Retina:*

etwa bis 400 μ dick;
in der Zentralgrube 80 μ dick

c) *Brechkraft:*

des ganzen Auges	60 D	(Ferneinstellung)
	70 D	(Naheinstellung)
der Linse zwischen	19 D	(Ferneinstellung)
und	33 D	(Naheinstellung)
linsenloses Auge	45 D	45 D
Linse allein	15 D	15 D

(D = Dioptrie, Brechkraft einer Linse von 100 cm Brennweite)

d) *Kugelradien:*

        Vorderfläche der Hornhaut   r = 7,8 mm
        Vorderfläche der Linse   r = 10 mm
        Hinterfläche der Linse   r = 6 mm

e) *Akkommodation:*

Alter (Jahre)	10	20	30	40	50	60	70
Nahpunkt in cm Abstand	8	10	12	17	50	70	100
Akkommodation (in D)	12	10	8	6	2	1,4	1

f) *Tiefenschärfe:*

Entfernung	Wahrnehmbarer Tiefenunterschied
20 cm	0,02 mm
50 cm	0,1 mm
100 cm	0,4 mm
10 m	4 cm
100 m	3,5 m
1000 m	275 m

g) *Blickfeld:*

Mittelwerte beim Normalsichtigen:

        links 50° nach innen
        rechts 52° nach innen
        links 48,5° nach außen
        rechts 48° nach außen

B. DAS OHR

a) *Schnecke:*   Windungskanal 2½—2¾ Windungen
                      Basale Breite 8 — 9 mm
                      Länge des Kanals 28 — 30 mm
                      Hörsaite in der Schneckenspitze 0,5 mm lang
                      Hörsaite in der untersten Windung 0,21 mm lang

b) *Hörgrenzen:*   untere Hörgrenze 16 Hertz
                      obere Hörgrenze 20 000 Hertz
                      größte Empfindlichkeit 2000 Hertz

c) *Hörvermögen und Alter:*

Alter in Jahren	Hertz
20	20 000
35	15 000
50	12 000
Greis	5 000

d) *Schallgeschwindigkeit:*
　　　　in Luft 333 m/sec
　　　　in Wasser 1407 m/sec
　　　　in Eisen 4800 m/sec

C. ZUNGE UND NASE

a) *Aufbau:*　　8 — 10 umwallte Papillen
　　　　　　　350 — 400 pilzförmige Wärzchen
　　　　　　　2000 — 3000 Geschmacksknospen,
　　　　　　　jede 40 μ breit und 70—80 μ lang

b) *Geruch:*　　Riechepithel zusammen 500 mm^2
　　　　　　　Dicke des Riechepithels 0,06 mm

c) *Umschlagende Geschmacksqualitäten:*

Molare Konzentration	Natriumbromid	Kaliumbromid
0,01	süßlich	süß
0,02	süß, salzig	süß, bitterlich
0,2	salzig	salzig

d) *Geruchsempfindlichkeit:*
　　　　von Mercaptan　wird in 1 Liter Luft wahrgenommen $4{,}5 \cdot 10^{-14}$ g
　　　　von Vanillin　　wird in 1 Liter Luft wahrgenommen $5 \cdot 10^{-12}$ g
　　　　von Phenol　　 wird in 1 Liter Luft wahrgenommen $1{,}2 \cdot 10^{-9}$ g

VII. Nerven und ihre Zentralorgane

1. Bild, Film und Präparat

Das Modell vom menschlichen Gehirn wird in unzerbrechlichem Material im Handel angeboten. Wertvollere Modelle sind auch auseinandernehmbar (Längsschnitt, Kleinhirn, Großhirn). — Ein Kopfmedianschnitt (in natürlicher Größe), der auf ein Brett montiert ist, wird in keiner Sammlung fehlen. Er zeigt neben dem Gehirn auch den Nasenhohlraum, Zunge, Speise- und Luftröhre. — Wertvoll ist auch eine Lendenwirbelnachbildung (Querschnitt), die daneben Rückenmark und Nervenabzweigungen zeigt. — Auch Modelle von Nervenzellen (2000mal vergrößert) sind gut zu verwenden.

Es werden auch mikroskopische Präparate angeboten (Rückenmark, sympathisches Ganglion, Großhirnrinde). — Die DIA-Reihen über Nervensystem und Gehirn können Wandtafeln nicht ersetzen, die dasselbe Thema zum Gegenstand haben. Die FWU (München) steuert eine Bildreihe R 404 („Nerven und Sinnesorgane", Farbe, 13) bei.

2. Reflexe

a) *Kniesehnenreflex*. Die Versuchsperson setzt sich auf die vordere Stuhlkante und schlägt ein Bein über das andere. Dabei soll der Unterschenkel des oberen Beines schlaff herabhängen. Mit einem leichten Schlag durch die Handkante (oder mit dem Reflexhammer) auf die Kniesehne dicht unter der Kniescheibe wird der Reflex ausgelöst. Durch den Schlag wird der Streckmuskel des Kniegelenks, der mit der Kniesehne verbunden ist, etwas gedehnt und zieht sich danach kurz zusammen; dabei schnellt der Unterschenkel reflektorisch nach vorn.

b) *Lidschlußreflex*. Die Versuchsperson stellt sich mit dem Rücken an die Wand. Man nähert sich ihr, indem man die mit den Fingern nach oben weisenden, zusammengepreßten Handflächen rasch auf das Gesicht zu bewegt. Erst ganz dicht vor den Augen führt man die Hände getrennt am Kopf vorbei bis zur Wand. Dabei kann die Versuchsperson den Reflex nicht unterdrücken, sie muß kurz die Augen schließen. (Wenn dagegen der Prüfling nicht angelehnt steht, sondern nach hinten ausweichen kann, läßt sich mit großer Willensanspannung die Reaktion unterdrücken!)

c) *Achillessehnenreflex*. Man läßt die Versuchsperson auf einem Stuhl knien und schlägt auf die Achillessehne des schlaff herabhängenden Fußes. Oder man läßt eine stehende Versuchsperson ein Bein entlastet herabhängen und schlägt kurz gegen die Achillessehne. In beiden Fällen wird der Wadenmuskel reflektorisch kontrahiert.

d) *Pupillenreflex.* Der Reflex wird an einer Versuchsperson oder mit einem Spiegel am eigenen Körper untersucht. — Man hält ein Auge etwa eine Minute lang zu und vergleicht es anschließend mit dem unbedeckten Auge. Man sieht, wie sich jetzt die Pupille, die sich infolge der Verdunklung stark erweiterte, rasch verengt. — Man leuchtet einer Versuchsperson plötzlich mit einer elektrischen Taschenlampe in die Augen und sieht, wie sich beide Pupillen gleichstark und gleichschnell verengen. — Man läßt eine Minute lang in den hellen Himmel schauen und betrachtet anschließend die Augen, die jetzt vom Fenster abgewandt sind. Man sieht, wie sich beide Pupillen gleichschnell wieder erweitern.

e) *Schluckreflex.* Man berührt mit dem Finger die Rachenschleimhaut am weichen Gaumen. Dabei tritt der Würg- und Schluckreflex ein.

f) *Hornhautreflex.* Wenn man mit einem feinen, weichen Pinsel die Hornhaut des Auges berührt, so tritt reflektorisch ein Lidschluß ein (dieser Lidschluß wird auch hervorgerufen, wenn ein Auge unsachgemäß von einem eingedrungenen Fremdkörper befreit werden soll).

g) Auch viele *andere Reflexhandlungen* schützen den Körper, wenn er in Gefahr gerät. Wenn wir unversehens zu stolpern oder fallen drohen, machen wir mit den Armen und Händen eine ausgleichende Auffangbewegung. — Wenn wir unvorbereitet an einer scharfen Flüssigkeit riechen, machen wir eine Abwehrbewegung und reißen den Kopf zurück. — Wenn uns eine Flüssigkeit in die Nasenhöhle dringt, wird der Niesreflex ausgelöst. — Wenn wir uns „verschlucken", wird der Körper von dem lebensbedrohenden Fremdkörper durch eine Folge heftiger Abwehrreflexe und -reaktionen befreit (husten, würgen, räuspern, aufspringen, Rumpf beugen usw.).

h) Auch *an Tieren* sind häufig Reflexhandlungen zu beobachten. Dem Hund tropft der Speichel aus dem Maul, wenn er eine begehrte Nahrung riecht. — Der Hund macht Kratz-, Schwimm- und Scharrbewegungen bei gewissen, äußeren Anlässen (mitunter nur durch die Verhaltenslehre zu erklären). — Manche Insekten oder Spinnen zeigen den Totstellreflex usw.

3. Die Leistungsgrenze der Signalübertragung

Die Leistungen unserer Muskeln sind von einem System abhängig, bei dem Signale übertragen und verarbeitet werden. Dabei gibt es eine Leistungsgrenze. Wir können auch den Körper überfordern. Das zeigt sich vor allem bei gekoppelten Bewegungen, bei denen wir koordinieren müssen. Hierher gehören Versuche, bei denen man von der rechten und linken Hand verschiedene Bewegungen verlangt, die unabhängig voneinander ablaufen sollen. Es gibt dabei gewohnte, erzwungene und automatisierte Bewegungen. Der „Nick-Lese-Versuch" verlangt besondere Leistungen der Augenmuskeln.

a) Man lege die rechte Hand flach auf den Tisch und hebe paarweise die Finger hoch (Terzenspiel des Klavierspielers). Wir wollen dabei den Daumen = 1, Zeigefinger = 2, Mittelfinger = 3, Goldfinger = 4 und Kleinfinger = 5 nennen. Man hebe nacheinander 1 + 3; 2 + 4; 3 + 5 und zurück 3 + 5; 2 + 4 und 1 + 3. Vielleicht gelingt es mit Mühe. Können wir durch Übung bessere Leistungen erzielen? — Man versuche dieselbe Übung mit der linken Hand. Die Schwierigkeiten sind i. a. noch größer.

b) Man presse beide Hände flach aufeinander, so daß Finger gegen Finger liegt. Man versuche, abwechselnd die letzten Fingerglieder zu beugen. Das gelingt verschieden gut (am besten mit dem Zeigefinger). — Man versuche, nunmehr die letzten Fingerglieder in Richtung zur Handfläche zu beugen, ohne das „Widerlager" des entsprechenden Fingers der anderen Hand. Nur wenige beherrschen diese seltene Bewegungsform, vielleicht sogar an allen 8 Fingern zugleich. (Denn das gebeugte erste Daumenglied gehört zu einer gut beherrschten und ständig geforderten Bewegung.) — Die Beugung von 1. und 2. Fingergelenk sind aneinander gekoppelt, man beugt beide zugleich. Nur wenn man das 2. Gelenk eines Fingers festhält, beugen wir das 1. Gelenk ohne Mühe.

c) Man versuche folgende *Doppelbewegung:* mit der flachen rechten Hand schlage man rhythmisch auf die Tischplatte, im gleichen Takt streiche man mit der linken Hand an der Tischkante hin und her. Es gelingt nur mit Mühe. — Man vertausche die Aufgaben der Hände. Spielt die Übung eine Rolle?

d) Beide Zeigefinger werden gestreckt und in einem Abstand von wenigen Zentimetern gegeneinander gehalten. Man beschreibe mit beiden Fingerspitzen gleichzeitig kleine Kreise. Man bemerkt, daß das nie im gleichen Uhrzeigersinn, sondern nur im verschiedenen gelingt. Man dreht entweder beide Fingerkreise nach außen oder nach innen. — Man stelle jetzt beide Zeigefinger parallel und löse dieselbe Aufgabe. Jetzt fällt jede Schwierigkeit weg. Man dreht rechts oder links herum, dabei ist eine Handbewegung von der anderen völlig unabhängig.

e) Besonders eindrucksvoll ist es, wenn man beide Versuche von eben vereinigt. Man stelle die Finger gegeneinander und drehe Außenkreise (rechte Hand rechts herum, linke Hand links herum). Man schwenke, ohne mit dem Drehen aufzuhören, jeden Zeigefinger um 90°, so daß sie nunmehr nebeneinander stehen. Das macht nicht die geringste Mühe. — Gegenversuch: Man stelle die Finger nebeneinander und drehe beide Male im gleichen Uhrzeigersinn. Jetzt schwenkt man beide Hände um 90°, ohne mit dem Drehen einzuhalten. Man gerät dabei in eine Zwangslage, die man vielleicht dadurch zu bewältigen versucht, daß weitere Muskeln einspringen; z. B. wird das Ellenbogengelenk des einen Armes hochgerissen. (Auch der Gesichtsausdruck ist bei der Versuchsperson zu beobachten.)

f) Kennzeichnend ist auch der „Fingerverwechslungsversuch". Man halte dazu die Arme gekreuzt vor den Körper, daß die Handflächen einander zugekehrt sind und die Kleinfinger nach oben weisen. Man falte die Hände und wende sie nach dem Körper zu, indem man die Arme von unten nach oben dreht. Eine zweite Versuchsperson zeigt jetzt auf einen beliebigen Finger (ohne ihn zu berühren!), während sich die erste bemüht, diesen Finger zu bewegen. Dabei irren sie sich häufig; erst nach einigem Probieren gelingt es. Das Nervensystem liefert eine falsche Meldung, weil in der ungewohnten Situation rechts und links neben unten und oben vertauscht worden sind. — In einem zweiten Versuch wird nur die Aufforderung erteilt: „Hebe den Mittelfinger der linken Hand!" Das wird leichter gelingen; aber man muß sich vorher erst die Situation klarmachen.

g) Die Versuchsperson nimmt ein Buch zur Hand und hält es mit ausgestreckten Armen waagrecht vor sich hin, daß der Text noch gut gelesen werden kann. Diese Tätigkeit wird gekoppelt an eine Nickbewegung. In der Sekunde einmal wird der Kopf gesenkt und gehoben. Das Lesen macht trotzdem keine Mühe. — Der Versuch wird abgeändert. Der Kopf bleibt in Ruhe, dafür wird das Buch mit den Armen im gleichen Takt wie eben auf und ab bewegt. Ergebnis: Das Lesen macht Mühe oder wird unmöglich. Der Versuch zeigt, daß es verschieden starke Kopplungsgrade gibt.

4. Das Eingeweidenervensystem

Die Äußerungen des *vegetativen Nervensystems* sind oft sehr auffällig. Wir erblassen (wir werden „weiß wie eine Wand") vor Schreck, wir erröten vor Verlegenheit oder Scham usf. Daher haben wir im Sprachgebrauch viele Redensarten, die die Verknüpfung von leiblichen mit seelischen Vorgängen zeigen und die Tätigkeit von Vagus und Sympathikus beschreiben. Nach *Rein* kann man den Antagonismus von Sympathikus und Vagus mit einigen Beispielen wie folgt andeuten:

Ort der Wirkung	Sympathikus	Vagus
Ciliarmuskel	erschlafft	kontrahiert
Lidspalte	weit	eng
Pupille	weit	eng
Speicheldrüse	gehemmt	erregt
Schleimhaut	trocken	feucht
Haare	gesträubt	glatt
Herzschlag	beschleunigt	verlangsamt
Nebenniere	erregt	gehemmt
Niere	gehemmt	erregt
Darm	gehemmt	erregt, gefördert

Der Biologielehrer kann an diesen auffälligen Erscheinungen nicht vorbeigehen. Er muß die Mittel der Sprache kennen, um biologische Vorgänge zu verstehen, und umgekehrt. Die meisten der in den sprichwörtlichen Redensarten beschriebenen Vorgänge laufen ungewollt ab und lassen sich bei Gelegenheit beobachten, andere sind aber auch experimentell herbeizuführen.

a) *Seelische Beeinflussung der Schweißproduktion* ⟶ er schwitzt vor Angst; der Angstschweiß tritt ihm auf die Stirn.

b) *Seelische Beeinflussung der Speichelbildung* ⟶ das Wasser läuft ihm im Munde zusammen; ihm wird der Mund wässerig; ihm bleibt die Spucke weg.

c) *Störung des Atemzentrums* ⟶ er schnappt (ringt) nach Luft; der Atem bleibt ihm stocken; er hat keine Puste mehr; er hält Maulaffen (= Maul offen) feil; er sperrt Maul und Nase auf; es benimmt ihm den Atem; es verschlägt ihm die Sprache; es herrscht atemlose Spannung; er gerät außer Atem.

d) *Störung der Gallenproduktion* ⟶ die Galle läuft ihm über; die Galle steigt ihm auf; er wird gelb vor Neid (auch Ärger), d. h. er bekommt die Gelbsucht.

e) *Beeinflussung des Herzschlags* ⟶ das Herz schlägt ihm höher; er hat Herzklopfen; das Herz schlägt ihm bis zum Hals (d. h. der Puls ist an der Halsschlagader zu spüren), das Herz bleibt ihm vor Schreck stehen; das Blut stockt in den Adern; ihm platzt der Kragen (d. h. die Halsadern schwellen an).
Gemütsbewegungen haben allbekannte Folgen. Um sie drastisch zu schildern, bedient sich die Sprache oft besonderer Mittel, Verstärkung des Ausdrucks und scherzhafte Übertreibungen (Hyperbel) sind beliebt, wie noch einige Beispiele zeigen sollen:
Ekel. Es hängt ihm zum Halse heraus; es schüttelt ihn vor Ekel; der Bissen bleibt ihm im Halse stecken, der Hals ist wie zugeschnürt.
Zorn. Er setzt Zornesfalten auf; er zieht die Stirn kraus; er speit Gift und Galle; er bleckt die Zähne, er stampft mit den Füßen auf; er kratzt ihr die Augen aus; er fliegt am ganzen Körper.
Angst. Die Haare stehen ihm zu Berge; er bekommt eine Gänsehaut; er schwitzt vor Angst; es überläuft ihn eiskalt; er hält den Atem an; er kann kein Glied rühren; er klappert mit den Zähnen.
Ärger. Er ärgert sich halbtot; er ärgert sich die Schwindsucht an; er rauft sich die Haare; er ist krank vor Ärger.
Freude. Er ist wie aus dem Häuschen; er springt bis an die Decke; er kann sich kaum noch halten; er springt von einem Bein aufs andere.
Lachen. Er hält sich den Bauch (die Seiten) vor Lachen; er schüttelt sich aus vor Lachen; er krümmt sich vor Lachen; zwerchfellerschütterndes Lachen; er lacht sich einen Bruch (einen Ast, einen Buckel).
Weinen. Er flennt Rotz und Wasser; er hat sich die Augen ausgeweint (die Tränensekretion ist begrenzt); er brüllt sich die Lunge aus dem Leib; er schreit aus vollem Hals.

5. Gebärdenspiel der Hand

Das *Minenspiel des Gesichtes,* wie es z. B. das gesprochene Wort begleitet, verknüpft körperliches Geschehen mit geistig-seelischen Vorgängen. Neben dem Antlitz ermöglicht das *Gebärdenspiel der Hände* und Arme vielerlei auszudrücken, wozu wir die Sprache nicht brauchen. Die Gesten erklären wir teils mit den Mitteln der Verhaltensforschung, dann sind sie angeboren und erfolgen instinktiv (z. B. Schutz-, Abwehrbewegungen), teils sind sie Ausdruck einer Übereinkunft (z. B. Händeschütteln als Begrüßungszeremonie).

Daumenkreisen bei sonst gefalteten Händen, „Däumchen drehen" ⟶ Zeichen für Langeweile.

Hände falten ⟶ Zeichen der Versenkung, auch der erzwungenen Ruhe.

Rechten Zeigefinger erheben, „mit den Händen reden" ⟶ eindringlich sprechen.

Mit rechtem Zeigefinger auf die Stirn deuten, „den Vogel zeigen" ⟶ den anderen der Dummheit zeihen.

Zeigefinger gegen Zeigefinger reiben, „Rübchen schaben" ⟶ Zeichen der Schadenfreude, den anderen auslachen.

Rechte Faust erheben ⟶ Gebärde des Drohens.

Beide Handflächen aufeinander klatschen ⟶ Zeichen des Beifalls.
Handflächen gegenseitig eifrig reiben ⟶ Zeichen der stillen Freude, auch Schadenfreude.
Hinter dem Ohr kratzen, über das Haar streichen ⟶ Verlegenheitshandlung, auch Übersprungshandlung.
Zeigefinger an die Schläfe legen ⟶ Zeichen für angestrengtes Nachdenken.
Hände mit abgewandten Handflächen vorstrecken ⟶ Gebärde der Beschwörung oder Abwehr.
Offene Handflächen auflegen ⟶ Zeichen des Segnens.
Arm heben mit flacher Hand oder geballter Hand bei gestrecktem Zeigefinger mit dem Mittelfinger schnellen (schnippen) ⟶ Aufmerksamkeit auf sich lenken.
Zeigefinger einer Hand auf den Mund legen ⟶ Aufforderung zum Schweigen.
Mit den Fingern auf den Tisch trommeln ⟶ Zeichen der Langeweile oder Ungeduld.
Hände in die Hüfte stützen ⟶ Imponiergehabe, Einschüchterungsversuch.
Seine rechte Hand in die rechte Hand eines anderen legen ⟶ Grußzeremoniell.
Mit der erhobenen rechten Hand winken ⟶ Zeichen des Abschieds.
Hände zur lockeren Faust schließen und mit den Fingerknöcheln auf die Tischfläche schlagen ⟶ Zeichen des Beifalls (im Vortragssaal neben dem Klatschen).
Sich die Hände vor das Gesicht halten ⟶ Zeichen einer starken seelischen Erregung.
Die Hände über dem Kopf zusammenschlagen ⟶ Zeichen des Triumphes.

Die Gebärdensprache kann als Sprachhilfe oder gar Sprachersatz ausgebaut werden. Wir trennen Gesichtsgebärden (M i m i k) und Körpergebärden (G e s t e n). Die Gebärdensprache hängt von Volkscharakter und Temperament ab. Als Verständigungsmittel ist sie für Taubstumme unerläßlich. — Die Hände als unsere empfindlichsten und vielseitigsten Tastapparate spielen bei jedem Sprachersatz und bei Ausfall von Sinnesleistungen die entscheidende Rolle.

Ausfall des Gesichtssinnes. Die Blindenschrift wird durch den Tastsinn der Fingerspitzen ermöglicht.
Ausfall des Gehörsinnes. Die Gebärdensprache der Hand (Fingerstellungen) ermöglicht Mitteilungen.
Ausfall von Gehör und Gesicht. Durch das „Tast-Alphabet" (Betupfen bestimmter Hand- und Fingerstellen) werden die Schriftzeichen dargestellt.

6. Das *W e b e r (- F e c h n e r) sche Gesetz*

a) *Die Leistungen von Sinnesorganen* lassen sich danach beurteilen, wie gut sie zwei Reize verschiedener Stärke unterscheiden können. Man kann dieses Maß in der Unterschiedsschwelle bestimmen; es läßt sich in Prozenten der Stärke des Ausgangsreizes angeben. So stehen zwei hintereinander gesetzte, ungleich starke Reize in einem bestimmten Verhältnis zueinander, damit man sie als verschieden erkennt *(Webersches Gesetz)*. Zwei Gewichte, die man auf die Haut legt, werden eben noch unterschieden, wenn sie sich wie 29:30 verhalten. Das Auge kann zwei Helligkeiten unterscheiden, die sich wie 100:101 verhalten. Diese Verhältnisse gelten aber nur bei mittleren Reizintensitäten, wie eine Tabelle für Lichtintensitäten dartun mag:

Intensität	Unterschiedsschwelle
1 000 000	0,039
500 000	0,027
100 000	0,019
50 000	0,017
10 000	0,017
5 000	0,018
500	0,019
100	0,030

Man wiegt also im Grenzfall 14,5 p neben 15 p, 29 p neben 30 p und 290 p neben 300 p usw. Für die Prüfung des Tastsinns sind aber Versuche leicht anzustellen. Dazu müssen wir verschiedene Gewichte prüfen.

b) Briefumschläge werden mit Reis- oder Getreidekörnern gefüllt, eingewogen und verschlossen. Man stellt sich folgenden Gewichtssatz her: 10; 11; 12; 13; 14; 15; 16; 17; 18; 19 und 20 p und kennzeichnet mit lateinischen Buchstaben, die nicht der Reihenfolge der Gewichte entsprechen sollen. Verschiedene Versuchspersonen prüfen nacheinander, sie legen dabei die Umschläge auf die flache Hand und ordnen sie nach steigendem Gewicht. Die verlangte Ordnung wird von allen ohne große Mühe gefunden. Man stellt dabei fest, daß Fehlentscheidungen natürlich umso seltener sind, je weiter die Gewichte auseinanderliegen.

c) Man untersucht auch die *Grenze der Empfindlichkeit,* indem man 5 Briefumschläge mit 14 p, 14,5 p, 15 p, 15,5 p und 16 p vorbereitet. Bei einem Versuch ordneten 6 Schüler die von a bis e bezeichneten Gewichte und fertigten folgendes Protokoll an:

	1.	2.	3.	4.	5.	6.
1.	c	d	c	d	c	c
2.	d	c	a	c	d	d
3.	e	a	d	a	a	e
4.	a	b	e	e	b	a
5.	b	e	b	b	e	b

Wir erhalten also viermal c, dreimal d, dreimal a, zweimal e und viermal b. Die Reihenfolge lautet c, d, a, e und b.

d) Man füllt leere Salbenbüchsen von gleicher Größe mit wechselnden Mengen von Sand. Man wählt 50 p, 55 p, 60 p, 65 p, 70 p und 75 p und wiederholt die Versuche von eben. Wieder wird (am besten mittelnd über mehrere Versuchspersonen) das richtige Ergebnis gefunden. — Man zeigt aber, daß es nicht gelingt, 49 p, 50 p und 51 p sicher zu unterscheiden. — Endlich wird der Nachweis gebracht, daß man Gewichte von 290 p, 300 p und 310 p noch ziemlich sicher ordnen kann.

e) Ähnliche Versuche sind auch mit dem *Temperatursinn* möglich. Man kann nachweisen, daß man mit den Fingerspitzen noch Wärmeunterschiede von 0,2° C wahrnimmt. Man füllt zwei Gefäße mit Wasser von 25° C. Dann wird das Wasser des einen Gefäßes um 0,5° C abgekühlt (durch Hinzufügen von etwas kaltem Wasser). Eine Versuchsperson taucht die Fingerspitzen rasch hintereinander in beide Gefäße und entscheidet. — Entsprechend ist nachzuweisen, daß die Unterschiedsschwelle für Wärmereize unter 16° C größer wird.

f) Auch die *Reizschwellen im Hörbereich* sind veränderlich. — Wenn wir ein Saiteninstrument auf Quintenreinheit prüfen, streichen wir die Saiten piano an, zwei benachbarte zugleich und gleichstark. — Wir stimmen nach der angeschlagenen Stimmgabel bei geringer Lautstärke, damit die Schwebungen hörbar bleiben. — Das „akustische Auflösungsvermögen" des Ohres beträgt im Bereich von 80 bis 600 Hz etwa 0,1 % (wir können also 99,9 und 100,1 Hz noch unterscheiden), von 600 bis 3000 Hz etwa 0,3 bis 0,5 % (wir können also 3000 und 3010 Hz nicht mehr auseinanderhalten). Die dauernde Verschiebung unserer Hörempfindlichkeit gehört zu den oft unbewußt eingesetzten Ausdrucksmitteln der Komponisten. Crescendi und Decrescendi, Sforzati-Schläge, unvermittelte Lautstärkewechsel usf. sind nicht allein physikalische Veränderungen (Vergrößerung und Verminderung der Schwingungsamplituden), sondern natürlich auch physiologische Effekte.

7. Modellversuche zur Nervenleitung

Eine Reihe anschaulicher Modellversuche verwendet eine merkwürdige Tatsache aus der anorganischen Chemie. Lassen wir nämlich konzentrierte Salpetersäure auf kohlenstoffarmes Eisen einwirken, so zersetzt die Säure nur die Oberfläche des unedlen Metalles, das sich schnell mit einer dicht aufsitzenden Oxidhaut überzieht und damit passiv wird. Wenn man die Schutzhaut verletzt, wird das Eisen wieder erneut angegriffen, es wird „aktiviert". Das geschieht schon durch Berührung mit einem Zinkstab. Dieses Verhalten wird nun für Versuche benutzt, mit denen man die *Erregungsleitung in der Nervenzelle* veranschaulichen kann.

a) *Leitung der Erregung*. Man tauche einen etwa 30 cm langen Klaviersaitendraht solange in eine konzentrierte Salpetersäure, bis keine Gasblasen mehr aufsteigen; er ist dann passiviert. Man verwendet für die folgenden Versuche eine Säure vom spezifischen Gewicht 1,3 p/cm³ und löse in ihr bis zur Sättigung Harnstoff auf. — Man fülle die Säure in ein einseitig verschlossenes Glasrohr (lichte Weite etwa 2 bis 3 cm) so weit, daß der Draht gerade bedeckt wird. Eine kurze Berührung des Drahtes mit einem Zinkstab aktiviert den Draht über seine ganze Länge. Die Entwicklung der Gasblasen hört aber bald wieder auf.

b) *Bestimmung der Refraktärzeit*. Wird ein Nerv nach einer gewissen Zeit zum zweiten Mal gereizt, so entsteht eine neue Erregung. Folgt jedoch der zweite Reiz sehr kurz auf den ersten, so wird er nicht mehr beantwortet. Wir sagen: der Nerv ist refraktär. Das läßt sich auch an dem Eisendraht modellmäßig zeigen. Man berührt den Eisendraht mit dem Zinkstab und wartet die „Erregung" d. h. die Blasenentwicklung, ab. Kurz nachdem die Passivierung erreicht wird, muß aufs neue „gereizt", d. h. mit dem Zinkstab berührt werden. Es erfolgt nichts. Erst wenn

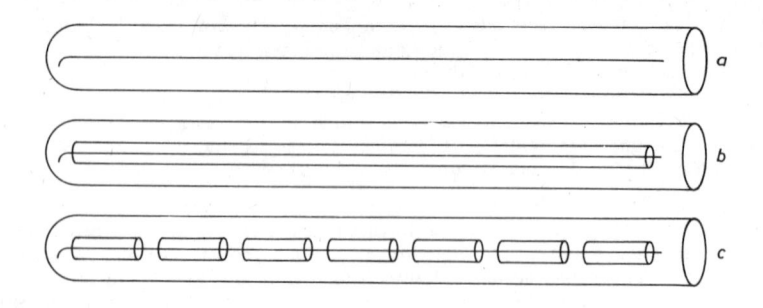

Abb. 50. Modellversuche zur Nervenleitung.

Die Glasrohre werden geneigt und mit konz. Salpetersäure gefüllt; a zeigt, wie eine rasche Erregungswelle über den Stahldraht läuft, b zeigt, wie eine verlangsamte Erregung über den Draht läuft, c zeigt im Modell das Problem der Schnürringe (s. Text).

eine gewisse Zeit verstrichen ist (gegen 5 Minuten), läßt sich der Draht aufs neue aktivieren (Abb. 50 a).

c) *Wanderung der Reizleitung.* Man kann durch einen Kunstgriff erreichen, daß die Erregung nur langsam den Draht entlangläuft. Man muß dazu den Draht (zweckmäßig einen längeren von etwa 1 m Länge) in ein enges Glasrohr (2 bis 3 mm lichte Weite) bringen und beide Enden, damit er nicht wieder herausrutscht, ein wenig umbiegen. Dieses enge Glasrohr schiebt man in ein anderes, das weit und unten geschlossen ist und in einem Stativ in schräger Lage festgehalten wird. Wird jetzt wieder mit Zink aktiviert, so läuft die Erregungsfront über den Draht hin. Ebenso wandert, von oben beginnend, die Front der Passivierung. — Auch dieser Versuch läßt die Untersuchung der Refraktärzeit zu. Diese Zeit hängt u. a. von der Temperatur, dem Kohlenstoffgehalt des Eisens und anderen Faktoren ab (Abb. 50 b).

d) *Der Einfluß der Schnürringe.* Von den Physiologen wird behauptet, daß die Markscheide, die die Nervenfaser umgibt, die Erregung rascher fortleite als die markfreie Faser. Die Leitung erfolge vielmehr „sprunghaft", von Schnürring zu Schnürring (*Ranvier*sche Knoten). An den Knoten ist nämlich die Markscheide unterbrochen.

Auch dazu ist ein Modellversuch möglich: Die Nervenfaser wird wieder durch den etwa 1 m langen Draht dargestellt. Über ihn werden aber jetzt in größerer Zahl kurze, etwa 10 bis 15 cm lange, sehr enge Glasrohrstücke geschoben, zwischen denen jedesmal 1 bis 2 cm unbedeckter Draht freibleibt (Abb. 50 c). Die freien Drahtstücke (die „*Ranvier*'schen Knoten") werden in eine Schleife gelegt, damit sich die Kapillarrohre nicht verschieben.

Sobald man wieder mit dem Zinkstab berührt, tritt an allen „Knoten" Aktivierung auf. Die mit Glasrohr bedeckten Drahtzonen verhalten sich scheinbar anders (natürlich wandert die Erregungswelle über die ganze Drahtlänge und läßt die Internodien nicht aus!).

e) *Funktionsmodell mit Schaltrelais.* Ein elegantes Funktionsmodell der saltatorischen Erregungsleitung hat *Graebener* beschrieben. Die langsame Erregungsleitung im marklosen Nerv und die Vorteile der Saltatorik sind zu erklären. Auch der Film ersetzt nicht das Modell; zu verweisen wäre auf den Hochschulfilm von *Stampfli* (C 825 T, Institut für den Wissenschaftlichen Film, Göttingen). Es wird gezeigt, wie ein Schaltimpuls durch eine Kette von Quecksilberschaltröhren mit Verengung (Schaltrelais) hindurchfließt (Stromquelle 220 V). Jeder Verzögerungsschalter soll aber einem *Ranvier*schen Schnürring entsprechen. In den „Neuriten" sind außerdem Flächenleuchten hintereinander eingesetzt, die optisch Weg und Verlauf der Erregung zeigen. Es lassen sich Impulse (Spikes) nicht in beliebiger Zeitfolge durch das Modell schicken. — Im übrigen wird auf die zitierte Arbeit verwiesen.

8. Zum Verhalten des Menschen

Beobachtungen mancherlei Art lassen sich anstellen, zu denen der Schüler der Oberstufe angeregt werden muß. — Der Säugling zeigt noch Verhaltensweisen, die nicht vom Erlernten überlagert sind; mitunter sind diese Beobachtungsaufgaben (Saugautomatismus, Klammerreflexe, Saugreflex u. ä.) beim Sozialpraktikum für Mädchenklassen zu lösen. — Für angeborene auslösende Mechanismen (AAM) gilt es, treffende Beispiele zu suchen. — Endlich fordert das Thema zu Sprachbetrachtungen heraus. Hierfür sollen Anregungen gegeben werden.

a) *Imponiergehabe.* In vielen sprichwörtlichen Redensarten hat der Volksmund die ungewöhnlichen äußeren Umstände vermerkt. „Er setzt sich in Positur" heißt soviel wie die Ausgangsstellung beziehen. „Er schäumt vor Wut" (übertragen aus dem Tierreich) meint den Speichel in den Mundwinkeln. „Er schlägt mit der Faust auf den Tisch" und „er stampft mit den Füßen" kennzeichnen das Drohverhalten näher. „Er zeigt ihm die Zähne" und „es sträuben sich ihm die Haare" verwenden das Bild vom drohenden Haushund. „Sie zeigt ihm die Krallen" sagt man von der Katze und „er stellt sich auf die Hinterbeine" vom sich aufbäumenden Pferd (nicht immer sind die Redensarten eindeutig).

Zum Imponiergehabe gehört auch das Bedürfnis, sich zu schmücken. Der Schüler wird hier leicht selbst viele Beispiele finden, etwa den Schmuck durch Orden, Abzeichen, Medaillen, Uniformen, Trachten, Studentenwichs, Schärpen, Schnüre, Sportkleidungen mit bunten Streifen und Ringen, die alle nicht nur der Unterscheidung dienen. — Hier wäre auch eine Erweiterung durch ethnologische Betrachtungen möglich, wenn man etwa nur den Schmuck des Kopfes vergleichend betrachten läßt (Bärenfellmützen, Federschmuck der Indianer usf.).

b) *Demutsgebärde.* Die Redensarten „er rutscht auf dem Bauche", „er liegt vor ihm im Staube, er winselt im Staube", „er läßt den Schwanz hängen" und „er zieht den Schwanz ein" sind Bilder vom schuldbewußten Hund. „Er macht einen Buckel" und er „katzbuckelt" ist bei der Katze falsch gedeutet. Die Katze buckelt nämlich, um Angriffsstellung zu beziehen.

Wir entblößen den Kopf und verzichten damit auf den eigenen Schutz; wir verbeugen und verneigen uns, so daß wir den Gegner nicht ins Auge fassen können und ihm den Hinterkopf zeigen und dadurch in Nachteil geraten. Wir strecken die offene Hand hin, die also dann waffenlos ist. „Den Nacken beugen, den

Hut ziehen, einen Kniefall tun, zu Willen sein, die Hand reichen" sind längst zu stehenden Redensarten geworden und entstammen diesem Bereich. — Man kann vom Schüler entsprechende ritualisierende Verhaltensweisen bei fremden Völkern suchen lassen.

c) *Kindschema.* Das Schema löst bei uns den Brutpflegeinstinkt aus; die auslösenden Merkmale sind beim Kleinkind: Gesicht rund, Stirn hoch, Nase flach, Augen groß, Finger kurz, Oberfläche weich, und gelten aber auch für das Tier (z. B. Eichhörnchen, Blaumeise, Pekinese usw.). Einige Anregungen für den Unterricht:
1. Man zeigt Unterstufenschülern ausgestopfte kleine Säuger und Vögel, die dem Schema entsprechen. Das Zärtlichkeitsbedürfnis wird geweckt. Die Schüler streicheln ohne Aufforderung über Gefieder oder Fell des Tieres.
2. Man untersucht die im Handel befindlichen Stofftiere (etwa von Steiff) näher. Welche Formen treten auf? Welche werden am meisten gekauft?
3. Man läßt von den Schülerinnen über die eigenen Stofftier-Sammlungen berichten. Man läßt auch Puppen zeigen und vergleichen. Welche Formen werden bevorzugt? Die Industrie erzeugt überdimensionale „Brutpflegeattrappen".
4. Man sammelt den Vokabelschatz, mit dem Mädchen und Frauen das Kindschema benennen (süß, herzig, wonnig, allerliebst usf.).
5. Man untersucht den Stoffbär, der nach dem englischen Kosenamen für Theodor „Teddy" heißt, auf seine Eigenschaften und erklärt seine große Beliebtheit. — Man vergleicht die Köpfe von jungen und erwachsenen Braunbären. Der erwachsene Bär schuf den männlichen Vornamen Ursus (Sinnbild der Stärke) und der junge Bär dagegen den weiblichen Vornamen Ursula (Kindschema).
6. Man untersucht den Goldhamster auf seine Eigenschaften und erklärt seine Beliebtheit. Man vergleicht Spitzmäuse, Wühlmäuse und echte Mäuse.

d) *Mannschema.* Es ist ursprünglich wie das Weibschema sicher dem Paarungsverhalten zuzuordnen. Es hat darüber hinaus vielseitige Bedeutung erhalten. Das Mannschema ist gekennzeichnet durch breite, scharf gegen den Oberarm abgesetzte Schultern, kräftige Muskulatur, schmale Hüften, kantige und eckige Formen von Körper und Kopf.
Die „kühne Adlernase", der schmallippige Mund, die behaarte Brust, die sich deutlich absetzenden Muskelbäuche (besonders am Oberarm) betonen die Männlichkeit. Es ist zu untersuchen, wie auch die Mode diesem Ideal nachhilft. Einige Beispiele: Watteunterlagen auf den Schulterpartien der Jacketts, Epauletten und Schulterstücke auf Uniformen als Formkorrektur, die früheren festen Korsetts der Offiziere, die scharfe Bügelfalte, die die Beine streckt und verlängert usw. — Man sagt: er ist ein Schrank und meint den athletischen Hünen. Woher stammt das Bild? — Man läßt in der bildenden Kunst Beispiele für das Mannschema suchen und führt vergleichende Betrachtungen durch.

e) *Weibschema.* Die weichen rundlichen Formen, die gut entwickelte Brust, die breite Hüfte, geschwungene fleischige Lippen usw. gehören zum Schema. Man läßt untersuchen, wie sich die Reklame des Weibschemas bedient. Wo wird z. B. der weibliche Körper, wo das Antlitz als Blickfang verwendet? Vergleiche auch die Titelbilder der Illustrierten. Es ist auch festzustellen, wie die Schaufensterpuppen der Bekleidungsindustrie gestaltet werden.

Man kann weiter untersuchen, wie Kosmetik und Mode die Körpergestalt korrigieren, damit sie dem Schema möglichst entspricht. Zu den „tertiären Geschlechtsmerkmalen" gehört etwa die Betonung der charakteristischen Gesichtsteile durch kosmetische Mittel (Lippen, Brauen, Wimpern, Lidfläche). Der Belladonnenextrakt aus Tollkirschenblättern, ein beliebtes früheres Schönheitsmittel, enthält 1,5 % Alkaloide, besonders Atropin, und verändert sogar die Pupillengröße. — Manche Merkmale werden öfter übersteigert oder auch durch Farbmuster, Machart, Faltenwurf, Verzierungen an der Kleidung nachgezeichnet. Hierfür sind Beispiele zu suchen.

9. Zahlen zu den Nerven

a) *Bau des Gehirns:*
> Graue Substanz 38 % des Gesamtgewichts
> Weiße Substanz 62 % des Gesamtgewichts

Wassergehalt des Gehirns 79 %, davon graue Substanz 85 %, weiße Substanz 70 %
> Dicke der grauen Substanz 2,5 mm
> Großhirnoberfläche 2200 cm^2
> Hirnvolumen durchschnittlich 1330 ccm
> In der Rindenschicht sind etwa 14 Milliarden Nervenzellen
> Länge der Nervenbahnen im Gehirn 500 000 km

b) *Gehirngewicht:*
Mittleres Gehirngewicht des Mannes 1375 p, des neugeborenen Knaben 340 p.
Mittleres Gehirngewicht der Frau 1245 p, des neugeborenen Mädchens 330 p.
Erstes Drittel der Gewichtszunahme wird nach 9 Monaten, zweites Drittel der Gewichtszunahme wird nach 3½ Jahren, letztes Drittel wird erst nach 20 Jahren erreicht.

c) *Rückenmark:*
> Länge beim Erwachsenen 45 cm (Mann) und 40 cm (Frau)
> Durchmesser im Mittel 8 bis 10 mm
> Volumen 33 ccm
> Gesamtgewicht 34 bis 38 p (der 48. Teil des Gehirngewichts)

d) *Nervenleitung:*
> Erregungsleitung in der marklosen vegetativen Faser 1 bis 5 m/sec,
> Erregungsleitung in der Faser für Schmerz und Temperatur 15 bis 40 m/sec,
> Erregungsleitung in der Faser für Berührungsempfindung 50 bis 60 m/sec,
> Erregungsleitung in der Faser für Bewegungsimpulse 120 m/sec.

VIII. Von Säugling und Kind

1. Bild, Film und Präparat

Vom Deutschen Gesundheitsmuseum in Köln kann man die DIA-Serien

DF 4 Pflege von Mutter und Kind (41 Bilder)
DF 14 Erkennung und Verhütung von Haltungsschäden (52 Bilder)
DF 15 Wie und warum wird ein Mensch geboren? (44 Bilder)

beziehen. Über FWU (München) erhält man Filme für Säuglingspflege

FT 695 Die natürliche Ernährung des Säuglings (14 Minuten)
FT 457 Flaschenernährung des Säuglings (12 Minuten)
FT 456 Wölfchen badet (11 Minuten) und
FT 1184 Der erste Tag unseres Lebens (10 Minuten).

Zum Unterricht in Säuglingspflege gehört auch praktisches Übungsmaterial. Die Lehrmittelfirmen, darunter auch das Zentralinstitut für Gesundheitserziehung in Köln, bieten z. B. Säuglingspflegepuppen und Lehrbabys an. Sie sind völlig unzerbrechlich (bewährt hat sich Vinyl), wasserundurchlässig und selbst zum Baden in warmem Wasser geeignet und entsprechen im Gewicht einem Säugling von gleicher Größe.

FWU (München) hält besonders gelungene Bildreihen für die Geschlechtserziehung und Keimesentwicklung bereit. Wir nennen:

R 331 Fortpflanzungsorgane der Frau (Farbe, 12)
R 332 Fortpflanzungsorgane des Mannes (Farbe, 8)
R 333 Das menschliche Ei: Befruchtung und Furchung (Farbe, 8)
R 334 Keimesentwicklung des Menschen (Farbe, 7)
R 335 Schwangerschaft und Geburt (Farbe, 7)
R 364 Fortpflanzungszellen des Menschen (Farbe, 10)
FT 684 Der weibliche Zyklus ist ein Farbtrickfilm von 8 Minuten Dauer
FT 863 Schwangerschaft und Geburt ist ein Farbtrickfilm
von 8 Minuten Dauer

Weitere Filme:
Keine Angst vor der Geburt, Farbe, Licht, Ton, 40 Min. Verleiher: Gesundheitsämter NRW, Landesfilmdienst Frankfurt/M., Freie und Hansestadt Hamburg — Gesundheitsbehörde —
Erziehung zur Selbständigkeit bei Kindern unter 3 Jahren, Schwarz-Weiß, Lichtton, 11 Min. Verleiher: Institut für den Wissenschaftlichen Film, Göttingen
Tonband: Tb 445, Kampf dem Kindbettfieber. 22 Min. Verleiher: Bildstellen

Es ist selbstverständlich, daß bei den schulmethodischen Vorschlägen zum Unterricht über „Säugling und Kind" nicht die praktischen Anleitungen verstanden werden, die Schülerinnen (z. B. einer Frauenoberschule) in einem Praktikum im Säuglingsheim kennen lernen werden. — Einige Beispiele sollen vielmehr zeigen, welche Anregungen ein Unterricht über den werdenden Menschen, wie er an allen Mädchenschulen durchzuführen ist, geben kann.

2. Von der Gesundheit des Säuglings

a) *Säuglingskrankenpflege.* Zu der Technik der Pflege des Säuglings, so weit sie in die Schule gehört, wird auch ein kleiner Abriß der Säuglingskrankenpflege gehören. So sollte bekannt sein,

wie man mit dem Thermometer das Fieber mißt,
wie man die Halsinspektion durchführt,
wie man eine Arznei eingibt (peroral und rektal),
wie man feuchte Wickel und Umschläge macht,
wie man sich bis zum Eintreffen des Arztes verhält.

b) *Säuglingskrankheiten.* Ebenso sollten die häufigsten Erkrankungen des Säuglings bekannt sein. Man muß wissen, an welchen Erscheinungen man den Beginn einer Krankheit erkennt, wie die Krankheit abläuft und wie man sie bekämpft. Wir müssen im einzelnen nennen:

Die Rachitis und ihre Vorbeugung,

die schweren Infektionskrankheiten (Diphtherie, Masern, Scharlach, Keuchhusten, Kinderlähmung),

die leichten Infektionskrankheiten (Windpocken, Ziegenpeter, Röteln).

c) *Säuglingssterblichkeit.* Unerläßlich ist aber auch eine Betrachtung über die Säuglingssterblichkeit. Hierzu sollte man Tabellen und Übersichten diskutieren, wie man sie z. B. dem „Statistischen Jahrbuch" entnehmen kann.

Auf 1000 Lebendgeborene starben im ersten Lebensjahr:

1870	1875	1880	1885	1890	1895	1900	1905	1910	1915
250	243	235	223	223	227	226	205	162	151

1920	1925	1930	1935	1940	1945	1950	1955	1960	1965
131	105	85	68	65	97	55	42	34	25

Diese Übersicht zeigt, daß noch vor 100 Jahren zehnmal soviel Kinder im Säuglingsalter starben als heute. Wir erkennen, wie von Jahr zu Jahr die Sterblichkeit geringer wird. Nur im Jahre 1945 schwoll aus verständlichen Gründen die Sterblichkeit noch einmal stark an.

Aufschlußreich aber wird erst ein Vergleich mit einigen anderen Ländern:

d) *Die Säuglingssterblichkeit im Vergleich.*

Die Zahlen geben an, wieviel von 1000 Lebendgeborenen im ersten Lebensjahr starben. Die Aufstellung umfaßt ausgewählte Länder. Für die Auswertung der Zahlen sollen einige Anregungen gegeben werden:

Land	1950	1960	1965	1966	1967
Deutschland (Bundesrepublik)	55,3	33,8	23,8	23,6	22,7
Deutschland (DDR)	72,2	38,8	24,8	22,9	21,2
Belgien	53,4	31,2	24,1	25,5	23,7
Bulgarien	94,5	45,1	30,8	32,2	32,9
Finnland	43,5	21,0	17,6	15,0	14,2
Frankreich	52,0	27,4	21,9	21,7	17,1
Griechenland	35,4	40,1	34,3	34,0	34,7
Großbritannien	31,4	22,5	19,6	19,2	18,1
Irland	46,2	29,3	25,2	24,9	24,4
Italien	63,8	43,9	36,0	34,3	32,8
Jugoslawien	118,6	87,7	71,8	61,3	—
Niederlande	25,2	17,9	14,4	14,5	13,4
Österreich	66,1	37,5	28,3	28,1	26,4
Polen	108,0	56,8	41,7	38,8	38,0
Portugal	94,1	77,5	64,9	64,7	59,3
Rumänien	116,7	75,7	44,1	46,6	46,8
Schweden	21,0	16,6	13,3	12,6	—
Sowjetunion	81,0	35,0	27,6	26,1	26,0
Spanien	69,8	43,7	37,8	34,6	33,2
Vereinigte Staaten	29,2	26,0	24,7	23,7	22,1
Argentinien	68,2	62,4	58,3	59,3	58,3
Venezuela	80,6	53,9	47,7	46,5	45,5
Japan	60,1	30,7	18,5	19,3	15.0
Chile	139,4	125,1	107,1	127,5	—

1. Ordne die obigen Länder nach der Säuglingssterblichkeit.
2. Vergleiche die Säuglingssterblichkeit von beiden Teilen Deutschlands miteinander.
3. Welche Länder haben eine geringere, welche eine größere, welche eine etwa gleiche S. wie die Bundesrepublik?
4. Die Entwicklungstendenz ist zu untersuchen
   a) durch Vergleich der Zahlen von 1950 und 1960,
   b) durch Vergleich der Zahlen von 1965, 1966 und 1967.
5. Versuche zu erklären, welche Ursachen die extremen Zahlenwerte haben.

e) Säuglingssterblichkeit nach Lebensmonaten

Von je 100 000 Kindern, die in den angegebenen Lebensmonat eintreten, sterben innerhalb dieses Monats:

Lebens-monat	Knaben					Mädchen				
	1960	1961	1962	1963	1964	1960	1961	1962	1963	1964
1. Monat	2691	2564	2406	2237	2119	2116	2018	1873	1753	1678
2. Monat	228	199	163	143	128	161	143	113	111	100
3. Monat	190	174	148	122	116	159	125	112	98	80
4. Monat	162	154	129	102	91	126	115	84	90	70
5. Monat	115	104	102	92	73	98	88	76	66	56
6. Monat	96	87	71	69	66	68	70	70	55	50
7. Monat	77	75	61	59	52	59	57	58	46	46
8. Monat	67	60	58	47	53	58	49	49	46	41
9. Monat	54	57	51	54	44	48	49	37	44	37
10. Monat	52	47	46	41	36	36	34	40	35	36
11. Monat	42	41	36	32	34	34	38	33	29	22
12. Monat	33	37	31	35	29	31	35	33	23	25

Mit Hilfe der Tabelle der Säuglingssterblichkeit nach Lebensmonaten sind folgende Aufgaben zu lösen:

Stelle fest, wieviel von 100 000 neugeborenen Kindern das 1. Lebensjahr überleben. Gib absolute Zahlen und Prozentzahlen an. — Vergleiche die Anzahl der Knaben und Mädchen! Vergleiche die 5 angegebenen Kalenderjahre! Setze die Sterblichkeit im 1. Lebensmonat zu der in den 11 folgenden ins Verhältnis!

Stelle fest, wie die Sterblichkeit vom 1. bis zum 12. Monat absinkt! Bestimme die Differenzen von Monat zu Monat! Gibt es gefährdete Monate? Bestehen Unterschiede zwischen Knaben und Mädchen?

Versuche graphische Darstellungen und zeichne Sterblichkeitskurven!

Gib nähere Auskunft mit einem Zahlenbericht für folgende Behauptungen, die man in der Zeitung liest:

Männliche Säuglinge sind anfälliger als weibliche.
Die Säuglingssterblichkeit geht Jahr um Jahr zurück.
Der 1. Lebensmonat bringt 15mal mehr Todesfälle als der 2. Lebensmonat.

3. Zwillingsgeburten

a) *Mathematische Betrachtungen.* Auf 85 Einzelgeburten kommt eine Zwillingsgeburt, aber erst bei jeder 4. Zwillingsgeburt sind die Zwillinge eineiig, so daß man also auf 340 Geburten ein eineiiges Zwillingspaar rechnet. — Eineiige Zwillinge sind gleichgeschlechtig, d. h. also beide entweder weiblichen oder männlichen Geschlechts. Zweieiige Zwillinge sind zu gleichen Verhältnissen entweder gleich- oder verschiedengeschlechtig. Aus diesen Angaben folgt, daß wir im Durchschnitt bei 16 Zwillingspaaren erwarten dürfen:

I. Zweieiige Zwillinge:
        3 Paar männlichen Geschlechts,
        3 Paar weiblichen Geschlechts,
        6 Paar verschiedenen Geschlechts

II. Eineiige Zwillinge:
        2 Paar männlichen Geschlechts,
        2 Paar weiblichen Geschlechts.

Bei 16 Zwillingspaaren können wir also nach der Wahrscheinlichkeit
        5 Paar männlichen Geschlechts,
        5 Paar weiblichen Geschlechts,
        6 Paar verschiedenen Geschlechts
erwarten. Das Ergebnis läßt sich auch so darstellen:

Von allen Zwillingsgeburten sind 25 % eineiig, davon 12,5 % Knaben und 12,5 % Mädchen; 75 % zweieiig, davon 18,75 % Knaben, 18,75 % Mädchen und 37,5 % gemischte Pärchen.

b) Im Jahre 1950 wurden in der Bundesrepublik 9568 Zwillingspaare geboren, davon waren

        3153 Paare männlichen Geschlechts,
        2958 Paare weiblichen Geschlechts und
        3457 Paare mit verschiedenem Geschlecht.

Im Jahre 1955 wurden
9665 Zwillingspaare geboren, davon waren
3223 Paare männlichen Geschlechts,
3041 Paare weiblichen Geschlechts und
3401 Paare mit verschiedenem Geschlecht.

Diese Zahlen erlauben wichtige *Folgerungen:*
Das oben geforderte Verhältnis 5:5:6 wird nicht erreicht. Die Zahlen für 1955 müßten heißen: 2990:2990:3588.
Die Knabengeburten überwiegen also auch bei den Zwillingsgeburten (nicht nur bei den Einlingsgeburten). Setzt man die Zahl der weiblichen Zwillingspaare gleich 100, so gab es 100 Mädchenpaare auf 106 Knabenpaare.

c) *Biologische Grundlagen.* Eineiige (EZ) und zweieiige (ZZ) Zwillinge werden verglichen.

ZZ entwickeln sich in getrennten Eihäuten,
EZ können (je nach dem Zeitpunkt der Spaltung) in gemeinsamen oder getrennten Eihäuten heranwachsen.
ZZ haben nur z. T. gleiche Erbanlagen; sie sind erbverschieden und gehen aus zwei befruchteten Eizellen hervor.
EZ gehen durch natürliche Spaltung aus einer befruchteten Eizelle hervor; sie sind erbgleich und daher auch gleichen Geschlechts.
ZZ Paarlingsunterschiede müssen umwelt- oder erbbedingt sein.
EZ Paarlingsunterschiede müssen umweltbedingt sein und sind nicht erblicher Natur.

d) *Untersuchungen an Zwillingen.* Es ist festzustellen, ob sich unter den Schülern der Schule eineiige (EZ) und zweieiige (ZZ) Zwillinge befinden. Wieviel könnte man nach der Wahrscheinlichkeit unter 1000 Schülern erwarten? Vielleicht gewinnt man auch Zwillinge anderer Schulen zu folgenden Untersuchungen:

e) *Körperliche Eigenschaften.* Man messe die Körpergröße. Man stelle das Körpergewicht fest, die Spannweite der Arme, die Augen- und Haarfarbe, Anzahl und Form der Zähne, Sommersprossen und Körpermale. Man suche noch weitere Merkmale zum Vergleich. Man vergleiche auch die Fingerabdrücke (Papillarmuster) der Daumen:

beide rechte Daumen von EZ;
beide linke Daumen von EZ;
den rechten und linken Daumen jedes einzelnen Zwillings.

Die gleichen Untersuchungen werden an ZZ vorgenommen. Man vergleiche die Muster der beiden eigenen Daumen. Man vergleiche die Muster bei Geschwistern, die nicht Zwillinge sind.
Man forsche bei EZ nach Spiegelbilderscheinungen. Welche Wange hat ein Grübchen? An welcher Stirnecke bilden die Haare einen Wirbel? Von welcher Hand wird beim Händefalten der Daumen nach oben gelegt? Wer ist Rechts-, wer Linkshänder?

f) *Schulische Leistungen.* Man vergleiche die Zeugnisse der EZ und ZZ. Wieviel Übereinstimmungen findet man? Vielleicht kennen wir Zwillinge, von denen einer sitzenblieb, der andere nicht. Es waren sicher keine EZ.
Man vergleiche die Noten im Turnen, die Einzelleistungen bei den letzten Bun-

desjugendspielen. Bestehen Neigungen für bestimmte Sportarten? — Die Handschriften werden verglichen. Wie entscheiden sich Zwillinge bei den Wahlthemen für den Klassenaufsatz? Bestehen Übereinstimmungen in der Art des sprachlichen Ausdrucks, in der Vorliebe für bestimmte Wörter, im Urteil, im Wertmaßstab usf. Man vergleiche die mathematischen Klassenarbeiten, die zur Lösung einer Aufgabe benötigte Zeit, den gewählten Lösungsweg, die Anzahl und die Art der begangenen Fehler.

g) *Außerschulischer Vergleich.* Man vergleiche bei EZ und ZZ die sonstigen Interessen und Neigungen. Wer treibt Hausmusik und mit welcher Fertigkeit? Besteht Vorliebe für bestimmte Komponisten? Stellung zur schönen Literatur, zur Kunst? Einstellung zu Theater, Konzert, Kino? Liebhabereien, Hobbies?

Welche Krankheiten hatten die Zwillinge (wann, wie lange)?

Wann waren sie beim Zahnarzt, welche Zähne wurden behandelt?

Operationen? Erkältungskrankheiten?

h) *Zahlen aus der Literatur.* Welche Aufgabe stellt sich die Zwillingsforschung? — 65% von EZ verhielten sich gegenüber einer Tuberkulose-Infektion gleich, 35% reagierten verschieden. Bei ZZ-Partnern dagegen reagierten nur 25% in gleicher Weise, jedoch 75% verschieden. Was erkennt man daraus? — Bei einer Untersuchung über straffällig gewordene Zwillinge wurde festgestellt: Von 107 EZ- und 117 ZZ-Paaren verhielten sich

bei EZ gleich 73 und verschieden 34,

bei ZZ gleich 39 und verschieden 78.

Bei EZ hatten 44 Paare gleiche und ähnliche Lieblingsfächer, 16 verschiedene. Bei ZZ stimmten dagegen 12 Paare in den Neigungen überein, 33 nicht.

4. Die Kuhmilch

a) *Der Wert von 1 l Kuhmilch.* 1 Liter Milch enthält

35 g Eiweiß (soviel wie in 5 Eiern) entspricht dem Tagesbedarf;

30 g Fett (soviel wie 37 g Butter);

37 g Kohlehydrate (in Form von Milchzucker) entspricht 12 Stück Würfelzucker;

10 wichtigste Mineralstoffe (darunter Kalk und Phosphate);

ein Drittel des Tagesbedarfs an Vitamin A (Axerophthol);

ein Viertel des Tagesbedarfs an Vitamin B_1 (Aneurin);

den vollen Tagesbedarf an Vitamin B_2 (Lactoflavin), B_4, B_{12} u. andere B-Vitamine;

den vollen Tagesbedarf an Vitamin E (Tocopherol);

den vollen Tagesbedarf an Vitamin K (antihämorrhagisches Vitamin);

den vollen Tagesbedarf an Phosphor und Kalk.

b) *Die Zusammensetzung der Milch.* Man führt zwei Reihen von Untersuchungen durch, indem man einmal die unveränderte Vollmilch (die übliche Trinkmilch ist pasteurisiert) benutzt und zum anderen die Milch in ihre Bestandteile zerlegt, um diese einzeln zu untersuchen.

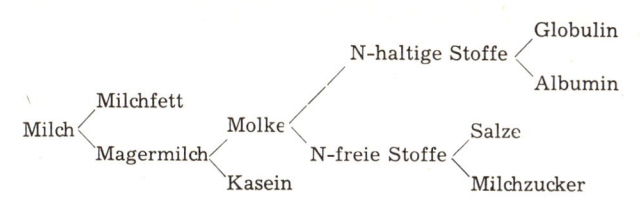

```
                                          Globulin
                    N-haltige Stoffe <
                   /                      Albumin
        Milchfett /
Milch <         Molke <
        Magermilch<        N-freie Stoffe <   Salze
                  Kasein                      Milchzucker
```

c) *Versuche an roher Milch.* Man bestimmt mit einem Laktometer das spezifische Gewicht: Es soll bei 15 °C zwischen 1,028 und 1,033 p/cm³ betragen. — Eine Milchprobe wird abgerahmt, und das spezifische Gewicht wird erneut bestimmt. — Eine weitere Probe wird mit 10 % Wasser verdünnt und wieder geprüft.

d) *Reaktion.* Die Milch wird mit Lackmuspapier geprüft; die Reaktion ist neutral. — Gegenprobe: Man prüft etwas Dickmilch, saure Milch und Joghurt. Milchsäure färbt Lackmus rot.

e) *Mikroskopische Untersuchung.* Man verdünnt ungekochte Milch mit destilliertem Wasser im Verhältnis 1:5 und untersucht einen Tropfen mikroskopisch bei starker Vergrößerung. Dabei werden die Fettkügelchen in *Brown*'scher Molekularbewegung beobachtet. — Die Zahl der Kugeln im ccm kann bestimmt werden, indem man eine Blutkörperchen-Zählkammer benutzt und nach derselben Methode wie bei der Blutuntersuchung verfährt. Für den ccm werden 3 bis 11 Millionen Kügelchen (je nach dem Fettgehalt) angegeben.

f) *Versuche mit Butterfett.* Milchrahm wird in einem Reagenzglas mit Äther gut geschüttelt. Das Glas wird in ein warmes Wasserbad gestellt. Der Äther verdampft, und das Butterfett bleibt als Rückstand. — Man schüttelt 5 ccm unverdünnte Milch mit der gleichen Menge Äther bis zur gleichmäßigen Mischung. Man setzt 5 ccm 90 %igen Alkohol hinzu und stellt das Glas in Wasser von ca. 40° (fünf Minuten). Auf dem Gemisch schwimmt nach dem Abkühlen eine Fettschicht.

g) *Gerinnungsversuche.* Wenn Milch gekocht wird, so darf sie nicht gerinnen, sondern es muß sich auf der Oberfläche eine Haut bilden. — Alle Milch, deren Säuregrad zu hoch ist, gerinnt beim Kochen.
Man bringt Milchproben von 100 ccm in sterile Standzylinder, die mit einer Glasplatte verschlossen werden, und setzt die Gefäße in einen Thermostaten bei 40°. Nach 12 Stunden darf die Milch noch nicht geronnen sein. — Nach 24 Stunden wird erneut geprüft. Geruch und Geschmack zeigen Milchsäure an; die Milch ist geronnen.
Man stellt s t e r i l i s i e r t e M i l c h her. Zwei Erlenmeyerkolben werden mit frischer Milch gefüllt und durch Wattestopfen verschlossen. Der eine von ihnen wird 30 Minuten lang in einen Wärmeschrank bei 65° bis 70° C gestellt (pasteurisiert), der andere nicht. Beide Kolben werden nach einiger Zeit geprüft; die sterilisierte Milch hält sich viel länger.

h) *Gewinnung von Kasein.* Man verdünnt die Milch mit Wasser im Verhältnis 1:1 und gibt unter Umrühren verd. Essigsäure hinzu, bis flockige Ausfällung eintritt. — Man wiederholt denselben Versuch mit einer anderen Säure (Zitronensäure, verd. Salzsäure). — Man setzt zu roher Milch etwas Lablösung. — Eine

Probe wird anschließend durch ein Faltenfilter gegeben, so daß Kasein und Molke getrennt werden. Es werden folgende Versuche gemacht:

i) *Versuche mit Kasein.* Etwas Käsestoff (Kasein) wird mit konzentrierter Salpetersäure versetzt. In der Kälte tritt schwache, beim Erwärmen starke Gelbfärbung auf (Xanthoproteinreaktion). Wird jetzt etwas konzentrierte Natronlauge hinzugegeben, verändert sich die Farbe in Orangerot.

Einen Teil des Niederschlags löst man in verdünnter Natronlauge auf. Man setzt tropfenweise eine verdünnte Kupfersulfatlösung hinzu: die violette Farbe zeigt das Eiweiß an (*Biuret*-Reaktion).

Mit käuflichem Kaseinpulver oder mit dem getrockneten selbst gewonnenen Kasein macht man folgende qualitative Analyse: Man bringt etwas Substanz in ein Reagenzglas und führt in das waagrecht gehaltene Rohr einen Streifen feuchtes, rotes Lackmuspapier. Man erhitzt das Kasein und stellt fest, daß das Papier blau wird (Ammoniak tritt auf) und daß der Geruch des auftretenden Zersetzungsproduktes an verbranntes Horn erinnert. Der schwarze Rückstand besteht aus Kohlenstoff. Wird auf die Rohrmündung ein silbernes Fünfmarkstück gehalten und weiter erhitzt, so entsteht auf dem Metall ein schwarzer Kreis von Silbersulfid. Damit wird der Schwefel im Kasein nachgewiesen.

k) *Untersuchung der Molke.* Die von Kasein befreite Molke wird gekocht. Dabei gerinnen Albumine und Globuline und fallen aus. (Das vergleichsweise geringe Eiweiß der Molke besteht aus zwei weiteren Eiweißkörpern, dem Lactoalbumin und dem Lactoglobulin. Für das Milchhäutchen, das sich beim Kochen der Milch bildet, ist ebenfalls das Lactoalbumin verantwortlich.) — Der Niederschlag der beiden Eiweißkörper wird abfiltriert. Man zeigt mit der *Biuret*- und Xanthoproteinreaktion, daß es sich um Eiweiß handelt.

l) *An Salzen* enthält die Milch reichlich anorganische Phosphate und Chlorid, in geringen Mengen Bikarbonat, Sulfat und Magnesiumsalze. — Gibt man zu Molke etwas Salpetersäure und einige ccm einer frisch bereiteten Lösung von Ammoniummolybdat, tritt Gelbfärbung auf (Phosphatnachweis). — Wenn man Molke eindampft und den Rückstand verascht, bleiben die Mineralstoffe zurück. Mit dem Platindraht kann man leicht auf Natrium und Kalium prüfen. Natrium erzeugt Gelb-, Kalium Violettfärbung (die man durch ein Kobaltglas betrachten muß).

m) *Prüfung auf Milchzucker.* Süße Molke (durch Lab gewonnen) wird auf ein Drittel ihrer Menge eingedampft. Den Rest läßt man an der Luft eintrocknen. Es bleibt ein Rückstand von feinen, süß schmeckenden Kristallen von Milchzucker zurück. — Die durch Kochen von Albuminen und Globulinen befreite Molke wird mit *Fehling* versetzt. Es entsteht ein gelbroter Niederschlag vom Oxid des einwertigen Kupfers.

5. *Wachstum und Wachstumskurven*

Das Wachstum eines Säuglings wird von vielen Müttern laufend kontrolliert. Aus alten Tagebüchern (Familienbüchern o. dgl.) können aus einem Klassenverband leicht Meßreihen erhalten werden. Sie gilt es auszuwerten. Schülerinnen werden auch leicht dazu angeregt, das Wachstum ihrer jüngeren Geschwister oder Verwandten nach Gewicht und Längenzuwachs laufend zu verfolgen.

a) *Beispiel eines Protokolls.* Eine Mutter führte über die Gewichtszunahme ihres Kindes Buch. Ihr Kind wog bei der Geburt

am	10. 12.	3500 p			
am	18. 12.	3390 p	am	5. 2.	5300 p
am	25. 12.	3450 p	am	12. 2.	5470 p
am	1. 1.	3710 p	am	19. 2.	5590 p
am	9. 1.	3980 p	am	26. 2.	5790 p
am	15. 1.	4300 p	am	3. 3.	5990 p
am	22. 1.	4600 p	am	10. 3.	6200 p
am	28. 1.	4950 p	am	18. 3.	6360 p

Man erhält die Gewichtskurve, indem man bei geeignetem Maßstab auf die Abszisse die Zeit (hier in Tagen), auf die Ordinaten das Gewicht aufträgt.

b) *Wachstumsnorm des Heranwachsenden.* Die Wachstumsnorm eines Säuglings findet man auf S. 277. Später, nach dem ersten Lebensjahr, erfolgt ein langsameres Wachstum, das erst in der Pubertätszeit wieder beschleunigt wird (puerperaler Wachstumsschub). Über das Phänomen der Akzeleration s. S. 470.

c) *Die Lebensstufen (nach Lux).* Die körperliche Entwicklung eines Menschen läßt sich in eine Anzahl von Lebensstufen einteilen. Man hat heute festgestellt, daß das von *Stratz* vorgeschlagene Schema, das mehrere Perioden von Streckungen und Füllungen unterscheidet, durch neuere Untersuchungen nicht gestützt werden kann.

Wachstumsalter:

Spielalter:
1. Jahr: 1. Entwicklungsstufe (Säuglingsalter)
2. bis 4. Jahr: 2. Entwicklungsstufe (1. Füllung)
5. bis 7. Jahr: 3. Entwicklungsstufe (1. Streckung)

Schulalter:
Knaben: 6. bis 10. Jahr: 1. Entwicklungsstufe
          10. bis 14. Jahr: 2. Entwicklungsstufe
          14. bis 18. Jahr: 3. Entwicklungsstufe

Mädchen: 6. bis 9. Jahr: 1. Entwicklungsstufe
           9. bis 12. Jahr: 2. Entwicklungsstufe
          12. bis 15. Jahr: 3. Entwicklungsstufe
          15. bis 18. Jahr: 4. Entwicklungsstufe

Berufsalter:
19. bis 40. Jahr: die reifen Jahre
40. bis 60. Jahr: die „reiferen" Jahre

Rückbildungsalter:
ab 61. Jahr

6. Körpergewicht und Körpergröße

Körpergröße und *Körpergewicht* werden durch das Lebensalter bestimmt. Man pflegt in den Tabellen Bereiche anzugeben, die die normale Schwankungsbreite bei vergleichenden Messungen zum Ausdruck bringen.

Es ist wichtig, daß der Heranwachsende um seine körperliche Entwicklung weiß. Er sollte sie ständig überprüfen. Ein Beispiel soll zeigen, wie man leicht Untersuchungen durchführen kann. — Am 1. November 1964 wurden Sextaner einer Schule in Bonn gemessen und gewogen. Die Untersuchung hatte folgendes nach Altersstufen geordnetes Ergebnis:

a) *Die Körperlänge* von 109 Sextanern einer Schule

(gemessen am 1. 11. 1964)

Lebens-jahre	125—130 cm	131—135 cm	136—140 cm	141—145 cm	146—150 cm	151—155 cm	156—160 cm	161—165 cm	
13 *1951						1	1		2
12 *1952		1	2	2	1	3	2	1	12
11 *1953	1	1	6	21	13	14	5	1	62
10 *1954		2	7	12	8	3	1		33
	1	4	15	35	22	21	9	2	109

b) *Das Körpergewicht* von 109 Sextanern einer Schule

(bestimmt am 1. 11. 1964)

Lebens-jahre	21—25 kp	26—30 kp	31—35 kp	36—40 kp	41—45 kp	46—50 kp	51—55 kp	56—60 kp	61—65 kp	
13 *1951				1		1				2
12 *1952		1	4	4	1	1	1			12
11 *1953	1	4	19	21	10	5		1	1	62
10 *1954		3	12	13	4	1				33
	1	8	35	39	15	8	1	1	1	109

c) Ähnlich können in anderen Klassen Erhebungen durchgeführt werden. Besonders wären Messungen an gleichaltrigen Schülerinnen aufschlußreich. Die Ergebnisse sind dann zu vergleichen und zu diskutieren. — So könnten sich aus der vorliegenden Untersuchung etwa folgende Aufgaben und Erkenntnisse ergeben:

Für jede Altersstufe ist ein **mittleres Gewicht** und eine **mittlere Körpergröße** zu berechnen. — Wir erhalten dabei Zahlen, die weit über den Werten der Tabellen liegen, die seit Jahrzehnten unverändert in den Büchern übernommen und weitergegeben werden (s. unten). Es wäre zu untersuchen, ob vielleicht auffällige Unterschiede zwischen Schulkindern der **Stadt- und Landbevölkerung** bestehen.

Körpergrößen und -gewichte sind graphisch darzustellen in Abhängigkeit vom Alter. Wir erhalten Zufallskurven, nicht nur innerhalb der einzelnen Jahrgänge, sondern auch in der Summe.

Wir erkennen, daß dergleichen Untersuchungen umso eindeutiger ausfallen, je mehr Fälle man prüft. Denn der Zufall bestimmt die Zahlen. So wurde hier der größte und längste Schüler nicht 1951, sondern 1953 geboren. Er wog 64 kp und war 165 cm groß. — So wog, anders als man erwarten müßte, ein 13jähriger Schüler bei 158 cm Länge nur 40 kp, während ein elfjähriger Schüler von 154 cm Länge 55 kp wog!

d) *Körpergröße und Körpergewicht vom Alter abhängig:*

Alter in Jahren	Knaben		Mädchen	
	Größe in cm	Gewicht in kp	Größe in cm	Gewicht in kp
1	71,3 — 80,3	8,4 — 12,4	68,9 — 78,8	7,6 — 12,3
1,5	77,5 — 88,2	9,6 — 14,3	74,9 — 86,7	8,8 — 14
2	82,7 — 94,6	10,6 — 15,8	80,1 — 93,3	9,8 — 15,6
2,5	86,9 — 99,5	11,4 — 16,8	84,5 — 98,7	10,7 — 17,2
3	90,6 — 102,8	12,3 — 17,8	88,4 — 103,5	11,6 — 19
3,5	94,3 — 106,5	12,9 — 18,9	92 — 108	12,5 — 20,5
4	97,5 — 110,4	13,7 — 20,1	95,2 — 112,3	13,3 — 21,9
4,5	100,6 — 114,3	14,3 — 21,5	98,1 — 116,2	13,9 — 23,1
5	102 — 117,1	15,2 — 22,9	100 — 118,8	14,6 — 24
6	108 — 126,2	17,5 — 27,7	108 — 125,4	16,9 — 26,6
7	116,9 — 133,4	19,5 — 31,7	114 — 131,7	18,7 — 30,5
8	119,1 — 140,2	21,8 — 36	119,1 — 137,4	20,5 — 35,8
9	124,2 — 145,3	23,8 — 40,7	123,6 — 143,4	22,3 — 40,8
10	128,7 — 150,3	25,8 — 45,4	127,7 — 149,3	24,1 — 46,2
11	133,4 — 154,4	28 — 50,7	132,3 — 157,4	26,3 — 51,2
12	138,1 — 161,9	30,5 — 56,3	137,8 — 164,6	28,9 — 57,9
13	142,2 — 169,5	32,7 — 62,6	143,7 — 168,4	32,8 — 64,6
14	146,4 — 177,1	36,2 — 68,3	148,2 — 170,6	37,7 — 68,4

7. Zahlen zu Säugling und Kind

a) *Vergleich von Frauenmilch und Kuhmilch:*

	Frauenmilch	Kuhmilch
Eiweiß	1,5 %	3,3 %
Fett	3,5 %	2,8 — 4,5 %
Milchzucker	6 %	4,8 %
Salze	0,2 %	0,7 %
Kalorien in 100 g	70	68

b) *Schlafdauer in 24 Stunden:*

Für einen Säugling	20 Stunden
im 1. Lebensjahr	18 Stunden
im 2. bis 4. Lebensjahr	14 Stunden
im 5. und 6. Lebensjahr	12 Stunden
im 7. bis 14. Lebensjahr	10 Stunden
im 15. bis 50. Lebensjahr	7—8 Stunden
im 50. bis 70. Lebensjahr	5—6 Stunden

c) *Säuglingsnahrung:* (Tagesmenge an Muttermilch)

2. Woche	500 g
4. Woche	600 g
8. Woche	800 g
10. Woche	820 g
20. Woche	900 g

d) *Größenwachstum vor der Geburt:* (Monat zu 28 Tagen)

Nach dem	2. Monat	4 cm	(2 · 2)
Nach dem	3. Monat	9 cm	(3 · 3)
Nach dem	4. Monat	16 cm	(4 · 4)
Nach dem	5. Monat	25 cm	(5 · 5)
Nach dem	6. Monat	30 cm	(6 · 5)
Nach dem	7. Monat	35 cm	(7 · 5)
Nach dem	8. Monat	40 cm	(8 · 5)
Nach dem	9. Monat	45 cm	(9 · 5)
Nach dem	10. Monat	50 cm	(10 · 5)

IX. Gesundheitserziehung

Zu dem großen Thema *Gesundheitserziehung* können im folgenden nur Anregungen gegeben werden. Bereits in der Untersekunda (Klasse 10), wenn Menschenkunde im Mittelpunkt des Biologieunterrichts steht, werden sich manche der aufgezeigten Probleme behandeln lassen. Vor allem aber wird man hier Themen der Oberstufe finden. Im ZWEITEN TEIL dieses Bandes wird auf viele Fragen eingegangen, die hier nur angedeutet werden können. Für die schulpraktische Durchführung dieser Themen sind mancherlei Hilfen möglich, nach denen wir hier suchen.

1. Bild, Film und Auskunft

An guten Anschauungsmitteln ist kein Mangel. Von den Wandtafeln seien als Beispiele „Volkskrankheiten", „Kinderkrankheiten" und „Säuglingspflege" genannt. Allein FWU (München) bietet folgende Filme und Bildreihen an:
Bildreihen: R 1252 Haltungsfehler beim Kleinkind (8),
R 1236 Haltungsfehler beim Schulkind (9).
Filme: F 162 Weiße Blutkörperchen im Abwehrkampf (8 Minuten),
F 330 Seuchenbekämpfung: Diphtherie (11 Minuten),
FT 1577 Asthma und Hormone (Farbe, 12 Minuten),
F 387 Denk an deine Gesundheit, Rolf! (Tbc, 12 Minuten),
FT 684 Der weibliche Zyklus (8 Minuten),
FT 836 Schwangerschaft und Geburt (12 Minuten),
FT 862 Pubertät bei Jungen (10 Minuten).

Anschauungsmittel für die Gesundheitserziehung zu erhalten, ist nicht schwer. Vieles wird sogar umsonst an alle Interessenten verschickt. Wir nennen als Beispiel eine größere Reihe von sog. „Schaubögen" (zum Thema „Haltung und Leistung", „Vom Essen und Trinken"), die man z. T. als Wandtafeln aufziehen kann. Sie gehören zu den „Informationen zur gesunden Lebensführung" und wurden vom Deutschen Gesundheitsmuseum bearbeitet. In Wiesbaden erscheinen die „Informationen" (verlegt bei Universum-Verlagsanstalt GmbH KG, Wiesbaden), die vom Deutschen Gesundheitsmuseum und dem Aufklärungsdienst für Jugendschutz (Wiesbaden) im Auftrag des Bundesministeriums für Gesundheitswesen herausgegeben wird.

Wer näheren Rat braucht, kann sich an das Deutsche Gesundheitsmuseum wenden, das in vorbildlicher Weise als „Zentralinstitut für Gesundheitserziehung eV" alle Belange der Volksgesundheit vertritt (Anschrift: D. G. M., 5 Köln-Merheim, Ostmerheimer Str. 200). Seine tragenden Mitglieder sind die Bundesrepublik Deutschland und das Land Nordrhein-Westfalen. — Instruktiv und aufklärend ist modernes Zahlenmaterial (unsere Lehr- und Schulbücher hinken oft einige Jahre nach). Man findet es bereits bis zum vorigen Jahr (1968) nachgetragen im

Statistischen Jahrbuch für die Bundesrepublik Deutschland, das das Statistische Bundesamt in Wiesbaden herausgibt. Wir kennen weiter einen Bundesausschuß für gesundheitliche Volksbelehrung eV (Bad Godesberg, Bachstr. 3). — Das Bundesministerium für das Gesundheitswesen (Bad Godesberg, Deutschherrenstr. 27) faßt alle unsere Bemühungen um die Gesundheit des Volkes als übergeordnete Organisation auf Bundesebene zusammen.

Alle unten genannten Stellen geben gern Auskunft. Man wird überall freundliche Hilfe finden. Wir wollen mit der Liste der Anschriften zeigen, daß wir in vielen Ländern der Bundesrepublik Vereine und Arbeitsgemeinschaften ähnlicher Richtung kennen. — Manche Gesellschaften geben eigene Schriftenreihen heraus, die an Interessenten oft unentgeltlich verschickt werden. Wir nennen ohne Anspruch auf Vollständigkeit:

Deutsche Gesellschaft für Freilufterziehung und Schulgesundheitspflege e. V., Schuldirektor K. *Triebold,* 4812 Brackwede, Bielefelder Str. 2

Deutscher Jugendgesundheitsdienst e. V., Dr. med. habil. *Hans Hoske,* 5 Köln-Lindenthal, Mommsenstr. 121

Landesausschuß für gesundheitliche Volksbelehrung, angegliedert dem Innenministerium Rheinland-Pfalz, 65 Mainz, Schiller-Platz 3—5

Hessische Arbeitsgemeinschaft für Gesundheitserziehung, 355 Marburg/Lahn, Nikolaistraße

Landesausschuß für gesundheitliche Volksbildung und Gesundheitserziehung Baden-Württemberg, 7 Stuttgart-Heumaden, Bildäckerstr. 18

Berliner Landesausschuß für gesundheitliche Volksbelehrung e. V., 1 Berlin 15, Hallesches Ufer 32—38

Deutscher Verein für Gesundheitspflege e. V., 28 Bremen, Osterdeich 42

Landesausschuß für gesundheitliche Volksbelehrung e. V., 2 Hamburg 13, Tesdorpstr. 18

Landesverein für Volksgesundheitspflege Niedersachsen e.V., 3 Hannover, Georgstraße 4

Verein für Zahnhygiene e. V., Arbeitsgemeinschaft zur Förderung der Mund- und Zahnpflege, 6 Frankfurt/M., Siesmayer Straße 15

Bundesausschuß für volkswirtschaftliche Aufklärung e. V., 5 Köln, Sachsenring 55

Deutsche Gesellschaft für Ernährung e. V., 6 Frankfurt/M., Feldbergstraße 28

Deutsche Vereinigung zur Bekämpfung der Kinderlähmung e. V., 4 Düsseldorf, Auf'm Hennekamp 7, z. Hd. Herrn Generalsekretär Dr. *Krause-Wichmann*

Aktion DAS SICHERE HAUS e. V., 8 München 22, Barer Straße 24

Aufklärungsdienst für Jugendschutz, z. Hd. Herrn *Denzer,* 62 Wiesbaden, Sonnenberger Straße 22

AID Land- und Hauswirtschaftlicher Auswertungs- und Informationsdienst e. V., 532 Bad Godesberg, Heerstraße 124

Bundesausschuß für gesundheitliche Volksbelehrung e. V., 532 Bad Godesberg, Bachstraße 3

Deutscher Bund zur Bekämpfung der Tabakgefahren e. V., 1 Berlin 19, Reichsstraße 81

2. Von der Lebenserwartung

Die *Lebenserwartung* ist die statistisch ermittelte mittlere Lebensdauer der Bevölkerung. Die Tabelle ist an Hand von Sterbetafeln errechnet worden. Die Anzahl der Lebensjahre bestimmter Altersgruppen wurde dabei addiert und durch die Anzahl der Personen, nach Geschlecht getrennt, dividiert.

Vollendete Lebensjahre	Weibliche Personen			Männliche Personen		
	1880	1930	1960	1880	1930	1960
1	48,1	66,4	73,2	46,5	64,4	68,5
2	50,3	66	72,3	48,7	64	67,6
5	51	63,6	69,5	49,5	61,7	64,9
10	48,2	59,1	64,7	46,5	57,3	60,1
15	44,1	54,4	60	42,4	52,7	55,2
20	40,2	49,8	54,9	38,5	48,2	50,7
25	36,5	45,4	50,1	35	43,8	46
30	33,1	41	45,3	31,4	39,5	41,4
35	29,7	36,7	40,5	27,9	35,1	36,8
40	26,3	32,3	35,9	24,5	30,8	32,2
45	22,8	28	31,3	21,2	26,6	27,7
50	19,3	23,8	26,8	18	22,5	23,6
55	15,9	19,8	22,4	15	18,7	19,3
60	12,7	16,1	18,3	12,1	15,1	15,7
65	10	12,6	14,4	9,5	11,9	12,5
70	7,6	9,6	10,9	7,3	9	9,7
75	5,7	7,1	8	5,5	6,7	7,2
80	4,2	5,1	5,7	4,1	4,8	5,2
85	3,1	3,7	4	3	3,5	3,7
90	2,4	2,7	3	2,3	2,6	2,6
Zusammen	38,4	62,8	71,9	35,6	59,9	66,7

Die Tabelle läßt sich im Schulunterricht vielseitig auswerten.
Man liest aus ihr u. a. ab:

Die Tabelle spiegelt die Fortschritte der Medizin wider und das Ergebnis einer planvollen Gesundheitspflege.

Die Tabelle mit den absinkenden Zahlen setzt erst mit dem vollendeten 1. Lebensjahr ein und läßt also die Säuglingssterblichkeit außer Betracht.

Die zu erwartende Lebensdauer ist altersabhängig; sie ist in den ersten Lebensjahren sehr hoch und sinkt gleichförmig ab.

Die einjährigen Knaben konnten also im Jahre 1960 eine Lebensdauer von 68,5 Jahren erwarten, usw.

Die mittlere Lebensdauer ist beim weiblichen Geschlecht wesentlich höher als beim männlichen.

Die Lebensverlängerung in den 50 Jahren von 1880 bis 1930 ist größer als in den 30 folgenden Jahren von 1930 bis 1960.

3. Die Altersgliederung einer Schule

Die Altersgliederung einer Schule ist allein aus den Klassenbucheinträgen zu entnehmen und daher leicht aufzustellen. In jedem Klassenbuch befindet sich nämlich eine Liste aller Schüler mit ihren Geburtstagen. Die Listen führen uns zu folgender Aufgliederung, wie wir sie als Beispiel von einer Bonner Schule aus dem Schuljahr 1965/66 übernehmen:

Altersgliederung einer Schule mit 29 Klassen und 832 Schülern

Klasse	Lebensjahre														Gesamt-zahl
	9	10	11	12	13	14	15	16	17	18	19	20	21	22	
Sexta a	1	10	29												40
Sexta b		13	22	9											44
Sexta c		9	26	8											43
Quinta a			16	20	1	1									39
Quinta b			16	15	4	2									37
Quinta c			6	17	7										30
Quarta a				8	23										31
Quarta b				5	7	15	1								28
Quarta c				10	22	1									33
Quarta d				2	9	8	1								20
U-Tertia a					15	15	3								34
U-Tertia b					5	18	7	2							32
U-Tertia c					2	17	13	1							33
O-Tertia a						5	16	6	2						29
O-Tertia b						8	9	7	2						26
O-Tertia c						3	17	13							33
U-Sekunda a							9	13	7	2					31
U-Sekunda b							2	18	6	5					31
U-Sekunda c							5	8	11	4					28
O-Sekunda a							6	8	12	3					29
O-Sekunda b							7	9	7	1					24
O-Sekunda c							5	13	8	2	1				29
O-Sekunda d							6	11	10						27
U-Prima a								4	9	3	2				18
U-Prima b								4	8	6					18
U-Prima c								3	10	5	2	1			21
O-Prima a									2	7	2				11
O-Prima b									1	6	4	3	1		15
O-Prima c									1	8	8	1			18
	1	32	115	94	96	94	83	92	80	79	41	19	5	1	832

An dieser Tabelle sind mannigfache Aufgaben zu lösen. Es wäre z. B. zu überlegen, wie statt der Zahlen eine übersichtliche graphische Darstellung gegeben werden könnte.

Es fällt u. a. auf, daß das Lebensalter innerhalb der einzelnen Klassen in großen Grenzen schwankt. Nur in einer einzigen Klasse sind, wie man vielleicht erwarten könnte, der jüngste und älteste Schüler nur zwei Jahre voneinander entfernt. In 10 (von 29) Klassen sind die Schüler um 3 Jahre, in 15 Klassen um 4 Jahre, in

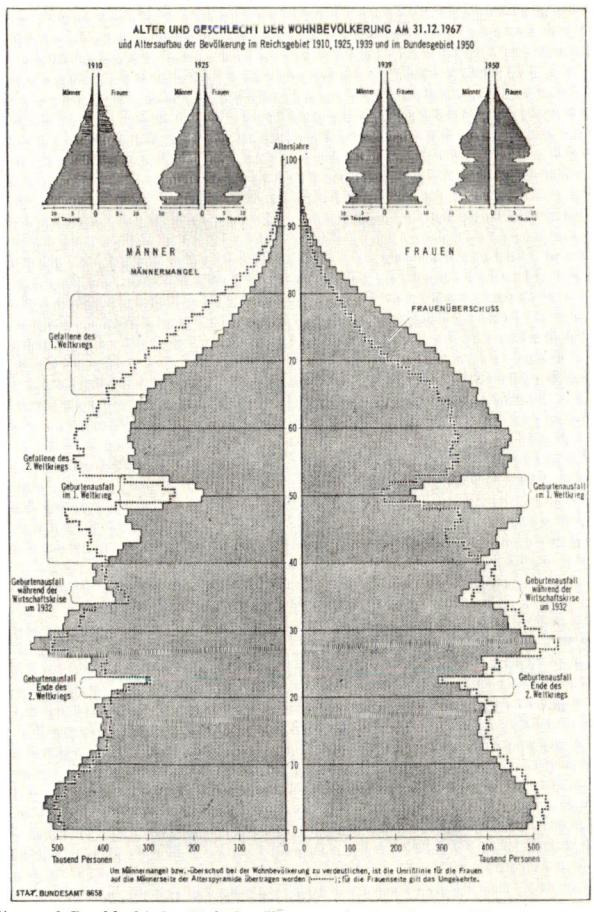

Abb. 51: Alter und Geschlecht der Wohnbevölkerung der Bundesrepublik Deutschland Ende 1967. Die Pyramide zeigt deutlich den Männermangel und den Frauenüberschuß, die bei den Vierzigjährigen beginnen.

3 Klassen sogar um 5 Jahre im Alter verschieden. Das bringt Schwierigkeiten mancherlei Art, die indes hier nicht aufgezeigt werden sollen.

Schule mit Koedukation: Eine statistische Erfassung, ähnlich wie im Beispiel der Jungenschule, ermöglicht Vergleiche in neuen Richtungen. Eine graphische Darstellung der ermittelten Zahlen führt zu einer „Schulpyramide". Es sollten dabei 2 Aufgaben gelöst werden:

    Die Schule mit allen ihren Schülern, eingeschlossen die zu Beginn jedes Schuljahres neu eintretenden Schüler, wird dargestellt.

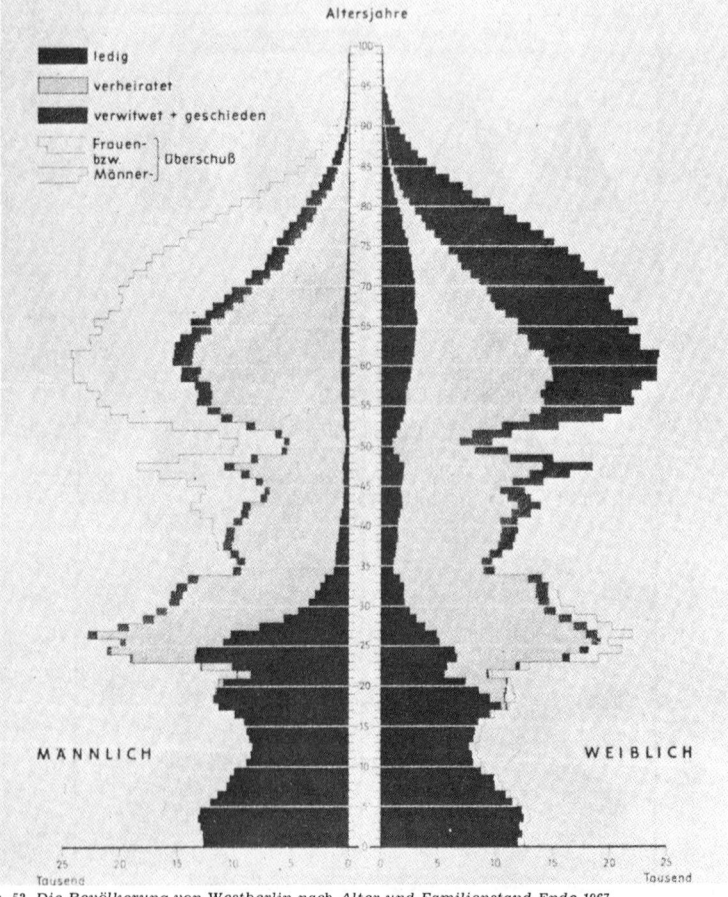

Abb. 52. Die Bevölkerung von Westberlin nach Alter und Familienstand Ende 1967.
Beim Vergleich der beiden Bevölkerungspyramiden suche und erkläre man das Gemeinsame (z. B. die kriegsbedingten Wachstumsanomalien) und das Trennende (z. B. die Breite der Ausgangsbasis).

In die Darstellung werden nur die Schüler aufgenommen, die ab Sexta (Klasse 5) der Schule angehören. Hier ließe sich etwa zeigen, daß nur eine „tragfähige", d. h. große Sexta, eine gute Mittelstufe und eine angemessene Oberstufe gewährleistet.

Die Altersgliederung eines Volkes wird als ein Beispiel der Demographie in der Oberstufe zu behandeln sein. Viele Themen, die zum Kapitel „Gesundheitserziehung" gehören (wie Lebenserwartung, Säuglingssterblichkeit, Kinderzahl, Geburtenregelung, Sozialstruktur usf.), münden hier ein.

Man kann aus dieser Aufgabe und ihrer graphischen Darstellung leicht die sog. Bevölkerungspyramide erhalten (Näheres bei G. *Mackenroth:* Bevölkerungslehre, 1953). Sie ist bekanntlich die Darstellung aller Glieder eines Volkes, nach Geschlecht und Lebensjahren geordnet. Dabei werden die Altersjahre in eine senkrechte Leiste eingetragen, während in waagrechten, entsprechend großen Rechtecken die Anzahl der Glieder jeder Altersstufe angegeben wird. — Entsprechend ordnen wir in unserem Schulbeispiel die Zahlen von 9 bis 22 in eine senkrechte Leiste untereinander ein usw.

Bevölkerungspyramide (Bevölkerungspolygon): Die Pyramidenform wird zu diskutieren sein.

Breite Basis der Pyramide ⟶ viele Kinder und Jugendliche,
schmale Basis ⟶ konstante Bevölkerungszahl,
eingezogene Basis (Glocke, Urne) ⟶ schrumpfende Bevölkerung,
ungestörte Seitensymmetrie ⟶ ausgewogenes Verhältnis beider Geschlechter,
asymmetrische Seitenfelder ⟶ Männermangel als Kriegsfolge, Frauenmangel in Einwandererländern.

4. Der Gesundheitszustand der Jugend

a) *Die Untersuchung einer Schulklasse.* Eine Quarta (7. Schuljahr) von 37 Schülern wurde kurz vor der Versetzung in die nächste Klasse auf ihren Gesundheitszustand untersucht. Das Ergebnis soll als Anregung und Muster dienen, wie man solche Befragungen durchführen kann. — Ähnliche Untersuchungsergebnisse aus parallelen oder anderen Klassen lassen sich vielseitig vergleichen und diskutieren.

G e b i ß : 3 Schüler waren noch nie beim Zahnarzt. 34 Schüler haben Schäden beheben lassen, davon 12 am Milchgebiß und 22 am Dauergebiß.

S i n n e s o r g a n e : 5 Schüler haben ein geschwächtes Sehvermögen; 5 Schüler sind Brillenträger, davon ist 1 Schüler weitsichtig und 4 Schüler sind kurzsichtig. — 1 Schüler hört schwer.

Ü b e r s t a n d e n e K r a n k h e i t e n : 3 Schüler hatten Lungenentzündung, 1 Schüler einen ausgeheilten Lungenschaden. 10 Schüler litten unter einer Mittelohrentzündung. — Von den Infektionskrankheiten hatten 21 Schüler Keuchhusten, 25 die Masern und 22 Schüler Windpocken.

Ü b e r s t a n d e n e O p e r a t i o n e n : 6 Schüler wurden am Wurmfortsatz operiert, 10 Schüler an den Mandeln (Kappen bzw. Entfernen), 12 Schüler hatten mit Polypen und Wucherungen zu tun. Bei 3 weiteren Schülern wurden andere kleinere Operationen durchgeführt.

S k e l e t t s c h ä d e n : 9 Schüler hatten ausgeheilte Knochenbrüche.

S o n s t i g e s : Unter Kreislaufstörungen leiden 2 Schüler. Unter häufigeren Kopfschmerzen leiden 11 Schüler. Vom Arzt wurden 10 Schüler zur Kur geschickt.

12 der Schüler haben versucht zu rauchen, 8 von ihnen haben eine Zigarette zu Ende geraucht.

b) *Klassenbucheintragungen.* Im Klassenbuch der Höheren Schule findet man eine Spalte, in die Angaben über den Gesundheitszustand der Schüler einer Klasse verlangt werden. Es heißt dort:
„K ö r p e r l i c h e B e h i n d e r u n g e n
    Kurzsichtige: ......   Schwerhörige: ......
    An sonstigen körperlichen Behinderungen leiden: ......"
Wir suchen diese Aufgaben aus den Klassenbüchern aller Klassen zusammen und ordnen sie als Tabelle:

Klasse	Schüler-zahl	davon		
		kurzsichtig	schwerhörig	andere Behinderungen
.	.	.	.	.
.	.	.	.	.
.	.	.	.	.

c) *Leibesübungen.* Aus den Klassenbüchern aller Klassen ist zu entnehmen: Welche Schüler sind vom Turnen befreit? Wer von ihnen dauernd, wer zeitweilig? Wieviel Schüler erhalten keine Abschlußnoten in den Leibesübungen (amtsärztliche Atteste)? — Ferner: Können die nötigen Turn- und Schwimmstunden erteilt werden? Besteht hier Lehrermangel? Wieviel Schüler sind Mitglied in Turn- oder Sportvereinen?

d) *Tauglichkeitsgrade bei Musterungen:* Es ist festgestellt worden, daß bereits bei 32 % der Kinder vor ihrer Einschulung Haltungsschäden bestehen, bei den 10jährigen dagegen bei 49,6 %, bei 14jährigen sogar bei 57,2 %. Bei etwa drei Viertel aller gemusterten 20jährigen Männer werden Haltungsfehler festgestellt. — Alle näheren Angaben können folgender Tabelle entnommen werden:

Geburts-Jahrgang	Gemusterte insgesamt	tauglich I	tauglich II	tauglich III	zusammen tauglich I-III	beschränkt tauglich (IV)	vorübergehend untauglich (V)	dauernd untauglich (VI)
	Gemusterte der Geburtsjahrgänge 1938 bis 1943 im Bundesgebiet nach Tauglichkeitsgrad							
1938	427 988	2,1 %	46,7 %	32,9 %	81,7 %	10,7 %	5,2 %	2,4 %
1939	453 423	1,2 %	42,0 %	35,3 %	78,5 %	13,7 %	5,4 %	2,4 %
1940	413 707	1,1 %	41,7 %	35,2 %	78,0 %	14,1 %	5,3 %	2,6 %
1941	386 467	1,0 %	41,6 %	35,8 %	78,4 %	13,9 %	4,9 %	2,8 %
1942	324 067	0,7 %	40,9 %	36,8 %	78,4 %	14,2 %	4,8 %	2,6 %
1943	315 029	0,8 %	42,5 %	35,5 %	78,8 %	14,1 %	4,6 %	2,5 %

e) *Genußmittelgebrauch.* In einer Oberstufenklasse läßt sich eine Umfrage über den Genußmittelgebrauch durchführen (am besten, indem man die Fragen ohne Namensnennung schriftlich beantworten läßt).
Etwa:

R a u c h e n . Wer raucht, wer nicht? Warum wird geraucht? Seit wann wird geraucht? Wieviel wird geraucht (täglich)? Sollte das Rauchen auf dem Schulweg gestattet werden? Sollte die Schule ein Rauchverbot für ihr Gelände aussprechen? A n d e r e S t i m u l a n t i a . Wer nimmt Alkohol regelmäßig zu sich, in welchem Umfang? Wer weiß von Marihuana? Wer hat schon „Anregungstabletten" genommen? Wer nimmt regelmäßig Tabletten (zur Beruhigung, zur Anregung, zum Schlafen)?

5. Die Gefahren der Umweltveränderung

a) *Wasser.* Die Trink- und Gebrauchswasserversorgung wird immer umständlicher (Talsperren, Pumpanlagen, Aufbereitung und wiederholte Verwendung). Die Abwässerbeseitigung wird immer schwieriger. Die Folgen der Verseuchung der Flüsse sind verheerend; Ölpest bedroht die Meeresküsten.

b) *Luft.* Die Luft in Industriegegenden und an stark befahrenen Autostrecken ist reich an schädlichen Beimengungen (Kohlenmonoxid, Staub, Abgase aller Art, Ruß, organ. Verbindungen). Nebel- und Dunstschleier nehmen den Städten das nötige Sonnenlicht weg.

c) *Akustische Reize.* Durch den Verkehrslärm, den Lärm an den Baustellen (moderne Arbeitsmaschinen) und Arbeitsstätten wird das Nervensystem über Gebühr beansprucht. Mechanische Musik wird auf viele Arten erzeugt, oft über lange Zeit und mit großer Lautstärke (Reklame, Tanzmusik).

d) *Optische Reize.* Die Lichtreklame wird immer aufdringlicher. Das Dauer-Fernsehen bringt Gefahren für die Augen. Unnatürliche Häufung von rasch aufeinander folgenden Bildeindrücken (Film, Bilderillustrierte usf.) stürmen ein.

e) *Taganpassung.* Der natürliche Hell- und Dunkel-Rhythmus von Tag und Nacht mit der Nacht als Ruhepause wird vielfach durchbrochen und willkürlich abgeändert (Tag- und Nachtschichten und Dreischichtenarbeit). Der Wochenrhythmus wird durch die gleitende 5-Tage-Woche aufgehoben.

f) *Muskelarbeit.* Der menschliche Bewegungsapparat wird zunehmend ausgeschaltet. Verkehrs- und Fortbewegungsmittel werden über das nötige Maß ein gesetzt (Propagierung des Autos). — In den Fabriken ersetzen Automaten die Handarbeit von früher, da sie rascher und billiger arbeiten. Die Berufe werden oft im Sitzen ausgeübt, die früher körperlichen Einsatz verlangten (Knöpfe drücken, Meßgeräte beobachten). — Herzinfarkte und Kreislaufschäden sind häufig. Mangel an freier Bewegung in Naturnähe, dafür Laufen auf glattem Pflaster, Asphalt und Parkwegen (daher Fußschäden).

g) *Nahrungsmittel.* Die Nahrungsmittel werden zunehmend „geschönt" (gefärbt, „gereinigt", mit synthetischen Duft-, Farb- und Geschmacksstoffen versetzt, haltbar gemacht und durch Chemikalien konserviert). Verdauungsbeschwerden vielerlei Art sind häufig; Ernährungsfehler verursachen Darmträgheit. — Die Zahnarbeit wird durch veränderte und „präparierte" Nahrungsmittel weitgehend erleichtert oder ganz überflüssig, Zahnschäden sind die Folge.

h) *Genußmittel.* Der Gebrauch der „klassischen" Genußmittel (Tabak und Alkohol) steigt ständig, dank einer kostspieligen Werbung. Neuartige Rauschmittel (MARIHUANA, LSD [Lysergsäurediäthylamid], Weckamine, PERVITIN usf.) spielen eine zunehmende Rolle und ringen um „Anerkennung". — Tablettenmißbrauch aller Art nimmt überhand, selbst der Sportsmann wird hörig.

i) *Naturentfremdung.* Wald- und Parklandschaften weichen den Industriegeländen, Schienen und Straßen. Monokulturen und Industriesteppen sind beherrschend. — Stadtkinder sind von hohen Miethäusern mit lichtarmen Höfen, von unzureichenden Grünanlagen mit vielen Verbotsschildern umgeben. Anstrengende Autobahnfahrten ersetzen den erholsamen Spaziergang in Wald und Feld.

k) *Ruhelosigkeit.* Das Arbeits- und Verkehrstempo wird dauernd gesteigert. Eine Reizüberflutung wendet sich an alle Sinnesorgane. Ruhe und Besinnung müssen dem Tempo und unablässigen Gewinnstreben weichen. Der Straßenverkehr zwingt zu stärkster Konzentration. Daher nehmen auch die Verschleiß- und Zivilisationsschäden dauernd zu, auch die Geschwulstkrankheiten sind zu nennen.

l) *Bildungsprobleme.* Für die Heranwachsenden bestehen große Gefahren: Nachlassen der Konzentration, Abfall der schulischen Leistungen, leichtere Ermüdbarkeit und Ablenkung, frühzeitige nervöse Erkrankungen und Herzschäden. Verlängerung der Ausbildungszeit.

6. Gesundheitsregeln

Im Unterricht über Menschenkunde ist es nötig, bei jeder Gelegenheit auf eine gesunde Lebensweise hinzuweisen. Man kann dabei Ratschläge und Vorschriften in eine Aufforderung kleiden (wie es auch oft in Büchern geschieht). Im Folgenden soll das Ergebnis solcher Bemühungen in Aufforderungssätzen zusammengefaßt und nach Sachgebieten geordnet werden (wobei keine Vollständigkeit gesucht wurde):

a) *Von der Ernährung.* Iß langsam und kaue gründlich! — Zerbeiße keine harten Gegenstände wie Nußschalen o. dergl., aber gib den Zähnen genügend Arbeit! Iß kein ungewaschenes Obst und Gemüse! — Sprich und lache nicht, solange du ißt und schluckst! — Trinke während der Mahlzeiten möglichst wenig! — Nimm deine Mahlzeiten regelmäßig ein und laß dir dabei die nötige Zeit! — Iß nicht kalt und heiß in raschem Wechsel! — Trinke kein kaltes Wasser, wenn du erhitzt bist! — Vermeide Genußmittel wie Alkohol und Nikotin! — Halte beim Kauen den Mund geschlossen. — Putze regelmäßig deine Zähne mit Zahnbürste und Zahnpasta. — Laß dein Gebiß regelmäßig vom Zahnarzt überprüfen!

b) *Vom Atmen.* Atme tief in frischer Luft! — Atme durch die Nase ein und den Mund aus! — Hüte dich vor Zugluft, wenn du erhitzt bist! — Gehe nicht einem Hustenden zu nahe, huste nicht anderen ins Gesicht! — Spucke nicht auf den Fußboden! — Halte beim Niesen das Taschentuch vor die Nase! — Säubere regelmäßig deine Nase! — Sprich nicht mit vollen Backen! — Lache nicht, während du trinkst! — Lüfte regelmäßig dein Arbeitszimmer!

c) *Von den Sinnesorganen.* Schone deine Augen! — Lies nicht in der Dämmerung, aber vermeide auch zu grelles Licht! — Überanstrenge nicht die Augen! — Sieh nicht direkt in die Sonne! — Lies in einer Mindestentfernung von 25 cm vom Auge! — Beleuchte hinreichend den Arbeitsplatz, aber nicht die Augen! — Achte darauf, daß bei Schreibarbeiten das Licht von links kommt (Schattenwurf)! — Entlaste von Zeit zu Zeit beim Lesen das Auge durch einen Blick in die Ferne. — Vermeide den schnellen Wechsel von Hell und Dunkel! — Schütze die Augen vor direkter Sonnenbestrahlung! Verwende eine Sonnenbrille, vor allem an der See und im Hochgebirge! — Reinige vorsichtig den Gehörgang, vermeide aber dabei das Einführen von metallischen Gegenständen, die verletzen können! — Öffne den Mund, wenn Schallwellen das Trommelfell gefährden!

d) *Von der Körperpflege.* Wasche dich gründlich nach dem Aufstehen! — Halte deine Nägel sauber und schneide sie regelmäßig! — Wasche dir häufig während des Tages die Hände! — Pflege dein Haar und wasche es regelmäßig, kämme und bürste es mehrmals am Tage! — Sorge dafür, daß der Haarboden weder zu trocken (Schuppen) noch zu fett ist! — Trage bequeme Kleidung und achte vor allem auf richtiges Schuhwerk! — Trage regelmäßig, auch im Hochsommer, Unterkleidung! — Wechsle regelmäßig in kürzeren Abständen die Wäsche und Strümpfe; vergiß dabei nicht das Taschentuch! — Härte deinen Körper ab, indem du langsam die Anforderungen steigerst! — Wasche den Oberkörper öfters mit kaltem Wasser und reibe ihn kräftig mit dem Handtuch ab! — Vergiß nicht das wöchentliche Bad!

e) *Von der Körperhaltung.* Nimm beim Lesen und Schreiben gute und richtige Körperhaltung ein! — Trage Lasten nicht dauernd auf derselben Körperseite, sondern wechsele ab! — Befleißige dich immer einer guten Körperhaltung, sitze und halte dich vor allem gerade! — Kräftige deine Muskeln durch ständige Leibesübungen! — Vermeide bei Sport und Turnen alle einseitigen Übertreibungen, vor allem im Wachstumsalter! — Sorge für eine Kräftigung und Durchbildung des ganzen Körpers!

f) *Vom Freibad.* Bade nicht unmittelbar nach einer Mahlzeit! — Gehe nicht mit überhitztem Körper ins Wasser! — Kühle dich vorher ab, indem du dich mit kaltem Wasser besprengst! — Bleibe nicht zu lange im Wasser! — Bewege dich lebhaft im Wasser, wenn es kalt ist! — Vermeide einen Sonnenbrand, indem du deine Haut langsam an die Sonne gewöhnst und mit Sonnenschutzmitteln vorher behandelst.

g) *Von Freizeit und Schlaf.* Sorge für genügend Schlaf! Teile den Tag vernünftig ein, wechsle mit Arbeit und Erholung! — Sorge dafür, daß nach längeren geistigen Anstrengungen auch der Körper zu seinem Recht kommt! — Sorge vor allem für regelmäßigen Schlaf! — Gehe rechtzeitig ins Bett und stehe früh am Morgen auf! — Schlafe, wenn möglich, bei geöffnetem Fenster und im ungeheizten Zimmer! — Halte Maß in allen Dingen! Scheue dich nicht, den Arzt aufzusuchen, wenn du auffällige Unregelmäßigkeiten an deinem Körper entdeckst! — Schone dein Herz; gönne dem Körper die nötige Ruhe!

h) *Von Verdauung und Ausscheidung.* Achte auf regelmäßige Verdauung und auf täglichen Stuhlgang! — Sorge dafür, daß Durchfall (Darmkatarrh) und Verstopfung (Darmträgheit) bald behoben werden! — Vermeide eine unnötig lange Harnverhaltung! — Schone deine Nieren, indem du nicht unmäßig trinkst! — Verwende nicht scharfe Gewürze im Übermaß!

i) *Gesundheitsregeln in Sprichwörtern.*

Wir kennen viele Sprichwörter oder sprichwörtliche Redensarten, die Gesundheitsregeln enthalten. Wir erkennen daraus, eine wie große Rolle seit jeher gute Ratschläge für eine gesunde Lebensweise spielen. Auf diese Art werden Erkenntnisse von Mund zu Mund weitergegeben. Manche Sprichwörter stammen sogar aus der klassischen Zeit und sind in unsere Sprache eingewandert. Im folgenden können nur Beispiele gegeben werden. Es fällt auf, daß sich die meisten der Redensarten mit der vernünftigen und gesunden Ernährung beschäftigen.

Ein voller Bauch studiert nicht gern (Plenus venter non studet libenter). — Nach dem Essen sollst du ruhn oder tausend Schritte tun, (oder) Nach dem Essen sollst du stehn oder tausend Schritte gehn (Post coenam stabis, sed passus mille meabis, in „Götz", 1. Akt). — In einem gesunden Körper wohnt ein gesunder Geist (Mens sana in corpore sano, Juvenal). — Naturalia non sunt turpia (etwa: Natürlicher Dinge braucht man sich nicht zu schämen). — Naturam expellas furca, tamen usque recurret (etwa: Auch wenn du das, was natürlich ist, mit Gewalt austreibst, es wird doch stets zurückkehren).

Gut gekaut, ist halb verdaut. — Wenn das Essen am besten schmeckt, soll man aufhören. — Zu einem guten Bissen gehört ein guter Trunk. — Salz und Brot macht Wangen rot. — Fisch will schwimmen. — Der Mensch ißt, um zu leben; er lebt nicht, um zu essen. — Hunger ist der beste Koch. — Der Appetit kommt beim Essen. — Es wird nichts so heiß gegessen, wie es gekocht wird. — Vor dem Essen, merk die Regel, wasch die Hände, putz die Nägel. — Nach dem Klo und vor dem Essen, Hände waschen nicht vergessen. — Eile mit Weile. — Wer langsam geht, kommt auch zum Ziel. — Müßiggang ist aller Laster Anfang.

k) *Das Programm der persönlichen Hygiene.*

Die tägliche Hygiene. — Wir putzen die Zähne morgens und abends. — Wir waschen Gesicht und Oberkörper morgens und abends. — Wir waschen öfters die Hände (vor den Mahlzeiten, nach der Heimkehr von Schule und Spielplatz, nach dem Besuch der Toilette). — Wir bürsten und kämmen die Haare. — Wir reinigen die Fingernägel. — Wir brausen uns ab (wenn Gelegenheit besteht). — Wir achten auf den täglichen Stuhlgang. — Wir nehmen ein neues Taschentuch. — Wir ziehen saubere Oberwäsche an.

Das wöchentliche Programm. Wir schneiden die Fingernägel. — Wir waschen unser Haar. — Wir nehmen das wöchentliche Reinigungsbad. — Wir reinigen den Gehörgang der Ohren. — Wir erneuern die Unterwäsche.

Das Programm auf längere Sicht. Wir schneiden die Zehennägel. — Wir lassen das Haar schneiden. — Wir lassen vom Zahnarzt 2 mal im Jahr die Zähne nachsehen. — Wir lassen vom Hausarzt einmal im Jahr den allgemeinen Gesundheitszustand überprüfen.

Mädchen lassen sich vom 20. Lebensjahr an jährlich einmal vom Facharzt auf Gebärmutterkrebs untersuchen. (Durch die Untersuchung kann diese Krebsart eindeutig rechtzeitig diagnostiziert werden, so daß die lebensrettende Behandlung gleich einsetzen kann.)

7. *Versuche zum Kapitel Rauchen*

a) *Wirkung des Nikotins.* Um die physiologische Wirkung des Nikotins zu zeigen, kann man die Kapillargefäße untersuchen. Wir bedienen uns dabei einer Versuchsanordnung, wie sie auf S. 62 beschrieben wurde. Dort wurden Kapillaren im Nagelbett sichtbar gemacht. — Man kann den dort beschriebenen Versuch wiederholen, nachdem die Versuchsperson, ein jugendlicher „Raucher", gerade eine Zigarette geraucht hat. Man wird dann wahrnehmen, daß jetzt die Kapillaren weit schlechter beobachtet werden können als vorher. Ihre Schleifen haben sich nämlich verengt. Das Nikotin einer einzigen Zigarette zeigt also bereits Wirkung.

b) *Versuch mit dem Kugelrohr.* Mit einfachen Mitteln sollte man den Zigarettenrauch wenigstens so weit analysieren, daß man Kohlenmonoxid und Teerstoffe nachweist. Zu diesem Zwecke wird Zigarettenrauch durch eine Versuchsanordnung gesaugt. Der Rauch wird mit einer Wasserstrahlluftpumpe durch eine Versuchsanordnung gesaugt (s. Abb. 53b), in der ein mit Watte gefülltes kleines Kugelrohr und ein Kohlenmonoxid absorbierendes Gefäß hintereinander geschaltet wurden. Es müssen Gummistopfen verwendet werden. Die Versuchsdauer beträgt also eine Zigarettenlänge. Selbst mit einer Zigarette, die ein Filtermundstück besitzt, wird sich die Watte im Kugelrohr gelb verfärben. In einem Parallelversuch kann hier auch der auf S. 60 beschriebene Versuch wiederholt werden, bei dem durch defibriniertes Blut Kohlenmonoxid (Leuchtgas!) geblasen wird. Kohlenmonoxid wird vom roten Blutfarbstoff Hämoglobin besser gebunden als der Sauerstoff. Das zeigt sich an der Verfärbung des Blutes (kirschrot).

c) *Versuch nach* G e r s t e r . In einem eindrucksvollen Versuch zeigt *Gerster* die im Zigarettenrauch mitgerissenen Teerstoffe. — Mit Hilfe eines Kolbenprobers wird eine Zigarette (auch Filterzigaretten zeigen dasselbe Ergebnis) „geraucht". Man braucht dazu einen Dreiwegehahn (vgl. Abb. 53a). Den Zigarettenrauch läßt man durch ein etwa 20 cm langes Glasrohr streichen, das mit feinem Natriumchlorid angefüllt und am Ende mit ein wenig Watte abgedichtet ist. Ist die Zigarette verbrannt, wobei natürlich vor allem das letzte Stück wirksam ist, so hat sich das Salz in seiner ganzen Länge verfärbt und die gelb und braun färbenden Teerbestandteile aufgenommen. Nach dem Versuch wird das Salz in Wasser aufgelöst. Dabei färbt sich das Wasser gelblich, und zu Flöckchen verklebte Teerbestandteile schwimmen darin herum. Wir erkennen also auf eindrucksvolle Weise die Stoffe, die aus der Zigarette in die Atemwege des Rauchers gelangen. Man kann dann noch die Teerteilchen abfiltrieren und auf dem später getrockneten Filtrierpapier als „Anschauungsmittel" aufbewahren.

Schließlich läßt sich der Versuch noch stark vereinfachen. Man raucht eine Zigarette, hinter der sich ein mit Salz gefülltes Glasrohr befindet, und prüft dann wieder das gefärbte Salz. Gerade dieser ganz einfache Versuch macht bei den Schülern großen Eindruck, denn er entspricht am besten den natürlichen Gegebenheiten beim Rauchen. Die Zigarette wird in ein etwa 10 cm langes, mit

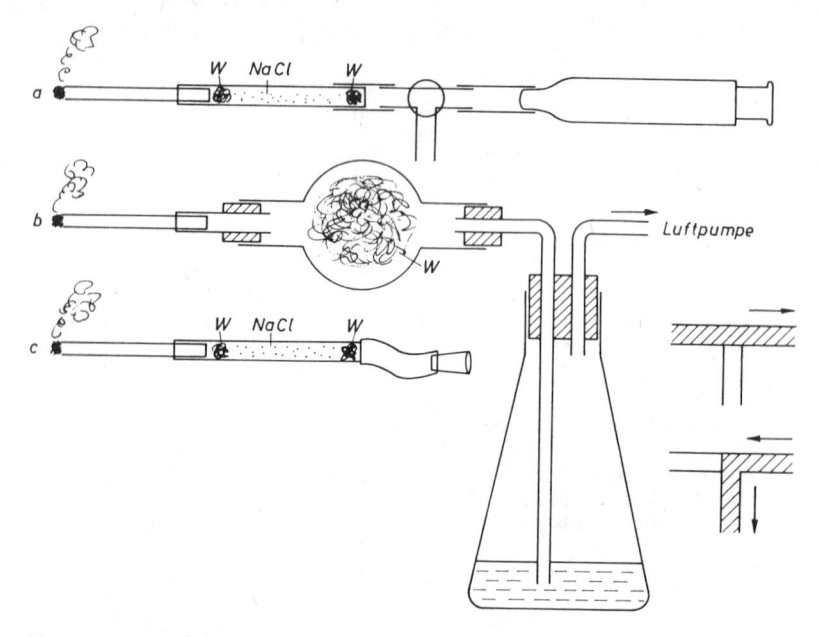

Abb. 53. Modellversuche zum Kapitel Rauchen.
a mit Kolbenprober und Dreiwegehahn wird die Zigarette „geraucht", die Destillationsprodukte werden dabei in Kochsalz aufgefangen, b mit der Luftpumpe wird „geraucht", Teerbestandteile und Kohlenmonoxid werden aufgefangen, c vereinfachte Versuchsanordnung: der Raucher benutzt ein Glasrohr als „Zigarettenspitze".

Kochsalz gefülltes Glasrohr gesteckt, das als „Zigarettenspitze" dient. Auf der Mundstückseite wird das Kochsalz durch etwas lockere Watte am Herausfallen gehindert. Sehr aufschlußreich ist dabei der Vergleich von Zigaretten mit und ohne Filter. Auch bei Filterzigaretten ist schon nach einigen Zügen eine deutliche Braunfärbung des Kochsalzes erkennbar.

8. Messen und Wiegen

a) *Faustregeln.* Hier sollen nur einige Beispiele gegeben werden: Das K ö r p e r -
g e w i c h t eines Erwachsenen beträgt soviel Kilogramm, wie Zentimeter über einen Meter der Körper lang ist (also: ein 170 cm großer Mensch sollte etwa 70 kg wiegen. Maßgebend ist aber auch das Lebensalter).
Die K ö r p e r l ä n g e eines Erwachsenen entspricht der Entfernung der Fingerspitzen der beiden gespreizten Arme.
Der Säugling soll in den ersten Monaten täglich soviel mal 100 g Milch erhalten, wie an vollen Kilogramm sein Körpergewicht beträgt.
Der B l u t d r u c k (systolischer Druck) nimmt mit dem Alter zu. Er beträgt etwa soviel mm Quecksilber über 100, wie der Mensch an Jahren zählt.

Der tägliche M i n d e s t b e d a r f a n E i w e i ß beträgt für einen Erwachsenen soviel Gramm, wie das Körpergewicht in Kilogramm ausmacht.

b) *Formeln für das Gewicht.* Das Normalgewicht des Jugendlichen von 6 bis 14 Jahren wird nach folgender Formel bestimmt:

$$\text{Gewicht} = \text{Länge} - 100 - \frac{\text{Länge} - 125}{2}$$

Dabei wird die Länge in cm und das Gewicht in kp gerechnet. Für den Erwachsenen wird folgende Formel vorgeschlagen:

$$\text{Gewicht} = \text{Länge} - 100 - \frac{\text{Länge} - 150}{4}$$

Wir bestimmen, ob die Formel für uns zutrifft.

c) *Die Maße des Schneiders.* Wir sollten die Maße unseres eigenen Körpers genau kennen. Gewöhnlich weiß man nur sein Körpergewicht und seine Körpergröße. Hutnummer, Schuhnummer, Handschuhnummer lassen wir von Fall zu Fall vom Verkäufer neu bestimmen. Bei der Hausschneiderei und beim Kleidungskauf müssen weitere Maße bestimmt werden. In einer Modezeitung steht folgende Tabelle:

Damengrößen:

Größe	T 36	T 38	T 40	38	40	42	44	46	48	50	52	54
Halsweite in cm	34	34	35	34	35	36	37	38,5	40	41	42	42,5
Oberweite in cm	84	87	90	86	88	92	98	104	110	116	124	134
Taillenweite in cm	59	62	64	64	66	70	78	84	90	98	108	118
Hüftweite in cm	90	92	96	92	96	100	108	114	120	126	134	142
Rückenlänge in cm	38,5	38,5	39,5	38,5	39,5	40	41	41,5	42	42	42,5	42,5
Rückenbreite in cm	35	35	36	35	36	37	39	40	42	43	44	46
Schulterbreite in cm	13	13	13	13	13	13,5	14	14	14	14	14	14
Ärmellänge in cm	56	57	58	57	58	59	60	61	61	60	59	59
Oberarmweite in cm	24	25	26	25	26	28	30	34	36	38	39	40

Es ist festzustellen, welcher „Größe" man zugehört, wieweit die in der waagrechten Spalte angegebenen Maße mit den eigenen übereinstimmen und wo Abweichungen bestehen. Stimmen beide Armlängen (rechts und links) überein? Für die Herrengrößen gilt folgende Tabelle:

Herrengrößen:

Größe	44	46	48	50	52	54	56
Halsweite in cm	38	39	40	41	42	43	44
Oberweite in cm	90	95	100	105	110	115	120
Taillenweite in cm	80	84	88	94	100	105	110
Gesäßweite in cm	98	102	106	111	116	120	124
Ärmellänge in cm	60	61	62	63	64	65	66
Seitl. Hosenlänge in cm	93	101	104	107	109	111	111

Beide Tabellen sind miteinander zu vergleichen. Wo bestehen erhebliche Abweichungen?

d) *Naturmaße.* Viele am menschlichen Körper leicht zu bestimmende Maße haben zu bekannten Längenmaßen geführt. Sie werden auch heute noch in der deutschen Sprache verwendet. Wir nennen:
Eine „E l l e" ist die Entfernung vom Ellenbogen bis zur Hand. Sie beträgt etwa 50 bis 75 cm.
Ein „K l a f t e r" oder „Faden" ist die Entfernung der ausgebreiteten Arme; eine „K l a f t e r b r e i t e" ist also die Spannweite der seitwärts ausgestreckten Arme. Das Maß beträgt 6 Fuß = 1,7 m.
Eine „S p a n n e" ist die Entfernung von Daumenspitze bis Spitze des Mittelfingers der ausgespannten Hand. Sie beträgt etwa 20 cm.
Ein „F u ß" ist die Länge des Fußes vom Zeh bis zur Ferse. Das Naturmaß beträgt 0,25 — 0,34 m.
Ein „S c h r i t t" ist die Entfernung der schreitenden Füße. Er beträgt 0,75 m. 1000 Schritte waren in Preußen eine Meile.

e) *Relatives Kopfwachstum.*
       Gesamtlänge des Neugeborenen   4 Kopfhöhen,
       Gesamtlänge mit 2 Jahren   5 Kopfhöhen,
       Gesamtlänge mit 6 Jahren   6 Kopfhöhen,
       Gesamtlänge mit 15 Jahren   7 Kopfhöhen.
       Gesamtlänge des Erwachsenen   8 Kopfhöhen.

9. Der rechtliche Schutz

Auf wichtige Rechtsvorschriften sollte auch in der Schule hingewiesen werden; leider versagt sie meist völlig. Es folgt daher eine Zusammenstellung aller Gesetze, die den Schutz der werdenden Mutter und des Kindes zum Gegenstand haben; auch die zum Schutz der Jugendlichen gültigen Gesetze seien angefügt.

a) *Gesetz zum Schutz der erwerbstätigen Mutter* vom 9. November 1965, genannt „Mutterschutzgesetz". Das Gesetz gilt für bestimmte im Arbeitsverhältnis stehende Frauen. Es will nämlich den arbeitsrechtlichen Schutz der werdenden Mutter und der Wöchnerin (durch Beschäftigungsverbote). Es gewährt einen Kündigungsschutz und schützt vor Mehr-, Nacht- und Sonntagsarbeit. Es sichert auch die ersten Monate des Neugeborenen (siehe auch Seite 297).

b) *Gesetz zum Schutz der arbeitenden Jugend* vom 9. August 1960, genannt „Jugendarbeitsschutzgesetz". Das Gesetz verbietet (mit Ausnahmen) die Beschäftigung von Kindern (unter 14 Jahren) und regelt die Arbeitszeit von Jugendlichen (unter 18 Jahren). Es spricht Beschäftigungsverbote aus und sorgt für die gesundheitliche Betreuung der Arbeitenden.

c) *Gesetz zum Schutze der Jugend in der Öffentlichkeit* vom 27. Juli 1957, genannt „Jugendschutzgesetz". Das Gesetz schützt Kinder und Jugendliche vor mancherlei Gefahren. Es spricht Verbote aus (für Genußmittel, wie Alkohol und Tabak). Es schränkt den Besuch von Gaststätten, Tanzveranstaltungen, Filmveranstaltungen, Spielhallen usw. ein oder verbietet ihn. Es enthält endlich Strafbestimmungen für zuwiderhandelnde Veranstalter.

d) *Gesetz über die Verbreitung jugendgefährdender Schriften* vom 29. April 1961, genannt „Schmutz- und Schundgesetz". Das Gesetz will die heranwachsende Jugend vor sittlich gefährdenden und zu Verbrechen anreizenden Einflüssen (Schriften, Abbildungen, Schallaufnahmen usw.) bewahren. Es errichtet eine Bundesprüfstelle, beschränkt die Werbung, spricht Verbreitungsverbote aus und gibt Strafvorschriften.

10. Von der Ersten Hilfe

a) *Allgemeines.* Mit der Ersten Hilfe sollen wir einander beistehen, ehe ein Arzt zur Stelle ist. Jeder Jugendliche sollte einen Erste-Hilfe-Kursus mitmachen, wo er Kenntnisse und Fertigkeiten für diese Aufgabe erwerben kann. Es gibt vor allem vier Verbände, neben vielen Vereinen, die im Dienste dieser Nächstenliebe stehen.

Wir nennen hier:

DEUTSCHES ROTES KREUZ (Neugründung 1950). Präsidium und Generalsekretariat: Bonn, Friedrich-Ebert-Allee 71

JOHANNITER-UNFALLHILFE (Neugründung 1952). Bundesgeschäftsstelle: Bonn, Johanniterstraße 9.

MALTESER-HILFSDIENST (Neugründung 1953). Generalsekretariat: Köln, Kyffhäuserstraße 27.

ARBEITER-SAMARITERBUND (nach 1945 neu organisiert). Bundesleitung: Köln, Sülzburgstraße 146.

Für die jugendgemäße Erste Hilfe wird mit Recht verlangt, daß der Helfer einsehen muß, warum er seine Maßnahmen ergreift. Dabei tritt die Theorie zurück. Hier bleibt noch ein weites Feld für die Lehrer an allen Schulen, soweit sie Menschenkunde unterrichten. Sie müssen ihren Unterricht so erteilen, daß sie die Kurse theoretisch unterstützen und somit ergänzen. Die Erste Hilfe ist nur eine vorläufige Sofortmaßnahme durch den Helfer; ihr folgt möglichst bald die ärztliche Versorgung des Verletzten oder Erkrankten. Weit verbreitet sind die Fibeln für Erste Hilfe: die Fibel des Deutschen Roten Kreuzes von Dr. K. *Hartmann* und die Fibel der Johanniter-Unfallhilfe von Dr. G. *Marienberg*.

b) *Anschauungsmittel beim Unterricht in „Erste Hilfe"*.
Ausgezeichnet und für ihren Verwendungszweck zusammengestellt ist die DIA-Serie „Erste Hilfe bei Unglücksfällen". Die Auswahl der Bilder und den begleitenden Text besorgte Dr. med. *Stoeckel* von der DRK-Bundesschule. Die Reihe teilt sich in eine ganze Anzahl von Einzelthemen. Man unterscheidet dabei:

Nr. 24050 — Verkehrsunfall — 13 DIAS
Nr. 24051 — Brandunglück — 4 DIAS
Nr. 24052 — Kälteeinwirkung — 2 DIAS
Nr. 24053 — Verätzung — 3 DIAS
Nr. 24054 — Bedrohliche Wundblutung — 15 DIAS
Nr. 24055 — Bindenverbände — 9 DIAS
Nr. 24056 — Pflasterverbände — 6 DIAS
Nr. 24057 — Besondere Blutungen — 3 DIAS
Nr. 24058 — Sturz und Knochenbruch — 19 DIAS
Nr. 24059 — Verrenkungen — 2 DIAS
Nr. 24060 — Scheintot mit klarer Ursache, die beseitigt werden kann — 11 DIAS
Nr. 24061 — Scheintot mit unklarer oder nicht zu beseitigender Ursache - 9 DIAS
Nr. 24062 — Transportmöglichkeiten — 9 DIAS
Nr. 24063 — Fremdkörper in Körperöffnungen — 3 DIAS.

Die vollständige Serie umfaßt im ganzen 101 DIAS. Neben den DIAS muß das biologisch-hygienische Lehrtafelwerk des Deutschen Gesundheitsmuseums empfohlen werden. Es ist für alle Lehrgänge eine wertvolle Hilfe. Erläuterungstexte werden den Tafeln beigegeben, sie sind verfaßt worden von Prof. Dr. *H. J. Kreutz* von der Pädagogischen Akademie in Münster. Für die Erste-Hilfe-Ausbildung könnten folgende T a f e l n und Hefte empfohlen werden:

Heft Nr. 1 Skelett
Heft Nr. 2 Muskeln
Heft Nr. 3 Blutkreislauf
Heft Nr. 4 Nervensystem
Heft Nr. 5 Innere Organe (Torso)
Heft Nr. 6 Auge und Sehvorgang
Heft Nr. 7 Ohr und Hörvorgang
Heft Nr. 10 Atmungsorgane
Heft Nr. 11 Verdauungsorgane
Heft Nr. 12 Lymphgefäße
Heft Nr. 13 Kopf und Kehle
Heft Nr. 14 Haut und Zunge
Heft Nr. 19 Blutdrüsen des Menschen
Heft Nr. 20 Nieren und Harnsystem

Von den Filmen über „Erste Hilfe" seien nur diejenigen genannt, die man über FWU (München) erhalten kann:

FT 596 Erste Hilfe bei Unfällen — Teil I: Wunden (10 Min.)
FT 597 Erste Hilfe bei Unfällen — Teil II: Knochenbrüche (14 Min.)
FT 598 Erste Hilfe bei Unfällen — Teil III: Verbrennungen (7 Min.)
FT 421 Wasserwacht: Rettungsschwimmen (12 Min.)
FT 441 Helfen und Heilen (32 Min.)

c) *Der Inhalt des Verbandskastens:* 1 Päckchen Heftpflaster — Pflasterwundverband 4 cm mal 10 cm; 6 cm mal 10 cm und 8 cm mal 10 cm — 1 Mullbinde 6 cm breit — 1 Mullbinde 8 cm breit — 1 Mullbinde 10 cm breit — 1/4 m keimfreier Verbandmull — 10 g Zellstoff (Verbandwatte) — 3 Verbandpäckchen — 1 Brandwundenverbandpäckchen — 3 Dreiecktücher — 2 Lederfingerlinge — 1 Päckchen Sicherheitsnadeln — 1 Verbandschere — 1 Pinzette — 1 Fieberthermometer — 1 Päckchen Polsterwatte — Drahtleiterschienen.

Eine ausführliche Anleitung zur Ersten Hilfe findet sich in Anhang II (S. 303 ff).

11. Zahlen zur Gesundheitserziehung

a) *Verbrauch von Genußmitteln.*

In der Bundesrepublik wurden insgesamt verbraucht:

Erzeugnis	Einheit	1960	1961	1962	1963	1964	1965
Zigaretten	Mill. Stück	71047	78138	83242	85362	90381	96020
Zigarren	Mill. Stück	4370	4129	4043	3799	4117	3947
Feinschnitt	t	8349	7935	7569	7643	7756	7164
Pfeifentabak	t	1994	1793	1632	1522	1739	1535
Bier	1000 hl	52633	57128	61072	65385	71304	72057
Trinkbranntwein	1000 hl	1065	1190	1356	1466	1400	1608
Schaumwein	1000 hl	516	560	662	734	917	1116

Durchschnittlich verbrauchte jede Person im Alter von 15 Jahren und darüber.

Erzeugnis	Einheit	1960	1961	1962	1963	1964	1965
Zigaretten	Stück	1619	1776	1873	1905	1999	2114
Zigarren	Stück	100	94	91	85	91	87
Feinschnitt	g	190	180	170	171	172	158
Pfeifentabak	g	45	41	37	34	38	34
Bier	l	120	130	137	146	158	159
Trinkbranntwein	l (Weingeist)	2,43	2,71	3,05	3,27	3,10	3,54
Schaumwein	l	1,18	1,27	1,49	1,64	2,03	2,46

b) *Produktion alkoholischer Flüssigkeiten in der Bundesrepublik.*

Art des Produktes	Einheit	Menge				
		1960	1961	1962	1963	1964
Bier	1000 hl	47324	51492	55215	59156	66521
Spirituosen	Mill. l	165	174	205	209	274
Traubenschaumwein	1000 l	44472	46684	59973	64613	80395

c) *Produktion an Rauchwaren in der Bundesrepublik.*

Art des Produktes	Einheit	Menge				
		1960	1961	1962	1963	1964
Zigaretten	Mill. Stück	52156	55757	58471	61188	94270
Zigarren, Zigarillos	Mill. Stück	4376	4167	3944	3896	4076
Rauchtabak	Tonnen	8295	7518	6850	6607	9397

d) *Wert der Genußmittel in Millionen DM.*

Art des Produktes	1960	1961	1962	1963	1964
Bier	3166	3457	3715	4045	4637
Spirituosen	871	849	985	974	1190
Traubenschaumwein	223	235	286	291	354
Zigaretten	1358	1443	1509	1613	2492
Zigarren, Zigarillos	521	508	515	512	522
Rauchtabak	133	122	113	111	161

e) *Infektionskrankheiten als Todesursache.*

In der Bundesrepublik starben auf 100 000 Einwohner an folgenden Infektionskrankheiten:

Krankheit	1959 männl.	1959 weibl.	1960 männl.	1960 weibl.	1961 männl.	1961 weibl.	1962 männl.	1962 weibl.	1963 männl.	1963 weibl.	1964 männl.	1964 weibl.
Pneumonie (Lungenentzündung)	36,3	30,6	43,0	36,3	32,0	27,5	33,5	29,4	41,0	35,3	28,1	25,2
Tuberkulose	23,5	7,6	24,5	7,2	21,6	6,8	21,3	5,7	21,9	5,9	19,9	5,3
Grippe	7,4	7,6	23,1	21,0	3,4	3,5	5,7	6,2	17,9	17,8	2,4	2,5
Meningitis (Hirnhautentzündung)	1,9	1,2	2,2	1,3	1,8	1,1	1,6	1,1	1,7	1,0	1,4	1,0
Keuchhusten	0,7	0,7	0,4	0,4	0,5	0,5	0,2	0,2	0,3	0,3	0,1	0,2
Poliomyelitis (Kinderlähmung)	0,4	0,2	0,6	0,4	0,8	0,4	0,1	0,1	0,1	0,02	0,02	—
Masern	0,3	0,3	0,3	0,3	0,4	0,3	0,3	0,2	0,2	0,2	0,3	0,2
Diphtherie	0,1	0,1	0,04	0,1	0,1	0,1	0,02	0,02	0,02	0,01	0,04	0,02
Pocken	—	—	—	—	—	—	—	0,01	—	—	—	—

Gestorbene auf 100 000 Einwohner
Sterbeziffern nach wichtigsten Todesursachen 1938 — 1963

	1938*) männl. weibl.		1951*) männl. weibl.		1962*) männl. weibl.		1963*) männl. weibl.	
Tuberkulose	70,2	54,7	49,8	26,9	22,5	6,6	22,9	6,6
Bösartige Neubildungen	138,1	154,8	178,3	173,4	214,6	196,9	217,9	202,3
Gehirnblutung	97,6	104,7	126,1	135,7	138,7	156,6	137,4	159,4
Herzkrankheiten	150,4	162,9	189,6	169,2	282,9	213,3	282,3	220,1
Sonstige Krankheiten d. Kreislaufsystems	48,3	47,4	53,7	52,6	70,9	78,2	72,6	79,5
Lungenentzündung	95,3	73,4	54,2	44,9	34,9	30,3	42,2	36,0
Altersschwäche	82,1	114,9	61,8	80,1	44,3	60,4	40,2	57,1
Unfälle	75,2	25,8	76,0	25,8	81,4	38,9	78,6	39,9
Insgesamt	1224,7	1109,5	1172,0	980,0	1247,6	1029,7	1277,2	1071,6

*) ab 1951 Bundesrepublik Deutschland, vorher Deutsches Reich

f) *Sterbeziffern nach Todesursachen.*

Von 100 000 Einwohnern der Bundesrepublik starben an

Todesursache	1961	1962	1963	1964
Tuberkulose	37,6	14,1	14,3	12,6
Bösartige Neubildungen	175,7	205,3	209,7	211,8
Gehirnblutung	131,2	148,0	149,0	143,8
Herzkrankheiten	178,7	246,1	249,5	241,2
Sonstige Kreislaufkrankheiten	53,1	74,8	76,3	75,8
Lungenentzündung	49,2	32,5	39,0	27,5
Altersschwäche	71,6	52,8	49,1	40,8
Unfälle	49,2	58,9	58,2	60,6

g) *Straßenverkehrsunfälle.*

Anzahl der Unfälle	1958	1959	1960	1961	1962	1963	1964	1965
mit Getöteten	11 452	12 984	13 528	13 559	13 463	13 413	15 253	14 613
mit Verletzten	285 245	314 611	335 787	325 988	307 794	301 229	313 438	301 654
mit nur Sachschaden			455 000	516 000	641 000	690 000	758 000	800 000

ANHANG

Die Namen der Körperteile

In den Schulbüchern über Menschenkunde wird ein gewisser Vokabelschatz gefordert und verwendet. Die Grenze zur medizinischen Terminologie wird streng eingehalten und kaum überschritten, denn wir bezeichnen alle wichtigen Teile unseres Körpers mit deutschen Namen. Mitunter brauchen wir Lehnübersetzungen, gelegentlich aber auch Fremdwörter. Alle weniger bekannten und alle mit der vergrößernden Optik sichtbaren Körperteile werden nur mit der Fachsprache erreicht; ihr Name ist aber ohnehin in den Schulen meist entbehrlich. Nur der feinere Bau der Sinnesorgane und die Gewebelehre bringen noch einige neue Namen, meist Lehnübersetzungen.

Wir können neben einem Bestand von fast unveränderten Stammwörtern (Lende, Kopf) auch später eingewanderten oder neu entstandenen Wörtern begegnen (Eierstock, Schlagader). Dabei kommt noch dem Deutschen die leichte Bildung von Komposita zustatten. Manche Namen bewahren starr ein Stück Sprachgeschichte (Zwerchfell, Türkensattel), andere halten Erkenntnisse fest, die sich später als falsch herausstellten (Leerdarm, Arterie). Bedeutungen änderten sich häufig: ein Lid war im Deutschen der Deckel auf ein Gefäß und erst später der Deckel auf dem Auge. Irrige Verknüpfungen werden bis heute beibehalten (Sehnen und Nerven wurden eng zusammengestellt; wir meinen daher sehnig, wenn wir nervig sagen!). Aus der Pflanzen- und Tierkunde werden Namen entlehnt (Mandel, Linse, Schnecke, Wurm), und die Sprache schuf sich allenthalben drastische Vergleiche (Zelt, Balken, Mond). Mythologie und Aberglauben hinterließen ihre Spuren (Achillesferse, Adamsapfel, Atlas).

So ist eine Betrachtung dieser Namen nicht ohne Reiz und Gewinn. Mit etwa 250 Namen kommt die deutsche Sprache aus, es ist nur ein Bruchteil der medizinisch bekannten und benötigten.

---

*) Komposita, die nicht mit dem Bestimmungswort aufgeführt sind, suche man unter ihrem Grundwort!

Achillessehne: Am Fersenhöcker befindet sich die starke Sehne des dreiköpfigen W a d e n m u s k e l s . Sie heißt nach dem Helden der griechischen Sage. Seine Mutter *Thetis* habe ihren Sohn, damit er unsterblich würde, in das Wasser des Styx getaucht. Nur die Ferse, an der sie das Kind festhielt, blieb daher verwundbar (so der sprichwörtliche Gebrauch der A c h i l l e s f e r s e für wunder Punkt, empfindliche Stelle).

Achsel: Das Wort ist sprachlich mit Achse verwandt und reicht bis ins Althochdeutsche. Die A c h s e l g r u b e oder - h ö h l e ist die Höhlung unter der Achsel.

Die Bildung auf -el ist in unseren Namen häufiger anzutreffen, etwa Scheitel (zu scheiden), Wirbel (zu werben), Knöchel (zu Knochen) usw. — In Redensarten wird Achsel gleichbedeutend mit Schulter verwendet.

Adamsapfel: Das Wort für den hervorstehenden Schildknorpel im Kehlkopf des Mannes ist mit dem Hebräischen zu erklären. Der „Apfel des Menschen" (hebr. tappuach ha adam) meint den „Apfel", d. i. die erhabene Stelle am ersten Manne. Der Volksglauben deutet jedoch um: der hervorstehende Knorpel zeige ein Stück des verbotenen Apfels aus dem Paradiese an.

Ader: Das sehr alte Wort hat manche Bedeutungsveränderung und -verschiebung erfahren (Ader, Sehne, Muskel, Darm, Eingeweide). Noch im Mittelalter bedeutete Ader (im Plural) Eingeweide; daher galt die Ader als der Sitz von Seele und Gemüt. In einem Menschen sollte es „gute" und „böse" Adern geben. So bilden wir noch heute: er hat eine leichte Ader (zu Leichtsinn neigen), eine musikalische, künstlerische, poetische Ader usw. Das Wort, das in andere Bereiche auswanderte, wird in der Anatomie für die blutleitenden Gefäße verwendet. Die Namen B l u t -, S c h l a g -, P f o r t a d e r sind ungenau.

After: Ursprünglich wurde das Wort vielseitig verwendet (ahd. *aftar),* nicht nur als Substantiv („nach, hinten"). Später wurde die Bedeutung stark eingeengt, so daß die Verwendung fast nur noch dem After (lat. anus) gilt. Wir kennen aber noch Afterrede (für Nachrede) und Aftermieter (Untermieter) und dgl. Bildungen. — Für After trat auch das Glimpfwort der Hintere (noch schonender: Hinterteil) ein. Ähnliches gilt für das Wort Arsch, das gern euphemistisch umschrieben wird (Achtersteven, Podex, 5 Buchstaben usf.).

In der Sprache des Biologen wird häufig das Bestimmungswort „After-" verwendet (etwa in Afterklaue, Afterraupe, Afterspinne usw.).

Amboß: Das mittlere G e h ö r k n ö c h e l c h e n gleicht in seiner Form einem Zahn, der zwei weit auseinandergehende Wurzeln besitzt. Es liegt neben dem sog. H a m m e r und hat eine gewisse Ähnlichkeit mit dem Amboß des Schmiedes. An einen Fortsatz des Amboß stößt das Köpfchen des S t e i g b ü g e l s , des letzten Knöchelchens.

Aorta: Das aus dem Griechischen stammende Wort heißt H a u p t s c h l a g a d e r . Es gehört zu einem griechischen Verbum (airein) für „emporheben". Durch die Aorta wird das Blut in den Körper gehoben. Aorta wird als Fremdwort gebraucht, auch in der Umgangssprache.

Arm: Das sehr alte Wort hat eine reiche indogermanische Verwandtschaft. Wir verstehen darunter die Vordergliedmaßen. Die A r m b e u g e ist die Innenseite des Ellbogengelenkes. (Die Armbrust hat weder mit Arm noch Brust zu tun, sie enthält das lateinische *arcus* = Bogen.)

Das Wort findet man in vielen Redensarten: auf den Arm nehmen (wie ein hilfsbedürftiges kleines Kind behandeln), die Beine unter den Arm nehmen (B. so hoch werfen, daß sie in Armhöhe gelangen), unter die Arme greifen (dem Menschen beistehen) usw.

Arsch: Das derbe, nur umgangssprachlich verwendete Wort bezeichnet das G e s ä ß und wird durch viele verhüllende Wörter ersetzt (Steiß, Steert, Podex mit Po und Dexpo, Sitzfläche, „Arm" usf.). Es reicht bis ins Indogermanische zurück.

Arterie: Arterie wird gewöhnlich mit S c h l a g a d e r übersetzt. Das Wort ist aus dem Griechischen entlehnt worden (artao = ich hebe an). Man glaubte im Altertum, daß die Arterien Luft führten. Durch die Kontraktion der muskulösen Bänder werden die Arterien nach dem Tode entleert.

Das Blut, das die Arterien führen, ist aber nicht notwendig auch arterielles Blut. Wir benennen nämlich die Namen der Blutgefäße nicht nach ihrem Inhalt, sondern nach ihrer Lage zum Herzen. Also: alle zum Herzen hinführenden Gefäße heißen V e n e n, alle vom Herzen wegführenden Gefäße aber A r t e r i e n. Die Arterie, die zur Lunge führt, enthält venöses Blut, und die Vene, die von der Lunge kommt, bringt arterielles Blut ins Herz.

Atlas: Der oberste Halswirbel, der unmittelbar am Schädel anstößt, ist der Träger (lat. *Atlas*). Er wird mit dem *Atlas* verglichen aus der griechischen Mythologie. Der Sohn des Titanen *Japetos* stützt nämlich die Säulen, durch die Himmel und Erde auseinandergehalten werden, oder er trägt den Himmel selbst.

Auge: Der Sprachforscher kann feststellen, daß neben dem Wort Auge eine größere Zahl von wichtigen Körperteilen im Indogermanischen viele Verwandte aufweisen. Hier könnte man Arm, Fuß, Herz, Kinn, Knie, Nase, Ohr und Zahn nennen.

Heute benutzen wir das Wort sehr vielseitig. Aber erst der Wortzusammenhang weist den Sammelbegriff näher aus. Beispiele: er hat gute Augen (gutes Sehvermögen); er hat blaue Augen (blaue Regenbogenhaut); er hat ein blaues Auge (Bluterguß in Augennähe).

Nur wenn wir das Auge als solches meinen, sprechen wir vom A u g a p f e l.

Backe(n): Backe ist ein Teil des Gesichtes, die Seitenwand der Mundhöhle. In der gehobenen Sprache und Fachsprache reden wir auch von W a n g e. — Man könnte meinen, daß von demselben Wort das derbe Kompositum G e s ä ß - und A r s c h b a c k e gebildet wurde. Das ist nicht so. Die Wörter gehen auf zwei verschiedene idg. Verbalstämme zurück. (Ein 3. Stamm führt noch zu dem „backen" = durch Hitze gar machen.) Die gleichlautenden Wörter trennen wir nicht mehr genau (etwa Backzahn, aber *backhand* (engl.) oder gar Backhuhn!). — Eine Backpfeife ist ein Schlag auf die Backe, der mit solcher Wucht geführt wird, daß er an den Backen pfeift. Man sagt übrigens die *Backe* oder auch der *Backen*.

Ballen: Wir meinen die verdickten Stellen an Hand und Fuß, wobei wir zwischen muskulösen und schwieligen Bildungen nicht unterscheiden. Im Speziellen nennen wir B a l l e n auch die krankhafte Verdickung an der Innenseite des ersten Mittelfußknochens. Ballen ist mit Ball und Ballon verwandt (abgerundetes Gebilde). Wir bilden die Wörter H a n d -, F u ß -, D a u m e n b a l l e n usf.

Balken: Die Nervenbrücke, die beide Großhirnhälften verbindet, wird Balken *(corpus callosum)* genannt. Vergleiche aus dem technischen Gebiet sind hier häufig. Die anatomischen Namen der Gehirnteile sind z. T. sehr alt oder Beispiele für Lehnübersetzungen der lateinischen Fachnamen. Beispiele seien: L a p p e n, H a k e n, H o r n, S c h a l e, Z w i n g e, G e w ö l b e, B r ü c k e, P y r a m i d e, S i c h e l, M a u e r und viele andere.

Band: Ein Band ist zunächst ein schmaler Streifen aus Gewebe, das etwas zusammenhält oder „bindet". Wenn wir von B ä n d e r n sprechen, meinen wir meist die G e l e n k b ä n d e r. Die S t i m m b ä n d e r, dünne, schmale Häute, sind an der Stimmbildung beteiligt; über ihnen liegen die T a s c h e n b ä n d e r (ungenau als „falsche Stimmbänder" bezeichnet), Schleimhautfalten, die ihnen eine Tasche bilden. Eine Bedeutungserweiterung ist die B a n d s c h e i b e, die zwar zwei Wirbel verbindet, aber keine Bandgestalt hat. Viele „Bänder" sind Lehnübersetzungen (lat. oft *ligamentum);* sie kennt nur der Fachmann.

Das Zungenbändchen unter der Zunge läßt sich leicht beobachten.

Bart: Das Wort Bart, das wir für den Haarwuchs im Gesicht und am Hals verwenden, ist sprachlich mit Borste und Bürste verwandt: Bartstoppeln sind immer kurze steife Haare. Unter Barthaar verstehen wir sowohl ein einzelnes Haar als auch die Gesamtheit aller Haare des Bartes. — Es gibt viele Redensarten mit „Bart". Was einen Bart hat, ist alt.

Bauch: Die Grundbedeutung des Wortes ist „Rundung"; in die weitere Wortverwandtschaft gehören wohl: Beule, Bausch und Busen. — B a u c h ist der untere Teil des Rumpfes. Die B a u c h h ö h l e ist die Leibeshöhle, die die B a u c h e i n g e w e i d e enthält; das B a u c h f e l l ist der häutige Überzug dieser Baucheingeweide. — Bauchweh, -kneifen, -schmerzen sind Leibschmerzen. Wir empfinden aber im Sprachgebrauch Bauch derber als Leib.

Becken: Becken nennen wir den Knochenring, der aus einem Teil der Wirbelsäule (Kreuzbein), Scham- und Sitzbein gebildet wird. — Becken ist auch gleich Schale, Schüssel, Mulde, eingefaßter Wasserbehälter. Das menschliche Becken (ahd. *becken*) bildet eine muldenförmige Höhlung, in der die Eingeweide ruhen.

Bei und neben: Der Anatom hatte Organe zu benennen, die später in der Nähe von bekannten Organen neu entdeckt wurden. Um den Zusammenhang anzudeuten, und die Nachbarschaft, bedient er sich der Präpositionen bei und neben. Er unterscheidet, um einige Beispiele zu nennen:

daß man dabei in der Biologie immer das ganze Bein meint, aber in den Mundarten teils den Unterschenkel, teils den Fuß damit bezeichnet.

Von den Komposita seien einige Beispiele angeführt. Das Bestimmungswort gibt dabei den Ort oder die Gestalt des Knochens, mitunter auch andere Eigenschaften (z. B. Festigkeit) an. — Das F e l s e n b e i n ist ein Teil des S c h l ä f e n b e i n s , der besonders hart ist. Das S c h l ü s s e l b e i n (besser Riegelbein) verriegelt, d. h. verbindet den Hals mit der Schulter. S t i r n - , S c h l ä f e n - und B r u s t b e i n geben den Ort näher an. Alle acht Handwurzelknochen heißen nach der Form. Das K e i l b e i n ist wie ein Keil zwischen dem H i n t e r h a u p t s b e i n , S c h l ä f e n - , S t i r n - und S i e b b e i n eingeschoben. W e s p e n - oder F l ü g e l b e i n heißt ein Schädelknochen, weil er mit seinen flügelartigen Ausläufern an die Gestalt eines Insektes erinnert.

Blase: Das Wort ist sprachlich mit blasen und blähen verwandt. Blase ist ein häutiges Hohlorgan, das sich mit Flüssigkeit oder Luft füllt. Wenn wir von B l a s e sprechen, meinen wir die H a r n b l a s e , die bekannteste des Körpers. Alle anderen Blasen unseres Körpers haben das differenzierende Bestimmungswort eines Kompositums, z. B. sammelt die G a l l e n b l a s e die Galle. — Auch „Bläschen" ist nicht selten. Die S a m e n b l a s e wird genauer B l ä s c h e n d r ü s e genannt. L u n g e n b l ä s c h e n sind die dünnhäutigen Endabschnitte der Lunge.

Blinddarm: Unter Blinddarm (lat. *caecum*) wird das obere Ende des

Hoden	Beihoden	Nebenhoden
Testis	*Paradidymis*	*Epididymis*
Eierstock	Beieierstock	Nebeneierstock
Ovarium	*Paroophoron*	*Epoophoron*
Schilddrüse	Beischilddrüse	Nebenschilddrüse
Glandula	(= Epithelkörperchen)	*Glandulae*
thyreoidea	*Glandulae*	*thyreoideae accessoriae*
	parathyreoideae	

Bein: In vielen Komposita bewahrt das Neuhochdeutsche in dem Grundwort -bein die alte Bedeutung „Knochen". Daneben gilt das Wort B e i n für die Hintergliedmaßen. Es ist bemerkenswert,

D i c k d a r m s verstanden; der D ü n n d a r m mündet erst in einiger Entfernung von diesem Ende ein. Am blinden Ende hängt aber noch der W u r m f o r t s a t z . Dieser Name ist eine Lehnübersetzung. — In der Umgangssprache werden beide Teile, Blinddarm und Wurmfortsatz, oft verwechselt. Man kann an Blinddarm wohl operieren, aber man kann ihn nicht ohne weiteres herausnehmen (man meint dann den Wurmfortsatz).

Blinder Fleck: An der Austrittsstelle des Sehnerven befinden sich keine Sehzellen. Hier ist also die N e t z h a u t „blind". Der weiße kreisförmige Fleck ist 1,5 mm breit.

Blut: Blut nennen wir die Flüssigkeit, die unseren Körper mit Sauerstoff und Nährstoffen versorgt. Übertragen verwenden wir u. a. das Wort für Gemütslage (er hat ruhiges Blut) und Temperament (kaltes Blut bewahren). Heiß- und kaltblütig sagt nichts über die Temperatur des Blutes aus. „Von edlem Blut" ist „von edler Abstammung".

Das Wort gehört in eine große Familie (zusammen mit Blume, Blüte, Blatt usw.). Wir bilden in der Biologie viele Komposita (Blutader, -druck usw.). Die mikroskopischen Bestandteile wie Blutplättchen, Blutkörperchen usw. sind Lehnübersetzungen. — Bluten heißt Blut verlieren. Blutarm (= sehr arm) hat zunächst nichts mit Blut zu tun (von bloß); in diese Gruppe gehören blutsauer, blutjung und blutwenig.

Braue: Ein für Sprachforscher interessantes Wort! Für Braue, Lid und Wimper, den Schutzeinrichtungen des Auges, gibt es Gemeinschaftsnamen.

Die Haare der bogenförmigen A u g e n b r a u e n sind von besonderer Art: Wir nennen sie B o r s t e n h a a r e (bis 1,5 cm lang). A u g e n b r a u e n b o g e n ist der Knochenwulst, der über dem oberen Rand der Augenhöhle ertastet werden kann und der Braue folgt.

Bries: Das Wort wird sprachlich zu Brösel, bröseln (= zerbröckeln) und Brosame gestellt; das Organ ist bröselig. Statt Bries wird auch Bröschen gesagt, das deutsche Wort für Thymusdrüse, die nach ihrem Sitz im Brustraum besser Brustdrüse genannt wird. Sie ist vor allem beim Kalb bekannt („Kalbsmilch").

Bronchie: Die Hauptäste der Luftröhre, für die es kein deutsches Wort gibt, heißen nach einem griechischen Wort. Das Fremdwort ist auch mit der verkleinernden Endung weiterentwickelt worden (B r o n c h i o l e n).

Brust: Brust ist die vorderste Hälfte des Rumpfes und wird sinnbildlich für den Sitz des Gefühls verwendet (es schwillt ihm die Brust vor Freude, Stolz, Glück). — Das Wort wird fast nur in der Einzahl verwendet. B r ü s t e (Mehrzahl) werden nur bei der weiblichen Brust (Brustdrüse) gebildet.

Brustbein: Das Brustbein befindet sich in der vorderen Mitte des Brustkorbs, die B r u s t h ö h l e ist der Innenraum der Brust, B r u s t k o r b und B r u s t k a s t e n sind Bezeichnungen für das Hohlgefäß, das die Gesamtheit der Rippen bildet. — Einige ungewöhnliche Brustformen heißen Schuster-, Trichter- und Hühnerbrust. — Wer sich brüstet, wirft sich in die Brust.

Buckel: Die Auswölbung der Wirbelsäule nach hinten, aber auch allgemein einen Höcker oder eine Beule, nennen wir Buckel. In der derben Volkssprache wird Buckel für R ü c k e n verwendet, etwa seit dem 16. Jahrhundert (einen krummen Buckel machen).

Busen: Mit Busen wird zunächst nur die Vertiefung bezeichnet, die sich zwischen den beiden halbkugeligen Erhebungen der Brüste befindet, oft bezeichnet man aber mit Busen ungenau auch die B r ü s t e selbst.

Die Sprache umschreibt oft mit Verhüllungen (Vorbau, Potenz); man sagt auch nur, jemand habe „Figur". Beliebt sind auch Adjektiva wie offenherzig und kurvenreich.

Damm: Unter Damm wurde zunächst nur das Gebiet zwischen dem A f t e r und den Geschlechtsteilen verstanden. Es wird mit einem Damm verglichen, der zwischen den beiden Begrenzungen eingefügt ist. — Später erst erfolgte eine Begriffserweiterung: es wird darunter die ganze Gegend um den Beckenausgang verstanden.

Darm: Darm ist ein aus dem Althochdeutschen übernommenes Wort und bezeichnet den Teil des Verdauungskanals zwischen Magen und After. Seine Hauptabschnitte sind D ü n n d a r m (Zwölffinger-, Leer- und Krummdarm) und D i c k d a r m (auch Grimmdarm mit Mastdarm). Wir bilden also zur näheren Unterscheidung der Abschnitte Komposita.

Daumen: Während alle Finger seit altersher durch Kompositabildung mit -finger unterschieden werden, geht das Wort Daumen — sprachlich ursprünglich „der dicke Finger" — auf einen selbständigen Wortstamm zurück. — Das

202

„Halten" des Daumens bewahrt alte mythologische Vorstellungen. Das Wort Däumling (in *Grimms* Märchen) bezeichnet zuerst die Hülle für den Daumen, wie wir auch Fingerling, Fäustling und Beinling bilden.

Deltamuskel: Der Muskel überspannt das Schultergelenk und greift außen an der Mitte des Oberarms an. Den Namen hat er von seiner dreieckigen Gestalt, die an das große griechische Delta erinnert. — Ein Gegenstück im Namen wäre die Lambdanaht am Schädel (zwischen Scheitel- und Hinterhauptsbein). — Eine Schlinge des Dickdarms heißt S i g m o i d , weil sie einem Sigma ähnlich ist.

Doppelkinn: Die Wülste, die bei starkem Fettreichtum unter dem Kinn hervortreten, heißen auch U n t e r k i n n oder im Volksmund auch Wassersuppe.

Dreher: Verben bilden Nomina agentis, indem das Suffix „-er" angehängt wird. Wir erhalten so Auskunft über eine Tätigkeit des Körpers. Das Verb drehen bildet den D r e h e r , den Namen des Wirbels, der das Drehen des Kopfes ermöglicht. Es gibt auch Dreher unter den Muskeln. Ein B e u g e r ist ein Muskel, der beugt (an vielen Stellen), sein Gegenspieler ist der S t r e c k e r . Wörter dieser Bildungen sind häufig Lehnübersetzungen. Beispiele seien: S c h l i e ß e r , E r w e i t e r e r , H e r a b z i e h e r , Z u s a m m e n p r e s s e r , H e b e r und S p a n n e r . Ein A u g e n b r a u e n r u n z l e r ist also ein Muskel, der die Augenbrauen in Falten legt.

Drüse: Unter Drüsen verstehen wir ein Organ, das Körpersäfte ausscheidet. Dabei ist es gleichgültig, welchen Weg diese Säfte nehmen. Wir unterscheiden Drüsen, deren Säfte durch Gänge entweichen (S p e i c h e l d r ü s e n , S c h w e i ß d r ü s e n) von solchen, die ihre Säfte ins Blut abgeben (S c h i l d d r ü s e , N e b e n n i e r e). Wir differenzieren im Deutschen nur durch fremdsprachige Beifügungen, da deutsche Fachausdrücke fehlen (z. B. endokrin, inkretorisch usw.). Drüse (bereits ahd. *druos*) ist im späten Mittelalter aus dem Plural entwickelt, ähnlich wie das Wort Hüfte (im Althochdeutschen *huf*). Diese Erscheinung ist bei paarigen Körperteilen häufiger anzutreffen.

Eichel: Nach der Fruchtform des bekannten Baumes wird der vorderste Teil des männlichen Gliedes genannt. Namen aus der Botanik sind häufig ausgewandert, z. B. Olive, Linse, Mandel, Zirbel usw. Meist werden ähnliche Formen verglichen.

Eierstock: Wenn wir von Eierstock sprechen, meinen wir die aus einem paarigen Organ bestehende weibliche Keimdrüse. Das Wort ist (im Gegensatz zu „Hoden") viel jünger und erst seit dem 16. Jahrhundert im Sprachgebrauch. Es übersetzt das lateinische *ovarium*. Das Grundwort -stock umfaßt die Gesamtheit der Eier, ähnlich wie Gebirgsstock die Gesamtheit der Berge. — Wir bilden Eierstock, aber E i l e i t e r , verwenden also das Bestimmungswort teils in Einzahl, teils in Mehrzahl.
Wir sagen vom Hühnerei, es bestehe aus Eiklar, Eigelb und Eischale, aber auch E i e r schale und E i e r klar. Die Art der Wortfugen entscheidet nur den Sprachgebrauch. — Das Eiweiß, zunächst nur für das weiße geronnene Eiklar gebraucht, wanderte in die Chemie ein und erweiterte seinen Wortinhalt.

Eingeweide: Das Wort Eingeweide ist ein altes Jägerwort. Wenn ein Tier „weidwund" geschossen ist, dann ist es ins Eingeweide getroffen. Wenn ein Tier „ausgeweidet" wird, dann werden seine Eingeweide herausgenommen. Der Waidmann betreibt das Waidwerk. Er handelt weidlich (jagdgerecht); weidlich erhielt später die Bedeutung „gehörig, tüchtig".
Wir verstehen beim Menschen unter Eingeweide die in den großen Körperhöhlen liegenden (weichen) Organe. — Ein ahd. Wort für Futter, Speise ist „*Weide*"; davon wird Augenweide (= Augenspeise) gebildet. Auf die Weide gehen (= weiden) heißt Futter suchen. Wer sich an etwas „weidet", nährt sich an etwas im übertragenen Sinne. — Der Jäger pflegte die innere Geweide des Wildes seinen Hunden vorzuwerfen.

Elle: Das ahd. *elina* (urverwandt mit lat. *ulna*) bezeichnet den Vorderarm; so benennen wir heute einen Unterarmknochen, nämlich Elle. Elle ist auch ein altes Längenmaß von der Länge des Unterarmknochens, etwa 60 bis 80 cm. Daher stammen die Redensarten: mit der Elle messen, mit der gleichen Elle messen u. ä. An die Naturmaße Fuß, Klafter und Spanne kann erinnert werden. — E l l e n b o g e n (oder auch nur Ellbogen) ist die Streckseite des Armes, an der Unter- und Oberarm zusammenstoßen; es ist eigentlich die Armbiegung.

Enkel: Das Wort bedeutet soviel wie „Fußknöchel", nach einem ahd. Wort, das im Englischen *ankle* wiederkehrt. Als umgangssprachliche Wendung wird auch „Onkel" verwendet. Jemand geht über den (großen) Onkel, wenn er mit einwärts gerichteten Füßen läuft. Man spricht daher auch von „onkeln", wenn man diese Gehweise meint. Vielleicht ist darin aber auch das franz. *ongle* (= Fußnagel) wieder zu erkennen. „Onkeln" hieße dann „über den großen Zeh laufen".

Eustachische Röhre: Durch die Ohrtrompete *(Tuba Eustachii)* wird ein Luftausgleich zwischen Rachenraum und Paukenhöhle möglich. Der italienische Anatom *(Bartolomeo Eustacchio* (1524—1574) machte wichtige anatomische Entdeckungen. Nach ihm heißt auch die E u s t a c h i s c h e K l a p p e *(Valvula Eustachii)*, die halbmondförmige Klappe an der Einmündung der unteren Hohlvene in den rechten Vorhof des Herzens.

Falsche Rippe: Eine schlechte Bezeichnung für die Rippen, die nicht unmittelbar zum B r u s t b e i n führen, sondern erst über Knorpelbrücken durch die 8., 9. und 10. Rippe unter sich verbunden sind. Ihnen pflegt man die „echten" Rippen gegenüberzustellen (die 7 ersten Paare), die direkt an das Brustbein führen.

Fell: Das Wort Fell (ahd. *vell*) in der Bedeutung Haut ist nicht mehr gebräuchlich. Fell ist heute nur noch die haartragende Haut eines Säugetieres. Komposita aber haben -fell getreulich bewahrt, als Beispiele seien B a u c h -, B r u s t -, R i p p e n - und T r o m m e l f e l l genannt. Z w e r c h f e l l bewahrt sogar zugleich ein veraltetes Adverb für quer (= *zwerch*). — Auch viele Redensarten verwenden noch Fell in der alten Bedeutung.

Fenster: Die Lehnübersetzung ovales und rundes Fenster (für *Fenestra vestibuli* und *F. tympani*) bezeichnet zwei druckausgleichende runde Bezirke zwischen Paukenhöhle und innerem Ohr. Die alten Anatomen nahmen häufig vom Haus und seinen Teilen ihre Vorbilder (S c h ä d e l d a c h , G e f ä ß w a n d). Das klassische Vorbild wurde früher bevorzugt. Beispiele am Ohr: V o r h o f *(vestibulum)* heißt nach dem Eingangsflur des römischen Hauses und der K u p p e l r a u m in der Paukenhöhle *(atticus)* nach der griechischen Attika, dem fensterlosen Aufbau über dem Hauptsims.

Ferse: Die Ferse ist der hintere Teil des Fußes (aber auch des Schuhes, des Strumpfes), das Wort ist gleichbedeutend mit Hacke. — Das F e r s e n b e i n ist der größte Fußwurzelknochen. Viele Redensarten: Wer die Ferse zeigt, flieht; wer Fersengeld gibt, zahlt mit der Ferse anstatt mit der Hand (d. h. er verläßt das Gasthaus, ohne zu bezahlen) usw.

Fessel: Im Wort Fessel mischen sich wohl zwei Wörter verschiedenen Ursprungs; das Wort wird auch zweifach angewendet. Fessel ist: 1. etwas, womit man festbindet (auch übertragen Fessel = Einschränkung); 2. der Abschnitt des menschlichen Unterschenkels, der am Knöchel liegt. Dieses Wort gehört, im Ablaut gebildet, zu Fuß. Bei den abgeleiteten „fesseln, fesselnd" werden die Grenzen überschritten. Wir bilden wieder Übertragungen. Wir fesseln nicht allein an der Fessel, sondern auch an den Armen, ja sogar ans Bett. Was fesselnd ist, nimmt gefangen (z. B. ein Buch).

Finger: Das Wort ist, wie Zehe und Hand auch, germanisch, aber nicht sicher gedeutet. Vielleicht besteht ein Zusammenhang mit „fünf". Auch die Fingernamen gab es im Germanischen. Wir sagen heute: Z e i g e -, M i t t e l -, R i n g - oder G o l d -, K l e i n f i n g e r und D a u m e n. — Von den äußeren Teilen des Fingers könnte man F i n g e r k u p p e oder - s p i t z e , F i n g e r b e e r e , - g l i e d , - n a g e l und - g e l e n k e nennen.
Wer fingert, berührt mit den Fingern (ähnliche Bildung wie fußen und handeln). Ein Fingerzeig ist ein Hinweis.

Flechse: Das seit dem 17. Jahrhundert bekannte Wort wird auch für „Sehne" verwendet. Es ist möglich, daß es auf Flecht-Sehne zurückgeht. Früher war die Sehne ein wichtiger Rohstoff für Flechtwerk (ehe es Draht und Seilerwaren gab). Flechsig wird für sehnig gebraucht.

Fleck: Das im Deutschen vielseitig verwendete Wort (hierher auch Flecken, Flicken) kennzeichnet eine auffällige Stelle an der Körperoberfläche. Ein L e b e r f l e c k ist ein Pigmentmal der Haut von gelbbrauner Farbe, das aber mit der Leber nur die Farbe teilt. B l i n d e r und G e l b e r F l e c k sind auffällige Bezirke der Netzhaut.

Fleisch: Unter „Fleisch" versteht man die Weichteile vom tierischen und menschlichen Körper, im engeren Sinn nur die eßbaren Teile des tierischen Körpers; meist wird sogar nur Muskelfleisch der Großsäuger (Rind, Schwein usf.) darunter verstanden.

Der Biologe und Mediziner nennt Muskel, was in der Umgangssprache Fleisch heißt. So ist verständlich, daß das Stammwort Fleisch (ahd., *fleise*) in vielen Redensarten gebraucht wird, dagegen das Kunstwort Muskel (über lateinisch *mus* = Maus und *musculus* = Mäuschen) isoliert steht. — Wir unterscheiden sehr genau fleischern (aus Fleisch bestehend), fleischig (reich an Fleisch) und fleischlich (leiblich, auch sinnlich).

Fliegende Rippen: Diese schlechte Bezeichnung sollte besser durch „freie Rippen" ersetzt werden. Gemeint sind nämlich die beiden letzten Rippen, die frei in der Bauchwandung enden.

Flügel: Warum wir die Wörter N a s e n f l ü g e l und L u n g e n f l ü g e l bilden, ist nicht recht einzusehen.

Flügel sind immer paarige Gebilde, mehr gehört nicht zum Inhalt des Wortes. — Die F l ü g e l m u s k e l n (innerer und äußerer) heißen nach dem Platz ihrer Anheftung, nach dem Flügelfortsatz des Keilbeins.

Fontanelle: Das Wort ist die Verkleinerungsform von lat. *fons* (= Quelle), Fontanelle ist auch „Schlagbrünnlein"; man nennt so die noch unverknöcherten Stellen im Schädeldach des Neugeborenen. An diesen Lücken kann man den Puls entsprechenden Schwankungen der Gehirnflüssigkeit wahrnehmen. Man wird dabei an das bewegte Wasser einer kleinen Quelle erinnert. (Man hat früher auch zuweilen geglaubt, daß bei nässenden Erkrankungen der Kopfhaut Feuchtigkeit aus dem Gehirn durch die Fontanellen ausgetreten sei.)

Fortsatz: Das Wort wird als Grundwort in Komposita häufiger verwendet. Es ist eine Lehnübersetzung des lat. *processus*. Beispiele: am Schläfenbein Griffel und W a r z e n f o r t s a t z, am Blinddarm der W u r m f o r t s a t z, am Wirbel der D o r n f o r t s a t z, usw.

Frucht: Mit Frucht schlechthin wird die Leibesfrucht (Keim, Embryo, Fetus) bezeichnet. Das Wort ist ein botanischer Begriff und wird auch als ein Rechtsbegriff (Erträge, Nutzungen) verwendet. Er kam aus der lateinischen Sprache (*fructus*) zu uns.

Die Gebärmutter, in der sich die Frucht entwickelt, heißt daher auch F r u c h t h a l t e r. Die Leibesfrucht befindet sich in der F r u c h t b l a s e, die F r u c h t w a s s e r enthält.

Fuge: Eine Fuge ist die Verbindungsstelle zwischen festen Gegenständen (etwa Mauerwerk, Holz). Das Wort wanderte in die Menschenkunde aus. In der F u g e werden Knochen „gefügt", verbunden. Z. B. stoßen in der S c h a m - (b e i n) f u g e das rechte und linke Schambein zusammen. Knochen werden durch verschiedene Formen von H a f t e (s. unter Haft) verbunden.

Furche: Die Oberfläche des Großhirns ist in Falten gelegt. Die Vorwölbungen nennen wir (ungenau) W i n d u n g e n, die Gräben dagegen F u r c h e n. Das Wort ist eingewandert, es ist zunächst eines von den wenigen alten Fachwörtern, die dem Ackerbau gelten. Die Erhöhungen zwischen den Furchen heißen hier aber Beete.

Weitere Furchen haben wir an der Körperoberfläche: an der Mittellinie des Rumpfes (R ü c k e n f u r c h e), an der Grenze des Oberschenkels (L e i s t e n f u r c h e) usw.

Fuß: Fuß nennen wir den letzten Abschnitt des Beines. Da sich der Aufbau der Gliedmaßen ähnelt, entsprechen sich auch die Bezeichnungen der Teile: Arm → Bein; Oberarm → Oberschenkel; Unterarm → Unterschenkel; Hand → F u ß ; Handwurzel → F u ß w u r z e l ; Mittelhand → M i t t e l f u ß ; Handfläche → F u ß s o h l e ; Handrücken → F u ß r ü c k e n ; Finger → Zehen.

Ungewöhnliche Fußformen sind Hohl-, Klump-, Platt-, Senk-, Spreiz- und Spitzfuß. — Das Wort Fuß wird übertragen in Redensarten vielseitig verwendet. Fußen heißt „sich auf etwas gründen".

Galle: Das Wort wird bereits im Althochdeutschen verwendet und geht auf eine idg. Bezeichnung zurück. Das ist bei den Namen von Körperteilen häufiger, zu erinnern wäre an Herz, Niere, Nase, Fuß, Ohr usw.

Wir unterscheiden im Sprachgebrauch nicht scharf zwischen Gallenflüssigkeit und G a l l e n b l a s e. Wer es an der „Galle" hat oder an der „Galle" operiert wurde, besitzt Gallensteine in der Gallenblase. (Entsprechend: jemanden am „Blinddarm" operieren.) — Die Galle ist Sinnbild für Ärger und Bosheit. Wir sagen „Gift und Galle speien" (seine Bosheit auslassen). Wenn man im Mittelalter von „schwarzer Galle" sprach, meinte man die Melancholie. Man glaubte, daß man an der Verfärbung der Gallenflüssigkeit den Gemütszustand erkennen könne.

Gang: Gang ist zunächst ein schmaler, umschlossener Weg. In der Menschenkunde ein länglicher, verbindender Hohlraum oder ein abgegrenzter Weg, auf dem sich Luft oder Flüssigkeiten bewegen. — Mitunter wird auch Kanal (z. B. der T r ä n e n k a n a l und - g a n g) oder Leiter (von leiten) gleichbedeutend verwendet. Das Wort ist häufig eine Lehnübersetzung des lateinischen *ductus* (= Gang). Als Beispiel seien G e h ö r g a n g, L e b e r g a n g, B o g e n g a n g, S c h n e kk e n g a n g genannt.

Ganglion: Das griechische Wort für „Knötchen" wurde in der klassischen Medizin (*Hippokrates*) für das Überbein verwendet. Erst später (schon bei *Galen*) wurde die Bedeutung auf die Nervenknoten erweitert. Ganglionknoten ist also tautologisch.

Gaumen. Die Bedeutung des ahd. Wortes schwankt zwischen „Gaumen" und „Zahnfleisch". Wir nennen aber G a u m e n nur die Scheidewand zwischen Mund- und Nasenhöhle. In der Umgangssprache wird in den Gaumen der Geschmackssinn (Redensarten) gelegt, erst in zweiter Linie wird an die Zunge gedacht. — An der hinteren Begrenzung werden G a u m e n s e g e l, - z ä p f c h e n, - m a n d e l usw. unterschieden.

Gebärmutter: Der Name für das Hohlorgan, in dem sich das befruchtete Ei entwickelt, ist ein altes deutsches Wort. Das lat. *uterus* ist mit dem griechischen *hysteris* (= Gebärmutter) verwandt. Von ihm wird Hysterie abgeleitet, ein Krankheitsbegriff, der aus dem Altertum stammt. Er bezeichnet zunächst Störungen, die durch die Gebärmutter verursacht sein sollten. Also kann nur das weibliche Geschlecht „hysterisch" sein! Das entspricht aber auch dem Sprachgebrauch.

Gegenspieler: Zwei Muskeln, die entgegengesetzte Bewegung bewirken, heißen Gegenspieler. Es gibt aber mehr als 300 paarige Skelettmuskeln. Die deutsche Sprache bildet gern (besonders als Lehnübersetzungen) für die Muskeln sog. Nomina agentis mit dem Suffix „-er". Es entsprechen sich B e u g e r → S t r e c k e r, Ö f f n e r → S c h l i e ß e r, H e b e r → S e n k e r, A n z i e h e r → A b z i e h e r usw.

Gehirn, Hirn: Hirn wird gleichwertig mit Gehirn (mit dem Präfix „Ge-" gebildet) verwendet. Gehirn ist wohl mehr in der Fachsprache zuhause. (Dagegen sind z. B. Rippe — Gerippe n i c h t dasselbe!)
Wir verwenden immer das kürzere „Hirn" als Grundwort eines Kompositums. Hirnabschnitte sind V o r -, V o r d e r -, G r o ß -, M i t t e l -, Z w i s c h e n -, K l e i n - und N a c h h i r n. Hirn und Gehirn können Bestimmungswörter sein, also H i r n n e r v und G e h i r n n e r v, Hirnhaut und Gehirnhaut, Hirnfurche und Gehirnfurche, aber nur H i r n a n h a n g und H i r n z e l t.

Geigermuskel: Die R e g e n w u r m m u s k e l n (*M. lumbricales*) sind dünne, schlanke Muskeln der Hohlhand, die beim Beugen und Strecken der vier dreigliedrigen Finger (außer Daumen) helfen. Da sie der Geiger ständig braucht, heißen sie auch G e i g e r m u s k e l n. Es sind auch die Muskeln der Nasenstüberbewegung. Sie sollen als Beispiel für die Verdeutschung der Fachwörter dienen, die oft nur ein Notbehelf sein wird.

Gekröse: Das Wort gehört zu kraus, gekräuselt, weil eine Falte des Bauchfells, das Aufhängeband des Dünndarms, gefältelt ist ähnlich der Kreppf hülle eines Blumentopfes. (Eine andere Bauchfellfalte heißt N e t z, weil sie wie eine Schürze vorn die Eingeweide bedeckt.)

Gelber Fleck: Die Bezeichnung Gelber Fleck ist eine Lehnübersetzung des lat. *macula lutea* und durch die Schulen schon ziemlich verbreitet. Der querovale, 2 mm breite Fleck, die Stelle des deutlichsten Sehens auf der Sehhaut des Auges, ist übrigens nur an der abgelösten Retina und im abgestorbenen Auge gelb. Am frischen Auge erscheint er braunrot (durchschimmernde Unterlage) oder braun.

Gelenk: Noch im Mittelhochdeutschen war „Gelenk" nur der biegsame Teil zwischen Rippen und Becken. Später wurde die Bedeutung des Wortes erweitert und heute wird das Wort für jede bewegliche Verbindung freier Skelettteile verwendet. Das deutsche verallgemeinernde Wort mit „Ge-" geht auf ein ahd. Wort für Hüfte zurück *(lanca)*, der Stelle, wo sich der Rumpf biegt. Der nähere Bau der Gelenke wird durch neuhochdeutsche Komposita angegeben, wie G e l e n k b a n d , -kopf, -pfanne, -kapsel, -schmiere usw.

Genick: In der Umgangssprache wird zwischen N a c k e n , G e n i c k und Hals nicht genau unterschieden. Wir verstehen aber unter Genick und Nacken die h i n t e r e Halsgegend und das ihr benachbarte Kopfgebiet. Genick ist die Kollektivbildung zu Nacken (ähnlich wie Geblüt zu Blut), das mit dem mhd. *necke* im Ablaut steht. Wenn eine Sehne zwischen Atlas und Dreher reißt, „bricht man das Genick"; der Zahn des Drehers dringt dabei in das Nackenmark ein. Auch mit dem Genickfänger (Jagdmesser) oder durch den Genickschuß wird dieses Mark zertrennt.

Gesicht: Das zum Zeitwort sehen gehörende Wort wird vielseitig verwendet. Es bezeichnet zunächst die vordere Kopffläche (dichterisch: Antlitz), dann aber im besonderen die Gesichtszüge („er macht ein böses Gesicht"). Daneben bedeutet es Gesichtssinn (= Sehvermögen). Damit gehört es zusammen mit Geschmack (schmecken), Gehör (hören), Geruch (riechen) und Gefühl (fühlen). — Freilich sind die Namen der 5 landläufigen Sinne auch ausgewandert und werden in vielen Übertragungen gebraucht.

Gewebe: Unter Gewebe verstehen wir ein flächenhaftes, zusammen„gewebtes" Gefüge von Fäden; sie bilden den Stoff. — Übertragen nennen wir Gewebe auch ein Gefüge von gleichartigen Zellen (es braucht nicht flächig zu sein!), wobei das Bestimmungswort näher erläutert. Also z. B. B i n d e g e w e b e : Zellart, die zusammenbindet und stützt; D e c k g e w e b e : Zellart, die nach außen abschließt; F e t t g e w e b e : Zellart, in der Fett abgelagert wurde; M u s k e l g e w e b e : Zellart, aus der sich Muskeln aufbauen.

Glaskörper: Glaskörper ist die weiche, gallertartige und durchsichtige Masse, die den Augapfel erfüllt *(Corpus vitreum)*. Das Grundwort „-körper" ist eine Lehnübersetzung des lat. *corpus*. Weitere Beispiele: S c h w e l l k ö r p e r am Penis, Z i l i a r k ö r p e r am Auge, G e l b k ö r p e r am Ovar. Insbesondere nennt der Anatom „Körper" den Hauptanteil eines auch aus anderen Teilen bestehenden Knochens (Brustbein, Oberschenkel, Wirbel, Schienbein usw.).

Glied: Ein Glied ist ein beweglicher Teil eines Ganzen (z. B. einer Reihe, Kette, Gemeinschaft). Als anatomischer Begriff ist ein Glied der besonders bewegliche Teil des menschlichen (oder tierischen) Körpers. — Arme und Beine sind vier gelenkige Glieder; jeder Finger besteht aus Gliedern. Insbesondere aber wird auch das männliche Geschlechtsteil *(Penis)* G l i e d genannt.

Gliedmaßen: Das nur in der Mehrzahl verwendete Wort umfaßt Arme und Beine in ihrer Länge. Der zweite Wortbestandteil gehört zu „messen". In der Tat dienten die gemessenen Glieder als Längenmaße, etwa Elle, Fuß, Klafter. — Das Wort E x t r e m i t ä t wird erst seit dem 18. Jahrhundert gebraucht (lat. *extremus* = das äußerste Ende).

Grat, Gräte: Das als Simplex verwendete Wort (= Bergkamm, -rücken) kehrt in der Anatomie im Grundwort von zwei Namen wieder. In R ü c k g r a t (= Wirbelsäule) und S c h u l t e r g r ä t e (hoher Knochenkamm am Schulterblatt) wird es verwendet. Die Gräte hat später ihren Bereich eingeengt und wird als Fischgräte verstanden. Grat und Gräte waren früher Ein- und Mehrzahl desselben Wortes.

Grenzstrang: S. unter Sympathikus!

Grimmdarm: Für den Dickdarm wird auch Grimmdarm verwendet. Das ahd. und mhd. *krimmen* (= drücken, kneipen) hat zur Bezeichnung Bauchgrimmen geführt, wobei der Sprachschöpfer annimmt, daß die Bauch- (auch Leib-) schmerzen meistens durch den Dickdarm verursacht werden. Die Anlautänderung von k zu g ist wohl beeinflußt worden durch das ahd. *grimman* (= wüten), zu dem übrigens auch grimmig gehört.

Grube: Die M a g e n - oder H e r z g r u b e ist eine vertiefte Stelle am vorderen Rumpf zwischen Brust und Bauch. Im Bereich des Halses befindet sich die K e h l g r u b e , unter dem Hinterhaupt die N a c k e n g r u b e , neben dem Schlüsselbein die O b e r s c h l ü s s e l b e i n g r u b e . Wir kennen G r ü b c h e n an den Wangen und auf dem Kinn. Im Gehirn finden wir eine S e h - und R a u t e n g r u b e . — Wenn der Daumen von den gestreckten Fingern rechtwinklig abgespreizt wird, bildet sich zwischen den Sehnen eine deutliche

H a u t g r u b e . Sie nimmt den Schnupftabak auf und heißt tatsächlich S c h n u p f t a b a k s g r u b e *(tabatière)*.

Haar: Das Stammwort hat besonders in Komposita eine weite Verbreitung. Nach ihrem Ort heißen K o p f -, A c h s e l -, S c h a m - und B a r t h a a r , nach ihrer Form W o l l -, B o r s t e n - (auch K u r z -), L a n g - und F l a u m h a a r .
Die Borstenhaare finden wir in den Brauen, an den Lidrändern, am Eingang zur Nase und zum Gehörgang. — Am einzelnen Haar unterscheidet man H a a r b a l g , - z w i e b e l , - w u r z e l , - k e i m . Kapillaren sind H a a r g e f ä ß e . — Haaren heißt „Haar verlieren", dagegen sich haaren heißt „Haare wechseln".

Hachse: Hachse ist ursprünglich die Achillessehne, später auch der Fersenbug. Mitunter, besonders mundartlich, bezeichnet das Wort Unterschenkel und Fuß dazu, also untere Beinhälfte (Kalbshachse, Schweinshachse). Wie im Wort Flechse wird als Grundwort „Sehne" angenommen, das dann verstümmelt wurde.

Hacke: Das Wort war gleichbedeutend für Ferse, wird aber auch für den Teil des Schuhes verwendet, der die Ferse bedeckt. Das Werkzeug „Hacke" gehört dagegen in eine andere Wortverwandschaft (ebenso die Hachse).

Haft: Wenn bewegliche Knochen aneinander „gehettet" werden, damit sie „haften", braucht man die „Haft". Diese Haft kann eine K n o c h e n h a f t sein (z. B. bilden die Kreuzbeinwirbel das Kreuzbein). Wird durch Knorpelgewebe verbunden, sprechen wir von K n o r p e l h a f t (z. B. Rippen am Brustbein), erfolgt die Verbindung durch elastisches Gewebe, von B a n d h a f t (z. B. Zwischenbogenbänder der Wirbelsäule).
Bemerkenswert, daß wir nur für die Anatomie H a f t bilden (dagegen Hafte oder Haftel für Spange, Nadel sagen).

Hals: Der Hals (ahd. *hals*) verbindet Kopf mit Rumpf. Hals und Kopf sind stets Nachbarn: an den H a l s des O b e r s c h e n k e l k n o c h e n s schließt sich der Kopf des Gelenkes an; zwischen Z a h n w u r z e l und - k r o n e (Bilder aus der Botanik) befindet sich der Z a h n h a l s (fällt aus dem Vergleich!).

Hammer: Hammer ist das erste der sog. G e h ö r k n ö c h e l c h e n , die eine Kette bilden und die vom Trommelfell aufgenommenen Schwingungen bis zum ovalen Fenster übertragen. Der H a m m e r heißt nach seiner Form: sein Handgriff ist am Trommelfell angewachsen, sein Kopf stößt an den Amboß.

Hand: Ein sprachlich sehr vielseitiges Wort, bereits im Germanischen („die Greifende") gebraucht. Im biologischen Bereich wird das Wort nur für den letzten Abschnitt des Armes verwendet. Die Oberfläche wird mit H a n d r ü c k e n , - t e l l e r , - f l ä c h e , - w u r z e l erfaßt. Hohlhand steht für H a n d f l ä c h e ; S p a l t h a n d ist (wie Spaltfuß) eine erbliche Mißbildung.
Das Wort H a n d ist in einer großen Zahl von Redensarten anzutreffen. Manche abgeleitete Wörter werden übertragen gebraucht: handeln (etwas unternehmen, auch o h n e Handgebrauch!), etwas handhaben, etwas aushändigen, Handlung, Handel usf.

Harn: Bemerkenswert ist, daß das deutsche Wort (ahd. *harn*) der Fachsprache angehört, während das nicht verwandte lat. Fremdwort U r i n in die Umgangssprache fand. Wir nennen die Teile, in denen sich der Harn bewegt, mit Komposita wie H a r n l e i t e r , - b l a s e , - r ö h r e , - k a n ä l e , - g e f ä ß e . Wir bilden die Verben harnen (und urinieren); das Harnlassen wird freilich gern verhüllend wiedergegeben („austreten", „müssen" usf.).

Hasenscharte: Wenn bei der Geburt die Hälften der paarig angelegten Oberlippe mangelhaft verwachsen sind und gar längs gespalten bleiben, liegt das Merkmal vor, das bei allen Nagetieren angetroffen wird. Die Nagetiere können daher ihre Lippen beim Nagen nicht verletzen.

Haupt: Gewöhnlich wird nur noch dichterisch Haupt für K o p f gesagt. Kopf hat heute das ältere Haupt verdrängt. Wir sagen freilich Haupteslänge für die Höhe des Kopfes. In den sprichwörtlichen Redensarten wird der feine Unterschied mitunter nicht gemacht, wenngleich die Zahl der Wendungen gering ist (das Haupt bedecken, erheben, neigen).

Haut: Der idg. Wortstamm führt auf „bedecken, umhüllen", Verwandtschaft besteht zu „Haus, Hütte, Hort" usw. — Mit H a u t ist zunächst das Organ gemeint, das in mehreren Schichten die gesamte Körperoberfläche überzieht.

Oben befindet sich die O b e r h a u t, unter ihr die U n t e r h a u t, zwischen beiden die L e d e r h a u t, die bei Tieren zu Leder verarbeitet werden kann. Dann aber bedeutet Haut auch jede andere dünne (meist) biegsame Schicht, die Körperteile bedeckt. Über den Knochen zieht sich die B e i n - oder K n o c h e n h a u t, eine Blutgefäße führende Schicht heißt A d e r h a u t (z. B. im Augapfel), eine durch Pigmenteinlagerungen gefärbte Haut ist die R e g e n b o g e n h a u t, eine verbindende Haut heißt B i n d e h a u t (zwischen Augapfel und Lid). Das Rückenmark ist von einer blutgefäßreichen W e i c h e n H a u t bedeckt, an die sich die mit spinnwebenartigen Fäserchen verbundene S p i n n w e b e n h a u t anschließt, beide weichen Häute umschließt die H a r t e H a u t, die aus derbem Bindegewebe besteht. — Die H o r n h a u t heißt nach ihrer Konsistenz; die S e h h a u t heißt nach ihrer Funktion, sie heißt aber auch N e t z h a u t, weil sie den Glaskörper netzähnlich umfaßt.

Herz: Das Wort geht bis ins Indogermanische zurück. — Über den anatomischen Bereich hinaus (Herz = Motor der Blutbewegung), verwenden wir das Wort sehr vielseitig und bilden viele Redensarten. Das H e r z ist übertragen der Sitz der Seele, des Gefühles und des Mutes (Beispiele: er schenkt sein Herz, es blutet das Herz, er faßt sich ein Herz usf.). Das Herzblut bedeutet übertragen Leben, tiefes Gefühl.

Das Herz liegt im H e r z b e u t e l. Man unterscheidet u. a. H e r z k l a p p e, - k a m m e r, - v o r k a m m e r, - v o r h o f, - m u s k e l. Jeder Vorhof besteht aus der größeren Haupthöhle und dem kleineren H e r z o h r *(Auricula cordis).*

Hirn: (S unter Gehirn).

Hode(n): Die männliche Keimdrüse heißt der (oder die) H o d e, aber auch der H o d e n. Jedoch wird das Wort meist in der Mehrzahl verwendet (vgl. die Hüfte → die Hüften). Das gleiche Wort geht bis ins Althochdeutsche *(hodo)* zurück. Merkwürdig ist, daß uns das entsprechende alte Wort für das weibliche Geschlecht fehlt.

Hohl: H o h l a d e r *(Vena cava)* und H o h l v e n e verdanken ihr Bestimmungswort einer falschen Beobachtung. Denn ein Rohr, in dem Blut fließt, ist immer hohl. Wir sprechen von „hohlen Blutadern", weil in ihnen beim Lebenden ein Unterdruck herrscht, so daß sie beim Toten blutleer, also „hohl" angetroffen werden.

H o h l h a n d wird gleichbedeutend wie Handteller verwendet, ihr entspricht nicht der H o h l f u ß , denn er ist etwas Ungewöhnliches (Vermehrung des Fußgewölbes).

Höhle: Als Grundwort wird Höhle (= Hohlraum, Höhlung) vielfach in der Anatomie verwendet. Die meisten - h ö h l e n sind durch Knochen ganz oder teilweise umschlossene Hohlräume, so A u g e n h ö h l e und S c h ä d e l h ö h l e, S t i r n h ö h l e und K i e f e r n h ö h l e. Wir kennen aber auch die Eingeweide der B r u s t h ö h l e und B a u c h h ö h l e (beide durch das Zwerchfell begrenzt), sowie die außen am Körper gebildete A c h s e l h ö h l e.

Höhlengrau: Dem merkwürdigen Wort begegnet man bei der Hirnanatomie. Man spricht von der grauen Hirnrinde und dem weißen Mark, aber findet im Innern (Hirnstamm) Gebiete, die ebenfalls grau sind. Diese Kerngebiete im Hypothalamus an den Wänden der Hirnkammern sind daher das H ö h l e n g r a u.

Hüfte: Hüfte (ahd. *huf*) bezeichnet einen Körperteil, der sich nur umgrenzen läßt. Es gehören die Teile dazu, die das H ü f t g e l e n k bilden: die Hüfte reicht auf beiden Körperflanken vom oberen H ü f t b e i n (Beckenrand) bis zur Grenze zwischen Oberschenkel und Rumpf. Das H ü f t g e l e n k verbindet also Hüftbein und Oberschenkelknochen. — Die Hüfte (seit 15. Jahrhundert) geht von der Mehrzahlform aus: die Hüften sind paarweise vorhanden.

Hügel: Ein Hügel ist eine Erhebung, ein kleiner Berg. Wir entdecken ihn an Knochen- und Gehirnflächen. Am Schenkelknochen findet man den knöchernen R o l l h ü g e l *(Trochanter maior, Tr. minor)*. Im Zwischenhirn liegt der S e h h ü g e l *(Thalamus),* in den der Sehnerv einläuft. Im Mittelhirn gibt es eine V i e r h ü g e l p l a t t e *(Lamina quadrigemina)* usw.

Hypophyse: Meist wird das Fachwort durch das Wort H i r n a n h a n g oder gar Hirnanhangsdrüse ersetzt. Ihr entspricht nach der Lage im Gehirn die E p i p h y s e. Die griechischen Wörter vereinigen die Präpositionen *epi* (= auf) und *hypo* (= unter) mit dem Verbum *phyo* (= wachse), also „oberes" und

209

„unteres Gewächs". — Die Vorteile der deutschen Kompositabildung mag das Wort Hinterlappendrüsenhormonstörung dartun (5 verständlich verknüpfte Wortbestandteile).

Inselorgan: Die Bauchspeicheldrüse (auch P a n k r e a s genannt) erfüllt eine Doppelaufgabe. *Paul Langerhans* (1847-1888) entdeckte die nach ihm benannten Inseln, hellere Zellmassen, die u. a. das Insulin („Inselstoff") produzieren. Das I n s e l o r g a n ist also nur der innersekretorische Teil der Drüse.

Joch: Das in der Bauernsprache verwendete Wort (Joch Ochsen; Feldmaß; Teil des Ochsengeschirrs) wanderte in die Anatomie aus. Wir kennen das J o c h b e i n (auch W a n g e n b e i n); es ist ein paariger Gesichtsknochen. Der J o c h b o g e n (im Kirchenbau ein Gewölbebogen über einem Joch) kehrt als ein knöcherner Bogen des Gesichtsschädels wieder; er wird von mehreren Gesichtsknochen mit Hilfe des Jochbeins gebildet.

Kammer: Das römische Wort kam mit dem Steinbau zu den Germanen (ahd. *chamara;* lat. *camera* = Raum mit gewölbter Decke). — Eine Kammer in der Anatomie ist ein meist flüssigkeitserfüllter Raum. Am Herzen unterscheiden wir K a m m e r n und V o r k a m m e r n. Im Augapfel kennen wir eine vordere und eine hintere A u g e n k a m m e r. — Neben Kammer wird auch Raum (z. B. *Douglas*raum) und einengend Hohlraum verwendet. — Das mit dem Christentum aus dem Lateinischen entlehnte Wort Zelle *(cella)* blieb indes nur mikroskopisch kleinen Teilen vorbehalten.

Kanal: Das Fremdwort, das aus dem Lateinischen stammt *(canalis)* und „Rinne, Wasserlauf" bedeutet, ist auch in den biologischen Bereich eingewandert, mitunter als Lehnübersetzung. Statt Verdauungsweg sagt man auch M a g e n d a r m k a n a l, statt Tränengang auch T r ä n e n k a n a l, bzw. T r ä n e n k a n ä l c h e n . — Im Deutschen wird hier Weg, Gang, Rohr, Kanal nicht scharf getrennt.

Kapillaren: Von dem lat. *capillum* (= Haar) stammt der Name der kleinsten haarfeinen Blutgefäße. Allgemein, z. B. auch in der Physik, wird unter Kapillare nur das haardünne Röhrchen verstanden.

Kehle: Wir trennen im Sprachgebrauch nicht genau Hals von Kehle. Das Wort K e h l e ist zudem vieldeutig. Zunächst ist der vordere Teil des Halses gemeint, wobei wir oft L u f t r ö h r e mit K e h l k o p f und S p e i s e r ö h r e einschließen. Beispiele: die Kehle anfeuchten (= Mundhöhle); durch die Kehle rinnen lassen (= Speiseröhre); die Kehle zuschnüren (= Luftröhre); in die falsche Kehle geraten (Luftröhre mit Speiseröhre verwechselt); einen Frosch im Hals haben (= Kehlkopf); in den falschen Hals kriegen (= Luftröhre).

Mitunter steht auch G u r g e l für Kehle. Aber wir sagen: durch die Gurgel jagen (= vertrinken) und wir meinen die Speiseröhre. — Die K n i e k e h l e ist der hintere Teil des Kniegelenkes.

Kehlkopf: Der Eingang in die Luftröhre wird Kehlkopf genannt. Wir meinen damit den knorpeligen Eingangsteil der Luftröhre in der Gegend der Kehle (ungenau für Hals, Gurgel). — Kopf als Grundwort eines Kompositums ist häufig (als Anfang, Beginn eines Systems), etwa in M u s k e l k o p f, G e l e n k k o p f usw.

Kiefer: Das ins Germanische reichende Wort (sprachlich mit „Käfer" verwandt) bedeutet „Nager". Kiefer (= Kienföhre) ist zufällig gleichlautend. — Wir unterscheiden nach ihrer Lage U n t e r - und O b e r - mit Z w i s c h e n k i e f e r. Am Kiefer sind K i e f e r k n o c h e n und - g e l e n k, am Oberkiefer ist die K i e f e r n h ö h l e zu unterscheiden.

Kinn: Heute nur der Vorsprung am unteren Ende des Unterkiefers! Das Wort stammt aus dem Germanischen und schloß früher wohl auch die Wangengegend mit ein. Wir verwenden heute noch K i n n b e i n, K i n n l a d e n, K i n n b a c k e n ohne scharfe Trennung der Bereiche und ohne genaue Trennung von Unterkiefer- bzw. Wangenbein.

Klappe: Die Ventile, die die Blutbewegung durch den Körper sinnvoll regeln, heißen auf deutsch K l a p p e n. Das Wort ist gut gewählt (Klappe = Verschluß mit beweglicher Öffnung). Wir unterscheiden sie:
1. nach ihrem Bau; T a s c h e n k l a p p e (Eingang zur Lungenschlagader) und S e g e l k l a p p e (zwischen Vorhof und Herzkammer).
2. nach ihrem Ort; H e r z k l a p p e (im Herzen) und V e n e n k l a p p e (in den Venen, nicht Hohlvenen).

Es gibt zwei- und dreizipflige S e ‑ g e l k l a p p e n ; die erste heißt auch M i t r a l k l a p p e . Durch die zwei Segel hat die Klappe eine entfernte Ähnlichkeit mit der Mitra eines Bischofs.

Knie: Das Knie (Mehrzahl die Knie) ist das Gelenk zwischen Ober- und Unterschenkelknochen. Seine Vorderseite ist die K n i e s c h e i b e und sein hinterer Teil die K n i e k e h l e . Im Gehirn trifft man B a l k e n k n i e und K n i e h ö c k e r . Übertragen ist Knie eine Biegung, eine gekrümmte Stelle überhaupt (z. B. Rohrknie).

Knöchel: Eine Verkleinerungsform zu Knochen. Das Wort wird aber im besonderen für den hervorstehenden Knorren oder Knoten verwendet. Nur so ist F i n g e r k n ö c h e l (wo man die Fingergelenke meint) und F u ß k n ö c h e l (wo man die nach außen ragenden Fußwurzelknochen meint) nebeneinander richtig zu verstehen. — Eine weitere Verkleinerung führt schließlich zum Wort „K n ö c h e l c h e n ", die z. B. im Mittelohr zu finden sind.

Knochen: „Knochen" ist viel jünger als „Bein". *Luther* bevorzugt noch „Bein", das heute noch in vielen Komposita verwendet wird (Schläfen-, Sieb-, Tränenbein usf.) und durchaus nicht nur den Hintergliedmaßen vorbehalten ist. Aber wir verwenden auch Knochen als Grundwort, etwa in S c h ä d e l k n o ‑ c h e n , A r m k n o c h e n usw. Knochen bilden das feste Gerüst des Körpers, das K n o c h e n g e r ü s t (= Skelett). Knochen haben im Innern das K n o c h e n ‑ m a r k (Markhöhle) und werden von einer sehr festen Haut, der K n o c h e n ‑ h a u t (Periost) umhüllt. Nach der Form kennen wir R ö h r e n k n o c h e n und S c h w a m m k n o c h e n (ohne größere Hohlräume). Die Knochensubstanz besteht aus dem K n o c h e n k n o r p e l und der K n o c h e n e r d e (d. h. anorganische Salze); K n o c h e n a s c h e ist der Rückstand des ausgeglühten Knochens.

Knöchern ist „aus Knochen bestehend", knochig „mit starken Knochen". Er ist verknöchert (= nicht anpassungsfähig).

Knorpel: Das Wort ist erst seit dem 15. Jahrhundert bekannt und wohl mit „Knirps" (kleiner Kerl eines Knochen) und „Knorren" verwandt. K n o r ‑ p e l ist eine besondere Art von festem Bindegewebe. Der Fachmann kennt u. a. F a s e r - , S e h n e n - , N e t z k n o r ‑ p e l . Der Knorpel ist von einer K n o r ‑ p e l h a u t überzogen. Am knorpeligen Kehlkopf unterscheiden wir S t e l l - , S c h i l d - und R i n g k n o r p e l . — Der Gelenkkopf ist von G e l e n k ‑ k n o r p e l überzogen. Der Knorpel bildet die Stütze der Nase und der Ohrmuschel.

Kopf: Das ahd. Wort bezeichnet „Becher, Trinkgefäß". Für die Germanen war Haupt das Wort für „Kopf". Heute dagegen hat „Kopf" (erst im Neuhochdeutschen) das Wort Haupt verdrängt. Muskeln und Wirbel sind für die Kopfbewegung verantwortlich, K o p f n i k ‑ k e r und K o p f d r e h e r . Von den Komposita mit Kopf als Bestimmungswort sollen K o p f b e i n , - h a a r , - h a u t , - s c h w a r t e genannt werden. K o p f s t i m m e hat Hohlräume des Kopfes, Bruststimme solche der Brust als Resonanzraum.

K o p f ist zunächst das Vorderende des Körpers. Aber das Wort wird sehr vielseitig und übertragen verwendet. — Dickköpfig z. B. bezeichnet ein Verhalten, langköpfig eine Kopfform. — Köpfen ist:
1. den Kopf abschlagen (verwendet wie „häuten");
2. den Ball mit dem Kopf stoßen (verwendet wie „fausten").

Körper: Das Wort enthält den Stamm des lat. *corpus*. Noch fast unverändert erkennt man die Herkunft in korpulent (lat. *corpulentus*), das die Sonderbedeutung wohlbeleibt annahm (ähnlich muskulös = mit starken Muskeln). — K ö r ‑ p e r wird verwendet für „Leib", aber auch eingengend nur für „Rumpf". Das Wort ist in viele Bereiche ausgewandert und in manchen Redensarten zuhause. — Reizvoll ist es nachzuspüren, wie sich die Umgangssprache des Auftrags entledigt, Körperfülle und Körpergröße verhüllend, drastisch oder gar derb auszudrücken.

Kranz: Kranzadern (K r a n z v e n e n und - a r t e r i e n) haben ihren Namen von ihrer Anordnung: die Adern bilden auf der Oberfläche des Herzens ein feines Astwerk, das aufliegt, ähnlich wie ein Kranz auf dem Kopf. Auch eine K r a n z f u r c h e wird hier nachgewiesen. Die K r a n z n a h t zwischen Scheitel- und Stirnbein markiert die Lage des Lorbeerkranzes. Der Fachmann gebraucht das Adjektiv *coronarius* (lat. *corona* = Kranz).

Kreuz: Kreuz (*Regio sacralis*) nennen wir den Bereich des Körpers, in dem sich 5 verwachsene Wirbel, das K r e u z b e i n *(Os sacrum),* befinden. Es ist unsicher, warum der Anatom hier von einem „heiligen Knochen" spricht. So wurde das Kreuzbein bereits von den Alten genannt. In der Tat nannten die Griechen auffällig große Dinge heilig, vielleicht also hier den größten Knochen der ganzen Wirbelsäule. Zwischen dem anatomischen Begriff und dem Christentum ist wohl kein Sinnzusammenhang anzunehmen.

Kugel: Für den Gelenkkopf bei Schulter- und Hüftgelenk wird auch G e l e n k k u g e l verwendet. „Auskugeln" heißt sich verrenken: die Gelenkkugel gerät aus ihrer Pfanne. Im K u g e l g e l e n k besteht eine große Bewegungsmöglichkeit — Das Großhirn bildet zwei H a l b k u g e l n (Hemisphären), die durch eine bis auf den Balken reichende Spalte geschieden werden.

Labyrinth: Das innere Ohr schien den alten Anatomen so kompliziert, daß sie es mit einem Irrgarten verglichen. Wir trennen heute knöchernes und häutiges L a b y r i n t h. Man nimmt an, daß die Griechen, die nach Kreta auswanderten, das Wort für die Ruinen des Palastes von Knossos verwendet haben. Dort liefen viele Gänge durcheinander, so daß man sich nur mit Mühe hindurchfand. — Labyrinth wurde 1561 von *Fallopio* in die Ohranatomie eingeführt.

Lappen: Ein Lappen ist zunächst ein Stück Stoff, dann aber übertragen auch ein Teil eines Organs. Im Bereich des Großhirns sind S t i r n -, S c h e i t e l -, S c h l ä f e n - und H i n t e r h a u p t s l a p p e n zu erkennen. An der Hypophyse werden V o r d e r - und H i n t e r l a p p e n unterschieden. — Die Lunge und Leber bilden L a p p e n, sie sind lappig. Das Ohr endet mit dem O h r l ä p p c h e n. „Lappen" ist oft Lehnübersetzung des lat. *lobus, lobulus*.

Lebensbaum: Der *Arbor vitae* ist im Kleinhirn gelegen. Die weiße Markschicht in den Hemisphären zeigt auf dem Medianschnitt des Wurms das Bild eines Baumes mit seinen Verästelungen.

Leber: Die Leber (ahd. *lebra*) als das größte drüsige Organ des Körpers fiel schon früh auf. Aus altbabylonischen Keilschriften stammt „möge sich deine Leber glätten" in der Bedeutung von „sei nicht zornig". Redensarten um die Leber werden heute nur noch verstanden, wenn man etwas über die biologischen Vorstellungen des Mittelalters weiß. Ehe nämlich der Blutkreislauf entdeckt und richtig gedeutet wurde, galt die Leber als Erzeugerin des Blutes und das Herz als Sitz des Lebens.

In die Leber legte man außerdem die Empfindung. In der Volkskunde wurde auch die Leber als der Sitz der Wollust angenommen. So erklärt sich der Brauch, daß bei Hochzeiten unter den Gästen ein Stück Leber herumgereicht wurde. — Wenn jemandem „eine Laus über die Leber läuft", so wird er in seinen Empfindungen beleidigt.

Ein Hypochonder ist ein Mensch, der zu Mißstimmungen neigt, er ist ein „Unter-Rippen-Mensch". Das Hypochondrium ist die Gegend unter dem Rippenbogen, der Hypochonder hat also ein Leiden in der Lebergegend.

Leerdarm: Der mittlere Dünndarmabschnitt, zwischen Zwölffinger- und Krummdarm gelegen, ist der L e e r d a r m *(Jejunum).* Das lat. *jejunis* heißt nüchtern, leer. Das Wort wurde gewählt, weil dieser Darmabschnitt an Leichen oft ohne sichtbaren Inhalt festgestellt wurde. — Der K r u m m d a r m heißt natürlich nach seinen Windungen und Krümmungen.

Leib: Zunächst hieß Leib soviel wie Leben (wir sprechen heute noch von einer Leibrente). Später erst vollzog sich der Wandel zu „Körper", wie das Wort heute oft im allgemeinen Sprachgebrauch verstanden wird. Schließlich kam eine letzte Bedeutungsveränderung: Leib ist der vordere untere Rumpf, auch Bauch genannt. — Wir sprechen z. B. von Leibschmerzen (und meinen Bauchschmerzen).

Leiste: Als Leistengegend wird der Übergang von Unterbauch und Oberschenkel bezeichnet. Das L e i s t e n b a n d bildet den unteren Abschluß der Bauchhöhle; hier setzen die Bauchmuskeln an. Der L e i s t e n b r u c h ist oberhalb des Leistenbandes. — Leiste ist übertragen eine Randeinfassung.

Leiter: Ein Nomen agentis! In einem L e i t e r wird geleitet. Also: ein S a m e n l e i t e r leitet Samenflüssigkeit, der H a r n l e i t e r den Harn und der E i l e i t e r das Ei.

Lende: Wir verstehen unter Lende den Bereich des Rückens, unter dem die

Niere liegt. Im Althochdeutschen war *lenti* = Niere, also die Gegend zwischen Rippenbogen und Darmbeinkamm. Die Ortsbestimmung ist nicht genau. — Wir sprechen von l e n d e n l a h m (kreuzlahm) und L e n d e n s c h m e r z (Hexenschuß). — Der Lendenschurz bedeckt nicht die Lende, sondern Scham und Gesäß.

Lid: Das Wort Lid (ahd. *hlit* = Deckel, Verschluß), früher auch Lied geschrieben, wird nicht allgemein für A u g e n l i d verwendet. Wir kennen auch ein Kannen- und Ofenlid. Ein Fensterlid ist also ein Schiebefensterchen. Das Wort Augendeckel wird, wenigstens mundartlich, noch vielerorts verwendet.

Wir unterscheiden O b e r - und U n t e r l i d, am Lid kennen wir L i d h e b e r, L i d r a n d, L i d s p a l t e, L i d k a n t e usf.

Linse: Linse ist der Teil des Augapfels, dessen Form dem Samen der bekannten Hülsenfrucht ähnelt. Zunächst ist also damit nur die bikonvexe Linse gemeint. In der Optik wird auch der Begriff erweitert: jeder durchsichtige und brechende Stoff (meist Glas) mit zwei Kugelflächen.

Lippe: Das Wort der *Luther*bibel (von *Luther* als Lehnwort aus dem Niederdeutschen ins Schriftdeutsch genommen) hat Lefze (ahd. *lefs*) verdrängt. Das Wort Lefze wurde von der Zoologie übernommen, Lippe wird vor allem für den Menschen verwendet. Wir begegnen Lippen als Begrenzung der Mundspalte (O b e r - und U n t e r l i p p e) und als Teil des weiblichen Genitale (S c h a m l i p p e n). In der Mundhöhle kennt der Anatom die T u b e n l i p p e n usw.

Loch: Durch ein Loch (ahd. *loh* = Öffnung) am Hinterhauptsbein sind Rückenmark und Gehirn miteinander verbunden (H i n t e r h a u p t s l o c h). Der Ring der Regenbogenhaut spart das S e h l o c h als ein kreisrundes Loch aus, gewöhnlich Pupille genannt. Das Geruchsorgan wird durch zwei N a s e n l ö c h e r mit der Außenwelt verbunden. An den Knochen gibt es manche „Löcher" als Durchtrittspforte für Nerven und Gefäße (lehnübersetzt aus lat. *foramen*).

Lunge: Das sprachlich bemerkenswerte Wort gehört zu einer idg. Wurzel, die „leicht", „schwimmen" bedeutet. Die uralte Erfahrung von Jägern und Priestern, daß die Lunge der leichteste Körperteil ist und auf dem Wasser schwimmt, hat zu dem Namen geführt (Luft ist eingeschlossen).

Nach dem äußeren Bau unterscheiden wir L u n g e n f l ü g e l und - l a p p e n, nach dem Feinbau L u n g e n l ä p p c h e n und - b l ä s c h e n (Neuschöpfungen, Lehnübersetzungen). Das L u n g e n f e l l überzieht die Oberfläche. Bemerkenswert ist die Ableitung G e l ü n g e (= Geräusch des Jägers). Wie das aus Darm entstandene Gedärm werden darunter verallgemeinernd alle Eingeweide verstanden, nicht nur Teile von ihnen.

Lymphe: Das aus dem Griechischen (*lymphe*) stammende Wort hat eine Doppelbedeutung. Man kann es einmal (ungenau) mit Gewebeflüssigkeit übersetzen. L y m p h e sammelt sich in L y m p h s p a l t e n und wird in L y m p h g e f ä ß e n geleitet. Ferner nennen wir „Lymphe" den vom Kalb gewonnenen Impfstoff, die Flüssigkeit der Kuhpockenpusteln.

Magen: Das Wort Magen reicht bis ins Althochdeutsche zurück. Redensarten zeigen, daß es lange bekannt ist, wie Verdauungsvorgänge an seelisches Geschehen gekoppelt sind. Wir sagen u. a. etwas schlägt mir auf den Magen; die Sache liegt mir im Magen; ich habe ihn im Magen (= nicht leiden können).

Der M a g e n m u n d ist am Eingang des Magens, der M a g e n a u s g a n g (gemeint ist aber der Eingang vom Dünndarm her gesehen) wird Pförtner genannt.

Mandel: Wir kennen in der Mund- und Rachenhöhle zwei G a u m e n m a n d e l n und die unpaare R a c h e n m a n d e l. Der Name geht auf die Gestalt zurück, die diese Anhäufungen lymphoiden Gewebes in der Aufsicht zeigen. Man vergleicht sie mit den Früchten des Mandelbaumes.

Mark: Das Wort Mark läßt sich bis ins Indogermanische zurückverfolgen, seine Bedeutung „Gehirn" wurde freilich stark erweitert. Heute ist Mark nur im Innern eines Organs gelegenes Gewebe. An den Nebennieren trennen wir die M a r k s c h i c h t von der Rindenschicht. Die Ausläufer der Nervenzellen werden von einer Hülle, der M a r k s c h e i d e, eingeschlossen. Der Röhrenknochen enthält in seinem Innern einen Hohlraum, die M a r k h ö h l e ; sie enthält das K n o -

chenmark. Knochen mit Mark sind Markknochen.

Bemerkenswert ist, daß wir nur das umschreibende Rückenmark (für die Nervenmasse im Wirbelkanal) kennen und kein eigenes Wort bilden.

Mastdarm: Das Wort verhüllt das aus dem Althochdeutschen stammende Arschdarm und bezeichnet also den letzten Dickdarmabschnitt. Das Bestimmungswort hat nichts mit Mast (mästen) zu tun, es geht auf ein Wort für „Speise" zurück.

Mäuschen: Mäuschen ist die Übersetzung von *musculus* (Diminutivform von *mus* = Maus). Jeder Muskel ist seiner Urgestalt wegen (mit Muskelkopf, -bauch und -schwanz) mausähnlich. Daß das Wort ursprünglich eine Verkleinerungsform ist, wird dabei nicht mehr empfunden. — Heute nennen wir Mäuschen nur noch den mausgroßen Muskelballen am Daumen unserer Hand. — Wer sich ans Mäuschen stößt, meint dabei den empfindlichen Nerv am Ellenbogen.

Meniskus: Das Fremdwort stammt aus dem Griechischen (= Halbmond, Möndchen) und bezeichnet einen scheibenförmigen Zwischenknorpel (Gestalt!) am Kniegelenk. Es gibt auch eine halbmondförmige Falte (*Plica semilunaris*), unsere stark zurückgebildete Nickhaut des Auges.

Milchbrustgang: Der Milchbrustgang trägt seinen Namen zu Unrecht. Der Inhalt des großen Lymphkanals besteht aus Gewebsflüssigkeit (Lymphe). Nach einer fettreichen Mahlzeit verleihen ihm kleinste Fett-Tröpfchen eine milchigweiße Farbe.

Milchgebiß: Das kindliche Gebiß wird auch Milchgebiß genannt, es wird durch das Dauergebiß abgelöst. Seine 20 Zähne heißen Milchzähne. Sie bilden sich also zu einer Zeit, zu der die Milchnahrung eine entscheidende Rolle spielt, vom 6. bis 24. Lebensmonat.

Milz: Das Wort ist sprachverwandt mit schmelzen (weich machen). Man glaubte nämlich früher, das Organ hätte die Aufgabe, das Blut leichtflüssig zu machen. Verwandt ist auch das Wort Schmalz; es ist Fett, das durch Ausschmelzen gewonnen wurde.

Milzsucht wurde früher eine Krankheit bezeichnet, bei der der Patient wunderlich, launisch oder gar schwermütig wurde. Seit 1771 (eingeführt durch *Sophie Laroche*) diente zur Bezeichnung dieser Veränderung das englische Wort für Milz: *spleen*. Wenn jemand einen Spleen hat, so ist er fixen Ideen zugänglich. Zu verstehen ist die Verbindung mit der Milz nur, wenn man weiß, daß man noch bis ins 17. Jahrhundert glaubte, die Milz sei, wenn man so will, der Sitz des Gemütes, wenigstens aber beeinflusse sie es.

Auf *Plinius* den Älteren (23 - 79 n. Chr.) geht das Sprichwort „*splen ridere facit*" (Milz macht Lachen) zurück. Wenn man also jemandem die Milz entferne, so glaubte man, könnte er nicht mehr lachen.

Die Annahme, daß die Milz mit dem Blut zu tun habe, hat sich zufällig später als richtig herausgestellt, freilich in anderer Weise. Die Milz sorgt nämlich für die normale Zusammensetzung des Blutes (Abbau der roten Blutkörperchen, Bildung von Lymphozyten).

Mitte: Bei allem mit „Mittel-" zusammengesetzten Namen von Körperteilen wird durch das Wort ausgesagt, daß der mittlere Abschnitt einer Folge von drei eng zusammengehörenden Einzelabschnitten gemeint ist. Als Beispiele seien angeführt:

System	1. Teil	2. Teil	3. Teil
Abschnitte des Ohres	Außenohr	Mittelohr	Innenohr
Abschnitte des Fußes	Fußwurzel	Mittelfuß	Zehen
Abschnitte der Hand	Handwurzel	Mittelhand	Finger
Gliederung der Brusthöhle	linker Pleuraraum	Mittelfell	rechter Pleuraraum
Abschnitte des Gehirns	Vorderhirn	Mittelhirn	Hinterhirn

Möndchen: Der kleine Mond am Grunde des Fingernagels gemeint, der vor dem Nagelfalz liegt. Er setzt sich dadurch ab, daß die Nagelunterlage verschieden stark durchblutet ist. — Die Verkleinerungssilbe „-chen" wird recht häufig verwendet (Mäuschen, Grübchen, Knöchelchen). Bei mikroskopisch kleinen Gebilden sind es Lehnübersetzungen, die zu Stäbchen, Zäpfchen, Körperchen usw. führen.

Mund: Der Mund ist die Eingangspforte zum Verdauungskanal (allgemein und übertragen ist Mund die Öffnung) und schließt auch die Einrichtungen des Mundes mit ein. In der Mundhöhle befinden sich Zunge, Zähne und Drüsen, die den Mundspeichel liefern. — Ferner verwenden wir „Mund" für den Eingang in einen Hohlraum allgemein: so heißt es Magenmund (= Eingang des Magens) und Muttermund (= Eingang der Uterushöhle).
Was mundet, schmeckt gut; was mündet (z. B. Fluß) öffnet sich wie ein Mund. — Neben dem Mund (ahd. *mund*) am Menschenkörper gibt es ein gleichlautendes, unverwandtes Wort (= Schutz), das etwa in Vormund, Leumund wiederkehrt.

Muschel: Das Wort ist aus der Verkleinerung des lat. *mus* (= Maus) entstanden; sie hat zur Muschel und zum Muskel geführt. Die Muschel, zunächst nur in der Tierkunde verwendet, wanderte in die Menschenkunde ein. Mit der dünnen, gewölbten Muschelschale werden Knochenmuscheln verglichen, wenn wir von den Nasenmuscheln sprechen. Wir kennen auch die knorpelige Ohrmuschel, deren Hauptvertiefung gesondert Muschelhöhle *(Concha auriculae)* heißt.

Musikantenknochen: Am Ellenbogen kann leicht ein freiliegender Nerv *(Ulnaris)* angestoßen werden, der in der Furche des nach innen gelegenen Oberarmknochens verläuft. Wir stoßen uns an das „Mäuschen". Dabei tritt eine Schmerzempfindung auf.

Muskel: Vom lateinischen *musculus* (= Mäuschen), Verkleinerung zu *mus* (= Maus). Manche Muskeln haben die Gestalt einer kleinen Maus, z. B. der Daumenballens, der auch im Volksmund „Mäuschen" heißt. — Eine große Zahl von Komposita verwendet „-muskel" im Grundwort, das Bestimmungswort gibt Form (z. B. Dreiecks-, Vierecks-), Funktion (z. B. Kau-, Lach-) oder Lage (z. B. Kopf-, Rücken-) an.
Drei Adjektiva können wir bilden: neben dem wenig gebräuchlichen muskelig und muskulär (aus Muskeln bestehend) verwenden wir muskulös (aus starken Muskeln bestehend).

Mutterkuchen: Das Organ an der Gebärmutterwand hat scheibenartige Gestalt und dient der Ernährung und Atmung des Embryos. An der Gebärmutter ist der Muttermund.

Muttermal: Ein Muttermal *(Naevus)* ist eine angeborene örtlich begrenzte Hautveränderung, die durch Farbe oder Oberfläche hervortritt. Das Grundwort Mal heißt Fleck, Zeichen; das Bestimmungswort stammt noch aus der Zeit, als man nicht wußte, daß solche Male, wenn überhaupt, von beiden Eltern vererbt werden. — Wir bilden in einem ähnlichen Beispiel Mutterwitz (nicht Vaterwitz!) für den angeborenen Witz, der natürlich von Vater oder Mutter herrühren kann.

Nabel: Die vernarbte Stelle auf der Bauchmitte, wo die Nabelschnur das Kind mit der Mutter verband, ist der Nabel (ahd. *nabalo*). Über die Nabelschnur (mit Nabelarterien und Nabelvenen) wurde der Embryo ernährt. — Im allgemeinen werden die idg. Namen für Körperteile (das Wort N. ist sehr alt) nicht abgeleitet; wir behielten bis heute Fuß, Herz, Nase, Niere und Ohr.

Nacken: Unter Nacken verstehen wir die hintere Halsseite; das Wort gehört zu Genick (ähnliche Bildung Berg → Gebirge), die gleiches bedeutet, Genickstarre (neben Nackenstarre) ist eine Starre der Nackenmuskeln. — Die Art des Nackens kennzeichnen wir stiernackig, specknackig, kurznackig; hartnäckig ist „hart im Nacken".

Nagel: Nagel nennen wir die Hornplatte, die sich auf dem Endglied unserer Zehen (Zehennagel, Fußnagel) und Finger (Fingernagel) befindet. Bemerkenswert ist, daß — biologisch richtig — auch Wörter für Kralle und Huf in diese Sprachverwandtschaft gehören. Freilich sind bereits germanische Wörter doppeldeutig: aus dem Nagel aus Horn wird der Nagel aus anderem Material (Holz, Eisen).

In der Menschenkunde werden viele Teile des Nagels durch Komposita näher bezeichnet: -bett, -falz, -kuppe, -mond, -wall, -wurzel.

Naht: Wenn zwei nahe gelegene Knochenränder verwachsen, entstehen N ä h t e. Die Zackennaht ist zwischen den meisten Schädelknochen anzutreffen. Die Scheitelbeine grenzen mit der Kranz- oder Kronnaht an das Stirnbein (längs einer Linie, auf der Krone und Lorbeerkranz ruhen), ihre Hinterränder bilden mit dem Hinterhauptsbein die Lambdanaht (weil die Naht enge mäanderartige Schlingen legt, wie eng aneinander gereihte Lambdas). Eine Schuppennaht bildet das Schläfenbein mit dem Scheitelbein (an der *Squama temporalis*).

Nase: Das bereits aus dem Althochdeutschen *(nasa)* bekannte Wort wird doppelt verwendet: es bezeichnet das Geruchsorgan (und dann meist nur den aus dem Gesicht hervorragenden Teil) und den Geruchssinn (ähnlich wie das Wort Ohr!). Da die Nase das auffälligste Gebilde im Gesicht ist (herausragend, unpaar, groß), so erklärt sich, daß wir genau ihre Form beschreiben. Wir unterscheiden (von außen): Rücken, Flügel, Wurzel, Spitze, Löcher, Kuppe, Flanken, Sattel. — Nasenschleim wird auch Schnodder (engl. *snot*) genannt. Wer schnoddrig ist, kann noch nicht einmal seine Nase richtig putzen.

Neben: Wir bilden mitunter Komposita mit dem Bestimmungswort Neben-, wenn wir Organe (oder Körperteile) bezeichnen, die in unmittelbarer Nachbarschaft eines größeren Partners liegen. — Neben den Hoden liegen die Nebenhoden, neben der Nasenhöhle ihre Nebenhöhlen. Der Anatom unterscheidet aber genau Bei- und Nebenschilddrüse, Bei- und Nebeneierstock, Beihoden und Nebenhoden.

Nerv: Zu dem griechischen Wort *neuron* (= Sehne) gehört lateinisch *nervus* (= Sehne, Nerv). Wir können heute nicht mehr verstehen, wie Sehne und Nerv zusammengehören. Bis ins 16. Jahrhundert wurde „Nerv" nicht als Sinnesleiter verstanden. Mit dem von Cicero vermittelten *„nervus rerum"* wird heute noch das Geld in Krieg und Staat bezeichnet. So benutzen wir heute auch noch das Wort „nervig" in der Bedeutung stark, fest (wie eine Sehne nämlich). Erst ein schottischer Arzt *Wytt* hat 1763 die Bedeutung der Nerven (wie wir sie heute verstehen) erkannt.

Wir verwenden seit dem 18. Jahrhundert das durch französischen Einfluß umgebildete „nervös" in der Bedeutung empfindlich, erregbar.

Niednagel: Dieses Wort wird verschieden erklärt. Der erste Bestandteil soll das mhd. *niet* (=verbindender Metallbolzen) enthalten, wobei Nied- und Nietnagel lautlich zusammenfallen. — Die Nebenform Niednagel wird durch den Volksglauben mit Neid in Verbindung gebracht. Man versteht unter N. gewöhnlich ein Hornstückchen am Fingernagelrand, der Fachmann aber auch den eingewachsenen Nagel (*Unguis incarnatus*).

Niere: Merkwürdig ist, daß in den indogermanischen Sprachen die Bedeutung schwankt: zwischen Niere und Hoden wird oft nicht unterschieden. Das wird verständlich, weil beide rundliche Anschwellungen am Unterleib sind. Sehr alt sind ebenso die Namen Fuß, Herz, Nase und Haupt.

Im übertragenen Sinn wird „Niere" mit das Innere des Menschen überhaupt bezeichnet („es geht ihm an die Nieren, er wird auf Herz und Nieren untersucht").

Oben: Bei allen mit Ober- zusammengesetzten Namen wird damit ausgesagt, daß wenigstens zwei Abschnitte (Teile) vorliegen; dem oben entspricht stets ein unten. Als Beispiele mögen dienen: Oberarm → Unterarm, Oberschenkel → Unterschenkel, Oberlippe → Unterlippe, Oberlid → Unterlid, Oberkiefer → Unterkiefer, Oberhaut → Unterhaut, Oberbauch (Magengegend) → Unterbauch (Unterleib). — Unterkiefer- → und Unterzungenspeicheldrüse haben natürlich keine Wortpartner.

Ohr: Der Stamm des sehr alten Wortes ist über manche Sprachen verbreitet. Das Wort Ohr wird zweifach verwendet: es bezeichnet das Hörorgan (und dann oft nur das äußere Ohr, die Ohrmuschel) und das Hörvermögen. Ähnliches gilt für Nase, Auge und Zunge, Wörter, die Organe, aber auch deren Leistungen angeben. — Wir bilden viele Komposita, meist für das äußere Ohr, etwa Ohrmuschel, -krempe, -läppchen, -furche, -speicheldrüse;

Herzohr. — Natürlich ist das Wort in vielen Redensarten zuhause. Beispiele: er zieht ihm die Ohren lang (damit sie besser aufnehmen); er hat es faustdick hinter den Ohren (nach früherer Auffassung war dort der Sitz für Verschlagenheit und List) usf. Wir unterscheiden sehr genau: schlechte, scharfe, kleine, gute, feine und lange Ohren.

Olive: Man versteht unter Olive (lat. *oliva*) zwei ovale, der Ölbaumfrucht ähnliche Gebilde, die neben den Pyramiden der Hirnbasis gelegen sind. Andere Vergleiche aus dem Pflanzenreich liefern Mandel, Linse, Apfel, Birne usf.

Ovar: Das lateinische Wort für Eierstock leitet sich von lat. *ovarius* her. Man verstand darunter den Sklaven, der die Eier des Hauses aufbewahrte und verwaltete (*ovum* = Ei).

Pankreas: Das griechische Kunstwort für Bauchspeicheldrüse ist aus *pan* (= alles) und *kreas* (= Fleisch) zusammengesetzt. Es scheint so, als ob das Gewebe der Bauchspeicheldrüse nur aus „Fleisch" bestünde und Bindegewebe fehle. Daher das Wort, das also einer falschen Beobachtung entspricht.

Papille: Das lateinische Fremdwort wird am besten mit „Wärzchen" übersetzt. Wir sprechen vom P a p i l l a r k ö r p e r der Haut und meinen damit die Gesamtheit der warzenförmigen Erhebungen der Lederhaut; sie bilden P a p i l l a r l i n i e n (Hautleisten). — Der Zungenrücken ist mit kleinen Auswüchsen verschiedener Art bedeckt, die wir nach ihrer Form F a d e n - , P i l z - oder B l a t t p a p i l l e n nennen.

Parasympathikus: S. unter Sympathikus.

Pauke: Um im Bild zu bleiben: die Höhlung einer Pauke ist ein luftgefüllter Hohlraum, der durch eine schwingende Haut, das Fell einer Trommel, abgeschlossen ist. Die Membran am Gehörgangsende heißt T r o m m e l f e l l , der Hohlraum P a u k e n h ö h l e (griechisch *tympanon* = Pauke, Trommel). Die P a u k e n t r e p p e grenzt an die Paukenhöhle an.

Pferdeschweif: Das Ende des Rückenmarks strahlt in viele Nervenzweige aus. Diese große Anzahl von hinteren und vorderen Wurzelfäden vergleicht man mit den Schwanzhaaren des Pferdes. Man spricht daher von Pferdeschweif (*cauda equina*).

Pfortader: Die Pfortader ist eine Vene besonderer Art. Sie nimmt das Blut der unpaaren Bauchorgane auf und führt es der Leber zu. Ihren merkwürdigen Namen (*Vena portae*) hat sie nach der Querfurche der Leber; sie heißt nämlich Leberpforte (*Porta hepatis*). Durch diese „Pforte" treten große Blutgefäße in die Leber ein, die Leberarterie (*A. hepatica*) und die „ P f o r t a d e r ". Das Blut, das sie mitbringt, ist das P f o r t a d e r b l u t .

Pförtner: Der ringförmig eingeschnürte Magenausgang heißt Pförtner (das obere Magenende dagegen heißt Magenmund). P f ö r t n e r ist die Lehnübersetzung des griechisch-lateinischen *pylorus*. Wie der Pförtner an einem Tor darüber entscheidet, wer eintreten darf, so der Pylorus bei der Weitergabe der im Magen vorverdauten Nahrung, die von hier in den Darm gelangen muß. Wir meinen also, der Pförtner stehe am Eingang zum Darm, tatsächlich aber steht er am Ausgang des Magens. Die Erklärung? Als die alten griechischen Anatomen den Namen prägten, wurde noch in umgekehrter Reihenfolge bezogen. Der Magendarmweg wurde nämlich vom Mastdarm her beginnend verfolgt.. Damit wurde der Pförtner zum Mageneingang.

Pupille: Unter Pupille verstehen wir das Sehloch (auch Augenstern) des Auges, das vom bunten Ring der Regenbogenhaut umrahmt wird. Pupille ist die Verkleinerungsform von Puppe (also das Püppchen), also ähnlich gebildet wie Mantel — Mantille, Flotte — Flottille. Sie heißt nach dem Bildchen, mit dem sich der Betrachter im Auge seines Gegenübers abbildet. In manchen Gegenden wird die Pupille auch „Kindchen" genannt. Das Wort „Mündel" (seit dem 16. Jahrhundert) ist die Übersetzung des lat. *pupilla*, für das im 18. Jahrhundert auch übertragen „Augenstern" zu finden ist.

Rachen: Während der Rachen als Simplex nur für das Tier verwendet wird (zähnestarrendes Maul eines großen Raubtieres), werden für die Menschenkunde manche Komposita mit „Rachen" gebildet. In der Zoologie ist Rachen = Mundhöhle, in der menschlichen Anatomie der Raum, der hinter der Mundhöhle liegt. Hinter dem Gaumensegel liegt der R a c h e n r a u m (-höhle). Eine unpaare R a c h e n m a n d e l liegt

217

vor dem Rachenraum. (Andere Anatomen sprechen umgekehrt von einer **Rachenenge** und einer Schlundhöhle. Der deutsche Sprachgebrauch schwankt.)

Raute: Während im Sprachgebrauch das Wort Raute durch Rhombus zusehends verdrängt wird, bleiben historische Namen mit „Raute-" erhalten. Die auffällige Gestalt (Viereck mit gleichen Seiten und schiefen Winkeln) wird mehrfach am Körper entdeckt. — Zu den Rückenmuskeln gehört der **Rautenmuskel**. Auf dem Boden der 4. Hirnkammer befindet sich eine rautenförmige Grube, die **Rautengrube**. Das **Rautenhirn** ist ein Hirnabschnitt. — Bestimmungswörter aus der Mathematik sind auch sonst nicht selten (Würfel, Trapez, Vieleck, Dreieck usw.).

Rä(t)zel: Wenn die Brauenbehaarung auch oberhalb der Nasenwurzel vorhanden ist, entsteht eine durchgehende Räzelbrücke. Der **Räzel** wird gern als ein abwertendes Merkmal gedeutet, sicher völlig unbegründet. — In der Schreibweise Rätzel wird das Wort mit Ratz in Verbindung gebracht. Ein Ratz ist ein Iltis (marderähnliches Raubtier mit starkem Gesichtshaar).

Regenbogenhaut: Die verstellbare Ringblende heißt natürlich nach ihrer Farbe, die manche Farben des Regenbogens annehmen kann (Blau — grünlich — grau — hellbraun — dunkelbraun). Beim Albino fehlt das Pigment, so daß man die roten Blutgefäße erblickt. — Der griechische Name für Regenbogen ist *Iris;* der Botaniker benennt Iris die vielfarbige Schwertlilie.

Rektum: Der Fachname für den Enddarm (Mastdarm) stammt aus der antiken Zoologie. Man entdeckte nämlich, daß der tierische Enddarm gestreckt war (*rectus* = gerade) und übertrug später das Ergebnis auf den Menschen. Das **Rektum** ist aber nur von vorn gesehen gerade, bei seitlicher Ansicht aber gebogen. — Wir verwenden das Adjektiv **rektal** (ihm entspricht oral).

Rinde: Das aus der Botanik stammende Wort wird auch in der menschlichen Anatomie verwendet, um die Schicht zu bezeichnen, die das Mark mancher Organe umgibt. Wir setzen Rinde zu Mark in den Gegensatz und bilden u. a. **Nebennierenrinde** und **-mark**, graue **Gehirnrinde** und weiße Masse des Gehirnmarks.

Rippe: Das Wort gehört zu einem Verbalstamm „überdachen". Die Rippen wurden von Germanen und Slawen mit dem Dach des Hauses verglichen, weil sie die Brusthöhle bedachen. Ähnliches kann man für „Schädel" zeigen (ursprünglich Bedachung des Gehirnes!). Die nähere Unterscheidung der 12 Paar Rippen erfolgt durch ihre verschiedene Verknüpfung zum Brustbein hin (mit und ohne Knorpelbrücke); für die bestehenden unklaren Namen werden **Brustbein-, Bogen-** und **freie Rippen** vorgeschlagen. — **Gerippe** steht umgangssprachlich auch für Skelett.

Röhre: Als Ableitung entsteht aus dem Rohr die Röhre (beide Wörter schon im Althochdeutschen). Während wir das Wort **Darmrohr** bilden, sprechen wir im gehobenen Deutsch von **Speise-, Luft-** und **Harnröhre**. Es sind runde Hohlkörper, in denen Gas (Luft) oder Flüssigkeit (Harn, Speisebrei) wandern.

Rücken: Wir ersetzen in volksnaher Sprache Rücken auch durch Buckel. Buckel (auch Ast) im engeren Sinn ist aber nur eine Auswölbung aus dem Rücken. Der **Rücken** ist der Bereich von der Schulter bis zur Lendengegend. — Das Rückgrat steht zunächst für Wirbelsäule, aber auch für Rücken allgemein. Das Wort wird vielfach übertragen gebraucht (für Rückseite, Oberseite), auch in Redensarten (z. B. einen geraden, krummen, breiten Rücken haben).

Rumpf: Der Körper ohne Kopf und Gliedmaßen ist der **Rumpf**. Die Ausgangsbedeutung war wohl der „Baumstumpf". In den Übertragungen wird die Vorstellung des Unvollständigen ausgedrückt (Flugzeugrumpf, Rumpfparlament). — Rümpfen gehört in eine andere Sprachverwandtschaft.

Saft: Saft (in ahd. *saf,* seit dem 14. Jahrhundert Saft) bezeichnet eine Flüssigkeit. Die Verdauungssäfte benennen wir mit Komposita. Im Sprachgebrauch aber ist nur **Magensaft** und **Darmsaft** üblich, während wir von Mund-, Bauch- und Darmspeichel sprechen. — Das Blut ist der „Lebenssaft", umgangssprachlich auch der „rote Saft". „Blut ist ein ganz besonderer Saft" (*Goethe:* Faust).

Sägemuskel: Neben einem rückenwärts gelegenen Sägemuskel gibt es einen seitlichen Sägemuskel *(M. serratus)*, der den Namen verlieh. Er entspringt von der 1. bis 9. Rippe vorn und außen und umgreift seitlich den Brustkorb. Er hebt und dreht das Schulterblatt. Er bildet, den Rippen entsprechend, eine Reihe von Zacken, so daß seine vordere Randlinie einer groben Schrotsäge ähnlich wird. Ähnliche Beispiele: Kappenmuskel, Kamm-Muskel, Pyramidenmuskel usf.

Same(n): Das doppeldeutige Wort wird in der Botanik (Teil der Frucht einer Blütenpflanze) und in der Zoologie (Flüssigkeit, die Spermien enthält) verwendet. Die zweite Bedeutung gilt auch für den Menschen. — Früher glaubte man, daß die Samenblase *Glandula vesiculosa)* den Samen speichere (daher der Name); wir nennen sie aber besser Bläschendrüse, da sie ein Sekret erzeugt. — Statt Samenfaden sagt man auch Samenzelle (oder *Spermium).* Im Samenleiter oder -gang wird der Samen vorwärtsbewegt; der Samenstrang umgibt den Samenleiter.

Sattel: Ein Sattelgelenk hat zwei Achsen. Ein Reiter, der im Sattel sitzt, hat nur zwei Hauptbewegungsrichtungen für seinen Körper. — Die obere Fläche des Keilbeinkörpers besitzt eine querovale Grube (die die Hypophyse aufnimmt). Hier entdeckte der Anatom eine Ähnlichkeit mit einem Sattel und nannte das ganze Gebilde Türkensattel *(Sella turcica).*

Schädel: Unter Schädel verstehen wir das Knochengerüst des Kopfes. Die sprachliche Herleitung ist unsicher. Vielleicht ist eine Verbindung zu „Schale" anzunehmen. Wir sprechen auch von einer Hirnschale, da sie Gefäßgestalt hat. — In der Umgangssprache wird die Trennung von Schädel und Kopf nicht streng durchgeführt, wie Redensarten zeigen: mir brummt der Schädel (gemeint ist Kopfweh); er hat es sich in den Schädel gesetzt (statt Kopf).

Scham: Das Wort bezeichnet zweierlei: Schamgefühl und Schamteile (äußeres Genitale) und gehört wohl zu den indogermanischen Wurzeln für „bedecken, verhüllen". Wir bilden wieder Komposita, bei dem das Bestimmungswort näher den Ort angibt, also Schamberg, -glied, -bein, -lippen, -haar und Scham(bein)fuge.

Scheide: Die Ausgangsbedeutung „Gespaltenes" des ins Germanische zurückreichenden Wortes ist für die Schwertscheide verständlich (zwei Holzplatten, die die Klinge schützten). Das gleichbedeutende lat. *vagina* wird seit *Plautus* für die „weibliche Scham" benutzt und seit dem 17. Jahrhundert als „Scheide" lehnübersetzt.

Scheitel: Scheitel bezeichnet die Stelle des Kopfes, wo sich die Haare „scheiden", d. h. nach verschiedenen Seiten legen. — Scheitelbein ist also ein Schädelknochen, der unter dem Scheitel liegt.

Schienbein: Das Wort Bein bewahrt in vielen Komposita seine alte Bedeutung „Knochen". Unter Schiene verstehen wir heute eine schmale Leiste aus Metall (oder auch Holz), früher war Schiene eine schmale Knochenleiste (also eine Bedeutungserweiterung wie bei Feder, Vogelfeder — Schreibfeder). Es gibt also auch eine Beinschiene, es ist der Teil der Rüstung, der das Bein bedeckte, oder eine Stütze, die das Bein beim Eingipsen schient.

Schiffermuskel: Der Schiffermuskel *(M. tibialis posterior)* kehrt die Fußsohle einwärts. Das ist ein Muskel, den der Seemann braucht, wenn er auf den Mastbaum klettert. — Weitere Muskelnamen nach Berufen: Geigermuskel, Schneidermuskel.

Schild: Die älteste, am Arm getragene Schutzwaffe und Sinnbild des Schutzes überhaupt (ahd. *scilt*) ist mehrfach in die Fachsprache ausgewandert (z. B. in der Zoologie die Schildkröte). Die Schilddrüse liegt dicht unter dem Kehlkopf; der Schildknorpel bildet die Vorwölbung des Adamsapfels.

Schläfe: Die Kopfregion, die über den Wangen liegt, heißt Schläfe. Es ist die Stelle des Kopfes, auf der man beim Schlafen liegt. Das Schläfenbein ragt jedoch weit darüber hinaus.

Schlagader: In der Schlagader spüren wir den Schlag des Herzens, und mit ihr bezeichnen wir die vom Herzen wegführenden Gefäße. Mit diesem Wort wird gewöhnlich, freilich fehlerhaft, das griechische Wort Arterie übersetzt. Aber auch das Wort Schlag, abgekürzt für Schlaganfall *(Apoplexie)* ist unklar. Herzschlag ist die normale Herztätigkeit als solche, aber auch das schlagartige Aufhören der Herztätigkeit.

Schleim: Das Wort geht auf ein althochdeutsches Zeitwort *(slimen)* für

219

"glatt machen" zurück. Die sprachliche Trennung von Schleim und Speichel gelingt oft nicht.

S c h l e i m d r ü s e ist eine Drüse, die Schleim, eine zähe, schlüpfrige Flüssigkeit absondert; S c h l e i m h a u t überzieht die Mund- und Nasenhöhle und sondert den M u n d - und N a s e n s c h l e i m ab. S c h l e i m b e u t e l sind kleine Schleim erzeugende Beutel; durch sie soll die Reibung an den beweglichen Verbindungen (Muskeln, Knochen, Bänder) verringert werden.

Schlund: Der Schlund (*Pharynx*) bildet die S c h l u n d h ö h l e , den Raum, der zwischen Mundhöhle/Nasenhöhle und Speiseröhre/Kehlkopf eingeschaltet ist. In ihm kreuzen sich Nahrungs- und Luftweg. — Die Umgangssprache ist ungenau: vor allem in den Redensarten werden Hals, Schlund, Kehle, Gurgel, Rachen nicht sauber unterschieden. Aber es gibt auch Fachleute, die von S c h l u n d e n g e und Rachenhöhle, und andere, die von Rachenenge und S c h l u n d h ö h l e sprechen. Hier hilft nur das lat. Fachwort!

Schmelz: Das Wort, das den harten Überzug der Zahnkrone bezeichnet, stammt aus der Technik. Es wird dort für Glasfluß (Email) und Glasur für Tongefäße verwendet.

Schnecke: Die S c h n e c k e (*Cochlea*) gehört zum inneren Ohr und zum knöchernen Labyrinth. Das äußere Ohr ist die Ohrmuschel mit der Muschelhöhle (*Concha*); die äußere Begrenzung ist die Ohrkrempe (*Helix*), die einem Schneckenhausgang ähnelt.

Schneidermuskel: Der Muskel hat seinen Namen von der Arbeitsstellung, die der Schneider beim Nähen einnimmt. Zieht sich nämlich der S c h n e i d e r m u s k e l eines Beines zusammen, so schlägt er es übereinander. Dabei wird der Unterschenkel gegen den Oberschenkel gebeugt. Der Schneidermuskel ist der längste des ganzen Oberschenkels.

Schollenmuskel: Der Schollenmuskel (*M. solen, solen* = Scholle, Plattfisch) ist ein flacher, langgestreckter Muskel des Unterschenkels, der an die Gestalt eines Plattfisches erinnert.

Schoß: Mit Schoß bezeichnet man zunächst den Unterteil eines Kleidungsstückes. Später auch übertrug man den Namen auf den Körperteil, den der „Schoß" bedeckt. (Umgekehrt wanderte der Name vom Körperteil auf das bedeckende Kleidungsstück beim Wort Mieder.) S c h o ß ist die Vertiefung, die beim Sitzen durch Oberschenkel und Unterleib gebildet wird, aber auch der Mutterleib.

Schulter: Das Wort, das schon im Althochdeutschen einen Körperteil des Säugetieres benennt, wird erst seit *Luther* auch für den Menschen gebraucht (s. 1. *Moses* 9,23). Es wird in vielen Redensarten verwendet, wobei für S c h u l t e r umgangssprachlich auch A c h s e l eintritt. Was man auf die „leichte Schulter" nimmt, hat das leichtere Gewicht (es gibt auch eine schwere Schulter!); wir schätzen es daher gering ein und nehmen es nicht ernst. Wer schultert, legt etwas auf die Schulter.

S c h u l t e r b l a t t ist ein dreieckiger, flacher (blattähnlicher) Knochen, der das S c h u l t e r g e l e n k (Gelenk zwischen Schulter und Oberarm) mit bilden hilft. Der S c h u l t e r g ü r t e l (Schulterblätter und Schlüsselbeine) bildet nur eine Spange, keinen Ring.

Schweiß: Das mittelhochdeutsche Wort für „Schweiß" schloß auch „Blut" mit ein. Heute hat nur die Weidmannssprache diese Doppelbedeutung bewahrt (sie sagt auch schweißen statt bluten). — S c h w e i ß ist die wässrige Absonderung der Schweißdrüsen. Die verwandten Verben sind:
1. schweißen = Blut verlieren und (übertragen) Metalle durch Hitze verbinden;
2. schwitzen = Schweiß verlieren und (übertragen) sich sehr anstrengen.

Schwiele: Wir meinen damit die umschriebene vermehrte Hornbildung an der Haut, die durch starke lokale Beanspruchung entsteht. Das mit „schwellen" verwandte Wort ist erst über die Mehrzahlbildung zum Femininum geworden, also (in der Schreibweise des 16. Jahrhunderts): der Schwillen ⟶ die Schwillen ⟶ die Schwille.

Segel: Ein Segel ist ein ausgespanntes Leinwandtuch, das sich im Winde bewegen kann. Der Vergleich im biologischen Bereich trifft zu: das G a u m e n s e g e l am weichen Gaumen ist beweglich und schlägt beim Schluckakt nach hinten. — Die S e g e l k l a p p e n zwischen Vorhof und Herzkammer sind mit Sehnenfäden ausgespannte segelähnliche Lappen (in Zwei- und Dreizahl).

Sehen: Das Zeitwort sehen kehrt in einigen Komposita als Bestimmungswort wieder. Das S e h l o c h hat sich gegenüber Pupille kaum eingebürgert; die S e h h a u t wird neben Netzhaut gebraucht. Der Thalamus ist der „S e h h ü g e l"; S e h n e r v und S e h s t r a n g verbinden ihn mit dem Auge.

Sehne: S. auch Nerv! Daß nach ihrer Wortgeschichte Sehne und Nerv eng zusammengehören, wird durch die medizinischen Vorstellungen des Mittelalters leicht verständlich. Diese Lehre, zu deren Anhängern noch *Paracelsus* gehörte, kannte drei verschiedene Arten von „Adern":
1. Venen, in denen Blut fließt;
2. Arterien, durch die Luft zugeführt wird (man hatte bei der Sektion Schlagadern blutleer gefunden!);
3. Nerven, durch die sich die Lebenskraft bewegt (man hielt diese Röhrchen für hohl und rechnete auch die äußerlich ähnlichen Sehnen dazu!).

Sehnen und Nerven waren also ursprünglich Sinnbilder der Kraft. Ein kräftiger, zäher Körper ist heute noch sehnig und nervig!

Siebbein: Der Schädelknochen, der eine durchlöcherte Platte besitzt, heißt S i e b b e i n (das Wort ist lehnübersetzt), genannt nach dem Wort für Sieb, Seihtuch *(Os ethmoides)*. In der Antike glaubte man, daß der Nasenschleim, ein Produkt des Gehirns, beim Herabfließen durchgeseiht würde.

Sinn: Die Namen der 5 landläufigen Sinne wurden mit der Vorsilbe „Ge-" gebildet aus den Verben, die die Sinnesleistung angeben. Also:

Tätigkeit	Sinn	Ort
sehen	Gesicht	Auge
riechen	Geruch	Nase
schmecken	Geschmack	Zunge
hören	Gehör	Ohr
fühlen	Gefühl	Haut

Bemerkenswert bleibt, daß 3 Sinnesorgane (Zunge, Nase, Haut) sprachlich nicht, Auge und Ohr nicht sicher mit den Verben für die Tätigkeit verwandt sind. — Für das vieldeutige Wort Gefühl wird auch das Kunstwort „Getast" vorgeschlagen (das dem Wort Gespür nachgebildet wurde).

Skelett: In der Fachwissenschaft wird auch Skelet vorgeschlagen. Das Wort für Knochengerüst stammt aus dem Griechischen *(skeletos =* ausgetrocknet); also „ausgedörrter Körper". Ein deutsches Ersatzwort fehlt. G e r i p p e ist die Gesamtheit der Rippen und erfüllt in der Umgangssprache mitunter diese Aufgabe.

Sohle: Das althochdeutsche Ausgangswort wurde aus dem lateinischen *sola (solum)* entlehnt und bedeutet „Boden, Grundlage, Fußsohle". Heute nennen wir S o h l e die Lauffläche unseres Fußes (oder ihrer Bedeckung: Schuhsohle, Strumpfsohle, Ledersohle). — Sohlen = besohlen ist die Tätigkeit des Schusters (mit einer Sohle versehen).

Sonnengeflecht: Das Sonnengeflecht *(Plexus coeliacus)* ist das mächtige Nervengeflecht am Eingeweide, das zahnlose Ausläufer hat, die strahlig verlaufen.

Spalt(e): Als Spalt (der Spalt oder die Spalte) wird eine schmale Öffnung, Ritze bezeichnet. Wir bilden so L i d s p a l t e, G e s ä ß s p a l t e, M u n d s p a l t e, S c h a m s p a l t e. Auch die Hemisphären des Endhirns sind durch eine tiefe Spalte *(Fissura interhemisphaerica)* getrennt. — S p a l t f u ß und -h a n d sind Mißbildungen an Mittelfuß bzw. Mittelhand.

Speiche: Das ahd. speihha bezeichnet die Radspeiche, die Strebe zwischen Felge und Nabe. Erst im 18. Jahrhundert ist auch ein Unterarmknochen (lat. *radius*) Speiche genannt worden, weil er einer Radspeiche ähnlich sieht. Der andere Unterarmknochen führt zum Ellenbogen und heißt daher Elle.

In der Redensart: „dem Schicksal in die Speichen greifen" (um es aufzuhalten) ist natürlich die Radspeiche gemeint.

Speichel: Speichel ist zunächst nur das Sekret der im Mund befindlichen S p e i c h e l d r ü s e n, dann der nach Aussehen und Aufgabe gleiche Saft von Darm und Bauchspeicheldrüse. Das Wort „Bauchspeichel" ist natürlich ungenau, als ob der Darmspeichel nicht auch ein im Bauch sezernierter Verdauungssaft wäre!

Stäbchen: S. unter Zäpfchen!

Steigbügel: Das winzige Gehörknöchelchen ahmt getreu die Gestalt eines S t e i g b ü g e l s nach; es hat ein Köpfchen, zwei Schenkel und eine Fußplatte, die an das sog. ovale Fenster stößt und die Schwingungen an das innere Ohr weitergibt.

Steiß: Das Wort gehört wohl zu „stoßen, stützen". Steiß ist also der „abgestützte Körperteil". Wir sagen **Steiß** und **Steißbein** zu dem Knochen, der das Ende der Wirbelsäule bildet. **Steißwirbel** sind die Reste einiger Wirbel. — Es gibt auch **Steißmuskeln.** Der Knochen heißt lat. *Os coccygis (coccyx* = Kuckuck), weil er die Gestalt eines Kuckuckschnabels haben soll.

Stirn: Wir verstehen darunter die von Auge und vorderem Haaransatz bestimmte Fläche. Die Grundbedeutung des Wortes ist „ausgebreitete Fläche"; das Wort ist mit dem lateinischen *sternum* (heute: Brustbein) verwandt. Wir sprechen von „hoher Stirn" und „Stirnglatze". — Mit **Stirnader** meinen wir die Schlagader an den Schläfen. Die **Stirnhöhle** ist ein Nasennebenraum im **Stirnbein.** Stirnbein ist der vordere Teil des Gehirnschädels.

Sympathikus: Der Sympathikus besteht aus zwei Nervensträngen zu beiden Seiten der Wirbelsäule, die zwei Reihen von Nervenknoten verbinden; zahlreiche Bahnen zweigen zu den Eingeweiden und Organen ab.
Der merkwürdige Name (gr. *sympathein* = mitfühlen, mitleiden) ist nur aus der Entdeckungsgeschichte zu verstehen. Zuerst fand man den **Grenzstrang** (der die Wirbelsäule an beiden Längsseiten begrenzt) und seine Anschwellungen, dann die zu den Organen führenden Seitenäste. Auf diese Weise würden die Organe unter sich durch „Sympathie" verbinden. Durch Sympathie sorge z. B. die Gebärmutter für die Milchsekretion usw. (von hormonaler Beeinflussung wußte man noch nichts). Trotz der falschen Voraussetzungen blieb der falsche Name aber bestehen. — Der Sympathikus arbeitet mit einem zweiten System von Eingeweidenerven im Gegenspiel. Es heißt, da es in der Nähe liegt, einfach **Parasympathikus** (griechisch *para* = bei, neben).

Thymusdrüse: Das „th" verrät die Herkunft aus dem Griechischen. Wenn wirklich *thymos* (= Mut) zugrundeliegt, so würde diese Deutung gut zu der Tatsache passen, daß man die Thymusdrüse nur bei Jugendlichen fand, die einem Unfall erlagen oder im Kampf fielen, während sie bei Kranken nicht angetroffen wurde.

Tränendrüse: Die nur bohnengroße Drüse, die die Tränenflüssigkeit erzeugt, liegt seitlich über der Augenhöhle. Am Tränenweg liegen **Tränenbein, -punkt, -wärzchen, -kanälchen, -sack, -nasengang.** — Merkwürdig sind die Wörter **Tränenbach** und **Tränensee,** kleine Räume an der Lidspalte.

Treppe: Statt **Vorhof-** und **Paukentreppe** des inneren Ohres sagen wir besser Vorhof- und Paukengang. Wir wählen „Treppe", weil wir im Vergleich bleiben wollen. Man steigt den Schallwellen folgend vom ovalen Fenster aus, den Schneckenwindungen nachgehend, auf der Vorhoftreppe hinauf bis zur Windungsspitze (*Helicotrema*) und geht auf der anderen Seite der Paukentreppe abwärts bis zum runden Fenster.

Trigeminus: Der 5. der zwölf Hirnnerven hat drei Äste. Daher heißt er Drillingsnerv (lat. *trigeminus* = Drilling) oder auch dreigeteilter Gesichtsnerv.

Trommelfell, Trompete: Gewisse Teile des Ohres, also des Hörorgans, werden nach Musikinstrumenten benannt, ein Beispiel für die geschickte Wortwahl des Sprachschöpfers. Das **Trommelfell** spannt sich über die Pauke, die mit ihrer Höhlung die **Paukenhöhle** bildet. Der Raum steht mit der Schlundhöhle in Verbindung. Der verbindende Gang heißt (nach seinem trompetenähnlichen Eingang) die **Ohrtrompete** (aus lat. *tuba* übersetzt) und wird auch **Tube** genannt.

Unter: Unten gelegene Körperteile entsprechen oft einem oben liegenden Partner. Der **Unterkiefer** gehört zum Oberkiefer, der **Unterschenkel** zum Oberschenkel. — Wir brauchen aber auch den Gegensatz unter — über, um quantitative Unterschiede zu kennzeichnen (Unter- und Überfunktion, Unterernährung, Untertemperatur usf.).

Vagus: Das Wort verwendet das lateinische *vagari* (= herumschweifen). Der weitverzweigte „herumschweifende" Nerv führt durch den ganzen Körper. Vor allem versorgt er die Brust- und Baucheingeweide.

Vene: Die alten Anatomen fanden, daß die Venen (lat. *vena* = Blutader) im Gegensatz zu den Arterien nach dem

Tode Blut enthielten, daher Blutader. Nur die H o h l v e n e n machen dabei eine Ausnahme. In ihnen herrscht beim Lebenden ein Unterdruck, so daß sie beim Toten blutleer gefunden werden, also „hohl" sind.

Vorhof: Der Eingangsflur des römischen Hauses *(Vestibulum)* gab den Namen für mancherlei „Vorhöfe", d. s. Eingangsöffnungen in mancherlei Hohlräume. Wir kennen V o r h ö f e zur Nasenhöhle, zur Kehlkopfhöhle, zur Mundhöhle und am inneren Ohr. — In jeder Herzhälfte unterscheiden wir Vorhof *(Atrium)* und Kammer. Atrium ist der Mittelraum eines altitalienischen Wohnhauses.

Vorn: Einem Kompositum, das als Bestimmungswort „Vorder-" hat, entspricht ein anderes mit „Hinter-". Wir bezeichnen damit also zweifach ausgebildete Körperteile. Wir bilden V o r d e r g l i e d m a ß e n und Hintergliedmaßen, V o r d e r k o p f (V o r d e r h a u p t) und Hinterkopf (Hinterhaupt). Am Rückenmark meinen wir Bauch- bzw. Rückseite, wenn wir bilden V o r d e r s t r a n g — Hinterstrang, V o r d e r w u r z e l — Hinterwurzel, V o r d e r h o r n — Hinterhorn.

Vorsteherdrüse: Der Name (gr. *Prostata*) ist alt. Die Drüse steht am Blasenausgang; sie „steht" also vor der Blase. Das entdeckte man schon frühzeitig, wenn man zur Behebung von Blasenbeschwerden ein rohrähnliches Instrument (Katheter genannt) einführen wollte und auf Widerstand stieß.

Wade: Der hintere Teil des Unterschenkels, der Bereich eines Muskels (dreiköpfiger Wadenmuskel), gilt als W a d e. Das ahd. *wado* war „dickes Fleisch" in der Urbedeutung. W a d e n b e i n ist einer der beiden Unterschenkelknochen.

Wange: Mit Wange bezeichnen wir den Teil des Gesichtes zwischen Jochbein und Unterkiefer (umgangssprachlich auch durch B a c k e ersetzt). Das W a n g e n b e i n ist das Jochbein, der W a n g e n m u s k e l spannt die Lippen seitlich und verbreitert den Mund.

Warze: Die Grundbedeutung dürfte wohl ein idg. Wort für „Erhöhung" sein. Wir verstehen unter W a r z e *(verruca)* eine kleine begrenzte Erhebung der Haut; meist sind es rötlichgelbe Knoten, die übrigens von einem Virus erzeugt werden. Eine besondere Form besitzt die sog. Feigwarze *(Condyloma)*, die der Gestalt der eßbaren Feige ähnelt. — Sicher dürfte wohl ein im Neuhochdeutschen aber nur mundartlich gebrauchtes Wort *Werre* (oder *Wern*) verwandt sein, das für das Gerstenkorn des Auges verwendet wird.

Warzenhof: Das Wort „Hof" wird eingeengt; es bedeutet zunächst nur einen umschlossenen Platz, der an das Haus angrenzt. Hier ist das bräunliche runde Feld gemeint, das sich um die Brustwarze befindet. Seit dem 15. Jahrhundert wird „-hof" auch auf den Ring angewendet, der Sonne oder Mund gelegentlich umgibt.

Weiche: Weiche ist die „weiche Stelle" des Körpers (ähnlich wie Süße von süß!). Man kennzeichnet meist die Stelle größter Ausdehnung, also die Körpermitte zwischen Brustkorb und Becken bzw. die knochenfreie Körperregion, die zwischen den Hüftknochen und der letzten Rippe liegt. Man gibt jem. einen Stoß „in die Weiche", man drückt dem Pferd die Sporen in die Weichen. Man meint damit den Ort, wo keine harten Knochen schützen.

Weisheitszahn: Der letzte äußerste Mahlzahn heißt auch W e i s h e i t s z a h n. Das ist die Lehnübersetzung zu lat. *dens sapientiae*. Während nämlich die 2. Mahlzähne im 14. Jahr durchbrechen, kommen die 3. Mahlzähne erst nach dem 17. Jahr, oft erst nach dem 20. Lebensjahr zum Vorschein. Auf jeden Fall hat bis zu diesem Zeitpunkt die geistige Entwicklung einen gewissen Abschluß erlangt.

Wimper: Eine Wimper ist das kurze Borstenhaar am Rand des Augenlides. Das Wort ist vielleicht entstanden aus Windbraue, d. h. die sich windende Braue. Das althochdeutsche Wort ist wintbrawa.

Wirbel: Das vielseitig verwendete Wort wird in der Anatomie zunächst für die Glieder des Achsenskelettes benutzt. Daher prägen wir das Wort „ W i r b e l s ä u l e ". Im Mittelhochdeutschen bedeutete Wirbel auch Scheitel. Der K o p f w i r b e l heißt nach der kreisförmigen Anordnung der Haare. Wo (auch übertragen) das Wort auftritt, handelt es sich immer um etwas, was sich „dreht" (so auch Fensterwirbel, Geigenwirbel, Staubwirbel usf.). — Wir bilden Wirbelbogen, -kanal, -körper, -loch, -platte.

Wolfsrachen: Das knöcherne Gaumendach ist aus zwei ursprünglich getrennten Hälften verwachsen. Mitunter ist aber bei der Geburt die Verwachsung noch nicht erfolgt. Die Mißbildung wird dann Wolfsrachen *(Palatum fissum)* genannt. Mit „Wolf" wird an ein schreckliches Raubtier erinnert (ein Wolfsrachen ist lebensbedrohend!).

Wundernetz: Als Wundernetz bezeichnen wir die Kapillarschlingen in den Nierenkörperchen. Die ein- und austretenden Gefäße enthalten arterielles Blut. Ähnlich befindet sich in unserer Leber ein Kapillarnetz, das zwischen zwei Venen eingeschaltet ist (Lebervene und Pfortader). — Es ist wunderbar, daß wir hier gegen alle Erwartung feststellen, daß sich Arterien (im anderen Fall Venen) zu einem Kapillarsystem verästeln, aber dann nicht in Venen (bzw. Arterien) übergehen, sondern trotz der Verästelung Arterien (bzw. Venen) bilden. Das beobachtete den Namensschöpfer. — Es gibt also ein „arterielles" und ein „venöses" Wundernetz.

Wurm: Die typisch wurmähnliche Gestalt (langgestreckt, runder Querschnitt) veranlaßt Vergleichsnamen. Mit dem Wurm meint der Anatom den Mittelteil des Kleinhirns; es erinnert nämlich durch seine zahlreichen queren Einschnitte an einen Regenwurm (Ober- und Unterwurm). — Der Wurmfortsatz am Blinddarm ist besser bekannt. — Regenwurmmuskeln *(M. lumbricales)* bewegen die Finger.

Wurzel: Der dem Vergleich mit den Pflanzen entstammenden „Wurzel" kann man am Menschen vielfach begegnen. Die Bildungen Zahn- und Haarwurzel leuchten ein und sind gut. Die Nasenwurzel entspricht an der oberen Nasengegend. Bei der Hand- und Fußwurzel wird das hintere Ende von Hand und Fuß gemeint. Dabei muß man Bein = Schenkel + Fuß setzen. Wer Arm sagt, trennt gewöhnlich jedoch nicht in einen handlosen Abschnitt + Hand.

Zahn: Die Zahnarten heißen: Schneidezähne schneiden die Nahrung ab. Eckzähne (auch Hundszähne, daher *Canini*) sind durch Form und Wurzellänge ausgezeichnet; sie heißen im Oberkiefer auch Augenzähne, weil sich die Wurzel in Richtung auf die Augenhöhle erstreckt. Die Zähne, die unter den Backen liegen, sind die 5 Back(en)zähne. Das Wort wird indes auch ungenau nur für die 2 Vormahlzähne (auch kleine Backenzähne, *Praemolaren*) verwendet, weil sie vor den Mahlzähnen stehen. Die 3 letzten Backenzähne heißen immer nur die Mahlzähne (große Backenzähne, *Molaren*), weil sie die Nahrung zermahlen. Der letzte von ihnen heißt der Weisheitszahn.

Das Zahnbein ist das beinharte Gewebe des Zahnes; Zahnstein ist die aus Kalk bestehende Ablagerung auf der Zahnoberfläche; Zahnfleisch ist das Fleisch (mit Schleimhaut) über den die Zähne tragenden Kieferteilen. — Die Teile des Zahnes sind Zahnwurzel, -hals und -krone.

Zäpfchen: Das Zäpfchen trennt Mund- und Rachenraum. Auf der Netzhaut befinden sich lichtempfindliche Zellen, Zapfen (oder Zäpfchen) und Stäbchen. Die Grundbedeutung für „Zapfen" ist etwas „was länglich ausgezogen" ist. — Bei vielen kleinen oder gar nur mikroskopisch kleinen Gebilde verkleinern wir durch die Endung „-chen". Beispiele: Möndchen, Grübchen, Mäuschen; Nierenkörperchen und -kanälchen, Lungenbläschen, Blutplättchen, Blutkörperchen usw.

Zehe: Während wir für die 5 Finger feste deutsche Bezeichnungen haben, unterscheiden wir nur zwei Zehen mit Namen, die erste und letzte, die wir große Zehe bzw. kleine Zehe nennen. Die 3 mittleren Zehen sind ohne deutschen Namen. — Eine Zehe ist, wie das ins Indogermanische zurückweisende Wort zeigt, ein „Zeiger", d. h. der „Finger" des Fußes.

Zement: Die Zahnwurzel wird von einer Lage gewöhnlichen Knochengewebes überzogen, die Zement heißt. Durch ihn wird der Zahn in sein Fach „eingekittet", ähnlich in der Technik, wenn man einen Stein in eine Mauer mit einer Bindeschicht einfügt. Das Wort Zement geht auf den römischen Hausbau zurück.

Ziliarkörper: Der von der mittleren Augenhaut gebildete Ziliarkörper besteht aus drei Teilen. Ein Teil von ihm

(Corona ciliaris) bildet einen Ring von 70 bis 80 radial verlaufenden wimperähnlichen Fortsätzen (lat. *cilia* = Augenwimpern) und ermöglicht die Krümmungsänderung der Linse. — Ein zweites Mal wird „Zilien" verwendet für die winzigen, wimperartigen Auswüchse auf den Zellen des Flimmerepithels.

Zirbel: Die Zirbeldrüse (Epiphyse, *Corpus pineale)* ist ein unpaarer Körper am Dach des Zwischenhirns, der in der Gestalt einem Pinienzapfen ähnlich sieht. *Descartes* vermutete hier den Sitz der Seele, weil sie als unpaares Gebilde in der Mitte des Gehirns liegt. — Die Z i r b e l ist eine hormonbildende Drüse. Das Wort leitet sich von einem althochdeutschen Wort für drehen *(zerben* = im Kreis drehen) her, weil so die Gestalt von Zapfen und Drüse erklärt wird.

Zitze: Das Wort, unter dem wir die Saugwarze der weiblichen Säugetiere verstehen, wird für den Menschen nicht verwendet (ebensowenig wie Euter). Wir umschreiben verhüllend und sagen schlicht: das Kind nimmt die Brust.

Der Wortschatz, der bei den Säugetieren verwendet wird, gilt meist auch für den Menschen. Es gibt aber auch Bezeichnungen, die nur den Menschen gehören, nicht dem Tier (z. B. Leiste, Damm, Busen u. ä.).

Zotte: Das Wort hat eine anatomische Sonderbedeutung angenommen. Die Zotte ist ein kleiner zapfenförmiger Auswuchs (so bei D a r m z o t t e , Z o t t e n h a u t). Sonst ist Zotte (auch Zottel) der Haarbüschel. Entsprechend unterscheiden wir zottig und zottelig, aber im anatomischen Bereich nur zottenförmig.

Zunge: Die Oberfläche des muskulösen Organs in der Mundhöhle wird mit Komposita näher bezeichnet (Z u n g e n g r u n d , - s p i t z e , - r ü c k e n , - r a n d , - w u r z e l). Die Aufgabe der Zunge gibt die Sprache wieder: Die Zunge dient zum Sprechen („er hat eine scharfe Zunge") und sie dient als Geschmackswerkzeug („er hat eine verwöhnte Zunge"). — Übertragen verwenden wir Zunge für Sprache („so weit die deutsche Zunge klingt").

Zwerchfell: Das Zwerchfell ist die Brust- und Bauchhöhle trennende Querhaut. Zwerch ist heute ungebräuchlich; mundartlich wird noch überzwerch (über Kreuz) verstanden.

Zwischenkiefer: Zwischen den beiden Oberkieferknochen ist bei den Wirbeltieren ein Knochen eingeschoben, der die Schneidezähne trägt *(Os intermaxillare)*. Beim Menschen verwachsen diese Knochen schon sehr früh. *Vicq'Azyr* entdeckte 1784 den Zwischenkiefer. *Goethe* beschrieb ihn unabhängig von dem französischen Arzt und leitete die Lehre von den Homologien daraus her.

Zwölffingerdarm: Der erste Abschnitt des Dünndarms hat gut die Länge von 12 nebeneinander gelegten Fingern. Lateinisch heißt zwölffach *duodenus;* wir nennen den Darmabschnitt *Duodenum*.

XI. Literaturangaben

Baer, H. W.: Biologische Versuche im Unterricht. — Volk und Wissen, Berlin 1960.
Ballauf, Th.: Das Problem einer biologischen Anthropologie. — MNU 1964, S. 193.
Benninghoff-Goerttler: Lehrbuch der Anatomie des Menschen. — Urban & Schwarzenberg, München 1967.
v. Bertalanffy, L.: Handbuch der Biologie, Band VIII. — Der Mensch und seine Stellung im Naturganzen — Athenaion, Konstanz 1954.
Broesicke-Mair: Repetitorium anatomicum. — Thieme, Stuttgart 1951.
Carl, H.: Menschenkunde auf der Unter- und Mittelstufe. PRAXIS 1958, S. 121.
Carl, H.: Anschauliche Menschenkunde. — PRAXIS-Schriftenreihe, Aulis Verlag, Köln 1959.
Carl, H.: Zur Unterrichtsmethodik in der Menschenkunde. — MNU 1962, S. 113.
Carl, H.: Menschenkunde im 5. Schuljahr. — DER BIOLOGIEUNTERRICHT, Klett, Stuttgart 1965, S. 54.
Danzer, A.: Biologische Regelung I und II. — MNU 1963, S. 207 und 1964, S. 156.
Diagnostisch-therapeutisches Vademecum für Studierende und Ärzte. Barth, Leipzig 1961.
Dölle, A.: (Herausgeber) Biologieunterricht: Methodisches Handbuch für den Lehrer. — Volk und Wissen, Berlin 1962.
Eichler, P.: Menschenkunde: Ein biologisches Praktikum für Übungen und Unterricht. — Dieterich, Leipzig 1933 (vergriffen).
Falkenhan, H. H.: Menschenkunde. — Oldenbourg, München 1965.
Falkenhan, H. H.: Biologische und physiologische Versuche. — PHYWE-Verlag, Göttingen 1955.
Fischbach, E.: Grundriß der Physiologie und physiologischen Chemie. — Müller & Steinicke, München 1958.
Freytag, K.: Einführung in die biologische Regelungslehre. — PRAXIS 1964, S. 170.
Garms, H.: Menschenkunde und Vererbungslehre — Westermann, Braunschweig 1960.
Hackbarth, H.: Sexualpädagogik und Biologieunterricht im Diskussionsbeitrag. — PRAXIS 1958, S. 201.
Hagemanns menschenkundliche Arbeitshefte. — Hagemann, Düsseldorf 1962.
Hassenstein, B.: Biologische Kybernetik. — Quelle & Meyer, Heidelberg 1965.
Haug, K.: Der Mensch. Naturkundliches Arbeitsheft. — Mundus, Stuttgart 1951.
Kahn, F.: Der Mensch, Bau und Funktionen unseres Körpers. — Müller, Zürich 1932.
Kintoff, W. und *Wagner, A.:* Handbuch der Schulchemie. — Aulis Verlag, Köln 1962.
Krauter, D.: Mikroskopie im Alltag. — Kosmos Verlag, Stuttgart 1964.
Kreutz, H. J.: Menschenkunde im Biologieunterricht. — Didaktische und methodische Überlegungen. — Der Biologieunterricht, Stuttgart 1967, S. 2.
Kruse-Stengel: Das Leben III, Allg. Biologie und Menschenkunde. — Klett, Stuttgart.
Landois-Rosemann, R.: Lehrbuch der Physiologie des Menschen. — Urban & Schwarzenberg, Berlin 1950.
Lehnartz, E.: Chemische Physiologie. — Springer, Berlin 1959.
Linder, H.: Leitgedanken zum Unterricht in Biologie (Eine Methodik auf praktischer Grundlage). — Metzler, Stuttgart 1957.
Linder, H.: Biologie. — Metzler, Stuttgart 1964.
Linder, H. und *Hübler, E.:* Biologie des Menschen. — Metzler, Stuttgart 1963.

Lux: Gesundheitslexikon von J. Briegel. — Lux, Murnau 1952.
Mattauch, F.: Über die Stellung des Menschen unter den Lebewesen. — Praxis 1956, S. 177.
Mörike, K. D. und *Mergenthaler, W.:* Biologie des Menschen. Quelle & Meyer, Heidelberg 1963.
Müller, J.: Anschauliche Naturkunde. — Industrie-Druck-Verlag, Göttingen 1965.
Müller-Seifert: Taschenbuch der medizinisch-klinischen Diagnostik. — Springer 1962.
Müller-Thieme: Biologische Arbeitsblätter. — Industrie-Druck-Verlag, Göttingen 1964.
Nöcker, J.: Physiologie der Leibesübungen. — Enke, Stuttgart 1964.
Pfandzelter, R.: Menschenkunde. — Bayr. Schulbuchverlag, München 1963.
Rauber-Kopsch: Lehrbuch und Atlas der Anatomie. — Thieme, Stuttgart 1955.
Rein, H.: Physiologie des Menschen. — Springer, Berlin 1956.
Ruppolt, W.: Bioga-Geräte in der Schulpraxis. — Praxis 1961, S. 43.
Schmeil: Der Mensch. — Quelle & Meyer, Heidelberg 1963.
Schoenichen: Methodik und Technik des naturgeschichtlichen Unterrichts. — Quelle & Meyer, Leipzig 1926.
Schütz, E., und *Rotschuh, K. E.:* Bau und Funktion des menschlichen Körpers. — Urban & Schwarzenberg, München 1963.
Siedentop, W.: Methodik und Didaktik des Biologieunterrichts. — Quelle & Meyer, Heidelberg 1964.
Siedentop, W.: Der Mensch, Gegenstand und Leitmotiv des Biologieunterrichts. — Mnu 1966, S. 417.
Steinecke, F. und *Auge, R.:* Experimentelle Biologie. — Quelle & Meyer, Heidelberg 1963.
Stengel, E., u. a.: Menschenkunde. — Klett, Stuttgart 1963.
Stengel, E.: Der Beitrag des Biologieunterrichts zur Sexualpädagogik. — Praxis 1957, S. 221.
Stengel, E.: Menschenkunde an den Anfang des Biologieunterrichts in Gymnasien und Mittelschule. — Praxis 1965, S. 1.
Thörner, W.: Biologische Grundlagen der Leibeserziehung. — Dümmler, Bonn 1959.
Venzmer, G.: Das Buch von der Entdeckung des Menschen — Praxis 1958, S. 21.
Wolff, W.: Sexualpädagogik in Elternhaus und Schule. — Praxis 1958, S. 21.
Zuck, W.: Die Untersuchung von Milch, Harn und Blut in der biol. Arbeitsgemeinschaft der Oberstufe. — Praxis 1957, S. 63.

Zeitschriften

Adh: Aus der Heimat. — Verlag Hohenlohe, Öhringen/Wttbg. (Erscheinen eingestellt).
Biologie: Biologie in der Schule. — Volk und Wissen, Berlin.
Biologieunterricht: Der Biologieunterricht, Beiträge zu seiner Gestaltung. — Klett Verlag, Stuttgart.
Informationen: Informationen zur gesunden Lebensführung, herausgegeben vom Deutschen Gesundheitsmuseum, Köln. — Universum, Wiesbaden.
Kosmos: Die Zeitschrift für alle Freunde der Natur. — Franckh Verlag, Stuttgart.
Mnu: Der mathematische und naturwissenschaftliche Unterricht. — Verlag Dümmler, Bonn.
Natur: Die Natur, Zweimonatsschrift. — Spectrum Verlag, Stuttgart-Schmiden.
Orion: Zeitschrift für Natur und Technik. — Verlag Lux, Murnau (Erscheinen eingestellt).
Praschu: Zeitschrift für den naturwissenschaftlichen Experimentalunterricht. — Praschu-Verlag, München (in Praxis aufgegangen).
Praxis: Praxis der Biologie. — Zeitschrift für den experimentellen Unterricht, Aulis Verlag, Köln.

Quellenangaben und Literatur zu den Kapiteln

I. Knochen und Muskeln

Hackbarth, H.: „Fußabdrücke des Menschen", Praxis 1955, S. 19.
Kern, W.: „Die menschliche Hand, ein Wunderwerk", Praschu 1936, S. 28.
Klein, H.: „Experiment mit künstlichem Muskel", Praxis 1961, S. 38.

Mörike, K. D.: „Der Einfluß der aufrechten Haltung auf den Körper des Menschen", ADH 1957, S. 121.
v. Werz, H.: „Die Statik des Fußes", ORION 1949, S. 872.
Wichmann, G.: „Natürliches und künstliches Homoskelett im Unterricht", PRAXIS 1958, S. 175.
Wolf, W.: „Ein Modell des menschlichen Armes", PRAXIS 1957, S. 17.
Kuhn, W.: „Der aufrechte Gang des Menschen", DER BIOLOGIEUNTERRICHT, Stuttgart 1967, S. 35.

II. Atmung und ihre Organe

Bukatsch, F.: „Modell zur Veranschaulichung der Zwerchfellfunktion", PRASCHU 1936, S. 32.
Falkenhan, H. H.: „Biologische und physiologische Versuche", Verlag PHYWE, Göttingen 1955.
Malewski, B.: „Mechanisch-physiologisches Lungenmodell", MNU 1962, S. 267.
Renatus, K.: „Mechanik und Chemie der Lungenatmung", BIOLOGIE IN DER SCHULE 1954, S. 442.
Böck, G.: „Zur Mechanik der Lungenatmung", BIOLOGIE IN DER SCHULE 1956, Heft 9.
Wolf, L.: „Der Gerätesatz in Aufbauform nach Dr. *Falkenhan*", PRAXIS 1957, S. 116.

III. Blutbewegung und Kreislauforgane

Baer, H. W.: „Schulversuche zum Stoffgebiet ‚Blut'", BIOLOGIE IN DER SCHULE 1959, Heft 6 und 7.
Boser, J.: „Lebensrettung durch Blutübertragung", PRAXIS 1953, S. 49.
Eldon, K.: „Gleichzeitige ABO- und Rh-Blutgruppenbestimmung auf Karten", Kopenhagen 1955.
Eichhorn, W.: „Modellversuch auf chemischer Grundlage zur Untersuchung der Blutgruppen und des Rhesusfaktors", PRAXIS 1966, S. 121 und 1967, S. 61.
Glöckner, W. E.: „Über die Ergebnisse der Blutgruppenbestimmungen", PRAXIS 1957, S. 32.
Glöckner, W.: „Rh-Faktor = Untersuchungen in der Schule", PRAXIS 1958, S. 221.
Haarrasser, A.: „Neuere Ergebnisse der Blutgruppengenetik", MNU 1962, S. 49.
Herrmann, N.: Die Ausführung einer Blutsenkung im Unterricht", PRASCHU 1953/54, S. 362.
Ignatius, A.: „Das Herz". KOSMOS-Band 225, Stuttgart 1960.
Mattauch, F.: „Die Blutgruppen im Hinblick auf die schulische Praxis", PRAXIS 1954, S. 76.
Mergenthaler, W.: „Der Blutkreislauf im lebenden Tier", PRAXIS 1953, S. 116.
Petschke, H.: „Die Geschwindigkeit der Blutregeneration", KOSMOS 1954, S. 463.
Rehmer, H.: „Methodische Hinweise zur Behandlung der Thematik „Herz und Kreislauf" im Biologieunterricht der Oberschule", BIOLOGIE IN DER SCHULE 1959, Heft 1.
Reinöhl, F.: „Der Rhesusfaktor, ein neu entdeckter Blutfaktor des Menschen", ADH 1950, S. 257.
Thieme, E.: „Blutgruppenbestimmung und ihre Durchführung im biologischen Unterricht", PRASCHU 1952/53, S. 137.
Wagner, W.: „Das Blut", PRAXIS 1963, S. 108.
Weber, R.: „Arterie und Vene — ein alter Modellversuch", PRAXIS 1956, S. 15.

IV. Ernährung und Verdauungsorgane

Ackermann, M. und *Högel, E.:* „Versuche zur Wirkung der Fermente des Pankreassaftes", BIOLOGIE IN DER SCHULE 1958, Heft 5.
Bukatsch, F.: „Praktische Vorschläge zur Behandlung der Vitamine an der höheren Schule", PRASCHU 1955, S. 25.
Bukatsch, F.: „Zum Nachweis mehrerer Vitamine nebeneinander", PRAXIS 1961, S. 106.
Freytag, K.: „Experimentelle Einführung in das Thema ‚Fermente'", PRAXIS 1962, S. 215.
Freytag, K.: „Fermente", Schriftenreihe zur Chemie, Heft 5. Verlag Salle, Frankfurt 1965.
Glatzel, H.: „Nahrung und Ernährung", VERSTÄNDL. WISS., Berlin 1955.
Glatzel, H.: „Der Nahrungsbedarf des Menschen", BIOLOGIEUNTERRICHT 1967, S. 61.
Ignatius, A.: „Die Leber", KOSMOS-Band 232, Stuttgart 1961.

Loschan, R.: „Zum Unterricht über die Verdauungsorgane des Menschen und seine Ernährung", Biologie in der Schule 1961, Heft 12.
Müller, J.: „Schulversuche zum Thema Vitamine und Enzyme", Praxis 1965, S. 67.
Nehls, J.: „Säugetierzähne im Unterricht", Praxis 1961, S. 181.
Nehls, J., und *Ruppolt, W.:* „Chemische Nachweise in der Rindermilch", Praxis 1961, S. 228.
Raaf, H.: „Ascorbinsäure — das Vitamin C, Experimente und biochem. Wirkung", Mnu 1966, S. 385.
Schlibach, V.: „Versuche zur Eiweißverdauung", Biologie in der Schule 1956, Heft 6.
Steinecke, F.: „Verdauungsversuche", Praxis 1955, S. 86.
Wagner, G.: „Übungen und Versuche zur Physiologie der Verdauung", Adh 1951, S. 193.

V. Haut und Ausscheidungsorgane

Braun, M.: „Die Harnkonzentration der Niere", Praxis 1964, S. 184.
Carl, H.: „Das Problem unserer Kleidung, ein Vorschlag für eine anschauliche Menschenkunde", Praxis 1959, S. 170.
Kern, W.: „Die menschliche Hand, ein Wunderwerk", Praschu 1956, S. 28.
Kretschmer, P. M.: „Von der Stirne heiß . . .", Praxis 1956, S. 184.
Mörike, K. D.: „Unsere Finger- und Zehennägel", Adh 1956, S. 184.

VI. Sinnesorgane

Altrichter, O.: „Zur Dioptrik des menschlichen Auges", Praschu 1956, S. 10.
Brand, W.: „Die fünf Sinne", Orion-Buch, Band 18.
Braune, R.: „Die Ohrbehandlung im menschenkundlichen Unterricht", Praxis 1956, S. 54.
v. Buddenbrock, W.: „Die Welt der Sinne", Verst. Wiss., Berlin 1953.
Bukatsch, F.: „Zur Darstellung von Glaskörper und Linse im Auge", Praschu 1937, S. 32.
Carl, H.: „Modelle und Modellversuche zum inneren Ohr", Praxis 1958, S. 90.
Carl, H.: „Anschauliche Menschenkunde, Beobachtungen an Säugetieren", Zeitschrift für Naturlehre und Naturkunde 1959, S. 281.
Daumer, K.: „Versuche zur Humangenetik als Einführung in die klassische Genetik", Praxis 1968, S. 61.
Fels, G.: „Der Sehvorgang — eine Einführung in die Physiologie des Gesichtssinns", Kletts Studienbücher 1967.
Frei-Sulzer, M.: „Sinnestäuschungen", Orion 1949, S. 915.
Fürsch, H.: „Möglichkeiten zur Veranschaulichung der Hörtheorie", Praxis 1963, S. 147.
Gentil, K.: „Optische Täuschungen", Praxis-Schriftenreihe, Aulis Verlag, Köln, 1962.
Glöckner, E.: „Versuche zur Anatomie des Auges", Praxis 1953, S. 67.
Grundmann, W., und *Matzke, M.:* „Schweresinn und Drehsinn im Funktionsmodell", Biologie 1966, S. 365.
Hass, G., und *Göhlert, H.:* „Versuche zur Sinnesphysiologie der Hautsinnesorgane des Menschen", Biologie in der Schule 1955, S. 130.
Hermann, N.: „Versuche zur Behandlung des Auges in der Menschenkunde", Praschu 1955, S. 27.
Hermann, N.: „Material zur Besprechung der Anatomie des Ohres", Praschu 1953/54, S. 281.
Klevenhusen, F.: „Selbstversuche zur Analyse des Sehvorgangs", Praxis 1956, S. 192.
Krumm, E.: „Über eine Ermüdungserscheinung der Retina", Praxis 1961, S. 46.
Krumm, E.: „Umwelt, Werkwelt, Wirkwelt", Praxis 1963, S. 81.
Krumm, E.: „Vom Sehen und Hören des Menschen", Praxis-Schriftenreihe, Aulis Verlag, Köln, 1964.
Krumm, E.: „Alte und neue Versuche zum Richtungshören", Praxis 1963, S. 150.
Krumm, E.: „Vom Unterschied der Sinnesqualitäten beim Auge und Ohr des Menschen", Praxis 1962, S. 82.
Krumm, E.: „Netzhautbild und gesehenes Bild", Praxis 1956, S. 165.

VII. Nerven und ihre Zentralorgane

Botsch, W.: „Die Erregungsleitung in der Nervenzelle", Praxis 1963, S. 125.
Faber, P.: „Nerven und Nervenmodelle", Orion 1956, S. 935.
Gau, B.: „Der psychogalvanische Reflex nach *Veraguth*", Praxis 1960, S. 125.

Graebener, K. E.: „Ein Funktionsmodell der saltatorischen Erregungsleitung", Praxis 1968, S. 81.
Grosjohann, A.: „Das vegetative Nervensystem", Kosmos 1950, S. 173.
Römpp, H.: „Wuchsstoffe", Kosmos-Band 219.
Schmidt, A.: „Über die Behandlung des Gehirns im Biologieunterricht", Praxis 1962, S. 48.
Venzmer, G.: „Hormone als Lebensregler", Kosmos-Band 217, 1958.
Vogt, H. H.: „Reiz — Impuls — Gedanke", Kosmos Verlag 1965.

VIII. Vom Säugling und Kind

Altmann-Gädke: „Säugling und Kleinkind, ein Ratgeber", Verlag Handwerk und Technik, Hamburg 1965.
Falkenhan, H. H., und *Falkenhan, Hilde:* „Menschenkunde", Beiheft „Mutter und Kind", Oldenbourg, München 1965.
Hansen, K.: „Der Säugling, Pflege, Erziehung und gesundheitliche Gefahren", Verlag Handwerk und Technik, Hamburg 1965.
Huster, J., und *Bachhammer, E.:* „Der Säugling und seine Pflege", Bayr. Schulbuch-Verlag, München 1963.
Kroschel, J.: „Unser Säugling, ein Arbeitsbuch und Bildbuch", Verlag Handwerk und Technik, Hamburg 1964.
Meuschke, G.: „Entwicklung und Pflege des Säuglings (Anhang zu „Schmeil, Der Mensch")", Quelle & Meyer, Heidelberg, 1965.
Renatus, K.: „Die Milch als Demonstrationsbeispiel im Biologieunterricht des 11. Schuljahres", Biologie in der Schule 1954, Heft 9.

IX. Gesundheitserziehung

Barthel, A., u. a.: „Gesundheitskunde für junge Mädchen", Verlag Handwerk und Technik, Hamburg 1965.
Brockhaus, W.: „Verkehrserziehung und Gesundheitserziehung in der Schule", Neuland-Verlag, Hamburg 1963.
Friedrich, F.: „Sport und Körper", Ehrenwirth, München 1963.
Gerster, W. A. R.: „Nachweis der Teerstoffe im Zigarettenrauch", MNU 1965, S. 471.
Graupner, H.: „Hygiene des Alltags", Merkur-Verlag, Düsseldorf 1948.
v. Hagen: „Mein Gesundheitsheft", Hagemann, Düsseldorf, 1967.
Kühn, H. W.: „Die Krebskrankheit", Praxis 1965, S. 24.
Kühn, H. W.: „Gesundheitserziehung im Unterricht", Praxis 1961, S. 201.
Mehl, M.: „Haltung!", Quelle & Meyer, Heidelberg, 1964.
Meyer, A., und *Ulich, E.:* „Ein Beitrag zur Frage der nervösen Belastung durch die Schulsituation", Päd. Arbeitsblätter 1960, S. 153.
Spanner, L.: „Gesundheitslehre — Teil des biologischen Unterrichts", Praxis 1961, S. 74.
Stengel, E.: „Gesundheitslehre — Teil des biologischen Unterrichts", Praxis 1960, S. 222.
Stengel, E.: „Gesundheitserziehung — eine wichtige Aufgabe des biologischen Unterrichts", Der Biologieunterricht 1965, S. 12.
Zeitschrift: Informationen zur gesunden Lebensführung. Herausgegeben vom Deutschen Gesundheitsmuseum, Köln, Universum-Verlag GmbH KG, Wiesbaden.

IX/10. Erste Hilfe

Grau, W.: „Die Ausbildung unserer Schüler in erster Hilfe im Rahmen des Biologieunterrichts", Praxis 1962, S. 6.
Hartmann, K.: „Erste Hilfe". Fibel des Deutschen Roten Kreuzes, Hüthing & Dreyer, Mainz 1965.
Heiß, F.: „Nothilfe und Vorbeugung von Schäden beim Sport", Verlag W. Limpert, Frankfurt 1956.
Marienberg, G.: „Erste Hilfe", Fibel der Johanniter-Unfall-Hilfe.
Mattauch, F.: „Über den Einbau von Erste-Hilfe-Kursen in den Biologieunterricht", MNU 1962, S. 316.
Roßberg: „Leitfaden der Ersten Hilfe", VEB Verlag Volk und Gesundheit, Berlin 1953.
Stoeckel, W.: „Erste Hilfe", Unterrichtsbuch des Deutschen Roten Kreuzes, Hüthing & Dreyer, Mainz 1965.

Die Namen der Körperteile

Borchardt-Wustmann-Schoppe: „Die sprichwörtlichen Redensarten im deutschen Volksmund", Leipzig 1955.
Der Große *Brockhaus*, 12 Bände, F. A. Brockhaus Wiesbaden 1955/57.
Carl, H.: „Der menschliche Körper in der Umgangssprache", Muttersprache, Heliand, Lüneburg 1960.
Carl, H.: „Sprichwörtliche Redensarten um den menschlichen Körper", Die Natur, Spectrum Stuttgart 1963.
Carl, H.: „Sprachliche Merkwürdigkeiten um den menschlichen Körper", PRAXIS 1967, S. 134 ff.
Dornblüth, O.: „Klinisches Wörterbuch", De Gruyter, Berlin 1958.
Kluge, F.: „Etymologisches Wörterbuch der deutschen Sprache", De Gruyter, Berlin 1957.
Küpper, H.: „Wörterbuch der deutschen Umgangssprache", Claasen, Hamburg 1963.
Triepel, H., und *Herrlinger, R.:* „Die anatomischen Namen, ihre Herleitung und Aussprache", Bergmann, München 1957.
Wahrig, G.: „Das große deutsche Wörterbuch", Bertelsmann, Güntersloh 1966.
Wasserzieher, E.: „Ableitendes Wörterbuch der deutschen Sprache", Dümmler, Bonn 1960.

XII. Bezugsquellen

1. Das Institut für Film und Bild

Das Institut für Film und Bild in Wissenschaft und Bildung Gemeinnützige GmbH hat seinen Sitz in München (München 22, Museumsinsel 1, Fernruf 22 81 51). Die Verteilung der Bildungs- und Unterrichtsmittel des Instituts erfolgt durch die amtliche Bildstellenorganisation der 14 Landesbildstellen und der ihnen angeschlossenen 540 Kreis- und Stadtbildstellen. Die Produktion des Instituts besteht aus Filmen (Schmalformat 16 mm in Stumm- und Tonfassung), Bildreihen (Außenformat von 5x5 cm), Tonbändern und Schallplatten. Sie werden über die Bildstellen verliehen, auch verkauft. Die L a n d e s b i l d s t e l l e n haben folgende Anschriften:
Landesbildstelle B a d e n , Karlsruhe, Sofienstr. 39/41, Fernruf 2 57 37;
Landesbildstelle W ü r t t e m b e r g , Stuttgart, Landhausstr. 70, Fernruf 43 28 41;
Staatliche Landesbildstelle N o r d b a y e r n , Bayreuth 2, Luitpoldplatz 1, Fernruf 50 24;
Staatliche Landesbildstelle S ü d b a y e r n , München, Prinzregentenplatz 12, Fernruf 44 80 25;
Landesbildstelle B e r l i n , Berlin 21, Levetzowstr. 1/2 Fernruf 39 50 21;
Landesbildstelle B r e m e n , Bremen, Uhlandstr. 53, Fernruf 44 92 34 66;
Staatliche Landesbildstelle H a m b u r g , Hamburg 13, Rothenbaumchaussee 19, Fernruf 44 19 51;
Staatliche Landesbildstelle H e s s e n , Frankfurt a. M., Gutleutstr. 8/12, Fernruf 25 10 24;
Niedersächsisches Verwaltungsamt — Landesbildstelle, H a n n o v e r , Gellertstr. 20, Fernr. 81 55 70;
Landesbildstelle R h e i n l a n d , Düsseldorf 10, Prinz-Georg-Str. 80, Fernruf 44 82 87;
Landesbildstelle W e s t f a l e n , Münster, Freiherr-vom-Stein-Platz, Fernruf 4 05 11.
Landesbildstelle R h e i n l a n d - P f a l z , Koblenz-Ehrenbreitstein, Hofstr. 257, Fernruf 6 13 91;
Staatliche Landesbildstelle S a a r l a n d , Saarbrücken 3, Am Staden 27, Fernruf 6 23 43;
Landesbildstelle S c h l e s w i g - H o l s t e i n , Kiel, Schloß, Fernruf 5 17 05.

2. Firmen und Geschäfte*)

Mikrobiologisches Institut
Friedrich Andersson
2000 Hamburg-Volksdorf
Wensenbalken 62
M i k r o p r ä p a r a t e

Aquila GmbH
208 Pinneberg bei Hamburg
Postfach 84
E l d o n - K a r t e n

Beck & Söhne
3500 Kassel
Wilhelmshöher Allee 38—42
Postfach 410
M i k r o s k o p e e t c .

Bioga-Geräte
2000 Hamburg-Ohlstedt
Am Bredenbeck 21
B I O G A - G e r ä t

Lehrmittelverlag
Dr. Bunner
8500 Nürnberg
Postfach 303
M i k r o p r ä p a r a t e

Deutsches Gesundheits-Museum
5000 Köln-Merheim
B i o l o g i s c h - h y g i e n i s c h e s
U n t e r r i c h t s w e r k

Laboratorium f. Biologie
Walter Dobberthien
242 Eutin-Fissau
Baakerberg 13
M i k r o s k . u . b i o l o g i s c h e
P r ä p a r a t e

Erler-Zimmer-Modelle KG
7591 Lauf/Baden
Hauptstr. 37
k ü n s t l . H o m o - S k e l e t t e ,
b e w e g l . W i r b e l s ä u l e n

---

*) Diese Liste ist nicht vollständig. Sie enthält Firmen, die mir zufällig bekannt wurden. Weder angeführte noch nichtgenannte Firmen sind damit kritisch gewürdigt. — Auch die angeführten Artikel geben oft nur Beispiele an.

Lehrmittelhandlung
Erich Eydam
2300 Kiel
Feldstraße 5—7
C h e m i e g e r ä t e

Finken-Verlag
6370 Oberursel/Ts.
Eppsteiner Straße 2 b
K ö r p e r l e h r e e t c .

Flemmings-Verlag
2000 Hamburg 39
Leinpfad 75
Postfach 147
D i a - R e i h e n :
M e n s c h e n k u n d e

Lehrmittelanstalt
Gerhard Gambke
1000 Berlin 45 (Lichterfelde)
Paulinenstraße 9
C h e m i e / B i o l o g i e

Fabrik u. Lager chemischer Apparate
C. Gerhardt
5300 Bonn
Bornheimer Straße 100
L a b o r g e r ä t e

Lehrmittelverlag
Wilhelm Hagemann
4000 Düsseldorf 1
Karlstr. 20 / Postfach 5129
H a d ü - L e h r m i t t e l ,
L e h r t a f e l n

Harrasser & Überla
858 Bayreuth
Ottostraße 5
D i a - R e i h e n :
D a s A u g e e t c .

Werk f. Optik u. Feinmechanik
Hertel & Reuss
3500 Kassel
Quellhofstr. 67
M i k r o s k o p e /
P r o j e k t i o n s e i n r i c h t u n g e n

Lehrmittelanstalt Gebr. Höpfel
1000 Berlin 61
Anhalter Straße 7
B i l d w e r k f ü r C h e m i e

Institut für Film und Bild
8000 München 26
Museumsinsel 1
L e h r f i l m e , D i a r e i h e n

Lehrmittelverlag Ch. Jaeger
3000 Hannover-Linden
Hurlebuschweg 7
K a r t e n : E n t w i c k l u n g
d e s L e b e n s

Dia-Verlag Werner Jünger
6000 Frankfurt a. M.
Taunusstraße 43
L i c h t b i l d r e i h e n
D e r m e n s c h l i c h e K ö r p e r e t c .

Laboreinrichtungen
Jürgens & Co.
2800 Bremen
Langenstraße 76—80
C h e m i e / P h y s i k

Franckh'sche Verlagshandlung
W. Keller & Co.
7000 Stuttgart 1
Pfizerstraße 5—7
U n t e r r i c h t s m i t t e l
K o s m o s - L e h r m i t t e l

Robert Kind
vorm. Anton Kind v. Zwickhammer
8620 Lichtenfels
Unterwallenstadter Weg 18
C h e m i e - G e r ä t e

Schulausstatter
Georg Knickmann
2000 Hamburg 1
Hühnerposten 11 / Postfach 962
M i k r o s k o p e , A u s s t a t t u n g

Lehrmittelanstalt
Köster & Co.
8000 München 9
Harthauserstraße 117
B i l d e r : M e n s c h e n k u n d e
L e h r s t e m p e l : M e n s c h e n k u n d e

Verlag Dr. F. Krantz
Lehrmittel-Verlag
5300 Bonn
Herwarthstraße 36
S k e l e t t e i l e

Optische Werke Ernst Leitz GmbH
6330 Wetzlar
Ernst-Leitz-Straße
Postfach 210/211
M i k r o s k o p e

E. Leybold's Nachfolger
5000 Köln-Bayenthal
Bonner Straße 504 / Postfach 195
O p t i s c h e A u s r ü s t u n g

Laboratorium für Mikroskopie
Johannes Lieder
7140 Ludwigsburg
Solitude Allee 59
F a r b - D i a s
v o n M i k r o p r ä p a r a t e n

Liesegang/Beseler, Ed. Liesegang
4000 Düsseldorf
Volmerswerther Str. 21
O p t i s c h e G e r ä t e

Rudolf Mauer
Einrichtung naturw. Lehrräume
6000 Frankfurt a. M.
Alt-Hausen 34
C h e m i k a l i e n , B i o l o g i e e t c .

E. Merck
6100 Darmstadt
Frankfurter Straße 250
C h e m i k a l i e n

J. D. Möller
Optische Werke GmbH
2 Wedel/Holst.
Rosengarten
Optik

Dr. Molter GmbH
Serum-Institut
6900 Heidelberg 1
Postfach 1210
Dokutest-Karten

Mikrotechnische Werkstätte Nachf.
Dr. Walter Moller
2 Wedel/Holstein
Kronskamp 95 / Postfach 93
Mikrosk. Präparate etc.

Dr. te Neues & Co. GmbH
4152 Kempen/Ndrh.
Postfach 106
Schulwandbilder,
Arbeitstafeln

Physikalische Werkstätten
Phywe AG
3400 Göttingen
Postfach 102
Anat. Modelle,
Biologische Geräte

Riedel-de Haen Aktiengesellschaft
1000 Berlin 47
Riedelstraße 1—32
Chemikalien

Schering Aktiengesellschaft
1000 Berlin 65
Müllerstraße 170—172
Chemikalien

Naturw. Lehrmittelanstalt
A. Schlüter KG
7057 Winnenden/Stuttgart
Gerberstr. 11
Präparate, Modelle

Lehrmittelverlag
Alfred Schnabel
8500 Nürnberg
Singerstr. 20
Laborbedarf

Dr. G. Schuchardt
34 Göttingen
Postfach 443
Chemikalien

Lehrmittelverlag
Konrad Schwarzenbeck
1501 Cadolzburg
Am Bahnhof 314
Dia-Reihen

Lehrmittelwerkstätten
Marcus Sommer
8630 Coburg
Sonntagsanger 1
Somso-Lehrmittel,
Anatom. Präparate

Spindler & Hoyer
34 Göttingen
Königallee 23
Optik, Feinmechanik

Ströhlein & Co.
4000 Düsseldorf 1
Aderstr. 91/93
Postfach 2502
Laborbedarf

V-Dia-Verlag GmbH
Lichtbildverlag
6900 Heidelberg
Dischinger Str. 8
Postfach 1940
Dias: Der Mensch, Medizin

Lehrmittelanstalt H. Vogel
2940 Wilhelmshaven
Friederikenstraße 28
Anatomische Lehrstempel
Skelette

Lehrmittelfabrik
Christian Vogt
6497 Steinau/Schlüchtern
Vogelsberger Straße 3
Skelettmodelle

Waldeck GmbH
4401 Roxel/Westf.
Postfach 8
Chemikalien, Laborbedarf

Rudolf Weber — Ullrich GmbH
5000 Köln
Reinoldstr. 6
Biologische Modelle

Lehrmittelanstalt
Gerhard Wedig
6000 Frankfurt a. M.
Parlamentstraße 20
Postfach 14105
Mikroskope/Biologie/Dias

Lehrmittelverlag
Georg Westermann
3300 Braunschweig
Georg Westermann-Allee 66
Wandbilder, Dias

Carl Zeiss
7082 Oberkochen/Württ.
Optische Geräte

ANHANG I

BESONDERHEITEN DES WEIBLICHEN ORGANISMUS — ENTWICKLUNG, PFLEGE UND ERZIEHUNG DES SÄUGLINGS UND KLEINKINDES

Von Hilde Falkenhan und Dr. med. Walter Zilly
Würzburg

Eine genaue Beschreibung des weiblichen Organismus und eine ausführliche Anleitung zur Säuglings- und Kleinkindpflege würde den Rahmen des Handbuches ebenso überschreiten wie eine umfassende Erziehungsanweisung. Hierüber gibt es ja bereits eine umfangreiche Literatur. Einerseits ist es vielmehr unsere Aufgabe, den Lehrer auf besonders ausführliche neuere Werke und Hilfsmittel hinzuweisen. Sie sind im Literaturverzeichnis und in der Liste am Ende des Kapitels zu finden. Andererseits aber wollen wir dem Lehrer die Tatsachen und Erkenntnisse zusammenstellen, die nach der Auffassung der heutigen Fachärzte und Psychologen besonders wichtig sind. Unsere Jugend hiermit vertraut zu machen, ist zweifellos eine ganz wesentliche Erziehungsaufgabe. Die verhältnismäßig hohe Mütter- und Säuglingssterblichkeit in der Bundesrepublik, trotz hervorragender medizinischer Versorgung, hat sicher ihre Hauptursache in der mangelhaften Aufklärung und der daraus resultierenden Unkenntnis unserer im Fortpflanzungsalter stehenden Generation.

Auf methodische Hinweise können wir verzichten, denn sie sind im Kapitel VIII „Vom Säugling und Kleinkind", S. 162 ff zu finden.

A. Der weibliche Organismus

Die Entwicklung vom Kleinkind zur geschlechtsreifen Frau vollzieht sich langsam und dauert in der Regel etwa 16 Jahre.

Bis zum 8. Lebensjahr ist die Funktion der weiblichen Eierstöcke *(Ovarien)* gering, d. h., das in ihnen gebildete Follikelhormon reicht noch nicht aus, um irgendwelche Veränderungen am kindlichen Organismus hervorzurufen.

I. Pubertät

Nach dem 8. Lebensjahr beginnen sich unter dem zunehmenden Einfluß des Follikelhormons die sekundären Geschlechtsmerkmale (nicht der Fortpflanzung dienende Merkmale, wie z. B. Körperbehaarung, Wachstum der Brust) auszubilden.

Gleichzeitig oder etwas später vergrößern sich die Eierstöcke und schütten vermehrt Follikelhormon aus, ohne daß es zunächst zu einem Eisprung und einer Gelbkörperhormonbildung kommt.

Während sich im Laufe der Kindheit der Genitalapparat kaum vergrößert, tritt jetzt eine rasche Entwicklung der primären Geschlechtsorgane (Eierstöcke, Eileiter, Gebärmutter, Scheide) ein.

In diese Lebensphase, der Pubertät, die etwa das 10.—16. Lebensjahr umfaßt, fällt als gravierendes Ereignis die *erste Blutung (Menarche)*.

Der Zeitpunkt dieser ersten Menstruation ist neben rassischen Unterschieden in erster Linie klimatisch bedingt, in Mitteleuropa durchschnittlich um das 13.—15. Lebensjahr, im Norden sehr viel später, in südlichen Breitengraden früher.

Ein Follikelsprung findet bei den ersten Regelblutungen gewöhnlich nicht statt, man spricht von anovulatorischen Blutungen oder einem monophasischen Zyklus (s. später). Zunächst treten die Ovulationen noch in unregelmäßigem Rhythmus und in wechselnder Stärke auf, es dauert also eine gewisse Zeit, bis sich Hirnanhangdrüse *(Hypophyse)*, Eierstöcke und Gebärmutterschleimhaut im Rahmen eines komplizierten Regulationssystems aufeinander eingestellt haben.

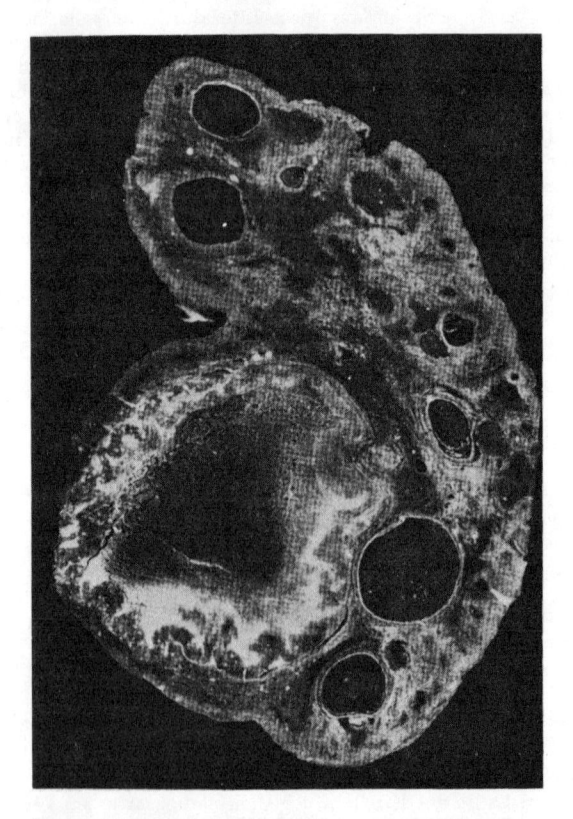

Abb. 1: Ovar mit frischem Corpus luteum und mehreren Primärfollikeln (etwa 5fache Vergrößerung eines histologischen Schnittes). (Aus Buttenberg [4], S. 5)

II. Die geschlechtsreife Frau

Wenn die Entwicklung von Uterus und Ovarien abgeschlossen ist, beginnt ein neuer Lebensabschnitt, die Geschlechtsreife.
Sie umfaßt die Zeit vom ersten Auftreten eines biphasischen Zyklus bis zum Erlöschen der generativen Funktion der Ovarien. Das sind etwa 30 Jahre, in denen die Frau konzeptionsfähig ist.
In dieser Zeit kommt es, falls keine Befruchtung erfolgt, zu periodisch wiederkehrenden etwa vierwöchentlichen Genitalblutungen.

1. Normaler Menstruationszyklus

Das Zyklusgeschehen unterliegt der Regulation des Zwischenhirns und des Hypophysenvorderlappens in Wechselbeziehung mit den Ovarien.
In jedem Ovar sind ursprünglich etwa 250 000 sog. Primärfollikel angelegt, von denen allerdings nur ein Teil, etwa 350—400, zur Ausreifung gelangen. (Abb. 1, Ovar mit frischem *Corpus luteum* und mehreren Primärfollikeln). Durch sog. gonadotrope Hormone des Hypophysenvorderlappens (HVL) werden die Keimdrüsen zur eigenen Hormonproduktion stimuliert.
Die von den Ovarien gebildeten Steroide wirken wiederum auf ein Sexualzentrum im Zwischenhirn. Hier werden offenbar mehrere Substanzen gebildet, die im Hypophysenvorderlappen Gonadotropine freisetzen und als „*releasing factors*" (= Anlassersubstanzen) bezeichnet werden. Es sind Polypeptide mit einem Molekulargewicht von 3 000.
So besteht ein neurohormonaler Funktionskreis, ein Rückkopplungssystem zwischen Keimdrüsen, Zwischenhirn und Hypophysenvorderlappen, das für den regelrechten Ablauf des Zyklus verantwortlich ist.
Im wesentlichen werden folgende Vorgänge angenommen:
Die Hypophyse schüttet während eines Zyklus 3 *gonadotrope Hormone* aus. (Abb. 2) Unter dem Einfluß des follikelstimulierenden Hormons FSH wird das

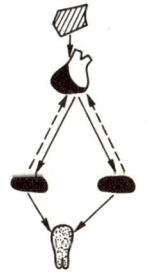

Zwischenhirn
releasing factors

Hypophyse
FSH
JCSH(LH)
LTH (Prolactin)

Ovarien
Follikelhormon
Gelbkörperhormon

Uterus

Abb. 2: Schema der drei gonadotropen Hormone — Neurohormonale Regulierung der Frau

Wachstum eines Follikels im Ovar angeregt. Etwas später kommt es zur Produktion des interstitialzellenstimulierenden Hormons oder Luteinisierungshormons (ICSH oder LH), das zur Follikelreifung und Follikelhormon- oder Östrogenbildung im Ovar führt.
Die Zunahme dieser Östrogenausschüttung hemmt nun rückläufig über das Sexualzentrum im Zwischenhirn die Bildung von FSH (follikelstimulierendem Hormon), die LH-Produktion wird angeregt.

Bei einem bestimmten Verhältnis von FSH und LH platzt der inzwischen sprungreife *(Graaf'sche)* Follikel *(Eisprung, Ovulation)*. Jetzt wird das 3. gonadotrope Hormon, das luteotrope Hormon *(LTH, Prolactin)* ausgeschieden, das zusammen mit LH die Lebensdauer und Funktion des Gelbkörpers reguliert.

Der aus dem geplatzten Follikel entstehende Gelbkörper *(Corpus luteum)* produziert nun vermehrt Gelbkörperhormon oder Progesteron. Dieses bremst im Hypophysenvorlappen die LH-Bildung.

Kommt es zu keiner Befruchtung, dann „verblüht" das Corpus luteum, die Ausscheidung des LTH geht zurück.

Ebenso sinkt der Progesteron- und Östrogenspiegel, was wiederum eine vermehrte Ausscheidung von FSH zur Folge hat, so daß der Zyklus von neuem beginnt (Abb. 3).

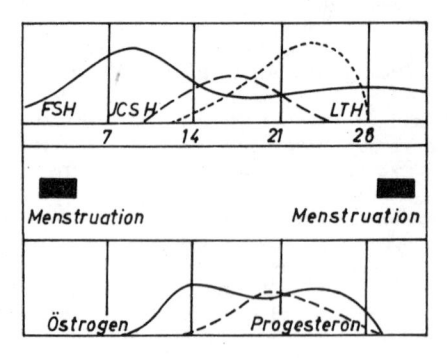

Abb. 3: Schema der Auslösung der Sexualhormonbildung in den Eierstöcken durch die hypophysären Hormone (nach C. Werth: Arzneimittelforschung 5, 1955)

Unter der Wirkung der gonadotropen Hormone des Hypophysenvorderlappens erfolgt also die Reifung und Lösung des Eies im Ovar, unter der Wirkung der Eierstockhormone wird die Gebärmutterschleimhaut für die Aufnahme und Ernährung des Eies vorbereitet.

Es sind zwei verschiedene Hormone, die von der geschlechtsreifen Frau in den Ovarien gebildet werden: das *Follikelhormon* und das *Gelbkörper- oder Corpus luteum-Hormon*.

Das Follikelhormon bedingt das Wachstum, die Proliferation der Uterusschleimhaut; dementsprechend wird diese Phase des Zyklus *Proliferationsphase* genannt.

An der Uterusschleimhaut unterscheidet man zwei Schichten: 1. die der Muskelwand des Uterus direkt aufsitzende *Basalis*, 2. die sich ständig erneuernde oberflächliche *Functionalis*.

In dieser Aufbauphase der Functionalis, die vom 5. bis 14. Tag (nach dem Auftreten des ersten Menstruationstages) dauert, beginnen die runden, kurzen Drüsenschläuche sich zu strecken, die Drüsenzellen werden größer, die Mitosehäufigkeit nimmt zu.

Neben einer Größenzunahme der Uterusmuskulatur entstehen unter dem Einfluß der Östrogene auch typische Veränderungen am Scheidenepithel (z. B. die azidophile Anfärbbarkeit der Epithelien), die für die Erkennung von Zyklusstörungen von Wichtigkeit sein können.

Das Gleiche gilt für Veränderungen des Cervixschleimes (Cervix = Gebärmutterhals). In der Proliferationsphase kristallisiert er auf einem Objektträger farnkrautähnlich aus (Farnkrautphänomen, Abb. 4).

Abb. 4: Kristallisation des Cervixschleimes in der Proliferationsphase (aus Buttenberg [4], S. 16)

Nach dem *Eisprung (Ovulation)* tritt neben das Follikelhormon das Corpus luteum-Hormon *(Progesteron)*, unter dessen Einwirkung die proliferierte Uterusschleimhaut sekretorisch umgewandelt wird. Auf die Proliferationsphase folgt also die *Sekretionsphase*. In ihr werden die Drüsenschläuche weiter und sind sägeförmig geschlängelt, in den Drüsenzellen wird Glykogen gebildet und in ihrem Sekret mitausgeschieden, die Blutgefäße sind prall gefüllt und verlaufen typisch spiralenförmig (Spiralarterien).

Die Scheidenepithelien sind in der Sekretionsphase vorwiegend basophil (Färbung nach *Papanicolaou*) und zeigen eine charakteristische Haufenbildung.

Der Cervixschleim kristallisiert jetzt nicht mehr aus, er ist im Gegensatz zur Proliferationsphase amorph und wenig spinnbar.

Bleibt eine Befruchtung aus, dann kommt es zu einem Rückgang der Hormonproduktion (nach etwa 14 Tagen) und damit zur Blutung und Abstoßung der proliferierten und später sekretorisch umgewandelten Functionalis. Jetzt hat die *Desquamationsphase* begonnen. Sie dauert etwa 3 Tage und wird von der *Regenerationsphase* abgelöst, in der eine Ephithelialisierung der Wunden der Uterusinnenfläche von den Drüsen der nicht abgestoßenen Basalis aus erfolgt.
Nach einer normalerweise 4—5tägigen Blutung (Menstruation) kann nun wieder unter dem Einfluß der Ovarialhormone ein neuer Zyklus beginnen. (Abb. 5: Schema der Beziehungen zwischen Hypophysenvorderlappen-Zwischenhirnsystem, Ovarien, Uterusschleimhaut und Morgentemperaturverlauf.)
Die Menge des Blutverlustes während der Menstruation beträgt in der Regel 20—100 ml. Werden mehr als 10—15 Vorlagen verbraucht (man rechnet mit

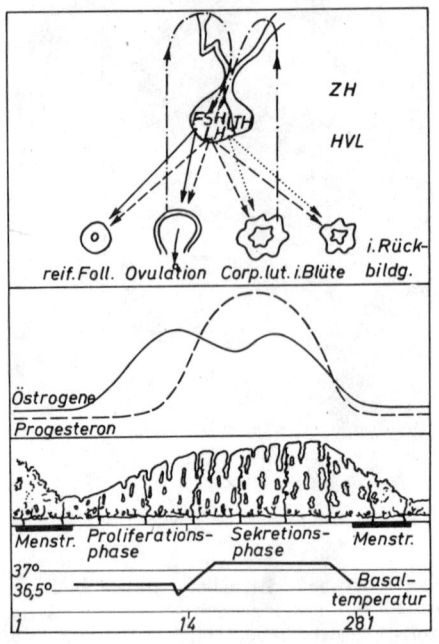

Abb. 5: Schema der Beziehungen zwischen Hypophysenzwischenhirnsystem, Ovarien, Endometrium (= Gebärmutterschleimhaut) und Morgentemperaturverlauf (nach I. Ufer [34])

5—8 ml Blut pro Binde), dann ist die Blutung zu stark (Hypermenorrhoe) und es sollte ein Arzt aufgesucht werden.
Der Abstand der Blutungen beträgt 28 Tage, es gibt aber physiologische Schwankungen von 21—35 Tagen, wobei die Sekretionsphase konstant bleiben soll und eine Verlängerung oder Verkürzung des Abstandes allein durch eine Veränderung der Proliferationsphase erfolgt.

Das zyklische Geschehen betrifft nun aber nicht allein das Genitale, sondern wirkt sich auf den gesamten Organismus aus.

So kommt es zur Zeit der Ovulation am 14.—16. Tag zu einer Erhöhung der Körperwärme um etwa 1/2° C (infolge der Einwirkung des Gelbkörperhormons auf das im Zwischenhirn lokalisierte Temperaturzentrum). Unter dem Einfluß des Progesterons bleibt die Temperatur in der 2. Zyklushälfte auf dieser Höhe (sog. thermogenetischer Effekt des Progesterons), um erst bei Beginn der Menstruation wieder abzusinken. Man spricht von einem *biphasischen Temperaturverlauf*. Mit der täglichen Bestimmung der Basal- oder Morgentemperatur besitzt man eine wichtige diagnostische und informatorische Methode bei hormonaler Sterilität und Zyklusstörungen. Bleibt z. B. ein Morgentemperatursprung aus (sog. *monophasischer* Zyklus), dann kann man annehmen, daß keine Ovulation stattgefunden hat. Der genaue Ovulationstermin kann nicht genau bestimmt werden, er liegt 1—4 Tage vor dem Temperaturanstieg (s. auch später).

Weiterhin ist prämenstruell der Blutdruck leicht erhöht, die Zahl der weißen Blutkörperchen nimmt etwas zu, die Brüste schwellen an, es besteht eine allgemeine Labilität und erhöhte Erregbarkeit. Auch typische Hautveränderungen können immer wieder zur Zeit der Menses auftreten, so z. B. der *Herpes menstruationis* (kleine schmerzhafte Bläschen an der Haut-Schleimhautgrenze von Mund und Nase) oder Entzündungen der Haarbälge *(Folliculitiden)*.

Abnorme psychische Reaktionen *(menstruelle Psychosen)* und Anfälle bei Epileptikerinnen häufen sich zum Zeitpunkt der Menstruation.

Auf Grund des schon oben erwähnten engen Zusammenhanges zwischen hormonaler und zentralnervöser Regulation der zyklischen Sexualfunktionen ist es verständlich, daß auch die Psyche über die Zwischenhirn-Hypophyse auf den Zyklus einwirken kann. Bei zykluslabilen Frauen ist es durchaus möglich, daß durch Furcht (z. B. auch vor einer Schwangerschaft), Angst, Erwartung usw. der Eintritt der Monatsblutung verschoben wird, ja unter Umständen die Blutung sogar ausbleibt.

Das Gleiche kann bei einer Änderung der Lebensweise oder des Milieus, auf Reisen und infolge klimatischer Einflüsse geschehen. So ist z. B. die Pensionatsamenorrhoe *(Amenorrhoe* = Ausbleiben der Menstruationsblutung) junger Mädchen bekannt, die durch einen Wechsel ihrer Lebensbedingungen, das Entferntsein vom Elternhaus, Veränderungen des Klimas und der Umgebung besonders häufig betroffen sind. Hierher gehört auch die „eingebildete Schwangerschaft" *(Graviditas imaginata)*, bei der es als Ausdruck einer Wunschneurose, durch den sehnlichen Wunsch nach einer Schwangerschaft, oder auch aus Angst vor einer Schwangerschaft zu einem Ausbleiben der Periode, zu Erbrechen, einer Auftreibung des Leibes usw. kommt.

Im Allgemeinen soll die Blutung schmerzfrei sein *(Eumenorrhoe)*, es treten aber doch sehr häufig mehr oder minder starke Beschwerden auf *(Dysmenorrhoe)*. Sie sind zum Teil lokaler Natur (ziehende Schmerzen im Unterleib und Kreuz) durch Kontraktionen des nichtschwangeren Uterus, durch die schubweise Ausstoßung des Blutes, zum Teil allgemeiner Natur, z. B. Unwohlsein, Wetterfühligkeit, Hautveränderungen usw.

Follikelhormon und Progesteron beeinflussen auch die Brustdrüsen. Schon die in der Sekretionsphase vorhandenen Hormonmengen reichen aus, um eine wenn auch nur geringe zyklische Vergrößerung an ihnen hervorzurufen.

Schließlich seien auch noch die *Androgene* (= männliche Geschlechtshormone) erwähnt. Sie werden bei der Frau in Nebennierenrinde und Ovar gebildet und wirken besonders auf Klitoris, Schamlippen und Schambehaarung; eine große Klitoris und starke Behaarung sprechen für eine hohe Androgenbildung. Sehr empfindlich gegen geringste Mengen an Androgenen ist das weibliche Genitale im fetalen Stadium. Therapeutisch werden Androgene bei der konservativen Behandlung des Brustkrebses verwandt. Sie führen zu einer Hemmung der Gonadotropinbildung und zu einer Verknöcherung der häufig beobachteten Knochenmetastasen. Weiterhin sollen sie eine bindegewebige Sprossung verursachen, die dann eine Ausbreitung des Tumors über die dicken bindegewebigen Stränge hinaus verhindert. Eine dabei zustandekommende Virilisierung und Steigerung der Libido müssen natürlich in Kauf genommen werden.

2. Chemie der weiblichen Sexualhormone

Die in den Keimdrüsen der Frau gebildeten natürlichen Hormone (*Östrogene, Gestagene, Androgene*) haben als Grundskelett ein *Steran-(Zyklopentanoperhydrophenanthren-)gerüst,* sie gehören zusammen mit den männlichen Sexualhormonen und den Nebennierenrindenhormonen zu den Steroidhormonen.

Steran

In Abhängigkeit von ihrer Kohlenstoffatomzahl unterscheidet man C-18-*Steroide* = *Östranderivate,* C-19-*Steroide* = *Androstan-* und *Testanderivate* und C-21-*Steroide* = *Pregnan-* und *Allopregnanderivate.*

Muttersubstanz für die Steroidhormone ist das Cholesterin.

Cholesterin

a. Östrogene:

Die Östrogene gehören zu den Östranderivaten (C—18).
Es gibt 3 im Organismus vorkommende Östrogene: a) Östradiol b) Östron
c) Östriol, von denen Östradiol die wirksamste Verbindung ist.

Östradiol

b. Gestagene:

Das Gelbkörperhormon Progesteron gehört zu den C-21-Steroiden. Zu ihnen zählen auch die Nebennierenrindenhormone.

Progesteron

c. Androgene:

Die Androgene werden zu den C-19-Steroiden gerechnet, das natürliche männliche Sexualhormon ist Testosteron.

Testosteron

Durch chemischen Eingriff, z. B. durch Einführung einer Methyl-, Äthylgruppe oder eines Halogens an eines oder mehrere C-Atome oder durch Veresterung können die Steroide verändert werden. Sie sind dann in ihrer Wirkungsweise und in ihrem Aufbau den natürlichen Hormonen sehr ähnlich und werden therapeutisch angewandt.

Daneben kennt man noch synthetische Stoffe mit hormonartiger Wirkung, die mit den Sexualhormonen keine direkte Verwandtschaft aufweisen.

In der gynäkologischen Therapie sind die wichtigsten die vom *Stilben* (Diphenyl-Äthylen) abgeleiteten Substanzen mit östrogener Wirkung, z. B. *Stilböstrol, Hexöstrol, Dienöstrol.* Sie zeigen in ihrem chemischen Aufbau eine auffallende Symmetrie.

Hierher gehört auch das *Clomiphen,* das eine ovulationsauslösende Wirkung hat.

d. Gonadotropine:

Die chemische Aufklärung der gonadotropen Hormone ist im Gegensatz zu den Steroidhormonen noch lückenhaft.

Es handelt sich um Proteohormone mit hohem Molekulargewicht (z. B. FSH mit 40 000), die sich aus einer bestimmten Zahl von Aminosäuren zusammensetzen. Bei FSH und ICSH findet sich noch Zucker, sie werden Glykoproteide genannt.

Eine Therapie mit gonadotropen Hormonen ist bis jetzt nur mit Extrakten möglich: Im Harn von Frauen im Klimakterium wird reichlich gonadotropes Hormon (*HMG = human menopausal gonadotrophine*) ausgeschüttet, es ist ein Gemisch von FSH und ICSH.

Weitere Proteohormone, die therapeutische Anwendung finden, sind das im Schwangerenharn vorkommende Choriongonadotropin *HCG (human chorionic Gonadotrophine)* und das aus dem Serum trächtiger Stuten gewonnene *PMS (pregnant mare-serum-gonadotrophine)*.

Mit Hormoninjektionen hat man außer in der Therapie auch eine gute Möglichkeit in der Diagnostik. Es gibt einen Progesteron-, Östrogen- und Gonadotropintest, mit denen man die verschiedenen Ursachen des Ausbleibens einer Menstruation feststellen oder eine Schwangerschaft ausschließen kann.

Therapeutisch kann man Hormone substituieren (*Substitutionstherapie*), man kann eine Stimulation des Endorganes durchführen (*Stimulationstherapie*), man kann sie in Form einer *Lokal-* oder *Allgemeintherapie* anwenden und schließlich kann man die Ovarien hormonell ruhigstellen (*Ruhigstellungs-* oder *Bremstherapie*).

3. Empfängnisverhütung

a) „Antibabypille":

Dieser letztgenannten therapeutischen Möglichkeit bedient man sich auch bei einer heute sehr aktuellen Methode der Empfängnisverhütung, der Ovulationshemmung mit der sog. „Antibabypille".

Entwickelt wurde diese moderne hormonelle Konzeptionsverhütung durch *Pincus, Rock* und Mitarbeiter in den fünfziger Jahren.

Das Wirkungsprinzip ist dabei folgendes:

Durch die Zufuhr von Östrogenen und Gestagenen kommt es über das Hypophysenvorderlappen-Zwischenhirnsystem zu einem Bremseffekt, d. h. zu einer Herabsetzung der Gonadotropinausschüttung aus dem Hypophysenvorderlappen. Dadurch bleiben Eireifung und Eisprung aus, die Ovarien werden ruhiggestellt.

Diese kombinierte Östrogen-Gestagen-Medikation führt man so durch, daß man vom 5. Tag an (gerechnet vom 1. Tag einer Menstruation) täglich bis zum 25. Tag eine Tablette einnimmt, das sind insgesamt 21 Tabletten. 2—3 Tage danach tritt eine meist schwächere menstruationsähnliche Abbruchblutung, eine Pseudomenstruation, ein, da jetzt keine Sexualhormone auf die Uterusschleimhaut einwirken. Die normale Periode ist eine physiologische Abbruchblutung.

Medikamente, die nur einmal im Monat oder sogar nur einmal im Jahr angewendet werden müssen, sind in der Entwicklung.

Unter der Einwirkung dieser Östrogen-Gestagen-Kombination werden nicht nur die Ovarien ruhiggestellt, auch der Cervixschleim und das Endometrium des Uterus werden für eine Konzeption ungünstig beeinflußt.

Der Cervixschleim macht Veränderungen wie in der Corpus-luteum-Phase eines normalen Zyklus durch, er kristallisiert nicht mehr aus, das Farnkrautphänomen ist verschwunden. Diesen amorphen Schleim können die Spermien aber nicht durchdringen.

Am Endometrium kommt es schon bald zu einer Reduktion der Drüsen, es wird kein Glykogen eingelagert. Insgesamt ist dieses Endometrium nicht in der Lage, ein befruchtetes Ei zu ernähren.
Mit dieser Methode der Konzeptionsverhütung ist also eine dreifache Absicherung gewährleistet:
1.) absoluter Schutz durch Ovulationshemmung,
2.) relativer Schutz durch ungeeignete Uterusschleimhaut,
3.) relativer Schutz durch den undurchdringbaren Cervixschleim.

Ab der zweiten Anwendungsphase besteht ein hundertprozentiger Konzeptionsschutz, sofern die Tabletten nach Vorschrift und regelmäßig eingenommen werden.
Bei Frauen, deren Ovulation relativ frühzeitig erfolgt, besteht nur in der ersten Anwendungsphase noch die Möglichkeit, daß es zu einer Ovulation kommt.
An möglichen *Nebenwirkungen* der kombinierten Östrogen-Gestagen-Anwendung seien erwähnt: Zwischenblutungen, vorzeitige stärkere Durchbruchblutungen, Amenorrhoe, Reduktion der Milchbildung bei stillenden Müttern, Gewichtszunahme, Abnahme der Libido, Kopfschmerzen, Übelkeit, Spannungsgefühl in der Brust, psychische Unausgeglichenheit (*prämenstruelles Syndrom*). Anfangs sind etwa 30% der Frauen von Nebenwirkungen dieser Art betroffen, nach längerer Behandlung sinkt dieser anfänglich doch recht hohe Prozentsatz erheblich.

Eine Häufung von Genitalkrebs unter längerdauernder Anwendung konnte bisher nicht festgestellt werden. Eine erhöhte Thrombosegefahr wird von vielen Autoren abgelehnt, ebenso sollen die Funktionen von Nieren, Leber und Schilddrüse nicht nachteilig beeinflußt werden.

Ab und zu sollte die Einnahme von Konzeptionstabletten unterbrochen und die Funktion der Ovarien durch Messung der Aufwachtemperatur (s. S. 249) kontrolliert werden. Ist die Temperaturkurve biphasisch, kann eine neue Behandlungsphase angeschlossen werden, andernfalls sollte man einen Gynäkologen konsultieren.

Bei Frauen, die unter der kombinierten Östrogen-Gestagen-Anwendung ein prämenstruelles Syndrom bekommen, kann eine zyklische Gabe von Östrogenen und Gestagenen durchgeführt werden. Diese sog. *Zweiphasenmethode* ähnelt dem physiologischen Zyklus, sie bietet allerdings nicht eine dreifache Absicherung wie die erstgenannte Kombinationstherapie. Chemisch enthalten die Ovulationshemmer Äthinylöstradiol-methyläther oder Äthinyl-östrodiol (als Östrogen) und Nortestosteronabkömmlinge (als Gestagen), wobei das Gestagen mengenmäßig im Vordergrund steht.

Weitere Möglichkeiten der Empfängnisverhütung:

b) *Rhythmusmethode (nach KNAUS-OGINO):*

Voraussetzung sind ziemlich regelmäßige Zyklen.
Grundüberlegung:
1.) zu einer Schwangerschaft kann es nur kommen, wenn höchstens 2 Tage vor und $1/2$ Tag nach der Ovulation eine Befruchtung stattfindet.
2.) Der Eisprung erfolgt ziemlich sicher 14 Tage vor der Monatsblutung. (Die Samenzellen sind 2 bis höchstens 3 Tage befruchtungsfähig, das Ei ist nur $1/2$ Tag lebensfähig). Durch eine längere Beobachtungszeit über mindestens 1 Jahr wer-

den die Schwankungsbreiten des Auftretens der Zyklen festgestellt und dann die „gefährlichen Tage" berechnet.

Die Möglichkeit eines zu frühen oder zu späten Eisprunges stellen einen relativ hohen Unsicherheitsfaktor dar.

c) Messung der Aufwach- (Morgen-, Basal-) temperatur:

Voraussetzung: Messung der Temperatur morgens vor dem Aufstehen, zur gleichen Zeit, im Bett, am besten rektal, da unter der Achsel zu ungenau. Die Nachtruhe sollte mindestens 6—8 Stunden betragen.

Grundüberlegung: 1—2 Tage nach der Ovulation kommt es zu einem Ansteigen der Aufwachtemperatur um etwa ½° (Thermogenetischer Effekt des Corpusluteum-Hormons (s. S. 242, Abb. 5).

Die Aufwachtemperatur sollte mehrere Monate lang regelmäßig aufgezeichnet werden, um festzustellen, wann der Temperaturanstieg in der Regel erfolgt. Von diesem Tag zieht man 5 Tage ab (3 Tage wegen der solange dauernden Befruchtungsfähigkeit der Spermien, 2 Tage wegen der nach der Ovulation erst ansteigenden Temperatur), in diesen Tagen ist die Möglichkeit einer Konzeption am größten. Nach dem Temperatursprung ist mit einer Empfängnis kaum zu rechnen. Wird der sexuelle Kontakt auf die Zeit vom 3. Tag nach der erhöhten Temperatur bis zur folgenden Menstruation beschränkt, liegt die Zuverlässigkeit dieser sog. *„strengen Form" der Temperaturmethode neben der Pille an der Spitze aller bis heute bekannten Empfänginisverhütungsmethoden!*

Soll neben der sicher unfruchtbaren Zeit vor der Menstruation eine weitere unfruchtbare Zeit nach der Regelblutung für den sexuellen Kontakt ausgenutzt werden, so zieht man 6 Tage von dem Tag des ersten Temperaturanstieges ab (es wurde dabei noch 1 Sicherheitstag hinzugefügt). Hierbei ist die Zuverlässigkeit etwas geringer (sog. *„erweiterte Form" der Temperaturmethode).*

Unsicherheitsfaktoren bei der Temperaturmessung sind z. B. eine Erkältung oder Aufstehen vor dem Messen.

d) Coitus interruptus („Früher-Weggehen"):

Eine sehr häufig angewandte und sehr unzuverlässige Methode.

Beim *Coitus hispanicus* erfolgt keine vollständige Trennung der Sexualpartner, so daß die Spermien in die Nähe des Scheidenausganges ejakuliert werden, wo sie infolge des sauren Scheidenmilicus und des relativ langen Weges bis zum Muttermund leicht zugrundegehen können.

e) Lokal anwendbare Verhütungsmittel:

Unter den lokal anwendbaren Verhütungsmitteln sind zu nennen:

Kondom oder Präservativ für den Mann,

Scheidendiaphragma für die Frau, eine mit einer Gummimembran überzogene, Spirale, die Gebärmutter und Scheide trennt,

Portio- oder Cervixkappen aus Metall oder Kunststoff zum Verschluß des Muttermundes,

Intrauterinpessare, neuerdings aus gewebsfreundlichen Kunststoffen. Sie können jahrelang liegen bleiben, verhindern aber eine Schwangerschaft nicht hundertprozentig. Bekannt geworden ist die *MARGULIES-Spirale* (Abb. 6).

Abb. 6: Margulies-Spirale

f) An *chemischen Verhütungsmitteln* gibt es Cremes und Gelees, Tabletten, Zäpfchen usw., die eine samenabtötende Wirkung in der Scheide entfalten sollen und eventuell noch einen gewissen mechanischen Verschluß des Muttermundes bilden.

g) *Scheidenspülungen:* Ihre Sicherheit ist sehr gering und sie werden auch immer seltener angewandt.

h) *Kombination mechanischer und chemischer Mittel:* Dadurch wird das Risiko verringert, ebenso natürlich durch die gleichzeitige Anwendung dieser Mittel und der sog. „erweiterten Form" der Temperaturmethode.

Eine Übersicht über die Versagerhäufigkeit der verschiedenen Methoden, bezogen auf die Zahl der ungewollten Schwangerschaften pro 100 Anwendungsjahren (bei 100 Frauen, die 1 Jahr lang ein Verhütungsmittel anwandten) gibt folgende Tabelle: (Tab. 1) nach Döring [6] und Brehm [3].

Methode	*Versagerquote*	
	nach DÖRING	nach BREHM
Chem. Verhütungsmittel	20	22
Coitus interruptus	20	21
KNAUS-OGINO	20	19
Kombination der chem. und mechan. Methode	13,5	keine Angabe
Kondom	10	bis 14
Scheidendiaphragma	10	keine Angabe
Intrauterinpessar (z. B. MARGULIES-Spirale)	3,5	3,5
Temperaturmethode		
„strenge Form"	1	1
„erweiterte Form"	3	keine Angabe
Ovulationshemmer	0—1	(0,003—0,9)

Auf Störungen der Geschlechtsreife und deren Behandlung kann im Rahmen dieses Buches nicht eingegangen werden.
Lediglich der Begriff der Intersexualität soll etwas erläutert werden.

4. Intersexualität

Zwitter oder Intersexe sind Personen, bei denen eine Diskrepanz zwischen äußerem Erscheinungsbild sowie genitaler Entwicklung und chromosomalem Geschlecht besteht.
Man spricht von Intersexualität auch noch bei Personen mit nur einer einzigen gegengeschlechtlichen Erscheinung, z. B. bei Frauen mit *Hirsutismus* (übermäßige

Behaarung, besonders im Gesicht) oder bei Männern mit *Gynäkomastie* (weibische Brustentwicklung).
Das genetische Geschlecht ist chromosomal bestimmt, die reife Eizelle enthält ein X-Chromosom, die Spermie besitzen ein X- oder Y-Chromosom.
Das Y-Chromosom ist für die Bildung von Hoden verantwortlich, zwei X-Chromosomen führen zur Entwicklung weiblicher Keimdrüsen.
Normalerweise stimmt das genetische Geschlecht mit den Keimdrüsen und der Genitalanlage überein, deren Differenzierung in den ersten Schwangerschaftswochen erfolgt. Fehlen die Keimdrüsen, dann kommt es unabhängig vom chromosomalen Geschlecht — wohl unter der Einwirkung mütterlicher Plancentarhormone — immer zur Ausbildung weiblicher Genitalien. Eine männliche Genitalentwicklung ist nur dann möglich, wenn Hoden vorhanden sind, die Androgene produzieren. Es gibt verschiedene Arten der Intersexualität:

α) Die beim Menschen nur selten vorkommenden *echten Zwitter (Hermaphroditismus verus).* Sie besitzen funktionsfähige männliche und weibliche Keimdrüsen, entweder getrennt oder in einem Organ *(Ovotestis, Ovum* = das Ei, *Testis* = der Hoden) vereint. Die Frage, ob es sich um echte Zwitter handelt, kann nur durch eine histologische Untersuchung geklärt werden.

β) *Teil- oder Scheinzwitter (Pseudohermaphroditismus).* Sie kommen viel häufiger vor und besitzen entweder nur männliche oder nur weibliche Keimdrüsen, wobei das Genitale und die sekundären Geschlechtsmerkmale der Art der Keimdrüsen entgegengesetzt sind.

Entscheidend für die Bezeichnung eines männlichen oder weiblichen Scheinzwitters ist allein die Geschlechtszugehörigkeit der Keimdrüsen, nicht die Form der Geschlechtsteile. So spricht man bei einem Individuum mit Hoden oder männlich differenzierten Chromosomen und vorwiegend weiblich entwickeltem Genitale von einem männlichen Scheinzwitter *(Pseudohermaphroditismus masculinus),* im umgekehrten Fall von einem weiblichen Scheinzwitter *(Pseudohermaphroditismus femininus).*

Beim ersteren kann durch Nichtvereinigung des Hodensackes, Spaltbildung der Harnröhre und mangelhafte Ausbildung des Penis ein weibliches Geschlecht vorgetäuscht werden.

Abb. 7: Männlicher Scheinzwitter
(aus Martius [20])

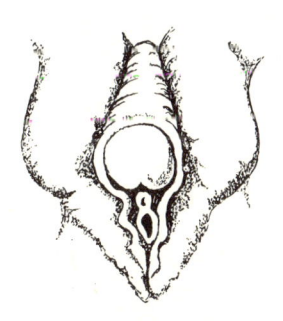

Abb. 8: Weiblicher Scheinzwitter
(aus Martius [20])

Beim weiblichen Scheinzwitter findet man eine anormal große Klitoris, die Ovarien können in die großen Schamlippen eingelagert sein, was unter Umständen ein männliches Geschlecht vortäuscht (Abb. 7 und 8).
Für die Diagnostik bedient man sich neben einer äußeren und genitalen Untersuchung, der Bestimmung der Hormonausscheidung im Urin und der histologischen Untersuchung sehr gern der chromosomalen Geschlechtsbestimmung aus der Haut oder dem Blut.
Beim weiblichen Geschlecht befindet sich praktisch in den Zellen jedes Körpergewebes ein basophiler Körper, das *Geschlechtschromatin* oder *B a r r sche Körperchen*, das an das Vorhandensein zweier X-Chromosomen gebunden ist. Beim Mann findet es sich in 0—5 % aller Zellen.
In der Praxis geht man so vor, daß man mit einem Spatel einen Abstrich aus der Mundschleimhaut macht (Sextest bei den Olympischen Spielen 1968) und nach Fixation eine Färburg durchführt.
Die zweite Möglichkeit der chromosomalen Geschlechtsbestimmung ist die Feststellung von *Trommelschlegelformen (drumstiks)* in den segmentkernigen weißen Blutkörperchen der Frau. Beim Mann treten diese Formen nicht auf (Abb. 9: Geschlechtschromatin, Abb. 10: drumstik).

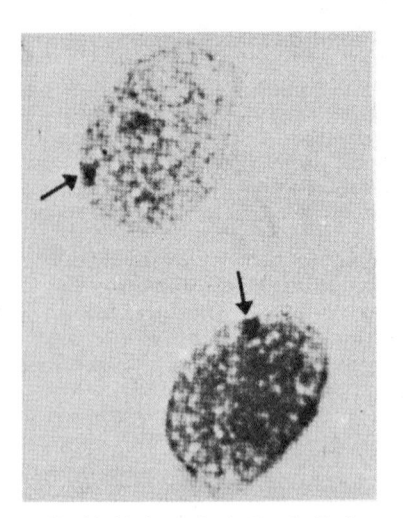

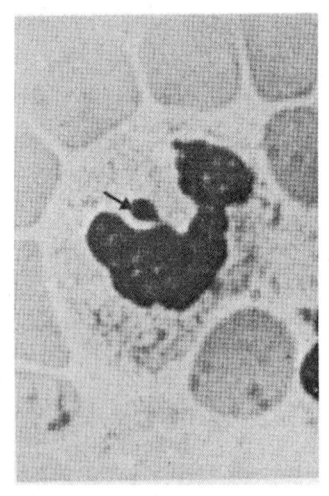

Abb. 9: Geschlechtschromatin in Mundepithelkernen (Barr'sches Körperchen) (Aus Overzier [26])
Abb. 10: Trommelschlegelformen in einem segmentkernigen weißen Blutkörperchen der Frau (aus Overzier [26])

Es gibt Personen mit mehr oder weniger voll ausgeprägtem weiblichen Habitus und männlichem Keimdrüsen- und chromosomalem Geschlecht (sog. *testikuläre Feminisierung*). Dies kommt so zustande, daß bei normal angelegten Hoden die Entwicklung der Genitalien durch die fetalen Androgene nicht beeinflußt wird

und es zur Ausbildung eines weiblichen äußeren Genitales kommt. Gebärmutter, Eileiter und Eierstöcke fehlen. In ein- oder doppelseitigen Leistenbrüchen finden sich hodenähnliche Gebilde. Als Ursache wird ein Nichtansprechen der Peripherie auf Androgene infolge eines enzymatischen Defektes angenommen.
Umgekehrt kann eine Überproduktion von Androgenen auf Grund einer angeborenen fehlerhaften Nebennierenrindenfunktion während der fetalen Entwicklung zu einer Zwitterbildung mit Vermännlichungszeichen führen, obwohl Keimdrüsen und chromosomales Geschlecht eindeutig weiblich sind (Pseudohermaphroditismus femininus bei sog. adrenogenitalem Syndrom, aber auch bei Testosteronbehandlung der Mutter in der Frühschwangerschaft — anfangs enthielten die Ovulationshemmer zum Teil Testosteronpräparate).
Das Verhältnis des Vorkommens männlicher und weiblicher Scheinzwitter beträgt 10 : 1.
Auch Aberrationen der Geschlechtschromosomen haben Zwitterbildung zur Folge, z. B. das *Klinefelter* Syndrom mit 2 X- und 1 Y-Chromosomen (chromosomales Geschlecht männlich, zu kleine Hoden, Gynäkomastie, Hochwuchs) oder das *Ullrich-Turner*-Syndrom (Gonadendysgenesie), wo nur ein Geschlechtschromosom, nämlich das X-Chromosom, vorhanden ist (weibliche Gonaden sind rudimentär, die vom Östrogen beeinflußten Geschlechtsmerkmale wie Brüste, kleine Schamlippen, Scheide und Gebärmutter bleiben infantil, die vom Nebennierenrinden-Androgen ausgelöste Entwicklung der großen Schamlippen, Achsel- und Schambehaarung entwickelt sich, wenn auch verspätet und mangelhaft, Geschlechtschromatin fehlt).
Eine Therapie ist meistens äußerst begrenzt. Es sind allerdings Fälle beschrieben, wo durch einen chirurgischen Eingriff das äußere intersexuelle Genitale weiblicher gestaltet wurde und es unter einer hormonellen Therapie zu zyklischen Blutungen, ja zu einer Schwangerschaft mit ausgetragenen Kindern gekommen ist. Durch Entfernung des Hodens und Hormontherapie bei einem echten Zwitter, der mehr Mann als Frau war, entstand ein echtes Mädchen. Solche und ähnliche Fälle wurden in der Literatur öfters mitgeteilt. Sensationell aufgemachten und meist unsachlichen Berichten aus Illustrierten und Tageszeitungen sollte man aber doch mit einer in der Regel berechtigten Skepsis gegenübertreten.. Die Lust zum Konfabulieren auf diesem Gebiete herrschte übrigens schon Anfang des 17. Jahrhunderts, wo in einem Werk *Kaspar Bauhin's* ein Jüngling mit nebeneinander aufgereihten weiblichen und männlichen Genitalorganen abgebildet wurde. Das ist biologisch natürlich unmöglich, der Verfasser konnte seinen dargestellten Hermaphroditen nie gesehen haben.

5. Schwangerschaft

a) Allgemeines

Kehren wir nun zurück zu dem Zeitpunkt im Zyklus der Frau, wo der Eisprung (Ovulation) erfolgt, d. h. wo unter dem zunehmenden Innendruck der Sekundär- oder *Graaf*'sche Follikel platzt und das ausgestoßene Ei von sog. *Fimbrien* (Fransen) des Eileiterendes auf Grund eines chemotaktischen Steuermechanismus aufgenommen wird.
Hat eine Kohabitation stattgefunden, so werden die Spermien im hinteren Scheidengewölbe deponiert. Pro Ejakulat rechnet man mit 60—120 Millionen Spermien.

Durch Chemotaxis, Rheotaxis und eventuell Saugbewegungen des Uterus im Orgasmus gelangen sie durch den Schleimpfropf des Uterushalses (Cervix), der ja zur Zeit der Ovulation ein Penetrationsoptimum für Spermien hat, in die Gebärmutterhöhle und von hier mit Hilfe ihrer Eigenbewegungen in den erweiterten sog. ampullären Teil des Eileiters *(Tube)*.

Mehrere Spermien dringen etwa gleichzeitig durch die *zona pellucida*, eine durchscheinende Schicht, die das Ei umgibt, und lösen hier die 2. Reifeteilung, eine Äquationsteilung, der Eizelle aus. Die erste Reifeteilung, eine Reduktionsteilung, hat die Eizelle schon vor der Imprägnation durchgemacht. Ein einziges Spermium, das ja infolge der schon längst im Hoden erfolgten Reduktionsteilung nur noch einen haploiden Chromosomensatz besitzt, gelangt in das Innere des Eies und hier kommt es nun zur Vereinigung des männlichen und weiblichen Vorkernes. Die Verschmelzung wird *Konjugation* genannt und stellt die eigentliche Befruchtung dar. Jetzt enthält die befruchtete Eizelle schon die vollständige Erbmasse des neuen Menschen.

Die Spermien (Größe etwa 50—60 μ, Bewegung 20—60 μ/sec) sind ungefähr 48 Stunden, das Ei (Größe 0,1—0,2 mm) 8—10 Stunden befruchtungsfähig.

Durch die Kontraktion der Tubenmuskulatur und den Flimmerstrom wird die befruchtete Eizelle innerhalb von 3 Tagen in die Gebärmutterhöhle befördert, wobei sie sich zunächst langsam teilt und beim Eindringen in den Uterus erst aus etwa 16 Zellen *(Morula)* besteht.

Im oberen Teil des Uterus erfolgt die *Einnistung (Nidation* oder *Implantation),* frühestens allerdings am 4. Tag nach Eintreten der *Morula* in das *Uteruscavum.* Trifft die Morula schon am 3. Tag im Uterus ein oder dauert der Transport im Eileiter länger als 4 Tage, kommt es zu keiner Implantation, die Morula geht zu Grunde. Hierauf beruht offenbar die Wirkung einer noch in der Entwicklung befindlichen Methode der Verhinderung einer weiteren Entwicklung des bereits befruchteten Eies, der sog. „*Morning-after-Pille*", die eine Beschleunigung der Eiwanderung durch die Tube verursacht, so daß eine Nidation nicht zustande kommt. Auf die Frage, ob mit diesen nidationshemmenden Mitteln eine bereits bestehende Schwangerschaft zerstört wird, und die daraus resultierenden Probleme kann hier nicht eingegangen werden. Nach neueren Erkenntnissen neigt man heute zum Teil dazu, eine Schwangerschaft nicht erst vom Augenblick der Implantation anzunehmen, sondern ihren Beginn schon in die ersten Teilungsphasen des befruchteten Eies vorzuverlegen, weil letzteres bereits in diesem Stadium Stoffe aus den mütterlichen Sekreten aufnimmt (durch radioschwefelmarkierte Stoffe festgestellt). Dann müßte man allerdings die „Morning-after-Pille", ebenso wie die Margulies-Spirale, als Abtreibungsmittel bezeichnen. Jedoch wurde sogar von katholisch-moraltheologischer Seite die Ansicht vertreten, daß man von einem Individuum (= das Unteilbare) in anthropologischer Sicht erst dann sprechen kann, wenn eine Teilung in 2 Individuen nicht mehr möglich ist. Das wäre allerdings nach neuerer Anschauung erst rund 7 Tage nach der Befruchtung der Fall, denn eineiige Zwillinge entstehen nicht immer auf dem Zweizellenstadium, sondern oft erst durch Teilung der Morula.

Die Morula differenziert sich weiter zur sog. *Blastocyste,* die mit Hilfe von proteolytischen Fermenten in die Uterusschleimhaut eindringt.

Die Implantation beginnt am 7. Tag der Embryonalentwicklung und ist etwa am 12. Tag mit dem Schluß des Schleimhautdefektes zunächst durch einen Fibrinpropf, später durch normale Schleimhaut *(Decidua)* abgeschlossen. Bis zum 7. Tag soll interessanterweise die Entwicklung bei Mensch und Säugetier ungefähr gleich verlaufen, unabhängig von der differenten Tragzeit. Am 14. Tag, etwa zur Zeit der ersten ausbleibenden Menstruationsblutung bilden sich Chorionzotten

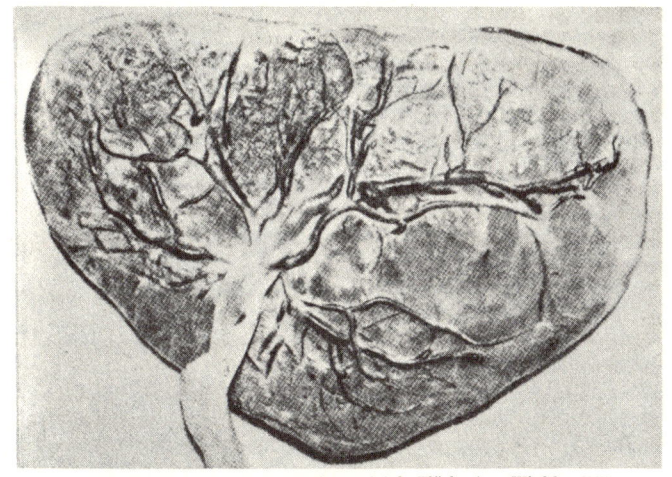

Abb. 11: Placenta mit Nabelschnur, fetale Fläche (aus Winkler [36])

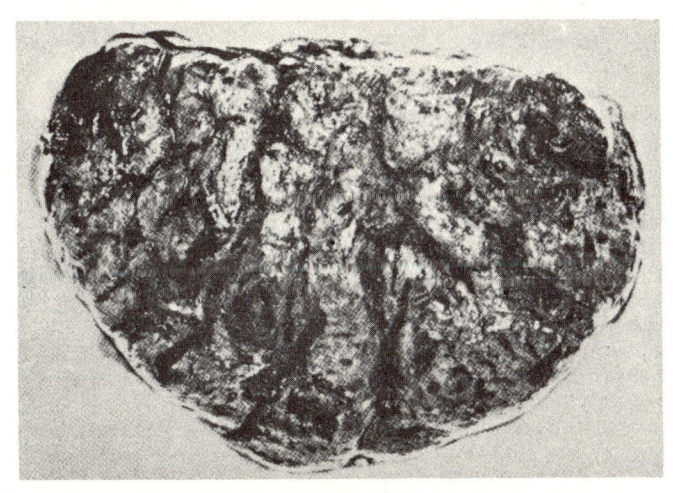

Abb. 12: Placenta, mütterliche Fläche (aus Winkler [36])

(*Chorion* = Eihaut). Sie scheiden ebenfalls proteolytische Fermente ab und zerstören Gewebe und Blutgefäße des mütterlichen Uterus. Dadurch entstehen sog. intervillöse Räume, wo mütterliches Blut in Stoffaustausch (durch Diffusion) mit den in den Zotten befindlichen kindlichen Blutgefäßen tritt. Diese Art der Placentaranlage *(Plazenta* = Mutterkuchen) wird haemochorial genannt, d. h. die Chorionzotten werden direkt von mütterlichem Blut umspült (Abb. 11: Placenta mit Nabelschnur — fetale Fläche, Abb. 12: Placenta — mütterliche Fläche).

Andere Formen der Placentation sind:

Placenta epithelio-chorialis z. B. bei lebendgebärenden Reptilien, Beuteltieren, Schwein, Pferd. Das Chorion (Eihaut) legt sich der Uterusschleimhaut nur an.

Placenta syndesmo-chorialis z. B. bei allen Wiederkäuern. Hier wird das Uterusepithel aufgelöst, so daß Chorion und mütterliches Bindegewebe in Verbindung stehen.

Placenta endothelio-chorialis z. B. bei Raubtieren. Das Chorionepithel umwächst die sozusagen skelettierten mütterlichen Blutgefäße.

Die beim Affen und Menschen vorkommende *Placenta hämo-chorialis* ermöglicht einen Stoffaustausch am besten.

Am 22. Tag treten die ersten Ursegmente auf und damit beginnt die Organentwicklung.

Bis zum Beginn des 3. Monats wird für das Wachstum des Embryo nur der Uteruskörper beansprucht.

Um eine Vorstellung über die Größenzunahme zu bekommen, kann man sich der *H a a s e 'schen Formel* bedienen: bis zum 5. Monat ist die Länge (Scheitel-Fersenlänge) der Frucht das Quadrat der Zahl des Schwangerschaftsmonats, ab 6. Monat das Produkt aus Monatszahl mal 5 (Beispiel: Ende des 3. Monats ist die Länge $3 \times 3 = 9$ cm, Ende des 8. Monats $8 \times 5 = 40$ cm).

Von *Embryo* spricht man bis zum 3. Monat, es fehlen der Frucht noch menschliche Züge. Danach ist der Keim als Mensch zu erkennen und wird als *Foetus (Fetus)* bezeichnet.

b) *Hormonhaushalt in der Schwangerschaft:*

Schon sehr früh kommt es zu einer hormonellen Umstellung. Wenige Tage nach der Befruchtung beginnt die Produktion von *Choriongonadotropin* durch das Ei (Choriongonadotropine sind wie die gonadotropen Hormone Proteohormone, sie werden anfangs vom Trophoblasten gebildet).

Bei der *Blastocyste* = Keimblase sondert sich eine äußere Zettschicht, der *Trophoblast* oder das spätere Chorion, von den übrigen Zellen, dem *Embryoblasten,* d. h. dem eigentlichen Keimbildner ab.

Später übernimmt die Placenta die Choriongonadotropinbildung.

Die gonadotropen Hormone des Hypophysenvorderlappens haben in der Schwangerschaft keine Bedeutung, die zyklische Funktion des Hypophysenvorderlappen-Zwischenhirnsystems hört auf.

Das Choriongonadotropin bewirkt ein Fortbestehen und Wachstum des Gelbkörpers *(Corpus luteum graviditatis)* und eine Weiterproduktion von Progesteron und Östrogenen, so daß es nicht zu einem Zusammenbruch und einer Abstoßung der Uterusschleimhaut kommt.

Das befruchtete Ei kann sich in der aufgelockerten Schleimhaut einnisten und wird durch die Verhinderung der Periodenblutung vor seinem Untergang geschützt. Durch die im Blut kreisenden Östrogene und Gestagene wird das Hypophysenvorderlappen-Zwischenhirnsystem gebremst und damit die Ausreifung weiterer Follikel im Ovar unterbunden.
Die Menge der Östrogene und Gestagene nimmt immer mehr zu, ihre Bildung wird schon bald von der Placenta übernommen, das *Corpus luteum graviditatis* geht zugrunde.
Im 2., spätestens aber im 3. Monat, besteht dann eine hormonale Autonomie der Frucht.
Unter der Einwirkung der Östrogene nimmt der Uterus an Größe und Gewicht zu, durch das Progesteron wird die Uterusmuskulatur ruhiggestellt. Außerdem spielt für die Ruhigstellung des Uterus auch noch die *Oxytocinase* (ein Ferment) eine Rolle, die das Wehenhormon *Oxytocin* bis zum Geburtsbeginn inaktiviert.

Die Länge der Uterusmuskelfasern nimmt um das 10-fache, die Breite um das 3-fache zu. Das Gewicht der Gebärmutter steigt von 50 g auf 1000 g.
Der hohe Östrogen-Gestagen-Spiegel fördert die Durchblutung des Genitales. Der Cervixschleim bleibt für die Spermien undurchdringbar (wie in der Sekretionsphase). Weiterhin kommt es zu einer Proliferation der Brustdrüsen (Größenzunahme der Drüsenzellen).
Oft kann man auch eine Größenzunahme der Schilddrüse als Ausdruck einer allgemeinen Leistungssteigerung beobachten.
Die Gesamtblutmenge nimmt um 1 bis 1½ *l* zu, die Blutsenkungsgeschwindigkeit ist erhöht.
Die verstärkten Pigmentierungen im Gesicht, Hals, Nabel und Brustwarzen beruhen auf dem hohen Östrogenspiegel. Eine Weitstellung des Beckenringes und der Symphyse wird durch ein Polypeptid, *Relaxin*, erreicht, das vom Corpus luteum graviditatis gebildet wird.
Die Produktion an Nebennierenrindenhormonen ist erhöht, was oft vor allem an der Haut des Bauches zu rötlich bis bräunlichen Schwangerschaftsstreifen (Striae) führt. (Eine krankhafte Überproduktion an Nebennierenrindenhormonen bei einem Tumor der Nebennierenrinde *[Morbus Cushing]* verursacht ebenfalls solche *Striae*.)
Die Morgentemperatur bleibt in der Schwangerschaft auf der gleichen Höhe wie in der Corpus-luteum-Phase. Im 3.—4. Monat sinkt sie um etwa ½° ab, das Temperaturzentrum ist für Progesteron unempfindlich geworden. Durch den frühen Anstieg an Choriongonadotropinen (bereits am 19.—24. Zyklustag können sie im Urin nachgewiesen werden) ist es möglich, eine Schwangerschaft schon längst vor dem Vorhandensein von sog. „sicheren Schwangerschaftszeichen" (etwa ab 5. Monat) mit einer bis zu 99 %igen Sicherheit zu diagnostizieren.

c) *Biologische und immunologische Schwangerschaftsreaktionen:*

α) *Biologische* Schwangerschaftsreaktionen:

Bei der *A s c h h e i m Z o n d e k ' schen Schwangerschaftsreaktion* werden 6 infantilen Mäusen in das Bauchfell (intraperitoneal) Harneinspritzungen gemacht. Bei positivem Ausfall, d. h. bei Vorhandensein von Choriongonadotropin, treten nach 5 Tagen folgende Reaktionen auf: Vergrößerung des Uterus und der Eierstöcke, Follikelreifung, Schollenbildung (schollige Anhäufung kernloser Vaginalepithelien), Blutpunkte im Ovar, *Corpora lutea* = Gelbkörper. Das Auftreten von Blutpunkten oder Corpora lutea, d. h. die beiden letztgenannten Reaktionen, werden als Beweis für eine Schwangerschaft gewertet. (Positiver Ausfall aber auch bei hormonproduzierenden Eierstockgeschwülsten. Mäßige Empfindlichkeit des Testes!)

Froschtest nach Galli-Mainini: Bei männlichen Kröten kommt es nach Einspritzung von 1—2 cm^3 frischen Morgenharns oder Blutserums in den lumbalen Lymphsack zu einer Spermaausscheidung nach etwa 1—2 Stunden, die unter dem Mikroskop nachgewiesen werden kann.

Etwa 10 Tage nach dem Ausbleiben der Menstruation ist die mit dem Urin ausgeschiedene Menge an Choriongonadotropin für diesen Test ausreichend (ziemlich unempfindlich).

Scheidenabstrichtest: Infantile weibliche Ratten erhalten an 2 aufeinanderfolgenden Tagen Harn injiziert. Mit Scheidenabstrichen nach 50, 72 und 90 Stunden wird nach einer Östrusreaktion (Schollenbildung) gesucht. (Sehr empfindlich, aber lange Dauer.)

β) Immunologische Schwangerschaftsreaktionen:

Das choriongonadotrope Hormon wird mit Hilfe von Antikörpern im Harn nachgewiesen *(Pregnostikon-Test, Ortho-Test).* Bereits 8 Tage nach Ausbleiben der Menstruation kommt es hierbei zu einem positiven Ausfall, Dauer: 2 Stunden.

Die immunologischen Schwangerschaftsreaktionen sind wesentlich empfindlicher, zuverlässiger, schneller und leichter durchführbar.

Es gibt noch zahlreiche andere Methoden des Schwangerschaftsnachweises z. B. *Friedmann-Test, Krallenfroschtest, Ovar-Hyperämie-Test* usw.

d) Sichere, wahrscheinliche, unsichere Schwangerschaftszeichen:

Der Choriongonadotropinspiegel sinkt nach dem 4. Schwangerschaftsmonat, die obengenannten Tests verlieren dann an Sicherheit. Ihre Bedeutung tritt jetzt aber auch zurück, denn nun können ja schon *sichere Schwangerschaftszeichen* festgestellt werden (ab 5. Monat) wie Fühlen der Kindsbewegungen, Hören kindlicher Herztöne (Frequenz 120—160/min.), Sichtbarwerden von Kindsteilen auf dem Röntgenbild.

Als *wahrscheinliche Schwangerschaftszeichen* gelten: Sistieren der Periodenblutung (nach 4 Wochen), Vergrößerung des Uterus (ab 3. Monat), Bläulichwerden der äußeren Geschlechtsteile und des Muttermundes (ab 2.—3. Monat), weiche Konsistenz des Uterus und Wechsel der Konsistenz (ab Ende des 2. Monats).

Unsichere Schwangerschaftszeichen sind: dicker Bauch, psychische Veränderungen, abnorme Gelüste, Übelkeit, Erbrechen, Pigmentierungen. Sie können z. B. auch bei einer eingebildeten Schwangerschaft *(Graviditas imaginata)* oder einer Scheinschwangerschaft (bei Zysten des Gelbkörpers, die Hormon ausschütten) auftreten.

e) Berechnungen des Geburtstermines:

Die *Größenzunahme des Uterus* ist ab Ende des 4. Monats tastbar. Auf Grund des Tastbefundes können Aussagen über die Dauer der bestehenden Schwangerschaft gemacht werden. So steht z. B. Ende des 6. Monats der Scheitel *(Fundus)* der Gebärmutter in Höhe des Nabels, am Ende des 8. Monats in der Mitte zwischen

Nabel und Schwertfortsatzspitze des Brustbeins, am Ende des 9. Monats am Rippenbogen, im 10. Monat 1—2 Querfinger unterhalb des Rippenbogens. Der Leib senkt sich also am Ende der Schwangerschaft (der Kopf des Kindes wird dabei mehr oder weniger, besonders bei Erstgebärenden, unter dem Einfluß der jetzt einsetzenden Senkwehen ins Becken hinein gesenkt). Von dieser *Senkung des Leibes* an gerechnet dauert es noch 3—4 Wochen bis zur Geburt (eine in der Regel recht zuverlässige Methode zur Bestimmung des Geburtstermines).

Erstgebärende bemerken die *ersten Kindesbewegungen* am Ende der 20. Woche (Ende des 5. Monats), Mehrgebärende am Ende der 18. Woche (zwischen 4. und 5. Monat). Es dauert also vom ersten Auftreten der Kindsbewegungen noch 20 Wochen bei Erstgebärenden (4½ Kalendermonate), 22 Wochen bei Mehrgebärenden (5 Kalendermonate).

Vom 1. Tag der letzten Regel an gerechnet dauert die Schwangerschaft rund 280 Tage = 40 Wochen, einen durchschnittlich 28-tägigen Zyklus vorausgesetzt.

Dieser Zeitraum wird in der Geburtshilfe in 10 Schwangerschafts-, Mond- oder Lunarmonate eingeteilt. Der wahrscheinliche Geburtstermin wird nach der *N a e g e l e 'schen Regel* so errechnet, daß man vom 1. Tag der letzten Regel 3 Monate abzieht und 7 Tage hinzuzählt. Natürlich kann die Geburt 8—14 Tage früher oder auch später eintreten. ⅔ aller Kinder werden, wie die Statistik zeigt, 3 Wochen um den so errechneten Geburtstermin geboren.

Beispiel: 1. Tag der letzten Regel: 1. 7. 68
davon 3 Monate ab: 1. 4. 68
dazu 7 Tage: 8. 4. 68
+ 1 Jahr = errechnetes Geburtsdatum: 8. 4. 69

Eine weitere Möglichkeit der Berechnung besteht darin, daß man *vom Konzeptionstag 3 Monate abzieht* und ein Jahr hinzuzählt.

Eine *laufende ärztliche Kontrolle während jeder Schwangerschaft ist unbedingt notwendig* (bis zum 5. Monat zweimalige Konsultation, bis zum 8. Monat in etwa 4—6-wöchigem Abstand, danach bis zum Ende der Schwangerschaft alle 14 Tage).

Neben der gynäkologischen Untersuchung mit Beckenaustastung, Krebsabstrich und der geburtshilflichen Untersuchung interessieren in erster Linie der Urin, Blutdruck, Gewicht und Blutfaktoren (A, B, O, Rh-Faktoren). Frauen mit präexistenten Krankheiten (z. B. Nierenkrankheit, Herzfehler, Zuckerkrankheit, Bluthochdruck) sind in der Schwangerschaft besonders gefährdet

In den meisten Bundesländern wurde der sog. „Mütterpaß" eingeführt, in dem vom Frauenarzt die wichtigsten Befunde über die Schwangere und den Verlauf der Schwangerschaft eingetragen werden

f) Gewichtszunahme während der Schwangerschaft:

Stärkere Gewichtszunahme durch vermehrte Wasserretention (es können sich Ödeme am ganzen Körper, an Beinen, Füßen, Händen, Schamlippen, Gesicht entwickeln), Erhöhung des Blutdruckes und Eiweißausscheidung im Urin (eine geringe Ausscheidung von Eiweiß bis 1 $^0/_{00}$ ist physiologisch) sind Alarmzeichen und deuten eine bevorstehende *Eklampsie* an (Krämpfe wie beim epileptischen Anfall, die sich manchmal durch Flimmern vor den Augen ankündigen). Sie erfordern eine sofortige fachärztliche Beratung. Die Gewichtszunahme einer Schwangeren soll nicht mehr als 15—20 % des Körpergewichtes (10—12 kg) be-

tragen. In den letzten 3 Schwangerschaftsmonaten darf sie nicht höher als etwa 1—1½ kg pro Monat sein, sonst muß man Ödeme annehmen.
Der Leibesumfang am Termin, in Nabelhöhe gemessen, ist 100—105 cm.

g) Blutungen in der Schwangerschaft:

Auch Blutungen während des gesamten Schwangerschaftsverlaufes können sehr gefährlich für das Leben von Mutter und Kind sein und sollten sofort zu einer Klärung ihrer Ursache durch den Arzt (am besten im Krankenhaus) veranlassen.
In etwa 4—6% aller Schwangerschaften treten noch nach der letzten normalen Menstruationsblutung im 1. Monat sog. *Pseudomenstruationen* auf, über deren Ursache allerdings keine einheitliche Auffassung besteht (drohender Abgang [Abort]?, Austrittsblutungen aus den Gefäßen der Uterusschleimhaut?).
Ursachen für Blutungen können sein: In der ersten Hälfte der Schwangerschaft z. B. ein *drohender Abort* (= Fehlgeburt, Abgang, Unterbrechung der Schwangerschaft vor dem 7. Monat. Bei einer Unterbrechung der Gravidität nach dem 7. Monat spricht man von *Frühgeburt;* die Frucht ist zwar lebensschwach aber doch lebensfähig). *Extrauteringravidität* (Implantation des Eies außerhalb des Uterus z. B. im Eileiter oder in der Bauchhöhle), *Polyp des Uterushalses, Karzinom.* In der zweiten Hälfte der Schwangerschaft z. B. eine *Placenta praevia* (der Mutterkuchen liegt hierbei dem Geburtskanal vor), *vorzeitige Lösung der Placenta, erweiterte Gefäße (Varizen)* an Scheide und Vulva, *Karzinom, Fibrinogenmangelblutungen (Fibrinogen* = Gerinnstoff des Blutes) usw.

In der Regel können diese Blutungen bei rechtzeitigem Eingreifen beherrscht werden, trotzdem stehen heute die Todesfälle durch Verblutung neben *Gestosen* (= *Toxikosen,* Krankheiten auf Grund einer Schwangerschaft) an erster Stelle. Früher war es das Kindbettfieber, das für einen erschreckend hohen Prozentsatz der Müttersterblichkeit verantwortlich war. Es hat Zeiten gegeben, in denen jede 3. Frau dem Kindbettfieber erlag. Erst durch die Entdeckung seiner *Ätiologie* (Ursache) durch *Ignaz Semmelweis* (1818—1865) kam es zu einem zunächst langsamen, dann aber doch bedeutenden Rückgang der Sterblichkeit im Wochenbett. 1848 starben z. B. noch bis zu 11,4 % der Wöchnerinnen (vor allem in den Kliniken, wo die Frauen durch häufige, aber unsterile Untersuchungen infiziert wurden), um die Jahrhundertwende waren es 5 ‰, bis zum ersten Weltkrieg 1 ‰, heute sind es etwa 0,03 ‰. Damit steht das Kindbettfieber erst an 4. Stelle der Ursachen für die Müttersterblichkeit. (Tonband: „Kampf dem Kindbettfieber")

h) Müttersterblichkeit:

Die Gefährdung der Mutter durch Schwangerschaft, Geburt und Wochenbett ist in der Bundesrepublik Deutschland gesunken, die Müttersterblichkeit beträgt heute ⅕ der Vorkriegszahlen.
Unter 10 024 Geburten von 1955—1964 an der Universitätsklinik Gießen gab es 13 Todesfälle, das sind 1,32 ‰.
In anderen Ländern ist die Müttersterblichkeit noch geringer, z. B. in Österreich ⅙, in England ¹/₁₀, in den USA (weiße Bevölkerung) ¹/₂₀ der Vorkriegszahlen.
Die im Vergleich zu diesen Ländern relativ hohe Müttersterblichkeit in Deutschland hat ihre Ursachen in einer noch recht großen Zahl an Hausgeburten und in einem ungünstigen Verhältnis der gynäkologischen Krankenhausbetten und der

Bevölkerungszahl. Zum Teil spielen auch noch mangelhafte Aufklärung, Gleichgültigkeit und eine manchmal unzureichende Schwangerenfürsorge mit (s. Tabelle 2 und 3, nach *Ebbing*, Wirtschaft und Statistik 1963).

Tab. 2: Müttersterblichkeit auf 100 000 Lebendgeborene

Jahr	1950	1955	1960	
Bundesrepublik	206,2	156,7	105,7	
Österreich	174,2	105,9	87,4	
England und Wales	88,2	65,7	39,5	
USA, weiße Bevölkerung	83,2	32,5	32,0	(einschl. der nicht weißen Bevölkerung)
Dänemark	78,0	42,9	43,4	(von 1959)

Tab. 3: Müttersterblichkeit auf 100 000 Lebendgeborene nach wichtigsten Todesursachen (1959)

Land	Toxikosen (Schwangersch. u. Wochenbett)	Blutungen (Schwangersch. u. Entbindung)	Infektionen (Schwangersch. Entbindung, Wochenbett)
Bundesrepublik	22,6	16,7	15,1
Österreich	17,7	17,7	12,1
England und Wales	7,9	5,9	6,3
USA, weiße Bevölkerung	12,1	1,3	2,7
Dänemark	12,1	1,3	2,7

i) Mutterschutz

Während man früher den schwangeren Frauen keine genügende Schonung gewährte — *J. P. Frank* im ersten Band seiner „Medizin. Polizey": „man schont die Pferde vor und nach dem Fohlen, nicht aber die Bäuerin bei der Geburt" — bemüht man sich seit Beginn des 20. Jahrhunderts um eine pränatale Vorsorge und einen Mutterschutz. Darunter versteht man „alle ärztlichen und sozialen Sorgeleistungen, die dem naturhaften Geschehen Schwangerschaft, Geburt und Wochenbett den größtmöglichen Schutz und der entbundenen Mutter eine ungestörte Erholung und Sorgemöglichkeit für ihr Kind sichern sollen" (*W. Klosterkötter* und *A. Rainer* in Lehrbuch der Hygiene von *H. Gärtner* und *H. Reploh*, Gustav Fischer Verlag, Stuttgart).

Die letzte und zur Zeit gültige Form dieser Bestrebungen beinhaltet das „Gesetz zum Schutze der erwerbstätigen Mutter" (Mutterschutzgesetz) in einer Neufassung vom 18. 4. 1968 (siehe S. 297).

In der Schwangerenberatung erhalten werdende Mütter Ratschläge für richtige Ernährung, Kleidung und allgemeines Verhalten in dieser physisch wie psychisch anspruchsvollen Zeit.

k) Pränatale Schäden der Frucht:

Hier sei besonders darauf hingewiesen, daß die Einnahme von *Genußmitteln* und von *Medikamenten,* auch von sog. unschädlichen, wenn irgendwie möglich, unterlassen werden sollte. Tetracycline (Antibiotica) erzeugen z. B. Zahnveränderungen, Thalidomid (Contergan, ein Schlafmittel) verursacht wahrscheinlich Mißbildungen. Ebenso müssen *Infektionsquellen* und *Streß-Situationen* vor allem in der Frühphase der Entwicklung möglichst vermieden werden, z. B. Lärm, Hunger, Angebot unverträglicher oder unzureichender Nahrungsmittel, Sauerstoffmangel usw. Auch *Infektionen,* besonders Viruserkrankungen in den ersten Wochen der Schwangerschaft, führen unter Umständen zu schweren Schäden des Keimes, so z. B. Röteln, die beim Embryo Hirnschädigung, Katarakt = Linsentrübung, Herzmißbildungen und Schwerhörigkeit zur Folge haben *(Embryopathia rubeolaris,* Mißbildungsfrequenz in Europa 20—25 %).

Um Rötelnerkrankungen während der Schwangerschaft zu vermeiden, wurde ein Serum entwickelt, das schon in der Erprobung ist. Mit ihm sollen junge Frauen und Mädchen immunisiert werden.

Durch Infektion der Schwangeren im 2. oder 3. Schwangerschaftsdrittel mit *Listerien* (grampositive Stäbchen) oder *Toxoplasmen* (Protozoen) nach Genuß roher Milch, rohen Fleisches (Tartar) oder Kontakt mit infizierten Haustieren kann es ebenfalls zu schweren Schäden des Feten *(Fetopathien)* über die Placenta kommen.

Eine Behandlung dieser Embryo- und Fetopathien ist entweder überhaupt unmöglich oder mit sehr schlechten Resultaten verbunden.

Die Schwangere muß sich also solchen Infektionsgefahren gegenüber vorbeugend verhalten, d. h. z. B. größere Ansammlungen von Menschen oder Umgang mit Haustieren meiden!

Weitere Möglichkeiten einer Schädigung der Frucht sind z. B. *ionisierende Strahlen* (in Hiroshima und Nagasaki wurden bei exponierten Schwangeren 23 % Fehl- und Todgeburten beobachtet) und *röntgendiagnostische Maßnahmen* in der Frühschwangerschaft.

Eine bestehende Gravidität sollte auf alle Fälle dem Arzt im Hinblick auf die eventuelle Auslösung medikamentöser und röntgenologischer Schäden frühzeitig mitgeteilt werden!

6. Geburt

Wird am Ende der Schwangerschaft die Muskulatur des Uterus empfindlich für das Oxytocin des Hypophysenhinterlappens, dann werden Wehen, d. h. rhythmische unwillkürliche Uteruskontraktionen, ausgelöst.

Durch Kontraktion (Zusammenziehen der Muskelbündel), Retraktion (bleibende Verkürzung; damit Dickenzunahme der Muskelwand und Verkürzung des Innenraumes) und Distraktion (Öffnung des sog. passiven Systems) wird das Kind auf Grund des zunehmenden Innendruckes nach der Stelle des geringsten Widerstandes, d. h. des Uterushalses befördert.

Ein Ausweichen des Uterus nach oben wird durch seinen bandartigen Halteapparat verhindert.

Man unterteilt die Geburt in verschiedene Phasen:

a) Eröffnungsperiode:

Sie beginnt mit dem Einsetzen regelmäßiger Wehen und ist beendet mit der völligen Eröffnung des Muttermundes. Jetzt kommt es zum sog. rechtzeitigen Blasensprung.

Dauer bei Erstgebärenden: ca. 13—18 Stunden, bei Mehrgebärenden: ca. 6—9 Stunden.

b) Austreibungsperiode:

Damit ist der Zeitraum zwischen völliger Eröffnung des Muttermundes und der Geburt des Kindes gemeint. Die Uteruswehen werden jetzt durch die Bauchpresse unterstützt *(Presswehen)*. Dadurch werden die unwillkürlichen Wehen um etwa das dreifache gesteigert. Gleichzeitig kommt es reflektorisch zu einer Entspannung der Beckenbodenmuskulatur.

Der kindliche Körper tritt immer tiefer (von 100 Geburten sind 96 Schädellagen, 3 Beckenendlagen, 1 Querlage), der Kopf „schneidet ein", (wird in der Vulva sichtbar). Beim „Durchschneiden des Kopfes" wird ein *Dammschutz* durchgeführt. Er soll den Kopf langsam durchtreten lassen — mit seinem günstigsten Durchmesser. Um die oft schlecht zu übersehenden und zu versorgenden Dammrisse (Einrisse der Scheide, Dammuskulatur und eventuell sogar des Darmes) zu vermeiden, führt man heute gern einen *Scheidendammschnitt (Episiotomie)* durch, der glatte Wundränder bietet, leicht genäht werden kann, eine Schonung des Beckenbodens ermöglicht und schließlich eine Prophylaxe für spätere Senkungen der Gebärmutter darstellt.

Dauer der Austreibungsperiode:
bei Erstgebärenden: 1½ bis 2 Stunden, bei Mehrgebärenden ½ bis 1 Stunde.

c) Nachgeburtsperiode:

In ihr löst sich die Placenta und wird ausgestoßen. Dabei werden etwa 250 bis 400 ml Blut verloren.

Dauer der Nachgeburtsperiode: 10 min. — ½ Stunde (höchstens 2 Stunden). Jetzt ist die Geburt beendet, das Wochenbett *(Puerperium)* beginnt.

Gerade in dieser letzten Geburtsphase können sehr leicht Blutungen auftreten, die unter Umständen sehr gefährlich sind und am besten in der Klinik behandelt werden.

Die Ursachen dieser Blutungen können sein: *Lösungsblutungen der Placenta* auf Grund eines schlaffen (atonischen) und übermüdeten Uterus oder einer zu fest mit dem Uterus verwachsenen Placenta, *Ausstoßungsstörungen* einer schon vollständig gelösten Placenta z. B. infolge einer Atonie des Uterus, *Retention kleiner* oder größerer Stücke der Placenta, *atonische Nachblutungen* nach Ausstoßung der Placenta. Hierbei ist der Uterus zu schlaff, die Retraktion, die für die Blutstillung durch Kompression der Gefäße nötig ist, erfolgt nicht ausreichend.

Die Vollständigkeit der Placenta ist von größter Bedeutung, zurückgebliebene Zellreste führen nicht nur zu der oben genannten Retentionsblutung, sondern eventuell auch zu einer bösartigen Geschwulst, dem *Chorionepitheliom,* das schnell Tochtergeschwülste *(Metastasen)* in Lunge, Leber und Gehirn erzeugt.

Mit der Ausstoßung der Placenta fällt die Produktionsstätte der Steroidhormone und Gonadotropine weg.

Die Ovarien nehmen ihre Funktion nicht sofort auf, es entsteht also im Wochenbett ein relativer Steroidmangel.
Bei 80 % aller stillenden Frauen bleibt eine zyklische Monatsblutung während der Stillzeit aus. Möglicherweise hat das Prolactin des Hypophysenvorderlappens eine hemmende Wirkung auf die Follikelreifung. Damit soll aber nicht gesagt werden, die Stillzeit sei ein sicherer Schutz gegen eine Konzeption.

7. Wochenbett

Unter dem Wochenbett versteht man die Zeit der Rückbildung der durch die Schwangerschaft erfolgten Veränderungen, sie dauert etwa 6 Wochen.
Der Uterus, am Ende der Gravidität 1 000 g schwer, wird kleiner, er steht 24 Stunden nach der Geburt etwa in Nabelhöhe und tritt dann täglich mit seinem Scheitel *(Fundus)* einen Querfinger tiefer.
Durch Uteruskontraktionen (Nachwehen) werden Blutgerinnsel und abgebaute Schwangerschaftsschleimhaut nach außen befördert.
Die Rückbildung des Uterus wird durch die *Laktation* (Stillen) gefördert (auf Grund von Kontraktionsreizen über das sympathische Nervensystem und die Ausschüttung des Oxytocins des Hypophysenhinterlappens).
Gleichzeitig bildet sich auch die große Wundfläche der Gebärmutter zurück (sie ist ein günstiger Boden für eine Keiminvasion).
Der Wochenfluß (die sog. *Lochien*), das Sekret aus der Uterushöhle, gibt Aufschluß über den Heilverlauf. In den ersten 3—4 Tagen sind die Lochien blutig, werden dann bräunlich, später fleischwasserfarben und schließlich immer seröser. Nach 4—6 Wochen versiegt der Lochienfluß, es hat sich wieder eine funktionsfähige Uterusschleimhaut gebildet.
Im Ovar wird der Gelbkörper, der sich schon in der 2. Hälfte der Schwangerschaft zurückgebildet hat, narbig umgewandelt. Nach 4—6 Wochen oder später werden neue Follikel gebildet.
Der Hypophysenvorderlappen schüttet im Wochenbett vorwiegend Prolactin aus, das für die Milchbildung in den während der Schwangerschaft vorbereiteten Brustdrüsen verantwortlich ist.
In der Schwangerschaft sind die Brustdrüsen leer bzw. enthalten nur einige Tropfen *Kolostrum* (Vormilch, Sekret der Brustdrüsen, ab etwa der 6. Schwangerschaftswoche nachweisbar, bestehend aus mit Fett beladenen Leucocyten-Kolostrumkörperchen, Kohlenhydraten, Salzen, Fett und Glubolinen als Träger von Antikörpern, die für den über Monate anhaltenden Nestschutz = passive Immunisierung des Säuglings, verantwortlich sind).
Am 2.—5. Tag nach der Geburt „*schießt die Milch ein*". Sehr entscheidend für das Anhalten der Milchsekretion ist der Saugreiz des Kindes. Er soll durch nervöse Impulse über das Zwischenhirn-Hypothesensystem zu einer Freisetzung des *Oxytocin* im Hypophysenhinterlappen und des *Prolactin* im Hypophysenvorderlappen führen. Beim Ausbleiben des Saugreizes kommt es innerhalb weniger Tage zu einem Versiegen der Milch (siehe S. 281).
Für eine vollständige Entleerung der Brust muß gesorgt werden, da sonst die Gefahr einer Brustentzündung *(Stauungsmastitis)* und eines Rückganges der Sekretion besteht.

Das Stillen erfordert einen Kalorienmehrbedarf von etwa 800 kal, die Ernährung der Mutter soll deshalb gesteigert werden (um ungefähr ⅓). Zu beachten ist, daß die verschiedensten Stoffe (vor allem fettlösliche) in die Milch übergehen, z. B. Alkohol, Nikotin, Coffein usw. (Milchzusammensetzung siehe S. 168 ff).

In den ersten Tagen nach der Geburt ist die Blasen- und Stuhlentleerung noch erschwert, die Wöchnerinnen schwitzen stark (Entlastung der Nieren). Es muß ja eine größere Menge an interstitieller Flüssigkeit ausgeschieden werden (ca. 5 l), deshalb auch hohe Urinmengen). Die Temperatur ist leicht erhöht als Zeichen der Heilungs- und Resorptionsvorgänge im Uterus. Steigt sie allerdings über 38 °, dann ist eine Infektion der Uteruswunde zu befürchten (*Wochenbettfieber*, früher die gefährlichste Komplikation, siehe S. 260.

Fieber im Wochenbett kann natürlich auch andere Ursachen haben: z. B.

Blasen- oder Nierenbeckenentzündung (*Cystitis* oder *Pyelonephritis*), die bei der Frau infolge der Kürze der Harnröhre und bei der Wöchnerin durch die Atonie der Harnblase und die Beanspruchung durch die Geburt besonders leicht erfolgen kann.

Venenentzündung *(Thrombophlebitis),* deshalb ist frühes *Aufstehen zu empfehlen* (natürlich nicht bei irgendwelchen Komplikationen z. B. Dammrissen, Fieber usw.).

Brustentzündung *(Mastitis)* wird meist durch Stauung und Infektion hervorgerufen. Deshalb ist eine Prophylaxe durch peinliche Sauberkeit, sorgfältige Behandlung von Schrunden und Ekzemen unbedingt erforderlich.

Allgemeine Infekte (z. B. *Angina* usw.).

Gegen Ende der Stillzeit beginnen Keimdrüsen und Zwischenhirn-Hypophysen-System sich wieder aufeinander einzuspielen. Zunächst kommt es meist nicht zu einer richtigen Menstruation mit einem vorhergehenden Eisprung, sondern zu einer Abbruchblutung ähnlich den ersten Zyklen bei Mädchen in der Pubertät. Bei Nichtstillenden tritt diese Abbruchblutung ungefähr 6 Wochen nach der Geburt auf.

Die Frage nach dem *für die Schwangerschaft günstigen Alter* kann ganz allgemein so beantwortet werden, daß jüngere Frauen leichter entbinden als ältere. Für die erste Geburt soll ein Alter zwischen 19 und 22 Jahren besonders günstig sein.

Nun können natürlich auch Frauen im Alter von 40 oder 45 Jahren noch vollvollkommen normale und glatt verlaufende Geburten haben. Trotzdem bringt höheres Alter beider Eltern gewisse Komplikationen mit sich, für die im Folgenden einige Beispiele aufgeführt sind: Man hat festgestellt, daß eine Beziehung zwischen dem Mongolismus und dem Alter der Mutter besteht. Der Mongolismus kommt zu ⅓ bei Kindern von Müttern vor, deren Alter bei der Schwangerschaft jenseits des 40. Lebensjahres liegt. Bei einer Überalterung des Vaters häufen sich Fälle von *Chondrodystrophie* (angeborene Störung des Knorpelwachstums).

2—3 % aller Kinder mit Chromosomenanomalien stammen von Müttern über 40 Jahren. Bei einer Vorverlegung des Alters von Schwangeren auf 25—30 Jahre kann neben einer Reduzierung von Anomalien wie z. B. dem *Klinefelter*-Syndrom (Chromosomentyp XXY) auch die Zahl der mongoloiden Kinder in der Bundesrepublik jährlich um 600 verkleinert werden.

Wie günstig sich eine Geburtenkontrolle hierbei auswirken kann, zeigt eine japanische Untersuchung, wonach bei 10 000 Lebendgeborenen die Zahl der Mißbildungen von 21,1 im Jahr 1953 auf 19,0 im Jahr 1960 zurückging.

8. Krebserkrankungen

a) Unterleibskrebs

Für viele Frauen ist die Schwangerschaft der erste Anlaß, einen Gynäkologen aufzusuchen und sich von diesem beraten zu lassen — ein Verhalten, das grundfalsch ist und sich unter Umständen als sehr gefährlich erweisen kann. Von entscheidender Bedeutung ist es — und das sollte schon in den oberen Klassen der Schule betont werden —, *daß Frauen im geschlechtsreifen Alter den Frauenarzt oder eine entsprechende Frauenklinik nicht nur in dieser einmaligen Phase einer Schwangerschaft konsultieren, sondern auch später mindestens einmal jährlich eine gynäkologische Untersuchung und einen Krebsabstrich durchführen lassen. Dasselbe gilt natürlich auch für die Zeit nach der Geschlechtsreife!*

Die Pflicht der Aufklärung liegt hier nicht allein beim Arzt, sondern ganz besonders bei den Erziehern, die ihre Schülerinnen so früh wie möglich mit dem Krebsproblem vertraut machen und ihnen die durchaus verständliche Scheu vor einer gynäkologischen Untersuchung angesichts der so großen Gefahr eines Krebsbefalls nehmen sollten.

Mit mindestens der gleichen ausdauernden Gründlichkeit, mit der in den Schulen auf eine sorgfältige Zahnpflege hingewiesen wird, muß in unserem heutigen, man kann schon sagen krebsverseuchten Zeitalter, auf eine frühzeitige und kontinuierlich durchgeführte Krebsuntersuchung gedrungen werden. Ein Gebiß kann ohne Schwierigkeiten und in jedem Alter erneuert werden, aber selbst dem besten Gynäkologen ist es nicht mehr möglich, eine schon vom Krebs befallene Gebärmutter zu erneuern. Er kann sie bestenfalls herausoperieren und hoffen, daß noch keine Tochtergeschwülste vorhanden sind. Je früher er aber eingreifen kann, umso besser sind die Heilungschancen für die Patientin, und gerade von diesem „je früher umso besser" müssen die jungen Mädchen schon in der Schule überzeugt werden. Eine bekannte Tatsache ist, daß Vorbeugen besser als Heilen ist.

Die Möglichkeit einer Prophylaxe sollte jede Frau ab etwa dem 2 0 . L e b e n s j a h r wahrnehmen!

Dieses Alter mag manchen als sehr niedrig erscheinen, aber leider macht der Uteruskrebs nicht vor der Jugend halt. Es sind Fälle beschrieben, wo schon 16- und 17jährige vom Gebärmutterhalskarzinom befallen waren. Abb. 13 zeigt die Altersverteilung von Gebärmutterhals- und -körperkrebs. Das Gebärmutterhalskarzinom ist häufiger als das Gebärmutterkörperkarzinom (Verhältnis 3,6 : 1); das letztere kommt häufiger bei Frauen vor, die keine Kinder haben.

In ihrem Anfangsstadium machen diese Karzinome meist keine für die Frauen bemerkenswerten Erscheinungen, sind aber durchaus schon durch eine gynäkologische Untersuchung und einen dabei durchgeführten Krebsabstrich *(Smear)* feststellbar.

Fleischwasserfarbener Ausfluß, unregelmäßige Blutabgänge, Kohabitationsblutungen, Blutungen aus der Scheide beim Stuhlgang, überhaupt jede Blutung nach der Menopause sind höchste Alarmzeichen!

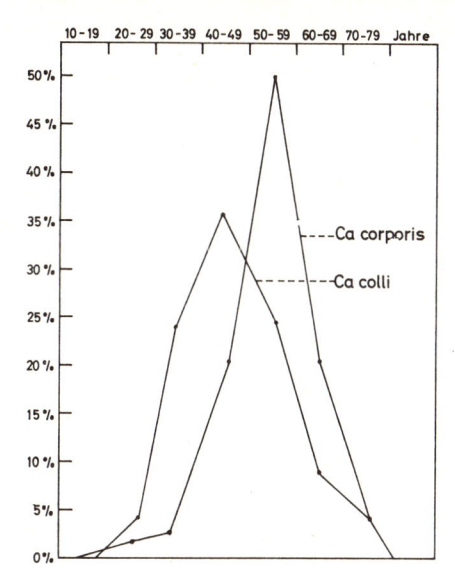

Abb. 13: Prozentuales Vorkommen des Gebärmutterkarzinoms in den verschiedenen Lebensaltern der Frau (nach Martius [20], S. 173)

Je fortgeschrittener der Krebs ist, desto geringer sind die Heilungsaussichten. Beschränkt sich z. B. die Ausbreitung des Halskarzinoms auf die Gebärmutter allein, dann sind die Heilungschancen noch etwa 70—80 %. Sind die Beckenorgane schon befallen, dann besteht nur noch eine Chance von etwa 10—30 %, geheilt zu werden.

Behandlungsmöglichkeiten sind Operation, Bestrahlung, Kombination beider, Cytostatica (Arzneimittel, die das Wachstum bösartiger Geschwülste hemmen sollen) und eventuell Hormone (z. B. Androgene, Progesteron).

Die Heilungsergebnisse beim Uteruskörperkarzinom sind günstiger. Oft werden schon früh wehenartige Schmerzen bemerkt, die die Frauen in noch operablem Zustand zum Arzt führen, zum anderen ist der Verlauf langsamer und der operative Eingriff nicht so radikal. Seltenere, aber nicht minder gefährliche Unterleibskarzinome sind z. B. das Scheiden- und Eierstockkarzinom.

b) Brustkrebs

Der Brustkrebs (Mammakarzinom) ist in Europa die häufigste Krebsbildung bei der Frau. Er tritt vorwiegend zwischen dem 45. und 60. Lebensjahr auf. Bevorzugt sind Frauen mit geringem Sexualverkehr, geringer Kinderzahl und fehlender Brusternährung des Kindes sowie Altjungfernschaft [13]. Knoten in der Brust, Verziehung der Brustwarze, tastbare Lymphknoten in der Achselhöhle sind hier die alarmierenden Symptome.

Möglichkeiten der Behandlung sind Operation, Bestrahlung, Kombination beider, eventuell Hormonbehandlung z. B. mit Testosteron.
Für die Prognose ist auch hier der Zeitpunkt des Eingreifens von entscheidender Bedeutung. Bestehen noch keine Lymphknotenmetastasen, beträgt z. B. die 5-Jahresheilung noch 75 %, d. h. 75 % der in diesem Falle operativ behandelten Frauen können geheilt werden und überleben die ersten 5 postoperativen Jahre.
Ein tastbarer Knoten in der Brust sollte deshalb möglichst schnell durch eine harmlose Probeexcision und nachfolgende histologische Untersuchung geklärt werden.

III. Klimakterium — Menopause

Ebenso wie die Pubertät ist auch das Klimakterium eine Übergangszeit zwischen zwei Phasen im Leben der Frau.

Die Pubertät leitet von der Kindheit zur Geschlechtsreife über, das Klimakterium von der Geschlechtsreife zur Menopause, dem endgültigen Sistieren der Menstruation. Im ersten Fall funktioniert das hormonale Zusammenspiel noch nicht, im zweiten Fall nicht mehr.

Häufig kündigt sich das Klimakterium durch unregelmäßige Periodenblutungen an. Seine Dauer kann wenige Wochen bis 10 Jahre und mehr betragen und fällt meist auf die 2. Hälfte des 4. Lebensjahrzehntes.

Regelmäßige Ovulationen und damit die Bildung des Gelbkörpers bleiben aus, da der Vorrat an reifefähigen Follikeln allmählich erschöpft ist.

Follikelhormon wird aber noch in wechselndem Ausmaß in Follikeln, die nicht mehr reifen können, produziert. Dadurch werden unregelmäßig starke und lang dauernde menstruationsähnliche Blutungen erzeugt. Es sind Entzugsblutungen, die dann zustande kommen, wenn die Follikelhormonbildung nachläßt *(Präklimakterium)*.

Schließlich geht die Follikelhormonbildung in den Ovarien zurück — bis auf eine ganz geringe Restfunktion, die aber nicht mehr in der Lage ist, die Uterusschleimhaut zu stimulieren. Die Blutungen bleiben aus (Menopause). Man konnte feststellen, daß schon 2½ Jahre vor der letzten Menstruation ein deutlicher Abfall der Östrogenausscheidung stattfindet. Darauf reagiert das Hypophysenzwischenhirnsystem mit einer vermehrten Ausschüttung an Gonadotropinen (FSH und ICHS, s. S. 239. Abb. 14 zeigt die Ausscheidung der Östrogene und gonadotropen Hormone während Pubertät, Geschlechtsreife und Alter).

Für diese sog. polygonadotrope Phase im Klimakterium sind vegetative und psychische Störungen typisch. Hitzewallungen („fliegende Hitze"), Herzklopfen, Schwindelanfälle, Ohrensausen, Schweißausbrüche, verstärkte Reizbarkeit, Schlaflosigkeit und Depressionen sind die häufigsten Symptome.

Hinzu treten noch organische Veränderungen wie beginnende Atrophie der Eierstöcke und des gesamten Genitales, allgemeines Erschlaffen (Haut, Brust), Zunahme der Fettpolster besonders an Hüften und Gesäß, Verlust der Elastizität des Band- und Stützapparates, Gelenkbeschwerden, Bluthochdruck, Haarausfall.

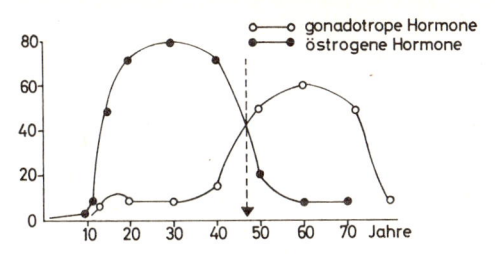

Abb. 14: Ausscheidung der Östrogene und gonadotropen Hormone während Pubertät, Geschlechtsreife und Alter (Pedersen-Bjergaard a. Tonnsen: Acta endocr. 1, 38, 1948)

Diese Erscheinungen sind sehr konstitutionsabhängig, man findet sie über mehr oder weniger lange Zeit bei 60 % aller Frauen.
Durch die Verabreichung von Follikelhormonen (Östrogen) kann man die Beschwerden solcher Frauen weitgehend lindern. Unmöglich ist es aber, damit den Alterungsprozeß aufhalten zu wollen. Eine „ewige Jugend" wird man den Frauen im Klimakterium auch mit hohen Dosen an Östrogen nicht verschaffen können. Unter der Östrogentherapie kommt es unter Umständen, vor allem bei höheren Dosierungen, zu Blutungen, die aber nie zyklisch regelmäßig sind. Für den Arzt ist dann immer sehr schwer zu entscheiden, ob diese Blutungen hormonell bedingt sind oder ob ein Karzinom die Ursache ist. In vielen Präparaten ist deshalb das Östrogen mit männlichen Hormonen kombiniert, wodurch man beide Hormone in geringerer Menge geben kann (das männliche Sexualhormon hat ebenfalls eine günstige Wirkung gegen klimakterische Ausfallserscheinungen), um so Nebenerscheinungen (wie Blutungen durch zuviel Östrogen) zu vermeiden.
Die Anpassung des weiblichen Organismus an die neue hormonelle Gleichgewichtslage beschließt das Klimakterium, jetzt beginnt die verschieden lange Phase des *Postklimakteriums*.
Unter den Steroidhormonen sind die Östrogene stark vermindert, so daß ein ähnliches Hormonspektrum wie beim Mann entsteht. Jetzt treten bei der Frau bestimmte Krankheiten wie Hypertonie (erhöhter Blutdruck), Herzinfarkt, Arteriosklerose häufiger auf. Beim Mann verläuft die Zunahme dieser Krankheiten bis ins hohe Alter linear, bei der Frau sind sie während der Geschlechtsreife sehr selten und nehmen erst mit Beginn des Klimakteriums zu.

IV. Senium

Das postklimakterische Stadium geht langsam in das *Senium* (Greisenalter) über, wo die Atrophie der Organe und Gewebe vollständig wird (die Ovarien nehmen z. B. um 50 % ihres Gewichtes ab).
Besonders betroffen sind die Organe, deren Funktion und Stoffwechsel von den Sexualhormonen abhängig sind. Die Uterusschleimhaut wird glatt, die Gebärmutter verkleinert sich, ihre Gefäße werden dünnwandiger, die Vagina wird kürzer und weniger elastisch, die Brustdrüsen schrumpfen.
Am Skelett entsteht ein Substanzverlust *(Osteoporose)* als direkte Folge des Sistierens der Sexualhormonproduktion. Häufig treten Virilisierungserscheinungen infolge einer jetzt stattfindenden überwiegenden Androgenbildung auf.

Sind in der Kindheit die in den Ovarien gebildeten Sexualhormone noch nicht ausreichend, um irgendwelche Veränderungen am weiblichen Organismus hervorzurufen, so reichen sie im Senium nicht mehr aus, um die während Pubertät und Geschlechtsreife enstandenen Veränderungen zu erhalten.

Insgesamt nehmen im Alter die Aufbauvorgänge ab, während die Abbauvorgänge weiterlaufen — ein Vorgang, der für die allmähliche Rückbildung des alternden Organismus verantwortlich ist. — Ein Mittel, diesen natürlichen Altersprozeß aufzuhalten, gibt es bis jetzt nicht. Durch die Fortschritte der Medizin ist es aber besonders in den letzten Jahrzehnten gelungen, immer mehr Menschen an die natürliche Höchstgrenze heranzuführen. Das Höchstalter, das ein Mensch erreichen kann, ist nicht genau bekannt, aber es wird wahrscheinlich nicht mehr als 120—130 Jahre betragen. Auffallend ist, daß man immer wieder von sehr alten Männern etwas hört, aber fast nie von sehr alten Frauen. Dabei steht es doch statistisch fest, daß Frauen im Durchschnitt älter werden als Männer.

B. Der Säugling

I. Das Neugeborene

1. Allgemeines

Das soeben geborene Kind, das Neugeborene, ist mit der „Käseschmiere" bedeckt, die als Gleitmittel den Geburtsvorgang erleichtert hat. Bei dem ersten vorsichtigen Reinigungsbad wird dieser Hautbelag möglichst wenig entfernt, weil er dem Kind in der ersten Zeit als Hautschutz dient. Das Neugeborene ist noch durch die Nabelschnur mit der Mutter verbunden. Bereits bevor diese Verbindung durch die Abnabelung unterbrochen wird, füllen sich die Lungen mit Luft und das Kind stößt seinen ersten Schrei aus. Setzt die Atmung nicht selbständig ein, müssen Arzt oder Hebamme Maßnahmen ergreifen, um sie möglichst rasch in Gang zu bringen. Häufig ist Fruchtwasser in die Atemwege eingedrungen und hat sie verstopft. In einer modernen Klinik wird deshalb sofort nach der Geburt das Fruchtwasser aus den Atemwegen abgesaugt. Beginnt das Kind nicht gleich zu atmen, versucht man zunächst durch Hochheben an den Füßen und Beklopfen des Rückens die Atmung einzuleiten. Atmet es trotzdem nicht, wird die noch zusammengefaltete Lunge durch einen Tubus mit Luft oder Sauerstoff aufgeblasen (evtl. muß für eine längere künstliche Beatmung der sog. *Baby-Pulmotor* angewandt werden). Wenn keine anderen Komplikationen vorliegen (z. B. Lähmung des Atemzentrums), kommt so die Atmung in Gang.

In den ersten Minuten wird außerdem der sog. *Apgar-Test* (nach der New Yorker Kinderärztin *Virginia Apgar*) durchgeführt. Dabei werden neben der Atmung die Herztätigkeit, der Muskeltonus, die Reflexe und die Hautfarbe geprüft. Dieser Test wird oft in der 5. Lebensminute wiederholt, da manche der lebenswichtigen Funktionen erst langsam anlaufen. Ist dann der Befund nicht völlig normal, muß das Neugeborene intensiv ärztlich betreut werden, was bei etwa 5 % der Fall ist.

Die Nabelschnur wird erst nach dem Beginn der Atmung und der Durchführung des ersten *Apgar*-Testes abgeklemmt und durchschnitten. Der am Neugeborenen zurückbleibende Stumpf muß in eine sterile, trockene Gaze-Kompresse gewickelt werden. Der Nabelschnurstumpf bleibt normalerweise ohne Blutversorgung, trocknet ein und fällt meist bis zum 10. Tag ab. Bis zu diesem Zeitpunkt spricht man von einem *Neugeborenen* (Abb. 15). Da der Nabel, bis die kleine Wunde

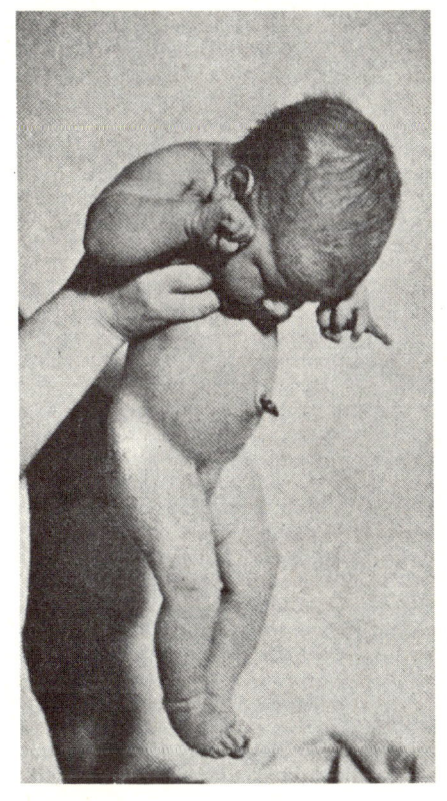

Abb. 15: Neugeborenes mit Nabelstumpf — den Kopf vermag es noch nicht aufrechtzuhalten
(aus Salmi [30], S. 9)

völlig epithelialisiert ist, eine Eingangspforte für gefährliche Infektionen bildet, muß er durch sterile Abdeckung geschützt werden, die mit hautfreundlichem Pflaster befestigt wurde. Ebenso darf das Neugeborene, um Infektionen zu vermeiden, nach dem ersten Reinigungsbad bis zum völligen Abheilen der Nabelwunde nicht gebadet werden.
Unmittelbar nach der Geburt wird ferner in die Augen des Neugeborenen eine bakterientötende Flüssigkeit geträufelt.(*Credé'sche* Prophylaxe nach dem deutschen Gynäkologen *Credeé,* 1819—1892: 1%ige Silbernitrat-Lösung. Von Versu-

chen, an Stelle des Silbernitrats Antibiotika zu verwenden, ist man neuerdings wieder abgekommen, da Allergien oder andere ungünstige Nebenerscheinungen beobachtet wurden.) Diese Prophylaxe verhindert eine Ansteckung durch gefährliche Krankheitskeime aus der Vagina (z. B. Gonokokken), die während des Geburtsvorganges auf die empfindliche Augenschleimhaut gelangen können. Sie ist gesetzlich vorgeschrieben, denn es kam früher durch solche Infektionen häufig zur Erblindung des Kindes. Viele Fälle der sog. „angeborenen Blindheit" werden so verhindert.

2. Krankheiten

Die Hautfarbe des Neugeborenen ist normalerweise leicht gerötet. Bläuliche Verfärbung der Haut zeigt Sauerstoffmangel an (siehe oben). Eine sofort oder in den ersten Stunden zu beobachtende Gelbfärbung wird durch eine Gelbsucht (*Ikterus*) verursacht. Diese sofort auftretende Gelbsucht (*Erythyoblastose*) ist lebensgefährlich und wird durch eine ungünstige Kombination der elterlichen Blutfaktoren bedingt:

Neben den Blutgruppen kann der Mensch als weiteres Blutmerkmal den sog. *Rhesusfaktor* besitzen. 85 % der europäischen Bevölkerung hat diesen Faktor und wird *rhesuspositiv* (Rh +) genannt, während 15 %, die den Faktor nicht haben, *rhesus negativ* (rh —) bezeichnet werden.

Ist das Kind Rh-positiv und die Mutter rh-negativ, so wirkt u. U. das Rh-positive Blut des Kindes auf das rh-negative Blut der Mutter ein und regt in ihm die Bildung von sog. *Antikörpern* an. Diese Antikörper können dann bei einer späteren Schwangerschaft ein zweites oder weiteres Kind in seiner Entwicklung ungünstig beeinflussen, denn sie wirken wie ein Gift auf das Rh-positive Blut und verursachen einen Zerfall der roten Blutkörperchen.

Auch wenn die rh-negative Mutter im Laufe ihres Lebens eine Bluttransfusion mit Rh-positivem Blut erhalten hat, so haben sich ebenfalls Antikörper gebildet und diese können evtl. sogar das erste Kind schädigen.

Durch einen sofortigen Gesamtblutaustausch kann das Neugeborene gerettet werden. (Da in schweren Fällen durch diese Krankheit sogar der Fötus schon abstirbt, wurde neuerdings sogar ein Blutaustausch bei noch ungeborenen Kindern erfolgreich durchgeführt.)

Der Faktor Rh-positiv wird meist dominant vererbt. Nach neueren Untersuchungen sind es 6 Faktoren: D — d, C — c und E — e, von denen je 3 in einem Chromosom an verschiedenen Stellen lokalisiert sind. Insgesamt ergeben die drei Gene eines Chromosoms folgende acht Kombinationsmöglichkeiten (Gen-Komplexe)

CDE		CdE	
CDe	= Rh-positiv	Cde	= rh-negativ
cDE		cdE	
cDe		cde	

Der Mensch bekommt von jedem Elternteil eine Kombination aus den drei Gen-Paaren, z. B. cDE/cde und hat damit sechs Faktoren des Rhesus-Systems, die unabhängig voneinander wirken und Anti-Gene erzeugen können. Die stärkste Wirkung hat der Faktor D. Dementsprechend ist der Faktor Anti-D der wichtigste und häufigste. Man findet ihn bei rund 92 % aller Erythroblastose-Fälle.

Rh-positiv bedeutet daher im allgemeinen genotypisch DD und Dd, rh-negativ dagegen dd. Besitzt der Vater DD (Rh-positiv homozygotisch) werden alle seine Kinder Rh-positiv. Hat er dagegen Dd (Rh-positiv heterozygotisch), so werden nach den *Mendel*schen Regeln nur etwa die Hälfte seiner Kinder Rh-positiv sein.

Ähnliche Komplikationen können beim Neugeborenen auftreten, wenn der Fötus Blutgruppe A oder B, die Mutter dagegen die Blutgruppe 0 besitzt. Allerdings wird hier eine pathologisch wirksame Sensibilisierung des mütterlichen Blutes sehr viel seltener, nur etwa bei 10 % der Fälle beobachtet.

Aus allen diesen Gründen ist, wie schon auf S. 272 gesagt wurde, die Feststellung von Blutgruppe und Rh-Faktor während der Schwangerschaft von Mutter *und* Vater notwendig. Wird eine ungünstige Erbkombination gefunden, kann man durch besondere Untersuchungen nachweisen, ob und in welchem Maße das mütterliche Blut Anti-Gene gebildet hat. So sind die oben geschilderten Komplikationen schon frühzeitig vorauszusehen und entsprechende Maßnahmen vorzubereiten.

Erwähnt muß noch werden, daß die lebensgefährliche Erythroblastose nicht nur durch ungünstige Blutfaktoren bedingt ist, sondern auch in selteneren Fällen andere Ursachen haben kann (z. B. Unreife der Leberfunktionen, bes. bei Frühgeburten).

Nicht zu verwechseln ist diese *sofort* auftretende Gelbsucht mit einer bei etwa 40 % aller Neugeborenen vorkommenden „normalen" Gelbsucht, die viel schwächer ist und erst am 2. oder 3. Tage nach der Geburt bemerkbar wird. Sie beruht darauf, daß die Leberfunktionen des Kindes sich in den ersten Lebenstagen einspielen müssen und dementsprechend die Stoffwechselprodukte nicht vollständig umgewandelt werden.

Neben pathologischen Mißbildungen, auf die hier nicht eingegangen werden soll, kann der Mutter die sog. *Geburtsgeschwulst* auffallen. Es handelt sich dabei um eine teigig aufgeschwollene, bläuliche Verformung der Haut der bei der Geburt vorausgegangenen Teile des Kindes. Meistens findet man die Geburtsgeschwulst dementsprechend am Kopf. Sie ist im allgemeinen harmlos und geht im Verlauf der ersten 48 Stunden zurück.

Leider kann das Neugeborene Krankheiten schon von Geburt an in sich tragen, die nicht ohne weiteres erkennbar sind und sich erst viel später bemerkbar machen. Diese Krankheiten können folgende Ursachen haben:

1. Erbkrankheiten, z. B.

    Bluterkrankheit
    Rot/Grün-Blindheit
    verschiedene Formen des Schwachsinns und Geisteskrankheiten
    Sichelzellen-Anaemie
    Phenyl-Ketonurie
    verschiedene Mißbildungen

2. Chromosomen-Aberrationen, z. B.:

    Mongolismus
    Klinefelter-Syndrom
    Turner-Syndrom

3. Während der Schwangerschaft auf den Fötus übertragene Schäden durch Krankheiten oder falsches Verhalten der Mutter (siehe Seite 262), z. B.:
Syphilis (Lues)
Toxoplasmose
Listeriose
Röteln und andere Infektionskrankheiten
Medikamenten-Schäden

Auf die Phenyl-Ketonurie oder *Fölling*sche Krankheit, die erst in den letzten Jahren näher erforscht wurde, soll hier näher eingegangen werden. Diese Krankheit führt bei Nichtbehandlung später zum unheilbaren Schwachsinn. Sie betrifft besonders blonde, blauäugige Kinder aus Verwandtenehen. Die Krankheit beruht auf einem rezessiven krankhaften Gen, wodurch die Bildung eines bestimmten Enzyms unterbleibt, das die mit der Nahrung aufgenommene essentielle Aminosäure Phenylalanin zu Tyrosin oxidiert. Das Phenylalanin wird bei dem kranken Kind, dem das Enzym fehlt, deshalb nicht in Tyrosin, sondern in Phenylbrenztraubensäure umgewandelt, die sich im Blut anreichert und dann mit dem Harn ausgeschieden wird. Die Anreicherung der Brenztraubensäure im Blut verursacht Nervenschäden, die allmählich zum Schwachsinn führen (Abb. 16).

Die Krankheit kann jetzt schon bei Neugeborenen in der Klinik durch den *Guthrie-Test* (nach dem Arzt *Guthrie*, der ihn entwickelt hat) nachgewiesen wer-

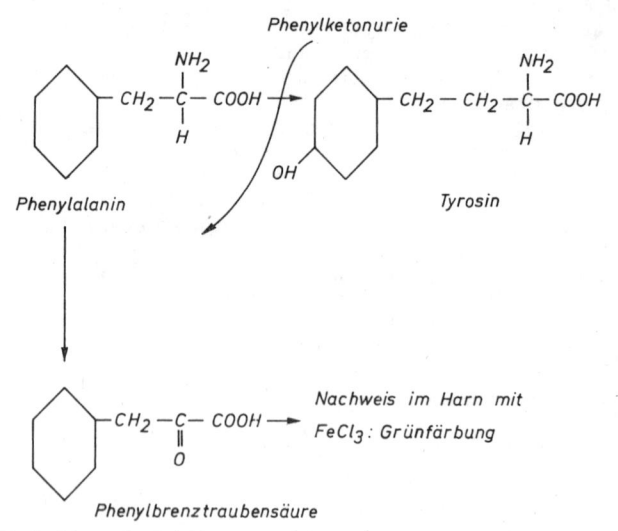

Abb. 16: Schema der Entstehung und des Nachweises der Phenylketonurie

den. Durch ihn wird das Vorhandensein von Phenylbrenztraubensäure im Blut festgestellt. Jede Mutter, die nicht genau weiß, ob ihr Kind bereits in der Klinik getestet wurde, sollte unbedingt schon in den ersten Wochen den sog. „Windel-

Test" durchführen. Dabei wird ein mit FeCl₃ getränktes Testpapier in die Windel gelegt. Bei Vorhandensein von Phenylbrenztraubensäure färbt es sich grün (Testpapier erhältlich bei Gesundheitsämtern und Kinderärzten).

3. Größe und Gewicht

Die normale Körperlänge beträgt etwa 50 cm. Allerdings gibt es hier, wie auch beim Geburtsgewicht, erhebliche Schwankungen. Knaben sind im allgemeinen um 2 cm länger als Mädchen.

Das Durchschnittsgewicht der ausgetragenen Neugeborenen ist in Mitteleuropa bei Knaben 3 500 g und bei Mädchen 3 300 g. Es schwankt zwischen 2 500 und 4 500 g.

Außer der Rasse übt die individuelle Konstitution der Eltern, insbesondere der Mutter, hier einen Einfluß aus. Die Erfahrungen der Hungerjahre während und nach den Weltkriegen haben bewiesen, daß erst hochgradige Unterernährung der Mutter das Geburtsgewicht senkt.

Japanische Neugeborene haben nur ein Durchschnittsgewicht von 3030 g bei Knaben und 2960 g bei Mädchen. In Schweden dagegen beträgt das Durchschnittsgewicht 3595 g bei Knaben und 3455 g bei Mädchen.

Kinder, die bei der Geburt weniger als 2 500 g wiegen, rechnet man auch bei normalem Geburtstermin zu den „Frühgeborenen". Als „Riesenkinder" bezeichnet man solche, die mehr als 4 400 g Geburtsgewicht haben; allerdings sprechen die Skandinavier erst von „Riesenkindern", wenn das Neugeborene mehr als 5 000 g wiegt. (Eine häufige Ursache für die Entstehung von Riesenkindern ist Zuckerkrankheit der Mutter.)

In den ersten Tagen nimmt das Neugeborene zunächst ab, wobei der Tiefpunkt zwischen dem 3. und 5. Tag liegt. Die Gesamtgewichtsabnahme beträgt 3—10 % des Geburtsgewichtes, das zwischen dem 10. und 14. Lebenstag wieder erreicht werden soll, spätestens aber am Ende der 3. Woche. Diese Gewichtsabnahme ist dadurch bedingt, daß das Kind 24 Stunden hungert und sein Ernährungsstoffwechsel nur sehr langsam in Gang kommt. Seinen Kalorienbedarf deckt es vorwiegend durch Verbrauch der Kohlenhydratreserven und durch die Verbrennung von Depotfett. Der Blutzuckerspiegel kann dabei bis auf 30 mg % sinken.

Außerdem verliert das Neugeborene Flüssigkeit durch Nieren, Haut und Lunge, ohne eine entsprechende Nahrungsmenge aufzunehmen. Ferner entleert es einen Teil seines Darminhaltes, das sog. „Kindspech" *(Meconium)*. Dieses ist aus Darmschleim, Darmepithel, verschlucktem Fruchtwasser mit Flaumhaaren *(Lanugo)* und Hautfett zusammengesetzt. Es bildet eine zähe einheitliche Masse von dunkelgrüner Farbe, die durch Gallenfarbstoffe bedingt ist, welche kurz vor der Geburt in den Darm abgegeben werden.

Der Schädelumfang mißt 34—36 cm und ist größer als der um 3—4 cm geringere Brustumfang. Der Hirnschädel ist im Vergleich zum Gesichtsschädel sehr groß. Zwischen Stirn- und Scheitelbeinen klafft die große Fontanelle, eine 25 x 25 mm weite Spalte in Form eines Rhombus, die sich erst nach 12—15 Monaten schließt. Beim Berühren und Waschen des Köpfchens ist deshalb Vorsicht geboten. Die kleine Fontanelle, zwischen den Scheitelbeinen und dem Hinterhauptsbein, ist dagegen schon fast geschlossen und nur noch eine flache Einsenkung.

Eine Vorwölbung der großen Fontanelle läßt auf einen erhöhten Hirndruck schließen und ist krankhaft. Das Kind ist sofort zum Arzt zu bringen.

4. Organe und Sinne

Die Wirbelsäule ist noch gerade, der Brustkorb hat einen beinahe runden Querschnitt und die Rippen stehen horizontal. Das Becken ist noch knorpelig. Die Schienbeine sind etwas nach vorne und auswärts konvex gebogen, wodurch die Unterschenkel krumm aussehen.

Alle inneren Organe sind relativ größer als beim Erwachsenen. So macht hier die Leber ungefähr $1/20$ des Körpergewichtes aus, beim Erwachsenen nur $1/50$.

Auf den Lippen befindet sich der sog. „Saugwall", eine ziemlich scharf abgegrenzte wulstige Erhebung.

Beim Jungen sind in 98 % der Fälle die Hoden in den Hodensack abgestiegen. Verhältnismäßig groß ist das Gehirn. Es macht 13—14 % des Körpergewichtes aus, beim Erwachsenen nur 2 %. Die Windungen des Großhirns sind noch wenig differenziert. Die Nervenausbildung ist noch nicht vollendet, so daß Haut- und Sehnenreflexe unmittelbar nach der Geburt fehlen.

Der Gesichtssinn ist sofort nach der Geburt so weit entwickelt, daß das Neugeborene hell und dunkel unterscheiden kann. Ebenso funktioniert bereits der Pupillenreflex. Am Anfang ist das Neugeborene lichtscheu. In den ersten Wochen sind die Augenbewegungen nicht gleichmäßig, aber in der 4.—6. Woche beginnt der Säugling Bewegungen nachzuschauen und zu fixieren.

Nach *T. Salmi* [30] ist das Neugeborene zunächst taub, weil die Paukenhöhle mit schleimiger Flüssigkeit angefüllt ist. Nach wenigen Wochen ist die Flüssigkeit resorbiert, und es reagiert auf laute Geräusche durch Zusammenzucken. — Dagegen hört es nach *Siegfried Häussler* [12] sofort und reagiert deutlich auf laute Geräusche.

Geruchs- und Geschmackssinn sind bereits entwickelt, ebenso hat es sofort Lust- und Unlustempfindungen.

Die Körpertemperatur beträgt unmittelbar nach der Geburt 38 ° und sinkt in den ersten Tagen auf 35,5 ° ab. Am 3.—4. Tag wird die Normaltemperatur erreicht.

Herzschlag pro Minute:

Neugeborenes	ca. 140 Schläge
Säugling	ca. 120 Schläge
Mit 5 Jahren	ca. 100 Schläge
Mit 10 Jahren	ca. 90 Schläge
Erwachsene	ca. 75 Schläge

Atemzüge pro Minute:

Neugeborenes	ca. 55
Säugling	ca. 40
Mit 5 Jahren	ca. 25
Mit 10 Jahren	ca. 20
Erwachsene	ca. 16

Blutsenkung (nach einer Stunde)

Neugeborenes	1— 3 mm
Säugling	6— 8 mm
Bis zu 14 Jahren:	5—15 mm
Erwachsene: Mann	3— 7 mm
Frau	5—10 mm

Schon aus dem Vergleich von Schädel und Brustumfang ist zu ersehen, daß das Neugeborene keineswegs ein verkleinertes Abbild des Erwachsenen ist. Wie die Abbildung Nr. 17 zeigt, besitzt es vielmehr andere Körperproportionen. Insbesondere fällt der verhältnismäßig sehr große Kopf auf.

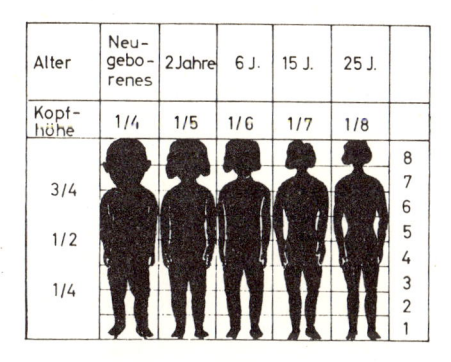

Alter	Neugeborenes	2 Jahre	6 J.	15 J.	25 J.	
Kopfhöhe	1/4	1/5	1/6	1/7	1/8	

Abb. 17: Änderung der Körperproportionen während des Wachstums (nach Stratz aus Salmi [30], S. 3, etwas abgeändert)

II. Körperliche und geistige Entwicklung des Säuglings

Nach dem Abfallen des Nabelschnurrestes nennt man das Neugeborene Säugling.

Gewichtszunahme des normalen Säuglings

Im 1. Monat rund	500 g
Im 2. Monat „	850 g
Im 3. Monat „	700 g
Im 4. Monat „	600 g
Im 5. Monat „	500 g
Im 6. Monat „	500 g

Das Geburtsgewicht hat sich nach ca. einem halben Jahr verdoppelt, nach einem Jahr verdreifacht und nach 2 Jahren vervierfacht.

Selbstverständlich verläuft die Gewichtszunahme nicht bei allen Kindern völlig gleichmäßig. So geht beispielsweise die Gewichtszunahme bei untergewichtigen Neugeborenen schneller vor sich. Erst wenn ein Gewichtsstillstand einige Wochen anhält, ist der Arzt zu befragen.

Größe und Gewicht im 1. Lebensjahr sind aus der folgenden Tabelle zu entnehmen:

Monat	Größe cm		Gewicht kg	
	Knaben	Mädchen	Knaben	Mädchen
Geburt	51	50	3,4	3,3
1	54	53	4,1	3,9
2	58	56	5,0	4,6
3	61	59	5,8	5,6
4	64	62	6,6	6,4
5	66	64	7,3	7,0
6	68	66	7,8	7,5
7	70	68	8,3	8,0
8	71	70	8,8	8,4
9	72	71	9,2	8,8
10	73	72	9,6	9,2
11	74	73	9,9	9,5
12	75	74	10,2	9,8

Erhebliche Schwankungen bis zu 5 cm und 1,8 kg bei Knaben und Mädchen nach oben und unten sind ohne Belang, wenn nur die Kurve des ersten Lebensjahres stetig steigt.

Besonders auffallend ist die starke Längenzunahme in den ersten Monaten (schnelles Verwachsen der Erstlingswäsche!).

Während das Neugeborene 18—19 Stunden des Tages verschläft, sinkt im Laufe des ersten Lebensjahres die Schlafdauer auf 12—13 Stunden ab.

Die Bewegungen des Säuglings sind zunächst rein reflektorisch zufällig und unbewußt, denn sein Großhirn ist noch nicht ausgereift. In den ersten Lebenswochen kann der Säugling seinen Unlustgefühlen nur durch Weinen Ausdruck verleihen. Nur allmählich beginnt er seine Umwelt zu erfassen. Folgende Entwicklungsstufen und Fortschritte sind im allgemeinen zu beobachten:

Von der 3. Woche an: koordinierte Augenbewegungen (bis dahin „schielen")

Im 2. Monat: Umklammern von Gegenständen mit den Händchen — Heben des Kopfes von der Unterlage — Lächeln als erster aktiver Lustausdruck

Im 3. Monat: Aufnahme des Kontaktes mit der Umwelt — aktive Hinwendung des Kopfes nach der Schallrichtung — Gegenstände werden mit den Augen fixiert — Erkennen der Mutter und häufig auftauchender Gegenstände (Milchflasche) — Lallen

Im 4. und 5. Monat: Aktive Greifbewegungen — Kopf wird beim Tragen des Kindes aufrechtgehalten — Beginn des Spieltriebes — Erforschung der Umwelt mit dem Tastsinn, auch mit Lippen und Zunge, deshalb werden auch alle erreichbaren Gegenstände in den Mund genommen

Im 6. Monat: Versucht sich aufzurichten — Beginn des freien Sitzens — Greifbewegungen mit opponiertem Daumen

Im 7. und 8. Monat: Hochziehen — Kriechen — Herauswerfen von Spielzeug (es will eine neue Fertigkeit üben: das Loslassen)

Im 9. bis 12. Monat: Stehversuche — erstes sinnvolles Sprechen — Erlernen des Zeigefinger-Daumen-Greifens — Verstehen von einfachen Befehlen und Ausführung von entsprechenden Handlungen

Mit etwa 1 bis 1½ Jahren: Geh- und Sprechversuche.

Die Milchzähne und das Dauergebiß sind, bis auf die Weisheitszähne, schon embryonal angelegt. Der Zahndurchbruch ist starken individuellen Schwankungen unterworfen. Normalerweise erscheinen zuerst die mittleren Schneidezähne des Unterkiefers, ihnen folgen die des Oberkiefers und die weiteren Schneidezähne. Danach kommen die vorderen Milchmahlzähne *(Praemolaren),* dann die Eckzähne und schließlich die hinteren Milchmahlzähne *(Molaren).*
Der Zahnwechsel beginnt im 6. bis 7. Lebensjahr mit dem Erscheinen der „6. Jahr-Molaren". Kurz vor der Pubertät folgen die Eckzähne und die „12. Jahr-Molaren". Zuletzt meist erst nach der Pubertät, kommen die „Weisheitszähne", die bei vielen Menschen überhaupt nicht mehr durchbrechen (Abb. 18).

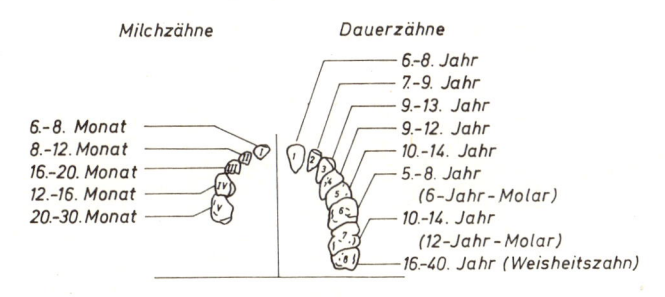

Milchzähne	Dauerzähne
	6.-8. Jahr
	7.-9. Jahr
	9.-13. Jahr
6.-8. Monat	9.-12. Jahr
8.-12. Monat	10.-14. Jahr
16.-20. Monat	5.-8. Jahr (6-Jahr-Molar)
12.-16. Monat	10.-14. Jahr (12-Jahr-Molar)
20.-30. Monat	16.-40. Jahr (Weisheitszahn)

Abb. 18: Bezeichnung und Zeitpunkt des Durchbruchs der Milch- und der Dauerzähne
(aus Salmi [30], S. 8)

Es muß aber betont werden, daß sowohl die körperliche, wie auch besonders die geistige Entwicklung eine sehr große Variationsbreite aufweisen. Letztere hängt nicht nur vom Intelligenzgrad, sondern auch von den stark variierenden Reifungsgeschwindigkeit und von den Milieu-Einflüssen ab. Die folgenden tabellarischen Übersichten (Salmi [30] S. 12), die über die Entwicklung der Sprache und des Gedächtnisses Auskunft geben, können deshalb nur als ungefährer Anhaltspunkt dienen.

Sprachentwicklung

Vom 3. Monat an:	Lallsprache aus eigener Initiative, das Schreien wird moduliert
Im 3. Quartal:	Nachahmung der Laute — Echolalie
Im 4. Quartal:	Sprechen einzelner Wörter, am Ende des 1. Jahres beträgt der Wortschatz ca. 7 Wörter
Im 3. Lebenshalbjahr:	Die Wörter werden mit dem Sinn verbunden
Im 4. Lebenshalbjahr:	Namenseroberung
Ende des 2. Jahres:	Bildung von Zwei- und Dreiwortsätzen
1. Halbjahr des 3. Jahres:	Zur Namenseroberung kommt das Fragen nach Wo und Wann?
2. Halbjahr des 3. Jahres:	Über- und Unterordnen der einzelnen Satzteile
4. Lebensjahr:	Bedürfnis nach zeitlicher Orientierung. Beginn des konditionalen Denkens (warum?), Beginn des Gebrauchs des Konjunktivs

Entwicklung des Gedächtnisses

Im Alter von:	hält das Wiedererkennen an:
3 Monaten	einige Minuten
1 Jahr	ungefähr zwei Wochen
2 Jahren	einige Monate
4 Jahren	1 Jahr

vom 4. Jahr an dauernd, wenn keine Verdrängung des Gedächtnisinhaltes erfolgt.

III. Ernährung und Pflege

1. Stillen

Während das Neugeborene sonst alle Handlungen erlernen muß, ist ihm der Sauginstinkt angeboren. Wie man heute weiß, kann es schon vor der Geburt am Daumen lutschen.

Nach ca. 24 Stunden Hungern erfolgt das erste Anlegen an die Brust.

Durch den Berührungsreiz der dargebotenen Brustwarze wird der Saug- und Schluckreflex sofort ausgelöst. Das Neugeborene muß allerdings erst lernen, die Brustwarze einschließlich des Warzenhofes zu erfassen. Auch die Mutter muß von dem Arzt oder der Hebamme unterwiesen werden, wie sie sich zu verhalten hat.

Mit Nachdruck muß gesagt werden, daß die Muttermilch die Idealnahrung für den Säugling ist. Sie besitzt nicht allein die richtige Zusammensetzung und Temperatur, sondern auch Vitamine und Immunstoffe. Letztere können überhaupt nur aus der arteigenen Milch resorbiert werden, allerdings ausschließlich in den ersten Lebenstagen.

In dieser Zeit wird die sog. Vormilch oder *Colostrum* gebildet. Diese Vormilch ist den Bedürfnissen des Neugeborenen durch ihren hohen Gehalt an Eiweiß (5—6 %), Vitamin A, Vitamin C und Antikörpern besonders angepaßt. Durch Carotin ist sie gelblich gefärbt und geht erst im Verlauf von 3 Wochen (Übergangsmilch) allmählich in die normale Frauenmilch über.

Die besondere Bedeutung der Muttermilchernährung liegt neben der leichteren Verdaulichkeit und Sterilität dieser Milch auch darin, daß durch die kauenden Bewegungen beim Saugakt die Kieferbildung günstig beeinflußt wird. Der Säugling übt beim Trinken auch seine Muskeln, strengt sich an und schläft später leichter ein. Außerdem wird durch die Berührung und Wärme der Mutter beim Stillen eine engere Mutter-Kind-Beziehung geschaffen, die erzieherisch von größter Bedeutung und durch nichts zu ersetzen ist. Jede Mutter sollte deshalb alles tun, um das Stillen in Gang zu bringen, denn sie kann ihrem Kind für das Leben nicht Besseres geben. Stillschwierigkeiten, die von der Mutter oder vom Kind aus auftreten, können in vielen Fällen nach Beratung durch den Arzt oder die Hebamme behoben werden, wenn nicht medizinische Gründe überhaupt dem Stillen entgegenstehen.

Nicht gestillt werden darf bei folgenden Krankheiten:
>   Lungen-Tuberkulose
>   allen schweren fieberhaften Erkrankungen
>   allen Infektionskrankheiten
>   Epilepsie
>   Blutkrankheiten
>   eitrige Brustenzündung (nur für erkrankte Brust!)

Außerdem muß die stillende Mutter beachten, daß Koffein, Nikotin, Alkohol und viele Medikamente (bes. Abführ- und Schlafmittel) in die Milch übergehen und die Gesundheit des Kindes gefährden können.

Ganz besonders soll aber darauf hingewiesen werden, daß die „Figur" durch das Stillen keineswegs leidet, wie früher oft angenommen wurde. Stillen ist sogar gesund, denn es fördert die Rückbildung der Gebärmutter.

Die große Bedeutung des Stillens hat auch der Gesetzgeber im Mutterschutzgesetz festgelegt (siehe Seite 297).

Erwerbstätige stillende Mütter haben ein Anrecht auf Stillpausen (2 x 45 Minuten oder 1 x 90 Minuten pro Tag) bei vollem Lohnausgleich.

Die Milchmenge soll betragen:

2. Lebenstag	5 x 10—15 g	insgesamt	etwa	60 g
3. Lebenstag	5 x 20—30 g	„	„	120 g
4. Lebenstag	5 x 40—45 g	„	„	200 g
5. Lebenstag	5 x 55—60 g	„	„	280 g
6. Lebenstag	5 x 75 g	„	„	350 g
7. Lebenstag	5 x 85 g	„	„	425 g

Bis zum 10. Lebenstag wird die Milchmenge gesteigert auf 5 x 110 bis 140 g, dann langsam weiter, bis die Milchmenge $1/5$ des kindlichen Körpergewichtes ausmacht. Dies gilt bis zum Ende des ersten Lebensvierteljahres. Für das zweite Lebensvierteljahr ist die Faustregel, daß die tägliche Milchmenge etwa $1/6$ und im dritten Lebensvierteljahr etwa $1/7$, später $1/8$ vom Körpergewicht des Kindes beträgt (siehe auch S. 278).

Manche Frauen besitzen mehr Milch als die oben angegebenen Mengen. Da aber die Brust immer entleert werden muß, um die Milchbildung in Gang zu halten, ist die überschüssige Milch sorgfältig abzupumpen (Milchpumpe in Apotheken und Drogerien erhältlich). Diese Milch soll unbedingt an die Frauenmilch-Sammelstellen abgegeben werden (wird auch abgeholt!), denn sie ist für Frühgeborene und kranke Säuglinge lebenswichtig. Im Kühlschrank wird unter Beachtung äußerster Sauberkeit eine größere Menge angesammelt, jedoch darf die frisch abgepumpte Milch erst nach Abkühlung mit der Milch im Kühlschrank zusammengeschüttet werden. Leider sind diese Sammelstellen nur in größeren Städten vorhanden (siehe Seite 301, Verzeichnis der Bundeszentrale für gesundheitliche Aufklärung). Die Stilldauer ist außerordentlich verschieden. Während sie bei manchen Völkern bis zu 3 Jahren betragen kann, werden bei uns 5—6 Monate meist nicht überschritten.

2. Zwiemilchernährung und Flaschenmilchernährung

Reicht die Muttermilch für den Säugling nicht mehr aus, so muß Flaschennahrung dazugegeben werden. Grundsätzlich läßt man das Kind zuerst noch an der Brust trinken (Gewichtskontrolle mit gleicher Kleidung und Windelung auf der Waage) und füttert dann mit der Flasche nach. Zur Vermeidung einer Brustdrüsenentzündung muß das Abstillen langsam erfolgen; in der heißesten Jahreszeit ist es auch für den Säugling ungünstig abzustillen (Umstellung auf Kuhmilch ruft oft Ernährungsstörungen hervor!). Die erste und die letzte Mahlzeit soll möglichst lange die Brustnahrung sein.

Die Grundlage der Flaschenmilchernährung ist die Kuhmilch. Es besteht aber zwischen dieser und der Muttermilch ein wesentlicher Unterschied, wie die Tabelle auf Seite 174 zeigt. Bei der Angleichung der Kuhmilch wird durch eine Verdünnung mit Wasser unter gleichzeitigem Zusatz von Kohlenhydraten der größere Eiweiß- und Salzgehalt der Kuhmilch verringert.
Die Normalzusammensetzung ist die sog. „Zweidrittelmilch" (Halbmilch nur auf Anordnung des Arztes!), bei der auf zwei Teile Kuhmilch ein Teil Wasser plus 5 % Zucker und 2 bis 3 % auf Stärkebasis bereitetem Schleim kommen.
Besonders wichtig ist der einwandfreie Zustand der Kuhmilch. Stets soll sie vor der Bereitung der Flaschennahrung abgekocht werden, um Krankheitskeime zu vernichten. Ohne Bedenken können heute die von den Markenfirmen in den Handel gebrachten Milchpräparate verwendet werden, denn sie sind sehr sorgfältig unter ständiger wissenschaftlicher Kontrolle hergestellt und ersparen auch der Mutter viel Zeit.

3. Beikost

Da der Vorrat des Säuglings an Vitaminen, Mineralsalzen und Spurenelementen nach neueren medizinischen Erkenntnissen viel rascher aufgebraucht ist als man früher annahm, muß eine zusätzliche Beinahrung bei allen Säuglingen schon sehr bald einsetzen.
Bereits im 3. Monat (auch bei Brustkindern!) soll mit langsamem Zufüttern von frisch zubereiteten Obst- und Gemüsesäften begonnen werden. Später folgen Obst-, Gemüse- und Kartoffelbrei. Etwa ab dem 5. Monat können dem letzteren geeignete zerkleinerte Fleischzusätze (z. B. gemahlene Leber) beigegeben werden. Die Industrie bietet heute zahlreiche einwandfreie kombinierte fertige Speisen in Dosen oder Gläsern an. Auch sie ersparen der Mutter Arbeit und stehen auch dann zur Verfügung, wenn kein Obst oder Frischgemüse zu beschaffen sind.

4. Pflege

Die wichtigsten Grundsätze der Säuglingspflege sind:

Sauberkeit des Körpers und aller Gegenstände, mit denen der Säugling in Berührung kommt. Hierfür ist das tägliche Bad in ca. 36° warmem Wasser (Thermometer!) unentbehrlich, zumal es auch den Kreislauf des Säuglings anregt. — Säuberung des Gesäßes beim Windelwechsel — Reinigung von Händchen und Gesicht nach den Mahlzeiten — Vorsichtiges Putzen von Nase und Ohren mit Wattestäbchen — Genitalien sorgfältig bei Mädchen von vorne nach hinten reinigen (umgekehrt ist Gefahr der Einschleppung von Keimen aus dem After)

— Bei Jungen die Vorhaut nicht mit Gewalt zurückziehen, wenn sie verklebt ist (sie löst sich im ersten Lebensjahr normalerweise von selbst).

Hautpflege an den besonders gefährdeten Stellen des Körpers, wie dem Gesicht, Halsfalten und Achselhöhlen. Insbesondere Hautpflege der mit Urin und Kot in Berührung kommenden Hautstellen, um das Wundwerden zu vermeiden — hautpflegende Badezusätze haben sich bewährt.

5. Bettung

Die Matratze des Säuglings soll so fest sein, daß er ganz flach liegt. Nur so bildet sich eine anfangs noch gerade Wirbelsäule richtig aus. Ein Kopfkissen wäre falsch. Wenn kein eigenes Kinderzimmer vorhanden ist, soll das Bett in einem gut lüftbarem Raum stehen, der im Sommer kühl und im Winter heizbar ist. Vor grellem Licht und Zug ist der Säugling zu schützen.

Der Kinderwagen muß, unabhängig von der gerade herrschenden Mode, den Säugling vor den Unbilden der Witterung bewahren, trotzdem aber möglichst viel Luft und Licht zu ihm gelangen lassen. Flache Wagen mit hohen Rädern sind am besten, da in ihnen der Säugling über dem Dunst der Auspuffgase liegt (schon 30 cm machen hier sehr viel aus!).

Die Knochen des Säuglings sind noch weich. Sie geben deshalb dauerndem einseitigen Druck nach. Das Kind darf deshalb nicht ständig auf dem Rücken oder einer Seite liegen; ebenso ist später längeres Tragen auf dem gleichen Arm zu vermeiden. Bevor der Säugling nicht von alleine frei sitzt, darf er nur liegend getragen werden.

Zur Unterstützung der Muskelentwicklung ist Säuglingsgymnastik nur für den kranken Säugling notwendig. Der gesunde Säugling braucht sie nicht, wenn er genügend Gelegenheit bekommt, kräftig zu strampeln und sich zu bewegen. — Luft- und Sonnenbäder bekommen dem Säugling gut, wobei zu intensive und lange Bestrahlung vermieden werden muß. Das Köpfchen ist *immer* zu bedecken! (Siehe auch unter „Rachitis" Seite 287.)

6. Erziehung

Erzieherische Einflüsse im ersten Lebensjahr sind nach neueren Erkenntnissen für die Gesamtentwicklung des Menschen von viel größerer Bedeutung, als man früher annahm. Mütterliche Wärme, Liebe und Zärtlichkeit sollen Richtschnur für alles sein, was mit dem Kind geschieht. Trotzdem muß von Anfang an versucht werden, durch Ordnung, Rhythmus, Konstanz und Konsequenz den Säugling zum allmählichen Einfügen in die häusliche Gemeinschaft zu führen (*Lutz* [10] Seite 60). Dazu gehören Geduld und Einfühlungsvermögen. Wenn man auch den Säugling mit den Mahlzeiten, dem täglichen Bad usw. langsam an einen regelmäßigen Tagesablauf gewöhnt, so soll dabei, besonders am Anfang, nicht zu hart vorgegangen werden.

Heute wissen wir, daß der Säugling in den ersten Lebenswochen noch kein Gefühl für Tag und Nacht hat und deshalb auch in der Nacht durch sein Geschrei seinen Hunger meldet. Es herrscht deshalb die Ansicht vor, daß man ihm dann ruhig etwas geben soll. — Bei der sog. „Amerikanischen Methode" wird sogar so weit gegangen, den Säugling immer nur dann zu füttern, wenn er schreit. Er soll sich so nach einiger Zeit einen eigenen Tagesrhythmus schaffen. Die Beanspruchung der Mutter ist hierbei allerdings sehr erheblich, und über die erzieherischen Auswirkungen liegen noch keine schlüssigen Ergebnisse vor.

Voraussetzung für die Erziehung zur Sauerkeit ist, daß das Kind mindestens 10 Minuten frei sitzen kann. Auch dann braucht man viel Geduld, denn manche Kinder werden fast drei Jahre alt, bis das komplizierte Zusammenspiel von Nerven und Muskeln, das zur Entleerung von Harn und Stuhl nötig ist, richtig funktioniert. Das Kind länger als 10 Minuten auf dem Topf sitzen zu lassen, ist zwecklos. Es kann dabei sogar zu einer Verkrampfung des Schließmuskels kommen.

Jeder Säugling entdeckt eines Tages, daß man, außer an der Brust oder Flasche, auch am Daumen lutschen kann. Besonders bei nervösen Kindern wird er dann bald zum ständigen Tröster. Da das anhaltende Daumenlutschen zu Kiefernverformungen führt und außerdem mit dem nicht immer sauberen Daumen Infektionskeime in den Mund gelangen können, verwendet man heute, wenn man schon nicht darum herumkommt, lieber einen richtig konstruierten Schnuller mit großer Schutzplatte. Dieser Schnuller muß natürlich immer tadellos sauber sein, häufig ausgekocht und staubfrei aufbewahrt werden. Der Schnuller hat auch den Vorteil, daß man ihn später dem Kind leichter abgewöhnen kann als das Daumenlutschen.

Häufig kommen Säuglinge schon im ersten Lebensjahr bei der Entdeckung des eigenen Körpers mit den Geschlechtsteilen in Berührung und beginnen mit ihnen zu spielen. Diese „Säuglings-Onanie" verschwindet später fast immer von selbst wieder. Völlig falsch wäre es, hier zu schimpfen oder gar zu strafen. Es könnte dies die erste Ursache eines Schuldkomplexes und einer tiefgreifenden Fehleinstellung zur Sexualität werden. Ruhiges Ablenken mit einem Lieblingsspielzeug, besonders beim Baden und Wickeln, hat hier Erfolg.

Spielzeug ist überhaupt ein wichtiger Erziehungsfaktor. Es soll dem Säugling aber nicht zu früh angeboten werden, denn mit den eigenen Händchen und Füßchen hat es zunächst genügend zu tun. Ebenso falsch ist es, später das Kind mit Spielzeug zu überhäufen. Alle Spielsachen müssen so groß sein, daß sie nicht verschluckt werden können; sie dürfen auch keine scharfen Kanten haben und müssen abwaschbar und farbecht sein. Besonders ist darauf zu achten, daß nicht Teile des Spielzeugs abgerissen und verschluckt werden können (Augen bei Stofftieren!).

Ältere Säuglinge sollen Spielzeug bekommen, das die Phantasie anregt und Hand- und Fingerfertigkeit übt, z. B. Bausteine, Würfelpyramiden, ineinanderpassende Plastikbecher, bunte Bälle, Schwimmtiere usw. (siehe Spielzeugliste S. 301).

7. Unfallgefahren

Ein Drittel aller Kinderunfälle ereignen sich bereits im Säuglingsalter. Allein in der Bundesrepublik sterben jährlich etwa 500 Kinder nach häuslichen Unfällen.

Besondere Unfallursachen sind:

>   Ersticken
>   Wärmeschädigungen — Verbrennungen — Verbrühungen
>   Vergiftungen — Verätzungen
>   Stürze

Dazu ist im einzelnen zu sagen:

Federkissen oder Decken müssen so befestigt sein, daß sie sich der Säugling nicht über den Kopf ziehen oder mit dem Gesicht nach unten darin verwühlen kann. Tiere, besonders Katzen, die die Wärme suchen, dürfen nie mit dem Kind allein in einem Raum gelassen werden. Es ist schon vorgekommen, daß sie sich auf das Gesicht des schlafenden Kindes gelegt haben, wodurch dieses erstickte.

Falsch angebrachte Haltegurte können das Kind strangulieren; ebenso sind elastische Schnüre, mit denen Spielzeug usw. befestigt wird, zu vermeiden.

Auch Puderdosen dürfen nie in der Reichweite der Säuglinge bleiben; an dem eingeatmeten Puder können sie ersticken. Plastiktüten, in denen sie dann keine Luft mehr bekommen, ziehen sich Kinder gern über den Kopf. Wie schon beim Spielzeug erwähnt, sind alle kleinen Gegenstände, die sich das Kind in den Mund stecken kann, lebensgefährlich!

Bei Wärmeschädigungen muß man neben den Verbrennungen und Verbrühungen auch an Hitzestauungen denken. Letztere können nicht nur durch zu warmes Einpacken des Säuglings (Wärmflasche!), sondern auch bei starker Hitze und Sonnenbestrahlung im geschlossenen Auto, in Plastiktragetaschen und geschlossenen Kinderwagen entstehen.

Verbrennungen und Verbrühungen sind bei Säuglingen besonders gefährlich, da sie ja nur eine kleine Körperoberfläche besitzen. Das Ausdehnungsverhältnis von geschädigter Haut zur Gesamtoberfläche ist ausschlaggebend für die Heilungsaussichten. Bei gleicher Fläche eines Schadens wird es natürlich um so ungünstiger, je kleiner der Mensch ist.

Früher waren Hautschäden dieser Art meistens tödlich, wenn nur 20 % der Gesamtoberfläche betroffen wurden. Heute dagegen ist es in vielen Fällen schon gelungen, Kinder noch zu retten, wenn mehr als 50 % der Haut geschädigt waren. Schwere Verbrennungen und Verbrühungen gehören so schnell wie möglich in klinische Behandlung. Allererste Maßnahmen bei Verbrühungen: Viel kaltes Wasser (direkt unter die Brause!) über das *bekleidete* Kind laufen lassen! Dann erst vorsichtig ausziehen und in Laken und warme Decke hüllen. Keine Eigenbehandlung mit Hausmitteln!

In sichere Verwahrung gehören alle Behälter mit ätzendem oder giftigem Inhalt (Putzmittel, Medikamente, auch Zigaretten!). Da die Zusammensetzung aller derartigen Mittel und ihre Gefährlichkeit den Eltern meist nicht bekannt ist, sollten sie immer sofort den Arzt befragen, auch wenn nur geringe Mengen verschluckt worden sind. In vielen Großstädten wurden neuerdings, insbesondere an Universitätskliniken, eigene Entgiftungszentren eingerichtet, die immer telefonisch erreichbar sind (Telefon-Nummer nicht erst im Gefahrenfall erfragen!). Allererste Maßnahmen bei Vergiftungen sind: Das Kind mit Hilfe des Zeigefingers oder eines Löffelstiels zum wiederholten Erbrechen bringen. Größere Mengen Flüssigkeit (Wasser, Tee) dem Kind zur Verdünnung des Mageninhalts geben, aber nur, wenn es nicht bewußtlos ist! Führt das nicht zum Erfolg, gibt man ihm ein Glas lauwarmes Wasser zu trinken, in dem 2 Teelöffel Kochsalz aufgelöst wurden. Das frühere Hausmittel Milch ist völlig falsch, denn es fördert in vielen Fällen die Resorption des Giftes. (Näheres siehe „Erste Hilfe" Seite 326 ff).

Neben Stürzen vom Wickeltisch bei nicht genügender Beaufsichtigung kommen auch immer wieder Stürze aus dem Kinderwagen vor. In dem sonst sehr zweckmäßigen hohen, flachen Kinderwagen, ist der Säugling besonders gefährdet. Abgestellte Kinderwagen ohne angezogene Bremse rollen auf abschüssigen Stellen durch die Bewegungen des Kindes davon oder gar auf die Fahrbahn und stürzen um!

8. Ernährungsstörungen

Sie stehen in der Häufigkeit der Erkrankungen an erster Stelle und sollen deshalb etwas ausführlicher beschrieben werden.

Der Säugling reagiert auf viele Schädigungen und Erkrankungen erst einmal mit einer Ernährungsstörung. Diese kann ganz plötzlich beginnen und innerhalb von Stunden schwerste Formen annehmen. Ihre Ursache können sein: Fehlernährung, falsche Zusammensetzung der Verdauungsfermente, Infektionen des Darmes oder anderer Organe, besonders grippale Infekte der oberen Luftwege. Nur der Arzt kann die richtige Ursache erkennen und entscheidet dann über die zu treffenden Maßnahmen.

Die leichte bis mittelschwere Ernährungsstörung fängt mit Appetitlosigkeit und Unruhe des Kindes an. Die Stühle werden häufiger abgesetzt und bekommen einen „Hof", d. h. sie werden wasserreicher. Der Stuhl in der Windel sieht zunächst noch geformt aus, weil das Wasser von der Windel aufgesaugt wird. Schließlich werden die Stühle breiig, dünn, dann wäßrig und zum Schluß spritzend. Gleichzeitig fiebert und erbricht der Säugling. Durch den Wasser- und Salzverlust trocknet das Kind aus, die Haut wird schlaff, die Bauchhaut bleibt beim Anheben in Falten stehen, und die Augen liegen tief. — Schon beim Beginn der Erkrankung ist alle Nahrung auszusetzen, eine „Teepause" einzulegen und gleichzeitig ein Arzt zu verständigen. Das Kind darf soviel Kräutertee trinken, wie es eben mag. Pro Tag soll die Menge mindestens 130—140 ccm pro Kilogramm Körpergewicht betragen. Dem Kräutertee (Kamille, Fenchel) wird etwas Süßstoff und eine Messerspitze Salz pro Flasche zugestzt, weil Zucker gären würde. Noch wirkungsvoller als Tee ist die sog. *Moro-Karottensuppe:* 300—400 g Karotten werden gereinigt, weichgekocht (evtl. Dampftopf), schleimfein zerkleinert, mit abgekochtem Wasser auf 1 Liter aufgefüllt, wofür auch die Kochbrühe verwendet werden kann. Dazu kommen 3 g Salz und, wenn nicht süß genug, etwas Süßstoff.

Bei einer schweren Ernährungsstörung sind die obengenannten Veränderungen noch auffallender. Außerdem ist das Kind schläfrig und benommen, hat hohes Fieber, obwohl Hände und Füße oft blaß und eiskalt sind. Schließlich können Krämpfe einsetzen. Hier ist sofortige ärztliche Hilfe und Einweisung in ein Krankenhaus notwendig.

9. Infektionskrankheiten

Der Säugling, besonders das Brustkind, ist zwar gegen einige Infektionskrankheiten anfangs geschützt (z. B. Masern, Mumps, Röteln), denn es hat die von der Mutter gebildeten Antikörper mitbekommen, was auch als „Nestschutz" bezeichnet wird. Dagegen ist der Säugling besonders empfänglich für Erkrankungen der oberen Luftwege, Grippe, Mittelohr- und Lungenentzündung (Schutz vor erkrankten Personen der Umwelt! — Nasen- und Mundschutz durch Mulltuch, wenn die Mutter selbst erkrankt ist).

Alle Infektionskrankheiten beginnen, wie erwähnt, mit Ernährungsstörung, Unruhe, Mattigkeit, erhöhtem Puls und Fieber (Beachten, daß Puls des Säuglings schneller schlägt — siehe Tabelle Seite 276). Die Fiebermessung soll bei Kindern nur rektal (Vorsicht!) durchgeführt werden, wozu besondere Kinder-Thermometer erhältlich sind.

Gegen eine ganze Reihe von Infektionskrankheiten gibt es heute sehr wirksame aktive Schutzimpfungen. Gesetzlich vorgeschrieben ist bis jetzt nur die Pocken-Schutzimpfung.

Um Impfschäden zu vermeiden, sollte immer vor der Pockenimpfung der Arzt befragt werden, insbesondere wenn postnatale Schäden vorhanden sind. Ist das Kind nicht vollkommen gesund, muß die Impfung auf einen späteren Zeitpunkt verschoben werden. Im Gegensatz zu der bisher üblichen Auffassung, daß im Laufe des ersten Lebensjahres die Pockenimpfung zu erfolgen hat, ist man heute der Ansicht, daß eine Hinauszögerung bis zu 18 Monaten und darüber oft zu empfehlen ist, weil eventuelle Impfschäden bei älteren Kindern bedeutend geringer sein sollen. (Prof. Dr. *Helmut Stickl*, Direktor der Bayer. Landesimpfanstalt, München.)

Dringend empfohlen werden heute Impfungen gegen
> Kinderlähmung *(Polio)*
> Tuberkulose
> Diphtherie
> Masern
> Wundstarrkrampf
> Keuchhusten

Zeitlicher Impfplan siehe Seite 419.

Die Belästigung der Kinder durch die Impfungen ist durch die neuentwickelten Mehrfach-Impfstoffe sehr gering. Die deutsche Industrie brachte im Jahre 1968 sogar den ersten Fünffach-Impfstoff heraus (gegen Masern, Diphtherie, Polio, Tetanus und Keuchhusten).

Dauernde Impfschäden treten viel seltener auf als der Laie annimmt. Insbesondere soll man hier den Angaben der sog. „überzeugten Impfgegner" mißtrauen, denn die großartigen Erfolge sind erstaunlich, die durch Impfung gerade bei den Kinderkrankheiten in der letzten Zeit erzielt wurden.

Erkrankungen in der Bundesrepublik

	Kinderlähmung	Diphtherie
1960	4 193	1965
1962	296	813
1963	241	662
1964	54	637
1965	48	307
1966	17	201

10. Rachitis

Diese „Englische Krankheit" beruht auf einer durch Vitamin D-Mangel bedingten Störung der Kalziumaufnahme aus dem Darm und verursacht schwere und bleibende Knochenverformungen (X- und O-Beine, Buckel). Besonders gefährdet sind Säuglinge zwischen dem 3. und 6. Monat. Erste Anzeichen sind Unruhe

(Wetzen des Kopfes auf der Unterlage!) und Schwitzen, besonders am Hinterkopf, der sich auffallend weich anfühlt. Kein Kind müßte heute mehr an der früher so verbreiteten Krankheit leiden, denn durch eine prophylaktische Vitamin-D-Zufuhr kann sie mit Sicherheit verhindert werden. Ob diese in Form einer hochdosierten Stoßtherapie oder über längere Zeit in kleineren Mengen verabreicht werden soll, muß der Arzt entscheiden. Eine Überdosierung ist schädlich, weil sie eine zu starke Kalkeinlagerung in Knochen und verschiedenen Organen bewirken kann.

Die Vorstufe von Vitamin D, das *Ergosterin*, befindet sich in der Haut und kann durch Sonnenbestrahlung in das wirksame Vitamin D übergeführt werden. Allerdings ist man mit Sonnenbädern von Säuglingen, ebenso wie mit der künstlichen Höhensonne, neuerdings etwas vorsichtiger geworden, denn durch sie könnte eine ruhende Tuberkulose zum Ausbruch kommen. Jedes Kind reagiert hier individuell verschieden und man sollte deshalb immer den Rat des Arztes einholen.

11. Phimose

Es handelt sich hier um eine bleibende Verengung der Vorhaut, so daß diese nicht über die Eichel zurückgezogen werden kann, gegenüber der bereits beschriebenen physiologischen Phimose des Säuglings (Seite 283). Durch die Verengung kann die talgige Ausscheidung der Hautdrüsen am Eichelrand, das *Smegma,* nicht durch tägliche Waschung entfernt werden. Dieses Smegma zersetzt sich rasch und verbreitet einen unangenehmen Geruch. Als guter Bakteriennährboden kann es die Ursache sehr schmerzhafter Penisentzündungen sein.

Da Gebärmutterkrebs bei jüngeren Frauen, deren Männer beschnitten wurden, weniger häufig vorgekommen ist, schlossen Wissenschaftler, daß das Smegma bei der Entstehung des *Portio-Carcinoms* (Gebärmuttelhalskrebs) eine entscheidende Rolle spielt.

Die Phimose soll deshalb, sobald sie als solche erkannt ist, vom Arzt durch eine kleine Operation beseitigt werden, evtl. genügt auch schon eine Dehnung der Vorhaut.

Die Beschneidung verhindert sowohl die Ansammlung von Smegma, wie eine spätere Phimose. Sie wird deshalb als empfehlenswerte hygienische Maßnahme bei mehr als 90 % aller amerikanischen männlichen Neugeborenen bereits in der Klinik durchgeführt.

C. Das Kleinkind

I. Körperliche Entwicklung

Nach der Vollendung des ersten Lebensjahres spricht man von einem Kleinkind. Veranlagung und Umwelt sind für die Gesamtentwicklung maßgebend. Wegen der Verschiedenheit dieser Faktoren ist es verständlich, daß gleichaltrige Kinder oft einen sehr unterschiedlichen Entwicklungsstand zeigen. Allgemein ist zu sagen, daß das Kleinkindalter die erste Periode des raschen Längenwachstums ist, die etwa mit dem 6. Lebensjahr zu Ende geht.

Folgende Maß- und Gewichtstabelle gibt Mittelwerte an und soll nur als ungefährer Anhaltspunkt dienen:

Normalmaße und Gewichte des Kleinkindes
(Mittelwerte nach *Stuart* und *Stevenson*)

Alter	Knaben		Mädchen	
	Körperlänge	Gewicht	Körperlänge	Gewicht
12 Monate	75,2	10,07	74,2	9,75
15 Monate	78,5	10,75	77,6	10,43
18 Monate	81,8	11,43	80,9	11,11
2 Jahre	87,5	12,56	86,6	12,99
2½ Jahre	92,1	13,61	91,4	13,43
3 Jahre	96,2	14,61	95,7	14,42
3½ Jahre	99,8	15,56	99,5	15,38
4 Jahre	103,4	16,51	103,2	16,42
4½ Jahre	106,7	17,42	106,8	17,46
5 Jahre	108,7	18,37	109,1	18,37
5½ Jahre	114,4	20,68	112,8	19,96
6 Jahre	117,5	21,91	115,9	21,09

Bemerkenswert ist ferner, daß der Schädel, der im Laufe des ersten Lebensjahres von etwa 34 auf 46 cm an Umfang zugenommen hat, bis zum 5. Lebensjahr sehr langsam wächst und nur 50 cm erreicht.

Große Unterschiede, die noch durchaus im Bereich der biologischen Streuung liegen, zeigen sich auch in der Entwicklung bestimmter körperlicher Fähigkeiten (z. B. Laufenlernen, gezieltes Werfen, Hüpfen, Balancieren über Balken, Purzelbaumschlagen, Roller- und Radfahren, Schwimmen).

Hier sollen die Eltern die Kinder anregen, dem Beispiel der anderen zu folgen, was ja bei dem Nachahmungstrieb dieser Altersstufe ganz natürlich ist. Nie darf das Kind aber überfordert werden, denn körperliche Schäden und das Entstehen von Angstgefühlen wären die Folge. Wenn das Kind eine bestimmte Handlung von sich aus strikt ablehnt, soll es nicht dazu gezwungen werden, denn es zeigt durch dieses Verhalten, daß es entwicklungsmäßig noch nicht dazu in der Lage ist.

II. Ernährung

Von den Umweltfaktoren, die das Wachstum und das Gewicht beeinflussen, ist an erster Stelle die Nahrung zu nennen. Ist sie qualitativ oder quantitativ mangelhaft, so wird zunächst die Gewichtszunahme gehemmt und später auch das Längenwachstum verzögert.

1. Nährstoffbedarf

Beim Eiweiß ist die biologische Wertigkeit, d. h. sein Gehalt an essentiellen Aminosäuren von großer Wichtigkeit. Um das richtige Maß für den Wert eines Nahrungsmittels zu erkennen, muß man deshalb sowohl seinen Prozentgehalt an

Eiweiß wie auch die biologische Wertigkeit berücksichtigen. Wird der Prozentgehalt und die Wertigkeit multipliziert, so erhält man z. B. für eine der bekannten Nahrungsmittel nach *Thomas* die folgende Tabelle:

	Eiweißgehalt	Wertigkeit	Wertigkeit × Prozentgehalt
Rindfleisch	21 %	105,7	2114
Schellfisch (frisch)	16,9 %	103,1	1742
Milch	3,4 %	99,7	339
Kartoffeln	2 %	71,7	143
Erbsen (frisch)	6,5 %	49,6	327
Weizenbrot	7 %	37,3	261
Blumenkohl	2,5 %	80,7	202
Kirschen	0,9 %	66,4	56

Die große Bedeutung des tierischen Eiweißes geht aus dieser Zusammenstellung ohne weiteres hervor. Sie zeigt ferner die Schwierigkeiten, die einer vollwertigen vegetarischen Ernährung ohne Milch entgegenstehen.

Noch zu Beginn dieses Jahrhunderts glaubten die Ärzte, daß das Verhältnis von Eiweiß zur Gesamt-Kalorienzahl, wie es in der Frauenmilch zu finden ist, auch am günstigsten für die Ernährung älterer Kinder wäre. Neuere Untersuchungen haben aber gezeigt, daß der Eiweißanteil größer sein muß. Die tägliche Eiweißzufuhr soll beim Kleinkind etwa 2,5 g pro kg Körpergewicht betragen, so daß von den mit der Nahrung zugeführten Gesamtkalorien etwa 15 % auf das Eiweiß entfallen. Rund die Hälfte davon sollte tierisches Eiweiß sein. Der Fett-Anteil muß etwa 25 % und die Kohlenhydrate 60 % des Kalorienbedarfes decken. Die folgende Tabelle zeigt diese Verhältnisse für Kleinkinder bis zu 6 Jahren:

Alter Jahre	Ges.-Kalorien-Bedarf pro Tag	Eiweiß in g pro Tag	Fett in g pro Tag	Kohlenhydrate in g pro Tag
2	900	34	25	137
3	1 000	38	28	149
4	1 200	45	33	181
6	1 400	53	39	209

Die hier wiedergegebenen Werte sind Durchschnittszahlen für normale, gesunde Kinder unter Berücksichtigung einer mäßigen Bewegungstätigkeit. (*Hottinger* [14]).

In den unterentwickelten Ländern ist die Kleinkindersterblichkeit besonders groß. Während der oft sehr langen Stillzeit bekommen sie das lebenswichtige Eiweiß durch die Muttermilch, aber nach dem Abstillen erhalten sie oft ohne Übergang die für sie ungeeignete Erwachsenennahrung. Der Eiweißgehalt dieser Nahrung ist an sich oft schon recht gering und reicht für den erhöhten Eiweißbedarf des Kleinkindes meist nicht aus.

2. Vitaminbedarf

Die Tagesmenge des fettlöslichen Vitamins A steigt von 1 500 IE = Internationale Einheiten — beim Säugling bis zu 6 000 IE beim Schulkind (eine IE = 0,3 γ Vit. A). Durch ½ l Milch, ein Ei oder einen Teller Grüngemüse kann der Tagesbedarf gedeckt werden. Kleinkinder sind empfindlicher gegen Vitamin-A-Mangel als Erwachsene, denn ihre Leberreserven sind geringer. Schon wenige Wochen ohne Vitamin-A-Zufuhr verursachen bei ihnen A-Avitaminosen, während bei Erwachsenen dies erst nach mehreren Monaten der Fall ist. Vitamin-A-Überschuß wird nicht ausgeschieden und führt zur A-Hypervitaminose mit Vergiftungserscheinungen (Reizbarkeit, Haarausfall, Fieber).

Vitamin D, das in großen Mengen im Fisch-Lebertran und im Körperfett verschiedener Fische vorkommt, ist in der Milch und den Eiern nur in geringem Maße enthalten. Wie schon auf Seite 287 beschrieben wurde, haben Säuglinge und Kleinkinder einen erhöhten Vitamin-D-Bedarf. — Die durchschnittliche Vitamin-D-Zufuhr soll pro Tag 400—800 IE betragen.

Die Bedeutung anderer fettlöslicher Vitamine (Vit. E und K) für die Kleinkindernährung ist noch nicht eindeutig erforscht.

Die wasserlöslichen Vitamine (Vit. B-Komplex und Vit. C) sind in der normalen Kleinkindnahrung in genügender Menge vorhanden.

Allerdings kann der Mangel der einzelnen Vitamine des B-Komplexes zahlreiche Krankheiten (z. B. Beri-Beri, Krämpfe, Nervenentzündungen und Leukämie) hervorrufen. Der Tagesbedarf ist noch nicht für alle Vitamine des B-Komplexes genau bekannt.

Beim Vitamin C schwankt die Tagesmenge sehr stark und ist bei Krankheiten, Fieber, Schwangerschaft und Stillperiode stark erhöht. Der Säugling braucht 5—6 mg, das Schulkind 2—3 mg Vitamin C pro kg Körpergewicht täglich. (Erwachsene rund 30 mg Gesamttagesdosis). Überschüssiges Vitamin C wird durch den Urin ausgeschieden. Milch, Früchte, Gemüse und Kartoffeln sind wichtige Vitamin-C-Lieferanten. In der Kühlkost verringert sich der Vitamin-C-Gehalt nur unwesentlich, dagegen wird beim Kochen ein erheblicher Teil zerstört oder an das Kochwasser abgegeben.

3. Mineralsalz-Bedarf

Von den Mineralsalzen sind vor allem Natrium, Kalium, Kalzium, Phosphor und Eisen von Bedeutung.

Der Tagesbedarf an Kalzium beträgt nach den neueren Angaben des „Nutrition Board (USA)" rund 1 g während der ganzen Kindheit. Diese Zahl erscheint gegen frühere Angaben, die nur von 0,1—0,4 g Tagesmenge sprechen, außerordentlich hoch und ist für jüngere Säuglinge kaum erreichbar.

Die Aufnahme von Natrium und Kalium soll im Säuglingsalter pro Tag 322 mg Natrium und 1016 mg Kalium betragen; Kinder von 4—6 Jahren benötigen 2133 mg Natrium und 2598 mg Kalium (*Hottinger* [14]).

Bei normaler gemischter Kost wird der Mineralsalzbedarf gedeckt. Zu beachten ist allerdings, daß es nicht nur auf den Gehalt an Mineralsalzen in den Nahrungsmitteln ankommt, sondern auch auf ihr Verhältnis und die Form, in der sie vorliegen. So kann beispielsweise das Kalzium aus dem Spinat nicht resorbiert werden, weil es als Oxalatsalz vorliegt. Das Verhältnis von Ca : P soll möglichst dem in der Frauenmilch nahekommen. Die folgende Tabelle gibt hier Anhaltspunkte:

Gehalt von Nahrungsmitteln an Kalk und Phosphor
(nach H. und M. *Hinglais* aus [14])

Nahrungsmittel	Ca mg %	P mg %	Ca : P
Eidotter	140	524	0,27
Kuhmilch	125	100	1,39
Haferkorn	78	339	0,23
Spinat	65	80	0,81
Kohl	60	32	1,88
Karotten	50	30	1,66
Frauenmilch	35	20	1,60
Kartoffeln	15	60	0,25
Rindermuskeln	11	215	0,05
Äpfel	4,5	10	0,45

Fluorverbindungen sind zur Vermeidung der Karies von besonderer Bedeutung. Fluorreiche Nahrungsmittel sind Fische, Rippenmangold und Kartoffeln in der Schale. Neuerdings wird in manchen Gegenden das Trinkwasser und die Kindermilch mit Fluorverbindungen angereichert, um die Karies zu verhüten. Allerdings kann ein Überfluß an Fluor auf dem Schmelzüberzug der Zähne bräunlich pigmentierte Flecken hervorrufen und die glatte Oberfläche der Zähne angreifen. Trotzdem sollen diese Zähne weniger von Karies befallen werden (*Fanconi* [9]).

Die besten Eisenspender sind Leber, Eigelb, Hülsenfrüchte, frische grüne Gemüse und Vollkornbrot. Der Bedarf wird bei Säuglingen auf 6 mg pro Tag geschätzt, bei Kleinkindern auf 7—8 mg. Eisenmangel führt zu Anaemie, Wachstums- und Entwicklungsstörungen.

Eisengehalt wichtiger Nahrungsmittel in mg %
(nach *Hottinger* [14])

Frauenmilch	0,025	Kakao	3,0
Kuhmilch	0,018	Nüsse	3,2
Reis	0.76	Hafermehl	3,4
weißes Weizenmehl	0,74	Spinat	3,8
Kartoffeln	0,9	Brot (Vollkorn-Weizen)	4,1
Lattich (Blätter)	1,3	Vollkornmehl	5,7
Ei	1,6	Leber	7,4
Fleisch	2,6	Bohnen, Erbsen (trocken)	8,1

Faßt man den Nahrungsbedarf des Kleinkindes zusammen, so ergibt sich aus allen vorstehenden Angaben, daß er durch eine abwechslungsreiche gemischte Kost, in der Obst und Fruchtsäfte nicht fehlen dürfen, am besten gedeckt wird.

III. Geistige Entwicklung, Erziehung und Pflege

Schon in dem Kapitel über den Säugling wurden wesentliche Tatsachen genannt, die auch für das Kleinkind volle Gültigkeit besitzen.

Die Erziehung und Pflege müssen sich aber nach der geistigen Entwicklung des Kleinkindes richten. Während die Pflege des Säuglings eine aktive Handlung der Mutter bedeutet, an der er selbst, besonders in den ersten Monaten, weitgehend unbeteiligt ist, sind beim Kleinkind Pflege und Erziehung so eng miteinander verknüpft, daß sie gemeinsam behandelt werden müssen.

Das Ziel jeder Erziehung ist es ja, die Erbanlagen des Kindes so zu entwickeln, daß es ein vollwertiger, verantwortungsbewußter Mensch wird, der in die für ihn bestimmte Umwelt harmonisch hineinwächst. Wenn auch das Kind durch seine Anlagen ein einmaliges Individuum ist, so gibt es doch allgemein gültige Erziehungsgrundsätze, die sich bewährt haben.

Ebenso wie beim Säugling sind Ordnung, Rhythmus, Konstanz und Konsequenz hier in erster Linie zu nennen. Allerdings erfordert die Durchführung dieser Prinzipien beim Kleinkind noch viel mehr Liebe, Geduld und Einfühlungsvermögen, weil es durch seine geistige Weiterentwicklung schon zu einer kleinen Persönlichkeit herangewachsen ist. Die Ansichten, wie man dem Kleinkind erzieherisch begegnen soll, sind allerdings außerordentlich verschieden.

Früher war es Grundsatz, mit Strenge und Strafen das Kind möglichst rasch zum Gehorsam zu zwingen und zu einem „kleinen Erwachsenen" zu formen. Die moderne Psychologie lehnt dies ab, denn sie hat festgestellt, daß durch diese Methode schwere Entwicklungsstörungen und spätere Neurosen verursacht werden können.

Umgekehrt wird von manchen Erziehern, besonders in Amerika, der Grundsatz vertreten, daß sich die Kinder völlig frei nach ihrem Willen und möglichst ohne jede erzieherische Einwirkung durch die Erwachsenen entwickeln sollen. Eigenartigerweise wurde dieses Erziehungsprinzip auch von manchen Linksintellektuellen in Europa übernommen. Nach der Ansicht der meisten europäischen Jugend-Psychologen liegt aber die richtige Erziehung ungefähr in der Mitte zwischen diesen Extremen, was auch unserer eigenen Erfahrung entspricht.

J. Lutz [19] sagt sehr richtig: „Ordnung heißt nicht Pedanterie, Rhythmus nicht Unruhe, Konstanz nicht Sturheit, Konsequenz nicht Schärfe; die erzieherischen Maßnahmen müssen durchwärmt sein von liebendem Wohlwollen."

Während der Säugling seine Umwelt durch die sich entwickelnden Sinnesorgane ergreift, wobei auch der Tastsinn eine bedeutende Rolle spielt, will das Kleinkind mit der Entwicklung der Sprechfähigkeit die wahrgenommenen Gegenstände benennen. (Siehe Seite 279 Sprachentwicklung.) Durch das Gehenlernen entdeckt es den Raum, wodurch neue Eindrücke hinzukommen und begriffen werden mussen. Dabei hilft dem Kind, daß sich mit dem Sprechen allmählich auch das Denken, und damit die Verknüpfung von Wort und Gegenstand entwickelt.

Mit dem Beginn des 3. Jahres, dem ersten Fragealter, will das Kind die Namen aller neu auftauchenden Dinge wissen. So werden im Laufe der ersten drei Jahre meistens erreicht: Das *Ergreifen* der engeren Umwelt durch die Sinnesorgane, die *Benennung* durch die Sprache und das *Begreifen* durch das Denken.

Ehrgeizige Eltern sollten aber immer daran denken, daß die Entwicklungsgeschwindigkeit individuell außerordentlich verschieden ist.

Ein großer Fehler wäre es, im Vergleich mit anderen Kindern vom eigenen Kind Leistungen zu verlangen, zu denen es entwicklungsmäßig noch nicht in der Lage ist.

Zwischen dem 3. und 6. Jahr beginnt das zweite Fragealter. Auch jetzt fragt das Kind noch nach neuen Benennungen, aber es entdeckt jetzt den Orts- und Zeitbegriff mit den Fragen „wo", „wann", „wohin" und „woher". Etwa gleichzeitig kommt die Frage „warum"? Gerade diese Letztere sollte man sich bemühen, entsprechend dem Verständnis des Kindes, wahrheitsgemäß zu beantworten, auch wenn die ständige Fragerei die Geduld auf eine harte Probe stellt.

Ein wichtiger Entwicklungsabschnitt, der in diese Zeit fällt, ist die Entdeckung des „Ich"-Bewußtseins. Zu ungefähr der gleichen Zeit kommt zum Kummer der Eltern eine weniger erfreulichere Phase: das „Trotzalter". Die Eltern sollten aber wissen, daß es sich hier um einen ganz normalen Entwicklungsschritt handelt, der anzeigt, daß das Kind nun zum ersten Mal eine eigene Willensentscheidung trifft. Sich darüber zu ärgern wäre falsch; am besten überwindet man diese Trotzphase, wenn man dem Kind nicht dauernd befiehlt und so seinen Widerspruch herausfordert, sondern ihm möglichst oft Gelegenheit gibt, kleine Entscheidungen, die man ihm ohne besonderes Risiko ruhig überlassen kann, selbst zu treffen. (Also nicht: „Setze Deine Mütze auf", sondern: „Willst Du die rote oder die blaue Mütze aufsetzen?")

Alle Ansätze zum selbständigen Handeln soll man ermutigen und nicht durch die Worte „das kannst Du ja doch nicht" unterdrücken. Ein Lob wird sein Selbstbewußtsein heben und ihm beim Bewältigen der Aufgaben helfen. Besonders gilt das auch für die Pflegemaßnahmen, wie Händewaschen, Zähneputzen und das Anziehen. Letzteres ist besonders wichtig als Vorarbeit für das kommende Kindergarten- und Schulalter.

Kleinkinder lernen vor allem durch Nachahmen. Deshalb ist das Vorbild aller Menschen, mit denen sie in Berührung kommen, im guten, wie im schlechten Sinne, für sie von größter Bedeutung. Abschirmen vor schädlichen Einflüssen ist deshalb in dieser Zeit eine wesentliche Erziehungsaufgabe. Die Empfindsamkeit der kindlichen Psyche bedingt eine große Verletzlichkeit durch falsch dosierte oder unrichtige Eindrücke.

Viele Eltern stehen einer natürlichen Sexualerziehung etwas hilflos gegenüber. Sie wissen nicht, daß diese bereits im Kleinkind- ja sogar im Säuglingsalter beginnen muß. Hierüber gibt es eine umfangreiche moderne Literatur (z. B. *Seelmann* [32], siehe auch Schlußbemerkung im Literatur-Verzeichnis).

Dr. Dr. *Affemann*, Arzt, Diplompsychologe und Psychotherapeut in Stuttgart, berichtete auf einer Tagung der Seminarleiter für Biologie im Oktober 1969 in der Reinhardswaldschule, daß er die von *Siegmund Freud* erstmals aufgezeigten sexuellen Entwicklungsphasen des Säuglings und Kleinkindes (z. B. orale und anale Phasen, inzestuöse Bindung) auf Grund seiner langen Praxisbeobachtungen voll bestätigen muß, obwohl er zunächst eine andere Auffassung hatte. Er glaubt, daß ein gewisser Lustgewinn dem Kind gestattet werden darf, aber das völlige Gewährenlassen die Entwicklung keinesfalls fördert. Das Kind muß vielmehr eine gewisse „Spannung" erleben, um die nächste Entwicklungsphase zu erreichen. Seine Erfahrungen hat er in dem für Eltern, besonders aber für Erzieher gedachten Buch: „Geschlechtlichkeit und Geschlechtserziehung in der modernen Welt" [0] zusammengefaßt.

Besonders wichtig erscheinen uns für die Unterrichtung der heranwachsenden Jugend über das Kleinkindalter folgende Hinweise:

Die Geschlechtsorgane dürfen vor allem in Pflege und Benennung nicht anders behandelt werden, als alle übrigen Körperteile. Die richtigen Namen „Glied" und „Scheide" sollen also nicht durch Phantasieausdrücke ersetzt werden. Ebenso falsch wäre es, den Kleinen das sog. „natürliche Schamgefühl" anerziehen zu wollen, denn so etwas existiert für die Kinder in diesem Alter überhaupt nicht. Sie sollen ruhig den Unterschied zwischen Jungen und Mädchen schon sehr früh bemerken.

Alle Fragen hierüber und besonders über die Herkunft der Kinder müssen wahrheitsgemäß und entsprechend dem Verständnis dieser Altersstufe beanwortet werden. — Wie schon beim Säugling erwähnt, wäre es falsch, jeden Ausdruck der kindlichen Sexualität barsch zu verbieten oder zu strafen. Nichtbeachtung und Ablenkung helfen hier am besten.

Wenn auch die Lernbereitschaft der Kleinkinder zwischen 3 und 6 Jahren groß ist, sollte man sich doch davor hüten, sie durch ständig wechselnde Reize zu überfluten (Fernsehen!).

Ein normales Kind spielt längere Zeit mit einem Spielzeug, dagegen verlangen hemmunglose Kinder stets nach etwas Neuem. — Die schon beim Säugling erwähnte Gefahr, dem Kind zu viele Spielsachen zu geben, ist beim Kleinkind besonders groß. Komplizierte mechanische Spielzeuge, die bald auch noch entzwei gehen, sind wenig geeignet, die kindliche Phantasie anzuregen und seine Entwicklung zu fördern. In der Spielzeug-Industrie werden aber auch gute brauchbare Spielsachen hergestellt, die die Handfertigkeit üben und die schöpferischen Fähigkeiten entwickeln (siehe Spielzeug-Liste S. 301).

Ziel ist schließlich, daß das Kind zu eigenen Spiel-Ideen kommt. Wichtige Erziehungsmittel dieser Altersstufe sind z. B. Musizieren, Singen, Erlernen von Liedern, Gedichten und Kinderreimen, freies Malen, rhythmische Bewegungsspiele, Puppenspiele [23, 25, 31].

Die Einfügung in die Gemeinschaft wird, besonders bei Einzelkindern, am besten in gut geführten Kindergärten erreicht (früher schon bei *Fröbel, Montessori*).

Die Endstufe der Kleinkindererziehung ist die Schulreife. Ob diese von dem Kind erreicht worden ist, kann durch Schulreife-Tests [1, 22, 29] ermittelt werden. — Manche moderne Pädagogen in Amerika, aber auch in der Bundesrepublik (*Lücker* [16, 17, 18]) sind der Ansicht, daß die letzten Kleinkindjahre bereits zum Lernen von Lesen und Schreiben ausgenutzt werden sollen. Begründet wird diese Ansicht durch die Tatsache, daß die Kinder zwischen 1 und 3 Jahren mit der Erlernung der Muttersprache eine außerordentliche geistige Leistung vollbringen. Demgegenüber wird in der Zeit bis zum Schuleintritt nicht genugend verlangt. Erfolgreiche Versuche in dieser Hinsicht wurden durch Einrichtung von Vorschulklassen bereits durchgeführt. — Allerdings sind sich die Pädagogen über die Richtigkeit dieser Methode noch nicht einig, denn ein großer Teil befürchtet eine Überforderung der Kleinkinder.

Die moderne Entwicklung wird wohl am besten von *Lückert* definiert: „Der Mensch wird in seinem Verhalten weitgehend durch die Beziehungs- und Erziehungserfahrungen der Kindheit und Jugend geprägt" [18].

Lückerts Ansichten haben in neuester Zeit eine starke Stütze durch die Untersuchungen des Chikagoer Pädagogen *Benjamin S. Bloom* [2] erfahren: er stellte fest, daß sich 50 % der Intelligenzentwicklung, bezogen auf den Stand eines 17-jährigen, in den ersten vier Lebensjahren vollziehen, 30 % bis zur Vollendung des achten und nur 20 % in den restlichen Jahren. Ebenso fand er, daß durch entsprechende Schulung im Vorschulalter der Intelligenz-Quotient entscheidend verbessert werden kann.

Zusammenfassend muß festgestellt werden, daß die Kindheit die bildsamste Entwicklungsphase ist, die unbedingt sinnvoll ausgenutzt werden soll. (*Correll* [5], *Meilli* [21], *Guyer* [11]).

Genauere Angaben findet man auch in den größeren Werken: *Remplein* [28], *Thomaé* [33] und *Oerter* [24].

IV. Gefahren

Das gefährlichste Unfallalter eines Kindes beginnt mit dem Augenblick des Laufenlernens. Besonders in der ersten Zeit dürfte es eigentlich keinen Augenblick ohne besondere Schutzmaßnahmen allein gelassen werden (Laufstall, Scherengitter vor der Türe, Fenstergitter).

Im Haus ist das Kleinkind auch durch viele Dinge gefährdet. Vor allem sind hier zu nennen:

Herumstehende Gefäße mit heißem Wasser!
Heiße Getränke oder Speisen, die das Kind herunterziehen und über sich schütten kann
Steckkontakte ohne die käuflichen Schutzkappen,
Putz- und Reinigungsmittel
Medikamente
Elektrische Geräte (bes. Heizplatten und Öfen!)
Alkoholische Getränke
Zigaretten (die aufgegessen werden!)
Bohnen, Erbsen usw., die in Nase oder Ohren gesteckt werden und dort quellen
Offene Fenster
Streichhölzer
Leere Kühlschränke oder Truhen, in die es sich als „Höhle" verkriecht

Die Gefährdung außerhalb des Hauses ist durch den modernen Verkehr so groß geworden, daß selbst auf dem Lande sich Kleinkinder nicht mehr ohne Beaufsichtigung auf der Straße aufhalten können. Im Jahre 1965 verunglückten im Straßenverkehr in der Bundesrepublik:

insgesamt	16 105	Kleinkinder
davon leicht verletzt	9 844	Kleinkinder
schwer verletzt	5 444	Kleinkinder
getötet	817	Kleinkinder

Leider haben sich diese Zahlen in den letzten Jahren noch erhöht.

Unerläßlich ist deshalb heute eine schon sehr bald einsetzende gründliche Verkehrserziehung, wobei das Vorbild der Erwachsenen ausschlaggebend ist.

Wasser- und Eisflächen üben auf alle Kinder eine besondere Anziehungskraft aus, deshalb sollten schon Kleinkinder frühzeitig schwimmen lernen.

Durch das Roller- und Radfahren kommt eine neue Gefahr hinzu. Landkinder sind durch das so beliebte Mitfahren auf landwirtschaftlichen Geräten noch besonders gefährdet.

Erwähnt werden muß noch die Gefahr, die einem Kind durch den sog. „guten Onkel" drohen kann. Leider ist es deshalb nötig, dem Kind rechtzeitig ein gesundes Mißtrauen gegen fremde Personen anzuerziehen. Dagegen soll der uniformierte Polizist ihm als Freund und Helfer in allen Notfällen nahegebracht werden.

Groß ist auch das Unglück, wenn neben dem Schaden, den das Kind durch einen Unfall erlitten hat, die Eltern wegen der Verletzung ihrer Aufsichtspflicht herangezogen und bestraft werden. — Gegen Schäden, die Kinder bei dritten Personen anrichten, empfiehlt sich der Abschluß einer Haftpflichtversicherung.

V. Vorsorge-Untersuchungen für Säuglinge und Kleinkinder

Die Vorsorge-Untersuchungen für werdende Mütter als Leistungen der gesetzlichen Krankenversicherungen haben zu einem erfreulichen Rückgang der Müttersterblichkeit geführt. Nach Ansicht der Ärzte bleiben sie jedoch unvollständig, wenn derartige Vorsorge-Untersuchungen nicht auch für Säuglinge und Kleinkinder selbst eingeführt werden. Auf dem 71. Deutschen Ärztetag (im Mai 1968 in Wiesbaden) wurde ein konkretes Untersuchungsprogramm der Öffentlichkeit übergeben, das vom Ausschuß „Vorbeugende Gesundheitspflege" erarbeitet worden war. Dieses Programm fordert, daß von der Geburt an bis in das Vorschulalter hinein jedes Kind insgesamt 10mal einer gründlichen Vorsorge-Untersuchung zugeführt wird. Zu diesem Zweck ist vorgesehen, daß den Eltern unmittelbar nach der Geburt ein „Untersuchungs-Scheckheft" ausgehändigt wird, das Gutscheine für die einzelnen Untersuchungen enthält, auf dem zugleich Näheres über Zeitpunkt, Art, Umfang und Bedeutung der Vorsorgemaßnahmen ausgeführt wird.

Mutterschutzgesetz
(Auszug aus der Fassung vom 18. April 1968)

§ 1 Geltungsbereich

Dieses Gesetz gilt

1. Für Frauen, die in einem Arbeitsverhältnis stehen
2. Für weibliche in Heimarbeit Beschäftigte

§ 2 Gestaltung des Arbeitsplatzes

1. Wer eine werdende oder stillende Mutter beschäftigt, hat bei der Einrichtung und der Unterhaltung des Arbeitsplatzes, einschließlich der Maschinen, Werkzeuge und Geräte und bei der Regelung der Beschäftigung die erforderlichen Vorkehrungen und Maßnahmen zum Schutz von Leben und Gesundheit der werdenden oder stillenden Mutter zu treffen.

§ 3 Beschäftigungsverbot für werdende Mütter
1. Werdende Mütter dürfen nicht beschäftigt werden, soweit nach ärztlichem Zeugnis Leben oder Gesundheit von Mutter und Kind bei Fortdauer der Beschäftigung gefährdet sind.
2. Werdende Mütter dürfen in den letzten sechs Wochen vor der Entbindung nicht beschäftigt werden, es sei denn, daß sie sich zur Arbeitsleistung ausdrücklich bereit erklären; die Erklärung kann jederzeit widerrufen werden.

§ 4 Weitere Beschäftigungsverbote
1. Werdende Mütter dürfen nicht mit schweren körperlichen Arbeiten und nicht mit Arbeiten beschäftigt werden, bei denen sie schädlichen Einwirkungen von gesundheitsgefährdenden Stoffen oder Strahlen, von Staub, Gasen oder Dämpfen, von Hitze, Kälte oder Nässe, von Erschütterungen oder Lärm ausgesetzt sind.

§ 5 Mitteilungspflicht, ärztliches Zeugnis
1. Werdende Mütter sollen dem Arbeitgeber ihre Schwangerschaft und den mutmaßlichen Tag der Entbindung mitteilen, sobald ihnen ihr Zustand bekannt ist. Auf Verlangen des Arbeitgebers sollen sie das Zeugnis eines Arztes oder einer Hebamme vorlegen. Der Arbeitgeber hat die Aufsichtsbehörde unverzüglich von der Mitteilung der werdenden Mutter zu benachrichtigen. Er darf die Mitteilung der werdenden Mutter Dritten nicht unbefugt bekanntgeben.

§ 6 Beschäftigungsverbote nach der Entbindung
1. Wöchnerinnen dürfen bis zum Ablauf von 8 Wochen nach der Entbindung nicht beschäftigt werden. Für Mütter nach Früh- und Mehrlingsgeburten verlängert sich diese Frist auf 12 Wochen.
2. Frauen, die in den ersten Monaten nach der Entbindung nach ärztlichem Zeugnis nicht voll leistungsfähig sind, dürfen nicht zu einer ihre Leistungsfähigkeit übersteigenden Arbeit herangezogen werden.

§ 7 Stillzeit
1. Stillenden Müttern ist auf Verlangen die zum Stillen erforderliche Zeit, mindestens aber täglich zweimal eine halbe Stunde oder einmal täglich eine Stunde freizugeben.
2. Durch die Gewährung der Stillzeit darf ein Verdienstausfall nicht eintreten. Die Stillzeit darf nicht vor- oder nachgearbeitet werden.

§ 8 Mehrarbeit, Nacht- und Sonntagsarbeit
1. Werdende und stillende Mütter dürfen nicht mit Mehrarbeit, nicht in der Nacht zwischen 20 und 6 Uhr und nicht an Sonn- und Feiertagen beschäftigt werden.
(Ausnahmen regelt § 3 für Beschäftigte im Gaststättengewerbe und in der Landwirtschaft)

§ 9 Kündigungsverbot
1. Die Kündigung gegenüber einer Frau während der Schwangerschaft und bis zum Ablauf von 4 Monaten nach der Entbindung ist unzulässig.

§ 10 Erhaltung von Rechten
1. Eine Frau kann während der Schwangerschaft und während der Schutzfrist nach der Entbindung (§ 6, Absatz 1) das Arbeitsverhältnis ohne Einhaltung einer Frist zum Ende der Schutzfrist nach der Entbindung kündigen.
2. regelt die Erhaltung von Rechten bei Wiedereinstellung innerhalb eines Jahres nach der Entbindung, die vor der Entbindung erworben wurden.

§ 11 Arbeitsentgelt bei Beschäftigungsverboten
1. Den unter den Geltungsbereich des § 1 fallenden Frauen ist, soweit sie nicht Mutterschaftsgeld nach den Vorschriften der Reichsversicherungsordnung beziehen können, vom Arbeitgeber mindestens der Durchschnittsverdienst der letzten 13 Wochen oder der letzten 3 Monate vor Beginn des Monats, in dem die Schwangerschaft eingetreten ist, weiter zu gewähren.

§ 12 regelt Sonderunterstützungen aus Bundesmitteln für im Familienhaushalt Beschäftigte.

§ 13 Mutterschaftsgeld
1. Frauen, die in der gesetzlichen Krankenversicherung versichert sind, erhalten während der Schutzfristen des § 3 Abs. 2 und des § 6 Abs. 1 Mutterschaftsgeld nach den Vorschriften der Reichsversicherungsordnung über das Mutterschaftsgeld.

§ 14 Zuschuß zum Mutterschaftsgeld
1. Frauen, die Anspruch auf ein kalendertägliches Mutterschaftsgeld haben, erhalten von ihrem Arbeitgeber einen Zuschuß in Höhe des Unterschiedsbetrages zwischen dem Mutterschaftsgeld und dem um die gesetzlichen Abzüge verminderten durchschnittlichen kalendertäglichen Arbeitsentgelt.

§ 15 Sonstige Leistungen der Mutterschaftshilfe
1. Frauen, die in der gesetzlichen Krankenversicherung versichert sind, erhalten auch die sonstigen Leistungen der Mutterschaftshilfe nach den Vorschriften der Reichsversicherungsordnung.
2. Zu den sonstigen Leistungen der Mutterschaftshilfe gehören:
   a) ärztliche Betreuung und Hilfe sowie Hebammenhilfe
   b) Versorgung mit Arznei-, Verband- und Heilmitteln
   c) Pauschbeträge für die mit der Entbindung in Zusammenhang entstehenden Aufwendungen
   d) Pflege in der Entbindungs- oder Krankenanstalt sowie Hilfe und Wartung durch Hauspflegerinnen.

§ 16 Freizeit für Untersuchungen
Der Arbeitgeber hat der Frau die Freizeit zu gewähren, die zur Durchführung der Untersuchungen im Rahmen der Mutterschaftshilfe erforderlich ist. Ein Entgeltausfall darf hierdurch nicht eintreten.

Die weiteren Paragraphen regeln die Durchführung des Gesetzes.

Literaturverzeichnis

0. *Affemann, R.:* Geschlechtlichkeit und Geschlechtserziehung in der modernen Welt, — Bertelsmann Verlag. 1970.
1. *Baar-Tschinkel:* Schulreife — Entwicklungshilfe, Verlag Jugend und Volk, Wien.
2. *Bloom, Benjamin S.:* „Stability and Change of Human Characteristics" New York USA 1964.
3. *Brehm, H.:* abc der modernen Empfängnisverhütung, Georg Thieme Verlag, Stuttgart 1968.
4. *Buttenberg, D.:* Gelbkörper Hormontherapie, Blaschker-Verlag, Berlin 1966.
5. *Correll, W.:* Denken und Lernen — Westermanns Taschenbuch-Verlag, Braunschweig — 1967.
6. *Döring, G.:* Die Temperaturmethode zur Empfängnisverhütung, Georg Thieme-Verlag, Stuttgart 1968.
7. *Falkenhan, H. u. HH.:* Werdendes Leben — Oldenbourg-Verlag, München — Ferd. Hirt-Verlag, Kiel, 1965.
8. *Fanconi, G.:* Pränatal bedingte Krankheiten und Anomalien — Lehrbuch der Pädiatrie — Schwabe & Co., Verlag Basel — Stuttgart 1963.
9. *Fanconi, G.:* Anomalien und Krankheiten der Zähne — Lehrbuch der Pädiatrie — Schwabe & Co., Verlag Basel — Stuttgart 1963.
10. *Gottschewski, G.:* Teratogenes Risiko bei der Anwendung von Medikamenten, Therapie der Gegenwart, 9. 1968, Urban u. Schwarzenberg, München — Berlin — Wien.
11. *Guyer:* Wie wir lernen — Eugen Rentsch-Verlag. Erlenbach — Zürich — Stuttgart — 1967.
12. *Häusler, Siegfried:* Ärztlicher Ratgeber für die werdende und junge Mutter — Verlag Wort und Bild, Baierbrunn b. München — 1968.
13. *Hellner, H., Nissen, R., Voßschulte, K.:* Lehrbuch der Chirurgie, Georg Thieme-Verlag, Stuttgart 1964.
14. *Hottinger, A.:* Die Ernährung des gesunden Kindes — Lehrbuch der Pädiatrie — Schwabe & Co., Verlag Basel — Stuttgart, 1963.
15. *Knapp, E.:* abc der Säuglingspflege — Paracelsus-Verlag, Stuttgart — 1968.
16. *Lückert, H. R.:* Die wissenschaftlichen Grundlagen der basalen Begabungs- und Bildungsförderung — I — III in „Schule und Psychologie" — Jahrgang 15 — Heft 7, 8, 12 — 1968.
17. *Lückert, H. R.:* Begabungsforschung und basale Bildungsförderung in „Schule und Psychologie" — Jahrgang 14, 1967.
18. *Lückert, H. R.:* Handbuch der Psychologie Band I „Prägende Kräfte der Eltern-Kind-Beziehung." Verlag Ernst Reinhardt, München/Basel — 1964.
19. *Lutz, I.:* Psychologie und Psychopathologie im Kindesalter — Lehrbuch der Pädiatrie — Schwabe & Co., Verlag Basel — Stuttgart 1963.
20. *Martius, H.:* Lehrbuch der Gynäkologie, Georg Thieme Verlag, Stuttgart, 1964.
21. *Meili, R.:* Lehrbuch der psychologischen Diagnostik — Verlag H. Huber, Bonn — 1965.
22. *Meis, R.:* Kettwiger Schulreifetest — Verlag Jul. Beltz, Weinheim/Berlin — 1967.
23. *Niegl, Agnes:* Erzähl mir was — Geschichten für Kleinkinder, Verlag Jugend und Sport, München — 1968.
24. *Oerter:* Moderne Entwicklungspsychologie — Verlag Ludwig Auer, Donauwörth — 1967.
25. Oesterreichische Gesellschaft für die Fürsorge und Erziehung des Kleinkindes: Anleitung zur Anfertigung von Spielen für schulreif werdende Kinder — Verlag Jungbrunnen, Wien.
26. *Overzier, C.:* Systematik der Intersexualität, Triangel, Band 8, Nr. 2, 1967 — Sandoz-Zeitschrift für Medizinische Wissenschaft, Sandoz-AG-Nürnberg.
27. *Pschyrembel, W.:* Praktische Geburtshilfe, Walter de Gruyter u. Co., Berlin 1964.
28. *Remplein, Heinz:* Die seelische Entwicklung in der Kindheit und Reifezeit — Verlag Ernst Reinhardt, München/Basel — 1952.
29. *Roth, H.,* u. Mitarbeiter: Frankfurter Schulreifetest — Verlag Jul. Beltz, Weinheim/Berlin — 1965.
30. *Salmi, T.:* Wachstum und Entwicklung des normalen Kindes — Lehrbuch der Pädiatrie — Schwabe & Co., Verlag Basel — Stuttgart 1963.
31. *Satory, Elisabeth:* Das Kindergartenjahr — Verlag Styria, Graz — 1961.
32. *Seelmann, K.:* Wie soll ich mein Kind aufklären? — Verlag Ernst Reinhardt, München/Basel.

33. *Thomae:* Handbuch der Psychologie Band III — Entwicklungspsychologie — Verlag für Psychologie — Dr. C. J. Hogrefe, Göttingen — 1958.
34. *Ufer, J.:* Hormontherapie in der Frauenheilkunde, Walter de Gruyter u. Co., Berlin 1966.
35. *Vogt, H.:* Das Bild des Kranken, J. F. Lehmanns-Verlag, München 1969.
36. *Winkler, H.:* Geburtshilflich-gynäkologische Propädeutik, Urban und Schwarzenberg, München und Berlin 1951.

Dias, Filme und Unterrichtsmittel siehe Seite 162.

Eine ausführliche Zusammenstellung von Schriften und Lehrmitteln zur Schwangerenvorsorge, Säuglingspflege und zur Sexualerziehung wurde im Auftrag des Bundesministeriums für Gesundheitswesen von der Bundeszentrale für gesundheitliche Aufklärung in Köln-Merheim, Ostmerheimer Straße 200 und von der Deutschen Gesellschaft für Sozialpädiatrie — Vereinigung für Gesundheitsfürsorge im Kindesalter, Frankfurt/M. 1, Feuerbachstr. 14, herausgegeben. — Diese Schriften können dort angefordert werden.

Einige Beispiele für empfehlenswertes Spielzeug:

Dr. Kietz-Baukasten — Meistergilde-Vertriebsgesellschaft für gestaltetes Holz, 577 Arnsberg, Postfach 40

Kern-Rechenkasten — Verlag, Herder, Freiburg

„Montessori" — Lehr- und Arbeitsmittel — Montessori Leermiddelenhuis: A. Nienhus, Oesterhesselenstraat 2/0, Gravenhage (Holland)

Rhythmiksortiment nach Frau Prof. Scheiblauer, Zürich; Spielzeuggarten, 741 Reutlingen-Georgenberg, Nelkenstraße 48

Didaktisches Spielmaterial G. m. b. H., „Spielend lernen", 78 Freiburg, Postfach 424

„Dusyma" — Spiel- und Arbeitsmittel — Kurt Schiffer, 7061 Niedelsbach bei Schorndorf

Prospekte durch die Arbeitsausschüsse „Gutes Spielzeug", 79 Ulm, Neue Straße 92 und dem Otto-Meier-Verlag, Ravensburg.

Plastikbilderbücher — Verlag Braun und Schneider, München

In Spielzeugläden erhältlich:

„Lego-Steine", „Baufix", „Plasticant", „Matador", „Heros", „Kiddicraft-Spielsachen", „Schildkröt".

Anhang II

ERSTE HILFE IM UNTERRICHT
BESONDERS DER WEITERBILDENDEN SCHULEN

Von Oberstudienrat Dr. Franz Mattauch
Solingen

1. Ausbildung der Lehrer und Schüler in Erster Hilfe

Bereits vor 15 Jahren sind durch die Schulverwaltungen der westdeutschen Länder fast gleichlautende Erlasse bezüglich der Ausbildung in Erster Hilfe ergangen. Ich zitiere aus den Erl. d. Kultusministers Nordrhein-Westfalen vom 10. 12. 1952 und 18. 2. 1953:
„Das DRK richtet durch seine örtlichen Kreisverbände Ausbildungslehrgänge für Lehrer(innen) ein, mit dem Ziel, den Teilnehmern zu ermöglichen, bei Unfällen im Alltag sachgemäße Hilfe zu leisten. Ich begrüße die Ausbildung, die angesichts der wachsenden Unfälle notwendig ist und bitte, Lehrer und Studenten empfehlend auf die Lehrgänge hinzuweisen."
„Die mit der Ausbildung in der Ersten Hilfe den Schulen gestellte Aufgabe ist nicht nur von unmittelbarer Bedeutung für das tatkräftige Eingreifen in Notfällen, sondern auch darüber hinaus von großem erzieherischem Wert. Es sollte niemand die Schule verlassen, ohne in der Lage zu sein, in Notfällen die erforderlichen Maßnahmen durchzuführen.
Wo es noch nicht geschieht, ist in den Volksschulen, vor allem im Naturkundeunterricht und im hauswirtschaftlichen Unterricht der Mädchen die Unterrichtung in der Ersten-Hilfe durchzuführen. In den weiterführenden Schulen ist im Biologieunterricht und in der Leibeserziehung der notwendigen Unterrichtung in dem sachgemäßen Verhalten bei Unglücksfällen genügend Raum zu geben. Die Schulärzte und die örtlichen Stellen des Roten Kreuzes werden sich gerne bereitfinden, entsprechende Unterweisungen zu erteilen."
Auf dem internationalen Krankenhauskongreß in Düsseldorf (Juni 1969) wurde die Forderung erhoben, daß Erste-Hilfe-Ausbildung Pflichtfach in allen allgemeinbildenden Schulen, beim Militär und für Führerscheinbewerber werden muß (Pr. 25. 6. 1969).
Eigentlich müßte man heute von jedem Lehrer und Jugendleiter, zumal die meisten auch einen Kfz Führerschein besitzen, fordern, daß er die Befähigung „Erste Hilfe" leisten zu können, erbracht hat.

2. Gesetzliche Bindungen über das Verhalten einer Person bei einem Unfall
[21, 25, 26]

§ 330 c des StGB bestimmt: Wer bei Unglücksfällen oder gemeiner Gefahr oder Not nicht Hilfe leistet, obwohl dies erforderlich und ihm den Umständen nach zuzumuten, insbesondere ohne erhebliche eigene Gefahr und ohne Verletzung anderer wichtiger Pflichten möglich ist, wird mit Gefängnis bis zu einem Jahr oder mit Geldstrafe bestraft.

Demnach ist jedermann zu einer Hilfeleistung verpflichtet, es kommt dabei auf die Persönlichkeit, die physischen und geistigen Kräfte, auf die Lebenserfahrung und die Vorbildung des Hilfeleistenden an. Die Hilfe muß ohne erhebliche eigene Gefahr möglich sein, unvorsichtiges Draufgängertum wird nicht verlangt. Ein Lehrer haftet materiell und pekuniär gem. § 839 BGB nur insofern, als der Geschädigte auf keine andere Weise Ersatz erlangen kann. Durch Gesetz vom 1. 8. 1909 haftet der Staat bzw. der Unterhaltsträger, dem der Beamte untersteht. Letzterer kann sich durch Rückgriffrecht an den Beamten halten, wenn ein offenbares Verschulden vorliegt.

Fahrlässig handelt, wer die im Verkehr erforderliche Sorgfalt außer acht läßt (§ 276 BGB). Die erforderliche Sorgfalt umschließt alles, was nach der gesunden Auffassung des Lebens ein ordentlicher Mensch bei einer gegebenen Sachlage zu tun oder zu unterlassen hat, um vom Mitmenschen Schaden abzuwenden. Zur Verantwortung gezogen und Strafe zu erwarten hat der, welcher vorsätzlich falsche Hilfe leistet oder eine solche unterläßt. Der Ersthelfer hat allein schon durch seine Ausbildung in „Erster Hilfe" seine Bereitschaft „Helfen zu wollen" unter Beweis gestellt. Seiner Haltung wird es daher entsprechen, bei einer von ihm geforderten Hilfeleistung sich von entsprechender vorsichtiger Handlung leiten zu lassen [13/7/1966].

3. Erste Hilfe im Schulunterricht [7, 8, 10, 12]

a) *Die Durchführung von „Erste-Hilfe"-Kursen und die Beschaffung von Hilfsmitteln*

Am Anfang ist es zweckmäßig, bei der Abhaltung von solchen Lehrgängen auf die Erfahrungen des DRK und der anderen Hilfeorganisationen zurückzugreifen. Diese Körperschaften stehen mit einem erfahrenen Ausbildungspersonal, Ausbildungsschulen und Gerät zur Verfügung.

Man wende sich z. B. an die einzelnen Kreisverbände des DRK, die es in jeder Stadt mit politischem Verwaltungszentrum gibt. Diese vermitteln auch Aus- und Fortbildungslehrgänge in der Ersten Hilfe, sowie Kurzlehrgänge über Verhalten am Unfallort u. a. für die Lehrkräfte der einzelnen Schulen.

Ausbildungsrichtlinien (zweckdienliche Sachbücher s. o.), Lehrmittel und Bildmaterial (Lehrertafeln wie DIA-Reihen) können von diesen entliehen werden.

Solange unter der Lehrerschaft noch nicht genügend ausgebildete eigene Kräfte zur Verfügung stehen, wird man solche Kurse außerhalb der Unterrichtszeit durch die freiwilligen Ausbilder der einzelnen Hilfeorganisationen durchführen lassen. In solchen Fällen ist es möglich, im Unterricht die theoretische Ausbildung zu übernehmen und das Einüben der Verbände u. a. den ersteren anzuvertrauen. Für den Anfänger ist dies sogar besser, zumal die Ausbilder den einfachsten Weg zur Beschaffung des nötigen Materials und der Literatur kennen und auch Erfahrungen in der Anleitung der Schüler haben.

Da wir bemüht sein müssen, alle Schüler einer Klasse zu erfassen, muß es unser Ziel sein, diese Ausbildung im Rahmen des Unterrichtes durchzuführen; es empfiehlt sich, außerhalb der Unterrichtszeit noch einige Übungen anzusetzen, deren Besuch natürlich freiwillig sein muß.

b) In welchem Fache soll die Ausbildung erfolgen?

Selbstverständlich darf dem Naturkundelehrer nicht allein das Recht, solche Kurse im Rahmen des Unterrichts abzuhalten, zugesprochen werden. Beim praktischen Teil wird man sich gerne auf die Mithilfe des Sportlehrers stützen. Da aber bei den einzelnen Hilfeleistungen eine tiefere Einsicht in das lebendige Geschehen erforderlich ist, kann nur der Naturkundeunterricht und in den weiterbildenden Schulen der Biologieunterricht die erforderlichen Kenntnisse vermitteln. Es ist ratsam, mit der Ausbildung schon in der Unterstufe, von der Unfallverhütung ausgehend, zu beginnen. Eine entsprechende kindgemäße Art der Stoffdarbietung ist erforderlich; ins einzelne gehende theoretische Begründungen wird man weglassen. Gerade Schüler der 5.—6. Klasse interessieren sich dafür, wie man sich bei einem Unfall zu verhalten hat. Da in diesen Klassen in vielen Ländern eine erste Einführung in die Menschenkunde vorgesehen ist, ergeben sich zahlreiche Anknüpfungspunkte. Der Biologieunterricht übernimmt hier neben der Vermittlung von Sachwissen eine Aufgabe von hohem bildenden Wert.

Da es uns nicht nur um das Einüben von Verbandtechniken etc., sondern um die Gewinnung von Einsichten geht, werden Fragen der Ersten-Hilfe besonders gründlich in den Abschlußklassen der Volks- und Mittelschulen und im 9. und 10. Jahrgang der höheren Schulen zu behandeln sein. Wir gehen auch hier von der Menschenkunde aus und stellen in den Vordergrund Überlegungen, warum gewisse Maßnahmen zur Vorbeugung von Unfällen getroffen werden müssen und aus welchen Gründen Verletzungen gerade in der vorgeschriebenen Weise zu behandeln sind. Die Zusammenhänge zwischen den biologischen Vorgängen und Hilfemaßnahmen sollen erkannt werden (S. 347 ff).

4. Eingliederung in den Unterrichtsgang

(vgl. den Stoffverteilungsplan, Teil II, S. 433)

a) Unfallverhütungsbelehrungen

Diese sollten aus den im Rahmen der allg. Gesundheitserziehung angegebenen Gründen der „Ersten-Hilfe"-Ausbildung unbedingt vorangestellt werden.

b) Die „Erste Hilfe" als Ergänzung des normalen Lehrstoffes

Schlangenbiß, Insektenstich, Pflanzen- und besonders die Pilzgifte bieten Gelegenheit, im 7. und 8. Schuljahr auf Erste-Hilfe-Maßnahmen hinzuweisen. Später wird man bei der Besprechung von Bakterien und Viren auf die Möglichkeiten von Infektionen, deren Verhinderung durch Sauberkeit, der Wundbehandlung mit sterilem Material, eingehen können. Ganz von selbst ergibt sich dabei das Erlernen bzw. Wiederholen bereits geübter Verbände sowie deren sinnvolle Erweiterung. Besonders im 9. oder 10. Schuljahr behandle man dann die verschiedene mögliche Verwendung des Verbandmaterials, die Schienungen, die Wundbedeckungen sowie die Stillung einfacher Blutungen [5, 7].

Die schwierigeren Kapitel, die eine eingehendere Kenntnis der Funktion des menschlichen Körpers voraussetzen, fügt man am besten an die entsprechenden

Stoffgebiete der Menschenkunde im 10. Jahrgang an. Nach Besprechen des Knochensystems und der Muskeln übt man die komplizierteren Verbände. Zur Wiederholung benutzt man kleine Unfallbeschreibungen (16 b), dabei soll jetzt von den Schülern erkannt werden, warum z. B. für verschiedene Verletzungsmöglichkeiten (Verstauchung, Verrenkung, Knochenbruch) jeweils die gleiche Versorgung nötig erscheint. Im Anschluß an die Kreislaufsysteme und die Atmung ergänzt man die Praktiken der Wundbedeckung, Blutstillung, Atemspende und künstliche Beatmung, aber auch die für bestimmte Verletzungsgefahren notwendigen Vorbeugeimpfungen und das Blutspendewesen.

Verbrennungen, Erfrierungen, Verletzungen durch den elektrischen Strom, Strahlenschäden können schon hier, besser nach Beendigung der Behandlung der Menschenkunde, angeschlossen werden.

Gerade aus den Überlegungen, die ein Schüler vor einer Unfallhilfe anstellen muß, gewinnt er selbst die Einsicht, daß zum Helfen ausreichende Kenntnisse in der Körperkunde notwendig sind. Wie ich in einzelnen Beispielen (16 b) zu zeigen versucht habe, gestaltet sich die Wiederholung des sehr umfangreichen Menschenkundestoffes in Verbindung mit Unfallhilfen recht sinnvoll. Dabei müssen die Schüler erkennen, *daß es in manchen Fällen unmöglich ist, eine Verletzung richtig auszumachen. Dann muß nach dem Grundsatz verfahren werden, daß jeweils die in Frage stehende schwerwiegendste Verletzung angenommen und demnach entsprechende Hilfeleistung angewendet werden muß.* Solche Wiederholungen ermöglichen eine Fülle von Zusatzfragen und bieten viele Anregungen zu einer Stoffvertiefung in theoretischer Hinsicht, wovon der Unterricht nur profitieren kann.

c) Stoffbegrenzungen bzw. Stofferweiterungen

Man wird für die Schule aus der stofflichen Fülle der von Ärzten zunächst nach wissenschaftlichen Gesichtspunkten aufgestellten Lehrpläne auswählen müssen. Im Rahmen der Verbandtechnik werden daher die verschiedenen Wundarten nur soweit behandelt, wie sie für eine Hilfeleistung durch einen Ersthelfer notwendig zu sein scheinen. Ebenso ist verzichtet worden, die Ursachen, Folgen und Hilfemaßnahmen bei Verletzungen (z. B. innerer Organe, Schädel- und Wirbelsäulenverletzungen, Ohr- und Netzhautblutungen) gesondert zu behandeln, da sie ja zum Stoffgebiet der Menschenkunde im Anschluß an die Besprechung der einzelnen Organe gehören. Auch auf erforderliche Hilfeleistungen bei Unfällen in Chemie, Physik und beim Umgang mit ionisierender Strahlung und radioaktivem Material wurde verzichtet [6, 14, 21].

Die Erste-Hilfe-Schulung bedeutet für uns daher, nur soviel von behelfsmäßigen Maßnahmen beizubringen, wie erforderlich sind, um einen Verletzten oder einen in einer körperlichen Not befindlichen Menschen vor weiteren Schäden zu bewahren und ihn der ärztlichen Betreuung zuzuführen. Schon den Transport wird man meist weit erfahreneren Helfern überlassen. Es erscheint mir jedoch heute nicht überflüssig, wenn man auch Jugendliche auf Hilfemaßnahmen, die bei Herz- und Gefäßschädigungen u. a. erforderlich sein könnten, hinweist. Auf das routinemäßige Einüben kunstvoller Verbände wird man verzichten können; einzelne für den Hausgebrauch mit der Mullbinde anzulegende längerhaltende Verbände würde ich aber doch einüben (Abb. 12, S. 317).

Wichtig erscheint mir, mit den Schülern geeignete Fragen aus der „Unfallpsychologie" in einer ihrer Fassungskraft entsprechenden Form zu erörtern. Es ist wichtig für den Verletzten, daß er vor zusätzlichen seelischen Belastungen geschützt wird (S. 343 f.).

Die Schüler müssen unterrichtet werden:

c_1) was sie bei einem Unfall vorrangig tun müssen (11);

c_2) was ihnen unbedingt verboten ist (z. B. das Verabreichen von Medikamenten, die Verwendung von Salben und Pudern, Eingriffe in die Wunde, etwa das Entfernen von Fremdkörpern usw. Sie müssen unterrichtet werden, daß jede Art von „Versorgung" im medizinischen Sinne ausschließlich einem Arzte vorbehalten bleiben muß und notfalls nur auf dessen Anordnung vorgenommen werden darf.

Sofern zeitlich vertretbar, ist besonders an Mädchenschulen auf die Bedeutung der Kurse in häuslicher Krankenpflege, Säuglingspflege und auf die Notwendigkeit des Sozialdienstes für die weibliche Jugend, sowie auf die besondere Bedeutung der Frau in Dienst und Pflege am Nächsten [4, 16] hinzuweisen.

5. *Wunde und Blutung* [3, 8, 13, 14, 20, 22]

a) Bedeckung einer sichtbaren Wunde

Bei einer äußeren Verletzung darf die entstandene Wunde ruhig etwas ausbluten. Dem Erwachsenen schadet ein Blutverlust bis zu einem halben Liter nicht. Bei Kleinkindern vermeide man jedoch einen Blutverlust. Den Schülern ist ein möglicher Blutverlust zu demonstrieren, in dem man etwa ½ l Ochsenblut, im Ersatzfalle eingefärbtes Wasser, auf einer leicht zu reinigenden Unterlage ausgießt.

Durch Ausbluten werden Verunreinigungen, Bakterien usw. zum größten Teil wieder ausgeschwemmt. Eine Wunde darf, gleichgültig welche Ursache sie hat, wie tief sie ist und wie ihre Ränder beschaffen sein mögen, nicht berührt werden. Sie muß im ursprünglichen Zustand dem Arzt vorgestellt werden. Man bedecke sie mit sterilem Mull, notfalls mit behelfsmäßig keimfrei gemachtem Material (Taschentuch, n i e m a l s   m i t   W a t t e ! Eine einmal erfolgte Wundbedeckung darf von einem Ersthelfer nicht mehr abgenommen werden. Bei Ungenügen des Verbandes wird ein zweiter, größerer darüber gelegt (S. 318, 2a).

Blutungen werden verringert, die Blutgerinnung unterstützt, wenn man das verletzte Glied hochlegt oder hochstreckt.

D r u c k v e r b a n d : Es kann vorkommen, daß ein Pflasterverband, ein aufgelegtes Verbandpäckchen, eine Mullage befestigt mit einer Binde, zur Stillung der Blutung nicht ausreichen. In einem solchen Falle wende man die unter 318 angeführte Verbandtechnik an.

Jeder in eine Wunde gelangte Fremdkörper muß ihr belassen werden, oft sind entsprechende Umpolsterungen nötig. G e r a d e   d i e   g r o ß e n   i n   d e n   K ö r p e r   e i n g e d r u n g e n e n   F r e m d k ö r p e r   d ü r f e n   a u f   k e i n e n   F a l l   e n t f e r n t   w e r d e n ! Transportschwierigkeiten damit müssen in Kauf genommen werden, um Verblutungen zu vermeiden (S. 338). Es ist nach den Grundsätzen der Ersten Hilfe streng verboten, Wunden bzw. deren Ränder mit desinfizierenden Stoffen (Jodtiktur, Sepso, Wundbenzin, Puder) zu bestreichen, derartige Praktiken sind Versorgungsmaßnahmen des Arztes, ihm soll eine Wunde, steril bedeckt, im ursprünglichen Zustande zugeführt werden. Ausnahmen davon betreffen Ätzwunden (durch Schwefelsäure und Laugen), diese sind sorgfältig auszuwaschen bis sie nicht mehr schmerzen, und eingedrungene Kopierstiftspitzen. Im letzteren Fall ist die Spitze zu beseitigen, die Wunde einem Arzt zur weiteren Behandlung vorzuführen (10 b).

Nicht zur Ersten Hilfe gehören die Behandlungen schwer heilender oder eiternder Wunden, wie z. B. Furunkel u. a. insbesondere in der Halsgegend. Gerade die Versorgung bzw. Überwachung der Heilung letzterer muß durch einen Arzt erfolgen!

Brandwunden [18] und Frostschäden evtl. auch durch Strahleneinwirkung entstandene Wunden sind steril zu bedecken. Eine schnelle Abkühlung von Brandwunden führt zur Minderung der Schmerzen und vermindert die entstehenden Gewebeschädigungen. Im gegebenen Falle kann die Auflage eines Eisbeutels auf die steril bedeckte Wunde vorteilhaft sein [24] (vgl. Brandpflaster S. 324).

b) *Blutungen und Blutstromdrosselungen*

Bei schweren Verletzungen mit bedrohlichen Blutungen (1½ Liter Blutverlust kann lebensgefährlich sein!) genügen Druckverbände vielfach nicht mehr. Es handelt sich dabei meist um Verletzungen großer Schlagadern. In einem solchen Fall muß der Zustrom des Blutes zur Wunde verhindert werden. Dies geschieht durch Abdrücken oder Abbinden der in den verletzten Körperteil führenden Schlagader. Um die notwendigen Handgriffe mit Sicherheit ausführen zu können, muß klar gemacht werden, daß eine Blutzufuhr nur unterbunden werden kann, wenn es gelingt, die sehr elastische Schlagader gegen eine feste Unterlage (Knochen) zu pressen und dadurch deren Hohlraum zu verengen. An Hand von Bildern (Abb. 1) sind die Stellen, die sich zum Abdrücken einer Schlagader eignen, aufzusuchen. (Die Übungen sind in Turnkleidung durchzuführen.)

Bei starken, besonders spritzenden Blutungen, drücke man die betreffende Schlagader an der mit + bezeichneten Stelle ab:

Schläfenschlagader (Wunde am behaarten Kopf): Verbindungslinie zwischen Ohrmuscheloberrand und Augenbraue, 2—3 Fingerbeeren drücken auf das Schläfenbein

Kieferschlagader (Blutung im Gesicht): Die Hand umfaßt das Kinn von vorn, die vier Finger liegen auf der entgegengesetzten Seite, mit dem Daumen sucht man am Unterkieferrand die kleine Delle und drückt die dort verlaufende Ader gegen den Knochen

Kopfschlagader (Verletzung an einer Kopfhälfte): Die Hand des Helfenden umfaßt den Hals, Daumen nach hinten, die 4 Finger drücken die Schlagader vor dem Kopfnickermuskel gegen die Wirbelsäule.

Abgedrückt werden darf nur bei bedrohlichen Blutungen und nur auf einer Seite. Im Unterricht ist diese Übung verboten.

Schlüsselbeinschlagader (Abgerissener Arm): Die Fingerspitzen greifen hinter das Schlüsselbein und die Beere des Mittelfingers drückt die Ader auf die erste Rippe

Bauchschlagader (abgerissenes Bein in Leistengegend): Der Helfer drückt in Bauchmitte erst vorsichtig, dann stark auf den Bauch und versucht, so die Schlagader gegen die Ledenwirbelsäule zu pressen [18, 19].

Abb. 1: Schlagadernverlauf und Möglichkeiten der Blutstromdrosselung bei Blutungen

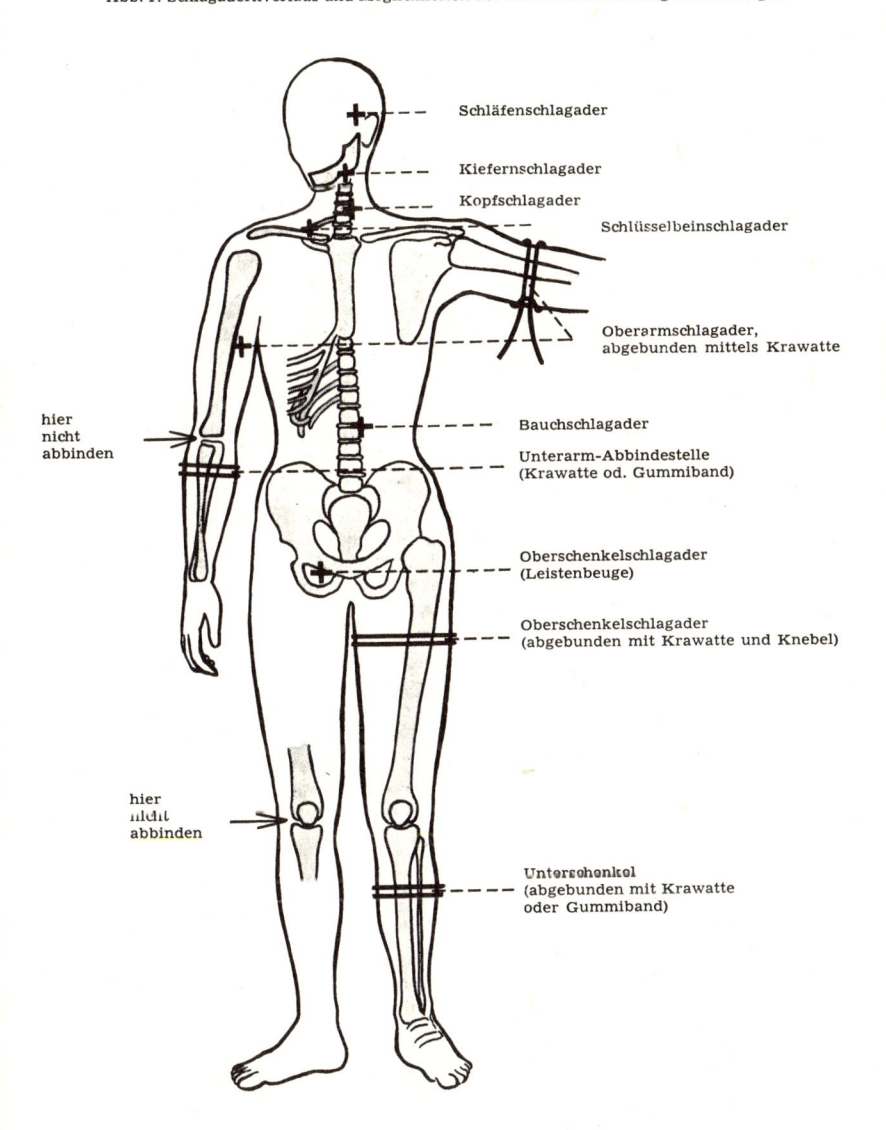

- Schläfenschlagader
- Kiefernschlagader
- Kopfschlagader
- Schlüsselbeinschlagader
- Oberarmschlagader, abgebunden mittels Krawatte
- Bauchschlagader
- Unterarm-Abbindestelle (Krawatte od. Gummiband)
- Oberschenkelschlagader (Leistenbeuge)
- Oberschenkelschlagader (abgebunden mit Krawatte und Knebel)
- Unterschenkel (abgebunden mit Krawatte oder Gummiband)

hier nicht abbinden

hier nicht abbinden

Aderverletzungen im Rumpfraum: Die Gefahr einer inneren Verblutung besteht bei Verletzungen der im Bauch und Brustraum befindlichen Organe bzw. der zu ihnen führenden Schlagadern. Schnellster Transport in horizontaler Lage in ein Krankenhaus ist erforderlich.

Oberarmschlagader (Wunde am Arm): Der zweite bis vierte Finger drücken von hinten-unten kommend in die Muskellücke auf der Oberarminnenseite. Der Arm ist dabei hoch zu halten.

Oberschenkelschlagader (Wunde am Bein): Der Helfer umfaßt vom Kopf des Verletzten aus mit beiden Händen den Oberschenkel und drückt die Ader mit beiden Daumen dicht unterhalb der Mitte der Leistengegend gegen das Schambein.

Der Erfolg des richtigen Abdrückens einer Schlagader zeigt sich im Ernstfall durch Nachlassen der Blutung an der betreffenden Stelle.

Wenn Schlagaderabdrückungen im Bereich des Kopfes vorgenommen werden, dann immer auf einer Seite, ohne Rücksicht auf das Ausmaß der Blutung.

c) Abbinden einer Schlagader

Es erfolgt im äußersten Notfall, wenn ein angelegter Druckverband die Blutung nicht zum Stehen bringt und immer anschließend an das Abdrücken durch einen zweiten Helfer. Die Abbindestellen sind in der Bildtafel durch Dreiecktuchkrawatte bzw. Gummibänder angedeutet.

Bei der Abbindung muß eine Einschnürung vermieden werden. Man verwende dazu am besten das zu einer Krawatte gefaltete Dreiecktuch. Das Abbinden der Schlagader am Oberschenkel erfolgt aber dann zusätzlich mittels eines 25 cm langen Stockes, mit dem man die locker umschlungene Krawatte mit doppeltem Knoten eindrillt, bis die Blutung steht. An ihrer Stelle kann auch ein Fahrradschlauch oder ein Gummiband in der gleichen Breite verwendet werden.

Abgebunden wird jeweils eine Handbreit herzwärts von der Verletzungsstelle. Am Unterarm und Unterschenkel binde man jeweils an der dicksten Stelle ab. Nicht abgebunden werden darf im Ellenbogengelenk und in Kniegelenknähe (Lähmungsgefahr!).

Schlagaderabbindungen müssen nach 1 bis 1½ Stunden wieder gelöst werden, daher muß der Helfer zu jeder Verrichtung einen Begleitzettel anhängen, auf dem vermerkt wird:

Name des Verletzten

Art und Ort der Verletzung

Datum und Uhrzeit der Abbindung

Name des Helfers

Nach der oben bezeichneten Zeit muß die Drosselung langsam wieder gelockert werden (sonst besteht die Gefahr des Absterbens des Gliedes). Die Abbindung ist aber nach entsprechender Durchblutung wieder zu erneuern, eine endgültige Entfernung darf nur durch einen Arzt erfolgen.

Bei einer besonders starken, überraschend auftretenden Blutung presse man zunächst einen Mullballen oder ein Taschentuch (niemals Watte) mit den Fingerspitzen in die Wunde.

6. Die unterrichtliche Behandlung der Verbandtechnik [3, 8, 13, 17, 20, 22]

a) Das Dreiecktuch als Universalverbandmittel

Das Dreiecktuch hat die Form eines gleichschenkelig-rechtwinkeligen Dreiecks und wird aus schwarzem und weißem Leinenstoff in der Größe 127 : 90 : 90 cm geliefert.

Es wird ausgebreitet für die verschiedenen behelfsmäßigen Befestigungen von Wundbedeckungen verwendet. Weiteres in Form einer sog. „Krawatte". Eine solche faltet man, indem die Spitze des Tuches etwa 4 cm vor der Basis abgelegt wird. Dann wird die Basis um diese Spitze gelegt und die Schmalseite des Tuches in Richtung Basis solange gefaltet, bis diese erreicht ist (Abb. 2 a, b).

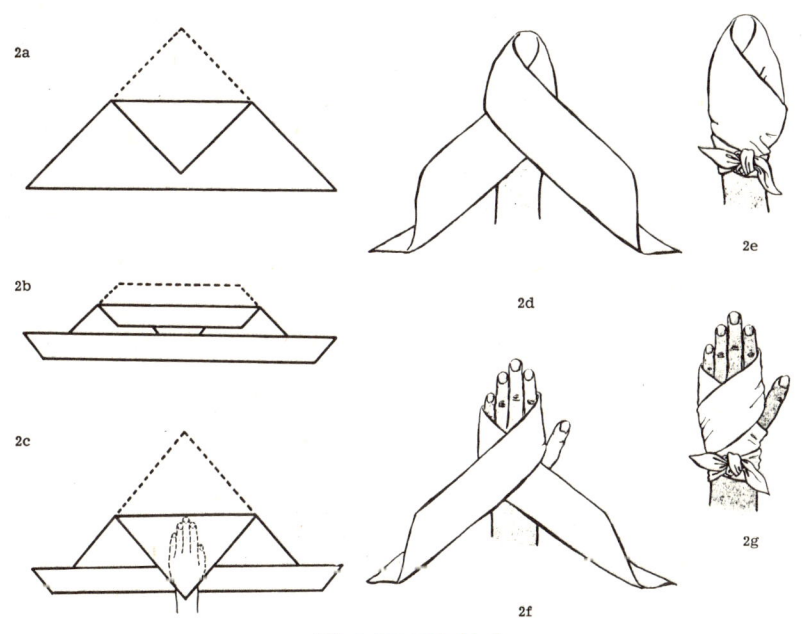

Abb. 2. Das Dreiecktuch
2ab: Faltung des Tuches zur Krawatte — 2cde: Handverbände mit Dreiecktuch
2ef: Handverbände mit Dreiecktuchkrawatte

Aus der Vielfältigkeit der möglichen Verbände sei nur eine Auswahl aufgeführt (Abb. 2 u. 3).

Dreiecktuchverbände mit nicht gefaltetem Tuch:

Die für die Verbandtechnik nötigen Zeichnungen sind in Abb. 2—11 aufgeführt.
1. Handverband: Die Hand legt man auf das Tuch (mit eingeschlagener Basis) mit den Fingerspitzen zur Spitze, dann wird dieses in Richtung Handgelenk um-

geschlagen (2 c), die Zipfel über dem Handrücken gekreuzt und straff gezogen (2 d), um das Handgelenk geschlungen und über den Handrücken geknotet (2 e).

Zum Festigen von Verbänden verwende man immer den sog. *Schifferknoten:* im ersten Arbeitsgang legt man den linken Zipfel des Tuches unter den rechten und umschlingt damit diesen; im zweiten wird der jetzt von links kommende Zipfel über den rechten gelegt und von diesem umschlungen (Abb. 6 a) und beide festgezogen.

Dieser Knoten löst sich später leicht, in dem man die Schlaufen der Zipfel entgegengesetzt auseinanderzieht.

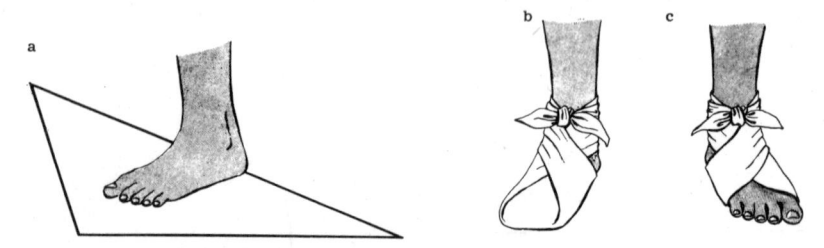

Abb. 3: Fußverbände mit Dreiecktuch
3ab: Verband mit Dreiecktuch offenem — 3c: Verband mit Dreiecktuch-Krawatte

2. **Fußverband**: Hierbei verfährt man sinngemäß wie bei 1. Das Tuch kann mit der Spitze zehen- oder fersenwärts untergelegt werden. Die Zipfel werden immer auf der Vorderseite des Beines oberhalb des Sprunggelenkes geknotet (3 b).

3. **Knie- bzw. Ellenbogenverband**: Das Tuch wird mit der Spitze über die Kniescheibe (Ellenbogen) auf den Oberschenkel gelegt, die Zipfel des Tuches

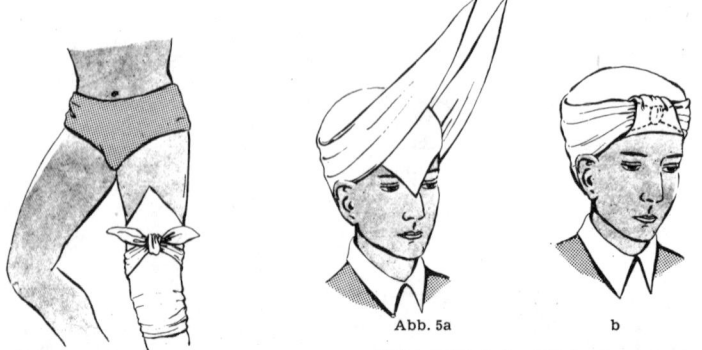

Abb. 4: Knieverband mit Dreiecktuch

Abb. 5ab: Einfacher Kopfverband mit Dreiecktuch

umschlingen zunächst den Unterschenkel, werden in der Kniekehle (Ellenbeuge) gekreuzt und auf dem Oberschenkel, oberhalb der Kniescheibe (am Oberarm) geknotet (Abb. 4, vgl. Abb. 1).

4. Kopfverband: Das Tuch wird mit der Basis um den Hinterkopf tief in den Nacken gelegt, die Spitze reicht über den Schädel bis zur Nase. Die Zipfel werden straff gezogen und auf der Stirne geknotet. Dann wird die Spitze gehoben, hinter dem Knoten versteckt, dabei können die Zipfelenden mit eingeschlungen werden (Abb. 5 a, b).

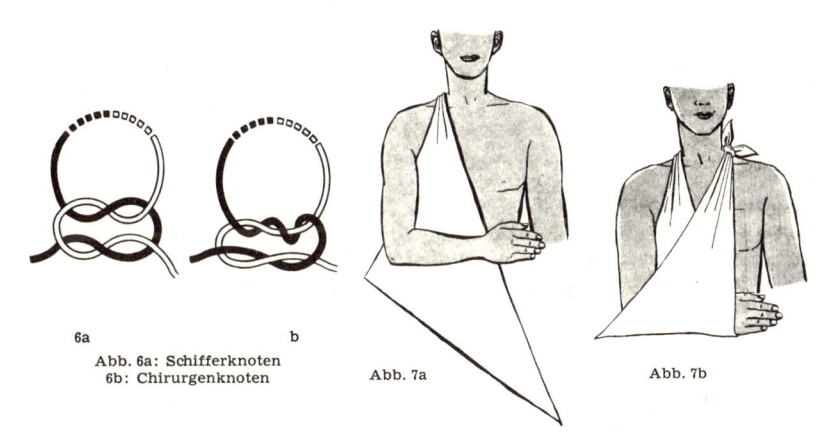

Abb. 6a: Schifferknoten
6b: Chirurgenknoten

Abb. 7a

Abb. 7b

5. Große Armtrage: Das Tuch wird unter den quer über dem Körper liegenden angewinkelten verletzten Arm gelegt, die Basis am Handgelenk. Der untere Zipfel führt über die Schulter des verletzten Armes. Der zweite Zipfel wird über dem Arm hochgezogen und beide über der Schulter des gesunden Armes geknotet (Abb. 7 a, b).

6. Das Dreiecktuch als Krawatte: Fertigung siehe Abb. 2 a, b.

7. Handverband: Die Krawatte wird jeweils mit ihrem mittleren Teil auf die Wundbedeckung gelegt, um die verletzte Hand gekreuzt, dann um das Handgelenk geschlungen und immer auf dem Handrücken geknotet (Abb. 2 f, g).

8. Fußverband: Anlegen erfolgt sinngemäß wie in Abb. 2, Knotung wie in Abb. 3 c.

9. Augenverband: Die Krawatte ist so zu legen, daß auf dem entgegengesetzten Scheitel geknotet werden kann (Abb. 8).

10. Kinnstütze: Den mittleren Teil der Krawatte schlägt man etwas über das Kinn, dann werden die Zipfel zwischen Zeige- und Mittelfinger oder Daumen und Zeigefinger fest an die Wangen gehalten, dort um 180° gedreht und auf dem Scheitel geknotet (Abb. 9).

Abb. 8: Augenverband
mit Dreiecktuchkrawatte

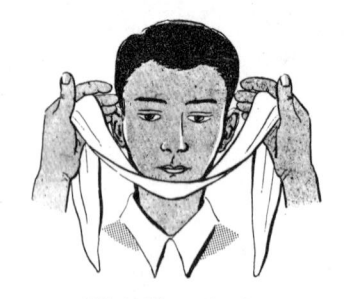

Abb. 9: Kinnverband
mit Dreiecktuchkrawatte

Weitere Anwendungen der Dreiecktuchkrawatte siehe Bildtafeln [3, 8, 20, 22].

Verbände mit mehreren Dreiecktüchern:

11. **Schulterverband**: Ein Decktuch wird offen mit der Spitze über die verletzte Schulter bis an den Kopf gelegt und mit den Zipfeln am Oberarm (Knoten außen) festgemacht. Dann legt man eine Krawatte über die Spitze des Decktuches, festigt sie durch Einrollen. Die Krawattenenden werden über den Rücken bzw. die Brust geführt und vor der Achselhöhle auf der unverletzten Seite geknotet (Abb. 10).

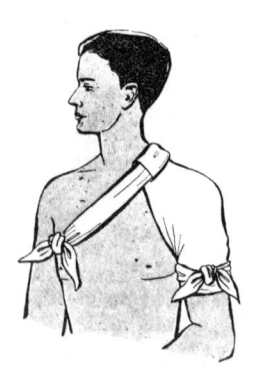

Abb. 10: Schulterverband
mit 2 Dreiecktüchern

Abb. 11: Ruhigstellung eines Oberarmbruches mit 3 Dreiecktüchern (vgl. Ziff. 12)

12. **Oberarmbruch**: Man legt zunächst die Armtrage (Abb. 7a, b) an und stellt den verletzten Oberarm durch Umschlingen mit 2 Krawatten ruhig. Geknotet wird auf der entgegengesetzten Brustseite. Vorherige vorsichtige Polsterung bes. der Ellenbogenpartie (keine Schmerzen verursachen!) kann vorteilhaft sein (Abb. 11). Mit Ausnahme von 12 dienen Dreiecktuchverbände in der Hauptsache dem schnel-

len Festhalten von Wundbedeckungen, Polsterungen und Schienen (vgl. Abb. 13 bis 15).

Während der unterrichtlichen Erarbeitung der Verbände erhalten je zwei Schüler ein Tuch, bei Verbänden mit je 2 Tüchern arbeiten dann vier Schüler in einer Gruppe.

Hals- bzw. Geschirrtücher, diagonal gefaltet, können als Ersatz für Dreiecktücher bei Verbänden verwendet werden.

b) Die Bindenverbände

Man wird sie schon der späteren Verwendung im Hause wegen auch in unserer Ausbildung üben müssen, obwohl fast alle Hilfeleistungen mit dem Dreiecktuch möglich sind. Ohne Mullbinden lassen sich jedoch keine Verbände von längerer Haltbarkeit anlegen.

1. Die wichtigsten Legearten der Bindenverbände (Abb. 12 a—d).

Die für die Verbandtechnik nötigen Bezeichnungen sind folgende:

α) Einen *Bindenverband* beginnt man mit dem Bindenanfang, in dem man auf das zu verbindende Glied zunächst einen „schiefen Kreisgang" durch einen „geraden" überdeckt, den darunter liegenden Zipfel des „schiefen Ganges" umschlägt und weitere „gerade" darüberlegt und so den Verband festigt (Abb. 12 a). Den noch aufgerollten Bindenteil bezeichnet man als Bindenkopf, den zuletzt aufgelegten als das Bindenende. Letzteres wird entweder am Ende unter die letzten Windungen geschoben, mit einem Heftpflaster festgeklebt oder mittels zweier durch ein Gummiband verbundener Metallhaken festgehalten.

Die Wickelrichtung der Binde ist immer rechts herum, also liegt der Bindenkopf in der rechten Hand (Abb. 12 b).

An Arm und Bein werden die Bindengänge immer zum Herzen zu (also bein- bzw. armaufwärts, um Stauungen zu vermeiden) gelegt. Der Handverband beginnt immer am Handgelenk (Abb. 12 b).

Abb. 12: Bindenverbände (Erläuterung dazu vgl. Text)

12a   12b   12c   12d

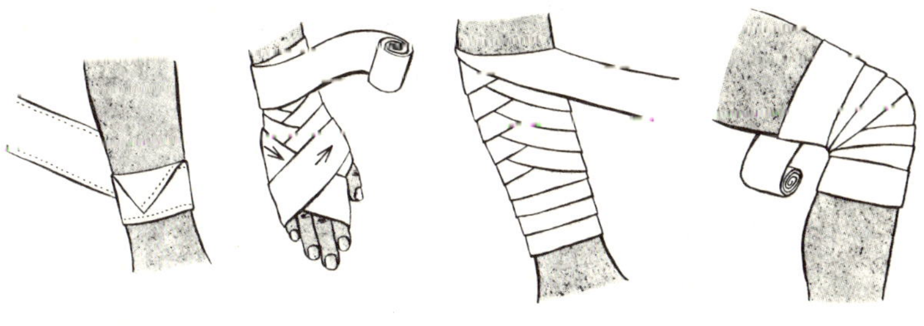

Verbände, die über Gelenke gelegt werden, werden nur soweit gestrafft, daß die Glieder noch gebeugt bzw. gestreckt werden können.

β) Da die Gliedmaßen nach oben breiter werden, würde ein Verband, durch *Kreisgänge* gebildet, rutschen, an seiner Stelle legt man den

γ) *Umschlaggang* (Kornährenverband): Nach einigen Kreisgängen hält der linke Daumen die Binde fest, der Bindenkopf wird durch die rechte Hand um 180° gewendet und weiter entwickelt, um beim nächsten Rundgang etwa ⅓ der Bindenbreite höher wiederholt zu werden (Abb. 12 c).

δ) *Achtergang:* An Gelenken wird zunächst die Wundbedeckung durch die ersten Kreisgänge die Binde festgehalten. Von diesen ausgehend legt man abwechselnd, absteigend am Unterschenkel z. B., aufsteigend am Oberschenkel, sich überdeckende Kreisgänge, so daß Achterschleifen mit Kreuzungen jeweils in den Gelenkkehlen entstehen (Abb. 12 d).

Solche Achtergänge lassen sich an Hand- (Finger) Handgelenk, Fuß-Fußgelenk legen (s. o.).

Schifferknoten und Chirurgenknoten wurden an anderer Stelle besprochen (Abb. 6 a, b).

ε) *Kopfhalfterverband:* Man beginnt mit zwei Kreisgängen an Stirnhinterkopf (Bindenanfang festigen), dann rollt der Bindenkopf nackenwärts zum Hals, umwindet diesen unter dem Kinn und steigt an der Wange hoch und gleitet über die Kopfmitte und die andere Wange wieder vorn um den Hals und steigt am Hinterkopf wieder schräg nach oben, um mit einem Kreisgang um den Kopf (Stirn—Hinterkopf) wieder neu zu beginnen.

2. Die **Papierbinde** bzw. ihr behelfsmäßiger Einsatz durch aus Kreppapier selbst angefertigtes Bindematerial.

Die Erfahrungen in den Kriegsjahren mit papierenem Verbandmaterial waren gut. Wenn auch ein solcher Verband nicht naß werden darf, so bietet er doch beim Lösen, er wird einfach durchgerissen, eine Arbeitserleichterung. Ich rate, besonders für Demonstrationen im Unterricht, aber auch bei wenig blutenden Wunden im Ernstfall die sterilen Mullauflagen damit zu fixieren. Besonders in solchen Fällen, bei denen sich nach einem kurzen Transport eine ärztliche Versorgung anschließt.

Man kann solche Binden auch selbst anfertigen, dies erscheint besonders für die unterrichtliche Praxis erwünscht, da man sie des günstigeren Preises wegen nicht mehrere Male zu verwenden braucht. Aus einer Kreppapierrolle (weiß), Breite 50 cm, Länge 2,5 m lassen sich 8 Binden verschiedener Breite schneiden. Keinesfalls jedoch dürfen solche Binden als Ersatzbedeckung auf Wunden gelangen, wie man dies mit Verbandpäckchen tun kann, oder gar zum Einpressen in eine Wunde mit Schlagaderverletzung verwendet werden!

α) Die Anfertigung von **Druckverbänden** (vgl. 5a)

Man lege zunächst sterile Mulltäfelchen (Sparsamkeit ist nicht ganz am Platze) auf die blutende Wunde und umwickele das Glied an dieser Stelle mit einer 4 cm breiten Mullbinde. An der Stelle, wo die Blutung durch den zuerst aufgelegten Verband durchdringt, lege man übertrieben viel elastisches Material (Mull, gefaltete Tücher) auf den ersten Verband und befestige dieses mit einer entsprechend breiten Binde (6 cm) unter vermehrtem Zug. Im Bedarfsfall kann noch eine dritte noch breitere Auflage verwendet werden. Auf diese Weise gelingt es, fast alle Blutungen, sogar Schlagaderverletzungen, zu stillen.

Für schnelle Hilfeleistungen verwende man Verbandpäckchen in ähnlichen Breiten. Sie gehören aus diesem Grunde zur Bestückung jedes Verbandkastens.

β) Verbandpäckchen

Verschiedene Größen (8) gehören ungeöffnet in der Originalpackung, ihrer vielseitigen Verwendbarkeit und ihrer langen Lagerfähigkeit wegen, in jeden Verbandkasten. Ein ausgebildeter Erster Helfer trage immer ein solches Päckchen in seiner Straßenkleidung.

Das Öffnen und richtige Auflegen solcher Päckchen ist in den Kursen zu üben!

γ) Heftpflaster und Pflasterwundverbände (strips)

Sie sind schon auf der Unterstufe als Schnellverbandmittel zu besprechen und das richtige Auflegen mit Wegziehen der Schutzfolie zu üben.

δ) Steriles Material

Zur Wundbedeckung sind außer dem oben genannten fabrikmäßig verpackten Verbandmaterial (2 β), aus Mull geschnittene, sterile Kompressen bzw. Zickzack-Mull-Lagen zu verwenden; niemals jedoch Watte, da letztere fasert und dann am Wundschorf hängen bleibt oder in die Wunde gelangen kann.

Leider sind Reste in einmal geöffneten Mullpäckchen nicht mehr steril. Da man beim Verbinden nur selten eine ganze Packung braucht, kann man Kompressen in kleiner Stückzahl oder zerschnittene Mullstreifen gesondert verpackt und sterilisiert kaufen (vgl. Autoverbandkasten, S. 324).

Im Notfall muß man auf keimarmes Material zurückgreifen. Frisch geplättete ungefärbte (weiße) Taschentücher sind dazu geeignet. Die gerade mit der heißen Bügelfläche überfahrene Seite des zusammengelegten Taschentuches wird sofort gedreht und nachdem sie in dieser Lage erkaltet ist, als Erstbedeckung auf die Wunde gelegt. Wenn man schnell handeln muß, kann man auch auf den Taschentuchstapel im Wäscheschrank zurückgreifen. Wenn man das 3. oder 4. Taschentuch des Stapels wählt und den nach innen gefalteten Teil auf die Wunde bringt, kann ebenfalls mit Keimarmut gerechnet werden.

Im Rahmen der Ausbildung muß aber immer betont werden, daß als wirklich steril nur die als „keimfrei" bezeichneten Verbandstoffe in der Originalpackung gelten können.

3. Schienen und deren Ersatz: Die von der Unfallchirurgie aus Gründen der Vermeidung unliebsamer Unfallfolgen geforderte perfektionierte Schienung von Brüchen verlangt auch in unseren Kursen die Verwendung der biegbaren Drahtleiterschienen (Cramerschienen) mit entsprechendem Polstermaterial (Schaumgummi) bzw. die aus Kunststoff verfertigten aufblasbaren Hüllen zur Ruhigstellung eines gebrochenen Gliedes.

Da aber gerade die Jugend bei Wanderungen in Ortsferne u. U. doch auf behelfsmäßiges Ruhigstellen angewiesen sein dürfte, sind nach wie vor auch die Möglichkeiten zu besprechen, mit welchen Mitteln (Sperrholzbrettchen, Pappen, Stöcke, gebündelte Zweige, zusammengerollte Decken, dicke Zeitungen) man im Notfall Hilfe leisten kann. Das Umwickeln solcher Geräte mit Binden, das Heranschaffen von behelfsmäßigem Polstermaterial ist besonders mit Jugendlichen, weil vielfach die nötigen Handgriffe übersehen werden, zu besprechen.

7. Knochenbrüche und Verrenkungen [3, 8, 13 20, 22]

Durch Gewalteinwirkung von außen kann unser Knochensystem schadhafte Veränderungen erfahren. Das können Verrenkungen an Gelenken und Brüche an Knochen sein. In allen Fällen wird es Aufgabe des Helfers sein, darauf zu achten, daß der Verletzte sich durch nachträgliche Bewegungen keine zusätzlichen Schäden zufügt. Die zweite Aufgabe besteht darin, die verletzte Körperpartie bewegungsunfähig zu machen (ruhig zu stellen), damit während des Transportes solche nicht mehr verlagert werden.

Im Zweifelsfalle ist bei geringstem Verdacht einer solchen Verletzung die Hilfeleistung wie bei sicher erkanntem Schaden.

Durch den Bruch eines Knochens werden um die Bruchstelle Weichteile verletzt. Dringen die gebrochenen Knochenteile durch die Haut nach außen (offener Bruch), so ist eine Wunde mit Infektionsgefahr entstanden, deren sterile Bedeckung zuerst vorgenommen werden muß.

Jeder Knochenbruch kann einen Schock des Verletzten zur Folge haben, daher sind bei der Ruhigstellung dessen Symptome zu beachten. In der Regel wird man mit Schienungen warten bis ein solcher abgeklungen ist (vgl. S. 334).

Eine Ruhigstellung kann erfolgen durch Anlegen von Verbänden, durch richtige Lagerung, durch Schienungen, dabei ist das verletzte Glied vorsichtig in seine natürliche Lage zu bringen, der Unterarm über die Körpermitte zu legen.

a) Ruhigstellung von Brüchen, die keine Schienungen verlangen:

1. **Nasenbeinbruch** (Schwellung der Nase, Blutung aus Nase oder Rachen): Wegen der Gefahr der Verlegung der Atemwege (Aspiration) besonders bei Bewußtlosen — Seitenlagerung (Krankenhaus, vgl. S. 326).

2. **Oberkieferbruch** (Verformung der Mund- und Nasengegend. Wunde auf der Oberlippe, Zahn-Kieferverletzung): Mundkontrolle, Wundbedeckung, Ruhigstellung durch Kieferstützverband (Abb. 9), Seitenlagerung Aspirationsgefahr)

3. **Unterkieferbruch** (Verformung des Kinnes): sonst wie Oberkieferbruch

4. **Kiefergelenkverrenkung** (schief geöffneter Mund kann nicht geschlossen werden): Kieferstützverband, auch Arztversorgung nötig.

5. **Schlüsselbeinbruch — Schultergelenkverrenkung — Schulterblattbruch — Oberarmbruch — Ellenbogengelenkverletzung** (Schmerz evtl. Schwellung an den betreffenden Stellen) Ruhigstellung durch Große Armtrage mit 2 Dreiecktüchern (Abb. 11 u. 13)

6. **Rippenbrüche** (Stelle schmerzt bei jedem Atemzug): Feste Umknotung des Brustkorbes in Höhe des unteren Rippenrandes mit Dreiecktuch (Handtuch) in Ausatemstellung

Bei Atembeschwerden oder Bluthusten ohne Umwicklung Transport, Oberkörper in halbaufrechter Lage, ins Krankenhaus

b) Knochenbrüche, die zur Ruhigstellung Schienungen erfordern

1. **Hand- und Fingerbrüche — Handgelenkbruch** (unnormale Stellung bzw. Schwellung im Bereich der Körperpartie, Schmerz bei Versuch der Bewegung): Ruhigstellung mittels Schiene zwischen Fingerspitzen und Ellen-

bogen, 2 Krawatten: Finger, außer Daumen, -Handrücken-Handgelenk; am Unterarm aufsteigend. Armtrage

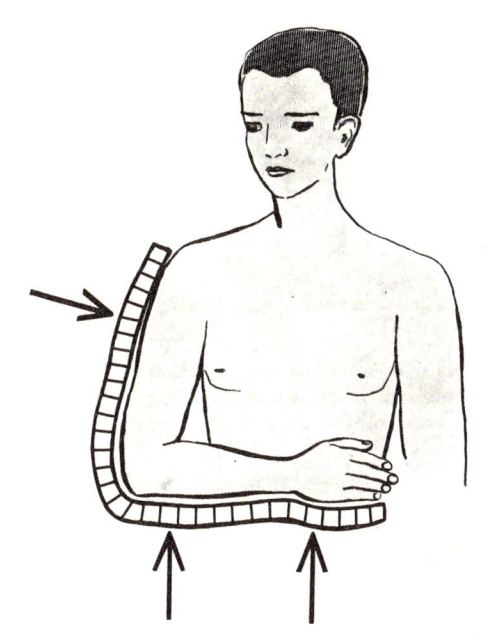

Abb. 13: Ober- und Unterarmbruch, ruhiggestellt mittels einer Cramerschiene

Unterarmbruch bzw. Oberarmbruch (vgl. S. 320) (Knickung, Schwellung und Schmerz an der betreffenden Stelle): Gebogene Schiene zwischen Fingerspitzen und Oberarmende, Festigung mit 3 Krawatten: Finger-Handrücken-Handgelenk, Achterschleife am Ellenbogen aufwärts, Kreisgang am Oberarm (Schienenende). Armtrage (Abb. 13).

3. Oberschenkelbruch — Kniegelenkverletzung (Abb. 15) (Schmerz, Schwellung und Bewegungsunfähigkeit) Oberschenkelbrüche dürfen nur geschient transportiert werden (Fettemboliegefahr, Schock): Ruhigstellung mittels 3 Schienen: Fußspitze-Gesäß gebogen, Fußaußenrand-Achselhöhle, Fußinnenrand-Schritt (Anlegen durch 3 Helfer)

Festigung: möglichst 7 Krawatten werden wie folgt angelegt: 1. Schiene unter der Ferse-Fußrücken kreuzend-Schiene unter Fußsohle geknotet, 2. Kreisgänge in Knöchelgegend, 3. Kreisgänge unterhalb Knie, 4. oberhalb Knie, 5. Oberende

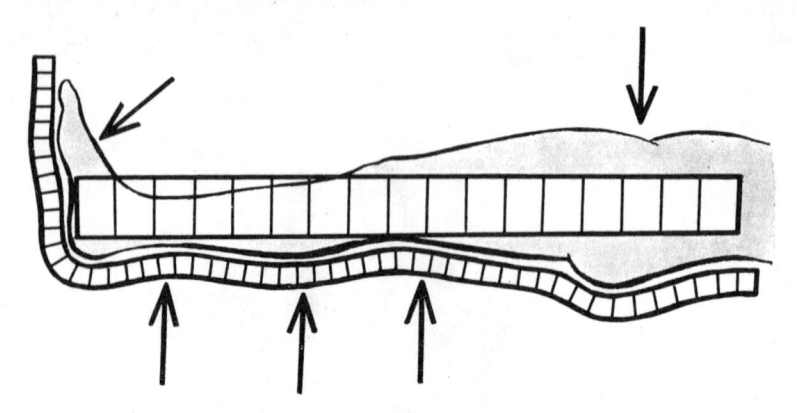

Abb. 14: Schienung eines Unterschenkelbruches

Innenschiene, 6. eine Krawattenlage um das Becken, 7. eine Krawattenlage um den Brustkorb in Höhe des Oberendes der Außenschiene.
Geknotet wird immer seitlich an der Außenschiene mit dem Chirurgenknoten (Abb. 6 b).

4. Oberschenkelhalsbruch (bes. bei alten Menschen): Bein kann auffallend weit nach außen geklappt werden (Schmerz im Knie!), vorsichtige Lagerung, Arztruf!

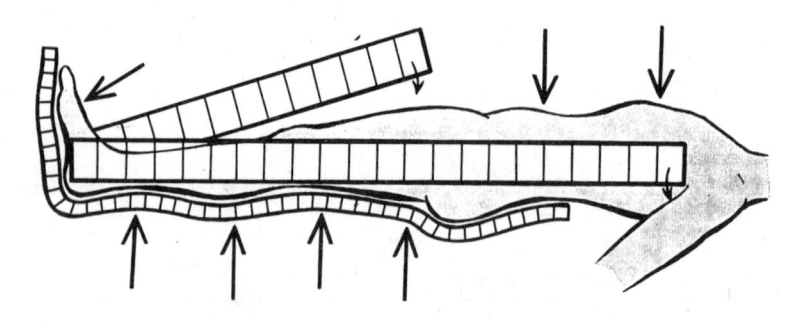

Abb. 15: Schienung eines Oberschenkelbruches

5. Unterschenkelbruch (Knick bzw. Schwellung im Bereich der Bruchstelle, Schockgefahr (Abb. 14): Ruhigstellung mittels 2 Schienen: Fußspitze-Gesäß, Fußaußenrand-Hüfthöhe

Festigung: 4—5 Krawatten werden wie folgt gelegt: 1. Ferse-Fußrücken-Fußsohle geknotet, 2. in Knöchelgegend unterhalb der Bruchstelle, 3. unterhalb des Knies, 4. oberhalb des Knies, 5. in Schritthöhe (vgl. Oberschenkelbruch)

6. **Sprunggelenkverletzung** (Knöchelbruch) — **Zeh- und Fußknochenbrüche** (Schmerzen und Schwellungen im Bereich der verletzten Stelle)

a) Ruhigstellung mittels 1 Schiene, Zehenspitze bis Kniekehle gebogen. Schuhwerk öffnen, ausziehen nur bei Blutung, Festigung: 3 Krawatten: 1. Ferse-Fußrücken-Fußsohle, 2. Unterschenkel, 3. Schienenende

b) Ruhigstellung mittels zusammengerollter Decke und 3 Krawatten: Die Decke umschlingt steigbügelartig Fuß und Unterschenkel, die Krawatten festigen dicht oberhalb des Sprunggelenks — in Unterschenkelmitte und am Deckenende den Verband

c) *Knochenbrüche, die durch entsprechende Lagerung „ruhig-gestellt" werden*

1. **Hirnschädelbruch** (Kopf-Blutung, evtl. Hirnmasse sichtbar, Bewußtlosigkeit): Wundbedeckung, Seitenlagerung mit entsprechender Polsterung, Transport in Seitenlage (Abb. 18)

Schädelbasisbruch (Blutaustritt aus Mund, Nase, Ohr, meist Bewußtlosigkeit, erst später treten die für diese Verletzungen charakteristischen Blutungen um die Augen [Bluthämatom, Blutbrille] auf): Seitenlage mit Polsterung auch bei Transport, Aspirationsgefahr

3. **Halswirbelbruch** (Schmerzen im Nacken, Kribbeln in den Armen): Rückenmarkschädigung — Lebensgefahr, Bergung in Beisein eines Arztes, der Verletzte darf sich in der Zwischenzeit nicht bewegen (weitere Anleitungen siehe S. 341, Ziffer 11 d δ)

4. **Brustwirbel — Lendenwirbelbruch** (Schmerz im Bereich der Bruchstelle)

Steißbeinbruch (Schmerz im Gesäß)

Beckenbruch (Schmerz im Unterbauch)

Unvermögen sich aufzurichten, die Beine zu bewegen, unwillkürlicher Abgang von Urin bzw. Stuhl, die oft blutig sind. Schockgefahr!

Sehr vorsichtiges Verlagern auf die Trage evtl. durch Unterschieben eines dünnen Brettes (Sperrholz) von Körperlänge unter Vermeidung von Körperbewegungen des Verletzten. Nur so anheben, daß Trage untergeschoben werden kann. Vorsichtiger Transport (11 d)

8. Ausrüstung von Verbandkästen [3, 13, 18]

	Übungs-verbandkasten	Schul-verbandkasten	Familien-verbandkasten	Auto- (DIN 13164)	Wander-tasche
Dreiecktücher	20	10	4	5	2
Binden	Übungs-	Mull-	Mull-	Mull-	Mull-
4 cm x 3 m	10	10	2		2
6 cm x 3 m	30	20	5	3	2
8 cm x 3 m	10	20	2	6	2
Fingerlinge	1	5	2		
Augendecken	1	5	2	1	1
Wundschnellverband Heftpflaster					
4 cm x	1 m (2 Stck.)	5 m (1 Stck.)	1 m (1 Stck.)		
6 cm x	1 m (2 Stck.)	5 m (1 Stck.)	1 m (1 Stck.)	1 m (1 Stck.)	1 m (1 Stck.)
8 cm x	1 m (1 Stck.)	5 m (1 Stck.)			
Wundschnellverband-strips			1 Päckch.		1 Päckch.
Heftpflaster-Rolle					
1¼ cm x 5 m	1	3	1		1
2½ cm x 5 m	1	3	1	1	1
Scheren	2	2	1	1	1
Pinzetten	1	2	1		
Verbandmull					
2 m x 80 cm x 20fädig	1	2	1	(1)	
Mull-Tafeln 10 x 10 cm					
1 Pckg. = 100 Stck.	2	4	2	Einzel-pckg.: 5	1
Zellstoff	1 kg	1 kg			
Wolldecke	2	1			
Cramerschienen	5	5			
behelfsmäßiges Schienenmaterial (Sperrholzbrettchen)	mehrere in Unterarm- Unterschenkel-, Bein- und Finger-Länge				
Schaumgummistreifen	10	5			
Krankentrage		1			
Verbandpäckchen versch. Breite	6	6	(3)	4	3
Brandwunden--verbandpäckchen			3	3	
-tuch (DIN 13153)			2	1	
Hoffmann's-Tropfen 50 ccm		(1)	(1)		
Würfelzucker		(20 Stück)			
Wasserglas,		1	1		
Plastiklöffel		1	1		
Sicherheitsnadeln				12	

Die vielfach in Familien geübte Praxis, den Verbandkasten zugleich auch als Aufbewahrungsort für Überbleibsel einmal vom Arzt verschriebener Medikamente und Salben zu verwenden, muß aus der Sicht der „Ersten Hilfe" abgelehnt werden. Auf diese Einschränkung sollte in den Kursen hingewiesen werden.
Um andererseits auf die Frage des Medikament- und Salbenhortens einzugehen, sei ergänzend zugefügt, daß einmal verschriebene Medikamente und Salben nicht nur in ihren Behältern, sondern auch in den Verpackungsschachteln aufzubewahren sind. Auf diese Schachteln ist dann der Tag des Einkaufes zu vermerken. Auch haltbare Medikamente, wenn nichts anderes vermerkt, müssen nach einem Jahre Aufbewahrungszeit vernichtet werden.
Der Verbandkasten ist offen, auch für Kinder zugänglich zu halten, während Medikamente verschlossen gelagert werden sollten.

9. Atembeeinträchtigungen und künstliche Beatmung [3, 8, 13, 14, 18, 22]

a) Allgemeines

Atembeschwerden können eintreten

1. wenn in einem geschlossenen schlecht belüfteten Raume zu viele Menschen sind (Sauerstoffmangel), zuviel Wasserdampf in der Luft ist, zu hohe Raumtemperatur herrscht,
2. wenn der Atemluft Gase, die eine Verminderung des Sauerstoffgehaltes bedingen können (Rauchgase, Stickstoff, Kohlendioxid u.a.) oder Schwebstoffe beigemengt sind,
3. wenn die Atemluft Gase enthält, die beim Einatmen durch ihre Wasserlöslichkeit chemische Umsetzungen einleiten und so das Lungengewebe zerstören können (Chlor, Phosgen, Schwefeldioxid) oder in Tropfenform im Lungengewebe verbleiben können (mittlere Kohlenwasserstoffe) bzw. beim Gasaustausch zwischen Lungenraum und Blut mit diesem Reaktionen eingehen, die eine Aufnahme des für die Zellatmung wichtigen Sauerstoffes behindern (Kohlenmonoxid),
4. wenn schließlich Unfallfolgen, wie z.B. Leuchtgasaustritte, solche Beschwerden bedingen,
5. beim Ertrinken.

Je nach Art der Ursachen richten sich die zur Behebung nötigen Maßnahmen. In den meisten Fällen reicht eine Überführung geschädigter Personen, sofern diese noch selbständig atmen können, an frische Luft aus.
Die Feststellung des Atmungsstillstandes ist meist schwierig. Der Helfer kann dies feststellen, indem er ein Auge mit weitgeöffneten Lidern vor die Nase des Scheintoten hält. Das Beschlagen (Absetzen von Wasserdampf) eines vor Mund und Nase gehaltenen Spiegels deutet auf noch vorhandene selbsttätige Atmung hin. Auch mittels einer vor die Nase gehaltenen leichten Vogelfeder (deren Fieder sich bei Atmung leicht bewegen) bzw. durch Aufstellen eines gefüllten Wasserglases auf den Oberbauch des Verunglückten (Vibrieren seiner Oberfläche deutet noch auf Zwerchfelltätigkeit hin) läßt sich noch vorhandene Atmung feststellen. Hat diese ausgesetzt und im Zweifelsfall wird man dies immer annehmen, muß man unverzüglich mit Atemspende (b) beginnen. Man merke! Das Gelingen einer künstlichen Beatmung hängt von dem unmittelbaren Beginn dieser nach der Bergung ab (12).

10b) Andere Zustände, insbesondere solche, die von Schock und Bewußtlosigkeit begleitet sein können

Art und Anzeichen der Schädigung	mögliche Zustandsfolge nach 10 a	Abhilfemöglichkeiten
Tierverletzungen Insektenstich, schmerzhaft gerötete Hautstelle, Schwellung Einzelstich ungefährl.		Stachel entfernen, Salmiakgeist, (in Apotheken sind verschiedene Präparate rezeptfrei käuflich) Kühlende Umschläge
Mehrere Stiche (Hornissen) Lebensgefahr		Arzt aufsuchen
Schlangenbiß 2 punktförmige Löcher in 1 cm Entfernung, schmerzhaft, blauanlaufende Schwellung		Stauen (nicht vollständig abbinden) eine handbreit herzwärts der Bißstelle, liegender Transport zum Arzt. Wunde nicht aussaugen, nicht ausbrennen, keinen Kaffe oder alkoholische Getränke verabreichen
Fremdkörperverletzungen: Ohr, Nase		Kein Eigenversuch der Beseitigung Facharzt
Tintenstiftstaub im Auge		Auge bedecken, Facharzt
Staub an Augenlidern oder Augenwinkel		Abwischen der Lidränder mittels Taschentuchzipfel vom Außenrand nasenwärts
Schäden durch ätzende Flüssigkeiten: Augenverätzung, Schmerz, Lider krampfhaft geschlossen		Der Verletzte liegt auf dem Rücken, wendet Kopf auf die Seite des verätzten Auges, mittels Daumen und Zeigefinger Augenlider spreizen und dünnen Wasserstrahl über Augapfel rieseln lassen, sobald Schmerz aufhört, Auge bedecken, Facharzt
Mund- oder Speiseröhreverätzung (Schmerz in Mund und Magen)	Schock	Falls verätzender Stoff unbekannt: langsam schluckweise lauwarmes Wasser trinken bis Linderung eintritt *nie Erbrechen hervorrufen,* keine Hausmittel verwenden
Säureverätzung		mittels Trinkwasser die Säure verdünnen

Art und Anzeichen der Schädigung	mögliche Zustandsfolge nach 10 a	Abhilfemöglichkeiten
Laugenverätzung		verdünnter Speiseessig (⅛ der Haushaltware auf 1 Glas Wasser, oder 1 Zitrone auf 1 Glas Wasser) Milch (ampothere Wirkung) mit rohem Ei — Verabreichung möglich, jedoch ärztlich nicht erwünscht
Schlafmittel-, Medikamentmißbrauch, (Selbstmordverdacht)	Schock Bewußtlosigkeit	Leibschmerz, Erbrechen (Sputum u. Medikamentröhrchen aufheben, Arzt zeigen) Bei Bewußtsein: Brechreiz erhöhen (Finger in den Hals, warmes Wasser mit Öl) bewußtlos: Seitenlage, Atemspende, Arztruf
Vergiftungen Giftstoff unbekannt (übler Geschmack)	Schock Bewußtlosigkeit	Erbrechen hervorrufen, *niemals Milch verabreichen,* nur lauwarmes Wasser, seitlich lagern, Krankenhaus
Pilzvergiftung	Bewußtlosigkeit	Erbrechen hervorrufen, Krankenhaus
Hautverätzung (brennender Schmerz)		mit Wasser abspülen, falls kein Wasser vorhanden, abtupfen (Zellstoff) Wunde steril bedecken, Arzt
Blutungen aus Körperöffnungen Nasenbluten		sitzend oder liegend Kopf zurückbeugen, ev. Nasenloch zuhalten, kalte Umschläge auf den Nacken Nichts in die Nase tropfen, kein Wasser hochziehen
Bluthusten (Brustschmerz) TBC-Verdacht		Bettruhe, halbsitzende Stellung, Sputum mittels Tuch abnehmen, isolieren, kalter Umschlag auf Schmerzstelle, Blutsturzgefahr — Arztruf
Bluterbrechen (Magenbluten, Sputum braun)	Schock	Seitenlage, wenn möglich kalte Umschläge (Eis) auf Magengegend, Arztruf
Offene Wunden, Wundschmerz bei äußerer Verletzung	Schock	bequemste Lagerung, zudecken aber nicht erwärmen, Abklingen der Schmerzen überwachen, auf Wunsch laben, Arztruf
Brustkorbwunde (beim Atmen pfeifendes Geräusch aus Lunge)		Deckverband (Kompressen mit dachziegelartig darübergelegten Klebestreifen), Verletzten auf die Seite des Verbandes legen, damit gesunde Lunge atmen kann

Art und Anzeichen der Schädigung	mögliche Zustandsfolge nach 10 a	Abhilfemöglichkeiten
Offene Bauchwunde	Schock	steril bedecken, ev. polstern, ausgetretene Eingeweideteile nicht zurückdrücken, Rückenlage, Krankenhaus
Schreckgebaren Erhöhte Erregung	Bewußtlosigkeit	ruhige, bequeme Lagerung, bei gerötetem Kopf, diesen etwas erhöht lagern, Herztätigkeit und Puls beobachten, Arztruf
Schreck bei Kindern		Arme hochzieht, abwarten bis Erregung nachläßt und Weinen beginnt, beruhigendes Zureden, Zustand ändert sich rasch, falls Atemstillstand: Atemspende
Ersticken, Ertrinken Ersticken infolge Aspiration oder Schlucken fester Stoffe, Speichel oder Flüssigkeit		Austasten und reinigen der Atemwege soweit möglich, in Bauchlage Husten hervorrufen, indem mit flacher Hand zwischen die Schulterblätter geklopft wird. Erwachsene über Tisch oder Stuhllehne Oberkörper abwärts lagern, Kinder an den Beinen hochheben. Wiederbelebung
Ertrunkener nach Bergung aus Wasser	Bewußtlosigkeit	Atemwege reinigen, herausgezogene Zunge mittels Krawatte am Kinn fixieren, geschlucktes Wasser auslaufen lassen, Atemspende, Arztruf
Verletzungen durch Kopfsprung ins Wasser (Schädel-, Halswirbelverletzungen)	Bewußtlosigkeit	Unter Berücksichtigung der besonderen Verletzungen entsprechend behutsame Wiederbelebung, unbedingt Arztruf (Bergung vgl. 11, δ)
Verschüttungen in Erde und Schnee (11 c)	Bewußtlosigkeit	Kopf freilegen, dann Oberkörper freimachen, keine Gewaltanwendung durch Zerren an dem Verunglückten, Wiederbelebung durchführen, dann bergen.
Gehirnschäden: Gehirnerschütterung Gehirndruck Gehirnverletzung (als Unfallfolge nach Sturz auf Kopf)	Bewußtlosigkeit Atemstillstand	Seitenlagerung, rückgebeugte Kopflage, beengende Kleidung lösen, Puls, Atmung und Brechreiz beachten, Arzt rufen, Krankenhaustransport vorbereiten, Beatmung mit Sauerstoffgerät, notfalls Atemspende

Art und Anzeichen der Schädigung	mögliche Zustandsfolge nach 10 a	Abhilfemöglichkeiten
Schlaganfall (Gehirnschlag) beginnt bei alten Menschen mit Schwindelanfall, Versagen der Sprache)	Bewußtlosigkeit	ruhige Rückenlagerung, Kopf etwas erhöht, schnellstens Arzt rufen, Symptome mitteilen, nicht unbeaufsichtigt lassen, Atemspende (s. o.)
Hitzschlag (Wärmestauung im Körper bei schwülem Wetter) *Sonnenstich* (Blutfülle im Gehirn bei Hitze)	Bewußtlosigkeit möglich	Seitenlagerung im Schatten, beengende Kleidung lösen, mit Wasser besprengen oder kalte Umschläge auf die Stirn legen, Luft zufächeln, Atemspende, Arzt rufen
Unfall durch elektrischen Strom Starkstrom (Überlandleitungen, Eisenbahnanlagen)	Bewußtlosigkeit Scheintod	Verunglückten nicht berühren, über Notruf (Polizei, Feuerwehr) Abschaltung des Stromes durch Fachleute veranlassen, Maßnahmen zum Auffangen bei Abschaltung treffen (gespannte Decken, weiches Material, Helfer stehen auf diesem isoliert) Atemstillstand: Atemspende, Herzmassage, Krankenhaus Wundbedeckung falls erforderlich
Haushaltsstrom, Straßenbahnleitungen	Bewußtlosigkeit	den verkrampft am Gerät haftenden Verunglückten nicht berühren. Der Helfer stellt sich isoliert (s. o.) bereit, veranlaßt Abschaltung des Stromes (Sicherung herausdrehen) und fängt Verunglückten auf. Atemspende falls erforderlich, dann aber auch Arzt herbeirufen. Auf Wunsch Verunglückten laben (kein Kaffee, keine alkohol. Getränke)
Blitzschlag		u. U. Verletzten wie oben helfen
Gas *Kohlendioxid:* schwerer als Luft, nicht explosiv in Gärkellern und Silos	Atemstillstand Bewußtlosigkeit	(vgl. 9 a, b) sofern brennende Kerze erlischt, Bergung durch 2 Helfer angeseilt oder mit Atemschutzgerät, Wiederbelebung an frischer Luft, Atemspende, Transport mit Sauerstoffgerät ins Krankenhaus

Art und Anzeichen der Schädigung	mögliche Zustandsfolge nach 10 a	Abhilfemöglichkeiten
Kohlenmonoxid: (Kohlenoxidgas) leichter als Luft, geruchlos, explosiv, im Leuchtgas, Autoabgase in geschlossenen Garagen	Atemstillstand Bewußtlosigkeit Scheintod	Bergung, ohne Licht oder elektrische Funken (Lichtschalter) zu erzeugen, nur angeseilt den Raum betreten und für Frischluft sorgen, dann Verunglückten bergen, Atemspende, Transport mittels Sauerstoffgerät in Krankenhaus
Rauchgase	Atemstillstand Bewußtlosigkeit	Orte angeseilt oder mit Atemschutzgerät betreten Verunglückte mittels Sauerstoffbeatmungsgerät ins Krankenhaus transportieren

Bei Ertrunkenen und Verschütteten verfahre man, nach Freimachen der Atemwege, sinngemäß. Künstliche Beatmung muß jedoch in den oben unter Nr. 3 genannten Fällen unterbleiben!
Hier liegen Atembeeinträchtigungen durch Stoffe vor, die im Körper chemische Umsetzungen bedingen (s. o.), jede Art von künstlicher Atmung ist schädlich und muß daher unterbleiben. In den meisten Fällen wird es sich um Leuchtgasvergiftungen in Wohnungen handeln. Der eigenen Sicherheit der Helfenden wegen wird angeraten, solche nie mit offenem Licht zu betreten oder in ihnen eine Taschenlampe oder die Raumbeleuchtung einzuschalten. Einen vergasten Raum betrete man wenn möglich nur angeseilt und versuche auf geradem Wege von der Eingangstür aus zu den Fenstern zu gelangen und diese zu öffnen. Der beherzte Helfer geht, indem er sich ein feuchtes Tuch vor Mund und Nase hält, in den Raum. Er wird von an der Tür außerhalb des Raumes stehenden anderen Helfern beobachtet, damit er im Falle von auftretenden Schwierigkeiten bzw. eigenen Atembeschwerden sofort am dem Seil geborgen werden kann. Nach Belüftung des Raumes und wenn möglich Verschließen der Gasaustrittstelle (Haupthahn im Keller), schreite man zur Bergung. Geborgene Personen lagere man warm zugedeckt an frischer Luft, bis der inzwischen herbeigerufene Notdienst diese ins Krankenhaus abtransportieren kann. Anlegen der Beatmungsgeräte ist Sache des Krankentransportdienstes.

c) Wiederbelebungsmaßnahmen, künstliche Beatmung bzw. Atemspende
Da Wiederbelebungsversuche oft lange Zeit beanspruchen, wenn sie Erfolg haben sollen, müssen die Helfenden mit ihren Körperkräften haushalten. Ist der Helfer allein an der Unfallstelle, wird er möglichst die Atemspende anwenden. Sind mehrere, wenn auch Ungeübte, am Bergungsort und ist die Atemspende nicht ausführbar, sollte man noch die *Silvester*methode benutzen, bei der immer zwei Helfer auf beiden Seiten tätig werden.

Bei Ertrunkenen, Verschütteten sorge man zunächst für das Freilegen der Atemwege aus Mund und Nase, lockere oder löse die beengenden Kleidungsstücke. Während man bei Verschütteten auf mechanischem Wege mit den Fingern bzw. nichtschiefernden Holzstücken Sand oder Boden aus Mund, Nase und Rachenhöhle herauszubekommen sucht, wendet man bei Ertrunkenen folgende Technik an:

Ausführung: Ein Helfer stellt sich über den in Bauchlage befindlichen Ertrunkenen, seine Füße beiderseits der Hüfte des Liegenden und zieht diesen mit beiden Händen an den Hüften hoch. Durch mehrmaliges Schütteln des mit hängendem Oberkörper gehaltenen Verunglückten soll versucht werden, das geschluckte Wasser ausfließen zu lassen. Zweckmäßig ist daher vorher auch hier, Mund und Rachenhöhle auf verbliebenen Schlamm oder Sand zu untersuchen bzw. zu reinigen. Man schiebe dabei zwischen die beiden Kiefer ein zusammengerolltes Taschentuch oder eine Mullbinde. Durch Einschieben des Tuches bleibt der Mund, auch bei einem nachfolgenden Kieferkrampf, geöffnet. Bei verkrampftem Ober-Unterkiefer setzt der Helfer die Daumen beiderseits des Unterkiefers an, die Zeigefinger krümmen sich um den Unterkiefer. Durch Hebelwirkung aus dem Handgelenk heraus wird der Kiefer nach unten gezogen.

Über Erstickungsgefahren bei Erwachsenen vergleiche man 10, b). Kinder verschlucken sich leicht, d. h. es gelangen, besonders wenn sie beim Essen sprechen, Speisereste, Apfelstücke in die Luftröhre. Meist werden diese durch den Hustenreiz verursachten Luftstrom aus der Luftröhre wieder ausgestoßen. In schwierigen Fällen versuche man, falls dies durch Husten nicht erreicht werden kann, nach der gleichen Art wie bei der Wasserbeseitigung bei Ertrunkenen zu verfahren (Kleinkinder halte man kurze Zeit mit dem Kopfe nach unten) und klopfe zusätzlich mit dem Handballen zwischen die Schulterblätter. Die Literatur kennt einen Notfall, bei welchem es der Helfer, in der gleichen Stellung wie bei der Mund-Nase-Atemspende (s. u.) in Mund-Mund-Beatmung versuchte, bei zugehaltener Nase einen Sog im Rachenraum des Verunglückten Kindes zu erzeugen, durch welchen sich das in der Luftröhre verklemmte Stück löste!

1. Mund-Nase-Beatmung (Atemspende)

Diese lebensrettende Maßnahme erfolgt durch Einblasen der Atemluft aus dem Munde des Helfers in die Nase der Verunglückten. Alle vorbereitenden Maßnahmen zur Durchführung dieser sehr erfolgversprechenden Methode können im Rahmen unserer Schulkurse besprochen werden. Die praktische Einübung muß man, wie dies auch in den DRK-Kursen getan wird, am Phantom lernen

Durchführung:

1. Der Helfer kniet seitlich am Kopf des auf dem Rücken liegenden Verunglückten, dessen Kopf extrem stark zurückgebeugt wird, evtl. kann unter den Hals eine Nackenstütze (Decke, Kleidungsstück) gelegt werden. Die eine Hand des Helfers ruht an der Stirnhaargrenze, die andere am Kinn, der Daumen auf der Unterlippe liegend, drückt die Unterlippe nach oben und verschließt so den Mund (Abb. 16).
2. Der Beatmer öffnet seinen Mund weit und preßt ihn fest auf das Gesicht um die Nase und bläst so stark seine Atemluft (sie enthält noch etwa 16 % Sauerstoff) in die Atemwege des Verletzten, daß sich dessen Brustkorb sichtbar hebt.

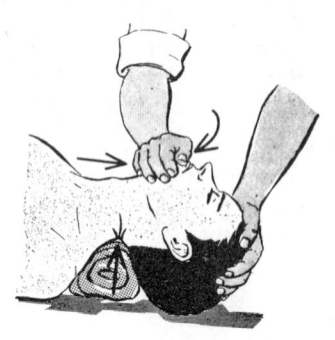

Abb. 16: Atemspende

3. Danach wendet der Helfer seinen Kopf körperwärts des Verunglückten und beobachtet das Einsinken des Brustkorbes und das Entweichen der eingeblasenen Luft. Dann atmet er neu ein und wiederholt die Vorgänge 1 und 2.
4. Diese Vorgänge sind 7—20mal zu wiederholen, dann ist eine Pause von ½ Minute einzulegen (Eigenerholung).
5. Danach ist der Verletzte langsam ohne Anstrengung des Helfers weiter zu beatmen.
6. Die Atemspende wird solange durchgeführt, evtl. durch Ablösen des ersten Helfers, bis ein Beatmungsgerät angeschlossen werden kann oder ein Arzt seine Einstellung anordnet. Bei Verlegung der Nase kann Mund-Mund beatmet werden [18].
Die extreme Rückbeugung des Kopfes und eine kräftige Atemspende (2—4 Minuten) führt in den meisten Fällen zum Erfolg, sofern ein Herzstillstand noch nicht eingetreten ist.
Bei Beginn einer solchen Maßnahme lasse man daher unbedingt einen Arzt herbeirufen.

2. Künstliche Beatmung in Rückenlage nach *Silvester-Broch* [8]
Obwohl die Atemspende in fast allen Fällen als ausreichende lebensrettende Maßnahme heute angesehen wird, so sind doch noch Fälle denkbar (Gesichtsverletzungen), in denen eine „Wiederbelebung von Hand" angewendet werden muß. Aus diesem Grunde ist die modifizierte *Silvester*sche Methode in diese Bearbeitung aufgenommen worden.
Der Verunglückte liegt auf dem Rücken, unter seine Schultern bringt man eine zusammengerollte Decke, so daß sein Kopf nackenwärts gebeugt wird. Damit die Atemwege nicht durch aufgenommene Fremdstoffe (s. o.) oder durch die zurückgesunkene Zunge in dieser Lage versperrt werden, ist eine vorherige Säuberung und die eingangs geschilderte Kopflage erforderlich.
Durchführung:
Der linke Helfer kniet frontal in Brusthöhe so an dem Scheintoten, daß sein linkes Knie seitlich (etwas gespreizt) an dessen Kopf liegt. Er umfaßt mit seiner linken Hand das Handgelenk und mit seiner rechten den rechten Unterarm des Verun-

glückten dicht unterhalb dessen Ellenbogengelenks. Dann werden von beiden Helfern die Unterarme des Scheintoten dicht nebeneinander auf dessen obere Brust gelegt. Die Handballen der Hände, die früher die Arme erfaßt hatten, drücken die Unterarme des Verunglückten gegen dessen Brust und zählen dabei: —ein—und—zwanzig, —zwei—und—zwanzig.
Dann führen sie die gleichzeitig zu streckenden Arme im Bogen über den Kopf des Verunglückten hinweg zum Boden jenseits dessen Kopfes, zählen drei—und—zwanzig, vier—und—zwanzig und wiederholen den Vorgang!
Durch die Lage des Oberkörpers und das Zurückbeugen der Arme über dem Kopfe erreicht man eine Weitung des Brustkorbes und damit ein zuverlässiges Ansaugen der Atemluft. Durch federnden Druck auf den Brustkorb werden die Lungen zusammengepreßt, dadurch erfolgt die Ausatmung.
Diese Methode ist zuverlässig. Auch Ungeübte können sie nach Anleitung durchführen. Sie erfordert eine gleichmäßige Kraftanstrengung beider Helfer, der Stärkere hat sich dann nach dem Schwächeren zu richten.

d) *Herzmassage*

Der Vollständigkeit halber sei die Art der Durchführung hier aufgenommen, da sie u. U. die einzige noch lebensrettende Hilfemaßnahme sein kann. Durch sie muß allerspätestens innerhalb von 3 Minuten die Herztätigkeit wieder in Gang gebracht werden.

Durchführung:

Der Durchführende (in unserem Falle also ein Arzt, s. u.) kniet seitlich in Brusthöhe des liegenden Verunglückten. Er legt seinen linken Handballen (die Finger sollen hochgereckt sein) auf dessen untere Brustbeinhälfte und drückt — unterstützt vom rechten Handballen, der gekreuzt über dem linken liegt, im Rhythmus von etwa 60—70 Schlägen pro Minute ruckartig auf den Brustkorb. Das Brustbein darf sich dabei etwa 3—4 cm senken, bevor es durch die Elastizität des Brustkorbes wieder in seine ursprüngliche Lage zurückkehrt.

Da, um Erfolg zu haben, das Brustbein tief in den Brustkorb gedrückt werden muß, kann der unerfahrene Helfer bei unsachgemäßer Handhabung Brustbein- bzw. Rippenbrüche, Herzbeutel- und Leberrisse verursachen.

Diese Methode darf daher in Schulkursen nur an der Puppe geübt werden und ist nach der Forderung vieler Unfallärzte (insbes. im DRK) von jugendlichen Helfern auch im Ernstfall nicht anzuwenden. Der Laienhelfer wird allerdings in einer akuten Situation, wenn innerhalb von 3 Minuten kein Arzt zur Stelle sein kann, selbst verantwortlich entscheiden müssen. Im übrigen vergleiche man das dazu in Ziff. 2, 9 b und 10 c Gesagte.

e) *Herzmassage und Atemspende kombiniert*

In letzter Zeit hat sich diese Methode als brauchbar erwiesen: es wird im Rhythmus 1:4 bzw. 1:5 gearbeitet, d. h. einmal kräftig geatmet und dann 4 oder 5 mal das Herz durch Druck auf das untere Brustbeindrittel gegen die Wirbelsäule gepreßt. Hochlagerung der Beine ist erwünscht (s. u.).

Arbeiten mit der Wiederbelebungsmaschine, wie sie in Schwimmanstalten verwendet wird und das Anlegen von Beatmungsgeräten gehen über den Rahmen einer Ersten-Hilfe-Unterweisung hinaus, sie sind daher weggelassen worden.

10. Begleitende Gefahrenzustände bei Unfällen [8, 13, 14]

a) Allgemeines

Hier sei zunächst auf einige wichtige Zustände eingegangen, die als Begleiterscheinungen bei einem Unfalle auftreten können und vorrangig bei einer Hilfeleistung berücksichtigt werden müssen.

1. Der Schock: Darunter versteht man das plötzliche Versagen des Kreislaufes infolge Flüssigkeitsverlustes. Er kann bedingt sein durch Blutverlust nach außen oder Schwellung der Verletzungsstelle. Außerdem spielen bestimmte nervöse Vorgänge eine Rolle. Dabei erschlaffen bestimmte Blutgefäße und es kommt zu einem Absacken des Blutes in die unteren Eingeweide, wodurch der Rückfluß zum Herzen abnimmt.

Immer mehr erkennt man die Bedeutung des richtigen Verhaltens des Ersthelfers gegenüber einem Geschockten. *Er muß bei jeder Hilfeleistung bedenken, daß ein solcher Zustand vorhanden sein oder jederzeit eintreten kann.*

Folgende Anzeichen deuten auf einen Schockzustand hin: Blässe, Kälte der Haut und Frieren, klebriger Schweißausbruch (Stirn), schneller, schwer tastbarer Puls, Weitung der Pupillen, starrer Blick, keine Lichtreaktion.

Erhöhte Erregung, Schreck oder Schmerz können einen ähnlichen Zustand mit gespanntem Puls (nervöser Schock) herbeiführen.

Wenn eines dieser beiden Anzeichen festgestellt wird, ist Schock anzunehmen. Im Falle eines Ausfalles der Atmung ist Atemspende durchzuführen (9, b).

Geschockte muß man je nach Art der Verletzung auf dem Rücken, auf der Seite oder auf dem Bauche lagern. Wenn es der Fall zuläßt, lege man den Geschockten auf den Rücken, hebe zunächst beide Beine in die Senkrechte und führe sie nach einer Weile in eine Winkellage (Unterschieben eines umgestürzten Stuhles) zwischen 30—45° (Taschenmesserposition, Abb. 17). Wird der Patient gestreckt auf eine Trage gelegt, ist das Fußende der Trage leicht, jedoch nicht über 15° anzuheben, so daß zwar der Kopf tiefer liegt, ohne daß es zu einer Verlagerung der inneren Organe und damit zu einer Einengung des Herz-Lungen-Raumes kommt.

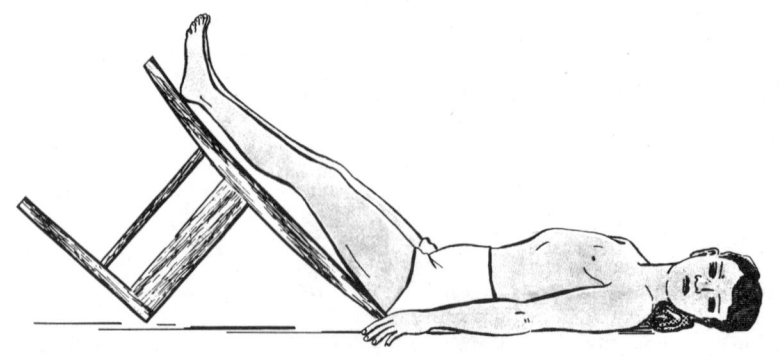

Abb. 17: Lagerung in Winkellage mit Stuhl

Falls erforderlich, darf der Körper, unter Vermeidung von Erwärmung (11 c), leicht bedeckt werden.

Es ist lebensgefährlich, einen Geschockten übereilt und im Feuerwehrtempo oder behelfsmäßig zu transportieren. Bei einem längeren Transport (über 10 Minuten) sollte ihn unbedingt ein Arzt begleiten.

2. Die Ohnmacht ist ein Schwächeanfall mit leichter kurzandauernder Bewußtlosigkeit, die durch Mangeldurchblutung im Gehirn verursacht wird. Ihre Ursache liegt im Versagen des vegetativen Nervensystems. Es handelt sich meistens um einen schnell vorübergehenden harmlosen Zustand.

3. Die Bewußtlosigkeit ist ein Zustand tiefer, durch äußere Reize nicht mehr zu unterbrechender Bewußtseinsstörung. Fahle Gesichtsfarbe, Puls und Atmung sind, wenn auch schwach, noch vorhanden.

Bewußtlosigkeit tritt z. B. ein:

als Folge von Verletzungen des Gehirns durch Schlag, Stoß oder Sturz auf den Kopf (10, b),

durch Störungen im Magen-Darm-Kanal durch Gifte, die, sobald sie mit dem Blute ins Gehirn gelangt sind, dessen Fuktion beeinträchtigen (10, b),

durch Hitzeeinwirkungen, die bei Hitzestau im Körper zum Hitzschlag führen (10, b).

Bewußtlose werden grundsätzlich auf die Seite gelegt, wobei besonders darauf zu achten ist, daß der weit nach hinten gebeugte Kopf den tiefsten Punkt des Verunglückten einnimmt (Abb. 18).

4. Der Scheintod ist ein Zustand tiefster Bewußtlosigkeit, bei welchem keine Lebensfunktionen mehr wahrnehmbar sind. Aussetzen des Pulses, der Atmung und der Herztätigkeit verlangen schnellste Wiederbelebungsmaßnahmen (Atemspende, Herzmassage).

5. Bei den meisten nachfolgend beschriebenen Unglücksfällen ist nach Ansicht erfahrener Unfallärzte nicht mit Scheintod (Herz- und Atemstillstand) sondern mit einer tiefen Bewußtlosigkeit mit Atemstillstand zu rechnen. Sofern also rechtzeitig (im allg. 1—3 Minuten) die Eigenatmung durch wiederbelebende Maßnahmen (Atemspende) in Gang gebracht werden kann, ist mit der Zufuhr von sauerstoffreichem Blut zu einem schwachschlagenden Herzen und mit der Wiederaufnahme dessen Tätigkeit zu rechnen.

b) *Andere Zustände (vgl. S. 326 ff)*

c) *Andere mögliche Unfälle und Schädigungen am Herz und Gefäßsystem bzw. Wirbelsäule und Muskulatur*

In den vorherigen Kapiteln wurde schon mehrfach darauf hingewiesen, daß eine gestörte Herztätigkeit die Ursache von Unfällen oder als Begleiterscheinung bei solchen auftreten kann. Da Herzstörungen und Gefäßleiden immer mehr zunehmen, kann jeder Helfer einmal in die Lage kommen, auch in einem solchen Falle eingreifen zu müssen. Er sollte daher wenigstens die Symptome kennen, die sich bei solchen Störungen bemerkbar machen, auch wenn dies stofflich gesehen nicht mehr unmittelbar zur Ersten-Hilfe gehört.

1. **Erhöhter Blutdruck** (Hypertonie) bzw. zu geringer Blutdruck (Hypotonie) führen zu Belastungen der Herztätigkeit besonders bei Wetterumschlägen und können dann die Ursachen von Unfällen sein.

2. **Krampfartige Herzbeklemmung** mit dem Gefühl der Brustenge, verursacht durch Mangeldurchblutung der Herzmuskulatur durch verengte Herzkranzarterien (Agina pectoris), plötzlich auftretende Herzanfälle mit Angst, Beklemmungsgefühl und Schmerz, der bis in den linken Arm ausstrahlen kann, sowie Versagen des alternden Herzen durch mangelnde Durchblutung (Herzinsuffizienz) erfordern gelegentlich ein Eingreifen.
In allen Fällen sollte der Bedrängte bei völliger Ruhe möglichst bequem horizontal, Gesicht seitlich gewendet, gelagert werden (bei Bewußtlosigkeit Seitenlage [8, 22]). Da einige dieser Zustände lebensbedrohende Folgen haben können, ist immer schnellstens ein Arzt zu Hilfe zu rufen.

3. **Rötungen an Stellen der Haut**, unter welchen Blutadern (etwa Beinvenen) verlaufen, verbunden mit Schmerzen, deuten auf eine Venenentzündung hin.

4. **Plötzlich auftretende stichartige Schmerzen** in der Muskulatur während anstrengender Arbeit bzw. entlang der Wirbelsäule deuten einerseits auf Muskelrisse bzw. auf Druckschädigungen, der aus der Wirbelsäule austretenden Nerven (Bandscheibenschäden), vielleicht auch auf Abbrechen eines Fortsatzes eines Rippen-Wirbels hin.
Auch hier kann der Helfer nicht mehr tun, als den Leidenden ruhig zu lagern. Bei Verdacht einer Venenenzündung wird das schmerzende Glied hochgelegt, eventuell unterpolstert. Feststellung der eigentlichen Ursachen solcher Schmerzen kann nur der Arzt treffen.

11. Lagerung und Bergung bis zum Transport in den Unfallrettungswagen
[1, 5, 17, 18, 19]

a) Lagerung eines Verunglückten (einfache Seitenlage)
Man ging früher davon aus, daß die beste Ruhelage nach Verletzungen die Rückenlage (Schlaflage) sei. Da eine große Anzahl Verunglückter nicht bei Bewußtsein ist und gerade bei solchen mit nachträglichem Brechreiz oder Erbrechen zu rechnen sein wird, können in dieser Lage Mageninhalt, Blut oder Schleim in die Atemwege gelangen. Es besteht so erhöhte Erstickungsgefahr [10 b].
Ein bewußtloser Verletzter soll auf der Seite gelagert werden, sein Kopf wird zusätzlich stark zurückgebeugt. Diese Lagerung begünstigt auch die Durchblutung des Gehirns, zumal man in einem solchen Zustand u. U. auch mit einem Absacken des Blutes in den Baumraum rechnen muß (Abb. 18).

Durchführung:
Der Verunglückte soll z. B. aus der Rückenlage auf die rechte Seite gebracht werden. Der Helfer legt dessen rechten Arm schräg kopfwärts und läßt sich vor dem ausgestreckt liegenden Verunglückten etwa in der Höhe dessen halber Beinlänge auf sein linkes Knie nieder. Dann umfaßt er mit seiner linken Hand das linke Handgelenk des Verunglückten und zieht dessen Arm, die Hände möglichst tief am Boden haltend, schräg (Diagonalzug) zu sich. Dadurch wendet sich der

Abb. 18: Einfache Seitenlage auf der linken Körperseite
Kopf stark zurückbeugen, Gesicht halb erdwärts drehen

Körper des Verunglückten um eine Vierteldrehung nach rechts. Sein rechter Arm unterstützt diese Wendung, indem seine Hand den unteren Teil des Oberschenkels umfaßt und so den Körper wenden hilft. Um den Verletzten in dieser Lage zu halten, legt man seinen linken Arm jetzt ausgestreckt auf das hochgezogene angewinkelte linke Bein. Der rechte Arm wird ausgestreckt senkrecht zum Körper gebracht. Man vergewissere sich, daß jetzt der Kopf des Verletzten stark zurückgebeugt lagert. Sofern keine andere Lage gefordert, ist diese Art der Lagerung anzuwenden.

Bei der Wendung aus der Bauchlage wird der rechte Arm kopfwärts gelegt. Der Helfer faßt jetzt die Kleidung der linken Körperseite des Verletzten von der anderen Seite her und wendet ihn rücklings wiederum zur Seitenlage auf dessen rechte Seite.

b) *Richtlinien für andere Lagerungsarten:*

Sofern bei einem Verunglückten Rückenlage (10, b; 10, c) erwünscht ist, winkle man dessen Knie leicht an und unterstütze sie durch eine zusammengerollte Decke. Ebenso erscheint es zweckmäßig, bei ausgestreckt liegenden Patienten (längere Zeit bettlägerig z. B.) ein zusammengerolltes Handtuch unter das Sprunggelenk zu legen.

Über die Lagerung eines Geschockten vgl. (10, a).

Stark blutende Körperteile sind hoch zu lagern (5, a).

Über Lagerung bei offener Brustkorbverletzung vgl. (10, b).

Ist der Ort einer inneren Verletzung nicht feststellbar, wähle man die Rückenlage mit leicht erhöhtem Kopf. Ein so gelagerter ist ständig unter Aufsicht zu halten (Erbrechen!).

c) Lagerung unter ungünstigen Witterungsbedingungen

Häufig, vor allem bei Verkehrsunfällen in der feucht-kalten, nebeligen Jahreszeit, beginnt der sich bei Bewußtsein befindliche Verunglückte zu frieren. Ein Schutz gegen zu starke Abkühlung ist dann erforderlich. Da aber nach einem solchen Unfall das Herz, oft infolge zu hohen Blutverlustes, stark beansprucht wird, ist ein übermäßiges Erwärmen zu vermeiden.

Der Helfer kann in solchen Fällen nur dafür sorgen, daß die Atemwege befreit werden. Schnellste Benachrichtigung einer Unfallhilfstelle ist dann erforderlich. Bis zum Eintreffen eines Rettungswagens wird der Helfer bemüht sein müssen, den Verunglückten unter Temperaturbedingungen zu halten, wie er sie angetroffen hat, damit der einmal eingespielte patho-physiologische Rhythmus erhalten bleibt.

Gefährlich können die Zustände bei Unterkühlung des Körpers durch längeres Liegen in feuchter Kälte oder Schnee werden. Der übermüdete Verunglückte schläft leicht ein, seine Körpertemperatur sinkt ab. Dem mit steifen Gliedmaßen und Symptomen der Bewußtlosigkeit (10,6) Angetroffenen kann der Laienhelfer zunächst nur soweit helfen, indem er dem Verunglückten Arme und Beine mit spiralartig umwundenen rauhen Kleidungsstücken vom Rumpf her zu Händen und Füßen hin reibt. Dadurch soll verursacht werden, daß die Gliedmaßendurchblutung vom Körper her wieder in Gang kommt. Atemspende kann erforderlich sein. Bei Bewußtsein dürfen erwärmende Getränke (Tee) verabreicht werden. Andere Erwärmungsarten dürfen nur im Beisein eines Arztes durchgeführt werden.

In entsprechender Weise wird dann auch bei Beeinträchtigungen während der heißen Jahreszeit zu verfahren sein (10, b). Die beste Hilfe bei durch Witterungseinflüsse bedingten Belastungen ist das allmähliche Überführen des darunter Leidenden in den Normalzustand. Die Lagerung an einem möglichst temperierten Orte (im Schatten bei mäßiger Luftbewegung) ist anzustreben. Atmung, Puls und Herztätigkeit sind zu beaufsichtigen bis der Arzt kommt.

d) Die Bergung Verunglückter

Nicht in allen Fällen wird man ohne Schwierigkeiten Verletzte von einer Unglücksstelle wegtragen können. Nur wenn gesichert ist, daß eine Bergung nicht schaden kann oder der Verunglückte in seiner Lage zusätzlich gefährdet ist, sollte man sich vor Eintreffen erfahrener Helfer zu einer Lageveränderung entschließen. Wenn in bestimmten Situationen durch eine solche Maßnahme die Lage des Verunglückten verschlimmert werden kann, muß man auf fachtechnische Hilfe warten.

Eingeklemmte Verunglückte müssen mit größter Vorsicht befreit werden. Man muß sich in einem solchen Falle aller verfügbaren Mittel bedienen und niemals durch Gewaltanwendung den Verletzten aus seiner Lage befreien wollen. Daß dann oft Eisensägen, Schneidbrenner des technischen Notdienstes dazu benutzt werden müssen, sollte man in unserer Ausbildung erwähnen.

Ansonsten bespreche man folgende Bergungsarten:

α) Der Rautekgriff (Abb. 19 und Abb. 20)
Er ist diejenige Bergungsart, die im Notfall auch durch einen Helfer und in den meisten Unfallsituationen, besonders aber bei der Bergung aus Kraftfahrzeugen, angewendet werden sollte. Bei ihr wird der Verletzte durch Anfassen der Kleidung (Hosenbund) seitlich soweit vom Sitz gezogen, daß von hinten untergefaßt werden kann [18].

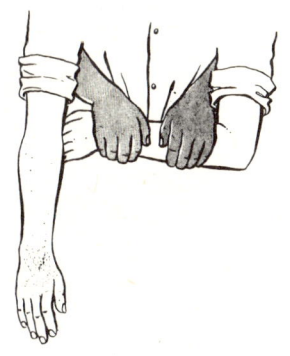

Abb. 19: Rautekgriff

Durchführung:
Bei einem liegenden Verunglückten stellt sich der Helfer mit beiden Füßen rechts und links neben dessen Kopf und umfaßt ihn mit beiden Händen im Nacken. Der Liegende wird so mit einem Vorwärtsschwung in einen vornübergebeugten Sitz gebracht. Dann umfassen beide Arme des Helfers unter den Achseln hindurch einen über den Körper gewinkelten Unterarm des Verletzten mittels des sog. Affengriffes. In dieser Lage wird er auf die beiden etwas gebeugten Beine des Helfers gezogen und mit dessen gestreckten Armen langsam rückwärtsgehend aus der Gefahrenzone gezogen.

Ist ein zweiter Helfer zugegen, umfaßt dieser, seitlich des Verletzten gehend, dessen Beine etwa an den Fesseln und hebt sie hoch. Auf diese Weise kann der Verunglückte, ohne über die Erde oder die Sitze des Kraftfahrzeuges geschleift zu werden, getragen werden. Verschiebung der Vordersitze kann erforderlich sein.

β) Aufheben zu Dritt von der Seite des Verletzten (Abb. 21)
Drei Helfer knien an der gesunden Seite des Verletzten, das gebeugte Knie seinem Kopfe zugewandt, das andere Bein wird jeweils im Hüftgelenk nach außen gedreht, so daß deren beide Arme den Liegenden gut unterfassen können. Der schwächste Helfer kniet immer an den Beinen. Die Drei schieben ihre beiden Arme in Nacken- und Brust-, in Hüft- und Beckenhöhe und an den Beinen unter den Verunglückten und heben ihn so hoch, daß eine Trage oder ein Brett untergeschoben werden kann.

Abb. 20: Bergung mittels Rautekgriff aus KFZ

γ) **Aufheben zu Dritt aus dem Grätschstand**

Die Helfer stehen gegrätscht in Höhe der Oberarme, des Beckens und an den Beinen des Liegenden. Um den Verletzten sicher in den Griff zu bekommen, dreht man dessen Kleidung in Brust-, Bauch- und Beinhöhe von der Seite dem Rücken zu ein, so daß sie besonders auf der Rückenpartie spannen. Auf Kommando erfolgt aus der Kniebeuge dann das Anheben. Durch einen 4. Helfer kann der Kopf des Verunglückten gleichzeitig mit angehoben und wieder die Trage untergeschoben werden.

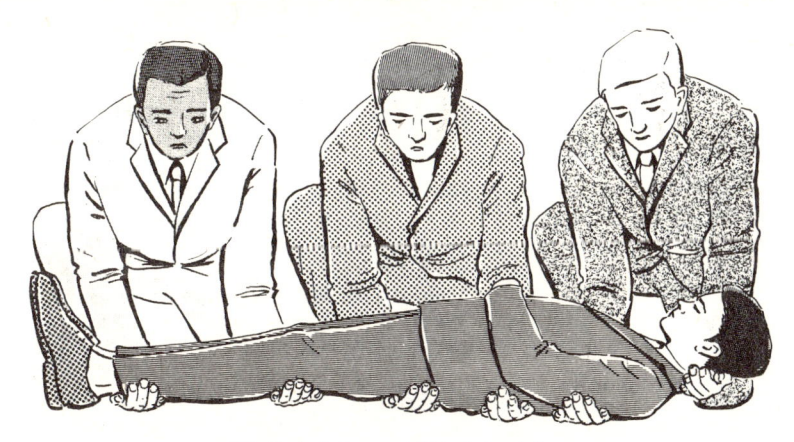

Abb. 21: Aufheben zu dritt in Seitenstellung

δ) **Aufheben mittels 5 untergeschobener Tücher** bzw. einer Decke und 6 Helfern

Fünf feste Tücher werden vorsichtig in gleichen Abständen in Schulter-, Hüft-, Becken-, Oberschenkel- und Fesselhöhe untergeschoben, ohne die Lage des Verunglückten zu verändern und so ausgebreitet, daß sie die Rückenseite größtenteils überspannen. Der Kopf und Hals werden mit den freien Händen der kopfwärtigen Helfer gehalten.

Dasselbe wird erreicht, indem eine zusammengerollte Decke der ganzen Länge nach unter den Verletzten vorsichtig untergeschoben wird, bis sie auf der entgegengesetzten Seite sicher gefaßt werden kann.

Dann ergreifen von der Seite je 3 Helfer (Stellung wie 11 β) mit beiden Händen wieder Kopf-Hals und die zusammmengerollten Deckenseiten und heben auf Kommando den Liegenden nur so hoch, daß ein Brett oder eine Trage untergeschoben werden kann.

Diese Aufhebeart, die sehr viel Geschick und Geduld beim Unterschieben bes. der Decke erfordert, eignet sich zum Heben Verunglückter mit Becken- und Schädelbrüchen und Wirbelsäuleverletzungen, sowie solcher innerer Organe, die durch die Bergungsarten 11 β und γ schwer zu heben sind.

Diese Aufhebeart läßt sich auch mit 3 Helfern aus dem Grätschstand durchführen.

Verunglückte werden zu dem Transportwagen nur auf Tragen bewegt, wobei die beiden Tragenden Gleichschritt halten müssen und gleichzeitig auf Kommando anheben und absetzen.

ε) *Transport Verunglückter*

Bei der dichten Besiedlung und dem gut ausgebauten Verkehrsnetz soll man auf einen behelfsmäßigen Krankentransport verzichten, da man in kürzester Zeit mit dem Eintreffen von gut ausgebildetem Personal mit Spezialfahrzeugen rechnen kann.

Sollten jedoch in besonders gelagerten Fällen Privatfahrzeuge in Anspruch genommen werden müssen, dann kann dazu gemäß § 330 C StGB jeder Fahrzeughalter verpflichtet werden. Evtl. Schadenersatzansprüche können a. G. von Polizeiverordnungen wirksam gemacht werden.

Im Rahmen der schulischen Ausbildung würde ich nur folgende *Beförderungsarten* besprechen:

1. Für gehunfähige Leichtverletzte, die in aufrechter Stellung transportfähig sind, verwende man einen Stuhl. Der Verunglückte sitzt darauf wie üblich. Der zwischen den vorderen Stuhlbeinen gehende Helfer erfaßt diese ganz oben, während der hinten Schreitende die Stuhllehne hält. Dadurch kommt die Sitzfläche in eine schräge Lage, die den Patienten eine sichere Haltung bietet [18].

2. Für eine behelfsmäßige Sitztrage läßt sich auch das Dreiecktuch verwenden. Zur Krawatte gefaltet wird ein Ring von wenigen cm Durchmesser gebildet und die freien Enden des Tuches um diesen geschlungen. Beim Tragen erfassen die äußeren Hände der Helfer den Tuchring während die beiden inneren freien Arme gegenseitig die Schultern fassen und dadurch eine Art Lehne für den zu Tragenden bilden.

3. Bei Unfällen auf Wanderungen in weniger dicht besiedelten Gebieten kann man leicht aus 2 Stangen als Holme, über die man einen Mantel oder 2 Jacken normal zugeknöpft, eine Trage errichten. Der Verunglückte liegt dann mit dem Kopfe auf dem Schulter-Ärmelteil der einen, mit dem Gesäß zweckmäßig auf dem anderen Schulter-Ärmelteil der anderen Jacke [8].

Eine solche Trage, verbunden durch je einen Querholm an Kopf und Fußende, kann dann auch an zwei Fahrrädern befestigt, zu einer fahrbaren Einrichtung umgebaut werden.

4. Auch aus Skiern, gegenseitig behelfsmäßig an den Bindungen und den Spitzen verzurrt, läßt sich ein Behelfsschlitten bilden [13/1966/I].

(Nähere Anweisungen dazu werden in Skilehrgängen gegeben!)

12. Richtiges Verhalten am Unfallort [15, 18, 20]

Eine wiederholt bei Unfällen gemachte Feststellung ist der Übereifer bestimmter Personen, Ratschläge zu geben, den Kronzeugen zu spielen, ohne jedoch selbst tatkräftig an einer Bergung mitzuhelfen und Verantwortung zu übernehmen. Eine weitere Behinderung ist das planlose Umherstehen dieser Menschen, die aus Langeweile und Neugierde am Unfallort verweilen. Wenn man auch in Zukunft erwarten darf, daß mit fortschreitender Aufklärung und Ausbildung in Erster Hilfe ihre Zahl abnehmen wird, so wird doch immer mit dieser Behinderung zu rechnen sein. Einzuschärfen ist unseren jugendlichen Helfern, daß sie sich nicht in eine Debatte über den Unfall einlassen. Tatkräftiges Einschreiten an der Unfallstelle und der Erfolg der Hilfeleistung werden diese Besserwisser bald zum Verstummen bringen.

a) Der Helfer und der Verunglückte

Jeder Verletzte neigt dazu, die Gefahr seiner Lage zu überschätzen, in seiner Hilflosigkeit ungeduldig und ängstlich zu werden. Besonders alte Menschen und Kinder verlieren leicht ihre Selbstbeherrschung; sie erschweren dadurch ihre eigene Lage. Der Helfer muß in allen Fällen Umsicht, Geduld und Geistesgegenwart bewahren. Er soll lernen, nur die sachliche Aufgabe zu sehen. Sein Auftreten, seine persönliche Ruhe, die Art, wie er mit dem Verletzten spricht, wird entscheidend für den Erfolg sein. Er muß sich klar sein, daß der Verunglückte ein Mensch ist, der die Gefahr obendrein noch fürchtet. Oft täuschen Leichtverletzte den Ersthelfer durch Weinen und Stöhnen, während der Geschockte oder Bewußtlose, der Schwerverletzte sich nicht mehr bemerkbar machen kann. Der Helfer muß dies bei seiner Arbeit erkennen. Andererseits muß er sich hüten, einen Verunglückten, gleichgültig wie es zu seinem Unfall kam, wegen seines evtl. unrichtigen Verhaltens zu tadeln. Schuldsuche ist Aufgabe der Polizei. Auch Art und Ausmaß einer Verletzung sollte man einem Verunglückten nicht sagen.

Sind mehrere Helfer an der Unglücksstelle, einigen sie sich schnell ohne zu streiten über die nötigen Maßnahmen. Der Erfahrenste, das wird in den meisten Fällen der älteste Helfer sein, wird die Leitung der Aktion übernehmen, alle anderen fügen sich, um die Hilfeleistung nicht zu verzögern. Er verteilt die einzelnen Aufgaben und verfaßt den Unfallbericht.

b) Der Helfer und die Polizei

Erste Hilfe ist für den Verunglückten nach dem Unfalle wichtiger als die „Unfallaufnahme". Man leiste die Hilfe aber so, daß die Spuren möglichst wenig verwischt werden. Vor Bergung ist die Lage des Verunglückten möglichst mit Kreide zu markieren, wenn es der Zustand des Verunglückten erlaubt, fertige man eine Unfallskizze an. Vorrang in einer Hilfeleistung haben lebensbedrohende Verletzungen immer! Trotzdem rate ich, und dies scheint mir gerade bei Jugendlichen von Bedeutung zu sein, daß möglichst im Einvernehmen mit der Polizei gehandelt wird. Maßnahmen, die deren Erhebungen erschweren, sollten nur zur Abwendung von Lebensgefahr ergriffen werden. In bestimmten Fällen jedoch (Erstickungsgefahr, Schlagaderblutungen, lebensbedrohende Unfallage des Verunglückten) wird man unter allen Umständen, auch vor Eintreffen der Polizei, Hilfe leisten müssen, damit sich der Zustand des Verletzten nicht noch weiter verschlimmert.

c) Entkleiden und Hilfemaßnahmen bei Verunglückten des anderen Geschlechts

Soweit unbedingt erforderlich, müssen die die Atmung behindernden Kleidungsstücke gelockert, blutende Stellen offengelagert werden, um Hilfemaßnahmen und Wundbedeckungen vornehmen zu können. Der Mann, der einer verunglückten Frau Hilfe leistet, wird in Situationen gelangen, die höchsten Takt erfordern. Selbstverständlich hat auch da immer die Hilfemaßnahme Vorrang.

Trotzdem ist gerade jugendlichen Helfern anzuraten, solche Verrichtungen (Lösen von Miedern, Freimachen bestimmter Körperstellen, Unterleibsblutungen) durch Personen des gleichen Geschlechts vornehmen zu lassen. Der Jugendliche wird sich darauf beschränken, nur Anweisungen zu geben. Falls dies der Kompliziertheit wegen nicht möglich ist, wird er bemüht sein, einen Zeugen zur Überwachung

herbeizurufen, damit er bei evtl. späteren Verdächtigungen unkorrekten Handelns seine Lauterkeit klarstellen lassen kann.
Auf die Sicherstellung von Schmuck bei Verunglückten sei ausdrücklich hingewiesen!

13. Sofortmaßnahmen bei einem Verkehrsunfall [13, 14, 15, 18, 19]

Durch die Geschwindigkeitsbegrenzung in Orten wird einerseits bei Verkehrsunfällen, wenn nicht aus Unachtsamkeit oder bewußtem Verstoß gegen die Verkehrsordnung Personen überfahren werden, bei den Fahrzeuginsassen im allg. nur mit leichten Verletzungen zu rechnen sein, andererseits ist in den meisten Fällen auch das Eintreffen des Unfallrettungsdienstes in sehr kurzer Zeit zu erwarten.

Anders verhält es sich auf Kraftfahrzeugstraßen und besonders bei Unfällen in Ortsferne. Hier kann nicht immer mit dem schnellen Eintreffen des Rettungsdienstes gerechnet werden. Da sich aber gerade an diesen Plätzen infolge Eigengeschwindigkeiten der Kraftfahrzeuge Unfälle ereignen, die neben enormen Materialschäden an den Fahrzeuginsassen Verletzungen hervorrufen, die in kürzester Zeit der Hilfe bedürfen, müssen von jedem Kraftfahrzeugführer Kenntnisse über richtiges Verhalten am Unfallort gefordert werden.

Bei allen dort zu ergreifenden Maßnahmen ist zu beachten, daß die „Hilfeleistung ohne erhebliche eigene Gefahr" (z. B. bei Fahrzeugbränden, Explosionen) möglich sein muß... Doch bleibt es Pflicht, die Hindernisse aus der Fahrbahn als *„Gemeine Gefahr"* für andere zu beseitigen" [26], bzw. wenn dieses die physische Kraft überfordert, doch dafür zu sorgen, daß andere Verkehrsteilnehmer rechtzeitig gewarnt werden (vgl. S. 305 f).

Drei Sofortaufgaben ergeben sich daher für einen Kraftfahrzeugführer:

a) andere zu warnen (Auffahrunfälle vermeiden)

b) Verletzte zu bergen

c) für die eigene Sicherheit zu sorgen.

Da wir gerade in unseren Schulen viele Anwärter auf den Erwerb eines Füherscheines haben, erscheint es als besondere Aufgabe des Biologieunterrichtes, auch auf diese Frage einzugehen.

a) Wie hat sich ein Wagenführer bei einem Verkehrsunfall zu verhalten:

Die Geschwindigkeit seines eigenen Fahrzeuges ist zunächst nur soweit herabzusetzen, daß die Bremsleuchten signalisieren und dahinter Fahrende warnen, ohne daß es zu noch einem zusätzlichen Auffahrunfall kommt.

Danach führt man das eigene Fahrzeug soweit hart an den Straßenrand heran, daß es durch evtl. auftretende (s. o.) Zusatzgefahren selbst nicht geschädigt wird. An diesem schaltet man sofort die rechte Blinkleuchte [18, 19] oder die Warnblinkanlage, (den Rotlichtscheinwerfer) ein und strahlt, wenn erforderlich, die Unfallstelle mit abgeblendeten Scheinwerfern an.

Danach erfolgt die Aufstellung des Warndreiecks bzw. der transportablen Unfallblinkleuchte etwa 150-200 m (je nach Durchschnittsgeschwindigkeit der Fahrzeuge, Bremswegberechnung!) vom Unfallort entgegengesetzt der Fahrtrichtung, also auf der rechten Seite der Straße. Ist ein Mitfahrer zugegen, so führt der in Unfallhilfemaßnahmen weniger erfahrene 2. Helfer diese Arbeit durch. Fehlt

ein Mitfahrer, so sind Personen aus nachfolgenden Fahrzeugen damit zu betrauen.
Bei Straßen mit fahrbahngleichem Gegenverkehr ist sobald wie möglich auch der gegenläufige Verkehr am Rande der anderen Fahrbahnseite (Warngerät aus anderen Fahrzeugen) auf den Unfall aufmerksam zu machen.
Inzwischen entnimmt der erfahrene 1. Helfer seinem eigenen Wagen den Wagenheber oder ein Zertrümmerungsgerät (Allzweckmesser, welches in einem Köcher auf der Fahrerseite an der Innenwand montiert sein soll) und versucht sich dadurch Zugang zum Innern des Unfallwagens zu verschaffen, um den evtl. laufenden Motor abzustellen, Nicht- oder Leichtverletzte sind sofort zu befreien (Verhütung von Erstickungen bzw. Bränden).
Danach fertigt er rasch den Unfallbericht auf einem Schreibblock (letzterer sollte in jedem Wagen auf dem Armaturenbrett oder im Handschuhfach liegen) an und übergibt ihn einer anderen Person, die sofort über Notruf (110, 112) die folgenden Angaben an die Unfallrettungsstelle durchgibt:

Unfallart, -ort, -zeit
Art und Anzahl der am Unfall beteiligten Fahrzeuge
Mutmaßliche Zahl der Verunglückten (falls möglich auch deren Schädigungen)
Welche lebensrettenden Maßnahmen können durch die Ersthelfer in Angriff genommen werden.

b) *Welche Verletzungen sind zu erwarten:*
Kopfverletzungen mit Gehirnerschüttterungen,
Prellungen, Quetschungen, Schlagaderblutungen,
Rippen-, Schädel-, Schädelbasis-, Halswirbel-, Wirbelsäul-, Arm-, Bein- und Beckenbrüche,
außen sichtbare Wunden, verursacht durch eingedrungene Fahrzeugteile (Lenkrad, Schalthebel, Handschuhfachdeckel, der aufspringt, vorderen Rahmen, Windschutzscheibe),
innere Verletzungen mit inneren Blutungen.

c) *An Unfallbegleiterscheinungen sind zu erwarten:*
Schock
Bewußtlosigkeit
Atemstillstand

d) *Bergung Verletzter aus dem Fahrzeug*
Erfahrungsgemäß sind Wagenführer und besonders der vorn sitzende Beifahrer bei einem Unfall die Gefährdetsten, wenn nicht Rücksitzende infolge des Aufpralles aus dem Sitz gehoben werden und sich nach vorn überschlagen. In jedem Falle beachte man, daß Verletzte nicht aus dem Wagen gezerrt werden (vgl. 11, d).

Sofortige Bergung verlangen:
1) Schädel-Hirnverletzte, die aus Mund und Nase bluten, wegen Erstickungsgefahr, Bergung (11, d) Seitenlage (11, a),
2) Bewußtlose wegen Atemstillstand, -Bergung (11, d) — Atemspende (9, b),
3) Schlagaderblutungen (5, b).

In den meisten Fällen wird Atemspende die vordringliche Maßnahme nach der Bergung sein, zumal eine ganz kurzfristige Nichtversorgung des Gehirns mit Sauerstoff zum Tode führt [10, 15, 18, 22]. Schlagaderdrosselungen können vor der Atemspende vordringlich sein, wenn lebensbedrohende Blutungen vorliegen.

4) Geschockte, -Bergung (11, d), Schocklage (10, a)

5) *Nach* Befreiung aus den Fahrzeugen berge man Herausgeschleuderte

6) Leichtverletzte (s. o.), sofern sie die Bergung anderer verhindern, befreie man sofort und prüfe, ob sie zu Hilfemaßnahmen befähigt sind oder ob sie wie die übrigen von der Unfallstelle weggeführt oder weggetragen werden müssen.

Nicht geborgen werden dürfen Verunglückte, deren Unfallage nicht bedrohlich ist bzw. deren behelfsmäßige Bergung eine Verschlimmerung ihrer Verletzungen bedingen könnte (11, d). Abwarten bis Notdienst eintrifft.

7) Ist mit Fahrzeugbränden, Explosionen oder sonstigen durch die Ersthelfer nicht zu verhindernden Gefahren zu rechnen, müssen die Bergungen besonders eilig in Angriff genommen werden (s. o. 2 und 3).

Geborgene lagere man immer außerhalb der Gefahrenzone. Verunglückte sind nur in Unfallrettungswagen, nie behelfsmäßig zu transportieren.

14. Verhalten eines Lehrers bei einem Unfall

Wird einem Lehrer, gleichgültig ob er Aufsichtführender ist oder nicht, ein Unfall eines Schülers gemeldet, hat er folgende Maßnahmen zu ergreifen: Es ist

1) alles Erforderliche für eine Bergung und Versorgung des Verunglückten zu unternehmen (er soll am Unfallorte verweilen und Hilfe durch andere herbeirufen lassen, z. B. den öffentlichen Rettungsdienst),

2) für einen sachgerechten Abtransport zu sorgen (die Unfallchirurgie fordert, daß Verletzte nicht mehr in Privatfahrzeugen transportiert werden. Dies trifft insbesondere für in der Schule oder bei schulischen Veranstaltungen Verunglückten zu), bei Wanderungen in stadtfernen Gegenden (vgl. S. 342).

3) sofort ein Unfallfragebogen (Formblätter bei der Schulleitung) anzulegen. Ein solcher soll möglichst schon beim Abtransport des Verunglückten zum Arzt oder ins Krankenhaus mitgegeben werden, damit die erforderlichen Eintragungen rechtzeitig vorgenommen werden können. Eine ausführliche Unfallbeschreibung seitens des aufsichtführenden Lehrers kann später auf dem Dienstwege der bearbeitenden Dienststelle nachgereicht werden,

4) der Sachschaden festzustellen,

5) eine Meldung an den unmittelbaren Dienstvorgesetzten erforderlich.

15. Realistische Unfalldarstellung im Unterricht [2]

Viele Menschen, auch jugendliche, haben trotz vorheriger ausreichender Ausbildung eine gewisse Scheu vor einer Hilfeleistung im Ernstfall. Aus dieser Erkenntnis hat das DRK Kurse zum Erlernen einer der Wirklichkeit nahekommenden Unfalldarstellung eingeführt [12]. Unter Leitung eines Arztes werden mit sog. Mimgerät (Fensterkitt, Schminke, Salben, Puder und verschiedenen Erdfarben-Unfallmimkasten) Unfälle und Verletzungen nachgeahmt. Solche naturgetreuen Nachahmungen werden vielfach bei größeren Übungen der Sanitätsbereitschaften vorgeführt. Es zeigte sich, daß auch Jugendliche, die das nötige Einfühlungsvermögen und Selbstzucht besitzen, recht erfolgreiche Unfallmimen abgeben.

a) Unfalldarstellung im Rahmen des Unterrichtes
So wünschenswert solche Darstellungen bei Übungseinsätzen der Hilfsorganisationen sind und so wertvoll das Heranbringen der Jugendlichen an eine Unfallsituation auf diese Weise sein kann, im Rahmen unserer Ausbildung wird man aus Zeitmangel darauf verzichten müssen.
Es ist ein schwieriges pädagogisches Problem, wie man Jugendlichen die Angst vor einem, allerdings oft erschreckenden Anblick eines Verletzten nehmen kann. Geschlecht, Alter und vor allem die jeweilige seelische Verfassung müssen sehr sorgfältig berücksichtigt werden. In einigen Fällen wird man zur Demonstration Farbdias verwenden können. Wenn oft z. B. zur Erziehung von widerspenstigen und rückfälligen Verkehrssündern schwere Unfälle im Bild vorgeführt werden, so darf man im schulischen Rahmen davon keinen Gebrauch machen.
Damit soll aber die Unfalldarstellung durch Mimen nicht für überflüssig erklärt werden, im Gegenteil wären geeignete interessierte Schüler zur Teilnahme an solchen Kursen anzuwerben.

16. Wiederholung des Stoffes an Hand einzelner Unfallbeispiele

Wiederholungen des Menschenkundestoffes durch angenommene Unglücksfälle ist für die schulische Arbeit von besonderem Wert. Man wähle Beschreibungen von Unfällen, die sich im Leben der Schüler täglich ereignen können. Aus Tageszeitungen entnommene Unfallberichte, evtl. Unfallbilder, leisten für die Besprechung gute Dienste.

a) Die Wiederholungsmethode

Der Reihe nach verlange man bei der Beantwortung:
1) die Wiederholung der gegebenen Aufgabe,
2) eine Aufzählung der möglichen Verletzungen und der Unfallfolgen,
3) daran anschließend wiederhole man die einschlägigen Kapitel aus der Menschenkunde.
4) Man bespreche die erforderlichen Hilfemaßnahmen,
5) es folgt die praktische Hilfeleistung: Durchführung lebensrettender Maßnahmen, Anlegen eines Verbandes.

Diese Art der Wiederholung erfordert ein gutes Einfühlungsvermögen in eine Unfallsituation, die Erläuterung der Hilfemaßnahmen gute Kenntnisse in der Menschenkunde.

b) Beispiele für die Wiederholung des Unterrichtsstoffes in Verbindung mit Erster Hilfe

1) Ein Junge ist auf einen Baum geklettert, dabei abgerutscht und durch das Geäst gefallen. Er hat während des Sturzes versucht, sich mit der linken Hand an einem unteren Aste festzuhalten, hat aber wieder losgelassen und ist auf den Erdboden gefallen. Er klagt über Schmerzen in der linken Schultergegend und gibt an, er könne seinen linken Arm nicht bewegen und habe Schmerzen im Brustkorb.
Unfallfolge: Es kann sich
a) um einen Schlüsselbeinbruch,
b) um eine Verstauchung, Verrenkung oder um einen Gelenkkapselriß des Schultergelenkes

c) um einen Bruch des Oberarmknochens, der Knochen des Schultergelenkes,
d) um Rippenbrüche,
e) oder um mehrere Verletzungen auf einmal handeln.
f) Da nicht entschieden werden kann, ob nicht noch Blutergüsse, Schwellungen — evtl. auch eine Gehirnerschütterung vorliegen, so muß auch mit diesen Erschwerungen gerechnet werden.
Stoffliche Wiederholung: Bau der Schulterregion und des Rumpfskelettes, der Knochen und Gelenke, Bau der Muskeln, Bau und Funktion des Zentralnervensystems.
Hilfemaßnahmen: Ruhigstellung des linken Oberarmes, bequemste Lagerung (Rückenlage oder, falls die Schmerzen erträglich sind, auf die rechte Seite) auf Brett oder Krankentrage, Kopf in Seitenlage (Erbrechen), — Krankenwagen — Krankenhaus.

2) Auf einer regennassen Dorfstraße ist ein Radfahrer gestürzt und gegen einen Baum geschleudert. Er ist so gefallen, daß sein rechtes Bein in dem verbogenen Rahmen des Radgestelles eingeklemmt ist.
Unfallfolge: Blutende Unterschenkelverletzung, möglicherweise Quetschungen. Ein Knochenbruch erscheint unwahrscheinlich, jedoch Anbruch nicht ausgeschlossen.
Stoffliche Wiederholung: Bau der Wirbelsäule und des Beckens und der Beine. Verlauf der wichtigsten Adern. Welche Arten von Blutungen können sich ergeben? — Was ist eine Wunde und welche Begleitbelastungen können sich mit dieser einstellen? (Infektion). Gehirnerschütterung.
Hilfemaßnahmen: Wundbedeckung, evtl. Druckverband vorbereiten, behelfsmäßige Schienung des Unterschenkels, — in liegender Stellung zum Arzt, Kopf seitlich lagern (Erbrechen möglich, Gehirnerschütterung als Folge des Anpralls gegen den Baum anzunehmen) — Am Begleitzettel auf Tetanusgefahr hinweisen (Dorfstraße)!

3) Ein von einem Kraftwagen Überfahrener liegt auf der Straße und, obwohl er bei Bewußtsein ist, kann er seine Beine nicht bewegen.
Unfallfolge: Es liegt vermutlich eine Wirbelsäulenverletzung in der Lendenpartie vor, Beckenbruch, evtl. innere Verletzungen sind nicht ausgeschlosssen.
Stoffliche Wiederholung: Bau der Wirbelsäule und des Beckens, Rückenmark, spinale Nervenbahnen, — Lage der Organe im Bauchraum, Verlauf der Adern.
Hilfemaßnahmen: Lage des Verletzten auf der Straße durch Kreidestriche bezeichnen, Nummer des Kraftfahrzeuges, wenn festgestellt, notieren.
Da eine Schädigung der Rückenmarknerven und die Gefahr weiterer innerer Verletzungen vorliegt, darf keine Zeit bei der Bergung verloren gehen. Besorgen eines breiten Brettes ev. einer Horizontaltrage mit fester Unterlage und Anfordern eines Krankentransportwagens sind die ersten Maßnahmen.
Die Bergung erfolgt nach der in 11, d δ angegebenen Weise. Durch Umpolstern ist die Lage des Verletzten zu sichern. Sobald der Krankenwagen eintrifft, vorsichtiger Transport ins Krankenhaus mit Begleitzettel. Der Polizei sind u. U. Angaben zu machen.

4) Bei der Rast auf der Wanderung hat ein Junge mit seinem Fahrtenmesser einen Ast abgeschnitten, um sich daraus einen Wanderstab zu schnitzen. Er sitzt

neben seinen Kameraden und versucht, durch schwingende Bewegungen mit dem Messer die Seitenzweige abzuschneiden. Dabei rutscht das Messer ab und fährt dem Nebensitzenden in den Oberschenkel so tief, daß aus der klaffenden Wunde sofort helles Blut spritzt.

Unfallfolge: Schlagaderverletzung
Stoffliche Wiederholung: Haut und Muskulatur des Oberschenkels, Verlauf der Adern, besonders der Schlagader — Blutstillung.

Hilfemaßnahmen: Da wandernde Jungen meistens kurze Hosen tragen, wird ein Abdrücken der Schlagader in der Leistengegend leicht möglich sein.

Über die Wunde ist zunächst ein Druckverband zu legen. Sollte die Blutung nach Aufheben der Schlagaderdrosselung in der Leiste nicht stehen, muß abgebunden werden.

Rückenlagerung mit flacher Kopflage und angezogenen Knien (unter die angewinkelten Beine Kleidungsstücke legen). Auf einer Behelfstrage (S. 342) zum nächsten Dorf bringen. Ein Vorauseilender hat bereits nach dort einen Krankenwagen erbeten.

5) Anläßlich einer Rauferei bei einer Tanzunterhaltung zückt einer der Raufenden sein Taschenmesser und sticht seinen Partner links-rückwärts etwa 5 cm tief unter der Achselhöhle zwischen die Rippen. Nach Entkleiden des Oberkörpers des Verletzten stellt man eine 2 cm breite leicht blutende Wunde mit pfeifendem Geräusch fest.

Unfallfolge: Lungenverletzung in Herznähe! Luftaustritt.
Stoffliche Wiederholung: Bau des Brustkorbes, Lage der Lungenflügel und des Herzens. — Vorgänge bei der Atmung.

Hilfemaßnahmen: Anlegen eines luftdichten Verbandes auf die Stichstelle (über eine sterile Mullage, Verbandpäckchen, wird ein Plastikstoffstreifen oder die Verbandhülle gelegt, durch Klebestreifen (Heftpflaster) dachziegelförmig klebend fixiert. Der Verletzte ist auf die verwundete Seite zu lagern, damit die rechte Lunge freier atmen kann. — Krankenhaus! Während des Transportes ist zu beachten, ob Blut oder Blutschaum aus Mund oder Nase austritt (Erstickungsgefahr!)

(Hier ist bewußt die leichtere Verletzung, kein Herzstich, angenommen worden. — Die rasche Hilfeleistung, da lebensbedrohend, ist bei einer Herzverletzung zu diskutieren.)

6) An einem feuchtschwülen Sommertage wird ein älterer etwas beleibter Zuschauer auf der Tribüne eines Sportplatzes ohnmächtig. Nebensitzende haben den Mann, dessen Gesicht blaurot angelaufen ist und scheinbar keine Atmung zeigt, zunächst auf die Sitzbank gelegt.

Unfallfolge: Hitzschlag mit möglichen Folgeerscheinungen (10, b)
Stoffliche Wiederholung: Sonnenstrahleneinwirkung auf die Haut und den Blutkreislauf. Bedeutung der Blutversorgung für das Gehirn, Gehirnfunktion und Atem- und Herztätigkeit.

Hilfemaßnahmen: Der Helfer versucht zunächst, den Kopf des schon horizontal Liegenden durch Aufspannen eines Regenschirmes oder Vorhalten von Kleidungsstücken (Sonnenblende) vor unmittelbarer Strahlung zu schützen und mittels eines Tuches frische Luft zuzufächeln. Stirn und besonders die Schläfenpartien reibe man vorsichtig mit Kölnisch Wasser (Damenhandtasche!) ab. Inzwischen wurde veranlaßt, aus dem Erste-Hilfe-Raum die Trage herbeizuschaffen. Der Abtransport hat in horizontaler Lage, Kopf erhöht, nach Lösen aller die Atmung beengenden Kleidungsstücke zu erfolgen. Die weiteren Hilfemaßnahmen erfolgen an einem möglichst kühlen, schattigen Ort. Kopf mit Wasser besprengen oder kalten Umschlag um die Stirn. Bei Atemstillstand Beatmungsgerät anlegen (Platzsanitäter!). Einen Arzt herbeirufen.

7) Auf einer im Herbst durchnäßten Spielstraße, auf welcher von den umliegenden Bäumen Blätter liegen, ist beim Nachlaufenspiel ein Junge ausgerutscht und rücklings auf den Kopf aufgeschlagen. Es ist keine Wunde festzustellen, der Verunglückte ist bei Bewußtsein, sieht aber bleich aus und klagt über Übelkeit und Kopfschmerzen.

Unfallfolge: Durch Sturz auf Hinterkopf ist mit einer Gehirnerschütterung zu rechnen.

Stoffliche Wiederholung: Schädelknochen, Bau des Zentralnervensystems, Blutversorgung des Gehirns

Hilfemaßnahmen: Der Verunglückte ist nach Möglichkeit etwas höher als die Umgebung (Bank, Hügel) seitlich mit dem Gesicht zum Abhang (wegen Gefahr des Erbrechens) Kopf aber nackenwärts zurückgebeugt zu lagern und zu beaufsichtigen (Erbrechen, nachträgl. Bewußtlosigkeit), Unfallwagen anrufen und in Seitenlage ins Krankenhaus transportieren. Auch in leichten Fällen ist ein Arzt zu rufen! (Schockgefahr; 10, a).

8) Von Mitbewohnern eines Miethauses wird an der Tür einer verschlossenen Wohnung Leuchtgasgeruch festgestellt. Nach gewaltsamer Öffnung der Tür im Beisein von Zeugen wird aus der abgedunkelten Küche das Geräusch des austretenden Leuchtgases vernehmbar.

Unfallfolgen: Leuchtgasvergiftung der in der Wohnung verbliebenen Personen.

Stoffliche Wiederholung: Blutkreislauf, Bedeutung der roten Blutkörperchen, Atemgifte, explosive Gasgemische.

Hilfemaßnahmen: Da nicht bekannt sein kann, wie lange und in welcher Menge Leuchtgas bereits ausgeströmt ist, darf die elektrische Wohnbeleuchtung in keinem Raume der Wohnung eingeschaltet werden. Die Wohnung darf nur mit einer außerhalb eingeschalteten Taschenlampe betreten werden. Der Helfer betritt unter Beachtung der in 9 a, 10 b angegebenen Weisungen den nächsten Raum und versucht die Fenster zu öffnen, oder er schlägt mit dem nächsten erreichbaren Gegenstand die Fensterscheibe aus. Erst dann erfolgt die Suche nach Personen. Der inzwischen herbeigerufene Transportwagen hat diese warmbedeckt ins Krankenhaus zu bringen! Atemspende durch den Unfallhelfer möglich besser aber anlegen des Sauerstoffgerätes durch Krankentransportdienst.

9) Ein Spaziergänger beobachtet auf einem Grundstück in der weiteren Umgebung einer Wohnsiedlung, wie Kinder aus einem Dickicht einen Kunststoffbehälter bringen, dessen Aufschrift bereits verwittert ist. Ein älterer Junge hat den Verschluß bereits geöffnet und einige graue Perlen entnommen. Der Mann erinnert sich und die Spuren der Umgebung deuten darauf hin, daß vor einiger

Zeit an dieser Stelle ein Flugzeug abgestürzt ist. (Es ist zu vermuten, daß es sich bei der Bergung der Flugzeugteile um nicht aufgefundenes radioaktives Material handelt.)

Unfallfolgen: Da weder die aktive Substanz noch deren Halbwertzeit bekannt sind, muß angenommen werden, daß die Kinder einige Zeit einer radioaktiven Strahlung ausgesetzt gewesen sind (siehe S. 454).

Stoffliche Wiederholung: Radioaktive Stoffe, deren Strahlungsarten, mögliche Schädigungen infolge dieser Strahlungen

Hilfemaßnahmen: Der Spaziergänger veranlaßt die Kinder, den Behälter sofort an einer gut auffindbaren Stelle zu lagern und begibt sich mit ihnen in die Siedlung, um von der nächsten Fernsprechzelle die Polizei zu verständigen. Bis zur Ankunft des Streifenwagens versucht er, die Kinder auf die Bedeutung ihres Fundes hinzuweisen und deren Wohnungsanschriften zu erfahren. Sobald die Polizeistreife eintrifft, weist er die Sicherheitsorgane ein und übergibt ihnen seine und der Kinder Anschrift. Alle weiteren Maßnahmen sind Aufgabe der Polizei.

10) Auf der regennassen Straße ist ein Kraftwagen aus der Kurve geschleudert worden und auf der linken Fahrbahnseite mit einem entgegenkommenden Wagen zusammengestoßen. Der Fahrer 1 des Wagens A sitzt nach dem Zusammenstoß aufrecht aber bewußtlos am Steuer, aus seinem Munde tritt Blut aus. Die beiden Insassen des Wagens B, die angegurtet waren, haben durch das Brechen der Windschutzscheibe an den nicht bedeckten Körperteilen (Gesicht, Händen) leicht blutende Wunden, von denen bei dem Beifahrer (3) das Wagens B eine am Handgelenk stark blutet.

Unfallfolgen und *stoffliche Wiederholung* ergeben sich aus früheren Beispielen. Hier soll erkannt werden, welche Hilfemaßnahmen nacheinander eingeleitet werden müssen.

Hilfemaßnahmen: Noch laufende Motoren abstellen, Verletzter 1, Annahme innerer Kopf- und Hirnverletzungen, — Bergung aus dem Kraftwagen ist erforderlich. Atmung überprüfen. Sobald der Unfallwagen eintrifft, Seitenlagerung auf Trage — Krankenhaus, Unfallzettel mitgeben.

Verletzter 2, in der Zwischenzeit ist für seine Wundbedeckung zu sorgen, Arzt.
Verletzter 3, die Handgelenkwunde kann möglicherweise eine Schlagaderverletzung sein, Druckverband! Arzt.

17. Abschlußprüfung

Im allgemeinen wird man auf eine Abschlußprüfung im schulischen Rahmen verzichten können. Man sollte aber Freiwilligen und besonders solchen Schülern, die eine Teilnahmebescheinigung zur Erlangung weiterer Leistungsnachweise oder für Bewerbungen benötigen, die Möglichkeiten bieten, auch nach einem Schulkurs eine solche Prüfung abzulegen. Dann muß aber auch die Gewähr dafür da sein, daß die bestandene Prüfung in der Teilnahmebescheinigung besonders vermerkt wird.

In der von mir veranstalteten Ausbildung legen fast alle Schüler diese Prüfung ab. Die Kandidaten ziehen eine Karte mit der Beschreibung eines Unfalles, stellen die Diagnose und führen anschließend die Hilfeleistung an einem als Verletzten angenommenen Mitschüler vor. Der Arzt überprüft die Verrichtung, stellt nötigenfalls einige Zusatzfragen und überreicht die vom DRK ausgestellte Teilnahmebescheinigung.

18. Der erzieherische Wert einer solchen Ausbildung

Unter der Lehrerschaft werden sich sicher Vertreter finden, die eine solche Ausbildung als über den Rahmen unserer Bildungsarbeit hinausgehend, ablehnen. Allein aus der Sicht der zu erwartenden weiteren Verknappung an Arbeitskräften, der ständigen Zunahme von Unfällen in allen Bereichen des Lebens, die zeitweiligen Arbeitsausfälle oder dauernde Invalidität nach sich ziehen, rechtfertigen diese Zusatzarbeit in allen Schultypen. Es geht nicht nur um die Vermittlung technischer Fertigkeiten und Anhäufen neuen Wissens. Schulung des Urteils, Erziehung zu Einsatzfreudigkeit und Hilfe am Nächsten sind die erzieherischen Hauptanliegen. Die Hilfeleistung bei einem in Not geratenen Mitmenschen, u. U. unter Aufbietung von Gesundheit und Leben, verlangt von einem Jugendlichen vollen Einsatz. Sie erfordert eine menschliche Haltung, die weit über die Arbeitsleistung-Belohnungs-Mentalität unserer Zeit hinausgeht. Der Lohn für eine Erste-Hilfe-Leistung liegt nur in dem Bewußtsein, eine menschliche Verpflichtung erfüllt zu haben.

19. Schriftenverzeichnis für erste Hilfe

Aus der Schriftenreihe des DRK mit Autorenangabe:
[1] *Berchem v. K. E.:* Der Mensch in der Katastrophe (seelisch-körperliche Reaktion) DRK-Druck, 1962.
[2] *Gerlach H.* u. *Stoeckel, W.:* Realistische Unfalldarstellung, DRK-Druck, Stüder-Neuwied.
[3] *Hartmann, K.:* Erste Hilfe, Fibel für DRK, 16. Aufl. Hüthig u. Dreyer, Mainz/Heidelberg, 1962.
[4] *Mentz, B.:* Was junge Mütter wissen müssen (Fibel für Pflege für Mutter und Kind), Hüthig u. Dreyer, Mainz, 1961.
[5] *Rautek, F.:* Helfen und Bergen, Hüthig u. Dreyer, Mainz, 1956.
[6] *Ritter HJ.:* Strahlenschutz für Jedermann, 2. Aufl. Hüthig u. Dreyer, Mainz, 1961.
[7] *Stoeckel, W.:* Besser Ausbilden, Fibel für Ausbilder der Ersten-Hilfe, Hüthig und Dreyer, Mainz, 1963.
[8] *Stoeckel, W.:* Erste-Hilfe-Unterrichtsbuch, 18. Aufl. Scholl-Bonn, 1965.

Aus dem Schrifttum des Jugend-Rotkreuzes
[9] *Fehr D.:* Schule der Freiwilligkeit, Bonn, JRK-Schriftenreihe Nr. 3, 1961.
[10] *Heydrich, H.:* Jugendgemäße Erste-Hilfe. JRK-Erzieher, Jg. XIII, H. 8/9, 1961.
[11] Lernt Schwimmen und Retten, Bayr. JRK., München, Präsidium.
[12] *Weber, F. J.:* Erste Hilfe für die Jugend, DRK-JRK, Bitter-Druck-Gelsenkirchen, 1961.

Aus der Schriftenreihe des DRK ohne Autorenangabe
[13] Ausbildungsbeilagen zum DRK-Zentralorgan (DRK-Bundesschule), Jg. 1962 bis 1966.
[14] Erste-Hilfe-Grundausbildung, 1964: DRK-Bonn.
[15] Ratschläge für Kraftfahrer über Verhalten gegenüber Unfallverletzten, Sonderdruck, DRK-Präsidium, Bonn.
[16] Richtig gepflegt, schneller gesund (Pflege des Kranken im Hause): Hüthig und Dreyer, Mainz, 4. Aufl. 1962.
[17] Sanitätsausbildung, 50 Übungsanleitungen, 1961, DRK-Bonn.
[18] Sofortmaßnahmen am Unfallort, 1969, DRK-Bonn.

Anderes Schrifttum:
[19] *Bähr, H.* BDG: Sofortmaßnahmen am Unfallort, Kurzinformation für jedermann, Sonderdruck DRK gemeinsam mit anderen Hilfeorganisationen. Druck Hachenburg/Westerwald.
[20] *Dill, H.:* Taschenbuch für jedermann wie er anderen helfen kann, Druck Gutmann-Bergheim.
[21] *Flörke, W.:* Unfallverhütung im naturwissensch. Unterricht, Quelle-Meyer, Heidelberg, 3. Aufl.
[22] *Marienberg, G.:* Erste-Hilfe, Fibel der Johanniter Unfallhilfe, Verl. Kuncke, Hamburg-Altona.
[23] *Müller, J.:* Erste Hilfe bei Unfällen in Schulen, 3. Aufl. Teubner Leipzig-Berlin, 1915.
[24] *N. N.:* Brandwunden, Natw. Rundsch. Jg. 20/214, 1967.
[25] Unfallverhütung und Amtshaftung, Mitt. d. Philologenverbandes NW. November 1962.
[26] *Schwarz, O.:* Strafgesetzbuch mit Nebengesetzen und Veränderungen, Beck-München-Berlin, 1964.

Zweiter Teil

DER MENSCH IN DER TECHNISCH-ZIVILISIERTEN WELT UND SEIN LEBENSRAUM

Von Oberstudienrat Dr. Franz Mattauch
Solingen

Zur Einführung
(Über die Abgrenzung der Stoffbereiche im Biologieunterricht) [27, 40, 41]

Viele Verfechter der herkömmlichen Bildungsanliegen unseres Faches werden einwenden, die Behandlung der nachfolgenden Probleme gehe weit über den Rahmen der Schulbiologie hinaus.

„Um der Demographie (Bevölkerungswissenschaft) auch in der BRD wieder zu dem ihr gebührenden Platz zu verhelfen, hat die Deutsche Forschungsgemeinschaft ein Schwerpunktprogramm mit dem Ziel aufgestellt, finanzielle Unterstützung für interessierte Wissenschaftler bei demographischen Forschungsarbeiten sowie speziell für die Ausbildung von wisssenschaftlichem Nachwuchs auf diesem Gebiete zu gewähren. Dabei will man sich zunächst vornehmlich den Fragen widmen, die im Zusammenhang mit der Bildung und Entwicklung der Familie stehen. Auch sollen der Prozess des „Alterns" der Bevölkerung und seine sozialen und ökonomischen Konsequenzen sowie die sozialen Determinanten spezieller Sterblichkeitsrisiken untersucht werden. — Schon diese Themen zeigen die besondere Bedeutung demographischer Arbeiten für die wissenschaftlichen und vor allem gesellschaftspolitischen Fragestellungen, denen die BRD in den kommenden Jahren gegenübersteht (14/v. 8. 5. 1968).

Ich halte daher die Unterrichtung unserer Jugend in den nachfolgend behandelten Stoffgebieten nicht nur für erwünscht, sondern für nötig, damit sie sich in ihrer Lebensführung, Ausbildung und Berufswahl in der Zukunft darauf einstellen kann.

Die heute sich so rapide vermehrende Weltbevölkerung gliedert sich in eine Minderzahl von Menschen, die durch wissenschaftlichen und technischen Fortschritt in einer künstlich geschaffenen Umwelt unter relativ günstigen Lebensbedingungen vorkommt. Die überwiegende Mehrzahl bewohnt Räume, die infolge dieser Vermehrung auch nicht mehr im natürlichen Zustande sind, in welchen aber die von ihr erzeugten Güter für ihren Lebensunterhalt nicht mehr ausreichen. Die Mithilfe an der Beseitigung der damit zusammenhängenden Gefahren wird auch von der BRD gefordert. Aus diesem Grunde müssen unsere künftigen Führungskräfte über die Ursachen und vor allem über die Maßnahmen zur Linderung dieser Not unterrichtet werden.

Zu den vordringlich zu bewältigenden Lebensnotwendigkeiten haben die biologischen Teilwissenschaften in ihrer Grundlagenforschung bereits bedeutende Vorarbeiten geleistet. Auf diese müssen nicht nur die Biotechniker und Mediziner, sondern auch die übrigen Wissenschaftler und Techniker zurückgreifen, wenn sie Fehlentwicklungen in ihren Planungen in der Zukunft vermeiden wollen.

Die Biosphäre unterliegt z. T. in ihren Wandlungen der Umwelt. Die Kenntnis der diese Veränderungen bedingenden Ursachen, gleichgültig, ob sie durch die biologischen Wissenschaften erkundet worden sind oder nicht, bedeuten eine Ausweitung unseres Wissensgutes und verpflichten zur Aufnahme in den Biologieunterricht. Wir müssen uns bemühen, diese Fakten an die Jugend heranzutragen, denn nur dadurch wird sie die ursächlichen Zusammenhänge zwischen Lebewesen und Umwelt verstehen und ihr künftiges Verhalten darauf einstellen.

Da im einschlägigen Schrifttum m. W. noch keine ähnliche zusammenfassende Bearbeitung existiert, ergaben sich hinsichtlich des Aufbaues einzelner Teile Schwierigkeiten. Auch die Beschaffung von wissenschaftlichen Veröffentlichungen an einem Orte ohne Universitätsbibliothek war mühsam und langwierig. Berichte aus Zeitschriften, Funk und Tageszeitungen mußten wiederholt als letzte aktuelle Informationsquelle herangezogen werden. Ich bitte dafür Verständnis zu haben, zumal sich heute auch andere Fächer bei der Gestaltung eines gegenwartsnahen Unterrichts solcher Quellen bedienen.

Die einzelnen Teile dieser Bearbeitung mußten zu verschiedenen Zeiten abgeschlossen werden, die Erste Hilfe Ende 1967, die anderen Teile im Frühjahr 1968, Teil V im Juni 1968. Wichtige Neuveröffentlichungen wurden nach Manuskriptabschluß eingefügt, ohne jedoch damit eine vollständige Erfassung der so schnell anwachsenden Literatur gewährleisten zu können.

Auf die Aufnahme von Schulexperimenten, obwohl bereits einzelne erste Anregungen im Schrifttum vorliegen, wurde, um den Charakter der Gesamtdarstellung nicht uneinheitlich zu gestalten, verzichtet. Der interessierte Leser wird daher den folgenden Beitrag nur als Grundlage und Anregung für seine unterrichtliche Arbeit ansehen können. Er wird selbst bemüht sein müssen, die Unterlagen und vor allem die statistischen Daten, die nach meiner Erfahrung nur Näherungswerte sind und oft in der gleichen Quelle divergieren, zu ergänzen und zu erneuern.

Der Pressestelle des Herrn Bundesministers für wiss. Forschung, dem Deutschen Roten Kreuz, dem Verband Deutscher Gewässerschutz und nicht zuletzt den Solinger Behörden bin ich für die Überlassung und den Verleih von Büchern und Schriften sehr verpflichtet. Den Herren Dr. *H. H. Falkenhan,* Dr. *E. Stengel* Dr. *W. Stöckel* und Dr. *W. Zilly,* die die ganze bzw. Teile der Bearbeitung vor der Endfassung durchgesehen haben, fühle ich mich für die wertvollen Anregungen und Hinweise sehr verbunden.

I. Die Bevölkerungsbewegung

1. Die Voraussetzung für die Gestaltung der Lebensräume durch den Menschen [36—39]

Die Leistungen, die der Mensch vollbracht hat und in Zukunft zu vollbringen in der Lage sein wird, stammen in ihren Uranfängen von einem Lebewesen, welches es verstanden hat, sich die Natur mit ihrer Biosphäre zu seinem Vorteil nutzbar zu machen. Der Mensch war von Natur aus weder zu einer bedeutenden Größe noch zur Entfaltung besonderer Kräfte geschaffen. Allein drei in seiner körperlichen Konstitution verankerte Fähigkeiten trugen dazu bei, ihn in verhältnismäßig kurzer Zeit die beherrschende Stellung auf und wie es scheint in naher Zukunft auch außerhalb der Erde erringen zu lassen.

Mit Hilfe der besonderen naturgegebenen Ausstattung seines Gehirnes und seiner Sinnesorgane vermochte er sich bald mit seinen Mitindividuen zu verständigen, Vorgänge zu planen.

Mit seiner Hand erwarb er die Fähigkeit, Naturdinge umzugestalten, dies bot den Ausgang für die Bildung von Werkzeugen.

Aus diesen Verhaltensweisen resultierte die ihn weit über die andere Lebewelt erhebende Wortsprache. Diese und das Verwenden von Symbolen (Tätigkeit der Hand) führten zur Schrift und mit Hilfe dieser zu einer einmaligen Höhe der abstrakten Denkfunktionen. In ihnen hat die heutige Wissenschaft, aber auch die moderne Technik, ihre Wurzel.

Die körperliche Minderausstattung ließ die ererbten instinkthaften Handlungen zugunsten von Erlerntem immer mehr zurücktreten. Sein langes hilfebedürftiges Jugendstadium förderte die Zusammengehörigkeit der Individuen. Diese wurde im weiteren Verlauf die Voraussetzung für die Sippenzugehörigkeit über die ursprünglich kleine Zeugungsgemeinschaft hinaus und schließlich für die Staatenbildung.

Dank dieser Fähigkeiten dürfte sehr bald aus dem ihm ursprünglichen Lebensraum (Steppe) eine Expansion in nicht so günstige Räume und unwirtliche Klimate erfolgt sein. Diese Fähigkeiten beweisen weiter, daß er einen sog. Heimatraum nicht benötigt. Er hat es früh in seiner vor allem ökonomischen Entwicklung verstanden, sich von einem solchen unabhängig zu machen und nicht nur in vorhandene ökologische Nischen, sondern in alle Räume vorzudringen. Es gibt kein anderes Lebewesen, welches a. g. seiner Genkonstitution und den dadurch gesteuerten Organen dazu befähigt wäre.

Wenn wir auch bei den Urmenschen eine Rangordnung der Individuen in einer solchen Sippe nicht kennen, so lassen doch Vergleiche mit seinen nächsten rezenten Verwandten (Schimpanse) eine solche vermuten. Im Laufe seiner geschichtlichen Entwicklung haben sich sowohl matro- als auch patrokline Assoziationen herausgebildet. Die zeitweilige oder örtlich verschiedene Führungsrolle des einen oder anderen Geschlechtes liegt vermutlich in dem zahlenmäßigen Vorhandensein der jeweiligen Partner begründet, die auf Grund ihrer zentralnervösen Fähigkeiten jeweils die Situation, in eine Führungsrolle zu kommen, ausnutzen. In dem Normalfall aber dürfte sich eine Arbeitsteilung von Bestand erwiesen haben, durch welche die Frauen mehr die Betreuungsaufgaben und die Männer die Sicherungsrolle übernommen haben. Durch diese Voraussetzungen waren sowohl die Bewältigungen der Lebensnotwendigkeiten als auch die sich darauf aufbauenden nicht unmittelbar zweckgerichteten Leistungen (die sog. kulturellen) gegeben. Dies drückt F. *Sauerbruch* [54] so aus: „In jeder Kultur finden sich 2 (3 Anm. des Verf.) Grundideen: die gewichtige Arbeit und Schaffenenergie, der verstandesmäßige Trieb nach Erkenntnis und daneben das dem Gefühl entstammende Verlangen sozialen Verstehens dienender Menschenliebe und hilfsbereiter Bestätigung". Damit aber waren die Voraussetzungen zur Umgestaltung der Siedlungsräume geschaffen.

Ob diese Umgestaltung immer auch sinnvoll für eine Population war und ist, bleibt für uns heute eine wichtige, zu beantwortende Frage: sie gipfelt in der Forderung nach Wiedernutzbarmachung einzelner von dem Menschen geschaffener unnatürlicher Gefüge in den Biotopen. Dafür ist zunächst für den Menschen der Erdoberfläche sein. Überall dort, wo Menschen infolge ihrer konstitutionellen verantwortlich. Die Technik, also die auf mathematisch-physikalischen Erkenntnissen begründeten Leistungen, muß jeweils ergänzt werden durch Erkenntnisse, die sich ihm aus dem Aufdecken der natürlichen Zusammenhänge in seinem Lebensraum bieten. Nur so wird der Mensch die sich anbahnende rapide Vermehrung seiner Art in den ihm zur Verfügung stehenden Siedlungsräumen unterbringen können. Nicht die Erhaltung ausgedehnter reiner Naturlandschaften neben den denaturierten Zivilisationsräumen kann das Ziel der Umbildung der Erdoberfläche sein. Überall dort, wo Menschen infolge ihrer konstitutionellen und physiologischen Beschaffenheiten siedeln, wird man die Räume mit Hilfe der technischen Möglichkeiten in Areale umwandeln müssen, in welchen sich gesundheitlich und ökonomisch ein optimales Gedeihen bietet.

2. Die Entwicklung der menschlichen Gesellschaft von der Urzeit bis in die Zeit der ersten technischen Evolution [31, 33, 36—38, 59]

In verkürzter und stark vereinfachter Form sei hier auf die Menschheitsentwicklung, wie sie sich aus den Überlegungen, die in Band 4 (Kapitel Paläontologie und Phylogenie) ergeben werden, eingegangen.

Das zeitgeschichtlich erste Auftreten der Vollsapiensvertreter dürfte in die obere Altsteinzeit in Eurasien ab 35 000 v. Ch. anzusetzen sein. Kulturgeschichtlich zeichnet sich diese Periode durch die erste Gerätetechnik (Klingenkultur, Fernwaffen; Speer, damit Umweltbeherrschung und Knochennadeln mit Öhr, Lederbekleidung) aus. Zwischen 25 000—20 000(Böhmen-Mähren, Rußland-Sibirien) finden sich die ersten in den Boden eingestuften primitiven Häuser. Es dürfte sich in der Hauptsache um Groß-(Mammut) und Kleinwildjäger und Sammlerpopulationen der letzten Kaltzeit gehandelt haben. Die ersten Anzeichen der Urba-

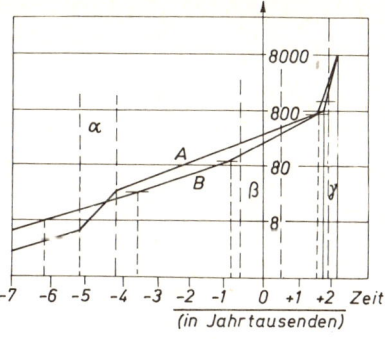

Abb. 1: Entwicklung der Weltbevölkerung in Millionen (24)
Abschnitt α (Annahme, daß Entwicklung in Vorderasien sich im Wachstum d. Erdbevölkerung bemerkbar machte)
Abschnitt β (Zeit d. seelisch-geistigen Entwicklung d. Menschheit)
Abschnitt γ (von 1800—2100, Zeit d. modernen Technik)
Linie A nach Fucks, Linie B nach Huxley)

nisation führen eindeutig ins Jung-Paläolithikum, sowie auch die Vorstufen der Nahrungserzeugung und der Seßhaftigkeit.
Die nachfolgende Zeit umfaßt den Zeitraum von 12 000 Jahren bis in unsere Zeit, (Abb. 1), in welcher eine Vermehrung der Bevölkerung von etwa 1 bis 2 Millionen Menschen schätzungsweise innerhalb von 400 Generationen auf 3 Milliarden anwuchs.
Mit dem klimatischen Wandel kommt es zu einer Bereicherung des Nahrungsangebotes und damit zu einer Vermehrung der menschlichen Populationen. Um etwa 8000 v. Ch. ist in Vorderasien bewußte Nahrungserzeugung mit Pflanzenbau und Tierhaltung [59] nachgewiesen, Sicher, die Umwandlung des Nahrungserwerbes hat sich verschieden schnell vollzogen, so überrascht z. B., daß in der Bronzezeit bei Grabungen etwa die Hälfte der Tierknochenfunde noch von Wildtieren stammen. „Auch Umfang wie Bauweise einzelner Großsiedlungen aus sehr früher Zeit, wie Jericho/Tell es Sultan" (8000—7000 v. Ch.), Tell Hacilar/Südanatolien und in Thessalien (Milojcic), die in die gleiche Zeit zurückreichen, „schließen die Wahrscheinlichkeit aus, daß solche Siedlungen mit für die damalige Zeit unerwartet großen Populationen nicht mit merklichen Anteilen aus der Beutewirtschaft existieren konnten." [38]
Der Ackerbau dürfte sich über verschiedene Rodungen (Waldvernichtung) zum Feldbau vollzogen haben, wobei mit Erosionsschäden (Weiden f. Schafe und Ziegen) und Absinken des Grundwasserspiegels zu rechnen sein wird.
Zwischen 4500—3500 dürfte sich der Übergang zum Acker- und Städtebau, aber auch schon die Metallbearbeitung (Zagros Berge [59]) vollzogen haben. In Europa erreicht diese Entwicklung vom Südosten aus in wenigen Jahrhunderten das Niederrheingebiet. Über die weiteren Bevölkerungsbewegungen, verursacht durch Klimaverschlechterungen, aber auch durch den Übergang von Hackfruchtbau zur Pflugbebauung, setzen Ausbreitungsbewegungen der damaligen Populationen ein, die ja die Geschichtsforschung schon früh erkannt hat. Als Kraftquelle hat neben der menschlichen Muskelkraft auch die der Großtiere zur Verfügung gestanden. Die Entdeckung primitiver Techniken (Hebel, Schiefe Ebene und zuletzt das Rad, ferner die Töpferei) haben sicher in dieser Zeit wesentlichen Anteil an der Bewältigung der Natur. Durch sie wurden die bautechnischen Lei-

stungen dieser Zeit ermöglicht, aber auch die leichtere Beweglichkeit der Menschen zu Lande und Wasser erreicht.

Obwohl wir also in dieser Zeit bereits ein reichgegliedertes Wirtschafts- und Sozialgefüge vermuten müssen, die bedeutenden zivilisatorischen und kulturellen Leistungen jener Zeit geben davon Kunde, ist die biologische Potenz dieser sog. „Alten Welt" gerade um die Epoche der Zeitenwende erheblich eingeschränkt. Viele Menschen werden für primitive Dienstleistungen (Transportbetriebe zu Wasser und zu Lande und später für den Wehrdienst) beansprucht. Auf einen Freien kamen bis zu 80 Sklaven (ohne ausreichenden Eigennachwuchs). Ein Teil der damaligen Eliten blieb kinderlos (vgl. die Dynastiefolge im Alten Rom, angeblich soll zu dieser Unfruchtbarkeit der Weingenuß aus Bleigefäßen beigetragen haben [55]). Es zeigt sich, daß gerade die zivilisatorisch hochentwickelten Völker dem Druck, der infolge der Unbilden aus dem Nord- und Ostraum (s. o.) in Bewegung geratenen Stämme, nicht standhalten konnten. Der chinesische Kulturraum hat sich gegen den zentralasiatischen Bevölkerungsdruck durch einen für die damalige Zeit einmaligen Befestigungsbau (die Mauer) zu schützen verstanden. Zu einer flächen- und zahlenmäßigen Ausbreitung der Menschheit dürfte es bis in das europäische Mittelalter hinein nicht gekommen sein (Abb. 2). Trotz der großen Errungenschaften in kultureller und technischer Hinsicht, dürften die Beibehaltung der sich in vorgeschichtlicher Zeit eingebürgerten Biotechniken (Feldbau und Tierzucht) und ein kaum zu verzeichnender Fortschritt in der Heilkunde für die hohe Sterblichkeit und für die verhältnismäßig geringe Lebenserwartung verantwortlich sein. Ein gewisser Fortschritt setzt in Europa durch die Einführung einer geordneten Fruchtfolge im frühen Mittelalter, durch die Erfindung des Scharpfluges und der Ausweitungen der Rodungen in Mitteleuropa ein. Die Heilkunde macht im Verhältnis zu den Errungenschaften der sog. deduktiven Wissenschaften wenig Fortschritte. Epidemien, das wiederholte Auftreten der Pest, versucht man durch Einrichten von Pesthäusern, Abgrenzen der gefährdeten Siedlungsräume bzw. Einschränken des Verkehrs mit diesen (Lepra) einzudämmen. Eine Epidemie erlischt erst, wenn die Mehrzahl der Menschen auf natürlichem Wege durch Schmierinfektion immun geworden ist. Langandauernde Kriege verhindern eine weitere Vermehrung der Bevölkerung.

Sobald Rodungen und Umlokalisieren die Bevölkerung nicht mehr unterbringen können, setzt nach der Neuentdeckung der übrigen Kontinente die überseeische Kolonisation insbesondere von Nordamerika ein. Als typisches Beispiel führt *Mackenroth* 1953 [38] die Verteilung der Menschen irischer Abstammung auf die Länder der Welt 1928 an:

Tabelle 1: Irländer auf der Welt [38]

Land	in Millionen
Irland	4,3
USA	20,0
Australien	1,5
Kanada	1,1
Großbritannien	2,0
Sonstige britische Länder	1,1
rund	30,0

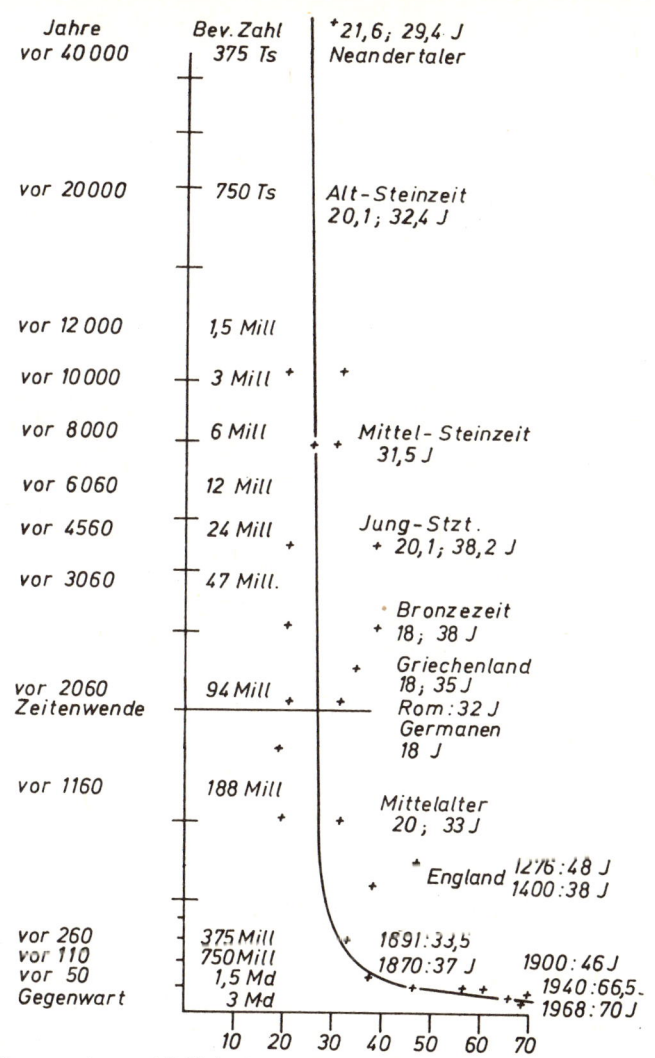

Jahre	Bev. Zahl	
vor 40 000	375 Ts	+21,6; 29,4 J Neandertaler
vor 20 000	750 Ts	Alt-Steinzeit 20,1; 32,4 J
vor 12 000	1,5 Mill	
vor 10 000	3 Mill	
vor 8000	6 Mill	Mittel-Steinzeit 31,5 J
vor 6060	12 Mill	
vor 4560	24 Mill	Jung-Stzt. +20,1; 38,2 J
vor 3060	47 Mill.	
		Bronzezeit 18; 38 J
vor 2060 Zeitenwende	94 Mill	Griechenland 18; 35 J Rom: 32 J Germanen 18 J
vor 1160	188 Mill	Mittelalter 20; 33 J
		England 1276: 48 J 1400: 38 J
vor 260 vor 110 vor 50 Gegenwart	375 Mill 750 Mill 1,5 Md 3 Md	1691: 33,5 1870: 37 J 1900: 46 J 1940: 66,5 1968: 70 J

Abb. 2: Lebenserwartung und Zahl der Menschen in den Zeitaltern (zusammengestellt nach verschiedenen Angaben aus [7, 24, 38])

Erste Spalte: Jahre vor der Gegenwart. Zweite Spalte: Die Zahl der Menschen in den einzelnen Zeitaltern gibt zugleich auch die jeweilige Verdoppelungsrate der Menschheit an (nach Kurth [38], Problematik siehe dort). Dritte Spalte: Die von verschiedenen Autoren geschätzte Lebenserwartung in den Zeitaltern, die gezeichnete Kurve gibt die jeweiligen Mittelwerte an (Daten aus Kurth [38] u. a.).

Ähnliche Bevölkerungsverschiebungen dürften sich in dieser Zeit auch für unser Volk erstellen lassen, wobei mit einer Ausbreitung nach dem Ost- und Südostraum beginnend auch eine Auswanderung nach Übersee stattfand!

Eigentlich erst nach dem 30jährigen Kriege setzt eine staatliche Überwachung der Lebensmittelversorgung besonders in Kriegszeiten [31], eine Gesundheitsfürsorge und die Einrichtung von Hospitälern ein. Angeregt durch den Humanitätsgedanken als soziale Errungenschaft durch die französische Revolution, werden neben der Verbesserung der Diagnostik und der Heilmethoden die ersten Statistiken über die Bevölkerungsbewegung (Sterbe- und Geburtenregister) angelegt. Als wesentliche Fortschritte dieser Zeit sind die Bestrebungen zur Abschaffung der Sklaverei zu verzeichnen.

Die Folgen der jetzt einsetzenden Bevölkerungsvermehrung sucht Th. R. *Malthus* (1766—1834) mit seinem Essay „On the Prinziple of Population" (1798 und 1803) aufzuzeigen. Da seine Gedankengänge vielfach unzulänglich wiedergegeben werden, seien sie hier erläutert.

Malthus stellt fest: Nahrung ist notwendig um die Menschen zu ernähren, Geschlechtsliebe ist ebenso notwendig.

Daraus ergibt sich: „Kann der Mensch den Zustand glücklicher Vollkommenheit erreichen, wenn diese Gesetze wirken? Die Folge dieser Beziehungen ist die Vermehrung der Menschen, dies geschieht aber in geometrischer Progression (je mehr Menschen es gibt, desto größer wird die Zahl ihrer Nachkommen), die Nahrungsmittelproduktion aber steige nur in einer arithmetischen Reihe". Er errechnete, daß dadurch die Menschheit die Tendenz zeige, alle 25 Jahre sich zu verdoppeln (Abb. 2), falls man ihre Vermehrung nicht kontrolliere. Die heute vielfach zu einfach ausgelegten Grundsätze, die auch damals schon der Kritik begegneten, suchte der Verfasser 1803 zu revidieren. Seine Ansichten sind m. E. gar nicht so abwegig und für die heutige Zeit z. T. zutreffend: „Das Vermehrungspotential der Menschheit wird nicht ausgeschöpft, denn die vorhandene Begrenzung der Ernährungsmöglichkeiten schaffe automatisch Armut, Krankheit, Unterernährung und Hungertod. Wo aber Not herrsche, führe die Anziehung der Geschlechter statt zur Fortpflanzung zum Laster" [7], soweit *Malthus*.

Es muß a. g. der heutigen Weltbevölkerungslage der kritischen Beurteilung des Lesers überlassen bleiben, inwieweit die *Malthus*schen Thesen einmal Geltung erlangen könnten. Es bleibt sein Verdienst, daß wir auf seine Anregungen hin erst über die Ausmaße der Bevölkerungsentwicklungen überhaupt und über die Folgen von verschiedenen Krankheiten Angaben erhalten haben.

3. Die Übergangsperiode (Anfang des Industriezeitalters [31])

a) Die Entwicklung der Technik [32, 20]

Die wesentlichen Errungenschaften dieser Periode bestehen darin, daß nicht mehr der Mensch und das Tier die Hauptenergiequelle bilden. In den Manufakturen (!) beginnt die Verbrennungsenergie ihren Einzug zu nehmen. Die durch J. *Watt* 1769 zu Patent angemeldete Ausnützung der Dampfkraft läßt eine Maschine entstehen, deren Leistungen sich wie folgt verbesserten:

Jahr	Dampfdruck atm	zur Erzeugung von 1000 PS benötigte Kohlenmenge in kg
1780	1½	4000
1850	6	1400
1905	16	1000
1933	100	500

1804 fährt das erste Dampfschiff über den Atlantik. Die weitere Entwicklung und Nutzanwendung der Dampfkraft aus Verbrennungsenergie bewegte sich in Richtung des überhitzten Dampfes mit hohen Druckverhältnissen.

Durch die Entdeckung der Wirkkräfte der Elektrizität, insbesondere der Elektroinduktion, erlangte die Technik nicht nur eine Energiequelle, die die Nacht praktisch zum Tage machen ließ, sondern auch eine Kraftquelle, deren Herstellungsmöglichkeiten (Wärme-, Wasser-, Atom-, Sonnenenergie) die menschliche Muskelkraft in vielen Fällen überflüssig machte. Diese Entwicklung ermöglichte die Bildung von Konsumgütern für die menschliche Existenz, die es in keiner der früheren Perioden gab, an die die Menschen noch in unserer eigenen Kindheit kaum zu glauben wagten.

Ein internationaler Vergleich ergab einen Index zwischen Konsumgüterindustrie und Produktionsmittelindustrie (kapitalbildende Güter)

am Anfang	5 :	1
heute	1 :	1
in Amerika	0,8 :	1

Je größer der Nenner dieses Bruches wird, umso bessere Kapitalausstattungen und umso ergiebiger ist die Konsumgütererzeugung. Dieser Index sagt indes nichts über die Verteuerung der Konsumgüter infolge höherer Kapitalausstattung aus [32].

b) Die Entwicklung der biologischen Wissenschaften [31, 47, 60]

Diese Entwicklung der Technik und Industrie war nur möglich durch die Fortschritte, die die Naturwissenschaften, insbesondere die Physik, gemacht hatten. Durch sie ist zunächst die Medizin die Nutznießerin gewesen, der einmal durch verbesserte Instrumente (Thermometer, Mikroskop, Spiegel, später strahlenemittierende Geräte) für eine verfeinerte Diagnostik und durch die Fortschritte der Chemie und Biologie eine solidere Untersuchungstechnik, neue Heilmittel und vor allem aber die Aufklärung vieler Krankheitsursachen gelang. Man kann sagen, daß die biologische Forschung, soweit sie nicht der reinen Naturbeschreibung diente, zunächst durch Mediziner betrieben wurde.

Nachdem infolge der Pockenepidemie 1796 noch ½ Million Menschen in Europa starben, wurde durch den Arzt *Jenner* der erste Impfstoff aus Kuhpockenlymphe hergestellt. Der Wiener Arzt *I. Ph. Semmelweis* (1818—1865) entdeckt die Ansteckungsweise des Kindbettfiebers. Durch die Leistungen der beiden großen Mikrobenforscher, des Chemikers *L. Pasteur* (1822—1895) und des Arztes *R. Koch*

(1843—1905) wurden die Tollwuterreger und die Schutzimpfung, bzw. die Bakterien als Krankheitserreger entdeckt und durch den Chirurgen Sir J. Lister (1827—1912) die Wunddesinfektion entwickelt. Damit wurden die Grundlagen für die Immunbiologie, Hygiene und Chemotherapie gelegt.
Hand in Hand mit diesen Fortschritten wurde das Anwachsen der Bevölkerung durch die Steigerung der landwirtschaftlichen Produktion begünstigt. *De Saussure* (1767—1845) erkannte die Photosynthese und *F. Home* (1775) die Abhängigkeit des Pflanzenwachstums von den Mineralsalzen. 1802 hält der britische Landwirtschaftsrat, angeregt durch die Arbeiten *H. Davys* (1778—1829), Lehrkurse über die „Connection of Chemistry with Vegetable Physiology" ab. Die Umwälzung in der Landwirtschaft aber erbrachten die Forschungsergebnisse *J. v. Liebigs* (1803—1873), des Apothekerlehrlings und Mannes ohne Abitur! In seinem Buche „Die organische Chemie in ihrer Anwendung auf die Agriculturchemie und Physiologie (1840)" deckt er das Mißverhältnis zwischen dem Boden entnommenen und ihm wieder zugeführten Nährstoffen auf und zeigt den Weg an, wie die Ertragfähigkeit eines Ackers zu erhalten und zu steigern ist. Es beinhaltet die erste ausgiebige Pflanzen- und Bodenanalyse, die die Humushypothese von *v. Thaer* (1757—1828) widerlegt [60] und die Bedeutung des Mineraldüngers hervorhebt. Während *v. Liebig* die landwirtschaftliche Ertragssteigerung etwas einseitig vom chemischen Blickfeld aus sah, erbrachten sehr bald die Forschungsergebnisse der Bodenbiologie, die sich im Nachhang an die medizinische Mikrobiologie entwickelte, die Voraussetzungen für die heutigen hohen Erträge, zu denen geeignete Fruchtwechsel und die Anwendung von gezüchtetem Saat- und Pflanzgut das ihre mit beitrugen.

4. Die Voraussetzungen für die ökonomische Entwicklung unseres Volkes nach 1945 [10, 14, 30]

Die erste Phase der ökonomischen Entwicklung in den technisch-zivilisierten Ländern fand ihren Abschluß etwa mit Beendigung des zweiten Weltkrieges. Man kann sie i. a. als eine harmonische bezeichnen, in welcher die medizinisch-hygienischen Fortschritte, die Einengung der Infektionskrankheiten, die Minderung der Geburtensterblichkeit und die Erhöhung der Lebenserwartung parallel mit der Steigerung der landwirtschaftlichen Erträge und dem Ausbau der Grundstoffindustrien und eines Teiles der Konsumgüterindustrien gingen. Sie bilden als Reifungsstadium die Grundlage für die sich anbahnende Ära des Massenkonsums (KRISTALL 62/5/10). Diese Entwicklung ist aber nur möglich gewesen, weil eine zunächst wertfreie wissenschaftliche Grundlagenforschung die Basis für die angewandten Forschungs- und Fertigungszweige gelegt hat.
Wenn auch die in dieser Zeit zur Auswertung gelangenden wissenschaftlichen und technischen Forschungserkenntnisse i. a. auf die Leistungen der Elite der Völker des nordatlantischen Raumes zurückzuführen ist, so zeigt doch die Liste der in dieser Zeit ausgezeichneten Forscher, daß unser Volk in der Zeit vor und nach dem ersten Weltkrieg zu den führenden gehörte. Unter den von 1902 bis 1939 designierten Nobelpreisträgern befinden sich 35 Deutsche (Ph. 11; Ch. 16; Phys. u. Med. 8), zwischen 1944—1967 dagegen nur 8, wobei die Mehrzahl (*Hahn, Born, Diels, Adler, Lynen, Staudinger*) für ihre Leistungen aus der Zeit vor 1939 und nur *Mösbauer* und *Eigen* für neuere Erkenntnisse ausgezeichnet wurden. D. h.

also, an dem Erwerb der Erkenntnisse, die die Grundlagen für den Wohlstand nach 1945 auch bei uns begründeten, war Deutschland hervorragend beteiligt. Man mag für den Rückgang bedeutsamer Forschungen in der Physik und in der Chemie die Forschungsschwierigkeiten nach 1945 ins Feld führen, allein auf dem Gebiete der Molekularbiologie und der Physiologie dürfte dies nur sehr bedingt zutreffen! Wir dürfen uns der Einsicht nicht verschließen, daß der Erwerb solcher Fortschritte in erster Linie einem den Anforderungen der Zeit entsprechenden Bildungswesen zu verdanken ist. Es bleibt also den Zukunftsplanungen vorbehalten, diese Erkenntnis zu berücksichtigen [34].

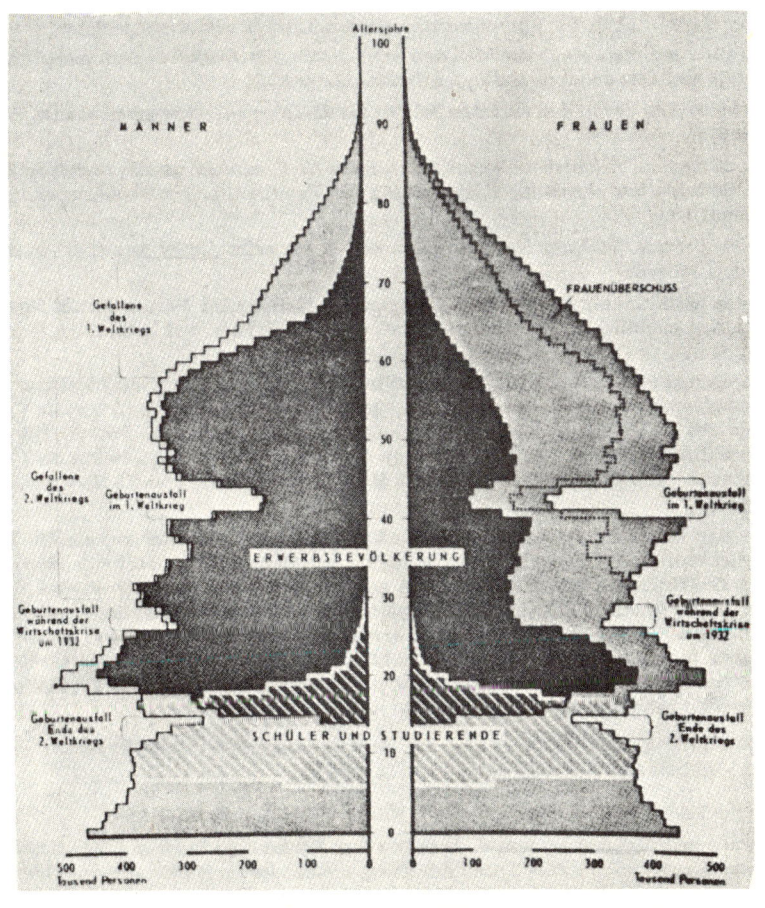

Altersaufbau der Bevölkerung der BRD nach dem Stande vom 31. 12. 1969 [43].

a) Die Bevölkerungsentwicklung in Deutschland, besonders der BRD [11, 33, 61]
Während einige unserer Nachbarvölker teils durch eine krisenlose Entwicklung, teils durch besondere bevölkerungspolitische Maßnahmen es verstanden, ihren altersmäßigen Volksaufbau in einer natürlichen Entwicklung zu halten, haben die beiden Weltkriege und die Nachkriegsfolgen einen Altersaufbau entstehen lassen, der heute und zunehmend in der nächsten Zukunft ökonomische und soziale Belastungen bringen wird.

Der Bevölkerungsaufbau des Deutschen Reiches und der BRD ist bereits a. a. O. [33, 42] in Form von graphischen Darstellungen veröffentlicht worden. Die hier aus dem Jahre 1959 stammende sog. Bevölkerungspyramide (Abb. 3) ist wegen ihrer Vielseitigkeit für unterrichtliche Besprechungen besonders geeignet.

Ein Blick auf diese zeigt zunächst den *kriegsbedingten Ausfall* in dem männlichen Anteil und den dadurch bedingten Frauenüberschuß;

die hohe Zahl der in den nächsten Jahren die *65-Jahres-Grenze* erreichenden Personen;

den *Mangel an Arbeitsbevölkerung*, der durch die Geburtenausfälle in den beiden Weltkriegen und durch die Kleinhaltung der Familien in den Nachkriegsjahren bedingt ist;

die zu *geringe Zahl der Neugeborenen* und deren erfreuliches Ansteigen in den letzten Jahren;

die verhältnismäßig *langen Ausbildungszeiten* für einzelne Berufe gerade innerhalb der männlichen Bevölkerung (Naturwissenschaftler und technische Diplomanden);

entgegengesetzt zu den Ausführungen in [31] ist die *Bevölkerungszunahme* in Deutschland in der 2. Hälfte des 19. Jhts. auf den Geburtenüberschuß, erst im Verlaufe des 20. Jhts. auf die Lebensverlängerung zurückzuführen. Für die BR ist deren Zunahme nach dem 2. Weltkriege durch den Wanderungsgewinn an Vertriebenen bedingt. Er betrug bis 1957 9 Mill. Ostvertriebene und 2,5 Mill. Flüchtlinge.

Die Zahl der Rentner nimmt in den nächsten Jahren schneller zu, als die Erwerbsbevölkerung. Die Abgabebelastung an Sozialausgaben beläuft sich 1965 auf 32 % des Bruttosozialproduktes, davon gehen bereits 14 % auf Altersrenten. Die Höhe der Aufwendungen wird in den nächsten Jahren noch weiter ansteigen. Der dadurch bereits heute sehr fühlbare Arbeitskräftemangel wird durch weiteren Einsatz von Gastarbeitern, durch Beschäftigen von heimischen Arbeitskräften über das Emeritierungsalter hinaus und durch arbeitskräftesparende Fertigungsmethoden behoben werden müssen (vgl. S. 509 f, 528 f).

Eine Altersstufengliederung und die Bevölkerungsentwicklung zwischen 1910 und 1980 läßt sich wie folgt darstellen (Tabelle 2):

b) Die Bevölkerungsentwicklung von Berlin [53]
Bereits zwischen den beiden Weltkriegen war Berlin eine Stadt mit chronischem Frauenüberschuß (Tabelle 3) und mit Ehen, die mit ihrem Nachwuchs zu schwach waren, um die Erhaltung der biologischen Substanz und noch gar eine Regeneration der Wohnbevölkerung zu gewährleisten.

Tabelle 2:

*Altersstufengliederung und Bevölkerungsentwicklung zwischen 1910 und 1985
(ab 1954 bezogen auf Gebiet der BRD, ab 1970 geschätzt [61])*

Gesamt-bevölkerung	1910	1938	1954	1960	1966	1970	1975	1980	1985
in Millionen	58,4	68,1	49,5	53,7	59,0	60,3	61,5	62,8	64,0
unter 15 Jahre	19,8	21,5	10,7	11,2	13,2	14,3	14,9	14,9	15,1
15 — 40	13,4	21,8	17,4	19,9					
15 — 45					24,5	24,3	24,6	25,6	25,7
40 — 65	12,3	18,8	17,5	16,5					
45 — 65					14,2	13,8	13,4	13,2	15,1
über 65	2,9	5,2	3,9	6,1	7,0	7,9	8,7	9,1	8,1
Männer					28,2	28,9	29,7	30,6	31,6
Frauen					31,1	31,7	32,3	32,7	33,2
Bevölkerungszuwachs 1966 = 100 %					100	102	105	107	109

Erläuterungen zu Tabelle 2:
Bis 1980 ist mit weiterer Abnahme der Arbeitsbevölkerung und Zunahme der Emeritierungsbevölkerung zu rechnen.
Der Frauenüberschuß, besonders in den Altersjahrgängen, bleibt erhalten, während in der Jugend und die in das Heiratsalter eintretenden Personengruppen sich die normale Populationsentwicklung mit einem Männerüberschuß (105 : 100 etwa) einstellt.
Es ist mit einer geringen Bevölkerungszunahme, die die gewünschte optimale Zunahme der Erdbevölkerung (1,1%) jedoch nicht erreichen dürfte, zu rechnen. Ob aber diese Zunahme anhält und über das Jahr 2000 hinaus gesichert ist, erscheint fraglich!

Tabelle 3

*Entwicklung der Wohnbevölkerung von Berlin seit 1925 und
Vergleich des Frauenüberschusses mit der BRD*

Jahr	Einwohner in Mill.	Männer	Frauen	Auf 1000 Männer entfallen Frauen in	
				Berlin	BRD
1925	3,9	1,7	2,2	1185	
1939	4,338	1,982	2,356	1185	1036
1944	4,344	(Kriegsverluste u. Abwanderung nicht berücksichtigt)			
1946	3,187	1,29	1,89	1465	1229
West-B. 1946	2,012	0,812	1,199	1476	
1956	3,345	1,42	1,92	1351	1134
West-B. 1956	2,233	0,944	1,279	1354	1120
West-B. 1961	2,194	0,930	1,263	1357	1110

Von 1 126 368 Ehefrauen hatten
- 390 513 (= 34,57%) keine Kinder; nur
- 341 996 (= 30,36%) hatten ein Kind
- 208 603 (= 18,52%) hatten zwei Kinder
- 91 065 (= 8,08%) hatten drei Kinder
- 43 232 (= 3,84%) hatten vier Kinder und
- 50 959 (= 4,53%) hatten fünf und mehr Kinder.

Für die geringe Fortpflanzungsneigung, trotz aller staatlicher Fördermaßnahmen nach 1934, können verschiedene Gründe maßgebend gewesen sein, waren doch die einzelnen Jahre zwischen 1920 und 1939 nicht immer geeignet, die Geburtenfreudigkeit der Bevölkerung zu heben. Es wechselten die Perioden wirtschaftlicher Stagnation mit günstigeren Phasen:

Inflation	1920 — 1924
RMark-Konjunktur	1925 — 1929
Weltwirtschaftskrise	1930 — 1934
Zeit der Ehestandsdarlehen u. a. Hilfen	1934 — 1939,

trotz allem beträgt die Bevölkerungszunahme (565 201 Menschen) nur 1,2 %, sie ist auf Wanderungsgewinn und nicht auf Gebärfreudigkeit zurückzuführen. „Die natürliche Bevölkerungsbewegung verlief in Berlin so unglücklich wie möglich" [53].

Bereits 1925 kamen auf 1000 Männer 1 185 Frauen,
1930 kamen auf 1000 Männer 1 160 Frauen.

Der schon damals aufgetretene Männermangel ist mit eine Ursache, daß viele Frauen, die biologisch dazu in der Lage gewesen wären, Kindern das Leben zu geben, kinderlos blieben. Heute gibt es „kaum ein Gebiet auf der Welt, in dem die Geburten so leicht, die Todesfälle so schwer in der Waagschale des Lebens ruhen, wie in Berlin" [53].

Seit Kriegsende bis 1961 stehen in West-Berlin 305 790 Lebendgeburten 517 964 Todesfälle gegenüber, während dieser Zeit wurde für die BRD eine Bevölkerungszunahme von 4 544 224 Menschen errechnet, die z. T. auf Wanderungsgewinn, aber in der Hauptsache auf natürlichen Zuwachs zurückzuführen ist.

Nach Westberlin wanderten in der Zeit von 1950—1961 1,63 Millionen zu und 1,66 Millionen Menschen ab, die Stadt hat zusätzlich durch Abwanderung 31 500 Menschen verloren. Die Bevölkerungsbewegung zwischen dem Ost- und Westteil der Stadt ergibt folgendes Bild: während 275 631 Menschen zugewandert, sind 41 783 nach Ostberlin abgewandert, was einen Gewinn von 233 848, effektiv 202 374 ergibt. Dazu kommen noch zwischen 1952 bis 1960 1 065 779 Menschen aus Mitteldeutschland und 190 000 Bundesbürger, während wiederum 1 141 344 Menschen aus Westberlin „ausgeflogen" wurden.

Vergleicht man die Bevölkerungsentwicklung der beiden Stadtteile, so zeigt sich zunächst eine größere Bevölkerungsabnahme im Ostsektor:

	West-Berlin	Ost-Berlin
Wohnbevölkerung 1939	100 %	
Wohnbevölkerung 1946	73,17 %	73,95 %
Wohnbevölkerung 1950	78,06 %	74,89 %
Wohnbevölkerung 1956	80,85 %	70,64 %
Wohnbevölkerung 1958	80,93 %	68,65 %
Wohnbevölkerung 1960	80 %	68 %

Mit der Errichtung der innerstädtischen Sperrmauer aber wurden auch mit einem Tage der Westberliner Industrie 56 283 Menschen, meist Fachkräfte, entzogen, die vorher schon seit Jahren aus dem Ostteil bzw. aus der ländlichen Umgebung täglich zur Arbeit nach dort kamen. Da eine solche Bevölkerungsbewegung die Selbsterhaltung der Stadt nicht mehr gewährleistete, mußten seitens der wirtschaftlich aber auch bevölkerungsmäßig günstiger strukturierten BRD Zuschüsse und sonstige Vergünstigungen eingeräumt werden (s. u.), zumal in Berlin die reinen Dienstleistungen mehr Erwerbspersonen beanspruchen als Westdeutschland.
In Westberlin waren 1960 im Dienstleistungsbereich 47,4 % tätig, in der Gütererzeugung 52,6 %, in der letzteren Sparte waren zur gleichen Zeit in Nordrhein-Westfalen 65 % und in Baden-Württemberg 67 % der Erwerbsbevölkerung tätig.

Tabelle 4

Altersgliederung der Bevölkerung von Berlin 1933 und 1946,
Vergleich und Rangfolge der Altersstufen mit BRD 1959

Jahrgänge	1933 in %	1946 in %	1959 in % Männ. Frauen	Rangfolge 1933	Rangfolge 1946	Rangfolge 1959	BRD in % Männ. Frauen
1—14	13,43	17,43	11,60 15,21 10,67	IV	V	III	20,45 22,5 18,83
15—30	25,24	14,18	21,06 25,08 18,67	II	III	II	23,94 25,92 22,20
31—50	35,75	33,48	23,65 20,07 24,19	I	II	I	25,67 24,10 27,07
51—65	18,13	23,70	26,37 24,48 27,2	III	I	IV	19,42 18,55 20,18
über 65	7,45	11,20	17,32 14,17 19,41	V	IV	V	10,52 9,16 11,72

Gleichgültig wie sich die Bevölkerungsentwicklung in Westberlin in der Zukunft gestalten wird, ob Zuwanderungen oder Abwanderungen erfolgen werden, es wird mit einer enormen Zunahme der Emeritierungsbevölkerung und mit einem Mangel an Arbeitskräften gerechnet werden müssen (Tabelle 4). Ein weiterer Bevölkerungsschwund wird nicht abzuhalten sein. Dieser Entwicklung wird man nur durch Um- und Neugestaltung der Produktion über die Automation hinaus unter Einsatz von Computern steuern können. Investitionen von außerhalb, Verlegung von kräftesparenden Produktionen und Vergabe von begünstigten Aufträgen an diese können eine Hilfe sein. „Dem schwellenden, mächtig treibendem Leben aber wird man Berlin nur zurückgeben können, wenn man es wieder zu einer Stadt macht, die ihre Anziehungskraft auf alle Teile der Jugend... in Ost und West ausüben könnte" [53].

Tabelle 5

Mutmaßliche Entwicklung der Bevölkerung Berlins bis 1975
(vgl. BRD Tabelle 2)

	1960 in Mill.	in %	Ohne Zu- und Abwanderung		1975 Zuzug je Jahr + 10 000 M.		Verlust je Jahr — 10 000 M.	
Gesamtbevölkerung	2,208	100 %	1,933	100 %	2,068	100 %	1,796	100 %
unter 15 Jahren	227	12,54	289	14,95	307	14,85	271	15,09
15—64 Jahre	1,548	70,11	1,173	60,68	1,265	61,17	1,081	60,19
65 Jahre u. älter	383	17,35	471	24,37	496	23,98	444	24,72

c) Die Entwicklung der landwirtschaftlichen Produktion [13, 35, 47, 61]

Gerade dem Biologieunterricht obliegt m. E. die Aufgabe, darauf hinzuweisen, daß es neben dem Fleiß der Bevölkerung die Anwendung chemisch-biologischer Erkenntnisse durch unsere Agronomen waren, die mit zur Wohlstandsentwicklung in Westdeutschland beitrugen.

Gut bewirtschaftetes Land verlangt im Durchschnitt heute, ohne die natürlichen Düngergaben je ha/jährl. [47]

  2 Doppelzentner   Stickstoffdünger
  1 Doppelzentner   Kali
  2 Doppelzentner   Phosphat
  5 (auch letzterer muß erneuert werden). Kalk (Kreide)

Dank dieser Methoden ist im Weltdurchschnitt in den Jahren nach dem letzten Weltkrieg die Agrarproduktion bedeutsam angestiegen, in den Grundnahrungsmitteln (Getreide, Kartoffeln, Zuckerrübe) um 60—80 %.

Für Westdeutschland ergeben sich folgende, sich steigernde Hektarerträge:

    1915   21 dz/ha
    1954/55   28 dz/ha
    1962   21 dz/ha
    1967   39,9 dz/ha (NW.)

Daß eine weitere recht zufriedenstellende Ertragssteigerung möglich erscheint, zeigen die vorjährigen Ergebnisse auf den Versuchsfeldern der Landwirtschaftskammer Bonn (Pr. 22. 2. 68), auf welcher durch erhöhte N-Düngung für Weizen ein Durchschnittsertrag von 43 dz/ha, durch zusätzliche Anwendung des Halmverkürzungsmittels (Cycocel [CCC]) ein solcher von 63,3 dz/ha erreicht wurde. Die Rationalität unserer Landwirtschaft aber wird durch die noch zu zahlreichen Arbeitskräfte (Tab. 6) gemindert. Die Entlohnungsspannen gegenüber den Gewerben sind zu gering: Sie betrugen

          1964/65   1965/66
  in Landwirtschaft   6545 DM/Jahr   6220 DM/Jahr
  im Gewerbe   8466 DM/Jahr   9217 DM/Jahr

Tabelle 6

Verteilung der Erwerbspersonen im DR und BRD nach Wirtschaftsbereichen bzw. nach Stellung und Beruf

Erwerbs-personen	in Mill.	in Hundertsätzen bezogen auf die Gesamtzahl							
		Land- und Forst-wirtschaft	Pro-dukt Ge-werbe	übrige Wirt-schaft	Selb-stän-dig.	Mitarb Fam-ang.	Be-amte	Ange-stellte	Ar-beiter
5. 6. 1882	17,0	42,2	35,6	22,2	25,6	10,0	17,0		57,4
12. 6. 1907	25,3	33,9	39,9	26,2	18,8	15,0	13,1		53,1
17. 5. 1939	35,7	25	40,8	34,2	13,4	15,8	8,5	13,2	49,1
13. 9. 1950	23,4	22,1	44,7	33,2	14,5	13,9	3,8	16,8	51
6. 6. 1961	26,5	13,5	48,7	37,8	12,2	10,0	4,7	24,5	48,6
April 1964	26,5	11,5	48,9	39,6	11,7	8,6	5,0	25,9	48,8
April 1966	26,7	10,3	49,3	40,4	11,3	7,9	5,0	27,2	48,5
davon Frauen	9,4								

Erläuterungen zu Tabelle 6

1. Infolge des Einsatzes der Maschinentechnik verringert sich die Zahl der in Land- und Forstwirtschaft-Tätigen um etwa 30 %. Die früher als sog. Landflucht bezeichnete Bewegung ist die Folge des Maschineneinsatzes bzw. der zunehmend besseren Erwerbsmöglichkeiten in der Industrie und den Dienstleistungen.

2. Die Abnahme der „Selbständig-Tätigen" und deren Familienangehörigen in den gleichen Betrieben ist wohl ebenfalls auf die Abnahme der selbständigen Kleinlandwirtschaften zurückzuführen.

3. Die annnähernde Verdopplung der Beamten und Angestelltenberufe ist das sichtbare Zeichen der Verlagerung der Produktionsarten von der ursprünglich manuellen Betätigung auf vornehmlich durch erhöhte Gehirntätigkeit gesteuerte Erwerbsweisen. Dazu haben die freiwerdenden Kräfte der Landwirtschaft, aber auch der unselbständigen Arbeiter beigetragen.

Ein Erwerbstätigenanteil von noch über 10 % erwirtschaftet 6,3 % des Sozialproduktes**). Die Betriebsflächen sind für maschinellen Einsatz noch zu klein, 1964 waren noch 70 % der Betriebe unter 10 Hektar [8]. Einer Flurbereinigung wurden erst 18,5 % der Fläche unterworfen*). Die Produktionsspezialisierung auf reine Acker- bzw. Gartenbaubetriebe oder Tierzucht (Milchwirtschaft, Schlachtvieh)-betriebe ist noch nicht zufriedenstellend durchgeführt.

Während Gesamtdeutschland 1935/38 in der Lage war, nur 79 % der Grundnahrungsmittel zu erzeugen, werden auf dem Gebiete der BRD mit einer Bevölkerungszunahme um 40 % nach 1945 je nach Ernteausfall 69—75 % dieser Produkte durch die bodenständige Landwirtschaft erzeugt (Pr. 18. 2. 67). Die Ernährungsgütererzeugung steigerte sich in diesem Zeitraum wie folgt:

Ernährungsgüter-eigenerzeugung	in Westdeutschland	
	1949/1950	1961/62
pflanzliche Produktion	2 724 Mill. DM	4 824 Mill. DM
tierische Produktion	5 408 Mill. DM	15 740 Mill. DM
Gesamtproduktion	8 132 Mill. DM	20 564 Mill. DM

Die folgerichtige Weiterentwicklung der Ideen eines *Liebig* und *Thaer* (S. 364) durch moderne agrotechnische Forschungen hat jetzt, nur für dieses Gebiet gesprochen, Erfolge gezeitigt, die man nach 1945 keineswegs vorauszusagen wagte.

d) Über die Verteilung der Erwerbspersonen [18, 43, 49, 52]

Die in Tabelle S. 6 aufgezeigte Entwicklung, die als Folge des Gewinnens naturwissenschaftlicher Erkenntnisse und ihrer Nutzbarmachung für die rationelle Gestaltung unserer Lebensweise einsetzt, ist eine Allgemeinerscheinung der technisch-industriell hochspezialisierten Staaten (Tabelle 7), unter welchen die BRD eine gewisse Mittelstellung einnimmt. Dies gilt auch für den immer mehr zunehmenden Beitrag der Frau an der Erarbeitung des Volkseinkommens. Ein einige Jahre (1961/62) zurückliegender Vergleich bietet folgende Zahlen:

Tabelle 7
Vergleich einiger technisch hochentwickelter Staaten in bezug auf ihre Erwerbsbevölkerung

% über den Einsatz in der Produktion	Landwirtsch.	Industrie Gewerbe	Dienst-leistungen	Einsatz der Frauen
USA	8	35	46	26
Großbritannien	5	51	44	31
BRD	13	49	37	33
Frankreich	21	39	39	27
UdSSR	33	27	40	49
DDR (F. 13. 6. 69)				48

*) Einer Erstbereinigung unterlagen 54 % (Buchwald-Engelhardt: Bd. III vgl. S. 415).
**) 1969 erwirtschaftet 8,8 % nur 3,4 (3,9) % (Pr. 24. 2. 1970).

Die seit 1948 wieder einsetzende Erhöhung der Lebenserwartung bringt für die BRD eine über dem Durchschnitt der Bevölkerung der übrigen Industriestaaten liegende Emeritierungsbevölkerung, aber auch erfreulicherweise wieder eine zunehmendere Zahl an heranwachsender Jugend (Tabelle 2, S. 367). Wenn man in dieser Übersicht die Summen der ersten und letzten (Jugend und Emeritierte) und die beiden mittleren Zeilen (Arbeitsbevölkerung) addiert und die Hundertsätze daraus errechnet, läßt sich ein annäherndes Bild über die beiden Bevölkerungsteile gewinnen, die einmal die Werte für den Unterhalt der anderen Bevölkerung zu schaffen haben. Daß dieser Vergleich nur roh sein kann, ergibt sich aus den verhältnismäßig langen Ausbildungszeiten, die für alle wirtschaftlichen und bevölkerungspolitischen Anliegen nötigen Führungskräfte erforderlich sind. Infolge der Überführung unserer industriellen Produktion von der ursprünglichen Maschinentechnik über die Automatisierung zur Automation und der Einführung der Maschinentechnik in die Landwirtschaft ist es der BRD gelungen, genügend Kräfte aus der letzteren für die Industrie frei zu bekommen. Dieser wiederum gelang es mittels einheimischer und ausländischer Werktätiger, die trotz rationeller Fertigungsmethoden benötigten Kräfte entsprechend zugunsten unserer Volkswirtschaft einzusetzen (vgl. S. 513).

5. Charakter der Entwicklungsländer [7, 19, 29]

a) Die Bevölkerungsentwicklung der E-Länder

Eine einheitliche Betrachtung nichtindustrialisierter Entwicklungsländer ist nur schwer zu geben. Im wesentlichen müssen wir hinsichtlich ihrer historischen Entwicklung die Länder des süd- und ostasiatischen, bzw. die des nord- und zentralafrikanischen und des südamerikanischen Raumes unterscheiden. Alle liegen außerhalb der gemäßigten Klimazonen im sub- bzw. tropischen Bereich. Das ist für Temperament und Naturell, für ihr Leistungsstreben und Arbeitsethos von prägnanter Bedeutung. Die Rassenfrage spielt eine entscheidende Rolle, damit geht eine Wertung auch die Forschungsbereiche der Biologie an.

In jedem dieser Länder haben sich im Verlaufe ihrer geschichtlichen Entwicklung „bodenständige Kulturen", die nach Urbarmachung und Anbau des Bodens eine eigene soziale Schichtung mit besonderen technischen und biotechnischen Arbeitsmethoden hervorbrachten, herausgebildet. Es sind Gebiete, die weit vor der Einflußnahme durch europäische Kräfte bedeutende Menschenballungen aufzeigten (S. 504 f). Ein Zeichen, daß sich die dortigen Lebensverhältnisse dem natürlichen landschaftlichen Leistungsvermögen in ernährungs-, siedlungsmäßiger und sozialer Hinsicht entsprachen. Im Verlaufe der letzten 100 Jahre zeichneten sie sich durch eine bedeutsame Bevölkerungszunahme und mit Ausnahme weniger Bevorzugter durch geringe Lebenserwartung der Bevölkerung aus. Dies zeigt sich am besten im Vergleich der sog. Profitlebensspanne, d. h. jener Jahre eines Mitgliedes einer Gesellschaft, die für die Allgemeinheit einen Reingewinn bedeutet, von denen also ein Teil zur Kapitalbildung dienen kann [29]. Sie betrug für die einzelnen Länder:

Land	Lebensdauer	Ausbildungs-zeit	Amortisation	Profit-Lebensspanne
USA	62	18—20	40—42	22 Jahre
Großbritannien	60	18—20	40	22 Jahre
Mexiko	37			2—3 Jahre
China	34			1—2 Jahre
Indien	27			

Mit Ausnahme einer eigenständigen Bodenbewirtschaftung fehlten planmäßige Fruchtfolgen und die Anwendung der landwirtschaftlichen Maschinentechnik. Eine wissenschaftliche Heilkunde im europäischen Sinne des 19. Jahrhunderts bestand wohl auch in keinem dieser Bereiche. Selbst heute noch gibt es in gewissen Gebieten neben einer ausgesprochen patriarchalischen sozialen Gliederung nur primitives ritenhaftes Heilwesen.

An anderen Orten wurde im Verlauf des Kolonialzeitalters und der Nachfolgezeit durch Kräfte aus den technisch-industriellen Ländern mittels deren Arbeits- und Heilmethoden versucht, den Lebensstandard zu heben und die Geburten- und anderen Sterblichkeitsquoten zu mindern. Damit sollten genügend Arbeitskräfte für die ausgedehnten landwirtschaftlichen Monokulturen gewonnen werden. Mittels dieser landwirtschaftlichen Ausfuhrprodukte bemüht man sich heute, die nötigen Devisen für den Ausbau der Grundstoffindustrien zu erbringen.

Indes hat die überoptimale Vermehrung in diesen z. T. noch sehr rückständigen, auf tiefster Zivilisationsstufe stehenden Agrarländern mit primitiven Dorfgemeinschaften, pratriarchalischer Organisation oder mit sippenmäßiger Sozialstruktur und weit verbreitetem Analphabetentum noch weiter zugenommen. Die durch die primitive Agrotechnik vornehmlich auf Kohlenhydraten aufgebaute Ernährung reicht nicht aus, um den Nachwuchs ausreichend zu ernähren (Tabelle 8).

Tabelle 8

Kalorien- und Nährstoffverbrauch der Weltbevölkerung je Kopf und Tag: Mittelwerte nach Regionen [64] (S. 515 f, 524)

Regionen	Bevölkerung in Mill.	Kalorien kcal	Eiweiß insgesamt g	davon tier. Herkunft g
Europa	661,4	3040	88	36
Afrika	253,8	2360	61	11
Nordamerika	208,4	3110	91	64
Lateinamerika	228,5	2575	66	22
Naher Osten	143,3	2470	76	14
Ferner Osten	1703,8	2060	56	8
Ozeanien	16,8	3210	94	63
Summe und Durchschnitt	3216,0	2410	67	19

Zuwachsrate der Bevölkerung 1950—1960

      a) unterentwickelte Gebiete   jährlich 2,2 %
      b) entwickelte Gebiete   jährlich 0,3 %
      c) Weltbevölkerung insgesamt   1,9 %

Zuwachsrate der Agrarproduktion 1952—1961 insgesamt 3,0 %
                             1935—1961 insgesamt 1,8 %

In einzelnen Ländern wächst die Bevölkerung schneller als die Nahrungsmittelproduktion, chronische Unterernährung, gepaart mit Seuchen (Lepra*)) und Avitaminosen, ist die Folge. Außerdem werden dort von 373 Millionen Kindern zwischen 5 und 15 Jahren infolge Fehlens an Lehrern und Schulen mindestens 30 % Analphabeten bleiben [43].

Wenn es auch sofort einsichtig erscheint, daß man für 1 Dollar in den Entwicklungsländern mehr kaufen kann als in den USA, so dienen diese Angaben doch als bezeichnende Richtwerte: „Nicht ganz 400 Millionen haben ein Jahreseinkommen, das sich zwischen 700—1800 Dollar bewegt; Zwei Drittel der Menschheit verdient unter 100 Dollar, dazwischen liegen 500 Millionen mit einem Einkommen von 200—700 Dollar jährlich. Die Weltgesundheits- und Welternährungsorganisationen weisen immer darauf hin, daß über die Hälfte der Menschheit zu einer normalen Gesundheit und Arbeitskraft nicht genügend zu essen hat und daß davon wiederum die Hälfte permanent Hunger leidet. Diese Berechnungen mögen — infolge Nichtberücksichtigung des agrarischen Eigeneinkommens — übertrieben sein, die Not der Entwicklungsländer läßt sich nicht wegdiskutieren" [29].

b) Ökonomische Probleme, die sich aus der Weltbevölkerungsentwicklung ergeben
[4, 9, 29, 51, 58, 62, 64]

Es ergibt sich folgendes Bild (vgl. S 515):

	Industrieländer	Entwicklungsländer
Bevölkerung 1950	35 %	63 %
Nahrungsmittelproduktion	75 %	25 %
Industrieproduktion	84 %	16 %
Welteinkommen	83 %	17 %
Einkommen je Mensch der ges. Bevölkerung	970 $/a	110 $/a
Bevölkerung im Jahre 2000	20 %	80 %

---

*) neuerdings Caries, Malaria, Viruskrankheiten, Tbc, Masern (*E. Duhr:* Veröff. d. Bundeszentr. f. Ges. Aufklärung 1969, 2. Aufl.)

Von 16 Industrieländern der westlichen Welt (BRD steht an 3. Stelle) wurden an Entwicklungshilfe

zwischen 1960—1966 geleistet[3]		240	Milliarden DM
Leistung der BRD bis einschließlich	1966	30	Milliarden DM
Leistung beträgt ab (Etat d. BM f. E.-Hilfe)	1967	1,6	Milliarden DM
	1968	2,09	Milliarden DM
Leistung wird betragen	1969	2,29	Milliarden DM
	1970	2,4	Milliarden DM
	1971	2,5	Milliarden DM

80 % der Kapitalhilfen kommen seit 1967 in Form von Aufträgen an unsere Industrie zurück, 15 % unseres Exportes ging 1967 in die E-Länder.

Die caritative Entwicklungshilfe der BRD betrug:

1959—1967	Misereor	438,5	Millionen DM
1961—1966	Adveniat (Lateinamerika)	256,540	Millionen DM
1959—1966	Brot für die Welt	177,524	Millionen DM

Nach *Prof. Bade* wäre ein Entwicklungskapital von 280 Mrd. Dollar erforderlich, um den jetzt unterentwickelten Ländern im Jahre 2000 einen Lebensstandard zu ermöglichen, wie er heute in Mitteleuropa existiert.

Das erste Problem ist die Beseitigung der Unterernährung bzw. des Hungers in den unterentwickelten Ländern.

Die Entwicklungshilfe kann sich jedoch nicht einseitig auf Kapitalvergaben und Förderung der Industrialisierung, wenn diese beiden auch vordringlich sind, erstrecken. Rationelle Wirtschaftsmethoden, Einführung moderner Düngungs- und Züchtungsmethoden, Großflächenbewirtschaftung und Anwendung einer gewissen Automation in der Landwirtschaft, klimagemäße Fruchtfolgen, Sanierung der Anbaugebiete nach ökologischen und pflanzen-soziologischen Gesichtspunkten bieten allein die Gewähr, die Ernährungsbasis dieser Länder der derzeitigen Bevölkerungsvermehrung annähernd anzugleichen. Gegenwärtig werden je Kopf der Bevölkerung global im Durchschnitt etwa 1 ha landwirtschaftliche Fläche bewirtschaftet, 2,65 sind noch anbaufähig, während 1,25 ha ungenügend, 2,5 ha zu trocken und 5 ha zu gebirgig bzw. klimatisch zu kalt zu einer landwirtschaftlichen Nutzung sind (vgl. S. 516). 1960 ackerten noch 260 Millionen Bauern mit dem Holzpflug, 96 Millionen mit dem Eisenpflug und nur 10 Millionen Menschen verwen-

---

[3] Dazu kommen noch die Investitionen der privaten Wirtschaft. Entsprechend ihrem Volkseinkommen brachten die 3 an erster Stelle stehenden westl. Länder 1967 u. 1968 folgende Leistungen auf (Pr. 31. 10. 1968 und [33]):

	Gesamtleistung Milliard. DM		% des Volkseinkommens	
USA	22	22,7	0,85	0,65
Frankreich	5,2	5,9	1,64	1,24
BRD	4,4	6,7	1,26	1,27

deten Traktoren und landwirtschaftliche Maschinen. Rund 400 Millionen leben ohne jede technische Energie, die für eine primitive Düngung nötigen Stoffe dienen als Brennmaterial.

6. Übersichtliche Darstellung der Weltbevölkerungsentwicklung nach 1945

a) Die Lage der industriell-hochentwickelten Bevölkerung

Da sich die Bevölkerungsprobleme nicht in allen Industriestaaten gleich gestaltet haben, ist die BRD im wesentlichen als Modellfall gewählt, nicht nur der deutschen Bearbeitung wegen, in Sonderheit deswegen, weil sich nach Überwinden der Kriegsfolgen diese Probleme bei uns besonders gehäuft einstellen (Tabelle 9).

Tabelle 9
Probleme einer industriell hochentwickelten nordatlantischen Bevölkerung

a) Die bevölkerungs- politische Lage	b_1) wirtschaftspol. Lage b_2) gesundheitspol.	c_1) sozialpolitische Lage c_2) bildungspolit.
Jugend: zu gering bis normale Entwicklung — Erwerbsbevölkerung: reicht f. d. Produktion nicht aus — Emeritierungsbevölkerg: Überalterung als Folge Verlängerung der Lebenserwartung, Erhöhung durch Wanderungsgewinne	b_1) Lage günstig durch ständige Steigerung des Volkseinkommens (Beginn d. Zeitalters des Massenkonsums) b_2) ausreichend bis gut versorgt, Rückgang der Seuchen, Zunahme der Zivilisationskrankheiten	c_1) Gute soziale Sicherung bes. d. Altersvorsorge c_2) Berufs-Umstrukturierung: ungelernte Kräfte ↘ Facharbeiter ↘ Kräfte d. wissensch. u. techn. Intelligenz

Folgerungen:

Abnahme der Arbeitskräfte, Zuzug von Gastarbeitern — Die Überalterung ist nicht mehr zu verhindern	b_1) Abnahme der Kriegsfolgelasten, Zunahme der Sozialasten — Umorientierung der Produktion: Maschinentechnik ╲ Automatisierung ↘ Automation — Sonderproduktion Veredlungsproduktion	c_1) Eine evtl. Abnahme des Sozialproduktes ist durch wirtschaftspolitische Maßnahmen bzw. entsprechende Bildungspolitik zu steuern
Sinnvolle Familienplanung, Geburtenförderung zwecks Erreichen eines opt. Wachstums	b_2) Siedlungsraumsanierung — Präventivmaßnahmen im Sinne geplanter Geburtenregelung (S. 367, § 218 StGB)	c_2) Ausrichten des Bildungswesens auf Existenzsicherung der Bevölkerung: Erhöhung der Fachleute d. naturw.-techn. Berufe — Ausbau d. chem.-phys.-techn. Forschung, — Verringerung d. Ausbildungszeiten durch sinnvolle Spezialisierung
Volksaufklärung als politische Bildungsaufgabe		

Tabelle 10: Die Bevölkerungsprobleme der Entwicklungsländer

a) Die Bevölkerungspolitische Lage	b_1) wirtschaftspol. Lage b_2) gesundheitspol.	c_1) sozialpolitische Lage c_2) bildungspolit.
Überoptimale Bevölkerungsvermehrung: Natürliche Altersgliederung mit im Vergleich zum Weltdurchschnitt zu hohen Geburtenraten	b_1) Zu geringe Nahrungsmittel- u. Konsumgüterproduktion gegenüber der schnell wachsenden Bevölkerung — Mangelnde Grundstoffindustrien — Primitive Landwirtschaft, oft Monokulturen b_2) Gesundheitsfördernde Maßnahmen verringerten die in früheren Zeiten eingespielte Sterblichkeit	c_1) Ausbau der Sozialeinrichtungen: Krankenversicherung u. Altersversorg. — Einengung d. Bedeutung d. Sippenwesens c_2) Durch a und b_1 ist mit einem Absinken des sozialen Niveaus zu rechnen, — zu wenig Ausbildungskräfte (vgl. S. 374)
	Folgerungen:	
Geburtensteuerung und Zurückführen der Fortpflanzungsfreudigkeit auf eine optimale Vermehrungsrate, die dem Weltdurchschnitt entspricht (S. 367)	b_1) Ausbau der Grundstoffindustrien (Düngemittel, Maschinen d. landw. Produktion, Bekleidung usw.) — Ausbau d. Energieversorgung — Ertragsteigerung d. landw. Produktion b_2) Siedlungsraumsanierung: Wiederherstellen d. klimagemäßen Verhältnisse v. Wald zu Kultursteppe — Ausbau d. Siedlungswesens — Seuchenbekämpfung Präventivmaßnahmen zur Geburtenbeschränkung (S. 524 f)	c_2) Ausbau des Grundschulwesens und Verminderung des Analphabetentums — Ausbau des mittl. technischen Bildungswesens — Erhöhung der bodenständigen Fachkräfte durch Ermöglichen einer Ausbildung in den Industrieländern Ergänzung der Fachkräfte durch Entwicklungshelfer und Ingenieure aus den Industrieländern
allg. Volksaufklärung durch Entwicklungshelfer und bodenständige Kräfte		

Schriftennachweis

Allgemeine Abkürzungen, die in den folgenden Schriftenverzeichnissen verwendet werden:
AGF-NW = Arbeitsgemeinschaft für Forschung in Nordrhein-Westfalen, Westdeutscher Verl. Köln.
APr. = Atompraxis, G. Braun, Karlsruhe.
BdW. = Bild der Wissenschaft, D. Verlagsanstalt, Stuttgart.
BMwF-Str. = Bundesminist. f. wiss. Forschung, Schriftenreihe, Strahlenschutz, Gersbach, München.
BMwF. = Bundesmin. f. wiss. Forschung, Schriftenreihe Forschungspolitik, Gersbach, München.
BMwF-Pr. = Bundesmin. f. wiss. Forschung, Pressedienst (früher Atommitteilungen).
NR. = Naturwiss. Rundschau, Wiss. Verlagsgesellschaft, Stuttgart
NW. = Die Naturwissenschaften, Springer, Berlin.
PB. = Praxis der Biologie, Aulis-Verlag, Köln.
Pr. = Tagespresse, Rheinische Post, Düsseldorf.
UN. = Universitas, wiss. Verlagsanstalt, Stuttgart.
UWT. = Umschau in Wissenschaft u. Technik, Breidenstein Verl. Frankfurt/M.
VDG-M. = Verband Deutscher Gewässerschutz, Unser Wasser, Mitteilungen, Bad Godesberg.
VDG-Sch. = Mitteilungen, Schriftenreihe, Bad Godesberg.

Literatur zum Kapitel I

1. *Ambroggi, R. P.:* Große Wasservorräte in der Sahara, UWT. 1966/785.
2. *Autoren div.:* Bevölkerungsentwicklung und Familienplanung, Zeitschrift f. Präventiv-Medizin, Vol. 7 Fasc. 6, 1962.
3. *Autoren div.:* Fischer Lexikon d. Medizin I-III, Fischer, Frankfurt.
4. *Baade, F.:* Welternährungswirtschaft, Ro-Ro-Enzyklopädie, Bd. 29, 1956.
5. *Baade, F.:* Gesamtdeutschland u. die Integrat. Europa, AGF-NW. 1957 NR. 71.
6. *Baade, F.:* Nahrungsreserven der hungernden Welt, UN. 1967/399.
7. *Bates, M.:* Die überfüllte Erde, List, München.
8. *Bauer, W. u. a.:* Die Deutsche Wirtschaft und die EWG. Presse- u. Inf.-Dienst d. europ. Gemeinschaften, Bonn, Zittelmannstr. 11.
9. *Bhagati, J.:* Wirtschaftsprobleme der Entwicklungsländer, Kindlers Univ.-Bibl., München 1966.
10. *Bolle, F.:* Nie welkender Lorbeer, Orion, Murnau, 1952/992.
11. *Bolte, K. M. u. Tartler, J.:* Die Altersfrage, Gehlen, Homburg 1958.
12. *Brockmüller, Kl.* 1954: Christentum am Morgen des Atomzeitalters, Knecht, Frankfurt.
13. *Buchwald, K.:* Unser Lebensraum als Verantwortung und Aufgabe, Mitt. d. Verb. D. Biol. 1961, NR. 70.
14. *BMwF-Pr.:* siehe im Text mit Zeiangabe.
15. *Claus, F. P.:* Die Armen wurden nicht reicher, Pr. v. 10. 10. 1967.
16. *Clark, G.:* Der ungeduldige Riese, Daphnis, Zürich 1960.
17. *Coulmas, P.:* Fluch der Freiheit, Stalling, Oldenburg, 1963.
18. *Coulmas, P.:* Fabrik ohne Arbeiter-Automation, NWDRundfunk 28. 7. 1965.
19. *Cremer, H. D.:* Ernährungsprobleme d. Entwicklungsländer, UWT. 1967/473.
20. *Dessauer, F.:* Streit um die Technik, Knecht, Frankfurt, 1956.
21. *Erhard, L.:* Deutsche Wirtschaftspolitik, Econ, Düsseldorf, 1962.
22. *Freudenberg, K.:* Säuglingsterblichkeit d. Weltbevölkerung, NR. 1960/141.
23. *Friese, E. u. Winter, H.:* Brot f. d. Welt, Klett, Stuttgart 1967.
24. *Fucks, W.:* Naturwiss., Technik, Mensch, AGF-NW. 1961 NR. 8.
25. *Fucks, W.:* Formeln d. Macht, D. Verl.-Anst. Stuttgart, 1965.
26. *Glatter, G.:* Familienverbände sprechen mit Minister Mikat, Kirchenzeitung Köln, 1. 8. 1965.
27. *Grave, G.:* Politische Bildung, Der Biologieunterricht 1965 H. 1/48.
28. *Gummert, F.:* Überlegungen zu den Faktoren Raum u. Zeit im biologischen Geschehen, AGF-NW. 1950 No. 6.

29. *Guttmann, H.:* Weltwirtschaft u. Rohstoffe, Safari, Berlin, 1956.
30. *Hartmann, H.:* Nobelpreisträger, NR. 1967/225.
31. *Hobgen, L.:* Der Mensch u. d. Wissenschaft, Artemis, Zürich, 1950.
32. *Hoffmann, H.:* Wirtschaftl. u. soziale Probleme d. techn. Fortschrittes, AGF-NW. 1951 No. 8.
33. *Informationen zur politischen Bildung:* Bevölkerung u. Gesellschaft, Folge 130, 137, 139, Bundeszentr. f. pol. Bildung, Bonn, 1968/69.
34. *Jung, R. u. Mundt, H. J.:* Das umstrittene Experiment: der Mensch, Deutscher Bücherfreund, Stuttgart, 1966.
35. *Kraut, H.:* Über die Deckung d. Nährstoffbedarfs in WD. AGF-NW. 1959 NR. 88.
36. *Kühn, H.:* Aufstieg der Menschheit, Fischer-Bücherei, 1955 Bd. 82.
37. *Kühn, H.:* Entfaltung der Menschheit, Fischer-Bücherei, 1958, Bd. 221.
38. *Kurth, G.:* Bevölkerungsgeschichte des Menschen, Handb. d. Biol. Bd. IX, Athenaion Verl. 1966, Frankfurt.
39. *Lindig, W.:* Naturvölker in der Auseinandersetzung mit ihrer Umwelt, PB. 1968/5.
40. *Mattauch, F.:* Staatsbürgerl. Erziehung und Biologie-Unterricht, PB. 1960/1.
41. *Mattauch, F.:* Über die Bindung der staatsbürgl. Erziehung an den Biologieunterricht, PB. 1963/41.
42. *Mattauch, F.:* Über die zu erwartenden Anforderungen an unsere Jugend, PB. 1963/211.
43. *Mattauch, F.:* Welchen Beitrag können biolog. Erkenntnisse zur gesellschaftl. Umstrukturierung liefern, PB. 1967/124.
44. *Müller-Still, W. R.:* Getreide u. Brot d. Vorzeit, Urania, Jena 1949/415.
45. *Mohr, H.:* Erkenntnistheoretische Aspekte d. Naturwissenschaften, Mitt. d. Verb. D. Biologen, 1965 No. 113.
46. *Nachtsheim, H.:* Übervölkerung, Zentralproblem der Welt, BdW. 1967/26.
47. *Nicol, H.:* Der Mensch u. die Mikrobe, Ro-Ro-Enzyklopädie, 1956 Bd. 32.
48. *N. N.:* Europa hilft den Entwicklungsländern, AG für Gegenwartkunde, B. Godesberg 1961.
49. *N. N.:* Automation, Weg in die Zukunft, AG für Gegenwartkunde, B. Godesberg 1964.
50. *N. N.:* Geburtenkontrolle, Die Welt vom 24. 8. 1965.
51. *N. N.:* Erhebungen über die Welternährungslage, NR. 1966/71.
52. *N. N.:* Automation, Inf. z. politischen Bildung, Folge 116, Bundeszentrale f. pol. Bildung, Bonn 1966.
53. *Pritzkoleit, K.:* Berlin, ein Kampf ums Leben, Rauh, Düsseldorf 1962.
54. *Sauerbruch, F.:* Das war mein Leben, Bertelsmann Lesering 1956.
55. *Schmidt, W.:* Was leistete die Schule zur Erziehung d. wiss. Denkfähigkeit, PB. 1965/205.
56. *Schmid, R.:* Tierisches Eiweiß aus Pflanzen, NR. 1966/71.
57. *Simon, K. H.:* Industrialisierung und Gesundheit, NR. 1964/153.
58. *Simon, K. H.:* Ernährungskapazität der Erde, NR. 1966/204.
59. *Simon, K. H.:* Das interessante Jahrhundert, NR. 1967/125.
60. *Spauszus, S.:* J. O. Liebig, Urania, Jena 1953/215.
61. *Statistisches Jahrbuch der BRD,* Wiesbaden, versch. Jg.
62. *Virtanen, A.:* Ernährungsmöglichkeiten der Menschheit, NR. 1961/371.
63. *Weitzel, G.:* Eiweißernährung u. das 5. Gebot, NR. 1965/405.
64. *Wirths, W.:* Ernährungssituation der Weltbevölkerung, UWT. 1966/497.

II. Unser Lebensraum

(Naturschutz — Landschaftspflege — Raumordnung)

Durch die Erfordernisse der modernen Technik, der Bevölkerungsvermehrung und der dadurch erfolgten Inanspruchnahme aller ursprünglichen Biotope für die moderne Zivilisation, die überall nach möglichster Perfektion der Arbeitsweisen strebt, droht unser Lebensraum immer mehr den natürlichen Abläufen entrückt zu werden. Obwohl wir erst am Anfang dieser Entwicklung zu stehen scheinen, zeigen sich eine Anzahl besorgniserregender Vorgänge, für die einmal der Mensch, wenn nicht bald die von den biologischen Wissenschaften erkannten Abhilfen eingeleitet werden, der Leidtragende sein wird.

1. Die Landschaften in einem Lande der technischen Zivilisation
[10, 40, 56]

Während das Endstadium der Besiedlung der Bodendecke im Naturzustande in unserem Klima in der Regel der Wald ist, der mit Ausnahme der Trockensteppen, der Gebiete jenseits der Waldgrenze in den Hochgebirgen und Polargebieten, der Flußüberschwemmungsgebiete und der Meeres- und Seeufer, überall die beherrschende Vegetation bildete, hat sich mit Vermehrung der Menschen zunächst die Kultursteppe immer mehr ausgebreitet. In diesem und schon im vergangenen Jahrhundert haben die Räume, die für die Siedlung und die Verbindungswege und nicht zuletzt für die Fabrikationsanlagen mit ihren oft sehr weiten Nebenräumen nötig waren, stark zugenommen. Leider war der Mensch dazu übergegangen, die Bodenflächen, die er für die industrielle Nutzung nicht mehr brauchte, einfach liegen zu lassen.

So gliedert sich heute unsere Landschaft in:

a) die Siedlungs- bzw. Erwerbsräume (sog. Agglomerationsraum [43] und die dadurch bedingten Ödlandschaften (Unland);

b) die wirtschaftlich genutzten Bodenflächen (Kultursteppe und Forste);

c) die wirtschaftlich nicht mehr voll nutzbaren Grenzlandschaften der alpinen Matten, Moore und Überschwemmungsgebiete. Dazu sind noch die wenigen, so gut es ging, im Naturzustand verbliebenen bzw. nachträglich wieder in einen solchen versetzten Gebiete, zu zählen. Es handelt sich im wesentlichen um die wegen ihrer Pflanzendecke bzw. wegen ihrer Tierwelt geschützten Gebiete.

2. Voraussetzungen und Prinzipien des Naturschutzes [16, 37, 39, 56]

Wie es ein menschliches Anliegen ist, die Leistungen unserer Vorfahren in vorhistorischer und historischer Zeit, soweit sie uns Kunde über ihre Lebensweise und ihr Denken vermitteln konnten, für die Nachwelt zu bewahren, so mußte es auch für die Vertreter der biologischen Wissenschaften Ehre und Verantwortung zugleich sein, die noch einigermaßen in ihrer ursprünglichen Umwelt verbliebenen Seltenheiten (Pflanzen, Tiere und andere Naturgebilde) für die nach uns Kommenden zu erhalten und zu pflegen. Diese Schutzanliegen bezogen sich zunächst auf die Erhaltung alter Bäume, markanter Felsgebilde und solcher natürlicher Objekte, die uns Kunde von geschichtlichen Ereignissen geben bzw. die in der Sagenwelt eine Rolle spielten. Später wurde dieser Schutz auf wichtige in der Landschaft vorkommende Einzelindividuen und ganze Landschaften erweitert. Die Grundlagen dazu hatten die Fortschritte der Botanik und Zoologie gewiesen, die sich, nachdem die Beschreibung und Katalogisierung der Arten (reine systematische Forschung) im wesentlichen abgeschlossen war, mit der Verbreitung der Arten in der Landschaft und weiter mit dem Entstehen der Vegetationsdecke (Pflanzengesellschaften) und Faunenbereiche (Tier- und Pflanzengeographie) beschäftigte. Man erkannte, daß nach dem Zurückgehen des Inlandeises der letzten Vergletscherung in Mitteleuropa infolge der Klimaverbesserung Pflanzen und Tiere aus den Räumen südlich der Faltengebirge und aus Osteuropa wieder zu uns eingewandert sein müssen. Die Pollenanalyse vermittelte uns ein Bild von der Entstehung dieser natürlichen Pflanzendecke. Die kartographische Fixierung der Standorte einzelner charakteristischer Pflanzenarten zeigte die Wanderstraßen, die einzelne solcher Lebewesen genommen haben müssen, an [45]. Die Vegetationskartierung aber ließ uns erkennen, welches Schicksal einzelnen Individuen der einstigen Tundra bzw. der Zwergstrauchheiden zugestoßen ist, als sie infolge der klimatischen Veränderungen durch zugewanderte Formen verdrängt wurden [46]: So bot die Vegetationskunde um die Jahrhundertwende einen Überblick von verschiedenen Standorten von seltenen Tieren und Pflanzen, die es uns ermöglichten, ein Bild über das Zustandekommen unserer Flora und Fauna zu machen. Unter der Wucht der intensiven Nutzung unseres Bodens durch die Land- und Forstwirtschaft, der Ausräumung der Bodenschätze und nicht zuletzt durch die Industrialisierung sind zahlreiche dieser Naturdenkmale der Vernichtung anheimgefallen. Die noch vorhandenen Reliktvorkommen waren im wesentlichen auf kleinste Gebiete, die nur einen geringen Nutzen einzubringen versprachen, verdrängt worden. Es handelte sich im wesentlichen um Standorte jenseits der Waldgrenze, welche die arktischen bzw. subarktischen Florenelemente beherbergten. Relikte aus den osteuropäischen und mediterranen Florenbereichen hatten sich auf i. g. nach süd-exponierten waldlosen trockenen Steilhangen (Felsensteppe) erhalten. Eine Fülle anderer Arten beherbergten die Innudationsgebiete unserer Flüsse und Seen, bzw. deren Verlandungszonen und die Moore. Durch Melioration, Torfstich und sonstige wirtschaftliche Nutzungen wurden diese weitgehend eingeengt.

Bald wurde jedoch erkannt, daß „seltene Tiere und Pflanzen auf die Dauer nur zu halten sind, wenn ihnen ein ihren Bedürfnissen entsprechend großer Biotop zur Verfügung steht. Da es sich meist um Charakterarten im Sinne ihrer hohen Anforderungen an die Umwelt handelt, genügen bereits geringfügige Veränderungen des Lebensraumes, um ihr Verschwinden zu bewirken. Es empfiehlt sich daher, Naturschutzgebiete zu kleinen Ausmaßes, die solche Arten auf die Dauer beherbergen sollen, mit einem Landschaftsschutzgürtel zu umgeben, der hinreichend Schutz gegen die zerstörende Wirkung gewährt". Aus dieser Sicht würde es genügen, die „Gründung, Erhaltung und weitere Einrichtung von Naturschutzgebieten aufrecht zu erhalten und zu rechtfertigen". Sie sind aber nicht nur Forschungsgebiete, sondern zugleich Lehrstätten für die zukünftigen Biologen, für Land- und Forstwirte. „Nirgends kann man die Zusammenhänge im Haushalt der Natur besser kennenlernen, als in den ungestört gebliebenen Landschaftseinheiten" [40].

Im weiteren Verlauf naturschützlerischer Maßnahmen wurde immer klarer, „die Erhaltung der ursprünglichen Natur ist nicht der alleinige Zweck eines solchen Naturschutzgebietes. Innerhalb derartiger Areale muß die ungestörte Entwicklung zahlreicher Lebensgemeinschaften gewährleistet sein. Vielfache Wirkungen gehen von diesen auf das umliegende Land aus. Wissenschaftliche Forschung und Lehre benötigen in unseren, durch die menschliche Einwirkung veränderten Landstrichen dringend derartige Stützpunkte unberührter Natur" [56]. So sind solche Gebiete längst der musealen Betrachtung entzogen [39] und zu wichtigen Objekten der vegetationskundlichen Forschung geworden. In ihnen werden die Erkenntnisse für die Pflege der übrigen so nötig zu erhaltenden Vegetationseinheiten gewonnen.

Für die Einrichtung solcher Reservate haben sich gerade in Deutschland viele bedeutende Persönlichkeiten, wie *Rudorff, Conwentz, Wettekamp, W. Schönichen, Wilhelm Bode* eingesetzt. Ihrer unermüdlichen Initiative ist es zu danken, daß markante Landschaften des Siebengebirges, der Lüneburger Heide, im großen Kessel im Riesengebirge und vielen anderen Gebieten in Bayern und anderwärts bewahrt blieben [40].

Trotz vieler Fehlschläge war ihnen Erfolg beschieden. Dieser setzte besonders nach Verkündung des Reichsnaturgesetzes (vom 26. 6. 1935) und der folgenden Naturschutzverordnungen, für das damalige gesamte Staatsgebiet geltend, ein, bis dann nach 1945 die dringliche Erweiterung des Landschaftsschutzes und dessen Ausbau zur Landschaftspflege und der Raumplanung [28, 42] hinzukam.

Heute obliegt die Überwachung dieser Angelegenheiten der Bundesanstalt für Naturschutz und Landschaftspflege, in den einzelnen Ländern meist den Kultusministern durch die staatlichen Naturschutzbehörden. Aber auch der privaten Initiative vieler Verbände, die im Deutschen Naturschutzring zusammengefaßt sind, muß gedacht werden [16, 56].

Wir unterscheiden heute im wesentlichen folgende Naturschutzbereiche:

Geschützte Tier- und Pflanzenarten:
alle in der Liste aufgeführten Spezies sind geschützt, ohne Rücksicht auf ihren Standort [16];

Naturdenkmale:
d. s. Einzelerscheinungen der Natur, die jeder Veränderung entzogen sind (s. o.);

Naturschutzgebiete:
meist kleinere Landstriche, in welchen sich noch die Standorte a. a. O. verdrängter Individuen befinden oder Gebiete mit einer ihrer Gesamtheit ursprünglichen Natur, die jeglicher Veränderung und Eingriffen durch den Menschen entzogen sind;

Landschaftsschutzgebiete:
zu schützende Landschaftsteile, die jeder Veränderung, insbesondere der Bebauung für Siedlung- und Industriezwecke entzogen sind. Sie sind in einer sog. Landschaftsschutzkarte eingetragen und neuerdings z. B. für Nordrhein/Westfalen durch eine Sicherstellungsverordnung geschützt. Jede Veränderung muß durch den zuständigen Regierungspräsidenten als der oberen Naturschutzbehörde genehmigt werden [42] (Landesplanungsgesetz NW v. 18. 5. 1962).

Naturparke:
es handelt sich um große Flächen zusammenhängender Waldgebiete, in welchen man einen nach pflanzensoziologischen Gesichtspunkten zusammengesetzten Waldbestand erstrebt. Sie werden als Schutzgebiete erklärt, in welchen jede Art von Besiedlung und Zersiedlung der freien Landschaft verhindert werden soll. Es sind meist Gebiete von landschaftlicher Schönheit, die in Stadtferne für längewährende Erholungszeiten eingerichtet werden sollen [27, 43].
In der BRD gibt es heute etwa 900 Naturschutzgebiete, 4000 Landschaftsschutzgebiete und etwa 40 000 Naturdenkmäler. „Die umfassende, großzügige und schnelle Verwirklichung der Naturparkidee ist ein höchst bedeutsamer Dienst am Menschen und an der Landschaft... Die Naturparks werden mit ihren Werten und Schönheiten im weiteren Sinne der Erhaltung oder Wiedergewinnung der Lebensfreude und Gesundheit für alle dienen" *(A. Töpfer* [40]). Sie sind also nicht mehr „rein konservierender, sondern auch gestaltender und aufbauender Art [34]. Die Zahl der 19 Naturparks, die meist im weiteren Vorfeld der Ballungsräume geschaffen werden, sollen im Laufe der Zeit auf 41 beachtliche Areale ausgeweitet werden und 9 % der Gesamtfläche der BRD umfassen [40].

3. Prinzipien der Landschaftspflege [10, 39, 56]

Während der Naturschutz im wesentlichen für die menschliche Zivilisation eine ideelle bzw. kulturelle Leistung darstellt [39], wird Landschaftsschutz und besonders Landschaftspflege und die mit ihr verbundene Raumplanung zu einer unabdingbaren Notwendigkeit für die Erhaltung aller in ihr vorkommenden Lebewesen und somit auch für den Menschen selbst.
Ausgehend von der Tatsache, daß durch technische Maßnahmen eine gestörte Lebensgemeinschaft nur wieder hergestellt werden kann, wenn man ihr und ihren Lebewesen eine naturgemäße Entwicklung bietet, so ist es Pflicht der staatl. Organe, die Interessen der Kulturtechniker und Landschaftspfleger mit jenen der Bautechniker und Industrieplaner abzustimmen. Es muß einerseits genügend Raum für Siedlungs- und Erwerbszwecke bereitgestellt werden, anderer-

---

Über Erholungsstützpunkte siehe S. 412 f dieser Bearbeitung.

seits ist es aber eine Existenzfrage für den Menschen, daß genügend Räume in einem einigermaßen naturhaften Zustand bleiben oder zurückverwandelt werden. So dient die Landschaftspflege heute der Sicherung des Feld- und Waldbaues und der sich darauf aufbauenden Tierzucht und Tierhege, aber auch der Bereitstellung bestimmter Gebiete für ein ausreichendes und genießbares Trink- und Gebrauchwasser, sowie der Wiederherstellung eines die Atmung schädigenden Stoffe beseitigenden Luftreservoirs. Im weitesten Sinne dient sie der Sicherung einer Umwelt, die Leben und Gesundheit der arbeitenden Menschen schont und zu seiner Erholung, d. h. zur Wiederherstellung der nervlichen Spannkraft und des Leistungswillens beiträgt.

4. Der Einfluß der Technik und Industrie auf die Umgestaltung der Landschaft [16, 40, 57]

Die Fortschritte der Naturwissenschaften und der Technik und die damit zusammenhängende erleichterte Lebensweise haben in dem letzten Jahrhundert nicht nur zu der bekannten Bevölkerungsvermehrung, sondern auch zu einer erhöhten Lebenserwartung beigetragen. Diese wiederum bedingten einen weiteren Ausbau der industriellen Unternehmungen, der Kommunikationswege sowie der Durchsuchung der Landschaft nach Rohstoffen.

Diese für die Lebenserwartung der ganzen Bevölkerung erfreulichen Entwicklung aber hat eine zunehmende Denaturierung unseres Lebensraumes zur Folge.

a) Das Unland und die von Bergbau und Industrie verlassenen und andere unkultivierte Gebiete

Es handelt sich um die Haldenberge der Zechen, die Straßen- und Bahnböschungen, die Schutthalden, die verlassenen Baggerseen der Tagbaue und letzten Endes um die Müllkippen. Allein in Nordrhein/Westfalen gehen heute noch jährlich etwa 200 ha für solche Zwecke verloren. Dazu kommen noch die alljährlich neu abzuräumenden Flächen, unter welchen die günstig abzubauende Braunkohle lagert (S. 410)*)

Im Ruhrgebiete soll in den letzten Jahrzehnten die Hälfte dieses Landes wieder bepflanzt worden sein, davon etwa 450 ha aufgewaldete Halden, 300 ha aufgeforstetes Ödland und 90 ha sog. durchgrünte Landschaft. Diese Maßnahmen erweisen sich nicht nur aus Gründen der Landschaftsgestaltung für sinnvoll, sie sind notwendig als Emissionsfänger [13, 29, 30] zumal auf jeden Einwohner dieses Gebietes nur 30 m^2 Wald kommen, während im Landesdurchschnitt 620 m^2 und im Bundesdurchschnitt 1460 m^2 je Einwohner entfallen (Pr. 5. 2. 63).

b) Wasserhaushalt in der Landschaft [5, 79, 81]

Langjährige Beobachtungen (1891—1930) zeigen, daß sich für Mitteleuropa in etwa folgende Wasserbilanz eröffnen läßt:

---

*) Nutzungszwecken werden in der BRD jährl. etwa 25 200 ha Wald, Wiese, Moor und Feld zugeführt (Buchwald-Engelhardt Bd. III [10 b]).

Tabelle 11 Schema des Wasserkreislaufes:
bezogen auf die BRD (nach *S. Clodius* [5, 6])

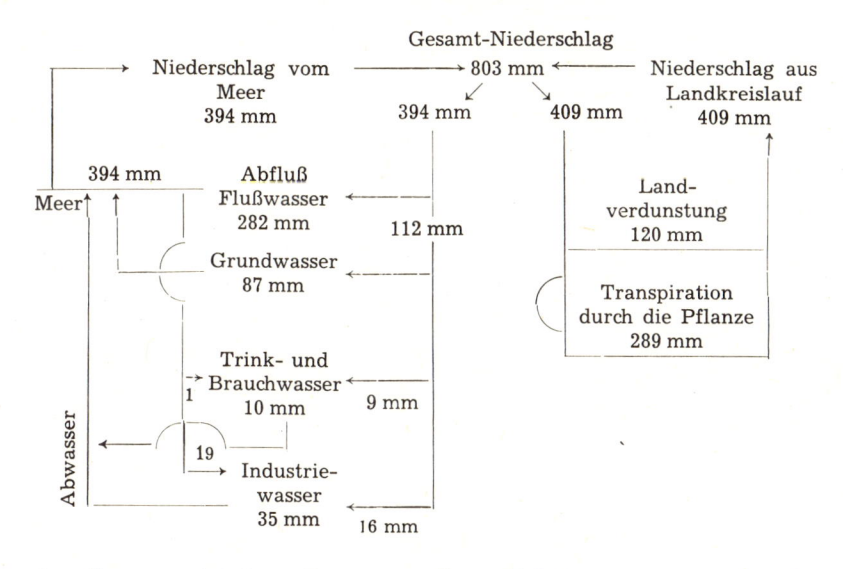

```
                          Gesamt-Niederschlag
    ┌──→ Niederschlag vom ────→ 803 mm ←──── Niederschlag aus
    │       Meer              ↙      ↘         Landkreislauf
    │      394 mm         394 mm   409 mm        409 mm
    │                                                    ↑
    │  394 mm   Abfluß                                   │
Meer↑    ↑     Flußwasser ←──────┐         Land-         │
    │    │      282 mm           │      verdunstung      │
    │    └─┐                  112 mm       120 mm        │
    │      │   Grundwasser ←──────┐                      │
    │      │     87 mm            │                      │
    │      │                      │     Transpiration    │
    │      │                      │    durch die Pflanze │
    │      │   Trink- und         │        289 mm        │
    │     ⎡→  Brauchwasser ←──────┤
    │    1│     10 mm      9 mm
Abwasser  │
    ←─────┤  19
          └──→ Industrie-
                wasser    ←──────┐
                35 mm     16 mm
```

Aus dieser vereinfachten Zusammenstellung *(Tabelle 11)* gewinnen wir die Überzeugung, daß an sich für alle Zwecke genügend Wasser auch in der Zukunft zur Verfügung stehen müßte, d. h. wenn der Mensch es lernt, mit diesem für die Biosphäre wichtigen Gut sinnvoll umzugehen.

Die Merksätze aus der am 6. Mai 1968 in Straßburg verkündeten „Europäischen Wasser-Charta" [82].

Die Vorräte an gutem Wasser sind nicht unerschöpflich. Deshalb wird es immer dringender, sie zu erhalten, sparsam damit umzugehen und, wo immer möglich, zu vermehren.

Der nutzbare Bestand an Süßwasser beträgt weniger als 1 % der Gesamtwassermenge unseres Planeten... Für seine richtige Bewirtschaftung ist eine vernünftige Planung erforderlich. Sie muß auch den Bedarf der fernen Zukunft berücksichtigen.

Wasser verschmutzen heißt, den Menschen und allen Lebewesen Schaden zuzufügen.

Die Beseitigung der Abfälle oder der Abwässer, die physikalische, chemische oder biologische Verunreinigungen der Gewässer hervorruft, darf die öffentliche Gesundheit nicht gefährden und muß die Grenzen der Selbstreinigungskraft des Gewässers berücksichtigen.

Für die Erhaltung der Wasservorkommen spielt die Pflanzendecke, insbesondere der Wald, eine wesentliche Rolle.

Es ist notwendig, die Pflanzendecke, besonders die Wälder, zu erhalten und sie dort, wo sie nicht mehr vorhanden ist, so schnell wie möglich wiederherzustellen. Der Wald hat als ausgleichender Faktor für den Wasserabfluß große Bedeutung. Ebenso sind die Wälder für die Wirtschaft und als Erholungsstätten von besonderem Wert (S. 409, 412).

Für einzelne Lebensverrichtungen werden im Mittel folgende Wassermengen beansprucht [5, 51].

1 Beschäftigter während d. tägl. Arbeitszeit	30— 50 l/Tag
1 Schüler während d. Schulbesuches tägl.	20 l/Tag
1 Person Trink- und Kochwasser	2,5 l/Tag
1 Person Trink- und Kochwasser und Körperflege	20— 30 l/Tag
1 Wannenbad	150—400 l
1 Brausebad	40—100 l
1 Klosettspülung	6— 12 l
1 PKW-Reinigung	200—250 l
Siedlungen: ländliche Orte je Einwohner/Tag	40— 50 l/Tag
ohne öffentl. Entwässerung/Tag	75—100 l/Tag
Städte bis 100 000 Einwohner je Einwohner/Tag	100—200 l/Tag
Großstädte über 100 000 Einwohner je Einwohner/Tag	150—300 l/Tag
Krankenhäuser je Patient/Tag	350—500 l/Tag
Tierhaltung: Großvieh (Rinder)	30 l/Tag
Großvieh (arbeitende Pferde)	40— 50 l/Tag
Schwein, Kalb, Ziege, Schaf	10 l/Tag
Zur Erstellung eines kg Trockengewichtes von Pflanzenmasse werden benötigt (Transpiration und Synthesewasser)	100—1200 l

In gewerblichen Betrieben braucht man zur Herstellung von:

1 l Molkereimilch	4,5 l
1 l Bier	25 l
1 kg Fleischwaren	1— 3 l
1 kg Zucker	6— 120 l
1 kg Margarine	40— 60 l
1 kg Papier	200—1000 l
1 kg Zellstoff	200— 600 l
1 kg Zellwolle	150— 200 l
1 kg Schafwolle	100 l
1 kg Kohle	10 l
1 kg Stahl	10— 20 l
1 cbm Gas	5 l
1 kWh mit innerbetriebl. Wasserkreislauf	10 l
1 kWh ohne im Kraftwerk	200 l
1 t Uran gibt nach Aufarbeitung [51]	
hochaktives Abwasser	6 m^3
mittelaktives Abwasser	40 m^3
schwachaktives Abwasser	600 m^3

α) **Die Folgen der Melioration des Oberflächenabflusses** [81, 89]: In bestimmten Flußgebieten, besonders in solchen mit ausgedehnten alluvialen Schwemmböden, ist es infolge der Uferbegradigungen zu einem beträchtlichen Absinken des Grundwasserspiegels gekommen.

Die Hochmoore, die vermoorten Flußtalwiesen, also praktisch Sphagnumschwämme, in welchen durch den besonderen Bau der Moosblättchen fast alles Regenwasser, auch nach 21stündigem mäßigem Dauerregen, aufgefangen werden kann, die also die natürlichen Wasserspeicher des Oberflächenwassers darstellen, sind vielfach den Meliorationen zum Opfer gefallen. Dadurch sind nicht nur die feuchten Lokalklimate und deren günstige Wirkung auf die Vegetation verschwunden. Diese Eingriffe in die Landschaft haben nicht nur Grundwasserstandsenkungen, sondern auch tiefgreifende Vegetationsänderungen nach sich gezogen [16; 57]. Bei unserer intensiven Landwirtschaft mit recht hoher Kunstdüngerzufuhr ist heute auch in unseren Klimaten das Wasser zum „ertragbegrenzenden Faktor" geworden.

Zu weit gehende Regulierungen, besonders in den Oberläufen der Gebirgsflüsse, Trockenlegung der Moore und Sümpfe, halten z. Z. der sommerlichen Dauerregen das Wasser nicht mehr in ausreichender Menge zurück. Die Folgen sind dann Überschwemmungen in den Mittelläufen, wie sie 1958 und 1965 wiederholt in Süddeutschland, aber auch am Niederrhein festgestellt wurden. Flußregulierungen, Hochwasserschutzbauten, Dränagesysteme, Maßnahmen zur Verbesserung der Schiffbarkeit, Anlagen von Trinkwasser- und Brauchwasserreservoirs mit den dazu gehörigen Betrieben zur Energiegewinnung, schließlich die Wasserstauanlagen für Erholungsstätten, gehören zu den notwendigen Landschaftsumgestaltungen, sie sind gleichwichtig, wie die Erhaltung der Lebensfähigkeit der Landschaften im natürlichen Sinne. Immer muß der wirtschaftliche Nutzen, der durch Erschließen einer Landschaft dadurch entsteht, mit dem sonstigen Wert der Natürlicherhaltung abgewogen werden [22].

β) **Das Oberrhein-Bodenseeproblem** [30, 52, 53, 81] (Vgl. 4, e). Die letzte noch einigermaßen im Naturzustande befindliche Flußstrecke liegt am Oberrhein von der schweiz-österreichischen Grenze bis etwa Basel. Der Wunsch, auch dieses Gebiet als Verkehrsader schiffbar zu machen, ist für die beiden südöstlichen Anliegerstaaten nur verständlich. Daraus ergibt sich aber die Frage, ob die Schiffbarmachung einerseits oder die Erhaltung und Wieder-Natürlichmachung der lohnendere Weg für Landschaft und die Menschen ist. Die Einwohner der Schweiz und Österreichs sind an der Beförderung von Massengütern über diese Flußstrecke interessiert. Die bodenständige Uferbevölkerung und die jahraus jahrein in dieser Landschaft Erholungsuchenden dürften mit 10 bis 15 Millionen je Jahr nicht zu hoch gegriffen sein [81/1965/VII/14]

Die Ausbaukosten ohne Hafenanlagen werden nach *W. Jacobi* [81/V/1965/2] auf 350 Millionen DM, Kapitalverzinsung 25 Mill. DM geschätzt. Der letztere Betrag dürfte dem Aufwand für die Güterbeförderung auf dieser Strecke nach Österreich per Achse entsprechen.

Die notwendigen Landschaftssanierungsmaßnahmen dürften auf bundesdeutscher Seite, um dem See wieder erträgliches Abwasser zuzuführen, 250 Mill. DM betragen. Dadurch bliebe der Trinkwasserspeicher für Süddeutschland erhalten. Bisher werden aus dem Überlinger See nach dem Raum um Stuttgart 3000 l/sec entnommen, durch eine zweite Leitung bis 1970 soll die Wasserförderung auf 7500 l/sec gebracht werden.

Man bedenke, diese Aufwendungen wären durch ein auf dem Obersee havariertes Tankschiff gefährdet, sie würden zusätzlich zu der schon im Bregenzer Raum am See verlaufenden Pipeline eine Gefahr für die Versorgung des dichtbesiedelten Gebietes in Südwestdeutschland bedeuten [81/1965/V/10].

Ein weiteres Problem wird durch die Eutrophisierung als Folge der Einleitung von Abwässern in den See bedingt. Der Phosphatphosphorgehalt, offenbar aus den eingeleiteten Waschmitteln, ist in der Zeit von 1953 bis 1966 von 0 auf 20 mg/m³ angestiegen. Dies hat offenbar zu der Eutrophisierung beigetragen. Der P_2O_5-Gehalt beträgt im Sediment des Obersees im Mittel 0,115 %, im Überlinger See 0,166 %. Durch die Düngewirkung der phosphor- und stickstoffreichen Abwässer wurde die Phyto- und Zooplanktonentwicklung, wie auch die der Unterwasserflora so gesteigert, daß zu deren oxidativen Abbau große Mengen von Sauerstoff verbraucht werden. So wurde festgestellt, daß im Gnadenseeteil des Untersees in 20 m Tiefe über dem Seegrund die Saustoffsättigung auf unter 10 % absank. Der Anfall an organischer Substanz führt im ganzen See zu Sauerstoffmangel evtl. zur Bildung von Schwefelwasserstoff. Als Folge der Eutrophisierung, d. h. der dadurch bedingten vermehrten Planktonentwicklung, wurde ein Rückgang der Blaufelchen festgestellt. Die Jungfische wachsen schneller und erlangen vor der Laichreife bereits die Größe, derzufolge sie in den ausgelegten Fangnetzen festgehalten werden. Dadurch verringerte sich deren Laichzahl und damit in der Folge die Bestände an Abwachsfischen [58].

Wenn all diese Entwicklungen nicht durch abwassertechnische Maßnahmen unterbunden werden, besteht die Gefahr, daß der See in fernerer Zukunft seine Aufgabe als bedeutenste Trinkwasserreserve der BRD nicht mehr zu erfüllen in der Lage ist [52, 53] (vgl. S. 391).

Gerade die Bodenseeprojekte sind m. E. ein passendes Beispiel für die Überschneidung der Interessenbereiche der Kulturtechniker einerseits und der Naturschützler, die für Landschafterhaltung und Landschaftsanierung anderseits eintreten.

Daß der Rhein von Basel abwärts durch die Korrektur seines Bettes bzw. durch die Wasserentnahme in den Rheinseitenkanal weitgehend die angrenzende Landschaft verändert hat, ist wohl die Folge der politischen Entwicklung in diesen Jahrhundert. Nach *Karbe* zeigen 90 000 ha fruchtbaren Bodens beiderseits des Stromes „Versteppungserscheinungen" [31]. Die Land- und Forstwirtschaft wurde um Erträge über 300 Millionen Mark gebracht.

c) *Die Wasserbereitstellungsfrage* [6, 21, 41, 79, 81] *(Tabelle 11)*

Auf das Gebiet der BRD fallen jährlich rund 800 mm Niederschläge, ca. 112 mm gelangen ins Grundwasser. Als Trink- und Brauchwasser werden davon 10 mm, für Industriezwecke 35 mm benötigt [6]. Nach der Wasserstatistik Deutscher Gemeinden [81/1961/IV/3] wird jedoch der Bedarf nur zu 60 % aus echtem Grundwasser, der andere zu 32 % aus Oberflächenwasser durch Uferfiltration oder künstliche Grundwasseranreicherung und 8 % unmittelbar aus den Gewässern gedeckt.

Wie sich der Wasserverbrauch in dem am höchsten industrialisierten Lande Nordrhein/Westfalen zum Bundesdurchschnitt verhält, zeigen folgende Zahlen (Pr. 23. 9. 59).

	Wasserförderung/Jahr	Verbrauch je Kopf	Verbrauch je km^2
Bund	9,2 Mrd. m^3	310 l/Tag	37 500 m^3
Nordrhein-Westfalen	4,1 Mrd. m^3	770 l/Tag	121 000 m^3

Letzteres Land hat bereits Talsperren mit einem Fassungsvermögen von 963 Mill. m^3 gebaut. Hier wie überall sind also das Grundwasser und unsere Wälder die Hauptlieferanten für ein gesundes Wasser. Diese an sich erfreuliche Praxis aber reicht für ein hochindustrialisiertes Land auf die Dauer nicht mehr aus. Viele Großbetriebe nutzen bereits geklärtes Flußwasser (s. u.) oder wenden dies sog. Kreislaufverfahren an, welches einmal verwendetes Brauchwasser nach entsprechender Reinigung wieder zurückleitet und der Produktion zugänglich macht.

Von der Wassermenge insgesamt rund [6, 51]	1 400 000 000 km^3
nehmen am Wasserkreislauf der Erde jährlich teil	400 000 km^3
auf die BRD entfallen davon rund	200 km^3
hiervon gelangen als wiedergewinnbares Wasser in das Grundwasser	30 km^3
im Bodensee allein werden gespeichert	50 km^3

In der BRD werden in Haus und Gewerbe von den Menschen jährlich genutzt:

aus Oberflächenwasser	(40 %)
aus Grundwasser	(47 %)
aus Quellen	(13 %)
das sind rund	12 km^3

Als Abwasser erfaßt und abgeleitet werden rund   9 km^3.

12 000 Wasserwerke stellen der öffentlichen Wasserversorgung etwa 4,5 km^3 (etwa $^1/_{10}$ des Bodenseewassers) zur Verfügung; die Hälfte für die Haushaltungen, die andere für die Industrie. 90 % des Industriewassers wird aus eigenen Werken und zwar 60 % davon aus Oberflächenwasser (Flußwasser) bezogen (Pr. 6. 3. 64). Trotz der ökonomischen Wasserwirtschaft in einzelnen Ländern, wird für industrielle Betriebe noch zu viel Frischwasser verwendet (London 25 %, SU 43 %, Papisow Pr. 14. 2. 60). Es steht zu erwarten, daß die Menschheit mit den derzeitigen Praktiken gegen Ende des Jahrhunderts vor einem Wassermangel steht, wenn nicht andere Reserven mobilisiert werden.

a) Meerwasserentsalzung [51, 66, 79, 92]: Ein weiterer Weg der Wassergewinnung ist die Entsalzung des Meereswassers. Da neben den bisherigen Verfahren der Destillation, das bis zur Industriereife bereits entwickelt ist, auch andere Methoden, wie das Ausfrieren und die der umgekehrten Osmose zur Anwendung kommen werden, muß eine entsprechend billige Energiequelle nutzbar gemacht werden. Als diese hat sich die Atomenergie erwiesen, wobei die Süßwassergewinnung mit der Erzeugung von elektrischer Energie gekoppelt werden muß.

Auf diesem Wege sind bereits jetzt die Senkung der Kosten für 1 m³ Wasser auf 0,25—0,30 DM erreicht worden [8/22. 9. 1965 und NR 1969/79].
Ein neues Verfahren zum Umwandeln von Seewasser in Frischwasser soll billiger sein als die übrigen Verfahren. Dabei wird Seewasser unter Druck durch poröse Glasfaserrohre gepumpt, die mit einer Membrane aus modifiziertem Celluloseacetat ausgefüttert sind. Diese Membrane ist zwar wasserdurchlässig, jedoch läßt sie keine aufgelösten Salze durch, so daß Frischwasser durch die Wände des Rohres ausgefiltert wird, während die Salze zurückbleiben [66].
Neben Reinigen von Seewasser kann das Verfahren auch im Inland für Aufbereitung von Brackwasser angewandt werden.

d) Die Wasserverschmutzung [6, 32, 44, 88]

Die Uferbauten unserer Flüsse verhindern die Absetzung des mitgeführten Gerölles und der natürlichen Sinkstoffe. Damit ist, mit Ausnahme der hinter den eigentlichen Ufern verbliebenen Altwässern, kaum noch eine natürlich bewachsene Uferlandschaft erhalten geblieben. Die anderen im freien Wasser und auf dem Grunde sich sonst entwickelnden Lebensgemeinschaften wurden dadurch zerstört [37]. Statt dessen hat sich, vielfach durch den ständigen Wellenschlag bedingt, zwischen Wasseroberfläche und Hochwasserlinie eine Zone öliger Überzüge mit Ansammlungen von allerhand Resten, der in die fließenden Wässer geleiteten Abläufe der Siedlungen und Fabrikanlagen, angesammelt. Hier und an den Stauwerken sammeln sich dann die Reste des zivilisatorischen Unrates an. Da nach dem Gesetz ab 1. 10. 1964 nur noch zu 80 % abbaubare Wasch- und Reinigungsmittel verwendet werden dürfen, wird mit einer Abnahme der durch diese sog. Detergentien verursachten Schaumberge gerechnet werden können.

α) Arten der Verschmutzungen des Gebrauchswassers: Die in die Flüsse eingeleiteten Haushaltabwässer enthalten meist geformte organische Abfälle, Infektionserreger und wenige gelöste chemische Waschmittelrückstände. Ihr Mineralstoffgehalt ist gering. Solange nur sie in die Wasserläufe gelangten, war eine Schädlichkeit infolge der biologischen Selbstreinigung kaum gegeben. Erst als zu den gewerblichen Abwässern (aus Schulen, Krankenhäusern, Gasthöfen und Schlachthäusern und Molkereien) solche der Badeanstalten, Wäschereien, der Straßenreinigung mit Gehalt an Chlor, Waschmitteln und Mineralstoffen (oft bis zu 45 % des Stoffgehaltes [41]) dazu kamen, erwies sich eine besondere Behandlung als erforderlich (s. u.)

Mit Anbruch der industriellen Epoche stieg die Menge und vor allem der Stoffgehalt dieser Wässer bedrohlich an.

Anfall von Abwasser in Nordrhein-Westfalen zwischen 1900 und 1960
verglichen mit der Bevölkerungszahl [25]

	1900	1960	Verhältnis
Kühlwasserbedarf	0,43 Mrd. cbm	1,92 Mrd. cbm	
Industrieabwässer	0,21 Mrd. cbm	1,14 Mrd. cbm	
Häusl. Abwasser	0,13 Mrd. cbm	0,74 Mrd. cbm	
Abwasser insges.	0,77 Mrd. cbm	3,80 Mrd. cbm	1:5
Bevölkerungszahl	7,5 Millionen	15,80 Millionen	1:2

Die Zusammensetzung der Industrieabwässer, ihr Stoffgehalt und die Temperatur bei der Abgabe schwankt in Menge und Zeit. Durch die vielfach stoßweise Abgabe besteht die große Gefahr der Vernichtung der Biotope unterhalb der Einlaßstelle. Vorwiegend organischen Gehaltes und dadurch Gärungs- und abbaufähig sind die Wässer aus Milch- und Fettverarbeitungsbetrieben, der Nahrung- und Genußmittelindustrien, sowie Webereien alten Typs und der Papierfabriken, während chemische Werke, Kohlebergwerke und Kokereien, Kunststoffwerke teils sehr giftige (Chlor, Phenol-, Schwefel-, Cyanverbindungen), aus Berg- und Hüttenwerken, Soda- und keramischen Industrien, Kunstdünger und metallverarbeitenden Werken stark salzhaltige Verunreinigungen abgeben.

Als repräsentatives Beispiel seien hier wiederum die Verhältnisse am Rhein angeführt: Ihm werden aus dem Kalibergbau im Elsaß (35 %), den Industriebetrieben der Schweiz und Bundesrepublik (27 %) denen Lothringens und der Saar (12 %) und dem Ruhrkohlenrevier (16 %) der Salzmengen zugeführt. Bei Mainz wurden im Herbst 1964 je 1 Liter 20 g Substanz (NWDR 18. 9. 64) bei Köln 1951 0,31 g Salz/l festgestellt. Viele Orte am Niederrhein und in Holland sind auf das Sickerwasser des unsichtbaren Rheinstromes angewiesen und haben durch den Bau von modernsten Trinkwasserbereitungsanlagen diese Belastungen zu umgehen versucht. Täglich führt dieser Strom 40 000 t Salz, davon 34 000 t Kochsalz, über die Grenze in die Niederlande. „Tatsächlich führt er heute mehr Unrat und Giftstoffe pro Tag mit sich, als auf ihm Güter transportiert werden. Die jährl. Menge von Schlamm, die er der Nordsee zuführt, würden einen Güterzug von 2000 km Länge füllen" (= 4 Mill. t Schlamm, [41; 75]).

Eine besondere Gefahr für unser Wasser ist die zunehmende Verwendung von Erdölprodukten, deren Lagerung bzw. deren Beseitigung bei nicht mehr Brauchbarkeit. Ein Liter Mineralöl kann 1000 m³ Wasser für viele Jahre ungenießbar machen. In einer Verdünnung von 1 : 1 000 000 nimmt der Mensch noch den Geruch und Geschmack von Benzin wahr [41]. Von den 8000—9000 Motorschiffen, die den Rhein passieren, gelangten bis 1966 10 000 Tonnen Bilgenöl in den Fluß [81/1966/IV/8]. Erst in letzter Zeit werden Spezialschiffe zum Aufsammeln dieses Anfalles eingesetzt. In der BRD sind etwa 1,6 Mill. Heizölbehälter bei einer jährl. Zunahme von 100 000 in der Erde verlegt. Sofern die unter Aufsicht des TÜV verlegten Behälter an Orten lagern, die nicht hochwassergefährdet sind, bietet höchstens das Leckwerden wegen Überalterung der Anlage eine Gefahr für das Grundwasser. Wenn diese Wohngebiete zum Wassereinzugsgebiet zählen, sind entsprechende Sicherungen hinsichtlich einer Leckanzeige bereits zur Auflage gemacht worden [81/1966/V/8]. Unabsehbar sind die Folgen, die entstehen, wenn durch Hochwasser ein Tank ausläuft oder Tankwagen-Havarien auf unseren Autostraßen, die durch die Wasserentnahmegebiete führen, eintreten. Entsprechende Methoden zur Sofortbeseitigung von Erdölergüssen in das Oberflächenwasser sind daher bereits entwickelt und erprobt worden [24; 33].

Mineralöle in Böden dürften nach einiger Zeit abgebaut werden, wenn sich die entsprechenden „kohlenwasserstoffe-abbauenden Bakterien" in solchen Böden angereichert haben, um die zur Verfügung stehenden Großmoleküle als Energielieferanten für ihre eigenen Synthesen zu nutzen. Dies beweisen die Asphaltdecken zerstörenden Petroleumbazillen auf australischen Straßen, die in der Lage sein sollen „alle 5 Sekunden ihr Eigengewicht an Erdöl" zu zerstören und eine enorme Vermehrungsrate zeigen [63].

β) **Arten der Abwasserklärung** [5, 6, 14, 75, 88]: Die selbstreinigende Kraft des Wassers beruht auf biologischen Vorgängen, an welchen hauptsächlich Mikroorganismen (Bakterien, Pilze, Infusorien, Algen) aber auch größere Tiere (Mollusken, Insekten) beteiligt sind. Durch den Lebensprozeß werden viele Stoffe (einschl. Erdöl) für den eigenen Stoffwechsel verwendet. Eine Grundvoraussetzung ist jedoch das ausreichende Vorhandensein von Sauerstoff. Fehlt dieser, verschwinden die nützlichen Kleinlebewesen, man erkennt dieses Stadium am Auftreten der lammfellartigen Fladen von Abwasserpilzen *(Saprobien)* besonders in Molkereiabwässern.

Der Verbrauch und die Dauer, die zum Abbau der mittleren Tagesverschmutzung (also der Anfall an Spül-, Wasch-, Scheuer-, Bade- und Spülortabwasser) einer Einzelperson anfällt, benötigt für den biogenen Abbau 54 g Sauerstoff und etwa 5 Tage. Diese Mengen hat man als „Einwohnergleichwert" definiert [6, 41].

Für die Bereitung nachstehender Produkte fällt ebenfalls in etwa ein EglW an:
bei Waschen von 0,5—2,5 kg Schmutzwäsche
bei der Herstellung von 1 kg Butter
" 2 kg Margarine
" 3—8 kg Fleisch und Wurstwaren
" 35 l Molkereimilch
" 1 kg Käse (ohne Molkenablauf)
" 0,25 kg Käse (mit Molkenablauf)
" 2 kg Fischkonserven
" 2 kg Obst und Gemüsekonserven
" 0,3—1,0 kg Zucker aus Rüben
" 1—3 l Bier
" 0,2—0,5 kg Wolle, gewaschen
" 0,2—1,0 kg Leder
" 0,15—0,25 kg Sulfitzellstoff
" 1,5 kg Kunstseide
" 1—10 kg Papier
" 1 kg Pappe (Schrenz)
" 1 kg Seife
" 1 kg Leim

Neben der Feststellung des Sauerstoffverbrauches sind zur Charakterisierung eines gereinigten Abwassers noch folgende Prüfungen erforderlich [5, 71].

Die Lichtdurchlässigkeit des Wassers *(Forell-Skala)*, die Absetzgeschwindigkeit der Sinkstoffe (Absetzprobe im sog. *Imhoff*-Absetzglas, ein Abwasser erscheint entschlammt, wenn es innerhalb von 2 Stunden nicht mehr als 0,5 cm³ Sinkstoffe je Liter absetzt);

die Messung des pH-Wertes (ein Abwasser sollte nie einen Wert 6,8 bis 8,5 unter- bzw. überschreiten, Werte darüber und darunter schädigen die Wände der Betonanlagen, die Kleinlebewelt, also die Fischnährtiere und Fische in den Gewässern, in die sie hineingelassen werden);

die Methylenblau-Probe (Haltbarkeitsprüfung, eine 0,05 % Methylenblaulösung in 50 cm³ Abwasser, d. s. 5—7 Tropfen, darf in einer gut verschlossenen Flasche bei 20° C im Dunkeln nicht entfärben. Vom 3. bis 5. Tage wird der Tag der Entfärbung festgehalten). Die Probe gibt Auskunft über das Vorhandensein von Fäulniserregern unter der Voraussetzung, daß keine sonstigen Giftstoffe (vgl. pH-Wert) das Farbstoffmolekül zerstören;

die Feststellung des Keimgehaltes je Kubikeinheit an Mikroorganismen [32, 48].

Nach der Wasserbeschaffenheit, also dem Stoffangebot richten sich jeweils die in diesem Bereich vorkommenden Lebewesen. Die letzteren sind daher ein besseres Indizium für eine Dauerbeurteilung als die chemische Wasseranalyse. Außerdem läßt das Vorkommen ganz spezifischer Organismen oft das Vorhandensein einer besonders geringen Stoffmenge erschließen, welche die chemische Analyse nicht mehr zuverlässig anzeigen kann.

Lebewesen als Nahrungsspezialisten vermögen bestimmte Stoffe in verhältnismäßig kurzer Zeit abzubauen und so die bekannte Selbstreinigung eines Gewässers durchzuführen. „An einem Fluß mit 1 m/sek Strömungsgeschwindigkeit eingeleitetes Abwasser ist in einer Entfernung von 2 km unterhalb der Einlaßstelle Abwasserpilzfrei (an der Ufergegend). Es hat also ein Aufenthalt des Abwassers von 33 Minuten genügt, die Entwicklung von Abwasserpilzen unmöglich zu machen". Es werden folgende biologische Selbstreinigungszonen unterschieden:

I. Polysaprobe Zone: (eingeleitete Abwässer aus Molkereien, Zucker- u. Zellulosefabriken)

Die Abwasserflora ist artenarm aber der Zahl nach organismenreich. Es finden sich hauptsächlich Bakterien (1 mill/1 ccm Nährgelatine-aufzucht; die Anwesenheit von Escherichia coli deutet auf Fäkalien hin), Sphaerotilus natans-Fladen, Leptomitus lacteus (lammfellartige Pilzlager) u. Fusarium aquaeductum. An Flagellaten und Ciliaten finden sich: Bodo putrinus, Colpidium colpoda, Paramaecium putrinum, Vorticella microstoma, Chilodonella cucullulus u. die Kieselage Hantzschia amphioxys. Bei Anwesenheit von Schwefelwasserstoff bildet Beggiatoa alba die charakteristischen weißen Lager, in deren Gefolgschaft sich neben den oben genannten Formen Hexamitus inflatus, Leucophrys patula, Enchelys nutans und Lionotus lamella finden.

II. Übergangszone A (α-mesosaprobe Lebewesen)

Der Artenreichtum nimmt zu. Neben vereinzelten Vorkommen von Organismen der Zone I sind Bakterien und Pilze, außerdem Flagellaten (Anthophysa vegetans) und Urtierchen Stentor coeruleus, Carchesium polipinum als charakteristisch anzusehen.

III. Übergangszone B (β-mesosaprobe Lebewesen)

Das Vorkommen von Diatomeen und Chlorophyceen (falls Plankton vorhanden auch Cyanophyceen), Rhizopoden, Würmern und Rädertierchen ist für diese Zone charakteristisch; es kommen bis zu 400 verschiedene Arten vor. Bakteriengehalt (100 000/1 ccm Nährgelatine-aufzucht) ist bereits stark vermindert. Der Sauerstoffgehalt kann bei Besonnung schon das Sättigungsmaximum erreichen, bei Nacht und unter Eisdecke kann noch Mangel auftreten.

IV. Oligosaprobe Zone (Reinwasserzone)

Der Bodenaufwuchs besteht je nach Tiefe vorwiegend aus autotrophen Organismen, denen sich Urtierchen, Rädertiere, Insektenlarven und Krebse zugesellen. Im Plankton finden sich je nach pH-Wert die Schweborganismen aus der Gruppe der Kieselalgen, Grünalgen, Blaugrünalgen und Flagellaten, sowie Krebse. Bakteriengehalt des Wasser dürfte oft kleiner als 1000/1 ccm betragen. (Die kurzgefaßte ausgezeichnete Zusammenstellung von *Klee* enthält sorgfältig gezeichnete Bildtafeln, die sich für den Anfänger als Bestimmungsunterlage gut eignen).

Nach Erhebungen des Bundes-Gesundheitsministers betrug der Anfall an Abwasser in der BRD 1957 [6, 25, 31]

aus Haushaltungen und Kleingewerben	1,53	Mrd. m³
über die öffentl. Kanalisation abgeleitetes Grund- und Oberflächenwasser	0,71	„
aus der Industrie ins Kanalnetz abgegebenes Abwasser 1,4		
aus der Industrie unmittelbar in Flüsse abgegebenes Abwasser 4,9	rund 6,11	„
davon entfallen auf die chemische Industrie	31 %	
Metallindustrie	16,5 %	
Zellstoffindustrie	12,9 %	
Kohle	7,3 %	
insgesamt etwa	8,35	Mrd. m³

Die Abgabe der Industrie schlüsselt sich auf in

ohne Klärung abgegeben	11 %	0,56 Mrd. m³
mit Vorbehandlung	23 %	1,11 „
Kühlwasser	66 %	3,22 „

Der Zustand des abgegebenen Abwasser stellt sich wie folgt dar:

Ohne Behandlung (100 % Stoffgehalt)	30 %	1,02 Mrd. m³
mechanisch geklärt (etwa 33 % der Stoffe entzogen)	49 %	1,71 „
mechanisch und biolog. geklärt (85—95 % der Stoffe entzogen)	21 %	0,73 „

Ein besonderes Problem stellt also heute die Wiederreinigung des durch Wohlstand und Industrialisierung im erhöhten Maße anfallenden Abwassers dar. Waren früher die Stadthygieniker besorgt, die Gefahren, die sich aus der Überhandnahme von Infektionskrankheiten erregenden Bakterien (Typhus, Cholera u. a. Darminfektionen) und Viren (Kinderlähmung) ergaben, zu bannen [18], so sind es heute neben den oft noch recht hohen Keimzahlen, die Abwässer besonders aus ländlichen Gebieten enthalten, die enormen Mengen von Schwebstoffen und Mineralsalzen, die unsere Abwässer belasten.

Neben der vielfach nur verwendeten sog. mechanischen Vorreinigung, die aus Grob- und Feinrechen, Sieben und einem Sandfang (Bilder in [5, 6], besteht, werden je nach Anfall noch biologische und chemische Reinigungsanlagen angeschlossen. In den ersteren werden mit Hilfe von Bakterien die organischen Stoffe abgebaut, wobei Berieselungsanlagen für Durchlüftung (Anreicherung mit Sauerstoff) des Abwassers zu sorgen haben. Oft wird solches Wasser auf sog. Rieselfeldern zur Düngung landwirtschaftlicher Kulturen bzw. zur Eutrophisierung von Fischteichen verwendet. Industrielle Abwässer machen besonders chemisch-physikalische Reinigungsprozesse erforderlich. Neutralisations-, Extraktions-, Filter- und auch Destillationsverfahren sind oft recht kostspielige Reinigungsarten. An schon erwähnten Kreislaufverfahren (s. o. 4 c) können daher Sonderprozesse zur Rückgewinnung einzelner wertvoller Klärprodukte, aber auch zur Beseitigung von Gift- bzw. radioaktiven Abfällen angeschlossen werden [14, 44].

Bis 1964 wurden 3000 Kläranlagen, meist einstufige, mit einem Aufwand von 10 Mrd. DM errichtet. Es fehlen in der BRD 12 000—15 000 Anlagen mit der 2. sog. biologischen Reinigungsstufe, für die bis 1975 der Planung nach 40 Mrd. DM bereitzustellen wären. Nur dadurch könnte man verhindern, daß die Abwässer nicht zu einer Gefahr für unser Trinkwasser werden. Gerade unsere Flußsohlen (z. B. der Rhein) sind infolge „der starken Verschmutzung im hohen Grade wasserundurchlässig geworden. Damit hat der Nachfluß an Uferfiltrat und gleichlaufend die Ergiebigkeit der Brunnen, die uferfiltriertes Wasser spenden, gerade zur Zeit des sommerlichen hohen Wasserbedarfs bis zu 40 % nachgelassen" [81/1965/V/5].

Aus den Flußstauseen, besonders die der Flüsse der Industriegebiete, sind große Klärbecken geworden. Die Selbstreinigungskraft des Flußwassers wird dadurch unterstützt, daß die große Oberfläche des gestauten Areals mehr Sauerstoff aus der Luft aufnehmen kann. „Man hat errechnet, daß es bis zu 240 kg in der Stunde sind", die so an den Ruhrstauseen aus der Luft aufgenommen werden können.

Die eingebauten künstlichen Belüftungsanlagen (Wassersprüher) haben sich bes. bei extremen Wetterlagen (Gewitterschwüle im Sommer) bewährt und Fischsterben verhindern können.
Über Schulversuche zur biologischen Abwasserreinigung (vgl. [5, 48, 71]).

γ) Biologische Abwasserreinigung [6, 22]: Die Lage unserer Gewässer bringt, auch wenn die Techniker im Großbau die Übernahme gesunden Wassers aus Nordeuropa planen, für die Zukunft immer neue Probleme, so daß man sich auf die Dauer auf den einzig zuverlässigen Weg besinnt, das verunreinigte Wasser auf natürlichem Wege wieder brauchbar zu machen, es also dem selbstreinigenden Weg der Biocönose zu unterwerfen. Rückhaltebecken und Schlammabfang, ein flacher Dauersee, Nachreinigungsteiche, in welchen Schlammablagerungen bzw. das Gebrauchtwasser mit natürlichem Flußwasser gemischt die biologische Selbstreinigung einleiten kann, sind ein Weg, bevor man solches Wasser dem Flußlauf zuführt. — Die Einbeziehung von Altwässern, deren Neuanlage, die buchtenartige Erweiterung der Flußufer (Talsandseen) sind weitere Hilfen, die natürliche Lebewelt der Flüsse wieder erstehen zu lassen, Sinkstoffe, kolloidal verteilte Kleinstoffe in diesen zur Ablagerung zu bringen bzw. sie dem lebenden Prozeß zur Stoffneubildung wieder zuzuführen. Da es sich neben vielen organischen Stoffen auch um Anreicherungen von Salzen handelt, wurde ein Weg über die Wasserpflanzen gefunden, der die Stoffe den biogenen Prozessen zuzuführen in der Lage ist. Die so gebildete Pflanzensubstanz kann andererseits aber wieder wirtschaftlich nutzbar gemacht werden. Als geeignetes Objekt wurde an der limnologischen Station Krefeld-Hülserberg die Teichbinse *(Scirpus lacustris L.)* entdeckt. Versuchspflanzungen zeigten an verschiedenen Orten (Krefeld, Berlin, Haltern/Westf.), daß diese Pflanze nicht nur in der Lage ist Flußwasser, sondern auch Abwasser mit Phenol, Cyaniden, Kupfer u. a. Giftstoffen, soweit aufzubereiten, daß es als Trinkwasser freigegeben werden konnte, sondern daß auch die getrocknete Pflanzenmasse gemahlen der Tierzucht (Entenmast) zugute kommen kann [75, 76].

Andere Versuche, wie die Umwandlung kolloidalen Schlammes, die Phosphatelemination, die Überbringung von Luftsauerstoff an die Limnosphäre, um die Sauerstoffzehrung im Wasser zu verhindern, sowie die Aufbereitung von Abwässern durch Pflanzen ohne Verdunstungsverluste sind weitere Probleme der biogenen Flußreinigung, die heute durch die limnologische Forschung in Angriff genommen werden. Gerade dieser neue Forschungszweig ist neben der biologischen Schädlingsbekämpfung ein weiteres Beispiel, auf welchen Wegen, unbeschadet vom technischen Schnelleinsatz mit synthetisch-chemischen Mitteln, die Landschaftssanierung auf die Dauer betrieben werden kann [81/1965/VII, VIII/8].

δ) Beeinträchtigung des Grundwassers durch Abfallstoffe insbesondere durch Haushaltmüll [31, 73]: *Schönsee* beziffert 1964 den Müllanfall in der BRD mit 30—40 Mill. m^3 je Jahr, während *Karbe* 1967 die Ablagerung auf den etwa 30 000 Müllplätzen mit 100 Mill. m^3 angibt, dazu kommen noch 25 Mill. m^3 Klärschlamm. Die oft speziellen Lagerungsbestimmungen unterliegenden Industrieabfallstoffe sind in dieser Betrachtung nicht eingeschlossen. Mit der Zeit werden die Lagerplätze (Erdgruben oder Halden, Talausfüllungen) in seuchen- und wasserhygienischer Hinsicht zu Gefahrenherden, zumal in der

BRD bis zu 47 % des Trinkwassers (vgl. 4, c) noch aus dem Grundwasser entnommen werden. Wenn auch in vielen Fällen diese „Kippen" nicht unmittelbar in den Einzuggebieten für Großwasserversorgungsanlagen liegen dürften, so muß doch eine Vermehrung der Ablageplätze bzw. eine Ausdehnung in Wasserspendegebiete zu einem Problem der Raumplanung und Landschaftgestaltung werden, zumal man ja auch nach Auflassen solcher Müllablagegebiete durch immerwährende Auslaugung mit einem Einsickern solchen Auslaugewassers in die Entnahme rechnen kann.

Dr. Ing. *Lange* [31] führt aus einem in Amerika durchgeführten Großversuch mit 1000 m³ Hausmüll die ungefähr im 1. Jahre nach Ablagerung ausgelaugten Mineralsalze wie folgt an:

Inhaltstoffe		in 1 000 m³ sind Ionen in Tonnen
Kalium	K^+	0,13
Natrium	Na^+	1,12
Calcium	Ca^{2+}	0,72
Magnesium	Mg^{2+}	0,08
Chlorid	Cl^-	0,74
Sulfat	SO^{2-}	0,20
Nitrat	NO_3^{4-}	0,39
Hydrogenkarbonat	HCO_3^-	3,25

Das ergibt umgerechnet für 28 Mill. m³ 134 000 t an ausgelaugten Ionen im 1. Jahr nach der Ablage, wobei die gleiche Menge Müll im 2. Jahre und wahrscheinlich die Hälfte zuzüglich der noch frisch zur Ablagerung gelangenden Müllmengen zu erwarten sind. Dabei muß außerdem noch berücksichtigt werden, daß in obiger Analyse nur die leicht faßbaren Ionen aufgeführt wurden, ohne die übrigen Stoffe, die ja alle bei uns in den Müll wandern und im Laufe eines Jahres nicht oder nur teilweise biogen zersetzt aber doch wasserlöslich wieder in das Grundwasser gelangen können. Außerdem muß dabei mit einer vermehrten Ausschwemmung von Bakterien u. U. auch Krankheitserregern (Typhus) gerechnet werden, wie sporadisch auftretende Fälle ja immer wieder zeigen.

e) Die Luftverunreinigung [13, 29, 30, 78]

Da unsere Industrie im wesentlichen auf aus Verbrennungen erzeugte Energie angewiesen ist und die Metall- und Baustofferzeugung in der Hauptsache ihre Grundlage bildet, werden gerade aus diesen Betrieben, die wiederum in den dicht besiedelten Gebieten unseres Landes liegen, für die menschliche Atmung besonders viele schädliche Abgase und Schwebstoffe abgegeben. Durch diese, die Ofenheizungen und die Kraftfahrzeugabgase, ist die gesundheitlich ertragbare Grenze in den einzelnen Gegenden unserer Industriegebiete erreicht. Zu den Staubverursachern zählen die Industriebetriebe mit 35 %, der Kraftfahrzeugverkehr mit 20 % und die Haushaltungen mit 42 % [68]. In der BRD fallen 2 Mill. t Staub und 5 Mill. t SO_2 nieder, 70 % davon im Ruhrgebiet. Dort fielen noch 1965 [Pr. 25. 2. 65] täglich 0,65 g Staub je Quadratmeter nieder! 200 000 Mrd. m³ Abgase, davon 2 000 Mrd. m³ aus Feuerungen, 700 Mrd. m³ durch Kraftfahrzeuge, werden jährlich in die Luft gegeben. Diese enthalten neben CO_2 und H_2O in der Hauptsache SO_2, CO, Bleiverbindungen und die cancerogenen Benzpyrene. Durch Gesetz vom 22. 12. 1959 mußten Zementwerke, Konverter und Siemens-Martin-Öfen bis zum 1. 1. 1967 alle „Abgase" einer chemischen Säuberung unterziehen. Verbrennungsbetriebe, insbesondere Ölheizungen, werden laufend überprüft. Alle bisherigen Versuche, die Brennstoffe, besonders das Heizöl, zu entschwefeln und die Abgase der Autos zu reinigen, scheiterten an der Wirtschaftlichkeit der anzuwendenden Verfahren [57].

α) *Was ist smog (smoge + fog)?* [29, 68]: Unter smog bezeichnet man die gesundheit-beeinträchtigende Wirkung der Schwebstoffe und Gase in der Atemluft, also das Zusammenwirken von atmosphärischen Kondensationskernen (Spurenstoffe der Luft) und giftigen, die Schleimhäute reizenden Gase (SO_2, NH_3, NO_2 u. a.), die sich besonders über Industriegebieten und Siedlungszentren in der Atmosphäre befinden.

An die Kondensationskerne lagert sich Wasserdampf an, so daß Nebelbildungen, insbesondere bei stabilen Luft-Hochdrucklagen, entstehen. Die so eingeatmete nebelige Luft gelangt in die Atemwege und die Schleimhäute des Auges, wo sie sich anheftet, von den Geweben aufgesogen wird und die korpuskulären Stoffe mechanische Reizwirkungen ausüben.

Die in den eingeatmeten Luftvolumen vorhandenen Stoffe erzeugen mit Wasser Säuren oder Basen. Diese und die anderen mechanisch, thermisch oder osmotisch wirkenden Fremdstoffe bedingen an den Zellmembranen besonders der Nervenzellen einen Zusammenbruch des Membranptentials [30], welches Schmerz, im weiteren Verlauf beim Eintritt in die Zellen die Zellatmung schädigende Vorgänge (Blockierung der Dehydrierung der Zwischenprodukt-Säuren des Zitronensäurezyklus) bedingt. Kohlenmonoxid geht eine nicht zerlegbare Verbindung mit dem Hämoglobin des Blutes ein.

Diese zellphysiologischen Beeinträchtigungen wirken sich bei vegetativ disponierten Personen in gesteigerter Erregbarkeit der glatten Muskulatur aus, die zu Bronchiospasmen, asthmatischen Beschwerden in den Atemwegen führen.

β) **Probleme der Staub- und Gasbeseitigung in unserer Umwelt** [13]: Nach *Domrös* läßt sich der Ruhrsiedlungsraum a. g. der festen Immissionen (gemessene Luftverunreinigung) in folgende 5 Bereiche einteilen:

Bereich:	1	2	3	4	5
Immission $gr/m^2/30$ Tage	<8	8,1—12,5	12,6—17,5	17,6—25	25 und mehr
	landwirtsch. genutzte Gebiete	lockere Besiedlung	dichte Besiedlung	schwer-industriell genutzte Gebiete	

Nach dem gleichen Autor ergeben die Meßergebnisse gasförmiger Immissionen nach dem Glockenverfahren von *Liesegang* [13] folgende Einteilung der Siedlungsräume:

Bereich:	1	2	3	4
mg Schwefel je Glocke in 100 Stunden	7,5	7,6—10,0	10,1—12,5	12,5—15,0
	kaum Luftverunreinigung	schwache Luftverunreinigung lockere Bebauung, Landwirtschaft	starke Luftverunreinigung Gewerbebetriebe, dichte Besiedlung, kein Wald	hochgradige Luftverunreinigung industrielle Betriebe

Die bei atmosphärischen Hochdrucklagen sich bildenden „smog"-Anreicherungen in den Inversionsschichten können nur ausgeschaltet werden, wenn die durch die Industrie und die Haushalte erzeugten Staub- und Abgasanreicherungen durch entsprechend hohe Ableitungskamine abgeführt werden. Aus dieser Sicht gewinnt die Zentralisierung der Beheizungsanlagen auf Kohlebasis, sowie die Verlagerung aller auf Verbrennungsenergie aufgebauten Betriebe aus den Tälern in Gebiete nahe der sich bildenden Inversionsschichten eine besondere lufthygienische Bedeutung. Solange aber bei Hochdrucklagen vom Herbst bis ins Frühjahr solche Inversionslagen in der siedlungsnahen Atmosphäre jede Luftturbulenz verhindern, wird die jeweilige Stadtverwaltung gezwungen sein, den Kraftfahrzeugen während der Hauptemissionszeit des Tages jede zusätzliche Abgabe von Abgasen und Kondensationskernen zu verbieten. D. h. bei „smog"-Gefahr muß der Kfz-Verkehr während der Hauptheizperiode des Tages ruhen oder es müssen die in den USA bereits vorgeschriebenen Entgiftungsanlagen auch bei uns durch Gesetze eingeführt werden.

γ) Pflanzen als Emissionsanzeiger [12, 59, 90]: Da einige Nadelbäume (*Larix leptolepis, Chamaecyparis*) eine spez. Resistenz gegenüber Abgasen zeigen, gewinnt die Ansicht von *Abramasvili* [13] eine gewisse Überzeugung, daß z. B. Fichtennadeln SO_2 absorbieren und als Sulfat ablagern. Andererseits erleiden andere Nadelbäume bereits bei kurzfristiger Begasung von 0,4—0,5 mg/m³ irreversible Schäden (10 b Bd. III).

Es ist nachgewiesen, daß Baumbestände als Staubfänger fungieren, wobei lichte Gruppen wenig, dichte Wälder mit hohen Bäumen besonders günstig wirken, zumal über 1 m² Boden 5—8 m² Blattfläche sich ausbreitet.

    1 ha Fichtenwald   fängt rund 32 Tonnen Staub aus der Luft ab
    1 ha Kiefernwald   fängt rund 36 Tonnen Staub aus der Luft ab
    1 ha Buchenwald   fängt rund 68 Tonnen Staub aus der Luft ab

Während Nadelbäume das ganze Jahr über Staub abfangen, sofern er wieder ausreichend abgewaschen wird und die Nadeln dazu in der Lage sind, sedimentiert er auf Laubbäumen nur während der günstigen Jahreszeit.

Bewaldete Grüngürtel in der Nähe und besonders in der Hauptwindrichtung hinter Siedlungen und Industriewerken sind daher gut zur Verbesserung der lufthygienischen Verhältnisse geeignet. Da mittels der üblichen physikalisch-chemischen Untersuchungsmethoden die Emissionen nur im jeweiligen Fall der Messung festzustellen sind, war man bemüht, einfache Methoden zu finden, die den Einfluß der Schadstoffe unabhängig von der Einzelmessung über längere Zeiträume erfassen lassen. Dies bot sich durch Vergleichen der Flechtenvegetation (*Lecanora*-, *Pertusaria*- und *Lepraria*-Arten) an. Domrös [13] hat an über 25 000 Bäumen des rheinisch-westfälischen Industriegebietes die Verbreitung und den Deckungsgrad des Krustenflechtenbewuchses untersucht und gefunden, daß der sonst auf der West- und Südwestseite vorkommende Flechtenbewuchs besonders bei stark emissionsgeschädigten dichtbesiedelten feuchtigkeitsarmen Stadtteilen weitgehend geschädigt ist oder ganz fehlt. Die gleiche Feststellung wurde auch an stark befahrenen Straßen und Autobahnen gemacht.

Diese Methode hat den Vorteil, daß sie Aufschlüsse über längere Zeiträume solcher Schädigungen gibt. U. a. konnte experimentell festgestellt werden, daß auch höhere Pflanzenarten ebenfalls in ihrer Vitalität durch Luftverunreinigungen beeinflußt werden [12]. So zeigen Veilchenblätter weiße Stellen an den Blattrippen, wenn SO_2 in der Luft vorhanden ist.

f) Die energiereichen Strahlen in unserem Lebensraum [7, 8, 74]

α) Radioaktive Stoffe der Erdrinde: Natürlich vorkommende strahlenfreisetzende chemische Elemente waren und sind je nach Art der Gesteine auch heute noch in der Sial-Schicht der Erde. Zeuge dafür ist das als Zerfallsprodukt aus Gebirgsklüften ausströmende Radon, das Argon und Helium an verschiedenen Orten angereichert vorkommenden Mineralien, die Uran und Thorium enthalten. Neben bergmännisch abbaubaren Mengen aber finden sich diese in den verschiedenen Gesteinen, außerdem, um nur die wichtigsten zu nennen, noch radioaktiver Kohlenstoff 14 und Kalium 40. Absatzgesteine sind verhältnismäßig arm (Kalkstein, Sandstein, Lehm emitieren 26, 37, 82 mrad/a, während die sog. sauren Erstarrungsgesteine (Granit 95—228 mrad/a) hohe Dosisleistungen zeigen.

Die von natürlichen externen Strahlenquellen stammenden Durchschnittsdosisleistungen an Gonaden und Knochen in Gebieten normaler und stärker aktiver Strahlung ergeben sich wie folgt [8]:

Gegend	Bevölkerung in Millionen	Durchschn. Gesamtdosisleistung mrem/Jahr [1])
1. Gebiete normaler Strahlung	2500	75
2. Granitgegenden Frankreichs	7	190
3. Monazitgebiet Argentinien	0,05	315
4. Monazitgebiet Kerala (Indien)	0,1	830
5. Alaun-Schiefer, Schweden		1150 (γ-Str.)

[1]) Bei Annahme eines Schutzfaktors von 0,63 für Gammastrahlung und einer Dosisleistung von 28 mrem/a für kosmische Strahlung.

Durch die Aufnahme von wassergelösten Nährsalzen gelangen strahlende Stoffe in die Lebewesen und nicht zuletzt in unsere Körper. Auch natürliches Quellwasser, besonders solches aus Urgesteinen und damit alle irgendwie technisch genutzten Wasser und Abwasser, das Flußwasser und nicht zuletzt auch das Meereswasser, sind mit radioaktiven Stoffen beladen, dazu kommt in letzterem noch das Tritium, sein Strahlenpegel wird mit 0,5 mrad/a angegeben [8].

β) **Der Strahlengehalt der Atmosphäre:** Die Herkunft des Edelgases Radon wurde schon erwähnt. Seine Anreicherung in der Atmosphäre rührt meist von Winden her, die über Urgesteinsmassiven wehen, wie man es bei Föhnlagen im süddeutschen Alpenvorland festgestellt hat. Diese Strahlung wird vermehrt durch die aus dem Weltenraum stammende kosmische Strahlung. Sie setzt sich aus 79 % Protonen, 20 % Alphateilchen, sowie Atomrümpfen der Elemente Stickstoff, Kohlenstoff, Sauerstoff und solchen mit einer Massenzahl unter 10 zusammen. Bei Durchgang durch die Atmosphäre (Gasmaterie) verliert sie an Energie und bewirkt so die Entstehung der Secundärstrahlung aus Elektronen, Neutronen, Mesonen und Photonen. In Meereshöhe setzt sie sich i. g. aus 80 % Mesonen und 20 % Elektronen zusammen, ihr Strahlenpegel beträgt dort 33—35 mr/a, in 1500 m 40—60 mr/a, in 6600 m 300—450 mr/a und steigt mit Höhe weiter an (Abb. Nr. 5).

γ) **Radioaktiver Ausfall als Folge früherer atmosphärischer Atombombentests** [8, 35, 36, 74]: Die bei einer Detonation einer solchen Bombe freiwerdenden Energien wirken sich wie folgt aus: 83 % Druck-, Sog-, Stoß- und Wärmewirkung, 17 % Radioaktivität, davon 6 % Sofortstrahlung und 11 % Reststrahlung. Im Rahmen unserer Abhandlung interessiert natürlich nur derjenige Teil der energiereichen radioaktiven Partikel, die über unserem Lande

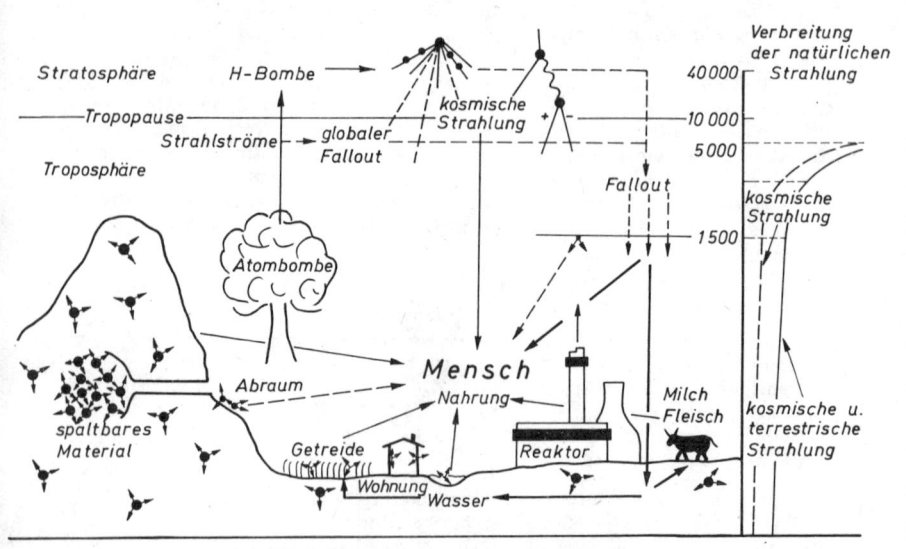

Abb. 5: Die Strahlenbelastung des Menschen

Natürliche Strahlenquellen
Eigenstrahlung des Körpers durch natürl. radioaktive Stoffe —
Terrestrische Strahlung, Gehalt an Kalum, Thorium, Uran und in der Luft an Radon und Argon —

Kosmische Strahlung
Zusätzliche Strahlenquellen:
Fallout nach Atombombentests —
Zivilisationsbelastung —
Berufliche Belastung —
Atomtechnik und Reaktorbetriebe

niedergehen (globaler fall-out). Es handelt sich dabei um strahlende Stoffe, die durch Druck- und Wärmewirkungen vom Orte der Explosion in größere Höhen (bei Bomben von Hiroshima-Kilotonnen TNT-Typ bis zur Tropopause, etwa 8000 bis 16 000 m, bei Wasserstoffbomben, Megatonnentyp, in die Stratosphäre) geschleudert und dann durch die atmosphärischen Strömungen und die Erdumdrehungen in den entsprechenden Höhen um die ganze Erde gebracht werden. Aus diesen rieseln sie dann allmählich wieder herab.

Da die kurzlebigen radioaktiven Isotope seit den letzten Versuchen fast zerfallen sind, handelt es sich heute um die Abgabe von langlebigen Stoffen, die von den Kilotonnenbomben meist nach längeren Schönwetterperioden mit dem Regen zur Erde fallen. Von den Megatonnenbomben hat sich der stratosphärische fallout in größeren Höhen bereits über weite Räume verteilt. Die herabrieselnde Nuclidenrate variiert mit der geographischen Breite, sie ist heute noch auf der nördlichen Erdhalbkugel, weil da die meisten Bombentests stattgefunden haben, größer. Es handelt sich hauptsächlich um das radioaktive Sr^{90} und Cs^{137}. Zu Zeiten verstärkter Atombombentests können außer den genannten radioaktiven Nukliden noch Zr 95, Ce 141, Ce 144 in der Atmosphäre vorkommen, doch kommt ihnen wegen der geringen Intensität kaum ein Gefährlichkeitsgrad zu wie dem Cs 137, Sr 90 und allenfalls J 131.

Diese Stoffe gelangen mit dem Regenwasser in den Boden und das Wasser und über sie in unsere Nahrungsmittel pflanzlichen und tierischen Ursprungs. Da die chemischen Eigenschaften des Strontium dem des Calcium ähnlich sind, wird es wie dieses und in Ca-armen Böden statt diesem von den Pflanzen aufgenommen. Soweit man heute weiß, speichern gewisse Kulturpflanzen relativ viel Sr^{90}, so im Korn, den Kornhüllen und den Halmen des Reises. In den Reisländern, wo vornehmlich in den nassen kalkarmen Böden immer wieder das Stroh dieser Pflanze als Düngemittel eingeackert wird, erhöht sich so sein Gehalt in den Böden. Für uns haben die Atombombentests bis jetzt glücklicherweise noch keine gefährliche Strahlenbelastung gebracht.

Tabelle 12
Kontamination unserer Umgebung und unseres Körpers als Folge der Atombombentests (Durchschnittswerte errechnet nach den Angaben des Bundesmin. f. wiss. Forschung, Pressedienst) [7, 8]

	1958	1959	1961	1962	1963 I, II	1964 III,IV	1965	1966
Kernwaffentests	83		50	68				1
β-Aktivität d. Luft pCi/m³	2,5	3,5	2,4	4,5	6,4	1,36	0,61	0,49
β-Aktivität d. Regenwassers pCi/Liter	250	400	400	550	1430	251	47,5	10
β-Aktiviät d. Zisternenwass. pCi/Liter				105	194	17	22	16
pCi/1 kg Körpergewicht Mensch[1])			40	50	110		200	156

[1]) ges. zuläss. Aktivität nach ICRP = 4 000 pCi Cs^{137}/1 kg.

Maßeinheiten der radioaktiven Strahlung:
1 r = Röntgen, entspricht einer absorbierten Energie von 83,7 erg je 1 ccm Luft oder 93 erg je 1 g Gewebe
1 rad = die Einheit der absorbierten Dosis und entspricht 100 erg je 1 kg
1 rem = Dosis einer Strahlenart, die den gleichen biolog. Effekt wie Röntgenstrahlung hervorruft
1 mr = 1 Tausendstel Röntgen
Dosisleistung = Dosis je Zeiteinheit
Kilotonne TNT: die bei einer Atomexplosion freigesetzte Energie, die einer solchen von 1 000 t Trinitrotuluol entspricht
Megatonne: die freigemachte Energie, die einer Million t TNT entspricht
1 Curie: die Menge eines radioaktiven Nuklids, die $3,7 \cdot 10^{10}$ Zerfälle je Sekunde liefert
1 Piccocurie = 10^{-9} Curie = p Ci

5. Problem der Kultursteppe

a) Einflüsse der ertragsteigernden Maßnahmen auf die wirtschaftlich genutzten Landschaften [3, 11, 61]

Die politisch-ökonomischen Erfordernisse führen zu immer mehr sich spezialisierenden landwirtschaftlichen Unternehmen, großflächige Betriebe für reinen Feldbau, in ausgesprochenen Weidegegenden zur Rinderzucht und Stadtnähe zu solchen mit vorwiegend Kleintierhaltung (Hühner-Entenzucht) bzw. Obst- und Gemüsebaubetrieben.

Erhöhte Besäung (engspurigere Sämaschinen) erhöht die Halmzahl je m² und damit die Hektarerträge. Dadurch wird aber auch als Folge der vermehrten Transpiration dem Boden mehr Wasser entzogen und so erhöhte Anforderungen an die Grundwasserreserve gestellt [6 b]. Als Folge der Abnahme der Haustierbestände in solchen Betrieben wird dem Boden kaum noch die notwendige Menge an humusreichem Naturdünger zugeführt und so die wasserhaltende Kraft der Ackerkrume verringert. Dadurch notwendige erhöhte Kunstdüngergaben reichern den Salzgehalt des Bodens zeitweise nach der Streuung stark an. Regengüsse schwemmen dann die nicht sofort von den Pflanzen aufgenommenen Kunstdüngergaben immer mehr in das Grundwasser. In bestimmten Bereichen von Rheinland-Pfalz lassen sich bereits 500 mg/l Nitration im Grundwasser als Folge nachweisen. Auch starke Phosphatgehalte beeinträchtigen dann das noch vielfach in landwirtschaftlichen Gegenden aus Brunnen entnommene Trinkwasser [81/1965/VII, VIII/5].

Von solchen Fällen abgesehen, ist es durch die obigen Maßnahmen der westdeutschen Landwirtschaft gelungen, bis 70% des Bedarfes an Agrarprodukten aus eigener Produktion zu decken, ohne wesentliche Schädigungen der Biocönose der Agricultursteppe herbeizuführen. Doch muß festgestellt werden, daß durch die Kunstdüngerstreuung auf den Feldern viele Kleintiere geschädigt und deren Fresser (Feldlerche u. a.) zum Abwandern gezwungen worden sind.

In den Forsten haben Monokulturen an schnellwüchsigen Nadelhölzern (sie betragen heute 58% unserer Waldbestände und im Nachhang künstliche Düngung) eine Ertragsteigerung erbracht, die sich durch die gute Absatzlage (Bauholz, Grubenholz, Papierholz [65]) in der Vergangenheit günstig auswirkte. Die Folge war jedoch auch hier eine Abnahme bzw. Abwanderung der insektenvertilgenden Vögel, deren Nahrungsangebot und Nistmöglichkeiten weitgehend eingeschränkt wurden. Den dann auftretenden Massenentwicklungen von Forstschädlingen (Borkenkäfer, Larven der Spinner- und Spanner, Milben) war die verminderte Zahl der Insektenvertilger nicht mehr gewachsen. Dies machte die Anwendung chemischer Stoffe zur Vernichtung der Schadinsekten erforderlich. Die hier erreichten guten Erfolge aber veranlaßten auch die Anwendung solcher Stoffe in den landwirtschaftlichen Produktionszweigen.

b) Schädlingsbekämpfung durch Biocide und die Folgen für die natürlichen Lebensgemeinschaften [3, 4, 11, 16, 50, 62, 69, 70, 86]

Die notwendige Rationalisierung der Agrarproduktion und die damit verbundene Minderung der Ertragsverluste wurde besonders bei unseren Kulturpflanzen durch die Anwendung der chemischen Schädlingsbekämpfung ermöglicht. Während die Ausfälle in der Zeit nach dem ersten Weltkriege 20 % bei Getreide, 30 % bei Kartoffeln und 15 % bei Obst betrugen, konnten schon damals durch die Anwendung wenig intensiv wirkender Stoffe, besonders die Beizung von Saatgut (s. u.), Ertragsausfälle herabgemindert werden. Trotzdem wurden noch 1958 15 bis 20 % Ertragsausfälle durch tierische Schädlinge und bis zu 15 % durch Unkräuter usw. verursacht. Der wertmäßige Ausfall, verursacht durch biologische Schädlinge, dürfte bei uns heute noch, bei einem volkswirtschaftlichen Gesamtumsatz von etwa 22,5 Mrd. DM/a mit 7—18 % (2,5 Mrd. DM) nicht zu hoch angesetzt sein [3, 37*]. Vielfach sind es eingeschleppte Schädlinge, für die es bei uns keine natürlichen Feinde gibt (Kartoffelkäfer, St. José-Schildlaus), die dann besonders wirksam als Schädlinge auftreten und oft ganze Ernten vernichten.

In anderen Fällen mußte der Mensch durch Ausrotten der Zwischenwirte (Getreiderost-Berberitze) in den Ablauf des natürlichen Geschehens eingreifen. Es wurde daher zunächst begrüßt, daß es mit Hilfe chemischer Mittel möglich war, bessere Erfolge in der Bekämpfung der Schädlinge zu erzielen.

Es ergab sich immer mehr die Notwendigkeit, intensiver wirkende Herbicide und Insektizide anzuwenden. Heute sind etwa 1500 verschiedene Präparate auf der Welt im Umlauf. Sie werden zur Behandlung von Saatgut gegen Pilzbefall (Kupfersulfatbrühe, Hg-Verbindungen, Phthalsäurederivate), gegen tierische Schädlinge (DDT, Hexacyklohexan, Phosphorsäureester), gegen Ratten (Thalliumsulfat, Cumarinderivate), gegen Vögel (Krähen-Anthrachinon) usw. angewendet.

Während sich i. a. die Anwendung solcher Mittel bei uns noch in den erarbeiteten Toleranzdosen hält und durch ein modernes Pflanzenschutzgesetz geregelt ist, sind die Folgen, die durch Überdosierungen an anderen Orten angewendet wurden [11] so alarmierend, daß auch von dieser Seite wesentliche Beeinträchtigungen der Landschaften, deren Lebewesen und im weiteren Verlauf auch dem Menschen drohen (s. u.).

Solange lebende Geschöpfe auf dieser Erde weilen, wird immer ihr Lebensablauf durch ihre Beziehungen zueinander und durch die Wechselwirkungen mit der Umwelt geprägt. Auch in Fällen, wo es in früheren Zeiten zu Massenentwicklungen einer bestimmten Art kam, hat die Natur selbst wieder das erforderliche Gleichgewicht hergestellt.

---

*) Die jährlichen Gesamtverluste der Welt belaufen sich nach *H. H. Cramer* (Pflanzenschutz und Welternte. Bayer Nachr. 20/1967) auf etwa 35 % der potentiellen Ernte, sie verteilen sich wie folgt: Europa 25 %, Ozeanien 28 %, Nord- und Zentralamerika 29 %, UdSSR und China 30 %, Afrika 42 % und restl. Asien 43 %.

Allzu einsichtige Profitbestrebungen veranlaßten die Produzenten vegetabilischer Nahrungsstoffe jedoch, um risikolos ihre Güter ernten zu können, die Anwendung von Spritz- und Sprühmitteln, Pulvern, feinverteilten Schwebstoffen. Sie werden als Rauch oder flüssig als Nebel auf die Felder, Gärten und Wälder und nicht zuletzt in Wohnungen unter Einsatz der modernsten Aufbereitungsmethoden verteilt, um allfällige Ertragsminderungen vorzubeugen.
Es sind Chemikalien, die ohne Unterschied, also auf alle Lebewesen, wirken; sie töten z. B. alle Insekten und nicht nur die schädlichen. 1949 wurden in Nordrhein-Westfalen 20 000 Bienenvölker vernichtet. Nach *Leppik* genügt es schon, wenn „wenige Dutzend Sammelbienen vergiftete Blüten, die mit E 605 oder DDT in Berührung gekommen sind, besuchen und krank in den Stock zurückkehren." Bei der Eleminierung dieser aus dem Stocke entwickeln sich Kämpfe, wobei sich wiederum die gesunden Bienen infizieren, so daß die Verluste ungeheuer sein können. Altvögel werden erfreulicherweise, wenn die Verabreichung solcher Gifte sich in Grenzen hält (angeblich 1,1 kg/ha), nicht geschädigt. *Carson* bezeichnet die Toleranzdosis von 454 g DDT auf ein acre (4047 m^2) aber als gefährlich. DDT-Anwendungen gegen Graphium Ulmi, wobei innerhalb von 3 Tagen 2,15 kg/ha ausgestreut wurden, vernichteten 70% der dort brütenden Rotkehlchen. Ähnlich hoch ist die Rate bei Spechten, Kleibern und Baumläufern. Die Gehirne der Rotkehlchen hatten einen Gehalt von 64 ppm, die letale Dosis liegt bei 50 ppm. Die Ursache wird in mutativ-resistent gewordenen Insektenstämmen gegen DDT gesehen, die von den Vögeln gefressen worden sind [4]. Das Insektizid Heptachlor ergab bei Fütterungsversuchen mit Ratten eine Beeinträchtigung der Reproduktionsfunktionen, der Lebensfähigkeit der Nachkommen und das Auftreten von Katarakten [50]. Am meisten gefährdet jedoch sind die Vogelbestände, wenn die Bekämpfung während der Nestzeit der Jungen angewendet wird [16].
Diese Stoffe gelangen aber auch durch den Regen in die Böden und schädigen im Laufe der Zeit dort die die Bodengare erzeugenden Lebewelt [16]. Nachgewiesen wurde, daß 2,4 D, Lindan, Heptachlor und Hexacykloheran die natürliche Nitirifikation unterbinden, es unterbleibt z. B. die Knöllchenbildung an den Leguminosen. Die Haltbarkeit solcher Stoffe im Boden währt bei nur geringer Zersetzung mehrere Jahre. Ihre Resistenz währt sehr lange, da nur einzelne Mikroorganismen (*Actinomyceten*) den Kohlenstoff aus ihnen für den Stoffwechsel entnehmen können. Nur bei Mangel an einer geeigneten C-Quelle wird dieser z. B. nur sehr langsam aus DDT entnommen [62] (vgl. PB. 1968/98).
Ihre Anwendung erfolgte bereits in solchen Mengen, daß Bodenanalysen auf Kartoffeläckern je 1 ha 1,7 kg, in Maisfeldern 2,2 kg und in Obstgärten 4—6 kg ja bis zu 8 kg DDT ergaben. Der Arsengehalt nahm auf Tabakfeldern zwischen 1932 und 1952 um 300 % zu [11]. Die Vergiftung des Bodens in letzteren Kulturen ist besonders hoch, da Hopfengärten, Weinberge und Obstplantagen jährlich 8—12mal gespritzt werden [16].
Es ist wiederholt festgestellt worden, daß Menschen, die diese Insektizide verstreuten, oft Vergiftungserscheinungen zeigten. Allein die Funde in Nahrungsmitteln, in Trockenobst (70 Teile DDT auf 1 Million Teile Obst) und im Brot (100/1 Million) beweisen, daß die gesamte Bevölkerung mit der Zeit mit diesen Stoffen in Berührung kommt [11]. Mit jeder Mahlzeit wird DDT in geringen Mengen im Fettgewebe und der Leber abgelagert, jedoch liegt bis jetzt diese Dosis

weit unter der Toleranzgrenze. Auf unterirdischem Wege gelangen diese Gifte auch in das Grund- und somit in das Fluß- und Konsumwasser. So beeinträchtigen sie bereits in den Bächen und Flußoberläufen die Entwicklung einer gesunden Fischbrut und dezimieren die noch vorhandenen Fischgründe. Analysen gefangener Großfische zeigten neben Phenol oft beträchtliche Mengen solcher Gifte*). Wenn bis heute die durch Pflanzenschutzmittel eingetretenen Schäden, von Einzelfällen abgesehen, sich noch in erträglichen Grenzen halten, so erscheint es doch notwendig, darauf hinzuweisen, daß ein sog. „integrierter Kulturpflanzenschutz" auf die Dauer die biologischen Methoden der Schädlingsbekämpfung nicht vernachlässigen darf [81/1965/III]. Dies gilt sowohl für die herkömmliche Bekämpfungsweise (Steigerung der Populationsdichte der Insektenvertilger durch Erweiterung der Nistmöglichkeiten und Fütterung in Notzeiten) wie für das Aussetzen sterilisierter Männchen von Schadinsekten während der Paarungszeit (durch radioaktive Strahlung oder durch inkorporierte organische Zinnverbindungen [64, 67, Pr. 12. 9. 67], als auch das Heranzüchten von schädlingsresistenten Zuchtsorten unserer Kulturpflanzen. Nur die sinnvoll aufeinander abgestimmten biologischen, chemischen und physikalischen Bekämpfungsweisen werden die Ertragfähigkeit der Kulturpflanzen erhalten und steigern können, ohne daß die Biotope und die Konsumenten irreparable Schäden erleiden**).

6. Maßnahmen zur Erhaltung der land- und forstwirtschaftlich genutzten Landschaften [20]

Wie in den technisch genutzten Räumen durch gesetzliche Auflagen gegen Staub, Abgase, Wasserverschmutzung vorgegangen wird, müssen auch hier Maßnahmen ergriffen werden, die einer langsamen aber immer wirksamer werdenden Vergiftung der Biotope entgegenwirken.

a) Flurneuordnung in der Kultursteppe [9, 16, 28]

Ohne Kunstdünger und die Anwendung von Schädlingsbekämpfungsmitteln ist unsere Landwirtschaft nicht mehr zu erhalten, zumal die noch weitgehende Bewirtschaftung von Kleinarealen und der Mangel an Arbeitskräften eine moderne Bewirtschaftung mit Maschinen nicht ermöglicht. Es muß daher im Rahmen einer neuen Raumordnung an die Schaffung von landwirtschaftlichen Großflächen gedacht werden.

Die Pflanzen und Saatgutzüchtung muß gegen bestimmte Schädlinge immune Sorten züchten, man denke an die Erfolge, die mit der Kartoffel erzielt worden

---

*) Nicht nur Wildtiere auf Feldern, sondern auch Haustiere (das fetthaltige Gewebe), deren Milch und Eier, aber auch bei Seeadlern (in europ. Brutgebieten), sogar in Fischen, Möven, Pinguinen u. Robben der Antarktis sind diese Stoffe festgestellt worden (*M. Meier-Bode*, NW 1968/470, diese Arbeit enthält auch Tabellen über akkumulierte Dosen durch den Menschen).

**) Neben der Selbstvernichtungsmethode der Schadinsekten gewinnt die Verwendung von Viren u. Mikroorganismen (Bakterien u. Pilzen) immer mehr Bedeutung in der biogenen Schädlingsbekämpfung, zumal solche Wesen, namentlich deren Sporen in Pulvern und Spritzsuspensionen mit einem neutralen Haftmittel leicht verteilt werden können oder durch an Ort verbliebene Kadaver der Schädlingsart weitere Infektionen begünstigen. Wichtig dabei ist immer einen für einen Schädling spezifischen Mikroorganismus zu finden, der die Insektenfeinde, andere Nutzinsekten (Biene, Hummel, Ameise) und letztlich den Menschen nicht schädigt [10 b Bd. II].

sind. Kunstdüngerverteilungen sind in Zeiten der biologischen Ruhe bzw. in Regenperioden vorzunehmen. Zur Vernichtung schädlicher Tiere sind möglichst spezifische Methoden, die die Kulturpflanzen und den Boden nicht beeinträchtigen, anzustreben.

Das Ziel der Flurneugestaltung muß man heute in der Wiederherstellung solcher Verhältnisse sehen, wie sie sich nach den großen Rodungsperioden selbst herausgebildet hatten, d. h. neben den rein wirtschaftlich genutzten Flächen sind Streifen waldähnlichen Charakters (Hecken, Buschstreifen) anzulegen, die dicht genug sein müssen, um im Winter als Windbrecher zu dienen, aber auch die Bildung von Schneewächten verhindern. Sie haben die Aufgabe, gegen die Bodenerosion, gegen die Auswinterung zu wirken, indem sie die Schneeabwehung und so das Freilegen der Wintersaat verhindern. Der Schutzbereich der 15—20 m breiten und 10 m hohen Waldstreifen beträgt das 20—25fache der Höhe der Schutzstreifen, die Windwirkung wird bis 40 % vermindert. Sie begünstigen so das Entstehen eines Mikroklimas während der Keimungsperiode im Frühjahr (Herabsetzung der Verdunstung, zusätzliche Erwärmung). Durch solche Waldstreifen hat man Ertragsteigerungen bei Halm- und Knollenfrüchten um 15 %, bei Gemüsen bis zu 300 % erreicht. Diese nicht bewirtschafteten, mit Bäumen und Sträuchern dicht bewachsenen Gebiete, bieten aber auch Unterschlupf und Nistgelegenheit für das nützliche Kleingetier (Hasen, Feldhühner, Fasanen, Igel, Wiesel und die insektenvertilgenden Kleinvögel).

b) Obst- und Gartenbau, insbesondere der Kleingartenbetrieb

Ergänzend sei nur bemerkt, daß gerade in den wirtschaftlich und industriell intensiv genutzten Gebieten die Ödlandschaften, aber auch die vielen kleinen Bodenflächen, auf denen eine landwirtschaftliche Nutzung sich nicht mehr lohnt, die Basis für die Bildung einer Garten-Parklandschaft abgeben. Solche im Familienrahmen als Nebenbeschäftigung bewirtschafteten Areale dienen einerseits der Landschaftserneuerung und andererseits der Gesundheitsförderung. Das Ziel sollte daher sein, die Bevölkerung wieder für das Bewirtschaften solcher Kleingärten, in welchen sich die Familie Gemüse, Obst und Blumen in der günstigen Jahreszeit selbst heranzüchtet, zu interessieren. Solche selbstgezüchteten Nahrungsmittel werden dann meist nicht mit Biociden behandelt worden sein [11]. Die in solchen Gärten entstandenen Lebensbereiche bieten den schädlingsvertilgenden Kleintieren neue Ausbreitungsmöglichkeiten, wenn man Nistgelegenheiten und für den Winter Fütterungsgelegenheiten schafft. Auf die günstige gesundheitsfördernde Ausgleichsbeschäftigung des in der Industrie und in den Dienstleistungen tätigen Menschen wird a. a. Stelle hingewiesen (III, b, β).

Im gesamten Obst- und Gartenbau, wie überhaupt in biologisch gesunden Kulturen wird anzustreben sein, die synthetischen Herbi- und Insektizide durch solche Schädlingsvertilgungsmittel zu ersetzen, die biogenen Ursprungs sind, wie es z. B. der Tabaksaft und das aus Ryania (ind. Pflanze) [11]. Der naturverbundene Kleingärtner wird dann natürlich auch z. Z. der biologischen Ruhe (Winterbekämpfung) ständig seinen Garten nach überdauernden Schädlingen absuchen und die Bekämpfung vornehmen.

c) Waldschützlerische Maßnahmen [16, 65]

Unser vordringlichstes Anliegen aber ist die Erhaltung bzw. die Erneuerung des Waldes. Ihm kommt als der noch am weitesten naturnahen Landschaftsdecke die beherrschende Rolle zu. Die Waldbestände in Westdeutschland betragen:

Bundes-Republik 29 %, davon Laubwald 42 %, Nadelwald 58 %
Nordrhein-Westfalen 22,2 %
Westrhein. Ind. Gebiet 15 %
Ruhrgebiet 6 %

Da ein großer Teil unserer Wälder im Privatbesitz ist (62,1 %) und zu kleine Flächen bedeckt, reicht er für die vielen volkswirtschaftlichen Belange nicht aus. Sichtbar wird dies durch die allsonntäglichen Autoschlangen, die die erholungsuchende Bevölkerung aus den Städten in den zusammenhängenden Waldgebieten sucht. (Autounfälle, das Einatmen von CO-angereicherter Luft während der schleppenden An- und Rückfahrt, lassen schon heute den Wert einer solchen Erholungsreise zweifelhaft erscheinen.)

Kahlschläge und Rodungen zu verschiedenen Zeiten und Anlässen, die vielen nicht voll ertragreichen Niederwaldbestände und die in den letzten Jahrzehnten der Rentabilität wegen aufgeforsteten Nadelwaldbestände (58 %) lassen erkennen, daß in Zukunft die Waldbestände ihre Aufgabe nur erfüllen können, wenn es gelingt, einen dem Klima, dem Standort und der Rentabilität entsprechenden Nutzforst aufzubauen. Das Verlangen nach standortgemäßer und naturnaher Bewirtschaftung der Wälder, namentlich in den Landschaftsschutzgebieten, bleibt nach wie vor die Forderung der Naturschützler! Die Abkehr von der Nadelholzreinkultur und die gebührende Berücksichtigung der Laubhölzer, die Umwandlung des abgewirtschafteten Niederwaldes in wüchsiges Hochwald sowie die Beseitigung der erbärmlichen Verfassung manches bäuerlichen Kleinbesitzes sind die unerläßliche Voraussetzung für die Erhaltung und Wiedergewinnung der vollen Wuchskraft des Waldes [56].

Im ganzen müßten in Europa 15 Millionen ha Wald aufgeforstet werden [F. 9. 4. 53], damit der Wald seine ihm zugeordnete Rolle erfüllen kann.

Während heute noch die Nachfrage nach Nutzholz groß ist, (Grubenholz, Bauholz stehen an erster Stelle) dürfte in Zukunft mit einer Abnahme zu rechnen sein. Da in den nächsten 30 Jahren der Papierverbrauch sich verdoppeln dürfte, geht heute die Forschung bereits in Amerika daran, evtl. durch mutative Umwandlung geeignete Baumarten zu suchen, die dieser Forderung am besten genüge tun könnten [65].

Dank der Pflege in den letzten Jahren haben die Wildbestände so zugenommen, daß die zunächst augenfälligen Aufgaben erfüllt zu sein scheinen. Neben der bereits erwähnten Wohlfahrtwirkung für den Menschen aber liegen die m. E. noch bedeutenderen Aufgaben in der Klima-Beeinflussung, der Wasserbereitstellung und der Lufterneuerung. Wald speichert bis zu 1 m Tiefe je Hektar in Wurzelmasse und Moosen 2000 t Wasser [57].

Gerade diese 3 letztgenannten Aufgaben berechtigen uns, vom Walde als dem uns wertvollsten Volksgut zu sprechen, dessen Erhaltung und Mehrung zur Existenzgrundlage des Menschen wird. Hier erfolgt auf die Dauer gesehen die Beseitigung der durch Siedlung und Verkehr gebildeten schädlichen Abgase und die Staubablagerung, das Auffangen und die Bevorratung des für die Volksgesundheit und die gesamte Lebewelt nötigen gesunden Wassers. Und noch eine weitere lebenerhaltende Forderung stellt die Menschheit in der Hauptsache an die Wälder. Die überwiegende Zahl der energieliefernden Prozesse ist auf Verbrennungen aufgebaut. Dadurch verbrauchen die etwa 3 Mrd. Menschen heute eine Sauerstoffmenge, die für 43 Mrd. Menschen ausreichen würde. Da in den Industriegebieten ein erhöhter Sauerstoffverbrauch eintritt, ist die Forderung gerade in diesen Landstrichen, die Wälder und Grüngürtel wieder zu erweitern, auch aus Gründen der Sauerstoffversorgung eine zunehmende Notwendigkeit.

Es ist daher nicht nur die Aufgabe der biologisch ausgerichteten Wissenschaften, für die Erarbeitung der Grundlagen zur Erhaltung der Wälder zu sorgen, ihnen obliegt auch die Aufgabe, diese Erkenntnisse der übrigen Bevölkerung nahe zu bringen und besonders auf die Bedeutung gerade der 3 letztgenannten Aufgaben hinzuweisen.

Die waldschützlerischen Maßnahmen, die Notwendigkeit einer Bodendüngung (Kalkung), der Erhaltung bzw. Mehrung der nützlichen Insekten (Waldameise-Verbreitung, Schaffung von Nistgelegenheiten, Futter- und Tränkplätzen für Vögel, Einrichten von Laubholzinseln in Nadelwaldmonokulturen) und das Schaffen eines durch die pflanzensoziologische Forschung für standortgemäß erkannten Waldtyps, Beachten von Verfügungen um Waldvernichtungen, insbesondere Waldbrände zu vermeiden, müssen über alle Bildungskategorien besonders an unsere Jugend herangetragen werden.

Aber auch der Schutz der mit Mühe zu erreichenden Un- und Ödlandbepflanzungen mit schnellwüchsigen und vor allem rauch- und gas-wenig-empfindlichen Baumkeimlingen, gehören zu einem Anliegen des Naturschutzes und der Walderneuerung, gerade in den landschaftlich am meisten geschädigten Gebieten. Auch hier muß die Errichtung eines dem natürlichen Geschehen nahe kommenden Biotops Ziel der Bepflanzungen sein, damit sich die Folgen der alle Lebewesen schädigenden Giftstoffe erübrigen. Wider Erwarten auftretende Massenentwicklungen von Schädlingen aber müssen genau wie im Feldbau zunächst noch im allgemeinen mit sinnvoll eingesetzten chemischen Mitteln bekämpft werden.

d) Rekultivierungsmaßnahmen [26, 54, 55]

Neben den aufgeschütteten Halden und Böschungen und den mit Schutt und Müll aufgefüllten Tälern, die zur Rekultivierung anstehen, erfordern die weiten Areale besten Ackerlandes, unter welchem die tertiäre Braunkohle lagert und die aus diesem Grunde immer noch weiter abgeräumt werden, besonders intensive Maßnahmen zu ihrer wirtschaftlichen Wiedernutzbarmachung. Dies ist erforderlich, um die Bauern, die durch die neuerlichen Abdeckungen immer wieder ihre Höfe verlieren, zu entschädigen, aber auch um ein weiteres Abfließen wertvollsten Wassers (vgl. das Erftproblem, [57]) zu verhindern und um noch weiter umgreifenden Absinken des Grundwassers in diesen Gegenden zu steuern. Ziel ist die Wiederherstellung des ursprünglichen Kulturartenverhältnisses, wie es vor dem Abbau dieser Bodenschätze bestand.

Nach einer Planierung wird der an anderen Orten abgeräumte Lößboden als Ackerkrume aufgetragen oder aufgeschwemmt, um möglichst bald wieder land- bzw. forstwirtschaftlich zu nutzende Ertragsflächen zu erhalten. Da eine vollständige Einebnung nicht möglich ist, müssen zuerst die Halden- und Talhänge durch

Einsäen von Lupine und Kleearten für die weitere Bepflanzung mit Sträuchern und Bäumen, vorbereitet werden, um so ein Abrutschen des Erdreiches zu verhindern. Die ebenen Flächen werden dann der landwirtschaftlichen Nutzung zugeführt. In dort errichteten sog. „Schirrhöfen" werden bei sorgfältiger Bodenbewirtschaftung und entsprechender Düngung nach 5—6 Jahren wieder normale Hektarerträge erreicht und die Höfe an die Bauern abgegeben.

Die Aufforstung erfolgt durch Holzarten, wie sie in den natürlichen Wäldern dieser Gegend anzutreffen sind, vermehrt durch etwa 30 % landschaftsfremder aber standortgemäßer Baumarten, wie Lärchen und Schwarzkiefern, Omorikafichten und Douglasien. Monokulturen werden bewußt vermieden. Durch diese Maßnahmen sind in der sog. „Ville" westlich von Köln etwa 3500 ha verlassenen Tagbaugebietes wieder rekultiviert, in den letzten Jahren durchschnittlich 170 ha Neukulturen angelegt worden.

Auf diese Weise wird die Kraterlandschaft in etwa 30 Jahren wieder zu einem Neuwaldgebiet, durchsetzt mit Weihern und Teichen, das für den Groß-Siedlungsraum ein weiteres wertvolles Erholungsgebiet darstellt. Insgesamt wurden bisher 70 km² rekultiviert, 15 000 Personen sind umgesiedelt worden, bis 1980 sollen für weitere 11 000 Personen Wohnplätze an anderen Stellen errichtet werden. (vgl. Landschaftsaufbauplan [10 b] Bd. IV).

7. Das Problem der Raumordnung [42, 56, 81]

Die Raumordnung erstrebt das „Zusammenleben der Menschen, ihre Existenz im weitesten Wortsinne, also im materiellen (wirtschaftlichen, sozialen) wie im ideellen (kulturellen) Bereich, so zu gestalten, daß in der Zukunft ein zufriedenstellendes Dasein ermöglicht wird" [10].

a) Gesetzliche Bindungen
Nach dem Gesetz v. 8. 4. 1965 (Raumordnungsgesetz BGBl I/1965, S. 306 ff) wird folgendes verordnet:
a) Es sind die räumlichen Voraussetzungen zu schaffen und zu sichern, daß die land- und forstwirtschaftliche Bodennutzung als wesentlicher Produktionszweig der Gesamtwirtschaft erhalten bleibt. Die Landeskultur soll gefördert werden.
b) Für die landwirtschaftliche Nutzung gut geeignete Böden sind nur in dem unbedingt notwendigen Umfang für andere Nutzungsarten vorzusehen. Das gleiche gilt für forstwirtschaftlich genutzte Böden.
c) Für ländliche Gebiete sind eine ausreichende Bevölkerungsdichte und eine angemessene wirtschaftliche Leistungsfähigkeit sowie ausreichende Erwerbsmöglichkeiten auch außerhalb der Land- und Forstwirtschaft zu erstreben."

Schon heute zeigen sich im bescheidenem Umfange die Erfolge, die die nach wissenschaftlichen Gesichtspunkten eingeleiteten Sanierungen rechtfertigen. Es wird einsichtig, daß die Überführung der Landschaften nach biologischen Gesichtspunkten auf die Dauer gesehen die sichersten und auch die nutzbringendsten sein dürften. Leider werden durch rein biotechnische Maßnahmen die Probleme der Luftreinigung nur z. T. und das der Wasserverschmutzung und Vergiftung kaum gefördert. Sie stellen ein chemisch-technisch zu bewältigendes Problem dar, wenn sich auch bestimmte biologisch fundierte Sanierungsmaßnahmen anbahnen. Um einen *Thomaskonverter* zu entstauben sind 4—6 Mill. DM erforderlich. Für

die Luftreinigung in Nordrhein/Westfalen wird man 100 Millionen DM ausgeben müssen. Erweiterte gesetzliche Bestimmungen waren erforderlich, wie das Luftreinhaltegesetz vom 22. XII. 59 und ein Gesetz über Wasserschutzgebiete [81/1965/I].
Eine infolge weiterer Industrialisierung bedingte Zuwanderung von Menschen aus den ländlichen Gebieten stellt die Raumplaner vor viele neue Aufgaben. In der Bundesrepublik gibt es 24 500 Gemeinden, davon haben 23 000 Gemeinden bis zu 5000 Einwohner und von diesen fast 21 000 Gemeinden weniger als 2000 Einwohner. 1871 gab es bei uns 4 Großstädte mit 3,5% der Gesamtbevölkerung des heutigen Bundesgebietes. 1960 waren es 52 mit 30,9 %, nach einer Schätzung werden 1980 35 % der Bewohner in Großstädten leben [F. 28. 3. 62]. Im ländlichen Raum leben heute noch 22,6 %.
Der Anteil der in der Landwirtschaft Tätigen ist von 22,1 % (1950) auf 11,6 % (1964) zurückgegangen, rund 2 Millionen Erwerbstätige haben sich einem anderen Beruf zugewendet. In der SU sind noch 33 %, den USA 8 %, England 5 % in der Landwirtschaft beschäftigt, während auf den Philippinen noch 61 % und in Kamerun 90 % bäuerlichem Erwerb nachgehen. Man schätzt, daß im Jahre 2000 global gesehen noch 10 % der Menschen in der Landwirtschaft tätig sein werden.
Das Einströmen der Menschen in die Ballungsgebiete hat mehrere Ursachen: günstigere Verdienstmöglichkeiten und damit Erhöhung des Lebensstandards, bessere Bildungsmöglichkeiten für die Kinder, — angenehmeres Wohnen und bessere soziale und gesundheitliche Betreuung. Dieses Anwachsen der Stadtbevölkerung belastet zuerst einmal die Verwaltungen. In den USA hat man errechnet, daß je 1000 neue Bewohner 3,5 ha Land für Schulen, Parks und Spielplätze, 450 000 l Trinkwasser/je Tag, 1 Krankenbett, 4,8 Räume für Volksschulen und 3,5 Räume für Hochschulen, weitere 3—4 Mann für Reinigungs- und Sicherheitsdienste erforderlich werden [81/1965/III, IV/8]. Wenn diese Umsiedlung von seiten der Betroffenen zunächst als Vorteil angesehen wird, so stimmt dies nur, wenn es gelingt, die in den Großstädten kaum noch ertragbare Bevölkerungsballung siedlungsmäßig günstig zu gruppieren. Der Bau von Satellitenstädten, die Verlagerung von bestimmten Fertigungsbetrieben, die viele Arbeitskräfte benötigen und die für die Kurz- und Saisonbeschäftigungen (Frauenarbeit, landw. Kräfte im Winter) geeignet sind, in ländliche Gegenden, wird so erforderlich sein. Damit muß sich zwangsläufig die Struktur des Dorfes ändern. Neben der Landwirtschaft werden andere Erwerbsmöglichkeiten zu schaffen sein. Diese Maßnahmen sind notwendig, damit den Landbewohnern wertgleiche Lebensbedingungen geschaffen werden, wie den Städtern. Erstziel aber muß sein, dadurch eine gesunde Agrarstruktur zu erhalten. Die gute verkehrsmäßige Erschließung (Schnellbahnen mit unterirdischen Verbindungen nach den Städten), damit die Landbevölkerung ohne wesentlichen Zeitverlust zu den Produktions- und Dienstleistungsbetrieben und den Einkaufszentren kommen kann, ausreichende Bildungsmöglichkeiten auf dem Lande (Mittelpunktschulen), sind Maßnahmen, die zur Erhaltung der ländlichen Siedlungen beitragen können [81/1965/VII/12].

b) Die Schaffung stadtrandnaher Erholungsgebiete

Die Mehrzahl der Kurzerholungsbedürftigen sucht besonders in der klimatisch begünstigten Jahreszeit die natürlichen und künstlichen Wasserstauungen und die Flußufer in Stadtnähe auf. Beliebt sind solche Gebiete an den Wochenenden oder den langen Sommerabenden, da sie keine lange Anreise verlangen. Gerade in Westdeutschland bieten sich in den Flußschwemmgebieten (als Folge der intensiven Kiesentnahme um 1939 und nach 1945) zahlreiche wirtschaftlich kaum genutzte Baggerstellen, Kiesgruben, wasserführende verlassene Tagbaue zum Einrichten sog. Erholungsstützpunkte [20; 26] an. Obwohl ihr Wassergehalt von dem Wasserstand der benachbarten Flüsse abhängig zu sein scheint, ist er überraschend konstant. Da das Wasser stagniert, ist bei einer zivilisatorischen Nutzung bald mit einer Verunreinigung, wenn nicht Verseuchung solcher Stauungen zu rechnen. In Hinblick auf die große Bedeutung dieser stadtnahen Erholungsgebiete wird man bemüht sein müssen, solche Stauungen mit den natürlichen Wasserläufen der Gegend zu verbinden, die Selbstreinigung des Wassers durch Anpflanzung einer biogen-reinigenden Vegetation [75] zu erhöhen und vor allem durch Abgrenzung und strenge Überwachung verhindern, daß diese Gebiete zur Ablagerung von Unrat aller Art benutzt werden. Da gerade mit dem Massenkonsum unvorstellbar viele Gebrauchsgegenstände einfach achtlos fortgeworfen werden, sind durch entsprechende kulturtechnische Maßnahmen die Ablagerungsorte so zu erstellen und zu sichern, daß die nötigen Erholungsstützpunkte nicht beeinträchtigt werden [81/65/VII/8]. Weitgehende Ausbaumöglichkeiten bieten sich für die Zukunft in den stadtnahen Landschaften beiderseits des Niederrheins für solche Zwecke an. Sie müssen als Ersatz für die Entlastung der lange Anreisen erfordernden Mittelgebirgsgegenden erstellt werden.

8. Naturschutz, Landschaftspflege und Raumplanung in den Schulen [34, 56, 77]
Achtung vor aller Kreatur, die Erweckung der Liebe zur Heimat und zur Natur sind wohl ursprünglich Zweck und Ziel der Naturschutzbelehrungen gewesen. Dies sollte auch heute noch Anliegen unserer schulischen Arbeit sein. Es setzt die Vermittlung von sachdienlichem Wissen und die Kenntnis bestimmter Naturgesetzlichkeiten, sowie die einzelner Naturobjekte voraus. Hinweise dazu wurden von *Korfsmeier* [37, 38] gegeben.
Da viele Naturdenkmale, seltene Tiere und Pflanzen bereits auf von den Wanderwegen entfernte Standorte beschränkt sind, ist zu überlegen, ob überhaupt erforderlich ist, solche geschützte Objekte auf Farbbildtafeln öffentlich kenntlich zu machen; dadurch wird m. E. nur die Besitzlust angeregt. Es erscheint mir sinnvoller, um die Erhaltung solcher Raritäten, die oft noch in kleiner Zahl vorkommen, zu gewährleisten, solche Standorte zu umzäunen. Durch die heutige Farbbildtechnik ist auch für wissenschaftliche Zwecke in den meisten Fällen ein Sammeln solcher Objekte nicht mehr erforderlich.
Der Jugend ist eine ausführliche Einführung in die Geschehnisse in einer Lebensgemeinschaft zu geben (der Wald dürfte sich wohl überall als die geeignetste anbieten). Diese soll nicht nur die Wechselwirkungen zwischen Pflanze und Tier, sondern auch die Sichtung der edaphischen und klimatischen Faktoren und auch die Sukzession der einzelnen Pflanzen-Assoziationen umfassen. Von diesen Erkenntnissen aus wird auf die vielen unüberlegten Eingriffe des Menschen, die zur Degradierung und Verwüstung der Biotope geführt haben, hinzuweisen sein. Wichtig erscheint mir hier auf die durch den zunehmenden Verkehr eingetretenen Wildtierverluste hinzuweisen. Das jagdbare Wild hat, dank der Schutzbestimmungen, in den beiden letzten Jahrzehnten erfreulich wieder an Zahl zugenommen, dafür spricht der jährlich steigende Anfall waidgerecht zur Strecke gebrachter

Tiere. Leider aber kommen in der BRD schätzungsweise jährlich etwa 1000 Stück Rotwild, 700 Damwild, 550 Wildschweine, 44 000 Rehe und 120 000 Hasen auf unseren Straßen zu Tode (NR 68/485, Pr. 16. 11. 68). *Müller-Using* schätzt die dadurch entstandenen Verluste auf 4 Mill. DM. Nicht inbegriffen aber ist der Verlust an den Straßenvogelarten und den Nager- und Insektenvertilgern, also dem Fuchs und dem Igel. Gerade bei letzterem ist die Fluchtbereitschaft sehr schwach entwickelt, infolge seines Stachelkleides hat er nur wenige natürliche Feinde. Er ist daher eines der gefährdetsten Tiere im Straßenverkehr; mit einer weitgehenden Dezimierung der Populationen entlang der Verkehrswege wird in Zukunft zu rechnen sein. Es besteht zu hoffen, daß er sich infolge seiner Standorttreue in Gebieten außerhalb des intensiven Verkehr erhält *(Müller-Using,* [10b] Bd. II).

Die Erkenntnisse und Vorschläge, die von der ökologischen Forschung zum Zwecke der Landschaftssanierung erarbeitet worden sind, müßten Unterrichtsgegenstand in den Oberstufenklassen sein. Die Schüler sollen selbst erkennen, daß gesetzliche Reglementierungen, das Abgrenzen von Sperrgebieten, nicht dazu dienen, den erholungsuchenden Menschen bestimmte Naturschönheiten zu verbieten oder um den Bau bestimmter wirtschaftlicher und verkehrstechnischer Objekte zu verhindern, sondern Maßnahmen von allg. Interesse und Notwendigkeit [42] sind.

Es dauerte hunderte Millionen Jahre bis die Erde die Lebewelt hervorgebracht hat, wie sie unsere Ahnen noch vor etwa 2 Generationen in ihrer Natürlichkeit erlebten. Der Fortschritt der Naturwissenschaften und durch sie der der Medizin und der Technik hat bei allem Begrüßungswerten und Notwendigen mit einer Geschwindigkeit einen für die Biosphäre bedrohlichen Wandel eingeleitet. „Der Mensch kann die Teufel, die er selbst geschaffen hat, nicht einmal mehr wiedererkennen" *(A. Schweitzer* [11]).

Die biologischen Wissenschaften bemühen sich heute diese zu erkennen und Wege zu ihrer Beseitigung zu finden. Zwar können wir nicht erkennen, was die Welt im Innern zusammenhält, wohl aber, wie wir uns aufzuführen haben, damit sie unsere Wohnstätte bleiben kann *(Vershofen* [16]). Im Rahmen der Belehrungen über Naturschutz, Landschaftspflege und Raumplanung sollten wir, der geistigen Reife der uns anvertrauten Jugend entsprechend, diese Möglichkeiten aufzeigen und zur Befolgung empfehlen.

„Nicht das starre Gesetz des Staates, sondern die lebendige Liebe des Menschen wird der beste Schutz der Natur sein" *(Lienenkämper* [56]).

In der Zeit zwischen Erstellung dieses Manuskriptes und seiner Drucklegung erschien im Bayer. Landwirtschaftsverlag (Verlagsgesellschaft München — Basel — Wien) das vierbändige Handbuch für Landschaftspflege und Naturschutz, welches eine umfangreiche ergänzende Zusammenfassung über folgende Bereiche gibt: Bd. I Grundlagen des Naturschutzes und der Landschaftspflege mit einer Zusammenfassung über die gesetzlichen Bestimmungen, Bd. II mit Anweisungen zur Pflege der freien Landschaft, Bd. III mit solchen zur Pflege der besiedelten Landschaft und Bd. IV mit Landschaftsplanung und landschaftspflegerischen Maßnahmen [10 b].

Auf die darin enthaltenen Lehrpläne für die Gestaltung des Naturschutzes im Unterricht und die Bedeutung als Nachschlagewerk für regionale Untersuchungen durch Oberstufenschüler in den Arbeitsgemeinschaften sei hiermit verwiesen.

Literatur zum Kapitel II

1. *An der Lahn, H.:* Moderne Schädlingsbekämpfungsmittel, NR. 1957/451.
2. *Aurand, K.:* Abgabe radioaktiver Abwässer in die öfftl. Kanalisation, UMT 1967/805.
3. *Bericht d. wiss. Beratungsausschusses des Präsidenten der USA:* Der Gebrauch von Pestiziden, Interparl. AG. Bonn, 1963.
4. *Botsch, D.:* Singvögelvernichtung durch DDT, NR. 1966/112.
5. *Boie, H. J.* und *Hofmann, J.:* Abwasser-Merkblatt, Brügel & Sohn, Ansbach 1961.
6a. *Bundesminister f. Gesundheitswesen:* Wasser u. Abwasser im Spiegel der Wasserausstellung Berlin 1963. Druckhaus Deutz GmbH. Köln.
6b. *Bundesminister f. Gesundheitswesen:* Reinhaltung d. Gewässer, herausgeg. v. Presse u. Informationsdienst d. Bundes-Reg. 1964.
7. *BMwF-Str.:* Strahlenbelastung des Menschen, Bericht der Vereinten Nationen, Bd. 8/1960 Überwachung d. Radioaktivität in Niederschlägen, Bd. 22/1961.
8. *BMwF-Pr.:* Beilage I/1964, Umweltradioaktivität u. Strahlenbelastung, 16. 4. 1964.
9. *Breburda, J.:* Abwehrmaßnahmen von Erosionsschäden durch Waldschutzstreifen in der SU, NR. 1963/95.
10a. *Buchwald, K.:* Begriffsbestimmung d. Landschaftspflege, Natur u. Landschaft, B. Godesberg H1/1965.
10b. *Buchwald, K. u. Engelhardt, W.:* Handbuch für Landschaftspflege und Naturschutz, Bayr. Landwirtschaftsverlag, München-Basel-Wien, 1968.
11. *Carson, R.:* Der stumme Frühling, Büchergilde Gutenberg, Frankfurt, 1965.
12. *Daines, R. H. u. a.:* Pflanzen zeigen Luftverunreinigungen, NR. 1966/376.
13. *Domrös, M.:* Luftverunreinigung u. Stadtklima, Dümmler,, Bonn, 1966.
14. *Drössmar, H.:* Modernste Anlage z. Reinigung ind. Abwässer, NR. 1967/68.
15. *Eckoldt, M.:* Künstl. Belüftung v. Gewässern, UWT. 1967/457.
16. *Engelhardt, W.:* Naturschutz, Bayr. Schulbuchverl. München 1954.
17. *Fels, E.:* Stauseeverzeichnisse, NR. 1966/372.
18. *Graff, W.:* Gesundheitl. Gefahren durch verunr. Wasser, VDG-Sch. Nr. 12, 1963.
19. *Grümmer, G.:* Alleopathie, Fischer, Jena, 1955.
20. *Grupe, H.* 1964: Gesunde u. kranke Landschaft, Schrödel, Hannover, 1964.
21. *Haack, K.:* Bedeutung neuzeitl. Energiequellen f. d. Wasserhygiene, VDG-Sch. Nr. 11, 1962
22. *Haider, D.:* Die dzt. Situation der Biologie u. des Biologen in der Abwasserforschung, Mitt. d. Verb. D. Biol. 1966/Nr. 116.
23. *Hedrich, W.:* Schußwaffen und Naturschutz, PB. 1965/117.
24. *Hellmann, H.:* Eignen sich Emulgatoren als Mittel zur Desentigung von Öl auf Gewässern, UWT, 1967/167.
25. *Heyn, E.:* Gewässerschutz u. Abwasserbeseitigung, Zeitschr. f. Wirtschaft u. Schule, 1964 (Sonderdr. d. BM f. Gesundheitsw.).
26. *Hilfe durch Grün mit Wasser* (versch. Aufsätze). Verl. Stichworte—Darmstadt H. 10/1962.
27. *Hillebrandt, P.:* Stadtentwicklung, BdW. 1967/267.
28. *Informationen z. politischen Bildung:* Raumordnung in BRD, Folge 128, Bundeszentr. f. pol. Bildg. Bonn, 1968.
29. *Israel, H.:* Spurengase u. Schwebstoffe i. d. Luft, NR. 1967/329.
30. *Junge, Ch.:* Atmosphärische Spurenstoffe u. ihre Bedeutung f. d. Menschen, Brockhäuser, Basel—Stuttgart 1967.
31. *Karbe, A.:* Gewässerschäden durch Ablagerungen von Abfallstoffen, VDG-Sch. No. 16, 1967.
32. *Klee, O.:* Selbstreinigung d. Gewässer, Mikrokosmos 1968/198.
33. *Klein, K.:* Bindemittel zur Beseitigung v. Ölverunreinigungen, UMWT. 1967/527.
34. *Killermann, W.:* Grundlagenuntersuchg. f. Naturschutz u. Landschaftspflege, PB. 1967/234.
35. *Kister, G.:* Über das Auftreten von Aktivierungsprodukten aus Kernexplosionen in Lebensmitteln, APr. 1966/59.
36. *Koeck, W.:* Atommüll, Zeitschr. f. Wirtschaft u. Schule, 1964 H. 2 (Sonderdruck d. BM f. Gesundheitsw.).

37. *Korfsmeier, K.:* Naturschutz u. Landschaftspflege, Der Biologieunterricht, 1965 H. 1/32.
38. *Korfsmeier, K.:* Vogelschutz, Aufgabe d. Naturschutzes, Der Biologieunterricht, 1966 H. 2/51.
39. *Kraus, O.:* Millionen gegen Almosen, AG. für Naturschutz u. Landschaftspflege, B. Godesberg, 1956.
40. *Kraus, O.:* Zerstörung der Natur, Glock u. Lutz, Nürnberger 1966.
41. *Kumpf, N.:* Tagesfragen d. Wasserwirtschaft, Neue Deliwa Zeitschrift, 1963 H. 11.
42. *Landschaftsschutz durch Sicherstellungsverordnung* (Landschaftsplanungsgesetz v. 18. 5. 1962) in NW., Pr. 12. 1. 1964.
43. *Ley, N.:* Raumplanung und Wald, Natur u. Landschaft 1963, H. 7/97.
44. *Liebmann, E.:* Gifte u. radioaktive Substanzen in Abwässern, Münchner Beiträge z. Abwasser-, Fischerei- u. Flußbiologie. Bd. 7, Oldenbourg, München 1960.
45. *Litzelmann, E.:* Pflanzenwanderungen, Ferd. Rauh, Oehringen, 1938.
46. *Mattauch, F.:* Über die Ligularia sibirica (L)Cas., Natur u. Heimat, Aussig, 1936 H. 2/1.
47. *Mattauch, F.:* Natürliche Strahlenquellen und fallout, Helft — Helfen, DRK-Schrift, Düsseldorf 1961/II/10.
48. *Müller, J.:* Mikrobiolog. Schulversuche mit dem Membranfiltergerät, Phywe Nachrichten, Ausgabe A1, 1960.
49. *Meissner, J.:* Kernenergie u. Leben, Thiemig-Taschenbücher 1966, Bd. 20.
50. *Mestizova, M.:* Wirkung d. Insektizids Heptachlor, NR. 1967/213.
51. *Mosonyi, E.:* Wasser als Lebensproblem der Menschheit, NR. 1968/294.
52. *Müller, G.:* Beziehungen zwischen Wasserkörper, Bodensediment u. Organismen im Bodensee, NW. 1967/454.
53. *Müller, G.:* Sedimentbildung im Bodensee, NW. 1966/245.
54. *Murr, K.:* Braunkohlenbergbau im Rheinland, NR. 1966/471.
55. *Murr, K.:* Rekultivierung im rhein. Braunkohlengebiet, NR. 1967/32.
56. *Naturschutz u. Landschaftspflege in NW.:* verschiedene Aufsätze, Henn, Ratingen 1951.
57. *Netzer, H. J.* u. a.: Sünden an der Natur, Beck, München 1963.
58. *Nümann, W.:* Rückgang der Felchenbestände im Bodensee, UWT. 1967/291.
59. *N. N.:* Pflanzen zeigen spez. Luftverunreinigungen an, NR. 1966/376.
60. *N. N.:* Gesundheit u. Gesellschaft, Der Biologieunterricht 1967, H. 1/111.
61. *N. N.:* Bekämpfung von Forstschädlingen, NR. 1967/34.
62. *N. N.:* Abbau von Pestiziden durch Actinomyceten, NR. 1967/257.
63. *N. N.:* Bazillus frißt australische Autostraßen, NR. 1967/260.
64. *N. N.:* Lockstoff für Insekten, NR. 1967/485.
65. *N. N.:* Spezial Papierholzbäume, NR. 1967/534.
66. *N. N.:* Frischwasser aus dem Meer, UWT. 1967/298.
67. *Pinner, E.:* Insektenbekämpfung durch Sterilisierung, NR. 1966/469, 473.
68. *Puls, W.:* Die Dunstglocke, Zeitschr. f. Wirtsch. u. Schule 1964, H. 2/122 (Sonderdruck a. BM. f. Gesundheitsw.).
69. *Schmid, R.:* Biogene Bekämpfung von Ratten, Tauben u. Stechmücken, NR. 1968/70, 120, 343.
70. *Schmid, R.:* Fallenmethode zur Schädlingsbekämpfung, NR. 1968/168.
71. *Schmidkunz, H. u. Neufahrt, A.:* Abwasserreinigung im Schulversuch, PB. 1966/103.
72. *Schmidt, O.:* Der Gebrauch von Pestiziden, Parlamentarische AG. Bonn, Bundeshaus 1963.
73. *Schönsee, G.:* Die Müll-Lawine rollt, Zeitschr. d. Wirtschaft und Schule, 1964 H. 2/124 (Sonderdr. d. BM. f. Gesundheitsw.).
74. *Seelentag, W.:* Strahlung u. Mensch, Materia Medica Nordmarck, Nr. 23 Uetersen 1957.
75. *Seidel, K.:* Reinigung von Gewässern durch höhere Pflanzen NW. 1966/289.
76. *Seidel, K.:* Myxotrophie bei Scirpus lacustris, NW. 1967/176.
77. *Spanner, L.:* Landschaftsschutz im Unterricht, PB. 1963/67.
78. *Steiger, H. u. Brockhaus, N.:* Untersuchungen über Luftverunreinigung im Ruhrgebiet, NW. 1966/498.
79. *Steinhauser, G.:* Ohne Wasser kein Leben, Verband f. Wasserwirtschaft, Berlin, 1963.
80. *Thienemann, A.:* Leben und Umwelt, Ro-Ro. Deutsche Enzyklopädie, Bd. 22, 1953.
81. *VDG-M.:* verschiedene Aufsätze ab Jg. 1962—1966.
82. *VDG-Sch.:* Sonderveröffentlichungen, soweit sie solche ohne Autorenangabe betreffen.
83. *Vanek, J.:* Schädigungen durch Industrieabgase, NR. 1966/511.
84. *Vogt, H. H.:* Gift tötet Vögel, PB. 1965/84.
85. *Vogt, H. H.:* Detergentien und Chemorezeptoren bei Fischen, NR. 1966/69.
86. *Waser, P. G.:* Verwendung von Pestiziden, UN. 1967/749.
87. *Wassermann, L.:* DDT in der Luft, NR. 1966/161.
88. *Weinmann, R.:* Verschmutzte Gewässer, Franckh, Stuttgart 1958.
89. *Weinmann, R.:* Regulierung u. Kanalisierung der Flüsse, VDG-Sch. Nr. 13 1964.
90. *Willerding, U.:* Rauchempfindlichkeit einiger Nadelhölzer, NR. 1965/456.
91. *Willerding, U.:* Fortschritte der Botanik, NR. 1966/240.
92. *Bloch, M. R.:* Entsalzung von Meerwasser, Verh. D. Natf. u. Ärzte 1968, Springer Bln. 1969.

III. Gesundheitserziehung

1. Weg und Ziele der Gesundheitserziehung [15; 35]

Gesundheitserziehung muß „aufwiegeln", sonst verfehlt sie ihre wichtige Arbeit. Für die Gesundheitsvorsorge ist zu unterscheiden zwischen dem, was der Mensch selbst für seine Gesundheit tun kann oder soll, und den Gefahren für seine Gesundheit, von denen er durch Maßnahmen legislativer, institutioneller und organisatorischer Art geschüzt werden muß (*Käthe Strobel*, Bundesmin. f. Gesundheitswesen [15, Heft 1]).

a) Der Stoffbereich der Gesundheitserziehung gliedert sich demnach:
α) in den Erwerb von Voraussetzungen und Fähigkeiten (Wissensvermittlung)
β) in Anerziehen von Verhaltensweisen
γ) in aktive Beeinflussung.

Dadurch soll den jeweils „zu Erziehenden" ein entsprechendes Leben in unserer Zivilisation gesichert werden. Dies soll ihm ermöglichen, den Leistungsanforderungen, die die Gesellschaft an ihn stellt, gerecht zu werden. Eine solche Aufgabe erstreckt sich daher auch auf den Bereich der Arterhaltung, wenn diese auch nicht immer und von allen Befähigten in gleicher Form zu verwirklichen sein wird.

Gesundheit steht in enger Beziehung zur Lebenstüchtigkeit. Gesund ist derjenige, welcher sich den jeweiligen Lebensbedingungen, die heute der durch die Technisierung umgewandelte Lebensraum an ihn stellt, anzupassen vermag.

Im Rahmen der Erziehung sollte dieser Weg erreicht werden durch Lob, Ermahnung, Gebote und Verbote, Informationen, durch Aufzeigen von Vorbildern und Wecken von Überzeugungen. Gesundheitserziehung kann demnach nicht nur Aufgabe weniger Unterrichtsfächer (Biologie, Leibeserziehung) sein. Sie beginnt bereits im Elternhause, in welchem der Umwelt entsprechend die Grundlage zu Sauberkeit, Ordnung und sozialem Verhalten gelegt wird. Diese erste fundamentale Unterweisung bleibt richtungsweisend für das Schulalter, kann doch die Schule im wesentlichen nur durch Wissensvermittlung und daraus durch Wecken von Überzeugungen, der Lehrer evtl. durch Vorbild auf die Prägung des Verhaltens der Jugendlichen einwirken.

Die Forderung der Weltgesundheitsorganisation ein „völlig körperliches, geistigseelisches und soziales Wohlbefinden" bei den Jugendlichen zu erwirken, wird eine Idealforderung bleiben. Besonders soziales Wohlbefinden kann nur erreicht werden, wenn auch der Sozialhygiene ein entsprechender Raum in dieser Erziehung eingeräumt wird!

In Zusammenarbeit mit dem Schularzte wird der Erzieher bemüht sein, alle wichtigen Maßnahmen, die zur Erhaltung und Aufwertung der gesundheitlichen Substanz des jungen Menschen führen und alle Maßnahmen, wie Krankheitsvorbeuge (Impfungen), Unfallverhütungen, aktive Gesundheitshilfen, in die Wege zu leiten, daß sie zu einem entsprechenden Erfolge geführt werden.

Es ist gar nicht selbstverständlich, daß die Schule und deren Träger auch wirklich das dazu beitragen, was nötig wäre. Die Ursachen dafür liegen vielfach darin, daß Störungen des allgemeinen Unterrichtsbetriebes dadurch entstehen. Hier liegt es vielfach in der Einsatzfreudigkeit des Biologielehrers, dafür werbend, aufklärend, z. T. selbst aktiv mitzuwirken. An erster Stelle steht hier der Hinweis auf die Zahnpflege [50, 147], richtige Ernährung [16, 118] und die Eröffnung der Geschlechtserziehung [16 a, c, 70, 73, 105]. Da es sich um alte Unterrichtsanliegen der Schulbiologie handelt, sei in diesem Zusammenhang nur auf die einschlägige Literatur und die Lehrbücher verwiesen.

Die infolge der Mannigfaltigkeit der Fächer vielfach überlasteten Stundentafeln ermöglichen in Deutschland nicht die Einführung eines besonderen Faches, wie etwa in einigen Ländern Amerikas [81]. In Hinblick auf die volkerhaltende Bedeutung dieses Bildungsanliegens sollte es die Aufgabe jedes Lehrers sein, hier auf die Jugend einzuwirken. Uneingeschränkt müßte jedoch dem Biologieunterricht die sachliche Unterweisung zugestanden werden, ist doch der Lehrer dieses Faches auf Grund seiner Ausbildung meist allein in der Lage, an unseren Schulen die theoretischen Kenntnisse, die zu einer richtigen Gesundheitsführung nötig sind, zu vermitteln. Ihm sollte man aber auch die Werbungen und die Organisation aller Veranstaltungen, die mit der Gesundheitspflege zusammenhängen, anvertrauen. Wünschenswert wäre auch, wenn er in Zukunft die Ausbildung der immer nötiger werdenden „Ersten Hilfe" im Biologieunterricht obligatorisch vornehmen würde [7, 81].

b) *Aufgaben des Schularztes und seines Hilfspersonals [32, 41]*

Ihnen obliegt:

α) Der **Gesundheitsschutz** der Schüler. Er wird wahrgenommen durch die Tauglichkeitsuntersuchungen bei der Einschulung und Entlassung, dem Feststellen der Erholungsbedürftigkeit, der Haltungs- und Fußleiden, der Zahnschäden (Caries, Paradentose, Kieferregulierungen), der Schwächen in ernährungs-, kreislaufmäßiger und nervlicher Hinsicht [32, 35];

β) Die **Überprüfung der hygienischen Verhältnisse** und Einrichtungen der Schulen und Sportanlagen;

γ) Die **Seuchenüberwachung**: Der einen Schüler behandelnde Arzt meldet eine ansteckende Krankheit der Gesundheitsbehörde und diese verfügt über eine evtl. zeitweise Sperrung des Unterrichtsbetriebes [119].

δ) Die Durchführung der **Schutz- und Vorbeugeimpfungen**: als Pflichtimpfung gilt die gegen Pocken (Reichsimpfgesetz von 1874 und Gutachten vom 25. 1. 1953 über die Geltung für die BRD; Durchführung von **Röntgenreihenuntersuchungen** [151]. Lehrkräfte werden auf Grund des Gesetzes vom 1. 1. 1962 [119] jedes Jahr einmal durchleuchtet, eine freiwillige Schüleruntersuchung findet jedes 2. Jahr statt.

ε) Die Ausfertigung von Gutachten über die Tauglichkeit eines Schülers für besondere Verrichtungen (Sport, Schwimmen) die Beratung der Lehrer und Schülereltern über aktuelle medizinisch-schulische Fragen (neurotische Belastungen, Fragen der Akzeleration, des sexuellen Geleites (siehe unten).

Gesundheitspaß

Da die Säuglings-Mütterberatung sich bei uns im wesentlichen auf das erste Lebensjahr des Säuglings erstreckt, die nächste amtsärztl. Untersuchung der Kinder aber erst wieder mit der Einschulung vorgenommen wird, fordert die Bundesärztekammer *(Prof. Theopold* [Pr. 31. 10. 68]) eine gesetzliche Weiteruntersuchung bis zum Einschulungsalter und das Anlegen eines Gesundheitspasses, in dem nicht nur die Impfungen, sondern auch alle Krankheiten u. sonstige Beschwerden durch den Hausarzt eingetragen werden, die später die Grundlage für gesundheitliche Beurteilungen bilden können.

Impfkalender

Alter	Schutzimpfung gegen	Bemerkung
Nach der Geburt	Tuberkulose	Falls Familie Tbc-belastet oder der Säugling mit vielen Fremden in Kontakt kommen kann (Gaststätte!)
Ab 3. Monat in monatlichen Abständen 3 x	Diphtherie, Masern, Keuchhusten, Tetanus, Poliomyelitis	Fünffacher Impstoff! Spritzimpfung.
9.—15. Monat	Pocken	1. Pflichtimpfung,
Ende des 2. Jahres	Diphtherie, Masern, Keuchhusten, Tetanus, Poliomyelitis	Auffrisch-Impfung mit Fünffach-Impfstoff
6. Jahr	Polio-Schluckimpfung Tuberkulose	Zur Auffrischung Wenn Tuberkulinprobe negativ
10.—12. Jahr	Pocken	2. Pflichtimpfung
12.—14. Jahr	Polio-Schluckimpfung	Zur Auffrischung
14. Jahr	Tetanus	Zur Auffrischung

In der Bundesrepublik sind alle Impfungen, außer der Pockenimpfung, freiwillig. Sie sollten aber unbedingt durchgeführt werden, denn es gibt immer wieder schwere Krankheitsschäden und sogar Todesfälle durch die als „harmlos" ange-

sehenen Kinderkrankheiten, wie etwa Masern. Selbst gegen Röteln wird aus diesen Gründen zur Zeit ein Impfstoff entwickelt, der bereits in der klinischen Erprobung ist und wahrscheinlich ab 1970 zur Verfügung stehen wird.
Nach Prof. A. Windorfer (Regenbogen, Baden/Baden, 1968/V/26) sind einzelne Infektionskrankheiten, in der Hauptsache als Folge der Schutzimpfungen, wie folgt zurückgegangen (vgl. S. 419, 435):

Diphtherie:	1946	145 000 Erkrankungen, 7576 Tote
	1964/65	328 Erkrankungen, 16 Tote
Polimyelitis:	1952	729 Tote, 1965 5 Tote
Scharlach:	1946	250 Tote, 1964 2 Tote
	1950	87 000 Erkrankungen, 1965 41 000 Erkrankungen
Keuchhusten:	Kinder unter einem Jahr:	
	1946	1420 Erkrankungen, 1964 89 Erkrankungen
Masern:	1946	600 Tote, 1965 86 Tote
TBC (S. 436)	1948	516 000, 1964 236 000 Kranke
	32 682,	7 574 Tote
Meningitis:	1959	116 Tote: 1964 146 Tote.

2. Die aktive und individuelle Gesundheitserziehung

a) Bewegung und Leistung im Tagesrhythmus [27, 123]

Stellen wir zunächst ein allg. Verhaltensschema unter dem Blickpunkt zusammen: „Was kann der einzelne selbst für seine Gesundheit tun?" so finden wir, daß der Ablauf aller physiologischen Körperfunktionen von einem ständigen Wechsel im Angebot an Aufbau- und energieliefernden Stoffen und Reizen der Außenwelt abhängt [7]. Diesen hat sich unser Körper von Jugend an angepaßt. Die von außen kommenden Reize werden nicht nur von dem Zentralnervensystem verarbeitet, sie üben auch einen Einfluß auf das autonome Nervensystem und damit verbunden auf das inkretorische Drüsensystem aus [13, 56]. Aber auch das Angebot an Nahrungsstoffen unterliegt gewissen tages- bzw. jahresrhythmischen Schwankungen. Dies wirkt sich z. B. auf den Tagesablauf wie folgt aus:
Nach einer physiologisch noch nicht ergründeten E r h o l u n g s p h a s e *während des Schlafes* zeigt sich gerade bei jungen Menschen nach dem Aufstehen in den ersten Morgenstunden ein Leistungstiefstand, der sich über das Wecken hinzieht (Morgenkrise [27]). Da der Mensch der Zivilisation an eine von seinem Verhalten unabhängige Zeiteinteilung gebunden ist, bedeutet das W e c k e n *und* A u f - s t e h e n eine plötzliche Umschaltung des gesamten Körpergeschehens aus einem Ruhezustand in einen solchen erhöhter Tätigkeit. Eine zu intensive plötzliche Anregung aller Körperorgane bedingt daher nicht nur eine Überlastung des Körperkreislaufes, sondern auch eine durch die Weckreize ausgelöste erhöhte Tätigkeit der dem Bewußtsein nicht unterworfenen Steuersysteme. Dies kann bei empfindlichen Kindern auf die Dauer einen Schock und Neurosen zur Folge haben.

Man sollte daher bemüht sein, im Rahmen der morgendlichen Körperpflege die Körperfunktionen langsam an die neue Tätigkeit zu gewöhnen. Von der früher propagierten intensiven Gymnastik ist man daher aus diesen Überlegungen abgekommen, wie auch von einer zu gründlichen Körperreinigung, kaltem Duschen usw. als Reizerhöhung. Man sollte bemüht sein, die Kreislauf- und Atemtätigkeit und die sonstigen Körperfunktionen langsam anzuregen und zu steigern (Frottieren der äußeren Körperpartien, Zähnebürsten).

Das Frühstück richtet sich nach den folgenden Tätigkeiten. Es sollte jedoch nicht durch zu starken Kaffee und intensives Rauchen die Herztätigkeit zu viel anregen. Leichtverdauliche Speisen mit hohem Nährwert sind im Hinblick auf die beginnende Tagesarbeit vertretbar. Von einem Fasten am morgen aus „Schlank erhaltungsgründen", wie dies immer wieder bei Mädchen aller Schularten festgestellt wird, muß mit Rücksicht auf die Leistungsanforderungen und der Gesamtentwicklung eines Jugendlichen dringend abgeraten werden. Ein morgendlicher Gang, ohne Hast, zur Arbeitsstelle und Schule bringt die gesamtkörperlichen Funktionen in eine harmonische Tätigkeit und leitet so in die optimale *vormittägige Leistungphase* über, die sich bei Jugendlichen wenig über 4 Zeitstunden erstrecken sollte. Wünschenswert ist während dieser Zeit die Einnahme eiweiß- und energiereicher leichtverdaulicher Kost (Milchfrühstück).

Eine deutliche Abnahme der Leistungen läßt sich in den späten Vormittagsstunden, mitverursacht durch einen bereits eingetretenen Betriebsstoffmangel, feststellen. In diesen Leistungstiefstand legen wir erfahrungsgemäß unsere Hauptmahlzeit mit nachfolgender Verdauungspause. Der nachmittägliche Leistungsanstieg wird in die Zeit von 15—18 Uhr zu legen sein, während dann nach einer allgemeinen Übergangszeit, in welcher die abendliche gründliche Körperpflege zu absolvieren ist, die tägliche S c h l a f p e r i o d e einsetzt.

Unter ihr versteht man, mit Ausnahme der des Kleinstkindes, eine Periode der Reizunterbrechung, der Herabsetzung der Tätigkeit der Muskeln, der Nerven und der Gehirnzentren sowie der Restitution des Stoffwechsels dieser Systeme. Stoffwechselphysiologisch läßt sich feststellen, daß z. B. der Noradrenalingehalt im Gehirn (Goldhamster) während des Schlafes gegenüber der Wachperiode vermindert ist. Indessen ruht auch unser Gehirn während des Schlafes nicht. Es wechseln Tiefschlaf, Traumschlaf und Latenzzeiten in einer regelmäßig, individuell und altersmäßig verschiedenen Folge ab. Neuere Forschungen auf diesem Gebiete [123] lassen erkennen, daß EEG-Aufzeichnungen während der einzelnen Schlafphasen und gegenüber dem Wachsein differieren. Man unterscheidet die sog. REM-phase (Rapid Eye Movement), die dem Traumschlaf und die NREM-phase, die dem Tiefschlaf gleichzusetzen sein dürfte. Da bei Neugeborenen und Kleinstkindern diese beiden Schlafzeiten annähernd gleich lang währen, sind sie gerade bei diesen studiert worden. Während der REM-Schlaf, u. U. mit geöffneten Augen, Zuckungen, Bewegungen des Körpers, unregelmäßigen Atmen und Hervorbringen von Lauten begleitet sein kann, liegt im NREM-Schlaf das Kind, abgesehen von groben gelegentlichen Körperbewegungen, bewegungslos und entspannt. Beim Neugeborenen wird der Schlafbeginn durch einen unmittelbaren Übergang aus dem Wachzustand in den REM-Zustand markiert, erst dann stellt sich die NREM-Periode von wesentlicher Dauer ein. Bei Erwachsenen folgt das Auftreten eines REM-Schlafes erst auf eine NREM-Periode von 50 bis 70 Minuten. Ebenso treten beim Kleinkind bald nach dem Einschlafen REM-Perioden auf. Sie sind zu jeden Zeitpunkt der Nacht von unregelmäßiger Dauer. Später und besonders in der Pubertät sind sie kurz. Bei einer Schlafzeit des Säuglings von 16 bis 20 Stunden beträgt die REM-Zeit fast die Hälfte, bei Kleinkindern mit etwa 10 Stunden 30 %, um in der Pubertät auf etwa 18 % zu fallen. Erwachsene mit einer Schlafzeit von 8 bis 6 Stunden haben eine REM-Phase von 22 bis 20 %, im Greisenalter fällt sie auf 13 %. Mit Ausnahme der Kleinstkinder überwiegt bei allen Menschen die NREM-Phase, sie dürfte also als die eigentliche Restitutionszeit anzusehen sein, während der REM-Schlaf spezifisch für die Gehirntätigkeit (Wechselwirkung zwischen Hirnstamm und Rinderfeldern) von größter Bedeutung zu sein scheint. Der Traum wird als ein sensueller Ausdruck eines aktiven neurophysiologischen Zustandes angesehen, der mit dem REM-Schlaf identisch ist und dessen visuelle Ereignisse so ablaufen, wie sie der Träumende im Wachzustand betrachtet haben würde. Da Wirkstoffe, wie z. B. LSD, einen anregenden Effekt auf den REM-Mechanismus ausüben, folgert man, daß dies durch eine neurohumorale Substanz ebenfalls möglich sein kann.

Intensive Bereizungen des Großhirns verbunden mit gesteigerten Hormonausschüttungen des andrenocorticalen Systems (Aufregung) führen zu Schlafstörungen. Ähnliche Beeinträchtigungen stellt man bei bis weit in die Ruhepause reichenden Magen-, Darm- und Nierentätigkeiten (Spätessen schwerverdaulicher Speisen) fest. Da es in der Schlafperiode zur Wiederherstellung des normalen physiologischen Gleichgewichtes der Gewebe (Ausgleichen des Wassergehaltes, des Zuckerspiegels) kommt, ruhen auch während dieser Zeit die Körperfunktionen nicht. Lageveränderungen des Körpers während dieser Zeit sind für Herz- und Darmtätigkeit förderlich. Ein Wärmestau im Körper sollte während des Schlafes verhindert werden, die optimale Körpertemperatur solle 32—33° C nicht übersteigen, damit die sich auf ein gewisses Ruheniveau eingespielten Körperfunktionen nicht durch zu große Wärme angeregt werden.

Voraussetzung für optimale Leistungen des menschlichen Körpers sind neben den physiologischen Voraussetzungen auch die durch das inkretorische Drüsensystem und sympathische Nervensystem gesteuerten Funktionen. Dabei spielen Wechselwirkungen der Menschen untereinander, sowie optische, akustische u. a. Reizwirkungen auf das Gesamtverhalten (Einstellen zu einer Sache, Stimmung) eine wichtige Rolle, sie vermögen die Leistungen zu steigern bzw. rapide zum Abfall zu bringen. Die Leistungsrhythmen im Tagesablauf interferieren je Alter und Arbeitzeit, sie sind vom Gesundheits- und Reifezustand des jeweiligen Individuums abhängig. Eine moderne Erziehungsform wird bemüht sein müssen, solche Unterschiede bei der Bewertung der menschlichen Leistungen zu berücksichtigen (vgl. 3, S. 471 f).

Neuartige Lehrmethode (Hypnopädie): Die Erkenntnisse der materiellen Speicherung der Gedächtnisinhalte [40, 134] hat in den letzten Jahren zu Erprobungen geführt, durch Drogen und andere Stoffe bzw. durch Nutzbarmachung des Schlafes eine erhöhte Aufnahmebereitschaft des Gehirnes zu erreichen.

Spezielle Fähigkeiten müssen dem Gehirn während der „Leichtschlafperiode" (s. o.), bekannt durch die sog. „Innere Uhr" zugeordnet werden. Die Mutter hört regelmäßig das Wachwerden des Kindes, der beruflich Tätige die regelmäßige Wiederkehr besonderer Ereignisse während des Schlafes bzw. deren Ausbleiben.

Schließlich ist bekannt, daß die Phase des Schlafes bzw. das unmittelbar darauf folgende Erwachen zu besonderen spontanen (kreativen) Leistungen aber auch zum Einprägen von schwierigen Merkstoffen befähigt.

Wenn heute vorgeschlagen wird, bestimmte schwer zu erlernende Sachverhalte vor dem Schlafengehen aufmerksam zu lesen (Anfang der Gedächtnisprägung) und solche während der Leichtschlafperiode nach dem Einschlafen und vor dem Wachwerden mittels Tonkonserven über das Ohr anzubieten, so soll die Möglichkeit einer erhöhten Engrammbildung gegeben sein.

Da heute bereits einige Institute Apparate mit entsprechenden Lernprogrammen anbieten, wird gerade der Schulbiologe u. U. um ein Urteil gefragt werden. Ein Großversuch in dieser Richtung soll in Dubno-Moskau stattgefunden haben. Solange wissenschaftliche Veröffentlichungen darüber nicht vorliegen, also bisher nicht bekannt ist, wie die Nervensysteme (ZNS und autome System) bei einer längeren Anwendung solcher Techniken reagieren, ob dadurch nervöse Erschöpfungen und Fehlreaktionen auf andere äußere Reize ausgelöst werden, ist anzuraten, daß solche Experimente immer durch einen erfahrenen Facharzt überwacht werden.

b) *Ermüdung und Erschöpfung [2, 47]*

Unter Ermüdung verstehen wir einen temporären Zustand unseres Körpers, der durch Störung des Stoffwechsels, mangelnde Versorgung mit Betriebsstoffen, zu geringer Durchblutung (Anreicherung von Stoffwechselendprodukten) und zu mäßiger Sauerstoffzufuhr bedingt ist. Solche Zustände werden durch einseitige Beanspruchung der Leistungsorgane, der Muskeln (bes. bei einseitiger, z.B. Fließbandarbeit) aber auch des Zentralnervensystems bedingt. Entsprechende Erholungspausen, Einrichten anderer Tätigkeiten dienen zu ihrer Behebung [7]. Dies trifft also nicht nur für reine muskuläre Tätigkeiten, sondern auch für Großhirnfunktionen, für die weniger muskuläre Beanspruchungen erforderlich sind (Büro-, Zeichen-, Schreib und auch feinmechanische Arbeiten) zu. Auch für solche Tätigkeiten ist eine anders geartete Ausgleichsarbeit, Entspannung und Erholung erforderlich. *Gähnen* ist ein Anzeichen der Ermüdung. Sie hat im schulischen Rahmen ihre Ursache in einer zu geringen körperlichen Betätigung und läßt erkennen, daß die Aufnahmefähigkeit des Großhirns eingeschränkt ist. Gähnen darf nicht als Interesselosigkeit oder Nichtachtung gegenüber einer Sache gewertet werden.

Unter Erschöpfung verstehen wir einen alle körperlichen und geistigen Funktionen beeinträchtigenden Zustand, der durch Dauerbeanspruchung der Organe, insbesondere solcher mit Bewußtseinsteuerung ohne entsprechende Erholungsphase bedingt sein kann. Dies führt zu einem Dauerausfall von Leistungen, die mit Sekundärfolgen, wie Kopfschmerz, Migräne, erhöhter Reizbarkeit, u. U. Ohnmacht begleitet sein können. Solche Zustände werden durch unbefriedigende Arbeitsbedingungen weitgehend vertieft. Sie müssen nicht immer auf Überbeanspruchung der Muskelsysteme allein zurückzuführen sein. Auch bei beruflichen Tätigkeiten, bei denen das Großhirn weitgehend beansprucht wird, also auch im schulischen Bereich, sind solche Störungen zu erwarten.

Zu ihrer Behebung dienen einerseits im Tagesrhythmus die schon erwähnten Ausgleichsbeschäftigungen und die nächtlichen Erholungsphasen. Nach schwerer körperlicher Hauptarbeit dient leichte Betätigung mit entsprechender Gehirnbeanspruchung (geistige Weiterbildung, sich beschäftigen mit literarischen und musischen Stoffen), während nach intensiver geistiger Tätigkeit solche mit verminderter Gehirnleistung und harmonischer Muskelbeanspruchung des ganzen Körpers (Gartenarbeit, Sport, Basteln usw.) einen Ausgleich bedeuten.

c) Erholung im Jahresrhythmus [31, 34, 41, 48]

Der sich auf 2 bis 4 Wochen ausdehnende Jahresurlaub dient dem „Neukräfte" sammeln und sollte deshalb an einem Ort mit anderem Klima verbracht werden, wobei die veränderten Temperaturverhältnisse, die Luftdruckschwankungen und Luftbewegungen, schließlich auch die andere Zusammensetzung der Atemluft neue Reize auf den Körper ausüben. Dadurch soll eine Umstellung der gesamten Funktionen bewirkt werden. Der menschliche Organismus benötigt zunächst eine gewisse Zeit zur Eingewöhnung (3 bis 7 Tage). Diese Zeit ist mit einer krisenhaften Schwächung begleitet. Erst der längere Aufenthalt in dem neuen Klima bewirkt die Umstellung auf die neuen Lebensverhältnisse, d. h. eine Umstellung aller körperlichen und geistigen Tätigkeiten auf eine andere Leistungsstufe. Dies bemerkt man dann am langen tiefen Schlaf und durch eine ausgesprochene Frische und muskuläre Leistungsfreudigkeit beim Erwachen. Wie die Umstellung am Anfang ihre Zeit beanspruchte, so auch die bei der Umkehr in die alten Lebensverhältnisse. Auch hier muß mit einer Übergangsperiode, besonders bei Kindern gerechnet werden. Es ist daher nicht sinnvoll, nach Rückkehr aus dem Urlaub sofort die gewohnte Arbeit wieder aufzunehmen, sondern eine gewisse Umstellungszeit (Nacherholung) bei mäßiger Tätigkeit abzuwarten. Aus dieser Sicht erscheint der kurze Wochenendausflug in andere Gebiete nicht sinnvoll. Die Rückreise, die dann meist in der körperlichen Eingewöhnungsphase an das neue Klima angetreten werden muß, bringt eine erhöhte Schwächung, meist wird diese noch durch die nervliche Überbelastung durch die Reise im Kraftwagen auf überfüllten Autostraßen, in einer durch Abgase geschwängerten Atmosphäre, erhöht. Solche Lebensbeeinträchtigungen führen zu der Überlegung, ob nicht die Wiedereinführung der 6-Tage-Arbeitswoche mit 2 Urlaubsperioden (Forderung der Ärztekammer, Prof. *Hittmeyer* und *Fromm*) anzustreben wäre.

Grundsätzlich bietet sich jede Jahreszeit für eine Erholung an, wobei sich die klimatisch rauhere, der vermehrten Reizwirkungen wegen, als die günstigere erweist (Übersicht, S. 425). Junge kreislaufmäßig nicht belastete Menschen sollten klimatisch extreme Gebiete (Hochgebirge, Meer) aufsuchen, während in ihrer Herztätigkeit Beeinträchtigte mehr die Mittelgebirgslagen (500—800 m) wählen mögen. Bei Kindern wird man die Zeiten des sommerlichen und winterlichen Leistungstiefs (große Ferien Juli-August, Halbjahresferien um die Jahreswende) wählen, wobei zu bedenken ist, daß diese sich zwar schneller an das neue Klima gewöhnen, aber längere Zeiträume zu einer Entspannung benötigen. Aus dieser Sicht ist die neue Schuljahresregelung zu begrüßen. Sie beginnt im Herbst mit einer längeren, durch Wiederholungen nicht vorbelasteten Arbeitsperiode, wenn die Schüler ausgeruht aus den Ferien kommen. Wenn diese Zeit auch im winterlichen Leistungstief zusteuert, wirkt sich die Stoffneuheit und die längere durch Ferien nicht unterbrochene Unterrichtszeit (für die Beibehaltung der Herbstferien besteht keine wirtschaftliche Notwendigkeit mehr) günstig aus. Der zweite Teil des Schuljahres beginnt in einer klimatisch ungünstigen Periode, mit Zunahme der Tageslänge und der milderen Jahreszeit (die sog. Frühjahrsmüdigkeit kann durch vitaminhaltige Vollernährung weitgehend behoben wer-

Wirkungen fremder Klimate auf die Erholung des arbeitenden Menschen

Das Erholungsklima soll eine andere Luftbeschaffenheit (auch Luftdruck), andere Licht- und Temperaturverhältnisse aufweisen, um den durch einseitige Reize des Erwerbslebens überforderten Menschen in eine neue bzw. veränderte Reize verursachende Umgebung zu bringen. Bei Menschen mit intensiver Gehirntätigkeit ist ein Aussetzen von dieser Tätigkeit erwünscht.

Reizklima		Schonklima
See	Hochgebirge	Mittelgebirge 400—600 m
Klimatische Unterschiede: Erhöhte Sonnenstrahlwirkung, insbesondere des UV-Lichtes, wechselnde Wind- und Temperaturverhältnisse auch im Tagesrhythmus, staubfreie und infektionserregerfreie Luft, Hochgebirge: geringer Luftdruck Wirkungen auf den Menschen: Infolge ständigen Wechsels der physikalischen Faktoren entstehen klimatische Extreme. Diese bedingen einen Stoffwechsel und eine Drüsentätigkeit, damit eine entsprechende Beanspruchung der physiologischen Regulationssysteme des Körpers. Die Umstellung hat zur Folge, daß der Körper auch später seine gesteigerten Funktionen beibehält und so gegen schnelle Änderungen der Umweltbedingungen zeitweise gefeit bleibt (Abhärtung). Diese Schutzwirkung erstreckt sich auf Erkältungen und Infektionen der Luftwege, insbes. gegen allergische Erkrankungen der Atemwege (Asthma, Heuschnupfen). Sportliche Betätigung erhöhen diese Wirkungen. Der Aufenthalt verlangt eine Akklimationszeit. Der Ort ist geeignet für: junge kräftige Menschen die nervlich nicht belastet sind, bes. Kinder (Sandspielen ohne Infektionsgefahr) Jodhaltige Luft (gegen Schilddrüsenunterfunktion) Spurenelementgehalt (Auffrischen des allg. Mangels) Asthmatiker Heuschnupfenkranke (bes. auf Inseln)		Abgeschwächte Reizwirkung der klimabedingenden Faktoren, Anregungen bei gemäßigtem Reizklima, Temperaturänderungen und Wetterumschläge (Föhnlagen) wirken sich nicht so intensiv aus, Wanderungen: am wenigsten ermüdet ein Marschtempo von 2 Schritten in der Sekunde
	Erholungsbedürftige nach Infektionskrankheiten, bes. nach Primärinfekt bei TBC., Blutarmut, für Kranke mit Schilddrüsen-Überfunktion (Basedow)	Keine Akklimationszeit, keine überfordernde Reizbelastung, Ältere Personen, Rekonvaleszenten und schwächliche Kinder, Menschen mit chronischen Leiden, bes. des Herz- und Gefäßsystems, wetterfühlige Personen

den) steigert sich auch die Leistung. Zwischenzeitliche Ferien wären mit den Hauptferien abzustimmen. Im allgemeinen dürften die Versetzungsangelegenheiten zu Beginn der vorsommerlichen Hitzeperioden geklärt sein, so daß die durch diese bedingten Leistungsabfälle und Unterrichtsausfälle keine schwerwiegenden Belastungen darzustellen brauchen [48].

Gesundheitliche Freizeitgestaltung der Jugend: Innerhalb von 3 Generationen hat nicht nur die Arbeitzeit um etwa 1/4 in der Woche abgenommen, durch die besondere Art des Einsatzes unserer Jugend ist immer mehr auch die Leistungsentgeltung an die der Erwachsenen angeglichen worden. Den Lehrling im eigentlichen Sinne des Wortes gibt es in den mehr handwerklich ausgerichteten Berufszweigen kaum mehr. Dies bedingt, daß sich viele Jugendliche Gewohnheiten der Erwachsenen zum Vorbild genommen und gerade in ihrer Freizeitgestaltung zugelegt haben. Die Folgen zeigen sich in ihrem Verhalten, in ihrer Unsicherheit, Überheblichkeit, im sog. Halbstarkenproblem und dem Partywesen, im Sog der Massenmedien. Der eigentliche Sinn der Freizeitgestaltung, die Lösung vom Arbeitsdruck, die Hingabe an ein Lebensbedürfnis des sich Entspannens, des Neukräftesammelns, wird kaum noch erreicht. Auch das Ziel einer jugendgemäßen Freizeitgestaltung sollte in der Förderung der körperlichen und geistigen Anlagen, in einer gesundheitsfördernden Begegnung gesehen werden. Die bereits sich anbahnende Jugendpflege, die sich auf musische (Musik, Laienspiel) volkskundliche, gesellschaftliche, sportliche und werkkundliche (Basteln, Werken, Hobbys) Betätigung, sowie auf solche des Natur-, Heimat- und Welterlebens (Wandern, Reisen), erstreckt, sollte möglichst noch weitere Kreise im schulischen wie außerschulischen Rahmen zu erfassen sich mühen. Wie bei den Erwachsenen sollte man die Freizeitgestaltung auch hier als Antagonisten zur Tagesarbeit sehen.

d) Kleidung und Wohnung [24, 32, 41] (vgl. p. 430)
Auch die Diskussion über Kleidung und Wohnen gehört zu einer gesundheitsfördernden Erziehung.
Die K l e i d u n g erzeugt über unserer Haut ein Mikroklima von 30—31 °C (ab 29 °C empfinden wir Kälte, ab 32,5 starke Wärme) und einer rel. Luftfeuchtigkeit von 30—40 %. Wesentlich für die Erhaltung des optimalen Zustandes ist die in dem Porenvolumen stagnierende Luftschicht. Ihre Dicke muß sich ständig nach der Außentemperatur richten, daher ist ihr Gewicht im Laufe des Jahres verschieden. Die Männerkleidung ist in bezug auf die der Frauen zu schwer. Die heutige technische Entwicklung ermöglicht, obwohl die Herkunft unserer Kleidung noch aus natürlichen und künstlichen Stoffen besteht, zweckdienliche Bekleidungsarten zu jeder tageszeitlichen und wettermäßigen Situation. Wesentliche Gesichtspunkte legen wir auch auf die ästhetische und damit psychologische Bewertung in der Auswahl unserer Kleidung, zumal gerade der Mensch damit eine Wertung verbindet, die ihn in eine gewisse Stimmung versetzt, von der letzten Endes wiederum seine Leistung abhängt. Dadurch werden im Einzelfall Kleidungsstücke auch ohne gesundheitliche Folgen ertragen, die nach den ermittelten physikalischen Richtwerten im allgemeinen nicht vertretbar wären.
K l e i d u n g u n d A b h ä r t u n g : Bestimmte Klimate bedingen eine jeweils entsprechende Kleidung. Der Neuankömmling in einem solchen wird sich zunächst mit einer entsprechend wärmeisolierenden Schutzkleidung begnügen

müssen. Erst nach längerem Aufenthalt, d. h. nach der bestimmten Anpassungszeit, werden die jeweils umgebungsüblichen Erleichterungen vorgenommen werden können, wobei aber immer Wetterveränderungen mit berücksichtigt werden müssen (Hochgebirgskleidung z. B.).

Relatives Wohlbefinden empfindet man bei 20° C im Schatten, in leichter Brise bei 26°, Temperaturen über 30° sind meist unerwünscht. Wir versuchen uns mittels unserer Kleidung anzupassen: weiße Kleidung erhöht die Hauttemperatur um 7°, ein dicker Pullover um 14°, Windstille bewirkt eine Erhöhung um bis 8°, eine mäßige Brise um 3°. Bei sehr leichter körperlicher Betätigung sind die angeführten Werte zu halbieren, bei großer körperlicher Anstrengung zu verdoppeln (NR. 1968/67).

Feuchte Kleidung: In humiden Klimaten dringt in die Poren an Stelle der Luft ständig Wasser. Der Körper benötigt zu seiner Verdunstung dann eine erhebliche Wärme. Diese erhöhte Abgabe reguliert er in Ruheperioden durch die Drosselung der Hautdurchblutung, die die Hautatmung bzw. den Abfluß der Stoffwechselendprodukte beeinträchtigt. Im weiteren Verlauf können dann die sehr schmerzhaften Weichteil- und Muskelerkrankungen (rheumatische Beschwerden, deren eigentliche Ursachen noch nicht geklärt sind [32]) die Folge sein.

Reinigung der Kleidung und der Haut: Sie dient der Beseitigung der durch die Absorptionswirkung des Hautfettes aufgenommenen Staubteilchen und Bakterien, bzw. zu deren Abtötung. Letzteres wird durch den Kochprozeß bzw. durch das Plätten erreicht. Vor der Anwendung zu intensiv wirkender chemischer Reinigungsmittel, die bei den Kunststoffen die Reinigung bewirken sollen, muß gewarnt werden. Im Nachhang an den Waschprozeß verbleiben in den Geweben Reste dieser Stoffe und erzeugen bei einzelnen Personen Überempfindlichkeitreaktionen.

Das Wohnen: Zwischen der Wohnhöhle der Naturmenschen bis zu unseren ein Privatklima darstellenden Wohnungen ist ein weitgehender Unterschied. Der Mensch hat sich dadurch von den natürlichen Umweltbedingungen weitgehend entfernt. Da er aber auch während des Tages diesen natürlichen Bedingungen außerhalb seiner Wohnung ausgesetzt ist, bestehen für ihn Gefahren einer zu geringen Anpassung und Abhärtung. Die verschiedenen Erkältungskrankheiten (Schnupfen, Husten, Halsangina, grippale Infekte, Lungenentzündung) können die Folge sein. Aus dieser Sicht sollte die Anlage der einzelnen Zweckräume einer Wohnung den allgemeinen Arbeitsplätzen angepaßt werden.

Es ist zweckmäßig, den möglichst groß zu wählenden Wohnraum an die klimatisch begünstigte Seite der Wohnung zu legen, in welchem sich die Einflüsse des Wetters u. U. mit auswirken können (mittl. Temperatur 18—20 °C). Schlaf und Arbeitsräume werden in die weniger temperierten Teile zu legen sein, in welchen im Laufe des Jahres ein gleichmäßiges Sonderklima gehalten werden kann. Ob Schlafräume während des Winters geheizt werden, hängt vom Alter und der Lebensart der Personen und der Bettausstattung ab. Im allgemeinen sollte die Schlafraumtemperatur wesentlich niedriger als die des Wohnraumes gehalten werden. Hobbyräume, die ja in der Hauptsache der Kinder wegen eingerichtet werden, gehören an die klimatisch begünstigte Seite der Wohnung, keinesfalls in den Keller!

Alte hohe mit Ofenheizung ausgestattete Häuser haben eine hohe Luftfeuchtigkeit, in Neubauten mit zentraler Warmwasserversorgung und entsprechender Heizung ist die Atemluft trocken. Dies läßt sich durch Wasserverdunster beheben, besser noch durch das Aufstellen von Blattpflanzen, wobei die Wohnungsausschmückung zu ihrem Recht kommt.

Die Belüftung, also die Versorgung mit der nötigen Frischluft (8 m^3 Luft je Person, [46]), Ableiten der Ausatemluft, aber auch der anderen Abgase, richtet sich nach der Größe der Räume, der die Luft verbrauchenden Objekte (Ofenheizung verlangt öftere und längere Belüftungszeiten) und der Außenluftlagen (Smogzeiten). (Vgl. S. 399 f). In ungünstigen Witterungsperioden wähle man kurze Lüftungszeiten (alle 2—3 Stunden je 10 Minuten), wobei mehrere Fenster gleichzeitig zu öffnen sind; durch kleine Öffnungen gelangt ständig kalte Luft in die bodennahe Zone, ohne daß es zu einer völligen Lufterneuerung des Raumes kommt.

Die Beleuchtung sollte dem natürlichen Lichteinfall des Tages ähnlich sein. Spezielle Verrichtungen verlangen hohe Lichtquantitäten, sie sind durch Zusatzleuchten zu regeln, wobei die durch ihre Leuchtqualität die Nerventätigkeit anregende Leuchtstoffröhre dem temperierten Glühdrahtlicht, welches mehr den Ruhe- und Erholungsräumen vorbehalten sein sollte, vorzuziehen ist. Zu einer gesunden Wohnung gehören gesonderte Hygieneräume, Bade- bzw. Waschraum ist vom Klosett zu trennen. Staubfreiheit durch entsprechenden Fußbodenbelag mindert die Ausbreitung der Mikroben und die Infektionsgefahr.

Die zunehmenden Lärmbeeinträchtigungen im Stadtinnern, deren schädlicher Einfluß auf das psychische Wohlbefinden [45, 47] immer mehr erkannt wird, zwingt die Verlagerung der Wohnungen in die höheren Stockwerke, die Schlafräume an die am wenigsten lärmbelästigten Stellen der Wohnung.

Die Frage, ob man der Mietwohnung im Stadtinnern oder der Stadtrandsiedlung den Vorzug geben soll, ist in letzter Zeit diskutiert worden. Letztere wird für die dort verbleibenden Personen (Ehefrauen!) als „lebensfeindlich, gesundheitsschädlich und Neurosen fördernd" bezeichnet. Nach den Erfahrungen der Psychiatrie werden diese nicht durch die Umwelt, sondern durch eine Fehlhaltung der Menschen selbst, verursacht. Der Wert der Siedlung im noch einigermaßen naturnahen Bereich bleibt unbestritten. Die Gründe, die für eine Stadtwohnung mit besseren Einkaufs-, Kontakt- und Bildungsbedingungen sprechen, sind m. E. zivilisatorischer und nicht gesundheitspolitischer Art.

e) Die Bedeutung der aktiven Leibeserziehung [41, 35]

Spiel, Sport und Leibesübungen ermöglichen der Jugend im schulpflichtigen Alter, die körperlichen Kräfte zu entwickeln und zu erhalten. Bei durchschnittlich 28 bis 32 Unterrichtsstunden in der Woche bilden die heute lehrplanmäßig eingesetzten Sportstunden nur einen unzureichenden Ersatz für den von Natur aus auf körperliche Bewegungen und Betätigungen eingestellten Menschen. Vom Urzustande her bis in das Zeitalter der primitiven Maschinentechnik verlangte die Arbeit eine ganztägige Muskelbeanspruchung. Die ist gerade durch die Kommunikationshilfen und die automatisierten Arbeitsgänge, das Schulsitzen stark eingeschränkt. Wenn man daher nach den gesundheitsfördernden Kardinaltugenden bei unseren Jugendlichen fragt, so rangiert der Sport, besonders bei Jungen, immer an einer sehr vorderen Stelle, obwohl er leider zu einer gesamten Haltung wenig beiträgt, wie die ständig wachsenden Klagen über die Haltungsschäden zeigen. Es muß daher überlegt werden, wie diese gerade von der Leibeserziehung her, denn nur diese kann eine Aktion beleben und nicht der Biologieunterricht, zu beheben sind [7].

Die Zunahme der Muskelmasse und damit die Kraftentfaltung ist abhängig vom Lebensalter. Die stärkste Erweiterung erfährt sie zwischen 16 und 22 Jahren. Schon früher (14—16 Jahre) während des erhöhten Längenwachstums wird man auf eine Steigerung der Muskelmasse und eine Weitung der Inneren Organe (Herz, Lunge) Wert legen müssen. Dies kann durch Laufübungen, Spiele und entsprechende Körperschulung erreicht werden, während man in der folgenden Periode der Breitenentwicklung mehr Übungen vorziehen sollte, die der Ausformung des Körpers dienen (Wurfübungen, Rudern, Geräteturnen). In allen Fällen aber ist auf eine harmonische Körperentwicklung und Haltung zu achten, innere Organe dürfen nicht durch allzu intensiven einseitigen Leistungssport hypertrophieren (Sportherzen).

So wünschenswert gerade im Schulischen eine sportliche Betätigung in den Arbeitspausen (Pausenturnen) wäre, sowenig lassen sich nach dem Stande unseres heutigen Schulwesens solche Forderungen verwirklichen [35]. Es kann daher auf die zusätzlichen Vereinsveranstaltungen (Schwimmen, Wandern, Radfahren, Rudern, Tennis) und alle sonstigen sportlichen Betätigungen bei unserer Jugend nicht verzichtet werden.

Wenn auch das Leistungsstreben bei einzelnen Sportarten nicht abgelehnt werden soll, eine solche gesundheitsfördernde Betätigung spornt gerade die konstitutionell und willensmäßig Zaghaften an, so ist doch m. E. nicht angebracht, bei jeder sportlichen Betätigung im schulischen Rahmen das Leistungsstreben unserer Jugend gleich nach einem schematischen Punktsystem zu bewerten. „Die Wohltat einer Bewegung muß bewußt gemacht werden. Sie erfüllt erst dann ihren Zweck, wenn wir sie gern vollziehen, wenn wir gern die damit verbundenen Anstrengungen hinnehmen, auch Transpiration und wohlige Müdigkeit. Ständig bloß pflichtmäßig durchgeführte Spaziergänge — ich weiß nicht, ob so etwas möglich ist — können auf die Dauer den Erfolg nicht bringen". Diese Worte von *Prof. Brockhaus* [7] gelten für jedes Sporttreiben. Da es angeblich ohne Zensurengeben nicht geht, sollten diese jedoch nicht allein mit Meßband und Latte ermittelt werden. Man bedenke, daß hinter den Leistungen eines Kindes mit all seinen Sorgen, Nöten und Angst vor allem ein Mensch steht, dessen Ehrgeiz und Leistungswillen gefördert werden soll. Sport bedeutet aus der Sicht des Gesundheitserziehers nicht ein Fördern der körperlichen Leistungsfähigkeit, sondern der allgemeinen Gesundheit und des Wohlbefindens. Da jede sportliche Betätigung der Körperbeherrschung und damit der Willenschulung und Konzentration dient, so ist aktive Leibeserziehung gleichzeitig mit der Steigerung der geistigen Leistungskraft [41] gleichzusetzen.

War es früher ein Anliegen der Gesundheitserziehung für eine allg. Lebenstüchtigkeit, eine harmonische Gestaltung des Menschen zu sorgen, so bleibt immer mehr zu erwägen, ob nicht auch die sportliche Leistungshöhe zu fördern ist. Da außer der Schule heute auch in den meisten Produktionszweigen immer weniger körperliche Anstrengungen verlangt werden, droht hier gerade bei den jungen Werktätigen ein Abfall der körperlichen Leistungsfreudigkeit einzureißen, dem auf diese Weise entgegengewirkt werden soll (Leistungssportabzeichen) [35]. Die Schule sollte hier bemüht sein, einen sinnvollen gesundheits- bzw. leistungsfördernden Mittelweg zu finden.

Gesundheitförderndes Verhalten bei Wanderungen und Wassersport: Der junge Mensch neigt vielfach dazu, bei Überhitzung kalte Getränke (oft mit Eisstücken, Gefrorenes) gerade in einer Zeit zu genießen, die oft eine ungewohnte Überbeanspruchung von ihm verlangt. Der Gesundheitserzieher sollte auch hier auf richtiges Verhalten hinweisen.

Bei Wanderungen vermeide man tagsüber übermäßiges Trinken, Wasser, lauwarmer Tee schluckweise getrunken reichen aus. Die durch die erhöhte Bewegung vermehrte Wasserabgabe versuche man dann am Abend wieder auszugleichen, indem ausreichend Wasser, in Gebieten fern vom Wohnort leicht gebrühter Tee (abgekochtes Wasser) getrunken wird. Auf alkoholische Getränke, auch auf das erfrischende Bier, sollte die Jugend aller Altersstufen in Hinblick auf erhöhte Anforderungen am kommenden Tage verzichten. Ebenso sollte die Auswahl der Speise den Anforderungen angepaßt sein, eine kohlehydrat-, vitamin- aber auch eiweißreiche mit einem entsprechenden Füllstoffgehalt ist einer zu fettreichen Speise vorzuziehen.

Auch die Kleidung sollte sich den veränderten Bedingungen anpassen. Hier wird man auf den Aufenthaltsraum (Hochgebirge, See), auf die Entfernung vom Wohnort und eventuelle Witterungsumschläge Bedacht haben müssen. Nicht immer ist die ausgesprochen leichte Kleidung am Seestrand sinnvoll. Bei Aufenthalt in sonnigen Räumen mit wenig Bewegung denke man vor allem an eine weiße Kopf- und Nackenbedeckung, bei Wanderungen im Hochgebirge an festes Schuhwerk und wetterfeste Oberbekleidung. Schafwolltuche mit fester Leinenbindung (Loden) bieten neben der wasserabstoßenden Wirkung entsprechenden Schutz gegen die Windwirkung. Die Unterkleidung sollte aus hellen, vor allem aber Schweiß aufsaugenden und vor zu intensiver Sonnenstrahlung schützenden Stoffen bestehen.

Eine beliebte und in ihrer Wirkung nicht zu unterschätzende Sportart ist das Schwimmen. — Das rasche Abkühlen bei hoher Lufttemperatur durch einen Sprung ins kalte Wasser, eine besondere Art von Mutprobe, ist bei der Jugend sehr beliebt. Dabei müssen sich die Gefäße stark wechselnden Temperaturen anpassen. Der Körper reagiert darauf, indem er die Gefäße der äußeren Partien kontrahiert. Da zugleich mit diesen auch die das Gehirn versorgenden Adern verengt werden, besteht die Gefahr einer Minderversorgung mit Blut, verbunden mit einer Ohnmacht, die zum Ertrinken führen kann. Es scheint also durchaus berechtigt, auch die Jugend anzuhalten, sich vor dem Sprung ins Wasser die Extremitäten, den Nacken und die Schläfen (Verlauf der Schlagadern) zu befeuchten, damit sich die Gefäße auf eine Kontraktion einstellen können. Wer ohne langsame Abkühlung den Sprung in kaltes Wasser wagt, ist also nicht mutig, sondern dumm! Nach ausgiebigen Mahlzeiten (vermehrte Blutanforderung im Bauchraum) sollte man die Muskeln beim Schwimmsport nicht überbeanspruchen (Gefahr des Ertrinken infolge Entkräftung). Auch auf die Gefahr, daß ein voller Magen sich durch Pressung der Speise mundwärts zu entleeren sucht (Ertrinken infolge Erbrechens), muß hingewiesen werden.

Um Nierenerkrankungen, Erkältungen und rheumatische Schmerzen zu vermeiden, ist die Wiederdurchblutung des Körpers durch frottieren anzuregen. Die Süßwasserdusche nach Baden im Meer scheint schon im Hinblick auf das dadurch geminderte Haften einer Salzkruste nach Verdunsten des Wassers gerechtfertigt zu sein.

3. Theoretische Unterweisungen zur Gesundheitserziehung

a) Körperkunde [5, 41]

Die für unser Teilgebiet zu vermittelnden Kenntnisse, die die Grundlage für die gesamte Gesunderhaltung bilden, müssen gesondert behandelt werden.

Da wir es im schulischen Alter mit 3 wichtigen Zeitabschnitten der Jugendlichen zu tun haben, die durch die „Um-, Auf- und Ausbaufunktionen des Körpers charakterisiert sind, sollte die Körperkunde sich in der Hauptsache auf das Aufzeigen von Lebenshilfen beschränken". Selbstverständlich muß die Behandlung der Grundfunktionen Gegenstand des Unterrichtes sein, aber nicht unbedingt mit wissenschaftlichem Tiefgang. Das zu vermittelnde „wichtige Einfache" sollte nicht entwertet werden durch Einpacken in ein für unsere Schüler nicht notwendiges wissenschaftliches Beiwerk [7].

b) Unfallverhütung [81]

Durch den Fortschritt der Heilkunde aber auch durch unsere veränderte Lebensweise haben sich die Gefahrenquellen und Todesursachen bei Kindern von den Infektionskranken zu verhütbaren Unfällen hin verschoben (Tabelle 13).

Tabelle 13

Sterblichkeit nach Altersgruppen und wichtigen Todesursachen im Vergleich der Jahre 1929 bis 1962, jeweils bezogen auf 10 000 Lebende gleichen Alters. —

Verhältniszahlen für den Vergleich der Jahre 1929 und 1950, dabei 1929 = 100 [35]

Altersgruppen 5—15 Jahre	1929	1935	1950	Verhältnis zahlen	1962
Infektionskrankheiten ohne TBC (vgl. S. 420, 436)	5,0	6,3	0,8	16 %	0,1
Tuberkulose aller Formen	1,4	1,8	0,4	46 %	0,04
Neubildungen	0,14	0,4	0,4	283 %	0,7
Krankheiten der Kreislauforgane	1,5	0,8	0,5	33 %	0,1
Krankheiten der Verdauungsorgane	1,9	1,9	0,6	31 %	0,2
Unfälle	2,2	2,0	2,4	109 %	1,9
davon Kfz-Unfälle	41 %	30 %	35 %		32 %
Mortalität	17,8	17,8	7,7	43 %	4,6

Ähnlich gelagert sind die Veränderungen auch bei Jugendlichen von 15—25 Jahren, hier starben 1956 von 100 000 nur 1,9 Jungen und 2,7 Mädchen an Tuberkulose, während durch den Verkehr 10,6 bzw. 9,2 ihr Leben lassen mußten.

Besondere Gefahrenquellen für unsere Jugend: Gefährdet sind Kleinkinder beim Überqueren der Straßen, danach folgen die Unfälle beim Spielen auf der Straße, auf dem Wege zum Einkaufen. Die geringste Zahl der Unfälle (1965 . . . . 1612 Tote, VERKEHRSWACHT III/1967) ereignet sich auf dem Schulwege. Die Kinder fühlen sich in der Freizeit ungebundener. Die höhere Quote bei Jungen ist auf den größeren Wagemut zurückzuführen. Oft ist es den Kraftfahrern unmöglich, Unfälle zu verhüten, da die Kinder vielfach zwischen parkenden Wagen, aus Ausfahrten und Hausfluren, hinter Hecken und Zäunen hervorlaufen. Die Statistik führt nur 27 % der Kinderunfälle auf Verschulden der Kraftfahrer zurück.

Eine weitere Quelle von Unfällen gerade für die älteren Jugendlichen ist die Zeit unmittelbar nach Erlangung der Berechtigung zum Führen eines Kraftfahrzeuges. Der Wagemut und oft das noch nicht verantwortungsbewußte Übersehen einer Gefahrensituation erhöht so die Unfallrate bei Jugendlichen. Besonders gefährdet sind Anfänger und Führerscheininhaber, die etwa 30 000 km gefahren sind. Letztere glauben gut fahren zu können, haben aber viele Gefahrenmöglichkeiten noch garnicht kennengelernt. Dank der Sicherheitsvorkehrungen (Gurte und Kopfstütze in Fahrzeugen, Sturzhelme bei Motorradfahrern) konnte gerade die Zahl der Kopf- und Hirnverletzungen herabgemindert werden, 40 000 Einwohner erleiden je Jahr Schädelunfälle mit Gehirnverletzungen [94].

Die Belehrungen aus der Sicht des Verkehrserziehers unterstützen auch unser Anliegen.

Häusliche Unfälle — etwa 8000 Tote im Jahr — stellen heute die erste Todesursache für unsere Kinder. Das „traute Heim" ist mit der zunehmenden Technisierung sowie durch die mangelnde Aufsicht (Schlüsselkinder) zu einer neuen Unfallquelle geworden [1]. Bei der älteren Jugend sind verhältnismäßig viele Unfälle bei Sport und Spiel und beim Tummeln in den Schulpausen, erfahrungsgemäß bei schönem Wetter, zu verzeichnen.

Unfallverhütungsbelehrungen: Solche Belehrungen müssen mit den ersten Schultagen beginnen, zumal unsere besondere Arbeitslage die Zahl der berufstätigen Mütter und die unbeaufsichtigten Kinder vermehrt. Es ist selbstverständlich, daß durch Belehrungen allein die Unfälle nicht verhindert werden. Jedoch das Vertrautmachen mit den möglichen Gefahren, deren Verhütung und vor allem mit den Hilfemöglichkeiten, dürfte zu einer Minderung führen. Eine Belehrung über die Unfallverhütung müßte dem eigentlichen „Erste-Hilfe"-Kurs vorangehen. Sie wirkt am nachhaltigsten, wenn sie in einer Zeit erfolgt, in der bestimmte Gefahren auftreten, etwa in den ersten schönen Tagen des Frühjahrs, in der Badezeit, vor sportlichen Veranstaltungen oder dem Besuche eines Industriewerkes. Das spontane Interesse, welches Jugendliche bei einem Sport- oder Autounfall zeigen, läßt sich dann zweckmäßig im Unterricht für eine Belehrung ausnützen.

Stoffverteilungsplan für Unfallverhütung und Erste Hilfe

Schuljahr	Unterrichtsstoff	Stunden
1—4	bei gegebenen Anlässen Unfallverhütungsbelehrung [81]	
5—6	systematische Unfallverhütungsbelehrungen und Üben einfacher Verbände	

5—6 Frühjahr: Gefahren auf Straßen, Spiel- und Sportplätzen, Sandgruben und Steinbrüchen, Holzschlägen; Abflämmen von Wiesen und Gärten — 1
Verletzungen an Splittern, Scherben, rostigem Eisen und Trümmern
Einfache Verbände mit Pflaster, Dreieckstuch und Binde — 2

Sommer: Gefahren beim Wandern, Lagern, Zelten; Flur- und Waldbrände; Werfen und Schleudern. Baden an unbewachten Plätzen, Wassersport, verseuchtes Wasser, Hitzeschäden, Umgang mit landw. Geräten und Tieren, Giftpflanzen, Pilze, Schlangenbisse, Insektenstiche, unreifes Obst. — 1—2
Unfalltasche bei Wanderungen (siehe Erste Hilfe)

Herbst: Gefahren beim Umgang mit Werkzeugen, Licht, Strom, Heizmaterial, chemischen Stoffen; — Brände im Hause (Christbaum, Karnevalscherze), Ölfeuerungsanlagen — 1
Der Hausverbandkasten (siehe Erste Hilfe)

Winter: Gefahren bei Glatteis und Nebel; Wintersport (Rodeln, Ski- und Eislaufen, Schneeverwehungen, Wind- und Schneebruch; Erfrierungen) — 1

7—9 Erste Hilfe (vgl. Sonderbearbeitung)
Verbände mit Dreieckstuch an Kopf, Körper und Gliedmaßen, Krawatte, Tragetuch, Knoten — 2
Verbände mit Binden (Kreuzgang, Spiral-, Umschlag-, Achtergang an Kopf und Gliedmaßen — 2
Wundbedeckung, Stillegung einfacher Blutungen, Verbandpäckchen, steriles und antiseptisches Material, Pflasterverbände, behelfsmäßige Verbände — 1
einfache Knochenbrüche — 2

10 Erste Hilfe
Schulterverbände, Oberarmbruch, Schädelbruch, Wirbelsäul- und innere Verletzungen — 1
Wiederholung der Verbandtechnik an Hand von Übungsbeispielen, die Unfallskizze — 3
Blutstillung, Wundinfektion, Bergung, Lagerung, Unfallpsychologie — 1
Atemstörungen, klimatische Beeinträchtigungen, künstl. Atmung, Atemspende; Verbrennungen, Erfrierungen — 2
Technische Beeinträchtigungen, Gas-, Strom- und Strahlungsschäden — 2

Die hier veranschlagten Stundenzahlen betreffen Mindestzeiten. Die Bewältigung richtet sich nach den vorhandenen Lehrmitteln und der Klassenstärke.

c) *Krankheitsvorbeugende Maßnahmen*

α) **Früherkennen orthopädischer Erkrankungen** [7, 32]: Die doppelt-S-förmig gekrümmte Wirbelsäule bedarf im Stehen keiner besonderen Stütze. Da aber leider der Mensch der Ziviliastion und besonders das Kind im Schulalter die Hälfte des Tages sitzen und das Becken dadurch mit seinem starken Bänderapparat nach rückwärts neigt, muß die Rückenmuskulatur die Geradehaltung des Oberkörpers übernehmen. Übermüdungen, besonders beim Lesen und Schreiben bewirken auf die Dauer Haltungsfehler, wovon der sog. **Hohlrücken** (Kyphose) der bezeichnendste ist. Besonders bei Kindern mit asthenischem Körperbau verursacht die Muskelschwäche eine Verkrümmung, ihr Scheitel liegt dabei im Bereich der Brustwirbelsäule.

Eine weitere Haltungsanomalie ist der sog. **Flachrücken** mit charakteristischen Veränderungen an der Unterbrustwirbelpartie (lordotische Veränderung) und kyphotischer Fixation der oberen Lendenwirbelsäule. Erfreulicherweise sind die skoliotischen bzw. lordotischen Wirbelsäuldeformationen, deren Ursache vielfach unbekannt sind und die z. T. früher auf Vitamin D und Kalkmangel zurückgeführt wurden, weitgehend zurückgegangen. Trotzdem stellt man bei schulärztlichen Untersuchungen immer wieder leichte skoliotische Deformationen fest, die konstitutionell oder durch Vernachlässigung der körperlichen Erziehung mit dem Zwange von zu langem Stillsitzen bedingt sein können [32]. Da solche Skoliosen (Krankhafte Seitenabweichungen d. W.), wenn sie rechtzeitig erkannt werden, vielfach heilbar sein können, sind alle, nicht nur die Schulärzte, besonders aber die Turnlehrer an der Aufdeckung mitverantwortlich. Der Biologielehrer muß wissen, daß sich solche Leiden besonders während der 2. Streckungsperiode, also im Mittel- und Unterstufenalter einstellen. Er wird darauf in der Menschenkunde der ersten Jahre hinweisen müssen. Auf die Bedeutung der Heilverfahren (Gipsbett, Mieder, orthopädisches Turnen) in Hinblick auf einen späteren Haltungsverfall, der Minderung der Arbeitsfähigkeit und den damit verbundenen psychischen Belastungen der Betroffenen im späteren Leben sollte man im Unterricht nicht verzichten [16b].

Während man bei Mädchen im Bereich der Unterbrust- und Lendenwirbelsäule den Hohlrücken beobachtet, tritt bei Knaben oft mit einem deformierten Brustbein die Trichterbrust auf. In all diesen Fällen wird man neben Haltungsschwächen auch an krankhafte Veränderungen denken müssen. Systematische Turnübungen verbunden mit bewußten Atemübungen können in all diesen Flällen zur Behebung beitragen. Weitere orthopädische Beeinträchtigungen sind die wohl als Folge einer Rachitis entstandenen Beindeformationen (X- und O-Beine), für welche heute operative Korrekturen möglich sind. Fußdeformationen (Zeheneinengungen, Senk- und Plattfüße) können, soweit nicht angeboren, weitgehend durch von der orthopädischen Gesellschaft empfohlenes Kinderschuhwerk gemildert werden. Muskelkräftigende Übungen (Barfußlaufen) und Tragen von fußgerechten Schuhen gerade im Entwicklungsalter sollen dem statistischen Fußverfall, der sich leider erst viel später, in den mittleren Altersjahrgängen, besonders bei Frauen zeigt, weitgehend vorbeugend entgegenwirken [32].

β) Kenntnisse über Infektionskrankheiten [7, 32, 114]: Da im schulischen Rahmen durch Berührungs-, Schmierinfektionen und Luftübertragung alljährlich solche Krankheiten auftreten, kann auf die Vermittlung bestimmter Grundkenntnisse darüber auch im Biologieunterricht nicht verzichtet werden. Besonders die Ursachen (U), die Verbreitung (V), die Infektionsmodi (I), Inkubationszeiten (Z), Krankheitsfolgen (F) und bes. die Vorbeugungsmaßnahmen (V) sollen genannt werden.

Angina (entzündl. Rötung und Schwellung des Rachens), U: Bakterien, Schluckbeschwerden, allg. Krankheitsgefühl mit Kopfschmerzen und Fieber. Die Kr. bedarf (bei Verengung der Atemröhre) der Behandlung durch den Arzt, bei chronischen Infektionen der Rachenmandeln deren Beseitigung.

Bronchitis (Bronchialkatarrh), U: Erkältung, Infektion, chemische Reize, Husten, schleimiger Auswurf, Brustschmerz, leichte Temperaturerhöhung. (Ähnl. Symptome auch bei anderen Infektionskrankheiten).

Bronchopneumonie (siehe Lungenentzündung)

Bronchial-Asthma, anfallweise Behinderung der Atmung bedingt durch spastische Kontraktion der feinen Bronchialäste und Schleimhautschwellung mit Absonderungen.

Diphtherie: U: Bakterien, Nasen-, Rachen-, Kehlkopfentzündung, Z: 2—5 Tage, meist im Winter, Kinder im Schulalter aber auch ältere Personen; Hals-Kopfschmerz, Mattigkeit; anzeigepflichtig, V: Schutzimpfung gemeinsam mit Wundstarrkrampf möglich (S. 419).

Grippe: Influenze, U: versch. Virenstämme, Infektion des Respirationstraktes, Heiserkeit, Kopfschmerz, Fieber, Minderung der Vitalität durch die gebildeten Toxine, epi- bzw. pandemisches Auftreten (z. B. 1957 in Mitteleuropa durch einen Virusstamm aus Asien), Z: etwa 5 Tage, Dauer: 3—10 Tage.
V: möglich, jedoch noch nicht gegen alle Virenstämme.

Keuchhusten (Pertussis) U: Bakterien, Stickhustenartige Erkrankung der oberflächl. Schleimhautpartien der Luftwege, anzeigepflichtig [96].

Kinderlähmung (Poliomyelitis) U: Virus (bisher 4 verschiedene Erregerstämme bekannt. I: Eindringen über Magendarm ins Blut, schädigt bzw. zerstört das Nervengewebe bes. im Rückenmark. Beginnt mit leichtem Fieber, Atembeschwerden, später treten Lähmungen an Beinen, Armen, der Rumpfmuskulatur aber auch der Atemmuskulatur auf (künstl. Lunge), die meist irreversibel sind. V: Schluckimpfung, vgl. S. 419.

Lungenentzündung (Pneumonie), U: Bakterien oder Viren, Rikettsien, Beeinträchtigung des allg. Befindens, oberflächliches z. T. pfeifendes Atmen, Hustenreiz, Erbrechen, schnell ansteigendes hohes Fieber bis zum 7. Tage. Die Krise tritt mit anderen infolge Bettlägerigkeit auf.

Masern (Morbili). U: Virus, grobfleckiges rotes Exanthem der Haut, Beginn an Hals und Brust, mit schnellem Fieberanstieg, Z: 9—14 Tage, Stadium des Exanthems 3—4 Tage, katarrh-ähnl. Schleimhautentzündungen, bes. bei Kindern im 2.—6. Jahr, vornehmlich in Städten, Abschuppungsstadium nicht ansteckend, Lagerung in abgedunkelten Räumen.

Meningitis (Hirnhautentzündung) U: Bakterien, Kopfschmerz, Erbrechen. Fieber, Bewußtseinsstörungen, ein Überstehen der Krankheit nicht selten erhebl. Dauerschäden (Wasserkopf, Erblinden, Taubheit, Schwachsinn), anzeigepflichtig.

Mumps (Ziegenpeter), U: Virusentzündungen der Ohrspeicheldrüse.

Pocken (Variola), U: Virus, ältere aktive Immunisierung mittels Kuhpockenlymphe, vgl. S. 419 [101]. Die Immunisierung erfolgt in 3 zeitlich verschiedenen Altersstadien: 1. vor Ablauf des ersten Lebensjahres, 2. im 12. Lebensjahr (falls Impfnarben von der 1 Impfung sichtbar), 3. weitere Impfungen freiwillig werden empfohlen bei Gefahr einer spontanen Einschleppung, bzw. gefordert vor Auslandsreisen. Während der Gefahr der Einschleppung zur Zeit der Schiffsreisen gering war, weil die Infizierten während der langen Reise erkrankten, ist sie im Zeitalter der Flugreisen wieder stark angestiegen.

Scharlach (Scarlatina), U: Virus-Bakteriensymbiose, kleinfleckiger Hautausschlag, Beginn im Schenkeldreieck, Z: 3—5 Tage, Höhepunkt des Exanthems nach 3—5 Tagen, Kopf-, Leibschmerzen, Übelkeit, Schüttelfrost bei hohen Temperaturen, Rachenrötung. Die Abschuppungszeit beginnt nach der 2. Woche und kann bis zu 10 Wochen dauern, dabei Infektionsgefahr. Meldepflicht, Isolierung der Kranken und nachher Desinfektion des Krankenzimmers.
V Serumporphyllaxe möglich.

Tetanus (Wundstarrkrampf) [97], U: Bakterien (Closteridium), anaerober Erreger in verunreinigter Erde (Autounfälle), Z: 4—14 Tage, tonischer Krampf der Kiefer- und Zungenmuskel, später der Nacken-, Rücken- und Bauchmuskulatur verbunden mit zuckungsartigen Krämpfen der betreffenden Muskulatur.

Bei Unfällen sofort Serumimpfung je nach Art und Folge von verschiedenen Tieren (Pferd, Rind, Schaf). V: Schutzimpfung (mittels Spritzpistole) zur Immunisierung zweimal in kurzen Abständen und Wiederauffrischung nach je 3 Jahren. Serumimpfung und Schutzimpfung divergieren einander nicht.

Tollwut (Lyssa) [86], U: Virus, Z: 1—6 Monate, Krämpfe der Schlund- und Atemmuskulatur, Atemnot, starker Speichelfluß, Durst ohne schlucken zu können (wasserscheu), Herzlähmung.

Diese beim Menschen tödlich verlaufende Krankheit, wenn nicht rechtzeitig bei Verdacht eine Serumimpfung erfolgt, wird durch Tierbisse von Hunden oder infizierten Wildtieren, die besonders durch ihre Zutraulichkeit (ohne sog. tollwütiges Verhalten) auffallen, übertragen. Die in den letzten Jahrzehnten aus Kontinentaleuropa eingeschleppte Tierseuche kann alle Wildtiere (Fuchs, Dachs, Rot- und Schwarzwild, Marder, Iltis, Ratten, Mäuse, Fledermäuse) aber auch Vögel befallen. Wälder, in welchen Wildtiere sich besonders zutraulich verhalten (vor den Menschen nicht fliehen), sind der Gesundheitsbehörde zu melden. Erkannte Tollwutgebiete sind durch entsprechende Anschläge zu Sperrgebieten zu erklären, in denen Hunde nicht frei herumlaufen dürfen.

Tuberkulose (Tbc, Lungenschwindsucht), U: Bakterien [23, 116], H: Akute Fälle erfordern Krankenhausaufenthalt bzw. Sanatorium [8].

Röntgenreihenuntersuchung [151], V: BCG-Schutzimpfung: sie wird wie folgt durchgeführt:
a) Tuberculin-pflasterprobe nach *Moro*
b) Tuberculin-intrakutanprobe nach *Mantoux*, bei negativen Ausfall bzw. zweifelhafter *Moroprobe* [152].

Bei Vornahme letzterer sind die Erziehungsberechtigten um ihr Einverständnis zu befragen. Bei BSG-Negativen kann nach der *Mantouxprobe* die Schuztimpfung vorgenommen werden. Geimpft werden sollen: Kinder in der 1. Woche nach der Geburt, oder später Sechs- bzw. Vierzehnjährige (siehe Impfkalender S. 419).

Auf dem Gebiete der BRD starben
1900 von 100 000 Menschen 250 an Tbc, dank d. Vorbeugungsmaßnahmen
1960 von 100 000 Menschen 17 und
1963 von 100 000 Menschen 14,3 Kranke.

Trotzdem kommen noch nach *Prof. J. Hein* (Tönisheide) auf 100 000 heute noch 446 Tbc-Kranke, Rekruten der Bundeswehr sind bis zu 38 % „tuberkulös verseucht" (Pr. 12. 2. 66), bei den Gastarbeitern ist sie noch höher. Von den 285 804 Kranken litten 1963 noch 57 895 Menschen an ansteckender Tbc. Erfreulicherweise sind 90 % der Rinder in der BRD tuberkulosefrei. Obwohl nur noch wenige Todesfälle zu verzeichnen sind, erfordern die obigen Tatsachen eine weitere Überwachung der Bevölkerung der BRD durch Röntgenreihenuntersuchungen und Schutzimpfungen besonders bei jungen Menschen (vgl. S. 418).

Typhus u. a. Darmkrankheiten: U: Bakterien.

Wenn auch in seltenen Fällen, so ereignen sich doch auch in der BRD vereinzelte solcher Infektionen. V: als Impfstoff werden Aufschwemmungen von Bakterien in Physiolog. Kochsalzlösung und Abtötung durch Phenolisierung verwendet, Schutz wird durch 3 nacheinander erfolgende Impfungen nach 3—4 Wochen erreicht und wirkt etwa 1 Jahr.

Wurmerkrankungen (Hierzu vergleiche man die Angaben in den einzelnen Lehrbüchern).

B a n d w ü r m e r : nach ärztl. Diagnose werden spez. wirkende Mittel zum Abführen der Wurmglieder und insbesondere des Kopfes verschrieben.

N e m a t o d e n : *Ascaris:* die Verbreitung ist weitgehend eingeengt, seit keine menschlichen Fäkalien mehr für die Gemüsedüngung verwendet werden.

Oxyurus (Madenwurm) befällt häufig Kinder und äußert sich in Juckreiz am After, Stuhldrang und Bettnässen, evtl. Dickdarmgeschwüren bei diesen. Da vielfach immer wieder Selbstinfektionen stattfinden, sind die Austrittstellen mit desinfizierenden Stoffen (Oxyurenpuder) zu bestreuen, damit Würmer und bes. deren Eier bei Austritt aus dem Darm vernichtet werden.

γ) **V e r h a l t e n b e i m A b l a u f b z w. n a c h A b l a u f v o n K r a n k h e i t e n** [32]:
Noch immer beobachtet man eine erstaunliche Unkenntnis über das richtige Verhalten in solchen Fällen. Wenn es auch den Rahmen der unterrichtlichen Unterweisung übersteigt, Anweisungen über häusliche Krankenpflege zu geben (vgl. das DRK-Buch: richtig gepflegt, schneller gesund, *Hüthig-Dreyer*, Mainz 1962), so sollte unser Unterricht doch dazu beitragen, daß in allen Fällen die Anweisungen der Hausärzte befolgt werden. Das von den Ärzten vorgeschriebene Verhalten nach einer Krankheit sollte erläutert werden, daß u. U. Rezidivfälle und unbeabsichtigte Krankheitsfolgen auftreten können, wie dies z. B. in der Abklingphase nach Scharlach (Hauptschuppenperiode, S. 435) durch erhöhte Infektionsgefahr aber auch durch körperliche Schädigungen des Probanden (Mittelohr-, Nieren-, Gelenkentzündungen, Herz- und Sehschäden) der Fall sein kann. Ebenso

ist bei Masern auf ein abgedunkeltes Zimmer zu achten und vor allem nach der Krankheit auf mögliche Zahninfektionen, damit durch letztere nicht noch andere Organe durch rheumatische Beschwerden beeinträchtigt werden [35, 147].

δ) Sexualerziehung: Vom Sekretariat der ständigen Konferenz der Kultusminister der Länder in der BRD sind folgende Empfehlungen zur Sexualerziehung in den Schulen ergangen (Beschluß d. Kultusministerkonferenz vom 3. 10. 1968):

I. Aufgabe

Sexualerziehung als Erziehung zu verantwortlichem geschlechtlichen Verhalten ist Teil der Gesamterziehung. Sie ist in erster Linie Aufgabe der Eltern. Die Schule ist a. g. ihres Bildungs- und Erziehungsauftrages verpflichtet, bei dieser Aufgabe mitzuwirken. Sexualerziehung steht in der Schule im Rahmen einer öffentlich-rechtlichen Ordnung.

In der Schule sollen Schülerinnen und Schüler zu den Fragen der menschlichen Sexualität ein sachlich begründetes Wissen erwerben, das es ihnen ermöglicht, auf diesem Gebiete Zusammenhänge zu verstehen, sich angemessen sprachlich auszudrücken und sich ein Urteil — auch über schwierige und ungewöhnliche Erscheinungen — zu bilden.

Sexualerziehung in der Schule soll dazu beitragen, daß die jungen Menschen ihre Aufgabe als Mann und Frau erkennen, ihr Wertempfinden und Gewissen entwickeln und die Notwendigkeit der sittlichen Entscheidung einsehen.

Erziehung zu verantwortlichem geschlechtlichen Verhalten und zum Bewußtsein der Verantwortung, in die der einzelne in Bezug auf sich selbst, den Partner, die Familie und die Gesellschaft gestellt ist, ist Aufgabe der Schule während der ganzen Schulzeit.

II. Durchführung — Grundlagen

Sexualerziehung in der Schule muß wissenschaftlich fundiert durchdacht sein. In der Behandlung wird der Sachverhalt zur Sprache gebracht und erläutert; audio-visuelle Hilfsmittel können zur Unterstützung herangezogen werden. Dem Gespräch mit den Schülern kommt besondere Bedeutung zu. Es muß getragen sein vom Verständnis für die Situation des jungen Menschen und von der Achtung vor seiner eigenen Person. Schülerfragen sollen sachlich und altersgemäß beantwortet werden.

Die Erziehung findet in der Regel in der Klassengemeinschaft oder in Gruppen statt, sie kann erst zur vollen Wirkung kommen, wenn sie auf der individuellen Erziehung aufbaut, Zusammenarbeit mit dem Elternhaus ist deshalb notwendig. Die Probleme sollen in Elternversammlungen diskutiert werden. Die Eltern sollen über die Themen in den Lehrplänen informiert werden.

Unterrichtsziele

Bis zum Ende des ersten Schuljahres sollen alle Kinder den Unterschied der Geschlechter kennen und über die Tatsachen der Mutterschaft Bescheid wissen.
Während der ersten 6 Schuljahre sollen die Kinder über die biologischen Grundtatsachen der Fortpflanzung des Menschen (Zeugung, Schwangerschaft, Geburt), über die körperlichen und seelischen Veränderungen während der Pubertät sowie über Menstruation und Pollution unterrichtet werden.

Auf Gefahren, die durch „Kinderfreunde" drohen, müssen die Schüler der ersten Jahrgänge immer wieder hingewiesen werden.
Bis zum Ende des 9. oder 10. Schuljahres sollen im Unterricht behandelt werden: Zeugung, Schwangerschaft und Geburt beim Menschen — geschlechtliche Probleme der Heranwachsenden (Verhalten der Geschlechter zueinander, verfrühte Sexualbetätigung, Masturbation) — soziale und rechtliche Grundlagen des Geschlechts- und Familienlebens (Verlöbnis, Ehe, Familie, Rechte und Pflichten der Eltern, Rechte des ehelichen und des unehelichen Kindes), — sozialethische Probleme der menschlichen Sexualität sowie strafrechtliche Bestimmungen zum Schutz der Jugend und über sexuelle Vergehen (Empfängnisverhütung, Promiskuität, Prostitution, Homosexualität, Vergewaltigung, Abtreibung, Kuppelei, Verbreiten von Geschlechtskrankheiten, Triebverbrechen).
Bis zum Ende des 13. Schuljahres sollen die genannten Themen vertieft behandelt werden, insbesondere die ethischen, rechtlichen und sozialen Probleme der abnormen Formen menschlichen Sexualverhaltens. Die negativen Erscheinungen sollen nicht in den Vordergrund gestellt werden, die Schule aber muß bemüht sein zu verhindern, daß junge Menschen während oder nach ihrer Schulzeit in ihrem geschlechtlichen Verhalten aus bloßer Unwissenheit falsche Wege gehen.

III. Beitrag der Unterrichtsfächer

Der Biologieunterricht vermittelt die Kenntnis der für die menschliche Sexualität wesentlichen Organsysteme und ihrer Funktion. Dabei sollen Fortpflanzung und Sexualverhalten des Menschen nicht nur als Ausdruck einer allgemeinen auch für Pflanze und Tier geltenden Lebensgesetzlichkeit, sondern auch als eine, besondere im Hinblick auf die darin enthaltene Verantwortlichkeit, nur dem Menschen eigene Form der Lebensführung aufgezeigt werden.
Die Unterrichtsgebiete Gesundheitslehre, Familenhauswesen, Säuglingspflege und Kindererziehung geben die Möglichkeit, sexuelle Fragen zu besprechen.
Es ist darauf zu achten, daß die Beiträge der Unterrichtsfächer aufeinander abgestimmt werden, daß die Unterrichtsziele in den Klassenstufen erreicht werden.
Die für die Sexualerziehung notwendigen Lehrinhalte werden in die Lehrpläne der einzelnen Fächer aufgenommen.

IV. Hilfen für den Lehrer [16a, 70f, 76, 103, 162]

Lehrerfortbildungslehrgänge, Lehrerarbeitsgemeinschaften und Lehrerbibliotheken mit der einschlägigen Literatur sollen eingerichtet werden.
(Die einzelnen Punkte des Memorandums der KMK. sind vom Verfasser wörtlich aber speziell für die Belange des Biologieunterrichtes gekürzt übernommen worden).

ε) Sexualerziehung und Sexualverbrechen: *Das sexuelle Geleit* [67, 70—74, 76, 103, 106, 139]

Geschlechtserziehung ist also Aufgabe aller Fächer. Sie muß einsetzen, sobald sich im menschlichen Sein im Normalfall eine Partnerschaft der beiden Geschlechter herausbildet und darf sich nicht nur auf den sexuellen Bereich erstrecken. Sie ist in erster Linie Sache der Familie, da dort bereits frühzeitig eine Wechselbeziehung zwischen Kind und Mutter, später Vater und Geschwistern eintritt. Die Schule

	Mädchen	Jungen	
20			
19		Wachstumsstillstand	***) ****)
17	Wachstumsstillstand	Acne stärkere Behaarung von Gesicht u. Körper	**)
	Acne (Hautfinnen, oft Haarbalgentzündung)		
15		Stimmbruch Bartflaum Achselbehaarung Gestaltwandel, Streckung	
	erzieherisch kritische Zeit (1. Persönlichkeitsbildung)		
	1. Menstruation Wachstum der Brüste	starkes Wachstum von Penis und Hoden	*)
13	Pigmentierung der Warzen Achselbehaarung Wachstum der inneren und äußeren Genitalien Längenwachstums- schub beginnende Schambehaarung Bildung der Brustknospen	beginnende Schambehaarung Längenwachstum beginnendes Wachstum von Penis und Hoden	
10	Schwankungen im Gehalt von Follikel- hormon im Harn Uterus beginnt zu wachsen		
	Beginn der die Sexualhormone steuernden Hormone des Hypophysenvorderlappens		Schule
5	Nachweis der Ausscheidung von unspez. Sexualhormon im Harn		Elternhaus Erziehungsbereich:

*) Du und Deine Mutter
**) Du und Dein Leib
***) Du und das andere Geschlecht
****) Du und Dein Volk

Bei frühentwickelten Kindern können die Vorgänge um 1½ Jahre früher, bei Spätentwicklern um dieselbe Zeit verzögert auftreten (S. 440, 442).

erfüllt ihren spezifischen Anteil erst dann, wenn das Kind eintritt; aber auch hier behält das Elternhaus den Vorrang weiter und dann besonders im Bereich der Gesinnungsbildung. In dieser Hinsicht kann die Schule nur durch die freiwillig anerkannte Autorität des Lehrers und aus der Sicht eines bestimmten Faches (Religion z. B.) mitformend beteiligt sein.

Die Aufgabe des Biologieunterrichtes: Dem Alter entsprechend obliegt ihm die Vermittlung der anatomischen Tatsachen und des physiologischen Geschehens mittels einer immer exakt wissenschaftlichen Sprech- und Betrachtungsweise! Die Eröffnung hat zunächst aus rein fachlicher Sicht von der Besprechung der Organsysteme bes. der des Tierreiches auszugehen. Sofern es nicht schon im Anschluß an die Säugetierkunde geschieht, bietet das Hühnchen und die künstliche Befruchtung bei den Forellen die geeignete Unterrichtsgrundlage, um auf die Frage der Befruchtung und Keimentwicklung einzugehen. Von gesonderten Unterrichtsveranstaltungen oder Stunden über dieses Thema möchte ich in der Unterstufe abraten. Bei Verwendung von Bildmaterial sind Trickzeichnungen zu wählen. Falsch ist es m. E. auf von Kindern gestellte Fragen in diesem Zusammenhang ausweichend zu antworten, wohl aber sinnvoll, besonders in Klassen mit verschieden alten Schülern, die Fragen der Reiferen dann nicht vor der ganzen Klasse zu behandeln. Wechselgespräche auch mit Eltern, wobei der Lehrer sondiert, eignen sich dann zur Klärung und Erweiterung der Kenntnisse. Lehrfilme über dieses Thema lasse man zweckmäßig im Beisein der Eltern ablaufen, da diese vielfach das Verständnis der Unterstufenschüler überfordern, es können zu Hause dann leichter Ergänzungen gegeben werden. Einzelne Fragen, vor allen die Behebung sexueller Nöte, sollten den Eltern, besonders der Mutter vorbehalten bleiben. Erst nach Aufforderung schalte sich der Lehrer durch individuelle Beratung ein. Aufbauend auf die basalen Kenntnisse sind dann dem Alter und Verständnis entsprechend die übrigen unterschiedlichen Verhaltensweisen, die a. G. der Geschlechtlichkeit entstehen, zu klären, insbesondere das komplizierte Zusammenwirken der Sinnesorgane mit dem zentralen und autonomen Nervensystem und dem Inkretorium. Einen wesentlichen Raum der Eröffnung des sexuellen Geleites sollte die Unterrichtung einnehmen, daß das Entstehen der spezifischen Geschlechtlichkeit kein spontaner Prozeß, sondern ein langsamer, sich über Jahre hinziehender Reifungsvorgang ist, der bei einzelnen sehr unterschiedlich abläuft, wobei Frühreife keineswegs eine begnadete Situation dieser Entwicklung darstellt. Den wünschenswerten Entwicklungsgang eines Menschenkindes sollte man darin sehen, daß die jeweilige körperliche Reifungsphase mit der Reife und der Leistungsfähigkeit der Gehirnfunktionen parallel läuft. Das körperliche Frühreifwerden (Akzeleration [63]) legt eine Fülle von Problemen unserer Gesellschaft auf. Da wir gegen dieses unsere Zivilisation, besonders unser Bildungswesen und unsere Erwerbstruktur, beeinträchtigende Verhalten keine Mittel haben (es wären denn moralisierende Predigten?), sollte gerade der Biologieunterricht bemüht sein, durch sachliche Unterweisungen das Verhalten dieser Frühreifen zu beeinflussen. Dafür bieten sich folgende Themen an:

die Erhaltung der eigenen Gesundheit;

die Erhaltung der Gesundheit der Nachkommenschaft und deren optimales Gedeihen in einer auf entsprechende Lebensart und Lebensstandard begründeten Partnerschaft (Familie);

die Erhaltung überfamiliärer Strukturen;

das richtige Verhalten gegenüber einer das rein sexuelle überbetonenden Lebensart.

Ziel dieser Erziehung muß der Versuch der Formung eines lebensbejahenden und das Leben erhaltenden Menschen sein. Da die Jugend sehr kritisch urteilt und das Vorbild einen sehr wesentlichen Erziehungsfaktor darstellt, sollte die Behandlung gerade der letzteren Fragen einer geeigneten Persönlichkeit ohne Rücksicht auf Fakultätszugehörigkeit vorbehalten bleiben [73].

Sittlichkeitsdelikte bei Kindern (Erl. d. Kultusmin. Nordrhein/Westfalen v. 22. 8. 1967 als Richtlinie): Auch die Schule muß sich um die Eindämmung und Verhinderung von Sittlichkeitsdelikten kümmern. Leider haben sie ständig zugenommen; während 1947 in der BRD 4505 Fälle angegeben werden, ist die Zahl der gerichtlich verfolgten auf 17 000 bis 18 000 jährlich angestiegen. Die Zahl der Notzuchtfälle stieg von 672 (1847) auf 1687 (1950) an. In Wirklichkeit dürften solche Vergriffe noch weit höher sein. Viele Fälle gelangen nicht zur Anzeige, weil sie von Personen verübt wurden, die das Vertrauen der Eltern hatten, aus Scham vor Veröffentlichung oder einfach aus Bagatellisierungsgründen. Unachtsamkeit der Erziehungsberechtigten während der Freizeit der Kinder, unterlassene rechtzeitige Unterrichtung über die Gefahren, zu große Vertrauensseligkeit der Kinder Fremden gegenüber, aber auch die mit dem Alter sich steigernde Neugier, können als Gründe angeführt werden. Der Hauptschuldige aber ist immer jene Person, deren triebhafte Veranlagung infolge von Gehirnfunktionsstörungen, aber auch durch Altersschädigungen (Arteriosklerose) und nicht bekannter Ursachen von der Gesellschaft zu wenig beachtet wird. Bezeichnend sind auch die Orte, an denen sich solche Delikte ereignen; so gelten der Reihe nach abgelegene Gärten (Gartenhäuschen), Anlagen, das Auto, der Schulweg, der Spielplatz, aber auch die öffentliche Straße, die Wohnung des Täters als die vornehmliche Gelegenheit der Anknüpfung bzw. der Verübung solcher Taten, während öffentliche Einrichtungen (Kino, Trinkhallen, Bäder), also Orte, wo der Täter durch die Aufsichtsorgane überführt werden kann, dazu weniger benutzt werden.

Da auch Kinder im vorschulpflichtigen Alter nicht verschont bleiben, muß in erster Linie die Familie ständig aufklärend und ermahnend auf diese einwirken, sich jedem Fremden gegenüber, gleichgültig welche Angebote erfolgen, ablehnend zu verhalten. In der Familie ist es gerade die Mutter, zu der das Kind das größte Zutrauen hat; ihr obliegt dann auch dem älter und wissensbedürftiger werdenden Kinde die Eröffnung der Intimsphäre in einer seinem Alter entsprechenden Art (Abb. 3). Gerade in der Zeit 4—14 Jahren sollte man sich bemühen, dem Kind, sobald sich die gewisse Neugierde über geschlechtliche Dinge zeigt, diese sachlich zu erklären. Wenn als wesentliches Merkmal der Geschlechtserziehung eine solche zur Schamhaftigkeit Fremden gegenüber gefordert werden muß, dann bedarf es jeweils der Überlegung, in wieweit eine Tabuierung der heimischen Intimsphäre gerade zwischen Mutter und Kind sinnvoll ist. Ein Kind, dem die Körper, wie sie die Natur geschaffen hat, bekannt sind, verfällt im allg. den Verlockungen Fremder, die ihm solches anbieten, weniger als das unwissende. Bei einer solchen Unterweisung bedarf es weder wissenschaftlicher Erkenntnisse, sondern einfach der Erklärung der sachlichen Verhalte, zu der die

Eltern m. E. immer in der Lage sein müßten. Sie liefern so dem Schulunterrichte die Grundlage für die auch klassenmäßige Behandlung der anatomischen und physiologischen Vorgänge. Nur das ständige Bereitsein und die Ermahnungen der Mutter, die immer die Zeit aufbringen muß, wenn ihr das Kind seine Erlebnisse mitteilen will, können unliebsame sich anbahnende Vorkommnisse verhindern und strafwürdigen Handlungen zuvorkommen (vgl. auch Merkblatt: Kinder in Gefahr [16]).

Sittlichkeitsdelikte bei Jugendlichen: Die meisten Kinder neigen im Pubertätsalter dazu, ihre Intimsphäre besonders vor älteren zu wahren, später beobachtet man, daß sie besonders Gleichaltrigen gegenüber sehr offen sein können. Hier ist dann der Ansatz für z. T. sehr unwissenschaftliche Wissensvermittlung aber auch für sich anbahnende Verhaltensweisen (Ipsation) gegeben. Sittlichkeitsverderbende Einflüsse, wie man sie früher zu beengten Wohnverhältnissen und damit verbunden der Hemmungslosigkeit einzelner Personen zuschrieb, dürften heute vielfach auf frühe Kontakte mit dem anderen Geschlecht im Arbeitsbereich, aber auch auf die Lektüre entsprechender Schriften und nicht zuletzt auf die Mode zurückzuführen sein. Dabei geben vielfach bewußt gewollte entscheidende Verhüllungen die die Sinne bei Jugendlichen erregenden Ursachen ab.

Eine wesentliche Ursache dürfte auch in der frühen Reifung liegen. Wenn auch landschaftlich verschieden, läßt sich nach Untersuchungen zusammenfassend feststellen, daß sich diese bei Jungen um etwa 1½ Jahre vorverschoben hat. Der erste Reifungsbeginn zeigt sich bereits bei Elf- bis Zwölfjährigen, ein Drittel bis ein Viertel befand sich mit 13 Jahren in diesem Stadium [73].

Ähnlich und hier mit der Reifungszeit der Mutter vergleichbar (Beginn der Menstruation), zeigt sich die Vorverschiebung bei Mädchen, wobei ebenfalls ein Drittel bis ein Viertel mit 13 Jahren diese Schwelle bereits überschritten hat.

Es ist daher nicht zu verwundern, daß sich bei Jungen die Ipsation dann auch entsprechend früher zeigt. Die Selbstbefriedigung kann verschiedene Ursachen haben. Die frühkindliche Vorform kann auf äußere Reize (Madenwürmer, S. 436) aber auch auf Ungeborgenheit und erzieherische Härte zurückzuführen sein. Die Entwicklungsipsation ist wohl vielfach in den oben angeführten Ursachen zu suchen, die Notipsation bei Älteren hat die gleichen Gründe, sie kann aber auch eine echte Sucht sein. Ratsuchenden Jugendlichen sollte man auf ablenkende Tätigkeiten, Sport, Leibespflege, ausreichenden Schlaf, reizlose Kost und Enthaltsamkeit gegenüber reizfördernden Genußmitteln verweisen, die u. U. zu einer Herabsetzung der körperlichen Spannungen beitragen können. Letztlich sollte der Betreffende durch Bändigung der Phantasie und Verlängerung der Zwischenräume zwischen solchem Tun auf die naturgemäße Einstellung der Pollutionen warten [73].

Die Aussage über ein allgemeines Abgleiten in unbekümmertes und hemmungsloses sexuelles Verhalten bei Einzelnen zu verallgemeinern, dürfte m. E. übertrieben sein.

Die durch die Akzeleration herbeigeführte frühe körperliche Reifung, aber auch die stark zur Erotisierung beitragenden Mittel der sexuellen Massenunterrichtung, haben zu einer anderen Einstellung der Jugendlichen zu Frühehe und vorehelichem Verkehr geführt. *Franke* [35] stellt fest, daß $1/3$ der Erstgeborenen in den ersten 8 Monaten nach der Eheschließung zur Welt gebracht werden. Diese Tatsache erwartet eine Neuorientierung aus folgenden Gründen. Die erhöhte Zahl der Kindersterblichkeit, aber auch die der Früh- und Todgeburten überwiegt bei unehelichen Müttern (vgl. *Franke M.* u. *Harmsen H.*: Die gesundheitliche Situation unehelicher Kinder, Mnch. Medizinische Wochenschrift 1967/2258). Trotz gesetzlicher und materieller Gleichstellung ist es vielfach die noch in unserer Gesellschaft vorhandene diskriminierende Einstellung gegenüber der unverheirateten Mutter, welche einen immateriellen „psychischen Stress" auf diese ausübt und Belastungen bringt, die sich auf die Nidation aber auch auf die nachgeburtliche Phase auswirken.

Hier sei nicht dem vorehelichen Verkehr das Wort geredet! Die Forderung, daß Nachwuchs durch eine berufliche Existenz fundiert sein solle, damit dem Kinde die Geborgenheit des Heranwachsens in einer gesunden Familie gewährleistet wird, sollte man im Unterricht betonen. Allein auch durch lautstarkes Eintreten für die Verteidigung alter Ideale wird man das uneheliche Kind nicht verhindern. Die Leidtragenden sind vielfach die Mütter, die oft allzu gering mit den physiologischen Geschehen vertraut waren und das Kind, dem später ungerechtfertigt seine außereheliche Geburt angelastet wird. Daß eine „Neuorientierung Einfluß auf die prä- und postnatale Sterblichkeit haben kann, zeigen Länder, die, wie z. B. Schweden, die die Stellung der unehelichen Mutter gesellschaftlich stärker tolerieren als andere" [35].

Trotz aller sich entwickelnden Freizügigkeit (die Gründe dafür seien hier nicht diskutiert) ist die Zahl der unehelichen Mütter nach einer Zunahme nach dem Kriege wieder zurückgegangen. Sie betrug

1950	9,6%	aller Neugeborenen
1955	7,7%	
1960	6,5%	
1965	4,7%	
1966	4,6%	[Pr. 6. 4. 1968].

Trotzdem muß der Biologieunterricht bemüht sein, besonders in den Oberstufenklassen verbindlicher als bisher Fragen der Geschlechtshygiene zu besprechen. Verhaltensweisen der Konfliktsituationen mit bestehenden Gesetzen (Vergewaltigung, Homosexualität, Empfängnisverhütung und der § 218 [3]) sollten dort diskutiert werden. In diesem Zusammenhange müssen aber auch alle das Leben eines Jugendlichen querenden Folgen (uneheliches Kind, Abbruch eines gewählten Ausbildungsweges, unbeabsichtigte Frühehe) und alle die z. T. mit Recht bestehenden gesellschaftlichen Tabus, die die Jugendlichen in letzter Konsequenz gar nicht bedacht haben, eingehend erläutert werden. Besonders muß gesagt werden, daß die beim Menschen naturgegebene rund 20jährige Jugendzeit am besten nur in der intakten Familie verbracht werden kann.

Die Sexualerziehung sollte sich gerade in den Oberklassen der höheren Schulen nicht allein auf die heute zeitgängig geforderten Aufklärungen beschränken, sondern auch sehr klar zu Fragen, die *H. J. Kreutz* mit dem Themenkreis „Du und Dein Volk" umrissen hat, Stellung nehmen.

Man schätzt in der BRD etwa 4 Millionen Homosexuelle. Wenn in einzelnen Fällen solche Abartigkeiten durch genetische Fehlentwicklungen (Klinefeltersyndrom) bedingt sein können, dürfte doch die Mehrzahl solcher triebhafter Veranlagungen auf Enttäuschungen im normalen Geschlechtsverkehr, auf einer Übersättigung des letzteren Verhaltens, die dann u. U. nicht nur hier zur Unzucht mit Abhängigen führen kann, zurückzuführen sein. Auch das Mißbrauchen von Kindern und Jugendlichen kann, neben krankhaft veranlagten Personen (s. o.), verbunden mit Sexualmorden auf die obigen Ursachen zurückgehen.

Geschlechtskrankheiten [51, 76, 146]: Die Geschlechtskrankheiten haben sich nach dem Bericht der Weltgesundheitsorganisation vor allem unter jungen Menschen in alarmierendem Maße verbreitet.

Die chemotherapeutischen Maßnahmen zur Bekämpfung der venerischen Krankheiten sind überschätzt worden. Seit 1953 werden Gonorrhöefälle amtlich nicht mehr namentlich registriert. Teils früher, aber vor allem in der Folgezeit, haben sich immer mehr Heilmittel resistente Stämme herausgebildet, so daß seit 1959 erhebliche Schwierigkeiten in der Bekämpfung bestehen [51]. Dies beweisen die Zahlen aus einer westdeutschen Stadt. Dort gab es festgestellte Fälle an

	Gonorrhöe	Lues
1954	898	73
1958	1 850	130
1960	2 234	383

Die Behandlung der Geschlechtskrankheiten mit Penicillin (wobei im Frühstadium völlige Ausheilungen erzielt werden können), hat ungeachtet der oben geäußerten Befürchtungen eine gewisse Sorglosigkeit gefördert. Es bedarf des unterrichtlichen Hinweises, daß eine infizierte Person, bei welcher ja die übrigen Geschlechtsfunktionen intakt sind, auch eine bedeutende Verantwortung für evtl. Gezeugte trägt. So kann bei einer Gonorrhöe, neben Gelenkerkrankungen, Herzklappenentzündungen und Augeninfekten, Zeugungsunfähigkeit eintreten, oder aber die bezeichneten Leiden können sich, infolge einer Infektion im Mutterleibe, dann bei dem Neugeborenen einstellen. Auch bei Lues kann eine Infektion des Keimlinges u. a. Erkrankungen des inneren Ohres (Taubheit), Hornhautschädigungen (Erblinden) und Defekte im Zentralnervensystem zur Folge haben. Eine nach Infektion ausgeheilte Frau muß sich im Falle einer Schwangerschaft sofort neu untersuchen lassen und evtl. einer Nachbehandlung unterziehen [146].

Wie bei allen Krankheiten ist besonders hier auch im Verdachtfalle die sofortige Konsultation eines Arztes (Schweigepflicht) wünschenswert, um schnelle Heilerfolge zu erzielen. Die gesamte Geschlechtserziehung muß sich zum Ziel setzen, in dem Jugendlichen das Verantwortungsgefühl zu wecken. Verantwortlichkeit nicht nur gegen den eigenen Körper, sondern vor allem auch gegenüber dem Partner und dem eventuell entstehenden Nachwuchs.

ς) Suchtgefahren (Gesetz z. Schutze d. Jugendlichen in der Öffentlichkeit [BGesBl. 1951/I/936 und Neufassung vom 17. 7. 57])

Alkoholische Getränke [10, 57, 127, 18]: In allen Ländern bewirkt der Alkoholismus schwerwiegende Bedrohungen der allgemeinen Volksgesundheit. Bei uns sind die Ausgaben von Jahr zu Jahr mit Zunahme des sog. wirtschaftlichen Wohlstandes gestiegen, sie betragen im Vergleich zu einem anderen wichtigen Anliegen folgende Ausgaben:

in Milliard. DM	Gesamtausgabe	Ausgaben Alkohol	für Nikotin	Forschung
1957	16	9,6	6,4	2,43
1962	24,1	15,9	8,2	5,82
1964	27,2	18,15	8,87	7,78
1965	28,5	19,3	9,2	9,1
1967	30,3	20,0	10,3	11,2

Trémolieres kam auf empirischer Grundlage zu der Regel, daß ein Schwerarbeiter einen Tageskonsum von höchstens 1 l Wein pro Tag bei 10 % Alkoholgehalt, ein Arbeiter höchstens 7 dl/Tag und sitzende Berufe höchstens 0,5 dl/Tag vertragen, wenn das Risiko der Gesundheitsschädigung nicht ansteigen soll. Die tolerierbare Menge liegt sicher unter 1 dl/Tag reinem Alkohol. „Der Anteil der Konsumenten von mehr als 2 dl reinem Alkohol pro Tag darf als Minimalschätzung der Zahl der lebenden Alkoholiker gelten. (Der überwiegende Teil der Konsumenten von mehr als 2 dl pro Tag erleidet alkoholische Schäden, und bei einem weiteren Teil der Bevölkerung trifft dies schon bei einem durchschnittlichen Tageskonsum von 1—2 dl zu.)
Bereits 1959 betrug die Zahl der Trunksüchtigen in der BRD 300 000, das entsprach etwa der Zahl der Tbc-Kranken, darunter 21 000 Jugendliche unter 21 Jahren. Nach Schätzungen der Hauptstelle für Suchtgefahren [127] gab es in Westdeutschland etwa

	1964	1968 (Pr. 17. 11. 1969)
Alkoholiker	400 000	600 000
davon Frauen	10 %	12 — 15 %
davon Jugendliche	8 %	11 % (17 — 25 Jahre)

Auf jeden Einwohner der BRD entfielen 1964 $9^{1}/_{2}$ l (1968 10,3 l, Ausgabe je Person / jährl. 352,8 DM) konsumierter reiner Alkohol. Trinker hat es vornehmlich unter Asozialen gegeben. Allein aber die hohe Zahl an Frauen deutet auf eine gewisse soziale Not dieser Menschen hin, die vielfach durch Alleinsein und Ungeborgenheit diesem Laster verfallen, welches durch die Auflösung der Ehen, durch noch kriegsbedingte Ehelosigkeit einzelner bedingt sein kann. Wenn man die einzelnen Alkoholgehalte der konsumierten Getränke vergleicht, so fällt der hohe Verbrauch an hochprozentigen Produkten auf, ein Umstand, der durch anregende Beigaben (Absinth z. B.) noch besorgniserregender zu werden droht. Der Getränkeverbrauch betrug im Durchschnitt je Bundesbürger 1964

    43,8 l alkoholfreie Erfrischungsgetränke
122,5 l Bier
    6,3 l Branntwein
16 l Wein
120,3 l Bohnenkaffee (Pr. 13. 12. 65)

Der überwiegende Teil der Konsumenten von mehr als 2 dl/Tag erleidet alkoholische Schäden (90 %), die sich in ihrer Spätwirkung in Form von chronischem Alkoholismus, Leberzirrhosen und *Delirium tremens* (Bewußtseinsschwund) ausdrückt.

Nelker [10] führt für Schweden a. g. einer Studie an 150 000 Personen folgende Abweichungen in deren sozialem Verhalten an:

  etwa 5 % mehr Ehescheidungen
  etwa 50 % mehr Kinder
  etwa 3 mal mehr „Mußheiraten" mit Geburt des ersten Kindes früher als 8 Monate nach der Eheschließung
  etwa 10—20 mal mehr behördliche Eingriffe i. d. Erziehung d. Kinder
  etwa 2—3 mal soviel Arbeitsabwesenheiten
  etwa 2 mal soviel Personen ohne festes Eigentum
  etwa 10 mal mehr Jugendkriminalität usw.

Die gravierendste Beeinträchtigung der Gesamtbevölkerung wegen zu hohen Alkoholgenusses zeigt sich in den Wochenend-Verkehrsunfällen. Obwohl der einzelne Fahrer ganz unterschiedlich seine Fahrtüchtigkeit nach Alkoholgenuß mindert, ist der Gesetzgeber gezwungen, Richtwerte für die Trunkenheit am Steuer bei Überführung festzusetzen. *Holcomb* konnte darlegen, „daß das Risiko eines Verkehrsunfalles mit steigendem Blutalkoholgehalt exponentiell zunimmt. Bei 0,04 bis 1,0 $^0/_{00}$ (Mittelwert = 0,45 $^0/_{00}$) war das Risiko rund 5 mal größer als beim Nüchternen, bei 1—1,5 $^0/_{00}$ (Mittelwert = 1,25 $^0/_{00}$) war es 13 mal größer, bei mehr als 1,5 $^0/_{00}$ (Mittelwert = 2,0 $^0/_{00}$) war es 54 mal größer. Der Abbau im Blut erfolgt mit durchschnittlich je 1/6 $^0/_{00}$ pro Stunde. Diese Zahlenbeispiele legen den Schluß nahe, daß tolerierbarer Alkoholgenuß sicher unter 1 dl reinem Alkohol pro Tag liegen sollte".

Nikotin und Rauchdestillate [28, 43, 68, 154, 155, 158]: Über die Schädlichkeit des Rauchens ist in fach- und pädagogischen Schrifttum der letzten Jahre viel Aufklärungsmaterial veröffentlicht worden. Daraus ergibt sich folgendes Bild:

Viele Jugendliche rauchen, um damit ihre Minderwertigkeitskomplexe abzureagieren. Erst später wird ihnen die anregende, belebende bzw. entspannend-beruhigende Wirkung der Tabakdestillate bewußt, die je nach Stimmungslage und vor allem Veranlagung des autonomen Nervensystems der betreffenden Träger bedingt ist. Die Mehrbelastung des Herzens durch das Rauchen (Nicotin) kommt dadurch zustande, daß eine erhöhte Erregung auf das ergotrop-sympathische System ausgeübt wird. Dies führt zu erhöhter Freisetzung von Adrenalin und Nordrenalin, durch welche wieder die peripheren Gefäße kontrahiert werden. Eine solche Minderdurchblutung hat Abkühlung der Haut und Blässe zur Folge. Durch Adrenalin erhöht sich die Herzfrequenz, dies kann zu einer gewissen geistigen Aufhellung, Erhöhung manueller Fertigkeit führen. Auch wird das Zuckerdepot mobilisiert (Pseudosättigungsgefühl beim Rauchen). Dieses Angebot an energieliefernden Stoffen (auch Fett) bewirkt eine erhöhte Wachsamkeit. „Der erwachsene Mensch erlebt jedoch in der überwiegenden Mehrzahl der Fälle Stress-Situationen, bei denen eine muskuläre Reaktion (Flucht, Angriff) zwar vielleicht erwünscht, aber durch Konvention unmöglich ist. Die Bereitstellung der Treibstoffe, die Aktivierung des Kreislaufsystems sind umsonst erfolgt" [68]. Die freigesetzten Adrenaline können auch eine schädigende Wirkung auf den Herzmuskel und die Gefäßwände, bes. der Coronararterien bewirken. Letzterer Umstand erhöht natürlich auch die Infarkthäufigkeit besonders bei Zigarettenrauchern [54].

Eine erhöhte Adrenalinausschüttung kann Schwindelgefühl, Schweißausbruch, Gesichtsblässe, Stuhldrang, Übelkeit, Angstgefühle und Atemnot auslösen.

Durch die trockene Destillation werden folgende Stoffarten freigesetzt: Nikotin, Blausäure, Teerstoffe (Benzpyren, Benzanthracen, Phenanthren), Aldehyde, Kohlenmonoxid (bei tägl. 20 Zigaretten werden etwa 10 % des Atmungshämoglobin gebunden), Ketone, Pyridin, Phenole, Ammoniak, Methylalkohol, Schwefelwasserstoff. Darunter befinden sich also eine Anzahl von Zell-, Gewebe- und Atmungsgiften, die als Cytostatica aber auch als Cancerogene bekannt geworden sind. Der festgestellte Nickelgehalt des Tabaks erzeugt Nickelcarbonyl und schädigt bei Inhalation das Bronchialepithel. Im allg. werden die Zigarettendestillate mehr inhaliert, so daß also die letzteren einen besonders hohen Schädigungsgrad aufweisen.

Im Verlauf der sog. Rauch- bzw. Rauchstoffstraße werden folgende Organsysteme des Körpers in Mitleidenschaft gezogen: Die Kondensate und Schwebstoffe reizen die Atemwege und führen auf die Dauer, je nach der Zahl der inhalierten Stoffe, zu dem „Raucherhusten" (letzterer wird auch durch die Smogstoffe der Luft mitbedingt), das radioaktive Polonium (α-Strahler) kann den Bronchialkrebs mitbedingen.

Nikotingaben, 20-50 mg, auf einmal inkorporiert, können tödlich wirken. Es wird ebenfalls von den Schleimhäuten absorbiert und trägt so zur Bildung von Magen- und Zwölffingerdarmgeschwüren bei. Durch Verbreitung über den Blutweg kann es durch Erregen im Herz eine Extrasystole (Purzelbaumschlagen des Herzens) bewirken. An den Gefäßinnenwänden verursacht es chronische Entzündungen und geweblich bedingte Abschnürungen. So kann es zum Mitverursacher von Anginen und Infarkten werden. Chronisch gestörte Durchblutungen an Zehen, Füßen und Beinen können Krankheitsprozesse (Thrombangitis, *Buerger*sche Krankheit) nach sich ziehen, die Invalidität zur Folge haben. Nikotin wird durch die Leber z. T. abgebaut, ein Teil wird unverändert durch die Nieren ausgeschieden; da es sich um einen Fremdstoff handelt, ist bei chronischen Überlastungen eine Schädigung der Gewebe und der Organfunktionen zu erwarten. Besonders nikotinempfindlich sind bestimmte Organe des weiblichen Körpers. Aus 5000 gesichteten Krankenblättern zeigte sich bei Frauen eine starke Wirkung auf das Zwischenhirn und die Hirnanhangdrüse und über diese auf die Schilddrüse, die Nebennicre (s. o.) und die Sexualfunktionen. Das Verhältnis der Fehlgeburten von Raucherinnen zu Nichtraucherinnen betrug 37,3 % zu 15,3 %, die der Frühgeburten 6,6 % zu 1,1 %. Bei 100 Ehen von Raucherinnen fand man 98, bei Nichtraucherinnen 176 Kinder. Hier scheinen besonders Gewebe, die frisch teilungsfähig bleiben müssen, gefährdet, der monatliche Zyklus kann gestört werden. (Die Kinderarmut der Haremsdamen führt man auf solche Beeinträchtigungen zurück.) Neugeborene von starken Raucherinnen sind „untermäßig" entwickelt (Ber. d. Bundesgesundheitsamtes, Pr. 13. 11. 64). Schon eine einzige Zigarette der Mutter beschleunigt meßbar den Herzschlag eines Fötusses. Der Zigarettenverbrauch ist im Laufe des Jahres 1965 in der BRD um 6 % auf 2117 Stück pro Erwachsenen angestiegen, während die anderen Rauchwaren eine Abnahme zeigten (Pr. 30. 3. 1966).

Der Pro-Kopf-Verbrauch betrug 1967 (Pr. 3. 2. 1968)

in der BRD 1702
Belgien 1594
Italien 1240
Frankreich 1097.

Nach der Deutschen Hauptstelle für Suchtgefahren (Regenbogen, Baden/B. 1969/ IV/25) rauchen von der männlichen Jugend unter 16 Jahren in der Stadt 40 %, auf dem Lande 48 %, für die weibliche Jugend gleichen Alters werden für die Stadt 35 % und dem Lande 30 % angegeben.
Durch die Muttermilch gelangt das Nikotin in den Säugling, der den gleichen Belastungen ausgesetzt ist wie die Mutter.
Selbstverständlich muß man aus gesundheitspflegerischer Sicht für völlige Enthaltsamkeit eintreten. Da dies vielfach ohne Erfolg sein wird, bedarf es der Aufklärung über die Rauchtechnik überhaupt: Keine Inhalation, Zigarren rauchen; wenn Zigaretten geraucht werden, dann nur zur Hälfte bzw. solche mit Filtern. Wegen des fraglichen Nutzens und der möglichen Schadwirkungen, besonders im weiblichen Organismus, sollte man aber doch auf Enthaltsamkeit bei Jugendlichen, jungen Frauen, hoffenden und stillenden Müttern dringen.

Über die Wirkung des Coffeins [130, 144, Pr. 21. 11. 1964, 30. 10. 1965, 26. 11. 1967]: Die unterschiedliche Empfindlichkeit der Menschen auf coffeinhaltige Getränke, wertvolle Anregungsmittel einerseits, andererseits erhöhte Reizmittel, die bis zu nervöser Erschöpfung und Schlaflosigkeit führen können, sind bekannt. Der diese Zustände bedingende Stoff erhöht in Nährlösungen bei Bakterien die Mutabilität (100 mg/l um das 15-fache). Darauf hat schon 1948 *H. J. Muller* und neuerdings der Anthropologenkongreß 1965 in Freiburg hingewiesen.

Untersuchungen von klinischer Seite (*Prof. R. Völker*) zeigten, daß Menschen, die an Herz- und Kreislaufbeschwerden, vor allem aber an Leistungsschwäche dieser Organe litten, durch Coffein Pulsbeschleunigungen und damit verbunden eine Behebung der Mangeldurchblutung der Gehirngefäße, eine erhöhte Versorgung des Gehirns mit Sauerstoff, eine größere Empfindlichkeit gegenüber Reizen der Außenwelt (z. B. Temperaturänderungen von 1,6—2,6° C, die sonst nicht registriert werden), aber auch subjektives Wohlbefinden erfahren. Es ist noch nicht geklärt, ob diese positive Wirkung durch das Coffein allein oder durch den hohen Gehalt an Kalium (K-Na-Pumpe bei Nervenerregung) in der Kaffeebohne bewirkt wird, zumal man ja bei coffeinfreiem Kaffee die gleiche Wirkung beobachtet.

Eine solch höhere Reizempfindlichkeit kann für Menschen mit einem normalen Kreislauf fördernd sein, solche aber mit veränderten Kreislaufsituationen (erhöhter Blutdruck, Arteriosklerose, vegetativer Dystonie und mit akuten Schmerzzuständen) sollten daher entsprechenden Genuß meiden. Aber auch bei Normalveranlagten sollte die Reizschwelle nicht durch zu hohen Genuß (wobei sich Wirkungslosigkeit einstellen kann) übersteigert werden.

Coffein bewirkt im Blute eine Zunahme von freien Fettsäuren, jedoch nicht eine Veränderung des Cholesteringehaltes oder der Triglyzeride. Die im Tierversuche (Ratten) nach Kaffeeverabreichung hervorgerufene Zunahme von Blutlipiden, dürfte wahrscheinlich nicht auf Coffein, sondern auf die in den Getränken Zukker, Sucrose, die u. U. ischämische Herzkrankheiten zur Folge haben können, zurückzuführen sein.

Es wäre unrealistisch, wollte man gegen den Kaffeegenuß auftreten. Im Unterricht sollte doch wenigstens auf die Forschungsergebnisse hingewiesen und vor zu großem Genuß, vor allem bei Jugendlichen, solange keine exakten humanbiologischen Erkenntnisse vorliegen, gewarnt werden.

η) Anwendung von Medikamenten und deren Mißbrauch [5, 7, 114, 158]: Unter Medikation versteht man die Anwendung von Fremdstoffen, um einen irgendwie im normalen Stoffwechselablauf gestörten Organismus wieder in den Normalzustand zurückzuführen.

Solche Störungen können erfolgen:
a) durch *Fremdorganismen,* deren Stoffwechselendprodukte den Normalablauf beeinträchtigen (s. o.);
b) durch *klimatische Einflüsse* [31; 65; 90; 108],
c) durch *Energiequalitäten unserer Umwelt,* die ihrerseits über das Stammhirn, inkretorische Drüsensystem und vegetatives Nervensystem eine unnatürliche Wirkung auf die inneren Organe ausüben, dadurch das sog. Wohlbefinden des Menschen beeinträchtigen [13; 45];
d) durch von *außen kommende Energiequalitäten* bzw. durch andere im Innern des Organismus entstehende Ursachen, die den normalen Ablauf einzelner Zellfunktionen verändern oder zu unterbinden vermögen [12; 45; 61; 129; 133].

Zu a): Um die in den Körper eines Lebewesens eingedrungenen Fremdorganismen (Bakterien, Pilze, im weiteren Sinne auch Viren) in ihrer Vermehrung so zu hemmen, daß er in die Lage versetzt wird, durch seinen eigenen Stoffwechsel die entsprechenden Abwehrstoffe (Antigene) zu bilden, werden heute synthetische (Sulfonamide) bzw. ursprünglich von Kleinlebewesen stammende wachstumshemmende Stoffe (Antibiotica) inkorporiert. Da viele dieser Mittel eine ganz spezifische Wirkung haben, ist eine sorgfältige Diagnose erforderlich. Sie ermöglicht erst die sinnvolle Anwendung dieser Mittel. Es ist eine genügende Konzentration (Stoß), welche die Erreger in ihrer Vermehrung wirksam zu hindern vermag, ohne daß der Träger selbst wesentliche Schäden erleidet, erforderlich. Diese Fremdmittel sind Lebensprozeß hemmende chemische Stoffe, die nicht nur den Krankheitserreger, sondern auch seinen Träger schädigen können.

Da durch wiederholte nicht gezielte Medikamente, vor allem durch zu geringe Konzentrationen, nur ein Teil der Mikroorganismen gehemmt, einzelne jedoch durch Mutation und Selektion heilmittelresistent werden, ist deren Anwendung an eine strenge Indikation seitens der Ärzte gebunden.

Zu b), c) und d): Gegen alle weiteren Einwirkungen sucht man zunächst durch von der chemisch-pharmazeutischen Industrie erprobte Stoffgruppen Linderungen der Schmerzwirkungen zu verschaffen. Da es sich i. g. um gestörte Stoffwechselfunktionen in verschiedenen Organsystemen (besonders der Nerven, des ZNS und VNS) handelt, wird versucht, deren bzw. die Herz- und Gefäßfunktion anzuregen. Dies kann erreicht werden durch anregende Mittel (Stimulantia), durch Reizmittel (Excitantia) oder durch die Herz- und Atemtätigkeit anregende Stoffe (Koffein, Kampfer, Cardiazol, Lobelin: Analeptica) und durch die kräftig zentral wirksamen und lang anhaltend auf die Gefäßfunktion wirkenden Weckamine.

Zu letzteren sind auch Stoffe zu rechnen, die erhöhte geistige und körperliche Aktivität hervorrufen; natürliche und künstliche Pharmaka, um die Schläfrigkeit zu verhindern und u. U. sportliche Leistungen stark zu fördern (doping). Sofern körperschädigende Mittel angewendet werden, sind sie aus medizinischer Sicht unerlaubt. Sofern sie nach unserem heutigen Wissen unschädlich sind: wie Coffeinpräparate und zur Beseitigung von Angst- und Spannungszuständen dienen, beim Sport die Leistungen erhöhen (Nahrungspräparate, Zuckerarten, Phosphor-, Kalzium-, Spurenelemente- und Eiweißpräparate), sind sie nicht als Dopingmittel zu bezeichnen. Im Rahmen einer sportärztlichen Betreuung dürfen nur Mittel verwendet werden, die über eine Hebung der Kreislaufverhältnisse und des Kräftezustandes nicht hinausgehen [93].

Zu den Beruhigungsmitteln zählen solche, die den überreizten körperlichen Zustand wieder rückgängig machen (Tranquillizer: unspezifisch beruhigend wirkende [Baldrian, Hopfenpräparate, $CaBr_2$], Sedativa: das ZNS, besonders die motorischen Zentren beeinflussende Mittel).

Schmerzstillende Mittel (Analgetica) sind u. a. die Schlafmittel (Hypnotika); Barbiturate kombiniert mit Chroralhydrat und Präparate der pharmazeutischen Industrie, die auf kortikalsubkortikale Zentren beruhigend wirken.

Ähnliche Effekte versucht man durch rhythmische Galvanisierung des Kopfes mittels Spezialgeräten (Elektroschlaf, durch monotone Reize eingeleitet und indifferente Mittel fortgeführt [bedingt reflektorischer Schlaf] und suggestive Wirkungen zu erzielen.

Der Mensch unserer Zeit hat sich weitgehend daran gewöhnt, daß der Besuch eines Arztes unbedingt die Verschreibung der sog. „happy pils" nach sich ziehen muß. Nach einer Krankenhausstatistik [5/Bd. III] werden 32% aller Medikamente zur Beseitigung vegetativer Störungen verordnet. Sie schirmen den Menschen von der Umwelt ab, beruhigen die Zentren des Stammhirns, von denen die vegetativen Bahnen ausgehen.

Eine wesentliche Schuld an dem bedenkenlosen Medikamentenkonsum ist darin zu sehen, daß die Menschen vielfach nicht genügend über das Ausmaß möglicher Schadwirkungen unterrichtet sind. Von den rd. 40 000 von der chemisch-pharmazeutischen Industrie nach erwerbsmäßigen Gesichtspunkten hergestellten Arzneimitteln, liegt es in der Hand des Arztes, das für den jeweiligen Patienten besthelfende Mittel zu verschreiben. Aufgabe der Gesundheitserziehung aber ist es, Einsichten bereits bei der Jugend zu erzeugen, daß ein Medikament, wenn es zur Wiederherstellung der Gesundheit erforderlich ist, nur durch den verantwortungsbewußten Arzt verschrieben werden darf, daß jede nicht indikative Einnahme eines Heilmittels entweder zur Schädigung der körperlichen Funktionen oder auf die Dauer zu seiner Wirkungslosigkeit führen kann.

ϑ) Rauschgifte: Alkaloide sind aus dem Pflanzenreich stammende stickstoffhaltige, meist basisch reagierende Stoffe. Inkorporiert bewirken sie durch Beeinflussung des ZNS ähnlich anregende, beruhigende, schmerzlindernde oder das Wohlbefinden erhöhende Stimmungen. Soweit sie als Heilmittel angewendet werden, sind sie rezeptpflichtig. Illegaler Handel ist strafbar.

Morphin, das Hauptalkaloid des Opiums *(Papaver somniferum)* hat schmerzstillende, einschläfernde Wirkung (chronische Vergiftungserscheinungen, mittlere

tödliche Dosis 0,3 g; Tod durch Lähmung des ZNS). *Heroin* (Diazetylmorphin): Wirkung wie Morphin, nur stärker, daher Suchtgefahr größer.
Kokain: Das Alkaloid der Kokablätter (amerik. *Balaquium coca*), wird medizinisch zur Schleimhautanästhesie verwendet, euphorisierende Wirkung.
Mescalin (Alkaloid aus mexikan. Kaktee Peyotl. *Anhalonium lewinii*) erzeugt Farbhalluzinationen und psych. Verwirrungen (Rausch).
Haschisch (= amerik. Marihuana, Extrakt aus *Cannabis sativa*) führt zu Dämmerzuständen, Wohlbefinden, Sinnestäuschungen und sexuellen Erregungen, schizophrenieähnlichen Veränderungen. Schäden nicht eindeutig geklärt, aber vor einer unkontrollierten Anwendung muß nach wie vor gewarnt werden. Es gibt auf der Erde etwa 200 Millionen Süchtige [114].
Rauwolfia (ind. *R. serpentina*), das aus der Wurzelrinde gewonnene Präparat hat beruhigende und blutdruckherabsetzende Wirkung.
Genau wie sich die unkontrollierte Verwendung von Medikamenten in der BRD erfreulicherweise in verantwortbaren Grenzen hält, so auch die Anwendung und der Mißbrauch von Rauschgiften. Zu ihnen muß noch das *Lysergsäurediäthylamid* (LSD) [59] seiner leichten Herstellbarkeit wegen gerechnet werden, mit Mescalin ähnlichen Wirkungen. LSD, zu Kulturen menschlicher Leucocyten zugesetzt, bedingt eine Zunahme von Chromosomenanomalien (Brüche und Unordnungen), auch bei einem Patienten, der wegen paranoider Schizophrenie mit LSD behandelt wurde, konnten Chromosomenschädigungen beobachtet werden [130].
Wenn uns auch i. g. gegenüber anderen hochentwickelten Ländern die Ausbreitung von Rausch- und Suchtmitteln erspart geblieben ist (die Zahl der Suchtkranken schwankt nach einem Abfall seit 1957 zwischen 4400 und 4600 Fällen), so hat doch in letzter Zeit der Schmuggel insbesondere mit der Einreise von Gastarbeitern zugenommen. Da viele dieser Mittel bes. in Amüsierlokalen (Marihuanazigaretten usw.) angeboten werden, ist ein Hinweis in den Oberstufen m. E. wünschenswert.

Rauschgiftvergehen in der BRD (B-Kriminalamt [158 No. 19])

Straftaten (außer Verkehrs-	1963	1964	1965
und Staatschutzdelikten)	1 678 840	1 747 580	1 789 319
davon Rauschgiftdelikte	820	992	1 003
von der Polizei ermittelte Täter	855 600	870 473	860 264
davon haben insgesamt Rauschgiftdelikte begangen	733	834	797
Erwachsene	714	789	755
Heranwachsende Jugendliche (18—21 Jahre)	17	31	29
Jugendliche (14—18 Jahre)	2	14	13

ϑ) **Andere die Schüler unmittelbar betreffende Ermahnungen:**
Schlafmittel: Vor der Vergabe an Kinder und insbesondere das unkontrollierte Einnehmen, auch wenn es sich um entsprechend herabgesetzte Dosierungen handelt, sollte seitens der Schule dringlichst gewarnt werden. Es gibt sicher Situationen im schulischen Leben, die bei Kindern Schlaflosigkeit bewirken können. Bei Kindern müßte aber das rechtzeitige Einschlafen auch durch andere Maßnahmen (Spazierengehen vor dem Einschlafen mit den Eltern, Ablenken durch entsprechende andere Beschäftigungen zu erreichen sein. U. U. kann ein „Placebo" die gleiche Wirkung haben).

Beruhigungsmittel in der Schule: Die m. E. übersteigerte Zahl von nicht angekündigten Klassenarbeiten, vor denen oft aus einem Ungewißheitsgefühl selbst begabte Kinder Angst haben, veranlaßt viele Eltern, besonders wenn vor Versetzungsterminen sich solche Leistungsanforderungen häufen, die Einnahme solcher Beruhigungsmittel zu gestatten. So weist auf der Verpackung eines Baldrianproduktes die Aufschrift: „vor Klassenarbeiten anzuwenden", bereits auf solche Möglichkeiten hin. Wenn auch in wenigen Fällen solche Mittel ohne Folgen erscheinen, so zeigt doch auch die Wirkungslosigkeit solcher Einnahmen, daß auch andere Wege beschritten werden könnten.

Da gerade die biologischen Erkenntnisse über die Funktion des ZNS und des VNS beim Zustandekommen geistiger Leistungen soweit geklärt sein dürften [134] und von Neurophysiologen [40] auf eine entsprechende Unterrichtsweise hingewiesen worden ist, dürfte es auch den konservativ eingestellten Lehrern durch entsprechende Unterrichtsführung möglich sein, daß solche Anwendungen auf ein Mindestmaß eingeschränkt bleiben.

Abmagerungspille: Leider wird auch damit aus unverstandener Eitelkeit von Jugendlichen Mißbrauch getrieben. Sofern es sich um Mittel handelt, die die vermehrte Wasserabgabe fördern sollen, gibt es auch m. E. andere Wege (Sport, entsprechende Ernährung), um Erfolge zu erzielen. Unverständlich aber muß bleiben, wenn Jugendliche bereits Mittel einnehmen, durch die Beeinflussungen der stoffwechselphysiologischen Vorgänge herbeigeführt werden sollen. Auf die Möglichkeit von später wirksam werdenden Organschädigungen (Herz, Niere) müßte hingewiesen werden.

d) *Umwelteinflüsse auf unserer Gesundheit, insbesondere solche des technisierten Lebensraumes.*

α) **Wärmestrahlung und Wettergeschehen** [12, 14, 108]: Strahlungen, also Energiequalitäten, können nur dann im Bereiche der Lebewesen eine Wirkung ausüben, wenn sie durch Moleküle des Organismus absorbiert werden und wenn an diesen chemische Reaktionen stattfinden. Gleichgültig, ob eine solche Photonen- oder Korpuskularcharakter im physikalischen Sinne besitzt, immer wird beim Zusammenstoß mit einem Atom oder Molekül des biologischen Milieus dessen Energie ganz oder teilweise auf diese übertragen. Es setzt ein Primärprozeß ein, ein Teil der Energie regt diese Moleküle zu Bewegungen an. In den meisten Fällen empfinden wir dies als Wärme um den Ort der Bestrahlung.

Beeinflußt wird diese Wärmestrahlung durch andere Strahlungen der Atmosphäre, die Wetterwirkungen mitbedingen bzw. vor diesen auftreten (s. u.).

Die Sonnenbestrahlung, die natürlichste Form der Strahlentherapie, wirkt erholend und kräftigend, weil dadurch die Gefäße der Haut bzw. die der tiefer liegenden Muskeln stärker durchblutet werden. Dies hat zur Folge, daß Stoffwechselendprodukte abgeschwemmt und neue Stoffe zum Aufbau herangebracht werden. Manche Hauterkrankungen werden dadurch sofort geheilt. Um erhöhte Strahleneinwirkungen zu ertragen, bedarf es einer entsprechenden Schutzfarbstoffbildung (Pigment-) [129, 132]. Über die Verhinderung von Wärmestau bzw. Blutandrang in Geweben vgl. man die entsprechenden Kapitel in der Ersten Hilfe.

Beeinflußt wird diese Wärmestrahlung durch andere Strahlungen der Atmosphäre, die Wetterwirkungen auf den Organismus mit beeinflussen können. Über deren Wirksamkeit auf den menschlichen Organismus vergleiche man Seite 329 dieser Bearbeitung.

Wetter verursacht keine Krankheiten, sondern löst latente Krankheitszustände aus. Am wenigsten treten Beschwerden bei stabilen Hochdrucklagen auf, selbst kaltes sonniges Winterwetter mit offenen Luftbewegungen bewirkt keine Erkrankungen. Diese (Grippe, Erkältungskrankheiten) treten erst bei Tauwetter oder bei Hochdruckwetterlagen auf, wenn unter einer dichten Wolkendecke oder Nebellagen die Luft in den bodennahen Luftschichten stagniert und dadurch eine Anreicherung von Krankheitserregern begünstigt.

Frische, schauerreiche Kaltfrontlagen, beeinflußt durch Meeresluftmassen, bewirken rheumatische Schmerzen, Erkältungen und die Beschwerden wetterfühliger Kranker, wobei die extrem langwellige Strahlung [12], die solche Umbildungen ankündigt, mitbedingend zu sein scheint.

Föhn, d. h. ein warmer trockener Fallwind, beeinflußt Blutdruck und Herztätigkeit, er bewirkt bei disponierten Personen Unlust, Reizbarkeit, Übelkeit, migräneartigen Kopfschmerz, rasche Ermüdung, Ausbrüche latenter Krankheit, u. U. auch Selbstmord (vgl. Übersicht S. 425).

β) Andere Strahlenwirkungen [12, 108]: Die Wirkung der kurzwelligen Strahlung (*Diathermie, Kurzwellentherapie*) beruht darauf, daß sie in der Tiefe unseres Körpers elektromagnetische Wechselfelder erzeugt, durch kurzperiodischen Richtungswechsel werden die Moleküle der Zellen, deren elektrische Ladung ungleich ist, auf 2 Stellen des Moleküls verteilt, so daß sie wie Dipole im Rhythmus des pulsierenden Feldes schwingen. Dies wird vom Körper als Wärmewirkung wahrgenommen.

Die Wachstumshemmung von Bäumen und Wurzelspitzen durch solche Strahlungen lassen den Schluß zu, daß sie auch in den Zellen die Organellgefüge stören dürften.

Auch die *Infrarot-Wärmestrahlung* kann die Moleküle in einer Zelle in Schwingungen versetzen, die bereits in Strukturänderungen (Mutationen) manifest werden. Dies trifft bei Organismen zu, die eine Konstanthaltung ihrer Körpertemperatur nicht selbst steuern können.

Bei den *Wellenlängen des sichtbaren Lichtes* (s. o.) ist die Quantenenergie nicht so groß, daß sie Elektronen aus ihren Bahnen schleudern und dadurch Ionisationen hervorrufen können. Die Absorption von UV-Strahlen (um 3000 Å) rührt von chromophoren Gruppen her, die spezielle, wenig stabile, also für eine schwache Photonenabsorption passende Elektronenanordnung haben (bes. bei Makromolekülen, Proteinen). „Wenn viele Gruppen im Molekül auftreten, wird die Bindung der Elektronen weiter geschwächt, sie verlieren ihre eindeutige Zuordnung und das Absorptionsspektrum rückt ins sichtbare Licht (vgl. Chlorophyllabsorption bei Photosynthese" [25]).

Ultraviolette Strahlung [129] wird vom Eiweiß und den Nukleoproteiden absorbiert, nicht dagegen vom Wasser. In einem solchen Falle können also molekulare Bindungen gelöst, Mutationen entstehen. Die Strahlenquanten, die in die lebendige Substanz nur bis zu 1 mm eindringen, erreichen daher mutagene Effekte nur in den äußeren Körperpartien (Haut, Auge-Netzhaut) bzw. in kleindimensionierten Lebewesen (Bakterien). Letzterer Umstand kann u. U. genetische Mutationen bei Krankheitserregern auslösen.

Laser-Strahlen (light- amplification by stimulated emission of radiation), monochromatische Wellen aus dem Infrarot- u. Rotbereich des Spektrums, können zu einem Strahl gebündelt hohe Temperaturen (ähnl. d. Sonnenoberfläche 5000 — 6000°) erzeugen. Ihre Wirkung auf das Gewebe äußert sich in punktförmigen Verbrennungen 3. Grades mit einer Randzone von Verbrennungen 2. Grades. Durch diese Eigenschaft können mit extrem kurzzeitiger Wirkung Netzhautkoagulationen (bei Netzhautablösung im Auge) und Tumorvernichtungen im gleichen Organ erreicht werden. Neben ihrer Verwendung, erzeugt durch Neodymaktiviertes Glas, in der Schneidetechnik, können sie auf Wolframoberflächen ausgestrahlt hochenergetische Elektronen emittieren [NR. 1964/482, 1969/8, 114].

Solar-Terrestische Beziehungen (Partikelinvasionen in das atmosphärische Aerosol, Änderung des Magnetfeldes, gesteigerte UV-Strahlung [12]) haben schon immer Einfluß auf das menschliche Befinden gehabt. Wenn sie auch biologisch wenig signifikant zu sein scheinen, so dürfte die Strahlung der gestörten Sonne (Flekkenperiode) einen Einfluß auf die Serumsfällungsreaktionen im Blute, sowie auf den Wehenbeginn bzw. die Geburt ausüben, wie übrigens der Mondphasenwechsel auch [133]. Sie können weiter Totgeburten und plötzliche Kindersterblichkeit bringen [92].

Chromosphärische Eruptionen auf der Sonne üben auch andere physiologische Störungen beim Menschen aus, so ist der Myocardinfarkt um die Hälfte erhöht, Krämpfe der Koronargefäße bei Hypertonie und Arteriosklerose, nervöse Krämpfe der Blutgefäße erhöhen die Unglücksfälle im Verkehr und der Industrie [108].

Da unser Gehirn ein elektrisch funktionierendes Kontrollsystem darstellt, ist zu erwarten, daß Variationen äußerer uns umgebender elektromagnetischer Kraftfelder (*Dichteschwankungen der Linien im erdmagnetischen Feld*) auch einen Einfluß auf die vegetativen Funktionen und damit auf das sog. psychische Geschehen auszuüben vermögen [29].

γ) **Die ionisierende Strahlung und ihre Einflüsse in unserem Lebensbereich** [25, 36, 84, 116 149]: Obwohl sie sich im biologischen Bereich genau so verhalten wie die anderen Strahlungen, erscheint mit Rücksicht auf die große Bedeutung, die sie gerade in der Technik und Heilkunde erlangt haben, ein besonderes Eingehen gerechtfertigt. Ihr Einfluß hängt von der Zahl ihrer Wirkungen (Dosis), ihrer Geschwindigkeit und Schwingungsamplitude (Energie und Eindringtiefe) bzw. der Ionisationsdichte, die ihre Folgeprodukte bedingen, ab. Ihre Effekte in den verschiedenen Geweben sind unterschiedlich. Als relativ biologische Wirksamkeit bezeichnet man bezogen auf Röntgenstrahlung (bzw. Gamma-Strahlen des Radiums) das Verhältnis:

$$\text{RBW} = \frac{\text{Röntgenstrahlendosis zur Erzielung der Wirkung W}}{\text{Dosis d. Strahlenart zur Erzielung der Wirkung W}}$$

Je größer die biologische Wirksamkeit einer Strahlenart A ist, umso kleiner ist die erforderliche Strahlendosis zur Erzielung einer bestimmten Wirkung. So ist bei Strahlen geringer Ionisationsdichte der RBW = 1 [116].

Bei Alpha-Strahlen und Rückstoßprotonen nach Neutronenbestrahlung ist der Vorgang im Grunde der gleiche wie bei Elektronen. „Bei schnellen Elektronen und besonders bei Alpha- und Protonenstrahlen treten außerdem aus den Depotstellen sekundäre Elektronen (Delta-Strahlen) aus, die selbst wieder durch Depotverluste abgebaut werden."
Eine Strahlung wirkt im allg. unabhängig von der Zeiteinheit, in der sie verabfolgt wird und ihre Wirkung ist unabhängig von der Strahlenart. Dies gilt jedoch nicht bei stark absorbierten Korpuskularstrahlen. „Hier bleibt naturgemäß die Wirkung gegenüber anderen Strahlen zurück, weil viele Depots in den schon getroffenen und veränderten Wirkungsvolumen zustande gekommen sind (Sättigungsfaktor)" [25].
Sie ist weiter abhängig von der Dichte des Mediums, in welches sie eindringt. Energiereichere Strahlung dringt tiefer ein (harte Röntgenstrahlung), u. U. kann infolge ihrer hohen Geschwindigkeiten nur eine geringe Wechselwirkung mit der lebenden Substanz zustande kommen (kosmische Strahlung).
Bei Ausschalten von Diffusions- und Energieleitung (Wasserentzug, Sauerstoffabsperrung) erfolgt bei einer Bestrahlung eine Reduktion der biologischen Wirkung „durch Stillstellung" bis zu 80%; d. h. nur ein kleiner Teil der zustande kommenden Energieablagerungen ist von Wasser und Sauerstoff unabhängig, er erzeugt eine biologische Primärwirkung (direkter Treffer); während der größere Teil der Folgewirkungen diffusionsabhängig ist, wobei u. a. die „H_2O_2-Bildung durch Röntgenstrahlen nur nachgewiesen werden konnte, wenn Wasser gelösten Sauerstoff enthält" [25, 148]. Die Zahl der Chromosomen-Dislokationen (bei *Tradiscantia*) geht bis auf 20 % zurück, wenn Sauerstoff sorgfältig verrieben wird. Demnach folgert man, daß im biogenen Milieu 2 Arten von Strahlenwirkungen manifest werden können: Unmittelbare Energiedepots (direkte Treffer: 20%) und Sekundärwirkungen (indirekte Treffer: 80%). Die möglichen Reaktionsweisen energiereicher Strahlung sind in Tabelle 14 darzustellen versucht worden (S. 456).

Entscheidend für die Folgen einer Bestrahlung sind die Orte in einem Organismus, an welchen eine solche manifest wird. Erwiesenermaßen verhalten sich Zellorganelle, wie Gewebearten, verschieden. Als Folgen der in Tabelle 14 bezeichneten direkten Treffer können entstehen:

Ionisationen oder Anregungen mit anschließendem Zerfall, zwischenmolekulare Reaktionen nebenvalenter Bindungen, bei Eiweiß Koagulation, Ausfällung, Denaturierung;
Störungen beim Auf- und Umbau der Zellkernsubstanz (DNS RNS) [20];
Änderungen der Ionenselektivität der Zelloberfläche (K-Na-Pumpe: K-Verlust).

An Sekundärwirkungen, verursacht durch H_2O_2 und andere Peroxide und kurzlebige Radikale [148] können eintreten:

oxydative oder reduktive Veränderungen an biogenen Molekülen [25];
Denaturierungen der prosthetischen Gruppen bei Enzymen;
Veränderungen der chem. Wertigkeit von Grundstoffen mit Co-Enzymcharakter (z. B. Ferrocytochrom);
Änderungen der Wasserstoffionenkonzentration der Zelle [25].

Tabelle 14

Mögliche Reaktionsweisen der ionisierenden Strahlen mit den Elementen lebendiger Systeme [21, 45]:

Art	A) Wirkungen auf die Atome, bzw. Atomgruppen	B) Mögliche biol. Wirkung
Gamma-Röntgen-Strahlen	a) biol. Molekül → Ion + Elektron (e^-) b) Wasser + Sauerstoff → Peroxyd H_2O_2	Treffer mit Direktwirkungen
Elektronen	a) Veränderung der chemischen Wertigkeit bei nicht abgesättigten Hüllen durch Aufnahme von Elektronen b) Zusätzliche Aufnahme von Elektronen über die Schalensättigung bes. bei Wasserstoff, Halogenen und Elementen der Sauerstoffgruppe. Freistellung von Energie, Dissoziation, Stoffzersetzung	indirekter Treffer (Sekundär-wirkungen)
Protonen	a) Ablenkung und Emission von Elektronen b) Dissoziation von H_2O → H_3O-Ion	
Alpha-Strahlen	$^4_2He + ^{14}_7N \rightarrow ^{18}_9F^* \begin{cases} ^{17}_8O + ^1_1p \\ ^{17}_9F + ^1_0n \end{cases}$	
Neutronen	Keine el. Ladung, keine Ionisation. Schnelle Neutronen durchdringen schwere Elemente ohne Energieverlust, werden in Körpern leichter Elemente (bes. H-haltiger Stoffe, biol. Moleküle) abgebremst, sind instabil (HWZ. 10—25 Min.), reagieren. $^1_0n + $ Atomkern → Restkern $+ ^1_1p + e^- + \nu$	Bewirken Sekundärprozesse mit hoher Ionisationsdichte und hoher biol. Wirksamkeit

Da nach Bestrahlungen weniger eine Veränderung in dem Teilungsformstoffwechsel beobachtet wird, muß also zunächst als Erbfolge ein Funktionsformwechsel erschlossen werden, obwohl sich nicht eindeutig sagen läßt, ob z. B. bei der DNS erst dieser oder Kernzerfall das Primärereignis sind [117].

Alle mit den Methoden der Zytologie und Histologie erfaßbaren Veränderungen sind Folgen der physikalisch-chemischen Primärprozesse, sie sind Ausdruck der durch die Strahlenwirkung gestörten Lebensvorgänge, aber meist erst nach Verabfolgung verhältnismäßig hoher Strahlendosen feststellbar. So können Gewebe nach kurzfristigen Bestrahlungen mit einigen 100 bzw. 1000 r-Einheiten völlig unverändert sein, erst im weiteren Verlauf des Lebensprozesses führen sie zu faßbaren biochemischen und morphologischen Veränderungen. Relativ empfindlich ist der Zellkern, besonders zur Zeit der Teilung, die schon durch geringe r-Dosen [29] verzögert bzw. gestoppt sein kann. Dabei sind die Pro- bzw. Interphasen der Mitose mehr empfindlich als die Metaphasen. Höhere Dosen bewirken eine herabgesetzte Mitoserate [117]. Dagegen ist auch beobachtet worden, daß besonders kleine Dosen eine Steigerung bedingen können [25]. An Chromosomenaberrationen wurden Brüche, Translokationen, Verklumpungen, Brückenbildungen und Anomalien in der Gesamtanordnung der Chromosomen beobachtet. Degenerative Zellveränderungen nach Bestrahlungen werden zunächst in Form von Schwellungen des Zellkernes, Kernlappungen, Substanzanreicherungen (Polyplodie), Schwankungen in der Zellgröße manifest. Letale Kernveränderungen ziehen in der Regel Plasmadegenerationen nach sich, strukturelle Veränderungen, Anschwellen bzw. Verklumpungen des Golgiapparates. Membranstörungen können nach Applikation hoher Dosen und eine gewisse Zeit nach dieser beobachtet werden, Mitochondrien scheinen je nach Gewebeart [117] verschieden empfindlich zu sein.

Aus unserer speziellen Sicht sind natürlich die Folgen, welche menschliche Gewebe nach einer überdosierten Bestrahlung erleiden können, besonders zu beachten. Es besteht ein wesentlicher Unterschied, ob eine Bestrahlung den ganzen Körper [102], oder nur bestimmte Partien trifft und von welcher Strahlenart sie getroffen werden. Weiteres ist immer wichtig, und dies trifft besonders bei therapeutischen Maßnahmen zu, welche unkontrollierte sog. Streustrahlung neben den spezifisch zu bestrahlenden Körperteilen, andere, wesentlich empfindlichere Organsysteme (Gonaden z. B.) erhalten. Da nach der Radikalhypothese (sec. Wirkungen) erfahrungsgemäß gärende Gewebe (Tumoren) besonders strahlenempfindlich scheinen, bietet sich die Anwendung der ionisierenden Strahlung, besonders solcher Quellen, deren Strahlung nicht weit reicht und die eine hohe Ionisationsdichte haben (Tabelle 14), zu deren Behandlung an.

Wenn auch im Einzelfalle die Strahlensensibilität der einzelnen Zell- bzw. Gewebearten nicht genau angegeben werden kann, so läßt sich doch ein gewisser Dosisbereich, innerhalb welchem erste Schäden festzustellen sind, ermitteln. Die aufgeführten Werte gehen entweder auf experimentelle Untersuchungen an Säugetieren (Mäusen, [149]) bzw. auf Schätzungen nach ihren morphologischen Veränderungen zurück [116] (Tabelle 15).

Tabelle 15

Erste Schäden nach Bestrahlung in r (Röntgeneinheiten)	nach *Ühlein* [149]	nach *Rajewsky* [116]
Tumorzellen	werden stärker beeinflußt als normale	
Lymphatische Gewebe (Milz, Thymus)	50—60 r	25—50 r
Blutbildende Systeme (Knochenmark)	90 r	50—100 r
Embryonales Gewebe (Neuroblasten u.a.)	40 r	
Gonaden: Spermatogonien	150—200 r	50 r
befruchtete Eizelle		
unbefruchtete Eizelle		50 r
Dünndarm		100—200 r
Schleimhäute	700 r	300 r
Haarbalg, Haardrüsenzellen		300 r
Haut	700 r	
Niere	600 r	
In- u. exkretorische Drüsen	700 r	
Lunge	1200—1300	
Leber	2500	1000 r — 4000 r
Muskelzellen		
Knorpel	400—600 r	
Knochen		
Ganglienzellen, Nervenzellen		
Tötung menschl. Zellen: kein Effekt	75 r	
Überlebenschance um 63 % weniger	160 r	
99 % der Zellen abgetötet	500 r	

Die Zellen des Menschen sind 10—100fach strahlenempfindlicher als die von Mikroorganismen.

δ) **Erkenntnisse aus der technischen Anwendung der ionisierenden Strahlung und Ergebnisse aus den Atombombentests** [83, 84, 104]

Die Folgen der Atombombenexplosionen in Japan haben nach 20 Jahren einigermaßen brauchbare Unterlagen für die Bewertung der Strahleneinflüsse auf die menschliche Population ergeben: Wie erwartet, mußte man zunächst mit 3 Arten von Schadwirkungen rechnen:

körperliche Schäden an ausgewachsenen Personen *(somatische Beeinträchtigungen);*

Schädigungen des keimenden Lebens, wenn eine hoffende Mutter eine größere Strahlendosis empfangen hat *(Embryonal-Schäden);*

Schädigungen der Geschlechtszellen bzw. deren Mutterzellen, die durch eine nachfolgende Zygotenbildung ihre Defekte auf die folgende Generation übertragen können *(genetische Schäden).*

Nach *Tsukamoto* kann festgestellt werden, daß die *akuten, wie die Spätschäden* (man hatte nach 15 Jahren/1960/ mit einem Abklingen der Leucämie gerechnet [19]), weit größer waren, als man a. G. der errechneten Strahlendosis angenommen hatte. Nach *Oho* zeigten die Ergebnisse in Hiroshima, je geringer die Entfernung vom Zentrum der Explosion war, umso größer war die Sterblichkeitsziffer der Überlebenden an Leucämie (Ursache der Primärstrahlung). Die Sterblichkeitsquote an malignen Neoplasmen (bösartigen Neubildungen) war bei solchen hoch, die nach der Explosion das Hypozentrum betraten (Wirkung der Secundär- und Reststrahlung). *Tsukamoto* stellt weiter fest, daß bei Frauen die Leucämie, bei Männern der Schilddrüsenkrebs als Spätfolge überwiegen. Bei Jugendlichen, die das 20. Lebensjahr überschritten haben, läßt sich eine Leucämie so gut wie nie nachweisen.

Unbeschadet anderer signifikanter Krankheiten ist die allgemeine Lebenserwartung besonders in höherem Alter stehender Personen vermindert.

Entwicklungsstörungen des keimenden Lebens im Mutterleib können auch andere Ursachen haben. Nach radioaktiver Bestrahlung führen Embryonalschäden zu Fehl- und Todgeburten. Besonders gefährlich ist eine Bestrahlung in der 7. bis 15. Schwangerschaftswoche. Schäden in utero bestrahlter Keimlinge, besonders wenn die graviden Frauen an einer Strahlenkrankheit litten, sind neben solchen der vegetativen Organe und des Skelettsystems vor allem die Mikrocephalie. So wurden in Hiroshima unter etwa 280—300 exponierten Kindern 61 mit Abnormitäten darunter 33 Mikrocephale festgestellt. Die Mißbildungen (Sklettanomalien), verringerte Abwehrbereitschaft gegenüber Infektionen, sind gering über die Norm erhöht. Mit der Mikrocephalie treten Behinderungen der Gehirnfunktionen und damit auch solcher der geistigen Leistungen auf [84].

Genetische Probleme: Als Grundlage zu erwartender genetischer Belastungen können die klassischen Versuche *H. J. Mullers* angesehen werden. Diese Ergebnisse lassen sich nach *Westergard* [159] wie folgt interpretieren: Nach einer Elternbestrahlung bei Drosophila wurden 1 000 Nachkommen ausgezählt, sie ergaben:

- 844 mutationslose Normalindividuen, wie die Eltern;
- 156 genetisch veränderte Nachkommen, davon waren
  - 25 dominant letale (lebensunfähige) Individuen (dieser Anteil liegt bei Mäusen höher, daher erscheint die Annahme berechtigt, daß er auch beim Menschen höher liegen dürfte);
  - 25 rezessiv-Letale (Erbform RL / rl), normal lebensfähige, wenn auch wahrscheinlich in der Lebenstätigkeit herabsetzt. Da die homozygote Form (rl/rl) nicht lebensfähig ist, sind diese Individuen verantwortlich für nicht lebensfähige Nachkommen in den folgenden Generationen);
  - 100 lebensfähige Nachkommen, die gegenüber der Wildform physiologische Veränderungen zeigen. *Muller* bezeichnet sie als Taufliegen, „die Schirme und Gummischuhe tragen müssen". Auf die menschliche Population übertragen, dürfte es sich um Personen handeln, deren Lebenstauglichkeit mit Arzneien, Hormonen und Antibiotika wieder hergestellt werden kann, also Individuen, die in zunehmenden Maße die menschliche Gesellschaft belasten dürften;

5 lebensfähige Nachkommen, sog. „sichtbar rezessive Mutanten", bei denen die heterozygote Form (Rr) morphologisch nicht vom Wildtyp unterschieden sind, deren Typ (r/r) aber sichtbare abnorme Eigenschaften zeigt. Beim Menschen wäre etwa das Albino-Gen u. a. auch psychischen Abnormitäten dazuzurechnen;

1 heterozygote Form, die morphologisch vom Wildtyp verschieden ist, etwa dem Zwergwuchs beim Menschen entsprechend.

Über entsprechende Warmblütlerbestrahlungen vergleiche man die speziellen Bearbeitungen und die dort aufgeführte Literatur [21b].

Wenn solche Ergebnisse natürlich nur Richtwerte für die zu erwartende menschliche Belastung abgeben, so lassen wiederum die Folgen von Hiroshima und Nagasaki eine gewisse Parallele erkennen.

Spontane Aborte lassen sich auch als dominant letale Mutationen ansehen, „bei zunehmender väterlicher (!) Exposition scheint deren Zahl zuzunehmen [83].

Soweit daher Folgen einer Erbänderung durch Strahlung festgestellt werden können, müssen die sog. „Detrimentals" als rezessive Erbwirkungen angesehen werden, die zu „Geschädigten, körperlich und geistig Reduzierten führen".

Von besonderer Bedeutung sind daher die Änderungen der Geschlechtsverhältnisse der Nachkommenschaft bestrahlter Eltern, die „das einzige Merkmal sind, bei dem wir ‚etwas' beobachtet haben" *(Le Jeune)*, herauszustellen. Die Untersuchungen gehen wieder auf japanische Erhebungen zurück *(Neel* und *Schull)*, wobei sich, obwohl nicht mit „statistisch gesicherter Signifikanz"... „die Tendenz zur Verminderung der Knabenzahlen bei ansteigender mütterlicher Exposition" gezeigt hat. *Le Jeune* berichtete bereits 1959 auf einer internationalen Genetikertagung darüber und interpretierte, daß es sich bei den bestrahlten Müttern um rezessiv geschlechtsgebundene (X Chrosomen) „oder um ungünstige Mutationen, die vom Geschlecht aus kontrolliert werden, handeln kann [20, 23 b] (Tabelle 16).

Mehr als 100 Individuen, die in Frankreich, Schweden, England und Amerika untersucht wurden, hatten alle die normale Zahl von 46 Chromosomen *(Le Jeune)*.

Sachverständige der IAEO (Wien 1967, 18/17. 5. 67) sind der Ansicht, daß über den komplizierten Mechanismus, durch den ionisierende Strahlen Veränderungen in lebenden Organismen herbeiführen, noch vieles unbekannt sei. Dieses Problem bedürfe einer genauen Klärung, angefangen von den ersten Stadien der biologischen Strahlenwirkung in der Zelle bis zu den Vorgängen im Gewebe. Ohne Zweifel handelt es sich um ein Frontgebiet der molekularbiologischen Forschung, für das wir gerade unsere Jugend besonders interessieren sollten.

ε) Verhaltensweisen gegenüber der ionisierenden Strahlung in der technischen Zivilisation [19, 23, 64, 84]

Aus Tierversuchen ist bekannt, daß geringe Überdosierungen eine vitalisierende Wirkung ausüben. Dies zeigt auch eine Anzahl von Strahlenforschern und Ärzten, die in Erkenntnis der Schadwirkungen bei ihren Arbeiten die nötige Sorgfalt übten und ein hohes Alter erreicht haben.

Tabelle 16 Geschlechtsänderungen infolge radioaktiver Strahlung [20]

Beobachtete Wirkung	Bestrahlung infolge von Kriegsereignissen	Berufliche Bestrahlung (Röntgenologen)	Therapeutische Bestrahlung
Sterblichkeit im Uterus	Erhöhung nicht signifikant	Erhöhung von versch. Autoren unterschiedl. angegeben	nicht beobachtet
Mißbildungen bei der Geburt	keine signifikante Wirkung beobachtet	Erhöhung signifikant, Cardiopathien angeboren	keine signifikante Wirkung
Geschlechtsverhältnis Nach Bestrahlung der Mutter	Verminderung der Knabenzahl		Verminderung der Knabenzahl begrenzt
Nach Bestrahlung des Vaters	Erhöhung der Knabenzahl (*Schull* u. *Neel*)	Verminderung der Knabenzahl oder auch Erhöhung	Erhöhung der Knabenzahl bei starken Dosen, Verminderung bei schwachen Dosen.

Nach Verabreichung einmaliger höherer Strahlendosen und entsprechenden Zwischenpausen zeigt der menschliche Organismus eine gewisse Erholungsfähigkeit [Pr. 9. 10. 65]. Bei Ratten war die Überlebensrate bei fraktionierter Dosierung höher und zwar je länger das Intervall zwischen den Bestrahlungen lag. Die Vermehrungsrate ist signifikant höher, wenn die Dosis von 800 r im ganzen in wöchentlichen Intervallen statt in täglichen gegeben wurde [126].
Bei kleinen kontinuierlichen Strahlen-Akkumulationen zeigt der Körper jedoch eine solche Erholungsphase nicht, vielmehr kommt es fast zu einer vollständigen Summation der Dosen [25].

<small>Ein Organismus kann durch eine Vorbestrahlung eine gewisse Resistenz in bezug auf spätere Bestrahlungen erwerben. Während man z. B. früher allgemein annahm, daß es eine Strahlengewöhnung im Sinne einer biochemischen Immunisierung nicht gäbe, haben Tierversuche ergeben, daß eine einmalige Dosis, die das Zellgeschehen spontan beeinflußt, ähnlich den Toxingaben bei Schutzimpfungen auch Antikörper zu bilden in der Lage sein könnte. Jedenfalls wurden, nach *Krokowski* [Pr. 26. 3. 66] von so behandelten Tieren nachträglich verabreichte Strahlendosen bis</small>

zum sonst letalen Bereich gut vertragen. Wenn sich diese Angabe als richtig erweist, müßte man folgern, daß durch eine Art Antikörperbildung die kurzlebigen Radikale, die im Lebensprozeß wichtige biogene Moleküle (Enzyme usw.) inaktivieren, durch diese unschädlich gemacht werden können.

Einmalige, oder in langen Zeiträumen sich wiederholende kurzzeitige Bestrahlungen sind daher für diagnostische und therapeutische Zwecke gerechtfertigt. Permanente Bestrahlungen, aber auch andere einmalige (Röntgendurchleuchtung beim Schuhkauf, intensiv strahlende Uhren, Applikation von Streustrahlung bei Zahn- und Kieferdurchleuchtungen) sind nicht zu rechtfertigen und bereits verboten worden. Dies gilt auch für Experimente im schulischen Bereich (2. Strahlenschutzverordnung [111, 145]).

Die bei Schülern u. a. einmal in 2 Jahren und Lehrern und Schulhilfspersonal (Pflichtuntersuchung, vgl. S. 418) jedes Jahr vorgenommene Lungendurchleuchtung, erscheint in Hinblick auf die Auffindung von Tuberkulosekranken gerechtfertigt. Für eine solche Aufnahme wird eine Thoraxbelastung von 200 mr angegeben [117]. Die durch die Streustrahlung bedingte Gonadenbelastung beträgt 0,02—0,1 mr (60 kV) bzw. bis 0,3 mr (120 kV Röhrenspannung). Die Hintergrundstrahlung (vgl. S. 401) wird nach der gleichen Quelle mit 2—3 mr/Woche angegeben.

Am 31. 12. 1965 wurden in der BRD 4 160 Betriebe gemeldet, die genehmigungspflichtig mit radioaktiven Präparaten umgehen ([18] v. 7. 9. 1966), davon entfielen auf Medizin und Forschung 5 174 (reine Medizin 941, Biologie 92, Chemie 137, Landwirtschaft 50, Physik 143), auf gewerbliche Betriebe 2 586*).

Daraus ergibt sich gesundheitserzieherisch die Frage, ob der Umgang mit Röntgenröhren und radioaktiven Nukliden bei sachgemäßer Handhabung Folgen bedingt. Nach Angaben der Atomenergiekommission in den USA (AEC) betrug die Unfallquote einzelner Betriebe umgerechnet auf 1 Million Arbeitsstunden

AEC ... 1,73 Verletzungen mit Arbeitsausfall
Chem. Ind. ... 3,13 Verletzungen mit Arbeitsausfall
allg. Ind. ... 6,53 Verletzungen mit Arbeitsausfall.

Nach *Pribilla* ereigneten sich
in Amerika von 1945 — 1958   77 Strahlenunfälle
davon   34 schwere
mit   3 Toten,

in 15 Ländern von 1944 — 1964   901 Strahlenunfälle
davon Tote infolge Strahlung   24
davon Tote unbekannter Ursache   9
davon Tote ohne Beteiligung von Strahlung   12 [113].

Danach liegt die Zahl der Verletzungen in Betrieben der herkömmlichen Arbeitsweise höher als in Betrieben, die radioaktive Strahlung freisetzen. Die einzigen Verletzungen mit Arbeitsausfall sind auf Versagen der Sicherheitsvorrichtungen an kommerziellen Röntgengeräten zurückzuführen ([18] v. 15. 9. 1966).

---

*) Am 1. 1. 1968 wurden nach der 1. Strahlenschutzverordnung in der BRD i. g. 20 805 Personen in 1473, im Bereich der Medizin 7650 Pers. von 490 Betrieben überwacht. Bis Ende 1967 hatten 13 076 Betriebe Umgangsgenehmigungen erhalten. ([18] vom 8. 1. 1969).

ζ) *Über den radioaktiven Fallout* (Ergänzung zu S. 402 f).

Tabelle 16: Strahlenbelastung in der BRD 1960/61 durch die Kontamination der Lebensmittel durch einige biolog. bedeutsame Radionuklide [22, 23, 116]

Nuklid	HWZ	biol. HWZ	Ge- tränke	Milch V	Milch F	Milch W	Nahrungsmittel pfl.	Nahrungsmittel tier.	MZM	MZKw	MZTZ	TZ
Sr^{90}	25 ± 5a	Knochen 4000 d	6,3 %	39 %			5,1 %	2,1 %	1 μCi	$3 \cdot 10^{-8}$ μCi/cm³	66 pCi/d	9 pCi/d
pCi/kg		Ges. Körper 190 d			44,5	1 Teil 12 Teile						
Cs^{137}	30 ± 4a	25 d	1,1 %				63 %	15,2 % 48 μCi		$2 \cdot 10^{-6}$ μCi/cm³	4400 pCi/d	183 pCi/d
pCi/kg				91	1 Teil	5 Teile		Fleisch, Eier, Fisch				
J^{131}	8,0 d	130 d							0,6 μCi	$6 \cdot 10^{-5}$ μCi/cm³		
pCi/kg				106	1 Teil	5 Teile						
Sr^{89}	50 d								2 μCi			

Biologische Halbwertzeit: während dieser Zeit vermindert sich die Konzentration eines Stoffes im Organismus um die Hälfte des Anfangswertes.

Milch: V = Vollmilch, die bezeichneten Teile gehen in F = Fett-, W = wässrigen Anteil während des Aufbereitungsweges

Getränke: Bier und Tee

Nahrungsmittel: pflanzl. = Getreide, Kartoffel, Obst, Gemüse
tierisch = Fleisch, Eier, Fisch

MZM = maximal zulässige Menge im gesamten Körper

MZK$_w$ = maximal zulässige Konzentration in Wasser für die Gesamtbevölkerung

MZTZ = maximal zulässige tägliche Zufuhr bei einem Wasserverbrauch von 2200 ccm (Normalmensch)

TZ = täglich zugeführte Menge

prozentualer Anteil, der mit der Nahrung zugeführten Radionuklide an der MZTZ

a = Jahre, d = Tage

μ Ci = Mikro-Curie, p Ci = Picco-Curie

Da die spezifische Aktivität der Nahrungsmittel auch nach dem Versuchsstopp noch viele Jahre erhöht bleiben wird, müssen einzelne sich daraus ergebende Folgen noch gesondert besprochen werden. Auf dem Wege über molkereitechnische Verfahren ist es möglich, aus einzelnen Milchprodukten, auch aus der Eiweißfraktion das den Organismus schädigende Sr^{90} bis zu 95 % zu beseitigen. Durch etwas längere Lagerung der Produkte wird das Abstrahlen des J^{131} erreicht, so daß in den aus Milch erzeugten Nahrungsmitteln wie auch in den Mehlprodukten die Wirkung dieses Radionuklides nach 50 Tagen auf etwa 1 % der Ausgangsaktivität zurückgeht. Anders verhalten sich in letzteren die beiden Nuklide Sr^{90} und Cs^{137}. Im Durchschnitt wurden 1960/61 etwa 3 700 pc an Strontium und 68 000 pc Cäsium zugeführt, das entspricht einer TZ von 9 pCi/d und 183 pCi/d. Nach *Kistner* [22] „ergab sich somit eine durchschnittliche Strahlenbelastung der Gesamtbevölkerung durch Sr^{90} und Cs^{137} von 0,17 Teilen vom Ganzen, das bedeutet 17 % der maximal zulässigen Belastung wurden erreicht. Unter Beachtung der möglichen Abweichungen der Ernährungsstatistik vom Durchschnitt und im Fall höchster Kontaminationswerte ergibt die Berechnung eine Belastung von etwas weniger als 70 % der zulässigen Dauerbelastung für Teile der Bevölkerung".

Seit dieser Zeit haben sich infolge der Einstellung der Bombentests einige Veränderungen ergeben, so liegen nach Pressedienst des Forschungsministers ([18] Nov. 1965) die Werte für die langlebigen Nukleide 10—50 % niedriger als in den vorhergehenden Jahren, wogegen die kurzlebigen (Sr^{89} und J^{131}) kaum noch nachzuweisen sind. Die Milch zeigt weiter sehr unterschiedliche Werte. Während für Sr^{90} im Durchschnitt für die Monate 4—6/1965 28 pCi/kg errechnet wurden, zeigen Gebiete mit besonders hohen Niederschlagmengen Oberbayerns, des Hochschwarzwaldes und der Schwäbischen Alb noch Werte zwischen 50 und 80 pCi/kg (MZTZ laut Tabelle 66 pCi).

Für die Strontium-90-Aktivität in menschlichen Knochen ergaben sich für die einzelnen Altersgruppen 1964 folgende Werte:

Totgeburten	3,17 pCi/g Ca
0—5 Jahre	5,38 pCi/g Ca
5—20 Jahre	2,89 pCi/g Ca
über 20 Jahre	0,76 pCi/g Ca

„Gegenüber den für 1963 ermittelten Werten bedeutet dies eine Zunahme der Strontium-90-Aktivität in menschlichen Knochen von 37 % bei der Gruppe Totgeboren, 46 % bei den Null- bis Fünfjährigen, 106 % bei den Fünf- bis Zwanzigjährigen und 52 % bei den über Zwanzigjährigen ([18] 18. 11. 1965). In Deutschland werden 75 % des aufgenommenen Kalziums aus der Milch, 25 % aus den übrigen Nahrungsmitteln aufgenommen. Damit gelangen rund 6 % des im Boden bzw. im Fall-out ursprünglich enthaltenen Strontium 90 auf dem Wege der Ernährung mit dem aufgenommenen Ca in den menschlichen Körper.

Die je Person aufgenommene Sr^{90}-Menge betrug in der BRD

1964	32 pCi/gr Ca (durchschnittlich in Jahr)
1965	22 pCi/gr Ca
1966	17 pCi/gr Ca

Ein- bis fünfjährige Kinder nehmen 80mrem/Jahr = 8 % der maximal zugelassenen Dosis (die gemessene Maximalrate betrug 16 %) und über 20jährige 1 % der maximal zulässigen Dosis auf. Die Menge des Cäsium 137 ist noch nicht völlig geklärt, sie wird besonders in den Weichteilen wie Kalium gespeichert (Muskel) [113].

η) *Über zulässige Strahlenbelastungen* [22], Tabelle 17

Die Zulässigkeit der Aufnahme radioaktiver Stoffe durch die Nahrungsmittel hängt davon ab, welche Dosis über eine bestimmte Zeit durch einen solchen Stoff signifikante Schäden (Leucämie, Anämie, Krebs bzw. Erbschäden) verursacht. Dies könnte sich in Zukunft bevölkerungsstatistisch durch eine Altersminderung bzw. durch die Zunahme an morphologischen bzw. physiologischen Änderungen bei Neugeborenen manifestieren [22, 23 a und b].

Auf Grund dieser Überlegungen wurden daher Richtwerte zunächst für die sog. berufliche Strahlenbelastung festgelegt. „Sie entspricht einer Ganzkörperbelastung von 5 rem/a vom 18. Lebensjahre ab, eine Belastung während des Lebens von

$$D = 5 \cdot (N - 18) \text{ rem},$$

wobei N das Lebensalter, D die sog. Lebensaltersdosis bedeuten. Unter Annahme eines zwar individuell völlig vernachlässigbaren Risikos ... wurde für die Gesamtbevölkerung, soweit es die Belastung einzelner Körperteile betrifft, nur $1/30$ der maximal zulässigen Dosis (MZD) als zulässig erachtet. Wegen der noch weniger überschaubaren Möglichkeit der Erbgutschädigungen wurde der Wert der zulässigen Belastung für die Gesamtbevölkerung im Falle der Ganzkörperbestrahlung oder Gonadenbelastung durch radioaktive Stoffe weiter auf $1/100$ der Dosis für berufliche Belastung, also auf rund die Hälfte der natürlichen Grundstrahlung gesenkt." Die maximal zulässige Dosis Sr^{90} beträgt

für Strahlenarbeiter	30 rem/Jahr
f. d. Normalmenschen 1/30	1 rem/Jahr
die Gonadendosis 1/100 (s. o.)	0,3 rem/Jahr [113].

Aus allen Überlegungen geht hervor, daß die Zunahme der Umweltradioaktivität kaum dem Fortpflanzungsalter Entwachsenen Schäden zufügt, daß dagegen gerade die Kinder und die in das Fortpflanzungsalter hineinwachsenden Jugendlichen (s. o.) besonders hinsichtlich rezessiver genetischer Aberrationen gefährdet erscheinen. Das sollte, sofern es wirtschaftlich vertretbar und technisch möglich ist, alle Verantwortlichen dazu anhalten, die empfohlenen Höchstdosen nicht zu überschreiten. Dies müßte man in der Berufsgestaltung, wie aber auch in der Ernährung (Bereitstellung dekontaminierter Nahrungsmittel) zu verwirklichen sich mühen (Tabelle 17). Über Prognosen für Groß-Britannien vergleiche man [23 b].

Tabelle 17: *Maximal zulässige Belastung des Körpers bei beruflicher Strahlenbelastung und maximal zulässige Konzentration einiger Radionuklide in Luft und Wasser* [23 a]

Radionuklid und Zerfallstyp	HWZt biol. HWZt	Inkorporierung	Kritisch. Organ	MZB mCi	MZK_w mCi/cm³ für 168 h-Woche	MZK_l mCi/cm³	TZ pCi/d
Sr^{90} β^-	25 ± 5 a 4000 d Ges. Körper 190 d	Getränk Milch pfl. und tier. Nahrung Atemluft	Knochen MDK Lunge (unlösl.)	2	10^{-6} $5 \cdot 10^{-4}$	10^{-10} 10^{-7} $2 \cdot 10^{-9}$	9
Cs^{137} β^-, γ	30 ± 4 a Knochen, Ges. Körper 140 d	wie oben	Gesamtkörper Leber, Muskel, Milz Knochen Niere Lunge (unlösl.) MDK (unlösl.)	30 40 50 100	$2 \cdot 10^{-4}$ $2 \cdot 10^{-4}$ $2 \cdot 10^{-4}$ $4 \cdot 10^{-4}$	$2 \cdot 10^{-8}$ $3 \cdot 10^{-8}$ $7 \cdot 10^{-8}$ $8 \cdot 10^{-8}$ $5 \cdot 10^{-8}$ $8 \cdot 10^{-8}$	183
J^{131} β^-, γ	8,0 d 130 d	bes. Milch (Säuglinge)	Schilddrüse Ges. Körper MDK	0,7 50	$2 \cdot 10^{-5}$ $2 \cdot 10^{-3}$ 0,01	$3 \cdot 10^{-9}$ $3 \cdot 10^{-7}$ $2 \cdot 10^{-6}$	
Sr^{89} β^-	53 d	wie Sr^{90}	Knochen Ges. Körper Lunge (unlösl.) MDK (unlösl.)	4 40	10^{-4} $7 \cdot 10^{-4}$ $3 \cdot 10^{-4}$	10^{-8} $6 \cdot 10^{-8}$ 10^{-8} $5 \cdot 10^{-8}$	

Biologische Halbwertzeit: während der Zeit vermindert sich die Konzentration eines Stoffes im Organismus um die Hälfte des Anfangswertes

Getränk: Bier, Tee; Nahrung pflanzliche: Getreide, Kartoffel, Obst, Gemüse, tierisch: Fleisch, Eier, Fisch

MZB = Maximal zulässige Belastung, Gesamtkörper, MZK_w = Max. zul. Konzentr. Wasser, MZK_l = Max. zul. Konz. Luft, TZ = tägl. zugeführte Menge, a = Jahre, d = Tage, mCi = Mikro-Curie, pCi = Pico-Curie ϑ) *Über die Wirkungen inkorporierter Fremdstoffe* [42, 59, 68, 74, 153]: Schon in den vorhergehenden Kapiteln (S. 455 f) ist darauf hingewiesen worden, daß bestimmte Stoffgruppen eine Denaturierung bzw. eine Anregung bestimmter Vorgänge im Organismus zur Folge haben. Hier soll zusammenfassend auf solche hingewiesen werden, die in unserem Körper eine gewisse Verhaltensänderung bewirken. Da verschiedene Personen durch die Aufnahme unterschiedlich reagieren (verschiedene Anfälligkeit), scheinen kausale Zusammenhänge zwischen ihnen bzw. den körpereigenen Genwirkungen bzw. den Enzymen zu bestehen.

Als Allergien, Idiosynkrasien, bezeichnet man eine Überempfindlichkeit unseres Körpers auf zeitliche, quantitative und qualitative Einwirkungen von Fremdstoffen (Farbstoffe, Textilien, Waschmittel, Kosmetica, Arzneimittel, pflanzlich (Pirmula sinesis)) und tierisch (Krötengift), Ausscheidungen aber auch anorganischer Stoffe, wie Jod, jodhaltige Verbindungen, Quecksilber, Nickel. Sie verursachen auf der Haut scharlach- oder masernähnliche Hautexantheme bzw. tiefer wirkende cuticulärvaskuläre nesselartige Entzündungen, die sogar zu einer Ablösung der Epidermis führen können.

Diese Erscheinungen stellen Abwehrreaktionen des Körpers dar, dem die Fähigkeit fehlt oder der nur eine verminderte Möglichkeit besitzt, die durch diese Stoffe eingeleiteten Antigen-Antikörperbildungen auszugleichen. Da gerade im technischen Zeitalter viele neue Stoffarten in unserer Umgebung, u. U. auch über die Luft in unseren Körper gelangen, ist mit einer Zunahme solcher Wirkungen, die oft auch psychische Beeinträchtigungen (Stress) auslösen können, zu rechnen. Die zunächst beste Verhinderung solcher Reaktionen ist das Feststellen des die Wirkung verursachenden Fremdstoffes und dessen Enthaltsamkeit [65].

Schwieriger und in ihren Folgen vielfach nicht zu übersehen sind aber solche Stoffgruppen, für die gewissse Gewebe eine spezifische Anfälligkeit zeigen. Durch sie können dort genetische Aberrationen und in der Folge zellphysiologische Defekte entstehen, die den Aufbau der merkmalbildenden Stoffe bestimmter Zellen oder Gewebe beeinträchtigen.

Durch sie können Schäden entstehen:

in den Oocyten, Spermatocyten bzw. in den sich daraus entwickelnden *Fortpflanzungszellen* (Die Folge sind genetische Mutationen);

in sich stark *teilenden Geweben* (es treten somatische Mutationen auf, deren Folgen Organsmißbildungen, besonders bei Embryonen, bzw. fötale Abtötungen sein können.);

in sich stark *vermehrenden anomalen Geweben* (Tumoren, Neoplasmen), in dem sie in den Stoffwechsel eingebaut Zellteilungen verhindern (Stickstofflost, Radioaktive Stoffe), bieten für die Zukunft gute Möglichkeiten, Krebserkrankungen zur Verödung zu bringen (Cytostatica).

Andererseits aber sind solche Stoffe auch befähigt, die Wirkungen der radioaktiven Stoffe unschädlich zu machen, indem sie die durch die Secundärtreffer entstandenen sog. aktiven Radikale, offenbar noch bevor sie biologisch bedeutsame Moleküle angreifen können, zerlegen (Strahlenschutzstoffe: Cystne, Pyridoxal-5-Phophat usw.) oder ihre Wirkungen erhöhen und so die therapeutischen Aufgaben unterstützen [9].

Es braucht nicht betont zu werden, daß die Anwendung der letztgenannten Stoffgruppen nur dem erfahrenen Arzte vorbehalten werden darf.

Das gleiche gilt auch hinsichtlich der Inkorporation von Hormonpräparaten. Aus gesundheitspflegerischer aber auch bevölkerungspolitischer Sicht ist die Anwendung der sog. Ovulationshemmer (Progestativa, Anti-Baby-Pille), wie auch die für den Mann geplante Spermienhemmung (Progesteronbehandlung, Anti-Sperma-Pille [140]) in Populationen mit geringer Fortpflanzungsrate höchst problematisch. Wenn in letzter Zeit gerade auf die „Unschädlichkeit" für den weiblichen Organismus immer wieder hingewiesen wird, so ist m. E. die Beobachtungszeit viel zu kurz, um mit Sicherheit diese Frage beantworten zu können. Die Zeit und unsere spezielle bevölkerungspolitische Lage verlangt eine Diskussion über Geburtensteuerung in den Oberstufenklassen. In diesem Zusammenhang sei auf die sorgfältig verfaßte Schrift der REVUE DE MEDICINE PREVENTIVE [6] hingewiesen.

ι) *Die gesundheitsschädigende Wirkung der Pestizide* ([74, 153] S. 405 f). Die Steigerung der agrikulturellen Produktion hatte natürlich auch eine Zunahme der Kulturpflanzenschädlinge und Unkräuter zur Folge. Um die letzteren schnell und wirksam zu bekämpfen, mußte man auf synthetische Schädlingsbekämpfungsmittel (Insectizide, Herbicide, Fungicide und Rodenticide) zurückgreifen, damit man im Hinblick auf den ständig zunehmenden Nahrungsmangel aber auch auf die erhöhten landwirtschaftlichen Produktionskosten einen Mindestausfall an Nahrungsstoffen erreicht. Auf die Wirkung dieser sog. Pestizide hat *R. Carson* „allerdings in etwas übertriebener Form" [153] aufmerksam gemacht. Wie bei allen antibiotisch wirkenden Stoffen gilt der Summation hinsichtlich der schädigenden Wirkung, ähnlich der der radioaktiven Strahlung. Tierexperimentell sind Schädigungen „in der 3. Generation" beobachtet worden. „Die Wirkung verschiedener Pharmaka wird durch ihre Anwesenheit im Körper (besonders im Fettgewebe) eindeutig verändert". Es ist daher eine dauernde Kontrolle der Pestizidrückstände in unseren Nahrungsmittteln erforderlich, „wobei als Toleranzwerte mit 100-fachem Sicherheitsfaktor gegenüber minimalen Schädigungen bei Versuchstieren einzuhalten sind." Da wiederum der Säugling, das Kleinkind und das werdende Leben im Mutterleib besonders gefährdet erscheinen, sollen diesen und schwangeren Frauen nur pestizidfreie Lebensmittel empfohlen werden, solange unser Wissen über deren Toxizität vornehmlich über lange Zeiträume oder mehrere Generationen noch nicht genügend erforscht ist.

ϰ) **Lärm und Licht als funktionsbeeinflussende Faktoren** [39, 45, 82, 141]: Infolge der Technisierung und Industrialisierung wird der unvermeidliche *Lärm* der Maschinen- und Fabrikationsräume, der Kommunikationswege, aber auch der verschiedenen Geräuschkulissen in Siedlungen (Rundfunk, Tierlärm) zu einer weitverbreiteten Belästigung des Menschen.

Unser Ohr nimmt Frequenzen zwischen 16 und 20 000 Hz wahr. Die niederen, der menschlichen Stimmlage entsprechenden Geräusche (Bachrieseln, Blätterrauschen, Vogelstimmen, Gesang und Musik, zwischen 100—300 Hz) empfindet es angenehm. Viele Menschen arbeiten bei leichter Musik gut konzentriert. Höhere Frequenzen und solche mit erhöhter Intensität, insbesondere wenn sie in bestimmter Periodik immer wieder an unser Ohr gelangen, empfinden wir störend. Dauerwirkungen lösen beim Menschen, Tierversuche bestätigen dies, Kreislaufbeschwerden, Herzklopfen, Muskelzuckungen, nervöse Störungen, Schreckreaktionen, gereizte Stimmungen und Fehlhandlungen aus. Dies wird durch frühe Ermüdung (dauerndes Geräusch des luftgekühlten Automotors, Windgeräusche bei schneller Autofahrt), durch Konzentrationsschwäche bei intensiver Großhirntätigkeit, Leistungsabfall, Minderung der Beobachtungsfähigkeit und Aufmerksamkeit, Leistungsunwillen, Unruhe und Schlaflosigkeit beantwortet. Insgesamt läßt sich sagen, daß die Verminderung und Ausschaltung der Lärmstörungen zu einen Faktor der Produktionssteigerung in den Betrieben geworden ist [17]. Die Feststellung des Lärmpegels ist bei der Wahl von Wohn- und speziellen Berufsplätzen unbedingt zu berücksichtigen. Diese Frage wird mit zu einem Gesichtspunkt in der Landschaftsplanung und Raumordnung.

Lärm löst neben einer Reizwirkung auf die Gehörzentren gleichzeitig auch vegetative Reaktionen aus [13], die die Tätigkeit des Inkretoriums und dadurch die oben bezeichneten physiologischen Folgen bedingen können. Ein nicht zu unterschätzender Faktor ist daher der durch ihn ausgelöste psychische Zustand, der ärgerliche und angstvolle Erwartung als Folge mehr oder weniger regelmäßig auftretender Noxen (Hupen, Hundegebell, Flugplatzlärm, Fallhammer usw.) im menschlichen Verhalten auslösen kann. Solche Wirkungen können ihrerseits zur Ursache physiologischer Leiden (Magen- und Darmgeschwüre) werden, wobei individuelle Überempfindlichkeiten (Labilität des Nervensystems) aber auch im Verhinderungsfalle die Selbsterziehung zu Beherrschung gegenüber solchen Beeinträchtigungen eine Rolle spielen können. Eine solche Selbsterziehung hört von einem bestimmten Frequenzpegel an auf, dann wird Lärm zu einer gesundheitsschädigenden Krankheitsursache.

In diesem Zusammenhange sei jedoch auf die Experimente von P. D. McLean [NR. 69/347] verwiesen, bei welchen festgestellt wurde, daß „momentane Leistungen bei Lärm geringer sind", während „bei Lärm Gelerntes gründlicher gelernt wird". (Auf die berühmte Geräuschkulisse /Musik/, die viele Schüler beim Lernen angenehm empfinden, sei damit verwiesen.) Offenbar wird durch Lärm die „Aktivitätsebene im Gehirn erhöht, so daß Gedächtnisspuren verstärkt und dauerhafter werden". Es wird also in der Praxis zu überprüfen sein, ob spontane intensive Gehirnarbeit ohne Lärm besser abläuft, während Dauereinprägungen durch die gewisse Geräuschkulisse gefördert werden.

Wie der Schall, so kann auch das *Licht*, insbesondere überoptimale grelle oder unteroptimale Beleuchtung ähnlich dem Willen nicht unterworfenes Verhalten des Menschen auslösen, Reize, die in ihrer summarischen Folge schwerere Belastungen bedingen als der Lärm. Auch hier handelt es sich im wesentlichen um aus Tierexperimenten gewonnene Erkenntnisse.

Durch Mangellage beim Menschen manifest werdende morphologische bzw. physiologische Konstitutionsveränderungen wurden beobachtet: Zurückbleiben im Wachstum, schwächerer Körperbau (UV-Einfluß), Blässe erhöhte Wasserspeicherung im Körper, Ausfall der Libido, Menstruationsunregelmäßigkeiten bei Eskimofrauen während der Polarnacht, vegetative Störungen (Polarkoller), Funktionssteigerung der Schilddrüse bei Dunkelheit und Rotlicht, Herabsetzung der Glukoseassimilation. Längere bzw. intensiver wirkende Lichtphasen bewirken entsprechende Umkehr der Funktionen, insbesondere des sexuellen Verhaltens (Balzzeit der Sperlinge in den ersten sonnigen Spätwintertagen oft bei großer Kälte, Hühner legen früher und besser, wenn die Ställe erleuchtet werden usw.)

Lärm, Lichtüberfluß, erhöhte Wirkungen durch andere energiereiche Strahlenqualitäten, Smogstoffwirkungen, sowie die vielen anderen das körperliche Befinden und die Gesundheit beeinträchtigenden Einflüsse in unserem Lebensraum sind die Folgen der Technisierung unserer Produktionszweige. Als Urheber gelten die verschiedenen Ingenieurwisssenschaften, einschließlich der agrikultur-chemischen Technik. Es lohnt sich, diese zusammenfassend im Unterricht darzustellen und deren Einflüsse auf die verschiedenen Altersstufen zu untersuchen.

λ) **Beeinträchtigungen unseres Gesamtverhaltens durch die technisierte Umwelt**: Von der Früh- bis in die Zeit der frühindustriellen Entwicklung bedingten Nahrungsmangel, Infektionen, klimatische Unbilden, die körperlichen Abnutzungserscheinungen. Zu lange und zu schwere Arbeit und die damit zusammenhängenden Arbeitsunfälle waren die gesundheitsschädigenden Ursachen. Durch die Mechanisierung unserer Produktion, die Aufbereitung der Natur- und die Erzeugung synthetischer Fremdstoffe, die Anwendung neuer Energiequellen, sowie die neuen Lebensgewohnheiten, hat sich die Art zu leben geändert. Damit verbunden war eine Verlagerung der rein muskulären Betätigungen auf die des Nervensystems (Tab. 18).

μ) **Beinflussung unserer Jugend durch die veränderten Umweltfaktoren** [13, 63, 70, 114, 138]: Alle Tätigkeiten eines Lebewesens sind durch das Vererbungsgeschehen bedingt, sowie durch die Faktoren der Umwelt und der Erziehung. Optimale Lebensleistungen dürften da zustande kommen, wo die natürlichen Gegegebenheiten (klimatische, ernährungsmäßige, strukturelle) in einer naturgegebenen Form vorhanden sind. Ist dies heute noch der Fall? Es braucht nur auf die vielen Veränderungen in unserer Umwelt und Lebensweise, wie sie in den früheren Kapiteln aufgezeigt worden sind, hingewiesen werden. Sicher ist die Ernährung heute ausreichend und die Zusammensetzung der einzelnen essentiellen Stoffgruppen weitgehend besser als in den früheren Zeiten. Sind es aber auch die Beschaffenheit der Luft, des Wassers und des Bodens und damit all die Stoffe, die daraus in unserem Lebensbereich und insbesondere in die Körper unserer Jugendlichen mit deren intensiven Stoffwechsel gelangen? (vgl. Tabelle 19).

Die Ernährungsverbesserung u. a. bedingt eine Förderung des Längenwachstums und der Frühreife [63]. Im Durchschnitt ist unsere Jugend in den letzten 100 Jahren um 20 cm länger geworden. Wir passen in keine mittelalterliche Rüstung mehr, die somatische Pupertät tritt etwa um 2—3 Jahre früher auf als vor 30 Jahren.

Die vorwiegend in Kinderkliniken festgestellten anderen Symptome sind:
  elektrocardiographisch faßbare Erregungssteigerungen im vegetativen Nervensystem mit Funktionsstörungen.
  Viele Kinder zeigen eine starke organische Labilität des Gefäßsystems und der innersekretorischen Drüsen;
  es besteht eine erhöhte Anfälligkeit für neurotische Reaktionen;
  die geistige Reifung ist gegenüber der körperlichen verzögert;
  es besteht eine gesteigerte Empfänglichkeit für Virusinfektionen, eine Zunahme kindlicher Rheumatosen, veränderte Verlaufsformen der Tuberkulose, für Magen- und Darmgeschwüre.

Die daraus sich ergebenden Folgen sind mangelnde Konzentrationsfähigkeit, überspitztes Reagieren auf Erlebnisse und ein damit verbundener Leistungsrückgang.

Ein wesentlicher Verursacher dieser Zustände sind die durch die Sinnesorgane aufgenommenen Zusatzreize, die nicht nur in den einzelnen Zentren des Zentralnervensystems besondere Bewußtseinszustände auslösen, sondern zugleich auch andere Organsysteme, über die Hypophyse (S. 71 f) und durch diese das

Tabelle 18: Folgereaktionen einzelner Organe auf die Beeinflussungen durch das autonome Nervensystem [114, 138]

Sympathicus (ergotrophe Wirkung)	Organfunktion	Parasympathicus (trophotrope Wirkung)
	Reiz ⟶ Sinnesorgan ⟶ Stammhirn	
	─── Hypophyse ───	
N-Nierenmark Adrenalin Noradrenalin		Gelbes Zellsystem der Darmmukosa Serotinin = Enteramin
I. Normalzustand	beeinflußt werden	
beschleunigt	Herz	verlangsamt
verengt	Adern	geweitet
tief	Zwerchfell-Atmung	hoch
erschlafft	Darmtätigkeit	erregt
erregt	Neben-Niere	gehemmt
gehemmt	Niere	erregt
leer	Harnblase	gefüllt
geweitet	Augenlidspalte	verengt
geweitet	Pupille	verengt
feucht	Haut	trocken
II. erhöhte Freisetzung von Andrenalin (Verändertes Gesamtverhalten)	Neben-Niere	Adrenalinsekretion Hemmung der
Wille gesteigert, Leistung erhöht, Ermüdung aufgehoben ⟶	Zentralnervöse Steuerung	
III. Andrenalin-Schwemme	Neben-Niere	
erhöhte Unruhe	Veränderung des Gesamtverhaltens:	
Überregbarkeit (neurotisches Verhalten) Angstgefühle Konzentrationsschwäche Leistungsabfall Schock, Streß ⟵	Zentralnerv. Steuerung Beherrschung als erzieherische Maßnahme	
	allmählicher Übergang im Normalzustand ⟵	Gegenwirkung:
	Durch inkorporierte Fremdstoffe (vgl. S. 444 ff.)	
Reizerhöhung Nicotin Coffein Stimulantia		Erregungsminderung Tranquilizer Sedativa (Euphorica)

Tabelle 19:
Schematische Darstellung der Einflüsse der veränderten Umwelt auf die Funktion der inneren Organe

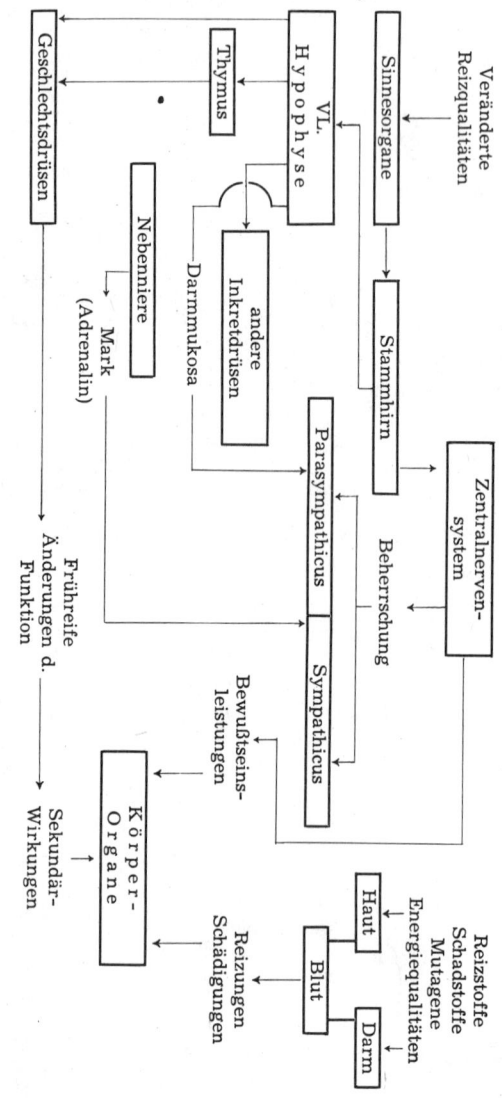

inkretorische Drüsensystem und weiter die Funktion des gesamten Innerenorgansystems beeinflussen.
Aus dem Zusammenwirken des Zentralnervensystems, des vegetativen Nervensystems und der innersekretorischen Drüsen resultieren bestimmte individuelle Verhaltensweisen, die die Eigenart des betreffenden Individuums (Temperamentveranlagung, Persönlichkeitgefüge) ausmachen.
So zeigen Veröffentlichungen aus letzter Zeit [133b], daß auch Nahrungsaufnahme und körperliche Konstitution in unmittelbarer Beziehung zu der Steuerung durch das Sättigungszentrum im Hypothalamus stehen; ein Problem, das, soweit heute bekannt, erzieherisch beeinflußbar zu sein scheint.
Wie in Experimenten nachgewiesen werden konnte, reagieren fettleibige Personen in ihren Eßgewohnheiten mehr auf extreme nahrungs- und umgebungsbezogene Hinweise (optische Wirkung des Speiseangebotes), während bei normal ernährten Menschen eine Beziehung zwischen gastrischer Motilität und verbaler Hungeräußerung (Unruhe und Mißlaune hungriger Kinder) besteht. Ratten, die durch Zerstörung des Hypothalamus fettleibig gemacht wurden, waren unempfindlich gegen innere Signale, sie fraßen weniger, wenn sich die Nahrung außer Sichtweite befand und Anstrengungen zum Erreichen des Futters nötig waren, als normal entwickelte Tiere. Ähnliche Ergebnisse wurden bei Eßversuchen mit übergewichtigen, normalen und untergewichtigen Menschen erzielt.
Im Hinblick auf viele überernährte Jugendliche sollten auch solche Fragen, obwohl die Forschungen noch voll im Fluß zu sein scheinen, Gegenstand unterrichtlicher Betrachtungen sein.
Spontane Erregungen (Affekte) sind von der individuellen Hormonausschüttung abhängig, sie können durch Impulse aus dem Stirnlappen (Antriebszentrum) oder durch solche der Außenwelt (über die Sinnesorgane) ausgelöst und über die oben bezeichneten Wege zur Wirkung kommen.
Eine gewisse Beeinflussung triebhaften Handelns durch zentralnervöse Funktionen ist ebenfalls möglich. Eine solche Selbstbeherrschung, die bewußt anerzogen werden kann, setzt eine große Übung (Willensanstrengung) voraus, wobei eingelerntes Verhalten eine spontane Handlungsfolge beherrschen muß.
Da man bei Kindern, auch solchen auf der höheren Schule, solche Erkenntnisse keineswegs voraussetzen kann, bedarf es gerade im Rahmen des Biologieunterrichtes, besonders in der Menschenkunde, der Aufklärung darüber.
Wir müssen berücksichtigen, daß die zivilisatorische Entwicklung eine ständige Zunahme milieufremder Energiequalitäten im Bereich der Strahlungen, bes. des Lichtes, und der akustischen Wirkungen erbracht hat, die über die Sinnesorgane appliziert den normalen Entwicklungsablauf beeinflussen bzw. stören. Sie sind mitbeteiligt u. a. an der asynchronen Reifung unserer Jugend. „... Die fortgesetzte Überbeanspruchung der Aufmerksamkeit durch Radio, Fernsehen, durch ein ständiges Überangebot von einseitig rationalen, intellektuellen Reizen stellen ein Bombardement dar, das zum ständigen Wachsen zwingt ... Die Reizüberflutung und nicht zuletzt ihr an den Existenzkampf der Erwachsenen erinnernde Schulsituation (Prüfnot, eine Überzahl an unangekündigten Klassenarbeiten, die vielfach zur selben Zeit fällig werden, Schichtunterricht, unregelmäßige Einnahme von Mahlzeiten) mag zu diesen exogenen Faktoren zählen" (*K. H. Schäfer,* [82]).

Es wird einer soliden Aufklärung nicht nur der Jugendlichen sondern der Pädagogen bedürfen, bis mögliche Abhilfen in die unterrichtliche Praxis eingegangen sind. Sie bedürfen zunächst einer Kenntniserweiterung der Lehrer und vor allem des guten Willens, damit der uns anvertrauten Jugend geholfen werden kann.

Wenn im folgenden aus biologischer Sicht einige Vorschläge dazu gemacht werden, so sollen diese nur als Anregung zu weiteren Überlegungen dienen, wie man die Steigerung des Bildungsniveaus bei unseren Jugendlichen erreichen kann:

Beschränkung der Fächer und der Stoffe auf die für das Erkennen der besonderen Situation unseres Volkes und der Weltentwicklung nötigen Wissensstoffe;

Verlängern der Ruhephasen zwischen einzelnen besonders geforderten Leistungszeiten, Einlegen ausspannender und erholsamer Zwischenstunden, (sinnvolle Leibeserziehung in den Pausen [35]);

sinnvolle zeitgerechte Ernährung während der Tagesarbeit und ausreichende Ruhezeiten;

sinnvolle Einrichtungen der Nachbearbeitung wichtiger Stoffgebiete in Hinblick auf die Schularbeit des kommenden Tages (Vorbereitungszeiten an den Nachmittagen unter Aufsicht der geeigneten Lehrpersonen, besonders in den ersten Schuljahren);

Ausschalten aller Reizsituationen in der schulischen Praxis, rechtzeitiges Ankündigen und sinnvolles Verteilen von Klassenarbeiten, Beseitigung der Ungewißheitsperioden insbesondere bei der Fälligkeit mehrerer Arbeiten;

rechtzeitige altersgemäße Unterrichtung über den Vorgang des Erwerbs von Wissensgehalten (Überprüfen der *Nissl*-Substanzhypothese mit Bedingungen des praktischen Erwerbes von Kenntnissen [40, 82, 134]) und des Eröffnens der Wege zur Erlangung einer gewissen Selbstbeherrschung besonders bei nervlich labilen Kindern (Bedeutung der Beeinflussung des vegetativen Nervensystems durch zentralnervöse Steuerungen).

Überprüfen der Brauchbarkeit des programmierten Unterrichtes und im weiteren der Methoden der Hypnopädie.

„Scholar disease oder maladie scolaire oder Schulschwierigkeiten sind eine zunehmend häufigere Erscheinung des modernen Schullebens, sie werden häufig mit einer Überforderung der Schüler umschrieben ... ein normal begabtes Kind sollte derartige Forderungen ertragen können. ... Wir dürfen uns jedoch nicht einbilden, daß wir die Kinder von vor hundert Jahren vor uns hätten, sondern wir müssen ... sie real sehen lernen und uns bewußt werden, daß diese neuartigen, schwierigen Kinder zu erziehen sind. ... Wir können es uns in unserer westlichen Welt nicht mehr gestatten, sensible Kinder, um die es sich gewöhnlich handelt, als vermeintliche Debile vom Schulungsprozeß auszuschließen" (verkürzt aus [7]). Daß hierzu der Biologielehrer wesentlich mit beizutragen haben wird, dürfte in den obigen Zeilen m. E. ausreichend begründet worden sein.

ν) Belastungen der werktätigen Bevölkerung [7, 32, 114, 118]:

Hier sollen nur kurz gesundheitsmindernde Leiden und deren Ursachen behandelt werden, obwohl sie nicht unmittelbar die Jugend betreffen. Die Jugend soll so zum Wirkfeld in den Kreisen der Erwachsenen werden [7], andererseits sollten diese Kenntnisse zur Beherzigung in der Lebensführung im späteren Alter dienen. Wir müssen uns bemühen, die Vorwürfe der Ärzteschaft zu entkräften, daß einzig die Artikel der Illustrierten zur Verbreitung gemeinnütziger Kenntnisse über gesundes Verhalten beitragen und nicht die Schulen, gleichgültig welchen Typs.

Es ist eine besorgniserregende Tatsache, daß gerade die hochzivilisierten Länder mit geregelten Arbeitszeiten, hervorragender ärztlicher Betreuung und einer zum Teil zu hochwertigen, vor allem zu genußmittelreichen Ernährung, die meisten Leidenden aufweisen. Die überfüllten Wartezimmer der Ärzte, die erschreckende Zunahme der Herzkrankheiten, der Diabetiker, der Fettsucht, der rheumatischen Erkrankungen, der Neurosen und des Krebses sind nicht nur eine Folge der Nutzbarmachung der Krankenversicherungsbeiträge.

Herzinfarkt (Myokardinfarkt): Untergang eines Herzgewebeteiles infolge Koronararterienveränderung (Embolie, Thrombose) erzeugt einen heftigen Herzschmerz mit dem Gefühl des „nicht mehr Weiterlebenkönnens". Da er besonders Männer befällt, deren Beruf einen hohen persönlichen Einsatz, ständige Aufregungen bedingt, wird die Schädigung nicht allein auf Organschädigungen (zu hohen Blutdruck und Cholesteringehalt des Blutes) sondern auch auf den Gemütszustand (also auf die Wechselwirkung der das Normalbefinden bedingenden Neuralfunktionen) neben der zeitgemäßen Überbeanspruchung zurückgeführt.
Rauschzustände oder Stresswirkungen können vielfach die Auslöser sein [130].
Embolie: Verschleppung körpereigener oder fremder Substanzen durch das Blutplasma, die sich im Blutstrom einklemmen können.
Thrombose: Gerinnung von Blut innerhalb der Gefäße noch bei Lebenszeit. Sie kann durch Veränderungen der Gefäßwand (Intimaschädigungen), Quetschungen infolge Verletzungen oder Operationen, Veränderung der Blutzusammensetzung (Agglutinationen) oder Durchblutungsstörungen durch Thrombenstagnation bedingt sein.
Hypotonie: Tonusherabsetzung der Muskulatur als Folge von Erkrankung des peripheren und zentralen Nervensystems. Druckverminderung in der Blutbahn unter die altersbedingte Norm.
Hypertonie: Vermehrte Spannung des Muskeltonus, arterielle Blutdrucksteigerung über 140/80 bei Menschen im Alter von 20—50 Jahren.
Stress eine unspezifische körperliche Reaktion auf Spannung, Schädigung und Belastung, bei denen sowohl nervöse als auch hormonale Anpassungsvorgänge mitbeteiligt sein können. Er stellte eine Art Selbsthilfereaktion gegenüber Krankheit dar, die sich in Mattigkeit, Appetitlosigkeit, Gewichtverlust, ohne die eigentlichen Krankheitssymptome erkennen zu lassen, äußert.
Neurosen: Neurotiker sind keine Geisteskranken, sondern Menschen mit gestörten mitmenschlichen Beziehungen, vegetativ Labile mit abnormen Erlebnisreaktionen, deren Konflikte in einem fortdauernden Leidenszustand der gesamten Persönlichkeit zum Ausdruck kommt [5].
Die steigende Zahl der *Diabetiker* und der *Arterienverkalkungen* stehen in einem direkten Zusammenhang mit dem übermäßigen Genuß an reinen Kohlehydratspeisen (Weißbrot) und der zu fettreichen übrigen Ernährung (vornehmlich gebratenen und gegrillten Fleischspeisen verbunden mit durch Fett schmackhafter gemachten Kartoffeln usw.). Die weitere Folge von zu hohem Fettkonsum ist die durch die zu geringe Bewegung bedingte Fettleibigkeit, die weiter zu *gichtigen* Erkrankungen führen kann [100, 110].
Das diabetische Kind [136]: Man schätz die Zahl der Schulkinder unter 15 Jahren, die an einer ererbten Unterwertigkeit des Inselorgans der Bauchspeicheldrüse leiden, auf etwa 5 000—10 000 in der BRD. Es kann daher erwartet werden, daß auch der Lehrer mit einem solchen zu tun bekommt. Man vergewissere sich bei den Eltern über die besonderen Verhaltensweisen bei einem Schock bzw. über dessen Verlauf und die Hilfeleistung (Rufnummer des Elternhauses erfragen). Häufigere Komplikationen treten auf, wenn das Kind zu wenig gegessen hat, wenn es überfordert worden ist oder wenn zuviel Insulin gespritzt worden ist. Unterzuckerungen können mit Kopfschmerz, Schweißausbruch, Zittern u. U. Bewußtlosigkeit begleitet sein und zu Krämpfen führen. Das Kind darf dann, mit den Eltern ist eine Vereinbarung zu treffen, nicht ohne Begleitung nach Hause gehen. Der Hausarzt ist zu verständigen.
Eine übermäßige Besorgnis ist nicht am Platze, das Kind soll sich leistungsmäßig der Klassengemeinschaft anschließen, nur besondere Belastungen, die sportliche Hochleistungen erfordern, sind zu vermeiden.
Gicht: eine chronisch verlaufende Erkrankung des Purinstoffwechsels, durch die es an verschiedenen Stellen des Körpers (besonders Gelenken) zur Abscheidung von harnsauren Salzen kommt. Sie kann u. a. durch Nieren-, Leber- und Muskelfunktionsstörungen verursacht sein, dies führt zu druckempfindlichen Gelenkanschwellungen mit Rötungen (schmerzempfindlich). Bei chronischen Formen treten irreversible Deformierungen der Gelenke auf.

Rheumatische Erkrankungen: Gelenkrheuma: 80 % der sog. rheumatischen Fieber sind auf Streptocokokkeninfektionen zurückzuführen, welche in der Folge das Herz in Mitleidenschaft ziehen können (Carditis). Solche Infektionen können durch kariöse Zähne primär bedingt sein [147].
Chronische Polyarthritis: verursacht die Bildung von Gammaglobulinen im Körper des Erkrankten, gegen welche er Abwehrstoffe bildet (Antikörper). Es handelt sich um eine Autosensivierung des Körpers.
Hyperergische Gewebereaktionen können durch körpereigene Stoffe (Allergene), durch Streptococcen (Toxine), durch Viren? verursacht sein. Äußerungen der Krankheit im Körper: viszeraler Typ (Herz- und Gefäßsystem) und peripherer Typ (Muskelrheuma, oft ausgelöst durch Erkältungen), wechselnd schmerzende Stellen, Gelenkrheuma. Während Polycarditis und Endocarditis im mittleren Alter auftreten, werden die Polyarthritis im Alter, Herzrheumatiden bei Jugendlichen festgestellt.

Nach den Herz und Kreislauferkrankungen ist der *Krebs* heute mit weitem Abstand die häufigste Todesursache (1922 = 6,5 %, 1960 = 20 %). Wenn auch die prozentuale Zunahme (besonders der Alterskrebse) eine Ursache in den verbesserten Diagnosemöglichkeiten hat, so ist die Zunahme einzelner Krebsarten (Lungenkrebs bei Männern, die verschienenen Unterleibs- und Eingeweide-Neoplasmen) sicher auch auf andere Noxen als das Alter zurückzuführen. Krebserkrankungen rechtzeitig erkannt, sind durchaus medizinisch beeinflußbar. Dies gilt besonders für Frauen bereits nach der ersten Geburt und für Männer mittleren Alters, wenn sich Störungen im Ablauf der bisherigen Körperfunktionen zeigen.

Die Gesellschaft zur Bekämpfung der Krebskrankheiten gibt folgendes Merkblatt für die 7 Warnzeichen zur frühzeitigen Krebserkennung heraus:
a) unregelmäßige Monatsblutungen oder Ausfluß mit Blutmischung
b) ungewöhnlich blutige Absonderungen an den natürlichen Körperöffnungen
c) jede nicht heilende Wunde, jedes nicht heilende Geschwür
d) ein Knoten oder eine Verdickung in den Brüsten
e) jede Veränderung an einer Warze oder einem Muttermal
f) anhaltende Magen-, Darm- oder Schluckbeschwerden
g) Dauerhusten oder Dauerheiserkeit

Es darf nicht verschwiegen werden, daß einzelne Fälle dieser heimtückischen Erkrankung nach den äußeren Symptomen überhaupt nicht erkannt werden. Der geringste Verdacht berechtigt die ärztliche Konsultation.

Ganz besonders müssen die Mädchen darauf hingewiesen werden, daß sie schon ab dem 20. Lebensjahr sich regelmäßig auf Gebärmutterkrebs untersuchen lassen sollten, denn diese Krebsart kann durch sogenannte Voruntersuchungen frühzeitig erkannt werden.

4. Die biologischen Voraussetzungen für die Erhaltung einer Population [5, 107, 151]

a) Allgemeine Voraussetzungen

Alle menschlichen Individuen nähern sich in ihrem Gesamtverhalten, Größe, Gewicht, Temperament, Leistungsvermögen und Intelligenz, aber auch in ihren krankhaften Veranlagungen und Dispositionen, sowie in ihrer Beeinflußbarkeit durch die Umwelt einem Mittelwert. Dieser Normaltypus wird in einer natürlich entstandenen Population die überwiegende Zahl ihrer Mitglieder stellen, wobei selbstverständlich Schwankungen im Sinne einer *Galton*kurve zu erwarten sein werden.

Die Frage, was geschieht, wenn nicht die meisten Veranlagungen einer solchen Population gleich tauglich für die Wechselbeziehungen mit der Umwelt wären, wurde von Mathematikern statistisch zu beantworten versucht. Es ergaben sich folgende Erkenntnisse: „Ein leicht vorteilhaftes Gen wird im Wettbewerb mit anderen Allelen (Erbanlagepaaren) bestehen, ein benachteiligtes würde langsam aber sicher verschwinden" (natürliche Ausmerze). Gene, die dagegen schwere dominante Mißbildungen bei Heterozygotie auslösen, würden schnell ausgerottet werden. Rezessive Merkmale, auch wenn sie im Falle der Reinerbigkeit letale Merkmale trügen, würden nur langsam verschwinden [107]. Nur die für die Anforderungen des Biotops optimal Geeigneten würden sich also auf die Dauer erhalten. Diese sehr komplexen Merkmalskombinationen der einzelnen Individuen sind erblich bedingt, wobei reinerbig Veranlagte (Homozygote) und Verschiedenerbige (Heterozygote) sich immer wieder miteinander paaren und so ständig zur Vermischung, d. h. zu einer Neuverteilung der Genmuster beitragen. Dabei ist jedoch festzustellen, daß sich die Mitglieder einer solchen Population im Ganzen in drei Konstitutionstypen (*Kretschmar*) pyknisch, athletisch, leptosom gliedern lassen, deren Trägern wiederum ganz bestimmte psychische Korelationen, sanguinisch, melancholisch, phlegmatisch und cholerisch zugeordnet werden können. Die Extreme zeigen sich wiederum in ihrem pathologischen Verhalten, d. h. im zyklothymen, manisch depressiven und schizophrenen Irrsein. Durch die jahrmillionenlange Paarung kommen selbstverständlich durch die Genmischung alle Übergangstypen vor. Wenn der Normaltypus durch Außenfaktoren, wie Klima und Ernährung mitbeeinflußt werden kann, so lassen sich doch durch vererbbare Wirkungen die Funktionen des innersekretorischen Drüsensystems und somit das Sosein der einzelnen Menschentypen deuten. So ist es möglich, daß Störungen, pathologische Verhaltensweisen (s. o.) auch erbmäßig bedingt sein oder auf unvorhergesehene Genunfälle (Mutationen) zurückgeführt werden können. Andererseits sollen bestimmte Merkmale (Körpergröße, Widerstandsfähigkeit gegenüber Krankheiten, Einstellungen zur Umwelt, Depressionen z. B. und auch solche der Akzeleration, in der Hauptsache durch die Umwelt bedingt sein.

Immer wieder stellen sich solche Veränderungen für die Gesamtpopulation als ungünstig heraus, sie dürfen daher in der Betrachtung der Geschehnisse nicht unberücksichtigt bleiben.

b) Aufgaben der sozialen Hygiene [35, 107, 112, 150, 151] (vgl. S. 418)
Ihre Aufgabe ist, sich mit der Gesunderhaltung einer Bevölkerung zum Zwecke der Existenzsicherung zu befassen, die Zahl aller anomalen und quasi-anomalen Fälle festzustellen, deren Ursachen zu ergründen und Abhilfemöglichkeiten zu überlegen. Mit der Behandlung dieses Fragenkomplexes begeben wir uns in Deutschland auf eines der umstrittensten Gebiete dieser Wissenschaft. Allein der Mißbrauch, der einmal damit getrieben wurde, kann uns heute nicht mehr davon entheben, solche Fragen wieder mit der reiferen Jugend zu diskutieren. Die Tatsache, daß 3 % aller Neugeborenen sichtbare (die Zahl der versteckten dürfte ebenso groß sein [112]) Mißbildungen oder Stoffwechselstörungen aufweisen, läßt erkennen, daß hier ein Unterrichtsanliegen vorliegt.

Um Mißverständnisse auszuschließen, definieren wir den Begriff „soziale Hygiene" als die Wissenschaft von der Volksgesundheit und deren Pflege. Es erscheint zweckmäßig, die frühere Bezeichnung für solche Anliegen „Eugenik" im Sinne „veredelnder Rassenpflege" nicht mehr zu verwenden.

Wenn man auch daran festhalten muß, daß Sozialhygiene medizinisch-wissenschaftlich orientiert bleibt, so sollte doch festgestellt werden, daß „Gesund-sein-wollen" und „Sich-gesund-halten" ein persönliches Programm darstellt, das sich naturwissenschaftlicher Sondierung entziehen kann.

Aus sozialhygienischer Sicht sollte der als gesund gelten, welcher „über die Möglichkeit zur Selbstentfaltung verfügt" (*Prof. Jores*), der aber auch willens ist, die letztere zu nutzen. Nicht die Anlagen allein genügen, der Wille und das persönliche Verantwortungsbewußtsein sind Vorbedingung für richtiges gesellschaftsbezogenes Verhalten [35]. Sozialhygiene ist heute eine Sozialwissenschaft mit medizinischem Aspekt als fürsorgliche Aufgabe, um Notstände der Bevölkerung kurativ zu beheben, aber auch um physisch gesunde der Allgemeinheit sich verantwortlich fühlende Menschen zu erziehen. Zu ihrem Arbeitsbereich rechnen wir die Maßnahmen, die erforderlich sind, um

die Störungen, die unmittelbar nach der Geburt bzw. in früher Kindheit auftreten und belastend auf die optimale Entwicklung der menschlichen Population wirken können, zu erfassen;

solchen minder einsatzfähigen Personen zu helfen und sie einer ihrem Vermögen nach geeigneten Arbeit zuzuführen;

die Ursachen solcher Veränderungen aufzudecken;

exakt erkannte Ursachen zum Gegenstand einer Volksaufklärung zu machen bzw. den politisch verantwortlichen Organen gesetzliche Regelungen zu einer weiteren Verhütung vorzuschlagen.

Zu ihrer Obliegenheit gehört aber auch, die noch vorhandenen Kriegs- und die in neuerer Zeit aufgetretenen Zivil- und Unfallgeschädigten zu betreuen.

c) *Auswertung der Erkenntnisse der Genetik für sozialhygienische Folgerungen* [20, 107, 114, 150]

Da viele Mißbildungen erst nach der Geburt erkannt werden, ist es naheliegend, ein geschädigtes Vererbungsverhalten zunächst zugrunde zu legen. Für den humanen Bereich lassen sich, außer mit Gewebekulturen, keine Experimente machen. Es können daher zunächst nur Tierexperimente, denen vermutete Ursachen zugrunde gelegt werden, herangezogen werden. Ein weiterer Weg ist die Überprüfung einer genügend großen Bevölkerungszahl (etwa 2 Millionen), die nach bestimmten erblich erkannten Krankheitsfällen durchsucht wird. Als Unterlagen dienen Krankenblätter, Hebammenaufzeichnungen, Aufzeichnungen der Registerämter und Musterungsblätter. Eine wichtige Aufgabe ist weiter die Feststellung des Ausmaßes der im Laufe der letzten Zeit in Zunahme begriffenen schädlichen Agentien in unserem Lebensraum. Diese lassen sich aber im allgemeinen nur feststellen, wenn Ausmaße solcher Änderungen aus früherer Zeit bekannt oder doch wenigstens abgeschätzt werden können.

α) E r b g ä n g e   i n   e i n e r   m e n s c h l i c h e n   P o p u l a t i o n. Dominante Erbgänge dürfen beim Menschen nur vorkommen, wenn sie die allg. Gesundheit und die Lebensfähigkeit der Träger wenig beeinträchtigen (Extremitätenmißbildungen, Polydaktylie). Ihr erstes Auftreten ist sicher irgendwie registriert worden, sie dürften dann auf eine Mutation zurückzuführen sein.

Dabei kann festgestellt werden, daß oft die unterschiedliche Ausbildung einer solchen Anomalie auf der Wirkung verschiedener Gene beruhen muß. Diese kann so variabel sein, daß u. U. eine Generation kaum eine auf die Anomalie hindeutende Merkmalsbildung zeigt und man bei Wiederauftreten von einer Neumutation sprechen könnte [107].

Dominante lebensbeeinträchtigende Merkmalbildungen dürften sich aus früheren Zeiten kaum erhalten haben, sie wurden, falls es nicht schon im Embryonalstadium zu einer Abstoßung der Trägerfrucht kam, im natürlichen Zustande (Urzustand in Wechselwirkung mit den natürlichen Auslesepotenzen) selbst ausgemerzt oder später aus Gründen der Gesunderhaltung der Population von der Fortpflanzung oder durch bevölkerungspolitische Selbsthilfemaßnahmen (Sparta, Mißbildungen im Mittelalter) eleminiert worden sein. Erst durch die humanitären Bestrebungen der Menschen im Zivilisationszeitalter scheint es in einzelnen Fällen möglich, daß auch solche Fälle gepflegt und zur Fortpflanzung gelangen könnten.

β) Rezessive Erbgänge unterscheiden sich von obigen dadurch, daß sie erst im Falle der Homozygotie manifest werden, d. h. es kann eine Person ein potentieller Träger sein, ohne daß sie es weiß. Es ist daher anzunehmen, daß solche Gene verbreiteter sind, als wir es auf Grund unserer bisherigen Kenntnisse vermuten. Ein Hauptanliegen der sozialen Hygiene muß daher sein, so gut wie möglich die Wege zu deren Auffinden zu erkunden und noch wichtiger, die Noxen zu finden, die solche Genveränderungen bewirken.

Da innerhalb einer Sippe die hohe Wahrscheinlichkeit besteht, daß einzelne Mitglieder die gleichen aberranten Gene tragen (Vettern), ist es schon eine alte Erkenntnis der Menschheit, Inzuchtfälle zu verhüten. Mit Ausnahme einiger Fälle der Frühzeit der menschlichen Staatenbildung (Ägypten), haben Kirchen und die Gesetzgeber diese Erfahrungen zur Grundlage ihrer Eheberatungen und Eheerlaubnis gemacht. Kommt ein schädliches rezessives Merkmal jedoch in einer Bevölkerung häufiger vor, ist Inzuchtverhütung kein wirksames Mittel mehr. Hier dürften dann nur statistische Erfahrungen einen Überblick über daraus entstehende Belastungen für die Gesamtbevölkerung ergeben. Die erforderlichen Maßnahmen sind dann eine Aufgabe der Gesetzgeber!

Verhütungswürdige Fälle sind u. a. die den gesamten Lebenszyklus belastenden Antigenspezifitäten und Enzymdefekte, die nicht nur auf einzelne Familien beschränkt sind. Dabei sind erfahrungsgemäß rezessive Merkmalsbildungen weniger variabel als dominante.

O. L. *Mohr* und C. W. *Wriedt* beschrieben 2 gleichartige Fälle, bei welchen dominante Fingerverkürzungen vorkamen und deren Eltern diese Anomalie zeigten. Der eine Fall zeigt ein aus einer Vetternehe stammendes Kind, welches im Unterschied zu den Eltern und seinen Geschwistern zwergwüchsig (chondrodystroph) war, mit Deformationen der Glieder und Finger und gestörtem Knorpelwachstum. Genaue Untersuchungen in der Familie ergaben, daß ihre Mitglieder unterdurchschnittlich groß waren und ebenfalls kurze Finger aufwiesen (Chondrodisplasie). „Es wurde nachgewiesen, daß dieses Abweichen von der Durchschnittsgröße einen dominanten Erbgang darstellt, der durch mehrere Generationen erkennbar ist. Wahrscheinlich war der Condrodystrophe hier die homozygote Form eines Gens, das bei mehreren anderen Mitgliedern heterozygot aufgetreten war" [107].

Wie dieser Fall zeigt, dürfte es sich um Gene handeln, die zunächst nicht pathologische Phäne bedingen, aber bedeutend wirksamer werden, wenn Homozygotie vorliegt. Wenn solche Fälle auch selten auftreten, beweisen sie, daß aus dem Feinbau der Chromosomenstruktur gefolgerte Verhalten, daß die Wirkung einer Aberration umso durchschlagender ist, je mehr Mikrofibrillen eines solchen Chromosoms der Veränderung der DNS-Moleküle unterliegen [20]. Aus dieser Sicht stellen die Bezeichnungen *dominant* und *rezessiv* Grenzbegriffe dar, die ein Vererbungsgeschehen ausreichend oder gar nicht demonstrieren. Während daher einige Autoren, auch Humangenetiker, für die Beibehaltung sind, schlägt *Penrose* [107] vor, in Zukunft ohne diese auszukommen und anzugeben, ob ein Gen, das mit dem gerade untersuchten Merkmal verbunden ist, bei einem bestimmten Individuum in homozygoter oder heterozygoter Form vorliegt. Da bisher noch nicht ergiebige Sondierungsmethoden vorliegen, wird vorgeschlagen, im Rahmen der humangenetischen Forschung für Erbgänge mit rein dominanten bzw. geschlechtschromosomal-rezessiven Verhalten tragfähige Unterlagen zu schaffen (*Löffler* [20]).

d) *Mutationen in menschlichen Populationen* [20, 107].

Falls solche registriert werden, handelt es sich in den meisten Fällen um Abnormitäten mit vorwiegend ungünstigen Merkmaländerungen. Für schwerwiegende Aberrationen dürfte auch heute noch das bereits oben Gesagte gelten, die Erkundung solcher Fälle muß Aufgabe der sozialen Hygiene sein, wenn wir auch nicht in Abrede stellen können, daß ein geringer Hundert- vielleicht nur ein Promille-Satz an günstigen Erbänderungen vorkommt, den wir kaum registrieren. Rein deduktiv ist zu folgern, daß sich auch beim Menschen solche ereignen müssen, sonst wäre ja, wie in dem gesamten evolutiven Geschehen nach unseren heutigen biologischen Erkenntnissesn, eine Weiterentwicklung der Biosphäre überhaupt nicht möglich gewesen.

α) **Über den Wert der Mutationsratenbestimmungen**: Nach *Haldane* wird das Auftreten von dominanten Mutationen aus der Häufigkeit von Fällen mit unbefallenen Eltern berechnet [107]. Sie ist bei verschiedenen Untersuchungen unterschiedlich und schwankt zwischen 1—2 je 100 000 pro Generation. Die Ermittlung von dominanten Erbfällen wird von vielen Autoren als die zuverlässige Art bezeichnet, eine globale Erfassung wird befürwortet, obwohl auch ihr große Fehlerquellen anhaften. Dagegen ist den Werten über Mutationsraten bei rezessiven Genen gerade beim Menschen wenig Bedeutung beizumessen.

Für Neumutationen von 5 Genen, die signifikante Merkmale bedingen, wird nach *Vogel* eine Rate von 1 : 10 000 [20] angegeben. Nach seinen Berechnungen wären für die Bundesrepublik im Laufe von 10 Jahren durch Geburten ca. 775 Neumutationen zu erwarten. Obwohl solche Berechnungen vielfach sehr problematisch sind, erbringen sie für die soziale Hygiene die einzigen Unterlagen überhaupt. Dies ist umso bedeutsamer, da wir infolge der Zunahme mutagener Agentien und Strahlenqualitäten in unserer Umgebung in zunehmendem Maße damit zu rechnen haben werden. Die Wirkungen der ionisierenden Strahlen sind in den letzten Jahren sehr kritischen Untersuchungen unterzogen worden. Nach *Court, Drown* und *Doll* [20] wird die verdoppelnde Dosis für Erwachsene mit 30 r, die für den Foetus im Uterus nach *Stewart* und *Webb* mit 3 r angegeben.

Wie schon erwähnt [159] lassen sich 3 Arten von Mutanten unterscheiden (vgl. S. 478 f):

dominante Letalfaktoren, die eine Sterilität, eine verringerte Fruchtbarkeit, eine Erhöhung der Fehlgeburten, der Neugeborenensterblichkeit und der Totgeburten mit sich bringen können. Da sich nur die letzteren Fälle statistisch auswerten lassen, müssen in allen Fällen auch das Alter der Mutter, der Geburtenrang, die sozialen Verhältnisse mit berücksichtigt werden;

ungünstige Gene, durch die Mißbildungen manifestiert werden; *rezessive Letalfaktoren,* die mit dem Geschlecht in Verbindung stehen oder durch das Geschlecht kontrolliert werden, indem sie das Geschlechtsverhältnis der Nachkommenschaft bei der Geburt variieren lassen.
Auf die Änderung des Geschlechtsverhältnisses bei Neugeborenen durch radioaktive Strahlung wurde schon hingewiesen [20, 83, 107]. Auch das Alter der Eltern hat einen Einfluß, wie in *Erewan* (UdSSR) festgestellt wurde, ist sie bei bestimmten Altersverbindungen bei Knaben gegenüber dem normalen Populationsverhältnis verändert [109] (Tabelle 20 u. S. 460 f).

Tabelle 20

Änderung des Geschlechtsverhältnisses [109]

Alter der Mutter	Kinder	bis 24 Jahre	Alter des Vaters 25—39 Jahre	40 u. älter
bis 24 Jahre	Mädchen	39	270	5
	Knaben	36	304	7
25—34 Jahre	Mädchen	14	957	267
	Knaben	13	976	300
35 und älter	Mädchen	—	52	173
	Knaben	1	48	179

Normales Verhältnis der Nachkommen Mädchen : Knaben wie 100 : 105 [86, 156].

Der Prozentsatz der weiblichen Nachkommen hängt jeweils von der vitalsten Entwicklungsstufe der Eltern (also sowohl der Frauen wie der Männer) ab. Bei Männern in höherem Alter überwiegen die Knabengeburten.

Wie *Fr. Neumann* (Pr. 9. 12. 67) festgestellt hat, läßt auch die Verhinderung der Wirkung des Androgens Testosteron somatisch bedingte Weibchen, also nachträglich bedingte Geschlechtsänderung entstehen.

Diese Ergebnisse zeigen, daß auch das genetische Material des Menschen mutabel ist und daß für die Verschiebung der Geschlechtsverhältnisse nicht nur die Mutter, sondern in sehr komplexer Weise auch die Geburtenfolge und teilweise auch das Alter des Vaters verantwortlich ist (20).

β) **Syndromhafte Embryopathien, die auf Variationen der Chromosomenzahlen beruhen** [20, 88, 89, 107, 143]: Nach *Lejeune* [20] hatten die mehr als 100 in Frankreich, England, Schweden und Amerika untersuchten Normalindividuen des Menschen 46 Chromosomen im diploiden Normalsatz.

Dank der zytologischen Untersuchungstechnik (Behandlung menschl. Gewebekulturen mit hypotonischer Kochsalzlösung und Colchicin) war es in der Folgezeit möglich, entsprechende Aberrationen exakt zu ermitteln. Es ergaben sich folgende, vom Normalsatz der Träger abweichende semitriploide Chromosomensätze:

	Chromosomenzahl		
	Mann	Frau	
Normalsatz	44 + X + Y	44 + X + X	(46)
Turnersyndrom		44 + X	(45)
Klinefeltersyndrom	44 + X + X + Y		(47)
Mongolismus (Chr. 21 = 3 x)	45 + X + Y	45 + X + X	(47)
mongoloider (Chr. 21 = 3 x)			
Klinefelter	45 + X + X + Y	45 + X + X + X	(48)
Cri du chat-Syndrom			
(Defizienz in der			
Chrom. d. B-Gruppe)	43 + X + Y	43 + X + X	(45)
(Pr. 23. 10. 65)			
weibliche Hypersexe		44 + X + X + X	(47)
somatische Triploidie	69 + X + X + Y		
Kriminell Debile [128]	44 + X + Y + Y		
	44 + X + X + Y + Y		

Die Merkmale der Träger fallen durch folgende Gestalt- bzw. Verhaltensänderung auf:
Turnersyndrom: angeborener Keimdrüsenmangel des weibl. Trägers, Infantilismus, Kleinwuchs. Von 791 untersuchten Probanden waren 551 Geschlechtschromatin—, 160 Geschlechtschromatin+, (Gonadendysgenesie = falscher Turner).
Klinefeltersyndrom: männl. Intersex, steril, nicht funktionsfähiger Hoden, sekundäre Merkmale an beide Geschlechter erinnernd, weibl. Körperbaumerkmale. 1—3% bei Männern, Geschlechtschromatin +; falscher Klinefelter: XY normal, tritt familiär auf (genabhängige Vererbung, Geschlechtschromatin —), Alter der Mutter 42 Jahre.
Mongolismus: die Träger sind körperlich minderwüchsig und in ihren geistigen Funktionen stark beeinträchtigt, gegen Infektionskrankheiten sehr anfällig, meist mit Herzfehler; hohe Sterblichkeit als Kleinkinder, robustere erreichen ein mittleres Alter. Die Häufigkeit ist stark vom Alter der Mutter abhängig: Mutter 25 Jahre 1:2000, 35 Jahre 1:1000, 45 Jahre 1:50, 49 Jahre 3:100, Durchschnitt (Europa) 1:700.
Trisomie ist auch bei den Chromosomen 17 und der Gruppe 13—15 möglich.
Weiblicher Hypersex: der Intelligenz nach unterentwickelte Frauen, mit in Morphologie und Funktion unterentwickelten Sexualapparat, rudimentären secundären Merkmalen, Menses hörten mit 19 Jahren auf. Geschlechtschromatin +. (vgl. weiter [88]).
Somatische Polyploide: polyploide Zellen sind u. a. in abortierten menschlichen Embryonen, neben triploiden auch hexaploide Zellen mit 138 Chromosomen beobachtet worden (ergänzend dazu vgl. [88, 107]). Ausgetragen wurde ein Knabe mit triploiden Chromosomensatz, der nach der Geburt Fieberanfälle und Ernährungsschwierigkeiten hatte und Bewußtseinsstörungen aufwies, Mutter 30, Vater 29 Jahre alt.
Kriminell Debile: Unter Verbrechern, die zur Untersuchung auf ihren Geisteszustand in englischen Kliniken überwiesen wurden, war der Chromosomensatz XXYY zehnmal sooft zu finden, wie unter den übrigen Patienten. Das überzählige Y-Chromosom kommt weit seltener vor als ein überzähliges X-Chromosom (0,2% der Männer). Drei Prozent von hospilatisierten Schwerverbrechern hatten den Satz XYY.

γ) **Über das Ausmaß bisher ungeklärter erblicher Defekte:** Wie von Humangenetikern und Strahlenbiologen [20, 107] schon wiederholt hervorgehoben, dürften für Merkmalsänderungen bei Menschen Chromosomen- oder Genaberrationen auch in anderen als in den oben bezeichneten Fällen verantwortlich sein. Sicher steht die humangenetische Forschung erst am Anfang der Ergründung solcher morphologischer bzw. physiologischer Merkmals- bzw. Verhaltensänderungen. So lassen z. B. Erbkrankheiten, wie die Bluterkrankheit, die durch den weiblichen Partner vererbt, beim männlichen Geschlecht aber manifest wird, erkennen, daß der Defekt im weiblichen Organismus (X-chromosom) genmäßig verankert sein muß. Ähnlich verhält es sich bei der Brachydaktylie, bei welcher die rezessiv reinerbigen Träger zur Chondrodystrophie neigen. In vielen Fällen der oben bezeichneten erblichen Krankheitsveranlagungen ist die Mutter als der Überträger der anomalen Genwirkung bereits erkannt worden. Eine einsichtige Erklärung läßt sich darin finden, wenn man bedenkt, daß bei der Frau alle während der Fortpflanzungsperiode zur Befruchtung kommenden Eizellen schon vom Beginn der Geschlechtsreife ab als Oocyten vorhanden sind, während beim Manne bis ins hohe Alter hinein die Spermien dauernd aus Spermatogonien in enormer Zahl neu gebildet werden [88] und allen Anschein nach nur die vitalsten zur Befruchtung gelangen. Wenn man auch in einzelnen Fällen durch die Gewebezüchtung und die Chromosomenanalyse schon zuverlässige Einsichten hat gewinnen können, so kompliziert sich in anderen die Klärung, zumal man ja nie mit Sicherheit sagen kann, ob bei solchen Veränderungen wenn überhaupt, auch wirklich Genveränderungen vorliegen. Das Auffinden von Polygenie, die Mono- oder Polyphenie [36] hervorrufen kann, begegnet im humangenetischen Bereich mannigfachen Schwierigkeiten der Aufklärung. Solche können z. B. physiologische Verhaltensänderungen verschiedener Art bedingen, deren Ausmaß man noch gar nicht ermessen kann (vgl. das von *Westergaard* über Drosophila Gesagte S. 459).

δ) Embryopathien [20, 120, 124]: Das somatische Mutationsgeschehen beim Menschen ist im Ganzen ungenügend untersucht, es muß zwischen Entwicklungsstörungen und den eigentlichen, während der Keimesentwicklung entstandenen somatischen Mutationen, die also nur gewisse Gewebe- oder Organe betreffen, unterschieden werden. Unter letzteren verstehen wir also Genveränderungen, die krankhafte Zustände hervorrufen, die während der Pränatalzeit (d. Zt. zwischen der frühesten Keimesentwicklung und der Geburt) entstanden sein können. Sie können verschiedene Ursachen haben.

Da die Entwicklung eines Keimlinges auf das Zusammenwirken von Frucht und Mutterboden beruht, kann eine Störung dieses Verhältnisses noch vor Ausreifung zu einer Frühgeburt führen. In Hinblick auf die möglichen kriminellen Eingriffe muß festgehalten werden, daß Aborte oder Keimanomalien nicht immer auf eine somatische Mutation zurückzuführen sein werden. In vielen Fällen können die signifikant werdenden Schädigungen oft nach sorgfältigen Erhebungen ermittelt werden. Neben den schon oben angeführten Gründen können Überdosierungen von Medikamenten, Impfstoffe, Menstruationsstörungen aber auch alle angegebenen Stoffgruppen die Ursache sein. Grundsätzlich muß bei der Inkorporation solcher Stoffe insbesondere in der Frühschwangerschaft gewarnt werden, da viele, obwohl für den mütterlichen Organismus verträglich, durch das Überschreiten der Plazentaschranke in den fetalen Kreislauf gelangen und eine Schädigung des Keimlings hervorrufen können. Es erscheint mir wichtig, hier gerade die Aussage eines Arztes anzuführen: „Das ganze Problem der iatrogenen Mißbildungen ist uns allen, aber auch den meisten von uns Ärzten, erst nach dem Bekanntwerden der Thalidomidembryopathie bewußt geworden" [124]. Das Ziel unserer Erziehung kann man daher nur darin erblicken, in der uns anvertrauten Jugend die Überzeugung wachzurufen, daß die Anwendung von Strahlen, Medikamenten, Anregungs- und Beruhigungsmitteln im Krankheitsfalle einen Segen für die Leidenden bedeutet, daß sie aber bestrebt sein müsse, ein den Gegeben-

Tabelle 21

Verursachende Agentien und mutmaßlicher Zeitpunkt des Angehens einer Fruchtschädigung (nach Dorr [20], erweitert durch [120, 124]).

Schwangerschaftsmonat	1	2	3	4	5	6	7	8	9	10
Krankheiten: Virus-Inf. Windpocken Mumps Grippe Virushepatitis Röteln usw.	±	+++	+	±	—	—	—	—	—	—
Toxoplasmose: Protozoeninfektion mit Totgeburt od. zerebralen Veränderungen	—	—	±	±	±	+	++	+++	+++	+++
Cytomegalie	—	±	±	±	+	+	+	+	++	++
Listeriosis	—	±	±	±	+	+	+	+	++	++
Kokkensepsis	—	—	—	±	+	+	+	+	+	+
Morbus haemolyt. neonat (rh-Faktor)	—	—	—	+	+	+	++	++	++	+++
bestimmte Hypnotica	++	+++	—	—	—	—	—	—	—	—
Lues	—	—	—	—	±	+	+	+	++	+++
Stoffwechselstörungen	±	++	+	±	—	—	—	—	—	—
O2-Mangel	++	+	+	+	+	+	+	+	+	+
Röntgenstrahlen	++	+								
Organschädigungen: Gehirn Auge Herz Extremitäten Lippe/Gaumen										

heiten unserer technischen Zivilisation möglichst naturhaftes (dies gilt auch für den Verbrauch von Genußmitteln) Leben zu führen.

ι) *Über die Verhütung lebensuntauglichen Nachwuchses* [20, 44, 112]
Es erscheint gewagt, nach den Erfahrungen der Vergangenheit dieses Thema im schulischen Rahmen aufzugreifen. Da vielfach über diese Frage ganz gefühlsbetont und bar jeder biologischen Einsicht geurteilt wird, sollte man sich auf die Maßnahmen und Gesetze anderer Staaten berufen [160].
Jedes Jahr kommen in der BRD 65 000 Kinder mit körperlichen, geistigen oder anderen Behinderungen zur Welt [Pr. 1. 3. 1966, Ärztetagung in Düsseldorf]. Von diesen sind etwa 3 bis 4% schwachsinnig (2—3% Debile, 0,5% Imbezille und 0,25% Idioten). Als Ursachen können veränderte Erbanlagen (Neumutationen), von denen Stoffwechseländerungen (Phenylketonurie) sekundär Schwachsinn bedingen, anzusehen sein. Dazu kommen die vielen, nicht völlig aufklärbaren, während der Schwangerschaft den Keimling beeinträchtigenden Noxen, von denen einige als Folge der feststellbaren Ursache (vgl. S. 481, Tab. 20) bekannt sind, in der Mehrzahl zunächst auf Vermutungen beruhen.
Nach *Ch. Buscher* (Epoca 1968/XII/60) schätzt man weiter, sollen unter 10 000 Kindern schulpflichtigen Alters „1 blindes Kind, 4 Sehbehinderte, 6 Gehörlose, 15 Schwerhörige, 50 Körperbehinderte, 60 geistig Behinderte und 250 Lernbehinderte sein. Fügt man dieser traurigen Bilanz noch die Gruppe der verhaltensgestörten Kinder hinzu, dann muß man damit rechnen, daß von 100 Schulpflichtigen etwa 10 Kinder Behinderungen aufweisen".
Da leider wieder eine Anzahl solcher Geschädigter, besonders der geistig Leicht- und Mittel-Geschädigten, zur Fortpflanzung kommt, überdies oft über den normalen Durchschnitt Kinder zeugt, ist mit einer Zunahme ständig zu rechnen. Eine entsprechende Volksaufklärung wird immer mehr nötig. Gerade jene Familien, in welchen solche Anomalien erblich festgestellt sind, wären anzusprechen und zu überzeugen, daß sich die Träger solchen Merkmalgutes der Fortpflanzung enthalten. Dies bezieht sich nicht nur auf körperliche Mißbildungen, sondern auch auf die vielen die Lebenstüchtigkeit belastenden Verhaltensweisen. Die *freiwillige* Sterilisation von Erbkranken wird seit mehr als 20 Jahren in Dänemark durchgeführt. Der Erfolg ist sehr beachtlich: Die Zahl der mit Erbschäden geborenen Kinder beträgt prozentual noch nicht einmal die Hälfte wie in der BRD.
Das Positive des „Ciba Symposiums" London 1962 ist m. E. darin zu sehen, daß die dort versammelten Biologen und Sozialwissenschaftler zunächst überhaupt auf diese Probleme hingewiesen und eine Strategie für die Forschung der Zukunft zu entwickeln versucht haben. Daß ihren Vorschlägen in Deutschland widersprochen wurde, ist auf Grund der Erfahrungen, die gerade die einschlägige biologische Forschung vor 1945 gemacht hatte, nicht verwunderlich gewesen [79 u. a.]. Einer Steuerung seiner Bevölkerungsentwicklung wird sich in Zukunft kein Staat entziehen können, nur werden noch viele Forschungen in der Richtung wie sie *O. v. Verschuer* u. a. [20, 89, 107 vgl. auch S. 531ff] vorgeschlagen haben, erforderlich sein.

Literatur zum Kapitel III

1. *Arbeits- und Sozialminister NW.*: Sicherheitslexikon für junge Haushalte, J. P. Bachem, Köln, 1968.
2. *Aschoff J.*: Tagesrhythmus des Menschen bei völliger Isolation, UWT. 1966/379.
3. *Auclair M.*: Das tödliche Schweigen. Eine Umfrage über Abtreibungen, Walter, Olten-Freiburg 1964.
4. *Aufklärungsdienst für Jugendschutz*: Informationen zur gesunden Lebensführung, Gedanken zu den Schaubogen, Universum-Verl. Wiesbaden.
5. *Autoren versch.*: Medizinisches Lexikon I, II, III, Fischer-Bücherei, Bd. 16—18, 1959.
6. *Autoren versch.*: Bevölkerungsentwicklung und Familienplanung, Zeitschr. f. Präventiv-Medizin, Vol 7, Fasc. 6, Füssli, Zürich 1962.
7. *Autoren versch.*: Gesundheitserziehung, Zeitschr. f. Präventiv-Medizin, Vol. 9, Fasc. 6, Füssli, Zürich 1964.
8. *Autoren versch.*: Unbesiegte Tuberkulose, Bundesaussch. f. ges. Volksbelehrung, Godesberg, Buchbender, Bonn, 1964.
9. *Bacqu, J. M., u. Alexander, P.*: Grundlagen der Strahlenbiologie, Thieme Stuttgart, 1958.
10. *Bättig, K.*: Alkoholismus, epidemiolog. Zusammenhänge und Folgen, NR. 1967/200.
11. *Bates, M.*: Der Mensch u. seine Umwelt, Franckh, Stuttgart, 1967.
12. *Bartelmess, A.*: Gefährl. Dosis, Herder-Bücherei Bd. 61, 1959.
13. *Becher u. a.*: Über ein vegetatives Kerngebiet u. neurosekretor. Leistungen, Bücherei d. Augenarztes, Enke Stuttgart, 1955.
14. *Berg, H.*: Solar-terrestrische Beziehungen i. d. Biologie, NR. 1959/170.
15. *Bundeszentrale f. gesundheitl. Aufklärung*: Gesundheit in unserer Zeit, H. 1, Stock u. Körber, Aschaffenburg 1968. H 2, P. Bachem, Köln 1968.
16a. *Bundeszentrale f. gesundheitl. Aufklärung*: Schriften und Lehrmittel z. Geschlechtserziehung (C. Topfmeier) Köln-Merheim 1965. 2. Aufl. 1968.
16b. *Bundeszentrale f. gesundheitl. Aufklärung*: Schriften u. Lehrmittel z. Haltung- u. Leistungserziehung (R. Scholtzmethner) Köln-Merheim 1967.
16c. *Bundeszentrale f. gesundheitl. Aufklärung*: Schriften u. Lehrmittel z. Schwangerschaftsvorsorge u. Säuglingspflege (C. Topfmeier) Köln-Merheim 1967.
16d. *Bundeszentrale f. gesundheitl. Aufklärung*, Köln: Sexualkunde-Atlas, C. W. Leske-Opladen 1969.
17. *BM f. Gesundheitswesen*: Gesundheit u. industrielle Welt, Zeitschr. f. Wirtsch. u. Schule, Leske Opladen 1964.
18. *BMwF-Pr.*: siehe im Text mit Zeitangabe.
19. *BMwF-Str.*: Strahlenbelastung d. Menschen Bd. 8, 1958.
20. *BMwF-Str.*: Spontane u. induzierte Mutationsrate bei Versuchstieren und Mensch, Bd. 17, 1960.
21a. *BMwF-Str.*: Überwachung der Radioaktivität in Staub u. Regen, Bd. 22, 1963.
21b. *BMwF-Str.*: Fortschritte der Strahlenbiologie, Bd. 25, 1963.
22. *BMwF-Str.*: Überwachung d. Radioaktivität in Lebensmitteln, Bd. 26, 1965.
23a. *BMwF-Str.*: Zulässige Dosis bei Inkroporation von Radionukliden, Bd. 27, 1966.
23b. *BMwF-Str.*: Die Strahlengefährdung d. Menschen, Bd. 28, 1966.
24. *Carl, H.*: Anschauliche Menschenkunde, Aulis, Köln, 1959.
25. *Dessauer, F.* und *Sommermeyer, K.*: Quantenbiologie, Springer Berlin 1964.
26. *Drössmar, F.*: Erdmagnetisches Feld u. Psyche, NR. 1964/447.
27. *Drössmar, F.*: Biochemie d. Schlafes, NR. 1965/487.
28. *Drössmar, F.*: Polonium im Tabak, NR. 1967/338.
29. *Fahr, E.*: Einwirkungen von ionisierender Strahlung auf die Nukleinsäuren, UWT. 1967/767.
30. *Falkenhan, H.*: Biologie f. Höh. Schulen: Werdendes Leben, Oldenbourg-Hirt, München-Hirt 1965.
31. *Faust, H.*: Wetterempfindlichkeit u. Strahlen, NR. 1957/189.
32. *Fiebig, F.*: Vorbeugende Gesundheitspflege, Hippokrates, Stuttgart 1960.
33. *Flohr, F.*: Bestimmung d. Blut- u. Atemalkohols, MNU. Bd. 13/361, 1961.

34. *Franke, K.*: Physiologie d. Erholung, NR. 1964/472.
35. *Franke, M.*: Erzogene Gesundheit, Fischer, Stuttgart 1967.
36. *Fritz-Niggli, H.*: Strahlenbiologie, Thieme, Stuttgart 1959.
37. *Fritz-Niggli, H.*: Nutzen u. Schaden d. Strahlen, UN. 1967/911.
38. *Gebhardt, J.*: Anreicherung von Sr. 90 im Körper, NR. 1960/139.
39. *Genzsch, E. D.*: Lärmbekämpfung als Gemeinschaftsaufgabe, Zeitschr. f. Wirtsch. u. Schule H. 2/115 1964 (Sonderdr. d. BM f. Gesundh.).
40. *Glees, P. u. Eschner, J.*: Ist das Gedächtnis strukturell deponiert, UWT. 1962/435.
41. *Göllert, H.*: Gesundheitsatlas, D. Gesundheitsmuseum Köln, Limpert, Fft.
42. *Goettert, L.*: Neue Erkenntnisse zur teratogenen Wirkung von Thalidomid, NR. 1966/115.
43. *Götz, H.*: Zum Problem d. Rauchens, Aufklärungsdienst f. Jugendschutz, Universum Verl. Wiesbaden 1963.
44. *Grebe, H.*: Grundlagen menschl. Mißbildungen, NR. 1955/189.
45. *Granjean, E.*: Der Lärm, NR. 1962/295.
46. *Granjean, E.*: Raumklima in Schulen, NR. 1966/338.
47. *Granjean, E.*: Ermüdung u. Leistungsbereitschaft, NR. 1967/515.
48. *Grimm, A.*: Freizeit ein internationales Problem, JRK u. Erzieher, 1961/H. 10-7.
49. *Hamerton, J. L. u. a.*: Chromosome investigations of a small isolated human population (Bevölkerung d. Insel Tristan da Cunha), UWT. 1966: 130.
50. *Hansen, J.*: Unsere Zähne, Leitfaden f. Lehrer, Verein f. Zahnhygiene u. Bundesverb. f. Zahnärzte e. V. Frankfurt.
51. *Harmson, H.*: Volkskrankheiten, UWT. 1962/621.
52. *Heberer, G. u. a.*: Anthropologie, Fischer. Lexikon, Bd. 15, 1959.
53. *Heer, D. u. Dean, O. S.*: Einfluß d. Sterblichkeit auf die gewünschte Familiengröße, UWT. 1967/502.
54. *Heyden, S.*: Epidemiologie d. Krankheiten, UWT. 1966/352.
55. *Hessische Arbeitsgemeinschaft f. Gesundheitserziehung:* Die Schriftenreihe 1—20 behandelt: Röntgenschirmbilduntersuchung, Herz u. Kreislauf, Rauchen, Sport, Pocken-Impfschutz, Krebsvorsorge, Gymnastik, Lärm, Erstes Lebensjahr, Babyerwartung, Familienplanung, Knabe-Jüngling, Kinderlähmung-Schutzimpfung, Urlaub, Gesundheit u. Alter, Hautkrankheiten, Sprechen u. Hören, Information über Gesundheit. Marburg/Lahn.
56. *Hollwich, K.*: Augenlicht u. vegetative Funktion, NR. 1966/285.
57. *Informationsdienst gegen Suchtgefahren:* Zahlen zur Alkohol- und Tabakfrage, Jg. 18/H 3—4, 1965.
58. *Israel, H.*: Natürl. radioaktives Milieu, NR. 1957/249.
59. *Irwin, S. u. Egozcue, J.*: LSD verursacht Chromosomenschäden in Leucocyten, UWT. 1967/857.
60. *Jacobi, P.*: Sampsel-Aufklärung, was Jugendliche über Sexualität wissen sollten, Beltz, Weinheim-Berlin, 1968.
61. *Junge, Ch.*: Atmosphär. Spurenstoffe. Birkhäuser, Basel 1967.
62. *Kapp, O.*: Jahreszeitliche Variation d. Geburtenkurven, NR. 1964/192.
63. *Kaspar, H.*: Akzeleration u. ihre Beziehung zur Ernährung, UWT. 1967/328.
64. *Keil, R. A. u. Rajewsky, B.*: Dosisleistung im Bereich natürl. Umgebungstrahlung, APr. 1966/579.
65. *Kimmig, J.*: Allergie u. ihre Bedeutung f. d. neuzeitl. Medizin, NR. 1958/347.
66. *Kinkel, H. A.*: Die Wirkung von Aminoäthyl-isothiuronium (AET) auf Zwischenhirn-Hypophysensystem, NR. 1966/110.
67. *Kirsch, W.*: Beginn der sexuellen Belehrung, Biologie u. Schule, 1966/510.
68. *Klensch, H.*: Nikotinstress. Sofortreaktionen u. Spätfolgen am Kreislauf, UWT. 1966/310.
69. *Kollmann, F.*: Mass d. Mitte im organ. Naturgeschehen, NR. 1966/223.
70. *Kreutz, H. J.*: Der junge Mensch i. d. techn. Welt, Amtl. Schulblatt Nr. 10/1962, 1/1963, Pagel, Düsseldorf.
71. *Kreutz, H. J.*: Zur schulischen Geschlechtserziehung, Landes AG. zur Bekämpfung d. Geschlechtskrankheiten u. f. Geschlechtserziehung in NW. 1963.
72. *Kreutz, H. J.*: Die Bedeutung d. Humanbiologie f. d. Erziehung, Vierteljahresschrift f. wiss. Pädagogik, 1966, II. 1/26.
73. *Kreutz, H. J.*: Problem d. geschlechtlichen Erziehung in der Schule, Der Biologieunterricht 1966, H, 1/22.
74. *Kröger, H.*: Wirkungsmechanismen d. Carcinostatica, NR. 1964/305.
75. *Ladner, H. A. u. Harn, K.*: Strahlenbedingte Konzentrationsänderungen freier AS im Blutplasma d. Menschen, NW. 1966/226.
76. *LAGG* (Landesarbeitsgemeinschaft zur Bekämpfung der Geschlechtskrankheiten u. für Geschlechtserziehung): Mitteilungshefte für Erziehung u. Jugendliche H. 3, 4, 6, 7, 8, 10, 13, 14, 15, 16, 17, 19, 20, 21 und Merkblätter f. Jugendliche, Luthe, Köln, Jakordenstr. 23.
77. *Lorant, M.*: Rauchen u. Krebs, NR. 1967/31.
78. *Lorentz, F.*: Wege zur Gesundheit, Deutsches Gesundheitsmus. Köln.
79. *Lüth, P.*: Der Schöpfungstag u. d. Mensch d. Zukunft, Diederichs, Düsseldorf 1965.
80. *Marquardt, H.*: Natürl. u. künstl. Erbschädigungen, Ro-Ro-Enzyklopädie, Bd. 44, 1957.

81. *Mattauch F. u. a.*: Gesundheitserziehung u. Unfallverhütung. JRK. u. Erzieher, 1955, H 5/1 u. 1956, H 10/9.
82. *Mattauch, F.*: Anforderungen an unsere Jugend, PB. 1963/211, 229.
83. *Messerschmidt, O.*: Auswirkungen atomarer Detonationen, Thieme, Stuttgart 1960.
84. *Mikidono, J. u. a.*: Untersuchungen an Plasmaprotein von Atombombengeschädigten u. Personen, die der Rückstandstrahlung ausgesetzt waren, APr. 1966/291.
85. *Minister für soziales u. Wiederaufbau in NW.*: Vorläufiges Tollwutmerkblatt, Selbstverlag Düsseldorf.
86. *Mohr, H.*: Erkenntnistheoretische u. ethische Aspekte der Naturwissenschaften, Mitt. d. Verb. D. Biologen 1965/No. 113.
87. *Nachtsheim, H.*: Mutationsrate menschl. Gene, NW. 1954/385.
88. *Nachtsheim, H.*: Chromosomenaberrationen beim Menschen, NW. 1960/362, 1962/264.
89. *Nachtsheim, H.*: Eugenik, eine biolog. u. gesellschaftspol. Notwendigkeit, Mitt. d. Verb. D. Biologen, 1966 No. 119.
90. *Niethammer, G.*: Mensch und Klima, NR. 1962/62.
91. *N. N.*: Schwangerschaftsverlauf u. Kindesentwicklung, NR. 1966/29.
92. *N. N.*: Wettereinflüsse auf Gesundheit u. Fortpflanzung, NR. 1966/70.
93. *N. N.*: DMSO aus den Apothekenverkehr gezogen, NR. 1966/74.
94. *N. N.*: Hirnverletzungen, NR. 1966/244.
95. *N. N.*: Rauchen und Krebs, NR. 1966/249, 296.
96. *N. N.*: Kinderlähmung in der Welt, NR. 1966/250.
97. *N. N.*: Tetanus ein Weltproblem, NR. 1966/513.
98. *N. N.*: Feststellung vom Embryopathien, NR. 1966/297.
99. *N. N.*: Schule u. Gesundheit, Mitt. d. Verb. D. Biologen 1967, No. 132.
100. *N. N.*: Körpergewicht u. Lebenserwartung, Naturwiss. u. Medizin (Böhringer) 1967 Nr. 17/61.
101. *N. N.*: Globale Ausrottung d. Pocken, NR. 1967/346.
102. *Oeser, H.*: Das Problem d. somatischen Schäden durch energiereiche Strahlen, Festschrift zum D. Biologentag 1958, Iserlohn.
103. *Österreich, H.*: Geschlechtserziehung in berufbildenden Schulen, 42. Mitteilungsheft d. LAGG 1966, vgl. Ziff. 76.
103b. *Österreich, H.*: Intimumgang, Empfängnis u. ihre Verhütung. 24. Sonderheft d. LAGG., Luthe-Köln 1969.
104. *Oho, G.*: Sterblichkeitsrate d. Überlebenden der Atombombenexplosion in Hiroshima an malignen Neoplasmen, APr. 1965/442.
105. *Palm, W.*: Sexualerziehung im Biologieunterricht, MNU. 1968/28.
106. *Panzram, H.*: Warmfronten führen zu Geburtenhäufung, NR. 1968/214.
107. *Penrose, L. S.*: Humangenetik, Springer-Taschenbücher, Heidelberg 1965.
108. *Petri, W.*: Sonnentätigkeit u. menschl. Organismus, NR. 1963/272.
109. *Petri, W.*: Alter d. Eltern u. Geschlecht d. Nachkommen, NR. 1963/109.
110. *Petri, H. R.*: Wesen und Risiken der Fettsucht, NR. 1967/433.
111. *Pfaffelhuber, J. u. Donath, H. H.*: Kommentar zur Strahlenschutzverordnung, Walhalla—Regensburg—München 1965.
112. *Prader, A.*: Molekularmedizin, Vererbungslehre, Kinderheilkunde, NR. 1964/89.
113. *Pribilla, O.*: Gerichtliche Medizin u. Radioisotope, APr. 1968/189.
114. *Pschyrembel, W.*: Klinisches Wörterbuch, de Gruyter, Berlin, 1969.
115. *Püllmann, A.*: Lungenkrebs durch Abgase, Pr. 16. 12. 1967.
116. *Rajewsky, B.*: Wiss. Grundlagen d. Strahlenschutzes, Braun, Karlsruhe 1957.
117. *Rajewsky, B.*: Strahlendosis u. Strahlenwirkung, Thieme Stuttgart 1956.
118. *Rehner, G.*: 10 Regeln für richtige Ernährung, Bundesausschuss. f. volkswirtschaftl. Aufklärung, Köln, 1963.
119. *Richtlinien f. d. Wiederzulassung in Schulen nach Abschn. 6 d. Bundesseuchengesetzes* v. 1. 1. 1962, Merkblatt 36 DAV, 1963.
120. *Ritschel, W. A.*: Arzneimittel u. Schwangerschaft, NR. 1963/58.
121. *Ritter, H. J.*: Strahlenschutz für jedermann, Hüthig u. Dreyer, Mainz, 1961.
122. *Rivera, J.*: Strontium u. Knochenbau, NR. 1965/200.
123. *Roffwarg, H. P. u. a.*: Ontogenetische Entwicklung des Schlaf-Traumzyklus beim Menschen, NR. 1967/363.
124. *Rosenbauer, K. A.*: Kritische Phasen d. embryonalen Entwicklung, NR. 1964/345.
125. *Rugh, R. u. a.*: Auswirkungen einer tödlichen Rö-Strahlung bei Affen (Macaca mulatta), APr. 1966/468, 519.
126. *Saokovic N. u. Hajdukovic, S.*: Überlebensrate und Vermehrungsrate von jungen männl. Ratten nach Gesamtkörperbestrahlung in Einzel- u. fraktionellen Dosen von 800r Röntgenstrahlung, APr. 1966/158.
127. *Schettler, G. u. Piper, W.*: Der Alkoholismus, sein Anstieg u. seine Gefahren, UN. 1967/519.
128. *Schmid, R.*: Verbrecher haben oft 2 Y-Chromosomen, NR. 1967/260.
129. *Schmid, R.*: Wirkung der UV-Strahlung auf die Haut, NR. 1967/437.
130. *Schmid, R.*: Herzkrankheit—Kaffee—Tee, NR. 1967/391.
131. *Schmid, R.*: Ernährung u. Intelligenz, NR. 1967/436.

132. *Schmid, R.:* Evolution d. Hautfarben u. Vitamin D-Biosynthese, NR. 1968/16.
133a. *Schmid, R.:* Mondphase u. Geburten, NR. 1968/22.
133b. *Schmid, R.:* Nahrungsaufnahme u. Korpulenz. NR. 1969/25.
134. *Schmitt, F. O.:* Makromolekulare Datenverarbeitung im Zentralnervensystem, Med. Wochenschrift, 1967/863.
135. *Schoen, H.:* Medizinische Röntgentechnik, Thieme Stuttgart, 1958.
136. *Schöffling, K.* u. a.: Das diabetische Kind, Schriftenreihe des Diabetikerbundes Frankfurt, 1966.
137. *Schorn, A.:* Gesundheitslehre f. d. Oberklassen, Schwann, Düsseldorf, 1965.
138. *Seiler, N.:* Stoffwechsel des Zentralnervensystems, Thieme, Stuttgart, 1966.
139. *Siedentop, W.:* Sexuelle Erziehung u. biologische Unterweisung in der Oberschule an Berliner Schulen, Landesausschuß f. gesundh. Volksbelehrung 1964.
140. *Simon, K. H.:* Antispermapille, NR. 1964/405.
141. *Simon, K. H.:* Gedächtnis, Antilärmfaktor-Verhaltenszentrum, NR. 1966/64.
142. *Simon, K. H.:* Schizophrenie u. Molekularbiologie, NR. 1966/157.
143. *Stengel, H.:* Forschungsgebiete d. Vererbungslehre, PB. 1965/169, 1966/89.
144. *Szillard, L.:* Chemische Grundlagen der Vererbung, NR. 1957/461.
145. 2. *Strahlenschutzverordnung* vom 18. Juli 1964 (BGBl. IS 500) und 12. August 1965 (BGBl. IS 759) vgl. Ziff. 111.
146. *Stümpke, N.:* Gefährliches Schweigen, Kohlhammer, Stuttgart 1961.
147. *Tholuk, H. J.:* Sorge für die Gesundheit deiner Zähne, Ausschuß für Jugendzahnpflege, Heiligenkreuzsteinach 1956.
148. *Triebold, K.:* Entwicklung u. gegenwärtiger Stand der Gesundheitserziehung in Schule u. Lehrerbildung. Deutsche Ges. für Freilufterziehung u. Schulgesundheitspflege e. V. Brackwede 1967.
149. *Uhlein, E.:* Strahlenwirkung u. chemischer Strahlenschutz. Wiss. Beibl. Materia Medica Nordmarck, Uetersen, 1958.
150. *Verschuer v., V.:* Erblehre des Menschen, Handbuch d. Biologie, Bd. IX/1, Athenaion Verl. 1966 Frankfurt.
151. *Vogel, F.:* Der moderne Genbegriff in der Humangenetik, NW. 1961/116.
152. *Walgren, A.:* Calmetta-Impfung, Vordruck 3, A. u. H. Hofbauer, Düsseldorf.
153. *Waser, P.:* Pharmakon und Psyche, NR. 1961/175.
154. *Wassermann, L.:* Chemie d. Tabakrauches, NR. 1964/206.
155. *Wassermann, L.:* Polonium 210 in Tabakblättern, NR. 1966/161.
156. *Wassermann, L.:* Geschlechtsbeeinflussung bei Rindern, NR. 1966/31.
157. *Weber, K. H.:* Zur Geschichte d. Entwicklung der Gesundheitserziehung in Deutschland. Bundesausschuß f. gesundheitl. Volksbelehrung 1957.
158. *Weiser, E.:* Werden wir alle süchtig, Kristall, Hamburg 1966 No. 17.
159. *Westergaard, M.:* Erbanlagen des Menschen u. seine Verantwortung, Med. Klinik, 1957 Nr. 7/280.
160. *Windorfer, A.:* Rückgang der Infektionskrankheiten, Regenbogen, Sonnenverl. Baden-Baden, 1968/H 5/26.
161. *Zentralinstitut für Gesundheitserziehung:* Informationen zur gesunden Lebensführung, Heftfolge seit 1964, Universum-Verl. Wiesbaden, vgl. Ziff. 4.

IV. Das Leben des Menschen unter besonderen Umweltbedingungen

1. Der Mensch und Raumfahrt [1, 2, 8, 27]

Neben der Kenntnis der Bedingungen und Bewegungsgesetze eines Körpers im Weltenraum und seinem Antrieb, um aus dem Schwerebereich der Erde zu kommen, wird das Verhalten des Menschen, bzw. die Voraussetzungen, die erfüllt sein müssen, um ein Lebewesen in einem Raumanzug oder einem Raumschiff längere Zeit im Weltenraum am Leben zu halten, die heranwachsende Jugend interessieren. „Es scheint, als ob es außer der Weltraumforschung und Weltraumfahrt kaum ein anderes Gebiet gibt, bei dem der Mensch mehr in dauerndem Konflikt zwischen seinen eigenen Fähigkeiten und den fast unübersehbaren Fehlermöglichkeiten des von ihm entwickelten Gerätes zu leben hat, von dem er oder mindestens die Öffentlichkeit erwartet, daß es trotz komplexester technischer Probleme auf Anhieb 100 % sicher zu funktionieren habe *(M. Mayer,* [10] v. 14. 2. 1968).

Die Technik ist heute soweit, daß sie die meisten Eindrücke der menschlichen Sinnesorgane durch ein entsprechend mechanisiertes System objektiv zu registrieren vermag. Warum also die Verwendung des Menschen in einem Raumschiff? Die entsprechende Begründung hat der Altmeister der Raumfahrttechnik, Prof. *Oberth,* schon vor Jahren gegeben: „Obwohl die Menschen nur subjektive Erkundungen durchzuführen vermögen, kann doch nicht auf ihre Mitarbeit verzichtet werden, da ein elektronisches System, welches in etwa die gleichen Daten zu vermitteln in der Lage wäre, im Ganzen aus 300 000 Einzelteilen bestünde und etwa 100mal schwerer wäre" [11]. Aus dieser Sicht ergeben sich also für die Biologie neue Forschungsgebiete, zumal der Mensch, infolge seiner naturgegebenen Anpassung an einen bestimmten Lebensraum, gerade hier gegenüber den sog. Robotern das schwächste Glied darstellt [11, 14, 21, 23].

Durch die bereits durchgeführten Menschenflüge im erdfernen Raum haben sich weitere Gesichtspunkte ergeben. Wenn auch der Mensch nur in seltenen Fällen bei Ausfall eines technischen Gerätes als Ersatz wird einspringen können, wie es besonders beim Apollo-11-Flug der Fall war, als die letzten 150 m über der Mondoberfläche durch Handsteuerung bewältigt werden mußten, so brachten doch auch die subjektiven Wetterbeobachtungen bei früheren erdnahen Flügen wertvolle Ergebnisse. Das wichtigste Argument aber ist wohl, durch ihn die Überprüfung des Entwicklungsstandes des Gerätes bzw. dessen Vervollkommnung wahrnehmen zu lassen. Da der Mensch auch eine teure und empfindliche Raumfracht ist, wird man ihn neben der Automatik also nur einsetzen, wenn besonders komplizierte Funktionen auszuüben sein werden. Aber „nur denjenigen Teil des Weltraumes hat der Mensch erobert und sich wirklich zu eigen gemacht, den er auch physikalisch erreichen und besetzt halten kann [27].

a) Erkannte und mutmaßliche Umweltänderungen bei der Raumfahrt [3, 11, 12, 21]

α) Der Start [15, 16]: Da der Ablauf aller menschlichen Funktionen auf eine konstant wirkende Gravitationskraft ausgerichtet ist, bedingt eine Änderung dieser Konstanten gerade während des Startes eines Raumschiffes (erhöhte Anfangsbeschleunigung), um aus dem Schwerebereich der Erde herauszukommen, eine besondere Belastung.

Der Mensch kann nicht beliebig hohen Beschleunigungen ausgesetzt werden. Solche über den irdischen Verhältnissen (1 g = 8,81 m/s) liegende Werte werden nur für kurze Zeit vertragen. Bei 7 g wirkt das Blut so schwer wie Eisen, bei 11 g wie Blei. Die Erträglichkeitsgrenze liegt bei 4 g/min, bei 8 g aber nur 2 sec. Mäuse haben lebend 16 g überstanden. Beim Weltraumflug des Menschen wird diese Belastung durch den Konturensitz auszugleichen versucht. Beim Start solcher Fahrzeuge sind 7,7 g innerhalb 4 Minuten ertragen worden [18]. Eine weitere nicht unwesentliche Belastung entsteht durch den Startlärm (Minderung der Konzentrationsfähigkeit).

Die anders erscheinende Lebensweise und das vollkommen auf „Sich-selbstüberlassen-sein" verlangt vorher eine genau festgelegte Zeitplanung (Arbeitsphase: Beobachtungen, Führung des Bordbuches, Kontaktgespräche mit der Bodenstelle, Essenszeiten und Ruhe). In den bis vor kurzem gebauten Raumschiffen waren Waschgelegenheiten, Rasieren und Rauchen, wegen des zusätzlichen Raumaufwandes und der damit verbundenen Energieaufwendung während des Startes, nicht vorgesehen.

β) Versorgungsfragen [14, 18, 19, 27]: Das in Beuteln bzw. Tuben verpackte Essen muß u. U. mittels einer Heißwasserpistole angefeuchtet werden.

Ein besonderes Problem ist die Beseitigung des Abfalles. Jeder Abfall muß besonders sorgfältig gesammelt und aufbewahrt werden. Jeder Splitter, jedes Staubteilchen kann im schwerelosen Zustande an eines der technisch-komplizierten Steuersysteme kommen und dadurch ein Registrieren bzw. Navigieren unmöglich machen. Ein Deponieren dieses Abfalles an der Außenwand der Kapsel, der dann bei Eintritt in die Atmosphäre verglühen würde, erfordert eine gesondert gebaute Beseitigungsluke! „Ein Mensch benötigt pro Tag zu etwa gleichen Teilen ca. 4 kg Masse an Sauerstoff, Nahrung und Wasser". Es sind 4 Mahlzeiten zu 2200—2500 kcal vorgesehen, wobei sich ein Wasserverbrauch von 2,4—2,6 Liter je Person und Tag ergibt. Bei längeren Aufenthalten im Weltraum muß das gesamte physiologische Abwasser bzw. das aus den Stromversorgungsaggregaten gewonnene (Wasserstoff-Sauerstoff-Elemente) für diesen Zweck aufbereitet werden [3]. Das Versorgungsmaterial steigert sich also je Tag und Mann der Besatzung entsprechend, so daß eine etwa 10 Tage dauernde Mondreise mit terrestrischen Produkten zu bewerkstelligen sein wird. Für zukünftige weiterreichende Raumfahrten ist die Entwicklung besonderer Selbstversorgungsanlagen in der Erforschung.

DER MONDFAHRER-ANZUG

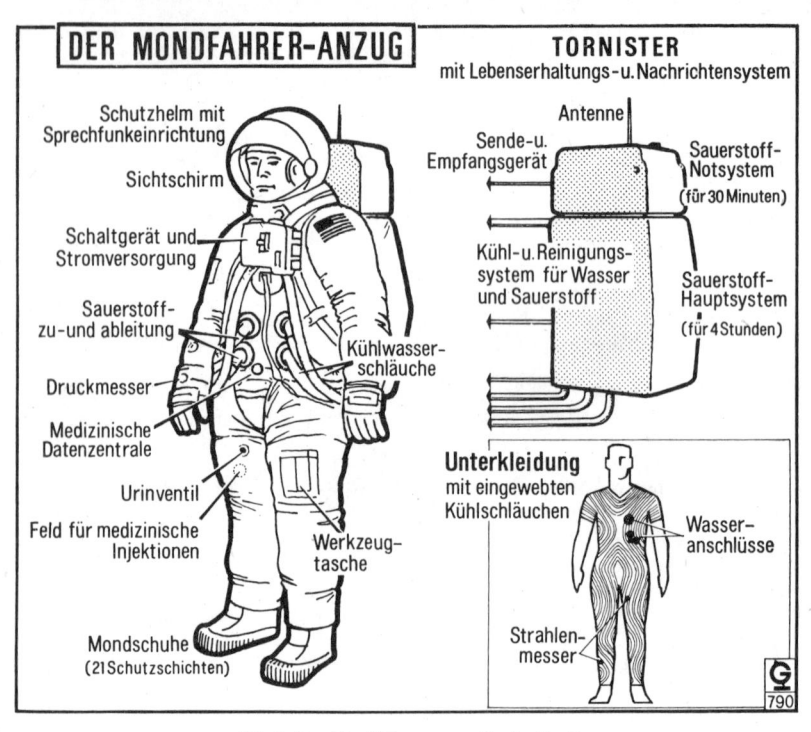

- Schutzhelm mit Sprechfunkeinrichtung
- Sichtschirm
- Schaltgerät und Stromversorgung
- Sauerstoff- zu- und ableitung
- Druckmesser
- Medizinische Datenzentrale
- Urinventil
- Feld für medizinische Injektionen
- Kühlwasserschläuche
- Werkzeugtasche
- Mondschuhe (21 Schutzschichten)

TORNISTER
mit Lebenserhaltungs- u. Nachrichtensystem

- Antenne
- Sende- u. Empfangsgerät
- Sauerstoff-Notsystem (für 30 Minuten)
- Kühl- u. Reinigungssystem für Wasser und Sauerstoff
- Sauerstoff-Hauptsystem (für 4 Stunden)

Unterkleidung mit eingewebten Kühlschläuchen
- Wasseranschlüsse
- Strahlenmesser

Abb. 6: Der Mondfahreranzug für Apollo 12
Gegenüber dem von Apollo 11 ist er etwas verändert und leistungsfähiger gestaltet.
Gewicht 63 Pfund, Herstellungskosten 400 000 DM. (Pr. 20. 11. 1969).

Die Astronauten erleiden infolge Dehydration Gewichtsverluste (2—6 % [27, 29]). Die erhöhte Harnausscheidung führt zur Abgabe von Calciumphosphat und Stickstoffverbindungen. Gerade die Ca-Abgabe führt zu einer Entkalkung der Fuß- und Fingerknochen, sie wirkt sich besonders bei längerem Aufenthalt und speziell bei der Landung (Abbremsung) ungünstig auf die Extremitäten aus.

Die Atmosphäre im Raumschiff [15, 27, 29]: Eine Beatmung mittels reinen Sauerstoffes wird vom Menschen im Unterdruckbereich (0,34 at) gut vertragen (Affen konnten bis zu 3 Monaten unter solchen Umständen gehalten werden). Vor dem Start muß also eine Entfernung allen Stickstoffs aus dem Körper der Raumfahrer und eine Anpassung an die Druckverhältnisse der Raumkapsel erfolgen [3]. Eine Belüftung des Raumanzuges ist ebenfalls erforderlich, Abgase (CO_2) müssen chemisch gebunden werden.

γ) **Die Bekleidung der Raumfahrer** [15, 29]: Der isolierende weiße Raumschutzanzug für Aktionen außerhalb der Raumkapsel kann auch im Innenraum getragen werden. Das übungsweise Abstreifen dauerte 9 bis 12 Minuten. Die Unterkleidung enthält ein Netz von Kühlschlangen, die einmal den Wärmestau beseitigen, aber auch in dem von der Sonneneinstrahlung stark erwärmten Bereichen (Mond z. B.) für Kühlung zu sorgen haben werden.

Soweit bekannt geworden, besteht der Raumanzug der Mondfahrer (Apollo 11) aus einem 16schichtigen Kunststoffgewebe, welches gegen die Temperaturextreme (120° Wärme in der Sonne und — 160° im Schatten), gegen die mit rasender Geschwindigkeit aufprallenden Kleinstmeteoriten und gegen die energiereiche Strahlung schützen soll. Durch entsprechende Schuhe und Handschuhe, letztere mit Hafttastspitzen, wird eine mäßige Beweglichkeit und Manipulierbarkeit erreicht. Am Helm befindet sich ein Spezialvisier, auf welches eine Sonnenbrille aufgesetzt werden kann. Am Rücken trägt der Raumfahrer den Sauerstoffbehälter (für etwa 4 Stunden Beatmung), den Versorgungstornister für Flüssigkeitskühlung, Stromversorgung und den Druckausgleichregler. Durch das Visier können die Kontrollgeräte, die auf der oberen Brusthälfte angebracht sind, eingesehen werden. Darunter befinden sich die Anschlußstecker für die Kontroll- und Versorgungsleitungen (beim Ausstieg durch den Deckel verschlossen) während des Aufenthaltes im Raumschiff. Seitlich am Helm ist die Sprechfunkanlage mit Außenantenne angebracht. In Taschen außerhalb befinden sich die Sonnenbrille, die Taschenlampe und das Schreibzeug (Oberarme), ein Ring zum Befestigen des Halteseils zum Raumschiff. Die Zu- und Ableitungsleitungen der Versorgungssysteme verlaufen ebenfalls außerhalb. Unter dem Raumanzug wird eine Spezialunterkleidung mit Kühlschläuchen getragen (Abb. 6).

δ) **Das Raumfahrttraining** [15, 24, 29]: Langer Aufenthalt im schwerelosen Zustand führt zu Muskelerschlaffungen, die durch entsprechendes Bordtraining und besonders durch zusätzliches Belasten des Herzmuskels gelindert werden müssen, in dem man durch Druck-Gummimanschetten an Oberarm und Oberschenkel einer Herz-Kreislaufaufschwächung entgegen wirkt. Eine Verdrängung des Blutvolumens infolge der Wasserabgabe ist nicht beobachtet worden. Die Gewichtsverluste dürften eher auf Abgabe aus „den extra- bzw. intrazellulären Flüssigkeitskompartimenten des Körpers zurückzuführen sein". Es werden mehrere (länger als vierstündig) dem terrestischen Zyklus entsprechende Schlafpausen eingelegt [3].

ε) **Das Verhalten bei Schwerelosigkeit** [13, 15, 19]: Es war schwierig, das Raumverhalten über längere Zeit auf das humorale System zu testen. Die Schwerelosigkeit spielt in der Druckkabine keine Rolle, da das Kreislaufsystem und die Herztätigkeit im ganzen von der Schwerkraft wenig beeinflußt werden. Tests im simulierten schwerelosen Raum (Gewichtlosigkeit, Reizlosigkeit) erzeugten das Gefühl des Sturzes ins Bodenlose. Nach den bisherigen Erfahrungen wird dieser Zustand verhältnismäßig gut überstanden, 45% der Menschen zeigen Störungen, bei etwa 25% wird leichtes Unbehagen empfunden, bei 30% starkes Schwindelgefühl mit Erbrechen registriert. Bei anderen sind die Symptome der Seekrankheit und nachträglich Gleichgewichtstörungen vorgekommen. Nach dem GEMINI-7-Flug schätzt man, daß heute ein Aufenthalt von 30 Tagen in diesem Zustand möglich scheint. Der amerikanische Raumfahrer *Glenn* konstatierte ihn als „a pleasant experience" [13].

ζ) Das Aussteigen und Verhalten außerhalb der Raumkapsel [33]: Nicht nur aus Sicherheitsgründen, (damit der Astronaut nicht von der Kapsel abirrt), war er durch ein Seil mit ihr verbunden. Durch dieses Kabel führten die Zuleitungen für Atemluft, Körperbelüftung, sowie die Drähte, mit denen der Körper an die automatischen medizinischen Überwachungsgeräte während des Aufenthaltes außerhalb angeschlossen ist.

Jetzt übernimmt das Versorgungssystem im Tornister diese Aufgabe, damit eine freie Bewegung außerhalb des Raumschiffes möglich wird. Handhabungen im Weltraum müssen mittels sog. g-Null-Werkzeugen, die zugleich mehrseitigen Gegendruck ausüben, durchgeführt werden, weil im schwerelosen Zustand kein fester Angriffspunkt vorhanden ist (s. o.).

b) *Innere und äußere Gefahren* [16, 32]

α) Mögliche Verhaltensänderungen [18, 21]: Mit der Zeit dürften sich durch die ungewohnten Verhältnisse in der Raumkapsel und im Raumanzug und durch den Zustand der Schwerelosigkeit bestimmte Verhaltensweisen einstellen. „Die Freiheit von der Erdenschwere verursacht eine rauschartig gehobene Stimmung, in der der Astronaut leichtsinnig handeln könnte". Ein Weltraumkoller, gereizte Stimmung an Bord, kann sich einstellen, wenn mehrere Astronauten im engen Raumschiff längere Zeit zusammen sind.

Isoliertsein, die ständige Einförmigkeit der Umgebung sowie eine gewisse nervliche Belastung hinsichtlich einer doch nicht völlig vorhersehbaren Zukunft, können hormonale Umsteuerungen des Raumfahrers und dadurch unvorhergesehene Vorgänge zur Folge haben.

β) Kosmische Gefahren [15, 16]: Die zwischen Erde und Weltraum in 3000 bzw. 20 000—30 000 km Höhe vorhandenen zwei Strahlungsgürtel zeichnen sich durch eine hohe Dichte elektrisch geladener Teilchen aus (*Van Allen*-Gürtel). Es handelt sich um von der Sonne emittierte und vom Magnetfeld der Erde eingefangene Protonen und Elektronen.

Sonneneruptionen: Im Bereiche der Ionosphäre trifft etwa mit eintägiger Verzögerung nach einem Gasausbruch aus der Sonnenoberfläche ein „magnetischer Sturm mit ultravioletter und Röntgenstrahlung" ein. Er ist die Ursache des Nordlichtes. Satelliten ließen erkennen, daß zur Zeit einer erhöhten Sonneneruption (Sonnenfleckenperiode) solche Stürme eine Gefährdung der Raumschiffe bedingen können.

Die sich daraus im Weltenraum ergebende Strahlengefährdung der Raumschiffe wird nach *Ginsburg* [15] wie folgt angegeben:

γ) Kosmische Strahlung (energiereiche Teilchen, 10^9 bis 10^{18} MeV) sind mit ihrer geringen Intensität (0,005 rad/h) keine Gefahr für die Raumfahrt;

Van-Allen-Gürtel: 100 rad/h (wegen der Schnelligkeit der Raumschiffe dürfte dieser ohne Gefährdung durchstoßen werden können);

Sonneneruptionen: die sog. Flares von 500—5000 rad/h von 20—60 Minuten Dauer. Zur Zeit der geplanten ersten Mondfahrt war mit einer Zunahme der Sonnenausbrüche zu rechnen; sie wurden daher sorgfältig beobachtet.

δ) **Meteoriten**: Mit kleinen Einschlägen von Steinkörnchen, die im Weltraum umherfliegen, muß sowohl auf den Raumschiffen als auch an den Raumanzügen gerechnet werden. Im Falle eines Leckschlagens muß eine Sauerstoffnotversorgung für wenige Minuten den Raumfahrer vor dem Ersticken retten.

ε) Die **Wärmewirkung der Sonnenstrahlung** ist im atmosphärefreien Raum wesentlich höher, feste Gegenstände reflektieren diese Strahlung. Gegen solche Wirkungen versucht man die Astronauten durch die entsprechend kühlbare Unterkleidung zu schützen (s. o.). Die Gefahr eines Lecks im Raumschiff ist „unwahrscheinlich", sollte es jedoch eintreten, würde das schnelle Entweichen der Gase eine Explosion des Schiffes bedingen.

c) Die Landung und Bergung [16, 18, 23, 33].

Eine letzte Belastung, bei welcher der gesamte Organismus einer zunehmenden Schwerewirkung unterliegt, ist der Übergang zur Abbremsung bei Eintritt in die Erdatmosphäre.

Eine Bremsung würde bei einem senkrechten Eintritt in die Atmosphäre einen Höchstwert der Beschleunigungsverminderung von 200 g (Anprall eines Fahrzeuges mit 75 km/h Geschwindigkeit gegen eine feste Wand, Aufschlagen eines Menschen aus 20 m Höhe nach freiem Fall) gleichkommen. Um die tödlich wirkenden Belastungen einschließlich der durch Reibung entstehenden Hitze zu mindern, muß der Eintritt in die Atmosphäre unter einem Einfallswinkel von $1°$ erfolgen, die Bremsung beträgt dann 4,4 g (bei $2°$ das Doppelte), oder die Geschwindigkeitsminderung muß mittels gegenläufig wirkenden Bremsraketen vermindert werden.

Bei der Landung auf dem Festlande wird der Astronaut in einer bestimmten Entfernung von der Erde aus dem Fahrzeug gehievt und landet mit dem Fallschirm. Bei Wasserung verbleiben die Raumfahrer nach dem Aufsetzen in der Kapsel, wobei ein Angleichen des Kapseldruckes an die Normalbedingungen der Atmosphäre gemäßigter erfolgen kann und so ein Kollabieren mit Taucherkrankheit [16] ähnlichen Symptomen vermieden wird.

Man glaubte früher, daß gerade während dieser Periode der Mensch kaum einsatzfähig sein dürfte, aber es zeigte sich, als besondere Umstände die Automatik ausfallen ließen, daß der Astronaut im Stande war, gewisse Steuerungen selbst vorzunehmen (*Glennflug 20. 2. 1962*). Auch hier wirkte wieder die Bremsung mit 7,7 g als höchste Belastung für den Raumfahrer [18].

Dabei ist die Kapsel so zu steuern, daß ihr Boden, welcher aus schwer brennbarem asbestähnlichen keramischen Material besteht, erdwärts gerichtet ist. Neben einer unvermeidlichen Wärmezunahme in der Kapsel bewirkt die Geschwindigkeitsabnahme Druckschmerzen in den Extremitäten sowie Orientierungs- und Gleichgewichtsstörungen. Nach Rückkunft von auf anderen Weltkörpern gelandeten Astronauten war bisher als Vorsichtsmaßnahme, wegen evtl. mitgebrachter außerterrestrischen Lebewesen, eine Quarantänezeit vorgesehen [38].

d) Weltraumfahrt, Abenteuer oder verantwortungsbewußtes Handeln im Dienste einer Wissenschaft [11, 27].

Wenn man auf Grund der technischen Entwicklung und der bisher erfolgten Versuchsflüge voraussagen kann, daß es dem Menschen möglich sein wird, noch weiter von der Erde weg in den Weltenraum zu dringen, so ergeben sich doch von Fall zu Fall immer neue Ungewißheiten hinsichtlich des Gelingens dieser Projekte. Wie aber werden sich die Menschen verhalten, wenn die technische Entwicklung so weit sein wird, daß sich die Raumschiffe noch weiter aus dem Anziehungsbereich der Erde entfernen werden, um in den anderen Himmelskörper zu gelangen? Welchen Belastungen wird ein solches Team bei einem längeren Raumfluge ausgesetzt sein, sei es durch die völlig neuen Umgebungsbedingungen (dauernde Schwerelosigkeit, Bewegungslosigkeit, Schalltod, Dunkelheit)? Welche Folgen werden diese neuen Verhältnisse auf das Gesamtgeschehen des Körpers haben? Sicher wird man durch entsprechende Zeiteinteilungen gegen Muskelatrophien und Kabinenkoller angehen können. Vollkommen im Ungewissen aber scheint man gegenüber möglichen Verhaltensweisen der Menschen zu sein, die sich auch mit den klug ausgedachten terrestrischen Tests nicht mehr überprüfen lassen, wenn sich unvorhergesehene Ereignisse einstellen. Für den Raumfahrer ist daher nicht nur die vollkommene physiologische Gesundheit erforderlich, sondern auch der Persönlichkeitswert. Nicht Abenteurer, nur Menschen, deren geistige Reife und wissenschaftliche Kenntnisse die Problematik genau bewerten können, deren Einsatzbereitschaft und Verantwortlichkeitsbewußtsein für den Fortschritt der Wissenschaften u. U. ein Opfer zu bringen bereit sind, scheinen dafür geeignet zu sein. Wie die Auswahl dieser Persönlichkeiten zeigt, bemüht man sich, Menschen auszusuchen, die menschlich (Familienväter) und beruflich (Offiziere, Techniker) einen Rang haben. Auch im Zeitalter der Maschinen-Technik, des Massenkonsums und der immer zu erwartenden gut dotierten Pfründe, wird gerade für den Raumfahrer die ethische Einstellung wieder vorrangig.

2. Probleme der Exo-Biologie [5, 6, 8, 13, 14, 20, 24]

Neben der Physik und den technischen Disziplinen ist auch der Biologie und Medizin die Aufgabe gestellt, wissenschaftliche Grundlagen für die Erforschung des Weltenraumes zu liefern. Deutschland steht auf diesem Gebiete erst am Anfang der Forschung. Die Aufgaben beziehen sich auf die Feststellung der im Weltraum wirkenden Faktoren auf die biologischen Systeme, auf Entwerfen von Einrichtungen für die Weltraumlaboratorien, insbesondere von Schutzeinrichtungen und Züchtungstechniken.

a) Die automatische Biosonde [7, 8, 10 (v. 19. 6. 67), 13, 14]: Die in den USA hergestellten Satelliten (GEMINIsystem) werden mit Gewebkulturen, Krebsen, Amphibien oder auch Säugetieren (Mäuse, Affen) als Versuchstiere bestückt und längeren kosmischen Bedingungen ausgesetzt. Durch die Koppelung der biogenen mit technischen Regelsystemen sollen über möglichst lange Zeiträume (30 Tage) Meßdaten über Sauerstoffverbrauch, Temperatur, Motilität, Verhalten gegenüber der Schwere und der radioaktiven Strahlung ermittelt und unmittelbar zur Bodenbeobachtungsstelle gefunkt werden. Bevor diese Einrichtungen in den Raketen bzw. Satelliten eingebaut werden, sind umfassende Bodenuntersuchungen mit simulierten Weltraumbedingungen erforderlich.

Für das von der BRD (8) in Aussicht genommene Programm wurden aus 80 Vorschlägen 20 verschiedene Lebewesen ausgewählt und der Reihe nach folgenden extraterrestrischen Einflüssen unterworfen:

im schwerelosen Zustand und zusätzlich zu diesem unter Einwirkung von Gamma-Strahlen (Sr. 85) sollen die Entwicklung von Frosch- und Seeigeleiern, die Orientierung der Wurzeln und Sprosse bei Mais und Weizen und die Nahrungsaufnahme von Pelomyxa untersucht werden;

in einem weiteren 21-Tage-Experiment sind Untersuchungen über die Pflanzenmorphogenese (Arabiodiopsis), Leberzellen, Stoffwechsel bei Ratten, Virusaktivierung bei Bakterien, Neurospora, Drosophila, Wespen und Tradiskantia vorgesehen;

das 30-Tage-Experiment mit Primaten soll den Kalkstoffwechsel, Blutkreislauf und Gehirntätigkeit sowie Leistungsfähigkeit im Raumflug untersuchen.

Mittels Pflanzen (Algen) sind die optimalen Bedingungen zu erproben, die für die Ernährung bzw. O_2-Versorgung von Bedeutung sein können. So wurde bekannt (*Briegleb* [5]), daß 100 Liter Algensuspension im Raumschiff den Atmungssauerstoff, 500—600 g Festsubstanz die Ernährung einer Person je Tag sicherstellen.

b) Einige weitere Probleme, mit denen sich die Raumfahrtbiologie in der Zukunft beschäftigen wird, sind:

α) Die *Frage der Toxizität* der reinen Sauerstoffatmung bei Raumflügen bzw. die Herstellung der optimalen Gasmenge dafür.

β) Die *Trinkwassererneuerung* bei längeren Raumflügen (Aufarbeitung des Harnes).

γ) Die *Abhängigkeit biologischer Systeme von der Schwerkraft bzw. der Strahlenwirkung*. Soweit bisher erkannt dürfte das humorale System, aber auch nicht bestrahltes Blut des Menschen durch die Schwerelosigkeit kaum Beeinträchtigungen ausgesetzt sein. Dagegen war die Zahl der Chromosomenbrüche in Blutzellen, die im schwerelosen Zustand bestrahlt wurden, doppelt so groß wie bei den terrestrischen Kontrollversuchen. Das dürfte vor allem zu einer bedeutsamen Belastung bei der Querung des *Van-Allen*-Gürtels durch Raumschiffe bzw. bei Aufenthalt im interstellaren Raum werden [13].

Sobald die Möglichkeit besteht, größere Weltraumstationen bzw. Mondbasen einzurichten, soll das sog. „Life-Support-System" erprobt werden, d. h. es sollen geschlossene ökologische Systeme, in denen pflanzliche und tierische Organismen ein biologisches Gleichgewicht bilden und die gegenseitigen Stoffwechselprodukte wieder in den biologischen Kreislauf eingehen lassen, getestet werden. Eine entsprechende Forschungsgruppe für extraterrestrische Biologie hat sich dafür an der Universität Frankfurt eingerichtet (II. Int. Seminarkongreß f. praktische Medizin in Grado, APr. 1968/XI).

δ) Die *Anreicherung von Sauerstoff* in vorwiegend CO_2-haltigen Atmosphären, z. B. der Venus. Unter welchen Bedingungen und in welcher Zeit kann erwartet werden, daß mit Hilfe von Mikroorganismen eine solche Atmosphäre soweit umgewandelt werden kann, um tierisches Leben zu ermöglichen?

c) Die *Antikörperbildung* an den Leucocyten durch außerterrestrische Antigene. Da die Resistenz des Menschen gegenüber Stoffwechsel-Endprodukten anderer Organismen letzten Endes auf dem Abwehrmechanismus der Leucocyten beruht, wird zu überprüfen sein, ob diese in ihrer Tätigkeit auch gegenüber nicht in der terrestrischen Evolution entstandenen Molekülen wirksam werden können, wie es *Haurowitz* z. B. für Azostoffe [4] fand.

Obenstehend nur einige Beispiele, an welchen gezeigt werden sollte, welchen Beitrag auch die Biologie zur Raumforschung zu leisten hat. Der Jugend sollte man nicht vorenthalten, welche Kosten solche Experimente erfordern. „Man schätzt z. B., daß bei einer Raumsonde für jeden Wissenschaftler, der ein Experiment vornimmt, etwa 10 000 Menschen benötigt werden, um die Ausführung dieses einen Experimentes möglich zu machen". Noch größer ist der Aufwand für den bemannten Weltraumflug. Diese neue Art von Forschung kann nur durch sinnvolle Zusammenarbeit aller Wissenschaftsbereiche bewältigt werden. „Dieses neue ‚Management'-Konzept wird der Menschheit allgemein zugute kommen, wenn es sich beispielsweise darum handelt, die Probleme des Menschen in seiner immer enger werdenden Umgebung oder Form zu lösen. Nach amerikanischen Schätzungen ist der Nutzen der Raumfahrt auf eben den aufgezeichneten Gebieten der Methodik und Verfahren mit etwa 3 : 1 viel größer als der sogenannte Nutzen durch die Nebenprodukte" ([10] v. 16. 5. 66).

d) Die Auswertung der Ergebnisse des am 7. 9. 1967 gestarteten Biosatelliten II erbrachte folgende Ergebnisse [40]:

Sämtliche Versuche wurden zugleich mit entsprechenden Kontrollexperimenten auf der Erde durchgeführt, „Dies ermöglichte den Forschern, zwischen den Wirkungen der Schwerelosigkeit und Strahlung zu unterscheiden".

Obwohl die bisherigen Erkenntnisse als vorläufige anzusehen sind, die vor allem keine Schlüsse auf das Verhalten des Menschen erschließen lassen, kann folgendes darüber ausgesagt werden:

α) Die Strahlwirkung ist unter kosmischen Bedingungen (schweretoser Zustand) erhöht, die Mutationsrate, Stummelflügelmutante u. a., größer.

β) Der Stoffwechsel der sich rasch teilender Zellen ist verlangsamt.

γ) Es findet eine Desorientierung im Wachstum von Pflanzen statt.

δ) Einzelne Bakterienstämme wachsen schneller, bei anderen (Samonelle, Escherichia) ist das Wachstum verlangsamt.

ε) Viren, die die Bakterien enthielten, waren weniger aktiv als bei den Bodenkontrollen.

3. *Biologische Probleme, die durch das zu erwartende Leben des Menschen in den Schelfzonen unter dem Meere entstehen* [17, 22, 26, 33—35]

Hier handelt es sich um die Erforschung der Lebensbedingungen, die mit der Nutzbarmachung jener Zonen entlang der Kontinente (etwa 30 Millionen km^2) in Tiefen von 100—200 m entstehen. Wenn auch wieder in der BRD entsprechende Forschungen erst im Juli 1969 angelaufen sind, so sind sie doch bereits in anderen Ländern zu einer weiteren Aufgabe der Mediziner und Biologen geworden. Das Meer wird nicht nur als neue Nahrungsquelle, sondern auch als Fundort für

Rohstoffe, die auf der Erdoberfläche immer seltener werden (Metalle), in der Zukunft eine bedeutende Rolle spielen. Entsprechende Fahrzeuge dafür sind u. a. durch *A.* und *J. Piccard* sowie durch *J. Cousteau* und den Astronauten *S. Carpenter* gebaut und erprobt worden.

„Nur die Tatsache, daß die einzelnen Etappen der Weltraumforschung und des Weltraumfluges „spektakulär" sind und daher die Aufmerksamkeit einer breiteren Öffentlichkeit stärker fesseln, ist der Grund dafür, daß die Chancen, die in der Nutzung des Meeres liegen, der Öffentlichkeit nicht deutlicher bewußt werden..."

„Im Meer und im Meeresboden sind Rohstoffe enthalten, die die Reserven der Kontinente teilweise weit übertrefffen, unter anderem Salz, Brom, Jod, Zinn, Uran und Titan," in dem auf dem „Meeresboden abgelagerten sog. Manganknollen finden sich u. a. bis zu 50 %/o Mangan, 26 %/o Eisen und 1—3 %/o Nickel und Kupfer. Die Menge dieser Knollen wird auf einige Milliarden Tonnen geschätzt, außerdem finden sich dort Phosphatmineralien. 16 %/o der Weltölproduktion des Jahres 1966 kamen aus dem Kontinentalsockel; die USA rechnen damit, daß 1970 insgesamt 40 %/o der Ölproduktion aus dem ihnen gehörenden Kontinentalsockel gefördert werden."

„Die Chance, die Schätze des Meeres nutzbar zu machen, hängt weitgehend von einer genaueren Kenntnis aller Vorgänge im Meer und den über ihn liegenden Luftschichten sowie des Meeresbodens und der Verhaltensweise der Lebewesen und Pflanzen im Meer ab." ... „Aus diesem Grunde beabsichtige ich im Laufe der nächsten Wochen die folgenden Schritte:

die Berufung einer Deutschen Kommission für Ozeanographie ... ;
die Aufstellung einer Übersicht über die mittelfristige Planung der einzelnen Bundesressorts;
die Vergabe der ersten Studien, ... den Einsatz der Datenverarbeitung in der Ozeanographie, Verbesserung der Geräte und Heranbildung wiss. u. techn. Personals" (Verkürzt aus einer Rede von *G. Stoltenberg* am 3. 5. 1968 in Kiel) [10].

Verhalten des Menschen als Hydronaut bzw. im „sealab"-Schiff [34]. Bereits in einer Tiefe von 30 m sind alle Meere gleich kalte Aufenthaltsräume und die dort sich bewegenden Menschen müssen daher raumanzugähnliche Kleidung tragen. Unter dem erhöhten Wasserdruck (in 100 m Tiefe $= 0{,}2$ Zentner/cm², in 500 m Tiefe $= 1$ Zentner/cm²) erfordert jede sinnesgesteuerte Orientierung und Verständigung eine ähnliche Geräteentwicklung wie für den Weltraumflug. Durch die Änderung der Druckverhältnisse bildet besonders bei schnellem Auftauchen aus größeren Tiefen der Stickstoff im Blut Blasen, die die Gefäße verstopfen können. Dies kann zu Schmerzen, Krämpfen, Ohnmachtsanfällen, schließlich zum Tode führen. Aus diesem Grunde werden bereits beim Herablassen das Gehäuse und die Menschen auf die jeweils der Tiefe entsprechenden Drucke eingestellt, so daß ein Aussteigen aus dem Fahrzeug ohne entsprechende Neuanpassungen möglich wird. Ebenso erfolgt auch beim Aufsteigen eine langsame Druckverringerung, damit die geschilderten Beeinträchtigungen beim Ausstieg wegfallen.

Die Atmungsfunktion unter erhöhtem Druck des Saelabs wird anscheinend durch Eindringen von Stickstoff in die Membranen der Synapsen gestört, was den Tiefenrausch (übermäßiges Selbstvertrauen, Gelächter, Gesprächigkeit mit Störungen, die bis zum Bewußtseinverlust führen) zur Folge hat.

Beim Testen der den Atemsauerstoff begleitenden Gase ergaben sich folgende Werte für die erhöhte Löslichkeit einzelner Gase im Fett- bzw. lipoidhaltigen Gewebe:

Xenon	Fettlöslichkeit 1,7	bei 1 atm/cm^2
Stickstoff	Fettlöslichkeit 0,067	bei 1 atm/cm^2
Neon	Fettlöslichkeit 0,019	bei 1 atm/cm^2
Helium	Fettlöslichkeit 0,015	bei 1 atm/cm^2

Nachgewiesen wurde, daß Helium bei einem Druck von 40 kg/cm^2 keinen Rückgang der Oberflächenspannung an den Zellmembranen hervorruft und daher mit Sauerstoff gemischt das ideale Gasgemenge für die Beatmung bis zu 100 m Tiefe darstellen dürfte [37].

Infolge des Wasserauftriebs sind die zu bewegenden Gegenstände zwar leichter, die Muskelkraft des Menschen kann dort Leistungen vollführen, für die auf der Erdoberfläche Maschinen erforderlich sind, andererseits ist aber der Widerstand, den das entsprechende dichtere Medium den Bewegungen entgegensetzt, wieder größer. Die wärmespendenden elektrischen Anlagen (Glühdrähte) erscheinen dunkel. Verletzungen der Körperoberfläche schließen sich sofort, so daß kein Blut austritt. Der Nahrungsverbrauch beträgt 4 000 Kalorien je Tag, entsprechende Versorgungen an Ort (Fische, Algen) bedingen zunächst das Ausprobieren der besten Zubereitungsweisen.

In diesem Bereich ist ein Überangebot an wertvollen Rohprodukten (Fischeiweiß, Algenzellulose, ölhaltiges Plankton, aber auch Vitamine und nicht zuletzt antibiotisch wirkende Stoffe) anzutreffen. Aus diesem Grunde wird die biochemische und pharmakologische Forschung neue Verwendungserprobungen durchführen müssen. Da man bisher gerade jene zu durchforschenden Zonen der Weltmeere als Ablagerungsort von terrestrischen Abfällen aller Art (Abwasser der Flüsse, radioktiver Abfall u. a.) verwendet hat, wird die hydrobiologische Forschung zu überprüfen haben, inwieweit Anreicherungen solcher Stoffe über die Nahrungskette einen späteren Konsum durch den Menschen gefährden können. Fast utopisch klingen die von Prof. *Kylstra* geplanten Forschungen, die Lungen der festlandbewohnenden Lebewesen für die Entnahme von Sauerstoff aus dem Meerwasser einzurichten.

4. Die Aufgaben der hydronautischen Forschung in Deutschland [39].

Im Juli 1969 wurden nacheinander am Bodensee (inzwischen wieder gehoben) und in der Nordsee bei Helgoland die ersten Unterwasserlaboratorien eingebracht. Das Helgoländer System soll 46 m^3 Inhalt haben und aus einem Arbeits- und einem Schlafraum bestehen, wobei letzterer nach Vorschlag der Drägerwerke leicht abgekuppelt und für die Ruhezeit der besseren Überwachung der Aquanauten wegen, an die Wasseroberfläche gezogen werden kann[*]). Es soll zunächst in 25 m, dann in 40 m und maximal in 100 m Tiefe zum Einsatz kommen, wobei dann entsprechend der Wassertiefe statt Stickstoff ein Sauerstoff-Helium-Ge-

---

[*]) 1969 wurde zunächst ein einfacher Typ verwendet ([10] v. 3. 9. 1969).

misch zur Raumfüllung verwendet wird. Es bietet 3—4 Wissenschaftlern Raum, die entgegengesetzt zu anderen ähnlichen Unternehmen in wärmeren Meeren, die besonderen Verhältnisse der unwirtlichen Nordsee (tiefere Wassertemperatur, Wind- und Wasserströmungen, besondere Art der Sedimentation) untersuchen sollen. Die Besatzung besteht aus 2 Biologen und einem Mediziner.

Im ersten Bereich der Forschung stehen an:

Bestandaufnahmen des Ökotypus Nordsee (Flora und Fauna);
Verhaltensweisen der Lebewesen (Assimilationsmessungen);
Beobachten der Fischschwärme und Krebse (Hummer), deren Nährtiere, Orientierungsverhalten der Tiere;
die chemischen Auf-, Umbau- und Abbauprozesse;
die Erprobung neuer Fangmethoden;
die Eroberung der Algenzüchtung (Braunalgen) in 2—10 m Tiefe.

Das medizinische Forschungsprogramm hat sich mit den Verhalten der Menschen unter Wasser zu beschäftigen, es werden getestet:

Lungen-, Kreislauf, Herz- und Ausscheidungsfunktionen;
die Nahrungsaufnahme und der Temperaturhaushalt des Körperstammes;
zu den psychologischen Untersuchungen gehören Leistungstests, die Bewegungs-, Wahrnehmungs- und Handlungsfähigkeit unter Wasser, sowie Feststellung des technisch-handwerklichen und des Reaktionsvermögens unter den erhöhten Druckverhältnisssen und entsprechend niederen Temperaturen.

Literatur zum Kapitel IV

1. *Bergaust, E.:* Zukunft der Raumfahrt, Econ, Düsseldorf, 1965.
2. *Blagonrawow, A.:* Weltraumforschung u. Weltraumfahrt nach dem gegenwärtigen Stand, UN. 1967/1245.
3. *Berry, A. Ch.:* Medizinische Aspekte der Geminiflüge, UWT. 1966/565.
4. *Bogen, H. J.:* Knauers Biologie, Droemer-Knauer München 1967.
5. *Briegleb, W.:* Mikroskopische Algen u. Raumfahrt, NR. 1963/110.
6. *Briegleb, W.:* Ernährung im Weltraum, NR. 1966/512.
7. *Briegleb, W.:* Physiolog. Langzeiteffekte in rotierenden Systemen, NR. 1968/507.
8. *Bücker, H.:* Extraterrestrische Biophysik u. Biologie, APr. 1967/H. 4—5, Direct-Information; 1968/H 1, Direct-Information.
9. *Büdeler, W.:* Der Mensch und das Weltall, BMwF-Weltraumforschung, Heft 1/1967.
10. *BMwF-Pr.:* siehe im Text mit Zeitangabe.
11. *Faust, H.:* Der Mensch das schwächste Glied d. Weltraumfahrt, UN. 1958/1083.
12. *Faust, H.:* Woher kommen, wohin gehen wir, Econ-Verl. Düsseldorf 1961.
13. *Geratewohl, S. J.:* Biologische und biophysikalische Experimente bei den Geminiflügen, APr. 1966/H 6, Direct-Information.
14. *Geratewohl, S. J.:* 16. Int. Kongreß f. Luft- u. Raumfahrtmedizin, APr. 1968/H 1, Direct-Information.
15. *Ginsburg, Th.:* Technische u. biolog. Probleme des bemannten Weltraumfluges, NR. 1964/175.
16. *Henning, G. A.:* Raumfahrt, die letzte Grenze ist der Mensch, Kristall, Hamburg 1965, Hefte 7—9, 15 (Mond).
17. *Hülsmann, J.:* Der Kontinentalschelf, geolog. Grenze zwischen Land und Meer, UWT. 1967/165.
18. *Kletter, L. u. Petri, W.:* Bemannte Raumflüge, NR. 1961/461.
19. *Koelle, H. H.:* Entwicklungstendenzen in der Raumfahrt, BMwF-F. 3/1968.
20. *Lederberg, J.:* Exobiologie, NR. 1960/340.
21. *Nevell, H. E.:* Der Mensch während d. Weltraumfluges, UN. 1960/737.
22. *N. N.:* Fabriken auf dem Meeresgrund, Epoca 1967/H. 4/28.
23. *N. N.:* Rettung schiffbrüchiger Weltraumfahrer, UWT. 1967/396.
24. *N. N.:* Biosatellit II (Versuchsergebnisse), APr. 1968/H 4/extraterr. Biophysik, Anhang 3 — vgl. auch NR. 1968/79, 128, 1969/29.
25. *N. N.:* Unterwasserforschung mit Tümmlern, NR. 1968/216.
26a. *N. N.:* Schwermetallsuche im Küstenvorland, NR. 1968/217.
27. *Petri, W.:* Reifende Raumfahrt, NR. 1966/173.
28. *Rees, E.:* Antriebe f. d. Raumflug, D. Atomforum, Schriftenreihe Heft 11, Godesberg 1962.
29. *Schmid, R.:* Gewichtverlust beim Menschen im Weltraum, NR. 1967/390.
30. *Steinbruch, K.:* Mensch oder Automat im Weltraum, NR. 1963/341.
31. *Stuhlinger, E.:* Wiss. Voraussetzungen und techn. Probleme der Weltraumfahrt, UN. 1959/247.
32. *Teukert, R. P.:* Obere Schranken d. Weltraumfahrt, NR. 1964/11.
33. *Troebst, C. Ch. u. Henning G. A.:* Alltag zwischen Himmel und Erde, Kristall, Hamburg 1966/H. 2.
34. *Troebst, C. Ch.:* Wir werden leben wie die Fische, Kristall-Hamburg 1966/H. 15—18.
35. *Wilm, P. H.:* Meeresforschung beim Institut francais du Petrole, UWT. 1967/208.
36. *W. D.:* Rentabilitätsbetrachtungen zur ozeanographischen Forschung in Amerika, UWT. 1966/134.
37. *Bennet, P. B.:* Rauschzustände durch komprimierte Luft. UWT. 1968/696.
38. *N. N.:* Quarantäne für Mondfahrer, NR. 1968/211.
39. *N. N.:* Erstes deutsches Unterwasserlabor, UWT. 1968/573.
40. *Schmid, R.:* Biosatellit II, NR. 1969/24.

V. Der Mensch und seine nähere Zukunft

1. *Die mutmaßliche Entwicklung der Erdbevölkerung und deren ethnische Bedeutung* [2, 10, 53, 71]

Der Leser wird fragen, ob die folgenden Ausführungen noch etwas mit dem Biologieunterricht zu tun haben, handelt es sich zum Großteil um Fragen, die zwischen den herkömmlichen Fachgebieten liegen [37].
Der Mensch wird in seinem Verhalten zur Umwelt durch seine Leistungen, die wiederum Folgen der Tätigkeit seiner biogenen Strukturen sind, gesteuert. Gerade seine Tätigkeiten lernen wir zunehmend besser durch die molekularbiologischen Geschehnisse in seinen Gehirnzellen verstehen. Die Zukunft der Menschheit hängt zunehmend von ihren Gehirnleistungen ab. Es ist daher durchaus vertretbar, ja sogar notwendig, daß man der Jugend solche Probleme eröffnet, damit sie erfährt, welchen Weg die Weltentwicklung voraussichtlich gehen wird und ihre Berufswahl danach treffen kann.
Viele der angeführten Voraussagen sind durch O. *Helmer* [37] von 82 Fachleuten nach der sog. Delphi-Technik (Auswertung eines ausgewählten Programms von Antworten, die nach getrennter Befragung, d. h. ohne Zwischenschaltung von Diskussionen und den damit verbundenen gegenseitigen Beeinflussungen) ermittelt worden.
Der Bericht des sog. *Ciba*-Symposiums (London 1963, [44, 46]) und die Veröffentlichung der Daten von der *Rand*-Corporation (Santa Monica, Kalifornien) auf die die *Helmer*sche Bearbeitung fußt, haben in deutscher Fassung in der Naturwissenschaftlichen Rundschau vorgelegen [66].

a) *Die Ursachen des Wachstums der Weltbevölkerung* [3, 5, 16, 62, 71, 85].
Die Zunahme der Erdbevölkerung, vor allem in den heutigen Entwicklungsländern, ist leicht zu deuten. Die schon vorher für die Länder des nordatlantischen Raumes aufgezeigte Entwicklung (S. 360 ff), die durch die Fortschritte der Medizin und der Technik eine Bevölkerungsvermehrung im 19. Jahrhundert brachte, hat sich über die ganze Erde ausgebreitet.
„Jeder in der Welt betrachtet die Fortschritte der Medizin, die diese auf dem Gebiete einer Vorbeugung der Kindersterblichkeit zu verzeichnen hat, als besonders kostbare Errungenschaften.
Solche vom öffentlichen Gesundheisdienst eingeleiteten Maßnahmen zur Senkung der Kindersterblichkeit lassen sich auch am leichtesten weltweit durchführen, so daß gerade ihnen größte Erfolge beschieden werden. Aber dieser so menschenfreundliche Aufruf, der weltweiten Widerhall und universale Annahme erfuhr, löste eine regelrechte, sich mit der Zeit ständig steigende Bevölkerungslawine aus,

wie sie in dieser Mächtigkeit erstmals in der Geschichte der Menschheit zu verzeichnen ist. Seine erfolgreiche Durchführung, wie in den heftig absinkenden Kurven der Kindersterblichkeit sichtbar wird, ist wohl die Hauptursache für die bedrängende Vermehrung der Weltbevölkerung. Die überlebenden Kinder vermehren nicht nur durch ihr bloßes Dasein die Zahl der Menschen, sie vermehren sich auch, was häufig übersehen wird, durch ihre Fruchtbarkeit, d. h. durch die Zahl ihrer Nachkommen, so daß die Bevölkerungsflut bei weltweitem Rückgang in der Kindersterblichkeit auch bei gleichbleibender Fruchtbarkeit in die Höhe schießen muß" [62].

„Gerade in den Ländern, in welchen noch bis Ende des vergangenen Krieges die Kindersterblichkeit groß war, ist sie seitdem in einer ständigen Abnahme begriffen". Hier zeigt sich, „daß die Natalität (Anzahl der Lebendgeborenen, bezogen auf eine bestimmte Einwohnerzahl) und die Säuglingssterblichkeit eng miteinander zusammenhängen, negativ jedoch mit dem geistigen und kulturellen Niveau einer Bevölkerung".

Die Säuglings- und Kindersterblichkeit hängt überwiegend von der Sozialschicht ab und zwar bei ausgesprochenen exogenen Todesursachen, wie Pertussis, Pneumonie, Bronchitis usw. Dagegen sind die Unterschiede bei endogenen Todesursachen, Mißbildungen, Geburtverletzungen, nur gering. Es darf also als erwiesen gelten, daß vor allem Umweltfaktoren den größten Einfluß auf die Säuglingssterblichkeit haben. Dabei überwiegt die Knabensterblichkeit ungefähr um den 4. Teil der Sterblichkeit der Mädchen [30].

b) Die Folgen der Geburtenzunahme [5, 16, 62, 85].

„Eine hohe Geburtenzahl zerstört die ökonomische Entwicklung gerade der Länder mit niedrigem Einkommen *(Mudd,* 1964), nicht nur, weil es an Kapital zum Aufbau der Industrien fehlt, sondern auch, weil Nahrungs- und insbesondere Eiweißmangel bald zu verschiedenen Graden der Krankheitsanfälligkeit, des Stumpfsinns und der Leistungsunfähigkeit führt. Auch die Medizin und das Gesundheitswesen kommen in der Betreuung der wachsenden Menschenmassen, was Personal und Mittel betrifft, auf die Dauer nicht mehr mit. Wenn nicht Mittel gefunden werden, um ein ausreichendes Gleichgewicht zu schaffen, wird schließlich ein niedriger Lebensstandard für alle das Ergebnis sein, und im schlimmsten Falle sozialer Aufruhr, Krankheit und Hunger *(Gordon* und *Elkington* 1964) sein" [62].

Die auf S. 376 bereits angewendeten und geplanten Hilfen können nicht nur allein Aufbau der Produktionsmittel in diesen Ländern bereitstellen, sie müssen leider für Ernährungsunterstützungen und Amortisationen aufgewendet werden.

Tabelle 22

Zahlenangaben über die Weltbevölkerungsentwicklung (nach S a u v y *1963* [62] vgl. S. 361).

1650	545 Mill.	1920	1 820 Mill.
1750	728 Mill.	1930	2 015 Mill.
1800	907 Mill.	1940	2 249 Mill.
1850	1 175 Mill.	1950	2 509 Mill.
1900	1 610 Mill.	1960	3 005 Mill.
		1965	3 275 Mill.

Tabelle 23
Bevölkerungszahlen der Zukunft und ihre Verteilung auf die einzelnen Länder der Welt [62]
Bevölkerung (in Millionen Einwohnern) vgl. Abb. 7

Gebiet (m. V. = mittlere Variante, g. T. = bei Anhalten d. gegenwärtigen Trends)	Jahr	1960	1970	1980	1990	2000
Ostasien	m. V.	793	910	1 038	1 163	1 284
	g. T.	793	941	1 139	1 419	2 023
Südasien	m. V.	858	1 090	1 366	1 667	2 023
	g. T.	858	1 092	1 418	1 898	2 598
Europa	m. V.	425	454	479	504	527
	g. T.	425	460	469	533	571
Sowjetunion	m. V.	214	246	278	316	353
	g. T.	214	253	295	345	402
Afrika	m. V.	273	346	449	587	768
	g. T.	273	348	458	620	860
Nordamerika	m. V.	199	227	262	306	354
	g. T.	199	230	272	325	388
Lateinamerika	m. V.	212	282	374	388	624
	g. T.	212	284	387	537	756
Ozeanien	m. V.	15,7	18,7	22,6	27	31,9
	g. T.	15,7	18,4	22,0	26,7	32,5
Welttotal	m. V.	2 990	3 574	4 269	5 068	5 965
	g. T.	2 990	3 626	4 487	5 704	7 410

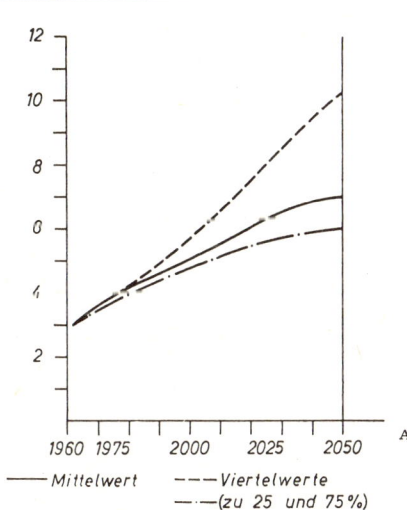

Abb. 7: Vorausschätzung der Weltbevölkerung von 1975 bis 2050 (nach O. Helmer, [37])

—— Mittelwert   - - - Viertelwerte   —·— (zu 25 und 75%)

Bevölkerungsentwicklung und ihre Verteilung auf die einzelnen Kontinente der Vergangenheit
(nach *Carr-Saunders* und *Burgdorfer*) [50]

	Bevölkerung in Millionen		
	1850	1900	1950
Europa	266	401	548
Asien	749	937	1 326
Afrika	95	120	198
Amerika	59	144	329
Ozeanien	2	6	13
Welttotal	1 171	1 608	2 414

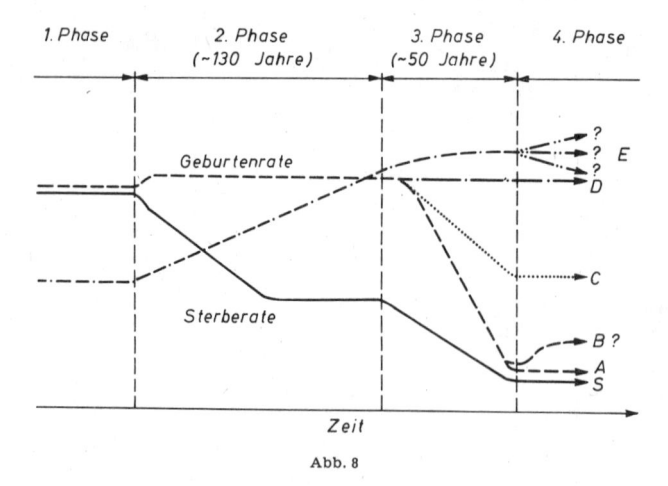

Abb. 8

Erläuterungen zu Abb. 8: Phasen der Entwicklung einer Bevölkerung

Die Linien A und S stellen den Ablauf der Bevölkerung dar, wie er sich in einem heutigen Industriestaate (England mit Wales) seit etwa 1700 bis zu Beginn des 2. Weltkrieges abgespielt hat. Aus dieser Entwicklung wird gefolgert, daß eine solche auch für die übrigen Populationen der Welt als Modell angesehen werden kann.

Einzelne Völker der techn.-industriellen Welt befinden sich heute am Ende der Phase 3 zum Übergang nach 4. Nicht in allen Fällen ist jedoch der Zustand A eingetreten, einzelne zeigten sogar eine neuerliche Zunahme (baby-boom, USA B).

Zahlreiche Völker der E-Länder in Asien, Afrika und Südamerika befinden sich in Phase 2 und zeigen eine Geburtenfreudigkeit, aus der die Prognosen für die Weltbevölkerungentwicklung bis zum Jahre 2000 erschlossen werden (S. 505).

Als Ursache für die Bevölkerungzunahme nach 1940 wird in den meisten Fällen die Verminderung der Sterblichkeit als Folge der auf S. 503 aufgezeigten Maßnahmen angesehen (vgl. [62]).

Damit die von den Fachleuten vorausberechnete Bevölkerungsvermehrung etwa in Zuwachsbereiche zwischen A und C eingedämmt werden kann, sind die aufgezeigten Maßnahmen erforderlich.
Die Linie E zeigt die Entwicklung der Gesamtbevölkerung:

Phase 1: Hohe Geburtenzahl, aber auch hohe Sterblichkeit (besonders Säuglingssterblichkeit, niedrige, kaum steigende Gesamtbevölkerung (Urzustand, Gesamtbevölkerung bis in die Neuzeit).

Phase 2: Hohe Geburtenzahl, rasch steigende Lebenserwartung und sinkende Sterberate durch medizinisch-hygienische Maßnahmen bedingen „explosionsartigen" Bevölkerungsanstieg (Industriestaaten in der 2. Hälfte des 19. u. der 1. Hälfte des 20. Jahrhunderts, viele Entwicklungsländer heute)
Die angegebene Phasenlänge kann viel kürzer sein.

Phase 3: Sinkende Geburtenzahl nach Erreichen eines gewissen Wohlstandes in der industriellen Phase bedingt Verlangsamung des Bevölkerungsanstiegs (z. B. Bundesrepublik).

Phase 4: Schwer voraussagbar! Kann verschieden sein. Kinderfördernde staatliche Maßnahmen (Frankreich) oder eine familienfreundliche Einstellung der Gesellschaft (USA, siehe B) können Bevölkerungsanstieg bedingen. Umgekehrt kann eine kinderfeindliche Einstellung und Planung Still stand oder gar Absinken der Gesamtbevölkerung verursachen.

Overhage erläutert: „Wie lange noch werden die wohlhabenden Nationen, — so fragt *Dorn* (1964) — bereit sein, die unkontrollierte Fortpflanzung der Völker, die ihre Hilfe erfahren, zu unterstützen? Die Periode der Entwicklungshilfe könne einmal mit Jammer und Wehklagen ihr Ende finden, obwohl der Grundsatz der öffentlichen Hilfe für die soziale Wohlfahrtplanung augenblicklich anerkannt sei und auch weiterhin international angewendet wird" [62].

„Jede Bevölkerungsvermehrung ist heute deshalb auf den gegebenen beschränkten Raum eines Landes angewiesen, wenn der Friede erhalten bleiben soll. Wenn der Erdraum zu eng geworden ist, würde die unbegrenzte Vermehrung, wie *Japsers* es sagt (1958) — schon als Gewaltakt gelten —. Eine Bejahung der ungehemmten Vermehrung stellt deshalb nach ihm — als solche schon einen potentiellen Eroberungsakt dar". „Eine Verlangsamung der Geschwindigkeit des Bevölkerungswachstums ist, wie *Stycos* (1964) mit Recht sagt, noch kein Ersatz für ökonomische Entwicklung" [62]. Es ist auch utopisch zu glauben, eine solche ließe sich merklich in der nächsten Zukunft erreichen. Aus den Voraussagen der Fachleute kann man schließen, daß Übervölkerung und Hunger in der Welt die global zu lösenden Probleme der achziger Jahre unseres Jahrhunderts sein werden.

c) Zahlenmäßige Angaben über die Weltbevölkerungsentwicklung
(Tabelle 22 und 23 [3, 21, 62, 73, 85 — 88])

Um 1830, also etwa zu Beginn der technisch-industriellen Evolution, betrug die Zahl der Menschen noch nicht ganz eine Milliarde. Die erste mit einiger Sicherheit vorauszusagende Verdoppelung dürfte ungefähr 200 Jahre (vgl. Tabelle 22) betragen haben (1650—1850). Die zweite Verdoppelung erfolgte in der Zeit von 1850—1930, sie dauerte also nur noch 80 Jahre und die dritte zwischen 1930—1975 wird etwa 45 Jahre brauchen." Es ist besonders eindrucksvoll, wenn man sich klar macht, daß zwischen 1930 und 1960 — trotz des 2. Weltkrieges — die Erdbevölkerung eine numerische Zunahme erfahren hat, für die in der vor- und frühwissenschaftlichen Zeit etwa 200 000 Jahre benötigt wurden (*Mohr* [53]). Ziel der Bevölkerungssteuerung muß daher sein, die zur Verfügung stehenden existenzsichernden Mittel, die Anbaugebiete, die Nahrungs- und Rohstoffreserven, die Möglichkeiten der Verteilung der Güter und die Energiebereitstellung mit den zu erwartenden Bevölkerungszahlen ständig zu vergleichen, um daraus die Schlüsse ziehen zu können, inwieweit alle die Lebensgrundlagen in ein für die Lebenserwartung der Menschen erträgliches Maß gebracht werden können.

Jeder Staat hat nach seiner sozialen, ökonomischen und politischen Lage, jedes Volk nach seiner moralisch-ethischen Auffassung seine zweckentsprechenden Maßnahmen zur Bewältigung der obigen Anliegen zu treffen. Ziel muß die Erhaltung der Volkssubstanz im Rahmen der allgemeinen Weltlage sein. Was heute für Japan und Südamerika zweckmäßig scheint (Geburteneindämmung), braucht keineswegs für die Entwicklung der europäischen Bevölkerung empfehlenswert zu sein und umgekehrt. Dies belegen gerade die Zahlen in den Tabellen 22 bis 23; außerdem die Entwicklung über eine einigermaßen überschaubare Zeit bei Völkern, die für unsere spezielle Betrachtung von Bedeutung zu sein scheinen [5]:

USA: 1800 .. 55 ⁰/₀₀, 1960 .. 38 ⁰/₀₀, 1940 .. 17 ⁰/₀₀, 1956 .. 24,9 ⁰/₀₀

Deutschland: 1876 .. 41 ⁰/₀₀, 1939 .. 19,8 ⁰/₀₀, 1957 .. 16,9⁰/₀₀, 1965 .. 11,5 ⁰/₀₀

Frankreich: 1840 .. 28 ⁰/₀₀, 1940 .. 15 ⁰/₀₀.

Tabelle 24 [31]

Stahlproduktion der Welt seit 1880 und vermutlicher Verlauf bis 2040 (erstellt aus Pro-Kopf-Produktionszahlen)

Stahl/Kopf/Jahr Produktion: USA 600 kg
BRD 630 kg
SU 360 kg
Belgien 810 kg

Mill. t./Jahr	1880	1900	1963	1980	2020	Bevölkerung 1963 in Mill.
USA	3	10	100	150	195	189,3
DR = BRD + DDR	1,5	6	32	53		55,4 + 17,2
GB	1,8	5	30	40		53,4
Frankreich	0,9	1,8	20	30		47,8
WEU			110	170	220	
SU	1	3	83	140	170	224,7
China		3	20	210	1300	730
Japan		7	30	80	120	95,9
Indien			14			449,4

Tabelle 25 [31]
Energieproduktion 1970—2030
(Mittelwerte der heutigen Weltproduktion der techn. gesättigten Industrieländer)

	1870	1900	1963	2000	2030
Zahlen: Milliarden Megawattstunden/Jahr					
Weltproduktion	5	11	36	*)	
USA	1,5		11,5	16,5	20
DR=BRD+DDR	0,25	1,2	2,1	2,5	3
GB	0,9	1,55	1,7	2,7	3
Frankreich		0,4	0,6	1	2,2
WEU			4,2	5,1	7,8
SU	0,5	0,5	5,5	13	20
China			3,7	25	80

2. Die Entfaltung der Menschheit im technisch-industriellen Zeitalter
[7, 19, 39, 44]

a) Die Produktivkräfte (31)

Da sich im ganzen heute keine zuverlässigen Prognosen, wie sich die Erweiterungen der agrikulturellen Produktion und die Geburtenbeschränkungen auswirken werden, geben lassen, bietet nur die kritische Sichtung einiger Sachfaktoren dafür gewisse Anhaltspunkte. Diese ergeben sich z. B. aus dem Vergleich der Größe und Lage der bewohnbaren Erdflächen, der Bodenschätze, der Möglichkeiten der landwirtschaftlichen Umgestaltung und der Entwicklung der agrikulturellen und industriellen Produktion. Hieraus läßt sich mit einer gewissen Zuverlässigkeit eine Voraussage über die ökonomische Entwicklung eines Staates machen. W. *Fucks*, der dies in seinem Buche: „Quellen zur Macht" versucht hat, erläutert: „Es ist trivial zu sagen, daß die Macht eines Volkes auf Menschen und Sachen beruht. Wir spezialisieren diesen Ansatz so weit, daß wir in ihm die Macht durch die Menschen in ihrer Bevölkerungszahl, die Sachen eingegrenzt auf die Energie- und Stahlproduktion, ausdrücken.

Selbst wenn man sich zu dieser starken Vereinfachung entschlossen hat, bleiben noch zahlreiche Fragen übrig. Die erste wird sein, welche Funktion von Bevölkerung und Produktion dann für die rechnerische Bestimmung der Macht eines Volkes gewählt werden soll. Wenn die Bevölkerung sehr klein ist, so ist die Macht auch klein, selbst wenn die Produktion groß sein sollte. Und umgekehrt, wenn die industrielle Erzeugung sehr klein ist, wird auch die Macht sehr klein sein, selbst wenn die Bevölkerung sehr groß sein sollte. Diesen Forderungen wird jeder Ansatz gerecht, der irgendwie ein Produkt einer passend bestimmten Funktion der Bevölkerung und einer Funktion der Produktion darstellt oder auch eine Reihe, die aus solchen Produkten gebildet wird". Der Autor errichtete aus diesen Voraussetzungen folgende Ausweitungsmöglichkeiten der beiden bezeichneten Produktionszweige (Tabelle 24 und 25). Hinsichtlich der Entwicklungsländer gilt folgende Unterstellung: „Tritt eine Bevölkerung in die Industrialisierungs-

---
*) Nach Schätzungen dürfte sich bis zum Jahre 2000 die erzeugte elektrische Energiemenge um das achtfache steigern ([14] 15. 9. 1966).

phase ein, so geschieht alsbald zweierlei: die mittlere Lebenserwartung nimmt zu und nach einem anfänglichen Anstieg sinken die Geburtenziffern schließlich drastisch ab" (Abb. 8). Dies wurde bei den Industrienationen der westlichen Zivilisation durchweg festgestellt (s. o.). Nach *Fucks* stellt dieser zuletzt genannte Vorgang einen gewissen Rationalisierungsprozeß dar, die Geburtenziffern entsprechen nicht mehr den natürlichen, maximal möglichen Gegebenheiten, sondern sie werden in die Entwicklung der menschlichen Vernunft übernommen. Wenn wir also aus dieser Sicht noch einmal die machtbedingenden Größen eines Volkes überprüfen, so müssen wir feststellen, daß
a) die Größe eines Volkes und sein Altersaufbau;
b) seine wirtschaftliche Basis (Rohstoffe, Ernährungs-, Energie- und Produktionspotential;
c) seine Kräfteentfalung, die physischen, geistigen und charakterlichen Werte also, die es befähigt, in Wissenschaft, Technik und Wirtschaft einen Rang einzunehmen;
für die Bewältigung der weltpolitischen Probleme eine Rolle spielen. Für unser Volk dürften die beiden ersten Größen in der Zukunft nur eine untergeordnete Rolle spielen. Allein in der 3. Kategorie könnte sich uns auf Grund des einmal innegehabten Vorsprung eine Chance im Rahmen eines vergrößerten Machtblockes ergeben, an dem weiteren Aufbau der Welt mitzuhelfen.

b) *Die biologischen Voraussetzungen für diese Entwicklung* [51]

Die menschl. Population ist charakterisiert durch:	Die technisierte Umwelt bietet der Population:
1) stagnierende Vermehrung (technisierte „alte Welt") überoptimale Vermehrung (Entwicklungsländer);	a) Aufenthalt; b) z. T. nicht mehr ausreichende Ernährung; c) verstärkte Zunahme von Ursachen f. d. Erzeugung neuer erbgebundener Eigenschaften: in der Außenwelt (Boden, Wasser, Luft); in Nahrung u. Genußmitteln; durch Machtdemonstrationen; d) durch die Zurückdrängung der natürlichen Umwelteinflüsse. Durch die z. T. unverstandene unnatürliche Umgestaltung der Lebensräume erscheint eine Wiedernatürlichmachung der Umwelt dringend erforderlich.
2) die gegenseitige Beeinflussung der Individuen durch unnatürl. Mittel;	
3) die Vererbung erbgebundener Eigenschaften;	
4) verstärkte Zunahme immer schwieriger werdender Anpassungen an die Umwelt, z. T. Überforderung;	
5) die veränderte Lage macht die verstärkte Weitergabe von erworbenen Eigenschaften, von Erlerntem und die Neufindung von solchen dringend erforderlich.	

Die geschichtliche Entwicklung der menschlichen Populationen wurde maßgeblich gesteuert durch die ihnen eigene biologische Substanz und die sich darauf aufbauende spezifische humane Leistungsfähigkeit. Beide unterlagen aber letzten Endes den auslesenden Bedingungen des Lebensraumes, der durch ihre besondere Leistungsfähigkeit umgestalteten Umwelt bzw. den durch sie hervorgebrachten

Produktionsmitteln. Die Menschheit tritt jetzt in eine bewußt gesteuerte Evolutionsphase ein [62]. Die Kernfrage in dieser wird nicht sein, ob der Mensch in ihr auf seine Entwicklung Einfluß nehmen, sondern in welcher Richtung er sie steuern soll.

Während die biogene Beschaffenheit relativ stabil ist und nur durch die an die Erbsubstanz gebundene Mutabilität und die nachfolgende Selektion durch die verschiedenen Faktoren der Umwelt gewandelt werden kann, ist seine Leistungsfähigkeit primär durch diese Faktoren bedingt. Sie hängt aber auch von den der jeweiligen Population angepaßten (also im Laufe ihrer Entwicklung erworbenen) Grundlagen, den sozialen Strukturen und den historisch-politischen Aktivitäten ab. Sie sind weitgehend labil, bewußt wechselbar und bedingen so die Lebenserwartung einer bestimmten Gruppe. Primär durch die Erbmasse bedingt, werden die im Laufe der Entfaltung aus der Erfahrung gewonnenen Kenntnisse durch die in der gleichen Zeit erworbenen Verständigungsmöglichkeiten gesteuert und weitergegeben. Sie sind erlernt und oft fest eingewurzelt. Es bedarf sehr intensiver Anstrengungen, solche in einem Volke verankerten Überlieferungen durch neue Erkenntnisse zu modifizieren oder gar zu ersetzen. Dies betrifft nicht nur die arbeitstechnischen sondern auch die bildungsmäßigen Neuerungen. Dieses Verharren bzw. sich Anpassen gegenüber z. B. ökonomischen Notwendigkeiten soll an drei Beispielen erläutert werden.

c) Der Entwicklungsgang von drei Staaten

Die Türkei [47]

Die besondere Lage soll in verkürzter Form nach *Christiansen-Weniger* wiedergegeben werden. Sie gilt nicht nur für dieses Land, sie könnte auch als repräsentativ für andere, besonders im tropischen Bereich der Erde liegende Länder, angesehen werden.

Die Bevölkerung der Türkei betrug 1923 12,6 Millionen, sie stieg 1957 auf 25,2 Millionen an und wird 1971 37,5 Millionen zählen. Die mit dieser Bevölkerungsentwicklung einhergegangene Ausweitung der Anbaufläche von 6 696 km^2 (1927) auf 25 695 km^2 (1960) ging auf Kosten der Steppenheide (Mera), die von 42 046 km^2 auf 19 733 (geschätzt 1960) km^2 eingeengt wurde. Dabei hat sich die Ödlandfläche von 11 162 km^2 auf 12 476 km^2 in der gleichen Zeit erhöht.

„Waren 1927 je Weidetier an Wiesen und Weiden 2 310 m^2 und 1 524 m^2 an Mera vorhanden, so lauteten die Zahlen für 1960 880 m^2 bzw. 2 720 m^2. Hierzu der Autor: Die Ausweitung der Nutzfläche, die Erhöhung der Viehzahl erfolgte trotz aller Anstrengungen der Verantwortlichen nicht im Rahmen des jeweils Tragbaren. Die Neubauern waren vielfach gar nicht in der Lage, über den gewohnten Status der Armut mehr zu verlangen, sie schenkten den Argumenten der Sachverständigen mangels Erfahrung gar keinen Glauben. Der Staat kann die Kosten für eine Intensivierung wie die für die Umstellung der landwirtschaftlichen Methoden aus dem Sozialprodukt nicht aufbringen, weil die Bevölkerungszahl allen wirtschaftlichen und erzieherischen Anstrengungen einfach davon läuft! Die Schwierigkeiten erwachsen immer daraus, daß die Bevölkerung in ihrem generativen Verhalten emotional auf der Tradition verharrt und nicht rational planend wie die westlichen Industrievölker sich umstellt. Durch die Erfolge der trotzdem eingeführten westlichen Medizin und Hygiene schnellen die Zuwachsraten unvorstellbar in die Höhe und machen alle wirtschaftlichen Erfolge vorerst zunichte.

Die meisten nehmen den gegenwärtigen Status bescheidenster Lebensführung noch als gottgegeben selbstverständlich hin ... Wir werden gut daran tun, dieses Beharrungsvermögen bei solchen Verhaltensweisen gegenüber westlichen Tendenzen in den Entwicklungsgebieten noch für Generationen als bestimmend in Rechnung zu stellen, zumal sie vielfach noch zusätzlich durch religiöse Bindungen und Wertordnungen unterbaut sind. Dementsprechend dürfte sich die Diskrepanz zwischen Bevölkerungszuwachs und Erzeugungssteigerung vorerst noch längere Zeit überstürzt erweitern" [47].

Japan [8, 43, 49, 79]

Das zweite Beispiel, an welchem sich das alte Menschheitsgesetz — Not macht erfinderisch! — bewährt hat, wenn Persönlichkeiten eine Umstellung einleiten und diese mit Überzeugungskraft zu vertreten verstehen, bietet uns Japan. Nach *Coulmas* [19] gilt es uns als Muster dafür, wie es in verhältnismäßig kurzer Zeit gelungen ist, eine antiquitierte festgefügte Lebens-, Wert- und Denkordnung in eine rationale westliche Zivilisation zu verwandeln. Von allen anderen Asiaten unterscheidet sich das japanische Volk durch seine starke Vorliebe für Wissenschaft und Technik. Diese Interessen finden nicht zuletzt ihren Widerhall in dem intensiven Erziehungs- und Bildungsbemühen der japanischen Jugend. Japan kann sich rühmen, mehr Ingenieure zu haben als irgendein anderes Land außer den USA und UdSSR (*Makaroff* [49]). Auf die Herausforderung (1840—50) fand es eine Antwort, die keine Nation vor ihm und nach ihm (China? Anm. d. V.) gefunden hat. Seine Reformer analysierten kaltblütig und behielten recht. Sie veranlaßten Bodenreform, zentralistische Regierungsverantwortung, Verfassungsreform. Dem Einzelnen wurden bei vorsichtiger Dosierung Freiheiten und Rechte gewährt. Sie sollten die Initiative wecken und den wirtschaftlichen Aufschwung und die politische Erstarkung in Gang bringen. Aus den Angehörigen der alten Oberklassen entstand eine Unternehmerschicht, die ihr Schicksal mit dem des Staates und der Wirtschaft identifizierte. Binnen einer Generation hatte Japan den Anschluß an den Westen gefunden. Von einer unterentwickelten Nation ist es zu einer Industriezivilisation ohne f r e m d e H i l f e geworden [19]. Dabei hat Japan folgende Taktik angewandt; als Beispiel diene die Hochofenentwicklung: „Sie pfropften auf dem aus Lizenzen weitgehend optimierten Hochofen eine geringe technologische Entwicklungsarbeit auf, die das ganze Konzept dann doch deutlich überlegen machte". Die japanische Leistung ist die Integration des Besten, das schon existiert, mit der kostensparenden Zusatzentwicklung, welche das integrierte Produkt deutlich überlegen macht. So sind die Japaner auch auf anderen Gebieten vorgegangen" (Optik, Farbfernsehen, Schiffbau u. a.) ([14] vom 10. 4. 1968, *Dr. Pretsch*).

Nach *Ishii* [43] hat Japan 1945 45% seines Territoriums verloren. Von 1951—1961 kam es zu einer Mehrung des Sozialproduktes von jährlich 10%, seit 1965 steht es wirtschaftlich an der 3. Stelle (BDR an 4. Stelle) der Weltmächte. Im Schiffbau nimmt es den 1. Rang ein. In der Produktion von Eisen, Stahl, Zement, Kunststoffen und elektrischer Energie und Geräten hat Japan die BRD seit langem überflügelt. Auf dem Markt für optische Geräte gelang es den Japanern, Deutschland weitgehend zurückzudrängen. Seit 1963 ist es der weltgrößte Kameraexporteur. Seine elektronische Industrie steht unmittelbar hinter der USA an 2. Stelle der Weltproduktion (*Makaroff* [49]). Es gibt heute in Japan 231 Universitäten, nur ¼ davon sind in der Hand des Staates, mehr als 500 Colleges, davon 74 staatliche. Einige davon unterrichten noch nach einem veraltetem Bildungssystem. Von den 750 000 Studienwilligen kann etwa die Hälfte untergebracht werden. Gefordert wird auch dort eine Reform mit Abgang vom enzyklopädischen Wissen zugunsten der Spezialisierung *(Bentheim)*.

Die täglich aufgenommene Nährstoffmenge hat sich wie folgt geändert [79]:

	1934/38	1963
Kalorien	2095 Kcal	2290 Kcal
Proteine	54,9 g	74,8 g
davon tierisch	7,2 g	28,5 g
davon pflanzlich	47,7 g	46,3 g
Fett	13,2 g	33,0 g
davon tierisch	2,9 g	7,2 g
davon pflanzlich	10,3 g	25,8 g

„Es wäre daher ein gefährlicher Trugschluß, wollten sich europäische Unternehmer der Illusion hingeben, Japans Welthandelserfolge seien ausschließlich auf sein gegenwärtig verhältnismäßig niedriges Lohnniveau zurückzuführen. Die Hoffnung, daß diese mit der Steigerung des japanischen Lebensstandards allmählich schwinden würden, ist unbegründet".

„Während sich Japan mit 100 Millionen Einwohnern stetig zu einem Wirtschaftsfaktor ersten Ranges entwickelt, wächst China mit seinen 800 Millionen Einwohnern, die jährlich um rund 15 Millionen zunehmen, zu einer immensen politisch-militärischen Gefahr heran. Die Aussicht, daß China seine nationalen Energien darüber hinaus wie Japan in wirtschaftliche Bahnen lenken könnte, ist ein Alptraum, der bereits heute manchen Mann nicht mehr ruhig schlafen läßt" *(Makaroff* [49]).

Ein westlicher Industriestaat

Als drittes Beispiel sei ein westlicher Industriestaat, mit besonderer Berücksichtigung der BRD, angeführt. Die Umstellung von der Automatisierung auf die Automation der industriellen Produktion bedingt Veränderungen des Einsatzes der Menschen.

Durch diese Arbeitsmethoden kam es im gesamten Arbeitsbereich zwischen 1950—1964 zu einer Freisetzung bzw. Umschulung von rund 1,8 Millionen Arbeitskräften. Nach IG METALL wurden 1964 193 500 Arbeiter weniger beschäftigt als 1961, die Zahl der Angestellten stieg jedoch in der gleichen Zeit um 173 700 [52]. Man schätzte, daß sie in etwa 5—6 Jahren nach dem Stande der derzeitigen Apparateentwicklung im wesentlichen auf die Automation umgestellt sein dürfte. Obwohl keine staatliche Dienststelle oder Fachverband verbindliche Aussagen wagen, schätzt man, daß im Ganzen in unserer Produktion

7 Millionen Arbeitsplätze voll automationsfähig
8 Millionen Arbeitsplätze teil automationsfähig
12 Millionen Arbeitsplätze nicht automationsfähig
sein dürften [41].

Ein weiteres Problem wird sich durch die Einführung der automatischen Rechenanlagen ergeben. Nach IG-METALL [55] ist die Zahl der Computer von 94 im Jahre 1959 auf 3800 Anfang 1968 angestiegen, ihre weitere Verwendung soll sich bis

1975 verdreifachen (11 550). Ein Zeichen, daß wir gegenüber anderen Industrieländern (USA) noch weit zurückliegen. Dies wird eine Umschulung bisheriger Führungskräfte und die vollkommen neue Heranbildung von Datenverarbeitungskräften an unseren Hochschulen zur Folge haben. Während sich also die Zahl der Computer verdreifachen wird, schätzt Naujek die Zahl der dafür nötigen Fachkräfte nur auf etwa 31 000*). Da die Maschine in Zukunft nicht nur den Arbeiter als Produktionskraft ersetzt, sondern auch die von ihr erzeugten Werkstücke kontrolliert, werden auch mittlere Führungskräfte, die früher Überwachungsfunktionen ausführten, in der industriellen Fertigung überflüssig. Die Verantwortung überträgt sich daher immer mehr auf diejenigen Kräfte, welche die Programme für die Produktion zu entwerfen haben.

Die Zahl der verfügbaren Elektronenrechner wird Ende 1967 wie folgt geschätzt: (Pr. 28. 3. 68)

Sowjetunion	1 750 ? (wahrscheinlich mehr!)
Frankreich	2 200
Großbritannien	2 800
Japan	3 000
BRD	3 500
USA	39 500

Daß solche Umstellung nicht störungsfrei verläuft, dürfte einleuchten, sie allein aber hat zur Steigerung der Produktionszahlen, Erhöhung des Umsatzes und der bisher aktiven Außenhandelbilanz beigetragen [6].

Über die damit zusammenhängende arbeitseinsatzmäßige Kräfteverteilung dürfte sich die in den vergangenen Jahren eingeleitete Umstrukturierung fortsetzen. Der stärkste Personalzuwachs dürfte von den Dienstleistungen (Öffentl. Versorgungsbetriebe und Verkehr), Bauwirtschaft und Handel, aber auch von der Elektroindustrie, Chemie (Kunststoffe und Kautschukverarbeitung, Zellstoff, Papier) Maschinenbau, weniger jedoch von der Motorfahrzeugherstellung in Anspruch genommen werden. Nach Berechnung des Statistischen Bundesamtes wird die Zahl der Erwerbsbevölkerung 1975 etwa um 200 000 geringer sein als 1966, erst danach ist mit einer Zunahme zu rechnen. Die von der amerikanischen „National Commission of Technology, Automation and Economic Progress" für die BRD erarbeitete Prognose kommt nach K. Döring zu dem Schluß: „In der kommenden nachindustriellen Gesellschaft wird der Mensch angesichts des ständigen Bedarfes an neuen Fertigkeiten vielleicht zwei oder drei Arbeitszyklen der Umschulung oder einer neuen Beschäftigung durchlaufen müssen, um mit dem technischen Fortschritt und neuen technischen Erkenntnissen Schritt zu halten" [23].

Diese Entwicklung wird bei uns, einem an sich rohstoffarmen Industrielande, nur durch einen Stab von wissenschaftlich hochqualifizierten Grundlagenforschern, Datenverarbeitungskräften und Fertigungsfachleuten zu bewältigen sein.

---

*) 25 % der Büro- und Dienstleistungskräfte dürfte überflüssig werden [37].

3. Die Nahrungsbereitstellung für die Erdbevölkerung
[4, 16, 21, 59, 71, 85]

a) Die Lage der Welternährung

Nach F. *Baade* [4] lassen sich die Länder der Erde ihrer Nahrungsmittelproduktion nach wie folgt gliedern (Tabelle 33):

In Gebiete deren Bevölkerung keine landwirtschaftlichen Zuschüsse benötigt (Nordamerika, Westeuropa, Australien-Ozeanien), die sogar ihre Mehrproduktion eindämmen oder an die anderen Länder abgeben können. Zu ihnen zählen auch einige Länder in Südamerika und Afrika, die zwar keine Zuschüsse aber Kapitalhilfen zum Ausbau ihrer landwirtschaftlichen Produktion bedürfen (vgl. Bundesminister *Wischnewski*, Pr. 15. 5. 58);

in die kommunistischen Länder: weder „in den russischen noch in dem chinesischen Block ist es recht gelungen, die Nahrungsmittelproduktion so rasch zu steigern, wie die Nahrungsansprüche der Bevölkerung steigen. Die Einfuhren werden aus den Erlösen ihrer Exporte, z. T. in Gold, bezahlt";

in jene erfolgreiche Ländergruppe, die eine höhere Nahrungsmittelproduktion aufweist als ihr Bevölkerungszuwachs (Brasilien, Israel, Jugoslawien, Philippinen, Thailand, Tanganjika u. a.);

in die Länder des sog. „*Malthusianischen Gürtels*", also jene Gruppe in Afrika, Südasien und Lateinamerika, der es bisher nicht gelungen ist, die Nahrungsmittelproduktion entsprechend ihrem Bevölkerungszuwachs zu steigern. Es handelt sich um die Länder, die neben landwirtschaftlicher Soforthilfe in der Zukunft auch technische Hilfe benötigen, zu ihnen gehört u. a. Indien. [85].

Tabelle 26

Landwirtschaftliche Charakteristika einzelner Länder nach dem Stande von 1963/64 [21] (S. 375)

	Indien	Ägypten	Japan	USA
Bevölkerung in Mill.:	472	20	97	192
in der Landwirtschaft Tätige in Mill.	131	4,4	14,3	4,8
für Nahrungprodukte bebaute Fläche (Mill. ha)	141	3,3	6,3	86
pro Kopf-Produktion in Tonnen	0,25	0,38	0,30	1,32
Nahrungsproduktion pro landw. Tätige in t	0,90	2,43	2,04	52,8
Energieproduktion (kcal/Kopf/Tag)	2185	2650	1780	10770

Bevölkerungswachstum und Getreideproduktion [21 a]

	Techn. Länder			Ent. Länder		
	1936	1950	1960	1936	1950	1960
jährl. Bevölkerungsanstieg in %	0,8	1,3	1,1	1,2	1,6	2,1
Getreide- / gesamt	100	112	150	100	106	142
Produktion \ je Kopf	100	106	126	100	86	97
(1936 = 100 gesetzt)						

b) *Kulturtechnische Maßnahmen* [25, 71, 85, 88]

Von den	13,5	Mrd. ha fester Erdoberfläche (*Shonfield* [71])
sind	1,3	Mrd. ha landwirtschaftlich genutzt
	2,4	Mrd. ha Wiesen und Weiden
	4	Mrd. ha Wald
	0,4	Mrd. ha lassen sich sofort landw. nutzbar machen
	1	Mrd. ha landw. Fläche läßt sich noch aus Wäldern gewinnen
	1,3	Mrd. ha landw. Fläche kann durch entsprechende Bewässerung aus ariden bzw. semi-ariden Gebieten gewonnen werden
davon liegen	0,65	Mrd. ha in der Sahara (*Ebers* [25])
	0,28	Mrd. ha in Australien
	0,23	Mrd. ha in Turkestan
	0,13	Mrd. ha in Arabien
	0,009	Mrd. ha in USA-unproduktiv

Das kultivierte Land umfaßt also nur 1/10 der gesamten Landoberfläche [25]. Von dieser Fläche leben heute 3,5 Mrd. Menschen. Asien, Afrika und Lateinamerika verwenden zusammen nur etwa 10 % der industriell erzeugten Düngemittel. Die Einwohner dieser Gebiete machen jedoch 2/3 der Weltbevölkerung aus. Japan ist das beste Beispiel, wie man auf einer kleinen Fläche Nahrung für eine große Bevölkerung erzeugen kann, wenn alle möglichen Quellen genutzt werden. Über die Hälfte der japanischen Anbaufläche (6 Mill. ha) ist mit Reis bepflanzt und die Hektarerträge sind 3 bis 3,5 mal höher als in Burma oder Indien (s. u.). Wenn die Hälfte der z. Zt. bebauten Fläche der Welt gleich große Ernten einbringen würden (wie etwa in Japan), wäre nach *Virtanen* [78] die Ernährung für 10 Mrd. Menschen gesichert. Also durch entsprechende intensive Bodenbewirtschaftung, ausgiebige Düngung, Landschaftssanierungsmaßnahmen (Aufforstung, Anlegen von künstlichen Wasserspeichern) und dadurch bedingte Klimaverbesserungen kann insgesamt eine nicht unwesentliche Erhöhung der Nahrungsmittelproduktion, wenn nicht gar eine Verdoppelung, erreicht und vor allem vor Ausfällen durch Mißernten bewahrt werden.
Es kann hier nicht der Ort sein, die einzelnen Förderungsmaßnahmen zur Hebung der Grundstoffindustrien zu besprechen. Hervorgehoben und belegt (Tabelle 27) sei nur die Bedeutung der Stahlindustrie und die Gewinnung von Stickstoffverbindungen aus der Luft (*Haber-Bosch*, Ammoniak-Synthese), für die Bereitstellung des entsprechenden Mineraldüngers. Ebenso seien sortenzüchterische Maß-

nahmen (Aufgabe der modernen Genetik), dem Klima und Boden entsprechende Fruchtfolgen und die Entwicklung neuer Kulturpflanzen (Algen und Hefen) nur am Rande erwähnt.

α) **Hebung der landwirtschaftlichen Erträge durch Mineraldünger** [7, 21, 34, 59, 71]: Trotz der großen Verbreitung, die *Liebigs* klassische Formulierungen in der gesamten Fachwelt fanden, wurde die optimale Düngung unter Verwendung mineralischer Düngemittel zunächst nur von wenigen landwirtschaftlichen Musterbetrieben durchgeführt, „... vollständig allerdings nur in einigen europäischen Ländern und in Japan. In den meisten überseeischen Ländern glaubt man noch mit der billigen Methode des Raubbaues am Boden auskommen zu können. Als Folgen davon treten dann auch zunehmende Verluste an der ursprünglichen Bodenfruchtbarkeit auf" [34].

Tabelle 27

Vergleiche der Erträge und des Düngemittelverbrauches einzelner europäischer und außereuropäischer Länder [34]. (S. 370 f).

	Hektarertrag in 100 kg	Düngerverbrauch je Hektar in kg		
		Stickstoff	Phosphat	Kali
	bei Weizen			
Dänemark	42,7	34,3	37,9	59,0
Frankreich	23,7	16,2	36,9	43,0
Spanien	11,2	12,9	21,0	15,7
	bei Gerste			
Niederlande	40,6	89,8	47,7	65,2
Deutschland	28,7	40,3	41,1	68,6
Italien	12,9	17,2	23,0	4,0
Nordafrika	4,8	1,5	4,3	1,4
	bei Mais			
Belgien	48,0	56,2	67,0	85,0
USA	29,6	10,7	3,6	8,4
Brasilien	12,8	1,8	3,7	0,6
	bei Reis			
Japan	44,3	124,8	65,5	76,1
Indien	11,8	1,5	0,4	0,2

Nach *Virtanen* (Weltkongreß für Düngefragen 1957, zit. in *Greiling* [33]) bringt eine optimale Düngung nicht nur höchste Erträge, sondern auch gesündeste Ernährung, da gerade die Rohprodukte neben ihrem Reingehalt auch noch die in unseren durch Jahrhunderte genutzten Agrikulturflächen an Spurenelementen verarmten Böden diese wiederum ergänzen.

Das Düngemittelbeschaffungsprogramm der FAO „beziffert die Steigerung der landwirtschaftlichen Erträge bis 1980 von 1960 ab im Fernen Osten (ohne China) auf mehr als das Doppelte, im Nahen Osten und Lateinamerika auf beinahe das Doppelte, in Afrika auf 175%. Um dieses Ziel zu erreichen, müßten die Entwicklungsländer nach *F. W. Parker*, dem Generalsekretär der FAO, jedes Jahr 30 Mill. Tonnen reine Pflanzennährstoffe in Form von Mineraldüngern zur Verfügung haben, d. h. mehr, als 1960 auf der ganzen Erde verbraucht wurde". Nach Prof. *Baade* müßte sich der Weltverbrauch an Stickstoff, Phosphat und Kali in 40 Jahren (von 1961 ab) vervierzigfachen, die Stahlerzeugung verzehnfachen [34].

β) **Hebung der landwirtschaftlichen Produktion durch Strukturverbesserung** [71]: „Was die Weltbank für Entwicklungshilfe auf dem Gebiete der Landwirtschaft (bis 1961) zu vollbringen in der Lage war, ist kaum mehr als ein Herumbasteln am Rande des Problems" *Shonfield* [71, 86, 87].
Weltbankanleihen zur Strukturverbesserung der Landwirtschaft in Mill. Dollar bis 1961

Verwendungszweck	westl. Hemisphäre	Asien	Afrika	Gesamt
Mechanisierung der landw. Betriebe	30			30
Bewässerung, Hochwasserkontrolle	27	155	35	227
Bodenmelioration	6	14	14	34
Lagerung d. Ernten	2		1	3
Viehzucht	11	1	1	13
	76	171	51	307

Seither sind die Investitionen bedeutend gestiegen, sie betrugen 1965 1,1 Mrd. Dollar und sollen 1974 auf 1,6 Mrd. Dollar ansteigen. Da die Amortisation gerade bei landwirtschaftlichen Investitionen gering ist, ist es das Ziel Entwicklungsfonds, billige langfristige Kredite zur Verfügung zu stellen.

Die Nutzbarmachung gerade der ariden Gebiete unserer Erde, die sich hervorragend für menschliche Siedlung eignen würden, liegt in erster Linie an der Bereitstellung von Wasser. Wie die Untersuchungen aus der Sahara zeigen, ist dort Grundwasser vorhanden, diese Reserve könnte nach Schätzungen *Savornins* [56] jährlich durch 10 Mrd. m^3 Regenwasser ergänzt werden. „Ohne den Grundwasserspiegel zu senken, könnte allein aus dem jährlichen Zustrom (der aus den Atlasländern erfolgen könnte) etwa 55-mal soviel Wasser entnommen werden, wie bisher von sämtlichen Oasen aufgebracht wird" [1, 60]. Die Erschließung der Magrebländer ist also eine Frage der Wasserbereitstellung. (Über Meerwasserentsalzung siehe S. 391).

c) Die Weltfischerei [3, 4, 79, 88].

Da es sich bei der Ausweitung der Landflächen für die Agrarproduktion in der Hauptsache um eine Mehrung der vegetabilischen Nahrungsmittel handeln wird, bietet sich zur Schließung der Eiweißlücke zunächst das Meer an. Die Meeresfläche der Erde beträgt 37 Mrd. ha (Süßwasserfläche 0,5 Mrd. ha). Schon allein die in den Weltmeeren lebenden Fische stellen ein ungeheures Proteinreservoir dar, welches bis heute noch bei weitem nicht genutzt wird.

Der Weltfischfang betrug 1948 20 Mill. Tonnen
　　　　　　　　　　　　　1962 46 Mill. Tonnen
　　　　　　　　　　　　　1964 51 Mill. Tonnen Meeresfische u. 6,6 Mill. Tonnen Süßwasserfische [88].

Man schätzt, daß er bis 1980 auf 100 Mill. Tonnen gesteigert werden kann [4]. Die Fischproduktion liegt z. Z. etwa in der Größenordnung von 67 Mill. Tonnen/Jahr. Die heutige Versorgung der Menschen mit Eiweiß dürfte etwa zu $^3/_4$ aus Eiweiß von Säugern und Vögeln und nur zu $^1/_4$ aus Fischeiweiß bestehen, wobei 1 kg Fischfleisch etwa 66% des Nährwertes des übrigen tierischen Fleisches ausmacht. Trotzdem wird der Fischfang zunehmend zur Schließung der Eiweißlücke von Bedeutung sein (vgl. Japan s. u.). Die gegenwärtige Hochseefischerei brachte und bringt auch heute noch die überwiegenden Fänge (1960 noch etwa 98 %) von der nördlichen Halbkugel ein, während die neu zu erschließenden Fischgründe auf der südlichen Halbkugel liegen. So wurden an der Westküste von Afrika 1958 400 000 Tonnen, 1965 bereits 1 Million Tonnen Fische (Thunfisch, Schwertfisch) gefangen. Da der Fischfang gerade in diesen Regionen besondere Fang- und Konservierungsmethoden erforderlich macht, bieten sich dem Schiffbau neue Impulse *(Baade* 1967, vgl. auch S. 512).
Die Japaner allein haben ihre Fänge von 2,4 Mill. Tonnen i. J. 1948 auf 7 Millionen Tonnen 1963 erhöht.

d) Die Schließung der Eiweißlücke durch andere Quellen [12, 21b, 34, 85]

α) Fischeiweißkonzentrate, aus weniger wertvollen Fischen hergestellt, dienen als Futter- und Düngemittel, können aber nach Beseitigung des Trans, der Geruch- und Geschmackstoffe als Endprodukt mit 80 % Proteingehalt der menschlichen Ernährung zugeführt werden.
Unsere Weltmeere bieten sich als ein fast unerschöpfliches Reservoir an Eiweiß-Lieferanten an. 500 Tonnen Phytoplankton bewirken die Entstehung von 100 Tonnen Zooplankton und diese wiederum dienen zur Ernährung von 10 Tonnen Heringen bzw. 1 Tonne Thunfisch. Zur Füllung der Eiweißlücke durch im Meer gebildetes Protein kommt es also nur darauf an, welcher Produzent für die menschliche Ernährung herangezogen wird.
Man schätzt die Jahresproduktion an Phytoplankton je nach Photosynthesemöglichkeit auf 12—19 Milliarden Tonnen [21b].

β) Pflanzen als Eiweißlieferanten [11, 21, 28, 62, 85]: Baumwollsamenpreßrückstände liefern ein Protein, welches 16 der wichtigsten Aminosäuren enthält und das preislich um die Hälfte billiger ist, als das billigste tierische Eiweißkonzentrat (Magermilchpulver). Die Sojabohne, die wegen ihres geringen Wasserbedarfes in Trockengebieten angebaut werden kann, „ersetzt die Viehwirtschaft in den Ländern insofern, als man aus ihr Milch, Käse und in den heißen Ländern die unentbehrlichen Gewürzesaucen zu Gemüsespeisen herstellen kann" [34].
Die meisten unserer Brotgetreidearten enthalten nicht alle Aminosäuren, die für den Aufbau von tierischem Protein erforderlich sind. An der Universität Purdue wurde eine Maismutante entdeckt, deren Protein einen hohen Gehalt an Lysin aufweist (s. S. 520). „Fütterungsversuche mit Ratten ergaben eine dreifach schnellere Gewichtzunahme als bei gewöhnlichem Mais" [67].
Da durchaus die Möglichkeit besteht, daß andere mutierte Getreidearten ebenfalls essentielle Aminosäuren aufbauen können, ist die Entwicklung entsprechender Suchmethoden geplant.

γ) Eiweiß aus Mikroorganismen [11, 21b, 48, 62]: Einzellige Lebewesen Bakterien, Torulopsis-Hefe) könnten in der Zukunft zur Schließung der Eiweißlücke gezüchtet werden, wobei als Kohlenstoffquelle Erdgas, Erdölfraktionen, billige Stärke und zellulosehaltige Industrierückstände (Melasse, Papierabwässer, Sulfitlaugen), als Stickstoffquelle Ammoniumsalz oder Nitrate in Frage kommen. Bei der überaus schnellen Vermehrung der Mikroorganismen kann eine Kultur von 5 kg Ausgangsmasse nach 24 Stunden bereits ein Gewicht von 25 kg erlangt haben [62].

Falls nötig und die Produktionskosten könnten entsprechend gesenkt werden, würde 1 % der Weltrohölerzeugung zur Deckung des menschlichen Eiweißbedarfes ausreichen, damit aus ihr synthetisch Aminosäuren oder über Mikroben entsprechend verträgliches Eiweiß erzeugt werden könnte.

Ebenso lassen sich einzellige Algen (*Scenedesmus, Chorella*) durch Kultur in geeigneten Nährmedien neben der Kohlehydratproduktion auch zur Erzeugung von Eiweiß und Fett verwenden. Bei den letzteren Techniken hat man den Vorteil, daß man im Ganzen von den Außenbedingungen, wie Boden, Klima und Wetter unabhängig, wohl aber an geeignete Züchtungslaboratorien und entsprechend vorgebildete Überwachungskräfte gebunden ist. Da die Erträge je Flächeneinheit wesentlich höher liegen, als in der herkömmlichen Agrotechnik, dürfte letzteren große Zukunftsaussichten zugeordnet werden können, zumal gerade Algenkulturen auch in der Raumfahrttechnik von Bedeutung sein werden (s. S. 497). Für terrestrische Zwecke, wobei es auf die entsprechend verbilligte Produktion ankommt, wird es auf die entsprechend wirtschaftliche Zubereitung und die Beseitigung eventueller schädlicher Beimengungen (Sulfitlauge z. B.) ankommen.

δ) **Aufbesserung bzw. Schließung der Eiweißlücke durch synthetische Produkte** [21 b, 62, 80]: Die sehr guten Erfolge, die man mit der Aufbesserung pflanzlicher Proteine durch Zusatz synthetisch erzeugter Aminosäuren (Lysin, Tryptophan, Methionin, Threonin, (*Bukatsch* [12]) gemacht hat, lassen die Frage der Anwendung völlig synthetischer Proteine für die Ernährung sinnvoll erscheinen. Grundsätzlich sind heute alle biogenen Aminosäuren synthetisch herstellbar, ihre Verwendung ist ausschließlich eine Frage der Herstellungskosten. „Auf dem Weltmarkt sind die Preise für technische Aminosäuren in den letzten Jahren immer mehr zurückgegangen, bei Großproduktion dürften sie weiter sinken" (*Weitzel* [81]). Am erfolgversprechendsten aber scheinen die Aufwertungen von pflanzlichen Nahrungsmitteln (besonders aus Cerealien) durch Zugabe von synthetisch erzeugten Aminosäuren zu sein. Durch Zugabe von 0,4 % Lysin erhöht sich der biologische Wert des im Weizenmehl befindlichen Eiweißes um das doppelte. Setzt man die Produktion an Weizen im Jahr mit 200 Mill. t (25 Mill. t Gesamteiweißgehalt) an, so könnte mittels der Lysinaufwertung ein proteinhaltiges Mehlprodukt gewonnen werden, welches in seiner Wertigkeit ungefähr der Gesamtproduktion an tierischem Eiweiß annähernd gleichkäme [21 b]. In den letzten Jahren sind auch die Syntheseverfahren für die Erzeugung von Polypeptiden, etwa von der Wertigkeit des Muskelfleisches oder der Milch, entwickelt worden. Eine genaue Anordnung der Aminosäuresequenzen in diesen Synthesepeptiden ist nicht erforderlich, da sie ohnehin durch den Verdauungsprozeß in Magen und Darm auf die molekulare Basis der Aminosäuren zerlegt und erst nachträglich im Körper als spezifisches Eiweiß aufgebaut werden. Dieser letztere Weg bietet sich für die Schließung der Eiweißlücke, zunächst vielleicht über die Tierpassage, in der menschlichen Ernährung an. Mit der kommerziellen Produktion ist ab der Mitte der achtziger Jahre *(Helmer* [46]) zu rechnen. Die Biochemie hätte dann einen wesentlichen Beitrag auch zur Linderung des Hungers (s. u.) getan.

e) **Stimmen der Fachleute zum Welternährungsproblem** [3, 16, 21, 73]: Die Nahrungsmittelerzeugung der Welt ist, nach dem sie am Anfang der sechziger Jahre gefallen war [21 b], 1967 um 3 % und in den Entwicklungsländern um etwa 6 % gestiegen. Trotzdem kann diese Entwicklung nicht optimistisch bewertet werden, zumal sie gerade in den letzten Ländern mit der Bevölkerungsvermehrung nicht Schritt hält. Es ist also zu fragen, wie die Entwicklung weiter gehen wird. In der Beantwortung dieser Frage weichen die Voraussagen voneinander ab. Es sollen daher im folgenden die Ansichten einzelner Fachleute aufgeführt werden (vgl. Kap. 4).

„Es bleibt kein Zweifel, daß Wissenschaft und Technik eine entscheidende Rolle bei der Lösung des Hungerproblems spielen können. Die Erzeugung von Lebensmitteln kann soweit erhöht werden, daß der Nahrungsbedarf der ganzen Menschheit voll befriedigt wird. Und der mögliche Beitrag der Wissenschaft würde noch größer sein, wenn die Erforschung biologischer Probleme nur mehr Anreiz und Unterstützung von den herrschenden Kreisen unserer Zeit erhielten. Es ist Tatsache, daß unsere mechanistische und untilitaristische Zivilisation immer die biologischen Wissenschaften auf einem zweitrangigen Platz verwiesen hat *(J. de Castro* [16]).

„Die Mehrzahl der Sachverständigen aus den Entwicklungsländern selbst sind der Ansicht, daß weder das europäisch-nordamerikanische (erst Hebung der Landwirtschaft, dann Industrialisierung, Anm. d. Verf.) noch das russische Schema (erst Ausbau der Schwerindustrie, dann Hebung des allgemeinen Wohlstandes) der landwirtschaftlichen Ertragsteigerung auf die besondere Situation ihrer Heimat paßt . . . . Man könnte die dazu erforderliche Geisteshaltung und Arbeitsweise auch durch noch so gute Schulung und durch noch so moderne Einrichtungen nicht in der erforderlichen kurzen Zeit von 3—4 Jahrzehnten erzielen, sondern erst in Generationen". *(Greiling* [34]).

Man wird daher nur den Weg gehen können, wie ihn *Shonfield* [71] vorschlägt: „Da nun die heutigen modernen Landwirte den Kniff heraus haben, immer produktiver zu arbeiten (in USA liefern 15% der Großfarmen 90% der gesamten Erzeugung Anm. d. Verf.), suchen die Regierungen ständig nach Mitteln und Wegen, um die Energie der Produzenten zu dämpfen. Auf diese Weise schlägt man sich jedoch nur selber. Durch die Einführung künstlicher Beschränkungen werden die Produktionskosten nur höher und die Lasten der Subventionen für die Landwirtschaft noch größer. Die Aufhebung der Beschränkungen führt zu einer Senkung der Kosten."

„Mit das nützlichste, was die westlichen Ländern tun könnten, um den Indern und anderen asiatischen Völkern zu helfen, dem chinesischen Beispiel ohne totale Reglementierung und Zerstörung der menschlichen Grundrechte zu folgen, wäre das Angebot großer Mengen Lebensmittel zur Unterstützung eines neuen Programmes öffentlicher Vorhaben in der Landwirtschaft. Nahrungsmittel wären in diesem Falle der Anstoß, die Nahrungsmittelproduktion zu steigern" [71].

„Künstliche Eiweißstoffe und Nahrung aus dem Meer werden eines Tages die Nahrungsvorräte der Menschheit ergänzen. Allerdings ist nicht nur die verstärkte Produktion von Nahrungsmitteln ein ernstes Problem, sondern vor allem Transport und Verteilung der Nahrung werden auch in Zukunft noch Sorge machen" (*Helmer*, [38]).

H. Borsook [85] hat in letzter Zeit zur Linderung des Nahrungsmangels in der Welt wie folgt Stellung genommen:

„In 43 von 63 Ländern nimmt die Pro-Kopf-Produktion an Reis, Weizen und Mais seit 1965 ab ... Die Folgen einer anhaltenden Abnahme in den E-Ländern können aus politischen, wirtschaftlichen und landwirtschaftlichen Gründen nicht bis in alle Ewigkeit durch immer ausgedehntere Ernährungshilfen verhindert werden."
Die bisherigen Hilfen müssen erhalten bleiben, dauernde Abhilfe ist jedoch nur durch Erhöhung der Nahrungsmittelproduktion (zu erreichen innerhalb von 10 Jahren) und Verringerung des Bevölkerungswachstums (innerhalb der nächsten 20 Jahre) möglich.

Um die 1,65 Md. nicht ausreichend ernährten Menschen täglich mit 300—400 Kcal. an energieliefernden Nahrungsstoffen mehr zu versorgen, würden je Person und Jahr 8 DM ausreichen. Die Schließung der Kalorienlücke bezeichnet er als vordringlich, um den aus dem ‚Minnesota-Experiment' sich ergebenden Verhaltensweisen der Hungernden entgegenzuwirken. „Im Experiment verloren die Versuchspersonen 24 % ihres ursprünglichen Körpergewichtes, als sie 80 % ihres Kalorienbedarfes erhielten. Die Neigung zu Aufsässigkeit, so schätzen die Autoren, ist aber dann am größten, wenn man 20 % seines normalen Körpergewichtes verloren hat. Bei weiterer Gewichtsabnahme wird der Mensch zunehmend schwächer und apathischer. Je größer der Mangel, desto geringer die Arbeitsfähigkeit." Der Mangel an Eiweiß, Mineralstoffen und Vitaminen hat keine solchen Verhaltensweisen gezeigt.

Man sollte also „jenen Vorhaben absoluten Vorrang einräumen. die sich die Steigerung der Produktion von Kalorienlieferanten, d. h. Nahrungsmittelgetreide, zum Ziel setzen" und den Eiweißmangel nicht mittels tierischer Produktion zu beseitigen suchen, sondern die Lücke aus vorhandenen vegetabilischem Eiweiß, aus Cerealien (Ausmahlung von 85 % statt der üblichen 72 %) und Gemüse, unter Zusatz von essentiellen synthetischen Aminosäuren (vgl. S. 519 f) decken. Auch den Mineralstoffmangel (Kalzium und Eisen) und der an Vitaminen (A, B_1, B_2, B_6, Niazinamid und C) sollte durch entsprechende synthetische Präparate auszugleichen versucht werden.

Die bedeutendsten Probleme in der Ernährung der Menschen der E-Ländern sind darin zu suchen, daß noch etwa 70 % Selbstversorger (Landbevölkerung) sind, weiters daß Kleinkinder nicht angemessen ernährt werden (50—70 % zwischen 1—4 Jahren leiden an Kwaschiorkor und Marasmus) und daß schließlich durch unsachgemäße Bewirtschaftung (Düngemittel- und Bewässerungsmangel) und Lagerung (Mangel an Silos, Schädlingsfraß, vgl. S. 405) noch große Mengen von Nahrungsmitteln jährlich verloren gehen.

4. *Ballungsgebiete der Erdbevölkerung, Geburtenregelung, Prosperität und Volksaufklärung* [17, 18, 40, 44, 54, 61, 62].

Die sich heute am stärksten vermehrenden menschlichen Populationen leben auf dem indischen Subkontinent, in den siniden küstennahen Gebieten Ostasiens, in den Magrebländern Nordafrikas und vor allem in Lateinamerika. Gerade in letzterem Gebiete kann man in einzelnen Ländern von einer explosionsartigen Bevölkerungsvermehrung sprechen. Die Länder der westlichen Welt haben den gemäßigten Trend der Vermehrung erreicht, während Skandinavien (Schweden) einen noch geringeren Zuwachs aufzeigt.

Tabelle 28: Bevölkerungsentwicklung einzelner Länder der Welt

Land	Zahl der Einwohner in Millionen		von verschiedenen Autoren geschätzte Zeit	
			des Zuwachses in %	der Verdopplung
Weltbevölkerung	2 497 (1950)	3 295 (1965)	1,5—1,7	40—50 Jahre
China	574 (1954)	750 (1965)	2—2,5	30 Jahre
Japan	86 (1953)	96 (1960)	1,7	40 Jahre
Indien	388 (1958)	500 (1966)	2,3	31 Jahre
Indonesien	78 (1952)	93 (1961)	2,2	35 Jahre
Türkei	22 (1952)	28 (1961)	2,7	28 Jahre
Ägypten	20 (1950)	30 (1965)	2—2,5	30 Jahre
Marokko	9 (1952)	12 (1961)	3,2	25 Jahre
Südamerika	160 (1960)	270 (1967)	2,8—3,4	20—25 Jahre
Costa Rica	0,85 (1952)	1,2 (1961)	4,5	15 Jahre
Ecuador	3,3 (1952)	4,5 (1961)	3,6	20 Jahre
USA	150 (1950)	200 (1968)	1,5	45 Jahre
UdSSR	200 (1956)	232 (1968)	1,5	45 Jahre
Europa	392 (1950)	437 (1963)	0,9	78 Jahre
BRD	49,5 (1954)	59 (1964)	1,1	70 Jahre
Schweden	6 (1920)	7,7 (1965)	0,5	140 Jahre

Angaben entnommen (z. T. umgerechnet) aus [42, 54, 62]

Der ostasiatische Raum benötigt auf Grund seiner erfreulichen wirtschaftlichen Entwicklung bzw. seiner politischen Konzeption und dank seiner Handelsbeziehungen eine Hilfe seitens der westlichen Länder nicht. Geburtenbeschränkung wird in China seit Ende der fünfziger Jahre [76] in der gleichen Weise wie in Japan propagiert. Das Mindestheiratsalter ist in China für Männer mit 20, für Frauen mit 18 Jahren festgelegt, von der kommunistischen Partei empfohlen werden 26 bzw. 23 Jahre. Da dort mehr als die Hälfte der Bevölkerung im fortpflanzungsfähigen Alter und darunter (unter 25 Jahren) ist, wird die Familiengründung wegen der entstandenen Wohnungsnot weitgehend erschwert. Außerdem tragen auch hier die längeren Ausbildungszeiten und die Emanzipation der Frau zu einer Verzögerung bei. „Zum ersten Male in der Geschichte werden alle Chinesen satt. In manchen Jahren freilich noch mit Hilfe von Getreideimporten aus dem Westen" (*Fucks* [31]). China wird gegen Ende dieses Jahrhunderts bzw. im Verlaufe des nächsten zu einem bedeutenden, wenn nicht beherrschenden Machtfaktor werden (vgl. S. 508).

Die anderen Ballungsgebiete werden infolge ihrer niedrigen ökonomischen Struktur z. T. durch die dort noch herrschenden feudalen wirtschaftlichen Verhältnisse der Unterstützung und der ausbildungsmäßigen Förderung noch lange bedürfen.

a) Probleme der Geburtenregelung [16, 34, 71]

Die Tatsache, daß gerade die Länder, welche ökonomisch und ernährungsmäßig am tiefsten stehen, zugleich die höchsten Geburtenziffern aufweisen (Tabelle 29), hat zu verschiedenen Untersuchungen Anlaß gegeben, welche die Ursachen für ein solches Verhalten klären sollten.

Eiweißmangel und Nachwuchsrate.

J. de Castro folgert, sich auf *Th. Doubleday* (The true Law of Population seems to be connected with the Food of the People, London) beziehend, daß, „wie es scheint, die Zunahme oder Abnahme des vegetabilischen und animalischen Lebens darin besteht, daß immer dann, wenn eine Art oder Gattung gefährdet ist, von Natur stets für ihre Rettung und Erhaltung eine entsprechende Anstrengung durch eine Zunahme ihrer Fruchtbarkeit oder Fertilität gemacht wird und das tritt immer dann ein, wenn eine solche Gefahr durch die Verminderung der Nahrung entsteht, ..." [16].

Zur Begründung seiner Hypothese führt er ältere Untersuchungen von *J. R. Slonaker* (American Journal of Physiology Nr. 71—123, 1925—28) an: *Slonaker* fand, „daß proteinreiche Nahrung, wenn die Proteine mehr als 18 % der gesamten Kalorienaufnahme ausmachen, jedesmal ungünstig auf die Reproduktivität war. Sie erhöhte die Sterilität, verzögerte die Befruchtungszeit der Weibchen und reduzierte die Zahl der Würfe und die Zahl der Jungen in jedem Wurf, — *Slonaker* beobachtete, daß männliche Ratten, die eine Nahrung mit nur 10 % der totalen Kalorienmenge in Protein erhielten, zu 5 % steril waren; wenn der Proteingehalt der Futterration auf 18 und 22 % erhöht wurde, wuchs die Sterilität auf 22 bzw. 40 % an. Bei Weibchen hob die gleiche Zunahme des Proteins im Futter die Sterilitätsrate von 6 % auf 23 % bzw. 38 %. Es ergaben sich eindrucksvolle Unterschiede in den Durchschnittszahlen der Nachkommenschaft in den verschiedenen Rattengruppen. Bei Aufnahme von 10 % Protein erzeugte jede Ratte durchschnittlich 23,3 Nachkommen; bei 18 % Protein 14,4 und bei 22 % 13,8. — Diese Zahlen

Tabelle 29: Geburtenziffern und Proteinverbrauch [16]

Land	Geburtenziffer %/₀₀	tägl. Verbrauch an Tier-Protein in g
Formosa	45,6	4,7
malische Staaten	39,7	7,5
Indien	33,0	8,7
Japan	27,0	9,7
Griechenland	23,5	15,2
Deutschland	20,0	37,3
Dänemark	18,3	59,1
USA	17,9	61,4
Schweden	15,0	62,6

Verkürzt aus *de Castro;* die Übersicht beinhaltet ältere Zahlenangaben, die nur als Richtwerte dienen sollen (vgl. Tabelle 5).

machen klar, daß im Verhältnis mit dem Anwachsen des Proteingehaltes in der Nahrung die Reproduktionskapazität abnimmt."
An damit im Zusammenhang stehenden physiologischen Erkenntnissen führt *de Castro* aus: Es besteht eine „direkte Verbindung zwischen der Funktion der Leber und den Ovarien. Die Leber spielt die Rolle, das überdosierte Oestrogen, das in den Ovarien in den Blutstrom abgegeben wird, zu inaktivieren. Fettige Degeneration der Leber und die Neigung zur Zirrhose gehören zu den charakteristischen Auswirkungen des Proteinmangels".... Dies „führt zu Mängeln in der Funktion der Leber und hat eine Reduktion oder den Verlust der Tätigkeit zur Folge, das Oestrogen zu inaktivieren; die Überdosierung des Oestrogens läßt die Fruchtbarkeit des Weibchens steigen. Weiterhin haben wir auch den psychologischen Mechanismus geprüft, durch den chronischer Hunger den Sexualtrieb intensiviert und gleichzeitig den Appetit für Nahrungsaufnahme verringert und wir haben die Hilfe gesehen, die dieser Prozeß für die Aufrechterhaltung einer hohen Geburtenziffer bei den hungernden Bevölkerungen der Welt hat".
Nach diesen Ergebnissen wäre zu folgern, daß die vorwiegend pflanzliche Ernährung in einzelnen Entwicklungsländern (Tabelle 29) die Ursache für die Gebärfreudigkeit sein könnte. Diese Erkenntnisse decken sich mit der Bevölkerungsentwicklung in den Industrieländern (Abb. 8), in welchen es zuvor zu einer Steigerung der landwirtschaftlichen Produktion kam und in welchen ein relativer Kinderreichtum besonders bei der manuell arbeitenden Bevölkerung bis in die ersten Jahrzehnte unseres Jahrhunderts erhalten blieb. Sie erklären nicht die in den letzten Jahren aufgetretene Geburtensteigerung in einzelnen Ländern der westlichen Zivilisation, für welche wohl der wirtschaftliche Wohlstand, entsprechende Beihilfe bei Frühehegründung und Kinderreichtum, aber auch ein gewisses volkerhaltendes Verantwortungsbewußtsein eine Rolle spielen.

α) Geburtenförderung kann sozialpolitische Ursachen haben [36]:
Heer und *Dean* haben einige Bevölkerungsentwicklungsmodelle mittels Computerrechnung simuliert, wobei angenommen wurde, daß Eltern Methoden einer Geburtenkontrolle besitzen, jedoch sicher gehen wollen, daß mindestens 1 Sohn den 65. Geburtstag des Vaters erlebt, damit er sie im Alter unterstützen kann.
Ist die Sterblichkeitsquote sehr hoch, führt diese zu einer geringfügig höheren Fruchtbarkeit als bei mittlerer Sterblichkeit. Die Geschwindigkeit der Zunahme ist gering. Sie ist am größten, wenn die Sterblichkeit einen Mittelwert annimmt, wie dies zur Zeit in den E-Ländern der Fall ist
Die große Zunahme kann daher durch Maßnahmen gebremst werden, die die Sterblichkeit vermindern oder durch Einführung von Sozialversicherungsprogrammen, die den Wunsch der Eltern nach mindestens einem Sohn im hohen Alter zurücktreten lassen. Diese Untersuchungen zeigen, daß reine biogene Vorgänge (Eiweißernährung) eine perfektionierte Geburtenkontrolle nicht schon von sich aus zu einer niedrigen Wachstumsgeschwindigkeit der Weltbevölkerung führen. Geduld, Erziehung zum Verständnis und zu rationalökonomischen Entscheidungen dürften wesentlich für die Bestimmung der Kinderzahl maßgebend sein [62].

β) Eindämmung der menschlichen Fruchtbarkeit [16, 46, 62, 71]:
Die Verringerung der menschlichen Fruchtbarkeit durch Mittel, die in die physiologischen Abläufe des Konzeptionsmechanismus eingreifen oder ihn be-

hindern sollen, durch Hormone, durch antizygote als auch durch antispermatische Agentien, wie auch durch Temperaturschocks bei Spermien, sind heute vielfach zu umständlich, aufwendig, wenig attraktiv. Wie schon früher erwähnt, sind sie ohne strenge medizinische Überwachung, welche die Nebenwirkung mitberücksichtigt und Schadfolgen ausschaltet, nicht durchführbar. Dies betrifft auch die für Nahrungsmittelbeimengungen (Ciba-Symposium s. u.) vorgeschlagenen und über mehrere Monate wirkenden Schwangerschaftshemmer *(Medoxyprogesteronazetat)* oder die sog. Depotkontrazeptiva zu *(Progestin)*. Gerade die Anwendung dieser Mittel werden von Dr. *Pincus* abgelehnt, da in einzelnen Fällen „eine Sterilisierung eintrete", .. „bei anderen überhaupt keine Wirkung erfolge," obwohl eine Sterilisierung beabsichtigt war. Nach dem heutigen Stande scheine „eine freiwillige Kontrolle deshalb die einzige Möglichkeit, oder es müssen schon Zutaten sein, die normalerweise nicht allgemein verwendet werden, nicht jedoch Getreideprodukte, die der Gesamtbevölkerung als Nahrung dienen" [62].

Die möglichen Folgen einer dauernden oder temporären freiwilligen Sterilisation bzw. die gesetzlich erlaubte Schwangerschaftsunterbrechung sind in Hinblick auf die bevölkerungspolitischen Situationen in den zivilisatorisch gut situierten Staaten und die der E-Länder zu diskutieren. Für die ersteren erscheinen solche Eingriffe sinnvoll, um die unkontrollierten Schwangerschaftsunterbrechungen (§ 218 StGB, vgl. S. 438 f) zu steuern. Wie aber verhält es sich in Gebieten, wo aus religiösen und sonstigen Überzeugungen eine solche Verhinderung übermäßigen Nachwuchses nicht erwünscht, bzw. aus politischen Überzeugungen bewußt nicht eingehalten wird. „Bei der Geburtenkontrolle ist es von entscheidender Bedeutung, daß sie weltweit von allen Völkern durchgeführt wird. Man stelle sich einmal vor, sagt *Chr. G. Darwin,* daß nur die Hälfte der Nationen einen erfolgreichen Weg findet, um ihre Zahl zu begrenzen, während die andere Hälfte sich weigert, so vorzugehen. In wenigen Jahrzehnten würden die Einschränker in einer bedenklichen Minderheit sein.' ... Sie würden in einen Kampf um ihre reine Existenz geraten." Auch der einsichtige Oberschüler wird unschwer erraten können, um welche Bevölkerungsgruppe es sich in diesem Falle handeln würde! Damit muß man *Guttmacher* recht geben, der der Sterilisation gegenüber dem Kontrazeptiva den Vorzug gibt, „weil die Sterilisation bei den unterentwickelten Völkern mit ihrem geringen Wissen auf diesem Gebiete eine weit bessere Technik darstellt" [62].

Daß eine drastische Senkung der Geburtenrate durch die oben bezeichneten Mittel möglich ist, zeigt Japan. Dort ist sie innerhalb von 14 Jahren von 34,4 je Tausend Einwohner auf 17,2 zurückgegangen. Andere Länder (Korea, Chile, Pakistan, Indien) führen ähnliche Vorhaben im Rahmen ihrer Familienplanung ein, wenn auch dort die Vorhaben nur zögernd anlaufen (wie in Ceylon, Tunesien, Türkei und VAR).

Weder Geburtensteuerung noch Erhöhung der Anbauquoten und Ausbau der Grundstoffindustrien allein, können die von verschiedenen Autoren vorhergesagte Hungersnot *(Cook,* [62]) in den achtziger Jahren bannen. Alle Mittel müssen angewendet werden, um zu einem zu erhoffenden Erfolge zu kommen [86, 87].

Menschlich gesehen mutet das gesamte Experiment „Kontrolle des Bevölkerungswachstums, wie ein Paradox, oder richtiger, wie eine Tragödie" an. „Überall, wo die Kunst der Ärzte den Tod besiegt hat, wachsen die Zahlen der Populationen. Um sie gering zu halten, muß man jetzt erneut die Kunst der Ärzte bemühen, in diesem Falle die Biochemiker, die nach der Waffe gegen den Tod die Waffe gegen das reichlich entstehende Leben liefern" (*Kaufmann* [46]).

Dieses tragische Experiment hat der Jesuitenpater *P. Overhage* m. E. treffend so umrissen:

„Daß die gepriesenen und für unerläßlich gehaltenen Methoden wie späte Heirat, Kondom, coitus interruptus, Sterilisation, Abortus, Vasektomie, kontrazeptive Mittel chemischer und technischer Art, irgendwie gegen die naturgemäße Veranlagung des Menschen gerichtet sind, zeigt der Widerstand gegen jede Art von Geburtenkontrolle nicht nur bei den unterentwickelten Völkern, sondern auch bei unzähligen Menschen, die traditionsgebundene oder religiös bestimmte Auffassungen aufgegeben haben. Sie machen zwar von den Mitteln und Methoden Gebrauch, empfinden aber dabei nicht immer Erleichterung, Befreiung oder Zufriedenheit, sondern eher Unbehagen, Mißstimmung und Sorge" [62].

γ) Folgerungen für die hochentwickelten Industrieländer: Der Weg der heutigen Industrieländer der Welt ist in mehr oder weniger langer Zeit im Laufe des vergangenen Jahrhunderts und der ersten Hälfte dieses Jahrhunderts zu ihrem heutigen sozialen und ökonomischen Stand aus eigener Kraft erfolgt.

Der Weg der Entwicklungsländer zu einer Prosperität kann leider nicht aus eigener Kraft erfolgen. Menschliche Hilfen, Unterstützungen aller Art sind notwendiger denn je.

Gerade bei uns sollte man zu dieser Einsicht gelangen, daß Entwicklungshilfe sich zu einer internationalen Zusammenarbeit ausweiten muß, die den Empfängerländern die nötigen Produktionsmittel zum wirtschaftlichen Aufbau gibt und uns für unsere Wirtschaft die nötigen Absatzgebiete für die Zukunft sichert.

Volksaufklärungen in beiden Ländergruppen, die die Bedeutung dieser Wechselbeziehungen zum Gegenstande haben, sollten über die beiderseitigen ökonomischen Grundlagen, aber auch über die unterschiedlichen Lebensgewohnheiten, die Volksgepflogenheiten und die religiösen Überzeugungen unterrichten. Aus diesen müssen wiederum die Erkenntnisse gewonnen werden, wie man durch Hebung des Lebensstandards, Regelung der Geburtenfolgen, Lösung der Siedlungsprobleme und Ausbau der Produktionszweige einmal zu dem erhofften Lebenswohlstand kommt, bzw. wie man ihn bei uns erhalten kann.

F. Boudreau (Nutrition as a World Problem, 1946, [16]) führt aus: „Wenn der Fortschritt der Wissenschaft sich als ein Segen und nicht als ein Fluch für die Menschheit erweisen soll, müssen wir im Sinne der ganzen Welt denken und für unsere Welt die sozialen, wirtschaftlichen und politischen Institutionen schaffen, die die Menschheit auf dem Weg zur Freiheit vom Elend, Mangel, Krankheit und vorzeitigem Tod zu führen vermögen, die während so vieler Jahrhunderte die Begleiter des Menschen gewesen sind".

Nach *O. E. Fischnich* (Welternährungsorganisation [86]) ist man heute der Ansicht, daß bei Anwendung aller bereits wissenschaftlichen und technischen Erfahrungen die potentielle Erzeugungssteigerung an Nahrungsmitteln für die bis zum Jahre 2000 zu erwartende Bevölkerungszunahme wird erreichen können, wenn sich auch in verschiedenen Ländern in der Zwischenzeit gewisse Engpässe in der Versorgung ergeben dürften. Dazu sind allerdings neben den in den vorangehenden Kapiteln aufgeführten Maßnahmen noch die Hebung der sog. Infrastruktur (Ausbau der Energie-, Wasser-, Transport- und Informationsversorgung), die Arbeitskräfteumschulung aus der Landwirtschaft in die Grundstoff- und Konsumgüterindustrie und für alle Produktionszweige entsprechende Planungen, Umstellungen der Pachtsysteme und Änderungen der traditionellen Besitzverhältnisse nötig.

So wichtig die Hebung der allgemeinen Grundbildung (Beseitigung des Analphabetentums) zu sein scheint, den Ausbau der berufsbildenden und Gewerbeschulwesens für niedere und mittlere Führungskräfte wird der primäre Rang eingeräumt werden müssen. Allein die Absolventen dieser Schulen werden in der Lage sein, in ihren Geburtsländern der übrigen Bevölkerung die Bedeutung der Hebung des allg. Lebensstandards, die Umwandlung herkömmlicher Lebensgewohnheiten vermitteln zu können (vgl. S. 511 f). So wünschenswert die Hebung der allgemeinen Bildung auch wäre, es würde zunächst zu viele der durch die Entwicklungshilfen eingebrachten Mittel verschlingen; aus dieser Sicht erscheint allein die Heranbildung einer nach obigen Gesichtspunkten örtlich ausgebildeten Führungsschicht die wirksamere Lösung zu versprechen, ein Weg, wie er heute durch die in diese Länder entsandten Entwicklungshelfer mit Erfolg angewandt wird.

5. Die Bedeutung der Wissenschaft, Forschung und Lehre in Hinblick auf die Weltentwicklung [14, 15 c, d, 70]

a) Die Energiebereitstellungsfrage

Alle Vorhaben, auch alle Anliegen der biologischen Forschung und insbesondere die Biotechniken sind von der Bereitstellung einer optimalen Energiemenge abhängig.

Die elektrische Energie ist bisher in der Hauptsache auf die herkömmlichen Träger (Kohle, Erdöl, Wasserkraft) und Uran und Thorium angewiesen. Da diese aber nicht uneingeschränkt zur Verfügung stehen, müssen neue Wege zur Energiegewinnung beschritten werden. Neue Quellen bieten sich durch die Atomkernkondensation, die Umwandlung von Sonnenenergie mittels Katalysatoren über photochemische Prozesse und die Ausnutzung der Erdwärme (Erdbohrung der Magmaschichten im Erdinnern) an. „Ich bin überzeugt, daß am Ende dieses Jahrhunderts diese drei Quellen ausnützbar und die ersten Thermonuklearen, solaren und unterirdischen Wärmezentralen gebaut sein werden" (*Semjonow* [69]).

Wenn dies verwirklicht ist, besteht für die Nutzbarmachung der ariden, semiariden Klimate die Chance, künstliche Wetterbeeinflussung und durch Entsalzung des Meerwassers auch diese siedlungs- und ernährungsmäßig zu nutzen. Für die Meerwasserentsalzung wird sich die Gewinnung der „Schwerem Wasser" für die thermonukleare Energiegewinnung sinnvoll auswirken.

b) Die Umorientierung der wirtschaftlichen und wissenschaftlichen Tätigkeiten [14, 20, 33, 52, 75].

Die dritte Phase des industriellen Zeitalters wird arbeitsmäßig und damit für den Menschen hinsichtlich seiner Arbeitsart, seiner Vor- und Ausbildung bedeutsame Veränderungen erbringen (S. 364). „Zwar werden verbesserte und weitgehend automatisierte Methoden der Wissensvermittlung es einem größeren Teil der Bevölkerung (S. 366) ermöglichen, technische Fähigkeiten zu erlernen, aber nur

Tabelle 27: In der Forschung und Entwicklung beschäftigte Kräfte 1962 (geschätzt)
[29]

	Wissenschl. Ingenieure	andere Kräfte	in Forschg. u. Entwicklg. tätig	Gesamt-Bevölkerung Mill.	Berufstätige 15—64 J. Mill.	auf 1 000 Berufstätige bezogen ges. Volk — Berufstätige	
USA	435 600	723 900	1 159 500	186,6	111,2	6,2	10,4
Westeuropa	147 500	370 800	518 300	176,1	113,9	2,9	4,6
Belgien	8 100	12 900	21 000	9,2	6,0	2,3	3,5
Frankreich	28 000	83 200	111 200	47,0	29,1	2,4	3,8
Deutschland	40 100	102 100	142 200	54,7	36,7	2,6	3,9
Niederlande	12 600	20 200	32 300	11,8	7,3	2,8	4,5
G.-Br.	58 700	152 400	211 100	53,4	34,8	4,0	6,1
UdSSR	416 000	623 000	1 039 000	220	142	4,7	7,3
nach Projektion	(487 000)	(985 000)	(1 472 000)				

Geschätzte Gesamtausgaben
für Forschung und Entwicklung
je Kopf der Bevölkerung
in Dollar (1962)

USA 93,7
Westeuropa 24,8
Belgien 14,8
Frankreich 23,6
Deutschland 20,1
Niederlande 20,3
Groß-Britannien 33,5

Geschätzte Gesamtausgaben
für Forschung und Entwicklung
als prozentualer Anteil
am Bruttosozialprodukt

USA 3,1
Belgien 1,0
Frankreich 1,5
Deutschland 1,3
Niederlande 1,8
Groß-Britannien 2,2

die Allerfähigsten werden wahrscheinlich gebraucht werden" [37]. Diese Folgen beschäftigen bereits heute unsere Gewerkschaften, in dem sie „Rationalisierungsschutzabkommen" fordern. Es ergibt sich ein besonderer Zwiespalt: Während man heute um die Arbeitsplätze in den gehobenen „teils-manuell-teils-geistig" arbeitenden Berufsgruppen bangt, ist in einzelnen Zweigen der etwa vor 15—10 Jahren vorher gesagte Kräftemangel eingetreten (Lehrer aller Kategorien und besonders Berufe der technisch-wissenschaftlichen Intelligenz). Man darf daher diese Entwicklung nicht einseitig sehen. So berichten *Ganzhorn* und *Walter,* daß „wichtige Forschungsergebnisse als Ganzes mangelhafter Konstruktionskapazität überhaupt nicht oder nur verspätet in die Fertigung gelangen. Der Arbeitsdruck, unter dem der Entwicklungs- und Konstruktionsingenieur steht, wächst ständig. Ein großer Teil der Arbeit besteht aus Erfahrung, Routine und Kenntnis bestimmter Entwicklungsregeln und der Fähigkeit, die verschiedenen Faktoren und Informationen zu kombinieren. Bei all diesen nicht ausgesprochenen schöpferischen Tätigkeiten können Datenverarbeitungsanlagen wertvolle Hilfe leisten [32].

Ein wesentliches Moment wird also in Zukunft die Umschulung und die Weiterbildung gerade der jüngeren Kräfte sein. Die Weiterbildung derjenigen, die sich bereits im Berufsleben befinden und sich zur Übernahme von verantwortungsvolleren Stellen eignen, wird daher noch mehr zu fördern sein und zwar ohne Rücksicht auf Bildungsvoraussetzungen, Prüfmöglichkeiten und den Erwerb von Berechtigungsscheinen. Dies gilt insbesondere für die Zuerkennung von Studienaufstockungsmöglichkeiten für einzelne biologisch-, chemisch-, medizinisch-, physikalisch-, ingenieur-technische Hilfskräfte, deren Examensprädikate und deren Bewährung in den ersten Jahren ihres werktätigen Einsatzes den Leistungswillen und die Befähigung erkennen lassen, die zu einem Weiterstudium die besten Voraussetzungen erbringen.

Die Zahl der in Forschung und Technik in den Industriestaaten beschäftigten Kräfte ist schätzungsweise in Tabelle 27 wiedergegeben. Man vergleiche dort die Stellung Westeuropas zu den anderen progressiven Staaten [29].

Es ist für einen Naturwissenschaftler immer ein Wagnis, Prognosen hinsichtlich der Zukunftsaussichten einzelner Berufe zu geben. Aus diesem Grunde seien nur Angaben für einen Produktionszweig herangezogen, der trotz des verspäteten Wiederbeginns in der BRD eine erfreuliche Entwicklung in den letzten Jahren gezeigt hat, nämlich die Luft- und Raumfahrt.

In den USA waren in der Raumfahrtprospektion der NASA im
  März 1962 . . . . 6 160 Wissenschaftler im Dienste
  März 1967 . . . . 12 030 Wissenschaftler im Dienste.

Die vergleichbaren Hundertsätze in der Luft- und Raumfahrtindustrie hat folgenden Wandel durchgemacht:

	1954	1959	1965	1970
Arbeiter im Stundenlohn	71,6 %	48 %	33 %	29 %
Techniker, Ingenieure, Wissenschaftler	13 %	25 %	29 %	32 %
Führungskräfte	8 %	11 %	38 %	
Schreibkräfte	2 %	3 %		

Aus Zahlenangaben zusammengestellt aus [9].

Die Zeit des schnellen Geldverdienens nach kurzen Ausbildungszeiten scheint überall vorbei zu sein. Staatssekretär *Dr. v. Heppe* (BMwF) fordert daher unter Einflechtung des bekannten Zitates von *Lenin:* „Die Bedeutung von Wissenschaft und Technik und ihren Vorreitern für Staat und Gesellschaft wird in Zukunft ständig wachsen. Wir werden den Anforderungen der Welt nur gerecht werden können, wenn wir alle lernen, lernen und wiederum lernen" ([14] v. 11. 11. 1967).

Wenn *Picht* davon ausgeht, daß sich alle zehn Jahre die Summe der Informationen verdopple und *Lederberg* (1963) darauf hinweist, „daß allein in seiner speziellen Forschungsabteilung jede Woche eine Liste mit etwa 100 Titeln anfallender Literatur umlaufe" dann geht es wirklich über die Fassungskraft eines einzelnen Wissenschaftlers hinaus „auch nur diesen kleinen Ausschnitt der Naturwissenschaft zu verdauen" [62].

Spezialisierung, Zusammenarbeit unter den Wissenschaftlern, Vermehrung ihrer Zahl und nicht zuletzt der Einsatz von Automaten wird immer nötiger.

In Hinblick auf die Forderungen von *Ganzhorn* und *Walter* [32] dürfte auch im Ganzen für die BRD die Feststellung von *Rosenblith* (1961) für die Zukunft Geltung haben: „Wir treten jetzt in die Ära ein, in der die umwälzende Technologie der Computer daran ist, uns mit einem neuen intellektuellen Werkzeug zu versorgen, das sich in einer Erweiterung des menschlichen Gehirns auswirken wird. Der Computer wird sich nicht nur als ein arbeitssparendes Mittel erweisen und eine neue Aufteilung geistiger Arbeit im Gefolge haben, auch die Kombination von Mensch plus Computer berechtigt zu der Hoffnung, daß sie ein Äquivalent für einen Sprung in die Evolution des menschlichen Nervensystems darstellt," [62]. „Die Entwicklung, auch lernfähige Maschinen zu bauen, haben zu interessanten Vergleichen zu der Leistung des Gedächtnisses und dem Lernen bei Tier und Mensch geführt" *(Friedrich Freska).* Gerade diese Entdeckungen zwingen dazu, die biologischen Forschungen in der Zukunft zu fördern [15 a].

c) Die Aufgaben der biologischen Forschung und Lehre in der Zukunft [14, 15]. Der Pressedienst des Bundesministers für wiss. Forschung umreißt deren Aufgabe wie folgt: „Die Lebenswissenschaften stellen auch im Arbeitsbereich des BMwF ein sehr bedeutsames Gebiet dar. Ihre Hauptaufgaben bestehen darin, die Möglichkeiten der Anwendung der Kernenergie und Radioaktivität zur Aufklärung der Lebensvorgänge, zur Erhaltung der Gesundheit des Menschen und zur Verbesserung seiner Lebensbedingungen voll auszunutzen und andererseits etwaige Gefahren.., rechtzeitig zu erkennen. ... Die Anwendung der Kernenergie in Biologie, Medizin und Landwirtschaft hat diese Wissenschaften geradezu revolutioniert... (vgl. S. 454). So konnten Probleme im Hinblick auf Substanzen, die der Entstehung und Erhaltung des Lebens dienen, geklärt werden; so vermochte man die Weitergabe des Lebens im Vererbungsprozeß zu erkennen. Es ist das Ziel dieser Forschungen, die heute auf allen Gebieten der Lebenswissenschaften ausgeführt werden, unser Verständnis vom Leben und von den Lebensbedingungen zu verbessern" ([14]/3. 5. 1967).

Das „*Ciba-Symposium*" in London 1962 [37, 44, 46, 65, 66]: Zu letzteren Problemen haben bedeutende Forscher auf verschiedenen Kongressen Stellung genommen; sie bedürfen auch der Behandlung in den Oberstufen. Dazu gehören die vorgeschlagenen gezielten Eingriffe in die Erbsubstanz und die Möglichkeit, in den menschlichen Populationen mittels biochemischer Methoden gewünschte

oder unerwünschte Merkmalanlagen durch Förderung oder Verhinderung der Fortpflanzung zu steuern („selektive Rassenhygiene", [37]).
„Hier handelt es sich nicht um Phantasien, sondern um erstgemeinte Vorschläge von Wissenschaftlern, die auf den Gebieten der Genetik und Biochemie Hervorragendes geleistet haben," die allerdings z. T. auf Hypothesen beruhen (die sie von ihren Forschungsergebnissen herleiten, die in der Hauptsache an niedrig organisierten lebendigen Systemen gewonnen wurden) und „für die noch keine Erfahrungen für den Menschen vorliegen" (*v. Verschuer*, [77]).
Der Ernst, mit dem jedoch *J. Huxley*:
„im modernen Menschen beginnt die Richtung der genetischen Entwicklung das Vorzeichen zu ändern, vom Positiven zum Negativen, vom Fortschritt zum Rückschritt. Es muß uns gelingen, diese Entwicklung wieder auf den uralten Kurs einer positiven Verbesserung zu bringen ... Unsere Zivilisation wird erbkrank. Um den bedrohlichen Trend aufzufangen, müssen wir unsere genetischen Erkenntnisse voll einsetzen und neue Techniken der Fortpflanzung ersinnen"
und der verstorbene Nobelpreisträger *H. J. Muller*:
„Gerade unsere Zeit hat aber den Prozeß der Erbauslese im Menschen untergraben. Ihre aktive Fortführung aber ist notwendig, wenn wir die menschlichen Fähigkeiten auch nur ihrem jetzigen Niveau, das ohnehin nicht sonderlich befriedigend ist, erhalten wollen"
diese Probleme sehen, bedarf auch einer schulischen Erläuterung. Wenn auch ihre möglichen Anwendungen „zwar noch jenseits des Horizontes liegen", so kann damit gerechnet werden, daß sie doch in einer oder zwei Generationen zu erwarten sind" (*Kaufmann*, [46]).
Es dürfte sich im wesentlichen um nachfolgende Forschungsbereiche handeln, deren Verwirklichung in der Folgezeit nach Ansicht anderer Fachleute (DELPHI-Technik, vgl. S. 503 und [46]) möglich erscheint. (Die erste Zahl bedeutet 1. Viertel-, die zweite Zahl den Mittelwert der voraussichtlichen Verwirklichung):
Anwendung biologischer Agenzien, um den Widerstandswillen einer Person zu zerstören (1971)
Anwendungen billiger Mittel zur Empfängnisverhütung (1970)
Anwendung von Drogen zur Veränderung des Persönlichkeitsbildes des Menschen (1980, 1984)
Steigerung der Heilbarkeit psychischer Erkrankungen (1984, 1992)
Allgemeine biochemische Immunisierung gegen Erkrankungen (1983, 1994), (vgl. deren Notwendigkeit in [64])
Möglichkeiten einer chemischen Kontrolle gewisser Erbfehler (1990, 2000)
chemische Kontrolle des Alterns (1981, 2024)
chemische Stoffe zur dauernden Anhebung des Intelligenzniveaus (1984, 2012)
Wir werden von der Schule aus keinen Einfluß auf die Erforschung bzw. Anwendung solcher Methoden nehmen können. Unserer Verantwortung obliegt es aber, auf die Gefahren einer mißbräuchlichen Anwendung dieser Möglichkeiten hinzuweisen.

d) Die Sorge um die Erhaltung des Erbgutes beim Menschen [13, 62, 77]
Die Zahl der Stoffgruppen, der Fremdenergien und die anderen Einflüsse, die möglicherweise eine Veränderung des Erbgutes bedingen, nimmt zu, ohne daß

heute oder in naher Zukunft zuverlässig wirkende und alle maßgebenden Kreise befriedigende Maßnahmen getroffen werden könnten. Da wir in der BRD daran festhalten müssen, daß sozialhygienische Maßnahmen, wenn überhaupt, nur auf freiwilliger Basis eingeleitet werden dürfen, wird auf die Dauer gesehen die „Wirksamkeit und der Wirkungsbereich der künstlichen Auslese erneut stark eingeengt". Eine einfache Rückkehr zu den Prinzipien der natürlichen Auslese, wie sie *Osborn* fordert [62], ist aus vielerlei Gründen bei uns nicht möglich.
Aus diesem Grunde aber muß man wohl die u. a. von *O. v. Verschuer* angeregten Forschungsanliegen und Vorschläge sehr begrüßen. Zusammengefaßt und etwas abgeändert enthalten sie folgende Forderungen [77]:

Erforschung der Wirkung einer pathologischen Erbsubstanz;
Verhütung der Weiterverbreitung krankhafter Erbanlagen auf die nächste Generation (individuelle Eheberatung, um die sich selbständig ausbreitende negative Auslese nicht auszuweiten);
Verhütung der Neuentstehung krankhafter Erbanlagen durch Einschränken exogener Noxen;
Planung einer Gesundheitshygiene auch für das Erbgut (Förderung der genetisch gut veranlagten Familie).

Auch global gesehen kann vorher nicht gesagt werden, ob eine geplante Geburtenbeschränkung eine Einengung natürlich sich entwickelnder Genkombinationen bedingen wird, zumal wir für die Zukunft keineswegs voraussagen können, welche Genmuster für die Weiterentwicklung der Menschheit die günstigsten sein werden.
Trotzdem schlägt *Simpson* (1961) vor: „Eine geringe Menge freiwilliger Kontrolle der Fortpflanzung vermag die positive Auslese für wünschenswerte Merkmale und die negative Auslese unerwünschter zu stärken" [62]. Jedenfalls wird man in der Zukunft bemüht sein, die Zeugung einer größeren Kinderzahl durch begabte und befähigte Menschen, bei denen man am Ganzen ihrer Konstitution und ihres Verhaltens voraussagen könnte, daß sie auch in der Lage sein werden, solche Nachkommen zu erhalten, zu fördern!
Die Fortpflanzungswilligkeit der „emanzipierten" Frau, auch wenn sie unverehelicht bleibt, wie auch die sonst kinderlos gebliebene Ehefrau durch künstliche Befruchtung unter Verwendung von Depotspermien wertvoller Erbträger rückt rein biologisch in den Bereich der Möglichkeit. Allerdings sollte man die persönlichen Bedenken vieler Menschen gegen derartige Manipulationen respektieren.

e) Die Bedeutung der wissenschaftlichen Forschung und die Stellung der Biologie in ihr [15 a, c, d; 81]

Wohl zu keiner Zeit vorher hatte der Wissenschaftler für die Zukunftsgestaltung eines Volkes eine größere Bedeutung als heute und in der Folgezeit. In den durch die staatlichen Organe ins Leben gerufenen Gremien für

Atomforschung

Weltraumforschung

Datenverarbeitung

Ozeanographie

nimmt neben der medizinischen heute die rein biologische Forschung immer mehr einen verantwortungsvollen Rang ein. Es wird daher auch Aufgabe der

Schulbiologie sein, in den nächsten Jahren zunehmend auf die Probleme, die zur Bewältigung anstehen, einzugehen.

Die Arbeit des Biologen, die sich früher auf sorgfältiges Beschreiben von Naturvorgängen, auf Spekulationen und Auseinandersetzungen mit verschiedenen philosophischen Systemen beschränkte, ist heute durch die Anwendung zuverlässiger analytischer Beweisverfahren zu einer Forschungsrichtung im modernen naturwissenschaftlichen Sinne geworden. Neben der reinen Grundlagenforschung ist die Biologie aber auch ein Teil jener „Projektwissenschaften" [15 c] geworden, die sich vor allem mit den Problemen des Überlebens des Menschen und der biologischen Systeme befaßt. Bei allen Planungen wirtschaftlicher und sozialpolitischer Art wird in irgendeiner Form der Lebensbereich des Menschen berührt. Eine vermehrte Unterrichtung aller zukünftigen Führungskräfte mit solchen die Biosphäre berührenden Gegebenheiten erscheint daher erforderlich. So stehen in der Zukunft nicht nur in dem weitumfassenden Teilbereich der sog. Molekularbiologie bedeutende ungelöste Fragen der Erforschung an, sondern auch auf dem Gebiet der gesamten Umwelthygiene [15 b] liegt ein Engpaß, nicht in der Anzahl der Probleme und in den Geldquellen, sondern in der nahezu erschöpften persönlichen Kapazität der Wissenschaft und Technik".

„Wir müssen dafür sorgen, daß die späteren Wissenschaftler und Techniker richtig vorbereitet zu den Hochschulen und anderen Bildungsstätten kommen. *Das ist eine Frage der Struktur unseres Schulwesens, speziell des Ausbildungsganges und der Fächerwahl in der Oberstufe der höheren Schulen und vor allem des Abiturs. Eine Verstärkung des naturwissenschaftlichen Unterrichtes an der Oberstufe des Gymnasiums erscheint dringend geboten (G. Stoltenberg,* [14] v. 15. 2. 1968).

Die Feststellung, „daß die neuen Gebiete der Biologie außerordentlich zukunftträchtig erscheinen, aber in Europa zu wenig gepflegt sind," ... *(Friedrich Freska,* [15 a]), hat gerade eine so bedeutende Persönlichkeit wie *C. F. v. Weizsäcker* [81] zu folgender Feststellung veranlaßt: „Wenn heute ein junger Mensch zu mir käme und sagte: Ich möchte gern Naturwissenschaften studieren, in welcher werde ich wahrscheinlich das Interessanteste erleben in den kommenden Jahrzehnten? So würde ich sagen, ich weiß es nicht sicher, aber ich würde annehmen in der Biologie, vielleicht in der Molekularbiologie...". Diese außerordentliche, unser Fach und seine Forschungsaufgaben ehrende Feststellung zeigt aber doch, daß in der Zukunft nur solche Kräfte, die eine ausreichende solide Grundausbildung in den herkömmlichen Fundamentalkräften der Mathematik und der Naturwissenschaften, also auch in der Physik und Chemie, erhalten haben, in der Lage sein werden, auch die neuen Forschungsanliegen unseres Faches bewältigen zu können.

Ebenso muß der Biologielehrer gründliche chemische und physikalische Kenntnisse besitzen, um einem modernen Biologieunterricht gewachsen zu sein.

Es wird an uns, den Lehrern an den höheren Schulen liegen, der Jugend ständig diese Forderungen vorzuhalten. Wir müssen sie bei der Wahl der Stoffgebiete von der Richtigkeit und der Notwendigkeit dieser Bildungsanliegen überzeugen.

Literatur zum Kapitel V

1. *Ambroggi, R. P.*: Große Wasservorräte in der Sahara, UWT. 1966/587.
2. *Autoren* div.: Darmstädtergespräch: der Mensch u. seine Zukunft, Neudarmstädter Verlag 1967.
3. *Baade, F.*: Welternährungswirtschaft, Ro-ro Enzyklopädie, Bd. 29, 1956.
4. *Baade, F.*: Nahrungsreserven einer hungernden Welt, UN. 1967/399.
5. *Bates, M.*: Die überfüllte Erde, List, München 1959.
6. *Bauer, W.* u. a.: Die deutsche Wirtschaft und die EWG. Presse- u. Inf.-Dienst d. europ. Gemeinschaften, Bonn, Zittelmannstr.
7. *Bhagati, J.*: Wirtschaftsprobleme d. Entwicklungsländer, Kindlers-Universitätsbibliothek, München 1966.
8. *Bentheim, G.*: Japans quälende Examina, Pr. 1. 6. 1967.
9. *Bergaust, E.*: Zukunft der Raumfahrt, Econ, Düsseldorf 1965.
10. *Buchwald, K.*: Unser Lebensraum als Verantwortung u. Aufgabe, Mitt. d. Verb. D. Biologen. 1961, Nr. 70.
11. *Bolle, H.*: Kohlenstoffbiologie, Orion, Murnau 1952/891.
12. *Bukatsch, F.*: Erschließung neuer Eiweißquellen, PB 1967/191.
13. *BMwF-Str.*: Mutationsrate bei Versuchtieren u. beim Menschen. Bd. 17, 1960.
14. *BMwF-Pr.*: siehe im Text mit Zeitangabe.
15a. *BMwF-F.*: Biologie, Strahlenbiologie, Naturstoffchemie, H. 4.
15b. *BMwF-F.*: Umwelthygiene, Bauwesen, Raumordnung, H. 5.
15c. *BMwF-F.*: Soziale Aspekte künftiger Forschungspolitik, H. 6.
15d. *BMwF-F.*: Bericht einer Beratergruppe d. Konferenz d. Forschungsminister aus den OECD-Staaten, H. 7.
16. *Castro de J.*: Weltgeissel Hunger, Musterschmidt, Göttingen, 1959.
17. *Clark, G.*: Der ungeduldige Riese, Daphnis, Zürich, 1960.
18. *Claus, F. P.*: Die Armen wurden nicht reicher, Pr. 10. 10. 1967.
19. *Coulmas, P.*: Flucht in die Freiheit, Stalling, Oldenburg, 1963.
20. *Coulmas, P.*: Fabrik ohne Arbeiter, NWDRundfunk, 28. 7. 1965.
21a. *Cremer, H. D.*: Ernährungsprobleme d. Entwicklungsländer, UWT. 1967/473.
21b. *Cremer, H. D.*: Aufgaben der Ernährungswissenschaft für eine gesicherte Zukunft der Menschheit NR. 1969/283.
22. *Dietrich, G.*: Meereskunde d. Gegenwart, NR. 1963/466.
23. *Döring, K.*: Mehrmals auf die Schulbank, Pr. 8. 3. 1968.
24. *Drössmar, F.*: Meerwasser chemisch aufbereitet, NR. 1967/33.
25. *Ebers, E.*: Nutzbarmachung der Wüsten. NR. 1960/190.
26. *Eliseit, H.*: Japan eine Herausforderung, Welt am Sonntag 15. 9. 1968.
27. *Euler, K. J.*: Wege der Energieumwandlung, NW. 1900/341.
28. *Feldheim, W.*: Baumwollsaatprotein f. d. menschl. Ernährung, UWT. 1966/19.
29. *Freemann, C.,* u. *Young, A.*: Aufwendungen für Forschung u. Entwicklung, UWT. 1966/368.
30. *Freudenberg, K.*: Säuglingssterblichkeit a. Weltbevölkerung, NR. 1960/141.
31. *Fucks, W.*: Formeln zur Macht, Deutsche Verlagsanstalt, Stuttgart 1965.
32. *Ganzhorn, K.,* u. *Walter, W.*: Automatisierte Konstruktion, UWT. 1967/4.
33. *Greiling, W.*: Mehr Brot für mehr Menschen, Kosmos-Bibl. Stuttgart, Nr. 237 1963.
34. *Guttmann, H.*: Weltwirtschaft u. Rohstoffe, Safari 192, Berlin, 1956.
35. *Haas, H.*: Manipulierbarkeit durch Pharmaka, UN. 1967/2.
36. *Heer, D. M.,* u. *Dean, O. S.*: Einfluß d. Sterblichkeit auf die gewünschte Familiengröße, UWT. 1967/50.
37. *Helmer, O.*: Fünfzig Jahre Zukunft, Mosaik-Verl. Hamburg 1967
38. *Hoffmann, H.*: Wirtschaftliche u. soziale Probleme d. techn. Fortschritts, AGF-NW 1951 No. 8.
39. *Hsüa Mu Tjao* u. a.: Die soziale Umgestaltung der chinesischen Volksrepublik, Verl. f. fremdspr. Literatur, Peking.
40. *Hyden, H.* u. *Lange, P. W.*: Genetc Stimulation with production of Adenic-Uracil-Rich-RNA in Neuren and Glia in Laerning, NW. 1966/64.

41. *Informationen zur politischen Bildung:* Automation, Folge 116, Bundeszentrale f. politische Bildung, Bonn 1966.
42. *Informationen zur politischen Bildung:* Bevölkerung u. Gesellschaft, Folge 130, Bonn 1968.
43. *Ishii, S.:* Japans Aufstieg, VDI-Nachr. Düsseldorf 16. 6. 1965.
44. *Jungk, R. u. Mundt, H. J.:* Das umstrittene Experiment: der Mensch, Deutscher Bücherbund, Stuttgart 1966.
45. *Karvonen, M. J.:* Physiologische u. psychologische Unterschiede zwischen Mann u. Frau, NR. 1967/29.
46. *Kaufmann, R.:* Menschenmacher, die Zukunft d. Menschen in einer biolog. gesteuerten Welt, S. Fischer, Hamburg 1964.
47. *Kurth, G.:* Bevölkerungsgeschichte des Menschen, Handb. d. Biologie, Bd. IX/461, Athenaion-Verl. 1966.
48. *Lehmann, E.:* Ernährungsvisionen, Orion-Murnau 1950/513.
49. *Makaroff, J.:* Sengende Hitze aus Fernost, Japans Konkurrenz beunruhigt Europa, Pr. 24. 2. 68.
50. *Mattauch, F.:* Einige Gründe u. Anregungen zur Gestaltung d. polit. Erziehung . . ., PB 1960/5.
51. *Mattauch, F.:* Über die Bindung der staatsbürgl. Erziehung an den Biologieunterricht, PB. 1963/41.
52. *Mattauch, F.:* Welchen Beitrag können biolog. Erkenntnisse zur notwendigen gesellsch. Umstrukturierung liefern, PB. 1967/124.
53. *Mohr, H.:* Erkenntnistheor. u. ethische Aspekte der Naturwissenschaften, Mitt. d. Verb. D. Biologen, 1965 No. 113.
54. *Nachtsheim, H.:* Übervölkerung ein Zentralproblem d. Welt, UWT. 1967/26.
55. *Naujek, K.:* Angestellte vom Computer verdrängt, Pr. 8. 3. 1968.
56. *Niethammer, G.:* Mensch u. Klima, NR. 1962/52.
57. *N. N.:* Europa hilft den Entwicklungsländern, AG. f. Gegenwartkunde, Zeitbildverl. Godesberg 1961.
58. *N. N.:* Automation, Weg in die Zukunft, AG. f. Gegenwartkunde, 1964.
59. *N. N.:* Erhebungen über die Welternährungslage, NR. 1966/71.
60. *N. N.:* Trockenheit in Afrika, NR. 1965/286.
61. *N. N.:* Zunahme d. Weltbevölkerung, NR. 1968/80.
62. *Overhage, SJ. P.:* Experiment Menschheit, Knecht, Frankfurt 1967.
63a. *Picht, G.:* Zukünftige Erwachsenenbildung (Zitate aus der Zeitschrift Merkur), Pr. 2. 4. 1968.
63b. *Picht, G.:* Mut zur Utopie (Die großen Zukunftsaufgaben) Piper-München 1969.
64. *Roese, P.:* Antibiotika können Leben retten, aber sie bringen auch Leben in Gefahr, Die Welt im Wandel, 29. 3. 1968.
65. *Rostand, J.:* Die Biologie u. d. Mensch d. Zukunft, Holle, Darmstadt.
66. *Rotta, H.* und *Schmid, G.:* Der mögliche Entwicklungstrend, eine Vorschau auf die Jahrhundertwende, NR. 1967/278.
67. *Schmid, R.:* Tierisches Eiweiß aus Pflanzen (Maismutante), NR. 1966/71; Aubina (eiweißhaltig. Ergänzungsnahrung) NR. 1968/214.
68. Schmidt, W.: Creativitätstraining, PB. 1967/222.
69. *Semjonow, C.:* Naturwiss. u. techn. Entwicklung d. Zukunft, UN. 1967/1025.
70. *Sergejew, B.:* Atomforschung im Dienste d. Wasserversorgung für die Welt, UN. 1967/495.
71. *Shonfield, A.:* Angriff auf die Armut der Welt, Verl. f. Wiss. u. Politik, Köln 1962.
72. *Simon, K. H.:* Industrialisierung u. Gesundheit, NR. 1964/123.
73. *Simon, K H.:* Ernährungskapazität der Erde (Uno-Weltkonferenz, Belgrad), NR. 1966/204.
74. *Stewart, J. E.* u. *Mech, A. M. J.:* Trinkwasserversorgung aus dem Meer, NR. 1966/311.
75. *Vahlefeld, W.:* Japan wird Nr. 3 in der Welt. Pr. 14. 12. 1968.
76. *Verg, E.:* Lautlos kommt der gelbe Drache, Kristall, Hamburg 1965/H. 25.
77. *Verschuer, O. v.:* Zur Frage der Zukunft des Menschen in der Sicht der Genetik, UWT. 1965/5.
78. *Virtanen, A.:* Ernährungsmöglichkeiten der Menschheit und die Chemie, NR. 1961/371.
79. *Wassermann, L.:* Nahrung und Ernährung in Japan, NR. 1967/123.
80. *Weizel, G.:* Eiweißernährung und das 5. Gebot, NR. 1965/405.
81. *Weizsäcker, C. F. v.:* Über die Kunst der Prognose, UWT. 1968/449.
82. *Wieser, W.:* Grenzen und Möglichkeiten der wiss. Prognosen, NR. 1967/271.
83. *Wirths, W.:* Ernährungssituation d. Weltbevölkerung, UWT. 1966/497.
84. *Wolf, Ch.:* Überholtes Bildungsideal, Die Welt 11. 1. 1965.
85. *Borsook, H.:* Der Hungrige kann nicht warten, Knaur-Droemer, München 1968.
86. *Fischnich, O. F.:* Versorgung bis zum Jahre 2000, UWT. 1968/419.
87. *Heinrich, J. u. Kreye, O.:* Maßnahmen zur Lösung der Welternährungskrise, UWT. 1968/803.
88. *Hempel, G.:* Nahrung aus dem Meer, UWT. 1968/336.

Namen- und Sachregister

Abbinden, Schlagadern 312
Abblendung (am Auge) 131
Abbruchblutung 247, 265
Abgang 260
Abgase 399, 409, 424
Abhärtung 425, 426
Abkürzungen 380
Abmagerungspille 421, 452
Abnabelung 270
Abort 260
Absetzprobe, nach Imhoff 394
Abtreibungsmittel 254, 438, 526
Abwasser 387, 391, 392, 393 500, 520
— in der BDR 395
Abwasserklärung 394, 396 f
Abwasserreinigung
 biologische 397
Achillessehne 199
Achillessehnenreflex 150
Achsel 199
Ackerbau 359, 516
Adamsapfel 199
Ader 199
Adrenalin 471
Adrenocorticales System 422, 446 f, 471 f
Äthiniöstradiol-methyläther 248
Äthinil-östrodiol 248
Affekte 473
After 199
Agglomerationsraum 382
Agglutination 70
Agrarländer 374
Agrarproduktion 370, 375, 404, 405, 509, 518, 520
Agrikulturstoppe
 = Kultursteppe
Akzeleration 440, 442, 470 f, 477
Akkommodation 122 ff, 125 ff, 148
Algenkulturen 497, 520
Alkaloide 450
Alkoholismus 444 f
Allergie 427, 467, 469, 476
Allopregnanderivate 244
Alter 268
Altersaufbau 365 ff
Altersgliederung
 einer Schule 178

eines Volkes 181
Alterssichtigkeit 122 f, 126 f
Altsteinzeit 358
Amenorrhoe 243, 248
Amboß (Gehörknöchelchen) 199
Aminosäuren 519 f
Ampulle (im Ohr) 145 ff
Amylase 82
Analeptica 449
Analgetica 450
Analphabetentum 374, 528
Androgenbildung 269
Androgene 244, 245, 252, 267
Androstanderivate 244
Angina 265, 427, 435
— pectoris 336
Antibabypille 247, 467, 526
Antikörperbildung 449, 498
Aorta 199
Apgar-Test 270
Arbeit 21 ff
Arbeitsbevölkerung 366, 367, 373
Arbeitskräfteverlagerung 366, 370 ff, 513 f, 528
Arbeitswoche 424
Aride Gebiete 516, 518
Aristoteles, Versuch des 102
Arm 199
Armbruch 316, 321
Armbeuger und -strecker 17
Arm-Modell 6
Arsch 200
Arterie 200
Arteriosklerose 454, 475
Ascaris 436
Aschheim-Zondek'sche
 Schwangerschaftsreaktion 257
Asthma 425, 435
Astigmatismus 115
Atembeeinträchtigung 325, 395, 499
Atemdruck 29 ff
Atemfrequenz 40
Atemgeräusche 38
Atemluft 24 ff
Atemorgane 31 ff
Atemorgane 31 ff
Atemorgane 31 ff
Atemorgane 31 ff
Atemsog 29 ff
Atemspende 330 f
Atemvolumen 40
Atmung 24 ff

Atlas 200
Atomforschung 533
Atomenergie 528
Atombombenschäden 403, 458 ff
Aufgaben zur Berechnung
 Abblendung am Auge 131
 Arbeit und Leistung 21 ff
 Rote Blutkörperchen 62 ff
 Weiße Blutkörperchen 64
 Brillenberechnung 132
 Dioptrie 131
 Eingeatmete Luftmenge 38
 Gegenstandsgröße 132
 Kalorienbedarf 92 ff
 Kilopondmeter 91
 Kilowatt 92
 Kohlendioxidgehalt
  der Luft 29
 Linsenformel 131
 Lufterneuerung 38
 Luftsauerstoff 39
 Oberflächenvergrößerung 107 ff
 Richtungshören 137 ff
 Vertretbarkeit der
  Nährstoffe 91
Aufwachtemperatur 248, 249
Auge 111 ff, 200
Augenumgebung 112
Ausatmungsluft
 Abgegebene Wärmemenge 38
 Atemdruck 30
 Kohlendioxidgehalt 25 ff, 29
 Luftsauerstoff 39
 Wasserdampfgehalt 24
 Zusammensetzung 39
Ausbildung — 366, 373, 523, 528 f
Ausbildung in Erster Hilfe 305
Ausfluß 266
Ausgleichsbeschäftigung 423, 424
Austreibungsperiode (Geburt) 263
Automation 369, 373, 513, 531, 576 f
Automatisierung 373, 513, 531
Avitaminosen 375

Baby-Pulmotor 270
Backe(n) 200
Bälkchenstruktur 13 ff
Balken 200

537

Ballaststoffe 91
Ballen 200
Band 200
Bandscheibenschaden 336
Bandwurm 436
Barr'sche Körperchen 252
Bart 201
Basalis 240, 242
Befruchtung 254
Basaltemperatur 243, 249
Bauch 201
Bauchatmung 33
Bauchspeichelferment 85, 96
Beatmung, künstliche 325, 330 f
Bebauungsflächen
  landwirtschaftl. 376
Becken 201
Beikost 283
Bein 201
Beleuchtung 428, 468
Belüftung 428
Beobachtungsaufgaben
  Augenäußeres 111 ff
  Armbeuger und -strecker 17
  Blutkreislauf 45
  Eineiige Zwillinge 167 ff
  Gebärdenspiel der Hand
    154 ff
  Gebiß 76 ff
  Hörübungen 134 ff
  Körperwärme 42 ff
  Kopfmuskeln 19 ff
  Muskelleistung 21
  Muskelsinn 140 ff
  Muskulatur 16
  Peristaltik 86
  Puls und Herzschlag 44
  Verhalten des Menschen
    159 ff
  Zähne 79
Bergung (Verletzter) 336, 338 ff,
  345
Berlin 366 ff
Berufswahl 503, 528 f, 530
Beruhigungsmittel 450, 452
Beschneidung 288
Bevölkerungsaufbau 179, 366,
  378
Bevölkerungsentwicklung 357,
  362, 366 f, 373 f, 379, 386, 503 f,
  510, 516, 522 ff, 526 f
Bevölkerungsbelastungen
  474, 476 f, 522 f
Bevölkerungspyramide
  179 ff, 366
Bewegungssinnesorgane 144 ff
Bewußtlosigkeit 326, 335
Bezugsquellen-Liste 232 ff
Biene (Vernichtung) 406
Bildungsmöglichkeiten
  365, 412
Bindenverbände 317
Biocide 405 f
Biologie 355 f, 363 f, 411, 496,
  531, 533 f
Biologische
  Schädlingsbekämpfung 407 f

Bio-Sonde = Bio-Satelliten
  496, 498
Biuret-Reaktion 59, 107, 170
Blase 201
Blasenentzündung 265
Blastocyste 254, 256
Blickfeld (Auge) 148
Blinddarm 201
Blinder Fleck 129 ff, 202
Blindheit, angeborene 272
Blitzschlag 329
Blut 202
Blutaustausch 272
Blutbestandteile 58 ff, 70
Blutbewegung 42 ff, 72
Blutbild 71 ff
Blutdruck 45, 72
Bluterkrankheit 273
Blutfaktoren 259
Blutgefäße 48
Blutgruppenuntersuchung 64 ff
  Klassische Methode 64
  Eldon-Verfahren 65
  Molter-Verfahren 66
  Modellversuch 66 f
Blutkörperchen 61 ff, 70, 71
Blutkohle 59
Blutkreislauf 45, 54 ff, 61
Blutkuchen 58
Blutplättchen 71
Blutplasma 70
Blutsenkung 276
Blutserum 59
Bluttemperatur 73
Blutungen 266, 268, 309 ff,
  327 f, 476
Blutvolumen 57, 70
Blutzählkammer 63
Bodenreform 372, 512
Bodensee 389 f
Bogengang (im Ohr) 145 ff
Brandgefahr 345
Braue 202
Brechkraft (Auge) 131, 147
BRD 355, 364 ff, 373, 412, 436, 475,
  485, 496, 498, 512, 513, 530, 531,
  533
Bries 202
Brillenberechnungen 132
Bronchie 202
Bronchitis 435, 504
Bronchopneumonie 435
Bronchial-Asthma 435
Bronzezeit 359
Brotsorten 97
Brüche
  = Knochenbrüche
Brust 202
Brustatmung 33 ff
Brustbein 202
Brustkorbelastizität 39
Brustentzündung 264, 265
Brustkrebs 244, 267
Buckel 202
Busen 202
Butterfett 169

Ca colli 267

Ca-corporis 267
Cebion 94
Cervix 241, 254
Cervixkappe 249
Cervixschleim 241, 247
Chamaecyparis 400
Chemische Reaktionen
  Biuretprobe 59, 170
  Fehlingprobe 81, 170
  Jodstärkeprobe 81
  Xanthoproteinreaktion 59, 170
Chemische Nachweise
  auf Ammoniak 58, 106, 170
  auf Calcium 15, 107
  auf Chlorid 59, 106
  auf Eisen 59
  auf Eiweiß 59
  auf Fett 84 ff
  auf Harnstoff 107
  auf Kalium 59, 170
  auf Kalk 15, 81
  auf Kohlendioxid 15, 25
  auf Maltose 81
  auf Milchzucker 170
  auf Natrium 59, 107, 170
  auf Phosphorsäure 15, 170
  auf Rhodanid 81
  auf Sauerstoff 26
  auf Schwefelwasserstoff 59,
    170
  auf Stärke 81
  auf Wasserdampf 24
Chemische Untersuchungen
  Bauchspeichel 85
  Blutkuchen 58
  Blutserum 59
  Fettverdauung 84
  Gase im Blut 59 ff
  Harn 106 ff
  Kasein 169 ff
  Knochen 15
  Knochenasche 15
  Kuhmilch 168 ff
  Magensaft 82 ff
  Mundspeichel 81 ff
  Molke 170
  Vitamin C 94
Chemotaxis 254
China 360, 512, 515, 523
Cholesterin 244
Chondrodystrophie 265
Chorion 256
Chorionepitheliom 263
Chorionzotten 255
Choriongonadotropin 256, 257, 258
Chromosomenaberration 253, 273
Chromosomenanomalien 265,
  451, 455, 479, 481 f
Ciba Symposium 485, 503,
  526, 531 f
Clomiphen 246
Coffein 448 f
Coitus hispanicus 249
Coitus interruptus 249, 250
Computer 369, 513 f, 525, 531, 533
Contergan 262
Corpora lutea 258
Corpus luteum 238, 239, 240, 257

Corpus luteum graviditatis 256, 257
Cousteau J. 499
Credé'sche Prophylaxe 271
Cramerschienen
(Erste Hilfe) 319
Cycocel 370
Cystitis 265
Cytostatica 267, 467

Damm 202
Dammriß 265
Dampfkraft 362, 363
Darm 84 ff, 90, 94, 202
Darmkrankheiten 436
Dauergebiß 77, 78
Daumen 202
Daumenlutschen 284
Daumensprung 113
Datenverarbeitung 530, 533
Davy, H. 364
Debilität 474, 482, 485
Decidua 255
Delphi-Technik 503, 532
Deltamuskel 203
Demographie 355
Demutsgebärde 159
Desquamationsphase 242
Detergentien 392
Detrimentals
(rez. Erbwirkungen) 460
Diabetes 475
Diathermie 453
Dialysiergefäße 88 ff
Dienöstrol 246
Dioptrie 131, 132, 147
Diphenyläthylen 246
Diphtherie 419, 435
Dismenorrhoe 243
Doping 450
Doppelbilder 123
Doppelkinn 203
Dosis (Radioaktivität) 404, 454
Dosisleistung 401, 404, 454
Dreher 203
Drehgelenk 7
Dreiecktuch 313 ff
DRK (Deutsches Rotes Kreuz) 306, 356
Dreischalenversuch 103
Druckpunktverteilung 101, 110
Druckverband 309, 318
Drüse 203
Drüsen-Wirkungen
innersekretorische 442, 471 f
drumsticks 252
Dünndarmzotten 108
Düngung 376, 404, 408, 516 f, 522
Durchbruchblutungen 248

Eichel 203
Eierstöcke 201, 203, 238
Eihaut 256
Eileiter 254
Einäugiges Sehen 113 ff
Eineiige Zwillinge 166 ff
Eingeweide 203

Eingeweidenervensystem 153 ff
Einnistung 254
Einwohner-Gleichwert 394
Eireifung 247
Eisprung 237, 241, 247, 248, 253, 265
Eiweiß — 374, 518 ff, 524 f
Eiweißnachweis 59
Eiweißverdauung 83, 84, 96
Elektrischer Geschmack 142
Elektrizität 363
Elektronenrechner 514
Ejakulat 253
Eklampsie 259
Elle 203
Embolie 475
Embryo 256
Embryoblast 256
Embryonalschäden 458, 481, 483
Embryopathia rubeolaris 262
Emeritierungsbevölkerung 307, 373, 378
Empfängnisverhütung 247, 438, 443, 532
Emissionsanzeiger 386, 400 f
Endometrium 247, 248
Energieproduktion 362, 389, 509, 512, 515, 528
Energiereiche Strahlung 401 f, 454 f
Engrammbildung
(Gehirn) 423
Enkel 204
Entlohnungsspanne
Gewerbe 370
Landwirtschaft 370
Entwicklung der Jugend
(Asynchrom) 473
Entwicklungshilfe 376, 515, 518, 527, 528
Entwicklungsländer 373, 375, 378, 516, 521, 525, 527
Entwicklungsstufen
(Säugling) 278
Epidemien 360
Episiotomie 263
Erbgänge 459 f, 476, 478 f
Erbgut 511, 532 f
Erbkrankheiten 273, 477 f, 482, 532
Erbmerkmale 476 f
Erbrechen 327, 430
Erdöl 393, 499, 520
— -bakterien 393
Erdwärme
(Energielieferant) 528
Ergänzungsluft 40
Erholung — 74, 386, 420, 423, 424, 425, 452
Erholungsstützpunkte 385, 409 f, 413
Ermüdung 423, 453, 468, 471
Ernährungsprobleme 372, 376, 430, 470, 477, 517
Ernteausfälle 405
Eröffnungsperiode
(Geburt) 263
Erschöpfung 423
Erste Hilfe 191, 303 ff, 418, 432 f

— Eingliederung im
Unterricht 307
— Erlasse 305
— Hilfsmittel 306
Ersticken 328
Erträge der landw.
Produktion 364, 370, 408, 517, 521
Ertrinken 328, 330, 430
Erwerbsbevölkerung 366, 371 f, 378, 412, 514 f
Erwerbsmöglichkeiten 412
Erythyoblastose 272
Eugenik = Soziale Hygiene
Eumenorrhoe 243
Eustachische Röhre 134, 204
Eutrophisierung
(Bodensee) 390
Excitautia 449 f
Exo-Biologie 496
Extrauteringravidität 260

Fallout 402, 403, 463 f
Familienplanung 378, 526
Falsche Rippe 204
Farbtüchtigkeit 128, 129
Farnkrautphänomen 247
Farbbereiche 383
Feld, siehe Kultursteppe
Ferien 424, 426
Fehlgeburt 260
Fehlingsche Lösung 59, 80, 81, 107, 170
Fell 204
Feminisierung, testikuläre 252
Fenster 204
Fermente
Amylase 82
Lab 83, 169
Lipase 85
Pankreatin 85
Pepsin 83, 84
Ptyalin 81, 82
Fernpunkt des Auges 122 ff
Ferse 204
Fessel 204
Fett 84, 109, 169
Fettverdauung 84, 85
Fetopathien 262
Fibrin 59
Fimbrien 253
Finger 204
Fingernagel 61, 106
Fingerverwechslungsversuch 152
Fische 407
Fischfang 518 f
Flaschenmilchernährung 282
Flechse 204
Flechtenvegetation
(Emissionsanzeiger) 401
Fleck 204
Fleisch 204
Fliegende Rippen 205
Florkontrast 116
Flügel 205
Flurbereinigung 372
Flurneuordnung 372, 407, 408
Flußregulierung 389 f

539

Flußstauseen 396, 397
Föhn 425, 453
Föllingsche Krankheit 274
Foetus (Fetus) 256
Folliculitiden 243
Follikel 264, 268
Follikelhormon 237, 239, 268
Follikelsprung 238
Fontanelle 205, 275
Forell-Skala 394
Forschung 364 f, 514, 528 f, 531, 533 f
Forste, siehe Wald
Forstschädlinge 405
Fortsatz 205
Frauenmilch und Kuhmilch 174
Frauenüberschuß 366, 367
Freizeitgestaltung 425
Froschtest 258
Frucht 205
Fruchtfolge 360, 376
Fruchtschädigungen 484
Frühgeborene 275
Frühgeburt 260
Frühjahrsmüdigkeit 424
Frühstück 421
FSH 239, 240, 246, 247, 268
Führungskräfte 373
Fuge 205
Functionalis 240, 242
Fundus 258, 264
Fungicide 468
Funktionelle Anpassung 14
Furche 205
Fuß 205
Fußdeformationen 434

Gähnen 423
Galle 84 ff, 96, 109, 205
Gang 206
Ganglion 206
Gartenarbeit 424
Gartenbau 372, 408
Gas-vergiftungen 329
Gaumen 206
Gebärdenspiel (Hand) 154 ff
Gebärdensprache 155
Gebärmutter 206, 266, 269
Gebärmutterhals 241
Gebärmutterhalskarzinom 266
Gebärmutterhalskrebs 266, 288
Gebärmutterhöhle 254
Gebärmutterkarzinom 267
Gebärmutterkörperkarzinom 266
Gebärmutterkörperkrebs 266
Gebiß 76 ff, 279
Geburt 262
Geburten(-Regelung) 362, 366, 374, 379, 447, 454, 480, 504, 508 f, 522, 524 ff, 525, 527, 533
Geburtsgeschwulst 273
Geburtsterminberechnung 258
Gedächtnisentwicklung 280
Gegenspieler 206
Gegenstandsgröße 132
Gegenstromprinzip 94
Gehirn — 161, 206, 422 f, 430, 469 ff, 503, 531

Gehirnverletzungen 432
Geigermuskel 206
Gekröse 206
Gelber Fleck 129 ff, 206
Gelbkörper 256, 268
Gelbkörperhormon 237, 239, 240, 243
Gelbsucht 271, 273
Gelenke 5 ff, 206
Gelenkkapsel 7 ff
Genetische Schäden 458 f, 461, 465 f, 478, 533
Genick 207
Genitalien 251
Genußmittelgebrauch 183, 184 193, 194
Gerätetechnik 358 f
Gerinnungsversuche
 mit Blut 58
 mit Eiweiß 59, 83
 mit Milch 169
Geruch und Geschmack 144
Geruchsempfindung 143, 149
Geruchsschwelle 144, 149
Geschlechtsbestimmung, chromosomale 252
Geschlechtschromatin 252
Geschlechtserziehung
 = Sexualerziehung
Geschlechtshygiene 443
Geschlechtskrankheiten 438, 444
Geschlechtsorgane 238
Geschlechtsreife 239, 268, 470
Geschlechtsverhältnis-änderungen 460 f, 481
Geschmacksempfindung 141 ff, 144
Geschmacksqualitäten 141, 142, 149
Gesetze
 BGB § 276, 306
 Bundes-Seuchen- 418, 488
 Landesplanung- 385
 Luftreinhaltung- 412
 Pflanzenschutz- 405
 Raumordnung- 411
 Reichsimpf- 418
 Reichsnaturschutz- 384
 Röntgenuntersuchung 418
 Schutz Jugendlicher 444
 Strahlenschutz- 462
 St G B 330c, 305
 Wasserreinhaltung 392
Gesicht 207
Gesichtswinkel 129
Gestagene 245, 257
Gestosen 260
Gesundheit 417
 was ist — 477
Gesundheitserziehung 175 ff, 193, 417
Gesundheitsfürsorge
 erste 362
Gesundheitspaß 419
Gesundheitspflege (Vereine) 176
Gesundheitsregeln 184 ff
Gesundheitszustand 181
Getreideproduktion 364, 370, 516

Gewebe 207
Gewerbe 370, 372
Gewichtszunahme (Säugling) 277
Gicht 475
Giftstoffe allg. 410
Giftstoffe im Wasser 393, 397, 407
 in der Luft 399
Glaskörper 207
Glied 207
Gliedmaßen 207
Glykoproteide 246
Gonadotropin 244, 246, 263, 268
Gonorrhoe 444
Graaf'scher Follikel 240, 253
Grat, Gräte 207
Gravidität 260, 262
Graviditas imaginata 243, 258
Grenzstrang 207
Grimmdarm 207
Grippe 435, 484
Größenwachstum (vorgeburtlich) 174
Grube 207
Grundumsatz 41
Grüngürtel 410
Grundnahrungsmittel 372
Grundstoffindustrie 374, 526
Grundwasser 389 f, 391, 404, 410, 518
Güter, kapitalbildende 363
Gymnastik 420
Gynäkomastie 251, 253

Haar 105 ff, 208
Haase'sche Formel 256
HCG 247
Hachse 208
Hacke 208
Hackfruchtbau 359
Hämoglobin 70
Häuser, erste 358
Haft 208
Halden-Rekultivierung
 = Rekultivierung
Hals 208
Haltungsschäden 429
Hammer (Gehörknöchelchen) 208
Hand 208
Harn 106 ff, 109, 208
Harnstoff 107
Haschisch 451
Hasenscharte 208
Haupt 208
Haut 100 ff, 208
Hautsinnesorgane 100 ff, 110
Heilschlaf
 = Schlaf
Hektarerträge 370, 404, 516
HMG 247
Herbicide 405, 408, 468
Hermaphroditismus verus 251
Heroin 451
Herpes menstruationis 243
Hexöstrol 246
Herz 209, 335 f, 429, 446, 448, 452, 475 f
Herzinfarkt 446, 454, 475

Herzklappenfehler 57
Herzmassage 333
Herzmodelle 53 ff
Heuschnupfen 425
Hirn 206
Hirnanhangsdrüse 238
Hirnhautentzündung 435
Hirsutismus 250
Hitzewallungen 268
Hitzschlag 329
Hochgebirgsklima 425, 430
Hode(n) 201, 209, 251, 276
Hodensack 251
Höchstalter 270
Höhle 209
Höhlengrau 209
Hörübungen 134 ff
Hörvermögen 135, 148, 149
Hohlvene 209
Horne, F. 364
Homosexualität 438, 443
Hormone 421, 439, 447, 458, 467, 471, 473, 526
Hormone, gonadotrope 240, 256, 269
Hormone, östrogene 269
Hormontherapie 253
Hornhautreflex 112, 151
Hüfte 209
Hügel 209
Hydrobiolog. Forschung 500
Hydronautik 499 f
Hygiene 364, 418, 428, 471 f, 532, 534
Hypermenorrhoe 242
Hypersexe 482
Hypertonie 336, 454, 475
Hypnopädie 422, 474
Hypnotica 450 f, 478, 484
Hypophyse 209, 238, 239, 439, 447, 470 f
Hypophysenhinterlappen 264
Hypophysenvorderlappen 240, 264
Hypophysenzwischenhirnsystem 242, 256, 265, 268
Hypothalamus 473

JCSH (LH) 239, 246, 247, 268
Idiosynkrasie 467
Ikterus 272
Immission 399
Immundationsgebiete 382
Impfungen 287, 364, 418
Impfkalender 419
Implantation 254
Imponiergehabe 159
Industrieabwasser
= Abwasser
Industrieländer 375, 377, 509, 512 f, 521, 527 f
Industrialisierung 362, 364, 375, 383, 468, 470, 507 ff, 528
Infektionskrankheiten 195, 360, 363 f, 375, 396, 419 f, 425, 427, 431, 435 f
Influenza (Grippale Infekte) 435, 453

Informationstechnik
= Delphi-Technik
Infrarotstrahlung 453
Infrastruktur 528
Innersekretorische Drüsen (Wirkungen) 420, 422, 440, 449, 471 f, 477
Insectizide 405, 408, 468
Insekten 405 f, 410
Insektenvertilger 405, 407
Inselorgan 210
Intersexe 250
Intersexualität 250
Intrauterinpessar 249, 250
Inzuchtfälle 479
Ipsation 438, 442 f
Irländer 360
Irradiation 117

Jahresrhythmus
— Erholung 424
Japan 458 f, 512, 516, 517, 519, 523, 526
Jenner, E 363
Joch 210
Jodstärke 81
Jodtinktur 309
ionisierende Strahlung 454 f, 460 f, 480
— Reaktionsweisen 456 f
Jugend
asynchrone Entwicklung 470 f, 473
Jugendarbeitsschutzgesetz 191
Jugendschutzgesetz 191

Kalbsherz 67 ff
Käseschmiere 270
Kalorien 90, 91 f, 97, 98, 99
Kalorienverbrauch 374, 513, 522, 524
Kammer 210
Kanal 210
Kapillaren 48, 61, 62, 108, 210
Karzinom 260
Kasein 169 ff
Katalase 60
Kauvorgang 76
Kehle 210
Kehlkopf 210
Kehlkopfmodelle 31 ff
Keimdrüsen 251
Keimgehalt im Wasser 395
Keuchhusten 419, 435
Keratoskop 110
Kiefer 210
Kilopondmeter 22, 91
Kilowatt 92
Kind-Entwicklung 443
Kinderlähmung 435
Kindschema 160
Kindspech (Meconium) 275
Kinn 210
Kinoeffekt 119 ff
Kläranlagen 394, 396
Klappe 210
Kleidung 426 f, 430

Kleidung
(im Modellversuch) 104 ff
Kleingartenbetrieb 408
Kleinkind 288
Kleinkindentwicklung 288
Kleinkindernährung 289
Kleinkindersterblichkeit 290
Kleinkinderziehung 292
Kleinkindpflege 292
Kleinkindspielzeug 295, 301
Kleinkindunfälle 296
Kleintierhaltung 404
Klima — 389, 408 f, 424 f, 427, 477, 516, 520
Klimakterium 268
Klinefelter Syndrom 253, 265, 273, 443, 482
Klingenkultur 358
Klitoris 244, 251
Knaus-Ogino 248, 250
Knochenbrüche 316, 320 f
Knie 211
Kniesehnenreflex 150
Knöchel 211
Knochen 5 ff, 211
Knochenasche 15
Knochenbestandteile 15
Knochengewebe 12 ff
Knochenleitung
(beim Hören) 135
Knorpel 211
Kobaltpapier 24
Koch, R. 363
Körper 211
Körpergewicht 171 ff
Körpergröße 171 ff
Körperkunde 431
Körperpflege 427
Körperschulung 429
Körperwärme 42 ff
Kohlendioxid (der Luft) 25 ff. 29
Kohlenhydrate 374
Kohlenmonoxid 60, 71
Kokain 451
Kolostrum 264, 280
Kolostrumkörperchen 265
Kondom 249, 250
Konjugation 254
Konstitutionstypen
(menschliche)
Kretschmar 477
Kontinentalsockel 499
Kontramination
radioaktive 403
Kontrazeptiva 326
Konzentrationsschwäche
der Jugend 468 f
Koordinationsbewegungen 152
Kopf 211
Kopfmuskeln 19 ff
Kosmische Strahlung 402, 455 494, 497, 498
Kot 96
Kranz 211
Kraftfahrzeugunfälle 431
Krankheit 364, 431, 434 f, 436, 453, 470 f, 475 f, 481 f, 522
Krankheitsvorbeuge 418

Krebsabstrich 266
Krebs-erkennung 399, 476,
— erreger 447, 459, 465, 467, 476
Krebserkrankungen 266
Krebsprophylaxe 266
Kreislaufmodelle 50 ff
Kreislauforgane 42 ff
Kreiselversuche 119 ff
Kreuz 212
Kugel 6, 212
Kugelgelenk 5 ff
Kuhmilch 168 ff
Kulturpflanzen 407, 409, 517
Kultursteppe 382, 386, 404 f
Kraschiorkor 522
Kurzsichtigkeit 122 ff, 126, 127, 132
Kyphose 434

Labferment 80, 83, 169
Labyrinth 212
Längenzunahme (Säugling) 278
Lärm 422, 428, 468 f, 491
Lagerung (Verletzter) 336 f
Laktation 264
Landschaftsaufbauplan 411
Landschaftserhaltung 390
— -gestaltung 386, 516
Landschaftspflege 382, 385 f, 413
— -sanierung 389, 390, 397, 411, 414, 516
Landschaftsschutzgebiete 385, 409
Lanugo 275
Lappen 212
Landwirtschaftl. Produktion 370 f, 412, 515 f, 518
Landwirtschaft 364, 370, 372, 515 f, 518
Larix leptolepsis 400
Laser-Strahlen 454
Lautbildung 35 ff
Lebensbaum 212
Lebenserwartung 176 f, 360 f, 364, 373, 386, 459, 506, 508, 511
Lebensgemeinschaft 384, 392, 405 413, 497
Lebensraum des Menschen 357 f, 382, 412 f, 452, 468 f, 518
Lebensstandard 374, 412, 512 f, 527, 528
Leber 212
Leerdarm 212
Leib 212
Leibeserziehung 428 f
Leiste 212
Leistung (phys. Einheit) 21 ff
Leistung
— des Menschen 357 f, 420, 471, 500, 503, 510, 530
— geistige 459, 531
— kreative 423
— spontane 423
Leistungsphasen 357, 421, 422, 468
Leistungssport 429, 475
Leiter 212
Lende 212
Lernen 422, 469, 474, 531
Letale Wirkungen 459, 480 f

Leucämie 459, 465
Licht als Funktionsbeeinflusser 422, 428, 453, 468 f
Lid 112, 213
Lidschlußreflex 112, 150
Liebig, J. v. 364, 372, 517
Life-Lupport-System 497
Limnologie 397
Linse 213
Linsenbestimmung 124
Linsenformel 125
Lipase 85
Lippe 213
Lister, J. 364
Listerien 262
Listeriose 274
Loch 213
Lochien 264
Lordose 434
LSD (Lysergsäurediathyl- amid) 422, 451
LTH 239, 240
Lues 444, 484
Lufterneuerung 24, 400, 409, 411 f
Luftsauerstoff 39
Luftverunreinigung 398, 399, 400
Lunge 213
Lungenentzündung 427, 435
Lymphe 213

Madenwurm 436, 442
Mäuschen 214
Magen 213
Magensaft 82, 96
Malthus, Th. R. 362, 515
Maltose 81, 82
Mammakarzinom 267
Mandel 213
Mannschema 160
Marasmus 522
Margulies-Spirale 249, 250, 254
Marihuana 451
Mark 213
Maschinentechnik 359
Masern 419, 420, 435
Mastdarm 214
Mastitis 265
Masturbation
= Ipsation
Maßeinheiten der radioaktiven Strahlung 404, 463 f
Medikamente 449
Medikamentenmißbrauch 449 f, 483 f
Medikamenten-Schäden 274
Meeresforschung 498 f
Meerwasserentsalzung 391, 518, 528
Melioration 389
Meningitis 420, 435
Menarche 238
Meniskus 214
Menopause 266, 268
Mensch
— Leistungen 357 f
— Schwerelosigkeit 493 f, 495

Menstruation, Menses 238, 242, 243, 265, 268, 437, 442, 469, 476, 483
Menstruationsblutung 255, 260
Mercalin 451
Metalle 499, 512
Metallbearbeitung 359
Metastasen 263
Meteoriten 495
Methylenblau-probe 394
Migräne 423, 453
Mikrocephalie 459
Mikrokopische Untersuchungen
 Rote Blutkörperchen 61
 Weiße Blutkörperchen 61
 Epithelzellen 76
 Menschliches Haar 105
 Harnsedimente 107
 Kapillaren am Nagelbett 61
 Kapillaren am Unterarm 62
 Kuhmilch 169
 Mundbakterien 76
 Zahndünnschliff 80
Milch 168 ff
Milchbrustgang 214
Milchgebiß 77, 78, 214
Milchpumpe 281
Milchzucker 170
Millonsche Reaktion 59, 80
Milz 214
Mineraldüngung 364, 370
Minutenvolumen (Atmung) 40
Mißbildungen 273, 459, 461, 467, 476 f, 481 f, 483, 485, 504
Modelle und Modellversuche
 Armbeuger u. -strecker 17 ff
 Bälkchenstruktur d. Röhren- knochen 13
 Bewegungssinnesorgane 145
 Blutgruppenuntersuchung 66 ff
 Blutkreislauf, einfach 50 ff
 Blutkreislauf, zusammengesetzt 54 ff
 Bogengang mit Ampulle 145 ff
 Brustatmung 34 ff
 Bunsenventile 47
 Gelenkkapsel 7
 Herzklappenfehler 57
 Kapitel Rauchen 188
 Kleidungsprobleme 104
 Knochengewebe 12
 Krümmung der Wirbelsäule 8
 Kugelgelenk 5
 Luftröhre u. Kehlkopf 31
 Lungenbläschen 32
 Muskeln am Mund 19
 Muskelschreiber 20
 Nervenleitung 157 ff
 Peristaltik 86 ff
 Scharniergelenk 6
 Segelventile 46
 Stellknorpel 32
 Taschenventile 25
 Windkesselfunktion der Gefäße 48 ff
Zwerchfellatmung 33 ff

542

Zwischenwirbelscheiben 11
Zungenventile 46 ff
Möndchen 106, 215
Molekularbiologie 365, 534
Molke 170
Mondbasen
= Weltraumstation
Mongolismus 265, 273, 482
Monokulturen 374, 404, 409 f
Moore 382, 386, 389
Morbus Cushing 257
Morbus haemolyticus
  neomatalis (rh. Faktor) 484
Morgentemperatur 242, 249
Morning-after-Pille 254
Moro-Karottensuppe 286
Morphin 450
Morula 254
Müll 386, 397, 410
Mütterpaß 259
Müttersterblichkeit 260
Mumps 435, 484
Mund 215
Mundhöhle 74 ff
Mundspeichel 81, 96
Mundverdauung 80 ff
Muschel 215
Musikantenknochen 215
Muskeln 5 ff, 23, 215
Muskeln (am Mund) 19
Muskelantagonisten 16 ff
Muskelleistung 20 ff
Muskelschreiber 20 ff
Muskelsinn 140 ff
Muskelton 20
Mutationen 431, 453 f, 459 f, 465,
  467, 478 f, 480 ff, 498, 511
Mutterkuchen 215
Muttermal 215
Muttermilch 280
Mutterschaft
  uneheliche 443
Mutterschutz 261
Mutterschutzgesetz 191, 281, 297

Nabel 215
Nabelschnurstumpf 271
Nabelwunde 271
Nachbild 117 ff
Nachblutungen 263
Nacherholung 424
Nachgeburtsperiode 263
Nachwehen 264
Nacken 215
Naegelesche Regel 259
Nährstoffverbrauch 374, 500
Nagel 215
Nahpunkt des Auges 122 ff
Nahrungsbereitstellung 498,
  500, 515 f, 521 ff
Nahrungsmittel 97, 98,
  372, 375, 521 f
Naht 216
Nase 216
Naturdenkmale 383 f, 413
Naturmaße 190
Naturparke 382, 385
Naturschutz 382 ff

— in Schulen 413, 414
Naturschutzgebiete 384, 385,
  414
Nebennierenrinde 257
Nebennierenrindenhormone
  244, 257
Nerven 150 ff, 216
Nervenleitung 157 ff, 161
Nervensystem (autonomes,
  zentrales, vegetatives) 420,
  422 f, 446, 449 f, 452, 471 f
Netzhaut 128 ff
Neubildungen 431
Neugeborenes 270, 271
Neurose 420, 428, 470, 475
Nick- lese-Versuch 151
Nidation 254
Niednagel 216
Niere(n) 216, 430
Nierenentzündung 265
Nierenkörperchen 109
Niederschlag 387
Nikotin 187 ff, 445
Nisslsubstanz
— Lypothese
  vgl. Lernen
Nistgelegenheiten
  Kleintiere 408
  Vogel 407, 408
Nobelpreisträger 364
Nuclide, radioaktive
  in Atmosphäre 403
Nystagmus 144, 145

Oberarmmuskeln 17 ff
Oberflächenvergrößerung
  63, 95
Oberflächenverkleinerung 95
Obstbau 404,, 408
Ödem 260
Ökonomische Entwicklung
  eines Volkes 364 f, 370 f
  507 ff
Östradiol 245
Östranderivate 244
Östriol 245
Östrogenbildung 239
Östrogene 240, 245, 256, 257, 269
Östron 245
Ohnmacht 335, 423, 430, 499
Ohr 124 ff, 216
Ohrmodelle 139 ff
Olive 217
Opium 450
Optisches Paradoxon 121
Optische Täuschung 120 ff
Organschädigungen
  478 f, 484
Orthopädische Erkrankungen
  434 f
Osmoseversuche 87 ff
Osteoporose 269
Ovar, -ien 217, 238, 242,
  268, 270
Ovotestis 251
Ovulation 238, 241, 242, 249,
  253
Ovum 251
Ovulationshemmung 247, 250, 467

Oxyuris 436
Oxytocin 257, 262, 264
Ozeanographie 499, 533
Pankreas 217
Pankreatin 80, 85
Papierbinde
  (Verbandsmaterial) 318
Papierverbrauch 409
Papillarkörper (Lederhaut)
  108
Papille 217
Parallaxenpanoramagramm
  115
Parasympathikus 217, 471 f
Pasteur, L 363
Pauke (Mittelohr) 217
Penis 251
Pepsin 83, 84
Peptide = Eiweiß
Peristaltik 86 ff
Persönliche Hygiene 186
Pertussis 435, 504
Pestizide 405, 468
Pferdeschweif 217
Pferdestärke 22, 92
Pflanzen als
  Emissionsanzeiger 400 f
Pflanzenbau —
— -züchtung 359 f, 372, 516
Pflanzengesellschaften
  383,413
Pflanzenwachstum 498
Pflasterverbrauch 309, 319
Pflugbebauung 359 f
Pförtner 217
Pfortader 217
Phimose 288
Piccard, A.
— -J 499
Phenyl-Ketonurie 273, 274, 485
Placenta 255, 263
Placenta epithelio-chorialis
  256
Placenta hämo-chorialis 256
Placentarhormone 251
Placenta syndesmo-chorialis
  256
Planspiele über Unfälle
  347 ff
PMS 247
Pneumonie 435, 504
Pocken 363, 419, 435
Poliomyelitis 419, 435
Pollenanalyse 383
Pollution 437, 442
Polyarthritis 476
Population —
  476 ff, 510, 522, 527, 531
Portiokappe 249
Präklimakterium 268
Präservativ 249
Pregnanderivate 244
Primärfollikel 238
Prinzipien
  Gegenstrom 94
  Minimum 94
  Oberflächenvergrößerung
  95, 107

543

Oberflächenverkleinerung 95
Produktivkräfte 370 f, 509 f, 514
Profitlebensspanne 373, 374
Progestativa 467
Progesteron 240, 241, 243, 245, 256, 267
Projektwissenschaften 534
Prolactin 239, 264
Proliferationsphase 241, 242
Promiskuität 438
Prostitution 438
Proteohormone 246
Pseudohermaphroditismus 251
Pseudomenstruation 247, 260
Pseudoskopisches Bild 114
Psychosen, menstruelle 243
Ptyalin 81, 82
Pubertät 237, 265, 268, 439 f, 470
Puerperium 263
Pulsfrequenz 44, 72
Pupille 217
Pupillenreflex 112, 151
Pyelonephritis 265

Quantitative Versuche und Bestimmungen
  Blutgruppen 64 ff
  Blutvolumen des Menschen 57
  Druckpunktverteilung 101
  Gewichtskurve 171
  Leistungsgrenze der Sinne 155 ff
  Luftmenge eines Atemzuges 27
  Körpergewicht 172 ff
  Körperlänge 172 ff
  Kohlendioxid der Atemluft 29
  Reizschwellenversuch 141, 156
  Richtungshören 137
  Spirometerversuche 27
  Vitalkapazität 28

Rachen 217
Rachitis 287
Radioaktiver Ausfall
= fallout 402
Radioaktive Belastung
  Atomtechnik 402, 462 f
  berufliche 402
  nach Fallout 464
  Zivilisation 402, 460 f 484
  zulässige 465 f
  Reaktorbetriebe 402
Radioaktive Stoffe 350, 401, 447, 500
Radioaktive Strahlung
— -atmosphärische 402
— -kosmische 402, 497
— -nach Atombomben 458
— -natürliche 402
— -terrestrische 402
Radioaktive Strahlung (Maßeinheiten) 404, 463
Radioaktive Verstrahlung
  Körper 403, 464
  Kulturpflanzen 403

Luft 403
Nahrungsmittel 463 f
Wasser 403
Rä(t)zel 218
Rassenfrage 373
Rassenhygiene 532
Rauchdestillate 446 f
Rauchen 446 f
Rauchen (Modellversuche) 187 ff
Raumanzug 490, 492, 493
Raumfahrt 490 f 530
  biologie 496 f, 520
  training 493
Raumforschung 490 f, 495, 498, 533
Raumordnung 382, 384, 411
— Planung 385, 412, 413, 414, 469
Raumschiff 490
— Atmosphäre 492
— Landung 492, 494, 495
— Start 491
— Versorgung 491
Raumtemperaturen 427
Rauschgifte 450 f
Raute 218
Rautekgriff 339
Rauwolfie 451
Reagentien und Lösungen
  Eiweißlösung 80
  Lackmus 169
  Fehlinglösung 80
  Kalkwasser 80
  Kobaltpapier 24
  Lablösung 80
  Millonsche Lösung 80
  Pankreatinlösung 80, 85
  Pepsinlösung 80
  Phenolphtaleinlösung 80
  Stärkelösung 80
RBW (relativ biologische Wirksamkeit) 454 f
Rechtlicher Schutz 190
Reflexe
  Achillessehnenreflex 150
  Hornhautreflex 112, 151
  Kniesehnenreflex 150
  Lidschlußreflex 112, 150
  Pupillenreflex 112, 151
  Schluckreflex 75, 151
Regelblutung 238
Regenbogenhaut 218
Rhein 389, 393
Rhesusfaktor 272, 484
Rheotaxis 254
Rheuma 427, 430, 437, 453, 470, 476
Rhythmusmethode 248
Reifung der Jugend 439 f, 470 f
Reizklima 425
Reizmittel 449 f
Reizüberflutung 473 f
Reizschwellenversuche
  mit Geschmacksempfindung 141
  im Hörbereich 157
  mit dem Tastsinn 156
  mit dem Temperatursinn 157
Rektum 218
Rekultivierung 410, 411

Resorption 87
Richtungshören 136 ff
Riechversuche 143 ff
Riesenkinder 275
Rinde 218
Rindsauge (Untersuchung) 132 ff
Rinne, Versuch nach 135
Rippen 22, 218
Röhre 218
Rodung 359, 360, 409
Röntgenuntersuchung 418, 462
Röntgenstrahlen 454 f, 484, 494
Röteln 262, 274, 420, 484
Rohstoffe 499
Rot/Grün-Blindheit 273
Rote Blutkörperchen 61, 62 ff 70
Rücken 218
Rückenmark 161
Rumpf 218

Saatgutzüchtung 370
— -schädlingsresistente Sorten 407
Scirpus lacustris 397
Sägemuskel 218
Säugling 162 f, 270 f
Säuglingsbettung 283
Säuglingsernährung 280
Säuglingserziehung 283
Säuglingskrankheiten 163, 286
Säuglingspflege 282
Säuglingsspielzeug 284
Säuglingssterblichkeit 163 ff
Säuglingsunfälle 284
Saft 218
Same(n) 219
Sammellinse 124 ff
Sammlerpopulation 358
Sattel 219
Sattelgelenk 7
Sauerstoffversorgung 410
  Raumschiff 497
  Unterwasserlaboratorien 500
Satelliten
= Bio-Satelliten 496
Saugreflex 280
Saugreiz 264, 280
Saugwall 276
Schadinsekten 405
— Selbstvernichtung 407
Schädel 22, 219
Schäden
  embryonale 458 f, 481, 483 f
  genetische 458 f, 465 f
  pränatale 262
  somatische 458, 467, 483
Schädlingsbekämpfung 405 f, 522
— biologische 397, 407, 410
— Nachteile 406
Schädlingsbekämpfungsmittel 405, 406, 408, 468
Schalleitung 135 ff
Scham 219

Scharlach 420, 435
Scharniergelenk 6
Scheide 219
Scheidenabstrichtest 258
Scheidendammschnitt 263
Scheidendiaphragma 249
Scheidenepithel 241
Scheiner (Grundversuch) 122
Scheintod 335
Scheinzwitter 251
Scheitel 219
Schelfzonen der Meere 498 f
Schilddrüse 425
Schienbein 219
Schienen (Verbandsmaterial) 319
Schiffermuskel 219
Schild 219
Schilddrüse 201, 219
Schimpanse 358
Schirrhöfe
= Rekultivierung
Schizophrenie 451
Schläfe 219
Schlaf 420 f, 424, 427
— REM; NREM periode 421 f (Heil-) 450
Schlaflosigkeit 451, 468
Schlafmittel 327, 450 f
Schlagader(n) 219, 310 f
Schlaganfall 329
Schleim 219
Schluckreflex 75, 151
Schluckvorgang 75
Schlund 220
Schmeckversuche 142 ff
Schmalz 220
Schmerzpunkte 102, 110
Schmutz- und Schundgesetz 191
Schnecke 220
Schneidermaße
 Damengrößen 189
 Herrengrößen 190
Schneidermuskel 220
Schock 326, 334 f, 420
Schollenmuskel 220
Schonklima 425
Schoß 220
Schulter 220
Schularzt 418
Schulreife 295
Schulschwierigkeiten 474
Schutzimpfungen 419
Schwachsinn 273
Schwangerschaftsberatung 261
Schwangerschaft 253, 468, 483, 526
Schwangerschaftsalter, günstigstes 265
Schwangerschaftsreaktionen, biologische 257
Schwangerschaftsreaktionen. immunologische 258
Schwangerschaftsstreifen 257
Schwangerschaftszeichen 257
Schweiß 220
Schweißdrüsen 110

Schwerelosigkeit (Mensch) 493
 andere Lebewesen 497 f
Schwiele 220
Schwimmen 430
Sealab (Seelaboratorium) 499 f
Sedativa 450
Seeklima 425, 430
Segel 220
Segelventile 45 ff, 69
Sehen 113 ff, 220
Sehfehler 122, 126, 127
Sehne 221
Sehzellen (auf der Retina) 147
Sekretionsphase 241, 242
Selbstreinigungszonen (Abwasser) 395
Semmelweis, J. Ph. 260, 363
Semipermeabilität 87 ff
Senium 269
Sepso-Tinktur 309
Serotinin 471
Seuchenüberwachung 418
Sextest 252
Sexualerziehung 295, 418, 437 f
Sexualhormone 244, 269
Sexualverhalten 469, 524 f
Sexualverbrechen 438, 441 f
Sichel-Stilben 246
Sichelzellen-Anaemie 273
Siebbein 221
Simultankontrast 116 ff
Sinn 221
Sinnesorgane 111 ff
Skelett 22, 23, 221
Skelettanomalien 434 f, 459
Skelettmuskeln 23
Skoliose 434
Siedlungsraum 378, 379, 382
Smear 266
Smegma 288
Smog 399 f, 428, 447, 469
Sittlichkeitsdelikte 441 f
Sohle 221
Solar-Terrestrische Beziehungen 454, 494 f
Sonnenenergie 528
Sonneneruptionen 454, 494 f
Sonnengeflecht 221
Soziale Hygiene 418, 477 ff, 533
Sozialpolitik 418
Sozialprodukt 366, 372, 378, 512
Spalt(e) 221
Speiche 221
Speichel 81, 96, 221
Spermien 253, 254
Spezialisierung (der Ausbildung) 513
Spirometerversuche 27 ff
Sport 428 f
Sprachbetrachtungen
 über die Atemgeräusche 38
 über das Auge 113
 über das Eingeweidesystem 153
 Gesundheitsregeln (Sprichwörter) 186
 zu den Namen der Körperteile 199 ff

 über die menschliche Stimme 38
 um den Schluckvorgang 75, 87
 aus der Verhaltenslehre 159
Sprachentwicklung 279
Spurenelemente 425, 517
Stäbchen (der Netzhaut) 128 ff, 221
Stärkehydrolyse 81 ff, 85
Stärkeverdauung 81, 82, 85
Stahlproduktion 508, 518
Staubbeseitigung (in Luft) 399, 409
Stauungsmastitis 264
Steigbügel (Gehörknöchelchen) 221
Steiß 222
Steran 244
Sterbeziffern 196
Sterblichkeit 360, 362, 364, 374, 431 f, 454, 461, 503, 525
Stereoskopisches Sehen 114
Steriles Material 319
Sterilisation
— freiwillige 485, 526
Steroide 244
Steroidhormone 244, 263
Stilböstrol 246
Stillen 280
Stillschwierigkeiten 280
Stimme 36 ff
Stimulantia 449 f
Stirn 222
Strahlung —
 andere 452 f, 469
 ionisierende 454, 460 f
 kosmische 401 f, 455 f, 494
 Laser — 454
 radioaktive — 402 f, 454 f, 494
 Sonnen — 452 f
 Ultraviolett — 453 f, 494
 Wärme — 426, 452 f
Strahlenschutzstoffe 467
Strahlenschutzverordnung 462
Strahlungsschäden 458 ff, 494
Straßenverkehrsunfälle 197
Stress 443, 446, 467, 475
Striae 257
Strontium 90 (radioaktives) 464 f
Strukturverbesserung landwirtschaftl. 370 f 519
Studenten 513 f
Suchtgefahren 444, 448
Sukzessivkontrast 117 ff
Sympathikus 153 ff, 222, 471 f
Syndrom, praemenstruelles 248
Syphilis (Lues) 274, 444, 484

Täuschungen
 Versuch des Aristoteles 102
 Koppelungsbewegungen 152 ff
 Muskelsinn 140
 Optische Täuschungen 120 ff
 Wärmeempfindung 104

545

Tagesrhythmus
— Erholung 420, 423
Talsperren 391
Taschenventile 46 ff, 69
Tastempfindlichkeit 101
Tastsinnesversuche 100 ff
Tauglichkeitsgrade (bei Musterungen) 182
TBC = Tuberkulose
Technik, primitive 359
Technische Entwicklung 357 f 362 f, 373, 469 f, 507 ff
Teilzwitter 251
Temperaturmethode 249, 250
Temperaturpunkte 102, 110
Temperatursinn 103 ff
Thaer, v. 364, 372
Thalidomid 262
Thymusdrüse 222
Thrombophlebitis 265
Thrombose 475
Teichbinse (Scirpus lacustris) 397
Tell es Sultan 359
Tell Hacilar 359
Terrestrische Strahlung = radioaktive Strahlung
Tetanus 419, 435
Testanderivate 244
Testis 251
Testosteron 245
Tiefenschärfe 148
Tiefenrausch 500
Tierzucht 359, 360, 372, 386, 397, 404, 497 f, 518
Tochtergeschwulst 266
Todesursachen 261
Tollwut 364, 436
Toxikosen 260
Toxoplasmen 262
Toxoplasmose 274
Tränendrüse 222
Tranquillizer 450
Transport (Verletzter) 336 f
Treffertheorie (nach radioaktiver Strahlung) 455
Treppe (im Ohr) 222
Trigeminus 222
Tripper = Gonorrhoe
Trommelfell 222
Trommelschlegelformen 252
Trompete 222
Tube 254
Tuberkulose 419 f, 436, 470
Türkei 511
Typhus 436

Überempfindlichkeit = Allergie
Ullrich-Turner-Syndrom 253, 273, 482
Ultraviolett-Strahlung 453 f
Umwelteinflüsse auf Menschen 412 f, 468 f, 470 f, 490 f, 510 f, 534
Umweltveränderungen 183 ff
Umstrukturierung der Bevölkerung 371 f, 514

Unfälle in der Schule 308, 346, 431 f
— -durch Strahlen 462
— -durch Kraftfahrzeuge 431, 454
Unfallbeispiele (Planspiele) 347 ff
Unfalldarstellung realistische 346
Unfallpsychologie 309, 342, 346
Unfallverhütung 309, 418, 431 ff
Unland 382, 386, 410
Unterleibskrebs 266
Unterwasserlaboratorien = „Sealab"
Urbanisation, erste 358 f
Urlaub 424, 425
Ursegmente 256
Uterus 239, 240, 254, 256, 258, 262
Uteruscavum 254
Uterushals 254, 262
Uteruskontraktionen 262, 264
Uterusmuskulatur 241
Uterusschleimhaut 240, 254, 256, 268, 269

Vagina 269
Vagus 153, 222
Van Allen-Gürtel 494
Varizen 260
Vegetation
= änderungen 389
Vegetative Störungen 448, 450, 454, 469 f, 475
Vene 222
Venenentzündung 265
venerische Erkrankungen = Geschlechtskrankheiten
Ventilationskoeffizient 38
Verätzungen 327
Verbandkasten 324
Verbandpäckchen 309, 319
Verbandtechnik 309, 313 ff
Verdauung im Magen 82 ff
Verdauung im Mund 80 ff
Verdauung im Darm 84 ff, 96
Verdauungsorgane 74 f
Vererbung = Erbgänge
Vergiftungen 327
Verhalten des Menschen 159 ff
Verhaltensänderung (Mensch) 473, 485, 494, 496, 503 f, 522, 525, 533
Verhütungsmittel, chemische 250
Verkehrsunfall 349 f
Verletzungen 326 ff
Versuch des Aristoteles 102
— -von Mariotte 130
— -nach Rinne 135
— -nach Scheiner 122
Verrenkungen 320
Versteppung 390
Vetternehe 479
Verwandtschaftsehe = Vetternehe
Virilisierungserscheinungen 269

Virushepatitis 484
Vitalkapazität 28, 40, 41
Vitamine 93 ff, 98, 424, 434
Vögel 404, 406, 410
Volksaufklärung 522, 527
Vormilch 264
Vorhof 223
Vorsteherdrüse 223
Vorsorge-Untersuchungen 297

Wachstumsalter 171
Wachstumskurven 170 ff, 277 ff
Wade 223
Wärmewert 90, 96, 97, 98, 99
Wärme-wirkungen 426 f, 452 f
Wald 386, 388, 404, 409 f, 413, 516
Waldstreifen (Windbrecher) 408
Wange 223
Wandern 430
Warze 223
Warzenhof 223
Wasser 386, 387 f, 390, 391
Wasser —
— bereitstellung 390 f, 409, 497, 516 f
— Charta 387
— haushalt 110
— Kreislauf 387, 391
— Selbstreinigung 394
— Verbrauch 388
— Verunreinigung 392, 411
Wasserstoffbombe 403
Wasseruntersuchung
Absetzprobe 394
Forell-Skala 394
Keimgehalt 395
Methylenblauprobe 394
Sauerstoffzehrung 397
Weber-Fechnersches Gesetz 155 ff
Weckamine 449 f
Wehenhormon 257
Weibschema 160 ff
Weiche 223
Weiße Blutkörperchen 61, 64, 71
Weisheitszahn 223, 279
Weitsichtigkeit 122 ff, 126, 127, 132
Weltbevölkerungsentwicklung 359, 375, 503 ff, 522 f
Welteinkommen 375
Welternährungsproblem 375, 521 f, 527 f
Weltgesundheitsorganisation 375, 444
Weltraumforschung = Raumforschung
Weltraumfahrt 490, 495, 498, 499, 533
Weltraumstation 497
Wetter 425, 452
— -beobachtungen 490
Wiederbelebung 330
Wild 409, 413
Wildjägerpopulation 358
Wildtierverluste 413, 414
Wimper 112, 223
Windeltest 274
Windkesselfunktion 49 ff

Windpocken 484
Wirbel 11, 223
Wirbelsäule 8 ff
Wissenschaft — (Bedeutung) 357, 363, 372, 510, 521, 528 f, 533
Wochenbett 263, 264
Wochenbettfieber 265
Wochenfluß 264
Wohlfahrtsentwicklung 409
Wohnen 426 f
Wolfsrachen 224
Wunden 309
Wundinfektion 364
Wundernetz 224
Wurm 224
Wurmkrankheiten 436
Wurzel 80, 224

X-Chromosom 251, 253
Xanthoproteinreaktion 59, 170

Y-Chromosom 251, 253

Zähne 76 ff, 224, 279
Zäpfchen 224
  in der Mundhöhle 75
  auf der Retina 128 ff
Zahnaufbau 79 ff
Zahndurchbruch 279
Zahnformeln 77 ff, 79
Zahnpflege 418
Zehe 224
Zement 224
Zerstreuungslinse 124, 127
Ziliarkörper 224
Zirbel 225
Zitze 225
Zivilisation, technische 382
Zivilisationsbelastung
  allg. 468 ff, 532
  radioaktive 402, 460 ff
Zotte 108, 225, 255
Zunge 75, 149, 225
Zukunftsplanungen 365
Zukunftsprobleme 503 ff, 530

Zusatznährstoffe 93 ff
Zuwachsrate, der Bevölkerung 375, 516, 523
Zuwachsrate, der Industrie-Produktion 375, 509
Zweiäugiges Sehen 113 ff
Zweieiige Zwillinge 166 ff
Zweiphasenmethode 248
Zwerchfell 225
Zwerchfellatmung 33 ff
Zwiemilchernährung 282
Zwillinge, eineiige 254
Zwillingsgeburten 166 ff
Zwischenhirn 239
Zwischenhirn-Hypophysen-System 265
Zwischenkiefer 225
Zwischenwirbelscheiben 11 ff
Zwitter 251
Zwölffingerdarm 225
Zyklus 239, 253, 265
Zyklusstörungen 241

Verbesserung von sinnentstellenden Druckfehlern im Handbuch

Seite 5: an Zeile 24 anschließend: Filme und Bilder liefert: Institut für Film und Bild, Bavaria-Film-Platz 5, 8022 Grünwald

Seite 22: 3. Zeile: An die Angabe ... 0,1 PS anschließend:
1 PS = 0,7355 Kilowatt (kW) = 735, 5 Watt (W)
1 kW = 1,35 PS

Seite 60: In tabelle, 1. Zeile, hinten: statt „CO_2": O_2

Seite 91: Zu 11. Rechnen mit Kalorien: „1 Kcal. = 4186,8 Joule (J)

Seite 132: statt „2,2 cm": $\underline{60 \times 0{,}66}$ cm = 18 cm lang.
$2{,}2$

Seite 179: letzte Zeile: nach „beginnen": (Statistisches Bundesamt, Wiesbaden).

Seite 251: Zeile 4: statt „Spermie": Spermien

Seite 262: Zeile 5: das Wort „wahrschinlich" streichen

Seite 270: Zeile 11: statt „Credeé": Credé

Seite 279: vorletzte Zeile: statt „(warum?)": (Kind fragt „warum?")

Seite 290: 2. Zeile: statt „eine": einige

Seite 358: Zeile 22 muß heißen: „der Zivilisation eine einseitige konservative Einstellung, zum Teil „Nichtwissen"

Seite 399: Zeile 9: statt smog „smoke"

Seite 404: Zeile 8: statt „Kilotonne": Kilotonnenenergie

Seite 404: Zeile 10: statt „Megatonne": Megatonnenenergie

Seite 471: Zeile 9: statt „Seratinin": Seratonin

Seite 510: Zeile 21: an (51) anschließen: vergleiche dazu Band 4/II, Seite 27